A — ENTWURF

Material, Konstruktion und Form A.3
Grundlagen der Gestaltung A.14
Geometrische Grundlagen A.48
Grundlagen des energiebewußten Bauens mit Mauerwerk u. Glas A.58
Umweltgerechtes Bauen mit Mauerwerk A.71
Aktueller Beitrag A.94

B — BAUSTOFFE

Mauersteine B.3
Mauermörtel B.12
Putz B.16
Mauerwerk B.21
Mauersteine aus Recyclingmaterial B.34
Aktueller Beitrag B.46

C — BAUKONSTRUKTION

Außenwände C.3
Innenwände C.15
Maßtoleranzen im Mauerwerksbau C.23
Dehnungsfugen in Bauteilen und Bauwerken aus Mauerwerk – Funktion, Ausbildung und Anordnung C.30
Aktuelle Beiträge C.39

D — BAUPHYSIK

Wärmeschutz D.3
Schallschutz im Mauerwerksbau D.11
Baulicher Brandschutz im Mauerwerk D.22
Aktueller Beitrag D.50

E — BAUSTATIK

Vereinfachtes Berechnungsverfahren nach DIN 1053-1 E.3
Genaueres Berechnungsverfahren E.33
Bewehrtes Mauerwerk E.41
Nichttragende innere Trennwände E.44
Zahlenbeispiele nach Eurocode 6 E.47
Aktuelle Beiträge E.52

F — BAUBETRIEB BAUKOSTEN

Vergabe und Baukosten F.3
Ausführung von Mauerwerk F.21

G — BAUSCHÄDEN-VERMEIDUNG UND SANIERUNG

Vorbemerkung G.3
Risse in Mauerwerksbauteilen – Rißformen G.5
Schadensbilder – Ursachen – Vermeidung – Instandsetzung G.6
Aktuelle Beiträge G.33

H — BAURECHT

Einführung in die Haftung des Architekten und Ingenieurs H.3
Entwicklungstendenzen im öffentlichen Baurecht H.22
Aktuelle Beiträge H.38

I — NORMUNG

Normen I.3
Richtlinien I.117
Gesetze I.126

D1690724

J — ZULASSUNGEN

Vorbemerkungen J.3
Zusammenstellung der Zulassungen im Mauerwerksbau J.6
Allgemeine bauaufsichtliche Zulassungen J.87

K — VERZEICHNISSE

Adressen K.3
DIN-Verzeichnis K.4
Richtlinien, Verordnungen und Gesetze K.5
Zulassungen K.5
Inserentenverzeichnis K.20
Stichwortverzeichnis K.21

Bauen muß günstiger werden.
Aber nicht auf Ihre Kosten.

Aber wie kann man Baukosten senken, ohne an der Qualität zu Sparen? Wir geben jetzt die Antwort! Mit einem neuen massiven, großformatigen Bausystem von YTONG.

Kostenoptimiertes Bauen im Wohnbau.

YTONG
Readymix
Bau
System

YTONG Deutschland AG
Geschäftsbereich Bausysteme
Industriestraße 60, 22880 Wedel
www.ytong.de

SCHNEIDER WEICKENMEIER (HRSG.)

2001

JAHRBUCH
für
Architekten
und
Ingenieure

MAUERWERKSBAU AKTUELL

2001

JAHRBUCH für Architekten und Ingenieure

Herausgegeben von

Klaus-Jürgen Schneider
Norbert Weickenmeier

Mit Beiträgen von

Dieter Bertram
Helmuth Caesar
Hans Dieter Fleischmann
Erich Gassner
Roland Hirsch
Hans-Jörg Irmschler
Wolfram Jäger
Kurt Kießl
Ernst Klauke
Kurt Klingsohr
Erwin Knublauch
Irene Meissner
Kurt Milde
Rainer Pohlenz
Alexander Reichel
Werner Schmidt
Klaus-Jürgen Schneider
Torsten Schoch
Peter Schubert
Claus Schuh
Dieter Selk
Raimund Volpert
Norbert Weickenmeier
Stefan Weise

MAUERWERKSBAU AKTUELL

Beuth Verlag · Werner Verlag

5. Jahrgang 2001
Zahlreiche Abbildungen und Tabellen

Die Deutsche Bibliothek – CIP-Einheitsaufnahme

Mauerwerksbau aktuell: Jahrbuch ... für Architekten und Ingenieure/Düsseldorf : Werner Verl.; Beuth Verl. Erscheint jährl. – Aufnahme nach 2001 (1996)

ISBN 3-8041-4185-4
ISBN 3-410-14970-8

Wir – Herausgeber und Verlag – haben uns mit großer Sorgfalt bemüht, für jede Abbildung den/die Inhaber der Rechte zu ermitteln und die Abdruckgenehmigungen eingeholt. Wegen der Vielzahl der Abbildungen und der Art der Druckvorlagen können wir jedoch Irrtümer im Einzelfall nicht völlig ausschließen. Sollte von einem Berechtigten versehentlich ein Recht nicht eingeholt worden sein, bitten wir ihn, sich mit dem Verlag in Verbindung zu setzen.

Die DIN-Normen sind wiedergegeben mit Erlaubnis des DIN Deutsches Institut für Normung e. V. Maßgebend für das Anwenden der Norm ist deren Fassung mit dem neuesten Ausgabedatum, die beim Beuth Verlag GmbH, Burggrafenstraße 6, 10787 Berlin, erhältlich sind.

© Werner Verlag GmbH & Co. KG – Düsseldorf – 2001
© Beuth Verlag GmbH – Berlin/Wien/Zürich – 2001

Printed in Germany

Alle Rechte, auch das der Übersetzung, vorbehalten. Ohne ausdrückliche Genehmigung des Verlages ist es auch nicht gestattet, dieses Buch oder Teile daraus auf fotomechanischem Wege (Fotokopie, Mikrokopie) zu vervielfältigen sowie die Einspeicherung und Verarbeitung in elektronischen Systemen vorzunehmen. Zahlenangaben ohne Gewähr.

Satz: WVG Werbe- & Verlags-GmbH, Grevenbroich
Druck und buchbinderische Verarbeitung: Druckerei Runge GmbH, Cloppenburg

Archiv-Nr. 1002-2.2001
Bestell-Nr.: 3-8041-4185-4

Vorwort zum Jahrbuch 2001

Das „Jahrbuch Mauerwerksbau aktuell" erscheint mit der Ausgabe 2001 bereits zum fünften Mal. Das inhaltliche Konzept des Buches mit grundlegenden, in die komplexe Materie des Mauerwerksbaus einführenden Beiträgen, ergänzt durch jährlich wechselnde aktuelle Beiträge, hat sich bewährt und wurde beibehalten.

Alle Grundlagenbeiträge wurden – soweit erforderlich – aktualisiert und ergänzt, mancher aktuelle Beitrag aus den vorgehenden Jahrbüchern wegen seiner besonderen Bedeutung und Aktualität in den Grundlagenteil übernommen.

Die Vielzahl der aktuellen Beiträge zu unterschiedlichen Themenbereichen geben dem Leser, zusätzlich zu den übersichtlich dargestellten Standardbeiträgen für das „Tagesgeschäft", Anregungen und ergänzende Informationen zur Lösung von Entwurfs-, Konstruktions- und statischen Problemen. Baubetriebliche und baurechtliche Aspekte werden ebenfalls ausführlich behandelt.

Auch in diesem Jahrbuch finden Fragen der Denkmalpflege, der Sanierung und der Instandsetzung von Mauerwerksbauten besondere Berücksichtigung. Ebenso werden baukonstruktive Probleme anhand von in dieser Hinsicht besonders interessanten Bauvorhaben ausführlich dokumentiert. Im Beitrag „Moderne Bauten in Natursteinmauerwerk" werden Alternativen der vorgehängten Fassade aufgezeigt.

Der Überblick über wichtige historische Baustoffe behandelt diesmal das Material „Betonstein".

Im Kapitel „Baustatik" befinden sich aktuelle Beiträge zu den Themen „Statischer Nachweis von dünnen Außenwänden aus Mauerwerk" sowie „Mauerwerksbau mit Fertigteilen" (neuer Normentwurf DIN 1053-4).

Einen besonderen Schwerpunkt bildet diesmal wieder der Themenbereich „Bauphysik", unter anderem mit einem aktuellen Beitrag zum Thema „Aufsteigende Feuchtigkeit".

Das Thema „Kostengünstiges Bauen" prägt nach wie vor die Diskussion in der Bauwirtschaft. Diesem Fragenkomplex wird u. a. mit dem Beitrag „Vom kostengünstigen Bauen mit Mauerwerk" Rechnung getragen.

Im Kapitel „Baurecht" wurden neben den Standardbeiträgen die für Praktiker immer komplizierter werdenden Bereiche „Verwendung von Bauprodukten", „Liste der Technischen Baubestimmungen" und „Bauregellisten" verständlich, übersichtlich und praxisgerecht aktualisiert.

Zum Schluß sei noch der komplette Abdruck der konstruktiven Normen und der „integrierten Fassung" des Eurocode 6 (EC 6) erwähnt. Das Nationale Anwendungsdokument (NAD) regelt im EC 6 die „nationalen Interessen". Zum Teil werden Passagen des EC 6 gestrichen bzw. durch entsprechende Teile der Normen DIN 1053 ersetzt. Sowohl die Bestimmungen des NAD als auch die maßgebenden Normenteile der DIN 1053 wurden in die „integrierte Fassung" des EC 6 eingearbeitet. Somit steht dem Benutzer von „Mauerwerksbau aktuell 2001" eine europäische Bestimmung für den Mauerwerksbau zur Verfügung, mit der man sich problemlos in die europäische Mauerwerksnormung einarbeiten kann. Zahlenbeispiele im Abschnitt E (Baustatik) erleichtern die Einarbeitung nochmals. Außerdem gibt es eine aktualisierte Zusammenstellung aller Zulassungen im Mauerwerksbau mit der Angabe von wichtigen Kenngrößen für Entwurf, Bauphysik und Statik.

Wir danken ganz besonders allen Autoren für die fachlich hochqualifizierten Beiträge. Die Vielfalt der Themen spiegelt auch die Vielfalt ihrer beruflichen Aufgabenfelder: Architekten, Bauingenieure, Bauphysiker, Brandschutzspezialisten, Baustofffachleute, Denkmalpfleger, Mitarbeiter in Ministerien und im Deutschen Institut für Bautechnik.

Weiterhin danken wir den Verlagen Werner und Beuth für die angenehme Zusammenarbeit.

Minden/München, im Dezember 2000

Klaus-Jürgen Schneider
Norbert Weickenmeier

Aus dem Vorwort zum Jahrbuch 1997

Fachliteratur für Architekten unterscheidet sich in der Regel wesentlich von Fachliteratur für Bauingenieure. Erstere sucht den Zugang zum Leser über den visuellen Reiz ästhetischer Photoaufnahmen, letztere eher über den Weg der Mathematik und Konstruktion.

Es ist dies noch immer die Folge jener konkurrierenden Ausbildung des „Baumeisters", seit im Paris des beginnenden 19. Jahrhunderts die traditionelle Ecole des Beaux Arts gegen die neugegründete Ecole Polytechnique anzutreten gezwungen war: schöngeistige Baukunst contra reine Ingenieurwissenschaft. Selten ist diese Kontroverse besser dokumentiert als in den Bahnhofsbauten jener Zeit, bei denen eine prächtige Natursteinarchitektur des Baukünstlers in gebildetem Stilzitat die nackte Eisen- und Glaskonstruktion des Ingenieurs versteckt.

Architektur ist keine der bildenden Künste (mehr), das Bauingenieurwesen keine abstrakte Wissenschaft. Von Dach und Mauern geschützte Lebensvorgänge finden ihren sichtbaren Ausdruck in Gestalt von Wand und Öffnung, Innenraum und Außenbezug, ein Ausdruck funktionaler Inhalte, regionaler Bezüge, letztlich konkreter Herstellungsmethode aus Material und Konstruktion. Es geht um Zusammenhänge, die um so wichtiger sind, je höher und komplexer die Anforderungen an das Bauen werden:

- energiesparendes Bauen zur Reduktion der CO_2-Emission,
- ökologisch orientiertes Bauen zur Schonung der Umwelt und der noch verbleibenden, zum Teil nicht erneuerbaren Ressourcen,
- kostengünstiges Bauen angesichts einer Wachstumsstagnation, die schon lange kein konjunkturelles, sondern ein strukturelles Problem darstellt,
- nicht zuletzt aber auch ein qualitätsvolles Bauen im Bewußtsein eines kulturellen Anspruches, der mehr impliziert als Wirtschaftlichkeit und Schadensfreiheit.

Die enge, konstruktive Zusammenarbeit von Architekt und Ingenieur wird immer wichtiger, Akzeptanz und gegenseitiges Inspirieren der Kreativität sind Voraussetzungen zur Bewältigung der anstehenden Aufgaben.

Vor diesem Hintergrund steht die Idee der Herausgeber: ein Jahrbuch zum Thema Mauerwerksbau für Architekten und Ingenieure. In der Planung, Konstruktion, Berechnung und Ausführung Tätige erhalten übersichtliche, verständliche und anregende Informationen für die tägliche Praxis.

A — ENTWURF

Material, Konstruktion und Form A.3
Grundlagen der Gestaltung A.14
Geometrische Grundlagen A.48
Grundlagen des energiebewußten Bauens mit Mauerwerk u. Glas A.58
Umweltgerechtes Bauen mit Mauerwerk A.71
Aktueller Beitrag A.94

B — BAUSTOFFE

Mauersteine B.3
Mauermörtel B.12
Putz B.16
Mauerwerk B.21
Mauersteine aus Recyclingmaterial B.34
Aktueller Beitrag B.46

C — BAUKONSTRUKTION

Außenwände C.3
Innenwände C.15
Maßtoleranzen im Mauerwerksbau C.23
Dehnungsfugen in Bauteilen und Bauwerken aus Mauerwerk – Funktion, Ausbildung und Anordnung C.30
Aktuelle Beiträge C.39

D — BAUPHYSIK

Wärmeschutz D.3
Schallschutz im Mauerwerksbau D.11
Baulicher Brandschutz im Mauerwerk D.22
Aktueller Beitrag D.50

E — BAUSTATIK

Vereinfachtes Berechnungsverfahren nach DIN 1053-1 E.3
Genaueres Berechnungsverfahren E.33
Bewehrtes Mauerwerk E.41
Nichttragende innere Trennwände E.44
Zahlenbeispiele nach Eurocode 6 E.47
Aktuelle Beiträge E.52

F — BAUBETRIEB BAUKOSTEN

Vergabe und Baukosten F.3
Ausführung von Mauerwerk F.21

G — BAUSCHÄDEN-VERMEIDUNG UND SANIERUNG

Vorbemerkung G.3
Risse in Mauerwerksbauteilen – Rißformen G.5
Schadensbilder – Ursachen – Vermeidung – Instandsetzung G.6
Aktuelle Beiträge G.33

H — BAURECHT

Einführung in die Haftung des Architekten und Ingenieurs H.3
Entwicklungstendenzen im öffentlichen Baurecht H.22
Aktuelle Beiträge H.38

I — NORMUNG

Normen I.3
Richtlinien I.117
Gesetze I.126

J — ZULASSUNGEN

Vorbemerkungen J.3
Zusammenstellung der Zulassungen im Mauerwerksbau J.6
Allgemeine bauaufsichtliche Zulassungen J.87

K — VERZEICHNISSE

Adressen K.3
DIN-Verzeichnis K.4
Richtlinien, Verordnungen und Gesetze K.5
Zulassungen K.5
Inserentenverzeichnis K.20
Stichwortverzeichnis K.21

A ENTWURF

Dr.-Ing. Norbert Weickenmeier (Abschnitt 1–5, 6.2)
Dipl.-Ing. Helmuth Caesar (Abschnitt 6.1)

1 Material, Konstruktion und Form Zu Material- und Werkgerechtigkeit im Mauerwerksbau … A.3

    1.1 Zur Ausgangssituation … A.3
    1.2 Stein auf Stein
        Zur Archaik der Fügung im Mauerwerksbau … A.4
    1.3 Die Steigerung der Leistungsfähigkeit von Material und Konstruktion … A.5
    1.4 Der historische Versuch einer Neubegründung der Architektur auf den
        Prinzipien von Material- und Werkgerechtigkeit … A.7
    1.5 „Zeigen, wie es gemacht ist"
        Louis Kahn und der Versuch einer Architektur der Wahrhaftigkeit … A.11

2 Grundlagen der Gestaltung … A.14

    2.1 Vom Entwerfen und Konstruieren mit Mauerwerk … A.14
    2.2 Tragsystem und Außenhaut … A.24
    2.3 Grundriß- und Raumstrukturen in Mauerwerk … A.29
    2.4 Bauteilbereiche … A.30
        2.4.1 Der Sockel … A.30
        2.4.2 Zwischendecken und Durchdringungen … A.37
        2.4.3 Die Öffnung in der Wand … A.40
        2.4.4 Dach und Wand; Traufe, Ortgang und Attika … A.44

3 Geometrische Grundlagen … A.48

    3.1 Steinformate … A.48
    3.2 Maßordnung … A.50
    3.3 Verbände … A.53

4 Grundlagen des energiebewußten Bauens mit Mauerwerk und Glas … A.58

    4.1 Zur Ausgangssituation … A.58
    4.2 Energiesparende Maßnahmen … A.65
    4.3 Energiegewinnende Maßnahmen … A.67
    4.4 Niedrig-Energie-Bauweisen … A.68
    4.5 Resümee … A.70

5 Umweltgerechtes Bauen mit Mauerwerk A.71

    5.1 Zur Ausgangssituation A.71
    5.2 Gesetzliche Grundlagen, Verordnungen und Richtlinien A.76
        5.2.1 Schutz der natürlichen Lebensgrundlagen A.77
        5.2.2 Energiesparender Wärmeschutz A.78
        5.2.3 Immissions- und Emissionsschutz A.78
        5.2.4 Kreislaufwirtschaft und Abfall A.79
        5.2.5 Haftung und Strafregelung A.80
        5.2.6 Kurzfassung weiterer geplanter Maßnahmen und Instrumente zum
             Klimaschutz A.80
    5.3 Begriffsdefinitionen A.80
        5.3.1 Ökologie A.80
        5.3.2 Ökobilanz A.81
        5.3.3 Produktlinien-Analyse und Öko-Audit A.81
        5.3.4 Primärenergie (PEI) A.82
        5.3.5 Kreislaufgerechtes Bauen A.83
    5.4 Handlungsfelder umweltgerechten Bauens A.84
    5.5 Baustoffe im Mauerwerksbau A.85
        5.5.1 Keramische Materialien/Ziegel A.85
        5.5.2 Mineralische Baustoffe A.87
             5.5.2.1 Kalksandsteine A.87
             5.5.2.2 Porenbeton A.89
             5.5.2.3 Bims- und Leichtbetonsteine A.90
             5.5.2.4 Mauersteine aus Beton (Normalbeton) A.90
             5.5.2.5 Beton und Mörtel A.91
    5.6 Resümee A.92

6 Aktueller Beitrag

    6.1 Ziegelpoesie: Mies van der Rohe, Villa in Berlin-Hohenschönhausen A.94
    6.2 Moderne Bauten in Natursteinmauerwerk; Alternativen zur vorgehängten
        Fassade A.100

A ENTWURF

1 Material, Konstruktion und Form
Zu Material- und Werkgerechtigkeit im Mauerwerksbau

1.1 Zur Ausgangssituation

Mit Beschluß der Bundesregierung vom 15. Oktober 1993 wurde die bis dahin gültige Wärmeschutzverordnung abgelöst und durch die neue WSVO zum 1. 1. 1995 ersetzt.

Wie nur wenige Beschlüsse des Bundestages – das Baugeschehen betreffend – war dieses damalige, neue Gesetz heftig umstritten, seine Sanktionierung immer wieder ausgesetzt und mit Auflagen zur Überarbeitung verschoben worden.

Die Kontroverse zwischen Architekturverbänden, Industrie, Bundesbauministerium und dessen Beratern gipfelte in dem Vorwurf der Gesetzesgegner, daß zwingend notwendige Baukultur blindem Verordnungswillen unterworfen und damit unmöglich gemacht werde, essentielle Zusammenhänge in der Architektur würden vernachlässigt und zum Teil völlig ignoriert: dies sowohl, was den Einfluß aus Region und Ort angeht, den aus Konstruktion, Material, Bauweise bzw. Baugefüge und Funktion, nicht zuletzt auch, was den Einfluß von Stoffkreisläufen angeht, in die unterschiedliche Materialien divergent eingebunden sind.

Die Kritik implizierte gleichzeitig, daß mit der Forderung nach Wärmerückgewinnungsanlagen und damit dem Verzicht auf natürliche Be- und Entlüftung die Technik über den Menschen gestellt sei, interpretiert als Indiz für eine „lebensfremde" Haltung des neuen Gesetzes.

Die Diskussion zur Novelle wurde unterschiedlich qualifiziert geführt; nicht immer wurden Sachargumente ausgetauscht, oft genug waren es uninformierte, pauschalisierende Meinungen, ja Ideologien seitens der Baustoffindustrie, auch seitens der Architekten, hier insbesondere in der Sorge, daß die ohnehin schon durch Gesetze, Normen und Verordnungen reichlich beschnittene Freiheit des Kreativen noch weiter unzulässig eingeengt würde.

Es hatte den Anschein, als ob bewährte, tradierte Außenwandkonstruktionen in Mauerwerk nicht mehr möglich seien, als ob das monolithische Mauerwerk generell zugunsten von Mischkonstruktionen aufgegeben werden müßte, als ob im Zuge der Fokussierung auf Einzelqualifikationen der Gesamtzusammenhang und damit die Gesamtqualifikation eines Bauteiles oder eines Gebäudes insgesamt verlorengehen und ein immer rasanteres Aufsatteln von Maßnahmen und Zusatzmaßnahmen nahezu zwangsläufig sei, das als längst kritisiertes Phänomen nicht verlangsamt, geschweige denn gestoppt und umgekehrt werden könnte. Die homogene Außenwand in Mauerwerk, 30–36,5 cm dick, schien angesichts als notwendig diskutierter k-Werte im Bereich um 0,2 W/(m²K) nur noch mit zusätzlichen Dämmaterialien realisierbar – wenn nicht in Wanddicken von 49 cm und mehr.

Von der mittlerweile historischen Diskussion zeugt eine Fülle von Material, alleine schon in der Auseinandersetzung der Baustoffindustrie intern; nicht nur latent wurde gar der Vorwurf seitens der Ziegelhersteller erhoben, die neue Wärmeschutzverordnung sei von der Dämmstoffindustrie lanciert. Da der Wärmedurchlaßwiderstand eines Materials, das gleichzeitig Tragfunktion übernimmt, a priori nicht identisch sein kann mit dem eines leichten, dem Tragwerk nur vorgehängten Dämmstoffes, wurde im Zuge einer Vorwärtsstrategie, insbesondere der Ziegelindustrie, essentielle Basis der Argumentation, jene seinerzeit neu im Entstehen begriffene ökologische Idee, die nicht nur die bauphysikalischen Qualitäten eines Materials an sich, wie z. B. die der Dampfdiffusion und Wärmespeicherung, in Ansatz bringt, sondern neben dem Aufwand an Primärenergie bei der Produktion auch seine Resorption im Naturkreislauf, den essentiellen Vorteilen der Wärmedämmstoffe wurde ihr Nachteil gegenübergestellt: der hohe Aufwand an Primärenergie bei der Produktion wie die scheinbar mangelhafte Recycelfähigkeit.

Dabei sind auch die Gegenargumente der Dämmstoffindustrie wiederum einsichtig auf Basis jenes Nachweises, daß die zur Erstellung notwendige Energie über mathematisch kalkulierbare Zeiträume leicht wieder eingespart und kompensiert werden kann sowie daß auch Dämmstoffe, und hier insbesondere die auf mineralischer Basis, einem nahezu hundertprozentigen Recycling zugeführt werden können.

Im Zuge eines gesellschaftlichen Wertewandels mit dem erkennbar zunehmenden Akzent auf Fragen der Ökologie – Fragen, wenn nicht zu einem Nullwachstum, so zumindest zu einer neuen Sparsamkeit – gilt zunehmend jene Rundorientierung, nach der Einsparung von Energie und CO_2-Emissionen zwingend notwendig, ja conditio sine qua non eine Welt mit realistischen, qualifizierten Zukunftschancen sein muß.

In den Jahren 1998/99 ist diese Diskussion und die Aufregung insgesamt Geschichte – dies nicht zuletzt angesichts einer rational und aussichtsreich geführten Debatte über die Einführung einer Energiesteuer, wenn nicht gar einer Forderung nach Anhebung des Benzinpreises als Indikator für wesentlichen Energieverbrauch und zu vermeidende CO_2-Emission auf 5,– DM/Liter.

Eine neue Wärmeschutzverordnung mit dem ganzheitlicheren Titel: Energiesparverordnung (ESVO) ist in Vorbereitung und das Bauen mit Mauerwerk prägt noch immer über weite Bereiche die Architektur. Die prognostizierte Verdrängung des Steines als Baumaterial zugunsten leichter Dämmstoffe in Verbindung mit einer Trennung von Tragwerk und Hülle ist nicht eingetreten.

Aber nahezu zwangsweise sind die Anforderungen an das Bauen noch höher und komplexer geworden, die Leistungsfähigkeit des Mauerwerkes in seinen einzelnen Komponenten ebenso wie im Verband mußte und konnte dem Rechnung tragen.

Eine Diskussion über Architekturqualität bleibt ungeachtet einer nötigen der Betrachtung auf bautechnische und bauphysikalische dennoch dringend erforderlich – die Kriterien von Material- und Werkgerechtigkeit haben dabei in einem erweiterten Kosmos noch immer ihre dringende Berechtigung.

Abb. A.1.1 Archaische Mauerwerkskonstruktion im besten Sinne primitiver Technologie: Le Village Des Bories, Gordes, Südfrankreich

Abb. A.1.2 Bories, errichtet aus vor Ort gefundenen und ohne Mörtel geschichteten Steinen

1.2 Stein auf Stein
Zur Archaik der Fügung im Mauerwerksbau

Mit dem Thema Mauerwerk verbinden sich von Anfang an die Wurzeln des Bauens in reinster Form und Anschaulichkeit.

Steine, in unmittelbarer Umgebung gesammelt, grob sortiert, mit sparsamer, im besten Sinne primitiver Technologie geschichtet, ergeben eine funktional, konstruktiv und ökonomisch zwangsläufig richtige Lösung **(Abb. A.1.1 bis A.1.4)**.

Die Form ergibt sich aus dem vor Ort gefundenen Material und einer nur gering komplexen Funktion, die Konstruktion aus der Leistungsfähigkeit des Materials an sich und in der horizontalen Fügung bzw. vertikalen Schichtung. So entstehen Wände in einfacher Geometrie, Flächen und räumliche Gefüge – durchbrochen von Öffnungen für Fenster und Tür: hochstehende Rechtecke zur Minimierung der Beanspruchung im Sturzbereich.

Try and error, die Empirie handwerklicher Geschicklichkeit und wachsender, tradierter Erfahrung bestimmen die nach und nach verfeinerten Regeln, die Kenntnis der zu beachtenden Gesetzmäßigkeiten.

Der Verband der Steine wird zum Mauerwerk. Zunächst noch ohne Mörtel in der Fuge, dann mit immer perfekteren Bindemitteln zum Ausgleich der gravierenden Toleranzen im Auflagerbereich werden ihm eine Fülle von Funktionen übertragen: Hülle und gleichzeitig Tragwerk, Innen- und Außenwand, Sockel und Traufe, in manchen Regionen sogar Dach. Das Mauerwerk übernimmt den Schutz vor Einblicken, Feuchtigkeit und Wind, Kälte und Hitze, nicht zuletzt vor Feuer und Lärm gleichermaßen.

Stetige Verbesserungen des Systems wie insbesondere die immer präzisere Steinbearbeitung und dadurch gleichzeitig besser kontrollierbare Fugenausbildung erlauben statische – konstruktive – und bauphysikalische Optimierungen und damit die Umsetzung komplexerer Funktionen.

Material, Konstruktion und Form

1.3 Die Steigerung der Leistungsfähigkeit von Material und Konstruktion

Diese Wurzeln des Mauerwerkbaues, parallel zu denen des Skelettbaues in Holz, gehen primär einher mit dem vor Ort gefundenen Naturstein.

Eine zunächst nur regional entwickelte, jedoch prinzipielle Alternative zum Naturstein besteht im künstlich hergestellten Stein: zunächst aus Lehm, später aus gebranntem Ton, auf dessen Grundlage bis heute alle wesentlichen Produktinnovationen bestehen – neben den zeitgeschichtlich wesentlich jüngeren Entwicklungen auf der Grundlage von Bims, Kalksand und Beton.

Verbesserter Transport, beliebige Formatierung, damit verbindliche Normierung und geregelter Verband sind Entwicklungen, die die Unabhängigkeit des Materials vom Bauplatz, eine größere Leichtigkeit und verbesserte Handhabung neben weiteren wirtschaftlichen Vorteilen mit sich bringen.

In Verbindung mit wasserbeständigem Mörtel aus zunächst Puzzolan-Erde sind zunehmend schlankere Konstruktionen möglich mit dennoch verbesserter Qualifikation in Tragfähigkeit und Bauphysik.

Essentielle Verbesserungen dieses dem Naturstein in mehrfacher Hinsicht überlegenen Materials ergeben sich nach gelungenen Experimenten mit leichten Zuschlagstoffen wie Heu und Stroh im Ausgangsprodukt Lehm, mittels derer eine gezielte Vergrößerung der Porosität des Materials und damit eine Reduktion der Rohdichte gelingt.

Ohne Aufgabe konstruktiver Qualitäten ergeben sich dadurch wesentliche Verbesserungen der Materialqualität, die insbesondere in einem erhöhten Wärmedurchlaßwiderstand ihren Niederschlag finden.

Wissenschaftliche Forschungen der Universitäten, spezialisierter Fachinstitute und nicht zuletzt der Bauindustrie selbst bis heute in Theorie und – nach wie vor – Empirie ermöglichen eine zunehmende Qualitätssteigerung des tradierten Materials und die Entwicklung neuer Baustoffe und deren Kombinationen – Ziegelsteine, Kalksandsteine, Beton- und Leichtbetonsteine, Porenbeton-, Bimssteine und andere (Abb. A.1.5 bis A.1.10).

Mit optimierten Herstellungsverfahren, ständig verbesserten Zuschlagstoffen und qualifizierterer Lochung des Steinquerschnittes und Ausformung insgesamt, mit der Reduzierung des Fugenanteiles in der vertikalen Stoßfuge, zunehmend auch in der horizontalen Lagerfuge – dabei mit neuen Mörtelqualitäten wie z. B. sogenannter Leichtmörtel, deren Eigenschaften trotz hoher Belastbarkeit wieder der des Mauerwerks angeglichen sind, entstehen

Abb. A.1.3 Einfache Geometrien in minimaler Komplexität bestimmen die Architektur von Haus und Umfassung

Abb. A.1.4 Kragkuppel-Konstruktionen ermöglichen eine ausschließlich monolithische Bauweise

Die Möglichkeiten innerhalb des Systems der Schichtung von Stein auf Stein sind und bleiben jedoch prinzipiell gültig, wenn auch in einer materialspezifischen Begrenztheit, die nur von wenigen Hochkulturen überwunden werden konnte.

Baumaterialien als Voraussetzung für ein baukonstruktiv und bauphysikalisch optimiertes Gefüge im Mauerwerksbau.

Allen diesen Verfeinerungen und Optimierungen zum Trotz basiert das Prinzip des Mauerwerkbaues immer noch auf den gleichen Prinzipien wie jene archaischen, fast sprichwörtlich steinzeitlichen Vorgänger.

Mag dies sicher nicht zuletzt darin begründet liegen, daß die Herstellungsmethode handwerklich begründet und sich immer noch – aller zunehmenden Vorfertigung zum Trotz – industriellen Fertigungsmethoden entzieht, so gilt es doch auch gleichzeitig zu konstatieren, daß in der Homogenität der Wand und in der Bewältigung unterschiedlichster Anforderungen durch einen Baustoff ein zeitloses und unverrückbar gültiges Architekturprinzip erkannt werden kann.

Material, Konstruktion und Form können eine Einheit bilden und damit Grundlage einer zeitlosen, essentiellen Architektur sein.

Material- und Werkgerechtigkeit sind dann Prämissen und nahezu ethisch verpflichtende Gesetzmäßigkeiten. Sie werden zwangsläufige Grundlagen einer qualitätvollen Architektur, einer Architektur im ideellen Sinne des Wahren und Schönen, einer Architektur der Ehrlichkeit und nicht der Lüge, einer Architektur des Seins und nicht des Scheins. Und dennoch liegen die Dinge nicht so einfach, wie es auf den ersten Blick scheinen mag.

Zunehmend komplexere Anforderungen in Funktion, Baukonstruktion und Bauphysik führen zu Erscheinungsbildern und damit zu einer Architektur, die von der theoretisch beschriebenen Qualität weit entfernt ist.

Dies dokumentieren Einfamilienhäuser am Rande der Städte ebenso wie große Bauten für Wohnen, Verwaltung, Gewerbe der öffentliche Aufgaben in den Zentren.

Dies dokumentieren ebenso die ständigen Innovationen der Baustoffindustrie, die mit Zusatzkonstruktionen, Halbzeugen, Komponenten und Verbundsystemen vermeintliche oder auch bestehende Defizite im Bereich der Lastabtragung, der Dämmung und der Dichtung kompensieren helfen, damit aber oft genug die Logig und Klarheit des Bauens mit Mauerwerk verunklaren.

Dies wird gleichzeitig erkennbar in einer umfassenden Normierung alle Materialien und Bauteilbereiche, die Widersprüche nicht ausschließt und abstrakt zu mehrfach überhöhten Sicherheiten um der Sicherheiten selbst willen, seltener aber aus der Vernunft der Fügung heraus führt.

Abb. A.1.5 Bruchsteinmauerwerk

Abb. A.1.6 Handformziegel im Dünnformat

Damit ist immer wieder die Frage gestellt nach dem Sinnzusammenhang von Material, Konstruktion und Form, von Material- und Werkgerechtigkeit; diese Fragestellung gilt auch dann, wenn der Terminus der Materialgerechtigkeit durch Systemgerechtigkeit ersetzt – wenn nicht überhaupt negiert – wird in eindeutiger Kapitulation von den Anforderungen einer „Wirklichkeit", die die Suche nach den Grundlagen der Form als missionarische Fehlleistung deklariert.

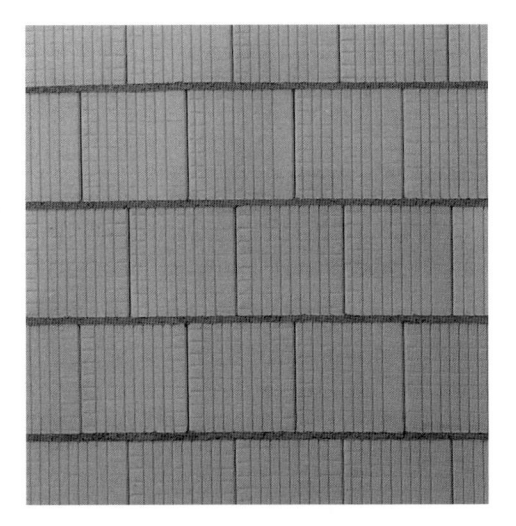

Abb. A.1.7 Hochlochziegel mit mörtelfreier Stoßfuge

Abb. A.1.8 Kalksandsteinmauerwerk

Abb. A.1.9 Betonsteinmauerwerk

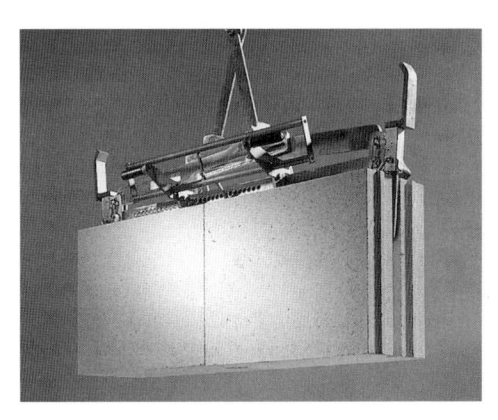

Abb. A.1.10 Porenbeton-Systemwand

1.4 Der historische Versuch einer Neubegründung der Architektur auf den Prinzipien von Material- und Werkgerechtigkeit

Die theoretische Auseinandersetzung um die Grundlagen der Architektur in der beginnenden Neuzeit verbindet sich nicht primär mit dem Material Mauerwerk.

Entwurf

Abb. A.1.11 Fenstergewände in Mauerwerk; nach „Die Konstruktionen in Stein", Dr. Otto Warth (Tafel 32, 1. Auflage Anfang 19. Jhdt.)

Abb. A.1.12 Fenstergewände in Mauerwerk; nach „Die Konstruktionen in Stein", Dr. Otto Warth (Tafel 34, 1. Auflage Anfang 19. Jhdt.)

Sie verbindet sich vielmehr mit den neuen Materialien Eisen und Beton in der Wende vom 18. zum 19. Jahrhundert, hier gleichzeitig auch mit den neuen, systematischen Wissenschaften Mathematik und Physik (Abb. A.1.11 bis A.1.14).

Das Thema Mauerwerk schien offensichtlich wissenschaftlich unergiebig, da genügend bekannt, hinlänglich tradiert und für den niederen Baumeister und Handwerker ausreichend in Baufibeln und Vorlagebüchern publiziert. Wissenschaftlich spannend und ergiebig erschienen eher die in Verbindung mit der Industrialisierung gegen die alte Handwerklichkeit stehenden neuen Materialien Eisen in verschiedenen Güten und Lieferformen sowie Beton – neue Materialien, die wiederum Anwendung finden in Verbindung mit neuen Bauaufgaben, und hier insbesondere des Ingenieurs: weitgespannte Brücken, Industriehallen, nicht zuletzt Verkehrsbauten wie z. B. Bahnhöfe.

Eher konventionell wurde demgegenüber das Material Stein für tradierte und meist untergeordnete Bauten wie insbesondere Wohnbauten eingesetzt und dies, abgesehen von regional geprägten Sichtmauerwerksbauten, lediglich als Unterkonstruktion von Dekor durch Putzinkrustationen.

Damit geht einher keine Diskussion der Baukonstruktion oder gar Bauphysik, sondern lediglich der Form und ihrer historisch abgeleiteten Legitimation.

Es ist dies auch die Zeit, in der die Spaltung entsteht in Architekt bzw. Baumeister und Ingenieur, gestützt auf die entsprechende Spaltung der Berufsausbildung des Künstlers an der Ecole de Beaux Arts gegenüber der des Technikers an der Ecole Polytechnique.

Diese Spaltung in Kunst und Wissenschaft, vermeintlich auch in Form und Konstruktion – wobei in ersterem Fall das Material ein Quantite negligeable darstellen konnte, eine Spaltung, die bis in die heutige Zeit hineinwirkt, impliziert gleichzeitig eine Diskussion über Material, Konstruktion und Form, letztlich auch über Material- und Werkgerechtigkeit, die geisteswissenschaftlich auf weit zurückliegende Wurzeln zurückgreifen kann.

Bereits der Dichter Ovid beschreibt die Überlagerung eines im Ausgangsprodukt primitiven Materi-

Material, Konstruktion und Form

A

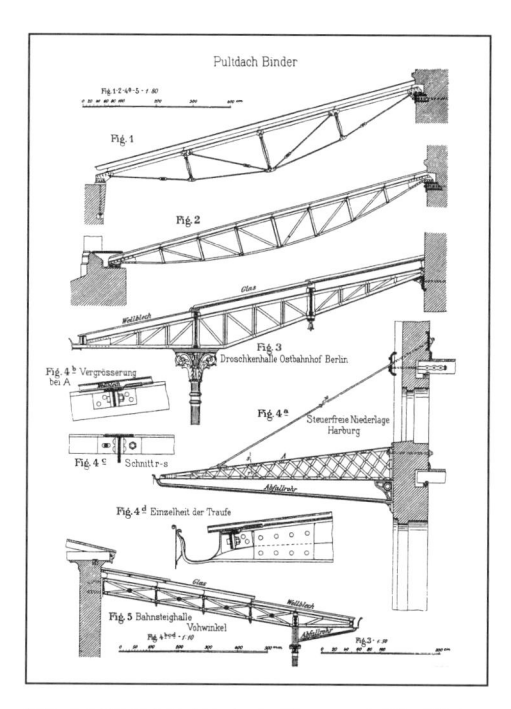

Abb. A.1.13 Pultdachbinder in Eisen; nach Otto Königer (Tafel 67, 1. Auflage Anfang 19. Jhdt.) in: Allgemeine Baukonstruktionslehre

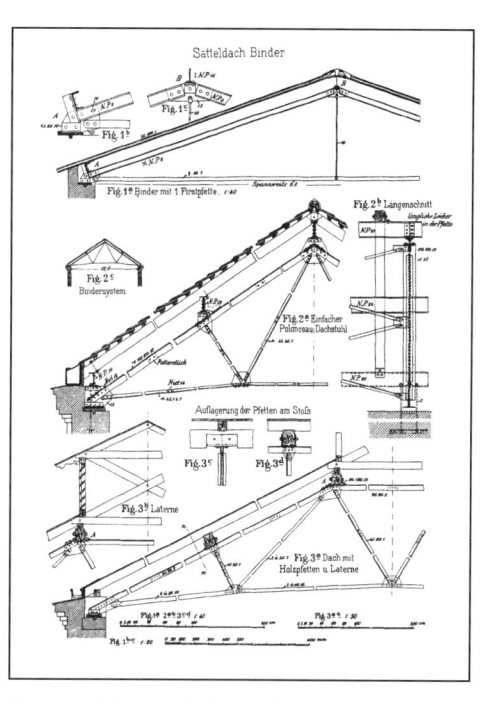

Abb. A.1.14 Satteldachbinder in Eisen; nach Otto Königer (Tafel 68, 1. Auflage Anfang 19. Jhdt.) in: Allgemeine Baukonstruktionslehre

als durch ein anderes, und damit den Vorgang der Sublimierung als opere superante materiam: das Werk/Kunstwerk überwindet das Material.

Es geht ihm – literarisch überhöht um die Forderung, wonach alleine in der Überwindung des Materials, seiner Schwere und Eigengesetzlichkeit, seines ihm immanenten Widerstandes die höchste künstlerische Fertigung begründet liegt.

Ovid beschreibt so die vom Halbgott Vulcanus gearbeiteten, kostbaren Metalltüren am Palast des Apoll. Das Material, der Stoff, in dem das Kunstwerk anschaulich wird, erscheint als Quantité negligeable gegenüber der lebendigen, nahezu ätherischen Form.

„Darin also besteht das eigentliche Kunstgeheimnis des Meisters, daß sich der Stoff durch die Form vertilgt", so auch Friedrich Schiller 1795 in seinen Vorstellungen „Über die Ästhetische Erziehung des Menschen". Die hinter diesen Zitaten stehende Vorstellung vom geringen Rang des Materials gegenüber der künstlerischen Bearbeitung hat lange Tradition und läßt sich überall dort nachweisen, wo Gedanken von Platon und Aristoteles weiterleben oder im neuen Gewande wiederbelebt werden. Das zugrunde liegende ästhetische System verbindet die Antike mit dem Mittelalter und der Neuzeit zumindest bis zum ausgehenden 18. Jahrhundert und wird essentiell von der Vorstellung bestimmt, daß die Idee aller Dinge in ihrem vollkommenen Zustand stofflos ist. Zu ihrer individuellen Verwirklichung und Veranschaulichung bedarf sie zwar der Materie, doch wird sie mehr oder weniger auch hierdurch verunklärt – wobei der Grad der Überwindung des Materials den Reifegrad der Kunst ausmacht.

Die Begründung der Architektur als Disziplin, als ars, erfolgt analog, jedoch noch weitergehend in der Ableitung aus bzw. der Nachahmung der Natur: weil bzw. wenn eine Form die Natur nachahmt, ist sie schön.

Am Ende des 18. Jahrhunderts, im Zuge des geisteswissenschaftlichen Phänomens der Aufklärung und wiederum in dem Versuch, Grundlagen für eine gesicherte Form, für eine gültige Architektur zu finden, erhalten die Begriffe „Natur" und „Naturnachahmung" eine grundlegende, architekturtheoretisch essentielle Bedeutung.

A.9

In Auseinandersetzung mit der Entstehung des dorischen Peripteraltempels in der Theorie Vitruvs, den hier exemplarisch aufgeworfenen Fragestellungen nach einer ursprünglichen Holzform und deren späterer Nachahmung im Material Stein, entzündet sich das neue Denken und wird Grundlage der modernen Architekturtheorie, einer eigenständigen Theorie des Schönen in der Architektur in Abgrenzung zu den vorangestellten Künsten wie Musik, Plastik und Malerei:

„Die Architektur ist keine nachahmende Kunst, wie die Bildhauerei oder Malerei. Ihr Wesen beruht auf den Gesetzen einer Mechanik, wovon die Natur kein Modell zur Nachahmung aufgestellt hat", schreibt 1809 der Architekt und Bauforscher Alois Hirt (System der Baukunst nach den Grundsätzen der Alten, S. 27).

Es gehört mit zum Spannendsten in der Rezeptionsgeschichte der Genese des dorischen Peripteraltempels und der damit verknüpften Material- und Konstruktionsfrage zu verfolgen, wie das Eckproblem der nicht gewährleisteten Konkordanz zwischen Triglyphon und Säulenstellung im Zuge der Aufklärung und der damit einhergehenden Verfeinerung der Architekturtheorie essentielle und bis heute gültige Themenbereiche in neuer Entwicklung auslöst.

„Nein! Nicht weil sie auf einer solchen Nachahmung beruht, sondern weil sie wesentlich, statisch, ökonomisch, zweckmäßig und als organische Bildung aus der Naturnothwendigkeit der Sache entwickelt, weil sie, wie unser großer Dichter sagt, eine andere Natur ist, die menschlichen Zwecken dient, deshalb war und ist die griechische Architektur die Architektur aller civilisierten Völker geworden ..."

Die Betonung der Aussage liegt auf den rationalen und funktionalen Gesichtspunkten, aus denen heraus allein gültige Architektur entstehen kann, Originalität wird gegen das Prinzip der Nachahmung gesetzt. Damit scheidet eine Theorie der Präexistenz der Architekturformen im Material Holz und deren surrogathafte Verwertung im nachfolgenden Steinbau aus (Leo von Klenze, Aphoristische Bemerkungen, 1838).

Auf der Suche nach einer Neubegründung der Architektur finden Architekten wie Leo von Klenze und Jean-Nicolas-Louis Durand oder auch zuvor Philosophen wie Marc-Antoine Laugier die Orientierung in rationalisierbaren Aspekten wie Material, Konstruktion und Funktion und werfen damit das „Kartenhaus der Mimesistheorie" um (**Abb. A.1.15**).

Die „Logik der Konstruktion" wird zum obersten Axiom der neuen Architekturtheorie, die Realisierung dieses Axioms in der antiken griechischen Architektur zum unumstößlichen Glaubenssatz.

Damit kommt nicht nur der neuen Architekturtheorie besondere Bedeutung in der Interpretation der dorischen Ordnung und ihrer Genese zu, sondern auch umgekehrt der dorischen Ordnung eine Bedeutung für die Architekturtheorie im Sinne ihrer Exemplifizierung und Verifizierung (**Abb. A.1.16**).

Abb. A.1.15 „Urhütte" nach Marc-Antoine Laugier, Essay sur l'Architecture, Frontispitz der 2. Auflage, 1755

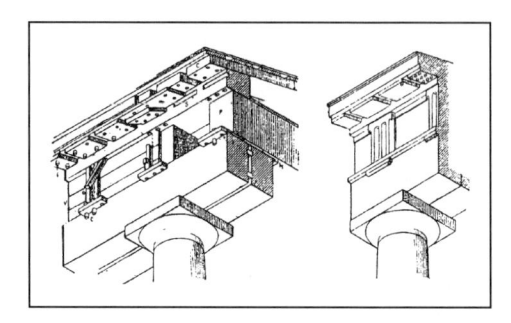

Abb. A.1.16 Mimesis der Holzkonstruktion in Stein; Illustration aus Auguste Choisy: Historie de l'architecture, 1899

Material, Konstruktion und Form   A

In der Architectur muß alles wahr sein, jedes Maskieren, Verstecken der Construction ist ein Fehler...

Den zweiten Hauptgrundsatz für stylvolle Architectur leite ich aus folgender Betrachtung ab: Jede vollkommene Construction in einem bestimmten Material hat ihren ganz bestimmten Character und würde in keinem anderen Material auf die gleiche Weise, vernunftgemäß ausgeführt werden können. Dieses individuelle Ausschließen der einen von der anderen, verbiethet jede völlige Vermischung der Construction in verschiedenen Materialien, wobei immer die eine der inneren Vollendung und Vollkommenheit der anderen schaden, auch die Einfachheit für die Auffassung des Beschauers verloren gehen würde." (Abb. A.1.17 und A.1.18).

Nochmals eine für diese Gedankengänge typische und sehr prägnante und nahezu philosophische Formulierung findet sich 1830 bei C. A. Rosenthal: „Wenn die Form aus der Construction entstanden ist, und wenn sie eben darum schön genannt wird, so folgt auch, daß sie sich zugleich mit ihr ausbilden muß, und daß, wenn sich die Construction ändert, auch die Form sich neu gestalten muß, oder zur bedeutungslosen Nachbildung herabsinkt, und eben darum unschön wird."

Was hier als rein historischer Exkurs in die Antike erscheinen mag, erweist sich als Nucleus und Grundlage einer modernen Architekturtheorie für Architekten und Bauingenieure in ihrer Ausrichtung der Form an Material und Konstruktion, an den essentiellen Kriterien von Material- und Werkgerechtigkeit; dies in deutlicher Abgrenzung zur rein formalen Stildiskussion, wie z. B. sie Heinrich Hübsch in seinem Traktat: „In welchem Style sollen wir bauen?" von 1828 in Karlsruhe anprangert.

Abb. A.1.17 „In der Architectur muß alles wahr sein..." K. F. Schinkel, Friedrichwerdersche Kirche, Berlin 1830

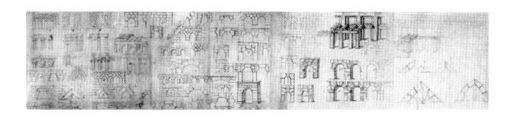

Abb. A.1.18 Einführung in die konstruktive Form. K. F. Schinkel „Architektonisches Lesebuch", etwa 1825

Karl Friedrich Schinkel abstrahiert – basierend auf dieser Entwicklung – folgenden Grundsatz für die Architektur: „Um irgend ein Anhalten in dem weiten Felde der Architectur unserer Zeit zu gewinnen, wo die Verworrenheit oder der gänzliche Mangel an Principien in Beziehung auf Styl überhand genommen und unter der unendlichen Masse des auf der Welt in verschiedenen Epochen Entstandenen, die Critik für die Anwendung sehr schwer wird, spreche ich folgenden Hauptgrundsatz aus: Architectur ist Construction.

1.5 „Zeigen, wie es gemacht ist" Louis Kahn und der Versuch einer Architektur der Wahrhaftigkeit

Aller Vorsätze und fundierten Theorien zum Trotz driftet dem Architekten die Form aus der Trias mit Material und Konstruktion und droht sich zum „rein Formalen", zum Symbolischen, gegebenenfalls mit historischem Bezug, zu verselbständigen in Konkurrenz zur Konstruktion und in Mißachtung des Materials.

Dieser Divergenz entspricht eine nach wie vor bestehende Spaltung der Berufsgruppen von Ingenieur und Architekt, verbunden mit einer spezifischen, gegenseitigen Wertung – ja Abwertung; letztlich einer Konkurrenz, die diametral entgegen-

Abb. A.1.19 Louis Kahn, Alfred Newton Richards Medical Research Building, University of Pennsylvania, 1957–65

Abb. A.1.20 Alfred Newton Richards Medical Research Building, Biology Building tower

steht der dringenden Notwendigkeit einer engen und konstruktiven Zusammenarbeit, geprägt von gegenseitiger Akzeptanz und Inspiration als Voraussetzung zur kreativen Bewältigung der anstehenden Aufgaben in einem komplexen ökologischen, ökonomischen und kulturellen Netzwerk.

Das Bemühen um Klarheit und Verständlichkeit, um die Verbindung von Form und Konstruktion, sollte als unabdingbare Voraussetzung guter Architektur rehabilitiert werden.

Die Folge richtiger und logischer Entscheidungen kann dann eine neue Einfachheit sein bei geringerem Ressourcenverbrauch und höherer Effizienz, nicht zuletzt dann auch einer gesteigerten ästhetischen Qualität.

Als Maxime dieses Handelns kann nach wie vor jenes Postulat 1964 gelten von Louis Kahn: „Zeigen, wie es gemacht ist", und: „Entwurfskonzepte, die zur Verschleierung der Konstruktion beitragen, haben in dieser Ordnung keinen Platz ... Ich glaube, daß bei der Architektur wie bei allen anderen Künsten der Künstler die Zeichen instinktiv bewahrt, die

den Entstehungsprozeß der Dinge aufzeigen ... Es sollten Konstruktionen entworfen werden, die den technischen Bedürfnissen der Räume und Bereiche entsprechen ... Die Konstruktion zu verbergen, Beleuchtungs- oder akustische Einrichtungen unter Putz zu verlegen, gepreßte und unerwünschte Rohre und Leitungen unter die Erde zu versenken, wäre unerträglich." (**Abb. A.1.19 bis A.1.22**)

Es ist dies eine vorsätzliche Position wider das heutige „Anything goes", dessen Architekt und Bauingenieur sich gegenseitig versichern und auch eine Position des Entwerfens und Konstruierens in bewußter Kenntnis von Tragwerk und Hülle, Masse und Transparenz, Struktur und Form.

Der nahezu schon fälschlich tradierte Terminus des „sich der Technik bedienen" charakterisiert jene ungemein irrige Praxis, wonach der Entwurf des Architekten vom sogenannten Statiker nur noch „hingerechnet" wird unter Zuhilfenahme von Substruktionen, die Materialdefizite gerade noch ausgleichen.

Material, Konstruktion und Form **A**

Abb. A.1.21 Louis Kahn, Library, Phillips Exeter Academy, New Hampshire 1962–72

Abb. A.1.22 Phillips Exeter Academy, Librarian's office

Dies kann sicher sowenig das Ziel sein wie eine Architektur, die allein durch die Technik determiniert ist.

Es sind eine Fülle von Einflußfaktoren, die die Form, das letztlich gebaute Projekt in seinem Wesen und seinem Erscheinungsbild beeinflussen; neben dem Ort und dem Raumprogramm sind wesentlich auch die Bauweise, Budget und Zeitvorgaben des Bauherrn und seiner Stellvertreter, vor allem aber Material und Konstruktion unter den beschriebenen Kriterien von Material- und Werkgerechtigkeit.

Diese Faktoren gemeinsam mit dem Ingenieur zu entwickeln – und es geht um die Gemeinschaftsaufgabe von Entwerfen und Konstruieren, in gegenseitiger Kenntnis der Leistungsfähigkeit und Leistungsgrenzen, dabei auch in gemeinsamer Auseinandersetzung mit neuen Materialien wie z. B. dem bewehrten Mauerwerk, mit neuen Berechnungsmethoden (Eurocode EC 6) und damit neuen Möglichkeiten ist die Voraussetzung für eine gebaute Umwelt größtmöglicher Effizienz, Ökologie in ganzheitlichem Sinne und damit nicht zuletzt ästhetischer Qualität.

Daß allen Verfeinerungen im konstruktiven und bauphysikalischen Bereich zum Trotz das Prinzip des Mauerwerkbaues noch immer auf den gleichen Prinzipien beruht wie in den geschichtlichen Anfängen, wurde bereits ausgeführt. Diese Prinzipien bleiben wichtige Ausgangsbasis, sie sollten bewußt sein und Beachtung finden.

Unter den genannten Prämissen sind sie Grundlage einer verantwortungsvollen Weiterentwicklung der Kriterien von Material- und Werkgerechtigkeit, dies dann nicht unter schwärmerischer, formaler Imitation des historischen, einfachen Bauens, sondern unter Bejahung und Berücksichtigung aller zusätzlichen, insbesondere bauphysikalischen Notwendigkeiten.

Unter diesen Prämissen besteht dann auch die Möglichkeit einer angemessenen Formfindung für Innovationen im Mauerwerksbau wie z. B. das bewehrte Mauerwerk oder die industriell geprägte Vorfertigung und Wandbauweise.

2 Grundlagen der Gestaltung

2.1 Vom Entwerfen und Konstruieren mit Mauerwerk

Der Vorgang des Entwerfens nahezu ebenso wie der des Konstruierens zählt zu jenen Grenzbereichen zwischen Kreativität und Wissen, zwischen Phantasie, Intuition, Begabung und wissenschaftlicher Logig, die sich weit weniger leicht erschließen wie die Fachbereiche der Materialkunde, der Baukonstruktion oder der Bauphysik.

Der Versuch einer Annäherung an das Entwerfen, zuletzt dann auch unter besonderer Berücksichtigung des Entwerfens mit Mauerwerk – was den Grad der Schwierigkeit noch erhöht – nimmt seinen Ausgang in historisch überlieferter Fachliteratur seit dem frühen 19. Jahrhundert, die sich in Verbindung mit der Neugründung wichtiger Bildungseinrichtungen für Architekten und Ingenieure mit diesem grundlegenden Thema und seiner pädagogischen Vermittlung systematisch befaßte.

Dabei wird der immer noch gültige Spannungsbogen erkennbar zwischen Wissenschaft und Kunst und die zwingend notwendige Ausgangsbasis im Wissen um die Grundlagen nicht zuletzt von Material und Konstruktion.

Letztlich erweist sich, daß Entwerfen und Konstruieren einen Denkprozeß darstellen, der in der Verknüpfung unterschiedlicher, komplexer Aspekte unter einer differenzierenden Systematik besteht.

Die Illustration der Produkte des Entwerfens soll dabei nicht erfolgen an Bauten oder Projekten der zitierten Autoren, sondern exemplarisch an realisierten Beispielen der Moderne, die als Inkunablen die Komplexität des Bauens mit Mauerwerk möglichst prägnant vor Augen führen **(Abb. A.2.1 bis A.2.24)**.

In einem romanhaften Lehrbuch, der „Histoire d'une Maison" legt Viollet-le-Duc 1870/80 seine Gedanken auch zum Prozeß des Entwerfens dar. Die Tragweite dieser Gedanken wird deutlich im Zusammenhang der erklärten Gegnerschaft gegenüber dem Eklektizismus seiner Zeit; so fordert er statt der Nachahmung vergangenen Formrepertoires eine Orientierung des Entwerfenden an Funktion, Konstruktion und Material zur Schaffung einer neuen Architektur. In dieser Phase des Umbruchs erkennt er die Bedeutung, die dem Vorgang des „richtigen Entwerfens" zukommt. So schreibt er in seinem Dialog:

Abb. A.2.1 Hendrik P. Berlage, Börse Amsterdam, Holland 1897–1903; Außenansicht

„Schüler: Für jede Sache aber, die man als Architekt betreiben will, muß es doch ein Mittel, ein Verfahren ... ein Rezept geben?

Lehrer: Hauptsache ist, daß man sich gewöhne, ein Gedachtes klar zu erfassen; unglücklicherweise lernt man aber eher eine Phrase als einen vernünftigen Gedanken bilden ... In der Baukunst sinnt man auf Formen, die das Auge reizen, ehe man weiß, ob sie der genaue Ausdruck dessen sind, was das Urteil der Vernunft, die strenge Betrachtung einer konstruktiven Notwendigkeit oder eines Lebens-

Grundlagen der Gestaltung   A

Abb. A.2.2 H. P. Berlage, Börse; Innenansicht der Haupthalle

Abb. A.2.4 Frank Lloyd Wright, Susan Lawrence Dana House, Springfield, Illinois, 1899–1900

Abb. A.2.5 F. L. Wright, Susan Lawrence Dana House, Springfield, Illinois, 1899–1900

Abb. A.2.3 H. P. Berlage, Börse; Detail

Abb. A.2.6 F. L. Wright, Darwin D. Martin House, Buffalo, New York, 1904–1905

verhältnisses erheischt ... Soll ich nun auf diese Frage zurückkommen, ob die Baukunst Rezepte, Techniken kennt, so muß ich dir erwidern: Ja, man hat wohl dies und jenes praktische Verfahren, das im Konstruktionswesen seine Anwendung findet; da aber die Baustoffe und Mittel der Ausführung immer und immer andere sind, so muß auch das Verfahren den Abweichungen folgen. Ein Prinzip aber gibt es in der Baukunst, das man in allen vorkommenden Fällen befolgen kann und befolgen soll ... Jenes Prinzip befolgen heißt nun nichts anderes, als die Fähigkeit vernünftigen Denkens üben und sie auf jeden besonderen Fall anwenden ...

Die Erforschung aller Verhältnisse, aller sachlichen Grundlagen, der Ortsgebräuche, der klimatischen und hygienischen Bedingungen muß also der Bildung des Urteils, die Bildung des Urteils aber der Planung vorausgehen."

Viollet-le-Duc steht am Ende einer Epoche: Gesellschaftliche Veränderungen bei zunehmender Kom-

A.15

plexität der Zivilisation, vorbildlose neue Bauaufgaben, neue Materialien, neue, von Industrialisierung geprägte Baumethoden führen die Architektur zunächst in die Krise, erzeugen Orientierungslosigkeit und Konventionsverlust.

Lange zurück liegen jene „absoluten Wahrheiten", die noch Alberti 1450 unter dem platonischen Ideal des Kalokagathon und jenes Beziehungsdreiecks von firmitas, utilitas, venustas (Festigkeit, Zweckmäßigkeit, Schönheit) definieren konnte.

Die Vernunft, Empfindung und Verstand zugänglichen, „absoluter Wahrheit" unterliegenden Gesetzmäßigkeiten sind bei ihm im Entwurfsvorgang eingebunden in nicht lehrbare, künstlerische Empfindungen und Erfahrungen des Architekten; es bedürfe daher bei Planung und Ausführung von Bauaufgaben der gemeinsamen Anspannung aller geistigen und künstlerischen Kräfte: „Aus dem Geist die Erfindung, aus der Erfahrung die Fähigkeit der Gestaltung, aus der Kritik die Auswahl, aus dem leitenden Gedanken die Komposition ... mittels Linien und Winkeln im Geiste konzipiert, aufgetragen von einem an Herz und Geist gebildeten Menschen."

Dies alles eingebunden in ein gesellschaftliches Einverständnis, eine Konvention, die den Entwurfsprozeß des Architekten ebenso lesbar macht wie das Gebaute selbst im städtischen Kontext.

Die Klage über den Verlust der Konvention ist seit dem Ende des 19. Jahrhunderts unüberhörbar, befriedigende Antworten gibt es bis heute wenige – wenn man denn diesen Aspekt nicht einfach als Positivum definiert und akzeptieren will.

Jean-Nicolas-Louis Durand sucht in diesem Dilemma in seinen Vorlesungen an der Pariser Ecole Polytechnique, publiziert 1802–1805 unter dem Titel „Precis des Lecons d'Architecture" eine Absicherung der Kunst durch die Wissenschaft und umgekehrt:

„Die Architektur ist gleichzeitig eine Wissenschaft und eine Kunst; als Wissenschaft verlangt sie Wissen (des connaissances); als Kunst erheischt sie Können (des talents). Das Können ist nichts anderes als die richtige und mühelose Anwendung des Wissens, und diese Richtigkeit und Mühelosigkeit erwirbt man nur durch fortgesetzte Übung und vielfältige Anwendung." Im Ergebnis müsse der Entwurf „aus einem Guß" sein.

„Das gelingt nur, wenn man sich von langer Hand mit allen Teilen vertraut gemacht hat, die zur Komposition gehören; denn sonst wird die Aufmerksamkeit von den Einzelheiten abgelenkt, man verliert das Ganze aus dem Auge, und die abgekühlte Einbildungskraft vermag nur noch Schwaches oder Schlechtes zu erzeugen, ja sie wird oft jeglicher Produktivität unfähig."

Abb. A.2.7 L. Mies van der Rohe, Haus Wolf, Guben 1926

Abb. A.2.8 L. Mies van der Rohe, Haus Josef Esters, Krefeld 1930

Abb. A.2.9 L. Mies van der Rohe, Haus Hermann Lange, Krefeld 1927

Die dazu nötige Grundlage ist das Wissen um die Bauelemente in ihrer Ausprägung durch Material, Form und Proportion, die Komposition als Verbindung der Bauelemente untereinander mit der Zielsetzung von Zweckmäßigkeit und Sparsamkeit sowie die Baugattungen und Bautypen in hierarchi-

Grundlagen der Gestaltung A

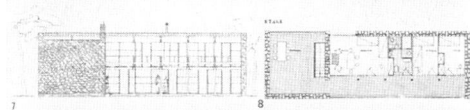

Abb. A.2.10 Le Corbusier, Ferienhaus Sextant, Les Mathes, La Rochelle

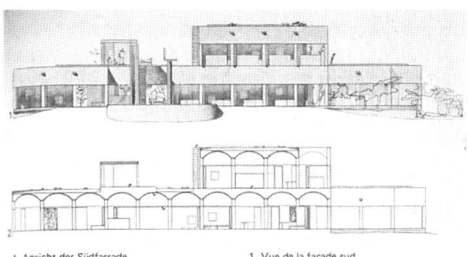

Abb. A.2.11 Le Corbusier, Jaoul-Häuser, Neuilly-sur-Seine 1952; Außenansicht

scher Ordung; ein Wissen, das in der Frage nach den Wurzeln einer neuen Architektur, gleich ob gestellt am Ende des 19. Jahrhunderts in der Eklektizismusdiskussion, der Auseinandersetzung der Tradition, Moderne, Avantgarde in den zwanziger Jahren oder der Nachkriegszeit, dem Entwerfen und dem richtigen Materialumgang die zentrale Rolle zumißt.

Mit der systematischen, theoretisch und praktisch fundierten Analyse der Entwurfsvorgänge, ihrer Grundlagen, Mittel und Zielausrichtung unternimmt auch der Architekt Martin Elsässer 1950 den Versuch, „der heranwachsenden Generation ... die Mittel an die Hand (zu) geben, ihre künstlerischen Aufgaben in einer Weise zu lösen, die langsam, aber sicher zu einer unserer Zeit entsprechenden selbstverständlichen Ausdrucksform und damit zu einer wirklichen Kultur führt."

Der Anspruch ist berechtigt und dringend notwendig, er ist aber auch hoch plaziert und wird entsprechend selten erreicht.

Es bleibt dabei von zentraler Bedeutung und dies gerade im Zeichen des oben beschriebenen Konventionsverlustes, daß der Vorgang des Entwerfens

Abb. A.2.12 Le Corbusier, Jaoul-Häuser, Neuilly-sur-Seine 1952; Innenansicht

A.17

als Initial des Gebauten nicht subjektivistisch, individualistisch sein darf ohne Bezug zum Kontext, daß er vielmehr als Verschmelzungsprozeß angesehen werden muß, nahezu wie bei Durand beschrieben folgende Aspekte:

– zunächst der Nutzen, der Zweck, die Funktion eines Gebäudes im weitesten Sinne, das dem Bedarf gerecht werden soll; hierin eingebunden ist die Qualität der Räume und Raumbereiche hinsichtlich Größe, Lage, Beziehung, Belichtung, baupysikalischer Bedingungen.

Der Entwurf sucht in diesen funktionalen Aspekten Gemeinsames und Trennendes, sucht eine Struktur und Ordnung, die in klarer Hierarchie jedem Raum und seiner Erschließung einen Platz zuweist.

Es können dabei Typologien entstehen oder aber auch Rückgriffe auf typologische Ausformungen und deren Abwandlung vorgenommen werden: das Wohnhaus, das Bürogebäude, die Bibliothek.

– der Ort, bestimmt durch die Region, Topographie, Klima, Historie, unmittelbare Nachbarschaft, insgesamt durch den Genius loci.

Die oben beschriebenen Funktionen siedeln sich hier konkret an, erfahren Zuordnung zur Sonne, zur Aussicht, werden eingebettet in die Modulation der Landschaft oder den urbanen städtebaulichen Kontext mit Schallemissionen und Erschließungszwängen.

Der Ort kann dabei Inspiration sein oder zu behebender Mangel:

– Material und Konstruktion, d. h. die Technik des Bauens, die Systematik der Fügung von Tragwerk und Hülle unter Berücksichtigung von Elementen, Bauteilen, Baumethoden, logistischen Voraussetzungen bis hin zur gegebenenfalls ökologischen Prägung der Materialien und ihrer Fügung.

Diese Aspekte sind von zentraler Bedeutung, soll der Entwurf materialiter und insbesondere dauerhaft realisiert werden.

Alle diese Aspekte werden im Entwurf entwickelt, teils parallel, teils nacheinander mit gleicher oder unterschiedlicher Wichtung. Überlagert von Bildern und Assoziationen, entstehen Varianten, in denen einmal mehr die Funktion, der Ort oder die Eigengesetze des Bauens Vorrang haben, das Ergebnis unterschiedlich determinieren.

„Entwerfen ist kein additiver, sondern ein integrativer Prozeß. Zwar können und müssen die einzelnen Entwurfsfaktoren je für sich eine Zeitlang studiert und verfolgt werden, entscheidend ist jedoch die Erkenntnis, daß es nicht möglich ist, schrittweise zu einer Kombination teilhaft gewonnener Erkenntnisse zu gelangen. Das gespeicherte Allgemeinwissen und die Resultate der Auseinandersetzung mit den spezifischen Faktoren müssen zusammengefügt werden. Die Suche nach Kombinationsmöglichkeiten kann nicht beliebig breit angelegt sein, sie muß letztlich von einer Idee, von einem Schwerpunkt, von einem wichtigen Motiv bestimmt werden ...

Ein Entwurf entsteht nicht durch das Fügen von Schicht auf Schicht, keiner der Einzelbereiche (Schichten) kann unabhängig vom anderen für sich optimal gestaltet und aneinandergefügt werden. Vielmehr ist der Vorgang ein Verschmelzen, bei dem sich die einzelne Schicht durch die Beziehung zu anderen Schichten verändern kann", so der Architekt Walter Belz 1992 in „Zusammenhänge. Bemerkungen zur Baukonstruktion und dergleichen".

Die Qualität des Verschmelzungsvorganges bestimmt die Qualität des Entwurfes und damit des Ergebnisses: der gebauten Architektur. In der Tat mischen sich hier konkret Wissen und Können, Technik und Kunst, subjektive Eingebung und objektivierbare Rationalität.

Abb. A.2.13 Alvar Aalto, Rathaus Säynätsalo, Finnland, 1949–1952

Abb. A.2.14 A. Aalto, Rathaus Säynätsalo

Grundlagen der Gestaltung A

Abb. A.2.15 A. Aalto, Rathaus Säynätsalo; Ratssaal

Abb. A.2.16 Louis Kahn, Institut of Management, Ahmedabad, India 1962–1974

Abb. A.2.17 L. Kahn, Institut of Management, Ahmedabad, India 1962–1974

Wenn hierbei dem Material und dessen Fügungsprinzipien eine besondere Rolle zukommt, so ist dies nur legitim und seit den Auswirkungen der Aufklärung, verstärkt ab Mitte des 19. Jahrhunderts, auch architekturtheoretisch nachvollziehbar.

„Die Belebung des Materials als Prinzip der Schönheit" tituliert z. B. Henry van der Velde 1910 einen Essay zum Thema und stellt fest: „Die wesentliche, unentbehrlichste Bedingung der Schönheit eines Kunstwerkes besteht in dem Leben, welches der Stoff, aus dem es geschaffen ist, begründet. So muß sich der Künstler nicht nur den Bedingungen des Materials anpassen, sondern er denkt geradezu in dem Stoffe, seine Phantasie bewegt sich, während er erfindet, gewissermaßen nur innerhalb des Stoffes. Und wenn Dich der Wunsch beseelt, diese Formen und Konstruktionen zu verschönern, so gib Dich dem Verlangen nach Raffinement ... nur insoweit hin, als Du das Recht und das wesentliche Aussehen dieser Form und Konstruktion achten und beibehalten kannst!"

Dem Material wird damit eine essentielle und konstituierende Rolle zugeordnet, es entsteht die Prägung des Begriffs „Materialgerechtigkeit", eine Maxime, die mit der älteren Forderung nach „Werkgerechtigkeit", „Wahrheit" in der Konstruktion, zusammentrifft.

Zu den theoretischen Wegbereitern und engagierten Verfechtern einer unmittelbaren Verknüpfung dieser Termini zählen unter anderen John Ruskin in England und Viollet-le-Duc in Frankreich; Autoren, die sich in ihren Schriften wiederum auf Gedankengut der Aufklärung beziehen:

Entwurf

Abb. A.2.18 L. Kahn, National Hospital, Dacca, Bangladesch 1962–1971

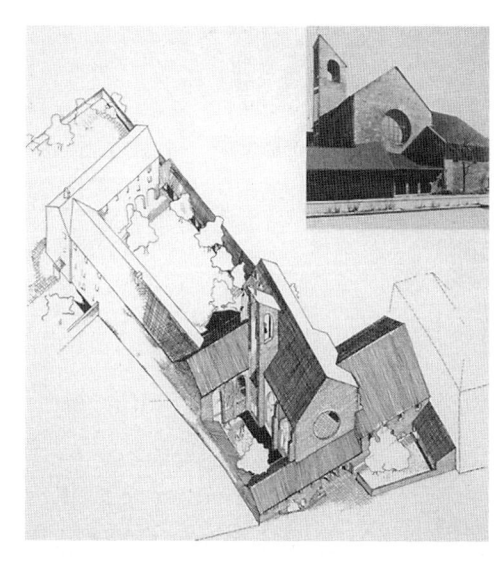

Abb. A.2.20 E. Steffann, Kloster der Franziskaner, Köln 1951/1966

Abb. A.2.19 Emil Steffann, Scheune in Lothringen, 1948

Abb. A.2.21 E. Steffann, Karmeliterinnenkloster, Essen-Stoppenberg 1961–1963

„In der Architektur gibt es zwei notwendige Arten wahrhaftig zu sein, sie muß wahrhaftig gegenüber dem Bauprogramm und wahrhaftig gegenüber den Konstruktionsmethoden sein. Dem Bauprogramm gegenüber wahrhaftig sein heißt, die von den Be-

Grundlagen der Gestaltung A

Abb. A.2.22 Hermann Herzberger, Verwaltungsgebäude Central Beheer, Appeldorn, Holland 1974; Ansicht von außen

dürfnissen auferlegten Bedingungen genau und klar erfüllen; den Konstruktionsmethoden gegenüber wahrhaftig sein heißt, die Materialien entsprechend ihren Eigenschaften und Besonderheiten verwenden", schreibt 1863 Viollet-le-Duc.

Noch schärfer – insbesondere unter Einbeziehung moralisch-ethischer Kategorien – formuliert dies John Ruskin in „Die sieben Leuchter der Baukunst" (1900): „In der Baukunst ist nun eine noch verächtlichere Verletzung der Wahrheit möglich. Eine unwürdige Vorspiegelung falscher Tatsachen in bezug auf Material, Masse und Wert der Arbeit. Einen ebenso strengen Tadel wie ein schweres moralisches Vergehen verdient dieser Betrug, der eines großen Architekten und der eines großes Volkes unwürdig ist."

Diese Maximen tragen die Kennzeichen eines neuen normativen Systems, das den Anspruch erhebt, „wahr" und insbesondere damit auch „zeitlos" zu sein; und dies, obwohl gerade im 19. und frühen 20. Jahrhundert jeder normative, ästhetische Anspruch, jede bindende Konvention relativiert worden waren; diese Maximen der Wahrheit in Material und Konstruktion sind dabei symptomatischer Bestandteil eines die gesamte Gesellschaftsordnung betreffenden Reformwillens. Sie sind gleichzeitig symptomatisch für einen Wirkungsmechanismus der ästhetischen Kritik, in der sich die Kategorie der Wahrheit immer dann neu etabliert, wenn Vorangegangenes, Tradiertes, eine Konvention überwunden werden muß, die dann als „Lüge" entlarvt und ad acta gelegt wird.

Das Gegenteil hatte zuvor seine Berechtigung: „Aber den Stoff besiegte die Kunst: opere superante materiam," so der römische Dichter vor nahezu 2000 Jahren in seinem Werk „Metamorphosen".

„Darin also besteht das eigentliche Kunstgeheimnis des Meisters, daß sich der Stoff durch die Form vertilgt", so auch Friedrich Schiller 1795 in seinen Vorstellungen „Über die ästhetische Erziehung des Menschen".

Die hinter diesen Zitaten stehende Vorstellung vom geringeren Rang des Materials gegenüber der künstlerischen Bearbeitung hat lange Tradition und läßt sich überall dort nachweisen, wo Gedanken von Platon und Aristoteles weiterleben oder in neuem Gewande wiederbelebt werden. Das zugrunde liegende ästhetische System verbindet die Antike mit dem Mittelalter und der Neuzeit zumindest bis zum ausgehenden 18. Jahrhundert und wird – nochmals – von der Vorstellung bestimmt, daß die Idee aller Dinge in ihrem vollkommenen Zustand stofflos ist. Zu ihrer individuellen Verwirklichung und Veranschaulichung bedarf sie zwar der Materie, doch wird sie mehr oder weniger auch hierdurch verunklärt. In diesem ästhetischen – vereinfachend als idealistisch bezeichneten – System kommt der Konzeption, der Idee, überragende Bedeutung zu.

Diesen Gedanken von der untergeordneten Rolle des Materials zeigt auch Gottfried Semper in seinem Hauptwerk „Über den Stil in den technischen und tektonischen Künsten" von 1860/63 sehr deutlich auf; es ist für ihn bezeichnend, daß er die konstituierende Rolle des Materials, ausgehend vom Textilen bei der Stilbildung, zwar feststellt, die eigentliche Bau-Kunst jedoch erst bei der Übertragung der Formen auf ein anderes Material wirksam sieht. So ist er der Ansicht, daß „die Vernichtung der Realität des Stofflichen notwendig" ist, „wo die Form als bedeutungsvolles Symbol, als selbständige Schöpfung des Menschen hervortreten soll", und daß es durchaus nicht notwendig ist, „daß der Stoff als solcher zu der Kunsterscheinung als Faktor hinzutrete".

Erweist sich dieser historisch ältere Ansatz als der modernere, gültigere?

So heißt es beispielsweise 100 Jahre später in Hans Holleins Pamphlet von 1960: „Heute, zum ersten

Abb. A.2.23 H. Herzberger, Central Beheer, Innenraum mit Sichtmauerwerk

Abb. A.2.24 H. Herzberger, Central Beheer, Detailansicht

Male in der Geschichte der Menschheit, zu einem Zeitpunkt, an dem uns eine ungeheuer fortgeschrittene Wissenschaft und perfektionierte Technologie alle Mittel bietet, bauen wir, was und wie wir wollen, machen wir eine Architektur, die nicht durch die Technik bestimmt ist, sondern sich der Technik bedient, reine, absolute Architektur."

Konkret zurück zum Thema des Entwerfens und Konstruierens:

Unermeßlich sind die Probleme für den, der heute im Zeitalter des „anything goes", der hochentwickelten Baukonstruktion und der ebenso hochgeschraubten Anforderungen und Komfortansprüche wider Holleins „reine Architektur" den Terminus der inneren Wahrheit setzt, jenes Kahnsche Postulat des „architektonischen Raumes, der klar zum Ausdruck bringt, wie er gemacht ist"; der im Vorgang des Entwerfen auf den Verschmelzungsvorgang nahezu verzichtet und rein auf die formale Gestalt fokussiert, ein Creator es nihilo.

So postuliert der Architekt Louis Kahn 1964: „Entwurfskonzepte, die zur Verschleierung der Konstruktion führen, haben in dieser Ordnung keinen Platz. Ich glaube, daß der Künstler in der Architektur wie in allen Künsten intensiv die Spuren bewahrt, die verdeutlichen, wie eine Sache gemacht wurde."

Der klar erkennbare Wandel in der Bewertung von Material und Konstruktion im 19. Jahrhundert vom idealistischen zum materialistischen Ansatz ist heute gewichen dem Sowohl-Als-auch im Werk verschiedener Architekten, zum Teil sogar im Œuvre des einzelnen, differenziert je nach Bauaufgabe.

Wie in dieser Situation Regeln aufstellen zum Entwerfen und Bauen mit Mauerwerk? Sprache in Wahrheit und Lüge differenzieren?

Und dies nicht zuletzt vor dem Hintergrund einer sozialen, gesellschaftlichen und insbesondere finanziellen Aufwertung der Arbeit gegenüber dem Material, die das ursprüngliche, prinzipiell eindeutige Kleinstein-Mauerwerk durch Großformate und komplette Wandbauteile verdrängt?

Die den zeitaufwendig und handwerklich anspruchsvoll gemauerten Steinsturz durch Beton oder Stahl ersetzt, die statt konstruktiv intelligenter und logischer Unterzugs-Filigrandeckensysteme in Beton die noch so dicke und materialaufwendige Flachdecke setzt – ohne Einblick in die innere Tragstruktur?

Das Handwerkliche im Mauerwerk wird ersetzt durch wirtschaftliche, kostengünstige, z. T. industrielle Vorfabrikation, die zunehmend anderen als den prinzipiellen Mauerwerksgesetzen entspricht. Und die Erscheinungsform einer scheinbar massiven Wand basiert oft genug auf dem völlig gegensätzlichen Konstruktionsprinzip von Tragskelett und nichttragender Ausfachung.

Und noch darüber hinaus: So sind mit den gestiegenen und ständig steigenden Wärmeschutzanforderungen und dem damit einhergehenden baupysikalischen Komplex unmittelbar sichtbare Tragkonstruktionen zumindest in Beton und Stahl im Regelfall ausgeschlossen. Konnte Louis Kahn das primäre Skelett noch innen und außen gestaltprägend, sichtbar einsetzen, bedarf es heute der wärmedämmenden Bekleidung und Verkleidung, die die innere Struktur bestenfalls noch erahnen läßt.

Und Mauerwerk verschwindet mit allen Zusatzsubstruktionen und -materialien unter einer Haut aus Putz, der teilweise noch mit Drahtgewebe gehalten werden muß.

Martin Elsässers Suche nach „einer unserer Zeit entsprechenden, selbstverständlichen Ausdrucksform und damit ... einer wirklichen Kultur" ist noch immer aktuell. Sie kann ihr Ziel nicht im „anything goes" finden; so bleibt es bei der andauernden Suche nach den „inneren Wahrheiten" und deren – wenn nicht mehr unmittelbaren, so doch mittelbaren – Ausdruck, gegründet auf ein komplexes Bild von Material und Konstruktion, dessen Ausgangspunkt aber immer noch jene zwei Backsteine sind, die Mies van der Rohe als Sinnbild des Bauens und Denkens an den Anfang seiner Vorlesung stellte in der Verdeutlichung der Komplexität architektonischen Entwerfens.

2.2 Tragsystem und Außenhaut

Wenn heute in der Baukonstruktion zwei grundsätzliche Bauweisen unterschieden werden, der Wand- oder Massivbau im Zusammenhang mit dem Material Mauerwerk und der Skelettbau mit den Materialien Holz, Stahl und Beton, so ist oft genug die Rede von einer alten, tradierten gegenüber einer modernen Bauweise oder gar von einer dumpf archaischen gegenüber einer intelligent-rationalen, nicht zuletzt von low tech und high tech.

Ungeachtet der baugeschichtlichen Entwicklung, ergibt sich diese Differenzierung aus der modernen Baukonstruktionslehre des 19. Jahrhunderts, die das Material Mauerwerk als bekannt und gewöhnlich voraussetzte und zurückdrängte zugunsten der neuen Materialien Eisen und Beton – dies alles im Zeichen einer konsequent geforderten und Schritt für Schritt realisierten Industrialisierung und Vorfertigung im Bauwesen, in der projektierten Ablösung handwerklicher Herstellungsverfahren. Le Corbusiers „plan libre" ist extremes Beispiel dieses als Befreiung empfundenen Aktes, bei dem die historisierende Mauerwerksarchitektur überwunden wurde durch das auf wenige Stützen und Deckenplatten reduzierte Skelett in Beton und Stahl mit freiem Grundriß und leichter, vorgehängter Fassade in Glas und Aluminium (**Abb. A.2.25**).

Bei genauer Betrachtung zeigt sich jedoch, daß beide Prinzipien analoge Wurzeln in prähistorischer Zeit haben – der Wandbau in Stein, der Skelettbau in Holz – daß sie entsprechend parallel nebeneinander existierten und daß es allein von daher keine im positivistischen Sinne klare Entwicklungskette oder zumindest zwingende Präferenz für das eine oder andere System gibt; die Frage nach dem modernen im Unterschied zum antiquierteren System kann somit in dieser Form nicht gestellt, sie muß vielmehr auf Prinzipialität und Qualität fokussiert werden.

Da beide Prinzipien häufig genug unkontrolliert angewendet werden oder auch sich unsystematisch vermischen auf Kosten der jeweiligen Einzelvorgänge, erscheint eine klare Definition und Abgrenzung notwendig mit dem Ziel einer bewußteren und qualitätvolleren, damit letztlich technisch und ökologisch richtigeren, vernünftigeren Architektur.

Die Elemente eines Massivsystems im Wandbau sind nahezu sogenannte isotopische Massen, die sich entweder durch die Addition untergeordneter Elemente wie z. B. Natursteinquader in unregelmäßiger Bruchform oder künstlich hergestellter, für einen Verband normierter Ziegelsteine aufbauen lassen oder aber als monolithische Masse in Beton gegossen sind.

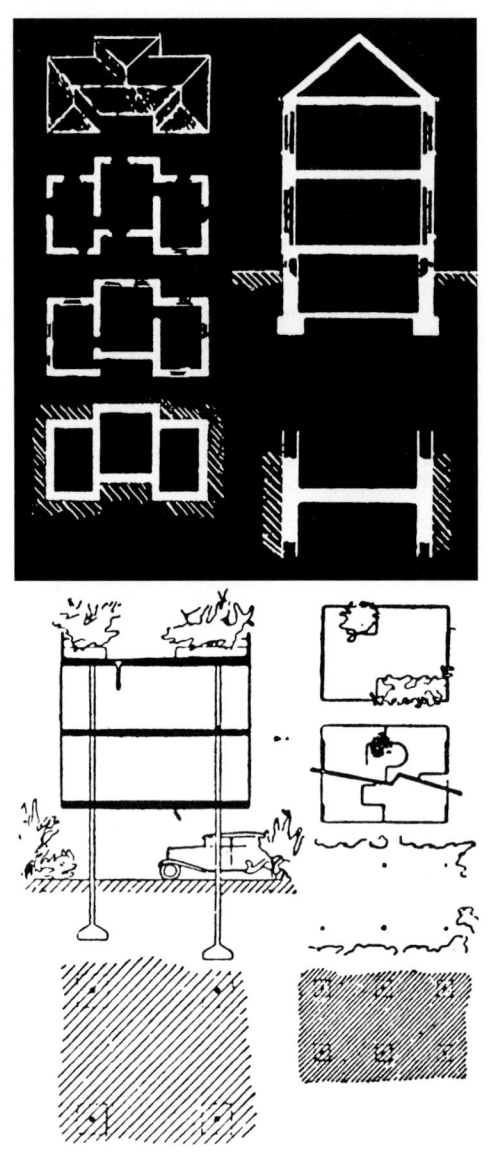

Abb. A.2.25 Le Corbusier, Plan Libre: „Das Unheil unserer Zeit oder die totale Freiheit des Raumes?" (1940)

Grundlagen der Gestaltung

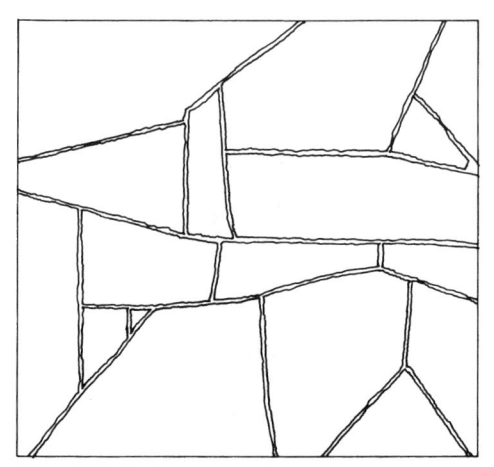

Abb. A.2.26 Trockenmauerwerk

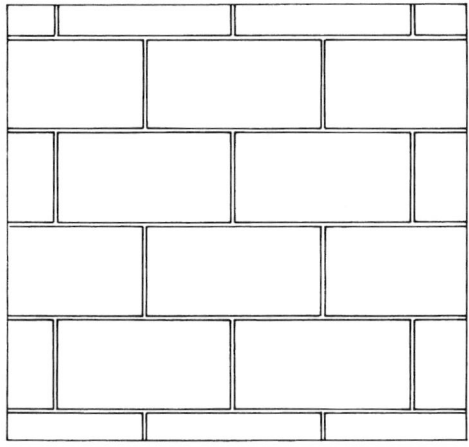

Abb. A.2.27 Verband mit Stoß- und Lagerfuge

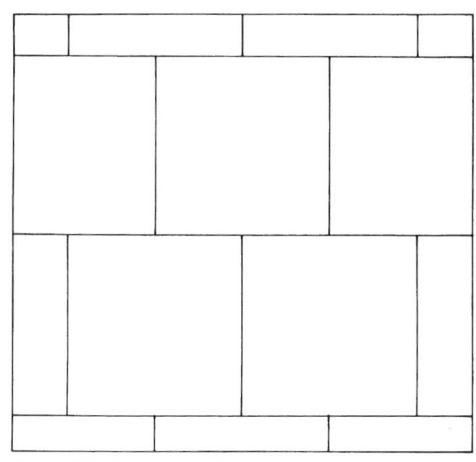

Abb. A.2.28 Fugenloser Verband

Der Begriff des Massivbaues ist in diesem Sinne architektonisch weiter gefaßt als im Bauingenieurwesen, das Massivbau lediglich und ausschließlich im Bezug zum Material Beton bzw. Stahlbeton faßt.

Die konstruktiven, statischen Gesetzmäßigkeiten der Massivsysteme ergeben sich aus den Einzelelementen und deren Fügung. Der Stein an sich ist im Prinzip schwer und spröde; er ist auf Druck belastbar, weniger auf Zug, nahezu nicht auf Biegung bzw. Biegezug. Diese Eigenschaften haben prinzipiellen Einfluß auf die Art der Lagerung des Steines in der Wand, auf seine Verwendungsfähigkeit insgesamt. So setzt die hohe Druckfestigkeit voraus, daß Stein auf Stein vollflächig und damit kraftschlüssig lagert; ist dies nicht der Fall und ein Stein liegt hohl, wird er durch die Auflast der darüberliegenden Steine auf Biegung beansprucht. Dies kann den Bruch des Steines auslösen und damit die Reduktion der Tragfähigkeit insgesamt. Die vollflächige Lagerung kann auf zwei Arten sichergestellt werden.

Die erste ergibt sich aus der sorgfältigen Auswahl unregelmäßiger Natursteine, die so paßgenau wie möglich in unterschiedlichen Größen geschichtet werden. Durch eine handwerklich planparallele Bearbeitung der Steine im Bereich der Lagerfugen kann die Paßgenauigkeit erhöht und damit die Biegebeanspruchung in den verbleibenden Hohlräumen auf ein Minimum reduziert werden (**Abb. A.2.26**).

Die zweite Möglichkeit besteht im Ausgleich der Steinunregelmäßigkeiten durch Mörtel, der sich im Zustand vor der Verfestigung den jeweiligen Oberflächen homogen anpaßt: je unregelmäßiger die Steine sind, um so dicker muß der Mörtel sein, je planer in der Oberfläche, um so dünner. Der Mörtelanteil einer Mauerwerkswand kann sich somit von 30 % auf bis zu 1 % bewegen (**Abb. A.2.27**).

Die seit der Einführung des oktametrischen Maßsystems 1955 durch DIN 4172 vorgesehene Mörtelbetthöhe von 1,2 cm konnte gerade in den letzten Jahren durch Entwicklung von sogenannten Plansteinen auf 1 bis 3 mm reduziert werden (**Abb. A.2.28**).

Diese Eigenschaften steigern bzw. mindern sich im Verband, d. h. in der isotopischen Fügung von Stein und Mörtel; dabei ist zu beachten, daß Mörtel im Regelfall noch immer eine geringere Zugfestigkeit hat als der Stein; dies erfordert eine optimale Verzahnung, die als Verband bezeichnet wird und genauen Regeln nach DIN 1053 Teil 1 unterliegt (s. Abschnitt 3.3).

Der Verband von Stein und Mörtel ergibt additiv die geschichtete Struktur, als Pfeiler, als zweidimensionale Wand, als räumliches Gefüge in drei Dimensionen.

Massivsysteme in Mauerwerk sind in ihren Dimensionen ohne zusätzliche Hilfskonstruktionen begrenzt; die Fügungsprinzipien lassen sich in verschiedene Grundrißsysteme gliedern, die hilfsweise bezeichnet werden können und von denen im folgenden noch die Rede sein wird: Schachtel, Schotte, Scheibe (**Abb. A.2.29** bis **Abb. A.2.31**).

Verbunden mit dem Aspekt des Tragens ist beim Mauerwerk der der Außenhaut: Beide technisch-konstruktiven und bauphysikalischen Gesichtspunkte fallen in eins und definieren damit das Charakteristikum des Mauerwerksbaues schlechthin: Tragsystem und Außenhaut, homogen in der Dimension, ein Schichtaufbau nach jahrhundertealten tradierten Regeln, im Zuge fortschreitender Erfahrung und Verwissenschaftlichung zunehmend intellektuell erfaßt, geprüft, in Normenwerken geregelt, eine Einheit, die zunehmenden Anforderungen und Komfortansprüchen genügen muß. Die Anforderungen sind dabei widersprüchlich, da bessere Wärmedämmeigenschaften leichtere Steine erfordern, deren Tragfähigkeit nahezu umgekehrt proportional hierzu abnimmt.

Auch neueste Erkenntnisse und Produktverfeinerungen bei ständig sich verschärfenden Bedingungen haben die monolithische Außenwand – 30 bis 36,5 cm stark – nicht in Frage gestellt. Selbst ohne, in jedem Fall aber mit Verputz erfüllt sie ökonomisch die an sie gestellten Anforderungen. So sind es häufig genug Alternativen – nicht im eigentlichen Sinne Verbesserungen –, die abweichend vom monolithischen Aufbau zu einer Auflösung der Außenwand in mehrere Schichten geführt haben, von denen jede eine eigene Qualität und Aufgabe zugewiesen bekommt: die des Tragens, die des Dämmens, die des Feuchtigkeitsaustausches bzw. -schutzes.

Diese Mehrschichtigkeit – gültige Lösung insbesondere für das normierte Bauen mit Sichtmauerwerk – durchbricht die als archetypisch beschriebene Eigenschaft des Mauerwerks, die Einheit von Tragsystem und Außenhaut, und leitet in der Praxis unmerklich in die Kondition des Skelettbaues über, der eben diese Differenzierung zum Prinzip erhebt und zur Verdeutlichung kurz skizziert werden soll.

So zeichnet sich das Prinzip des Skelettbaues grundsätzlich dadurch aus, daß die Außenhaut völlig unabhängig vom Tragsystem fungiert; beide folgen einer Eigengesetzlichkeit, die – anders als beim Mauerwerksbau – je für sich optimiert werden kann: so erfolgt die Abtragung der Lasten nicht flächen- oder linienförmig, sondern punktuell und konzentriert in Stützen, die hinter der Fassade organisiert sind (**Abb. A.2.32** und **Abb. A.2.33**).

Aufgrund der Lastenkonzentration in den Stützen scheidet das Material Mauerwerk im Regelfall aus, statt dessen kommen schwere, monolithisch im ur-

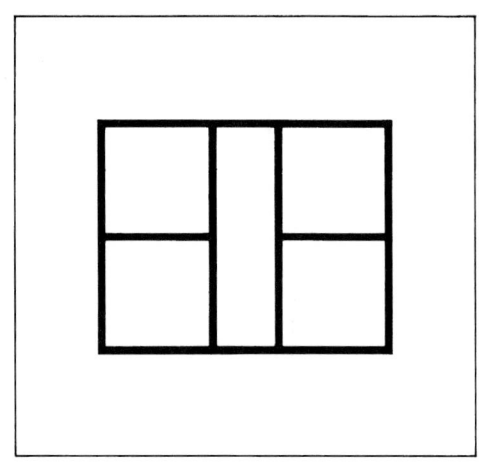

Abb. A.2.29 Geschlossenes Mauerwerksgefüge

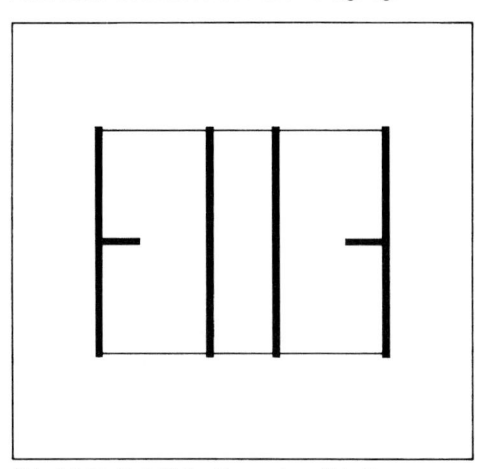

Abb. A.2.30 Gerichtetes Tragsystem, Schotten

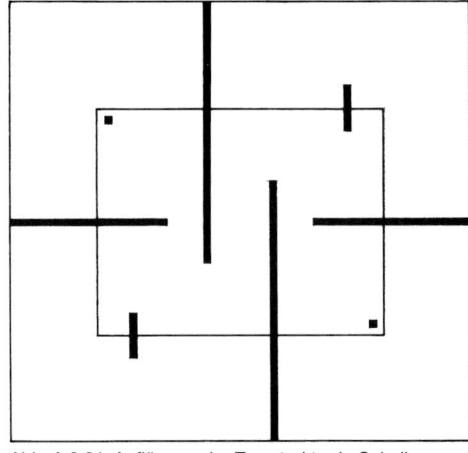

Abb. A.2.31 Auflösung der Tragstruktur in Scheiben

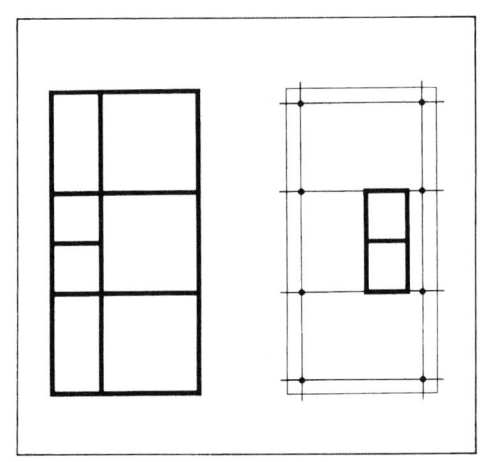

Grundlagen der Gestaltung

Abb. A.2.32 Tragsystem in Mauerwerk und Skelettbau, Grundrisse

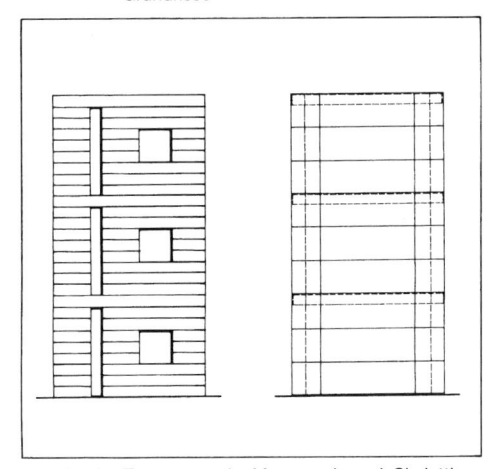

Abb. A.2.33 Tragsystem in Mauerwerk und Skelettbau, Ansichten

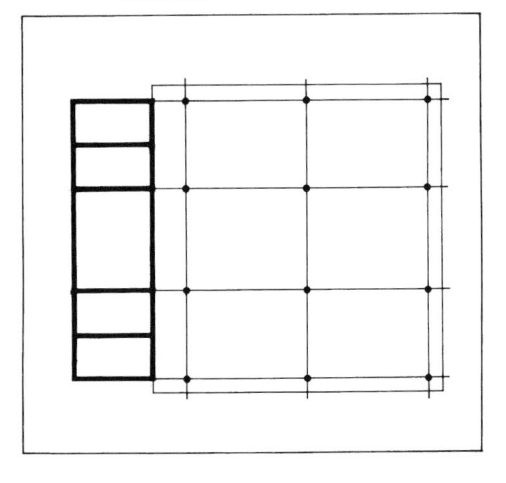

Abb. A.2.34 Mischkonstruktion, Prinzipdarstellung

eigenen Sinne geprägte Baustoffe in Frage: Stahlbeton und Stahl.

Diesen Traggliedern kommt denn auch eine Beanspruchbarkeit zu, die nicht nur die Übernahme von Normalkräften, sondern bei entsprechender Ausbildung der Knoten auch die Übernahme von Biegebeanspruchungen und Momenten impliziert.

Die Begrenzungsflächen sind unabhängig von den tragenden Gliedern ausgebildet, sie hängen im Regelfall vor den Deckenplatten und bilden im übertragenen Sinne „die Haut vor den Knochen", skin and skeletton. Sie sind optimiert auf ihre Funktion als Hülle: Schutz gegen Wasser und Feuchtigkeit, sommerlicher und winterlicher Wärmeschutz, Schall- und Brandschutz. Diese bauphysikalischen Anforderungen werden erfüllt in einer oder mehreren integrierten Schichten mit **einem** Material – wie insbesondere Glas – oder auch wiederum mehreren, spezifischen Materialien.

Dem Skelettbau ist abweichend vom Mauerwerksbau immanent das Prinzip einer größeren, spezialisierten Materialvielfalt.

Die primären Glieder eines Skelettsystems bilden einen dreidimensionalen Raster, der einer klaren Konstruktionsordnung entspricht. Diese ermöglicht erstens die Standardisierung der Teile im Hinblick auf eine wirtschaftlich optimierte Lösung, dies impliziert zweitens in der übersichtlichen Konstruktion eine klare formale, ästhetische Ordnung und damit Gestaltqualität.

Die sekundären Teile, die Fassadenelemente, sind formal und funktional vom Tragsystem deutlich unterschieden, sie binden jedoch in das geometrische Raster mit Vielfachen der konstruktiven Teilung ein. Das Grundmodul steht dabei nicht in Abhängigkeit von einem der verwendeten Materialien, es ist im Regelfall rein aus der funktionalen Ordnung des Ausbaues entwickelt.

In Auseinandersetzung mit den Grundlagen der Gestaltung erscheint es sinnvoll und unabdingbar, sich diese grundsätzlichen Aspekte zu vergegenwärtigen. Dies gilt auch dann, wenn dieser Gedanke zunächst praxisfern erscheint angesichts irregulärer Mischkonstruktionen in der täglichen Realität: der Mauerwerksbau mit in der Wand eingezogenen Stahlbetongliedern, ein System, bei dem das Mauerwerk zumindest anteilig Tragwerksfunktion verliert, oder auch der Skelettbau mit massiver tragender Außenhaut, der das Tragskelett nach außen nur simuliert. Derartige Konstruktionen führen häufig zu Verunklärungen der Erscheinungsbilder; sie sind das Ergebnis verlorener tradierter

Entwurf

Regeln, sind das Ergebnis des anything goes in Unterstützung durch Ingenieurwissenschaft und Produktindustrie, sie sind vor allem das Ergebnis einer Überfülle an Informationen, Anforderungen und Teiloptimierungen, die die notwendige Ganzheitlichkeit einer Lösung nicht erreichen, wenn nicht gar als Ziel ignorieren (**Abb. A.2.34**).

Es ist unverkennbar, daß sowohl im Wand- als auch im Skelettbau die Rolle der Bauphysik die der Statik zunehmend dominiert. Um so wichtiger ist die bewußte Auseinandersetzung mit den Grundlagen der Gestaltung mit dem Ziel einer Übereinstimmung von Form und Inhalt, technisch-bauphysikalischer Kategorie und Ästhetik.

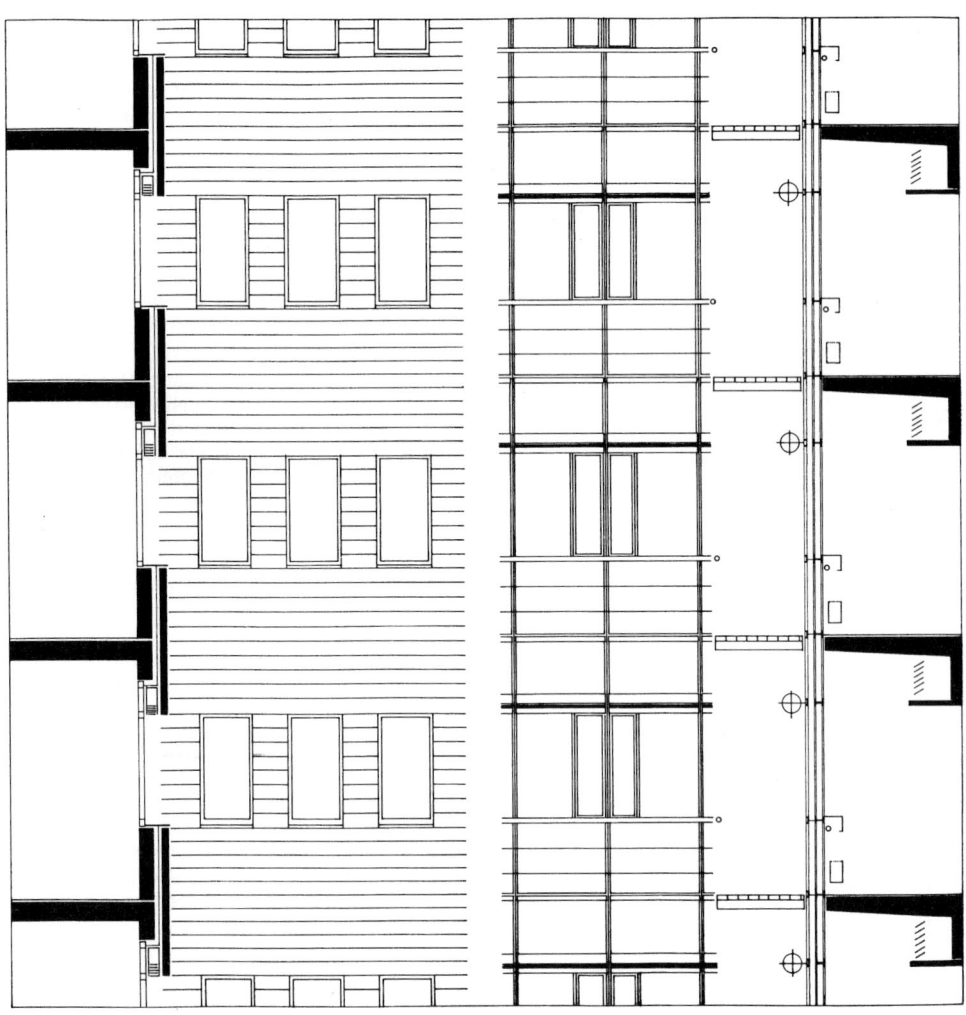

Abb. A.2.35 Mauerwerksbau und Skelett, Wettbewerb RMD 1993; Illig. Weickenmeier + Partner

Grundlagen der Gestaltung

2.3 Grundriß- und Raumstrukturen in Mauerwerk

Das archaische, ursprüngliche Prinzip des Mauerwerksbaues ist die rund oder vielmehr vierseitig geschlossene Form, die Kasten- oder auch sogenannte Schachtelbauweise, ein System unmittelbar und mittelbar ineinandergefügter Wandscheiben, in der Größenordnung begrenzte Räume umschließend mit gezielt geschnittenen, stehenden Öffnungen untereinander und zum Außenraum hin; ein System, das im Umriß traditionell sparsame Erscheinungsbilder evoziert, einfache, klare kubische Baukörper. Die Größenordnungen in der Schachtelbauweise sind im Rahmen der Leistungsfähigkeit des Mauerwerkes traditionell begrenzt, eine Einschränkung, die sich früher allein schon in Abhängigkeit vom Deckentragwerk in Holz zur Überspannung dieser Räume ergab (**Abb. A.2.36**).

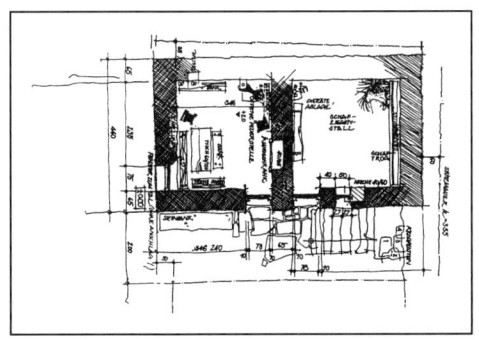

Abb. A.2.36 Casa Cambetta, Corippo Verzascatal, Schweiz, Erdgeschoß

In diesem Fügungsprinzip ist die Lastverteilung aus Eigengewicht und Verkehrslasten optimal gewährleistet, punktförmige Lastkonzentrationen – die das Mauerwerk überfordern – sind nahezu ausgeschlossen; die Einleitung aller Lasten und Kräfte vom Dach über Außen- und Innenwände bis in die Fundamente ist linienförmig gewährleistet; die Wände sind mehrseitig gehalten und steigern damit auch im Rahmen ihrer begrenzten Höhenentwicklung ihre Stabilität insgesamt. Für die idealtypische Struktur gelten insbesondere die Ausführungen der vorherigen Kapitel: der Verband der Steine im einzelnen wird übertragen auf das Gefüge der Wände und ihre Verzahnung untereinander; die Außenwand ist gleichzeitig Tragwerk, die Materialhomogenität gewährleistet konstruktive wie ästhetische Qualitäten per se.

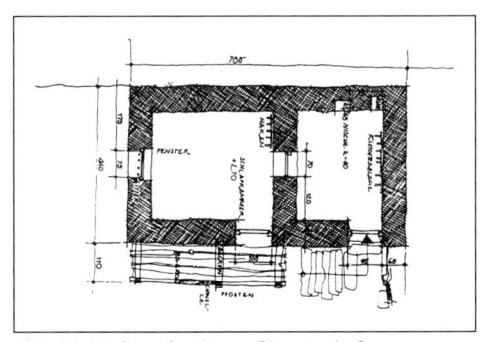

Abb. A.2.37 Casa Cambetta, Obergeschoß

Funktionale Voraussetzung hierfür sind weitgehend festgelegte Raum- und Nutzungsstrukturen begrenzter Dimension, wie sie insbesondere im Wohnungsbau – aber nicht nur hier – gegeben sind.

Es wäre unrichtig zu behaupten, daß die Schachtelbauweise als archaische Entwicklung des Mauerwerksbaues von den heutigen technischen Möglichkeiten her überholt sei, daß sie nur eine Vorstufe darstelle zu neuen Fügungsprinzipien (**Abb. A.2.37** und **Abb. A.2.38**).

In der Wirklichkeit ist das zweite System, die Schottenbauweise, zwar eine neuere, aber auch nicht ausgesprochen evolutionäre Entwicklung, und dies eine mit deutlichen Nachteilen.

Charakterisiert ist die Schottenbauweise durch die regelmäßige Anordnung lastabtragender Wände parallel zueinander, primär bedingt durch den funktionalen Aspekt einer „gerechten" Ausrichtung nach der Himmelsrichtung und topographischen

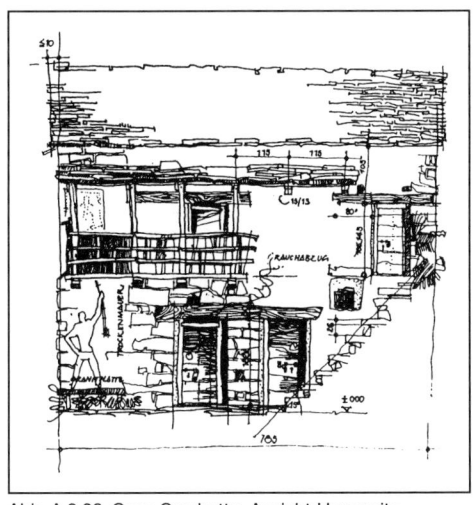

Abb. A.2.38 Casa Cambetta, Ansicht Hangseite

Entwurf

Orientierung oder aus der Notwendigkeit der strukturellen Fügung gleicher Raumeinheiten.

Im Ergebnis entsteht ein ästhetisches Prinzip der Reihung, der Regelmäßigkeit, der Ordnung, insbesondere aber auch der Offenheit in den Bereichen zwischen den Schotten (**Abb. A.2.41** und **Abb. A.2.42**).

Liegt beim Schachtelsystem die Deckenplatte aus Beton vierseitig auf, alle raumbegrenzenden Wände gleichmäßig belastend, ergibt sich bei der Schottenbauweise eine lediglich zweiseitige Auflagerung bei einachsiger Spannrichtung; die Decke als Mehrfeldplatte kann wirtschaftlich optimal dimensioniert werden, sie bleibt in der Fassade als feine filigrane Linie erkennbar, sie bedarf hier im Regelfall nicht des Sturzes.

Das Thema Tragstruktur und Außenwand gilt dabei nicht im vollen Umfang wie beim Schachtelprinzip. Im Regelfall gilt diese Konkordanz nur bei den Giebelscheiben, nicht aber in deren Zwischenraum, der nichttragend in Holz oder Glas ausgefüllt wird nach vorwiegend bauphysikalischen und ästhetischen Prämissen.

Werden damit die Lasten auch gleichmäßig in den Tragwänden verteilt, so ist doch die Frage der Aussteifung a priori nicht im System gelöst. Es bedarf vielmehr zusätzlicher Maßnahmen, sei es durch die Anordnung von Kernen, die über die Deckenscheibe hin die Stabilisierung vornehmen, oder aber von einzelnen, quergestellten Zwischenwänden, die diese Funktion erfüllen.

Auf dieser Basis ist die Schottenbauweise ein System, das zwangsläufig nicht in gleicher Reinheit auftritt wie das der Schachtel.

Die maximale Aufweitung und Auflösung des schachtelartigen Raumgefüges erfolgt in dem System der Scheiben.

Im Vergleich zur Schottenbauweise handelt es sich jetzt nicht mehr um parallelgestellte Wände, sondern vielmehr um ein System aus unter funktionalen, raumorganisatorischen und ästhetischen Gesichtspunkten gestellten Wandscheiben, die sich nur teilweise oder auch gar nicht berühren.

Auf diese Weise ist systemimmanent das Problem der Aussteifung bei ausgezogener Grundrißgeometrie gelöst: über die in sich steife Deckenscheibe als Grundvoraussetzung sind alle Wände zweiseitig gehalten und miteinander verbunden.

Die Außenwand ist hierbei nur partiell Tragwerk; das Ziel der Struktur ist die Auflösung der Schachtel.

Die primäre Problematik liegt bei unausgewogenen Wandstellungen in kaum zu vermeidenden Lastkonzentrationen in einzelnen Wandflächen, dies zumeist an deren Enden infolge unregelmäßiger Deckendurchbiegung. Die beim Schachtelprinzip

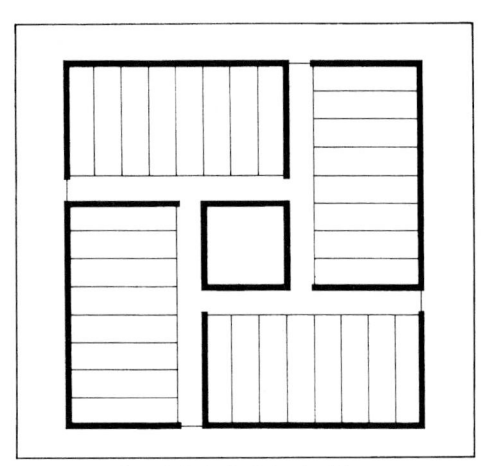

Abb. A.2.39 Grundrißprinzip Schachtel 1

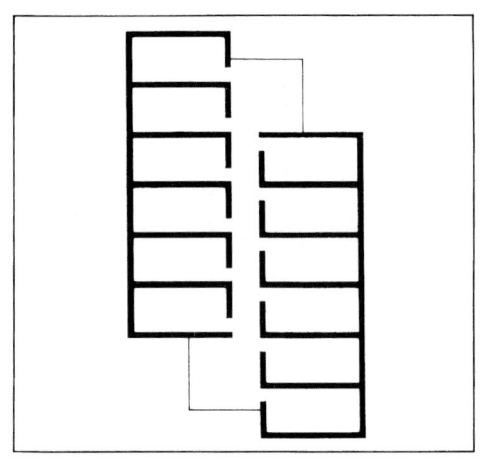

Abb. A.2.40 Grundrißprinzip Schachtel 2

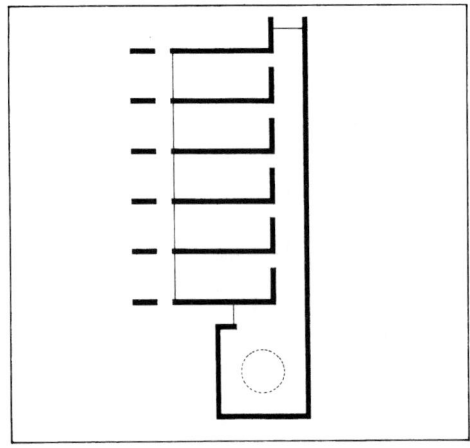

Abb. A.2.41 Grundrißprinzip Schotten 1

Grundlagen der Gestaltung   A

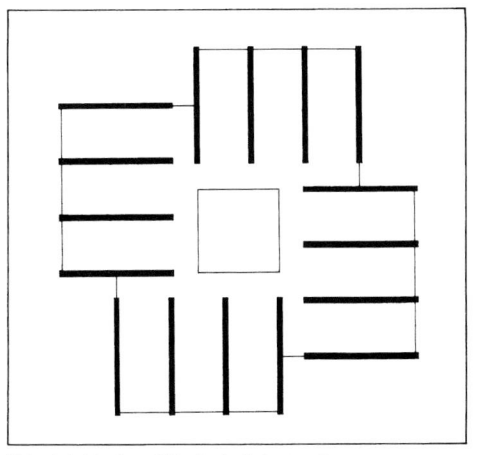

Abb. A.2.42 Grundrißprinzip Schotten 2

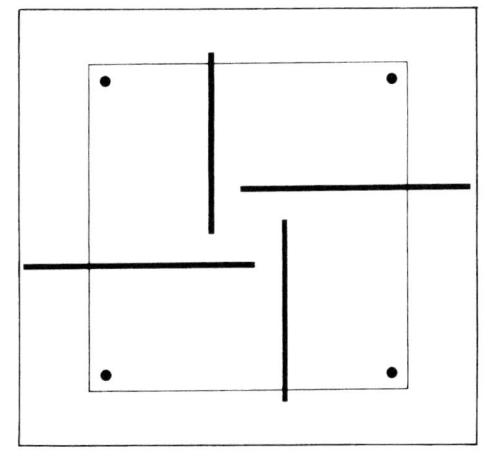

Abb. A.2.43 Grundrißprinzip Scheiben

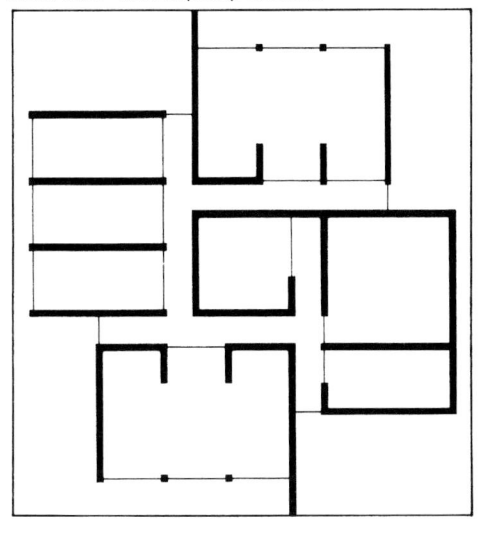

dargestellte gleichmäßige Lastverteilung ist nicht gegeben, zumindest häufig unterbrochen.

Gelöst wird diese Thematik im Regelfall durch den zusätzlichen Einsatz von Stützkonstruktionen in Stahl oder Stahlbeton, vertikal oder auch horizontal im Bereich des Deckenauflagers – Hilfskonstruktionen, die das reine Prinzip zunächst zerstören, letztlich jedoch nahezu unvermeidlich sind.

Prinzipiell lösen läßt sich das Problem der Kantenpressung, der Aussteifung, der unregelmäßigen Anschlußpunkte erst wieder im Übergang in ein reines Skelettsystem mit regelmäßiger Stützenanordnung und mit Wandscheiben lediglich als nichttragende, raumabgrenzende Elemente analog zu denen in Glas (**Abb. A.2.43**).

Eine Betrachtung dieser geometrischen Fügungsprinzipien in Mauerwerk sucht zwangsläufig das prinzipielle Gestaltungsmerkmal, die reine Form: im Material, in der geometrischen Anordnung, in der Behandlung der Öffnungen, im gesamten Detail.

Eine derartige Betrachtung muß deshalb zwangsläufig das Mischsystem zurückstellen, dies zumal, da es häufig als unbewußtes, ja hilfloses Ergebnis eines unkontrollierten Entwurfes, einer unüberlegten Werkplanung, einer vorschnellen statischen Dimensionierung auftritt – wenn auch nicht auftreten muß. Das Bauen wird in diesem Zuge zusätzlich zu den ständig steigenden Komfortanforderungen immer aufwendiger, unökonomischer, teurer – nicht zuletzt aber auch technisch-konstruktiv gefährdeter (**Abb. A.2.44**).

Ein Plädoyer für eine mauerwerksgerechte Architektur muß so gesehen an das Prinzipielle appellieren, muß die grundsätzliche Leistungsfähigkeit des Materials und seine grundsätzliche Fügungsform klar herausstellen; wenn Material und Konstruktion wesentliche Grundlagen von Architektur sind, die sich aus den Eigengesetzlichkeiten ergeben, Beachtung finden, dann ist es logisch und sinnvoll, in Grenzbereichen das System zu wechseln. Dieser Wechsel allerdings ist dann klar und ablesbar zu vollziehen.

Abb. A.2.44 Mischsystem

Entwurf

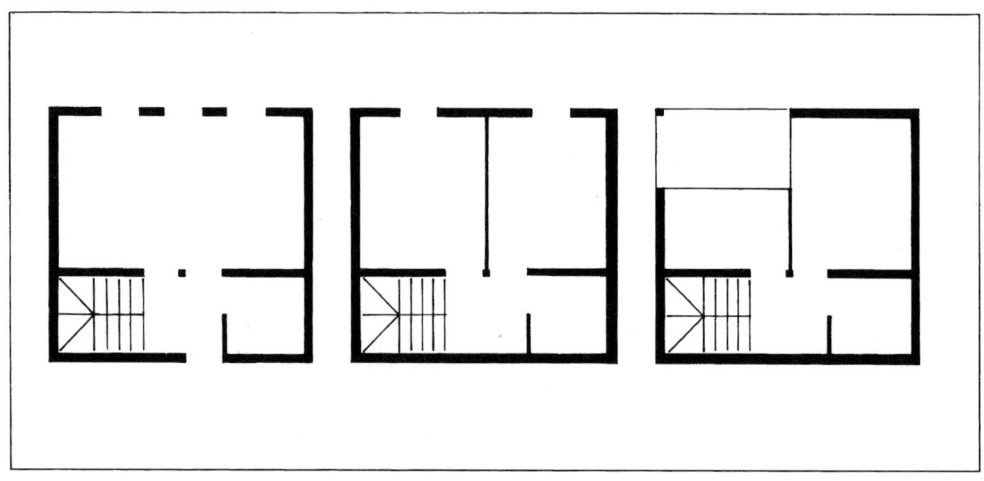

Abb. A.2.45 Dresden, Radeburg Nord; Illig. Weickenmeier + Partner mit H. Caesar

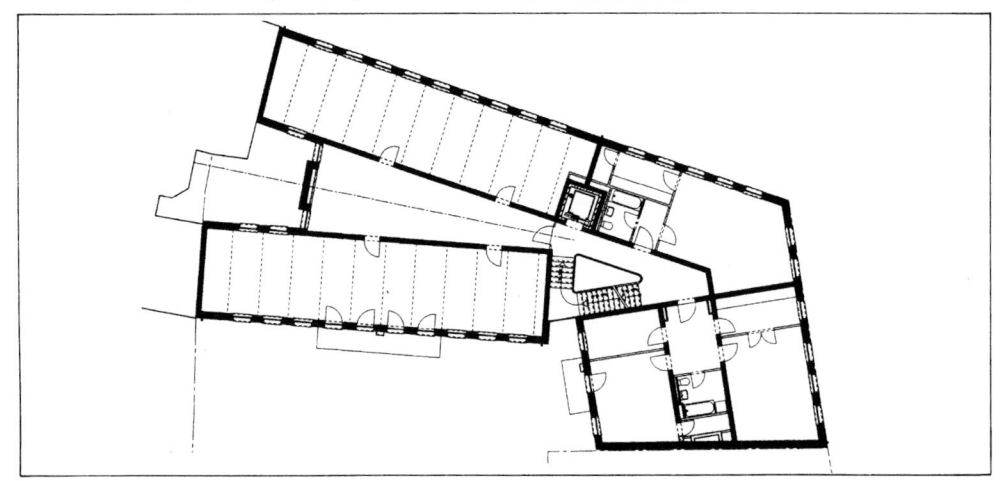

Abb. A.2.46 Wohn- und Geschäftshaus, Jena; Illig. Weickenmeier + Partner mit H. Caesar

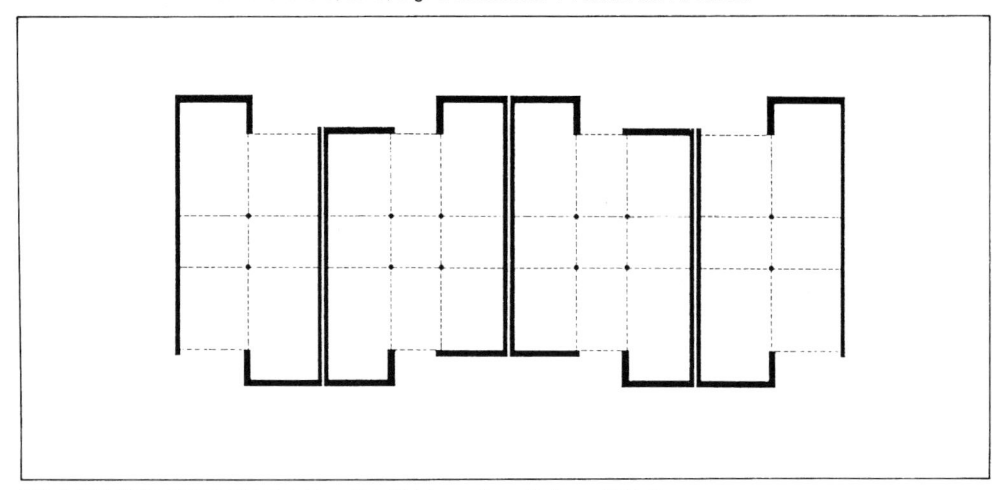

Abb. A.2.47 Reihenhäuser Oberhaching; Illig. Weickenmeier + Partner mit M. Kunz

Grundlagen der Gestaltung

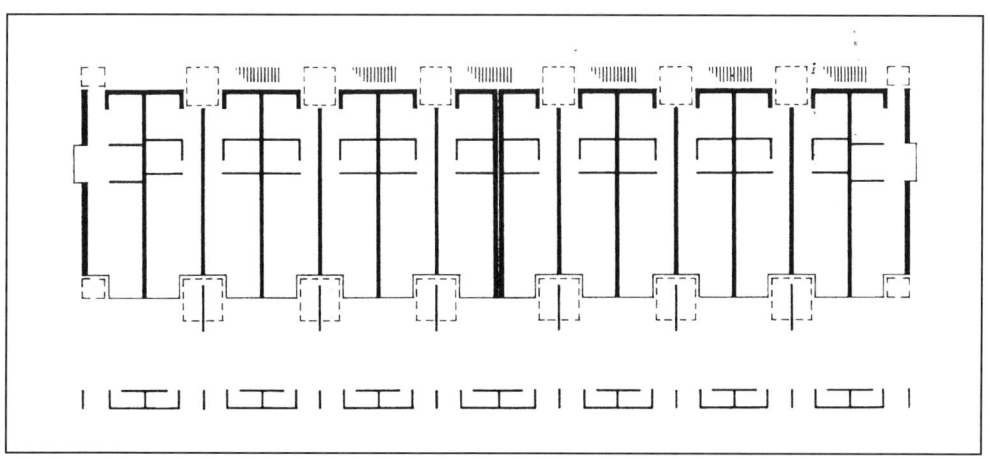

Abb. A.2.48 Wohnanlage Seebauerstraße, München; Illig. Weickenmeier + Partner mit M. Kunz

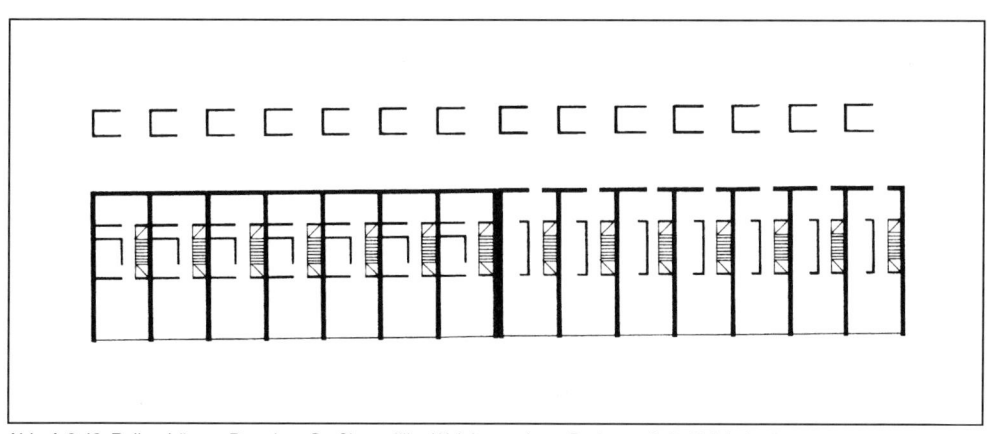

Abb. A.2.49 Reihenhäuser Dresden, Großluga; Illig. Weickenmeier + Partner mit A. Reichel

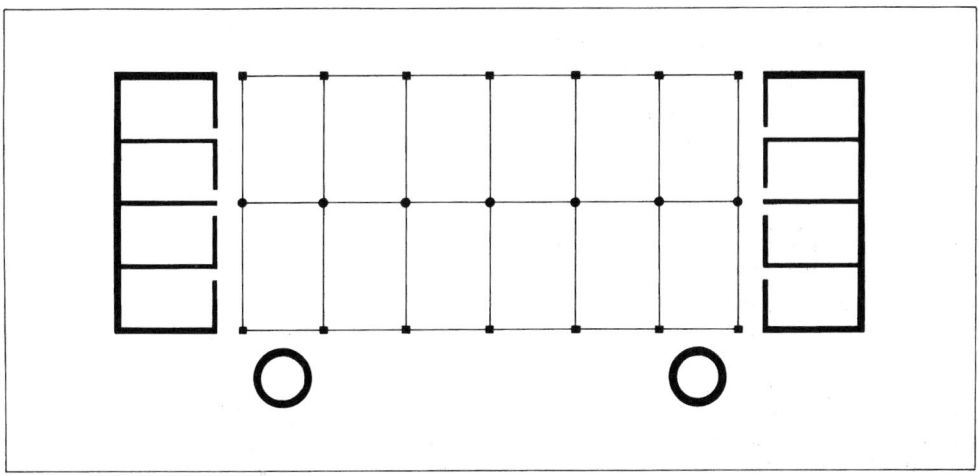

Abb. A.2.50 Gewerbehof München-Perlach; Illig. Weickenmeier + Partner

2.4 Bauteilbereiche

Was als mauerwerksgerechte Architektur für die Grundrißstrukturen definiert wurde, hat prinzipiell auch Gültigkeit für die Auseinandersetzung mit einzelnen Bauteilbereichen, in denen verschiedene Elemente *und* Funktionsbereiche geometrisch und konstruktiv zusammentreffen:
- die Außenwand des Erdgeschosses mit dem Fundament bzw. der Kellerwand im Sockelbereich,
- die Außenwand mit Öffnungen und Zwischendecken
- die Außenwand mit dem geneigten oder flachen Dach im Bereich Traufe und Ortgang bzw. Attika beim Flachdach.

Trotz Einbindung in den geforderten ganzheitlichen Entwurf und seine spezifische Individualität sind hier grundsätzliche Fügungsformen entwickelt und tradiert, die den Anforderungen an Material und Konstruktion im werkgerechten Bauen entsprechen.

Diese Formprinzipien in den gestalterischen und geometrischen Grundzügen zu skizzieren, ist Ziel der folgenden Abschnitte. Es geht dabei ausdrücklich nicht um den Anspruch einer umfassenden Darstellung, sondern um die Schärfung des Bewußtseins für das einfache, logische, mauerwerksgerechte Detail.

2.4.1 Der Sockel

Wenige Bauteilbereiche eines Mauerwerksbaues sind in gleicher Weise beansprucht wie der Sockel:
- hier ist der Bereich der größten Druckbeanspruchung des Mauerwerks im Übergang zu Untergeschoß und Fundament,
- hier ist der Übergang der Außenwandbeanspruchung von Luft zu Erdreich, damit nicht nur von Temperaturdifferenzen zwischen Hitze und Frost, sondern auch verschiedenen Feuchtesituationen: Schlagregen, Spritzwasser, drückende und nichtdrückende Erdfeuchte,
- hier ist die Grenzlinie zwischen temperierten, bewohnten bzw. genutzten Räumen im Erdgeschoß und überwiegend nicht temperierten, künstlich belichteten im Untergeschoß,
- hier ist nicht zuletzt die Verbindung gefordert vom Innenraum zum Außengelände mit möglichen Höhendifferenzen und Niveausprüngen.

Den bauphysikalisch komplexesten Bereich, die Abdichtung, gegen Feuchtigkeit, regelt im Detail DIN 18 195. Der Sockelbereich ist danach in einer Höhe von ca. 30 cm über Geländeoberkante zu schützen in Verlängerung des Feuchtigkeitsschutzes der Außenwand im Erdreich. Er schließt ab in der Horizontalen durch eine Sperrschicht, deren Tiefe der Dicke der Wand entsprechen muß und die das Aufsteigen von Feuchtigkeit verhindert. Dies ist um so wichtiger, als gerade die für die Wärmedämmung der Außenwand erforderlichen Steine häufig eine Porosität besitzen, deren Kapillarkräfte diesem Aufsteigen von Feuchtigkeit Vorschub leisten.

Die Baustoffindustrie bietet hier eine Fülle an Materialien und Verlegeanweisungen an auf Bitumen- und Kunststoffbasis, die den einschlägigen Normen, Richtlinien und Regeln der Technik entsprechen.

Mit den Innovationen und Regelverschärfungen gehen in der Praxis häufige Bauschadensfälle und Regreßansprüche aus Gewährleistungsmängeln einher.

Dies hat zur Folge, daß der Sockelbereich immer wieder aus dem Gestaltungsbereich enthoben wird zugunsten einer vermeintlich geringeren Schadensträchtigkeit. So entstehen jene Blechbänder in Kupfer und Zink, Kunststoff-Reibeputz-Flächen und Friese in dünnen Klinker- oder Keramikriemchen.

Die Forderung schadenfreien Bauens mit Gestaltqualität erfüllt am einfachsten die tradierte Form der Anhebung des Erdgeschoß-Niveaus um mindestens 60 cm über Gelände; das Untergeschoß bleibt dabei als solches erkennbar, es bildet formal den Sockel in vom Mauerwerk der oberen Geschosse abgesetzter Dicke und Struktur. Dieser sichtbare Bereich des Untergeschosses ermöglicht eine einfache und wirkungsvolle Belichtung des Innenraumes ebenso wie die freie Diffusion evtl. in das Mauerwerk eingedrungener Boden- und Oberflächenfeuchtigkeit (**Abb. A.2.51**).

Es ist dies die formal wie technisch tradierte Fügung vor dem Einsatz horizontaler und vertikaler Dichtungssysteme. Sie ging einher mit einer sinnfälligen Zuordnung von untergeordneten Nutzungen im Kellergeschoß und primären wie Wohnen und Arbeiten im Erd- bzw. Obergeschoß. Sie implizierte weiterhin die Zugänglichkeit im Eingangsbereich ausschließlich über Treppen.

Im Zusammenhang mit Überlegungen zum kostengünstigen Bauen werden diese Aspekte heute wieder aktuell.

Bis dato gilt jedoch überwiegend der verständliche Wunsch nach niveaugleichem Übergang von Innen und Außen im Eingangs- wie im Terrassenbereich; ein Wunsch, der nicht zuletzt ausgelöst wurde parallel zur Entwicklung der Auflösung des Schachtelgrundrisses. Frank Lloyd Wright und Ludwig Mies van der Rohe als Protagonisten des „Scheibenhauses" gewährleisteten so bis in die Details die Verzahnung von Innenraum und umgebender Natur. Dieser völlige Verzicht auf den Sockel als Gegenposition der Moderne zum historischen Prinzip verschärft diesen Fügungspunkt zusätzlich zu den ohnehin gestiegenen bauphysikalischen Anforderungen des Wärme- und Feuchtigkeitsschutzes.

Beim Wandanschluß kann dabei der feuchtigkeitsunempfindliche Sockelputz naß in naß mit dem Leichtputz des aufgehenden Geschosses (+/- 0.00) verbunden werden, ohne daß Strukturunterschiede erkennbar sind. Die Wandabdichtung, die auch in diesem Fall nach DIN 18 195 bis ca. 30 cm über Außenkante Gelände zu führen ist, muß an der Nahtstelle beider Putze mit einem Putzträger aus z. B. Streckmetall überdeckt werden, um Risse zu vermeiden.

Im Bereich von Tür- und Fensteröffnungen muß das Außengelände gemäß **Abb. A.2.53** abgesenkt werden; die niveaugleiche Anbindung von Innen und Außen sichert dann ein wasserdurchlässiger Gitterrost. Der Fußpunkt bedarf der sorgfältigen Ausbildung mit geeigneten Materialien, Gefälle nach außen und möglichst einem Schutz gegen Schlagregen und Schnee durch ausreichend großen Dachüberstand.

Diese prinzipielle Anordnung entspricht dem Stand und den Regeln der Technik, nicht jedoch vollständig der DIN.

Die völlige DIN-Gerechtigkeit erfordert eine Anhebung des Erdgeschoß-Niveaus gegenüber Oberkante Gelände als wasserführender Schicht von mindestens 15 cm, besser jedoch 30 cm gemäß **Abb. A.2.54** und **Abb. A.2.55**.

Beide Varianten gehen zumindest vom optischen Verzicht auf einen Sockel aus. Der homogen geführte Putz muß dabei durch entsprechende Materialien, Putzträger und kapillarbrechende Rollkiesschichten, gegebenenfalls auch durch schlagregenmindernde Bepflanzung geschützt werden.

Alternativ hierzu ist denkbar, diesen besonders beanspruchten Bereich formal entsprechend zu behandeln. Dies kann in Abstimmung mit dem Gestaltungskonzept z. B. in Klinkermauerwerk oder in Betonelementen erfolgen gemäß **Abb. A.2.56** und **A.2.57**.

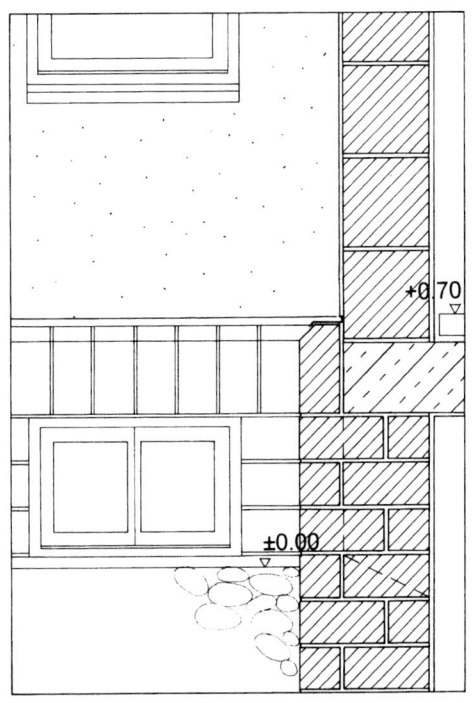

Abb. A.2.51 Erhöhter Sockel als historisches Prinzip; Schnitt – Ansicht

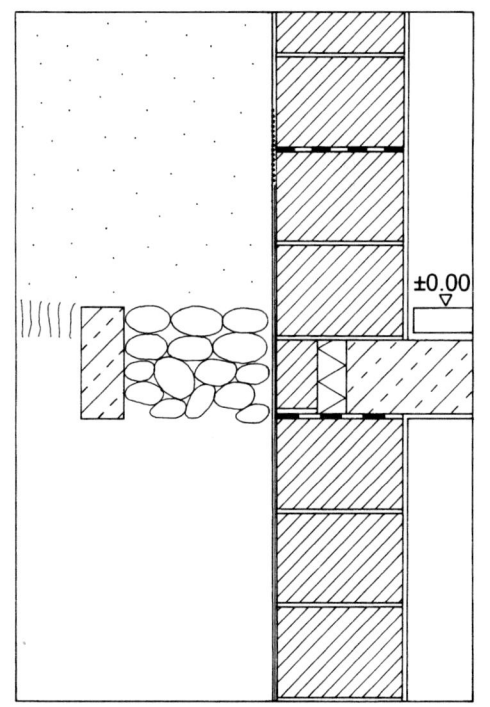

Abb. A.2.52 Sockelausbildung ohne Niveausprung Innen / Außen

Entwurf

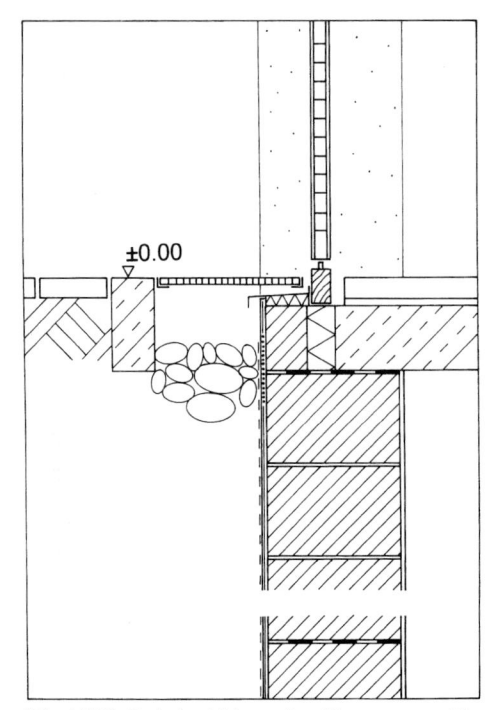

Abb. A.2.53 Sockelausbildung ohne Niveausprung, Türöffnung; Schnitt – Ansicht

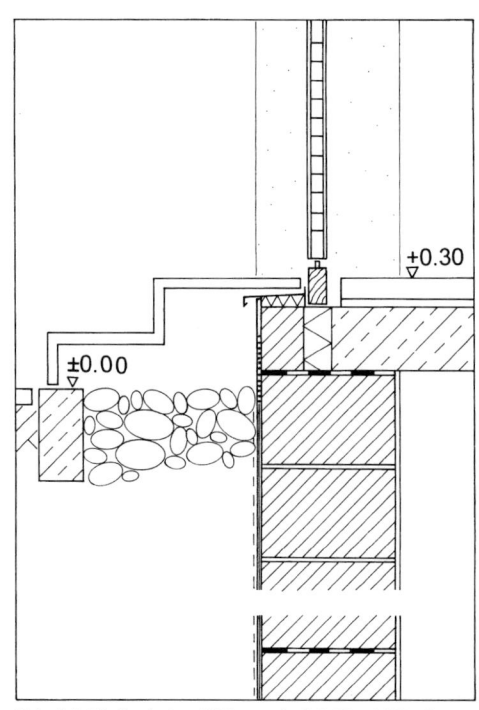

Abb. A.2.55 Sockelausbildung wie A.2.39 mit Türöffnung; Schnitt – Ansicht

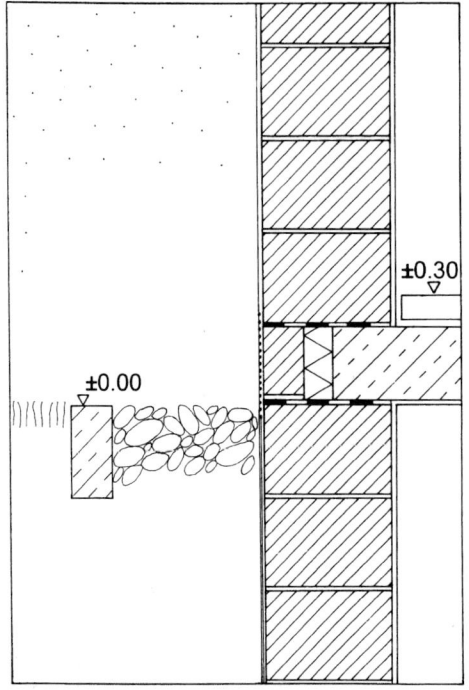

Abb. A.2.54 Sockelausbildung mit Niveausprung von 30 cm, Wandanschluß; Schnitt – Ansicht

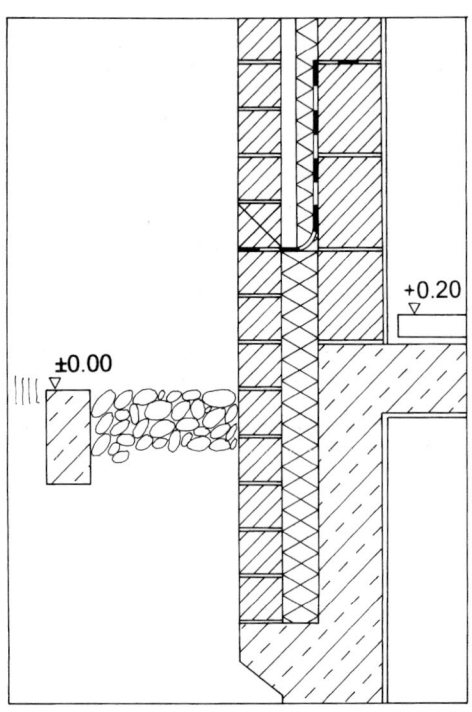

Abb. A.2.56 Sichtbare mehrschichtige Sockelausbildung in Klinkermauerwerk

Grundlagen der Gestaltung

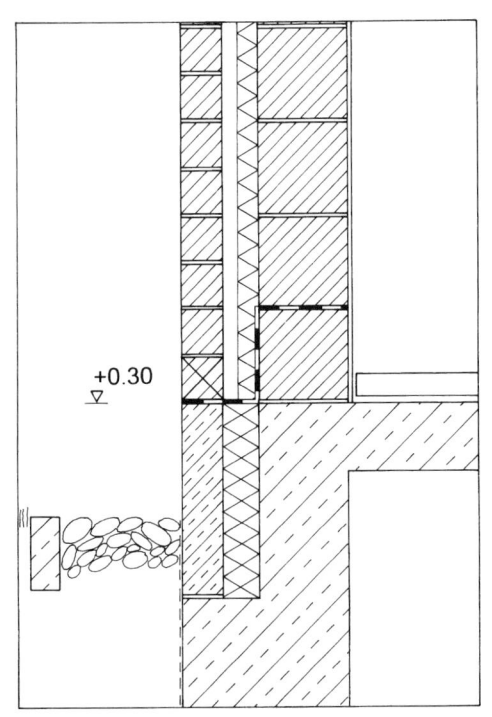

+0.30

Abb. A.2.57 Betonfertigteilsockel; Schnitt

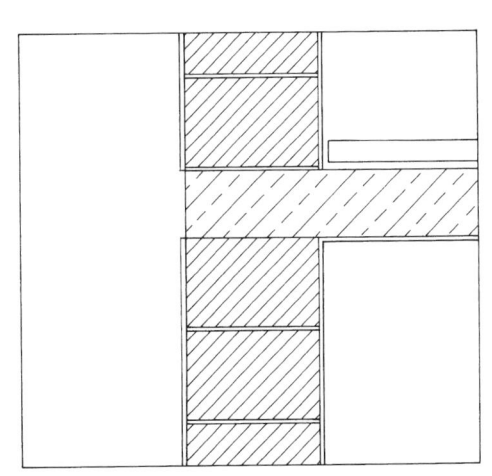

Abb. A.2.58 Deckenstirn in Stahlbeton; Schnitt

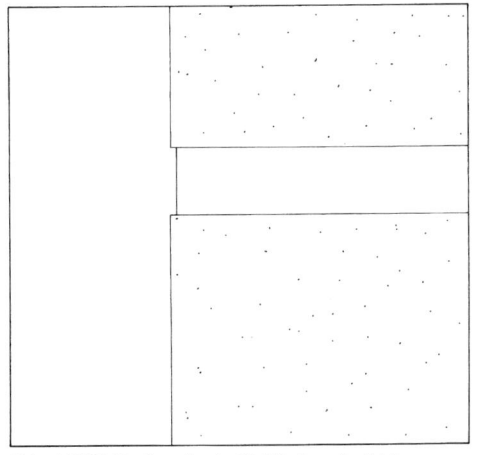

Abb. A.2.59 Deckenstirn in Stahlbeton; Ansicht

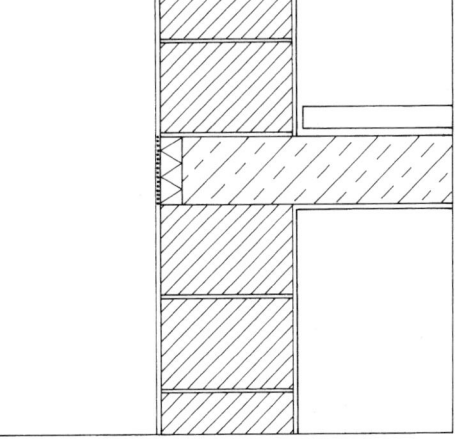

Abb. A.2.60 Deckenstirn mit Wärmedämmung und Putzträger

2.4.2 Zwischendecken und Durchdringungen

Der eingangs bei Louis Kahn beschriebene Ansatz: „Zeigen, wie es gemacht ist", impliziert die formale Erscheinung der Wand mit Mauerwerk als Fläche in eindeutigem Unterschied zum horizontalen Band der Deckenstirn in Stahlbeton (**Abb. A.2.58** und **A.2.59**).

Bauphysikalische, energietechnische und konstruktive Anforderungen scheiden dieses Detail heute eindeutig aus; die Deckenstirn bedarf der vorgelegten Wärmedämmung zur Erzielung eines Wärmedurchlaßwiderstandes analog dem der Wand sowie zur Vermeidung von temperaturbedingten Längenänderungen des Betons.

Dieses Detail – immer noch Standard auf vielen Baustellen – führt zum Verlust des homogenen Putzgrundes und fördert das Risiko von Rissebildung an den Nahtstellen (**Abb. A.2.60**).

Auch wenn dieses Risiko mit Putzträgern z. B. aus Streckmetall oder Kunststoffgeweben gemindert werden kann, ist konstruktiv richtiger eine Vormauerung analog zum Sockeldetail (**Abb. A.2.52**) mit z. B. 11,5 cm Stärke, einer Wärmedämmung von 4 bis 8 cm und immer noch einem statisch im Regelfall ausreichenden Deckenauflager von ca. 15 bis 17,5 cm (**Abb. A.2.61**).

Entwurf

Dabei muß in der geometrischen Fügung von Decke und Wand beachtet werden, daß die Stärke der Betonplatte zunächst nur nach statischen, gegebenenfalls auch nach schalltechnischen Belangen konstruiert ist, mithin im Regelfall nicht dem oktametrisch notwendigen Höhenmaß von 17,5 cm oder 25 cm entspricht. Der Ausgleich kann durch einen Über- oder Unterzug erfolgen (**Abb. A.2.62**), zunehmend jedoch auch durch Sondersteine der Baustoffindustrie, sogenannte Deckenabmauerungssteine mit integrierter Wärmedämmung (**Abb. A.2.63**). Eine Einbindung der Decke in die Außenwand mit den oben beschriebenen Problemen kann völlig entfallen bei Deckenkonstruktionen in Holz, die zunehmend im Zusammenhang mit kostengünstigem und ökologischem Bauen diskutiert werden.

Bei diesen Konstruktionen läuft die Außenwand konstant durch; die Lasteinleitung erfolgt durch einen Streichbalken vor der Wand, der mit ihr kraftschlüssig verbunden sein muß (**Abb. A.2.64**).

Allen funktionstüchtigen Detailprinzipien gemeinsam ist das Prinzip der thermischen Trennung und Mehrschichtigkeit. Dies gilt a priori bei Sichtmauerwerkskonstruktionen, die analog die gesamte Außenwand auflösen. Hier ist es eine Frage der Gestaltung, ob der Deckenbereich eine besondere Betonung erhalten soll oder nicht; diese kann dann als Rollschicht mit stehenden, konstruktiv rückverankerten Steinformaten oder auch durch Sichtbetonelementen erfolgen (**Abb. A.2.65**).

Auskragungen der Zwischendecken für Vordächer und Balkone analog zu Abb. A.2.58 sind ebensowenig möglich, wie eine Wärmedämmung analog zu Abb. A.2.60 sinnvoll ist.

Die kraftschlüssige Verbindung des Außenbauteils mit der Zwischendecke erfordert wiederum eine thermische Trennung, die mit mittlerweile gängigen Sonderkonstruktionen der Baustoffindustrie gewährleistet werden kann (**Abb. A.2.66**).

Gestalterisch wirksamer in der Darstellung des Kraftflusses sind jedoch Konstruktionen, die die notwendige Kältebrücke auf ein Minimum reduzieren, sei es zum einen durch Einsatz von filigranen Stahlkonstruktionen oder zum anderen durch Reduktion der Kräfteverhältnisse und Krafteinleitung in die Zwischendecke von Biegezug- auf reine Normalkräfte.

Die einfachste und wirkungsvollste Lösung aller bauphysikalischen und konstruktiven Probleme kann dabei die völlige Trennung des Außenbauteils vom Baukörper sein: durch Abhängung vom Dachüberstand (**Abb. A.2.68**) oder aber eigene Aufstellung und Fundierung wie ein Gerüst, wobei der Baukörper lediglich zur horizontalen Aussteifung herangezogen wird (**Abb. A.2.69**).

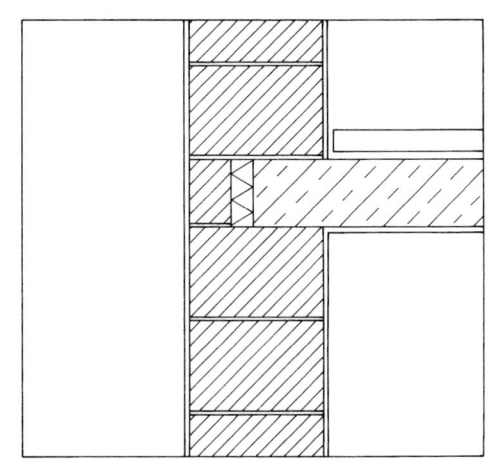

Abb. A.2.61 Deckenstirn mit Vormauerung und WD

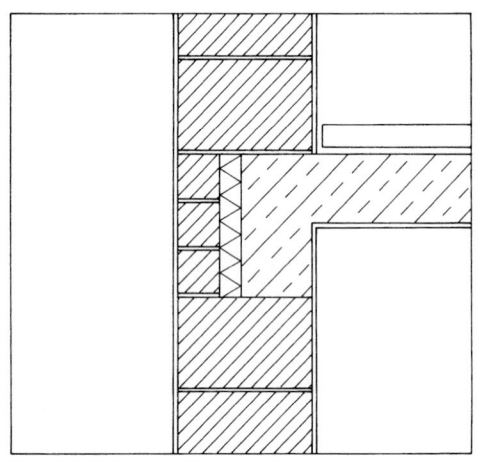

Abb. A.2.62 Deckenstirn mit Unterzug

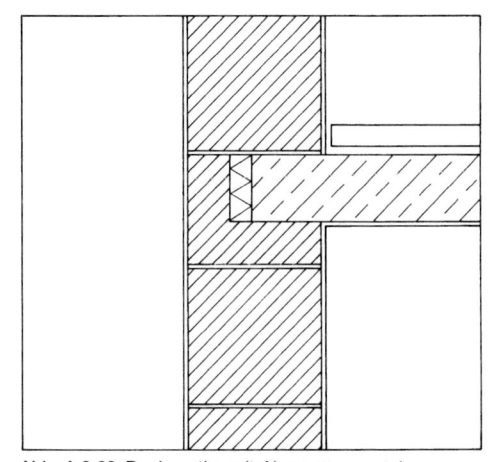

Abb. A.2.63 Deckenstirn mit Abmauerungsstein

Grundlagen der Gestaltung

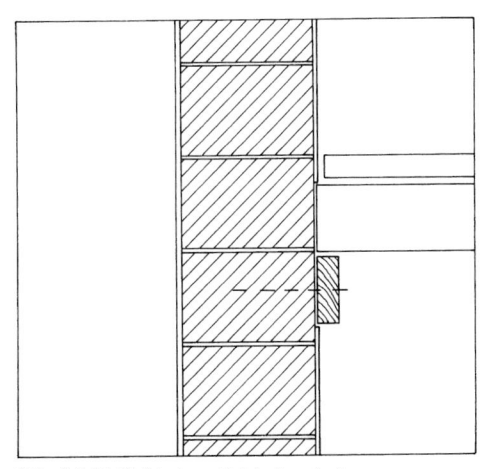

Abb. A.2.64 Einbindung Holzbalkendecke

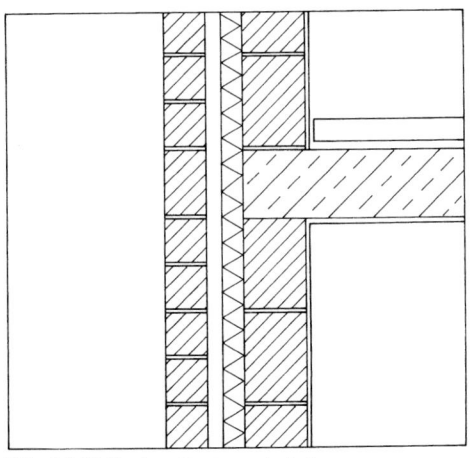

Abb. A.2.65 Deckenstirn in zweischaligem Mauerwerk

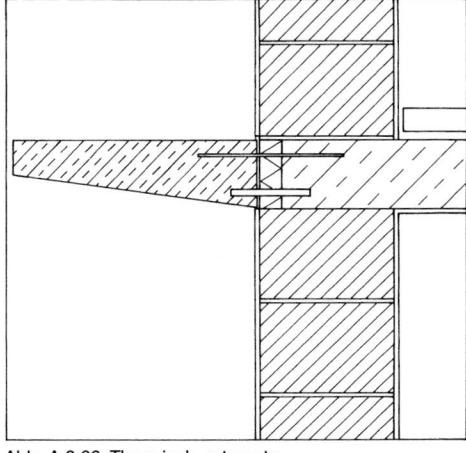

Abb. A.2.66 Thermisch getrennte Stahlbetonkonstruktion

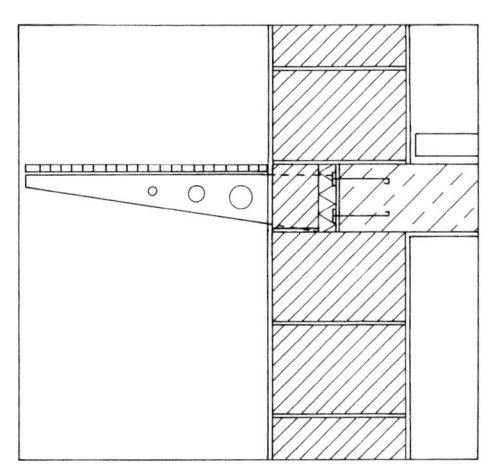

Abb. A.2.67 Minimierung der Wärmebrücke durch Stahlkonsole

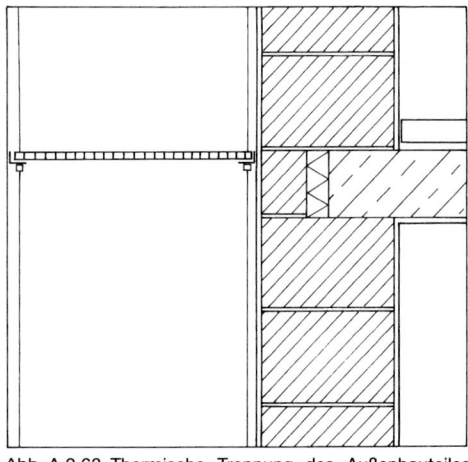

Abb. A.2.68 Thermische Trennung des Außenbauteiles durch Abhängen von der Dachkonstruktion

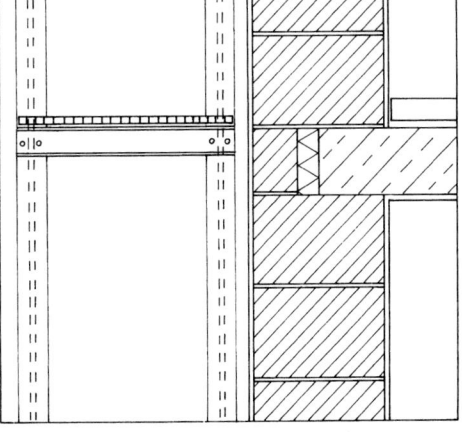

Abb. A.2.69 Thermische Trennung durch eigene Fundation

Entwurf

2.4.3 Die Öffnung in der Wand

Die Einbindung der Zwischendecke in die gemauerte Wand ist mit deren Schwächung und zusätzlichen Belastung, aber auch mit aussteifender Stabilisierung gekoppelt.

Das Thema der Öffnung, damit des Regelbruchs und der mehr oder weniger großen Aussparung im Verband, impliziert im Gegensatz dazu ausnahmslos die Schwächung und bedarf deshalb einer besonderen konstruktiven Planung.

Der Rückgriff auf das archaische Fügungsprinzip der aus Bruchsteinen geschichteten Wand macht deutlich, daß angesichts der reinen Druckbeanspruchbarkeit des Materials eine Öffnung nur dann überspannt werden kann, wenn entweder eine druckbeanspruchbare Form wie der Bogen, primitiver auch das Kraggewölbe, oder aber auf Biegezug beanspruchbare Zusatzmaterialien wie z. B. Holz, später dann Eisen/Stahl und Beton verwendet werden.

Entsprechend sind die ersten Öffnungen klein, die Leistungsfähigkeit des Sturzes und die Größe der Auflast bestimmen die Breite. Die Höhe bleibt demgegenüber weniger problematisch und ist immer größer – das Fenster erhält die Form des stehenden Rechteckes; erhöhter Lichtbedarf führt zur Reihung des Formates, die Dimension der Öffnung bleibt begrenzt (**Abbn. A.2.70** und **A.2.71**).

Dieses tradierte Erscheinungsbild geht einher mit einer ausgewogenen Relation von Wandfläche zu Öffnung; erstere überwiegt und ermöglicht damit konstruktiv die Lastverteilung innerhalb des Sturzbereiches wie der seitlichen Auflage (**Abb. A.2.72**).

Konkret bedeutet dies, daß die regelmäßigen Kraft- oder Spannungslinien innerhalb der Wand eine Störung erfahren, wenn eine Öffnung eingeschnitten wird. Sie „umfließen" diese, teilen sich oberhalb unter einem Winkel von ca. 60° und finden unterhalb der Öffnung im gleichen Winkel in den Regelzustand zurück. Die hierbei entstehenden Dreiecke bleiben aufgrund der Gewölbewirkung annähernd frei von Spannungen; im Umlenkungsbereich der Kraftlinien treten jedoch zusätzliche, schräggerichtete Kräfte auf, die im Mauerwerk aufgefangen werden müssen – dies zusätzlich zu den Lastkonzentrationen im Laibungsbereich der Öffnung.

Was heute naturwissenschaftlich als sogenannte Spannungstrajektorien nachvollziehbar ist, entspricht den empirischen Erfahrungen und Erkenntnissen der Anfänge des Bauens: Form und Konstruktion entsprechen sich.

Dieser Zusammenhang, beim scheitrechten Sturz mit NF-Formaten noch evident (**Abb. A.2.73**), ging verloren angesichts der heute verwendeten großformatigen Steinqualitäten und insbesondere

Abb. A.2.70 Archetypischer Fenstersturz aus Holz in Bruchstein-Mauerwerk

Abb. A.2.71 Natursteinsturz und -gewände in Bruchstein-Mauerwerk

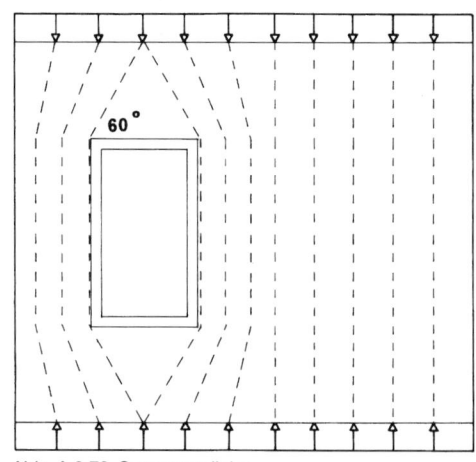

Abb. A.2.72 Spannungslinien

Grundlagen der Gestaltung

der Ersatzmöglichkeit eines biegesteifen Betonsturzes.

Seine praktisch nahezu unbegrenzte Spannweite, verbunden mit dem Entfallen von horizontalen Schubkräften im Auflager, öffnet der formalen Gestaltung scheinbar jegliche Freiheit. Lediglich die Kantenpressung im Auflagerbereich bei hochwärmedämmenden und entsprechend leichten Mauersteinen sowie das Maß der Durchbiegung begrenzen die Dimension. Die ästhetische Folge, insbesondere im Einfamilienhaus-Wohnungsbau, sind Erscheinungsbilder von Wand und Öffnung, die ihre qualitative Relation völlig verloren haben, bei denen insbesondere aller notwendiger Materialwechsel und entsprechende Hilfskonstruktionen hinter der kaschierenden Schicht des Innen- und Außenputzes verschwinden.

Eine material- und werkgerechte Lösung, die auch gleichzeitig einen homogenen Putzgrund gewährleistet, bilden sogenannte Ziegelflachstürze. Sie bestehen aus U-förmigen Ziegelschalen mit eingelegter schlaffer oder auch vorgespannter Bewehrung in Stahl. Bei Höhen von lediglich 7,1 cm oder 11,3 cm bilden diese Flachstürze die Zugzone des Sturzes; sie bedürfen zur Herstellung der Gesamttragwirkung des Sturzes der Übermauerung in der darüberliegenden Druckzone. Ihre Spannweiten sind nach Einzelzulassung im Regelfall auf 3,00 m bei Einfeldträgern begrenzt; ab Spannweiten von 1,25 m sind bei der Erstellung der Öffnung Montagestützen zu verwenden.

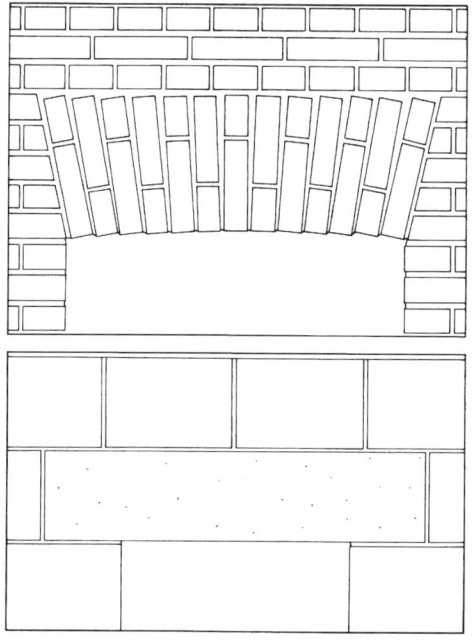

Abb. A.2.73 Scheitrechter Sturz; Stahlbetonsturz

Sturz, Laibung und Sohlbank sind die Einzelbereiche, deren architektonische Gestaltung die Öffnung im Mauerwerk prägen – nicht zuletzt aber auch die Ebene des Fensters und des Sonnenschutzes: unsichtbar als Rolladenkasten oder sichtbar als Klapp-/Schiebeladen. Von der Gesamtgestaltung und Grundrißstruktur eines Hauses, damit auch vom Tragsystem im Mauerwerk hängen Größen, Disposition und Proportion ab. So werden Fenster im sogenannten Schachtelsystem tendenziell immer eingeschnittene Öffnungen mit begrenzter Dimension sein **(Abb. A.2.74)**, beim Schotten- und Scheibensystem dagegen eher raumhohe Elemente mit maximalem Verglasungsanteil **(Abb. A.2.75)**.

Die Lage des Fensters in der Wand spielt dabei auch bauphysikalisch eine besondere Rolle.

Je tiefer es im Mauerwerk eingeschnitten ist – im Extremfall bündig mit der Innenkante –, um so plastischer ist die Wirkung der eingeschnittenen Öffnung nach außen. Bauphysikalisch reduzieren sich die Anforderungen an das Fenster und die Fuge in der Laibung – dies hinsichtlich einer Beanspruchung durch Sonnen-(UV-)Einstrahlung, Schlagregen und Wind. Insofern ist diese Anordnung günstig; problematisch ist dagegen bei hoch wärmedämmenden Steinen die mögliche Bildung von

Abb. A.2.74 Lochfenster im Schachtelsystem

A.41

Entwurf

Tauwasser im Innenbereich, die nur mit einer ausreichenden Dämmung der Laibung vermieden werden kann.

Die Unterschreitung des Taupunktes als Problem besteht auch bei der gegenteiligen Plazierung des Fensters: Außenkante bündig. Zusätzlich sind hier Fenster und Fuge extrem durch Witterungseinflüsse, und dies insbesondere im oberen, horizontalen Anschluß beansprucht. Gestalterischer Vorteil dieser Position ist die Glätte der Fassade, der Charakter einer Haut vor der inneren Struktur als architektonisches Merkmal der Moderne. Ein weiteres Positivum ist, daß die innere Laibung in direkter Nähe zur Verglasung als Speichermasse für solare Energien herangezogen werden kann.

Den Regelfall stellt eine mittige Lage des Fensters dar, im Rahmen langer Tradition mit einem Anschlag von 11,5 cm Tiefe und ca. 6 cm Breite. Probleme im Fugenbereich aus Wärme- und Feuchtebeanspruchung sind minimiert, Maßtoleranzen können ausgeglichen werden, und auch die Ansichtsbreiten der Fensterrahmen lassen sich auf ein gewünschtes Maß justieren.

Im Bereich der Brüstung ist – außer bei Sichtmauerwerk – ein Materialwechsel erforderlich, um genügend Dichtigkeit und Schutz vor Schlagregeneinwirkung zu haben. Den Regelfall stellen Standard-Fensterbänke aus Aluminium dar, die mit 0,1 % Gefälle und 3 cm Überstand in den Putz der Laibung eingebunden werden. Sie ersetzen in jedem Fall den Anschlag in diesem Bereich.

Bei Sichtmauerwerk kommen alternativ zu Stein und Aluminium auch Beton- oder Natursteinfensterbänke zur Anwendung.

Analog zur Ausbildung des Sockels ist dabei immer der Regelaufbau der Wand zu berücksichtigen, ihre Ein- oder Mehrschaligkeit, Sichtmauerwerk oder verputzte Außenhaut. Der prinzipiellen Verdeutlichung dienen dabei die im folgenden angeführten Skizzen (**Abbn. A.2.76** bis **A.2.81**).

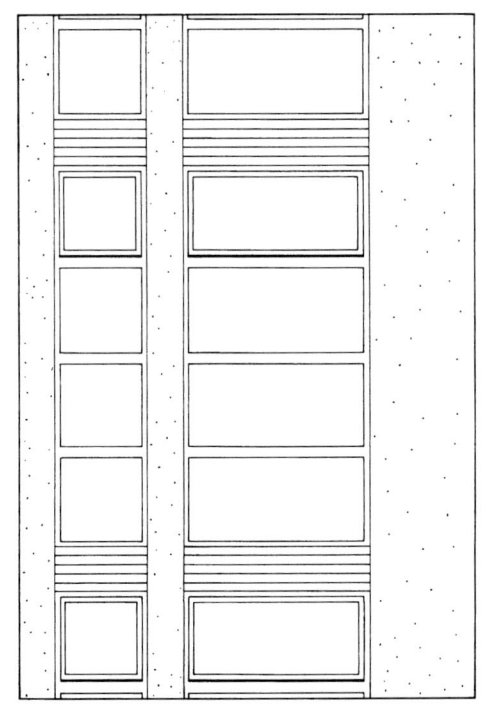

Abb. A.2.75 Fenster im Scheibensystem

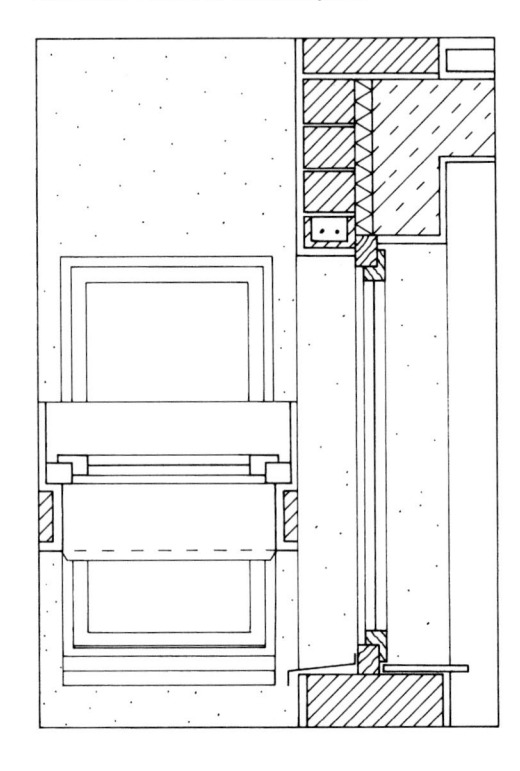

Abb. A.2.76 Fenster mit Anschlag ▶

Grundlagen der Gestaltung   A

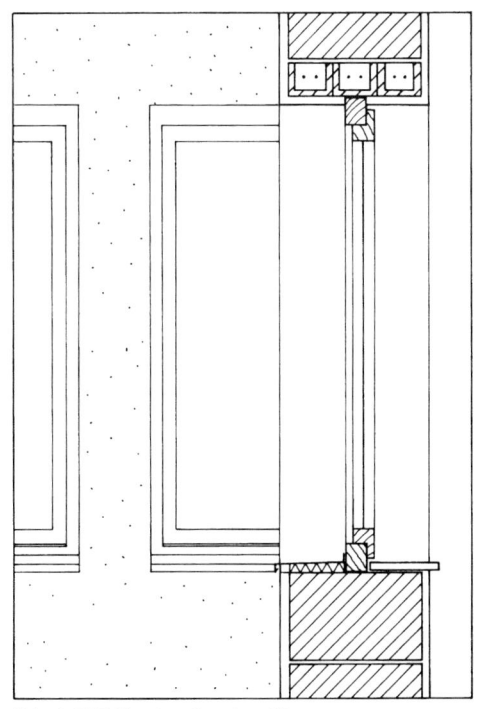

Abb. A.2.77 Fenster ohne Anschlag

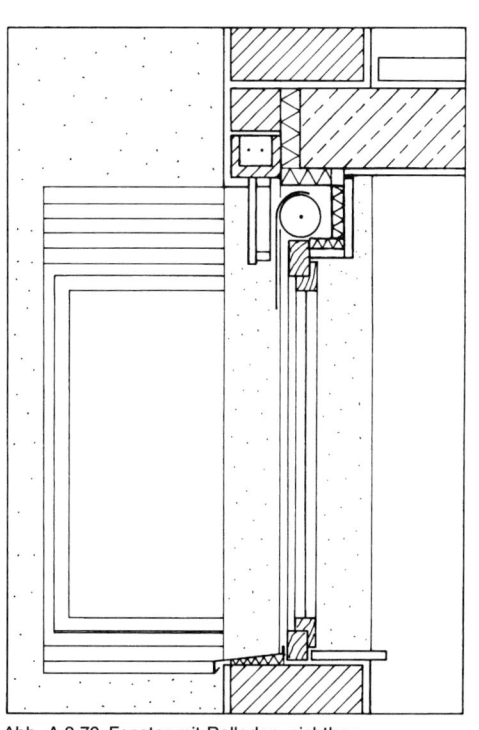

Abb. A.2.79 Fenster mit Rolladen, sichtbar

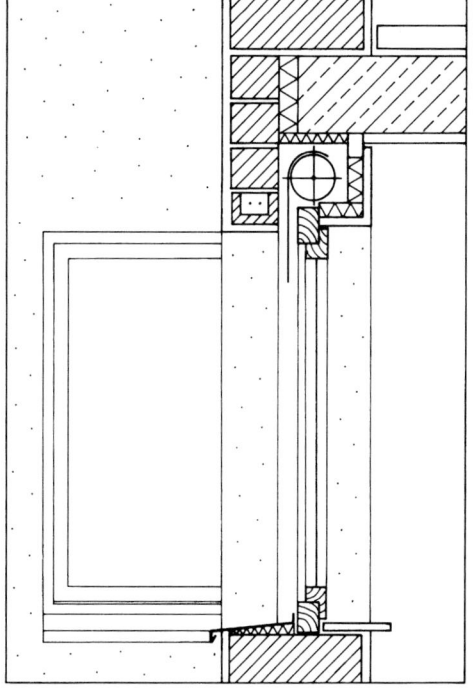

Abb. A.2.78 Fenster mit Rolladen, versteckt

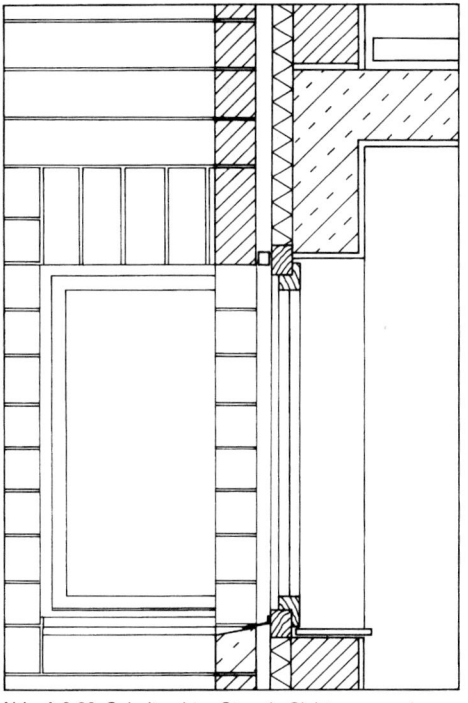

Abb. A.2.80 Scheitrechter Sturz in Sichtmauerwerk

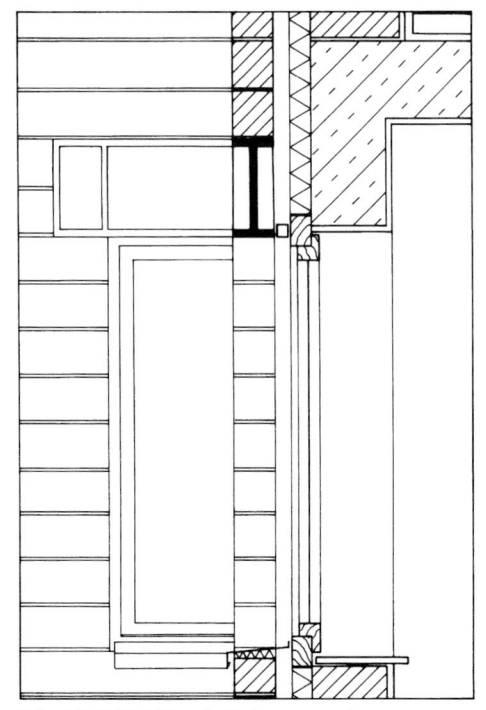

Abb. A.2.81 Stahlsturz in Sichtmauerwerk

2.4.4 Dach und Wand; Traufe, Ortgang und Attika

Der oberste Abschluß einer Mauerwerkswand bei Gebäuden bildet gleichzeitig den Gelenkpunkt in die Horizontale des Flachdaches oder die Schräge des geneigten Daches. Nur in Ausnahmefällen kann hier das Steinmaterial festgesetzt werden.

Im Regelfall treffen mehrere Materialien, Geometrien und Anforderungen in einem Punkt zusammen:

- die lotrechte Mauerwerkswand, tragend, wärmedämmend, verputzt oder mehrschalig,
- die horizontale Dachdecke aus Beton oder Holz, die beim Flachdach bereits den oberen, tragenden Abschluß bildet oder aber – beim geneigten Dach – nur den Raumabschluß des letzten Vollgeschosses,
- die Schräge der Dachkonstruktion, zumeist aus Holz mit aufgelagerter oder zwischenliegender Wärmedämmung, Folien gegen Dampfdiffusion und Durchfeuchtung sowie oberseitig die wasserführende Schicht der Dacheindeckung,
- das System der Wasserableitung und Sammlung, außenliegend mit Regenrinne oder aber beim Flachdach die Wanne mit innenliegender Entwässerung.

Dabei muß angesichts der heute selbstverständlichen Ausnutzung des Dachraumes gewährleistet sein, daß Dach und Wand nicht nur in ihrem Regelaufbau, sondern auch im Fügungspunkt feuchtigkeitsbeständig, diffusionsoffen, wärmegedämmt und nicht zuletzt konstruktiv kraftschlüssig miteinander verbunden sind.

Diesen generellen Anforderungen stehen gestalterische Vorstellungen gegenüber:

- der minimierte, knappe Dachrand,
- der schichtige Aufbau, der die einzelnen Bauteile im Fügungspunkt zeigt,
- der auskragende Dachrand, bei dem das Dach gleichzeitig Schutzfunktion für die Außenwand übernimmt.

Alle diese Gestaltungsprinzipien gelten gleichermaßen für flache und geneigte Dächer wie für monolithische, verputzte oder mehrschalige Außenwandkonstruktionen.

Analog zum Prinzip des Sockels und der Öffnungen im Mauerwerk können und sollen hier nur einige wesentliche Beispiele aufgezeigt werden.

Ausgangspunkt ist das monolithische, verputzte Mauerwerk im Anschluß an ein geneigtes, hart gedecktes Dach. Unter der gestalterischen Prämisse eines möglichst knappen Dachrandes – die einhergeht mit dem weitgehenden Verzicht auf Ausbildung eines sichtbaren Sockels – muß das Mauerwerk als Putzgrund bis in die Ebene der Konterlattung geführt werden. Analog zu Sockel und Deckeneinbindung bedarf das Mauerwerk der Auflösung in mehrere Schichten: Vormauerung, Wärmedämmung, Betondecke und Dachkonstruktion in Holz, Wärmedämmung und wasserführende Schicht auf entsprechender Unterkonstruktion (Abb. A.2.82 und Abb. A.2.83).

Dieses Detail eines Sparrendaches, bei dem die Einleitung der Horizontalkräfte der Sparren in das „Zugband" der Geschoßdecke über eine kraftschlüssige Verbindung in Stahl erfolgt, ermöglicht die Führung des Außenputzes auf Mauerwerk bis in den Bereich der Lattung. Ein Luftspalt bleibt frei zur Hinterfüllung des Kaltdaches, kaschiert durch die horizontale Regenrinne.

Am Ortgang erfolgt die Führung des Außenputzes bis Unterkante Dachdeckung. Die hölzerne Unterkonstruktion aus Lattung und Konterlattung muß hier mit einem stabilen Putzträger abgedeckt werden; alternativ besteht die Möglichkeit, den Ortgang-Dachstein im Mörtelbett zu verlegen. Wichtig ist zur schadenfreien Ausbildung dieses Details, daß die Unterspannbahn bis zur Innenkante des Außenputzes geführt wird. Ein Anheben der letzten Dachsteinreihe, damit ein leichtes Gefälle zur Dachfläche hin, entlastet die Beanspruchung dieses Detailpunktes.

Grundlagen der Gestaltung   A

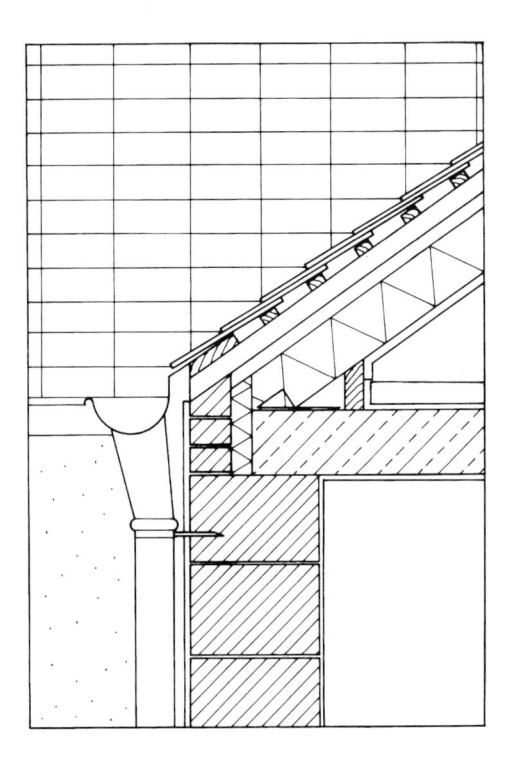

◄ Abb. A.2.82 Außenwand und Sparrendach; Traufe

Konstruktiv wesentlich unkomplizierter ist dieses Detail bei Ausbildung eines Dachüberstandes, der den Fügungspunkt Dach/Wand in allen Beanspruchungen aus Feuchte und Wind entlastet. Regionales Bauen in entsprechend belasteten Gebieten ist ohne Dachüberstand – bei verputzter oder holzverschalter Wand – nahezu nicht denkbar. Die in **Abb. A.2.82** gezeichnete Lösung ist dazu bei gleicher Putzknappheit um die hervorragenden Sparren und deren Eindeckung zu ergänzen. Regelfall bei diesem Prinzip ist jedoch die Erscheinung des Daches in seiner gesamten Dimension und Schichtigkeit – Wand und Dach lösen sich völlig voneinander unter Ausbildung eines echten optischen Gelenkpunktes.

Die dazu notwendige Durchdringung von innenliegender Konstruktion ist möglich nur im Material Holz – aufgrund dessen geringer Wärmeleitfähigkeit. Der Dachüberstand im Bereich des Ortganges fordert bei diesem Detail zwingend eine Pfettendachkonstruktion.

Die Giebelwand im Dachbereich kann dabei in Abhängigkeit vom Gesamtentwurf sowohl massiv in Mauerwerk als auch als mehrschichtige Konstruktion in Holz ausgeführt werden.

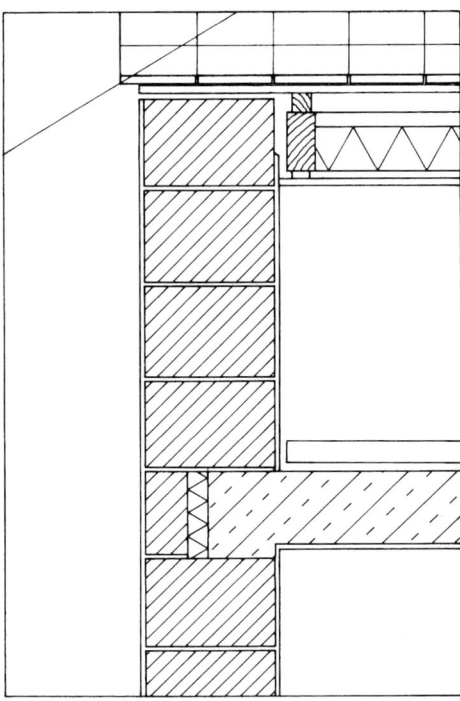

Abb. A.2.83 Sparrendach; Ortgang

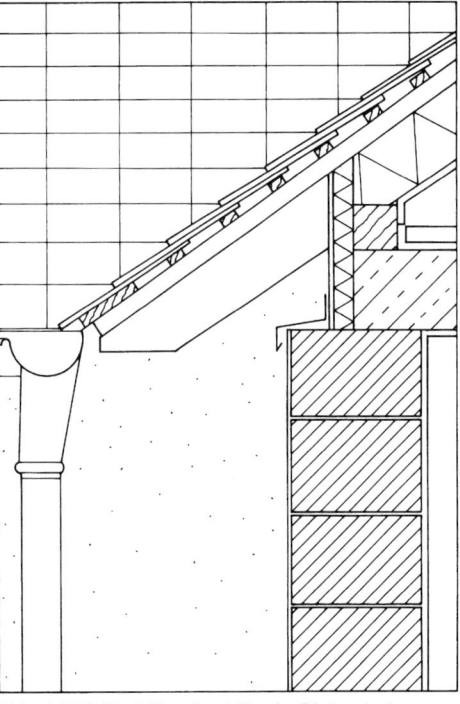

Abb. A.2.84 Dachüberstand, Traufe, Pfettendach

Entwurf

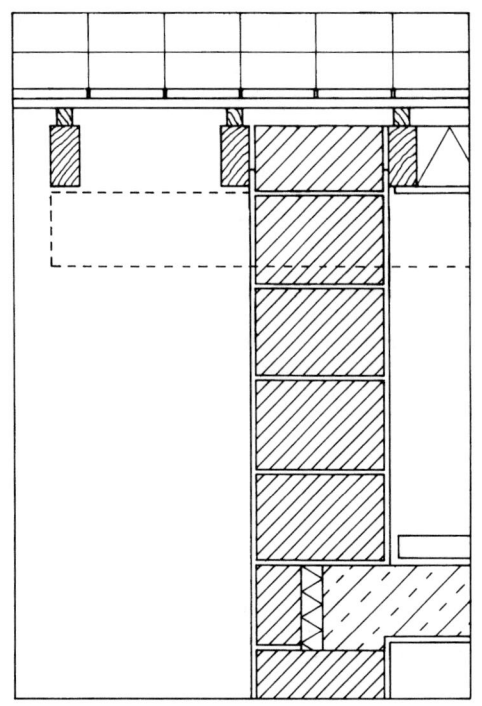

Abb. A.2.85 Dachüberstand, Ortgang, Pfettendach

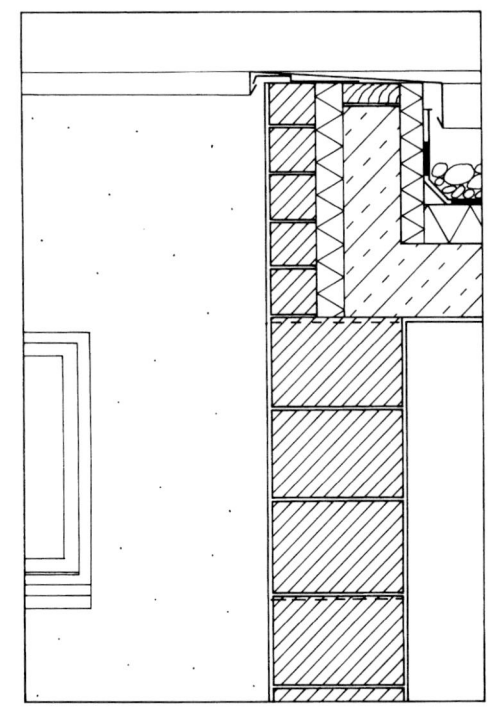

Abb. A.2.86 Anschluß Flachdach – Attika an Außenwand; Putz/Sichtbetonfertigkeit

Analoges gilt fur die Ausbildung des Anschlusses Dach/Wand bei Flachdachkonstruktionen.
Ausgehend vom gestalterischen Ideal eines knappen, weißen Kubus in verputztem Mauerwerk – Leitbild der klassischen Moderne –, wird die monolithische Wand im Knotenpunkt in eine thermisch getrennte Konstruktion aufgelöst mit Vormauerung, Wärmedämmung und Dachdecke in Beton. Da eine Ableitung des Regenwassers nach außen – vom Gebäude weg wie beim geneigten Dach – nicht möglich ist, muß das Flachdach quasi als Wanne ausgebildet werden, die das Wasser zunächst sammelt, ehe es über Entwässerungspunkte im Innenbereich abgeleitet wird. Die dazu nach der Dachdecker-Richtlinie nötige Aufstauhöhe erfordert das Hochziehen der Dichtungsbahnen im Attikabereich. Damit dies dicht und kraftschlüssig erfolgen kann, empfiehlt sich eine Aufkantung des Deckenrandes in entsprechender Höhe – dies insbesondere unter Berücksichtigung der notwendigen Dämmung nach Wärmeschutznachweis für diesen Bauteil.

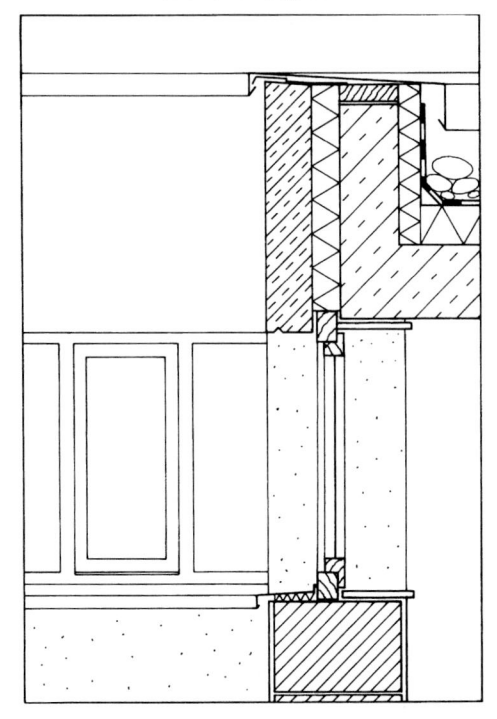

Abb. A.2.87 Attika mit Sichtbetonfertigteil ▶

Grundlagen der Gestaltung

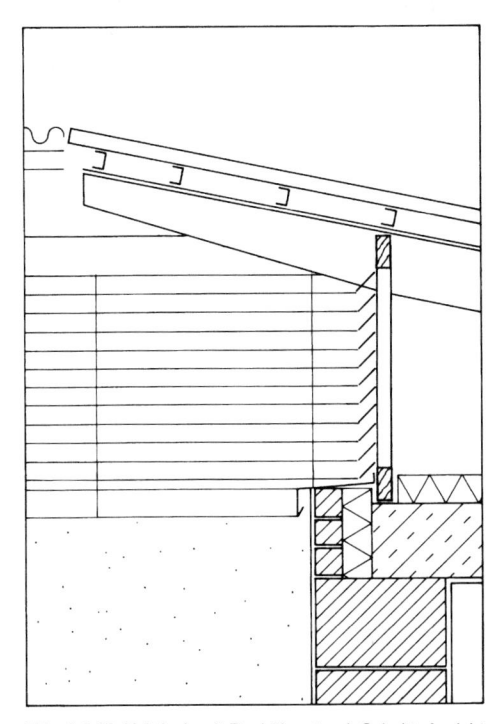

Abb. A.2.88 Kaltdach mit Dachüberstand; Schnitt, Ansicht

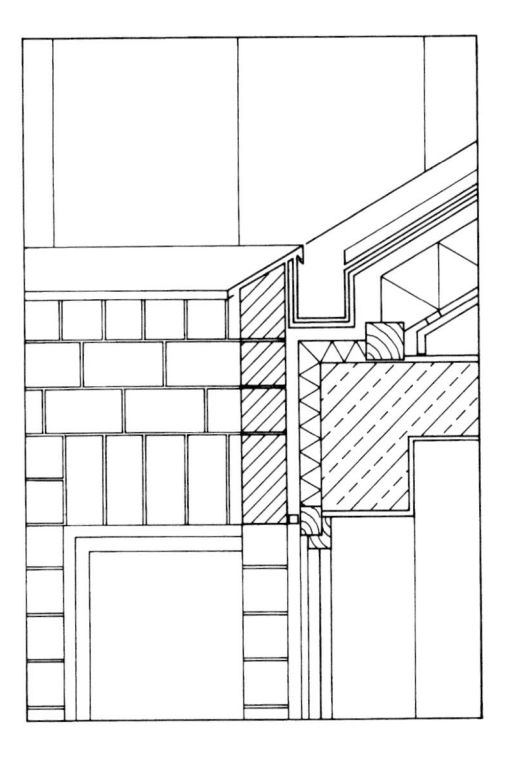

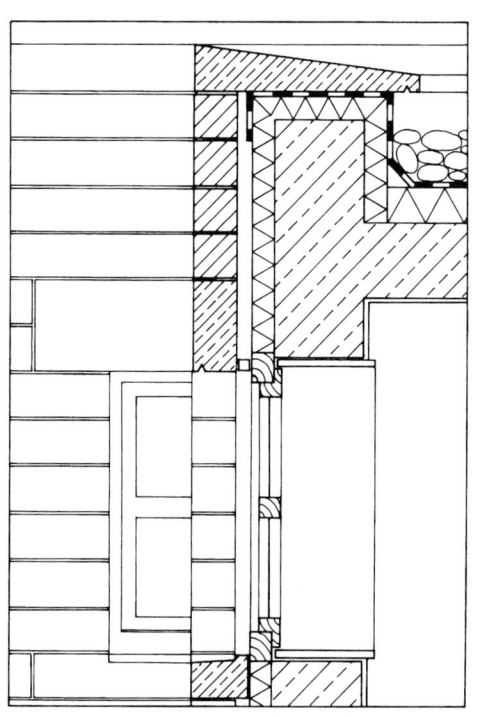

Abb. A.2.90 Attika in Sichtmauerwerk mit Betonfertigteilen

Diese Aufkantung des Dachrandes – ausgebildet als Überzug – ermöglicht die Plazierung von Fenstern ohne zusätzlichen Sturz. Dabei sind größere Spannweiten möglich als innerhalb des Regelmauerwerkes. Gestalterisch ist in diesem Zusammenhang zu prüfen, ob die Höhe des Stahlbeton-Dachrandes bei Verputz optisch in einem angemessenen Verhältnis zur Öffnungsbreite des Fensters steht. Gegebenenfalls ist hier ein Materialwechsel im Sturz sinnvoll, der entweder in Beton als vorgehängtes Fertigteil erfolgen kann oder aber in einem Leichtmaterial wie Holz, Faserzement oder Aluminium (**Abb. A.2.87**).

Ein Dachüberstand wie beim Pfettendach durch Auskragung der Primärkonstruktion ist beim Flachdach in Stahlbeton konstruktiv nur dann möglich, wenn entweder die Kragplatte auf Ober- und Unterseite gedämmt wird, was funktional und gestalterisch problematisch ist, oder wenn im Auflagerbereich der Wand eine thermische Trennung erfolgt, die durch die Wärmedämmung hindurch die konstante Führung der Zug- und Druckkräfte erlaubt.

◀ Abb. A.2.89 Traufe in Sichtmauerwerk mit eingelegter Rinne

Ästhetisch wirkungsvoller als Einheit von Form und Funktion, Material und Konstruktion ist bei einem Dachüberstand die Ausbildung des Daches nicht als Warm-, sondern als hinterlüftetes Kaltdach (Abb. A.2.88).

Hier sind die einzelnen Materialien mit jeweils zugewiesenen Funktionen und Konstruktionsprinzipien eindeutig ablesbar: leichte, wasserabweisende Dachhaut auf Subkonstruktion in Holz oder Stahl, „Lamellenfuge" zur Hinterlüftung des Dachraumes, Decke über letztem Vollgeschoß mit Wärmedämmung und Außenwand in Mauerwerk, Putz und oberem Traufblech.

Die Auflösung des monolithischen Mauerwerks in mehrschichtige Konstruktionen als Reaktion auf bauphysikalische Anforderungen findet ihre konsequenteste Ausprägung beim mehrschaligen Bauen mit Sichtmauerwerk.

Wurden bei den bisher gezeigten Konstruktionen Kerndämmungen ohne Hinterlüftung eingesetzt, ermöglicht hier die größere Dicke der Wand eine konsequente Luftzirkulation vom Sockel bis zur Traufe.

Exemplarisch für viele Detailvarianten seien hier nur die Traufe eines metallgedeckten Satteldaches mit eingelegter Rinne und die Dachfläche überragender Giebelwand (Abb. A.2.89) sowie die Attika eines flachdachgedeckten Gebäudes mit mehrschaliger Betonsteinaußenwand gezeigt (Abb. A.2.90).

3 Geometrische Grundlagen

3.1 Steinformate

Eine Klassifizierung von Mauersteinen erfolgt nicht nur über ihre Materialkonsistenz, Form mit Lochungsart, Rohdichte, Druckfestigkeit und Frostwiderstandfähigkeit, sie erfolgt auch in geometrischer Hinsicht über ihre Größendimension, ihre Formatierung.

Ausgangspunkt dabei ist ein Grundmodul, das aus dem sogenannten Dünnformat mit dem Formatkurzzeichen DF abgeleitet ist.

Dieses Grundmodul garantiert nicht nur die logische und anschauliche Definition aller Steingrößen, es sichert auch deren Kombination beim Vermauern auf der Baustelle.

Tafel A.3.1 Maße und Toleranzen nach DIN 105 Teil 1, Tabelle 2

Spalte	1	2	3	4	5
Zeile	Maße[1]	Nennmaß	Kleinstmaß	Größtmaß	Maßspanne t
1		115	110	120	6
2		145	139	148	7
3	Länge	175	168	178	8
4	l	240	230	245	10
5	bzw.	300	290	308	12
6	Breite	365	355	373	12
7	b	490	480	498	12
8		52	50	54	3
9	Höhe[2]	71	68	74	4
10	h	113	108	118	4
11		238	233	243	6

[1] Bei Vormauerziegeln und Klinkern, die für nichttragende Verblendschalen verwendet werden sollen und die nicht im Verband mit anderem Mauerwerk gemauert werden, dürfen hiervon abweichende Werkmaße, die jedoch in folgenden Grenzen liegen müssen, gewählt werden:
Länge $190 < l < 290$
Breite $90 < b < 115$
Höhe $40 < h < 113$
Die Grenzabmaße von den Werkmaßen sind entsprechend den in Spalte 3 und Spalte 4 angegebenen Maßen (bei geradliniger Einschaltung der Zwischenwerte) einzuhalten.

[2] Werden Ziegel mit einer Höhe von 155 bzw. 175 mm hergestellt, so gelten die in Spalte 3 und Spalte 4 angegebenen Maße (bei geradliniger Einschaltung der Zwischenwerte) entsprechend.

Geometrische Grundlagen

Die Nennmaße, Kleinst- und Größtmaße der Ziegel sind in DIN 105 Teil 1, Tabelle 2 (**Tafel A.3.1**) angegeben. Innerhalb der Lieferungen für ein Bauwerk dürfen sich jedoch die Maße der größten und kleinsten Steine höchstens um die hier in Spalte 5 angegebene Maßspanne t von 4 bis 12 mm unterscheiden.

Bei Ziegeln, die ohne sichtbar vermörtelte Stoßfuge versetzt werden, d. h. bei einer Vermörtelung nur der Mörteltasche oder auch bei Zahnziegeln, deren Stoßfuge mörtelfrei bleibt, soll das Nennmaß der Länge mindestens 5 mm größer sein als der Wert nach DIN 105 Teil 1, Tabelle 2. Damit soll sichergestellt sein, daß das oktametrische Maßsystem mit Vielfachen von 12,5 cm eingehalten werden kann.

Die in Tabelle 2 festgelegten Grenzmaße gelten sinngemäß, jedoch darf das Größtmaß der Länge das Nennmaß der Länge nach Tabelle 2 nicht mehr als 9 mm überschreiten.

Die Addition der Steinformate auf Basis des Grundmoduls ist unabhängig von den einzelnen Steinherstellern ebenfalls in DIN 105 Teil 1, Tabelle 5 geregelt (**Tafel A.3.2**). Zur Veranschaulichung dieser logischen, modularen Ordnung siehe auch **Abb. A.3.1**.

Da nur in den seltensten Fällen – z. B. bei Porenbeton-Steinen bestimmter Hersteller – alle Außenflächen der Steine und auch der innere Aufbau homogen sind, ist zur genaueren Unterscheidung außer dem Formatkurzzeichen auch die Wanddicke zu benennen. So ist sichergestellt, daß die Stege der Lochung und insbesondere die Stoßfugenausbildung system- und produktgerecht in der Ausführung auf der Baustelle verwendet werden.

Tafel A.3.2 Formatkurzzeichen (Beispiele nach DIN 105 Teil 1, Tabelle 5)

Format-Kurzzeichen	Maße bzw. l	b	h
1 DF (Dünnformat)	240	115	52
NF (Normalformat)	240	115	71
2 DF	240	115	113
3 DF	240	175	113
4 DF	240	240	113
5 DF	240	300	113
6 DF	240	365	113
10 DF	240	300	238
12 DF	240	365	238
15 DF	365	300	238
18 DF	365	365	238
16 DF	490	240	238
20 DF	490	300	238

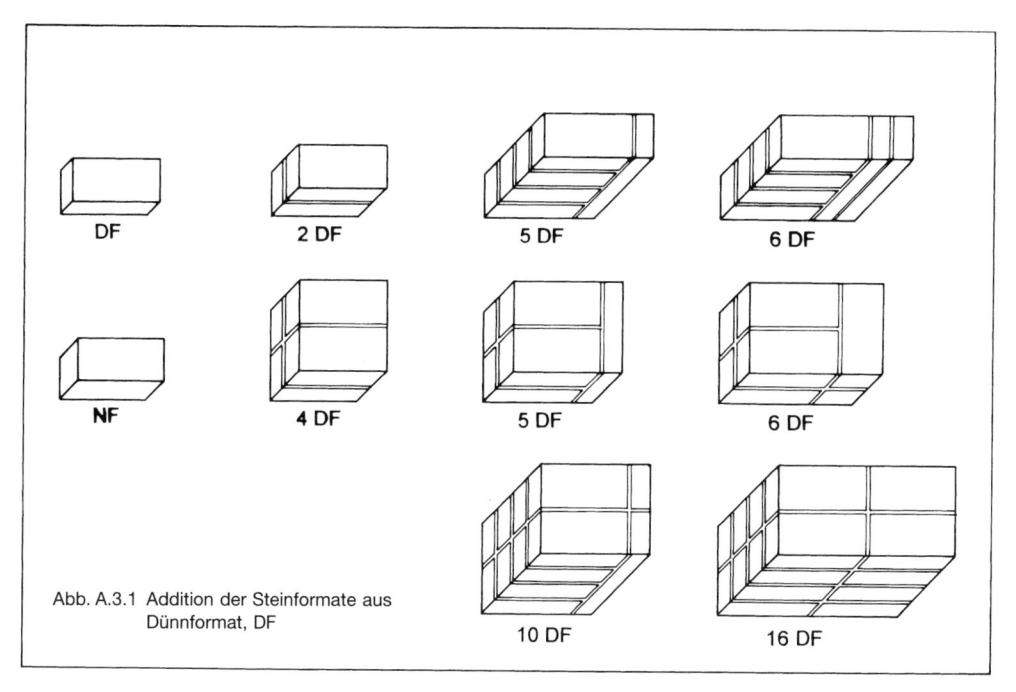

Abb. A.3.1 Addition der Steinformate aus Dünnformat, DF

3.2 Maßordnung

Zur Rationalisierung der Planung und der Bauausführung sollte jedem Gebäude aus Mauerwerk eine Maßordnung zugrunde gelegt werden – ausgehend vom tradierten Steinformat 2 DF mit $l/b/h$ von 240/115/113 mm –. Analog zum Aufbau der Steinmaße durch Addition von Dünnformaten DF (s. **Abb. A.3.1**) ist unter dieser Maßordnung ein System von Grundmaßen zu verstehen, aus deren Kombination Bauteilmaße abgeleitet werden können. Durch die Anwendung einer Maßordnung werden die Abmessungen von Bauteilen wie Wände, Türen, Fenster usw. so aufeinander abgestimmt, daß eine Systematik der Fügung ohne Teilbrüche der Mauersteine möglich ist. Früher waren verschiedene, regional geprägte Formate und davon abgeleitete Maßordnungen zu unterscheiden, z. B. das sogenannte Reichsformat RF (25/12/6,5 cm).

In der Bundesrepublik Deutschland gilt seit 1955 die DIN 4172 „Maßordnung im Hochbau". Dieser Maßordnung liegt ein Grundmaß mit vielfachen und ganzzahligen Bruchteilen von 11,5 cm Stein + 1 cm Mörtel = 12,5 cm bzw. 24 cm + 1 cm = 25 cm zugrunde, das zur geometrischen Bestimmung von Baurichtmaßen dient. Da acht Steine à 12,5 cm die abstrakte Maßeinheit von einem Meter ergeben, spricht man auch von der oktametrischen Maßordnung.

Baurichtmaße als zunächst theoretische Maße sind geradzahlige Vielfache des Moduls. Sie sind nötig, um alle Bauteile planmäßig miteinander zu verbinden. Aus den Baurichtmaßen und dem Fugenmaß ergeben sich für den Rohbau die Bauteilnennmaße; das sind diejenigen Maße, die ein Bauteil haben soll. Sie werden in der Regel in die Bauzeichnungen eingetragen; sie entsprechen bei Steinverbänden ohne Stoßfugen den Baurichtmaßen. Bei Verbänden mit Fugenausbildung von 1 cm ergeben sich die Nennmaße bei Abzug der Fuge als Außenmaß, bei Addition der Fuge als Öffnungsmaß, bei Nichtberücksichtigung als sogenanntes Vorsprungsmaß (**Abb. A.3.2/Tafel A.3.3**).

Rohbaumaß	Baurichtmaß R	Nennmaß
Außenmaß A	$A \times 12{,}5$	$\times 12{,}5 - 1$
Öffnungsmaß $Ö$	$Ö \times 12{,}5$	$\times 12{,}5 + 1$
Vorsprungsmaß V	$V \times 12{,}5$	$\times 12{,}5$

Tafel A.3.3 Horizontale Koordination im oktametrischen Maßsystem

Kopf-zahl	Längenmaße in m			
	R	A	$Ö$	V
1	0,125	0,115	0,135	0,125
2	0,250	0,240	0,260	0,250
3	0,375	0,365	0,385	0,375
4	0,500	0,490	0,510	0,500
5	0,625	0,615	0,635	0,625
6	0,750	0,740	0,760	0,750
7	0,875	0,865	0,885	0,875
8	1,000	0,990	1,010	1,000
9	1,125	1,115	1,135	1,125
10	1,250	1,240	1,260	1,250
11	1,375	1,365	1,385	1,375
12	1,500	1,490	1,510	1,500
13	1,625	1,615	1,635	1,625
14	1,750	1,740	1,760	1,750
15	1,875	1,865	1,885	1,875

Zur Abstimmung der vertikalen Koordination sind die Höhenmaße der Steine ebenfalls nach DIN 4172 abgestimmt (**Tafel A.3.3/Abb. A.3.4**).

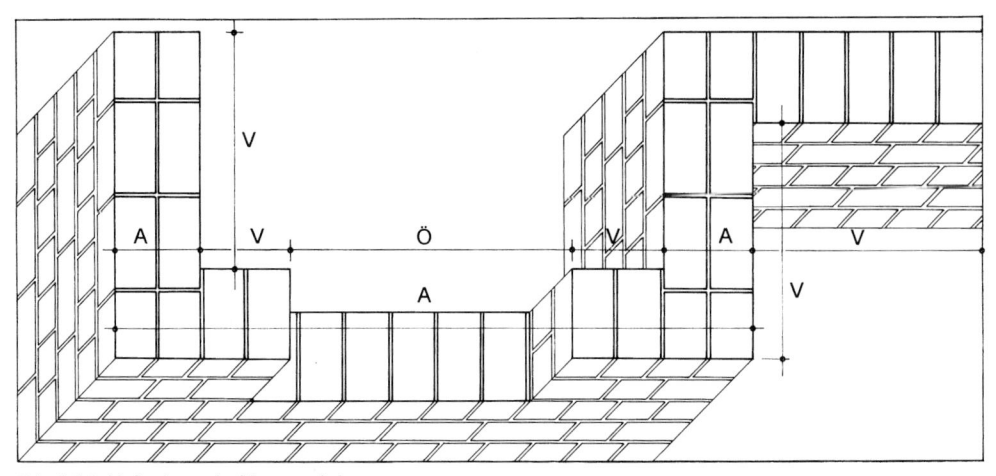

Abb. A.3.2 Maßordnung im Mauerwerksbau

Geometrische Grundlagen A

Tafel A.3.4 Vertikale Koordination im oktametrischen Maßsystem

Schichten	Steinhöhe in m			
	71	113	175	238
1	0,0833	0,125	0,1875	0,250
2	0,1667	0,250	0,3750	0,500
3	0,2500	0,375	0,5625	0,750
4	0,3333	0,500	0,7500	1,000
5	0,4167	0,625	0,9375	1,250
6	0,5000	0,750	1,1250	1,500
7	0,5833	0,875	1,3125	1,750
8	0,6667	1,000	1,5000	2,000
9	0,7500	1,125	1,6875	2,250
10	0,8333	1,250	1,8750	2,500
11	0,9175	1,375	2,0625	2,750
12	1,0000	1,500	2,2500	3,000
13	1,0833	1,625	2,4375	3,250
14	1,1667	1,750	2,6250	3,500
15	1,2500	1,875	2,8125	3,750

Im traditonellen Mauerwerksverband ist die Stoßfuge mit 10 mm Dicke dimensioniert, die Lagerfuge mit 12 mm; entsprechend ergibt sich das geometrische Grundmodul aus 11,5 + 1 cm in der Länge und 11,3 + 1,2 cm in der Höhe. Da die oktametrische Maßordnung trotz neuerer Entwicklungen der Baustoffindustrie unberührt blieb, ergeben sich aus neuen, deutlich reduzierten Fugenstärken neue Stein-Abmessungen, nicht aber neue Rohbau- und Nennmaße: so führt der Entfall der Stoßfugenvermörtelung bei Plan- bzw. Nut- und Federsteinen zu einer Verlängerung des Mauersteines von 24 cm auf 24,7 cm, die Anwendung von Dünnbettmörtel im Lagerfugenbereich zu einer Erhöhung der Mauersteine von 23,8 cm auf bis zu 24,8 cm.

Aus Gründen der Rationalisierung sind auf diese Maßordnung auch die Vorzugsgrößen von Bauelementen wie z. B. der Türen in DIN 18 100 bezogen. Von der entsprechenden Normung der Fenster ist man abgegangen, weil zum einen von seiten der Architekten genormte Fenster als Einschränkung gestalterischer Freiheit empfunden wurden und zum anderen ohnehin moderne Produktionsmethoden ohne Mehrkosten und ohne Lagerhaltung die Herstellung individueller Fenstergrößen ermöglichen.

Neben der Maßordnung DIN 4172 gibt es seit mehreren Jahren ein neues System zur Bauteilkoordination, die DIN 18 000 (5.84) – „Modulordnung im Bauwesen". Dieser Modulordnung liegt ein Grundmodul von $M = 100$ mm zugrunde als genormte Größe zur Bildung von abgestimmten Koordinationsmaßen. Diese wiederum sind Abstandsmaße der Koordinationsebenen als Vielfache eines Moduls (**Abb. A.3.4**): $3M = 300$ mm, $6M = 600$ mm; bei diesen sogenannten Multimodulen bestehen Vorzugszahlen, aus denen die Koordinationsmaße vorzugsweise gebildet werden sollen:

– 1- bis 30mal M
– 1- bis 20mal 3M, 1- bis 20mal 6M
– Vielfache von 12M.

Diese Vorzugsgrößen sollen international verwendbar sein, z. B. in der Angleichung zwischen Fuß/Inch-System und metrischen Maßreihen über 1 Fuß = ca. 3M.

Das Koordinationssystem insgesamt besteht aus den rechtwinklig zueinander angeordneten Koordinationsebenen. Bauteile und Räume werden mittels festgelegter Bezugsarten – Grenzbezug, Achsbezug, Randlage, Mittellage – dem Koordinationssystem zugeordnet.

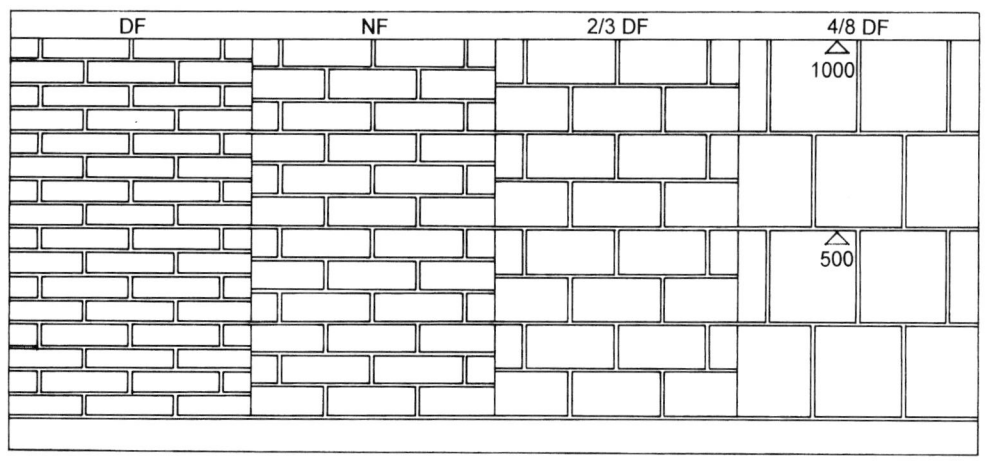

Abb. A.3.3 Vertikale Koordination für DF/NF/2-3 DF/4-8 DF

Entwurf

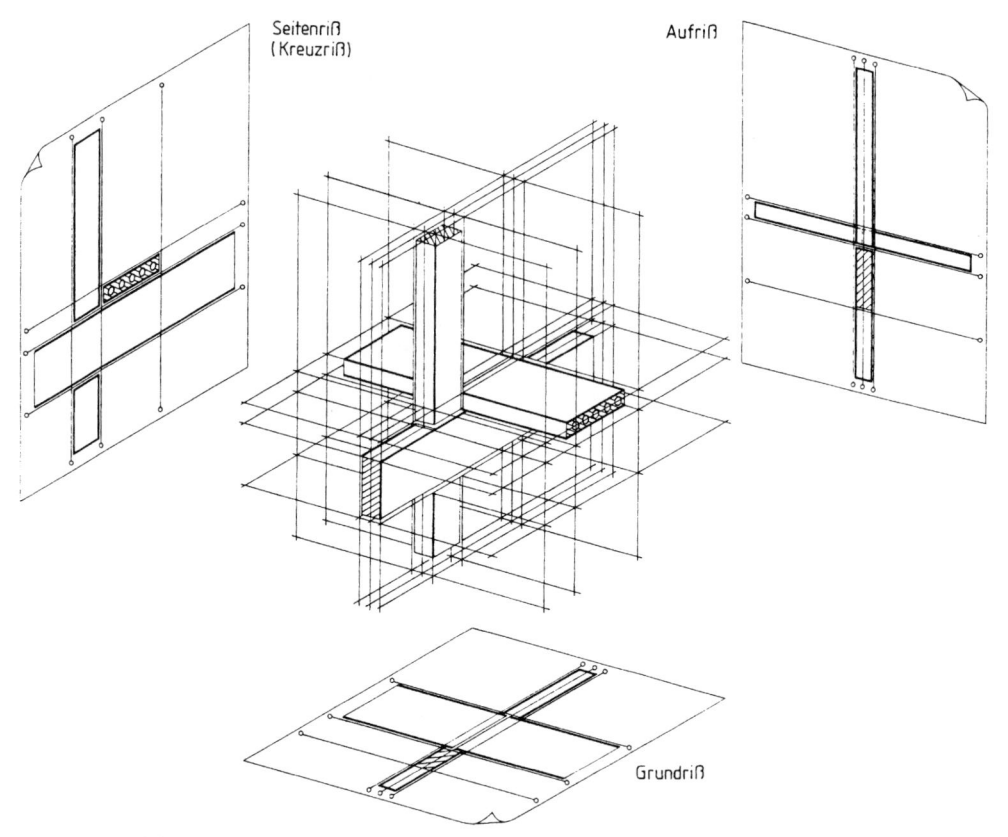

Abb. A.3.4 Modulordnung

Die Modulordnung wurde mit der Zielsetzung entwickelt, vorgefertigte Bauteile des Rohbaus und des Innenausbaues miteinander kombinieren zu können.

Die Anwendung dieser Modulordnung ist auch bei Mauerwerksbauten möglich; dies um so mehr, als durch die Einführung von 17,5 cm oder 30 cm dickem Mauerwerk mit analogen Steinlängen das oktametrische Maß bereits verlassen ist.

Da aber materialbezogen gegenüber der oktametrischen Maßordnung letztlich keine wirkliche Verbesserung zu erzielen ist, hat sich die Modulordnung bisher nicht durchgesetzt.

Das Einhalten einer Maßordnung rationalisiert die Planung und die Bauausführung.

Dabei ist jedoch immer von herstellungsbedingten Abweichungen von den Sollmaßen auszugehen; dies insbesondere im Mauerwerksbau, der im Gegensatz zur industriellen Vorfabrikation beispielsweise von Fassadenelementen in Glas und Aluminium auf der Baustelle von Hand errichtet wird, der

Witterung ebenso ausgesetzt wie dem unterschiedlich qualifizierten Ausbildungsstand des Maurers.

DIN 18 201 (12.84) definiert diese Maßtoleranzen begrifflich und grundsätzlich, DIN 18 202 (5.86) definiert sie konkret maßlich mit dem Ziel, trotz unvermeidlicher Ungenauigkeiten beim Einmessen bei der Verarbeitung auf der Baustelle das funktionsgerechte Zusammenfügen von Bauteilen des Roh- und Ausbaues ohne Anpaß- und Nacharbeiten zu ermöglichen. Die Toleranzen gelten ausdrücklich nicht für zeit- und lastabhängige Verformungen bei Bauwerken des Hochbaus. Sie stellen Werte und Abweichungen dar, die im Rahmen üblicher Sorgfalt und Genauigkeit zu erreichen sind. Höhere Anforderungen an die Genauigkeit müssen gesondert in den Leistungsverzeichnissen und Vertragsunterlagen vereinbart werden, sie bedürfen einer besonderen Sorgfalt und Prüfung. Die Grenzabmaße als Differenz zwischen Größtmaß und Nennmaß oder Kleinstmaß sind in DIN 18 202 Tabelle 1 definiert **(Tafel A.3.5)** und in der Regel mit erheblichen Mehrkosten verbunden.

Tafel A.3.5 Grenzabmaße für Bauteile nach DIN 18 202 Tabelle 1

Spalte	1	2	3	4	5	6
Zeile	Bezug	Grenzabmaße in mm bei Nennmaßen in m				
		bis 3	über 3 bis 6	über 6 bis 15	über 15 bis 30	über 30
1	Maße im Grundmaß, z. B. Längen, Breiten, Achs- und Rastermaße (siehe Abschnitt 5.1.1)	+/- 12	+/- 16	+/- 20	+/- 24	+/- 30
2	Maße im Aufriß, z. B. Geschoßhöhen, Podesthöhen, Abstände von Aufstandsflächen und Konsolen (siehe Abschnitt 5.1.2)	+/- 16	+/- 16	+/- 20	+/- 30	+/- 30
3	Lichte Maße im Grundriß, z. B. Maße zwischen Stützen, Pfeilern usw. (siehe Abschnitt 5.1.3)	+/- 16	+/- 20	+/- 24	+/- 30	-
4	Lichte Maße im Aufriß, z. B. unter Decken und Unterzügen (siehe Abschnitt 5.1.4)	+/- 20	+/- 20	+/- 30	-	-
5	Öffnungen, z. B. für Fenster, Türen, Einbauelemente (siehe Abschnitt 5.1.5)	+/- 12	+/- 16	-	-	-
6	Öffnungen wie vor, jedoch mit oberflächenfertigen Lichtungen	+/- 10	+/- 12	-	-	-

Die angegebenen Abschnitte beziehen sich auf die DIN 18 200.

Nahezu unabhängig von den detaillierten Festlegungen der Normen gelten in der Praxis des Mauerwerksbaues auf der Baustelle pauschalierend Maßabweichungen von ± 2 cm als noch im Rahmen der Toleranz. Mit der Reduzierung der Schwankungsbreiten im Steinmaterial durch Einführung neuer Planstein-Fertigungsmethoden werden diese Toleranzen kaum eingeschränkt, sie sind jedoch einfacher und wirtschaftlicher einzuhalten.

3.3 Verbände

Eine Stein für Stein mit Mörtel geschichtete Mauerwerkswand wird auf der Baustelle errichtet nach den Vorgaben des Architekten im Werk- und Detailplan; diese sollte auf der „oktametrischen" Maßordnung, d. h. auf einem Grundmodul von 12,5 cm und Vielfachen hiervon bestehen. Hieraus ergibt sich geometrisch präzise die Definition der Wände und Öffnungen in Höhe, Breite und Länge.

Die in der Praxis häufig verwendeten Steinformate von 17,5 cm und 30 cm entsprechen nicht dieser Maßordnung und bedürfen deshalb bei ihrer Kombination mit dem Oktametermaß besonderer Sorgfalt.

Da im Regelfall das Mauerwerk des Rohbaues durch Innen- oder Außenputz verkleidet wird, entzieht sich das Fugenbild der Steine im einzelnen dem Auge und damit dem Interesse des Architekten und Fachingenieurs. Die konkrete Ausführung bleibt dem Bauunternehmer überlassen, damit auch die Fragen nach Steingröße und Stückgewicht als Einflußfaktoren von Leistung und Effizienz des Maurers. Die so in der Praxis zu beobachtenden ungeordneten und „wilden" Verbände entsprechen notwendigerweise dem Überbindemaß als Voraussetzung der angenommenen Tragfähigkeit, oft jedoch keineswegs den sinnvollen Forderungen der Wirtschaftlichkeit; sie entsprechen dann auch nicht denen der Ökologie angesichts des zwangsläufig anfallenden Bruchmaterials, das als Abfall auf Deponien entsorgt werden muß.

Die dringend notwendige Qualitätssteigerung und -sicherung auf der Baustelle setzt deshalb das verstärkte Engagement des Architekten und Fachingenieurs mit entsprechender Sachkenntnis voraus.

Wände sind im Verband nach den Grundregeln der DIN 1053 zu mauern.

So sollen Steine einer Schicht die gleiche Höhe haben, Lagerfugen sollen horizontal ohne Unterbrechung durchgehen. Nur ausnahmsweise ist an den Wandenden und unter Stürzen eine zusätzliche Lagerfuge je Schicht als Höhenausgleich auf einer Länge von mindestens 115 mm möglich. Steine und Mörtel müssen dabei mindestens die Festigkeit des übrigen Mauerwerkes aufweisen.

In Schichten mit Längsfuge darf die Steinhöhe nicht größer als die Steinbreite sein. Ausnahmsweise dürfen bei Steinhöhen von 175 mm und 240 mm die Aufstandsbreiten mindestens 115 mm betragen.

Die Steg- und Lagerfugen übereinanderliegender Schichten müssen versetzt sein. Dieser Versatz wird als Überbindemaß ü bezeichnet, er muß das 0,4fache der Steinhöhe, zumindest jedoch 4,5 cm aufweisen: $ü = 0{,}4\,h = 4{,}5$ cm (h ist das Nennmaß der Steinhöhe).

Das Überbindemaß wurde in der DIN-Norm festgesetzt, da es insbesondere Einfluß auf die Zugfestigkeit des Mauerwerkes parallel zur Lagerfuge hat, damit auf die Haftscherfestigkeit zwischen Stein und Mörtel und die Tragfähigkeit der Wand insgesamt.

Die Mindestüberbindung sollte die Ausnahme sein, die Überbindung nach der Bauordnung die Regel: bei 23,8 cm Steinhöhe beträgt diese 9,5 cm. **(Tafel A.3.6/Abb. A.3.5)**

Bei großformatigen Steinen ergeben sich aus serienmäßigen Ergänzungssteinen für jede zweite Schicht in der Praxis auch Überbindungen von halber Steinlänge.

Diese theoretisch-wissenschaftlichen Erkenntnisse zum Mauerwerksverband basieren auf den empirischen Erfahrungen einer jahrhundertealten Tradition, die nahezu seit ihren Anfängen zwischen Läufer- und Binderschichten differenziert.

Läufer sind Steine, die mit der Längsseite in der Mauerflucht liegen. Binder liegen mit der Schmalseite in der Mauerflucht, sie binden im Wortsinne ein.

Die wichtigsten Verbände für kleinformatige Steine sind:

Läuferverband
Alle Schichten bestehen aus Läufern, die von Schicht zu Schicht um $1/2$ Steinlänge (mittiger Verband) oder $1/3$ oder $1/4$ Steinlänge (schleppender Verband) gegeneinander versetzt sind.
Mauerwerk im Läuferverband hat die besten Festigkeitseigenschaften und ist der Regelfall bei zweischaligem Sichtmauerwerk **(Abb. A.3.6)**.

Binderverband
Alle Schichten bestehen aus Bindern, die um $1/2$ Steinbreite versetzt sind.
Binderverbände haben wegen der geringeren Überdeckung eine reduzierte Zugfestigkeit und damit auch Tragfähigkeit gegenüber Läuferverbänden. Bei der Bemessung von Mauerwerk wird dies allerdings im Regelfall nicht berücksichtigt **(Abb. A.3.7)**.

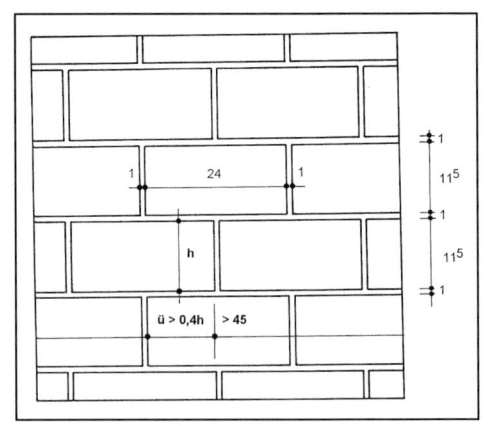

Abb. A.3.5 Überbindemaß bei Stoßfugen und Längsfugen

Tafel A.3.6 Überbindemaß nach DIN 1053-1

Steinhöhe cm	Schichthöhe cm	Schichtzahl pro m	Rechnung nach DIN + Vergleich mit Mindestforderung	min. cm	Baumaß cm
5,2	6,25	16	0,4 × 5,2 = 2,08 >	4,50	5,2
7,1	8,33	12	0,4 × 7,1 = 2,84 >	4,50	5,2
11,3	12,50	8	0,4 × 11,3 = 4,52 =	4,52	5,2
23,8	25,00	4	0,4 × 23,8 = 9,52 =	9,52	11,5

Geometrische Grundlagen A

Blockverband
Binder- und Läuferschichten wechseln regelmäßig. Die Stoßfugen aller Läuferschichten liegen senkrecht übereinander (**Abb. A.3.8**)

Kreuzverband
Binder- und Läuferschichten wechseln sich regelmäßig ab. Die Stoßfugen jeder zweiten Läuferschicht sind aber durch Verwendung eines halben Läufers an den Mauerenden um $1/2$ Steinlänge versetzt (**Abb. A.3.9**). Darüber hinaus gibt es für Sichtmauerwerk besondere Zierverbände, wie z. B. den gotischen Verband mit dem regelmäßigen Wechsel von Läufer und Binder, den märkischen Verband mit zwei Läufern und einem Binder oder aber auch Kombinationen dieser Rhythmen mit reinen Binderlagen wie beim holländischen Verband.

Diese Zierverbände haben an Bedeutung verloren, da Sichtmauerwerkskonstruktionen kaum noch einschalig sind und im Vormauerbereich eine Wandstärke von 11,5 cm im Regelfall nicht überschritten wird.

Mit der Renaissance der Torfbrandklinker in ungeregelten Formaten gewinnen dagegen die sog. wilden Verbände wieder an Bedeutung (**Abb. A.3.10**)

Großformatige Steine, deren Dicke meist der Wand entspricht, werden in den einfachen Verbänden vermauert: bei den Innenwänden mit 11,5, 17,5 und 24 cm Dicke im Läuferverband, bei den Außenwänden mit 30, 36,5 und 49 cm Dicke im Binderverband.

Es ist vorteilhaft, der Baustelle Schichtenpläne für das Mauerwerk zur Verfügung zu stellen. Sie erlauben die Erstellung von Materialauszügen, insbesondere der Ergänzungsziegel für das Großblockmauerwerk, und die Materialdisposition für jeden Maurer-Arbeitsplatz; die Ausbildung von Brüstungen, Fensternischen, Stürzen, Deckenauflagern etc. sollte in gesonderten Detailplänen erfaßt werden (**Abb. A.3.11**).

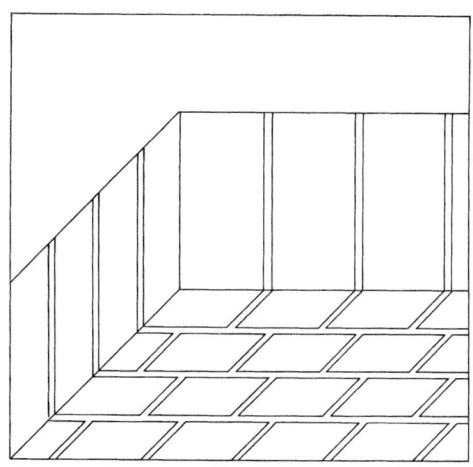

Abb. A.3.7 Binderverband

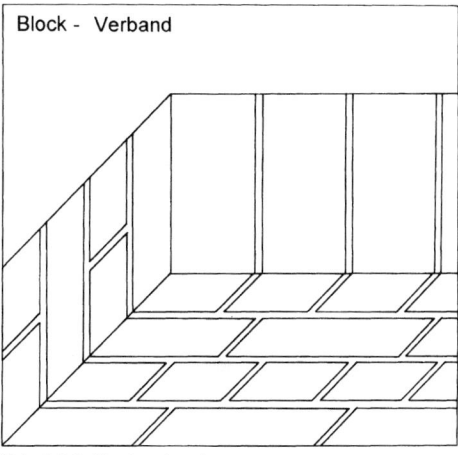

Abb. A.3.8 Blockverband

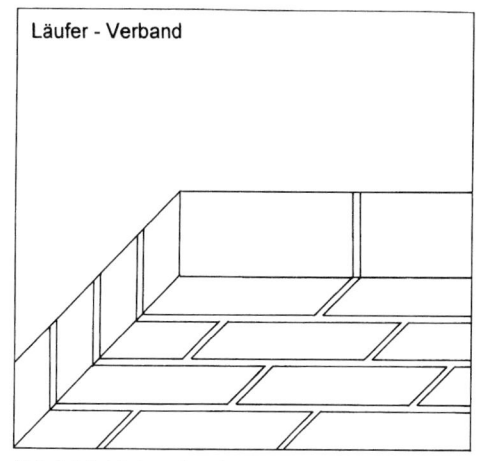

Abb. A.3.6 Läuferverband

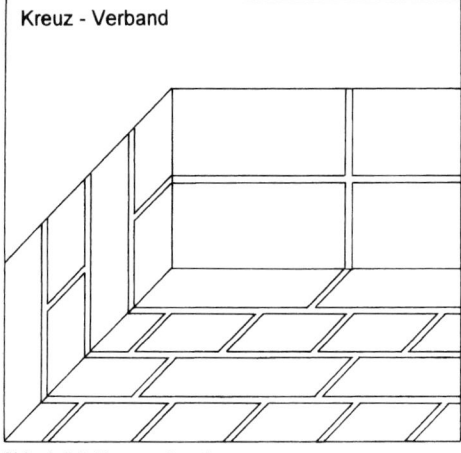

Abb. A.3.9 Kreuzverband

Entwurf

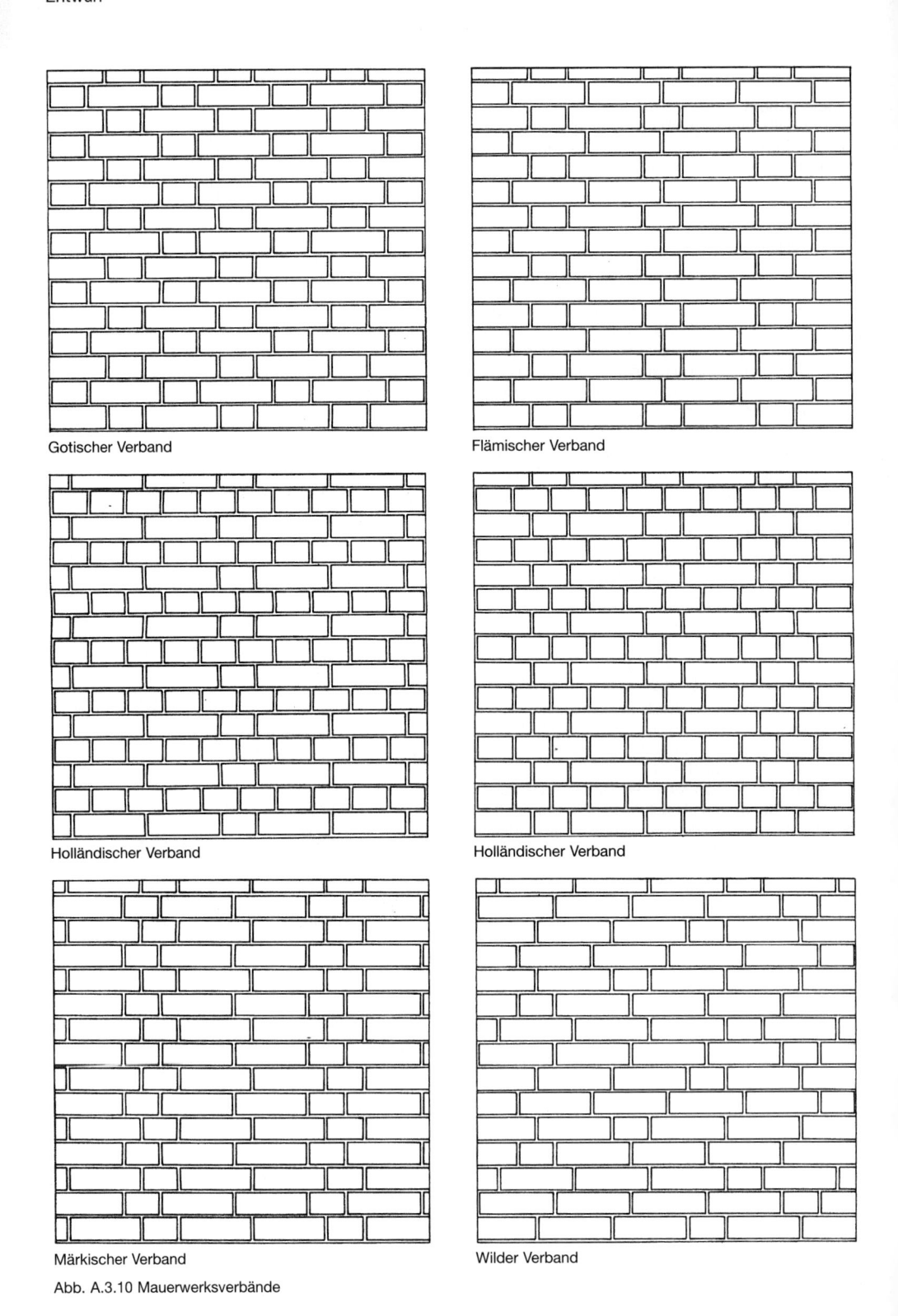

Gotischer Verband

Flämischer Verband

Holländischer Verband

Holländischer Verband

Märkischer Verband

Wilder Verband

Abb. A.3.10 Mauerwerksverbände

Geometrische Grundlagen

A

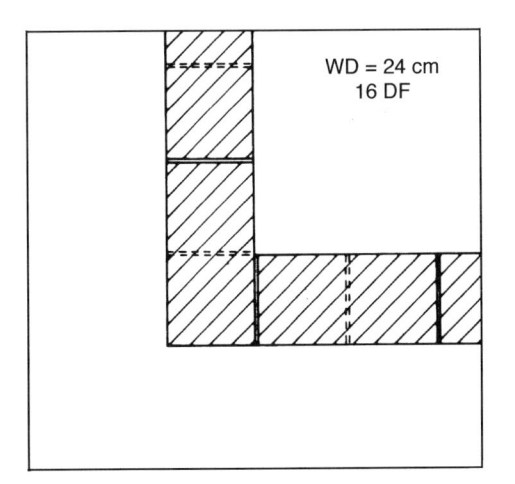

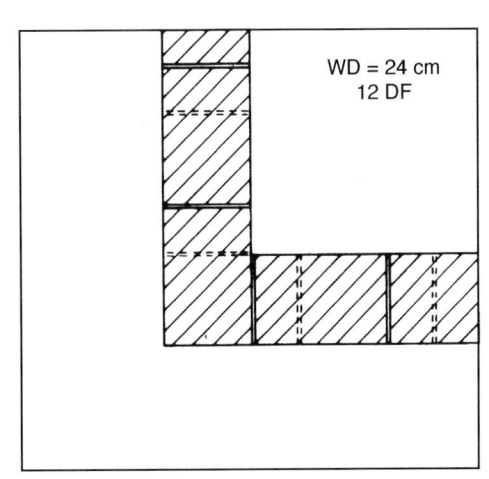

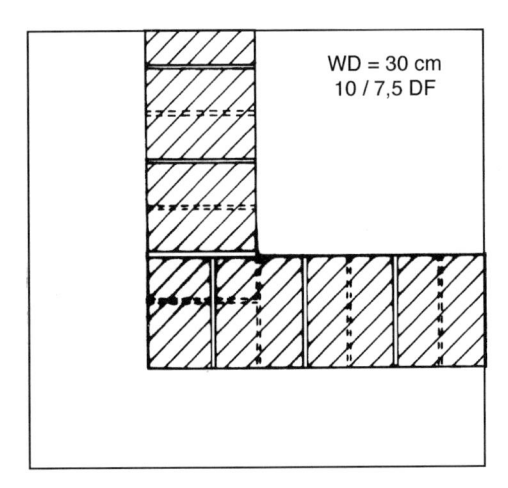

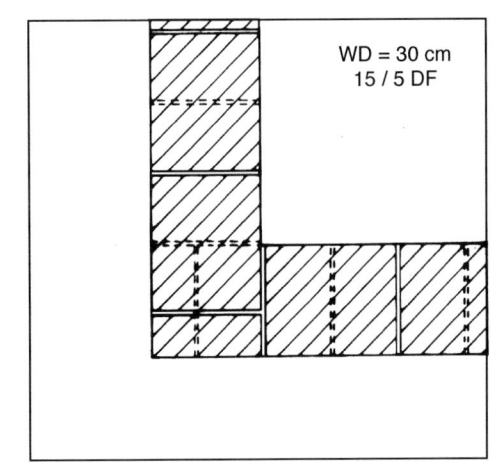

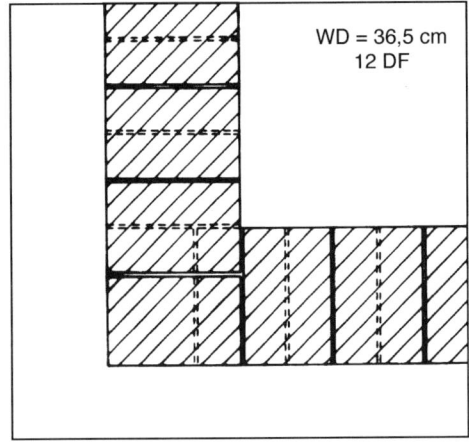

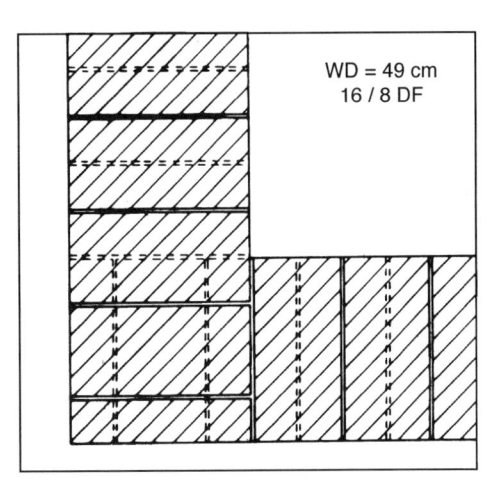

| WD = 24 cm | WD = 24 cm |
| 16 DF | 12 DF |

| WD = 30 cm | WD = 30 cm |
| 10 / 7,5 DF | 15 / 5 DF |

| WD = 36,5 cm | WD = 49 cm |
| 12 DF | 16 / 8 DF |

Abb. A.3.11 Eckverbände

A.57

4 Grundlagen des energiebewußten Bauens mit Mauerwerk und Glas

4.1 Zur Ausgangssituation

Konventionalität, formale Willkür und Minderqualitäten prägen überwiegend die heutige Architektur, und erst ausnahmsweise sind Ansätze und Reflexionen erkennbar, die im Rahmen eines – auch ressourcenschonenden und ökologischen – Verständnisses von Baukultur neue Ziele definieren und Wege zu deren Umsetzung suchen.

Die Reduzierung des CO_2-Ausstoßes und damit einhergehend die Senkung des Energieverbrauches sind notwendige Maßnahmen, die erst langsam in das Bewußtsein der Öffentlichkeit und das der Architekten und Bauherren dringen – von einer ausreichenden Reaktion ganz zu schweigen.

Dabei sind die naturwissenschaftlich ermittelten Fakten so eindeutig wie alarmierend.

Das für die Entwicklung des Lebens in seiner ganzen Breite und Vielfalt notwendige Klima basiert auf dem sogenannten Treibhauseffekt, der in der Erdatmosphäre hervorgerufen wird durch freie Spurengase wie Wasserdampf (H_2O), Kohlendioxid (CO_2), Methan (CH_4) und Distickstoffoxid (N_2O). Sie ermöglichen das ungehinderte Eindringen kurzwelliger Sonnenstrahlung auf die Erdoberfläche, reflektieren gleichzeitig jedoch die gegenläufigen, von der erwärmten Erde ausgehenden langwelligen Strahlen. Diese bleiben so innerhalb der Atmosphäre, eine Wärmeabstrahlung in den Weltraum findet nur verringert statt. Es entsteht ein Funktionsmechanismus, der dem eines Treibhauses entspricht und gewährleistet, daß die mittlere Lufttemperatur des Planeten Erde +15 °C beträgt; ohne diese Reflexion würde die Durchschnittstemperatur –18 °C betragen bei völliger Vereisung der Erdoberfläche **(Abb. A.4.1)**.

Dieser Treibhauseffekt wird zunehmend verstärkt durch menschliche Einflußnahme, deren unmittelbarer Hintergrund die exponential steigende Bevölkerungsrate ist, die intensive Inanspruchnahme der Erdoberfläche unter Reduktion großer zusammenhängender Naturlandschaften und – allem voran – der Anstieg des weltweiten Energieverbrauches. 90 % der Energieerzeugung basiert auf der Verbrennung fossiler Energieträger wie Erdöl und Kohle, deren Abbau nach Schätzungen von Wissenschaftlern heute rund 2 Millionen mal schneller geht als ihre Entstehung in 500 Millionen Jahren Erdgeschichte.

Im Prozeß der Verbrennung werden jährlich ca. 22 Mrd. t CO_2 emittiert; im Bereich der Troposphäre, der unteren Erdatmosphäre, ist bereits ein Anstieg der CO_2-Konzentration gegenüber der Jahrhundertwende um 25 % zu verzeichnen mit prognostiziertem Anstieg von ca. 0,5 % jährlich. Die unmittelbare Folge ist ein verstärktes Eindringen kurzwelliger Sonnenstrahlung, stärkere Reflexion innerhalb der Atmosphäre und damit zwangsläufig ein Anstieg der mittleren Lufttemperatur. Nach Schätzungen des „Undergovernmental Panel of Climate Change" (IPCC) wird dieser Temperaturanstieg innerhalb der Jahre 1990 bis 2000 ca. 1,8 bis 4,2 K betragen, eine Schwankungsbreite, die davon abhängt, ob der weitere CO_2-Anstieg reduziert werden kann.

Bereits geringfügige Temperatursteigerungen implizieren nach verschiedenen Modellrechnungen einen Anstieg des Meeresspiegels, Änderungen der Niederschlagsmengen durch verstärkte Verdampfung der Weltmeere, extreme Wetterereignisse und Naturkatastrophen bis hin zu einer weitgehenden Verschiebung der bisherigen Klimazonen.

In diesem Zusammenhang ist von Bedeutung, daß mehr als 80 % des Weltenergieverbrauches von lediglich 25 % der Weltbevölkerung in Anspruch genommen und drei Viertel der energiebedingten CO_2-Freisetzung von den Industrieländern verur-

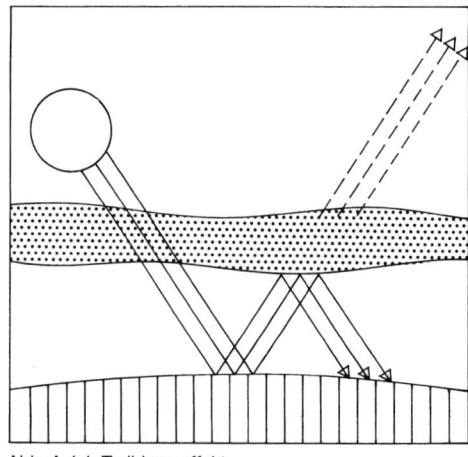

Abb. A.4.1 Treibhauseffekt

sacht wird. Ein unbegrenztes Wachstum des Energiesektors zugrunde gelegt, muß man berücksichtigen, daß die vorsichtig geschätzten nicht regenerierbaren Ressourcen bei Erdöl nur ca. 40 Jahre, bei Erdgas ca. 80–100 und bei Kohle nur knapp über 200 Jahre betragen – dies ohne Berücksichtigung der Uran-Vorräte (Tafel A.4.1 bis A.4.4).

Tafel A.4.1 Nichtregenerative Energievorräte der Erde, geschätzt (nach Weltenergiekonferenz)

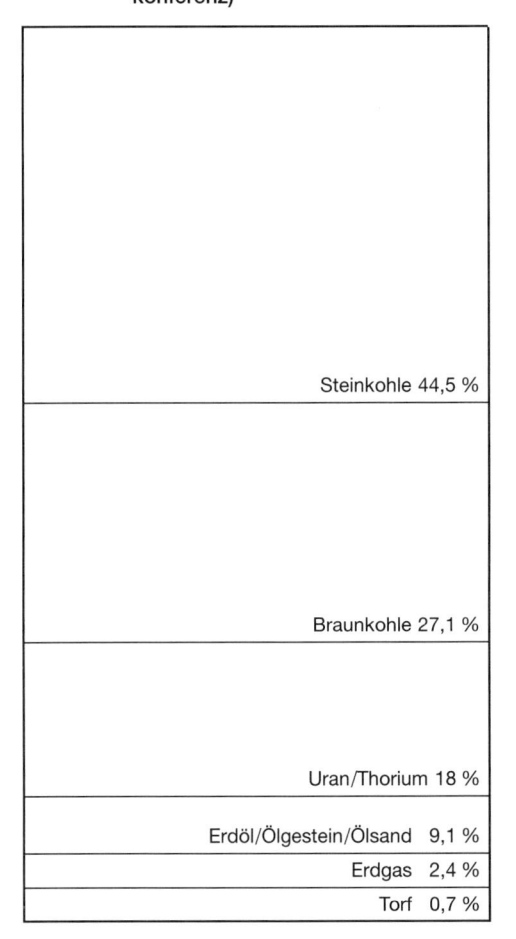

Steinkohle	44,5 %
Braunkohle	27,1 %
Uran/Thorium	18 %
Erdöl/Ölgestein/Ölsand	9,1 %
Erdgas	2,4 %
Torf	0,7 %

Ein aktives Handeln der Industrienationen ist somit zwingend und unabdingbar geworden; dies gilt insbesondere für die Bundesrepublik Deutschland, die jährlich immer noch rund 1 Mrd. t CO_2 emittiert und damit zu den größten Verursachern der Konzentration von Spurengasen in der Erdatmosphäre zählt.

Um so unverständlicher ist es, daß die notwendigen Maßnahmen zur Senkung des CO_2-Anstieges wie z. B.

- Senkung des Energieverbrauches insgesamt,
- mittelfristig verstärkter Einsatz von Erdgas statt Kohle und Erdöl,
- langfristiger Ersatz fossiler Brennstoffe durch regenerative Energieträger wie Sonne, Wasser, Wind, gegebenenfalls auch Kernenergie in verbesserter Technologie,

erst nach langer Diskussion in eine politisch-gesellschaftlich wirksame Gesetzgebung mündeten: das Energieeinsparungsgesetz für den baulichen Bereich und hierauf bezogen die „Verordnung über einen energiesparenden Wärmeschutz bei Gebäuden (Wärmeschutzverordnung – WärmeschutzV)", ausgegeben in Bonn am 16. 8. 94 mit Rechtskraft seit 1. Januar 1995.

Dabei ist Energie an sich – als Ausgangspunkt aller Überlegungen und Berechnungen – immer noch zu billig, hat sie nicht den Preis, der ihrem Wert in ausgewogener Bilanz entspricht.

„Eine grundlegende Innovation ist notwendig: wir müssen zu einer Technik kommen, die sich in den Kreislauf der Natur einschaltet. Ziel sind autonome, sich selbst regulierende Systeme, ist ein globaler Stoffwechsel im Gleichgewicht. Reale Gesamtkosten für die derzeit verschwendeten Energien, einschließlich der vollständigen Entsorgungskosten, würden diese Entwicklung beschleunigen", forderte der Architekt Uwe Kissler bereits 1991 im Rahmen seiner Überlegungen zum „Integrierten Bauen".

Die Regel ist jedoch statt neuer Gesamtkonzepte überwiegend eine eher kleinliche Detailkorrektur im Rahmen der Baukonstruktion: Abdichtungen werden quantitativ und qualitativ verstärkt, Wärmedämmungen immer dicker, Putzschichten aufgebläht, Hinterlüftungen und mehrschalige Wandaufbauten ersetzen monolithische Konstruktionen; die scheinbaren Lösungen werden materialaufwendiger, vor allem aber kostenintensiver, sie werden im maximierten Detail gesucht, in Materialkomponenten einer rührigen Baustoffindustrie, nicht zuletzt aber in ideologischer Ausblendung und unter Aufgabe ästhetischer Prämissen und Ansprüche.

Darüber hinaus wird der neuen Wärmeschutzverordnung zusätzlich der Nimbus angeheftet, architekturfeindlich zu sein, gestalterisch gute Ansätze zu verhindern, das Bauen zu verteuern.

Daß dem nicht so ist, dies zumindest nicht so sein muß, gilt es in Praxis und Theorie zu beweisen.

Grundsätzlich meint die geforderte Ganzheitlichkeit – fokussiert auf den Bereich der Architektur – alle nur denkbaren Ebenen, von den allgemeinen Grundlagen des Bauens bis hin zur deutlichen Einschränkung des bisher gewohnten Komforts, von passiven bis aktiven Maßnahmen, von der optimierten Detaillösung einzelner Probleme bis hin zur Kooperation der Generalisten und Sonderfachingenieure, die nicht erst einsetzen und greifen darf nach Vorlage einer Genehmigungsplanung für ein Einzelgebäude, sondern bereits vorher bei der Entwicklung von stadtplanerischen Konzepten; Stadtdurchlüftung, Ausrichtung zur Sonne, Grünflächen und Wasserzonen, sparsame Erschließungen und verdichtete Strukturen sind übergeordnete Themata, in denen richtige, zunehmend komplexere Entscheidungen unter den vorgegebenen Prämissen entwickelt werden müssen.

Übergeordnet notwendig ist hierbei auch die Steigerung des Nutzungsgrades der in der wärmetechnischen Stadtversorgung eingesetzten Primärenergieträger.

Erst hierauf basiert eine wirkungsvolle Auseinandersetzung von Architekten und Fachingenieuren zugunsten eines energieoptimierten und ökologisch relevanten Einzelgebäudes.

Innerhalb des Gesamtverbrauches der BRD gehen ca. 25 % der benötigten Energie zu Lasten der Haushalte, davon wiederum mehr als 75 % für Raumwärme **(Tafel A.4.2)**.

Unter der Prämisse eines begrenzten Heizwärmebedarfs, beim Niedrigenergiehaus im Idealfall von 40-60 kWh je m^2 Wohnfläche und Jahr, besteht eine große Bandbreite an Maßnahmen zur Steuerung der Wärmebilanz **(Tafel A.4.5)**.

Zu unterscheiden sind dabei Maßnahmen zur Minimierung der Wärmeverluste und Maßnahmen zur Maximierung der Energiegewinne.

1. Maßnahmen zur Energieeinsparung
   Kompakte Bauweise
   - Baulicher Wärmeschutz und Dichtigkeit der Außenbauteile
   - Haustechnische Optimierung in den Bereichen Heizung, Lüftung mit Wärmerückgewinnung, Warmwasserversorgung.

2. Maßnahmen zur Energiegewinnung
   - Richtige Orientierung
   - Grundrißstrukturen, Material- und Konstruktionsdisposition zur Aufnahme und Speicherung von Sonnenenergie (= passive Solarenergienutzung)
   - Kollektor- bzw. Absorberanlagen mit Wärmepumpen unter Nutzung von Hilfsenergien (= aktive Solarenergienutzung)
   - Wärmerückgewinnungsanlagen.

Einige dieser Aspekte erscheinen in ihrer Selbstverständlichkeit nahezu trivial, sind anteilig auch weder neu noch innovativ, aber eben doch im Rahmen eines ausgewogenen Konzeptes Grundlage energiebewußten Bauens.

Wie in den vorhergehenden Kapiteln ausgeführt, müssen sie eingebunden sein in die Gesamtheit architektonischen Entwerfens neben essentiellen Einflußfaktoren wie Ort, Funktion, Material und

Tafel A.4.2 Energieverbrauch in westdeutschen Haushalten der BRD 1992; VDEW-AW „Nutzenergiebilanzen"

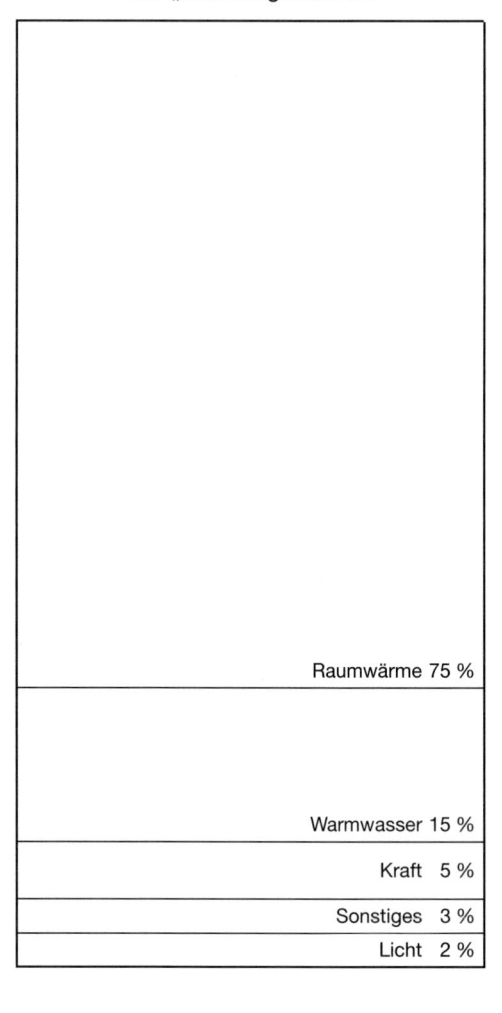

Raumwärme 75 %
Warmwasser 15 %
Kraft 5 %
Sonstiges 3 %
Licht 2 %

Konstruktion. Auch wenn es gerade bei Forschungsobjekten zwangsläufig immer wieder die Fokussierung auf das Thema Niedrigenergie- oder gar Nullenergiehaushalt gibt unter Ausblendung gestalterischer Notwendigkeiten, so muß insgesamt doch Ziel die qualitativ anspruchsvolle Architektur unter Integration aller Einflußfaktoren sein.

Energiebewußtes Bauen A

Tafel A.4.3 Sicher gewinnbare Reserven an fossilen Energieträgern

Ort	Zeit	sicher gewinnbare Reserven		Reichdauer
		Kohle		
		Mrd. 1 t SKE	%	Jahre
Deutschland	1990	38	5,6	230
	1995	35	6,0	321
Welt	1990	677	100	223
	1995	586	100	190
		Erdöl		
		Mrd. 1 t	%	Jahre
Deutschland	1990	62,8	0,03	15
	1995	53	0,04	18
Welt	1990	135 915	100	43
	1995	146 000	100	45
		Erdgas		
		Mrd. 1 m^3	%	Jahre
Deutschland	1990	347,2	0,19	15
	1995	325	0,21	18
Welt	1990	119 288	100	64
	1995	148 000	100	67

Tafel A.4.4 Fördermengen an fossilen Energieträgern in Deutschland

Ort	Zeit	Fördermengen	
		Kohle	
		Mrd. 1 t SKE	%
Deutschland	1990	165,1	5,2
	1995	109,3	3,5
Welt	1990	3152	100
	1995	3107	100
		Erdöl	
		Mrd. 1 t	%
Deutschland	1990	4,0	0,1
	1995	3,1	0,1
Welt	1990	3005	100
	1995	3261	100
		Erdgas	
		Mrd. 1 m^3	%
Deutschland	1990	22,8	1,1
	1995	21,4	1,0
Welt	1990	2064,0	100
	1995	2224,3	100

Quellen zu Tafeln A.4.3 und A.4.4: Statistisches Bundesamt und Arbeitsgemeinschaft Energiebilanzen

Tafel A.4.5 Wärmebilanz eines Gebäudes; Gewinn-/Verlustkomponenten und resultierender Heizwärmebedarf pro Jahr

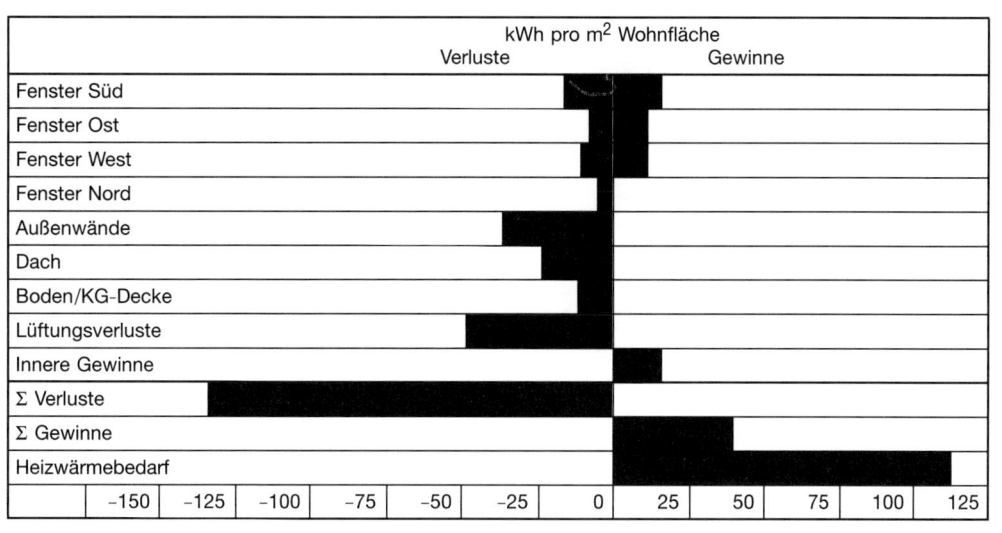

kWh pro m^2 Wohnfläche — Verluste / Gewinne

- Fenster Süd
- Fenster Ost
- Fenster West
- Fenster Nord
- Außenwände
- Dach
- Boden/KG-Decke
- Lüftungsverluste
- Innere Gewinne
- Σ Verluste
- Σ Gewinne
- Heizwärmebedarf

Skala: −150, −125, −100, −75, −50, −25, 0, 25, 50, 75, 100, 125

A.61

Entwurf

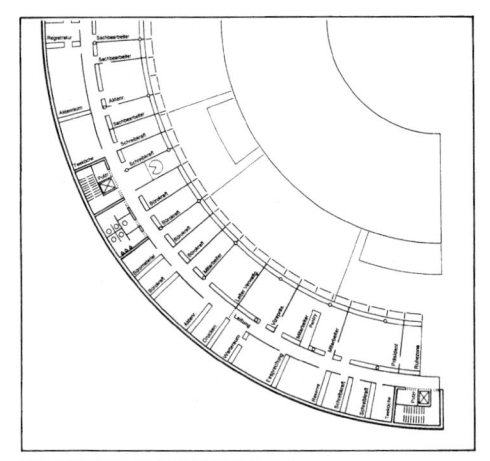

GRUNDRISS AUSSCHNITT 1. OG

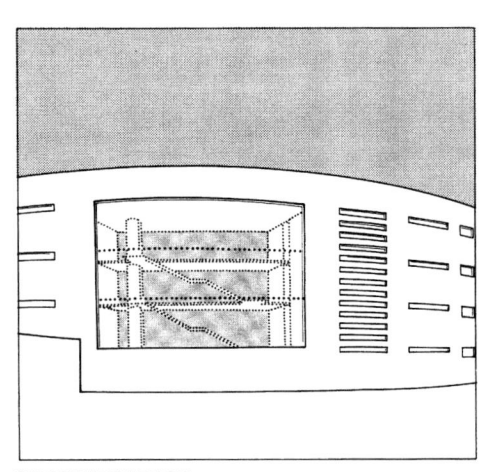

STADTDURCHBLICK

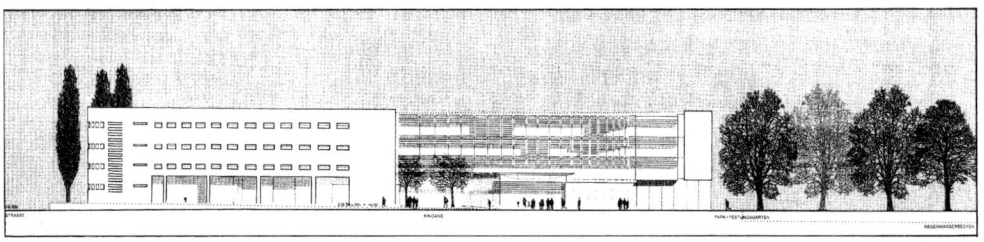

ANSICHT LAUENTORSTRASSE

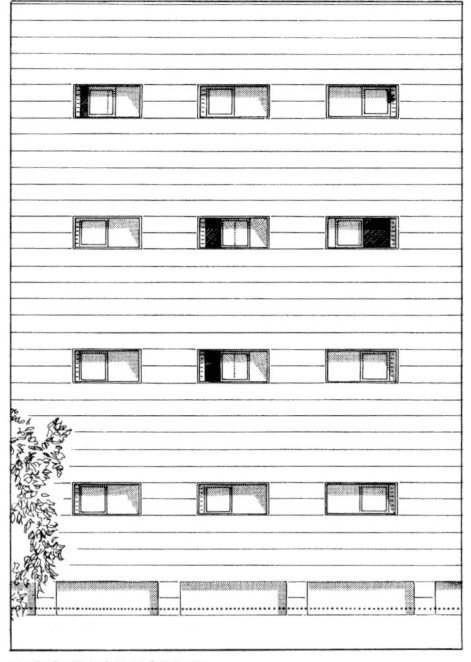

ANSICHT VON NORDEN

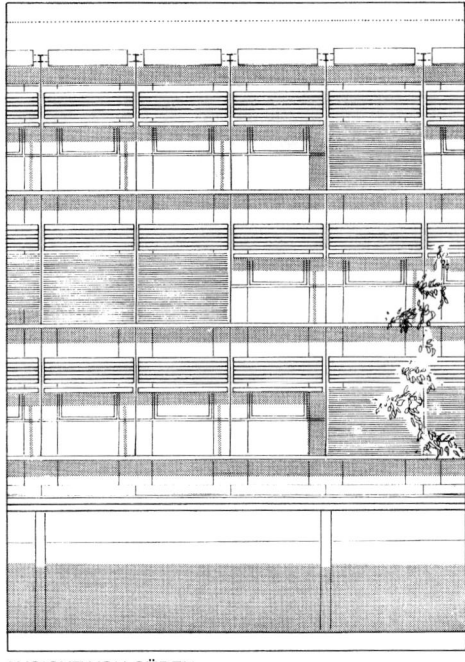

ANSICHT VON SÜDEN

Energiebewußtes Bauen

◄ Abb. A.4.2: Bundesarbeitsgericht in Erfurt, Energiekonzeption; Projekt Illig, Weickenmeier + Partner mit A. Reichel, 1995

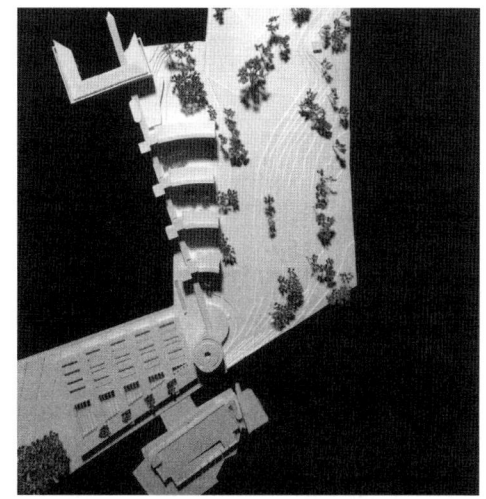

Materialangaben:

- Betonsteinsichtmauerwerk, zweischalig
- Holzfenster mit Lüftungsflügel, klar lasiert
- Stahlsteg mit Industrieestrich ausgegossen
- Oberer Abschluß aus Isolierglas auf IPE-Profilen, mit Eisenglimmer gestrichen
- Betonschotten verputzt als thermische Speichermasse in Teilbereichen mit Luftheizung versehen, gekachelt
- Betonflachdecke, Bodenbelag Fertigparkett
- Türelement raumhoch aus Holz, farbig gestrichen
- Seitenteile aus opakem Glas, als Lüftungsflügel drehbar gelagert
- Holzgitter verschiebbar als innerer Sichtschutz
- Isolierverglasung mit Türflügel, oberer Teil mit Lüftungslamellen
- Austritt Warzenblech, verzinkt
- abgehängt mit Stahlseilen und U-Profilen von Leimholzträger, blau lasiert
- Schiebefaltelemente raumhoch aus Holz, natur lackiert, mit Lüftungsöffnungen, als Sonnen- bzw. Wärmeschutz
- Brüstungselement aus Stahlseilen und Hartholzhandlauf
- Spanndraht für vegetativen Sonnenschutz, z. B. Knöterich

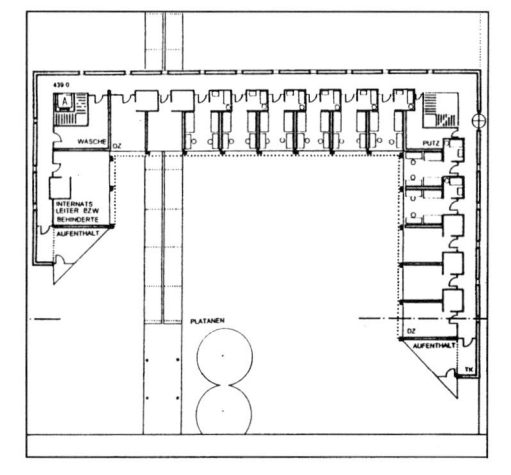

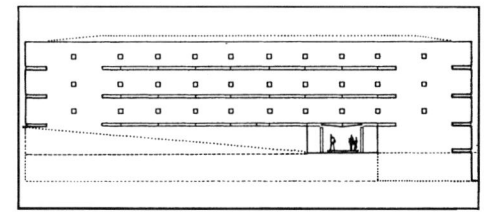

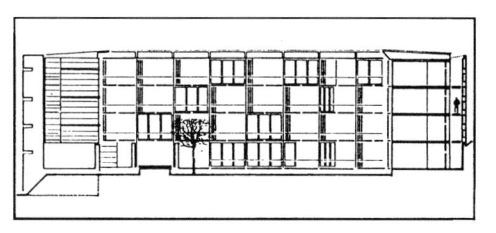

MODELL

Abb. A.4.3 Zentrum für Umweltschutz in Lauingen, Energiekonzeption; Projekt Illig, Weickenmeier + Partner mit A. Reichel, 1995 (A.63 u. A.64) ►

Entwurf

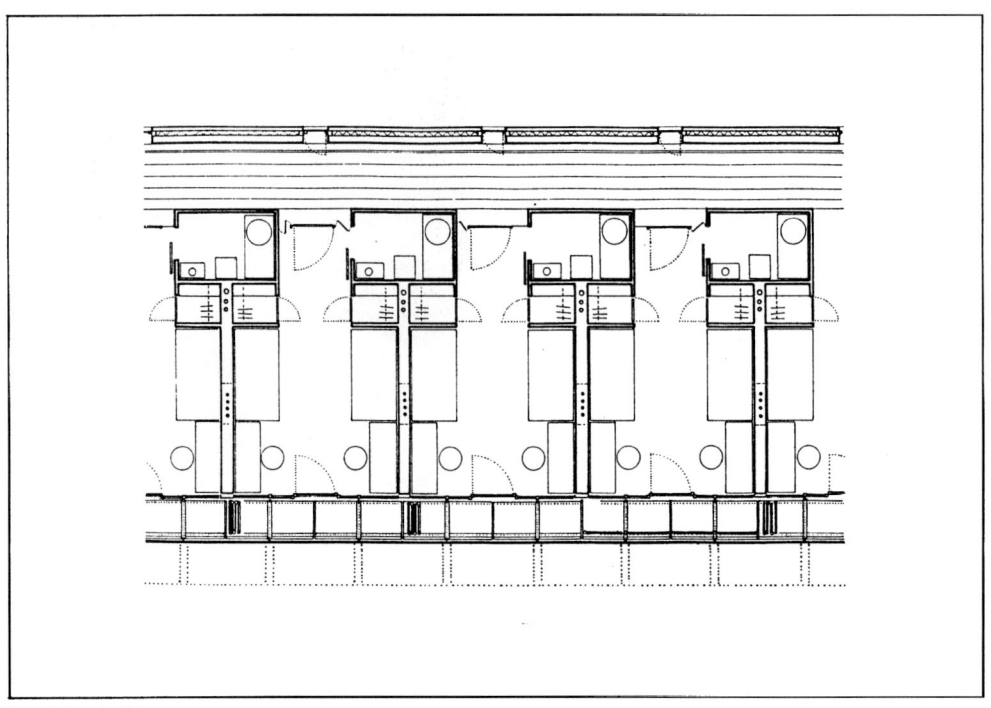

Detail Geschoß Internat

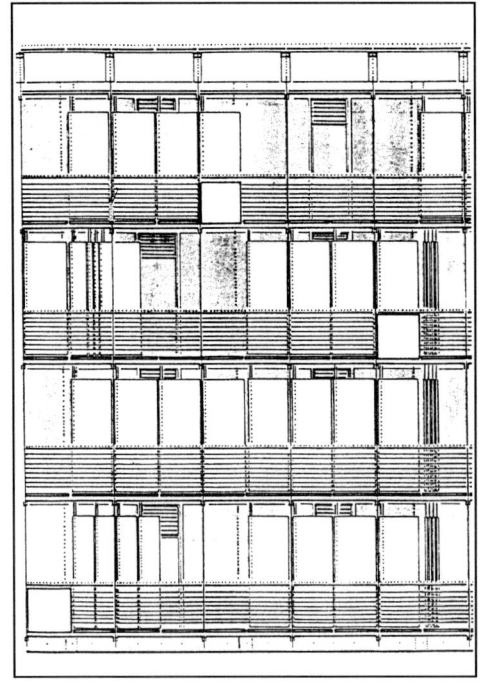

Detailansicht Internat

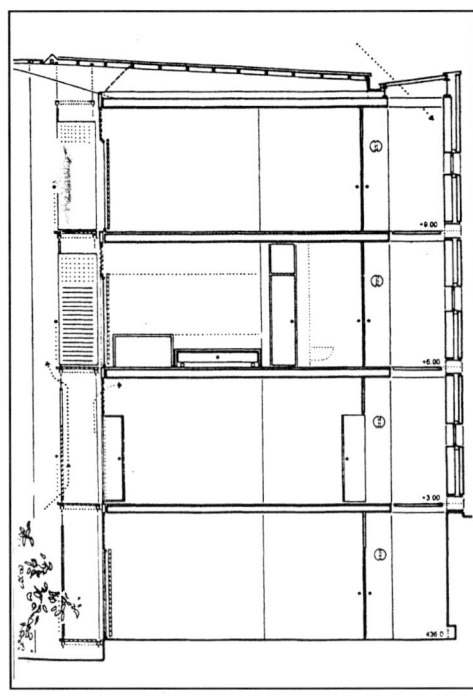

Detailschnitt Internat

4.2 Energiesparende Maßnahmen

Für eine der geforderten energiesparenden Maßnahmen gilt diese Selbstverständlichkeit vor allem: die der Kompaktheit. Die extrem plastische Auflösung eines Baukörpers führt zu einer Maximierung der Oberflächen und damit zwangsläufig zu einer verstärkten Wärmeabstrahlung, dem sogenannten Kühlrippeneffekt. Dies gilt für ein Einzelgebäude an sich, dies gilt insbesondere im Vergleich des freistehenden Einfamilienhauses gegenüber dem mehrgeschossigen Reihenhaus oder gar gegenüber einer kompakten, innerstädtischen Wohnanlage.

Im Extremfall bedeutet dies, daß unter dem Gesichtspunkt energiesparenden Bauens freistehende Einfamilienhäuser zugunsten von Reihenhausanlagen nur mehr nachrangig realisiert werden sollten.

Entsprechend differenziert die neue Wärmeschutzverordnung maximale Werte des auf das beheizte Bauwerksvolumen oder die Gebäudenutzfläche AN bezogenen Jahres-Heizwärmebedarfs in Abhängigkeit vom Verhältnis der Außenwandfläche zu beheizendem Volumen A/V (Tafel A.4.6).

Je günstiger das Verhältnis von Außenwand zu Volumen ist, desto günstiger ist die Ausgangsposition der Energiebilanz, desto niedriger der Jahres-Heizwärmebedarf.

Eine weitere Grundvoraussetzung energiesparenden Bauens ist die Optimierung des baulichen Wärmeschutzes der Außenbauteile.

Das Produkt aus dem mittleren Wärmedurchgangskoeffizienten k (Dach, Wände, Fenster) und der Summe der Gebäudeoberflächen A ergibt einen Wert, mit dem die Effektivität einer Wärmedämm-Maßnahme einfach ermittelt werden kann: $k \times A = 300 - 100$ W/K; je niedriger der Wert, desto höher die Effizienz.

Mit den Forderungen der Wärmeschutzverordnung von 1995 wurden die Werte der vorherigen Verordnung deutlich reduziert. Im vereinfachten Nachweisverfahren für Wohngebäude mit nicht mehr als zwei Vollgeschossen und nicht mehr als drei Wohneinheiten gilt der Nachweis als erbracht, wenn die bauteilspezifischen k-Werte nach Anlage 3, Tabelle 1 der Verordnung eingehalten sind (Tafel A.4.7).

Tafel A.4.6 Maximale Werte des auf das beheizte Bauwerksvolumen oder die Gebäudenutzfläche A_N bezogenen Jahres-Heizwärmebedarfs in Abhängigkeit vom Verhältnis A/V

A/V m^{-1}	Maximaler Jahres-Heizwärmebedarf	
	bezogen auf V Q'_H[1)] kWh/(m³ · a)	bezogen auf A_N Q''_H[2)] kWh/(m² · a)
≤ 0,2	17,3	54,0
0,3	19,0	59,4
0,4	20,7	64,8
0,5	22,5	70,2
0,6	24,2	75,6
0,7	25,9	81,1
0,8	27,7	86,5
0,9	29,4	91,9
1,0	31,1	97,3
≤ 1,05	32,0	100,0

[1)] Q'_H je m³ beheiztes Bauwerksvolumen V wird nach Ziff. 1.6.6 wie folgt ermittelt:
$Q'_H = Q_H/V$ in kWh/(m³ · a)

[2)] Q''_H je m² Gebäudenutzfläche A_N wird nach Ziff. 1.6.7 wie folgt ermittelt:
$Q''_H = Q_H/A_N$ in kWh/(m² · a)

Tafel A.4.7 Begrenzung des Wärmedurchganges bei erstmaligem Einbau, Ersatz und Erneuerung von Bauteilen, für kleine Wohngebäude mit normalen Innentemperaturen (nach Wärmeschutz-V, Anlage 3, Tabelle 1)

Zeile	Bauteil	max. Wärmedurchgangskoeffizient k_{max} in W/(m²K)
1	Außenwände	k_W ≤ 0,50[1)]
2	Außenliegende Fenster und Fenstertüren sowie Dachfenster	$k_{m,eq,F}$ ≤ 0,7
3	Decken unter nicht ausgebauten Dachräumen und Decken (incl. Dachschrägen), die Räume nach oben oder unten gegen die Außenluft abgrenzen	k_D ≤ 0,22
4	Kellerdecken, Wände und Decken gegen unbeheizte Räume sowie Decken und Wände, die an das Erdreich grenzen	k_C ≤ 0,35

[1)] Die Anforderung gilt als erfüllt, wenn Mauerwerk in einer Wandstärke von 36,5 cm mit Baustoffen mit einer Wärmeleitfähigkeit von λ_R ≤ 0,21 W/(m · K) ausgeführt wird.

Die empfohlenen Werte für Niedrigenergiehauskonzepte unterschreiten die genannten Maximalwerte, dies extrem im Bereich der Außenwände mit Wärmedurchgangskoeffizienten von nur noch 0,20–0,30 W/(m²K). Die hierauf häufig bezogene, kritische Vorstellung von mehrschichtigen Konstruktionen mit Wärmedämmplatten von 10–20 cm Dicke vor dem Außenmauerwerk erweist sich eindeutig als nicht zwingend angesichts einer Wärmeleitfähigkeit von 36,5 cm dickem Ziegelleichtmauerwerk in der Dimension von 0,16 W/(m · K) und zusätzlich 6 cm dickem Wärmedämmputz; eine derartige Wandkonstruktion hält diese Forderungen mit einem k-Wert von 0,30 W/(m² · K) bereits ein. Ab 1996 sind zusätzlich von einigen Herstellern Steinqualitäten mit einer Wärmeleitfähigkeit von nur noch 0,14 W/(m · K) erhältlich; einschalige, monolithische Wandkonstruktionen bleiben somit auch bei hohen Anforderungen an Energieeinsparung konstruktiv und bauphysikalisch möglich.

Gleiches gilt für die Anforderung an Verglasungen und Rahmen. Es sind bereits Gläser mit 31 mm Gesamtdicke und einem k-Wert von 0,4 W/(m²K) auf dem Markt, zweischeibige Isolierverglasungen mit Edelgasfüllung wie z. B. Radon oder Krypton und k-Werten von 1,10–1,40 W/(m²K) werden kurzfristig Standard.

Die Wärmedurchlaßwiderstände der einzelnen Materialien und Bauteile sollen aber nicht ausschließlich per se optimiert und an ihre Leistungsgrenze gesteigert werden.

Wichtig ist vielmehr die ausgeglichene Balance der Bauteile in sich – wie z. B. die Außenwand einschließlich aller Durchdringungen, Deckeneinbindungen, Anschlüsse – sowie auch der Bauteile zueinander im Gesamtsystem Außenwand.

Dies erfordert sorgfältige Detailplanung und entsprechend vor Ort kontrollierte Ausführung. Wärmebrücken und Fugenundichtigkeiten führen sonst zu eindringender Kaltluft während der Heizperiode bzw. zum Entweichen warmer, feuchter Innenluft. Die Folgen sind Energieverluste und mögliche Tauwasserschäden.

Die Forderungen der Wärmeschutzverordnung (Anlage 1, Tabelle 1) zu Fugendurchlässigkeitskoeffizienten für außenliegende Fenster, Fenstertüren und Außentüren sind in Abhängigkeit von der Gebäudehöhe zwingend einzuhalten und im Einzelfall gegebenenfalls nachzuweisen.

Die gleiche Selbstverständlichkeit hinsichtlich Sorgfalt und Optimierung gilt auch für alle haustechnischen Belange. Der zuständige Fachingenieur sollte bereits beim Vorentwurf beratend und planend eingeschaltet sein; er muß gewährleisten, daß alle Systeme unmittelbar auf den Gebäudebedarf zugeschnitten sind.

So muß die Heizungsanlage den errechneten Jahres-Heizwärmebedarf eines Hauses ohne zu große Reserven decken. Es muß sichergestellt sein, daß beim Wärmetauschprozeß von Brennstoff zu Wasser das frei werdende Abgas eine möglichst niedrige Resttemperatur aufweist; je niedriger diese ist, desto höher ist der Kesselwirkungsgrad. Verluste durch Wärmeabstrahlung des Kessels wie Stillstandsverluste in den Betriebspausen sind zu minimieren. Bei geringem Wärmebedarf ist zu prüfen, ob statt der bisher üblichen zentralen Wärmeerzeugung im Untergeschoß nicht dezentrale Raumheizgeräte, gegebenenfalls in Kombination mit Wärmerückgewinnungsanlagen, erheblich vorteilhafter sind. In Kombination mit Direkt- und Speicherheizung bieten elektrische, wandhängende Geräte große Reaktionsfähigkeit und Effizienz.

Auf darüber hinausgehende, alternative Umweltenergiesysteme, die Außenluft, Grundwasser oder Erdreich als Wärmequellen nutzen, kann im Rahmen der Mauerwerksthematik nicht eingegangen werden.

Gerade beim energiesparenden Bauen ist die dynamische Reaktionsfähigkeit eines Heizungssystems gefordert. So müssen interne Wärmegewinne z. B. durch Beleuchtung und Personen, externe Wärmegewinne durch Sonneneinstrahlung und Lüftungsverluste so schnell wie möglich ausgeglichen bzw. genutzt werden.

Dies erfordert Temperaturfühler und thermostatische Heizkörperventile, die die individuellen Raumerfordernisse erfassen und die Wärmezufuhr unterbrechen, wenn sie nicht benötigt wird.

Darüber hinaus ermöglicht eine intelligente, zentrale Regelungstechnik sehr feine Reaktionen auf Temperaturschwankungen gerade im Zusammenhang mit Lüftungssystemen und Wärmerückgewinnung.

Nicht zuletzt ist der Bewohner eines Gebäudes gefordert, er hat einen aktiven Beitrag zur Steuerung und Energieeinsparung zu leisten. So kann durch unkontrollierte Lüftung die beabsichtigte Senkung der Transmissionswärmeverluste durch Außenbauteile wieder aufgehoben werden. Nach DIN 4701 soll das Luftvolumen eines Raumes nach ca. zwei Stunden durch Außenluft vollständig erneuert sein, eine Maßnahme zur Abführung von Schadstoffen, Wasserdampf, Gerüchen etc. Im Gegensatz zur Regelung der Innentemperatur ist diese „Vorschrift" im Gebrauch sicher die problematischste und wird es angesichts aller Be- und Entlüftungssysteme im Wohnungsbau immer sein – mathematischer Kalkulatorik zum Trotz.

Der zweitgrößte Energieverbraucher im Haushalt ist die Warmwasserversorgung. Bei einem durchschnittlichen Wasserverbrauch von ca. 140 Liter

Energiebewußtes Bauen

pro Person und Tag werden ca. 30 Liter als warmes Wasser beansprucht; daraus resultiert ein Nutzwärmebedarf von 1,2 kWh/d bzw. 400 kWh pro Person und Jahr.

Eine Reduktion dieser Größenordnung ohne Komforteinbuße erfordert zunächst eine konzentrierte, möglichst kurze Leitungsführung von der Entnahmestelle bis zum Warmwasserspeicher.

Analog zur Heizung ist hier in Abhängigkeit vom individuellen Haushalt zu prüfen, ob statt der zentralen Warmwassererwärmung nicht eine verbrauchsnahe, d. h. dezentrale Versorgung energiesparender möglich ist; Warmwasserspeicherung und zwangsläufig damit verbundene Wärmeverluste können vermieden werden durch Elektro-Durchlauferhitzer und Kleinspeicher.

Auch hier gilt aber die Sinnfälligkeit einer detaillierten Regelungstechnik, mit der die Verbrauchszeiten, das Temperaturniveau und der Verbrauch exakt gesteuert werden können.

4.3 Energiegewinnende Maßnahmen

Neben der notwendigen Minimierung von Wärmeverlusten kommt der Maximierung von Energiegewinnen eine besondere Bedeutung zu.

Der eingeführte Terminus des energiesparenden Bauens muß deshalb erweitert werden um den des energiegewinnenden Bauens, letztlich geht es insgesamt um ein energiebewußtes, energiegerechtes Bauen.

Zu unterscheiden sind aktive und passive Maßnahmen.

Zu den passiven Aspekten der Gewinnung solarer Heizenergie zählen planerische Maßnahmen am Gebäude selbst ohne zusätzlich angebrachte technische Einrichtungen wie z. B. Kollektoren. Das Gebäude an sich wirkt als Sonnenkollektoranlage in Abhängigkeit von der Auswahl des Grundstückes, der Orientierung des Baukörpers, der Organisation des Grundriß- und Funktionsstruktur bis hin zur Ausbildung der Oberflächen in geeigneter Reaktion auf die physikalischen Funktionen des Speicherns, der Absorption und nicht zuletzt der Abstrahlung.

Als optimal erweist sich eine eindeutige Nord-Süd-Orientierung des Baukörpers mit hoch wärmedämmenden Außenwänden insbesondere nach Norden sowie strahlungsaufnehmenden Fensterflächen mit Sonnenschutzvorrichtungen nach Süden. Die Verglasungen lassen kurzwellige Infrarotstrahlung und die sichtbare Strahlung der Sonne durch, der Innenraum als Hohlkörper absorbiert die Strahlung, wandelt sie in Wärme um und wird entsprechend aufgeheizt; Wände, Böden und Decken speichern die Wärme und strahlen sie als langwellige Infrarotstrahlung wieder ab. Da die Verglasung für diese langwellige Strahlung undurchlässig ist, heizt sich der Innenraum im sogenannten Treibhauseffekt stärker auf als die Umgebung vor dem Fenster. Dieser Wirkungsmechanismus ist identisch dem globalen Prozeß zwischen Erde und Atmosphäre – wie eingangs beschrieben.

Im Nachweisverfahren der WärmeschutzV 1995 wird für das Bauteil Fenster ein k-Wert von 0,7 W/(m^{2}K) vorgegeben, der nicht überschritten werden darf. Angesichts bisher noch üblicher k-Werte von 3,0 W/(m^{2}K) erscheint diese Forderung übertrieben und unerfüllbar.

Dieser maximale k-Wert ist jedoch kein statischer, sondern ein sogenannter Bilanz-Wert, der solare Energiegewinne integriert. Er errechnet sich nach der Formel:

$$k_{Feq} = k_F - S \times g$$

k_F benennt den statischen Wert des Fensters; gemäß DIN 4108, Teil 4 fließen hier sowohl der Bundesanzeiger-k-Wert für die Verglasung als auch die Rahmenmaterialgruppe mit ein.

S benennt den Strahlengewinnkoeffizient in Abhängigkeit von der Himmelsrichtung. Verglasungen nach Süden werden dabei hoch bewertet mit $S = 2,40$ W/(m^{2}K); die nach Osten und Westen lediglich mit $S = 1,65$ W/(m^{2}K); großzügige Fensterflächen sind hier ökologisch und ökonomisch sinnvoll und effektiv.

Im Gegensatz dazu sollten Verglasungen nach Norden möglichst klein sein, daß der Strahlengewinnkoeffizient den statischen k-Wert nochmals abmindert: $S = 0,95$ W/(m^{2}K).

g benennt den Gesamtenergiedurchgang; er definiert, wieviel Solar-Energie durch die Verglasung in den Innenraum gelangen kann.

Vor diesem Hintergrund ist neben der richtigen Situierung und Orientierung eines Gebäudes die richtige Verglasung der Öffnungen notwendig in ausgewogener Balance von k-Wert, g-Wert und Lichtdurchlässigkeit.

So notwendig wie der Gesamtenergiedurchgang ist die Speicherung dieser Energie, die dann phasenverschoben an den Innenraum wieder abgegeben werden muß.

Bei direkter passiver Nutzung fällt die Sonneneinstrahlung auf speicherfähige, d. h. möglichst schwere Innenbauteile wie Wände, Decken, Fußböden, aber auch Mobiliar. Diese eingestrahlte Energie wird als Wärme gespeichert und zum Teil konvektiv an die Innenluft abgegeben, die sich entsprechend erwärmt.

Bei indirekter Strahlungsnutzung wird die Sonnenstrahlung von einem im Strahlungsgang angeordneten speichernden Bauteil absorbiert. Dieses sollte hierfür besonders prädestiniert sein, z. B. durch eine dunkle Oberfläche aus hartgebranntem Klinker. Durch Transmission und/oder Konvektion gibt dieses Bauteil die Wärme zeitverzögert an die benachbart liegenden Räume ab. Beispiele für indirekte Nutzung sind auch transluzente Wärmedämmungen vor Außenmauerwerk oder sogenannte Trombe-Wände, bei denen mit 5 bis 10 cm Abstand eine Einfach- oder Isolierverglasung vor einer speicherfähigen Massivwand montiert wird.

Bei allen Systemen ist darauf zu achten, daß die Speichermassen in ausgewogenem Verhältnis zu den Glasflächen stehen. Werden die Glasflächen zu klein in Relation zur Speichermasse, werden diese nicht ausgenutzt und auch thermisch zu träge; im umgekehrten Fall besteht die Gefahr einer Raumluftüberhitzung, die überschüssige Energie muß dann durch Lüften abgeführt werden. Das Maß für die Wärmeaufnahme bzw. -abgabe eines Baustoffes ist definiert als sogenannter Wärmeeindringkoeffizient b, er beträgt z. B. für Beton $b = 2100$ $Ws^{1/2}/(m^2K)$, für Polystyrol-Hartschaum nur $b = 30$ $Ws^{1/2}/(m^2K)$.

In den Zeiten, in denen keine Wärmegewinne durch Sonneneinstrahlung zu erzielen sind, d. h. sowohl nachts als auch bei bedecktem Himmel und niedrigen Außentemperaturen, ist durch dichtschließende Rolläden, Klapp- oder Schiebeläden ein zusätzlicher Schutz gegen Wärmeverluste notwendig. Diese wirken dabei nicht nur aufgrund ihres konstruktions- und materialbedingten Dämmstoffes, sondern auch durch die Schaffung einer ruhenden Luftschicht zwischen sich und dem Fenster. Ihre Wirkung ist deshalb um so besser, je dichter sie schließen.

Bei Fenstern mit hohen Wärmedurchlaßwiderständen bieten diese temporären Wärmeschutzmaßnahmen nur geringe Vorteile. Ihre Bedeutung liegt dann primär im Schutz vor zu starker Sonneneinstrahlung und Erwärmung der Raumluft; auf der Südseite können sie auch durch entsprechend dimensionierte Dachüberstände ersetzt werden.

4.4 Niedrigenergiebauweisen

Gesetzliche Gültigkeit besitzt nach wie vor die Wärmeschutzverordnung der Bundesrepublik Deutschland in der Fassung von 1995 (WSVO 95). Sie impliziert einen maximalen Heizenergiebedarf in Höhe von 75 kWh/m²a bezogen auf ein Verhältnis von Umfassungsfläche zu Bauwerksvolumen von 0,6 m²/m³.

Niedrigenergiebauweisen zielen im Gegensatz hierzu auf einen deutlich niedrigeren Heizenergieverbrauch:

Abb. A.4.4 Ansicht Fassade Landesfinanzrechenzentrum Dresden, Wettbewerb 1996. Illig, Weickenmeier + Partner mit A. Reichel

Energiebewußtes Bauen

Quasi-Nullenergiehaus	0–20	MJ/m²a
	0–5	kWh/m²a
Niedrigenergiehaus	20–180	MJ/m²a
	5–50	kWh/m²a
Energiesparhaus	180–250	MJ/m²a
	50–70	kWh/m²a
Bauweise nach WSVO 95	270	MJ/m²a
	75	kWh/m²a
Durchschnitt Bestand BRD	650	MJ/m²a
	180	kWh/m²a

Der Heizenergiebedarf bezeichnet dabei den erforderlichen Wärmebedarf, der notwendig ist, um ein Gebäude auf einem definierten Temperaturniveau zu halten. Dieser Bedarf wird rechnerisch ermittelt aus Transmission und Lüftung abzüglich eventueller Wärmegewinne.

Die dem Gebäude zugeführte Energie zur Deckung des Heizenergiebedarfes wird als Energieverbrauch Heizung definiert, der spezifische Verbrauch wiederum in einer sogenannten Energiekennzahl der Heizung erfaßt.

Das Verhältnis von Heizwärmebedarf und Heizenergieverbrauch gibt Auskunft über den Nutzungsgrad und damit die Qualität der Wärmeerzeugung und deren Verteilung innerhalb des Gebäudes.

Der Wärmebedarf ist die Summe aus dem Heizenergiebedarf und dem Energiebedarf für die Wassererwärmung; der Wärmeenergieverbrauch wird wiederum erfaßt im Quotient aus Wärmebedarf und Nutzungsgrad.

Durch den Stromverbrauch wird in der Regel der Energieverbrauch für Licht und Kraft quantifiziert.

Auch wenn in einem Gebäude zwangsläufig alle Energieflüsse miteinander gekoppelt sind, sollten beim Bauen im Niedrigenergiebereich der Energiebedarf und Energieverbrauch für Heizung, Warmwasser und Geräte getrennt erfaßt, berechnet und kontrolliert werden.

Besteht hierüber in der noch relativ jungen Diskussion zum Niedrigenergie- oder sogar Nullenergiehaus kein Dissens, so gehen doch die Fachmeinungen auseinander in der Beurteilung des Stellenwertes von passiver Sonnenenergienutzung und dem Einfluß der Speicherfähigkeit der Baumasse auf den Energieverbrauch, letztlich die Wertigkeit von energiesparenden und energiegewinnenden Maßnahmen.

Ungeachtet dieser sehr extrem fokussierten Diskussion können folgende Prinzipien für Niedrigenergiebauweisen benannt werden:

– Optimierung der Gebäudehülle zur Reduktion der Transmissionswärmeverluste von Dach, Wänden mit Öffnungen und Boden, d. h. die Optimierung energiesparender Maßnahmen.

Damit geht einher die Erhöhung der k-Werte, die Reduktion der Wärmebrücken und die Maximierung der Dichtheit.

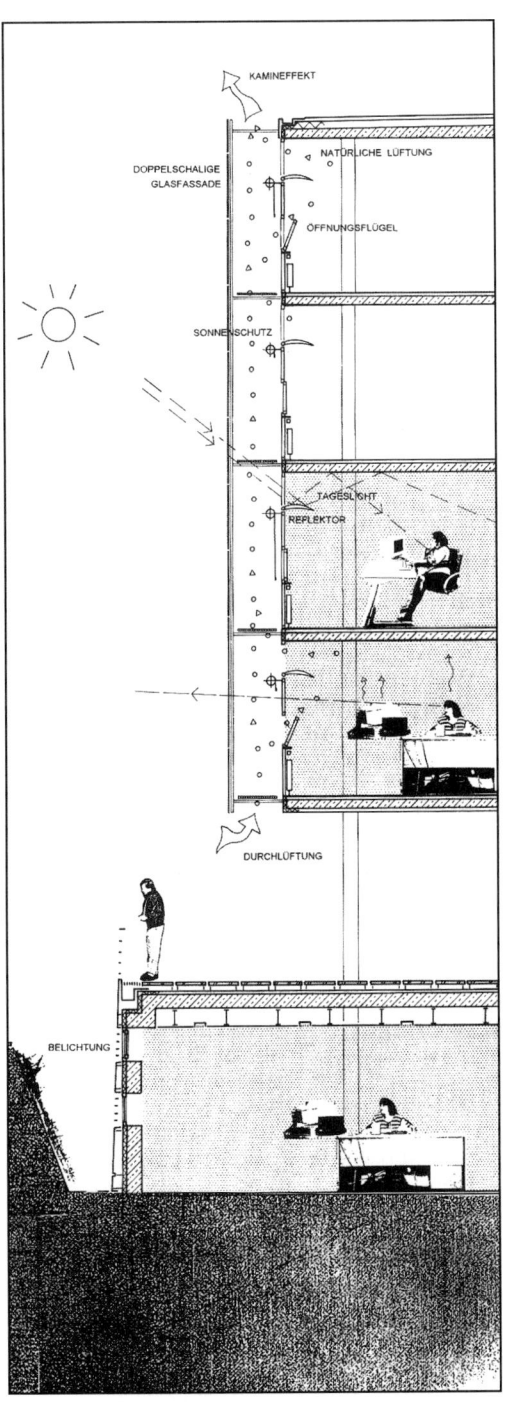

Abb. A.4.5 Schnitt Fassade Landesfinanzrechenzentrum Dresden, Wettbewerb 1996. Illig, Weickenmeier + Partner mit A. Reichel

- Optimierung der Speicherfähigkeit der Baumaterialien sowie Anordnung von großen Fenstern und gegebenenfalls transluzenter Wärmedämmung nach Süden, damit Optimierung der energiegewinnenden Maßnahmen durch passive Sonnenenergienutzung.
- Optimierung der haustechnischen Effizienz unter besonderer Berücksichtigung der Wassererwärmung.

Dies bedeutet sowohl die Erhöhung des Nutzungsgrades in der Qualität der Wärmeerzeugung und -verteilung, als auch die Nutzung erneuerbarer Energiequellen.

Für die Heizung ist ein möglichst niedriges Temperaturniveau anzustreben.

Die Wassererwärmung sollte durch Sonnenenergie und Wärmepumpen erfolgen.

- Haushaltsgeräte sowie Einrichtungen zur Beleuchtung und weiteren Konditionierung von Gebäuden sollten energiesparend ausgelegt sein.

Über Wärmerückgewinnungsanlagen sollte die Abwärme von Personen sowie diesen Einrichtungen erneut dem Energiekreislauf zugeführt werden.

Gewinne und Verluste müssen in der Energiebilanz zur Deckung gebracht werden.

Typische Energieverluste (100 %) bestehen im einzelnen aus Lüftung (40 %), Fenstern (25 %), Wänden (15 %), Dach (15 %) und Keller (5 %).

Diesen können bei Niedrigenergiebauweisen Energiegewinne gegenüberstehen durch die Nutzung von Solarenergie (35 %), Wärmerückgewinnung (25 %) und einem verbleibenden Restenergiebedarf von 40 %, einem Anteil, der je nach Gebäudekonzeption bis zu 0 % reduziert werden kann.

Deutlich über die Forderungen der Wärmeschutzverordnung 1995 hinaus impliziert die Niedrigenergiebauweise folgende Standards:

- Endenergieverbrauch von 45 kWh/m^2 Wohnfläche für Raumheizung und Wassererwärmung zuzüglich 15 kWh/m^{2}a für Haushaltselektrik;
- k-Werte für Gebäudeaußenbauteile zwischen 0,1 und 0,2 W/(m^{2}K); dies kann z. B. eine Dicke der Wärmedämmung bedeuten von ca. 20 cm bei 0,04 W/(mK);

  k-Werte für Verglasungen zwischen 0,4 und 1,0 W/(m^{2}K) und g-Werten von 0,5 bis 0,8;
- gesicherte Außenluftraten pro Person und Stunde zwischen 10 und 50 m^3; letztere Rate gilt z. B. für schlechte Verhältnisse mit Rauchern in engen Räumen;
- Energiekollektoren für reine Warmwassererwärmung mit Flächen von 1,0 bis 1,5 m^2 je Person, bei gleichzeitiger Heizungsunterstützung von 3,0 bis 7,0 m^2 je Person in Abhängigkeit von den Herstellerangaben.

Die Niedrigenergiebauweisen sind vor dem Hintergrund der eingangs skizzierten, globalen Situation von zukunftsweisender Bedeutung; sie bereits im Vorgriff auf die für 1999 geplante Energiesparverordnung in ganzheitlichen Konzepten zu realisieren, sollte essentielles Ziel von Architekten und Bauherren bereits heute sein.

4.5 Resümee

Die passive Nutzung der Solar-Energie setzt neben diesen Aspekten eine Organisation des Grundrisses in unterschiedlichen Temperaturzonen voraus, gleichzeitig regelungstechnische und thermodynamische Eigenschaften des Zusatzheizsystems, in jedem Fall auch ein aktives Verhalten der Nutzer in der bewußten und kalkulierten Steuerung von Sonnenschutz und Lüftung.

Passive Systeme zur Solar-Energienutzung im Mauerwerksbau sind naheliegend, einfach und ohne Kostensteigerung zu realisieren. Sie entsprechen energiebewußtem, damit ökologisch vernünftigem Bauen und sollten selbstverständlicher Standard aktuellen Bauens sein.

Aktive und passive Systeme können sich dabei letztlich ergänzen, eingebunden in ein ganzheitliches Konzept.

Projekte und Bauvorhaben dokumentieren aber auch überdeutlich jenes Dilemma der Wärmeschutzverordnung 95 angesichts der immer noch niedrigen Energiepreise: Es besteht zuwenig Anreiz, geschweige denn Zwang für intelligente, innovative Lösungen über das durchschnittliche Maß hinaus. Es bedarf deshalb des engagierten – im besten Falle als „Vorreiter" auch öffentlichen – Bauherrn, um derartige Ansätze zu forcieren.

Ausgehend von den Empfehlungen zum Niedrigenergiehaus und im Vorgriff auf die für 1998 vorgesehene Novellierung der Wärmeschutzverordnung scheint es geboten, über die bisher festgesetzten Werte schon heute nachzudenken, da bereits mit einfachen Maßnahmen deutlich höhere Energieeinsparungen erzielt werden können, als es das gültige Gesetz vorschreibt.

Auf dieser Basis ist das Engagement von Architekten und Bauherren mehr denn je gefordert.

Darüber hinaus geht es um die Erkenntnis, daß die zur Zeit gültige Verordnung Architektur und Baukunst auf keinen Fall verhindert, daß aber die grundsätzlichen, Architektur beeinflussenden Faktoren wie Ort, Funktion, Material und Konstruktion erweitert werden müssen um die hier benannten essentiellen Faktoren eines energiebewußteren, ökologisch orientierten Bauens.

Es geht um die Erkenntnis, daß ein höherer Komplexitätsgrad in der Architektur Eingang finden muß, der die soziale, technische und künstlerische Utopie um eine ökologische erweitert.

5 Umweltgerechtes Bauen mit Mauerwerk

5.1 Zur Ausgangssituation

„Der Staat schützt auch in Verantwortung für die künftigen Generationen die natürlichen Lebensgrundlagen im Rahmen der verfassungsmäßigen Ordnung durch die Gesetzgebung und nach Maßgabe von Gesetz und Recht durch die vollziehende Gewalt und Rechtsprechung", Grundgesetz § 20 a.

25 Jahre dauert es, bis diese elementare Ergänzung im Grundgesetz Eingang findet nach dem erstmaligen Konzept der Bundesregierung im Umweltprogramm von 1971.

War bis dato die gesellschaftliche Systematik noch auf den Mechanismus eines konstanten Wachstums gerichtet, beschleunigt jetzt die erhebliche wirtschaftliche Rezession einen Umdenkungsprozeß auf breiter Ebene: die Endlichkeiten der Ressourcen werden bewußt, die Grenzen einer – als selbstverständlich vorausgesetzten – Entwicklung eben wie die Erfahrungen mit Umweltbelastungen und -schäden, die immer umfangreicher werden. Parallel zu Grundsatzerklärungen und Programmen der Politik – basierend auf lange schon vorliegenden Forschungsergebnissen von Wissenschaft und technikorientierter Philosophie [Weiz] – findet jenes Umdenken langsam auch in Industrie und privaten Haushalten statt. Der Denkprozeß und die damit einhergehende Sensibilisierung sind das eine, dringend notwendig ist jedoch auch die Umsetzung in die Tat auf breitestmöglicher Ebene. Daß dies finanzielle Aufwendungen erfordert im aktiven Schutz der Natur wie besondere Maßnahmen beim Bauen, versteht sich von selbst, bedarf jedoch zusätzlich fördernder, beschleunigender Maßnahmen: „Das Mittel der Wahl, um die neue Fortschrittsrechnung rentierlich zu machen, ist die ökologische Steuerreform: Energie und Rohstoffe steuerlich belasten und mit dem eingenommenen Geld die Lohnnebenkosten senken. Damit wird es langsam wieder lohnender, Kilowattstunden und Kubikmeter Wasser und nicht Menschen arbeitslos zu machen" [Weiz].

Eine derartige volkswirtschaftliche Kalkulation mit ganzheitlichem Ansatz und langfristiger Betrachtung könnte nach Meinung E. v. Weizsäckers zeigen, daß zusätzliche Investitionen letztlich doch als Kostenersparnis wirksam werden. Es bestünde darüber hinaus die Chance, daß die wissenschaftliche und individuelle Umsetzung der neuen Umweltpolitik Entwicklungen eröffnet, die verlorengehende und -gegangene Berufsbilder ersetzt.

Faktum ist, daß die letzten beiden Jahrhunderte – seit der industriellen Revolution – charakterisiert sind durch eine nahezu hemmungslose Ausbeutung fossiler Energieträger: steigendes Wachstum = steigender Energieverbrauch = steigender Raubbau an Natur und natürlichen Ressourcen. England war ein waldreiches Land vor der Entdeckung der Eisenverhüttung im 18. Jahrhundert und weist heute nahezu keine größeren Baumbestände mehr auf. Heizöl als billiger Brennstoffersatz für Holz förderte die Vernachlässigung des baulichen Wärmeschutzes in den Wachstumsschüben des Wiederaufbaus nach dem 2. Weltkrieg in den 50er und 60er Jahren, und es bedurfte erst einer künstlichen Verknappung des Rohöls in der sogenannten Ölkrise der 70er Jahre, energiebewußtes und infolgedessen umweltschonendes, ressourcensparendes Bauen zu thematisieren und zu forcieren. Die Diskussion verschärfte sich im öffentlichen Bewußtsein mit der „Entdeckung" des Ozonlochs in der Erdatmosphäre und ebenso populär dem nachvollziehbaren Bild des „Treibhauseffektes" mit zunehmender Erwärmung des Klimas.

Dieser Effekt als zunächst natürlicher Prozeß von Sonneneinstrahlung und Reflexion wird zunehmend verstärkt durch menschliche Einflußnahme, deren unmittelbarer Hintergrund die exponential steigende Weltbevölkerungsrate ist, die intensive Inanspruchnahme der Erdoberfläche unter Reduktion großer zusammenhängender Naturlandschaften und – allem voran – der Anstieg des weltweiten Energieverbrauchs. 90 % der Energieerzeugung basiert auf der Verbrennung fossiler Energieträger wie Erdöl und Kohle, deren Abbau nach Schätzungen von Wissenschaftlern heute rund zwei Millionen mal schneller geht als ihre Entstehung in 500 Millionen Jahren Erdgeschichte.

Im Prozeß der Verbrennung werden jährlich ca. 22 Mrd. t CO_2 emittiert; im Bereich der Troposphäre, der unteren Erdatmosphäre, ist bereits ein Anstieg der CO_2-Konzentration gegenüber der Jahrhundertwende um 25 % zu verzeichnen mit prognostiziertem Anstieg von ca. 0,5 % jährlich. Die unmittelbare Folge ist ein verstärktes Eindringen kurzwelliger Sonnenstrahlung, stärkere Reflexion innerhalb der Atmosphäre und damit zwangsläufig ein Anstieg der mittleren Lufttemperatur. Nach Schätzungen des „Undergovernmental Panel of Climate Change" (IPCC) wird dieser Temperaturanstieg innerhalb der Jahre 1990 bis 2000 ca. 1,8 bis 4,2 K betragen, eine Schwankungsbreite, die davon abhängt, wie der weitere CO_2-Anstieg reduziert werden kann (siehe hierzu auch A.4.1).

Bereits geringfügige Temperatursteigerungen implizieren nach verschiedenen Modellregelungen ei-

Entwurf

nen Anstieg des Meeresspiegels, Änderungen der Niederschlagsmengen durch verstärkte Verdampfung der Weltmeere, extreme Wetterereignisse und Naturkatastrophen bis hin zu einer weitgehenden Verschiebung der bisherigen Klimazonen.

In diesem Zusammenhang ist von Bedeutung, daß mehr als 80 % des Weltenergieverbrauchs von lediglich 25 % der Weltbevölkerung in Anspruch genommen und drei Viertel der energiebedingten CO_2-Freisetzung von den Industrieländern verursacht wird. Ein unbegrenztes Wachstum des Energiesektors zugrunde gelegt, muß man berücksichtigen, daß die vorsichtig geschätzten nichtregenerierbaren Ressourcen bei Erdöl nur ca. 40 Jahre, bei Erdgas ca. 80–100 und bei Kohle nur knapp über 200 Jahre betragen – dies ohne Berücksichtigung der Uran-Vorräte.

Ein aktives Handeln der Industrienationen ist somit zwingend und unabdingbar geworden; dies gilt insbesondere für die Bundesrepublik Deutschland, die jährlich immer noch rund 1 Mrd. t CO_2 emittiert und damit zu den größten Verursachern der Konzentration von Spurengasen in der Erdatmosphäre zählt (Tafeln A.5.1, A.5.2).

Tafel A.5.1 Emissionen von direkten und indirekten Treibgasen (Gg) in Deutschland (nach: Zweiter Nationalbericht Klimaschutz 5/1997)

	1987	1990	1991	1992	1993 *	1994 *	1995 *	1996*
Direkte Treibhausgase:								
CO_2	1.073.924	1.014.155	975.248	926.562	918.300	904.500	894.500	910.000
CH_4	5.750	5.682	5.250	5.194	5.013	4.849	4.788	NE
N_2O	241	226	220	226	218	219	210	NE
H-FKW	200[3]	200	200	302	1.165	1.942	2.214	NE
CF_4	370[3]	355	308	278	260	214	218	NE
C_2F_6	45[3]	42	38	36	35	31	27	NE
SF_6	160[3]	163	182	204	226	242	251	NE
CO_2-Äquivalente [1]:	1.278.000[2]	1.212.477	1.162.739	1.115.165	1.102.313	1.085.655	1.071.034	NE
Indirekte Treibhausgase:								
NO_x (als NO_2)	3.177	2.640	2.509	2.357	2.274	2.211	NE	NE
NMVOC	3.220	3.155	2.748	2.505	2.289	2.135	NE	NE
CO	11.936	10.743	9.046	7.926	7.379	6.738	NE	NE
Aerosolbildner:								
SO_2	7.347	5.326	4.172	3.436	3.153	2.995	NE	NE

* vorläufige Angaben
NE: Keine Daten verfügbar
1) GWP-Werte: 2. IPCC Bericht 1995, Zeithorizont 100 Jahre
2) einschließlich Schätzung für H-FKW, CF_4, C_2F_6 und SF_6
3) Schätzungen

Tafel A.5.2 Entwicklung der CO_2-, CH_4-, N_2O-Emissionen pro Einwohner und Jahr in Deutschland von 1970 bis 1995

Treibhausgas	1970	1975	1980	1985	1987	1990	1991	1992	1993*)	1994*)	1995*)
CO_2 (t/EW)	13,4	13,2	14,2	13,9	13,8	12,8	12,2	11,5	11,3	11,1	10,9
CH_4 (kg/EW)	82,3	77,4	78,2	76,2	77,0	71,6	65,6	64,4	61,8	59,5	58,5
N_2O (kg/EW)	2,6	2,6	2,9	3,1	3,1	2,8	2,8	2,8	2,7	2,7	2,6

*) vorläufige Angaben
Quelle: UBA, Statistisches Jahrbuch

Umweltgerechtes Bauen

Um so unverständlicher ist es, daß die notwendigen Maßnahmen zur Senkung des CO_2-Anstieges, wie z. B.

- Senkung des Energieverbrauches insgesamt,
- verstärkter Einsatz mittelfristig von Erdgas statt Kohle und Erdöl,
- langfristiger Ersatz fossiler Brennstoffe durch regenerative Energieträger wie Sonne, Wasser, Wind, gegebenenfalls auch Kernenergie in verbesserter Technologie,

erst nach langer Diskussion in eine politisch-gesellschaftlich wirksame Gesetzgebung mündeten: das Energieeinsparungsgesetz für den baulichen Bereich und hierauf bezogen die „Verordnung über einen energiesparenden Wärmeschutz bei Gebäuden (Wärmeschutzverordnung – WärmeschutzV)", ausgegeben in Bonn am 16. 8. 94 mit Rechtskraft seit 1. Januar 1995.

Nicht unwesentlich war hierbei das Rahmenabkommen der Vereinten Nationen über Klimaänderungen, das als „Klimarahmenkonvention, KRK" im Juni 1992 in Rio gezeichnet und am 21. 03. 1994 ratifiziert wurde; bis März 1997 wurde es von 165 Staaten, einschließlich der EU, verbindlich angenommen. Wesentlich weitergehender fixierte die Bundesregierung bereits 1990 in einer umfassenden nationalen Klimastrategie das Ziel einer Reduktion der CO_2-Emission bis zum Jahr 2005 um 25 %, bezogen auf das Basisjahr 1990. Im April 1997 legte die Regierung der Bundesrepuplik Deutschland den Zweiten Bericht nach dem Rahmenabkommen der Vereinten Nationen über Klimaänderungen (2. Nationalbericht) vor. In diesem Bericht wird die aktuelle Emissionssituation in der Bundesrepublik Deutschland dargestellt, über den Stand der Umsetzung des Nationalen Klimaschutzprogramms berichtet und ein erster Ausblick auf die Entwicklung der Treibhausgasemissionen in der Bundesrepublik Deutschland bis zum Jahr 2005 und darüber hinaus gegeben **(Tafel A.5.3)**.

Zum aktuellen wissenschaftlichen Sachstand wird auf den im Dezember 1995 verabschiedeten Zweiten „Sachstandsbericht" des Zwischenstaatlichen Verhandlungsausschusses über Klimaänderungen (Intergovernmental Panel on Climate Change, IPCC) Bezug genommen. Dieser wissenschaftliche Bericht belegt die Notwendigkeit zum Handeln in eindrucksvoller Weise. Die Abwägung der Erkenntnisse legt danach einen erkennbaren menschlichen Einfluß auf das globale Klima nahe.

Tafel A.5.3 Entwicklung der CO_2-Emission pro Einwohner und Jahr in Deutschland 1970–1995

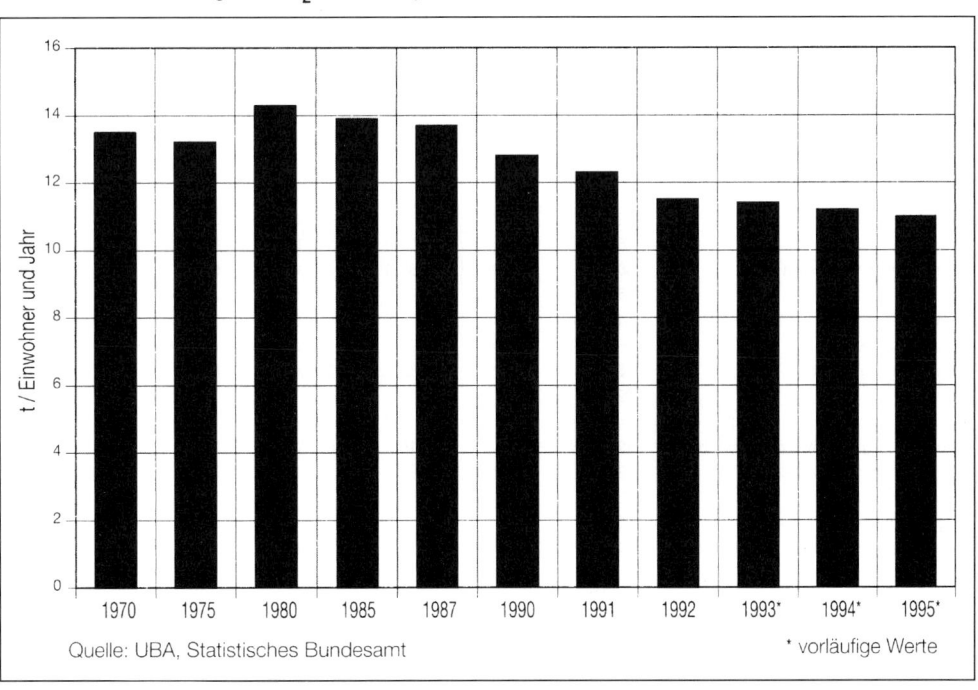

Jahr	t / Einwohner und Jahr
1970	13,5
1975	13,2
1980	14,3
1985	13,9
1987	13,7
1990	12,8
1991	12,4
1992	11,5
1993*	11,4
1994*	11,2
1995*	11,0

Quelle: UBA, Statistisches Bundesamt   * vorläufige Werte

Entwurf

Die Interministerielle Arbeitsgruppe, IMA „CO_2-Reduktion", mit den beteiligten Ministerien für Umwelt, Verkehr, Wirtschaft und Raumordnung, hat dem Bundeskabinett im November 1990, Dezember 1991 und September 1994 bisher drei Berichte zur Klimaschutzstrategie in Deutschland vorgelegt. Sie setzt ihre Arbeiten kontinuierlich fort und wurde vom Bundeskabinett beauftragt, den nächsten Bericht im Mai 1997 und ihren 5. Bericht im Jahr 1999 vorzulegen. Der vierte Bericht umfaßt Ziele und Emissionsminderungsmaßnahmen für die Treibhausgase CH_4, N_2O, CF_4, C_2F_6 sowie die Ozon-Vorläufersubstanzen NO_x, CO, NMVOC und die Lachgas-Vorläufersubstanz NH_3 und legt darüber hinaus die Fortschritte zur Verminderung der CO_2-Emissionen ebenso wie die Weiterentwicklung der Klimaschutzstrategie der Bundesregierung dar.

Wesentliche Ursachen für den mittlerweile erkennbaren Rückgang der CO_2-Emissionen in den neuen Bundesländern sind der wirtschaftliche Umstrukturierungsprozeß, der Rückgang der Bevölkerung um rund vier Prozent seit 1990, eine teilweise Verlagerung von Produktionsaktivitäten in die alten Bundesländer und der Bezug vieler Güter nach der deutschen Vereinigung vor allem aus den alten Bundesländern und anderen Industriestaaten, eine zunehmende Verbesserung der Energieeffizienz und der Rückgang des Verbrauchs der CO_2-intensiven Braunkohle.

Eine Vielzahl von Maßnahmen für die neuen Bundesländer ist eingeleitet worden, um den begonnenen Umstrukturierungsprozeß in allen Energiesektoren konsequent und nachhaltig voranzubringen. So stieg das reale Bruttoinlandsprodukt in den neuen Ländern im Jahr 1994 um 8,5 Prozent und im Jahre 1995 um 5,6 Prozent, während gleichzeitig die CO_2-Emissionen weiter gesunken sind.

Der „Zweite Nationalbericht Klimaschutz" geht aber über die Deklaration der momentanen Situation hinaus und entwirft Emissionsszenarien und Projektionen bis 2000, 2005, 2010 und 2020 unter Abschätzung der Wirkungen von verschiedenen Maßnahmen.

Die hierzu entworfenen Untersuchungen „Politikszenarien für den Klimaschutz"/„Gesamtwirtschaftliche Beurteilung von CO_2-Minderungsstrategien" unterliegen folgenden Prämissen:

- Im „Ohne-Maßnahmen-Szenario"/Referenzszenario wird gedanklich die Abwesenheit von klimaschutzpolitischen Maßnahmen unterstellt. Effizienzsteigerung ist der überwiegende Faktor, der dem Anstieg von CO_2-Emissionen entgegenwirkt **(Tafel A.5.4).**

Tafel A.5.4 Entwicklung der CO_2-Emissionen in Deutschland bis 2005 im „Ohne-Maßnahmen-Szenario"

Sektoren	Ist- Werte		Szenario-Werte				
	1990	1995[1]	2000[2]	2005[2]	90/95	95/05	90/05
	CO_2-Emissionen in Millionen. t				Veränderungen in %		
Industrie	169,7	126,8	122,5	122,5	-25,3	-3,4	-27,8
Kleinverbraucher[3]	75,7	51,9	70,5	73,0	-31,5	40,7	-3,6
Haushalte	128,4	135,2	135,3	138,5	5,3	2,5	7,9
Verkehr[4]	184,9	196,1	231,0	236,0	6,0	20,4	27,6
Summe Endenergiesektoren	**558,8**	**509,9**	**559,3**	**570,0**	**-8,7**	**11,8**	**2,0**
Kraftwerke	353,6	317,5	331,4	345,5	-10,2	8,8	-2,3
Fernwärme	42,9	31,7	29,7	26,9	-26,0	-15,1	-37,2
übriger Energiesektor[5]	43,0	24,0	21,0	19,0	-44,1	-20,9	-55,8
Summe Energiesektor	**439,4**	**373,2**	**382,2**	**391,4**	**-15,1**	**4,9**	**-10,9**
Insgesamt	998,2	883,1	941,5	961,4	-11,5	8,9	-3,7
Außerdem: Erneuerbare Energien	-	-	7,9	12,8	-	-	-
Summe energiebedingte Emissionen	**998,2**	**883,1**	**949,3**	**974,2**	**-11,5**	**10,3**	**-2,4**
Prozeßbedingte Emissionen	27,5	25,2	26,1	25,5	-8,4	1,0	-7,5
Emissionen insgesamt	1.025,7	908,3	975,4	999,7	-11,4	10,1	-2,5
abzgl. internationaler Luftverkehr[5]	11,6	13,9	15,0	15,9	19,8	14,3	36,9
Emissionen ohne internat. Luftverkehr	**1.014,2**	**894,5**	**960,4**	**983,8**	**-11,8**	**10,0**	**-3,0**

1) Vorläufige Angaben errechnet auf der Basis von Energiebilanzdaten
2) Mittelwerte, sofern für die einzelnen Sektoren Bandbreiten angegeben wurden
3) Einschließlich militärischer Dienststellen, aber jeweils ohne Kraftstoffe
4) Einschließlich internationaler Luftverkehr und Emissionen der mobilen Aggregate in Kleinverbrauch, Industrie und Militär
5) Emissionen in Anlehnung an PROGNOS

(Quelle: UFO-Planvorhaben „Politikszenarien für den Klimaschutz")

Umweltgerechtes Bauen

Tafel A.5.5 Entwicklung der CO$_2$-Emission in Deutschland bis 2005 im „Mit-Maßnahmen-Szenario"

Sektoren	Ist-Werte		Szenario-Werte				
	1990	1995[1]	2000[2]	2005[2]	90/95	95/05	90/05
	CO$_2$-Emissionen in Millionen. t				Veränderungen in %		
Industrie	169,7	126,8	116,9	107,1	-25,3	-15,5	-36,9
Kleinverbraucher[3]	75,7	51,9	61,6	56,5	-31,5	8,9	-25,4
Haushalte	128,4	135,2	115,9	110,5	5,3	-18,2	-13,9
Verkehr[4]	184,9	196,1	223,0	224,0	6,0	14,3	21,1
Summe Endenergiesektoren	**558,8**	**509,9**	**517,4**	**498,2**	**-8,7**	**-2,3**	**-10,8**
Kraftwerke	353,6	317,5	316,7	318,9	-10,2	0,4	-9,8
Fernwärme	42,9	31,7	30,0	27,5	-26,0	-13,4	-35,9
übriger Energiesektor[5]	43,0	24,0	21,0	19,0	-44,1	-20,9	-55,8
Summe Energiesektor	**439,4**	**373,2**	**367,8**	**365,3**	**-15,1**	**-2,1**	**-16,9**
Insgesamt	998,2	883,1	885,2	863,5	-11,5	-2,2	-13,5
Außerdem: Erneuerbare Energien	-	-	-2,3	-5,6	-	-	-
Summe energiebedingte Emissionen	**998,2**	**883,1**	**882,9**	**857,9**	**-11,5**	**-2,9**	**-14,1**
Prozeßbedingte Emissionen	27,5	25,2	26,0	25,3	-8,4	0,4	-8,1
Emissionen insgesamt	1.025,7	908,3	908,9	883,2	-11,4	-2,8	-13,9
abzgl. internationaler Luftverkehr[5]	11,6	13,9	15,0	15,9	19,8	14,3	36,9
Emissionen ohne internat. Luftverkehr	**1.014,2**	**894,5**	**893,9**	**867,3**	**-11,8**	**-3,0**	**-14,5**

1) Vorläufige Angaben errechnet auf der Basis von Energiebilanzdaten
2) Mittelwerte, sofern für die einzelnen Sektoren Bandbreiten angegeben wurden
3) Einschließlich militärischer Dienststellen, aber jeweils ohne Kraftstoffe
4) Einschließlich internationaler Luftverkehr und Emissionen der mobilen Aggregate in Kleinverbrauch, Industrie und Militär
5) Emissionen in Anlehnung an PROGNOS

(Quelle: UFO-Planvorhaben „Politikszenarien für den Klimaschutz")

– Im „Mit-Maßnahmen-Szenario"/„IMA-Maßnahmen-Szenario" werden die beschlossenen klimaschutzpolitischen Maßnahmen/CO$_2$-Minderungsmaßnahmen so weit wie möglich berücksichtigt (Tafel A.5.5).

a) Nach dem „Ohne-Maßnahmen-Szenario" dürften die CO$_2$-Emissionen im Vergleich der Jahre 2005 und 1990 nur wenig verändert sein; im Jahre 2005 wären sie lediglich um 30 Millionen Tonnen CO$_2$ oder um rund drei Prozent niedriger als im Basisjahr.

Bei Fortführung des Trends wären ohne Maßnahmen für das Jahr 2010 CO$_2$-Emissionen in einer Größenordnung von 1025 Millionen Tonnen und für das Jahr 2020 von 1130 Millionen Tonnen zu erwarten.

Unter sektoralen Aspekten ist hervorzuheben, daß es in der Industrie wie bei der Erzeugung von Fernwärme in der Periode von 1990 bis 2005 durchweg zu einer kräftigen Emissionsminderung kommen dürfte. Hierin schlägt sich vor allem die Entwicklung in der ersten Hälfte der neunziger Jahre in den neuen Bundesländern nieder.

Dagegen wird insbesondere beim Verkehr mit einer kräftigen Steigerung der CO$_2$-Emissionen gerechnet; immerhin wären hier die Emissionen im Jahre 2005 um reichlich 50 Millionen Tonnen oder um 28 Prozent höher als 1990. Eine tendenzielle Zunahme der Emissionen wäre auch für den Bereich der privaten Haushalte zu erwarten, während für den Sektor der Kleinverbraucher eher ein stagnierender Emissionsverlauf zu verzeichnen ist.

b) Nach dem „Mit-Maßnahmen-Szenario" dürften die CO$_2$-Emissionen aufgrund der insbesondere auf Bundesebene ergriffenen klimaschutzpolitischen Maßnahmen im Jahre 2005 rund 147 Millionen Tonnen oder um rund 14,5 Prozent niedriger sein als 1990; gegenüber 1995 würde die Reduktion bis 2005 noch 27 Millionen Tonnen oder rund drei Prozent betragen.

Zu einer innerhalb des gesamten Betrachtungszeitraumes überdurchschnittlich starken Emissionsminderung würde es hauptsächlich bei der Industrie und bei der Fernwärmeerzeugung kommen. Die in den letzten Jahren ergriffenen klimaschutzpolitischen Maßnahmen führen aber auch dazu, daß sich die Emissionen bei den Kleinverbrauchern und bei den privaten Haushalten sowie im Kraftwerksbereich deutlich vermindern. Lediglich im Verkehrssektor muß noch mit einer – durchaus deutlichen – Zunahme der CO$_2$-Emissionen gerechnet werden. Nach diesem Szenario sind im Jahre 2005 die verkehrsbedingten CO$_2$-Emissionen etwa doppelt so hoch wie jene aus der gesamten Industrie.

Die CO_2-Emissionen würden nach einer sektorspezifischen Trendabschätzung (wie im Mit-Maßnahmen-Szenario in der Ergänzung zum 1. Nationalbericht von April 1996) in einem Mit-Maßnahmen-Szenario bis 2010 und 2020 insgesamt noch geringfügig weiter abnehmen (2010: 854 000 Gg, 2020: 847 000 Gg). So positiv sich die Entwicklungen auch in den verschiedenen Szenarien sichtbar darstellen mögen – und dies insbesondere in der Bundesrepublik Deutschland, die hier vielen Ländern wie zum Beispiel den USA weit voraus ist –, so wichtig ist die Erkenntnis, daß es beim Thema umweltgerechten Handelns und konkret des Bauens bei weitem nicht nur um die Themata Energie und CO_2-Emission allein geht.

Es geht gleichermaßen um die Themata Landschaftsverbrauch und Versiegelung, Kontamination von Wasser, Boden und Luft, nicht zuletzt auch um Lärmemissionen und Verkehrprobleme. Es geht um den Schutz der natürlichen Lebensgrundlage, es geht letztlich um den Menschen und um seine Behausung: so ist die sogenannte „Legionärskrankheit" als Lungenentzündung durch pathologische Bakterienstämme in Innenräumen ebenso Thema wie beispielsweise das „Sick Building Syndrom", das in klimatisierten Großraumbüros durch unspezifische Symptome wie Augen-Nasen-Rachen-Reizungen, Konzentrationsschwäche und Kopfschmerzen gekennzeichnet ist, nicht zuletzt aber auch um den vielfältigen Komplex an markanten Gesundheitsrisiken durch biologischen (z. B. Legionellen, Hausstaubmilben, Pilzsporen), physikalische (z. B. elektrische/magnetische Gleichfelder, elektromagnetische Wechselfelder im Hochfrequenz- und Mikrowellenbereich) oder chemische (z. B. Asbest, Formaldehyd, polyzyklische aromatische Kohlenwasserstoffe, Holzschutzmittel mit Pentachlorphenol/Lindan, polychlorierte Biphenyle in Kunststoffen) Giftstoffe, sogenannte Noxen [Hahn].

Handeln ist über das Bisherige hinaus zwingend erforderlich, sollen die negativen Hochrechnungen der Wissenschaft nicht in vollem Umfang eintreffen.

Es reicht dabei nicht das Bauen von Einfamilienhäusern in Holz und Lehm, nicht der nachträgliche Anbau von Wintergärten oder die Nachrüstung von Grasdächern mit Sonnenkollektoren – wie ökologisches Bauen oft mißverstanden und dann auch verurteilt wird.

Ziel ist zunächst eine Aufweitung des Begriffes unter ganzheitlichem Bezug auf das, was „Ökologie" als aus der Biologie hervorgegangener Wissenschaft meint, nämlich die generellen „Wechselbeziehungen zwischen den Organismen und der unbelebten (wie Klima, Boden) und der belebten Umwelt ... sowie den Stoff- und Energiehaushalt der Biosphären und ihrer Untereinheiten" (Meyers Neues Lexikon 1994).

Bezogen auf den Bereich der Architektur, gilt das konkreter gefaßte Ziel in der Errichtung umweltfreundlicher, energiesparender Gebäude und Siedlungen durch einen haushälterischen Umgang mit natürlichen Ressourcen bzw. die Sanierung bestehender Bauten nach den möglichst gleichen Kriterien. Dies bedeutet passive und aktive Nutzung der Sonnenenergie und Anwendung von Materialien, die bei der Herstellung, Gebrauch und Entsorgung die ‚freien' Güter, Wasser, Boden und Luft möglichst wenig schädigen.

Ziel ist eine ganzheitliche Technologie des ökologischen Bauens, die Natur und Technik der Architektur nicht als unversöhnliche, antithetische Positionen setzt, sondern als Wechselbeziehung in einem möglichst geschlossenen Kreislauf bzw. Haushalt.

5.2 Gesetzliche Grundlagen, Verordnungen und Richtlinien

Die rechtlichen Vorschriften im Bereich des umweltgerechten, ökologischen Bauens bestehen insbesondere seit Ende der 70er Jahre auf allen Ebenen, ausgehend vom übergeordneten, Ziele verbindlich definierenden Vertrag zur Gründung der Europäischen Gemeinschaft bis hin zu detailliert fokussierten Verordnungen über Einstufung und Kennzeichnung von Gefahrenstoffen.

Definiert werden dabei Pflichten und Rechte, Haftung und Entschädigungen, Zuständigkeiten und Informationswege; die Definitionen sind grundsätzlichen Prinzipien zuzuordnen:

- dem Vorsorgeprinzip; viele gesetzliche Regelungen haben primär präventiven Charakter, dies gilt für den Umgang mit Energie ebenso wie den mit Gefahrenstoffen,
- dem Verursacherprinzip; wer Schäden im Umweltbereich verursacht oder zumindest mitverschuldet, trägt hierfür auch Verantwortung, sei es in Form einer Wiederherstellungspflicht des ursprünglichen Zustandes oder aber in letzter Konsequenz durch Geldstrafe und Freiheitsentzug.

Allen Regelungen gemeinsam ist das im Bundesbaugesetzbuch BBauGb § 1 (5) definierte Ziel, „eine menschenwürdige Umwelt zu sichern und die natürlichen Lebensgrundlagen zu schützen und zu entwickeln".

Im folgenden seien einige gesetzliche Grundlagen und Verordnungen benannt und mit Kurzzitaten, bzw. Hinweisen auf die behandelten Themata in einer Reihenfolge vom Allgemeinen zum Spezifi-

Umweltgerechtes Bauen

schen, vom Schutz der natürlichen Lebensgrundlagen (5.2.1), vom energiesparenden Wärmeschutz (5.2.2), Immissionsschutz (5.2.3), Kreislaufwirtschaft und Abfall (5.2.4) bis hin zu entsprechenden Haftungs- und Strafregelungen (5.2.5) belegt.

5.2.1 Schutz der natürlichen Lebensgrundlagen

- Vertrag zur Gründung der Europäischen Gemeinschaft, 07.02.92;

  dieser Vertrag der EG bzw. Europäischen Union definiert im Titel XVI Umwelt alle gemeinsamen, umweltrelevanten Ziele und notwendigen Zwischenschritte zur Erreichung dieser Ziele.

  Weitere Beschlüsse des Rates der Europäischen Union (Umwelt) zur Weiterentwicklung der EU-Klimaschutzstrategie wurden zuletzt am 07.03.1997 (DOK 6450/97, ENV74) verabschiedet.

- Grundgesetz, GG der Bundesrepublik Deutschland;

  das Grundgesetz definiert grundlegendes Bundesrecht zum Umweltschutz in § 20a vom 30. 08. 94: „Der Staat schützt auch in Verantwortung für die künftigen Generationen die natürlichen Lebensgrundlagen im Rahmen der verfassungsmäßigen Ordnung durch die Gesetzgebung und nach Maßgabe von Gesetz und Recht durch die vollziehende Gewalt und Rechtsprechung."

- Umweltinformationsgesetz, UIG; 08. 04. 1994;

  dieses Gesetz sichert im allgemeinen Verwaltungsrecht den freien Zugang des Bürgers zu allen Umweltinformationen bei den einschlägigen Ministerien und Behörden.

- Gesetz zur Umsetzung der Richtlinien des Rates vom 27.06.1985 über die Umweltverträglichkeitsprüfung bei bestimmten öffentlichen und privaten Projekten (85/337/EWG), UVPGm 12.02.1990, geändert 9.10.1996;

  die Prüfung von Vorhaben, die erhebliche Auswirkungen auf die Umwelt vermuten lassen, ist präventives Ziel dieses Gesetzes, unterstützt durch die Allgemeine Verwaltungsvorschrift zur Ausführung des Gesetzes über die Umweltverträglichkeitsprüfung (UVPVwV) vom 18.09.1995.

- Baugesetzbuch, BauGB, 8.12.1986, zuletzt geändert 20.12. 1996;

  die im Grundgesetz allgemein und übergreifend definierten Aspekte des Umweltschutzes werden im Baugesetzbuch konkretisiert – dies insbesondere im Hinblick auf ihre Durchführung im Städtebau und Bauwesen. So sollen z. B. „Bauleitpläne ... dazu beitragen, eine menschenwürdige Umwelt zu sichern und die natürlichen Lebensgrundlagen zu schützen und zu entwickeln." (§ 1 (5) BauGB)

- EG Bauprodukten-Richtlinie 89/106/EWG zur Angleichung der Rechts- und Verwaltungsvorschriften der Mitgliedsstaaten über Bauprodukte vom 21.12.1988. ABL. Nr. 40/12; geändert durch RL 93/68/EWG vom 22.07.1993. ABL. Nr. L 220/1;

  in dieser für alle Mitgliedsstaaten der EU verbindlichen Richtlinie, die für die Bundesrepublik durch das „Gesetz über das Inverkehrbringen von und den freien Warenverkehr mit Bauprodukten zur Umsetzung der Richtlinien 89/106/EWG des Rates vom 21.12.1988 zur Angleichung der Rechts- und Verwaltungsvorschriften der Mitgliedsstaaten über Bauprodukte (Bauproduktengesetz – BauPG)" mit Datum vom 10.08.1992 sanktioniert wurde, wird ausdrücklich die Beachtung von Hygiene, Gesundheit und Umweltschutz gefordert.

- Gesetz zur Einsparung von Energie in Gebäuden EN EG, 20.06.1980, geändert am 22.07.1996;

  nachdem das Umweltprogramm der Bundesregierung im Jahre 1971 erstmalig Umweltschutz umfassend thematisierte, zielt das Energieeinsparungsgesetz von 1980 erstmalig konkret auf Umsetzungsmaßnahmen bei heizungs- und raumlufttechnischen Anlagen mit dem Ziel wirksamer Energieeinsparung:

  § 1(1) „Wer ein Gebäude errichtet, das seiner Zweckbestimmung beheizt oder gekühlt werden muß, hat, um Energie zu sparen, den Wärmeschutz nach Maßgabe der nach Absatz 2 zu erlassenen Rechtsverordnung so zu entwerfen und auszuführen, daß beim Heizen und Kühlen vermeidbare Energieverluste unterbleiben."

  § 1(2): „Die Bundesregierung wird ermächtigt, durch Rechtsverordnung mit Zustimmung des Bundesrates Anforderungen an den Wärmeschutz von Gebäuden und ihren Bauteilen festzulegen. Die Anforderungen können sich auf die Begrenzung des Wärmedurchganges sowie der Lüftungswärmeverluste und auf ausreichende raumklimatische Verhältnisse beziehen ..."

  Die hier in Aussicht gestellte Rechtsverordnung ist die „Verordnung über einen energiesparenden Wärmeschutz bei Gebäuden" vom 16.08.1994.

- Bundesnaturschutzgesetz, BNatSchG; 12.03. 1987, geändert 6.08.1993;

  im Rahmen besonderen Verwaltungsrechtes ist Ziel des Gesetzes der Ausgleich für durch bauliche Maßnahmen beanspruchte Natur und Landschaft. Wege zur Durchführung dieser und weiterer Ziele dienen die Ausweisung von Naturschutzgebieten, entsprechende Landschaftsplanung und Entwicklungsmaßnahmen sowie gezielte Ausgleichs- und Ersatzmaßnahmen auch im innerstädtischen Bereich; eine Novellierung des BNATSchG 1997/1998 wurde im Bundestag bereits beschlossen.

5.2.2 Energiesparender Wärmeschutz

- Verfassung des Freistaates Bayern vom 20.6.1984;

  als Beispiel für eine länderspezifische Definition zum Naturschutz sei hier verwiesen und zitiert aus § 141 (1): „Der Schutz der natürlichen Lebensgrundlagen ist, auch eingedenk der Verantwortung für die kommenden Generationen, der besonderen Fürsorge jedes einzelnen und der staatlichen Gemeinschaft anvertraut. Mit Naturgütern ist sparsam und schonend umzugehen. Es gehört auch zu den vorrangigen Aufgaben von Staat, Gemeinschaft und Körperschaften des öffentlichen Rechts, Boden, Wasser und Luft als natürliche Lebensgrundlagen zu schützen, eingetretene Schäden möglichst zu beheben oder auszugleichen und auf möglichst sparsamen Umgang mit Energie zu achten, die Leistungsfähigkeit des Naturhaushaltes zu erhalten und dauerhaft zu verbessern . . ."

- Wärmeschutzverordnung, WSVO, 16.08.1994;

  diese Verordnung stellt den entscheidenden und umfangreichsten politischen Schritt der Bundesregierung, bezogen auf das Ziel einer Heizenergie- und CO_2-Reduktion um 25 % bis zum Jahr 2005, dar.

  Eine nochmalige Verschärfung dieser Verordnung ist für 1999 vorgesehen und zur Zeit in Vorbereitung.

  Diese Verordnung wird allerdings nicht mehr Wärmeschutzverordnung, sondern „Energiesparverordnung ESPV" heißen; neben der Heizenergie wird dann auch der Energiebedarf für Brauchwasser, Licht und Klima eingehen. Entsprechend wird die Energiebetrachtung nicht mehr auf den Winter, sondern auf den ganzjährigen Verbrauch bezogen sein.

- Allgemeine Verwaltungsvorschrift zu § 12 der Wärmeschutzverordnung (AVV Wärmebedarfsausweis) 20.12.1994;

  der in dieser Vorschrift bezeichnete „Wärmebedarfsausweis" für Gebäude oder Gebäudeteile soll die aufgrund des ersten und zweiten Abschnitts der Wärmeschutzverordung ermittelten, wesentlichen Ergebnisse der rechnerischen Nachweise enthalten. Er stellt damit die wesentlichen, energiebezogenen Merkmale dar vor dem Hintergrund der Forderung zur Begrenzung der Kohlendioxidemissionen durch effiziente Energienutzung nach Artikel 2 der Richtlinie 93/76/EWG des Rates vom 13.09.1993.

- Allgemein anerkannte Regeln, Prüfungen sowie technische Regelungen für die Erfüllung von Anforderungen an der Wärmeschutz einzelner Bauteile nach der Wärmeschutzverordnung, 14.12.1994/05.01.1995;

  unter Bezug auf die Wärmeschutzverordnung werden Hinweise gegeben auf einschlägige, allgemein anerkannte Regeln der Technik; DIN 4108 Teile 2,4,5 und spezifische Stoffwerte für die Berechnung des Wärmeschutzes (Rolladenkästen, Heizkörperabdeckungen, Außentüren und Gesamtenergiedurchlaßgrad von Verglasungen).

- Verordnung über energiesparende Anforderungen an heizungstechnische Anlagen und Brauchwasseranlagen (Heizungsanlagen-Verordnung, HeizAnlV) vom 22.03.1994;

  auch diese Verordnung steht auf der Basis des Energieeinsparungsgesetzes von 22. Juli 1976, § 2(2,3), § 3 (2), §§ 4,5 und bezieht sich konkret auf die Auslegung von heizungstechnischen sowie der Versorgung mit Brauchwasser dienenden Anlagen und Einrichtungen.

- Stromeinspeisungsgesetz, 19.7.1994;

  zielen die meisten rechtlichen Regelungen auf Vorsorge und Einsparung, so dient das Stromeinspeisungsgesetz im positiven Sinne der Regelung von überschüssigen Energiegewinnen in privaten Haushalten durch Nutzung von Solar-, Wind- und Wasserkraft etc. und deren Rückführung bzw. Einspeisung in das öffentliche Stromnetz der Energieversorger EVU.

5.2.3 Immissions- und Emissionsschutz

- Bundes-Immissionsschutzgesetz, BImSchG, Neufassung 14.05.1990, zuletzt geändert am 9.10.1996;

  dieses Gesetz zum Immissionsschutz dient generell der Reinhaltung von Luft und Boden sowie zum Bekämpfung von Lärmemissionen zum Schutz von Mensch und Natur. Hierzu erfolgen sehr detaillierte Regelungen im Bereich der Durchführung und Kontrolle: „Zweck dieses Gesetzes ist es, Menschen, Tiere und Pflanzen, den Boden, das Wasser, die Atmosphäre sowie Kultur- und sonstige Sachgüter vor schädlichen Umwelteinwirkungen, soweit es sich um genehmigungsbedürftige Anlagen handelt, auch vor Gefahren, erheblichen Nachteilen und erheblichen Belästigungen, die auf andere Weise herbeigeführt werden, zu schützen und dem Entstehen schädlicher Umwelteinwirkungen vorzubeugen," BImSchG § 1. Immissionen im Sinne dieses Gesetzes sind „auf Menschen, Tiere und Pflanzen, den Boden, das Wasser, die Atmosphäre sowie Kultur- und sonstige Sachgüter

Umweltgerechtes Bauen

einwirkende Luftverunreinigungen, Geräusche, Erschütterungen, Licht, Wärme, Strahlen und ähnliche Umwelteinwirkungen," BImSchG §3(2).

Konkrete Relevanz für Materialien im Bauwesen kommt dabei § 35, Beschaffenheit von Stoffen und Erzeugnissen, zu: „Die Bundesregierung wird ermächtigt ... vorzuschreiben, daß bestimmte Stoffe oder Erzeugnisse aus Stoffen, die geeignet sind, bei ihrer bestimmungsgemäßen Verwendung oder bei der Verbrennung zum Zwecke der Beseitigung oder der Rückgewinnung einzelner Bestandteile schädliche Umwelteinwirkungen durch Luftverunreinigungen hervorzurufen, gewerbsmäßig, oder im Rahmen wirtschaftlicher Unternehmungen nur hergestellt, eingeführt oder sonst in den Verkehr gebracht werden dürfen, wenn sie zum Schutz vor schädlichen Umwelteinwirkungen durch Luftverunreinigungen bestimmten Anforderungen an ihre Zusammensetzung und das Verfahren zu ihrer Herstellung genügen ...", BImSchG § 35 (1).

Das Bundes-Immissionsschutzgesetz ist damit Grundlage weiterer konkreter Verordnungen (BImSchV) wie z. B. zu Kleinfeuerungsanlagen (1. BImSchV 20.07.94) oder zu Störfällen (12. BImSchV, 26.10.1993).

- Wasserhaushaltsgesetz, WHG, 27.06.1994;

    Abwasserbeseitigung, die Handhabung wassergefährdender Stoffe, Gewässerschutz für oberirdische Seen und Flüsse wie für Grundwasser werden in diesem Gesetz geregelt.

- Chemikaliengesetz, ChemG, 2.08.1994;

    alle grundlegenden Aspekte in Zusammenhang mit der Entwicklung, Herstellung und Einführung in den Handel von gefährlichen Stoffen werden im Chemikaliengesetz geregelt.

- FCKW-Halon-Verbots-Verordnung, 24.06.1994;

    vor dem Hintergrund der CO_2-Diskussion mit den greifbaren, negativen Auswirkungen dieser Treibgase im Ozonhaushalt der Atmosphäre steht diese Verordnung, die sich auf namentlich definierte, die Ozonschicht abbauende Halogenkohlenwasserstoffe bezieht.

- Richtlinie für die Bewertung und Sanierung PCB-belasteter Baustoffe und Bauteile in Gebäuden (PCB-Richtlinie), 14.10.1994, neueste Fassung Oktober 1997;

    diese Richtlinie wurde von der Projektgruppe „Schadstoffe" der Fachkommission Baunormung (ARGEBAU) der zuständigen Minister der Länder als „technische Regel entsprechend den Erkenntnissen in Wirtschaft und Technik und in Übereinstimmung mit den Erfordernissen der Baupraxis erarbeitet und gibt Empfehlungen für die Sanierung PCB-belasteter Gebäude.

- Richtlinie für die Bewertung und Sanierung schwach gebundener Asbestprodukte in Gebäuden (Asbest-Richtlinie), Fassung Januar 1996;

    analog zur oben aufgeführten Richtlinie zu PCB-belasteten Baustoffen werden in dieser Richtlinie Empfehlungen für die Sanierung von schwach gebundenen Asbestprodukten mit einer Rohdichte unter 1000 kg/m^3 gegeben, wie sie insbesondere in der ehemaligen DDR hergestellt und verwendet wurden.

    Siehe hierzu auch die technischen Regeln für Gefahrstoffe Asbest – Abbruch- oder Instandhaltungsarbeiten; TRGS 579, Ausgabe März 1995

5.2.4 Kreislaufwirtschaft und Abfall

- Abfallgesetz, AbfG 27.06. 1994;

    in diesem Bundesgesetz in § 1 erfolgt erstmals eine klare Definition des Begriffs „Abfall" in Abgrenzung zu „Wirtschaftsgütern" bzw. „Werkstoffen". Das Gesetz ist somit Grundlage des Kreislaufwirtschafts- und Abfallgesetzes (KrW-/AbfG) von Oktober 1996, dessen Ziel eine ressourcenschonende, abfallarme Wirtschaft allgemein und Bauwirtschaft speziell meint.

- Kreislaufwirtschafts- und Abfallgesetz, Krw-/AbfG; 27.09.1994, geändert 12.09. 1996;

    dieses Gesetz zur Vermeidung, Verwertung und Beseitigung von Abfällen trägt im Artikel 1 den Untertitel: „Gesetz zur Förderung der Kreislaufwirtschaft und Sicherung der umweltverträglichen Beseitigung von Abfällen".

    Von zentraler Bedeutung sind dabei die in § 4 benannten Grundsätze der Kreislaufwirtschaft: „Die stoffliche Verwertung beinhaltet die Substitution von Rohstoffen durch das Gewinnen von Stoffen aus Abfällen (sekundäre Rohstoffe) oder die Nutzung der stofflichen Eigenschaften der Abfälle für den ursprünglichen Zweck oder für andere Zwecke mit Ausnahme der unmittelbaren Energierückgewinnung. Eine stoffliche Verwertung liegt vor, wenn nach einer wirtschaftlichen Betrachtungsweise, unter Berücksichtigung der im einzelnen Abfall bestehenden Verunreinigungen, der Hauptzweck der Maßnahme in der Nutzung des Abfalls und nicht in der Beseitigung des Schadstoffpotentiales liegt" Krw-/AbfG § 4 (3).

    Darüber hinaus ist neu die erstmalige, konkrete Definition einer Produktverantwortung in § 22: „Wer Erzeugnisse entwickelt, herstellt, be- und verarbeitet oder vertreibt, trägt zur Erfüllung der Ziele der Kreislaufwirtschaft die Produktverantwortung. Zur Erfüllung der Produktverantwortung sind Erzeugnisse möglichst so zu gestalten, daß bei deren Herstellung und Gebrauch das

Entstehen von Abfällen vermindert wird und die umweltverträgliche Verwertung und Beseitigung der nach deren Gebrauch entstandenen Abfälle sichergestellt ist" Krw-/AbfG § 22(1).

Das Gesetz regelt darüber hinaus die Pflichten zur Information, Überwachung und betrieblichen Organisation bis hin zu Bußgeldvorschriften im Vollzug (siehe Abdruck des vollständigen Gesetzestextes in Abschnitt I - Normung).

5.2.5 Haftung und Strafregelungen

- Umwelthaftungsgesetz, UmweltHG, 10.02.1990;

  diese privatrechtliche Regelung definiert die Haftung des Eigentümers von Anlagen bei negativen Einwirkungen auf die Umwelt und nimmt dabei den Aspekt von Produkthaftung ebenso auf wie Haftung im Falle unklarer Ereignisse.

- Strafgesetzbuch StGB, 21.09.1995;

  in der jüngsten Fassung regelt jetzt auch das Strafgesetzbuch das Umweltstrafrecht, z. B. in § 324, Verunreinigungen eines Gewässers, § 335 Luftverunreinigung und Luftverschmutzung, § 326 Umweltgefährende Abfallbeseitigung oder § 330 schwere Umweltgefährdung.

- Bürgerliches Gesetzbuch, BGB, 21.9.94;

  im Rahmen privatrechtlicher, auf Umweltbelange bezogener Artikel sind einschlägig u.a:

  § 249 Schadensersatz,
  § 254 Mitverschulden,
  § 823 Schadensersatzpflicht,
  § 906 Zuführung unwägbarer Stoffe,
  § 907 Gefahrdrohende Anlagen,
  § 1004 Beseitigungs- und Unterlassungsschutz.

5.2.6 Kurzfassung weiterer geplanter Maßnahmen und Instrumente zum Klimaschutz

Im zweiten Bericht der Regierung der Bundesrepublik Deutschland nach dem Rahmenübereinkommen der Vereinten Nationen über Klimaänderungen (2. Nationalbericht) sind perspektivisch weitere ordnungsrechtliche Anforderungen und ökonomische Instrumente benannt, die zur Zeit in Vorbereitung sind:

- erneute Novellierung der Wärmeschutzverordnung zum Ende des Jahrzehnts (gesetzliche Verordnung für den Sektor Haushalt, Gewerbe- und Kleinverbraucher),
- Anhebung der EU-Mindestsätze bei der Mineralölsteuer (ökonomisches Instrument zum Sektor Verkehr),
- Besteuerung von Flugkraftstoffen (ökonomisches Instrument zum Sektor Verkehr),
- Instrumente zur energetischen Sanierung im Gebäudebestand (ökonomisches Instrument für den Sektor Haushalt, Gewerbe und Kleinverbraucher),
- Vereinheitlichung der Genehmigungspraxis für Anlagen zur Nutzung erneuerbarer Energien (sektorübergreifende Richtlinie),
- Einführung einer zumindest EU-weiten aufkommens- und wettbewerbsneutralen CO_2- Energiesteuer (sektorübergreifendes ökonomisches Instrument),
- Stärkung der Belange der erneuerbaren Energien im Baugesetzbuch (sektorübergreifende gesetzliche Verordnung),
- Neuer Grundsatz der Raumordnung zum Verkehr (gesetzliche Verordnung im Sektor Verkehr).

Eine Systematik im gesetzlichen Regelwerk zum Umweltschutz ist insgesamt nur bedingt erkennbar, eher kommen die jeweils neuen Gesetze additiv zu den bestehenden. Vor diesem Hintergrund bestehen politische Bemühungen, in einem Umweltgesetzbuch bestehende Unstimmigkeiten der bisherigen Rechtslegung und Rechtsprechung zu beseitigen und zu systematisieren – dies auf Bundesebene, jedoch in Abstimmung mit den europäischen und globalen Vereinbarungen. Das Gesetzbuch liegt als Entwurf in verschiedenen Variationen vor; es wird jedoch sicher noch langfristige Diskussionen und Anpassungen bedürfen vor endgültiger Ratifizierung.

Vor diesem Hintergrund bleibt es notwendig, in Eigeninitiative und Eigenverantwortung beim Bauen bereits heute alle Erkenntnisse ökologischer Technologie umzusetzen, deren Jurifizierung erst morgen oder übermorgen zu erwarten ist.

5.3 Begriffsdefinitionen

Öko, Bio, Do-it-yourself: eine In-Terminologie, die im Marketing von Produkten und Immobilienangeboten zum Standardrepertoire der Verkäufer zählt. Unklare Begriffsdefinitionen stehen neben vorsätzlichem Etikettenschwindel; dabei ist die Thematik von zentraler Bedeutung, weshalb hier der Versuch unternommen werden soll, zumindest einige der häufig verwandten Begriffe im folgenden eindeutiger zu definieren.

5.3.1 Ökologie

„Aus der Biologie hervorgegangene Wissenschaft, die sich mit den Wechselbeziehungen zwischen den Organismen und der unbelebten (Klima und Boden) und der belebten Umwelt befaßt sowie mit dem Stoff- und Energiehaushalt der Biosphären

Umweltgerechtes Bauen

und ihrer Untereinheiten" (Meyers Neues Lexikon 1994).

Sind die Wechselbeziehungen im Gleichgewicht, spricht man vom „ungestörten Haushalt der Natur". Daß dieses Gleichgewicht erheblich gestört ist, wurde einleitend ausgeführt; die Eingriffe des Menschen im Zuge sich entwickelnder Technologie in Bio- und Atmosphäre sind dominierend und mit zunehmendem Bevölkerungswachstum in den sogenannten Entwicklungsländern von alarmierender Tendenz.

Das ins Auge gefaßte Ziel einer globalen Annäherung an einen Ausgleich zwischen zivilisatorischem Eingriff und natürlicher Ressource bedarf einer gesamtgesellschaftlichen Bemühung, bezogen auf den Bereich des Bauwesens, einer komplexen Reaktion im Umgang mit Landschaft, Boden, Wasser und Luft, im sparsamen Einsatz von Technologie unter Ausnutzung aller passiven Möglichkeiten, die eine Gebäudestruktur bietet, im konkreten Prozeß der Herstellung, Verarbeitung und Wiederverwertung von Baustoffen und konstruktiven Mitteln.

Diese Komplexität erfordert die interdisziplinäre Zusammenarbeit auch bisher einander „fremder" Wissenschaftsgebiete: Medizin, Toxikologie, Chemie, Physik, Verfahrenstechnik etc., erfordert dabei auch Gebäude, die nicht mehr statisch, sondern aktiv auf wechselnde Einflüsse reagieren.

5.3.2 Ökobilanz

Die Ökobilanz ist ein Instrument zur Analyse der Umwelteinwirkungen von Produkten, Prozessen oder Unternehmen.

Sie dient der Offenlegung von Schwachstellen, der Verbesserung der Umwelteigenschaften der Produkte, der Entscheidungsfindung in der Beschaffung und im Einkauf, der Förderung umweltfreundlicher Produkte und Verfahren, dem Vergleich alternativer Verhaltensweisen und der Begründung von Handlungsempfehlungen. Je nach der zugrunde liegenden Fragestellung wird dieser Vergleich um weitere Aspekte ergänzt, z. B. einer Beurteilung der Umweltschutzeffizienz finanzieller Mittel.

Trotz vielfältiger Bemühungen um eine zwingend erforderliche Normung des Terminus „Ökobilanz" – seit längerer Zeit wird hierzu eine Diskussion auch im Deutschen Institut für Normung (DIN) geführt – bestehen bisher nur annähernde Vereinbarungen im allgemeinen Sprachgebrauch. Dies ist um so bedauerlicher, als im marktwirtschaftlichen Vergleich der Bilanzen unterschiedlicher Produkte untereinander bei unklarer Definition werbewirksame Begünstigungen möglich sind, wenn nicht gar ein ausgesprochener Etikettenschwindel.

Vor dem Hintergrund einer dringend notwendigen Verbesserung der ökologischen Produktivität und damit der Optimierung der Wertschöpfung bei gleichzeitiger Reduktion negativer Umwelteinwirkungen durch Minimierung des Primärenergieeinsatzes und der Schadstoffemissionen, insbesondere jedoch durch zunehmend geschlossene Stoffkreisläufe, kommt der Ökobilanz eine besondere Bedeutung zu.

Die Ökobilanz im ganzheitlichen Sinne impliziert folgende Struktur:

– Formulierung der Zielsetzung mit notwendigen Abgrenzungen z. B. hinsichtlich Produktauswahl, Bilanzgrößen und funktionalen Einheiten;

– Erstellen einer Sachbilanz (Datei) mit den Parametern Stoffströme, Energieeinsatz, Schadstoffemission, Entsorgungsaufwand und Lebensdauerzyklen;

– Bewertung der Sachbilanz in qualitativer und quantitativer Hinsicht;

– Definition von Maßnahmen, deren Umsetzung und Kontrolle.

Die Ökobilanz eines Mauersteines umfaßt dabei konkret die Lebenszyklen Rohstofferschließung und Aufbereitung, Produktion, Spedition, Einsatz auf der Baustelle, Nutzung incl. Renovierung, Abbruch incl. Baurestmassentrennung, Recycling und Entsorgung [Bruck]; die Ökobilanz analysiert dabei alle Umweltauswirkungen, bezogen auf

– Einsatz von Energie (Energieäquivalenz-Wert in MJ/kg)

– die Wasser-Immission (kritische Wassermenge in m^3/kg)

– Abfallentsorgung (feste Abfälle in cm^3/kg).

5.3.3 Produktlinien-Analyse und Öko-Audit

Als umfangreichste und alle Einflüsse betrachtende Bilanzierung gilt die sogenannte Produktlinien-Analyse, da sie abweichend von der reinen Ökobilanz zusätzliche Kriterien wie zum Beispiel Ökonomie und auch soziale Aspekte erfaßt, analysiert und wertet. Die Kosten-Nutzen-Abwägung wird von Vertretern gesellschaftlicher Gruppen begleitet. Langfristiges Ziel ist eine gesetzliche Verpflichtung im Rahmen klar definierten Ordnungsrechts, durch das die Durchführung einer produktorientierten, ökologischen Bilanzierung von eingeführten und insbesondere neuen Produkten gesichert wird. Derartige Instrumente bestehen zur Zeit nur in Ansätzen, so daß sogenannte „sanfte Instrumente" wie Öko-Audits in Verwendung mit einer stärker werdenden Marktentwicklung von besonderer Bedeutung bleiben.

Entwurf

Das Öko-Audit definiert sich im Prinzip als eine Umweltbetriebsprüfung, deren Kriterien umweltgerechtes Produzieren, minimierter Schadstoffausstoß und sachgerechte Entsorgung umfassen. Grundlage hierfür ist die Verordnung der Europäischen Union Nr. 1836/93 vom 29. Juni 1993 über die freiwillige Beteiligung gewerblicher Unternehmen an einem Gemeinschaftssystem für das Umweltmanagement und die Umweltsbetriebsprüfung. Demnach ist gefordert eine „Integration des betrieblichen Umweltschutzes in die grundlegenden Unternehmensziele. Zentrales Führungselement ist das betriebsinterne Umweltmanagementsystem, welches nachsorgende und manchmal ineffektive Insellösungen durch eine vorsorgende Gesamtstrategie ersetzt. Hiermit soll eine nachhaltige und umweltverträgliche Entwicklung der Unternehmen gesichert werden" [Schmidt].

Die internationale Normung dieser Ziele wird erfolgen in der Reihe ISO 14 000.

5.3.4 Primärenergie (PEI)

Analog zum Terminus „Ökobilanz" gibt es bis heute keine verbindliche Definition oder Normung. Ungeachtet dessen besteht die Konvention, daß der gesamte Energieverbrauch von der Gewinnung der Rohstoffe über die Herstellung der Baustoffe und Gebäude einschließlich deren Abbruch und Entsorgung als ökologisch wichtige Information erfaßt werden muß.

Primärenergien gelten dabei als die von der Natur angebotenen Energien, wie die fossilen Brennstoffe, das Uran und die regenerativen (sich ständig erneuernden) Energien (Wind, Sonne, Wasserkraft, Gezeiten, Wellen, Geothermik, Vegetation u. a.).

Wichtig ist die Erfassung des Verbrauchs insbesondere im Hinblick auf die Vergleichbarkeit alternativer Materialien und Konstruktionen mit dem Ziel eines möglichst rohstoff- und energiesparenden Bauens.

Angaben zum Primärenergieinhalt von Baustoffen enthalten in der Regel folgende Grundlagen und Einschränkungen:

- Die eingesetzte Sekundärenergie wird auf Primärenergieeinheiten zurückgerechnet; dabei wird für Heizöl und Treibstoffe ein sogenannter „qualitativer" Raffineriewirkungsgrad von ca. 92,5 % angesetzt, für Koks ein energetischer Kokereiwirkungsgrad von ca. 90 % und für elektrische Energie lediglich ein energetischer Gesamtwirkungsgrad von ca. 39 % – in der Regel unter Berücksichtigung mittlerer Verwandlungsgrade öffentlicher Wärmekraftwerke der BRD sowie eines gewissen Anteiles von Energie aus Wasserkraftwerken.

- Der Energieaufwand zur Gewinnung der Primärenergie, der durchschnittlich 2 % der gewonnenen Energie beträgt, wird im Regelfall ebensowenig berücksichtigt wie der Energieaufwand zum Transport der Energie.

- Energie aus menschlicher Arbeit im Produktionsprozeß ist kaum kalkulierbar; dies gilt nicht für den Energieaufwand zur Herstellung der Produktionsmaschinen, der jedoch nach überschlägigen Kalkulationen in Relation auch vernachlässigbar gering ist.

- Im Produktionsprozeß anfallende Abfälle enthalten ebenfalls Primärenergie-Anteile; diese Energien werden jedoch voll dem Produkt zugerechnet.

- Der Energieverbrauch (PEI) beim Straßentransport mit Lkw wird im Regelfall mit etwa 2850 kJ/t·km gerechnet, beim Transport mit der Eisenbahn dagegen nur mit etwa 880 kJ/t·km.

Zu dieser Thematik bestehen sehr umfangreiche Grundlagenuntersuchungen, die jedoch noch weitergehender, differenzierter Forschung der Baustoff- wie Bauindustrie bedürfen [Marne-96, Menkhoff-94] **(Tafel A.5.6)**.

Die in Produktinformationen des Baumaterialien-Marktes angegebenen PEI-Werte sind nicht immer verläßlich und beziehen sich häufig auf nur eingegrenzte Parameter der Herstellung, das heißt, sie sind z. B. ohne Berücksichtigung von Lebensdauer oder von Einsparpotentialen bei Dämmstoffen.

Grundsätzlich können bei der Einteilung des Primärenergiegehalts (PEI) von Baustoffen PEI-Werte von 100 bis 300 kWh/m^3 als sehr gering, von 500 bis 10 000 kWh/m^3 als mittel bis hoch und darüber hinaus als sehr hoch beurteilt werden; zur Verdeutlichung und Orientierung dienen folgende PEI-Werte:

- Strohplatten ca. 5 kWh/m^3
- Cellulosedämmung ca. 150 kWh/m^3
- Hüttensteine (DIN 398) ca. 200 kWh/m^3
- Leichtbeton-Hohlblocksteine (DIN 1851) ca. 200 kWh/m^3
- Betonhohlblocksteine (DIN 18153) ca. 275 kWh/m^3
- Kalksandsteine (DIN 106) ca. 435 kWh/m^3
- Bimsbeton (DIN 4234) ca. 580 kWh/m^3
- Schaumglas ca. 750 kWh/m^3
- Leichtbeton (DIN 4219) ca. 1010 kWh/m^3
- PV-Hartschaum ca. 1200 kWh/m^3
- Normalbeton (DIN 1045) ca. 2770 bis 3200 kWh/m^3
- Aluminium 195 000 kWh/m^3

Umweltgerechtes Bauen   A

Tafel A.5.6 Veränderungen des Primärenergieverbrauchs und der CO_2-Emission je Einheit Bruttoinlandsprodukt[1] 1990–95

	1990	1991	1992	1993	1994	1995
	Primärenergieverbrauch je BIP-Einheit (GJ je DM)					
Alte Bundesländer	4,56	4,53	4,42	4,54	4,42	4,39
Neue Bundesländer	12,93	12,02	10,05	9,12	8,19	7,78
Deutschland	5,33	5,07	4,85	4,92	4,75	4,69
Neue zu alten Bundesländern in %	283	265	227	201	185	177
	Kohlendioxidemissionen je BIP-Einheit (t CO_2/Mio. DM)					
Alte Bundesländer	281	281	270	275	267	263
Neue Bundesländer	1.200	1.125	899	801	699	632
Deutschland	364	342	318	318	305	296
Neue zu alten Bundesländern in %	427	401	333	291	261	241
	Kohlendioxidintensität des Primärenergieverbrauchs (t CO_2/TJ)					
Alte Bundesländer	61,6	62,0	61,0	60,6	60,5	59,8
Neue Bundesländer	92,8	93,6	89,4	87,9	85,4	81,2
Deutschland	68,5	67,4	65,5	64,8	64,3	63,0
Neue zu alten Bundesländern in %	151	151	147	145	141	136

1) Bruttoinlandsprodukt in Preisen von 1991
Quellen: Statistisches Bundesamt; UBA; AG Energiebilanzen; DIW

5.3.5 Kreislaufgerechtes Bauen

In der Natur bilden Stoffwechselvorgänge in sich geschlossene Systeme; in der heutigen Industriegesellschaft sind im Gegensatz dazu technische Prozesse durch den ständigen Abbau und Verbrauch von Rohstoffen und Energie, damit durch eher lineare Systeme gekennzeichnet.

Die Bauwirtschaft spielt hier eine besonders gewichtige Rolle, da Baureststoffe mit ca. 80 % am gesamten Abfallaufkommen beteiligt sind.

Ziel kreislaufgerechten Bauens ist daher, diese Baureststoffe zu vermeiden und – soweit dies nicht möglich ist – sie in den Bauprozeß erneut zu integrieren. Ziel ist eine Optimierung von Gebäudestandard, Minimierung von Energie- und Stoffeinsatz bei Gestaltung und Betrieb von Baustoffen und Gebäuden, sowie eine quantitative Maximierung recycelbarer Materialien.

Gesetzliche Grundlage hierfür ist das seit 12.09.1996 gültige Kreislaufwirtschafts- und Abfallgesetz, das den zunehmend zu schließenden Kreis aus Gestaltung, Nutzung und Entsorgung von Baustoffen generell reglementiert.

Damit Baustoffe und Baugefüge möglichst lange im Kreislauf verbleiben, sollten sie so systematisiert sein, daß sie möglichst flexibel und variabel auf Änderungen in der Nutzung oder im technischen Standard reagieren können und damit prinzipiell die Lebensdauer eines Bauwerkes erhöhen.

Wesentlich ist auch, daß die eingesetzten Inhalts-

Entwurf

stoffe zukünftig exakt deklariert sind; dies ist Voraussetzung eines optimierten Rückbaus wie einer Rückführung in den erneuten Bauprozeß.

Insofern wird es zukünftig nicht genügen, Baustoffe nur nach engen baubiologischen Aspekten zu beurteilen, nach Schadstoffgehalt und Gefährdungspotential für Bewohner eines Hauses. Umweltgerechtes Bauen als kreislaufgerechtes Bauen greift wesentlich weiter und umfaßt ganzheitlich Architektur und menschliches Handeln im Bewußtsein der Endlichkeit natürlicher Ressourcen.

5.4 Handlungsfelder umweltgerechten Bauens

Wenn Ernst Bloch „Bauen" als „Produktionsversuch von Heimat" definiert und Martin Heidegger den scheinbar technischen Begriff „Bauen" aus seiner ursprünglichen Bedeutung von „Bewahren" entwickelt, spätestens dann versteht es sich, daß umweltgerechtes Bauen mehr ist als die Verwendung giftfreier Baustoffe und begrünter Hausfassaden.

Ganzheitlich gesehen, geht es um Handlungsfelder, innerhalb deren Architektur im engeren Sinne sich vollzieht.

Im folgenden seien hier zu den wesentlichen Handlungsfeldern Kriterien und Maßnahmen benannt.

Landschaftsraum und Boden:

- Erhaltung bestehender Landschaftsräume soweit möglich deren Vergrößerung und Vernetzung,
- Reduktion und zukünftige Vermeidung von Versiegelung des Bodens mit Bauten und wasserundurchlässigen Materialien,
- Sanierung bestehender Kontaminationen und Rückführung der aufbereiteten Böden,
- Ausweisung wohnungsnaher Grünflächen, deren Entwicklung und Erschließung.

Klima und Luft:

- Freihaltung von Frischluftschneisen und klimarelevanter Grünflächen zur Verbesserung der klimatischen Verhältnisse und der Luft,
- Optimierung der Grünmasse durch Vernetzung und Vergrößerung bestehender Landschaftsgebiete und Parkflächen zugunsten einer Verbesserung des Mikroklimas,
- Reduktion von versiegelten, wasserundurchlässigen Flächen gegen thermische Aufheizung und Steigerung der Verdunstungskühlung,
- Senkung des Energieverbrauchs und der CO_2-Emissionen zur Verminderung der Luftbelastungen,
- Organisation umweltschonender, effizienter Produktions- und Verkehrssysteme zur Minimierung von Schadstoffemissionen.

Wasserkreisläufe:

- Schutz der Trink- und Grundwasserreservoirs in Landschaftsschutzgebieten,
- Stärkung des natürlichen Wasserkreislaufs,
- Maßnahmen zur Renaturierung belasteter Gewässer,
- Sanierung von Oberflächen und grundwassergefährdenden Installationen im Boden wie im produktiven Sektor,
- Regenwassernutzung im kommunalen, gewerblichen und privaten Bereich,
- sparsamer Umgang mit Trinkwasser durch differenzierte Verwendung von Rein- und Grauwasser,
- Trennung von belastetem und Regenwasser zur Minimierung der Abwassermenge,
- wesentliche Reduktion von Schadstoffeinleitungen in fließende Gewässer durch Optimierung von Klärsystemen und Einsatz von biologischen Reinigungsverfahren,
- Sanierung bestehender Kanal- und Klärsysteme in den Kommunen und Gemeinden.

Abfall:

- Abfallvermeidung,
- Trennung der Wertstoffe in dezentralen Anlagen,
- Verwertung der Abfälle/Werkstoffe und Rückführung in den Produktionskreislauf,
- Optimierung von Abfallverwertungsanlagen durch aktualisierte Filtertechnologien.

Energie:

- Optimierung der Energieversorgung von Haushalten und Produktion, bezogen auf Medien und Energiegewinnung,
- Bevorzugung städtebaulicher Konzeptionen mit günstigen energetischen Kennziffern,
- Ausschöpfung aller Energiesparpotentiale, insbesondere durch Wärmeverlust reduzierende Dämmaßnahmen im Altbaubereich,
- Einsatz erneuerbarer Energien (Sonne, Wind, Wasser).

Umweltgerechtes Bauen

Verkehr:
- Ausbau des öffentlichen, umweltfreundlichen Nahverkehrs auf Kosten des motorisierten Individualverkehrs,
- dezentrale Organisation der städtebaulichen Zusammenhänge und Nutzungsmischung von Arbeit, Wohnen und Handel zur Reduktion des Verkehrsaufkommens insgesamt,
- Ausbau eines attraktiven Rad- und Fußwegenetzes als Alternative zum motorisierten Verkehr,
- Emissions- und Immissionsreduktion im Verkehr durch aktive und passive Maßnahmen.

Hochbau:
- Entwicklung städtebaulicher Konzepte mit optimaler Struktur und Dichte,
- kreislaufgerechtes Bauen mit recycelbaren Materialien,
- energiesparendes Bauen durch aktive und passive Maßnahmen wie Nutzung von Sonnenenergie, Wärmedämmung und Wärmespeicherung,
- intelligente, dynamische Haustechnikanlagen (Heizung, Lüftung, Klima).

Kriterien und Handlungsfelder umweltgerechten Bauens sind hier nur in Ansätzen und Stichworten aufgeführt, sie sind erweiterbar und bedürfen ergänzender Interpretation in Forschung, Praxis und insbesondere verbindlicher Normung.

Wesentlich ist über alle theoretische Grundlagen hinaus der praktische Vollzug, sei es auf gesetzlicher Grundlage oder bereits im Vorgriff, dies im Wissen um die dringende Notwendigkeit aktiver und präventiver Reaktion.

5.5 Baustoffe im Mauerwerksbau

Wie ausgeführt, ist die Wahl der Baustoffe beim ökologischen, umweltgerechten Bauen von besonderer Bedeutung. Bekannt aus längerfristiger Forschung der Baustoffindustrie sind bisher primär das technische Verhalten und die Optimierungsmöglichkeiten der Produkte auf der Baustelle.

Umweltrelevanten Aspekten wird erst seit geraumer Zeit Aufmerksamkeit gewidmet, wobei die Publikationen der Steinhersteller noch immer sparsam aufliegen und vor allem Probleme aufweisen bei der Vergleichbarkeit der Angaben.

Von besonderer Bedeutung sind neben den physikalischen und chemischen Inhaltsstoffen und ihrer technisch-bauphysikalischen Kennwerte (u. a. Rohdichte, Wärmeleitfähigkeit, Primärenergie-Inhalt und Radioaktivität) die Daten der Produktlinienanalyse. Diese deklariert die Aspekte Rohstoffgewinnung, Produktion, Verarbeitung auf der Baustelle, Merkmale der Nutzung, wie z. B. toxikologische Ausdünstungen und Lebensdauer, und nicht zuletzt den Bereich der Bauproduktbeseitigung durch Recycling bei Minimierung der Deponieanteile.

Vorschläge für Produktlinienanalysen, Kriterien der Auswahl, Ökobilanzen und Auszeichnungen z. B. mit dem Öko-Audit liegen vor, nicht zuletzt durch Unterstützung der Europäischen Kommission in Brüssel (siehe EEC 880/92 von 1992).

Die hier im folgenden benannten Werte haben einleitenden Charakter und stehen in Bezug zu ergänzender und detaillierterer Literatur.

5.5.1 Keramische Materialien/Ziegel

Ziegel sind die quantitativ im Mauerwerksbau am häufigsten eingesetzten Materialien. Ihre Basis bilden tonmineralische Grundstoffe aus unterschiedlichen geologischen Formationen wie z. B. vorzeitlichen Ablagerungen, Anwehungen von Löß oder Schwemmtonerden in Seen.

Tonerde Al_2O_3 40–60 Vol.-%;
Quarzsand SiO_2 10–20 Vol.-%;
Kalk $CaCO_3$ 0 – 30 Vol.-%;
Sonstige < 1 Vol.-%.

Als Prorosierungsmitel wird den Grundstoffen bis zu 30 Vol.-% Sägemehl zugegeben. Weitere Ausbrennstoffe sind je nach mineralogischer Zusammensetzung des Ausgangsmaterials und angestrebter Ziegelrohdichte Kohlestaub oder Holzfaserstoffe bei max. 5 Vol.-%.

Die angegebenen Mengen sind Maximalwerte und keinesfalls additiv zu verstehen. Die Porosierungsmittel und Ausbrennstoffe werden beim Ziegelbrand im Tunnelofen umgesetzt. Sie sind im gebrannten Ziegel nicht mehr vorhanden.

Tonerde, chemisch als Aluminiumoxid (Al_2O_3), bildet gemeinsam mit weiteren Oxiden wie insbesondere Calcium, Eisen und Silicium beim Erhitzen kristallartige, winzige Gitterstrukturen, deren Form jeweils vom Anteil der Nebenstoffe abhängt. Beim Erhitzen der Rohstoffe auf 800–1000 °C findet eine Homogenisierung statt, wobei bereits zuvor bei ca. 500 °C organische Bestandteile Kohlendioxid freisetzen, das das Rohstoffgemenge weitet und verantwortlich ist für die Porosierung der Steine; diese kann aus Gründen einer Minimierung der Wärmeleitfähigkeit gesteigert werden durch zusätzliche Ergänzung des Ausgangsprodukts mit z. B. Sägemehl oder Klärschlamm als Recycling-Produkt.

Ab ca. 1100 °C erfolgt eine weitere Verdichtung der Tonerden-Struktur, das Material sintert, was zu einer höheren Festigkeit, besserer Beständigkeit gegen Frost, chemische und mechanische Bean-

A.85

spruchung führt gleichzeitig jedoch auch zu einer Erhöhung der Bruchempfindlichkeit. Insgesamt verursacht der Brennvorgang der Ziegelei eine nicht unerhebliche Problematik im Bereich Abgas und Energieverbrauch, die beide in eine umfassende ökologische Bewertung eingebunden werden müssen.

Rohstoffe und deren Gewinnung:

- Tonerde, insbesondere als Verwitterungsprodukt von Feldspat unter Ergänzung von Glimmer, Quarz, Kalkspat und Aluminiumsilikat neben weiteren Metallen in z. T. minimaler, weit unter den zulässigen Grenzwerten liegender Konsistenz, wie z. B. Blei, Chrom und Vanadium.

  Der Abbau der Tonerde erfolgt im offenen Tagebau in geeigneten Gruben, die später zu rekultivieren sind.

- Lehm in Anreicherung durch Sand, Ton und braunfärbendes Eisenhydroxid bzw. Kalk.

  Die Rohstoffgewinnung entspricht der von Tonerde.

- Sand und Wasser
- Porosierungsstoffe sind heute überwiegend Sägemehle als Abfallprodukte der holzverarbeitenden Industrie; anteilig kommen auch Polystyrole als Produkte aus Erdöl (Etylen, Benzol) zur Anwendung.

Erst langsam zunehmend ist der Einsatz von trennbaren Sonderabfällen wie z. B. Papierschlamm und ölverunreinigten Tonböden als Zuschlagstoffe erkennbar, was bei Einhaltung des Bundesimmissionsschutzgesetzes im Sinne der per gesetzlicher Verordnung geforderten Kreislaufwirtschaft grundsätzlich zu begrüßen ist **(Tafel A.5.7).**

Steinproduktion:

- Die zuvor benannten Inhaltsstoffe werden mechanisch aufbereitet, vermischt, mit Wasser in die gewünschte Konsistenz gebracht, im Strangpress-Verfahren je nach Steintyp modifiziert und in die gewünschten Steinhöhen geschnitten,
- nach Trocknung im Abwärmestrom erfolgt der Brennvorgang, im Tunnelofen bei 800 - 1200 °C; die Abgase (z. T. Schwefelgase) werden im Schornstein gefiltert und abgeführt.

Dabei sind gemäß TA-Luft 1986 z. B. folgende Emissionen in Grenzwerten zulässig:

Fluorverbindungen (HF) 5 mg/m^3 (bei einem Massenstrom von 50g/h)
Schwefeloxide (SO$_2$) 0,5 g/m^3 (bei S-Gehalt < 0,12 %)
1,5 g/m^3 (bei S-Gehalt < 0,12 %, 10 kg/h)
Stickoxide (NO$_2$) 0,5 g/m^3 (bei 5 kg/h)
Chlorverbindungen (HCl) 30 cm g/m^3 (bei 0,3 kg/h)
Benzol 5 mg/m^3 (bei einem Massenstrom von ≥ 25 g/m^3)
Styrol, Toluol, Essigsäure, C1 - C4 Aldehyde 0,1 g/m^3 (> 2 kg/m^3)

Tafel A.5.7 Baustoffkennwerte für Ziegel-Mauersteine

	LHlz 0,7	Hlz 1 1.6
Rohdichte (ϱ) in kg/m^3	700	1600
Wärmeleitfähigkeit (λ) W/mK	0,14–0,30	0,68
Dampfdiffusionswiderstand (μ)	5/10	5/10
Primärenergieinhalt in kWh/m^3 in kWh/Tonne	595 850	1360 850
Radioaktivität (Mittel) in Becquerel/kg Kalium Radium Thorium Summenwert		> 600 60/20 60/15 0,52
Metalle im Rohton (Mittelwerte in mg/kg) Chrom Vanadium Blei Arsen Nickel Zink		133 133 70 36 32 32

Die benannten Schadstoffe werden im Filter des Abgasschornsteins im wesentlichen eliminiert.

Die Emissionen aus dem Brennvorgang liegen unter den Grenzwerten der TA-Luft. Maßnahmen des Umweltschutzes sind ausgerichtet auf minimale Umweltbelastung durch schadstoffarme Abluft und möglichst geringen Energieverbrauch; dies gilt auch hinsichtlich Emissionen aus Schwelgasverbrennung. Die Emissionsminderung wird im wesentlichen erreicht durch:

- Nachverbrennung der Schwelgase,
- Einbau zusätzlicher Filter,

- Wahl von Brennstoffen mit minimierter CO_2-Emission (z. B. Erdgas),
- Verbesserung der Feuerführung durch Computer-Unterstützung.

Liefermaterial wie Holzpaletten sind heute im Regelfall mehrfach einsetzbar, Kunststoffverpackungen werden zurückgenommen und sind im wesentlichen recycelbar.

Verarbeitung auf der Baustelle:

Der Einsatz von Ziegelmaterial in vielfältigen Lieferformen auf der Baustelle ist ökologisch unbedenklich. Lediglich beim Schneiden von Steinen können Belastungen durch Staubemissionen entstehen, das Tragen von Schutzbrille und Mundschutz ist deshalb in extremen Fällen empfehlenswert. Durch Planung gemäß der oktametrischen Maßordnung sowie durch geeignete Schneidwerkzeuge kann dieser Belastung des Maurers wesentlich vorgebeugt werden.

Merkmale der Nutzung:

Die optimale Wärmeleitfähigkeit von bis zu 0,14 W/mK garantiert Wandkonstruktionen, die sogar für Niedrigenergiehäuser unterhalb von k = 0,3 W/m²K geeignet sind – ohne zusätzliche Außendämmung.

Toxikologische Emissionen mit gesundheitsgefährdendem Potential sind nicht benannt, da die Inhaltsstoffe im Nutzungszustand als feste Stoffe gebunden sind (keramische Bindung).

Insbesondere porosierte Ziegelsteine stellen einen bestmöglichen Kompromiß dar in der Relation von Tragfähigkeit, Wärme-/Schallschutz, Wasserdampfdiffusion und Speicherfähigkeit für Energie und Feuchte.

Recycling:

Die Wiederverwertung von Abbruchmaterial nach Trennung und Zerkleinerung wird zunehmend Standard im Bauwesen. Einsatzbereiche liegen dabei neben der Ziegel-Neuproduktion im Tiefbau auch als Schütt- und Zuschlagstoffe bei Putz und Mörtel. In jedem Fall ist eine Deponierung unproblematisch nach Abfallschlüssel Nr. 31409 (LAGA).

5.5.2 Mineralische Baustoffe

Im Gegensatz zu den keramischen Baustoffen, die ihre innere Kohäsion im Brennvorgang erhalten, versteht man unter mineralischen Baustoffen diejenigen, die durch anorganische Bindemittel wie Gips ($CaSO_4$), Kalk in Form von Calciumcarbonat ($CaCO_3$) oder Zement gebunden werden. Die Produktvielfalt ist hier entsprechend größer.

5.5.2.1 Kalksandsteine

Rohstoffe und deren Gewinnung

- Quarzsand nimmt mit 92 % den wesentlichen Materialfaktor ein. Er wird im Tagebau gewonnen gemeinsam mit Kies: 1984 betrug die Produktion der BRD in den alten Bundesländern 270 Mio. Tonnen allein für die Baustoffindustrie.
- Kalkstein gehört mit Mergel und Dolomit zu den Sedimentgesteinen, die im geologischen Zyklus immer wieder neu gebildet werden und somit nahezu unendlich zur Verfügung stehen. Der Kalkanteil im fertigen Steinprodukt nimmt 8 % ein; auch er wird im Tagebau gewonnen.
- Wasser wird benötigt für die hydraulische Reaktion des Kalksteins; es sollte keine Trinkwasserqualität haben, sondern aus dem Grauwasser-Bereich genommen werden.

Tafel A.5.8 Baustoffkennwerte für Kalksandstein

	KS	KSL
Rohdichte (ϱ) in kg/m³	2000	1400
Wärmeleitfähigkeit (λ) in W/mK	1,1	0,7
Dampfdiffusionswiderstand (μ)	15–25	5–10
Primärenergieinhalt PEI in kWh/m³ in kWh/Tonne	435/361 218/190	339/247 242/190
Radioaktivität (Mittel) in Becquerel/kg Kalium Radium Thorium Summenwert	200 < 20 < 0,17 < 0,17	

Steinproduktion:

Unter Wasserzusatz werden Sand und Kalk im Verhältnis 12 : 1 gemischt, der Branntkalk erfährt dabei eine Reaktion und chemische Umwandlung in Kalkhydrat.

Die Steinrohlinge werden in einer Presse geformt und anschließend in einem Autoklaven unter 160 bis 220 °C heißem Dampf gehärtet; dabei wird das Siliciumdioxid des Sandes in lösliche Kieselsäure umgewandelt, die mit Kalkhydrat Bindungen eingeht mit kristalliner Gitterstruktur, die mitverantwortlich ist für die Dichte und Tragfähigkeit.

Ein Brennvorgang ist bei der Steinherstellung nicht erforderlich, weshalb die Primärenergieinhalte gegenüber Ziegelsteinen deutlich günstiger liegen –

Entwurf

dies gilt jedoch nur ohne Berücksichtigung eines gleichwertigen Wärmedurchlaßwiderstandes, der bei Kalksandstein-Konstruktionen nur durch eine zusätzliche Wärmedämmung erreicht werden kann, deren PEI addiert werden müßte **(Tafel A.5.9).**

Tafel A.5.9: Ergebnisse aus der Sachbilanz für Kalksandsteine

Ergebnisse für Rohstoffeinsatz und Energieaufwand zur Produktion von 1000 t KS einschließlich vorgelagerter (Kalkaufbereitung, Zulieferung) und nachgelagerter Stufen (Auslieferung der Produkte) und daraus resultierende Emissionen in Luft, Wasser und Boden
Anmerkung: Als Maßeinheit sind 1000 t KS festgelegt. Das entspricht ca. 333 000 Steinen. Mit dieser Menge können 17 Wohnungen gebaut werden.

a) Eingangsstoffe	insgesamt	davon im KS-Werk
Energie (in Megajoule, MJ) Energieträger insgesamt • davon Öl, Gas, Kohle • Strom	845 032 MJ 773 585 MJ 71 447 MJ	403 856 MJ 369 213 MJ 34 643 MJ
Rohstoffe • Kalk • Sand (erdfeucht) • Zuschlagstoffe (z. B. Steinmehl) • Wasser	85,52 t 947,50 t 33,28 t 224,88 m³	

Betriebsmittel
Betriebsmittel gehen in verschiedenen Arten und Mengen in den Produktionsprozeß ein und sind in der Ökobilanz erfaßt. Je nach Wasserhärte und -qualität werden Hilfsstoffe zur Aufbereitung eingesetzt.

b) Ausgangsstoffe und Emissionen

Produkte	1000 t KS
Emissionen in Luft • Kohlendioxidausstoß davon: KS-Produktion • Stoffe zur Photooxidantienbildung	141,0 t 62,0 t 10,9 t

Ozonzerstörende Stoffe[1], halogenierte Kohlenwasserstoffe und humantoxische bzw. ökotoxische Stoffe konnten nicht oder in quantitativ und qualitativ nur unbedenklichen Mengen[2] nachgewiesen werden.

Emissionen in Wasser	
• Abwasser	83,32 m³
• CSB-Wert des Abwassers	114 mg/l
• sauerstoffzehrende Einträge	0,01 t
Versäuerung	0,58 t
• davon Stickoxide	42 %
• Schwefeldioxid	58 %

Emissionen in Boden
Nahezu alle Abfallmengen können von Dritten recycelt bzw. weiterverwendet werden. Der gewerbliche Restmüllanteil beträgt 0,5 m³.

Zum Vergleich:
Bei der Produktion von 64 t unlegiertem Stahl oder 130 t Flachglas oder 307 t Papier werden ebenfalls 141 t CO_2 freigesetzt.
Der Bedarf an Primärenergie ist aufgrund des KS-Produktionsverfahrens (Dampfhärtung bei 160 bis 220 °C) geringer als in Produktionsprozessen, bei denen hohe Temperaturen notwendig sind.

[1] Gesetz zu der am 25. 11. 1992 in Kopenhagen beschlossenen Änderung des Montrealer Protokolls vom 16. 09. 1987 über Stoffe, die zu einem Abbau der Ozonschicht führen.
[2] Auch aufgrund seiner natürlichen Radioaktivität zählt KS zu den unbedenklichen Baustoffen (vgl. auch Prüfbericht des Boris-Rajewski-Instituts für Biophysik der Universität des Saarlandes 1984, weitere Meßwerte und Überprüfungen von 1987–1990 und 1992).

Quelle: Kalksandstein, Fakten für Ökobilanz

Verarbeitung auf der Baustelle:

Die Steine emittieren keine toxikologisch bedenklichen Stoffe bei der Verarbeitung. Es ist jedoch beim Trennen der Steine auf qualitativ geeignete Schneid-Technologie zu achten. Aufgrund der besonderen Schwere der Steine ist die Wirbelsäule des Maurers besonders belastet; gesundheitlichen Schäden vorbeugend sind hier die produktgängigen Hebewerkzeuge zu empfehlen ebenso wie weitere Hinweise der Bau-Berufsgenossenschaft.

Eine sorgfältige, mauerwerksgerechte Planung im oktametrischen Maßsystem spart Material und erleichtert vorab die präzise Materialbestellung.

Merkmale der Nutzung:

Aufgrund der hohen Wärmeleitfähigkeit sind Außenwände in Kalksandstein nur mehrschalig möglich.

Im eingebauten Zustand ist weder eine ökologische noch eine humantoxikologische Gefährdung gegeben; ungeachtet dessen ist die gegebenenfalls geringfügig mögliche Radioaktivität und Radon-Exhalation zu beachten.

Recycling:

Eine Wiederverwertbarkeit nach Abbruch, Trennung von anderen Schuttbestandteilen und Zerkleinerung im Brecher ist grundsätzlich möglich im Bereich der Kalksandsteinindustrie selbst, wobei das Bruchmaterial der Produktion neuer Steine erneut zugeführt werden kann; im Regelfall jedoch ist ein „Down-Cycling" üblich, das bedeutet, daß das Bruchmaterial nicht hoch-, sondern minderwertig im Tiefbau verwendet wird.

5.5.2.2 Porenbeton

Rohstoffe und deren Gewinnung:

- Wie Kalksandsteine bestehen auch Porenbeton-Steine zum größten Teil aus feinkörnigem, kieselsäurehaltigem Sand mit Ersatz-Zuschlagstoffen aus Flugasche und Hochofenschlacke.
- Entscheidend für die Porenbildung sind Triebmittel aus Metall wie insbesondere 0,05 - 0,5 % Aluminium-Pulver als Recycling-Produkt.
- Wasser ohne Trinkwasserqualität; Gips und Anhydrit als Zusatzmittel.

Tafel A.5.10 Baustoffkennwerte für Porenbetonsteine

	PB 2-0,30 (0,35)	PB 6-0,70 (0,80)
Rohdichte (ϱ) in kg/m^3	350	700
Wärmeleitfähigkeit (λ) in W/mK	0,11	0,18
Dampfdiffusionswiderstand (μ)	5-10	5-10
Primärenergieinhalt PEI in kWh/m^3 in kWh/Tonne	460 1500	720 900
Radioaktivität (Mittel) in Becquerel/kg Kalium Radium Thorium Summenwert		200 < 20 < 20 < 0,17

Steinproduktion:

Der Sand aus möglichst nahegelegenen Gruben wird mehlfein gemahlen und mit Kalk, 5-10 % Portlandzement sowie bei YTONG mit 0,05-0,1 % Aluminium-Pulver vermengt. Die chemische Zusammensetzung besteht dann insgesamt aus Kieselsäure, Calciumoxid und Aluminiumoxid. Das verwendete Wasser ist im Regelfall aufbereitetes Grauwasser ohne Trinkqualität. Durch die Reaktion des Aluminium-Pulvers entsteht Wasserstoffgas, das mit kleinen, gleichmäßig verteilten Poren die Masse auftreibt. Nach dem Abbinden werden die halbfesten Rohblöcke zugeschnitten und in Autoklaven bei ca. 200 °C mit Wasserdampf gehärtet. Der Dampf verdrängt das Wasserstoffgas vollständig, so daß sich nach dem Trocknen in den Poren nur noch wärmedämmende Luft befindet. Die gehärteten Steine werden abschließend im Werk auf Mehrwegpaletten gesetzt und mit Schrumpffolie aus recycelbarem Kunststoff gegen Regen geschützt **(Tafel A.5.11)**.

Tafel A.5.11 Produktion von YTONG-Steinen

- Zuleitung von Wasser
- Mischung der Rohstoffe (Quarzsand, Kalk, Zement, Aluminium-Pulver)
- Gießen der Rohstoffmischung
- Gärprozeß im Gießofen
- Ausschalen des „Kuchens"
- Besäumen und Profilieren
- Horizontales/vertikales Sägen
- Chargieren des „Kuchens"
- Dampfhärtung im Autoklaven
- Trennung des gehärteten „Kuchens"
- Palettierung
- Folienverpackung

Quelle: YTONG, Öko Daten 2/96

Verarbeitung auf der Baustelle:

Bei der Verarbeitung von Porenbetonsteinen werden keinerlei Stäube oder Fasern freigesetzt, die als gesundheitsgefährdend gelten können. Beim Sägen mit geeigneten Trennmaschinen gelten die Sicherheitsvorkehrungen gegen Staubinhalation wie bei allen anderen Mauersteinen. Porenbetonsteine sind aufgrund ihres niedrigen spezifischen Gewichtes relativ leicht, was jedoch in der Regel durch entsprechend größerformatige Bauteile kompensiert wird. Insofern gelten auch hier die Richtlinien der Bau-Berufsgenossenschaft zur Vorbeugung von Gesundheitsschäden durch zu schweres und nichtergonomisches Heben.

Merkmale der Nutzung:

Aufgrund der extrem niedrigen Wärmeleitfähigkeit von bis zu 0,11 W/mK sind einschalige Wandkonstruktionen die Regel ohne zusätzliche Dämmaßnahmen; die PEI-Werte liegen nicht zuletzt deshalb im günstigen Bereich.

Belastungen der Raumluft sind nicht bekannt, es sei denn durch eine fungizide Imprägnierung des Porenbetons gegen Schimmelbildung. In diesem Fall sind die Angaben des Produktherstellers unbedingt zu beachten.

Die natürliche radioaktive Strahlung, die allen mineralischen Baustoffen gemeinsam ist, liegt weit unter dem zulässigen Grenzwert von 1,0 Becquerel/kg. Gleiches gilt für das radioaktive, kurzlebige Radon, das beim Zerfall der natürlichen radioaktiven Strahlung entsteht und mit ca. 40 Bq/m^3 in einem normalen Einfamilienhaus deutlich unter dem von der Strahlenschutzkommission festgelegten Grenzwert von 250 Bq/m^3 liegt.

Recycling:

Sortenreinen Porenbeton von der Baustelle nehmen die Steinhersteller zunehmend direkt zurück zur Wiederverwendung in der Produktion, ebenso die Transportpaletten und Schrumpffolien.

Der Abbruch in konventionellen Verfahren mit sorgfältiger Trennung der Baustoffe ist möglich und zunehmend üblich. Die Porenbetonsteine werden zermahlen zu Granulat von 0-2 mm Korngröße zur Wiederverwendung als Ölbindemittel, Hygienestreu, Klärschlammkonditionsmittel, Wärmedämmschüttung etc., nicht zuletzt als Kalksand-Ersatz für die Herstellung von Kalksand- und neuen Porenbetonsteinen.

Aufgrund der geringen Schadstoffanteile im Eluat kann Porenbeton (nach Anhang B der TA Siedlungsabfall) in Deponieklasse I gelagert werden. Die größten Recyclinganteile gehen nach Down-Cycling in den Tiefbau zur Erstellung von z. B. Straßentrassen und Lärmschutzwänden.

5.5.2.3 Bims-Leichtbetonsteine

Rohstoffe und deren Gewinnung

- Naturbims wird aus Gruben im Tagebau gewonnen. Zur Herstellung von Naturbims-Produkten wird neben dem natürlichen Rohstoff Naturbims Zement nach DIN 1164 oder bauaufsichtlich zugelassener Zement verwendet. Gewinnungsort von Naturbims ist das Koblenz-Neuwieder Becken. Es ist das einzige Vorkommen auf dem europäischen Festlandsockel.

- Vor Abbau des Rohstoffs Naturbims wird der Mutterboden für die spätere Rekultivierung grubennah sichergestellt. Nach dem Abbau wird die Grube landschaftsgerecht planiert, der Mutterboden wieder aufgebracht und das Gelände gemäß früherer Nutzung rekultiviert.

- Grundstoffaufbereitung:
  Zement 10 - 20 % (je nach Rohdichte- und Festigkeitsklasse)
  Naturbims, Schaumlava
  natürliche abgestufte Körnung in Korngrößen von 0-16 mm zu 80 - 90 %.

Steinproduktion:

Bindemittel und Naturbims werden im jeweiligen Mischungsverhältnis sorgfältig gemischt. Für die Formgebung werden Stahlformen eingesetzt. Sorgfältige Verdichtung und Nachbehandlung sichern die Qualität der Naturbims-Produkte. Die Steinform wird über einen Füllkasten beschickt. Auflast und Vibration verdichten die Mischung so, daß nach Abheben der Form ein frischer, fertiggeformter Stein auf dem Produktionsbrett steht. Der Primärenergiebedarf für die Herstellung von Naturbims-Produkten einschließlich der Rohstoffgewinnung und des Rohstofftransports (ohne Primärenergiebedarf für den Zementanteil) liegt je nach Produktionslage bei rund 80 MJ/t. Sämtliche Produktionsvorgänge laufen mit elektrischer Energie. Schadhafte, nicht zur Auslieferung geeignete Steine werden in einem Steinbrecher zerkleinert und im Recycling-Verfahren zur Leichtbetonproduktion anderer Bestimmung verarbeitet.

Merkmale der Nutzung:

Bims ist chemisch neutral. Der Anteil abschlämmbarer Bestandteile mit einer Korngröße < 0,063 mm liegt bei ca. 3 bis 8 Gew.-%. Der Anteil wasserlöslicher Salze liegt bei < 0,1 Gew.-%. Aufgrund vollständiger wasserfester Bindung der Inhaltsstoffe sind Emissionen von Lösungen oder Emulsionen nicht möglich. Gefährdungen für Wasser, Luft und Boden können nicht entstehen.

Alle mineralischen Grundstoffe enthalten geringe Mengen an Stoffen, die natürlich radioaktiv sind, z. B. bestimmte Isotope von Radium und Thorium. Ionisierende Strahlung kann bei aus Naturvorkommen gewonnenen mineralischen Stoffen eine Erhöhung der natürlichen Belastung im ungelüfteten Gebäude bewirken. Dies gilt insbesondere bei Inhalation radioaktiver Edelgase (Radon). Unter dem Aspekt „gesundes Wohnen" soll diese Belastung auf ein unbedenkliches Maß eingeschränkt werden. Der Gehalt an Radium-226 und Thorium-232 darf insgesamt 260 Bq/kg (7nCi/kg) nicht überschreiten. Der Gehalt sowohl an Radium-226 als auch an Thorium 232 (bzw. Thorium-228) darf jeweils einzeln 130 Bq/kg (3,5 nCi/kg) nicht überschreiten.

Recycling:

Im Werk werden beschädigte Steine zerkleinert und wieder der Produktion zugeführt. Nicht mit Gipsputzen behaftete Mauerwerksreste aus Abbrüchen werden zerkleinert und als Material für Hinterfüllungen, Überschüttungen und Bodenverfestigungen eingesetzt.

5.5.2.4 Mauersteine aus Beton (Normalbeton)

Rohstoffe und deren Gewinnung:

- Mauersteine aus haufwerksporigem oder gefügedichtem Beton werden hergestellt aus mineralischen Zuschlägen und hydraulischen Bindemitteln.

Für die Produktion von z. B. KANN-Fassadenbausteinen werden überwiegend Edelsplitte verwendet. Es handelt sich dabei um gebrochene, farbige Natursteinkörnung und entsprechend farbige Sande. Die Zuschlagstoffe werden im Tagebau gewonnen, zur Herstellung werden Zemente nach DIN 1164 verwendet.

- Zement: ca. 12–20 %
- Quarzsand 0/2: ca. 25–40 %
- Edelsplitt 2/5: ca. 60–75 %

Die Zugabe von anorganischen Farbstoffen nach DIN 53 237 ist nur zulässig, soweit die Eigenschaften der Steine nicht ungünstig beeinflußt werden.

- Je nach Bedarf können bei Vormauersteinen wasserabweisende Zusatzstoffe beigegeben werden.

- Als Transportmittel werden LKW mit Hänger verwendet; die Materialanfuhr findet nach Bedarf statt, in Silos werden die Ausgangsprodukte zwischengelagert.

Steinproduktion:

Die Zuschlagstoffe und Bindemittel werden in dem jeweiligen Verhältnis sorgfältig gemischt. Für die Formgebung werden speziell gehärtete Stahlformen eingesetzt. Diese Formen werden über einen Füllkasten beschickt. Auflastung und Vibration verdichten die Mischung so, daß nach Abheben der Form ein frischer, fertig geformter Stein auf dem Produktionsbrett steht. Der Primärenergiebedarf für die Herstellung einschließlich der Rohstoffgewinnung und des Rohstofftransports (ohne Primärenergiebedarf für den Zementanteil) liegt bei ca. 80 kJ/t.

Die Produktionsvorgänge laufen im Regelfall mit elektrischer Energie, so daß Schadstoffemissionen aus dem Produktionsvorgang nahezu ausgeschlossen sind.

Schadhafte, nicht zur Auslieferung geeignete Steine werden in einem Steinbrecher zerkleinert und im Recyclingverfahren zu Kernbeton anderer Bestimmung verarbeitet.

Die ausgehärteten Steine werden abschließend im Werk auf Mehrwegpaletten gesetzt und mit Schrumpffolie aus recycelbarem Kunststoff gegen Regen geschützt.

Verarbeitung auf der Baustelle:

Bei der Verarbeitung von Betonsteinen werden keinerlei Stäube oder Fasern freigesetzt, die als gesundheitsgefährdend gelten können.

Beim Sägen mit geeigneten Trennmaschinen gelten die Sicherheitsvorkehrungen gegen Staubinhalation wie bei allen anderen Mauersteinen. Betonsteine sind aufgrund ihres hohen spezifischen Gewichts relativ schwer, was jedoch in der Regel durch entsprechend kleinerformatige Bauteile kompensiert wird. In jedem Fall gelten auch hier die Richtlinien der Bau-Berufsgenossenschaft zur Vorbeugung von Gesundheitsschäden durch zu schweres und nichtergonomisches Heben.

Merkmale der Nutzung:

Aufgrund der hohen Wärmeleitfähigkeit von ca. 2,1 W/mK sind mehrschalige Wandkonstruktionen die Regel mit zusätzlichen Dämmaßnahmen.

Die natürliche radioaktive Strahlung, die allen mineralischen Baustoffen gemeinsam ist, liegt mit ca. 0,21 weit unter dem zulässigen Grenzwert von 1,0 Becquerel/kg. Siehe hierzu auch A.5.5.2.5.

Recycling:

Sortenreine Betonsteine von der Baustelle nehmen die Steinhersteller zunehmend direkt zurück zur Wiederverwendung in der Produktion, in jedem Fall aber die Transportpaletten und Schrumpffolien.

Der Abbruch in konventionellen Verfahren mit sorgfältiger Trennung der Baustoffe ist möglich und zunehmend üblich. Die Betonsteine werden zermahlen zu Granulat in Korngrößen je nach Wiederverwendung.

Aufgrund der geringen Schadstoffanteile im Eluat können Betonsteine (nach Anhang B der TA Siedlungsabfall) in Deponieklasse I gelagert werden. Die größten Recyclinganteile gehen nach Down-Cycling in den Tiefbau zur Erstellung von z. B. Straßentrassen und Lärmschutzwänden.

5.5.2.5 Beton und Mörtel

Rohstoffe und deren Gewinnung:

Grundlage jeder Beton- und Mörtelherstellung ist Zement. Am häufigsten kommen dabei zum Einsatz Portlandzemente, deren Rohdichtebasis analog der von Klinkern ist – ergänzt durch Gips bzw. Anhydrit. Der Energiebedarf in der Herstellung liegt bei ca. 1120 kWh/Tonne.

- Zuschlagstoffe für Normalbeton und Mörtel sind darüber hinaus Sand, Kies, bei Leicht-Produkten zusätzlich Bims, Lava oder Blähperlit beziehungsweise Blähton.

- Neben Wasser können insbesondere Betonzusatzmittel beigegeben werden, die die chemische Konsistenz und damit die Baustoffeigenschaften wesentlich verändern (z. B. Dichtungsmittel wie Calciumstearat, Verzögerer wie

Sacharrosen, Gluconate und Phosphate oder Beschleuniger wie Silikate, Aluminium und Carbonate).

- In der Zementindustrie kommen insbesondere Kalkmergel (75–95 % $CaCO_3$) und Mergel (40 bis 75 %) zur Verwendung, die im offenen Tagebau gewonnen werden.

Tafel A.5.12 Baustoffkennwerte Beton/Mörtel

	Beton	Zementmörtel
Rohdichte (ϱ) in kg/m^3	2300	2000
Wärmeleitfähigkeit (λ) in W/mK	2,1	1,4
Dampfdiffusions- widerstand (μ)	70–150	15–35
Primärenergieinhalt PEI in kWh/m^3 in kWh/Tonne	450 195	ca. 500 ca. 220
Radioaktivität (Mittel) in Becquerel/kg Kalium Radium Thorium Summenwert		370 < 20 < 20 < 0,21

Produktion:

Beton und Mörtel sind Gemenge von Bindemitteln wie Zement, Baukalk, Mauerbinder und Zuschlagstoffen wie Sand, Traß, Gesteinsmehl und evtl. weiteren Additiven unter Zugabe von Wasser. Das Mischungsverhältnis von Bindemitteln und Zuschlagstoffen kann sich bei Mörtel zwischen 1:3 und 1:8 bewegen. Zuschlagstoffen aus dem Recycling ist Vorzug zu geben unter der Voraussetzung, daß sie schadstoffarm sind. Bei den mineralischen Bindern aus ökologischer Sicht Kalkbinder, REA-Gips bzw. Naturgips oder Anhydrit zu bevorzugen, bei den leichten Zuschlagstoffen insbesondere naturnahe Materialien wie Lava, Bims oder Perlite.

Verarbeitung auf der Baustelle:

Insbesondere Zement kann für die Gesundheit des Verarbeiters auf der Baustelle ein Gefahrenpotential darstellen, dies gilt insbesondere im dermatologisch-allergischen Bereich. So kann das wasserlösliche Chromat im Portland-Zement bei einem Gehalt über 2 ppm die sogenannte „Maurer-Krätze" auslösen; bei Kontakt mit der Bindehaut der Augen sind diese gründlich mit Wasser auszuspülen, gegebenenfalls ist ein Arzt zu konsultieren.

Merkmale der Nutzung:

Beton im Bereich der Außenwand erfordert aufgrund des niedrigen Wärmedurchlaßwiderstandes eine zusätzliche Dämmung. Das Speichervermögen ebenso wie das Schalldämmpotential sind aufgrund der hohen Rohdichte überdurchschnittlich gut, wobei die geringe Wasserdampfabsorption für das Raumklima negativ zu Buche schlägt.

Toxikologische Ausdünstungen können bei entsprechenden chemischen Zusatzmitteln auftreten.

Recycling:

Die Zerkleinerung von Beton und Trennung von Betonstahl in entsprechenden Brechern und Überbandmagneten ist energie- und kostenintensiv, wird jedoch angesichts hoher Kosten in der ungetrennten Entsorgung zunehmend Stand der Technik.

Das zerkleinerte Material findet überwiegend Anwendung im Tiefbau, jedoch auch als Zuschlag bei neuer Beton- bzw. Betonsteinherstellung. Nach Forschungen des zentralen Baustofflabors der Ph. Holzmann AG nimmt die Festigkeitsentwicklung bei Verwendung von 100 % Recycling-Betonsplitt von 60 N/mm^2 bei einem Vergleichsbeton auf 50 N/mm^2 ab; derartige Forschungsergebnisse erweitern die Einsatzmöglichkeiten des Recycling-Materials über die bisherigen Bereiche hinaus – dies ist besonders wichtig im Hinblick auf die Betonabbruchmengen von 0,3 Tonnen pro Einwohner im Jahr 1990 sowie die prognostizierte Entwicklung von bis zu 0,7 Tonnen pro Einwohner im Jahr 2000 [Rahlwes-91].

5.6 Resümee

Der Ehrgeiz heutiger Architekten darf sich nicht weiter in der Entwicklung neuer Formensprachen erschöpfen. Gebrauchswert, Komfort und Ökologie zwingen zu einer anderen, interdiziplinären Entwurfsmethodik; diese steht immer noch in der eigentlichen Tradition der Moderne: Form und Funktion, technisch-ingenieurhafte Zweckmäßigkeit in minimiertem Aufwand an Energie und Material bei einem Maximum an Leistung. Dies setzt ein Wissen voraus um Natur und Technik, Materialkunde und Baukonstruktion.

Unter diesen Prämissen und Kenntnissen wird Architektur nicht mit technischen Apparaten ausgestattete Hülle, sondern ökologisches Klimagerät an sich. Den Gegensatz beider Konzeptionen verdeutlichte bereits 1967 Reyner Banham in einem Vergleich zwischen einem Motor- und einem Segelboot: „Mit einem Außenbordmotor läßt sich praktisch jedes schwimmende Objekt in ein steuerba-

Umweltgerechtes Bauen

res Schiff verwandeln. Ein kleines, konzentriertes Maschinenpaket verwandelt ein undifferenziertes Gebilde in einen Gegenstand mit Funktion und Zweck." Im Gegensatz dazu kommt ein Segelschiff ohne Motor aus, da es selbst wie eine Maschine konstruiert ist: der Rumpf hat einen minimalen Strömungswiderstand, das Segel nutzt den Wind optimal aus und ist anpaßbar an verschiedenste Windverhältnisse. Teil des Systems sind dabei die Passagiere, die mit ihrem Gewicht das Boot in der Balance, im Gleichgewicht halten.

Diesem Bild liegt die Idee einer analogen Architektur in übergeordneter Funktionalität zugrunde, die nicht mit additiven Maßnahmen auf unterschiedliche und insbesondere ökologische Anforderungen reagiert, sondern mit ganzheitlichen Konzeptionen. Umweltgerechtes Bauen ist dann mehr als die Summe aller Einzelkomponenten, mehr als energiesparendes, solares, biologisches Bauen – umweltgerechtes Bauen ist dann eine intelligente Technologie nach dem Vorbild und im Einklang mit der Natur.

Entwurf

Abb. A.1

Aktuelle Beiträge

Ziegelpoesie: Mies van der Rohe Villa in Berlin-Hohenschönhausen

„Architektur beginnt, wenn zwei Backsteine sorgfältig zusammengesetzt werden." (Mies van der Rohe)

Es ist der einzige der Miesschen Bungalows in Berlin, welcher nahezu originalgetreu erhalten ist: der Ziegelflachbau auf dem malerischen Seegrundstück in Berlin – Hohenschönhausen. Das „Landhaus Lemke" ist zudem das letzte Einfamilienhaus, welches Mies van der Rohe vor seiner Emigration (1934) in die USA baute. Der unscheinbare Ziegel-Bungalow gehört zu den weniger bekannten Bauten aus seinem Schaffenswerk. Das Gebäude wird spätestens Anfang 2002 wieder der Öffentlichkeit zugänglich gemacht, wenn die Rückbaumaßnahmen abgeschlossen sein werden.

Der Bauherr Karl Lemke, Geschäftsführer einer Berliner Druckerei und Besitzer einer Graphischen Kunstanstalt, hatte 1930 das idyllische Seegrundstück in Berlin – Hohenschönhausen in der Oberseestraße 60 erworben. Im Februar 1932 erhielt Mies van der Rohe den Auftrag zum Entwurf und Bau des kleinen Einfamilienhauses. Der Bau fällt somit bereits in die Zeit der Schließung des Bauhauses in Dessau 1932 und in Berlin 1933.

Mies van der Rohe hatte zuvor schon für andere Kunstsammler Einfamilienhäuser gebaut. Im Nachlaß von Karl und Martha Lemke finden sich neben Exponaten aus der Brücke – Gruppe vor allem deutsche und holländische Bilder aus dem 16. Jahrhundert, welche in die Sammlung der Gemäldegalerie eingegangen sind. Lemke, der als kultiviert und aufgeschlossen galt, engagierte sich sehr als Bauherr und forderte Mies van der Rohe sehr viele Entwurfsvarianten und stetige Änderungen ab.

Um die streng limitierten Kosten von 22 000 RM einzuhalten, wurde die ursprünglich gewünschte Zweigeschossigkeit aufgegeben. Sie einigten sich auf einen eingeschossigen winkelförmigen Ziegelbau, der sich zur Straße abschirmt und mit seiner Gartenterrasse ganz zum See und dem Südwesten

Abb. A.2

Entwurf

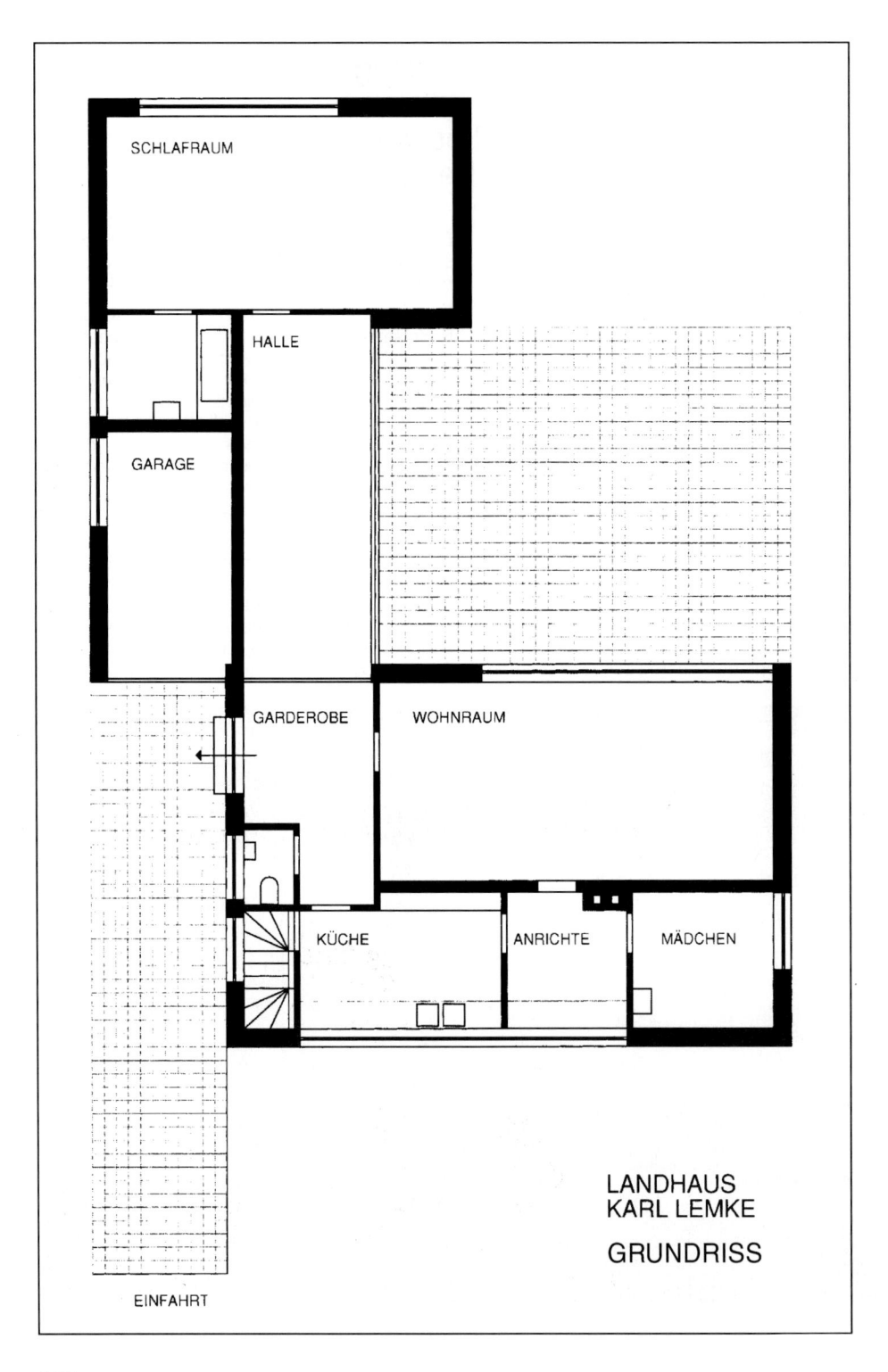

SCHLAFRAUM

HALLE

GARAGE

GARDEROBE

WOHNRAUM

KÜCHE

ANRICHTE

MÄDCHEN

EINFAHRT

LANDHAUS
KARL LEMKE

GRUNDRISS

A.96

Ziegelpoesie

öffnet. Die Bauzeit des einfachen Hauses konnte auf ein halbes Jahr reduziert werden. Die tragenden Ziegelwände bestehen aus zwei Schalen mit schmaler Luftschicht: Die Außenschale aus Torfbrandklinker stellt somit lediglich eine Blendschale dar.

Der Wohnraum, das Arbeitszimmer, Schlafzimmer, Küche, Anrichte, Mädchenzimmer, Bad und integrierte Garage ergeben zusammen 160 qm Wohnfläche. Dadurch, daß das Gebäude in die nordwestliche Grundstücksecke unmittelbar an die Straße gebaut wird, kann sich der großzügige Garten nach Plänen der Gartenarchitekten Hammerbacher/Mattern/Förster frei entfalten. (s. **Abb. A.5**)

Architektur und Natur gehen an diesem Ort eine wundervolle Symbiose ein. Der Garten ist von allen Wohn- und Aufenthaltsräumen des Bungalows erlebbar. (s. **Abb. A.2**) Ein Walnußbaum spendet Schatten auf der rückwärtigen Gartenterrasse des Hauses. Der Winkelbau wurde regelrecht um diesen Baum herumgebaut. Die Plattenbeläge der Außenflächen sind aus Speckstein gefertigt, der mit dem rustikalen Gelb-Rot des Torfbrandziegels der Hauswände harmoniert.

Das verträumt romantische Grundstück beherbergte ursprünglich einmal ein öffentliches Gartenlokal. Es hat unmittelbaren Zugang zum Obersee, welcher inmitten einer Siedlung aus gründerzeitlichem Wohnungsbau und meist mehrgeschossiger städtischer Villenbebauung liegt. Lemkes bescheidene Villa fällt mit Flachdach, Eingeschossigkeit, der geschlossenen Straßenseite und dem kräftigen Ziegelrot seiner Außenmauern stark aus der Umgebung heraus. Da Mies das Landhaus ganz aus der Gartensituation und dem einfachen Grundrißtypus „Winkelhaus" entwickelte, wirkt das Gebäude trotz der gänzlich neuen Architektursprache selbst in dieser Umgebung durch seine Bescheidenheit und Zurückhaltung sehr selbstverständlich und unpretentiös. Haus und Gartenanlage sind vollkommen in die Parklandschaft des Obersees eingebettet.

Der Ziegelbau wirkt zur Straßenseite eher verschlossen, sodaß sich die Kostbarkeit der Situation vielen Besuchern deshalb erst erschließt, wenn sie, im Wohnraum und „Halle" (Arbeitszimmer) des Hauses stehend, die Transparenz des Hauses und den Garten zugleich erleben. (s. **Abb. A.3**)

Die Innenseiten der beiden Gebäudeflügel sind raumhoch mit feinprofilierten Stahlglas-Türen versehen und über den Terrassenhof hinweg visuell verbunden, so daß Innen und Außen zu verschmelzen scheinen. (s. **Abb. A.1**)

Dieses Merkmal der Mieschen Bungalowbauten entwickelte Mies van der Rohe zum ersten Mal 1924 bei seiner Studie zu einem Landhaus aus

Abb. A.3

Entwurf

Abb. A.4

Backstein. Dieser Entwurf bestand nur aus freistehenden Ziegelscheiben. Der Lemke-Entwurf trägt eher die kubisch begrenzte Ausprägung der bekannten Backstein-Frühwerke eines Haus Lange bzw. Haus Esters, welche Mies 1928 für seine Krefelder Bauherren entworfen hatte. Die Qualität seiner Backsteinbauten und feinsinnige Reduktion auf das Elementare, ob scheibenhaft oder kubisch, eröffnen bei Mies den Sinn für Klarheit und Proportion.

Im Museum of Modern Art, New York, fand sich im Nachlaß des Architekten ein umfangreicher Briefwechsel zwischen Bauherrn und Architekt. Skizzen und Varianten zu unterschiedlichsten Grundrißlösungen entstammen dem Bauhausarchiv. Die abgebildete Grundrißlösung zeigt den Originalzustand von 1932. Die intensive Recherchearbeit durch die Leiterin der Galerie war sehr erschwert, weil das Gebäude – nach dem Kriege mehrfach völlig umgebaut – teilweise regelrecht verschandelt wurde.

So wurde das Haus 1945 durch die russische Militäradministration requiriert und als Lager und Garage mißbraucht. Garten und Haus verwahrlosten, die Terrassenfenster wurden sogar kurzerhand vermauert und der Eingangsbereich (s. **Abb. A.4**) abgebrochen. 1962 übernahm die Staatssicherheit der DDR das Haus und nutzte es wechselweise als Wohnraum für Mitarbeiter der Staatssicherheit, später auch als Waschhaus bzw. als Verpflegungsstützpunkt für die umliegenden Gästehäuser des MfS. So finden sich aus dieser Periode auch zahlreiche Umbauten und „Überformungen" im Inneren, wodurch die Offenheit und Großzügigkeit des Ursprungsentwurfes sehr leiden mußte. 1977 wurde das Haus Lemke vom Ostberliner Magistrat unter Denkmalschutz gestellt. Aber auch der Versuch eines denkmalpflegerisch ambitionierten Bauingenieurs von 1983, zumindest die Fassaden denkmalpflegerisch zu sanieren, scheiterte durch die unzureichenden Mittel.

Im Archiv des Kunstgewerbemuseums bzw. des Bauhauses fanden sich Innenfotos aus den 30er Jahren, welche die Originalmöbel aus den 30er Jahren abbilden, die Mies vermutlich mit Lilly Reich zusammen entworfen hatte. Das Kunstgewerbemuseum Berlin erhielt diese Möbel 1984 aus dem Nachlaß Martha Lemkes, so daß sich bedauerlicherweise heute auch keine Originalmöblierung mehr in dem Objekt befindet.

Mit der Wende übernahm das Bezirksamt Hohenschönhausen 1990 das Anwesen und öffnete das Baudenkmal für die Öffentlichkeit. Als erste Notmaßnahme wurde Anfang der 90er Jahre der Garten von den Parkplätzen befreit und damit wieder erlebbar.

Das ehemalige Haus Lemke wurde in „Mies van der Rohe Haus" umgetauft und wird heute als öffentliche Galerie genutzt. Mit zahlreichen Wechselausstellungen seit 1990 ist das „Mies van der Rohe-

Ziegelpoesie

Haus" inzwischen einer breiteren Öffentlichkeit bekannt und im Kulturleben der Stadt verankert.

Das örtliche Denkmalamt Hohenschönhausen wird das Haus in einer eineinhalbjährigen Bauzeit bis zum Jahr 2002 weitestgehend in seinen Ursprungszustand von 1932 „zurückbauen". Unterstützung erhält es dabei von einem privaten Förderkreis mit prominenten Vertretern aus Kunst und Kultur.

Die originalgetreue Rekonstruktion des Hauses wird sowohl die Miesschen Entwurfsabsichten verdeutlichen als auch die öffentliche, kulturelle Funktion des Hauses herausstellen. Durch die Öffnung des Hauses als Museum für anspruchsvolle zeitgenössische Ausstellungen erhält Berlin neben Mies' Nationalgalerie ein weiteres originäres Denkmal seiner Baukunst.

Dipl. Ing. Helmuth Caesar

Abb. A.5

Entwurf

Moderne Bauten in Natursteinmauerwerk; Alternativen zur vorgehängten Fassade

1. Einleitung

Der Begriff Mauerwerk impliziert von seinen geschichtlichen Anfängen an erst sekundär den Verbund von Stein und Mörtel, erst sekundär in der Essenz den ungebrannten und gebrannten Ziegel als künstliches Steinmaterial. Am Anfang steht der natürliche Stein, der Naturstein – gefunden vor Ort, ausgewählt und geschichtet zu frühen monolithischen Konstruktionen, mörtellos, in kultivierterer Form grob behauen, später scharfkantig gesägt mit speziell entwickeltem Werkzeug, in Hochkulturen fugengenau mit ungeheurer Präzision gefügt.

Abb. A.6.2.1 Gordes Les Bories, Südfrankreich.

Abb. A.6.2.2 Pyramide des Chephren, Giseh; 4. Dynastie; um 2550 v. Chr.

Wandkonstruktionen, wie in Gordes, Südfrankreich, mögen in ihrer Zeitlosigkeit hierfür Beleg sein (Abb. A 6.2.1), herausragende Beispiele in höchster Blüte die Bauten Ägyptens, mehr als 2000 Jahre v. Chr., wie z. B. die Cheopspyramide in Giseh (Abb. A 6.2.2) – geradezu Inbegriff des monolithischen Mauerwerks.

Das Mauerwerk aus Naturstein hat konstruktive und bauphysikalische Funktionen, es trägt, umhüllt, schützt vor Regen und Wind in Wandstärken, die sich an der Dimension des Gebäudes und seiner Innenräume orientieren auf der Basis jahrhunderte alter Tradition und Empirie.

Dem steht diametral gegenüber die heutige Praxis: Naturstein ist teuer geworden, im Material an sich als auch in der Verarbeitung. Das edel und kostbar empfundene und entsprechend repräsentativ eingesetzte Material wird sparsam in dünne Platten geschnitten von 3–4 cm Dicke. Damit geht seine Tragfähigkeit verloren im ursprünglichen Sinne und es kann nur noch aufgehängt werden. Mit offenen Fugen zwischen den Plattenrändern und einer 2–4 cm starken Luftschicht entsteht vor einer wärmegedämmten, unsichtbaren Tragkonstruktion – im Regelfall aus Stahlbeton – keine Naturstein-Mauer mehr, sondern eine leichte Schale, ein curtain wall.

Edelstahlanker höchster Güte in V 4a, verdübelt und verklebt im Naturstein, übernehmen die Lastübertragung der überwiegend Zug- und Biegekräfte in die tragende Konstruktion. (Abb. A. 6.2.3)

In Normen sind alle denkbaren Anwendungsformen geregelt und für die Praxis freigegeben:

DIN 18 516 regelt die Ausführung von vorgehängten, hinterlüfteten Außenwandbekleidungen im Detail.

DIN 18 515 bezieht sich auf angemörtelte Außenwandbekleidungen, die jedoch wegen ihrer ungünstigen bauphysikalischen Bedingungen nicht mehr eingesetzt werden sollten.

DIN 1053 bezieht sich auf die Ausführung tragender und nicht tragender Außenwände und hier auch auf solche im Material Naturwerkstein (DIN 1053 Teil 1.12):

Es gilt hier die allgemeine Feststellung, wonach Natursteine für Mauerwerk nur aus gesundem Gestein gewonnen werden dürfen. Ungeschützt dem Witterungswechsel ausgesetztes Mauerwerk muß ausreichend witterungswiderstandsfähig gegen diese Einflüsse sein.

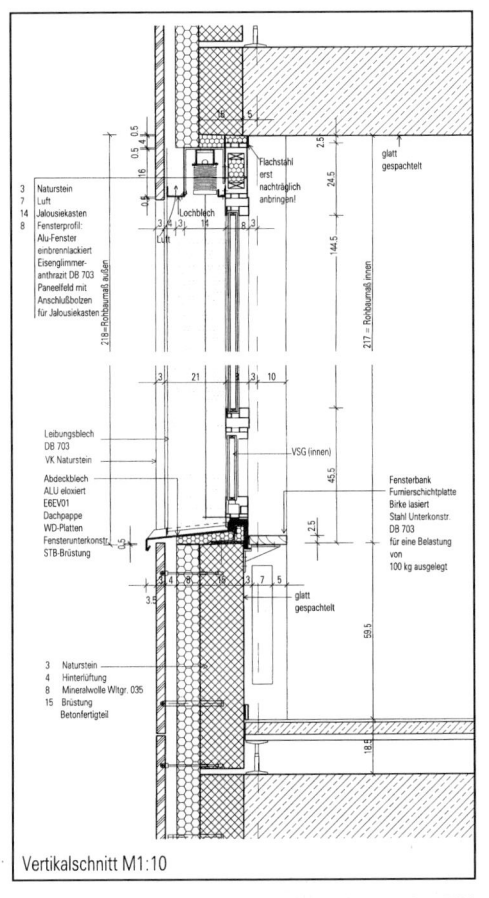

Moderne Bauten in Natursteinmauerwerk

d) die Dicke (Tiefe) der Binder etwa das 1,5-fache der Schichthöhe, mindestens aber 300 mm betragen soll,

e) die Dicke (Tiefe) der Läufer etwa gleich der Schichthöhe ist,

f) die Überdeckung der Stoßfugen bei Schichtenmauerwerk mindesten 100 mm und bei Quadermauerwerk mindestens 150 mm betragen muß und

g) an den Ecken die größten Steine (ggfls. in Höhe von zwei Schichten) eingebaut werden.

Vertikalschnitt M1:10

Abb. A.6.2.3 Moderne Vorhangfassade nach DIN; Technologiezentrum München, Weickenmeier, Kunz + Partner.

Geschichtete (lagerhafte) Steine sind im Bauwerk so zu verwenden, daß es ihrer natürlichen Schichtung entspricht. Die Lagerfugen sollen rechtwinklig zum Kräfteangriff liegen. Die Steinlängen sollen das vier- bis fünffache der Steinhöhen nicht über- und die Steinhöhe nicht unterschreiten.

Zum Verband bei reinem Natursteinmauerwerk gelten die allgemeinen Forderungen, daß

a) an der Vorder- und Rückfläche nirgends mehr als drei Fugen zusammenstoßen dürfen,

b) keine Stoßfuge durch mehr als zwei Schichten durchgehen darf,

c) auf zwei Läufer mindestens ein Binder kommt oder Binder- und Läuferschichten miteinander abwechseln,

Trockenmauerwerk 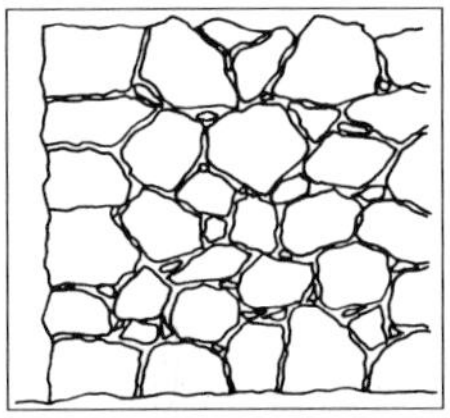   Zyklopenmauerwerk

Bruchsteinmauerwerk    Hammerrechtes Schichtenmauerwerk

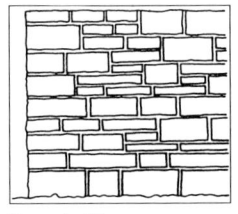

Unregelmäßiges Schichtenmauerwerk

Abb. A.6.2.4 Natursteinmauerwerk nach DIN 1053 Teil 1 (12.2.2)

Die Normung von Natursteinmauerwerk in DIN 1053 Teil 1 **(Abb. A.6.2.4)** wird in aller Sorgfalt ausgeführt für

– Trockenmauerwerk
– Zyklopenmauerwerk und Bruchsteinmauerwerk
– Hammerrechtes Schichtenmauerwerk
– unregelmäßiges Schichtenmauerwerk

- regelmäßiges Schichtenmauerwerk
- Quadermauerwerk
- Verblendmauerwerk (Mischmauerwerk).

Es werden Mindestdruckfestigkeiten der Gesteinsarten und Anhaltswerte zur Güteklasseneinstufung gegeben sowie Spannungsnachweise bei zentrischer und exzentrischer Druckbeanspruchung.

Dies täuscht darüber hinweg, daß die Ausführung von Natursteinmauerwerk im aktuellen Baugeschehen nicht nach diesen Regeln in monolithischer Fügung erfolgt, sondern ausschließlich als hinterlüftete, nichttragende Außenwandkonstruktion wie eingangs beschrieben.

Die Folge sind Erscheinungsformen, die sich weit von den eingangs benannten Beispielen des Monolithischen entfernen und die dünne Platte, wenn nicht gar das Natursteinfurnier gedankenlos einsetzen, nur zum Teil intellektuell thematisieren.

Dabei gilt die Diskussion der Material- und Werkgerechtigkeit, die für das Bauen mit Sichtmauerwerk geführt wird, ohne Abstriche auch für das Bauen mit Naturstein. Offene Fugen, dünne Kanten an den Ecken und Fensterlaibungen verraten die Leichtigkeit der Konstruktion und stehen diametral entgegen dem ursprünglichen Erscheinungsbild des Natursteines, der als der Inbegriff der Dauerhaftigkeit gilt.

Für viele Architekten und ihre Bauherren entsteht hieraus kein gestalterisches Problem: die Lösungen sind DIN – gerecht, im Regelfall mängelfrei und gewährleistungssicher.

Vielfach zeigt sich dennoch ein Unbehagen, das nach Ausdruck sucht, nach Artikulation dessen, was wirklich abläuft in der konstruktiven Fügung von Naturstein und Tragkonstruktion.

2. Auf der Suche nach neuen Lösungen

Lösungen werden gesucht im Vermörteln der Fugen, im Versetzen der Natursteinplatten im Verband, im Ausbilden von aus massiven Blöcken geschnittenen Eck- und Laibungssteinen. Sie verstärken den Ausdruck der Massivität, verstärken letztlich aber auch die Diskrepanz zwischen Form und Konstruktion.

Lösungen werden ebenfalls gesucht unter Akzeptanz der nichttragenden Steinplatte in einer stärkeren Strukturierung der Oberfläche mit Scharierungen, plastisch ausgearbeiteten Gesimsen an architektonisch besonders betonten Elementen **(Abb. A.6.2.5)**, in der Ebenenschichtung der Platten **(Abb. A.6.2.6)** – soweit die Problematik nicht schlichtweg ironisiert **(Abb. A.6.2.7)** oder aber der Naturstein als curtain wall wie Glas in die Rahmenkonstruktion einer Fassade integriert wird.

Abb. A.6.2.5
Natursteinplatten und massive Gesimsprofile im Wechsel.

Abb. A.6.2.6 Relief geschichteter Natursteinplatten; Architekt H.Kollhoff, Berlin.

Parallel zu dieser Entwicklung bestehen Bemühungen um ein neues Verständnis für das Bauen mit Naturstein, das dem Material mehr gerecht zu werden sucht, dies nicht zuletzt zusätzlich motiviert durch den ökologisch orientierten Wunsch nach verstärktem Einsatz natürlicher, recyclebarer Materialien erhöhter Nachhaltigkeit.

Das größte Defizit beim Bauen mit Naturstein besteht zweifelsfrei darin. daß er aufgrund seiner dünnen Plattenform nur Vorhang ist, nicht-tragend – in extremem Gegensatz zur Erscheinungsform, die Dicke und Tragfähigkeit signalisiert.

Moderne Bauten in Natursteinmauerwerk

Abb. A.6.2.7 Ironie von Stein und Platte: Staatsgalerie Stuttgart; Architekt J. Stirling.

Abb. A.6.2.10 Dialektik von Druck- und Biegebeanspruchung, Stein und Holz.

Abb. A.6.2.8 Weinlager in Vauvert; Perraudin Architectes, Gesamtanlage.

Abb. A.6.2.9 Archaische Tragstruktur aus gesägten Natursteinquadern.

Immer wieder erregen deshalb Bauten Aufsehen, die sich diesem Dilemma zu entziehen suchen mit Konstruktionen, die wieder die Tragfunktion des Natursteines heranziehen in Übereinstimmung von Form und Konstruktion.

Ein extremes Beispiel einer allerdings auch zugegebenermaßen wenig komplexen Bauaufgabe zeigt das Weinlager in Vauvert, Frankreich, der Architekten Peraudin Architectes, Vauvert.

Tragfähigkeit und Speichermasse werden eingesetzt im mediterranen Klima der Camargue in massiven Außenwänden aus 52 cm starken, bis zu 2,5 t schweren Kalksteinblöcken, die trocken aufeinander geschichtet sind.

Durch eine extrem geringe Bauzeit wurden die hohen Materialkosten des Steines kompensiert, ebenso wie durch die einfache Struktur des archaischen Gebäudes (Abb. A.6.2.8–11).

Ein weiteres, extremes Beispiel für tragendes Natursteinmauerwerk bildet die Kirche St. Thomas von Aquin in Berlin-Mitte der Architekten Höger Hare.

Sie verarbeiteten Granit, Silvestre und Juramarmor in 60 × 50 cm großen, mit 4,5 cm extrem dünnen, in der lagernden Verarbeitung gleichwohl tragenden Steinplatten (Abb. 6.2.12–13).

Es entstand ein längsrechteckiger, neun Meter hoher Raum, dessen Außenwände lediglich bis zu einer Höhe von vier Meter einen 20 cm dicken Betonkern aufnehmen, der aus statischen Gründen für die Abstützung der umlaufenden Pergola notwendig ist. Das Mauerwerk ist um diesen Beton-

A.103

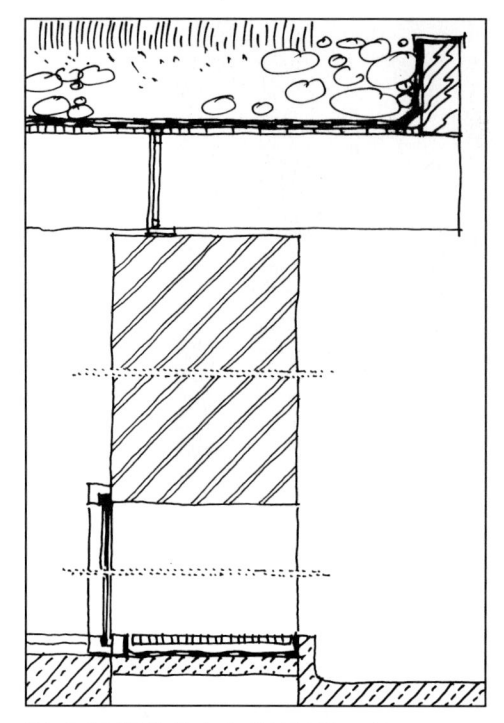

Abb. A.6.2.11 Vertikalschnitt M 1:200, verkl.

Abb. A.6.2.13 Sakrale Transzendenz mit den Materialien Stein und Glas in Innenraum und Außenhaut

Abb. A.6.2.12 Natursteinmauerwerk mit Glas in lagernden Platten; Kirche St. Thomas v. Aquin, Berlin, Architekten Höger Hare.

Abb. A.6.2.14 Stein und Wasser: Thermalbad in Vals, Schweiz; Architekt P. Zumthor, Aussenansicht mit Landschaft.

kern massiv geschichtet und vermörtelt, analog der darüberliegenden Wand.

In zunehmender Höhe wurden in die Natursteinwand mit ebenfalls 4,5 cm Dicke insgesamt 2000 Glasbauplatten eingefügt, die das Licht in den natursteinernen Körper einfließen lassen und die Außenwand transzendent immatrialisieren. Die Natursteinplatten haben sichtbar und unmittelbar anschaulich tragende Funktion.

Es entsteht eine außerordentliche Atmosphäre, die aus der Dialektik der tragenden, schützenden Massivität der Natursteinwand und deren transluzenter Auflösung zur Decke hin lebt.

Die horizontale Proportion der Einzelplatten verstärkt diesen Ausdruck umso mehr.

Einen ähnlichen Raumeindruck durch ähnlich proportionierte Natursteinwände im Inneren wie im Äußeren erzeugt Peter Zumthor im Thermalbad in Vals, Schweiz (1990–1996). **(Abb. A.6.2.14–18)**

Moderne Bauten in Natursteinmauerwerk

Abb. A.6.2.15 Homogenität der Natursteinwände innen wie außen.

Abb. A.6.2.17 2–6 cm hohe Natursteinplatten in 20–25 cm Tiefe bilden Tragwerk und Oberfläche.

Abb. A.6.2.16 Sägerauhe Steinwände wachsen unmittelbar aus den Wasserbassins.

Sägerauhe, z. T. gestockte Steinplatten mit 3–7 cm Höhe sind hier in den Wänden im Innen- und Außenbereich, nur z. T. im Verbund mit einem tragenden Kern in Beton vermauert.

Das Thermalbad in den Alpen verwächst mit der unmittelbaren Umgebung, aus der auch der Naturstein gebrochen ist. Die Erscheinungsform der Mauerwerkswände ist identisch mit ihrer Konstruktion, die Massivität des Natursteines erhält Tragfunktion.

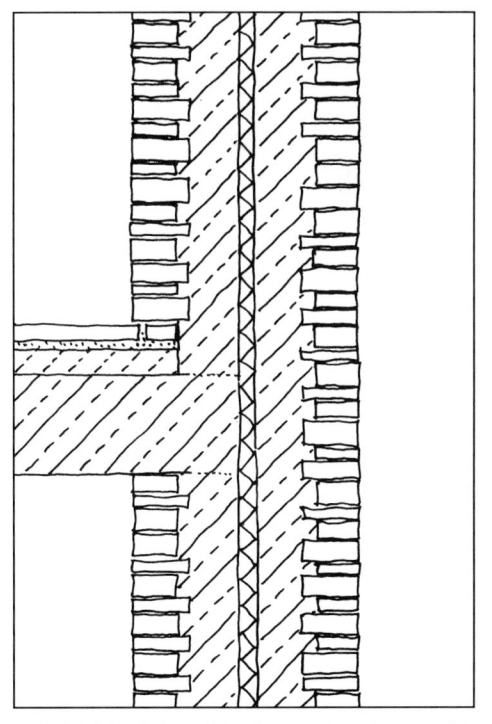

Abb. A.6.2.18 Schnitt Wandkonstruktion im sog. Blumenbad.

A.105

Dieser Baukomplex des Architekten Zumthor stellt in gestalterischer Hinsicht eines der bedeutendsten Beispiele zeitgenössischen Bauens mit Naturstein dar. Leider sind in den bekannten Publikationen die Lösungen der bauphysikalischen Probleme mit Leichtbeton, thermischen Trennungen und feuchteresistenten Wärmedämmungen nur bedingt nachvollziehbar. Eindeutig ablesbar und damit glaubwürdig im Erscheinungsbild der Konstruktion ist lediglich, daß der verwendete Naturstein in der Vormauerschale über alle Geschosse tragend eingesetzt ist, dies ohne Hinterlüftung, ohne Dehnungsfugen und bis dato ohne Bauschäden – was insbesondere angesichts der extremen Temperaturdifferenzen in dieser klimatischen Region und der zusätzlich hohen Raumfeuchte des Thermalbades erstaunt.

Ohne Hinterlüftung mit einer selbsttragenden, wenngleich nur geschoßhohen Natursteinfassade wurden auch die Gemeindebauten in Intragna, Schweiz des Architekten Raffaele Cavadini, Locarno geplant und errichtet. **(Abb. A.6.2.19–21)**

Abb. 6.2.20 Die liegenden Proportionen des Gebäudes werden im Natursteinmauerwerk noch verstärkt.

Abb. 6.2.21 Materialgerechte Öffnungen: schmale, hohe Fenster mit Sturz in Stein, große Öffnungen mit biegesteifem Sturz in Beton.

Abb. A.6.2.19 Rathaus in Intragna, Schweiz; Architekt R.Cavadini; Einheit von Tradition und Moderne, Natur und Architektur.

Intragna im Tessin ist weit bekannt durch den hier gebrochenen Granit, der das Erscheinungsbild vieler Dörfer dieses Raumes von der Außenwand bis zu den Dächern hin bestimmt.

Das Gemeindehaus Cavadinis lebt von der bruchrauh strukturierten Oberfläche des Granit in Verbindung mit der scharfkantigen, technoiden Präzision des Sichtbetons im Sockelbereich sowie im horizontalen Band vor der Deckenstirn.

Wie in DIN 1053 Teil1.12.2.8., Mischmauerwerk, beschrieben, ist das Verblendmauerwerk gemeinsam mit der inneren Schale aus Ziegelmauerwerk in 150 mm Dicke zum tragenden Querschnitt gerechnet.

Dies ist möglich aufgrund der engen Verbindung beider Schalen durch statisch nachgewiesene Edelstahlanker, die die Wärmedämmung in notwendigem Abstand durchdringen.

Zur Verbesserung der Fugendichtigkeit ist das Natursteinmauerwerk mit Zementmörtel hinterfüllt und zusätzlich mit einem verzinkten Armierungsgitter konstruktiv stabilisiert.

Die Steine aus Gneis weisen Größen auf von 200–500/100–170/100–250 mm, sie sind sorgfältig ausgewählt, paßgenau geschichtet und mit nur geringen Mörtelfugen statisch im Verband der Wand optimiert. **(Abb. A.2.6.22)**

Moderne Bauten in Natursteinmauerwerk

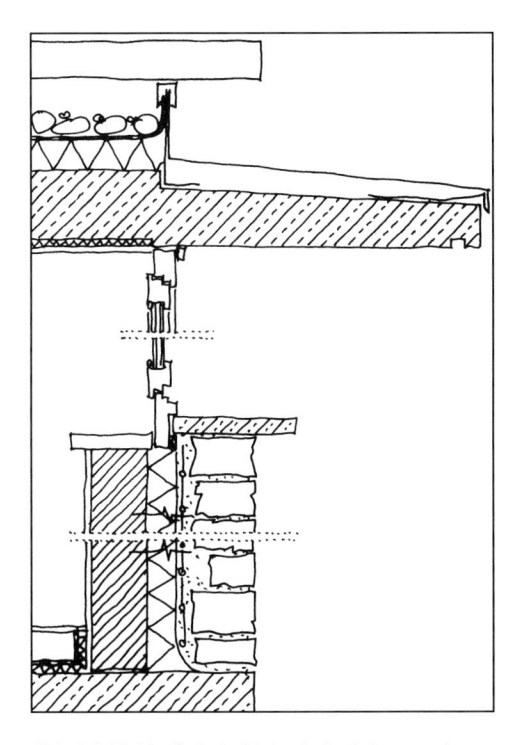

Abb. 6.2.22 Vertikalschnitt durch die Außenwand.

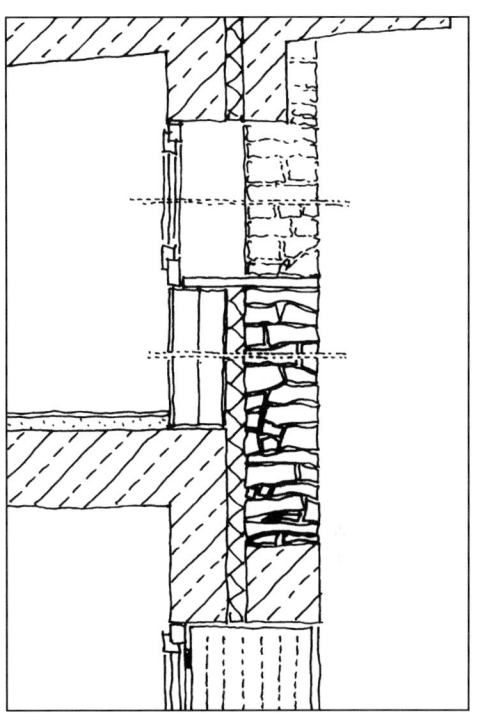

Abb. 6.2.24 Horizontalschnitt durch die Außenwand.

Abb. 6.2.23 Steinernes Haus in Tavole, Ligurien; Architekten Herzog & de Meuron. Mörtelfreies Bruchsteinmauerwerk in Betonskelett.

Abb. 6.2.25 Casa Rius-Fina, Bolvir, Spanien; Architekt F. R. Camps. Traditionelles, regional geprägtes Natursteinmauerwerk.

Das steinerne Haus in Tavoli, Ligurien, der Architekten Herzog & de Meuron zeigt die gesamte Konstruktion als tragendes, räumliches Skelett mit Ausfachung im Bruchsteinmauerwerk (**Abb. A.6.2.23–24**).

Das äußere Erscheinungsbild ist in größtmöglicher Logik gefügt: konzentrierte Lastabtragung in filigranem Stahlbeton-Skelett mit sichtbaren Geschoßdecken und weit auskragendem Dach stehen in spannendem Kontrast zum lagerhaft geschichteten, nur auf Druck beanspruchbarem Mauerwerk aus bruchrauhen Naturstein-Findlingen der unmittelbaren Umgebung. Diese logische Systematik gilt auch für die Öffnungen, die jeweils Unterkante Deckenstirn angeordnet sind, so daß

A.107

im Mauerwerk der Außenwand kein Sturz ausgebildet und damit keine Beanspruchung auf Biegung übernommen werden muß.

Das Mauerwerk ist trocken aufgeschichtet in handwerklich ausgezeichnetem Verband, scharfkantig an den Ecken und paßgenau zwischen die Betonkonstruktion gefügt.

Im Gegensatz zu den vorher benannten Beispielen ist hier die Außenwand jedoch hinterlüftet mit der nahezu DIN-gerechten Möglichkeit einer Ableitung von eingedrungener Feuchte; vor der inneren Wandschale aus ebenfalls nicht-tragendem Leichtziegelmauerwerk ist eine feuchteresistente Wärmedämmung aufgebracht, die Oberflächen der Innenwände sind mit einem konventionellen Gipsputz geglättet.

Der eingeschossige Bau der Casrius-Fina der Architekten Bollvier & Gerona in Spanien, 1988–1999, wagt dem gegenüber die reine Außenwandkonstruktion in Bruchsteinmauerwerk, vermörtelt im Bereich der Wohnräume, trocken geschichtet in der Verlängerung der Innenwand in die Gartenmauern des Außenraumes (Abb. 6.2.23–26).

Abb. 6.2.26 Extrem gesteigerter Kontrast von rauhem Stein und feiner Holzvertäfelung im Innenraum.

Innenraum. Das Natursteinmauerwerk steht in hartem Kontrast zu diesen Vertäfelungen und evoziert eine Atmosphäre archaischer Härte gegenüber zeitgenössischer Wohnlichkeit des Materiales Holz.

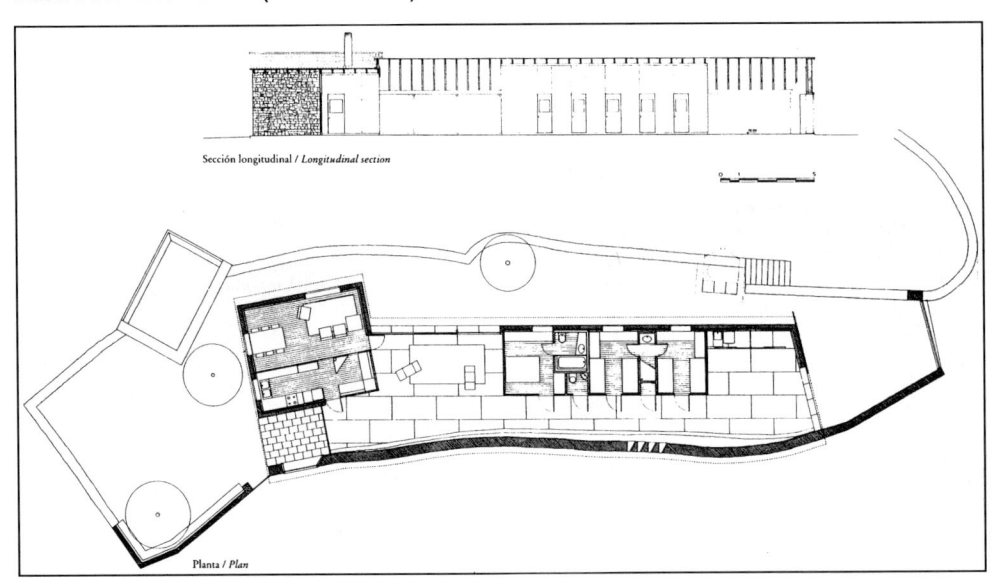

Abb. 6.2.27 Grundriß Erdgeschoß und Längsschnitt.

In den großvolumigen Räumen Flur und Wohnraum verbleibt das Mauerwerk sichtbar, kann Feuchtigkeit ausdiffundieren – was umso wichtiger ist, als der Naturstein des Rückgrades, der Leitwand anteilig unmittelbar aus anstehendem Felsen wächst. In den kleineren Individualräumen erhält das Mauerwerk eine innenseitige, feuchte-resistente Wärmedämmung mit 8 cm Stärke, davor eine hinterlüftete Holzverschalung als sichtbare Oberfläche im

Daß die Verwendung von Bruchsteinmauerwerk nicht nur dem Einfamilienhausbau – oder gar nur dem Ferienhaus vorbehalten ist, zeigt das Pass- und Zollkontrollgebäude an der Regenbogenbrücke bei den Niagarafällen, USA. (Abb. A.6.2.29).

Der Architekt H. Hardy verwendete den extrem rustikal wirkenden „Bluestone", ein Sandstein, der in der unmittelbaren Umgebung gebrochen wird. Er ist als selbsttragende Schale vor die Stahlbeton-

Moderne Bauten in Natursteinmauerwerk

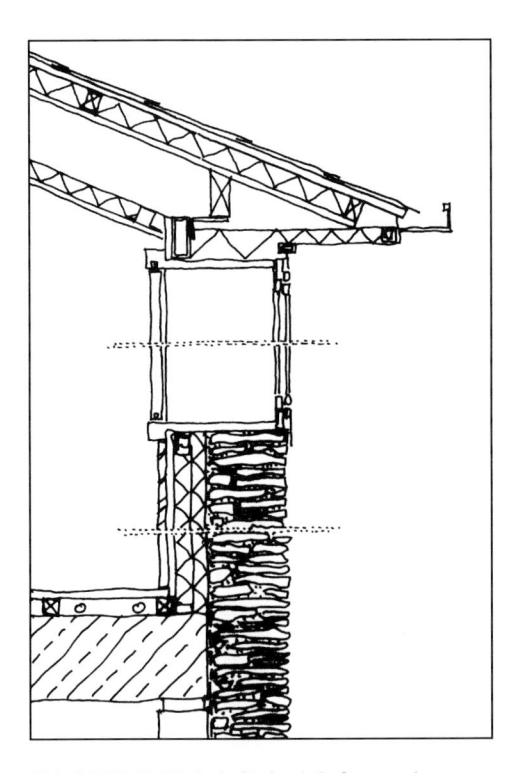

Abb. 6.2.28 Vertikalschnitt durch Außenwand.

Abb. 6.2.29 Paß- und Zollkontrollstation an der Regenbogenbrücke über die Niagarafälle, USA; Architekt H. Hardy.

Konstruktion des Gebäudes gestellt, hinterlüftet und mit der notwendigen Wärmedämmung.

Abb. 6.2.30 Bodegas Dominus, Yountville, Kalifornien (USA); Architekten Herzog & de Meuron.

Abb. A.6.2.31 Großflächige Öffnungen, konstruktiv sichtbar überbrückt in Stahl.

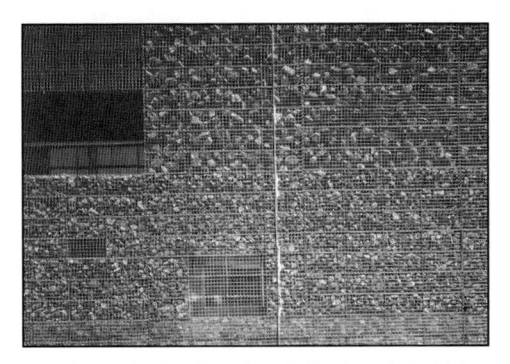

Abb. A.6.2.32 Je näher dem Erdboden, desto kleiner die Steine und dichter die Packung.

Der gestalterische Reiz erhöht sich hier dadurch, daß Naturstein nur bei den am Boden lagernden Gebäuden Verwendung findet; die mehrgeschossige, geschwungene Brückenkonstruktion ist demgegenüber leicht in Glas und Metall ausgeführt.

Entwurf

Abb. A.6.2.33 Tragwerk in Stahl, Hülle in Naturstein, transluzent gepackt in Drahtkörbe.

Abb. A.6.2.35 Volksbank in Schönaich; Architekten Kaag und Schwarz.

Abb. A.6.2.36 Vormauerschale in Gauinger Travertin, 11.5 cm aufgemauert mit flächenbündig gesetzten Aluminium-Fenstern.

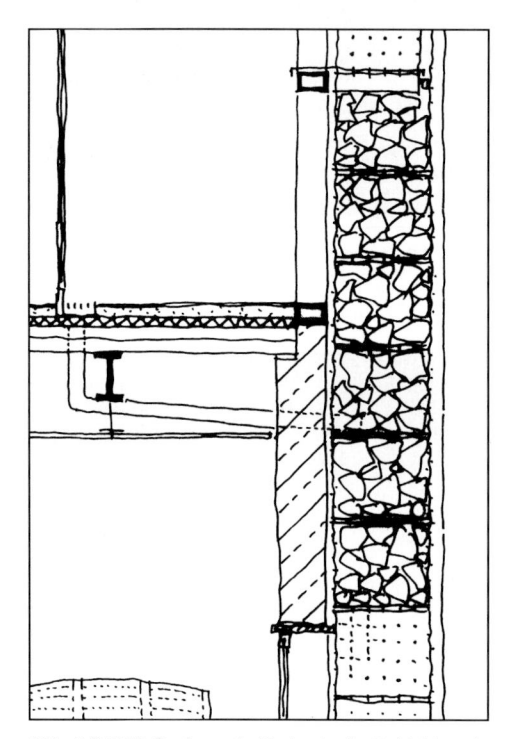

Abb. A.6.2.34 Systemschnitt durch die Schichten der Außenwand.

Ein extremes Beispiel materialgerechten Bauens mit Naturstein zeigt die Bodegas Dominus in Yountville, Kalifornien, von Herzog & de Meuron aus den Jahren 1995–98 **(Abb. A.6.2.30–34)**.

Ein Stahlskelett bildet die tragende Konstruktion, Glas die unmittelbare Außenwand.

Davor geschichtet in großen Drahtkörben, wie sie bis dato nur aus dem Straßenbau bekannt waren, sind grobe Natursteinblöcke unterschiedlicher Größe mit unterschiedlicher Dichte und in Folge davon wiederum unterschiedlicher optischer Durchlässigkeit.

Sie integrieren das Gebäude ruhig in die Landschaft der Weinberge und deren Mauern; sie spen-

Abb. A.6.2.37 Gauinger Travertin auch im Innenraum; Türelement mit Stichbogen zur statischen Entlastung des Steinsturzes.

den Schatten tagsüber und wärmende Speichermasse in der Nacht.

Die Drahtkörbe ersetzen den Mörtel und stellen einen losen, gleichwohl druckfesten Verband der Natursteine her. Regelöffnungen im Wandgefüge sind meist vermieden: die großen Fensterbänder liegen auf den Mauerkörben und sind in der oberen Horizontalen durch die Dachkonstruktion in Stahl und Trapezblech abgeschlossen.

Wenn man den Ausgangspunkt der Diskussion, die vorgehängte, dünne Platte in Naturstein bedenkt, sind derartige Konstruktionen kreative Versuche, das Material Naturstein für die moderne, zeitgemäße Architektur neu zu definieren. Ziel ist dabei eine Anwendungsform, die an der Tradition von Tragwerk und Außenhaut anknüpft, wenngleich in möglichst großer Annäherung an den Stand der Technik, wie er in den DIN-Normen und hier insbesondere in DIN 1053 Teil 1 (8.4.3.3) beschrieben ist als Zweischalige Konstruktion mit Luftschicht und Wärmedämmung. Damit erhält im Weiteren die vorgehängte Schale realiter Tragfunktion, wird Vormauerschale wie wir es bei Sichtmauerwerk kennen. Die Materialkosten des Natursteines spielen hier eine gewichtige Rolle, aber auch der ersparte Aufwand gegenüber der aufwändigen Befestigung der traditionellen Platten an V4a Ankern, Halfenschienen und vorgebohrten, mit Haftmaterial geschlossenen Ankerlöchern in Stein und Rohbau.

Ein ausgezeichnetes Beispiel in diesem Sinne bildet der Erweiterungsbau einer Bank in Schönaich der Architekten Karg und Schwarz. (**Abb. A.6.2.35–38**)

www.hebel.de

0,20 Std.
für 1m² Mauerwerk.

Hebel Porenbeton

Der Hebel Jumbo® bringt's: Leicht und schnell versetzt im 2-Mann-Team mit Minikran. Bei jedem m² Wand Zeit gespart.
Bau mit System. Fordern Sie mehr Informationen über die Hebel Jumbo® Familie an.

hebel

Info-Telefon: 01 80/5 23 56 65 (0,48 DM/min) · Hebel ServiceCenter · Daimlerstraße 2 · 76316 Malsch · info@hebel.de

B BAUSTOFFE

Dr.-Ing. Peter Schubert (Abschnitte 1–5)
Dipl.-Ing. Alexander Reichel (Abschnitt 6)
Dr.-Ing. Norbert Weickenmeier (Abschnitt 7)

1 Mauersteine ... B.3

2 Mauermörtel ... B.12

3 Putz ... B.16

4 Mauerwerk ... B.21

4.1 Der Baustoff Mauerwerk ... B.21
4.2 Druckfestigkeit ... B.21
4.3 Zug-, Biegefestigkeit ... B.25
4.4 Schubfestigkeit ... B.26
4.5 Sicherheitskonzeption ... B.26

5 Bewehrtes Mauerwerk ... B.27

5.1 Allgemeines ... B.27
5.2 Konstruktive Bewehrung zur Rißbreitenbeschränkung ... B.32

6 Mauersteine aus Recyclingmaterial ... B.34

6.1 Überblick ... B.34
6.2 Kreislaufwirtschaftsgesetz und Notwendigkeit ... B.34
6.3 Naturstein ... B.35
6.4 Hüttensteine ... B.36
6.5 Betonsteine ... B.36
6.6 Ziegel ... B.38
6.7 Kalksandsteine ... B.40
6.8 Recyclinggerechtes Konstruieren und Stoffkreislauf ... B.43

7 Aktueller Beitrag

Ein Überblick über wichtige historische Baustoffe: Der Betonstein B.46

1	Einleitung	B.46
2	Calx et arenatum: opus caementitium im römischen Reich	B.47
3	Betontechnologie im 18. und 19. Jahrhundert	B.49
4	Die Reife der Betontechnologie am Anfang des 20. Jahrhunderts	B.55
5	Zur Entwicklung des Betonsteines im 19. Jahrhundert	B.57
6	Hohle Bausteine aus Beton in Material, Produktion und Baukonstruktion	B.64
7	Die dreissiger Jahre des 20. Jahrhunderts bis zur DIN 18151	B.77

B BAUSTOFFE

1 Mauersteine

Für Mauerwerk aus künstlich hergestellten Mauersteinen werden hauptsächlich folgende vier Mauersteinarten verwendet:

- Mauerziegel
- Kalksandsteine
- Porenbetonsteine sowie
- Leichtbeton- und Betonsteine.

Angaben zur Herstellung der Mauersteine, deren wesentlichen Eigenschaften und ihre Bedeutung für die Mauerwerkseigenschaften finden sich in [Schneider/Schubert – 96].

Grundsätzlich zu unterscheiden sind genormte Mauersteine und Mauersteine, die aufgrund einer allgemeinen bauaufsichtlichen Zulassung verwendet werden dürfen. Je nach dem Anwendungsbereich für das Mauerwerk sind die Mauersteine hinsichtlich unterschiedlicher Eigenschaften – z. B. Druckfestigkeit, Wärmedämmung, Schalldämmung, Witterungswiderstand, Ästhetik – optimiert. Mauersteine mit hoher Druckfestigkeit weisen eine vergleichsweise hohe Steinrohdichte auf. Dagegen ist die Steinrohdichte von besonders wärmedämmenden Steinen niedrig. Für hohen Schallschutz sind im allgemeinen Mauersteine mit hoher Rohdichte günstig. Mauersteine, die für Sichtmauerwerk verwendet werden und damit direkt der Witterung ausgesetzt sind, müssen vor allem einen ausreichend hohen Frostwiderstand aufweisen.

Die Vielfalt an Mauersteinen mit sehr unterschiedlichen Eigenschaften ermöglicht die Auswahl des für den jeweiligen Anwendungsbereich geeignetsten Mauersteines.

In den **Tafeln B.1.1** bis **B.1.9** sind folgende wesentliche Angaben zu den Mauersteinen zusammengestellt:

Tafel B.1.1 Steinarten und zugehörige Normen

DIN	Letzte Ausgabe	Titel
		Mauerziegel
105-1	08.89	Vollziegel und Hochlochziegel
105-2	08.89	Leichthochlochziegel
105-3	05.84	Hochfeste Ziegel und hochfeste Klinker
105-4	05.84	Keramikklinker
105-5	05.84	Leichtlanglochziegel und Leichtlangloch-Ziegelplatten
		Kalksandsteine
106-1	09.80	Vollsteine, Lochsteine, Blocksteine und Hohlblocksteine
106-2	11.80	Vormauersteine und Verblender
		Porenbetonsteine
4165	11.96	Porenbeton-Blocksteine und Porenbeton-Plansteine
4166	12.86	Porenbeton-Bauplatten und Porenbeton-Planbauplatten
		Leichtbetonsteine
18 151	09.87	Hohlblöcke aus Leichtbeton
18 152	04.87	Vollsteine und Vollblöcke aus Leichtbeton
		Betonsteine
18 153	09.89	Mauersteine aus Beton (Normalbeton)
		Hüttensteine
398	06.76	Vollsteine, Lochsteine, Hohlblocksteine

Zusätzlich wurden verschiedene Normen bzw. Normteile durch Änderungen A1 . . . ergänzt.

Baustoffe

- Steinarten und zugehörige Normen (Tafel B.1.1),
- Kurzbezeichnungen der Mauersteine (Tafel B.1.2),
- Format-Kurzzeichen (Tafel B.1.3),
- Rohdichte- und Festigkeitsklassen (Tafeln B.1.4 und B.1.5),
- Bereiche der Maße, der Formate, der Rohdichte- und Festigkeitsklassen nach den Normen (Tafel B.1.6),
- häufig verwendete Rohdichte- und Festigkeitsklassen der verschiedenen Mauersteine (Tafeln B.1.7 und B.1.8) und
- Verhältniswerte Zugfestigkeit/Druckfestigkeit für die verschiedenen Mauersteinarten (Tafel B.1.9).

Tafel B.1.2 Kurzbezeichnungen

Kurzzeichen	Bedeutung
Mauerziegel (DIN 105)	
Mz	Vollziegel
HLz	Hochlochziegel, Leichthochlochziegel
VMz	Vormauer-Vollziegel
VHLz	Vormauer-Hochlochziegel, -Leichthochlochziegel
KMz	Vollklinker
KHLz	Hochlochklinker
HLzT	Mauertafelziegel, -leichtziegel
KK	Keramik-Vollklinker
KHK	Keramik-Hochlochklinker
Kalksandsteine (DIN 106)	
KS	Voll- und Blocksteine
KS L	Loch- und Hohlblocksteine
KSVm	KS-Vormauersteine
KSVb	KS-Verblender
KSVm L	KS-Vormauersteine als Loch- und Hohlblocksteine
KSVb L	KS-Verblender
Porenbetonsteine (DIN 4165)	
PB	Porenbeton-Blocksteine
PP	Porenbeton-Plansteine
Leichtbetonsteine (DIN 18 151, 18 152)	
Hbl	Hohlblöcke aus Leichtbeton (Vorsatz Kammerzahl, z. B. 3 K Hbl)
V	Vollsteine aus Leichtbeton
Vbl	Vollblöcke aus Leichtbeton
Vbl S	Vbl aus Leichtbeton mit Schlitzen
Vbl S-W	Vbl S mit besonderen Wärmedämmeigenschaften
Betonsteine (DIN 18 153)	
Vn	Vollsteine aus Beton
Vbn	Vollblöcke aus Beton
Hbn	Hohlblöcke aus Beton
Tbn	T-Hohlblöcke aus Beton (T-förmig)
Vm	Vormauersteine aus Beton
Vmb	Vormauerblöcke aus Beton

Mauersteine

Tafel B.1.2 Kurzbezeichnungen (Fortsetzung)

Kurzzeichen	Bedeutung
	Hüttensteine (DIN 398)
HSV	Hütten-Vollsteine
HSL	Hütten-Lochsteine
HHbl	Hütten-Hohlblocksteine
VHSV	Vormauer-HSV

Vormauersteine und Verblender werden für Sichtmauerwerk verwendet und besitzen deshalb einen ausreichend hohen Frostwiderstand.

Tafel B.1.3 Format-Kurzzeichen (Beispiele)

Format-Kurzzeichen	Maße		
	$l^{1)}$	$b^{1)}$	$h^{2)}$
DF	240	115	52
NF	240	115	71
2DF	240	115	113
3DF	240	175	113
4DF	240	240	113
5DF	240 300	300 240	113 113
6DF	240 240 365	365 175 240	113 238 113
8DF	240 490 490	240 115 240	238 238 113
9DF	365	175	238
10DF	240 300 490	300 240 300	238 238 113
12DF	240 365 490	365 240 175	238 238 238
15DF	365	300	238
16DF	240 490	490 240	238 238
18DF	365	365	238
20DF	490	300	238
24DF	365 490	490 365	238 238

DF: Dünnformat
NF: Normalformat

$^{1)}$ Bei Mauersteinen mit Nut- und Federausbildung können die Maße 5 bis 7 mm größer sein.
$^{2)}$ Bei Plansteinen sind die Maße um 11 mm größer.

Anmerkung:
Die Ziffern des Format-Kurzzeichens geben an, aus wie vielen DF-Steinen – einschließlich zugehöriger Stoß- und Lagerfugen – der betreffende (größere) Mauerstein im Mauerwerk hergestellt werden müßte. Beispiel: Ein 10DF-Stein hat das gleiche Volumen bzw. die gleichen Außenmaße wie 10 vermauerte einzelne DF-Steine.

Baustoffe

Tafel B.1.4 Rohdichteklassen (ρ_N)[1]

Klasse	Wertebereich[2] der Mittelwerte
	kg/dm³
0,35	0,30 ... 0,35
0,40	0,36 ... 0,40
0,45	0,41 ... 0,45
0,50	0,46 ... 0,50
0,55	0,51 ... 0,55
0,60	0,56 ... 0,60
0,65	0,61 ... 0,65
0,70	0,66 ... 0,70
0,80	0,71 ... 0,80
0,90	0,81 ... 0,90
1,00	0,91 ... 1,00
1,20	1,01 ... 1,20
1,40	1,21 ... 1,40
1,60	1,41 ... 1,60
1,80	1,61 ... 1,80
2,00	1,81 ... 2,00
2,20	2,01 ... 2,20
2,20	2,21 ... 2,50[3]
2,40	2,21 ... 2,40

Rohdichte: Trockenrohdichte

[1] Klassen-Abstufungen von 0,05 derzeit noch nicht bei allen Mauersteinen
[2] Einzelwerte dürfen die Klassengrenzen höchstens um folgende Werte unter- bzw. überschreiten:
- DIN 105-1, -3, -4; DIN 106-1, -2; DIN 18 151, DIN 18 152, DIN 18 153
  0,1 kg/dm³
- DIN 105-2, -5
  0,05 kg/dm³
- DIN 4165, 4166
  0,03 kg/dm³ bei Rohdichteklassen < 0,70
  0,05 kg/dm³ bei Rohdichteklassen ≥ 0,70

[3] DIN 105-3, 105-4

Tafel B.1.5 Druckfestigkeitsklassen (β_N)

Klasse	Mindestdruckfestigkeit	
	Mittelwert	Einzelwert[1]
	N/mm²	
2	2,5	2,0
4	5,0	4,0
6	7,5	6,0
8	10,0	8,0
12	15,0	12,0
20	25,0	20,0
28	35,0	28,0
36	45,0	36,0
48	60,0	48,0
60	75,0	60,0

Druckfestigkeit: Prüfkörperfestigkeit × Formfaktor

[1] Entspricht dem 5 %-Quantil der Grundgesamtheit mit 90 % Aussagewahrscheinlichkeit

Tafel B.1.6 Steinarten, Steinsorten, Nennmaße, Formate, Rohdichteklassen (ρ_N), Festigkeitsklassen (β_N) nach den zugehörigen Normen

DIN	Steinsorte	Nennmaße			Format	ρ_N kg/dm³	β_N N/mm²
		l	b	h			
Mauerziegel							
105-1	Mz, HLz, VMz, VHLz, KMz, KHLz, HLzT	115 … 490		52 … 238	DF … 20DF	1,2 … 2,2	4 … 28
105-2	HLz, VHLz, HLzT	115 … 490		71 … 238	NF … 20DF	0,6 … 1,0	2 … 28
105-2	Mz, HLz, KMz, KHLz, HLzT	240	115 … 365	71 … 238	DF … 10DF	1,2 … 2,2	36, 48, 60
105-4	KK, KHK	240	115	52, 71, 113	DF, NF, 2DF	1,4 … 2,2	60
Kalksandsteine							
106-1	KS, KSL	240 … 490	115 … 490	52 … 238	DF … 20DF	0,6 … 2,2	4 … 60
	KS, KSL Plansteine	248 … 623	123 … 498 / 150 … 275	155 / 249	–	0,6 … 2,2	4 … 60
106-2	KSVm, KSVmL	240 … 490	115 … 490	52 … 238	DF … 20DF	1,0 … 2,2	12 … 60
	KSVb, KSVbL						20 … 60
Porenbetonsteine							
4165	PB	240 … 615	115 … 375	115 … 240	–	0,35 … 1,0	2 … 8
	PP	249 … 624	115 … 375	124 … 249	–		
Leichtbetonsteine							
18151	Hbl	245 … 495	175 … 490	238 (175)	8DF … 24DF	0,5 … 1,4	2 … 8
18152	V	240 … 490	115 … 300	52 … 115	DF … 10DF	0,5 … 2,0	2 … 12
	Vbl	245 … 495	175 … 490	238 (175)	6DF … 24DF		
Betonsteine							
18153	Hbn, Tbn	245 … 495	115 … 490	238 (175)	8DF … 20DF	0,9 … 2,0	2 … 12
	Vbn	245 … 495	115 … 365	175, 238	4DF … 20DF	1,4 … 2,4	4 … 28
	Vn	240 … 490 (495)	115 … 365	52 … 115	DF … 10DF		
	VM	190, 240, 490	90 … 190	52 … 238	DF … 16DF	1,6 … 2,4	6 … 48
	Vmb	190 … 490	90 … 240	175, 190, 238			
Hüttensteine							
398	HSV, VHSV	240	115, 175, 300	52, 71, 113	DF … 5DF	1,6; 1,8; 2,0	12, 20, 28
	HSL	240	115, 175, 300	113	2DF … 5DF	1,2; 1,4; 1,6	6, 12
	HHbl	240, 365	175, 240, 300	175, 238	6DF … 12DF (240/300/175)	1,0 … 1,6	6, 12

l: Länge, *b:* Breite, *h:* Höhe; ( ): Regional

Baustoffe

Tafel B.1.7 Festigkeitsklassen nach den Mauersteinnormen (schraffiert) und häufig verwendete Klassen (●)

Mauerstein s. Tafel B.1.2	DIN	Festigkeitsklasse									
		2	4	6	8	12	20	28	36	48	60
Mz	105-1				●	●	●	●			
HLz					●	●	●				
VMz					●	●	●	●			
VHLz					●	●	●	●			
KMz								●			
KHLz								●			
HLz	105-2			●	●	●					
VHLz				●	●	●					
HLzT				●	●	●					
Mz	105-3								●		
HLz									●		
KMz									●		
KHLz									●		
HLzT									●		
KK	105-4										●
KHK											●
KS	106-1					●	●	●			
KSL						●	●				
KSVm	106-2					●	●	●			
KSVb							●	●			
KSVmL						●	●				
KSVbL							●				

Mauersteine

Tafel B.1.7 (Forts.) Festigkeitsklassen nach den Mauersteinnormen (schraffiert) und häufig verwendete Klassen (●)

Mauer-stein s. Tafel B.1.2	DIN	Festigkeitsklasse									
		2	4	6	8	12	20	28	36	48	60
PB	4165	●	●	●							
PP		●	●	●							
Hbl	18 151	●	●	●							
V		●	●	●		●					
Vbl	18 152					●					
VblS											
VblS-W		●	●	●							
Vn											
Vbn	18 153						●	●			
Hbn		●	●	●		●					
Tbn											
Vm						●					
Vmb						●					
HSV	398										
HSL											
HHbl											
VHSV											

Tafel B.1.8 siehe Seite B.10 und B.11.

Tafel B.1.9 Zugfestigkeit in Steinlängsrichtung $\beta_{Zl,st}$, bezogen auf die Normdruckfestigkeit $\beta_{D,st}$ (mit Formfaktor) – Mittelwerte

Mauersteinart	$\dfrac{\beta_{Zl,st}}{\beta_{D,st}} \cdot 100$ (%)
Mauerziegel	2,5
Kalksandsteine	5,0
Porenbetonsteine	18,0[1]/9,0[2]
Leichtbetonsteine	8,5

[1] Steinfestigkeitsklasse 2
[2] Steinfestigkeitsklassen 4, 6, 8

Baustoffe

Tafel B.1.8 Rohdichteklassen nach den Mauersteinnormen (schraffiert) und häufig verwendete Klassen (●)

Mauerstein s. Tafel B.1.2	DIN	0,35	0,4	0,45	0,5	0,55	0,6	0,65	0,7	0,75	0,8	0,9	1,0	1,2	1,4	1,6	1,8	2,0	2,2	2,4
Mz	105-1															●	●	●	●	
HLz														●	●	●				
VMz																	●	●	●	
VHLz														●	●	●	●	●		
KMz																		●		
KHLz																●				
HLz	105-2								●		●	●								
VHL									●		●	●								
HLzT									●		●	●								
Mz	105-3															●	●	●	●	
HLz															●	●	●			
KMz																	●	●		
KHLz															●	●				
HLzT																				
KK	105-4															●	●	●	●	
KHK																●	●	●	●	
KS	106-1													●	●	●	●	●		
KSL														●		●				
KSVm	106-2															●	●	●		
KSVb																●	●	●		
KSVmL														●	●	●				
KSVbL														●	●	●				

Rohdichteklassen

Mauersteine

Tafel B.1.8 Fortsetzung Rohdichteklassen nach den Mauersteinnormen (schraffiert) und häufig verwendete Klassen (●)

Mauerstein s. Tafel B.1.2	DIN	0,35	0,4	0,45	0,5	0,55	0,6	0,65	0,7	0,75	0,8	0,9	1,0	1,2	1,4	1,6	1,8	2,0	2,2	2,4
PB	4165				●		●		●		●									
PP			●		●		●		●		●									
Hbl	18 151				●	●	●	●	●		●									
V					●		●		●		●									
Vbl	18 152											●	●	●	●	●	●	●		
VblS												●	●	●		●	●	●		
VblS-W					●	●	●	●	●		●									
Vn																				
Vbn																				
Hbn	18 153											●	●	●	●	●	●			
Tbn																				
Vm																				
Vmb																●	●			
HSV																				
HSL	398																			
HHbl																				
VHSV																				

Rohdichteklassen

2 Mauermörtel

Die heute verwendeten Mauermörtelarten sind: Normalmörtel, Leichtmörtel und Dünnbettmörtel. Sie sind z. T. noch jeweils in verschiedene Mörtelgruppen eingeteilt. Leichtmörtel werden vorzugsweise für Leichtmauerwerk, das besonderen Wärmeschutzanforderungen genügt, verwendet. Für derartiges Mauerwerk sind auch Dünnbettmörtel geeignet, wenn die Mauersteine Plansteinqualität aufweisen.

Grundsätzliche Angaben und Merkmale zu den drei Mauermörtelarten enthält die **Tafel B.2.1**.

Die Mauermörtel können als Werkmörtel und auch nach wie vor als Baustellenmörtel hergestellt werden. Entspricht die Mörtelzusammensetzung bestimmten Mischungsverhältnissen nach DIN 1053 Teil 1, so handelt es sich um Rezeptmörtel. Bei diesen Mörteln sind – da jahrzehntelange Erfahrungen vorliegen – nur vergleichsweise wenige Eigenschaften nachzuweisen. Solche Rezeptmörtel werden im allgemeinen nur noch bei Baustellenmörteln angewendet. Bei den Werkmörteln wird die Zusammensetzung des Mörtels in Hinblick auf eine Eigenschaftsoptimierung und eine wirtschaftliche Herstellung gewählt. Der Anteil von Mörteln, die auf der Baustelle hergestellt werden, ist gering und liegt etwa bei 10 %. Angaben zu den Rezeptmörteln finden sich in den **Tafeln B.2.2** und **B.2.3**.

Eine relativ neue Entwicklung sind die Mehrkammer-Silomörtel. Die Mörtelausgangsstoffe sind in getrennten Kammern eines Silos enthalten. Sie werden unter Wasserzugabe automatisch dosiert und gemischt, so daß am Mischerauslauf auf der Baustelle verarbeitungsfähiger Mörtel entnommen werden kann. Das Mischungsverhältnis der Feststoffe kann baustellenseitig nicht verändert werden.

Um bestimmte Eigenschaften des Mauerwerks zu gewährleisten, müssen die Mauermörtel eine Reihe von Anforderungen erfüllen. Diese sind in der **Tafel B.2.4** aufgeführt. Die Druckfestigkeit von Mörtelprüfkörpern und Mörtel aus der Lagerfuge mit Kontakt zum Mauerstein ist wichtig für die ausreichende Druckfestigkeit des Mauerwerks. Für diese müssen auch bestimmte Anforderungen an den Querdehnungsmodul bzw. Längsdehnungsmodul der Leichtmörtel erfüllt werden. Die Haftscherfestigkeit zwischen Mauermörtel und Mauerstein ist eine bedeutende Eigenschaft für die Zug-, Biege- und Schubfestigkeit von Mauerwerk.

Die **Tafeln B.2.5** und **B.2.6** enthalten schließlich Angaben über unzulässige Anwendungen von Mauermörtel sowie Anwendungsempfehlungen. Aus der **Tafel B.2.5** geht die sehr geringe Bedeutung des Normalmörtels der Gruppe I hervor. Ein derartiger Mörtel ist allenfalls noch für Instandsetzungsarbeiten bei Natursteinbauwerken von Bedeutung. Die derzeit hauptsächlich verwendeten Mauermörtel sind Normalmörtel der Mörtelgruppe IIa, Leichtmörtel der Gruppe LM36 und Dünnbettmörtel.

Tafel B.2.1 Mörtelarten, Mörtelgruppen, besondere Kennzeichen, Lieferformen (nach DIN 1053-1)

Mörtelart	Mörtelgruppen	Grenzwert Trockenrohdichte kg/dm^3	Besondere Kennzeichen	Lieferformen[1]
Normalmörtel (NM)	I, II, IIa, III, IIIa	$\geq$ 1,5	Zuschlag mit dichtem Gefüge DIN 4226-1	BSM, WTM, WFM, WVM, MKSM
Leichtmörtel (LM)	LM 21, LM 36	< 1,5	Leichtzuschlag DIN 4226-2, Zulassung, Zuschlag DIN 4226-1	WTM, WFM, MKSM
Dünnbettmörtel (DM)	III	$\geq$ 1,5	Zuschlag DIN 4226-1, Größtkorn: 1 mm, Zement DIN 1164-1	WTM

[1] BSM   Baustellenmörtel (auf der Baustelle hergestellt)
WTM, WFM, WVM   Werk-Trockenmörtel, Werk-Frischmörtel, Werk-Vormörtel
MKSM   Mehrkammer-Silomörtel (sind WFM zugeordnet)

Tafel B.2.2 Rezeptmörtel (Normalmörtel); Mischungsverhältnisse in Raumteilen (aus DIN 1053-1, 1996)

Mörtelgruppe	Luftkalk		Hydraulischer Kalk (HL2)	Hochhydraulischer Kalk (HL5), Putz- und Mauerbinder (MC5)	Zement	Sand[1] aus natürlichem Gestein
	Kalkteig	Kalkhydrat				
I	1	–	–	–	–	4
	–	1	–	–	–	3
	–	–	1	–	–	3
	–	–	–	1	–	4,5
II	1,5	–	–	–	1	8
	–	2	–	–	1	8
	–	–	2	–	1	8
	–	–	–	1	–	3
IIa	–	1	–	–	1	6
	–	–	–	2	1	8
III	–	–	–	–	1	4
IIIa[2]	–	–	–	–	1	4

[1] Die Werte des Sandanteils beziehen sich auf den lagerfeuchten Zustand.
[2] Die größere Festigkeit soll vorzugsweise durch Auswahl geeigneter Sande erreicht werden.

Tafel B.2.3 Rezeptmörtel (Normalmörtel); Erhärtung, Druckfestigkeit

Bindemittel	Erhärtung		Druckfestigkeit	Mörtelgruppe
	Art	Verlauf	im Alter von 28 d	
Luftkalk	karbonatisch	sehr langsam	sehr klein	I
Wasserkalk	hydraulisch	bis langsam	ca. 1 ... 2 N/mm^2	
hydraulischer Kalk	karbonatisch			
Luftkalk/Wasserkalk und Zement	im wesentlichen hydraulisch	mittel bis schnell	mittel ca. 2 ... 10 N/mm^2	II IIa
Hochhydraul. Kalk/ PM-Binder mit oder ohne Zement				
Zement	hydraulisch	schnell bis sehr schnell	mittel bis sehr hoch 10 ... 30 N/mm^2	III IIIa

Baustoffe

Tafel B.2.4 Anforderungen an Mauermörtel (außer Rezeptmörtel[1]) nach DIN 1053-1 (Prüfalter: 28 d)

Prüfgröße Prüfnorm	Kurzzeichen Einheit	Eignungs-, Güteprüfung (EP, GP)	Normalmörtel I	II	IIa	III	IIIa	Leichtmörtel LM 21	LM 36	Dünnbettmörtel
Mörtelzusammensetzung	–	EP	\multicolumn{7}{muß ermittelt werden}			
Druckfestigkeit DIN 18 555-3	β_D N/mm²	EP GP	– –	$\geq 3{,}5^{2)}$ $\geq 2{,}5$	$\geq 7^{2)}$ ≥ 5	$\geq 14^{2)}$ ≥ 10	$\geq 25^{2)}$ ≥ 20	$\geq 7^{2)}$ ≥ 5	$\geq 7^{2)}$ ≥ 5	$\geq 14^{2)}$ ≥ 10
Druckfestigkeit Fuge Vorl. Richtlinie[3]	$\beta_{D,F}$ N/mm²	EP	– –	$\geq 1{,}25$ $\geq 2{,}5$	$\geq 2{,}5$ $\geq 5{,}0$	$\geq 5{,}0$ $\geq 10{,}0$	$\geq 10{,}0$ $\geq 20{,}0$	$\geq 2{,}5$ $\geq 5{,}0$	$\geq 2{,}5$ $\geq 5{,}0$	– –
Druckfestigkeit bei Feuchtlagerung (DIN 18 555-3)	$\beta_{D,f}$ N/mm²	EP GP	– –	– –	– –	– –	– –	– –	– –	$\geq 70\%$ vom Istwert β_D
Haftscherfestigkeit DIN 18 555-5	β_{HS} N/mm²	EP	–	$\geq 0{,}10$	$\geq 0{,}20$	$\geq 0{,}25$	$\geq 0{,}30$	$\geq 0{,}20$	$\geq 0{,}20$	$\geq 0{,}5$
Trockenrohdichte DIN 18 555-3	ρ_d kg/dm³	EP GP	\multicolumn{5}{$\geq 1{,}5$}				$\leq 0{,}7$ max. Abweichung +10 % vom Istwert bei EP	$\leq 1{,}0$	–
Querdehnungsmodul DIN 18 555-4	E_q N/mm²	EP GP	– –	– –	– –	– –	– –	> 7500 [4] –	> 15 000 [4] –	– –
Längsdehnungsmodul DIN 18 555-4	E_l N/mm²	EP GP	– –	– –	– –	– –	– –	> 2000 –	> 3000 –	– –
Wärmeleitfähigkeit DIN 52 612-1	$\lambda_{10,tr}$ W/(m·K)	EP	–	–	–	–	–	$\leq 0{,}18$ [5]	$\leq 0{,}27$ [5]	–
Verarbeitbarkeitszeit DIN 18 555-8	t_v h	EP	–	–	–	–	–	–	–	≥ 4
Korrigierbarkeitszeit DIN 18 555-8	t_k min	EP	–	–	–	–	–	–	–	≥ 7

[1] Für diese gelten die Anforderungen als erfüllt.
[2] Richtwert für Werkmörtel
[3] Anforderungen für Würfeldruckverfahren (obere Zeile) und Plattendruckverfahren (untere Zeile); es kann *ein* Prüfverfahren gewählt werden.
[4] Trockenrohdichte als Ersatzprüfung
[5] Gilt als erfüllt bei Einhalten der Grenzwerte für ρ_d in GP.

Tafel B.2.5 Unzulässige Anwendungen (N) von Mauermörtel nach DIN 1053-1

Anwendungsbereich	Normalmörtel			Leichtmörtel	Dünnbettmörtel
	Mörtelgruppe				
	I	II/IIa	III/IIIa		
Gewölbe	N[3]	–	–	N	N
Kellermauerwerk	N[3]	–	–	–	–
> 2 Vollgeschosse	N	–	–	–	–
Wanddicke < 240 mm[1]	N	–	–	–	–
Nichttragende Außenschale von zweischaligen Außenwänden • Verblendschale • geputzte Vormauerschale	N N	– –	N[2] N[2]	N –	– –
Sichtmauerwerk, außen mit Fugenglattstrich	N	–	–	N	–
ungünstige Witterungsbedingungen (Nässe, niedrige Temperaturen)	N	–	–	–	–
Mauersteine mit einer Maßabweichung in der Höhe von mehr als 1,0 mm	–	–	–	–	N
Mauerwerk nach Eignungsprüfung (EM)	N	–	–	–	–

[1] Bei zweischaligen Wänden mit oder ohne durchgehende Luftschicht gilt als Wanddicke die Dicke der Innenschale.
[2] Außer nachträglichem Verfugen und für bewehrte Mauerwerkbereiche
[3] Anwendung erlaubt für die Instandsetzung von Natursteinmauerwerk aus MG I.

Tafel B.2.6 Anwendungsempfehlungen

Bauteil			Normalmörtel	Leichtmörtel	Dünnbett-mörtel
Außenwände	einschalig	ohne Wetterschutz (Sichtmauerwerk)	+ (vorzugsweise MG II, IIa)	–	0
		mit Wetterschutz (z. B. Putz)	– bis +	0 bis +	0 bis +
	zweischalig	Außenschale (Verblendschale)	+ (nur MG II, IIa)	–	0
		Innenschale	+	– bis +[1]	0 bis +
Innenwände	schalldämmend		+	0	+
	wärmedämmend		0 bis – (vorzugsweise MG II, IIa)	+	+
	hochfest		+ (MG III, IIIa)	–	+

+ empfehlenswert, 0 möglich, – nicht empfehlenswert
[1] Bei wärmedämmendem Mauerwerk

3 Putz

Mauerwerksbauteile werden nach wie vor meistens mit einem Innenputz versehen. Außenputz wird in der Regel auf einschaligen Mauerwerksaußenwänden mit hoher Wärmedämmung (Leichtmauerwerk) aufgebracht. Je nach Anwendungsbereich und Funktion können jedoch auch andere Mauerwerksbauteile mit Außenputz versehen werden.

Die Putzarten können nach der **Tafel B.3.1** eingeteilt werden. Dabei werden der Normalputz sowohl als Innenwand- als auch als Außenwandputz, die Wärmedämmputze und Leichtputze praktisch nur als Außenputze eingesetzt.

Ähnlich wie die Mauermörtel werden die Putze in Mörtelgruppen unterteilt (siehe **Tafel B.3.2**).

Die **Tafel B.3.3** gibt für Rezept-Putzmörtel (Baustellenmörtel) die Mischungsverhältnisse in Raumteilen nach DIN 18 550-2 an.

Die **Tafeln B.3.4** und **B.3.5** enthalten Angaben zu bewährten Putzsystemen für Innenwandputze und Außenputze (Normalputze) aus DIN 18 550-1.

Für Leichtmauerwerk, das in der Regel besondere wärmeschutztechnische Anforderungen erfüllen soll, eignen sich besonders Leichtputze und Wärmedämmputze bzw. Wärmedämmputzsysteme.

Da das Leichtmauerwerk wärmeschutztechnisch in Hinblick auf Mauersteinrohdichte (möglichst niedrig) und Lochbild bei Lochsteinen (möglichst hoher Lochanteil, geringe Stegdicken) optimiert ist, unterscheiden sich auch die Putzgrundeigenschaften sehr wesentlich von denen des Normalmauerwerks. Der Putzgrund ist – vor allem bei Mauersteinen mit hohem Lochanteil und geringen Stegdicken – nur wenig auf Zug- bzw. Scherspannungen beanspruchbar. Um Risse im Außenputz zu vermeiden, muß deshalb der Putz eine möglichst geringe Zugfestigkeit, einen geringen Elastizitätsmodul und geringe Formänderungen aufweisen. Diese Anforderungen werden von den Leichtputzen in hohem Maße erfüllt.

Soll durch den Putz zusätzlich die Wärmedämmung des Mauerwerksbauteils verbessert werden, so empfiehlt sich dafür u. a. ein Wärmedämmputzsystem. Dieses erfüllt zudem die Anforderung eines ausreichend „weichen" Putzes.

Um bestimmte Putzeigenschaften zu gewährleisten, bedarf es entsprechender Nachweise. Um den Nachweisumfang zu reduzieren, kann mit den in der **Tafel B.3.6** angegebenen Eigenschaftszusammenhängen von der geprüften Eigenschaft auf andere Eigenschaften geschlossen werden.

Weitere Angaben zu Putzen auf Mauerwerk finden sich in [Schneider/Schubert – 96] sowie [Schubert – 93].

Tafel B.3.1 Putzarten

Putzart	Bezugs-norm DIN	Mörtel-gruppen	Grenzwert Trockenrohdichte kg/dm³	Besondere Kennzeichen
Normalputz (NP)	18 550-1 18 550-2	P I bis P V	≈ 1,4 bis 1,9	Mineralische Bindemittel Zuschlag i. a. 0,25 bis 4 mm
	18 550-1 18 558	P Org 1 P Org 2		Organische Bindemittel (Kunstharzputze)
Wärmedämmputze (Systeme) (WDP)	18 550-3[1]	–	≥ 0,2 ≤ 0,6	Wärmedämmender und wasserhemmender Unterputz aus mind. 75 % EPS, andernfalls[1], Druckfestigkeit ≥ 0,40 N/mm², $\lambda_R \leq 0,2$ W/(m · K)
				Wasserabweisender, mineralischer Oberputz, Druckfestigkeit 0,80 bis 3,0 N/mm²
Leichtputze (LP)	18 550-4	P Ic, P II	≥ 0,6 ≤ 1,3	Mineralische Bindemittel, mineralische und/oder organische Zuschläge, Druckfestigkeit soll 5,0 N/mm² nicht überschreiten, Putzsystem muß wasserabweisend sein.

[1] Nach bauaufsichtlichem Brauchbarkeitsnachweis

Tafel B.3.2 Mörtelgruppen für Putze (nach DIN 18 550-1)

Mörtelgruppe		Art der Bindemittel bzw. Mörtelart	mittlere Mindestdruckfestigkeit des Putzmörtels im Alter von 28 Tagen N/mm²
P I	a	Luftkalke	keine Anforderungen
	b	Wasserkalke	
	c	Hydraulische Kalke	1,0
P II	a	Hydraulische Kalke, Putz- und Mauerbinder	2,5
	b	Kalk-Zement	
P III	a	Zement und Kalkhydratzusatz	10
	b	Zemente	
P IV	a	Gipsmörtel	2,0
	b	Gipssandmörtel	
	c	Gipskalkmörtel	
	d	Kalkgipsmörtel	keine Anforderungen
P V	a	Anhydritmörtel	2,0
	b	Anhydritkalkmörtel	
P Org 1		Beschichtungsstoffe mit organischen Bindemitteln, geeignet für Außen- und Innenputze	keine Anforderungen
P Org 2		Beschichtungsstoffe mit organischen Bindemitteln, geeignet für Innenputze	

Baustoffe

Tafel B.3.3 Normalputze; Rezeptmörtel (Baustellenmörtel); Mischungsverhältnisse in Raumteilen (aus DIN 18 550-2)

Zeile	Mörtel-gruppe		Mörtelart	Baukalke DIN 1060-1				Putz- und Mauer-binder DIN 4211	Zement DIN 1164-1	Baugipse ohne werk-seitig beigegebene Zusätze DIN 1168-1		Anhydrit-binder DIN 4208	Sand[1]
				Luftkalk Wasserkalk		Hydrau-lischer Kalk	Hoch-hydrau-lischer Kalk			Stuckgips	Putzgips		
				Kalk-teig	Kalk-hydrat								
1	P I	a	Luftkalkmörtel	1,0[2]									3,5 bis 4,5
2					1,0[2]								3,0 bis 4,0
3		b	Wasserkalkmörtel	1,0									3,5 bis 4,5
4					1,0								3,0 bis 4,0
5		c	Mörtel mit hydraulischem Kalk			1,0							3,0 bis 4,0
6	P II	a	Mörtel mit hochhydraulischem Kalk oder Mörtel mit Putz- und Mauerbinder				1,0 oder 1,0	1,0 oder 1,0					3,0 bis 4,0
7		b	Kalkzementmörtel	1,5 oder 2,0					1,0				9,0 bis 11,0
8	P III	a	Zementmörtel mit Zusatz von Kalkhydrat		< 0,5				2,0				6,0 bis 8,0
9		b	Zementmörtel						1,0				3,0 bis 4,0
10		a	Gipsmörtel							1,0[3]			–
11	P IV	b	Gipssandmörtel							1,0[3] oder 1,0[3]			1,0 bis 3,0
12		c	Gipskalkmörtel	1,0 oder 1,0						0,5 bis 1,0 oder 1,0 bis 2,0			3,0 bis 4,0
13		d	Kalkgipsmörtel	1,0 oder 1,0						0,1 bis 0,2 oder 0,2 bis 0,5			3,0 bis 4,0
14	P V	a	Anhydritmörtel									1,0	≤ 2,5
15		b	Anhydritkalkmörtel	1,0 oder 1,5								3,0	12,0

[1] Die Werte dieser Tafel gelten nur für mineralische Zuschläge mit dichtem Gefüge.
[2] Ein begrenzter Zementzusatz ist zulässig.
[3] Um die Geschmeidigkeit zu verbessern, kann Weißkalk in geringen Mengen, zur Regelung der Versteifungszeiten können Verzögerer zugesetzt werden.

Tafel B.3.4 Bewährte Putzsysteme für Innenwandputze (aus DIN 18 550-1)

Zeile	Anforderungen bzw. Putzanwendung	Mörtelgruppe bzw. Beschichtungsstoff-Typ für Unterputz	Mörtelgruppe bzw. Beschichtungsstoff-Typ für Oberputz[1)2)]
1	nur geringe Beanspruchung	–	P I a, b
2		P I a, b	P I a, b
3		P II	P I a, b, P IV d
4		P IV	P I a, b, P IV d
5	übliche Beanspruchung[3)]	–	P I c
6		P I c	P I c
7		–	P II
8		P II	P I c, P II, P IV a, b, c, P V, P Org 1, P Org 2
9		–	P III
10		P III	P I c, P II, P III, P Org 1, P Org 2
11		–	P IV a, b, c
12		P IV a, b, c	P IV a, b, c, P Org 1, P Org 2
13		–	P V
14		P V	P V, P Org 1, P Org 2
15		–	P Org 1, P Org 2[4)]
16	Feuchträume[5)]	–	P I
17		P I	P I
18		–	P II
19		P II	P I, P II, P Org 1
20		–	P III
21		P III	P II, P III, P Org 1
22		–	P Org 1[4)]

[1)] Bei mehreren genannten Mörtelgruppen ist jeweils nur eine als Oberputz zu verwenden.
[2)] Oberputze können mit abschließender Oberflächengestaltung oder ohne diese ausgeführt werden (z. B. bei zu beschichtenden Flächen).
[3)] Schließt die Anwendung bei geringer Beanspruchung ein.
[4)] Nur bei Beton mit geschlossenem Gefüge als Putzgrund
[5)] Hierzu zählen nicht häusliche Küchen und Bäder (s. DIN 18 550-1, Abschnitt 4.2.3.3).

Tafel B.3.5 Putzsysteme für Außenputze (aus DIN 18 550-1)

Zeile	Anforderung bzw. Putzanwendung	Mörtelgruppe bzw. Beschichtungsstoff-Typ für Unterputz	Mörtelgruppe bzw. Beschichtungsstoff-Typ für Oberputz[1)]	Zusatzmittel[2)]
1	ohne besondere Anforderung	–	P I	–
2		P I	P I	
3		–	P II	
4		P II	P I	
5		P II	P II	
6		P II	P Org 1	
7		–	P Org 1[3)]	
8		–	P III	
9	wasserhemmend	P I	P I	erforderlich
10		–	P I c	erforderlich
11		–	P II	
12		P II	P I	
13		P II	P II	
14		P II	P Org 1	
15		–	P Org 1[3)]	
16		–	P III[3)]	

Tafel B.3.5 (Fortsetzung) Putzsysteme für Außenputze (aus DIN 18 550-1)

Zeile	Anforderung bzw. Putzanwendung	Mörtelgruppe bzw. Beschichtungsstoff-Typ für Unterputz	Mörtelgruppe bzw. Beschichtungsstoff-Typ für Oberputz[1]	Zusatzmittel[2]
17		P I c	P I	erforderlich
18		P II	P I	erforderlich
19		–	P I c[4]	erforderlich[2]
20	wasserabweisend[5]	–	P II[4]	
21		P II	P II	erforderlich
22		P II	P Org 1	
23		–	P Org 1[3]	
24		–	P III[3]	
25		–	P II	–
26		P II	P II	
27	erhöhte Festigkeit	P II	P Org 1	
28		–	P Org 1[3]	
29		–	P III	
30	Kellerwand-Außenputz	–	P III	–
31		–	P III	–
32	Außensockelputz	P III	P III	
33		P III	P Org 1	
34		–	P Org 1[3]	

[1] Oberputze können mit abschließender Oberflächengestaltung oder ohne diese ausgeführt werden (z. B. bei zu beschichtenden Flächen).
[2] Eignungsnachweis erforderlich (siehe DIN 18 550-2 (01.85), Abschnitt 3.4)
[3] Nur bei Beton mit geschlossenem Gefüge als Putzgrund
[4] Nur mit Eignungsnachweis am Putzsystem zulässig
[5] Oberputze mit geriebener Struktur können besondere Maßnahmen erforderlich machen.

Tafel B.3.6 Putzmörtel; Eigenschaftszusammenhänge

Eigenschaftskenngrößen	Bezugsalter (d)	Regressionsgleichung	Korrelationskoeffizient
Zugfestigkeit β_Z Druckfestigkeit β_D	28	$\beta_Z = 0{,}25 \cdot \beta_D^{0,78}$	0,98
Zug-E-Modul $E_{Z,33}$	7	$E_{Z,33} = 1124 \cdot \beta_D^{0,86}$	0,90
Druckfestigkeit β_D	28	$E_{Z,33} = 1342 \cdot \beta_D^{0,82}$	0,87
Zug-E-Modul $E_{Z,33}$ Zugfestigkeit β_Z	28	$E_{Z,33} = 5834 \cdot \beta_Z$	0,94
dynamischer E-Modul E_{dyn} Zug-E-Modul $E_{Z,33}$	28	$E_{dyn} = 0{,}92 \cdot E_{Z,33}$	0,91

4 Mauerwerk

4.1 Der Baustoff Mauerwerk

Mauerwerk wird aus Mauermörtel (i. allg.) und Mauersteinen hergestellt. Der Mauermörtel verbindet die Mauersteine kraftschlüssig miteinander und gleicht deren Maßtoleranzen aus. Mauerwerk kann deshalb als Verbundbaustoff bezeichnet werden.

Mauerwerk ist in DIN 1053-1 und DIN 1053-2 sowie als bewehrtes Mauerwerk in DIN 1053-3 genormt. Die Eigenschaften des Verbundbaustoffes Mauerwerk werden sehr wesentlich von den Eigenschaften seiner Einzelbaustoffe Mauermörtel und (vor allem) Mauersteine bestimmt. Von wesentlichem Einfluß auf die Tragfähigkeit von Mauerwerk sind die Festigkeiten von Mauerstein und Mauermörtel sowie ihre Verbundfestigkeit.

Außerdem beeinflussen der Feuchtegehalt der Mauersteine beim Vermauern, die Art des Mauerwerkverbandes (Einstein-, Verbandsmauerwerk), die Überbindelänge der Mauersteine von Schicht zu Schicht und die Ausführungsqualität (z. B. das vollfugige Mauern) die Trageigenschaften von Mauerwerk.

Die **Tafel B.4.1** enthält einen Vorschlag für die Einteilung von Mauerwerk.

Tafel B.4.1 Einteilung von Mauerwerk (Vorschlag)

Mauerwerk		Mauersteine (s. Tafel B.1.5)		Mauermörtel (s. Tafel B.2.1)	
Gruppe	Festigkeitsklasse[1]	Rohdichteklasse	Festigkeitsklasse	Art	Gruppe[3]
Leichtmauerwerk (LMW)	$\leq 4 (\leq 5)$	$\leq 1,0$	$\leq 6 (8, 12)$[2]	LM DM (NM)	LM 21, LM 36 (IIa)[4] III II, IIa (III)[4]
Normalmauerwerk (NMW)	$\geq 2,5 (4) \leq 9 (11)$	$\geq 1,0 (\leq 1,4)$	$\geq 12 \leq 28$	NM DM	II, IIa, III (IIIa)[4] III
Hochfestes Mauerwerk (HMW)	$\geq 13 (11) \leq 25$	$\geq 1,6$	$\geq 36 \leq 60$	NM DM	(IIa)[4], III, IIIa III

[1] s. Tafel B.4.4
[2] ( ) Leichthochlochziegel, sonst nicht sinnvoll
[3] Mindestdruckfestigkeit im Alter von 28 d in N/mm^2: II: 2,5; IIa: 5; III: 10; IIIa: 20
[4] ( ) nicht sinnvoll

4.2 Druckfestigkeit

Wesentliche Einflüsse auf die Druckfestigkeit von Mauerwerk sind:

- die Druckfestigkeit der Mauersteine (genauer die Querzugfestigkeit) und die Druckfestigkeit des Mauermörtels (genauer das Querverformungsverhalten unter Druckbeanspruchung),
- der Feuchtezustand der Mauersteine beim Vermauern,
- die Dicke der Lagerfugen,
- die Art des Mauerwerkverbandes sowie
- die Ausführungsqualität.

Auch wegen des i. allg. sehr großen Steinanteils im Mauerwerk ist die Festigkeit der Mauersteine von ausschlaggebender Bedeutung für die Mauerwerksdruckfestigkeit. Mit zunehmender Mauersteindruckfestigkeit steigt auch die Mauerwerksdruckfestigkeit.

Der Einfluß des Mauermörtels ist unterschiedlich und wird im wesentlichen durch die Querverformbarkeit des Mörtels unter der Druckbeanspruchung sowie die Dicke der Lagerfugen bestimmt. Steifere Mörtel und dünnere Lagerfugen ergeben eine höhere Mauerwerksdruckfestigkeit. Eine deutlich geringere Mauerwerksdruckfestigkeit entsteht, wenn sehr verformungsfähige Leichtmörtel verwendet werden.

Plansteine (Mauersteine mit sehr geringen Maßtoleranzen) und Dünnbettmörtel führen zu den vergleichsweise höchsten Druckfestigkeiten des Mauerwerks.

Baustoffe

Tafel B.4.2 Rechenansätze zur Bestimmung der mittleren Mauerwerkddruckfestigkeit, Schlankheit $\lambda = 10$ (aus [Schubert - 99])
$\beta_{D,mw} = a \cdot b_{D,st}^{b} \cdot b_{D,mö}^{c}$ (Steindruckfestigkeit mit Formfaktor)

Mauerwerk			n	a	b	c	BEST
Mauersteine		Mörtel					
Art	Sorte						
Mauerziegel	Mz	NM	55	0,73	0,73	0,16	(56)
	Hlz		342	0,55	0,56	0,46	88
	Leicht-hochloch-ziegel	DM	14	0,76	0,72	0	77
		LM 21	12	1,10	0,38	0	(30)
		LM 36	13	0,47	0,82	0	70
		NM	40	0,25	0,82	0,41	86
Kalk-sand-steine	KS (Vollsteine)	NM	276	0,70	0,74	0,21	81
		DM	21	0,005	1,92	0,60	(53)
	KS (Blocksteine)	NM	24	0,44	0,92	0,17	96
		DM	40	1,29	0,50	0,35	(30)
	KS L (Lochsteine)	NM	108	0,85	0,57	0,20	66
	KS L (Hohlblock-steine)	NM	70	0,99	0,64	0,05	72
		DM	61	0,40	0,93	0,14	69
	KS (Blocksteine, Planelemente)	DM	13[2),3)]	0,68	0,91	0	77
Poren-beton-steine	PB	NM	140	0,98	0,68	0,02	67
				0,99	0,69	0	64
		LM	17	0,80	0,64	0,09	–[1)]
				0,99	0,64	0	–[1)]
	PP	DM	224	0,81	0,84	0	88
			83[2)]	0,89	0,84	0	97
Leicht-beton-steine	V, Vbl, Hbl	DM	35	0,85	0,84	0	97
		LM	80	0,85	0,58	0,15	82
		NM	167	0,82	0,73	0,07	87
	V, Vbl	LM	21	0,70	0,66	0,16	76
	Hbl	LM	59	0,86	0,57	0,14	83
	V, Vbl	NM	61	0,85	0,72	0,09	94
	Hbl	NM	106	0,89	0,69	0,05	78
Normal-beton-steine	Hbn	NM	15	0,03	1,82	0,23	88

n   Anzahl der Versuchswerte
BEST   Bestimmtheitsmaß in %
[1)]   Zu wenige Versuchswerte
[2)]   Neueste Auswertungen (1994)
[3)]   Mittelwerte (n = 3)

Aber auch innerhalb der verschiedenen Mauersteine ergeben sich größere Eigenschaftsunterschiede, die zu sehr verschiedener Mauerwerksdruckfestigkeit führen können. Da eigentlich die Querzugfestigkeit der Mauersteine die entscheidende Einflußgröße für die Mauerwerksdruckfestigkeit ist, wirken sich unterschiedliche Zugfestigkeiten bei gleicher Druckfestigkeit der Mauersteine sowie zusätzlich auch das Lochbild auf die Mauerwerksdruckfestigkeit aus. In der DIN 1053 bleiben derartige mauersteinbedingte Einflüsse weitgehend unberücksichtigt – die zulässige Tragfähigkeit bezieht sich auf den ungünstigsten Fall.

Aus den weit mehr als derzeit 2000 Mauerwerksdruckversuchen läßt sich die Mauerwerksdruckfestigkeit empirisch aus der Mauerstein- und Mauermörteldruckfestigkeit errechnen. Derartige Gleichungen für die verschiedenen Mauersteinarten und -sorten sowie die verschiedenen Mörtelarten sind aus [Schubert – 95] in der **Tafel B.4.2** wiedergegeben. Die Gleichungen, insbesondere die Exponenten, zeigen den unterschiedlichen Einfluß von Mauerstein und Mauermörtel auf die Mauerwerksdruckfestigkeit.

Wegen der sehr dünnen Lagerfuge und der hohen Maßhaltigkeit der Plansteine ergibt sich für Dünnbettmauerwerk praktisch kein Einfluß der Mörteldruckfestigkeit.

Die Grundwerte σ_0 der zulässigen Druckspannungen für Mauerwerk nach DIN 1053-1 sind in der **Tafel B.4.3** zusammengestellt. Obwohl – wie erwähnt – der Einfluß der verschiedenen Mauersteinarten und -sorten unberücksichtigt geblieben ist, zeigt die Tafel den z. T. erheblichen Einfluß von Mörtelart bzw. Mörtelgruppe (Vergleich: Normalmörtel Mörtelgruppe III mit Dünnbettmörtel sowie Normalmörtel Mörtelgruppe IIa mit Leichtmörtel).

Aus den σ_0-Werten können die Rechenwerte β_R für die Bemessung nach dem genaueren Verfahren wie folgt abgeleitet werden:

$$\beta_R = 2{,}67 \cdot \sigma_0$$

Wie bereits zuvor erwähnt, wurde bei der Festlegung der Grundwerte σ_0 für die zulässige Druckspannung nicht nach Mauersteinart unterschieden, sondern es wurde jeweils auf den ungünstigsten Fall bezogen. Dies bedeutet, daß für bestimmte Mauerstein-Mauermörtel-Kombinationen die Druckfestigkeit des Mauerwerks bzw. die Grundwerte σ_0 in Wirklichkeit deutlich höher sind, als die in der DIN 1053-1 zugrunde gelegten Werte. Um nun solche günstigen Mauerstein-Mauermörtel-Kombinationen nutzen zu können, besteht die Möglichkeit einer sogenannten Eignungsprüfung. Diese ist in DIN 1053-2 beschrieben und geht von dem ver-

Tafel B.4.3 Grundwerte σ_0 der zulässigen Druckspannungen für Mauerwerk (aus DIN 1053-1)

Stein-festig-keits-klasse	Normalmörtel					Dünn-bett-mörtel[2]	Leichtmörtel	
	Mörtelgruppe							
	I	II	IIa	III	IIIa		LM 21	LM 36
	MN/m²							
2	0,3	0,5	0,5[1]	–	–	0,6	0,5[3]	0,5[3)5]
4	0,4	0,7	0,8	0,9	–	1,1	0,7[4]	0,8[6]
6	0,5	0,9	1,0	1,2	–	1,5	0,7	0,9
8	0,6	1,0	1,2	1,4	–	2,0	0,8	1,0
12	0,8	1,2	1,6	1,8	1,9	2,2	0,9	1,1
20	1,0	1,6	1,9	2,4	3,0	3,2	0,9	1,1
28	–	1,8	2,3	3,0	3,5	3,7	0,9	1,1
36	–	–	–	3,5	4,0	–	–	–
48	–	–	–	4,0	4,5	–	–	–
60	–	–	–	4,5	5,0	–	–	–

[1] $\sigma_0 = 0{,}6$ MN/m² bei Außenwänden mit Dicken ≥ 300 mm. Diese Erhöhung gilt jedoch nicht für den Nachweis der Auflagerpressung.
[2] Nur für Porenbeton-Plansteine nach DIN 4165 und Kalksand-Plansteine. Die Werte gelten für Vollsteine. Für Kalksand-Lochsteine und Kalksand-Hohlblocksteine nach DIN 106-1 gelten die entsprechenden Werte für Normalmörtel Mörtelgruppe III bis Steinfestigkeitsklasse 20.
[3] Für Mauerwerk mit Mauerziegeln nach DIN 105-1 bis -4 gilt $\sigma_0 = 0{,}4$ MN/m².
[4] Für Kalksandsteine nach DIN 106-1 der Rohdichteklasse $\geq 0{,}9$ und für Mauerziegel nach DIN 105-1 bis -4 gilt $\sigma_0 = 0{,}5$ MN/m².
[5] $\sigma_0 = 0{,}6$ MN/m² bei Außenwänden mit Dicken ≥ 300 mm. Diese Erhöhung gilt jedoch nicht für den Fall der Fußnote [3] und nicht für den Nachweis der Auflagerpressung.
[6] Für Mauerwerk mit den in Fußnote [4] genannten Mauersteinen gilt $\sigma_0 = 0{,}7$ MN/m².

suchsmäßigen Nachweis der Mauerwerksdruckfestigkeit für eine bestimmte Mauerstein-Mauermörtel-Kombination aus. Aus den Versuchswerten werden dann der Rechenwert und der Grundwert der zulässigen Druckspannung abgeleitet, wobei die „Einstufung" max. um 50 % höher erfolgen darf als für das entsprechende Mauerwerk nach DIN 1053-1.

Durch diese Verfahrensweise kann bestimmtes Mauerwerk in Hinblick auf seine Drucktragfähigkeit wesentlich besser ausgenutzt werden. Die **Tafel B.4.4** enthält die Anforderungen bzw. Einstufungsklassen und die Zuordnung zu σ_0-Werten.

Die Sicherheitsbeiwerte betragen 2,0 für Wände und 2,5 für bestimmte pfeilerartige Bauteile.

Tafel B.4.4 Anforderungen an die Mauerwerksdruckfestigkeit von Mauerwerk nach Eignungsprüfung (EM) (aus DIN 1053-2) und Zuordnung zu Grundwerten σ_0 der zulässigen Druckspannung nach DIN 1053-1

Mauerwerks-festigkeits-klasse	Nennfestigkeit des Mauerwerks β_M [1]	Mindestdruckfestigkeit	
		kleinster Einzelwert β_{MN}	Mittelwert β_{MS}
	N/mm²		
1	1,0	1,0	1,2
1,2	1,2	1,2	1,4
1,4	1,4	1,4	1,6
1,7	1,7	1,7	2,0
2	2,0	2,0	2,4
2,5	2,5	2,5	2,9
3	3,0	3,0	3,5
3,5	3,5	3,5	4,1
4	4,0	4,0	4,7
4,5	4,5	4,5	5,3
5	5,0	5,0	5,9
5,5	5,5	5,5	6,5
6	6,0	6,0	7,0
7	7,0	7,0	8,2
9	9,0	9,0	10,6
11	11,0	11,0	12,9
13	13,0	13,0	15,3
16	16,0	16,0	18,8
20	20,0	20,0	23,5
25	25,0	25,0	29,4

[1] Der Nennfestigkeit liegt das 5 %-Quantil der Grundgesamtheit zugrunde.

β_M N/mm²	σ_0 MN/m²
1,0 bis 9,0	$0{,}35 \cdot \beta_M$
11,0 bis 13,0	$0{,}32 \cdot \beta_M$
16,0 bis 25,0	$0{,}30 \cdot \beta_M$

Tafel B.4.5 Mindestdruckfestigkeit der Gesteinsarten (aus DIN 1053-1)

Gesteinsarten	Mindestdruckfestigkeit N/mm²
Kalkstein, Travertin, vulkanische Tuffsteine	20
Weiche Sandsteine (mit tonigem Bindemittel) und dergleichen	30
Dichte (feste) Kalksteine und Dolomite (einschließlich Marmor), Basaltlava und dergleichen	50
Quarzitische Sandsteine (mit kieseligem Bindemittel), Grauwacke und dergleichen	80
Granit, Syenit, Diorit, Quarzporphyr, Melaphyr, Diabas und dergleichen	120

Tafel B.4.6 Anhaltswerte zur Güteklasseneinstufung von Natursteinmauerwerk (aus DIN 1053-1)

Güteklasse	Grundeinstufung	Fugenhöhe/ Steinlänge h/l	Neigung der Lagerfuge $\tan \alpha$	Übertragungsfaktor η
N 1	Bruchsteinmauerwerk	$\leq 0{,}25$	$\leq 0{,}30$	$\geq 0{,}50$
N 2	Hammerrechtes Schichtenmauerwerk	$\leq 0{,}20$	$\leq 0{,}15$	$\geq 0{,}65$
N 3	Schichtenmauerwerk	$\leq 0{,}13$	$\leq 0{,}10$	$\geq 0{,}75$
N 4	Quadermauerwerk	$\leq 0{,}07$	$\leq 0{,}05$	$\geq 0{,}85$

Angaben zu *Natursteinmauerwerk* – Druckfestigkeit von Gesteinsarten, Einstufung in Güteklassen und σ_0-Werte – enthalten die **Tafeln B.4.5** bis **B.4.7**.

Tafel B.4.7 Grundwerte σ_0 der zulässigen Druckspannungen für Natursteinmauerwerk mit Normalmörtel (aus DIN 1053-1)

Güte-klasse	Steinfestig-keit β_{st}	Grundwerte σ_0 [1]			
		Mörtelgruppe			
		I	II	IIa	III
	N/mm²	MN/m²			
N1	≥ 20	0,2	0,5	0,8	1,2
	≥ 50	0,3	0,6	0,9	1,4
N2	≥ 20	0,4	0,9	1,4	1,8
	≥ 50	0,6	1,1	1,6	2,0
N3	≥ 20	0,5	1,5	2,0	2,5
	≥ 50	0,7	2,0	2,5	3,5
	≥ 100	1,0	2,5	3,0	4,0
N4	≥ 20	1,0	2,0	2,5	3,0
	≥ 50	2,0	3,5	4,0	5,0
	≥ 100	3,0	4,5	5,5	7,0

[1] Bei Fugendicken über 40 mm sind die Grundwerte σ_0 um 20 % zu vermindern.

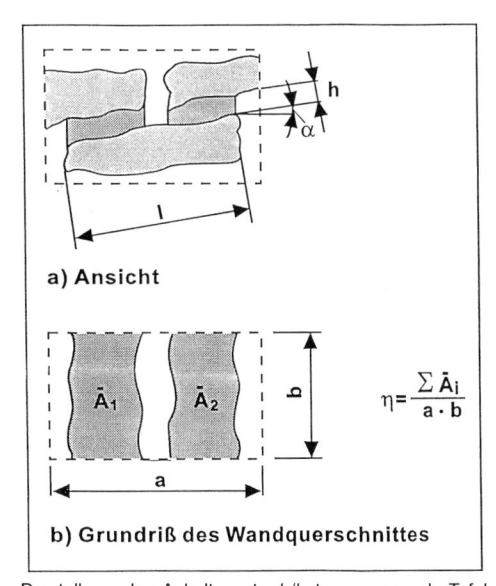

a) Ansicht

b) Grundriß des Wandquerschnittes

$$\eta = \frac{\sum \bar{A}_i}{a \cdot b}$$

Darstellung der Anhaltswerte h/l, tan α, η nach Tafel B.4.6

4.3 Zug-, Biegefestigkeit

Mauerwerk hat im Vergleich zu seiner Druckfestigkeit eine geringe Zug- und Biegefestigkeit und wird deshalb vorwiegend für druckbeanspruchte Bauteile eingesetzt. Auf Zug bzw. Biegung beanspruchte Mauerwerksbauteile sind z. B. Verblendschalen, Ausfachungswände (Windbeanspruchung) sowie Kellerwände (Beanspruchung durch Erddruck), aber auch Bauteile, die infolge von Schwinden und ggf. Abkühlung auf Zug beansprucht werden. Derartige Bauteile müssen eine gewisse Zug- bzw. Biegezugfestigkeit aufweisen – vor allem wenn die Zug- und Biegezugspannungen nicht durch entsprechende Auflasten „überdrückt" werden können.

Die wesentlichen Einflüsse auf die Zug-, Biegefestigkeit von Mauerwerk sind:

– die Mauersteinzug- und -biegezugfestigkeit,

– die Verbundfestigkeit zwischen Mauermörtel und Mauerstein (Haftscherfestigkeit) sowie

– die Art des Mauerwerkverbandes und die Überbindelänge der Mauersteine von Schicht zu Schicht sowie

– die Ausführungsqualität.

Bei der Zug- und Biegezugbeanspruchung von Mauerwerk *senkrecht zu den Lagerfugen* wird die Tragfähigkeit meist ausschließlich von der Verbundfestigkeit zwischen Mauermörtel und Mauerstein bestimmt. Diese ist in der Regel – ausgenommen Dünnbettmörtel – sehr gering und hängt zudem erheblich von der Ausführungsqualität ab. Aus diesen Gründen ist eine planmäßige Beanspruchung senkrecht zu den Lagerfugen nach DIN 1053 nicht zulässig.

Die Zug-, Biegefestigkeit *parallel zu den Lagerfugen* wird sowohl von der Steinzugfestigkeit als auch von der Scherfestigkeit zwischen Mauerstein und Mauermörtel bestimmt. Die Scherfestigkeit hängt dabei von der Haftscherfestigkeit β_{HS} und dem auflastbedingten Anteil $\mu \cdot \sigma_D$ (Reibungsbeiwert × Normalspannung) ab. Ist keine oder nur eine sehr geringe Auflast vorhanden, ist die Haftscherfestigkeit bestimmend. Diese unterscheidet sich nach Mörtelart und Mörtelgruppe. Bei hoher Haftscherfestigkeit und vergleichsweise geringer Mauersteinfestigkeit kann ein Versagen auch durch Überschreiten der Steinzug-, -biegezug- und ggf. der Steinlängsdruckfestigkeit eintreten.

Rechenwerte bzw. zulässige Werte für die Haftscherfestigkeit, die Steinzugfestigkeit und den Reibungsbeiwert sowie die maximalen Zug- und Biegezugspannungen (vereinfachtes Berechnungsverfahren) enthalten die **Tafeln B.4.8** bis **B.4.11**.

Die Zug- und Biegefestigkeit von Mauerwerk parallel zu den Lagerfugen ist vergleichsweise niedrig. Der Maximalwert für die zulässigen Zug- und Biegezugspannungen beträgt 0,3 MN/m².

Deutliche höhere Werte sind bei Dünnbettmauerwerk zu erwarten, bislang jedoch noch nicht in der DIN 1053 enthalten.

Tafel B.4.8 Haftscherfestigkeit β_{HS}; zulässige abgeminderte σ_{0HS} und Rechenwert β_{RHS} in MN/m² (aus DIN 1053-1)

Kenn-wert	Mörtelart, Mörtelgruppe				
	I	II	IIa, LM21, LM36	III, DM	IIIa
σ_{0HS}	0,01	0,04	0,09	0,11	0,13
β_{RHS}	0,02	0,08	0,18	0,22	0,26

Für Mauerwerk mit unvermörtelten Stoßfugen sind die Werte σ_{0HS} bzw. β_{RHS} zu halbieren. Als vermörtelt gilt eine Stoßfuge, bei der etwa die halbe Wanddicke oder mehr verfüllt ist.

Tafel B.4.9 Steinzugfestigkeit, Rechenwert β_{RZ} in MN/m² (aus DIN 1053-1)

β_{RZ}		
Hohlblock-steine	Hochlochziegel und Steine mit Grifföffnungen oder Grifflöchern	Vollsteine ohne Grifföffnungen oder Grifflöcher
$0,025 \cdot \beta_{N,st}$	$0,033 \cdot \beta_{N,st}$	$0,04 \cdot \beta_{N,st}$

Tafel B.4.10 Reibungsbeiwerte (aus DIN 1053-1)

Rechenwert μ	Rechenwert $\bar{\mu}$ (abgeminderter Reibungsbeiwert)
0,6	0,4

Tafel B.4.11 Maximalwerte der zulässigen Zug- und Biegezugspannungen max σ_Z und Schubspannung max τ in MN/m²

max σ_Z						
Steinfestigkeitsklasse $\beta_{N,st}$						
2	4	6	8	12	20	$\geq$ 28
0,01	0,02	0,04	0,05	0,10	0,15	0,20

max τ		
Hohlblock-steine	Hochlochziegel und Steine mit Grifföffnungen oder Grifflöchern	Vollsteine ohne Grifföffnungen oder Grifflöcher
$0,010 \cdot \beta_{N,st}$	$0,012 \cdot \beta_{N,st}$	$0,014 \cdot \beta_{N,st}$

4.4 Schubfestigkeit

Die Schubfestigkeit von Mauerwerk ist für die Aufnahme von Horizontalkräften in Richtung der Bauteilebene (Scheibenschub) und senkrecht dazu (Plattenschub) von Bedeutung. Dies betrifft in der Regel die Beanspruchung durch Wind.

Die wesentlichen Einflüsse auf die Schubfestigkeit von Mauerwerk sind:

– die Zugfestigkeit der Mauersteine,
– die Verbundfestigkeit zwischen Mauerstein und Mauermörtel (Scherfestigkeit bzw. Haftscherfestigkeit) sowie
– die Ausführungsqualität.

Wie bei der Zug- und Biegefestigkeit wird die Beanspruchbarkeit auf Schub wesentlich durch die Auflast bestimmt.

Rechenwerte bzw. zulässige Werte für die Haftscherfestigkeit, die Steinzugfestigkeit und den Reibungsbeiwert sowie die maximale Schubspannung (vereinfachtes Berechnungsverfahren) enthalten die **Tafeln B.4.8 bis B.4.11**.

Die max. zulässige Schubspannung beträgt 0,84 MN/m².

4.5 Sicherheitskonzeption

Wie bei Beton u. a. Baustoffen wird auch bei der Mauerwerksfestigkeit auf den 5 %-Quantil-Wert bezogen. Aus dieser Nennfestigkeit werden dann unter Berücksichtigung einer langzeitigen Beanspruchung (Dauerstandeinfluß), der Bauteilschlankheit (bei der Druckfestigkeit) ein Rechenwert der Festigkeit oder eine zulässige Spannung abgeleitet. Für die zulässige Spannung werden Sicherheitsbeiwerte von 2,0 (Wände) bzw. 2,5 (pfeilerartige Bauteile) angesetzt. Entsprechend werden auch die Rechenwerte abgemindert.

Bei der Druckbeanspruchung werden die Grundwerte σ_0 für die zulässige Spannung auf eine Bauteilschlankheit von $\lambda = 10$ bezogen. Davon abweichende Schlankheiten werden durch entsprechende Faktoren berücksichtigt.

Beim Mauerwerk nach Eignungsprüfung nach DIN 1053-2 entsprechen die Sicherheitsbeiwerte bzw. das Sicherheitskonzept denen in DIN 1053-1.

5 Bewehrtes Mauerwerk

5.1 Allgemeines

Die Bewehrung von Mauerwerk kann mit zwei Zielsetzungen erfolgen: Erhöhung der Tragfähigkeit und Verhinderung größerer, breiterer Risse. Im ersten Fall handelt es sich um eine statisch wirksame und in Rechnung gestellte Bewehrung. Im zweiten Fall um eine konstruktive Bewehrung zur Rißbreitenbeschränkung.

Da die Zug- und Biegefestigkeit von Mauerwerk im Vergleich zu seiner Druckfestigkeit gering ist (s. dazu auch Abschn. B.4), kann analog zu Beton die Tragfähigkeit des Mauerwerks durch eine Bewehrung, welche die Zugkräfte aufnimmt, erheblich verbessert werden. In der DIN 1053-3 (02.90) wird bewehrtes Mauerwerk behandelt. Die DIN bezieht sich praktisch ausschließlich auf statisch in Rechnung gestellte Bewehrung und gibt lediglich eine Mindestbewehrung zur Vermeidung größerer Rißbreiten an. Ansonsten wird die konstruktive Bewehrung nicht behandelt.

Für statisch bewehrtes Mauerwerk sind eine Reihe von besonderen Anforderungen und Regelungen zu beachten, die in der DIN 1053-3 aufgeführt und vor allem in [Schneider/Schubert – 96] näher erläutert sind. Diese betreffen im wesentlichen:
- die für bewehrtes Mauerwerk verwendbaren Baustoffe (s. dazu **Tafel B.5.1**),
- Regelungen für die Ausführung von Mauerwerk, einschließlich Anordnung der Bewehrung (s. dazu die **Tafel B.5.2** und die **Abbn. B.5.1** und **B.5.2**),
- Anforderungen an den Korrosionsschutz der Bewehrung (s. dazu die **Tafeln B.5.3** und **B.5.4**),
- Angaben zur Mindestbewehrung und zu den Stababständen (s. dazu **Tafel B.5.5**),
- Angaben zur Mindestbewehrung (s. dazu **Tafel B.5.6**),
- Angaben zur Bemessung und zu den zulässigen Verbundspannungen zwischen Bewehrung und Mauermörtel (s. dazu **Tafeln B.5.7** und **B.5.8**) sowie
- erforderliche Grundmaße für die Verankerungslängen (s. dazu **Tafel B.5.9**).

In den genannten Tafeln sind die wesentlichen Angaben, Anforderungen und Regelungen der DIN 1053-3 zusammengefaßt und übersichtlich dargestellt.

Tafel B.5.1 Bewehrtes Mauerwerk nach DIN 1053-3; verwendbare Baustoffe

Baustoffart	Anwendungsbedingungen
Mauersteine	Alle genormten Mauersteine und Formsteine, wenn: – Lochanteil $\leq 35\,\%$[1] – bei nicht kreisförmigen Löchern Stege in Wandlängsrichtung durchgehen (kein Stegversatz) – Kennzeichnung Mauersteine zusätzlich „BM" (bewehrtes Mauerwerk) enthält.
Mauermörtel	● unbewehrte Mauerwerksbereiche Mauermörtel nach DIN 1053-1 (Normalmörtel, außer MG I; Leichtmörtel; Dünnbettmörtel), ● bewehrte Mauerwerksbereiche (Lagerfugen, Aussparungen) nur Normalmörtel der Mörtelgruppen III und IIIa (Zuschlag mit dichtem Gefüge nach DIN 4226 Teil 1)
Beton	Für bewehrte Bereiche in Formsteinen, großen und ummauerten Aussparungen: Beton mind. Festigkeitsklasse B15 nach DIN 1045, Zuschlag Größtkorn 8 mm, ggf. höhere Festigkeitsklasse erforderlich wegen Korrosionsschutz
Betonstahl	Gerippter Betonstahl nach DIN 488-1[2]

[1] Hochlochziegel nach Zulassung Nr. Z-17.1-480 des Deutschen Instituts für Bautechnik dürfen unter bestimmten Bedingungen mit Lochanteilen bis zu 50 % für bewehrtes Mauerwerk verwendet werden.

[2] Für andere Bewehrung (kleinere Durchmesser als 6 mm, Bewehrungselemente – auch mit glatten Stählen) ist eine bauaufsichtliche Zulassung erforderlich. Derzeit sind zugelassen:
MURFOR-Bewehrungselemente mit Duplex-Beschichtungen für bewehrtes Mauerwerk (Z-17.1-469) und
MURFOR-Bewehrungselemente aus nichtrostendem Stahl für bewehrtes Mauerwerk (Z-17.1-541).

Baustoffe

Tafel B.5.2 Angaben zu Anforderungen und Einschränkungen bei der Ausführung von bewehrtem Mauerwerk nach DIN 1053-3

Anforderungsbezug		horizontale Bewehrung			vertikale Bewehrung		
		in Lagerfuge	in Formsteinen		in Formsteinen mit kleinen Aussparungen[2]	in Formsteinen mit großer Aussparung oder in ummauerten Aussparungen[2]	
Füllmaterial		Mörtelgruppe III oder IIIa	Mörtelgruppe III oder IIIa	Beton ≥ B 15	Mörtelgruppe III oder IIIa	Mörtelgruppe III oder IIIa	Beton ≥ B 15
Verfüllen der vertikalen Aussparungen		—			in jeder Lage	mindestens nach jedem Meter Wandhöhe	
maximaler Stabdurchmesser d_s (mm)		8	14		14	nach DIN 1045	nach DIN 1045
Überdeckung (mm)		zur Wandoberfläche ≥ 30	allseitig mindestens das 2fache des Stabdurchmessers; zur Wandoberfläche ≥ 30	nach DIN 1045	allseitig mindestens das 2fache des Stabdurchmessers; zur Wandoberfläche ≥ 30	nach DIN 1045	nach DIN 1045
Korrosionsschutz	bei dauernd trockenem Raumklima	keine besonderen Anforderungen					
	in allen anderen Fällen	Feuerverzinken oder andere dauerhafte Maßnahmen[1]	nach DIN 1045		Feuerverzinken oder andere dauerhafte Maßnahmen[1]	nach DIN 1045	
Mindestdicke des bewehrten Mauerwerks in mm		115					

[1] Die Brauchbarkeit ist z. B. durch eine allgemeine bauaufsichtliche Zulassung nachzuweisen.
[2] Vgl. Abb. B.5.2

Tafel B.5.3 Korrosionsschutz der Bewehrung nach DIN 1053-3

- Bewehrung in Mörtel muß stets zusätzlich geschützt werden, wenn nicht ein dauernd trockenes Klima gewährleistet ist (z. B. Innenwände von Wohnbauten – s. auch **Tafel B.5.4**)
- Korrosionsschutz der Bewehrung
  - Verwendung von Edelstahl,
  - Kunststoffbeschichtung,
  - Feuerverzinkung, wenn Gehalt an zinkaggressiven Bestandteilen (vor allem Sulfate, Chloride) im Mörtel und in Mauersteinen begrenzt ist (s. DIN 1053-3). Verwendbarkeit nur mit bauaufsichtlicher Zulassung!

Lagerfuge

$d_F \leq 20$, ≥ 30, $d_S \leq 8$

- genormte Mauersteine
- Lochanteil ≤ 35%
- kein Stegversatz bei eckiger Lochung
- NM III, NM IIIa

Formsteine

$d_S \leq 14$, ≥ 60, ≥ 45, $d_S \leq 14$

- NM III, NM IIIa oder Beton B 15
- Überdeckung:
  - Mörtel: allseitig ≥ $2d_S$ Wandoberfläche ≥ 30 mm
  - Beton: nach DIN 1045

Stoßfugen sind vollflächig zu vermörteln!

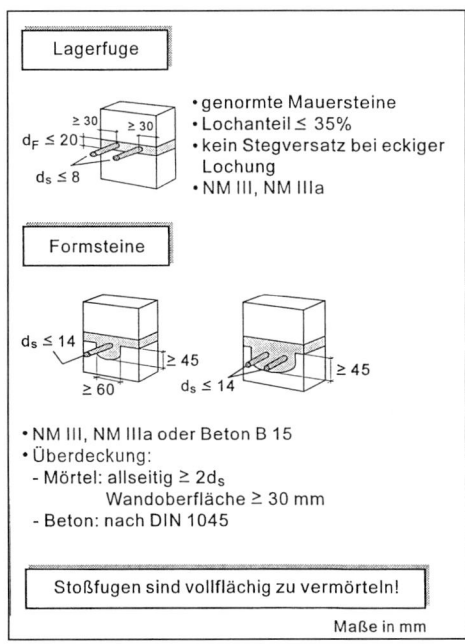

Maße in mm

Abb. B.5.1 Bewehrungsführung und wichtige Maße in bewehrtem Mauerwerk nach DIN 1053-3, horizontale Bewehrung

Kleine Aussparung, Formsteine

$d_S \leq 14$, ≥ 60

- NM III, NM IIIa
- Überdeckung:
  - allseitig ≥ $2d_S$
  - Wandoberfläche ≥ 30 mm
- Verfüllen: jede Steinlage!

Große Aussparung, Formsteine

≤ 750, ≥ 135

Ummauerte Aussparung

≥ 135

NM III, NM IIIa oder Beton ≥ B 15

Überdeckung:
- Mörtel: allseitig ≥ $2d_S$ Wandoberfläche ≥ 30 mm
- Beton: nach DIN 1045

max. Stabdurchmesser:
- Mörtel: 14 mm
- Beton: nach DIN 488 - 1

Verfüllen:
- mind. je Meter Wandhöhe

Ummauerte Aussparung (durchgehend)

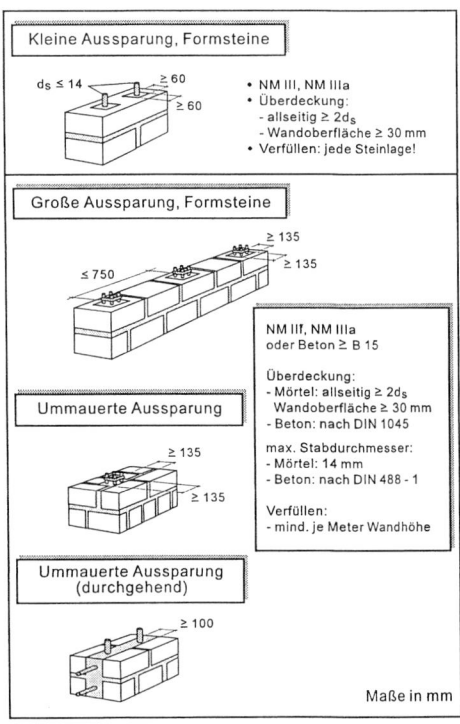

≥ 100

Maße in mm

Abb. B.5.2 Bewehrungsführung und wichtige Maße in bewehrtem Mauerwerk nach DIN 1053-3, vertikale Bewehrung

Eine ausreichend wirksame Bewehrung in Dünnbettmauerwerk ist bislang nicht möglich. Die vertikale Anordnung einer Bewehrung in Mauerwerksbauteilen ist zwar wegen der in der Regel kürzeren Spannrichtung wirksamer als die horizontale Anordnung, sie ist jedoch konstruktiv schwieriger auszuführen. Dies betrifft vor allem auch Mauerwerksbauteile mit hohen Anforderungen an den Wärmeschutz.

In Mauermörtel verlegte Bewehrung ist durch den sie umgebenden Mauermörtel bzw. die Mauersteine nicht vor Korrosion geschützt. Sie bedarf deshalb in nicht dauernd trocken bleibenden Bauteilen eines zusätzlichen Korrosionsschutzes.

Besonderheiten der Bewehrung im Mauerwerk gegenüber der im Beton betreffen u. a. die gegenüber Beton eingeschränkte Anordnungsmöglichkeit für die Bewehrung, die unterschiedlichen Korrosionsschutzverhältnisse sowie die Unterschiede in der Beanspruchbarkeit der Druckzone unter Bezug auf die verwendeten Mauersteine. Eine weitgehend problemlose Anordnung der Bewehrung ist nur in den Lagerfugen bei der Sollfugendicke von 12 mm (für bewehrtes Mauerwerk bis 20 mm) möglich.

Die Beanspruchbarkeit von Mauerwerk in der Biegedruckzone hängt sowohl von der Druckfestigkeit der Mauersteine in Wandlängsrichtung als auch von der Ausbildung des Stoßfugenbereiches zwischen den Mauersteinen ab. Mauersteine mit hohem Lochanteil und in Längsrichtung versetzten Stegen bzw. einer geringen Längsdruckfestigkeit und unvermörtelte Stoßfugen führen zu einer geringen Beanspruchbarkeit der Biegedruckzone und sind deshalb nach DIN 1053-3 nicht zulässig. Das heißt, bei derartig beanspruchten Mauerwerksbauteilen müssen die Stoßfugen stets vollflächig vermörtelt werden. Der Lochanteil der Mauersteine ist auf max. 35 % begrenzt. Durch eine bauaufsichtliche Zulassung sind jedoch auch Mauerziegel mit höheren Lochanteilen verwendbar, wenn deren Stege in Wandlängsrichtung nicht versetzt sind und eine bestimmte Mindestdruckfestigkeit der Mauerziegel in Wandlängsrichtung eingehalten wird.

Vorteilhaft hat sich der Einsatz von Bewehrungselementen erwiesen, die jedoch einer bauaufsichtlichen Zulassung bedürfen (s. dazu **Tafel B.5.1**, Fußnote 2).

Anwendungshemmende Einschränkungen der derzeitigen Fassung der DIN 1053-3 sind u. a. die Begrenzung auf die Normalmörtelgruppen MG III und IIIa, die volle Vermörtelung der Stoßfugen, das vorgeschriebene schicht- bzw. meterweise Verfüllen von bewehrten Aussparungen, die unzureichende Ausnutzung bestimmter Mauerwerkseigenschaften sowie das Fehlen von detaillierten Regelungen zur Anwendung der konstruktiven Bewehrung. Eine Neubearbeitung der DIN 1053-3 ist vorgesehen.

Tafel B.5.4 Vorschläge zur Einordnung von Wandbauteilen hinsichtlich des Korrosionsschutzes

Bauteil	Korrosionsschutz
Innenwände	
● dauerhaft trocken	nicht erforderlich
● Trennwände zwischen Bädern, Küchen u. ä.	erforderlich
einschalige Außenwände (auch Kellerwände)	
● Innenseite	u. U. erforderlich, wenn Wasserzutritt nicht sicher ausgeschlossen werden kann. Korrosionsschutz jedoch grundsätzlich sinnvoll, da Verwendung geschützter und ungeschützter Bewehrung (Gefahr einer Makroelementbildung) im gleichen Bauteil nicht sinnvoll und baupraktisch kaum durchführbar ist.
● Außenseite	erforderlich
zweischalige Außenwände	
● Innenschale	nicht erforderlich
● Außenschale	erforderlich

Tafel B.5.5 Angaben zur Mindestbewehrung, zu Stababständen nach DIN 1053-3

Sachverhalt	Verfahrensweise, Regelung
Vermeiden breiter Risse	Einhalten von Mindestbewehrungsgehalten. Die Werte für reine Lastbeanspruchung enthält **Tafel B.5.6**. Bei Gefahr sehr breiter Risse durch lastunabhängige Zwängungen (z. B. aus Schwinden oder Temperaturbeanspruchung) wird ein Bewehrungsanteil von mind. 0,2 % empfohlen.
Stababstände	- Mindestabstand zwischen den Stäben: nach DIN 1045 - größte Stababstände: 250 mm (Hauptbewehrung), 375 mm (Querbewehrung)
Verankerung der Bewehrung	- Nachweis nach DIN 1045 - zulässige Grundwerte der Verbundspannung für Bewehrung in Mörtel: siehe **Tafel B.5.8**

Tafel B.5.6 Mindestbewehrung

Lage der Hauptbewehrung	Mindestbewehrung, bezogen auf Gesamtquerschnitt	
	Hauptbewehrung min μ_H	Querbewehrung min μ_Q
Horizontal in Lagerfugen oder Aussparungen	4 Stäbe, $d_s = 6$ mm je m Wandhöhe	–
Vertikal in Aussparungen oder Sonderverbänden	0,1 %	0, wenn $\mu_H < 0,5$ % 0,2 μ_H, wenn $\mu_H > 0,6$ % Zwischenwerte: linear interpolieren
In durchgehenden, ummauerten Aussparungen	0,1 %	0,2 μ_H

Tafel B.5.7 Angaben zur Bemessung nach DIN 1053-3

Sachverhalt	Angaben, Regelungen
Verfahrensweise für Bemessung	i. allg. nach DIN 1045
Biegeschlankheit	$\lambda_B = l/d \leq 20$
statische Nutzhöhe wandartiger Träger	$h_{stat} \leq l/2$ l: Stützweite

Rechenwerte der Mauerwerks-druckfestigkeit β_R	– Druckbeanspruchung in Lochrichtung: β_R nach DIN 1053-1 und 1053-2
	– Druckbeanspruchung quer zur Lochrichtung:
	  $\beta_{R,Q} = 0,5 \cdot \beta_R$ (gelochte Vollsteine, Lochsteine),
	  $\beta_{R,Q} = \beta_R$ (Vollsteine)
	– Querschnitte mit verfüllten Aussparungen:
	  Wenn β_R von Beton oder Mörtel $< \beta_R$ Mauerwerk, so ist für den Gesamtquerschnitt der Rechenwert des Verfüllmaterials maßgebend.
	  β_R Mörtel: 4,5 MN/m² für MG III, 10,5 MN/m² für IIIa;
	  Beton: nach DIN 1045

Knicksicherheit	$\bar{\lambda} \leq 25$; $\bar{\lambda} > 20 \rightarrow$ genauer Nachweis nach DIN 1045 $\bar{\lambda} \leq 20 \rightarrow$ Näherungsnachweis (s. DIN 1053-3)

Bemessung für Querkraft	● Scheibenschub
	  – Schubnachweis im Abstand $0,5\,h$ von der Auflagerkante erlaubt; überdrückte Rechteckquerschnitte: Stelle der max. Schubspannung, gerissene Querschnitte: Nachweis in Höhe Nullinie, Zustand II.
	  – Zulässige Schubspannungen nach DIN 1053-1 sind einzuhalten.
	● Plattenschub
	  Nachweis nach DIN 1045, jedoch gilt: $\tau_{0,11} = 0,015\,\beta_R$
	  (β_R nach DIN 1053-1, gilt auch für gelochte Vollsteine, Lochsteine in und quer zur Lochrichtung).

Tafel B.5.8 Bewehrung in Mauermörtel; zulässige Grundwerte der Verbundspannung zul τ_1 für gerippten Betonstahl nach DIN 488-1 in MN/m²

Mörtelgruppe	Bewehrung	
	in der Lagerfuge	in Formsteinen und Aussparungen
III	0,35	1,0
IIIa	0,70	1,4

Tafel B.5.9 Erforderliche Grundmaße l_o der Verankerungslänge in Abhängigkeit vom Stahldurchmesser d_s

Quelle	Normalmörtel		
	MG IIa	MG III	MG IIIa
DIN 1053-3	nicht zulässig	204 d_s	102 d_s
Z-17.1-469[1]	nicht zulässig	140 d_s	70 d_s
[Meyer/Schießl-94]	204 d_s	143 d_s	102 d_s

[1] Siehe Tafel B.5.1, Fußnote 2)

5.2 Konstruktive Bewehrung zur Rißbreitenbeschränkung

In einer Reihe von Fällen können bei Mauerwerksbauteilen unter bestimmten Bedingungen Rißbildungen nicht ausgeschlossen werden. Solche Risse – vor allem breitere Risse – können sowohl die Funktionsfähigkeit von Mauerwerksbauteilen als auch die Ästhetik erheblich beeinträchtigen. In einigen Fällen können sie durch gezielte Baustoffwahl, konstruktive Maßnahmen (z. B. Dehnungsfugen) und besondere Ausführungsqualität vermieden werden. Dies ist jedoch in der Regel kostspielig oder kann nicht sicher gewährleistet werden (Ausführungsqualität). Eine konstruktive Bewehrung von Mauerwerksbauteilen (in den Lagerfugen) kann zwar die Risse nicht verhindern, aber die Rißbreite auf ein vorgegebenes Maß beschränken. Da die Rißbreitenbeschränkung i. allg. nicht die Standsicherheit eines Bauteils oder gar eines Bauwerkes betrifft, können die Anforderungen an die Bewehrung selbst und die Mauerwerksbaustoffe niedriger sein. Für die Verwendbarkeit einer konstruktiven Bewehrung bedarf es keines bauaufsichtlichen Nachweises oder einer DIN-Regelung.

Anwendungsbeispiele sind in den **Abbn. B.5.3** und **B.5.4** dargestellt.

Tafel B.5.10 Vorschläge für Mindestbewehrungsgehalte μ_{min} in % zur Beschränkung der Rißbreite (aus [Meyer – 96])
(Angaben bezogen auf die unter Zugspannung stehende Mauerwerksfläche)
Lagerfugenbewehrung in Normalmörtel
I: Kriterium I, mittlere Rißbreite $w \leq 0{,}2$ m
II: Kriterium II, $\sigma_s = 400$ N/mm²

Steinart, -sorte (s. auch Tafel B.1.2)	Biegezwang				zentrischer Zwang	
	Stoßfuge					
	unvermörtelt		vermörtelt			
	I	II	I	II	I	II
PB	0,03	0,01	0,06	0,02	0,07	0,03
Hbl	0,03	0,01	0,11	0,04	0,07	0,03
V, Vbl (V 12)	0,08	0,03	0,11 (0,33)	0,04 (0,12)	0,21	0,08
KS	0,08	0,03	0,28	0,10	0,21	0,08
Mz	0,14	0,05	0,47	0,17	0,34	0,13
HLz	0,06	0,02	0,17	0,06	0,14	0,05

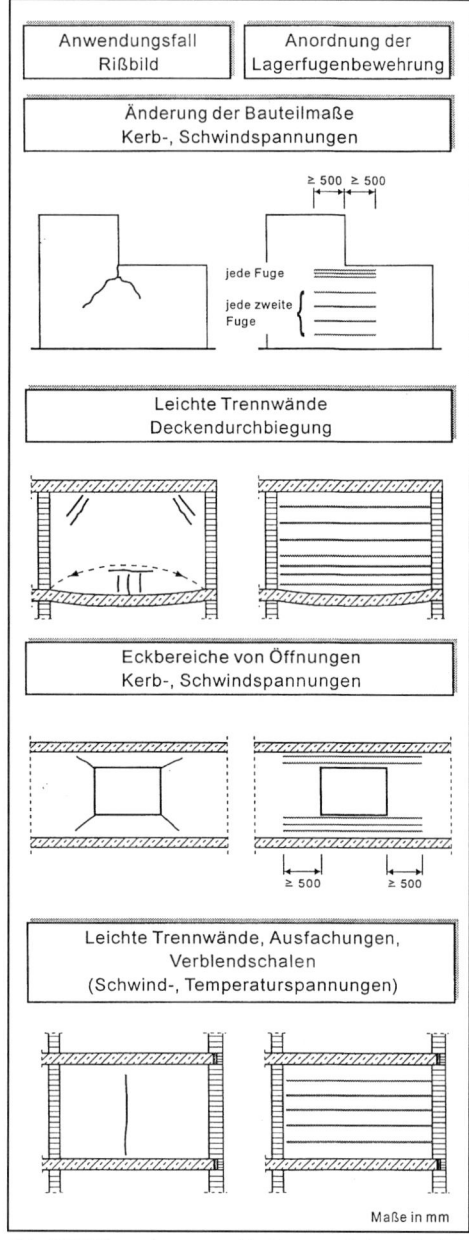

Abb. B.5.3 Zwangbeanspruchte Mauerwerksbauteile; Rißfälle, empfohlene Bewehrungsanordnung (Beispiele, Schemaskizzen)

Bewehrtes Mauerwerk

Die Wirksamkeit einer konstruktiven Bewehrung wird durch eine Reihe von Einflüssen bestimmt. Dies sind z. B.: die Zug- und Biegezugfestigkeit des Mauerwerks, die Druckfestigkeit des Fugenmörtels, der Bewehrungsanteil (Querschnitt – in Prozent vom Mauerwerksquerschnitt) sowie die Stahlspannung am Riß. In [Meyer – 96] wurde ein Bemessungsverfahren für konstruktive Bewehrung entwickelt. Mit diesem kann für ein bestimmtes Mauerwerk und für eine vorgegebene Rißbreite (Mittelwert oder 95 %-Quantil) der erforderliche Bewehrungsquerschnitt ermittelt werden. Auf diesem Bemessungsverfahren basieren die in der **Tafel B.5.10** vorgeschlagenen Mindestbewehrungsgehalte zur Beschränkung der Rißbreite. Sie beziehen sich auf derzeit bekannte obere Grenzwerte der Mauerwerkszugfestigkeit. Für den Einzelfall genauere Angaben über die erforderliche konstruktive Bewehrung sind mit Hilfe der in [Meyer – 96] angegebenen Bemessungsformeln möglich.

Dringend zu empfehlen ist die Beratung durch einen Sachverständigen bereits im Planungsstadium, um einen wirtschaftlichen und wirksamen Einsatz der konstruktiven Bewehrung zu gewährleisten.

Detaillierte Erläuterungen und Rechenbeispiele zur konstruktiven Bewehrung finden sich in [Meyer/Schießl – 96].

Baustoffe

6 Mauersteine aus Recyclingmaterial

6.1 Überblick

Durch die zunehmende Beurteilung von Baumaßnahmen und Baustoffen im Hinblick auf ihre nachhaltige Wertschöpfung, ist gerade die Frage ihrer Herstellung und Wiederverwendung von aktuellem Interesse.

Die bisherigen stark linearen Produktionsprozesse der Industrie mit einem nicht weiterverwendbaren Konsumprodukt am Ende sollten verstärkt zu einem geschlossenen Kreislaufprozeß mit einem recyclingfähigen Produkt analog zu den Stoffwechselprozessen der Natur umgestaltet werden.

Zur Unterstützung dieses Umwandlungsprozesses sowie der Recyclingproduktentwicklungen in Wirtschaft und Gesellschaft ist am 07. Oktober 1996 das lang erwartete Kreislaufwirtschafts- und Abfallgesetz (KrWG) in Kraft getreten. Das derzeit wichtigste von unzähligen Gesetzen und Verordnungen des Umweltrechts soll dazu beitragen Abfälle in stärkeren Maße zu recyclen.

Davon betroffen sind auch Baustoffe und damit auch einer ihrer ältesten, die Mauersteine (**Abb. B.6.1**). Für ihre Hersteller ist dabei das Erstellen und publizieren einer Ökobilanz, und damit verbunden die Darstellung des Produktkreislaufes, des Primärenergieeinsatzes und der Recyclingfähigkeit mittlerweile selbstverständlich.

Dieser Beitrag aktualisiert den Überblick über innovative Technologie in der Herstellungstechnik und über die Recyclingfähigkeit von Mauersteinen und zeigt die Auswirkungen des Kreislaufwirtschaftsgesetzes im Hinblick auf Ökobilanzen und Primärenergie der Recyclingmauersteine auf.

Hierbei kann zwischen den einzelnen Mauersteinarten nicht mehr klar getrennt werden, da das jeweilige Recyclingmaterial oft nicht mehr ausschließlich einer Mauersteinart zugeordnet werden kann.

Abb. B.6.1 Kreislaufwirtschaft

Abb. B.6.2 Altbaustoff (s. *[Jahrbuch 98]*)

Abb. B.6.3 Neuer Recyclingbaustoff (s. *[Jahrbuch 98]*)

6.2 Kreislaufwirtschaftsgesetz und Notwendigkeiten

Das bisherige Abfallgesetz (AbfG) von 1986 war nur auf die Beseitigung von Abfallstoffen ausgerichtet. Diejenigen Abfallstoffe, die verwertet wurden, galten dagegen als Reststoff oder Wirtschaftsgut und fielen nicht unter die Vorschriften (**Abb. B.6.2**). Das jetzige Kreislaufwirtschaftsgesetz (KrWG) übernimmt den weiter gefaßten europäischen Abfallbegriff, nach dem alle Stoffe, gleich ob sie beseitigt oder verwertet werden, in den Anwendungsbereich des Abfallrechtes fallen. Das bedeutet, daß nach Expertenschätzungen statt der bisherigen ca. 350 Mio. t Abfall pro Jahr ca. 700 Mio. t zu den Deponien gelangen.

Da davon ca. 2/3 aus der Bauwirtschaft stammen, wird der Zwang zum Einsparen von Deponieraum und zum sorgfältigen Umgang mit Baustoffen und Bauabfällen deutlich. Dreiviertel der „Abfälle" aus der Bauwirtschaft bestehen aus Bodenaushub – mehr oder weniger kontaminiert –, das restliche Viertel setzt sich je zur Hälfte aus Bauschutt und Straßenaufbruch zusammen.

Die Bauabfälle sind in Bauschutt, Baustellenabfälle, Bodenaushub, Straßenaufbruch und Baurestabfälle unterteilt. Der Umgang mit „Bauabfällen" wird durch das Bundesabfallgesetz (AbfG) und die Bauabfallverordnung (BauAbfV) geregelt, deren Verordnungen zusammen mit der technischen Anleitung Siedlungsabfall (TASI) bis zum Jahre 2005 verschärft werden. Die unbelasteten Abfälle konnten bisher z. T. sofort wieder dem Wirtschaftskreislauf als Rohstoff zugeführt werden. Nach dem neuen Gesetz wird es erschwert, Stoffe unter dem Hinweis der angeblichen Verwertbarkeit als Wirtschaftsgut zu deklarieren, da damit teilweise die Anforderungen einer ordnungsgemäßen Beseitigung umgangen werden sollten.

Daher wird jetzt im KrWG der Abfallvermeidung höchster Stellenwert eingeräumt. Sowohl Produktion als auch Konsum sollen möglichst wenig Abfall verursachen, getreu dem Prinzip, wo kein Abfall anfällt, muß auch keiner beseitigt werden. Wenn eine Vermeidung nicht möglich ist, soll der Abfall verwertet oder – wenn es gar nicht mehr anders geht – umweltgerecht beseitigt werden. Dazu sind im Anhang des Gesetzes Beseitigungsverfahren und Verwertungsverfahren aufgeführt. Als Verwertungsarten werden die stoffliche, d. h. die Rückgewinnung von Rohstoffen, und die energetische, d. h. die Energiegewinnung aus Abfällen durch Verbrennung, aufgeführt. Diese werden aber nicht unterschiedlich gewertet, es wird lediglich „eine der Art und Beschaffenheit" des Abfalls entsprechende hochwertige Verwertung verlangt, „wenn die mit der Verwertung verbundenen Kosten nicht außer Verhältnis zu den Kosten stehen, die für eine Abfallbeseitigung zu tragen" wären. Erst bei einer Menge von über 2000 t normaler Abfall oder 2 t Sonderabfall müssen die entsorgenden und verwertenden Unternehmen nach einigen Landesregelungen ab 1999 zumindest interne Abfallwirtschaftskonzepte und -bilanzen erstellen [KrWG].

Diesen erheblichen, sich immer noch vermehrenden Mengen an „Schutt" steht eine begrenzte Menge an Rohstoffen gegenüber. Bei den wichtigsten mineralischen Rohstoffen für die Bauindustrie – die zur Mauersteinherstellung notwendigen Kiese, Sande und Tone – verringern sich die Vorräte in den betriebenen Lagerstätten, und die Genehmigungen für neue Gruben sind aufgrund des sensibilisierten Umweltbewußtseins der Öffentlichkeit immer schwieriger zu erlangen [Willkomm].

Diese Tendenzen – Ansteigen der Abfallmenge und Abnahme der Rohstoffe – schlagen sich in der Einführung des Kreislaufwirtschaftsgesetzes nieder und bestimmen zwei grundsätzliche Richtungen bei der heutigen Entwicklung von Mauerwerk aus Recyclingmaterialien: einerseits die Substitution mineralischer Rohstoffe mit konsistenzähnlichen Reststoffmaterialien wie Hafenschlick, Papierschlamm, Bodenaushub oder auch Klärschlämmen – andererseits die Verwendung von Ziegelschutt oder Abbruchmaterial bzw. Herstellungs-Bruchmaterial als Sekundärrohrstoff **(Abb. B.6.3)**. Voraussetzung für beide Arten ist, wie stets im Recycling, die getrennte Sammlung bzw. das Trennen der Rohmaterialien, d. h. von Putz, Holz etc., und die Möglichkeit der Dekontamination der Abfälle – vor allem von Verunreinigungen mit Schwermetallen – vor oder bei der Weiterverarbeitung.

6.3 Naturstein

Unzählige Säulentrommeln aus den vorchristlichen griechischen Tempeln wurden in späteren Zeiten in den Ställen sizilianischer und römischer Bauern weiterverarbeitet **(Abb. B.6.4)**. Als einfachste Form des Recyclings wurde hier der wertvolle Stein nicht achtlos liegengelassen oder auf einer Halde deponiert, sondern weiterbe-, um- und verarbeitet. Bei dem praktisch nicht mehr vorkommenden massiven Mauerwerk aus natürlichen Steinen wird die sowohl wirtschaftliche als auch herstellungsbedingte Notwendigkeit der Wiederverwertung besonders deutlich.

Der heutige Naturstein – als vorgehängte Wandverkleidung, im Sandbett verlegte Bodenplatten und Straßenbordsteine oder Bauteile wie Fenstergesimse – kann ebenfalls gelagert und problemlos um- und weiterverarbeitet werden. Bruchmaterial, entstanden bei der Verarbeitung des Natursteins oder schon im Steinbruch, wird als Zuschlagstoff für Beton oder Mörtel oder als Verfüll- und Bettungsstoff verwendet und zu Agglomeratmarmor verarbeitet. Und selbst feine Gesteinsstäube werden als Pigmente Putzen und Mörteln beigemischt.

Baustoffe

6.4 Hüttensteine

Die hauptsächlich regional bedingte Entwicklung der Hüttensteine am Ende des letzten Jahrhunderts wurde von Anfang an unter dem Aspekt der sinnvollen Wiederverwertung eines Abfallproduktes betrieben. Somit lag hier, lange vor dem jetzigen sprachlichen Gebrauch, ein Recyclingprodukt vor, das mittlerweile in der DIN 398 normiert ist. Die bei der Stahlerzeugung anfallende Hochofenschlacke wird gekörnt und als sogenannter Schlackensand mit Kalk (nach DIN 1060), Schlackenmehl oder Zement (nach DIN 1164) und Wasser gemischt. Die in Formen gepreßten Steine erhärten entweder an der Luft, unter kohlesäurehaltigen Abgasen oder unter gespanntem Dampf (8–12 bar).

Die Herstellung der Steine ist mit einem geringen Priimärenergieeinsatz (ca. 203 Kwh/m^3) möglich [Land]. Ihre Rohdichte liegt zwischen 1–2,2 kg/dm^3 und ihre Festigkeitsklassen zwischen 6–28 N/mm^2.

Da die Schlacke aus der Metallverarbeitung stammt, muß bei ihrer weiteren Verwendung – z. B. als Schotter im Straßenbau – geprüft werden, wie hoch die im Mauerstein gebundenen Verunreinigungen mit Schwermetallen (hier vor allem Kadmium) sind, um ggf. konstruktiv einem Auswaschen vorzubeugen [Haefele/Oed – 96].

6.5 Betonsteine

Auch das römische opus caementitium (Abb. B.5), als Vorläufer des Betons, wurde als eine Mischung aus altem Ziegelbruch und Mörtel zwischen eine Schalung aus Mauerwerkssteinen gefüllt (Abb. B.6 [op]). Somit sind schon die Wurzeln der Rohmasse der Betonsteine, des Betons, ein Recyclingmaterial. Die Ausgangsstoffe der heutigen Betonsteine sind in der Hauptsache Sand und Kies, die mit einem hydraulischen Bindemittel (in der Regel Zement nach DIN 1164) gemischt werden.

Die Leichtbetonsteine (DIN 18 149, 18 151, 18 152) erhalten Zuschläge mit porigem Gefüge (DIN 226-2), u. a. Bims, Lavaschlacke oder Tuff, und die Betonsteine (DIN 18 153) Zuschläge mit dichtem Gefüge (DIN 4226-1). Die Mischung wird naß geformt und mit Vibrationsmaschinen verdichtet und dann an der Luft oder mit entspanntem Dampf erhärtet.

Die für die Leichtbetonsteine eingesetzten Zuschlagstoffe Ziegelsplitt und Hüttenbims sind Sekundär-Rohstoffe. Ebenfalls Sekundär-Rohstoffe sind einige der verwendeten Zemente, die zum Teil aus den sogenannten REA-Gipsen hergestellt werden. Diese werden aus den Rückständen der Rauchgasentschwefelungsanlagen von z. B. Kraftwerken gewonnen.

Abb. B.6.4 Johanniter-Kastell in Bodrum (Türkei) mit Bauteilen des dortigen Mausoleums (früher *Halikarnassos*) [op]

Die weitergehende Verwendung von z. B. gebrochenem Beton als Rohstoff wird z. Zt. nicht von den Herstellern untersucht. Dieser findet nur als Recyclingsplitt im Straßenbau Einsatz.

Im Unterschied zu den Leichtbeton- und Betonsteinen bestehen die Porenbetonsteine (DIN 4165) aus feingemahlenen kieselsäurehaltigen Stoffen, denen zusätzlich zu dem hydraulischen Bindemittel noch gasbildende Stoffe, z. B. Aluminiumpulver, zugesetzt werden. Nach dem Naßmischen werden die erstarrten Formlinge mittels Stahldrähten geschnitten und im Härtekessel unter gespanntem Dampf (8–12 bar) erhärtet. Da der Produktionsprozeß das Brechen und Feinmahlen der Ausgangsstoffe impliziert, nutzen die Hersteller diese Möglichkeit und geben die geringe Menge der schadhaften Steine aus dem Produktionsprozeß dem Mischgut erneut wieder zu.

Dadurch ist ein geschlossener Produktionskreislauf möglich, so daß kein Abfall anfällt. Schadhafte, bereits gehärtete Steine werden zu Granulaten und Stäuben mit Korngrößen von 0–2 mm verarbeitet und dann, sofern sie nicht wieder in der Produktion eingesetzt werden, als Ölbinder oder Katzenstreu weiterverwendet. Abbruchmaterial von Gebäuden kann, bei Sortenreinheit wiederverwendet werden, ansonsten wird es aufgrund des geringen Schadstoffanteils im Eluat auf Deponien der Klasse 1 gelagert.

Die gerade für die Betonsteine naheliegende Lösung der Wiederverwendung von gebrochenem Altbeton als Sekundär-Rohstoff wird leider noch durch fehlende Regelwerke, die die Materialkennwerte und Korngrößen festschreiben, erschwert. Die Materialüberprüfung erfolgt deshalb durch die einzelnen Hersteller oder durch eine bauaufsichtliche Zustimmung im Einzelfall.

Normierte und zugelassene Mauersteine aus sogenanntem Recycling-Kies-Beton (**Abb. B.6.11**) stellt die österreichische Baufirma Buhl her. Die mit Nut und Feder zu fügenden HBL-Steine werden zu 50 bis 80 % aus gemischten Mauerwerksabbruch gewonnen und besitzen eine Rohdichte von 1,9 bis 2,2 kg/dm^3 (**Abb. B.6.12**). Für Deutschland ist bisher allerdings keine Zulassung vorhanden [Buh].

Die bauaufsichtliche Zustimmung im Einzelfall ermöglichte erstmalig 1994 die Verwendung von Recyclingbeton beim Neubau der Deutschen Bundesstiftung Umwelt in Osnabrück (**Abb. B.6.7**). Die u. a. dabei gewonnenen Erfahrungen trugen zur seit 1998 vorliegenden Richtlinie für Beton mit rezykliertem Zuschlag bei, so daß die aufwendige Einzelzulassung entfallen kann. Die beim Deutschen Ausschuß für Stahlbeton erschienene Richtlinie ermöglicht die Behandlung der Zuschläge aus Recyclingmaterial nach der

Abb. B.6.5 opus caementitium, Forum Romanum, Rom [op]

Abb. B.6.6 Rekonstruktion eines römischen Bogens mit Ziegelbruch als Füllung [op]

geltenden DIN 4226. Der Beton kann damit entsprechend DIN 1045 verarbeitet werden.

Auch wenn der Beton bei diesem Beispiel als homogener Wandbaustoff und nicht als Mauerstein verwendet worden ist, dient der Entwurf von Prof. E. Schneider-Wessling, Köln, als Beispiel für ein gestalterisch anspruchsvolles Bauen aus Recyclingmaterial, bei denen der Recyclingbeton in seiner Oberfläche keine Unterschiede zu den gebräuchlichen aufweist. Der zu ca. 60 % aus gebrochenem Altbeton (Betonsplitt mit den Korngrößen 4–32 mm) bestehende Zuschlag wurde in üblicher Weise als B 35 verarbeitet. Die Rohdichte des **Recyclingbetons (Abb. B.6.8)** lag im Schnitt bei 2,2 kg/dm^3 und die Druckfestigkeit bei 50 N/mm^2 *[Wöhnl]*.

Abb. B.6.7 Neubau Deutsche Bundesstiftung

6.6 Ziegel

Der Ziegel, Urtypus aller Mauersteine, ist im Bewußtsein vieler Nutzer sicherlich die klassische Art des Mauerwerks. Die Herstellung von Ziegeln aus Lehm bzw. Ton, Sand und u. U. Zusatzstoffen ist geläufig (DIN 105).

Diese Mischung wird auf 800–900° C (beim normalen Mauerziegel) und auf über 1 100° C (beim Klinker) erhitzt. Dabei wird sie in ihrer kristallinen Struktur verändert und gehärtet [Mau]. Die Herstellung von Ziegeln war – durch die hohe Temperatur in den Tunnelöfen – schon immer mit einem großen Energieaufwand und dabei mit Emissionen verbunden, weshalb Ziegel noch bis in die heutige Zeit hinein beim Abbruch von Mauerwerk von Putz- und Mörtelresten gesäubert und sortiert wurden, um dann erneut als Mauerstein oder doch zumindest gebrochen als Schotter weiterverwendet zu werden.

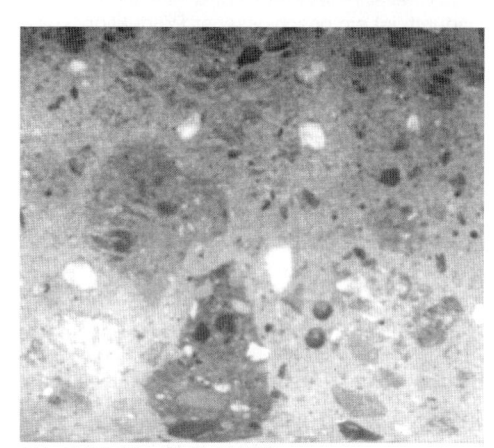

Abb. B.6.8 Oberfläche Prüfkörper

Die Zusatzstoffe enthalten bisher schon einige Sekundär-Rohstoffe wie Ziegelbruch – als Magerungsmittel zur Vermeidung von Rißbildung –, Schlackenanteile – um die Sintertemperatur (für den Übergang zum Klinker) herabzusetzen – oder Papierschlamm und Sägespäne – um die Porosierung und damit die Rohdichte bzw. Dämmfähigkeit zu verbessern –. Bekannte Beispiele hierbei sind u. a. die sogenannten Schamottsteine, denen als Magerungsmittel Ziegelreste zugeschlagen werden. Das damit erzielte geringere Schwinden und die höhere Rißfestigkeit dienen ihrer Verwendung als feuerfeste Steine. **(Abb. B.6.9)**

Dieses bisher gering genutzte Potential **(Abb. B.6.10)** muß, um die verbliebenen Ressourcen wirksamer zu schonen, erheblich erhöht werden; es wird deshalb nach Ersatz- bzw. Ergänzungsstoffen für den Hauptrohstoff Ton gesucht.

Abb. B.6.9 Schornstein-Mantelstein mit Ziegelsplitt-Zuschlag

Hierfür bietet sich aufgrund ihrer ähnlichen Konsistenz und Zusammensetzung die immer größer werdende Menge an Schlämmen aus der Papierindustrie, Klärwerken, Abgasanlagen sowie die Mengen von Bodenaushub an, die durch die strengen Umweltauflagen immer häufiger als Sondermüll auf die Deponie gebracht werden müssen. Experimentiert wird u. a. mit Hafenschlick, mit Baggergut aus der Elbe sowie mit Bodenwaschschlamm, d. h. gewaschenem Bodenaushub.

Bei beiden Substituten sind die Problemfelder ähnlich gelagert. Wie auch im Naturprodukt Ton sind neben organischen Schadstoffen Schwermetalle eingeschlossen (Tafel B.6.1). Durch das Brennen des Tones und die damit verbundenen hohen Temperaturen können die organischen Schadstoffe weitgehend zerstört und die Schwermetalle unschädlich eingebunden werden. Dies bedingt allerdings einen höheren Energieverbrauch und auch aufwendigere emissionsmindernde Abgasanlagen. Bisher benötigt eine Ziegelei zum Herstellen die Energiemenge von ca. 300–500 kWh/t [Haefele/Oed – 96].

Die Umweltbehörde in Hamburg führte zusammen mit der Firma Lahmeyer International eine Studie durch, die den Einsatz und die Verwertung von belasteten Sedimenten untersucht und auf die wirtschaftliche und technische Realisierung überprüft. Sie kommt zu folgenden Ergebnissen: Die Sedimente müssen meist mit der sogenannten Klassierung – eine trockene bzw. nasse Sortierung mit Sieben oder Hydrozyklonen – in drei verschieden stark belastete Schadstoffgruppen und unterschiedliche Kornfraktionen unterteilt werden. Die schadstoffreiche Feinfraktion mit Korngrößen 5 0,63 mm steht dann zur Ziegelproduktion zur Verfügung, während die schadstoffarme Grobfraktion als Sand ohne zusätzliche Veredelung bzw. ohne Brennen verwendet werden kann. Das feinkörnige Sedimentmaterial wird bei der folgenden Herstellung z. B. mit Ziegelton gemischt und dann wie üblich gebrannt, wobei die organischen Schadstoffe beim Brennprozeß weitgehend zerstört werden, während die Schwermetalle größtenteils in das Produkt eingebunden werden [Lahmeyer – 96].

Erprobt wird dies in einer Hamburger Ziegelei, die Hafenschlick verwendet, der bis zu 60 % den Ton ersetzen kann. So wird ein Ziegelstein hergestellt, der eine rötliche Farbe besitzt und mit seinen Materialeigenschaften, Druckfestigkeit und Rohdichte, in etwa einem Vormauerziegel entspricht, jedoch nicht frostbeständig ist. Ein ungewollter Vorteil des Hafenschlicks ist die Kontamination mit Öl. Das Öl wird als Energieträger beim Brennvorgang genutzt. Trotzdem verhindert der zum Einbinden der Schwermetalle nötige Aufwand an Energie und das

Abb. B.6.10 Abbruchziegel als neuer Bodenbelag [poroton]

Abb. B.6.11 Mauerstein aus Recycling-Kies-Beton [Willkomm]

Abb. B.6.12 Herstellung von Mauersteinen aus Ziegelbruch [Willkomm]

Abb. B.6.13 Mauerziegel aus Recyclingmaterial

zusätzliche Filtern der Abgase, die zu den gleichen Emissionswerten wie bei einer nur tonverarbeitenden Ziegelei führen, einen deutlich günstigeren Herstellungs- und damit Verkaufspreis.

Mit der ersten deutschen Betriebsgenehmigung zur Herstellung von Ziegeln aus Ersatzmaterial (Abb. B.6.13) ist seit 1993 das Ziegelwerk Grehl ausgestattet. Das schwäbische Ziegelwerk untersuchte im Auftrag des Bundesumweltamtes die „Entwicklung eines schadstofffreien keramischen Verfahrens zur Verarbeitung von energiehaltigem Erdmaterial und energiehaltigen Reststoffen als Zuschlagstoff zur Ziegelherstellung". Ziel des Projektes war der Nachweis, erst im Labormaßstab und dann in großtechnischen Versuchen, daß durch den Prozeß der Keramisierung eine unlösliche Einbindung der in Roh- und Reststoffen enthaltenen Spurenelemente stattfindet und die Emissionsströme im Bereich der Steine mit herkömmlichen Zuschlagstoffen liegen.

Untersucht wurden durch Mineralöl verunreinigte Böden, Sande aus der Gießereisandaufbereitung, Schlamm und Feinschluff aus der Bodenwäsche und Fangstoffe aus der papierverarbeitenden Industrie. Dabei wurde der Ton durch ca. 10–25 % feinkörniges Substitionsmaterial ersetzt. Der Formling durchläuft in herkömmlicher Weise Trockner und Tunnelofen. Dort werden Schadstoffe frei, die entweder wie der Kohlenwasserstoff zur Porosierung genutzt werden oder dann als Rauchgase durch einen zusätzlichen Brennofen mit interner Abgasnachverbrennung geleitet werden, d. h., Abgase werden im Hochtemperaturbereich eingeblasen und nachverbrannt. Bei der Auswertung zeigte sich, daß sowohl die Emissionswerte (nach dem Trocknen und Brennen) als auch die Eluatwerte der Schwermetalle – der Metallgehalt bei einem genau definierten Auswaschvorgang – (nach dem Brennen) im Bereich der herkömmlichen Ziegelprodukte

lagen (Tafel B.6.2). Die bauphysikalischen Parameter Maßhaltigkeit, Ausblühverhalten, Druckfestigkeit und Rohdichte entsprechen der Norm DIN 105 und werden bei jedem Los überprüft. Die Ziegelsteine haben die Qualität von Hintermauersteinen und liegen bei einer Druckfestigkeit von ca. 8–20 N/mm^2 und einer Rohdichte von 0,8–1,8 kg/dm^3. Dieses Verfahren der Keramisierung bewirkt zusätzlich, neben dem Herstellen von umweltverträglichen Ziegeln, die zweckgebundene Immobilisierung, d. h. Schadstoffzerstörung von belasteten Böden. So kann dieses Verfahren ebenfalls zu einer Entlastung der Deponien beitragen [Grehl – 96].

6.7 Kalksandsteine

Die Kalksandsteine (normiert in der DIN 106) besitzen im Vergleich zu den Ziegeln eine noch relativ junge Herstellungstechnik. Ähnlich wie beim Beton wird aus Kalk und Sand im Verhältnis 1 : 12 eine Rohmasse gefertigt, bei der der Branntkalk unter Hinzugabe von Wasser zu Kalkhydrat ablöscht. Dieses Mischgut, versehen mit Zuschlagstoffen wie z. B. Steinmehl, wird dann von vollautomatischen Pressen zu Steinrohlingen geformt und unter Dampf bei Temperaturen von 160–220 °C bis zu acht Stunden gehärtet. Bei den sogenannten Kalksandleichtsteinen wird Aluminiumpulver als Treibmittel zugegeben. Durch die so erreichte Porosierung wird ein höherer Dämmwert erzielt.

Die deutsche Kalksandsteinindustrie hat von Anfang an Bruchmaterial, d. h. Ausfälle aus dem Produktionsprozeß, erneut zermahlen und dem Mischgut wieder zugegeben. Dargelegt wird dieses in der sogenannten Ökobilanz, die sowohl Herstellungsaufwand als auch Transport, Energieaufwand und Wiederverwertbarkeit bzw. Langlebigkeit berücksichtigt. Jetzt wurde dieses Verfahren weiterentwickelt, um zusätzlich Steine aus Bauwerksabbruch, die mit Putz- und Mörtelresten behaftet sind, mitzuverwenden.

Bei der Verarbeitung wird bis zu 50 % des Sandanteiles durch Kalksandsteinbruchmaterial ersetzt, ohne daß wesentliche Veränderungen der Eigenschaftswerte gegenüber normalen Kalksandsteinen auftreten. Eine hohe Zugabemenge von Kalksandsteinbruchmaterial erfordert lediglich eine größere Menge an Kalkhydrat im gesamten Mischungsverhältnis, d. h., die Dosierung der Mischung muß der Zugabemenge an Abbruchmaterial angepaßt werden. Auch die Zugabe von Quarzmehl und eine etwas längere Härtezeit verbessern die Eigenschaftswerte (Tafel B.6.3). Die Parameter Druckfestigkeit, Rohdichte, Wärmeleitfähigkeit etc. ähneln denen der normalen Kalk-

Tafel B.6.1 Anteil der Schwermetalle

Anteil der Schwermetalle im Rohton in mg/kg			
Metall	Maximum	Minimum	Mittelwert
Vanadium	258,00	19,00	132,00
Zink	76,00	5,00	22,00
Chrom	214,00	11,00	133,00
Kobalt	16,00	0,50	5,60
Nickel	60,00	4,50	31,80
Arsen	108,00	3,60	36,10
Cadmium	0,40	0,01	0,07
Quecksilber	0,48	0,02	0,19
Thallium	0,20	< 0,10	< 0,10
Blei	290,00	< 0,20	70,00
Quelle: HAKE 1983			

Tafel B.6.2 Anteil der Schwermetalle

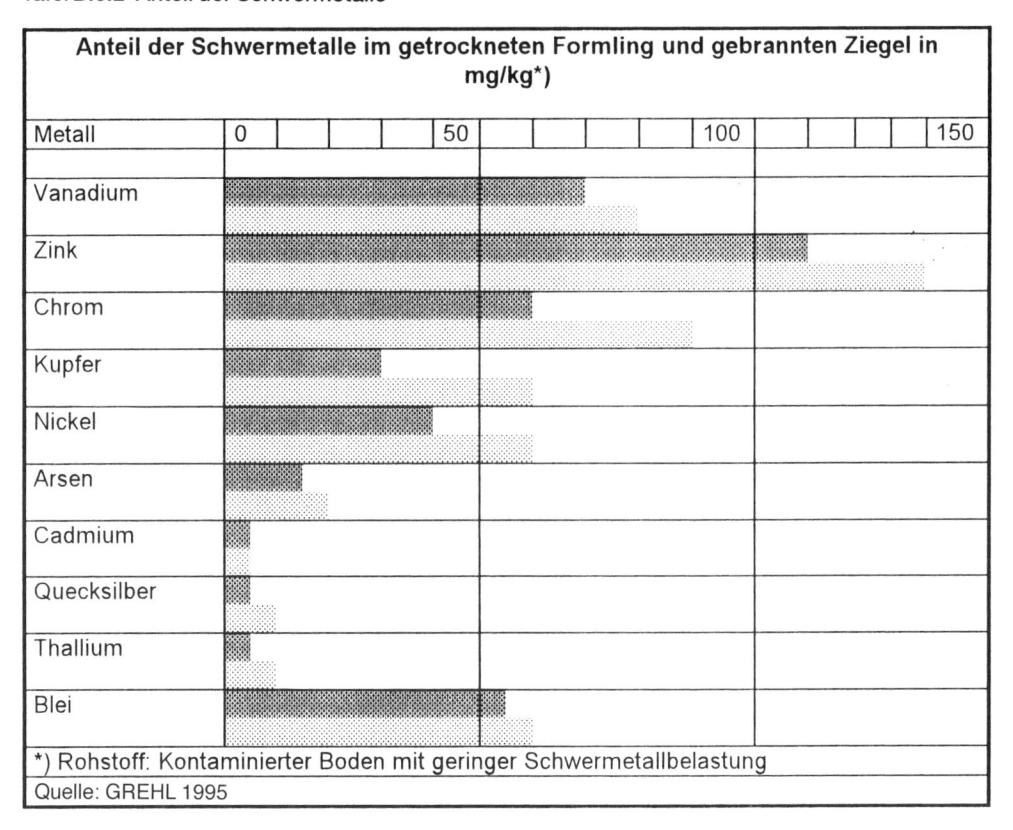

Anteil der Schwermetalle im getrockneten Formling und gebrannten Ziegel in mg/kg*)

*) Rohstoff: Kontaminierter Boden mit geringer Schwermetallbelastung
Quelle: GREHL 1995

sandsteine, so daß hier frostwiderstandsfähige Kalksandsteine aus Recyclingmaterial hergestellt werden.

Die interessanteste Entwicklung bei Mauersteinen aus Recyclingmaterial findet sich bei dem schweizerischen Hersteller Hard AG, der seit 1994 bereits einen Mauerstein aus fast 100 % Sekundär- und alternativen Ersatzrohstoffen herstellt und anwendet (**Abb. B.6.14**). Der sogenannte Mauerstein aus alternativem Rohmaterial „Maro" wird nach dem gleichen Verfahren und auf den Anlagen der Kalksandsteine hergestellt (**Abb. B.6.15** und **Abb. B.6.16**). Er besteht zu ca. 75 % aus Mauerwerksabbruch (Mischabbruchgranulat, d. h. sowohl gebrochener Kalksandstein als auch Ziegelstein) und zu 18 % aus Kieswaschschlamm. Dieser ist notwendig, um die Druckfestigkeit des Steines, die vom Feinstanteil der Mischung abhängt, zu gewährleisten. Erste Versuche ohne Kieswaschschlamm hatten nicht die notwendige Festigkeit erbracht. Das Rohmaterial wird dann, wie auch bei den normalen Kalksandsteinen, mit 7 % gebranntem Kalk gemischt.

Die Mauersteine aus Recyclingmaterial erreichen nach dem Bericht der eidgenössischen Materialprüfungsanstalt vom Oktober 1993 in etwa die gleichen Eigenschaften wie bisherige Kalksandsteine. Sowohl die Druckfestigkeit mit 13 bzw. 15 N/mm^2 als auch die Rohdichte mit 1,4 kg/dm^3 erlauben, ihn als Hintermauerstein einzusetzen. Aufgrund des gemischten Rohmaterials changiert die Farbgebung. Dieser Unterschied trägt zu einem abwechslungsreichen Erscheinungsbild dieses ersten vollständig aus Recyclingmaterial bestehenden Mauersteins bei (**Abb. B.6.17**).

Tafel B.6.3 Eigenschaftswerte

Eigenschaftswerte der KS-Prüfkörper abhängig von Rezeptur und Herstellbedingungen			Nullmischung ohne Zusatz von KS-Bruchmaterial	Austausch der Kornfraktion ⌀ > 1,0 mm durch KS-Bruchmaterial	
Rezeptur					
Sand	M.-%		ca. 93	ca. 70	ca. 67
Kalkhydrat	M.-%		ca. 7	ca. 7	ca. 10
KS-Bruchmaterial	M.-%		-	ca. 23	ca. 23
Härtungsbedingungen					
Preßdruck	N/mm^2		30	30	30
Härtedruck	bar		16	16	16
Härtezeit	h		6	6	6
Preßfeuchte	M.-%		5,0	6,0	6,0
Eigenschaftswerte					
Druckfestigkeit	N/mm^2		20,9	13,8	19,2
Trockenrohdichte	kg/dm^3		1,93	1,77	1,79
Wärmeleitfähigkeit	W/(m.k)		0,972	0,780	0,781
Anzahl schadensfrei überstandener Frost-Tau-Wechsel			> 50	44	> 50
Haftscherfestigkeit	N/mm^2		0,39	0,41	0,43
Schwindung	mm/m		0,21	0,17	0,26
Quelle: Deutsche Kalkindustrie 1996					

6.8 Recyclinggerechtes Konstruieren und Stoffkreislauf

„Not macht erfinderisch", meint der Volksmund, und so wird z. Zt. angesichts der knapper werdenden Ressourcen und der stetig wachsenden Abfallmengen nach Lösungen gesucht, die aus der Abfallwirtschaft eine Stoffkreislaufwirtschaft gestalten (Abb. B.6.18). Höhere Deponiekosten bei den immer häufiger vorkommenden belasteten Materialien und der Aufwand bei der Reinigung der Emissionen forcieren diese Suche. Nicht zuletzt die gefallenen Baupreise und das am 7. 10. 1996 in Kraft getretene Kreislaufwirtschafts- und Abfallgesetz mit seinen klaren Vorgaben hinsichtlich Vermeidung, Verwertung und umweltverträglicher Entsorgung der anfallenden Rückstände zwingen die Hersteller zu günstigeren und neuen Herstellungsmethoden. Wirtschaftlicher Druck steht hier wieder neben dem gesellschaftlichen Umdenken im Bereich der Materialwirtschaft als Motor technischer Innovation. Die angestrebte Kreislaufwirtschaft soll ihre Produkte nicht nur nach ihrem modischen Anwandlungen unterworfenen Äußeren beurteilen, sondern auch auf ihre Entstehung und Dauerhaftigkeit – und damit auf ihre Weiterverwendung und Wiedernutzung.

Mauersteine eignen sich hierfür besonders gut (Abb. B.6.19), da sie aus einzelnen Komponenten bestehen, die durch konsistenzähnliche Ersatzrohstoffe substituiert werden können, ohne ihre bauphysikalischen Parameter oder haptischen Qualitäten zu verändern. Die Herstellung dieser Recyclingsteine wird z. Zt. noch durch ein fehlendes Regelwerk – analog zu den schon vorhandenen Mauersteinnormen – erschwert. So muß bis jetzt immer eine Betriebsgenehmigung für den Einzelfall eingeholt werden.

Noch immer fürchten viele Ziegelhersteller um das positive Image ihres Produktes, das als natürlich und wertbeständig gilt, während viele der historisch jüngeren industriellen Mauersteinhersteller zunehmend ihre Reserviertheit aufgeben und Bilanzen zum PEI-Wert und zur Ökologie vorlegen.

Die Mauersteine aber, die bisher bereits zugelassen und im Einsatz sind, beweisen in der Praxis, daß trotz nahezu einer 100 %igen Konsistenz aus Recyclingmaterial die gleichen Materialqualitäten in bauphysikalischer und konstruktiver Hinsicht erreicht werden können wie bei den tradierten Verfahren und Zuschlagstoffen. Hierin eröffnen sich Perspektiven, die eines der ältesten Baumaterialien, verbunden mit den Begriffen tradiert und solide, als gleichzeitig eines der jüngsten und innovativsten zeigt, eingebunden in einen wirklichen Kreislauf, der die Begriffe „Ressourcenschonung" und „Ökologie" nicht als verkaufsförderndes Etikett mißbraucht, sondern die schon historisch be-

Abb. B.6.14 Bruchmaterial und Kieswaschschlamm

Abb. B.6.15 Brechprozeß

Abb. B.6.16 Verpressung zu Steinrohlingen

Baustoffe

Tafel B.6.4 Baustoffe

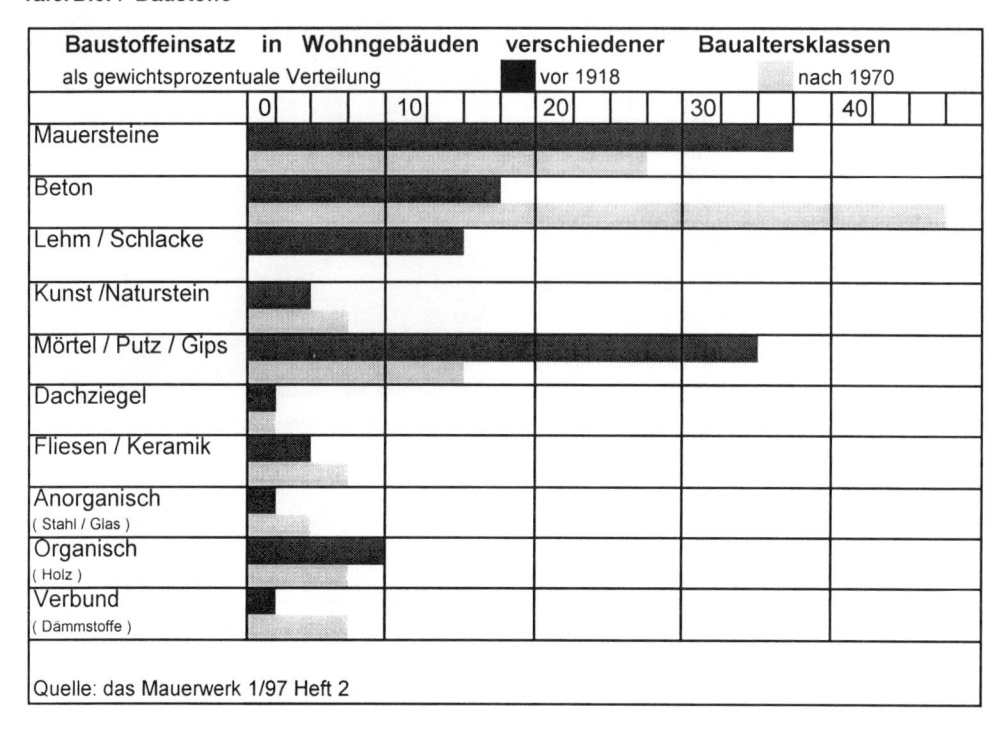

Baustoffeinsatz in Wohngebäuden verschiedener Baualtersklassen als gewichtsprozentuale Verteilung ■ vor 1918 ▨ nach 1970					
	0	10	20	30	40
Mauersteine					
Beton					
Lehm / Schlacke					
Kunst /Naturstein					
Mörtel / Putz / Gips					
Dachziegel					
Fliesen / Keramik					
Anorganisch (Stahl / Glas)					
Organisch (Holz)					
Verbund (Dämmstoffe)					

Quelle: das Mauerwerk 1/97 Heft 2

Tafel B.6.5 Primärenergieinhalt

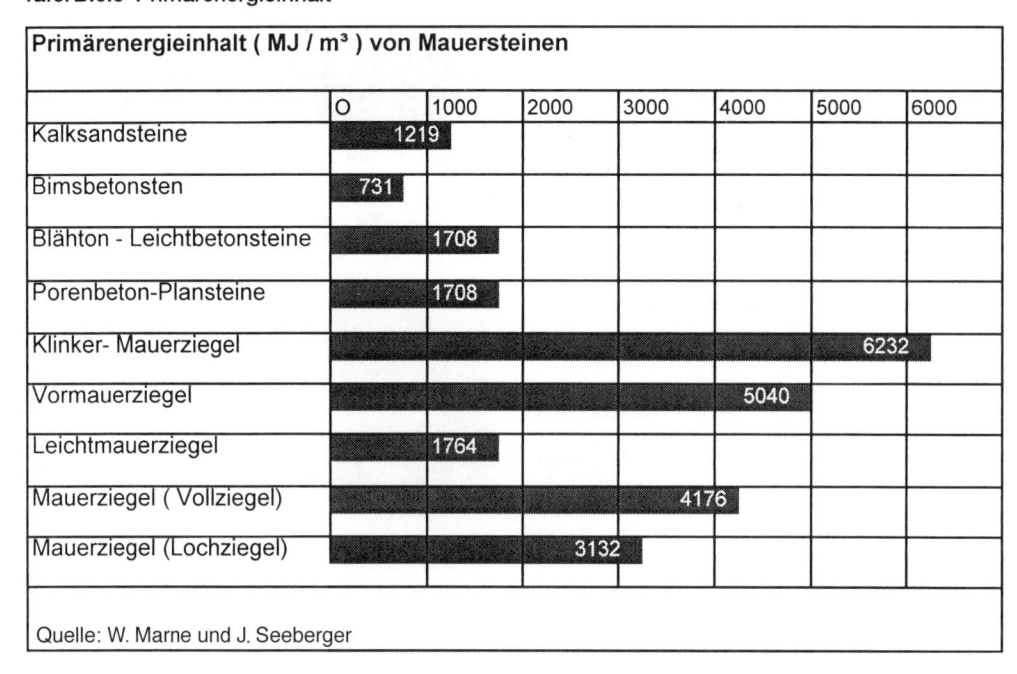

Primärenergieinhalt (MJ / m³) von Mauersteinen							
	0	1000	2000	3000	4000	5000	6000
Kalksandsteine	1219						
Bimsbetonsten	731						
Blähton - Leichtbetonsteine		1708					
Porenbeton-Plansteine		1708					
Klinker- Mauerziegel							6232
Vormauerziegel						5040	
Leichtmauerziegel		1764					
Mauerziegel (Vollziegel)					4176		
Mauerziegel (Lochziegel)				3132			

Quelle: W. Marne und J. Seeberger

Mauersteine aus Recyclingmaterial

legte Wiederverwendung wieder stärker in den Blickpunkt rückt.

Zusätzlich zu dem Aspekt des Materialrecycling – der stofflichen Verwertung von Reststoffen – kommt neuerdings noch der des Produktrecyclings, d. h. der erneuten Nutzung gebrauchter Produkte unter Beibehaltung der Produktgestalt, wie es auch in der VDI-Richtlinie 2243 definiert wird.

Noch ist bei Mauersteinen das Materialrecycling, auch „Downrecycling" genannt, vorerst das verbreitetste, obwohl vor allem Mauersteine in ihrer Ganzheit als Wandbauteil oder Teil einer Konstruktion in die ökologische Bilanzierung eingehen sollten. So steht z. B. dem höheren Aufwand bei der Herstellung von Ziegelsteinen **(Tafel B.6.5)** die Einsparung von Heizenergie in der Nutzungsphase gegenüber, so daß erst die Gesamtbilanz einen Vergleich ermöglicht. Dazu gehört dann auch am Ende der Kette das Recycling z. B.eines Einfamilienhauses aus Betonsteinen, das ca. 6000 kWh benötigt [Heb].

Dieser Energieaufwand ist zwar mehr als der durchschnittliche Stromverbrauch eines Vier-Personen-Haushaltes (ca. 4800 kWh/a), aber verschwindend gering im Vergleich zu dem Aufwand für den Neubau eines Hauses (ca. 125 000 kWh) und auch durch das Erhalten von neuen Werten wirtschaftlich rentabel. Eine Untersuchung im Auftrag des Bundesbauministeriums zeigt auf, daß bei sorgfältig – im Hinblick auf die Recycelfähigkeit (d. h. Materialien, die sich trennen und deponieren lassen) – konstruierten Gebäuden eine Kostenreduzierung möglich ist. Die Kostenvorteile lassen sich vor allem in zwei Bereichen erkennen. Dies sind zum einen eingesparte Deponie- und Entsorgungskosten für Altmaterialien und Reststoffe, zum anderen der Gegenwert der durch Recycling neu geschaffenen Materialien. Diese Vorteile führen bei einer Modellberechnung für den Rückbau eines viergeschossigen Wohnhauses zu ca. 50,- DM/m^3 gesparter Deponiegebühr [Bredenbals/Willkomm – 96].

Das bedeutet für den Abbruch des mit ca. 6000 m^3 Rauminhalt mittleren Wohnprojektes ca. 300 000 DM an Einsparung – ein Aspekt, der durch die Verschärfung des Kreislaufwirtschafts- und Abfallgesetzes auch bei der Baufinanzierung Bedeutung gewinnen könnte.

Für dieses Einsparungspotential durch recyclinggerechtes Konstruieren eignen sich Mauersteine als einschalige oder zweischalige Außenwände (dann mit einer mineralischen Schüttdämmung versehen) hervorragend, so daß ein kreislaufgerechtes Bauen mit Mauersteinen im Zusammenspiel mit seiner Recyclingfähigkeit zusätzliche Innovations- und Verwendungsmöglichkeiten für Mauersteine bietet.

Abb. B.6.17 Mauerstein Maro aus alternativem Rohmaterial, Maro

Abb. B.6.18 Sortierter Mauerwerksbruch

Abb. B.6.19 Neubau mit Recyclingmauersteinen, Lugano

7 Aktueller Beitrag

Ein Überblick über wichtige historische Baustoffe: Der Betonstein

1 Einleitung

Grundlage des Baustoffes Betonstein ist das Material Beton und mit ihm die chemische Produktionsgeschichte der hydraulischen Bindemittel.

In der Lage, mit Wasser chemisch zu reagieren und im Wasser auszuhärten stehen sie im völligen Gegensatz zu den meisten anderen Bindemittelarten, deren chemische Umwandlung durch Kontakt mit Sauerstoff bzw. Kohlendioxid vonstatten geht.

Erhitzt man Kalkstein, Kreide oder auch Muscheln, also Calciumcarbonat auf rund 1 000 °C, so entsteht unter Zugabe von Kohlendioxid Brandkalk als neues Produkt. Wird dieser nun mit Wasser gelöscht, dann bildet sich unter Wärmeentwicklung Calciumhydroxid oder Löschkalk, der nach angemessener Einsumpfdauer sandvermischt zum durch Kohlendioxidaufnahme an der Luft erhärteten Luftkalkmörtel wird. Dieser ist jedoch nicht wasserfest, trotz guter Eigenschaften als Mauermörtel, Verputz und klarer Kalk für Malerarbeiten.

Um es chemisch zu definieren: Kalkstein $CaCO_3$ wird unter Erhitzung auf 1 000 °C und unter Abgabe von Kohlendioxid CO_2 zu gebranntem Kalk, Calciumoxid CaO. Durch Löschen mit Wasser H_2O entsteht gelöschter Kalk, Calciumhydroxid $Ca(OH)_2$. Durch Aufnahme von Kohlendioxid CO_2 aus der Luft erfolgt die Rückwandlung zu Calciumcarbonat $CaCO_3$.

Brennt man, ebenfalls bei Temperaturen um 1 000 °C, tonhaltigen Kalkstein oder setzt man Ton beim Brand zu, so wird das gebrannte und feingemahlene Material zu einem Bindemittel, das wasserfest ist, unter Wasser abbindet und auf Dauer aushärtet. Die sehr guten Eigenschaften bewirken kieselsäurereiche und damit wasserbindende Stoffe, welche Calciumsilikate bilden. Die so gewonnenen Bindemittel bezeichnet man als hydraulisch bzw. hochhydraulisch.

Wird ein Kalk-Tongemisch oder Mergel über der Sintergrenze bei Temperaturen von 1 400 °C bis 1 500 °C gebrannt, so entsteht als Sinterprodukt der sogenannte Zementklinker, der nach Zerkleinern und Feinmahlen – je nach Zusammensetzung – die unterschiedlichen Zementqualitäten ergibt. Die während des Zementklinker-Brennens ablaufenden chemischen Prozesse sind relativ komplex und sollen hier im einzelnen nicht wiedergegeben werden.

Endprodukt dieser Prozedur sind die modernen Zemente als essentielle Bindemittel für Beton an sich sowie für Steine aus Beton und Leichtbeton in unterschiedlicher Qualität und Lieferform (**Abb. B.7.1**).

Abb. B.7.1 Beton und Betonstein als Gestaltungsmittel der Moderne

Kalkmörtel als Grundlage der Betontechnologie mag in seinen Ursprüngen Ergebnis mehr oder weniger zufälliger Koinzidenzien gewesen sein, zumindest ist er archäologisch als Baumaterial seit 12 000 v. Chr. in Fundstätten der Türkei nachweisbar.

Damit ist analog zum Kalkstein die Annahme, es handele sich bei Betonstein um einen modernen Baustoff, zumindest in der grundlegenden Aussage revisionsbedürftig.

Beide Materialien lassen sich in ihrer Entwicklungsgeschichte anfänglich aufgrund der Bedeutung des Materials Kalk nur schwer differenzieren; es sei deshalb direkt auf die Publikation im Jahrbuch 2000 (B 7: Der Kalkstein) verwiesen.

Erste Meilensteine der Betontechnologie liegen nach der Blütezeit der griechischen Antike erstmals auch schriftlich nachweisbar im Sinne früher Materialforschung in fast wissenschaftlicher Systematik bei den Römern. Das Lehrbuch des Architekten Vitruv bildet Nachweis der Technologie der Zeit und bleibt Fundament zukünftiger Entwicklung: opus caementitium.

Abweichend von der Geschichte des Mauerwerkbaues weist die Entwicklung des Bauens mit Beton in der Zeit vom Mittelalter bis in die Neuzeit des 17. Jahrhunderts große Lücken auf – vom reinen Kalkmörtel abgesehen; und erst Mitte des 18. Jahrhunderts, nach dem geisteswissenschaftlichen Phänomenen der Aufklärung mit zunehmend wissenschaftlich-rationaler Durchdringung aller Lebensbereiche, kommt eine Entwicklung in Gang, die parallel zu den neuen Materialien Glas und Eisen auch die Technologie des Materials Beton kritisch fördert und vorantreibt: ciment armé.

Die mangelnde Zugfestigkeit des Beton wird kompensiert durch Eiseneinlagen, begleitet von einer mathematischen Annäherung an die verschobenen Leistungsgrenzen.

Am Ende steht die technische Entwicklung eines umfassenden, technisch-modularen Systems an Betonsteinen, aber auch des vorgespannten und des faserbewehrten Beton, begleitet von einer geisteswissenschaftlichen, architekturtheoretischen Auseinandersetzung mit den Grundlagen der Architektur in Abhängigkeit von Material und Konstruktion.

2 Calx et arenatum: opus caementitium im römischen Reich

„Weshalb der Kalk aber, wenn er Wasser und Sand aufnimmt, dann das Mauerwerk bindet, dafür scheint dies der Grund zu sein, daß wie die übrigen Körper auch die Steine aus (den vier) Grundstoffen gemischt sind. Die mehr Luft enthalten, sind weich, die mehr Wasser enthalten, sind infolge des Feuchtigkeitsgehaltes geschmeidig, die mehr Erde haben, sind hart, die mehr Feuer haben, sind brüchig. Daher werden Steine, wenn sie, bevor sie gebrannt werden, fein zerstoßen und mit Sand gemischt in Mauerwerk eingebaut werden, nicht fest und können das Mauerwerk nicht binden. Wenn sie aber, in den Kalkofen geworfen, von der heftigen Hitze des Feuers ergriffen die Eigenschaft der früheren Härte haben, dann bleiben sie, nachdem ihre Kräfte ausgebrannt und ausgeschöpft sind, mit offenen und leeren Poren zurück. Also wird der Stein, wenn die Feuchtigkeit, die in dem Körper des Steines ist, und die Luft heraus gebrannt und ihm entzogen sind und er die zurückbleibende verborgene Wärme in sich hat, eingetaucht in Wasser, bevor er die infolge der Einwirkung des Feuers (verlorene) Kraft wiedergewinnt, durch die in die leeren Räume der Poren eindringende Feuchtigkeit heiß und, so wieder abgekühlt, läßt er, nunmehr zu Kalk geworden, aus seinem Körper die Hitze entweichen. Wenn also die leeren Räume der Poren offen sind, reißen sie den beigemischten Sand in sich hinein, (Kalk und Sand) haften auf diese Weise fest aneinander, gehen beim Eintrocknen mit den Bruchsteinen eine Verbindung ein und erzeugen die Festigkeit des Mauerwerks." **(Abb. B.7.2).**

Abb. B.7.2 Opus caementitium mit vorgeblendeter Natursteinschale, ca. 40 v. Chr.

Was Vitruv im fünften Kapitel des zweiten Buches beschreibt, ist zunächst eine Lehre vom richtigen Bindemittel Mörtel, der aus drei Teilen Grubensand und einem Teil gelöschten Kalk gemischt werden soll.

Calx et arenatum: die Umschreibung für den römischen Mörtel implizierte Kalk und Sand, die Mischung wurde als materia miscenda deklariert. Einen entscheidenden Beitrag zur römischen Mörteltechnik leisteten zusätzlich die sogenannten Puzzolane, die vulkanischen Tuffe, der Traß und Ziegelmehl, die dem Kalk die Eigenschaften eines hydraulischen Bindemittels verleihen und so wasser beständige Verbindungen eingehen, die nach

Vitruv „weder die Meereswogen noch die Stromgewalt zu zersprengen vermag."

Die Verwendung von Ziegelmehl verlieh dem römischen Mörtel die Eigenschaften eines Kalkzementmörtels nach DIN 1053, der Mörtelgruppe II.

In Kombination mit dem Baumaterial Stein, sei es gebrochener Naturstein oder aber gebrannter Ziegel sowie mit neuen wirtschaftlichen Herstellungsverfahren verbindet sich die Entwicklung des Gußmauerwerkes, des opus caementitium.

Caementitium bedeutete in römischer Terminologie das Bruchsteinmauerwerk, caementarius wurde der Maurer genannt, Begriffe, die für die zunächst nicht wortgleiche Materie des Zement übernommen wurden.

Die im höchsten Maße innovative Technik des Gußmauerwerkes ab dem 2. Jahrhundert vor Chr. steht an der Schwelle vom Mauerwerksbau zur Betontechnologie; solange zunächst zwei Wandschalen aus regelmäßigem Mauerwerk im geordneten Verbund erstellt und erst dann mit Mörtel und Steinbruch hinterfüllt werden, ist insbesondere durch einbindende Ankersteine die Nähe zum Mauerwerksbau evident. Dabei ist die Frage kaum zu beantworten, inwieweit diese Fügungsart als monolithisches, mehrschaliges oder Verblendmauerwerk zu deklarieren ist. Eindeutiger im Sinne monolithischer Betontechnologie wird die Definition beim Entfall des Sichtmauerwerkes in den Außenschalen **(Abb. B.7.3)**.

Eines der historisch bedeutensten Bauwerke in der Technologie des opus caementitium stellt das Pantheon in Rom aus dem Jahre 27 v. Chr. dar **(Abb. B.7.4)**.

Abb. B.7.4 Pantheon, Rom, Italien; 27 v. Chr

Einer ideellen Kugel mit einem Durchmesser von 43 m umschrieben wölbt sich auf zylindrischem Unterbau eine freitragende, massive Kuppel aus Beton. Die Kugelgeometrie folgt dabei als reine, geometrische Form exakt dem Kräfteverlauf und reagiert zusätzlich in der Dicke der Außenwand wie in der Tragfähigkeit des Materials. So wurde nachgewiesen, daß mit der Wanddicke die Rohdichte von ca. $1.75\ kg/cm^3$ im Sockel bis auf $1.35\ kg/cm^3$ im Kuppelbereich abnimmt; hierzu wurden die Zuschlagstoffe modifiziert, von Travertin und Tuffsteinen im Sockel über Ziegelsplitt am Gewölbefuß bis hin zu Bimsmaterial im Scheitel.

Mit opus caementitium zu bauen bedeutete nicht nur eine vollständige Umwälzung aller konstruktiven Techniken. Man setzte nicht mehr Stein auf Stein, man stützte und überdeckte nicht mehr, man begann vielmehr, einheitlich in Räumen zu denken und zu formen. Vor allem aber: man war einem neuen Material auf die Spur gekommen, dessen technische Qualifikation sich nach Bedarf steuern ließ durch Zuschlagstoffe, die es leichter oder

Abb. B.7.3 Thermen der Villa Hadrian in Tivoli, Italien; 200 n. Chr.

So finden sich bei Zweckbauten wie z. B. Thermen schalungsrauhe Oberflächen, die aus der Schüttung des Gußmauerwerkes zwischen hölzerne Schaltafeln resultieren. Die Sichtflächen erhalten hier später eine Putz- oder Marmorfliesenverkleidung, in formaler Überspielung des inneren, konstruktiven Kernes.

schwerer, konstruktiv und bauphysikalisch widerstandsfähiger machen konnten.

Noch wurde es überwiegend in Verbindung mit den konventionellen Materialien Ziegel und Naturstein eingesetzt, versteckt und verblendet; noch wurde es auch nur als großvolumige Schüttmasse an der Baustelle verwendet und nicht im handlichen Steinformat nach Vorfabrikation im Werk.

3 Betontechnologie im 18. und 19. Jahrhundert

Die Zeit der Völkerwanderung ist entwicklungsgeschichtlich gekoppelt mit dem Begriff eines weitreichenden Technikverlustes, mit dem auch die Technologie des opus caementitium über Jahrhunderte verloren geht.

In der Geschichte des Materials Beton ist erstmals wieder im 18. Jahrhundert erwähnenswert die Forschungsarbeit des Juristen John Smeaton (1742–1792).

Mit großem naturwissenschaftlichen Interesse erforscht er systematisch die Grundlagen der Hydraulizität von Mörtel durch chemisch-physikalische Experimente; Ergebnis dieser Forschung ist die Erkenntnis, daß ein bestimmter Gehalt an Ton im Kalkstein für diese spezifische Materialqualität verantwortlich ist.

Bei dem ihm übertragenen Bau des Leuchtturmes von Edystone bei Plymouth setzt er diese Erkenntnis in einer Mörtelmischung aus Aberthaw-Kalk und Puzzolanerde aus Civitavecchia im Verhältnis 1 : 1 um, einer Mischung von besonderer Festigkeit, die Zement ergab und später den Fachterminus Portlandzement erhielt.

Die Bezeichnung ‚Beton' für hydraulische Gemenge findet sich erstmals in einem Standardwerk des Wasserbaues: L'architecture hydraulique, 1753 von Bernhard Forest de Belidor (1697–1761).

Ob dabei der Terminus auf die altfranzösiche Bezeichnung „Bethyn oder Becton" für Mauerwerk zurückgeht – oder aber auf „bitumen" für Erdpech oder das Verb „beter" für „gewinnen, erstarren" bzw. „betum" für Schlamm und Lehm ist etymologisch bis heute ungeklärt.

Analog zu den wegweisenden Erfindungen und Technologien wie Dampfmaschine und mechanischer Webstuhl, Eisen- und Glasverarbeitung, generell analog zu dem, was als industrielle Revolution Entwicklungsgeschichte im Übergang vom 18.

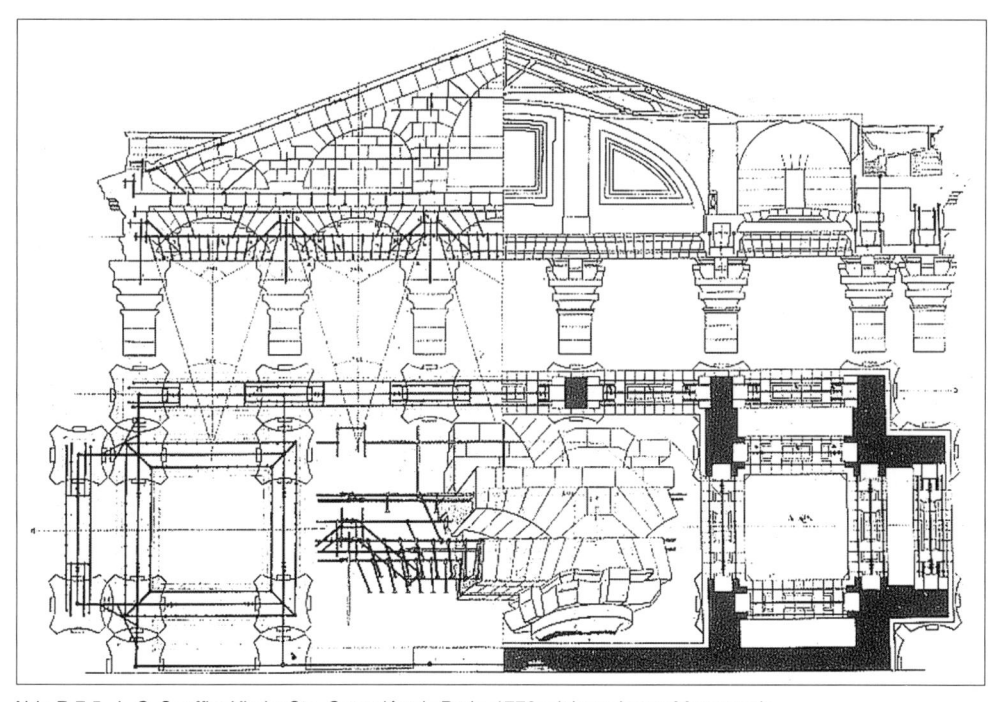

Abb. B.7.5 J.-G. Soufflot Kirche Ste. Geneviéve in Paris, 1770 mit bewehrtem Mauerwerk

zum 19. Jahrhundert ausmacht, bleibt England auch in der Bautechnologie lange führend.

So entwickelt der englische Maurermeister Aspdin 1824 eine Mixtur aus Ton und Kalkstein zu „Portland-Cement" zur Verbesserung der Qualität „künstlicher Steine".

1844 verbessert Isaac Charles Johnson (1811–1911) diesen Zement nochmals zu sogenanntem Portlandzementklinker durch Brand von Kreide und Ton im Verhältnis 5 : 2 bis über die Sintergrenze, eine Rezeptur, die 1849 Max Pettenkofer in München wissenschaftlich nachweist und damit gleichzeitig öffentlich zugänglich macht.

Seit Mitte des 19. Jahrhunderts wurde in England, Frankreich und Deutschland die Produktion von Portland-Zement als Baumaterial für den Hoch- und Tiefbau in zunehmend größeren Margen forciert, spätestens am Ende des 19. Jahrhunderts steht er als Massenprodukt in hervorragender, konstanter Qualität einem sich entwickelnden Baumarkt zur Verfügung – dies in deutlicher Konkurenz zum Material Eisen, mit dem sich primär die Entwicklung der industriellen Produktion allgemein wie der Baustatik und Materialforschung speziell verbindet.

Die Bedeutung des Beton als Baustoff wäre jedoch nie erlangt worden ohne die entscheidende Idee eines Materialverbundes mit Eisen: dem bewehrten Eisen- bzw. später dem Stahlbeton.

Anregende Konstruktionsvorbilder hierfür waren Bewehrungseisen im Mauerwerk zur Übernahme der Zugkräfte, wie sie als eines der wesentlichen und raffiniertesten Beispiele hierfür die Kirche Ste. Geneviéve in Paris (1770) von J.-G.Soufflot zeigt (Abb B.7.5).

So meldet 1854 Francois Coignet (1814–1888), ein Bauunternehmer aus Lyon die Bewehrung von Decken aus Beton zum Patent an. Seine Erfindung bezieht sich auf kreuzweise verflochtene Eisenstäbe unterschiedlicher Dimension, die vom Beton umschlossen werden. Dieses Prinzip übertrug er auf alle Bauteile eines Hauses wie Wände, Decken, Treppen etc., dabei sowohl auf Ortbetonkonstruktionen wie auf Fertigteile.

1852 wandte er für das Haus in der Rue Charles Michel 72, Seine sein eigenes System des „beton arme", wie er es selbst nannte, erstmalig an. Seine Publikation „Béton aggloméré appliqué à l'art de construire" von 1861 verfestigt seinen Ruf als Erfinder des Eisenbeton in pragmatischer Verbindung von Theorie und Praxis (Abb. B.7.6).

Er gründete die erste Gesellschaft mit beschränkter Haftung, die sich auf den Eisenbetonbau spezialisierte.

Unter Haussmanns Leitung realisierte er in Paris Kanäle und andere öffentliche Bauten – wie insbesondere bemerkenswerte, sechsgeschossige Miethäuser. Trotz dieser Aufträge konnte Coignet sein Patent nicht aufrechterhalten und ging am Ende des zweiten Kaiserreiches in Konkurs.

Ebenfalls 1854 erhält der englische Stukkateur William Bouthland Wilkenson (1819–1902) ein Patent für die Erfindung „feuersicherer Bauten mit Betonfußböden, die mittels Drahtseilen und dünnen Eisenstäben verstärkt werden, die unterhalb der Mittelachse des Beton eingebettet sind."

Sein Patent geht auf die experimentelle Annäherung und erste Realisierung von biegefesten Deckenplatten im Jahr 1852 zurück. Durch die Verwendung von Portlandzement erreicht er eine

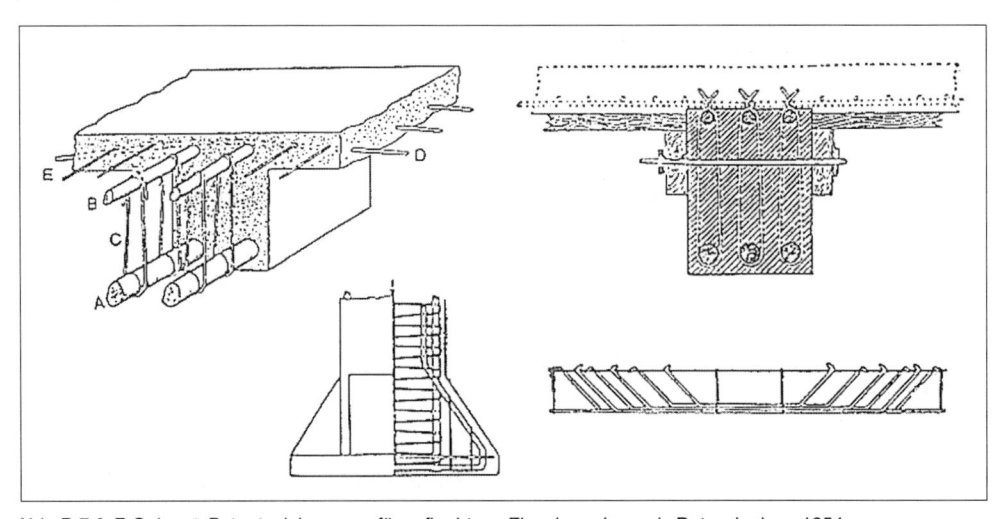

Abb. B.7.6 F. Coignet, Patentzeichnungen für geflochtene Eisenbewehrung in Betondecken, 1854

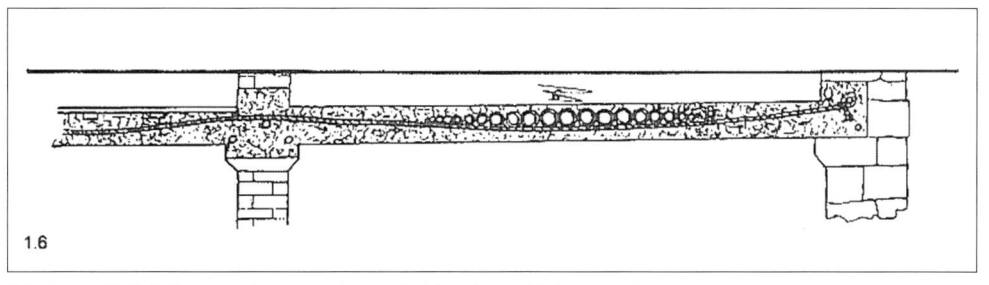

Abb. B.7.7 W. B. Wilkenson, Patentzeichnung für Eisenbeton-Verbunddecken, 1854

zusätzlich erhöhte Feuerbeständigkeit, durch Strukturierung der Decken mit Kassetten weiterhin eine Gewichtsersparnis, die einer Vergrößerung der Spannweite zugute kommen konnte **(Abb. B.7.7)**.

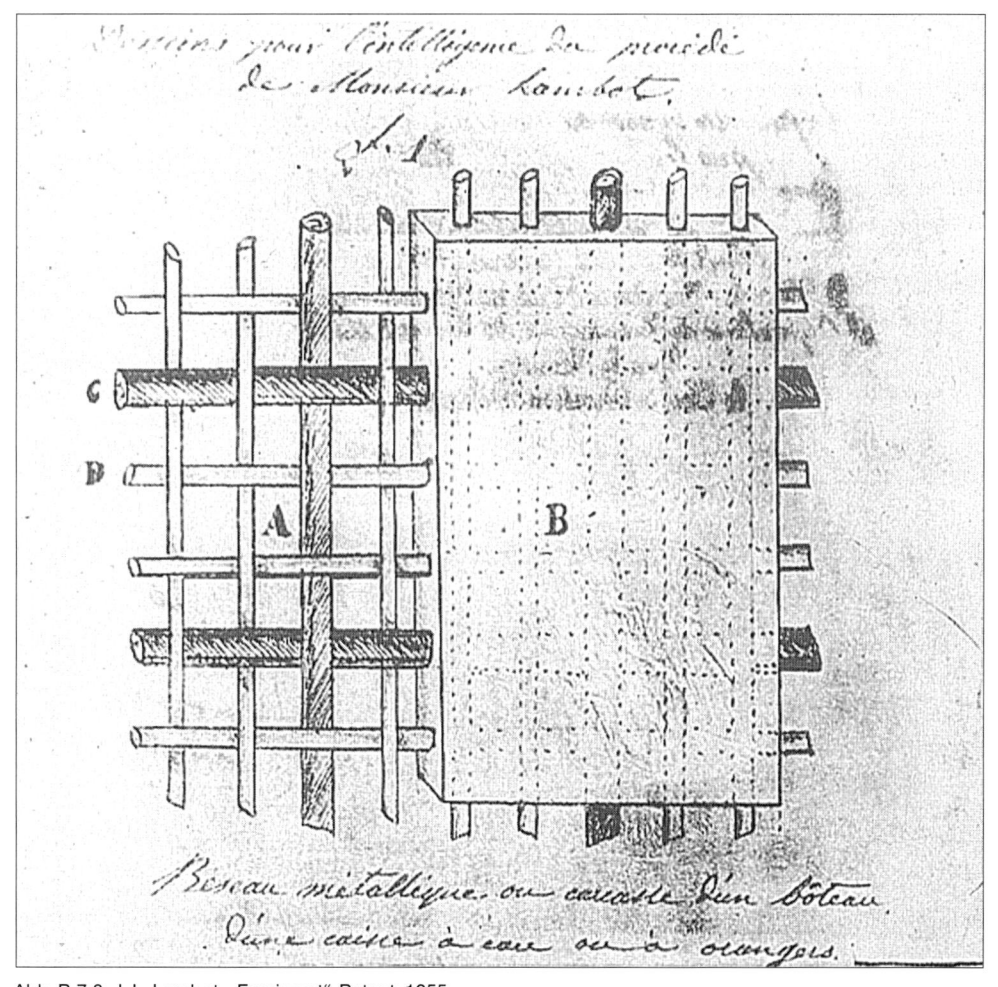

Abb. B.7.8 J. L. Lambot, „Ferciment"-Patent, 1855

Baustoffe

1855 wird die Erfindung des „ferciment" durch den Franzosen Josef Louis Lambot als Patent zugelassen.

„Ferciment" gilt Lambot als Austauschstoff für Holz in feuchtebeanspruchten Einsatzgebieten. Diese reichen vom Wasserbehälter und Pflanzkübel über Einsatzbereiche im Bauwesen bis hin zum Schiffsbau.

Das neue Material basiert dabei ebenfalls auf einem Drahtgeflecht entsprechender Ausfornung und einer Überdeckung aus hydraulischem Zement (**Abb. B.7.8**).

Der in diesem Zusammenhang sicher berühmteste, besser populärste Kopf in der Auseinandersetzung mit dem neuen Verbundbaustoff, der französische Gärtner Joseph Monier (1823–1906), meldet seine Erfindung erst 1867 zum Patent an und ist somit keineswegs der Erste, wie häufig publiziert.

Inhaltlich entspricht seine Idee der von Lambot in der Produktion wasserbeständiger, freiformbarer Behälter aus Drahtgewebe und Zement. Es folgen weitere Patente 1869 für die Produktion ebener Platten, 1873 für den Bau von Ingenieurkonstruktionen wie Brücken und Tunnel, 1878 dann ein weiteres Patent, das auch in Ausland verbreitet wird und zu einem umfangrichen Einsatz im Bauwesen führt (**Abb. B.7.9**).

In Deutschland sind es die Unternehmer Gustav Adolf Wayss und Conrad Freitag, die mit den von Monier erworbenen Patentrechten eine industrielle Entwicklung der Bauindustrie generell und des Bauens mit Stahlbeton speziell einleiten.

Diese Entwicklung basiert auf einem umfassenden Kenntnisstand der Zement- und Betontechnologie, einer ersten Normung seit 1877 und weiterführenden praktischen wie wissenschaftlichen Untersuchungen zu Baukonstruktion, Bautechnik und insbesondere Statik.

So publiziert der Bauleiter des Berliner Reichstagsgebäudes, Mathias Koenen 1887 sein Berechnungsverfahren für das Widerstandsmoment einer biegefesten Platte, das bereits die Plazierung der Eisenbewehrung in der Zugzone, damit im unteren Bereich der Platte impliziert.

Gemeinsam mit Gustav A. Wayss gibt er im gleichen Jahr das erste Handbuch des Eisenbetons heraus: „Das System Monier. Eisengerippe in Cementumhüllung in seiner Anwendung auf das gesamte Bauwesen", Berlin 1887.

Weitere Optimierungsversuche gehen von der Notwendigkeit aus, zum Einen die Rißbildung im Beton zu minimieren, zum Anderen aber die Haftung zwischen Beton und Eisen, damit die Zug- bzw. Tragfähigkeit der gesamten Verbundkonstruktion zu erhöhen.

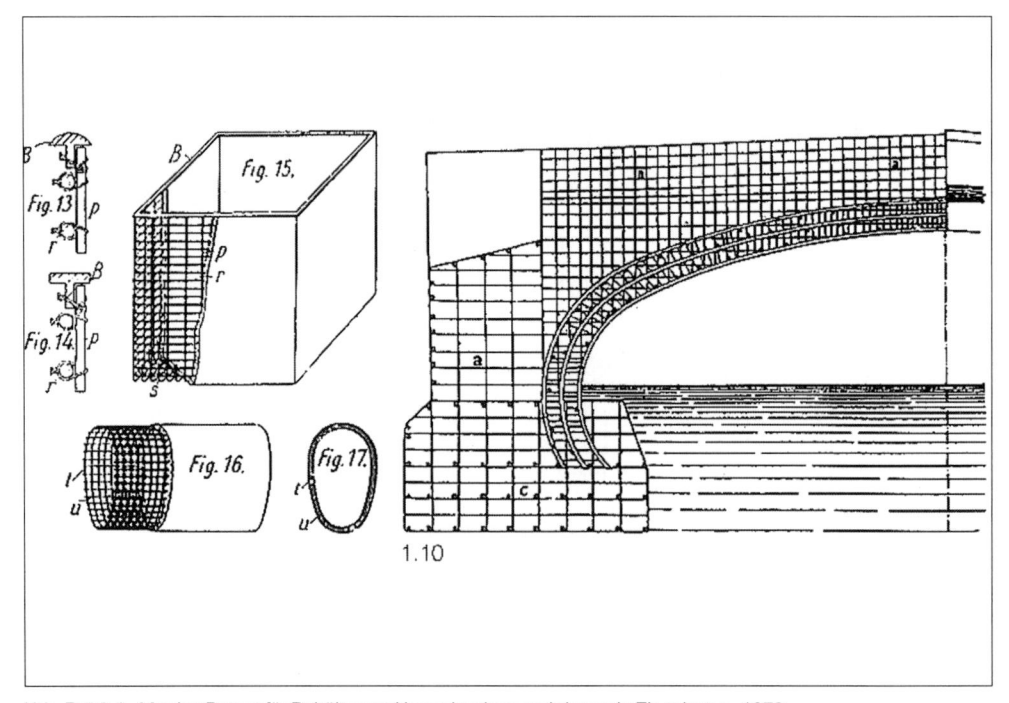

Abb. B.7.9 L. Monier, Patent für Behälter und Ingenieurkonstruktionen in Eisenbeton, 1873

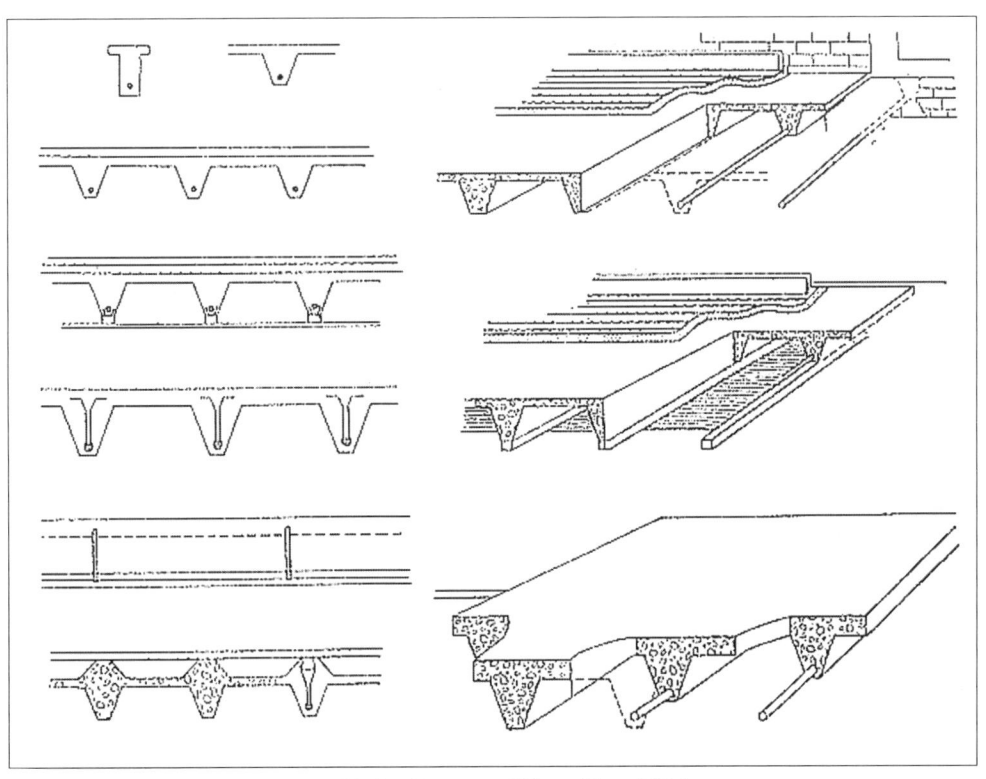

Abb. B.7.10   Stahlbetonrippendecke, britisches Patent von F. Hennebique (1892)

Der deutsche Ingenieur C.F.W. Döhring sucht 1886/87 die Lösung in einer Vorspannung der Eisenbewehrung durch Gewinde und Muttern, der Engländer Ernest Leslie Ransome 1893 in einer Profilierung der Bewehrungsstäbe. Insbesondere letztere Methode findet rasch weite Verbreitung und wird nochmals wesentlich ergänzt durch eine Patent des Bauunternehmers und Steinmetz Francois Hennebique (1885–1951) von 1897, der Anwendung von Eisenbügeln als Widerstand gegen die Schubbeanspruchung bei Stahlbetonträgern; diesem Patent geht voraus eine weitere Erfindung Hennebiques, die Stahlbeton-Rippendecke, die er 1892 patentieren ließ **(Abb. B.7.10)**.

Die Übereinstimmung von Material und Form, das Verhältnis von Stahl zu Beton wie von Stahlbeton zur architektonischen Erscheinung ist eine der frühen Verdienste Hennebiques, der somit in der Geschichte des Bauingenieurwesens eine ebenso große Rolle spielt wie in der Geschichte der modernen Architektur **(Abb. B.7.11/12)**.

Trotz dieser greifbaren Errungenschaften finden sich in den Fachpublikationen kritische Stimmen namhafter Ingenieure, die die Möglichkeit bezweifeln, daß die grundlegenden Berechungsmethoden der Festigkeitslehre einzelner Materialien auch auf den Verbundbau angewendet werden könnten – dies häufig mit dem Argument, daß die Eigenschaften von Eisen und Beton zu heterogen seien.

Scheinbarer Beleg für diese Kritik waren nicht wenige, zum Teil spektakuläre Einstürze wie z. B. der des 23 m weit gespannten Probebogens in Podol bei Prag 1892 oder ähnliche Unfälle bei experimentellen Bauten der Weltausstellung 1900 in Paris.

Baustoffe

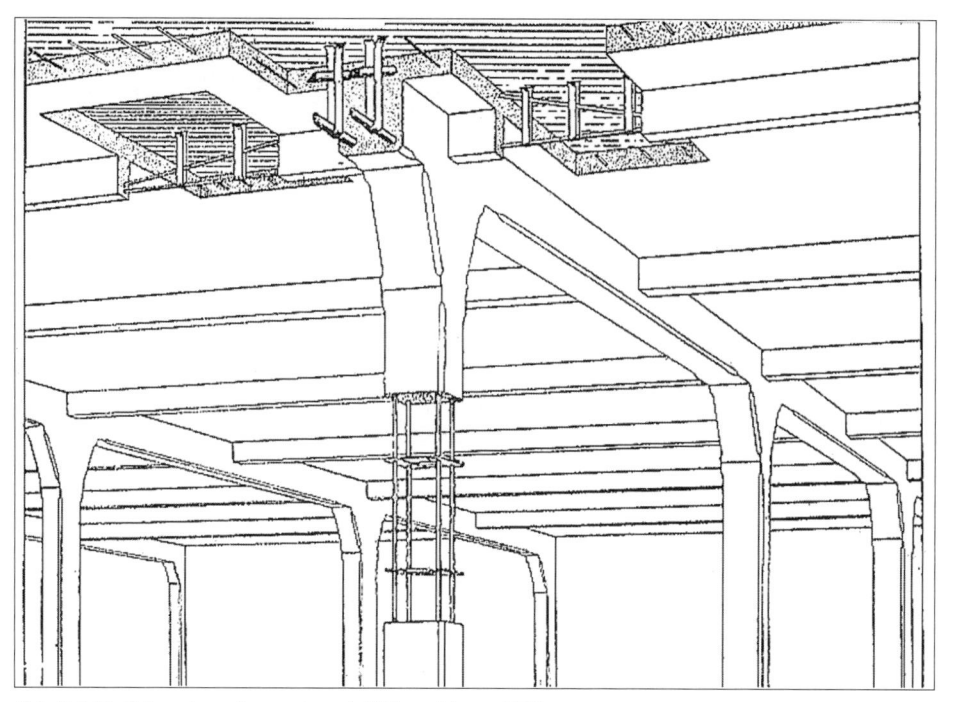

Abb. B.7.11 Betonrahmentragwerk nach F. Hennebique, 1897

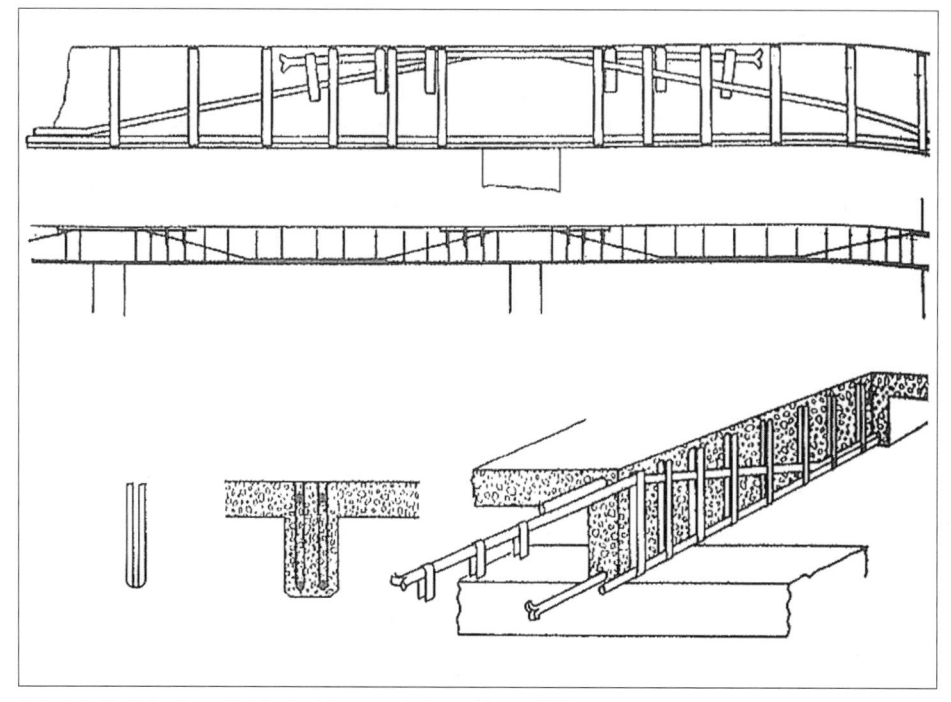

Abb. B.7.12 Patentierte Stahlbetonträger nach Hennebique, 1897

4 Die Reife der Betontechnologie am Anfang des 20. Jahrhunderts

1907 schreibt Alfred Gotthold Meyer für die Zeit sehr prägnant eine zusammenfassende Darstellung über das neue Material in Abgrenzung zum tradierten Mauerwerk, seine Entwicklung und Perspektive am Anfang des 20. Jahrhunderts:

„Von dem einfachen Gedanken, den im feuchten Zustand bildsamen, nach dem Brande festen Ton als Ziegel zu formen, ging eine neue Gattung der Baukunst aus. Der Ziegel ist ein künstlicher Baustein. Die regelmäßige Form, in die der Stein erst mühevoll durch Hammer und Meißel gebracht werden muß, erhält der Ziegel bei seiner Herstellung. Er ist unter allen Baustoffen der gefügigste, oder vielmehr: er war es bis etwa zur Mitte des 19. Jahrhunderts.

Seitdem macht ihm eine andere künstliche Steinmasse diesen Rang streitig. Sie dringt nur langsam vor, in ihrer Kraft vorerst nur von den Fachkreisen erkannt; sie bleibt auch noch fast ganz jenseits der Grenzen, bei denen sich die künstlerische Bauform von der technischen scheidet. Allein es ist vielleicht zu kühn, ihr schon jetzt eine Zukunft vorauszusagen, die in der Baukunst mit der Bedeutung des Backsteines verglichen werden kann.

Diese neue künstliche Steinmasse ist der **Beton** und **Zement**.

Sie wurden nicht so einfach gefunden wie der Ziegel. Der Rohstoff selbst wurde von Wissenschaft und Technik, die bei ihrer rastlosen Arbeit die Schaffensart der Natur zu ergründen, selbst vor dem Stein nicht Halt machte, erst nach vielen Versuchen zielbewußt gemischt, und mehr und mehr vervollkommnet . . .

Beton und Zement haben keine bestimmte Form. Ihre Bedeutung für das Bauen besteht vielmehr darin, daß sie eine Form überhaupt nicht besitzen, wohl aber eine unbegrenzte Formfähigkeit.

Sie lassen sich in flüssigem Zustand gießen und erhärten dann. Die Festigkeit des Ziegels ist an bestimmte kleine Maße gebunden – die ihre ist unbeschränkt . . .

So zäh halten sie zusammen, daß sie selbst bei sehr geringem Querschnitt ‚halten'. Solch verhärteter Guß ähnelt dem Metall. Aber er ist weniger kostbar als dieses, denn er verdankt seine Haltbarkeit und Tragfähigkeit geringwertigem, in unbegrenzter Fülle vorhandenem Rohstoffe; so recht ein Beispiel für die Wertsteigerung, die durch Wissenschaft und Technik im neunzehnten Jahrhundert möglich wurde. Und auch so recht ein Beispiel für die unbegrenzten Möglichkeiten, die sich auf diesem Wege gerade für das Bauen zeigen . . .

Der Backstein erhielt gerade durch die Sprödigkeit seines Maßes und seiner Form sein stilistisches Gesetz. Aus der Beschränkung erwuchs hier die stilistische Meisterschaft. Beton und Zement fließen in gleiche Form, sie fügen sich jedem Formenwillen. Um so stärker muß dieser sein, wenn er ihnen ‚Stil' geben will. In diesem Sinn ist gerade diesem neuen Baustoff in der ersten Periode überströmender Kraft die harte Zucht zu wünschen, die sie in feste Bahn leitet. Diese aber bringt ihm das Eisen." [A. G. Meyer, Eisenbauten; Esslingen 1907]

Formwillen und technische Innovationskraft, Architekt und Ingenieur, theoretische Wissenschaft und aktive Bauindustrie – innerhalb dieses Spannungsfeldes steht die weitere Entwicklung, die den nahezu pittoresken Bau eines Wohnhauses von Hennebique ebenso einschließt wie die ersten Hochhäuser in Amerika. **(Abb. B.7.13/14).**

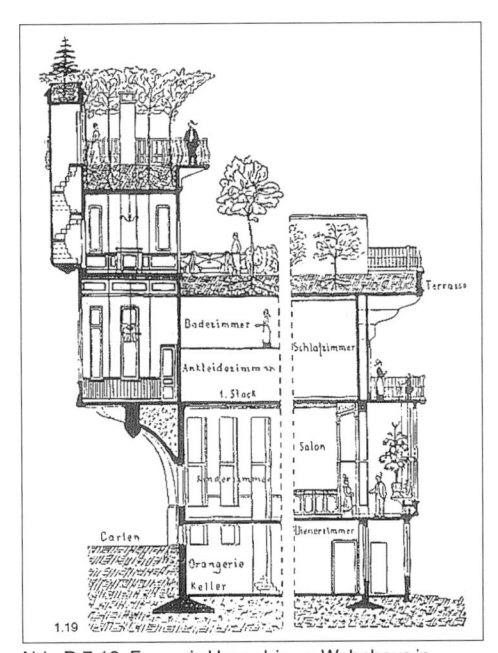

Abb. B.7.13 Francois Hennebique, Wohnhaus in Stahlbeton; Bourg-la-Reine, 1904

Mit der verstärkten Diskussion, vor allem aber mit der Anwendung des neuen Verbund-Materials, das gegenüber Stahl den erheblichen Vorteil der Feuerbeständigkeit hat und keines weiteren Korrosionsschutzes bedarf, findet die Theorie des Stahlbetonbaues eine letzte Verfeinerung.

Baustoffe

Abb. B.7.14 Elzner und Anderson, Ingalls Building in Stahlbeton – Skelettbauweise, Cincinnati, 1902

Abb. B.7.15 R. Maillart, Filtergebäude in Rorschach, 1912

Hierzu zählt die Erforschung von Längenänderungen durch Quellen und Schwinden des Stahlbetons, die insbesondere mit dem deutschen Ingenieur Schumann verbunden ist, die Elastizitätstheorie des österreichischen Ingenieurs Fritz Edler von Emperger, oder auch die Idee des Gesamttragwerkes von Robert Maillart, der statt eines üblichen, hierarchischen Systems aus Stützen, Haupt- und Nebenträgern eine Bemessungstheorie für unterzugslose Decken mit Pilzstützen entwickelt und als selbständiger Bauunternehmer auch in die Praxis umsetzt, dies zunächst bei einem Lagerhaus in Zürich, im Jahre 1910, dann auch beim sogenannten Filtergebäude in Rorschach 1902 **(Abb. B.7.15)**.

Dem geht parallel die Entwicklung spezieller behördlicher Vorschriften zur Bemessung von Eisenbetontragwerken: so stellt 1903 der Schweizerische Ingenieur- und Architektenverein als erster „provisorische Normen" auf, kurz darauf auch ein vom Deutschen Architekten- und Ingenieurverein und dem Deutschen Beton-Verein gewählter Ausschuß sogenannte „vorläufige Leitsätze", die seit 1904 von den Behörden als maßgebend anerkannt wurden; 1906 folgten diesem Vorbild Frankreich, 1907 Italien und Österreich.

Mit der Ausbreitunng der Eisen- bzw. Stahlbetonbauweise gewinnt ein Teilgebiet der Baustatik, die Bemessung statisch unbestimmter Rahmentragwerke an Bedeutung. Konnten mit Hilfe der Rechenmethodik C.L.M. Naviers bereits einfache Rahmen gerechnet werden, so erforderten durchlaufende Rahmentragwerke oder Stockwerksrahmen komplizierteste Arbeitsgleichungen.

Basierend auf der Anwendung von Festpunkten als Wendepunkte einer elastischen Linie eines durchlaufenden Balkens schlägt hierzu erstmals Albert Strassner 1916 im ersten Band seiner „Neueren Methoden zur Statik der Rahmentragwerke und der elastischen Bogenträger" entscheidende Verbesserungen vor, wobei er im Vorwort seiner Zielvorstellung Ausdruck verleiht, wonach „in der Büropraxis die auf einfachen, geometrischen Anschauungen beruhenden Berechnungswesen immer mehr Anklang finden; sie stellen einen natürlichen, übersichtlichen Untersuchungsgang in Aussicht und bilden zweifellos die Grundlage, auf welcher sich die praktische Statik in Zukunft hauptsächlich aufbauen wird" [Strassner: Neuere Methoden... 2Bde. Ernst & Sohn, Berlin, 1925–27, Band 1; Vorwort].

Dem Ausbau der Baustatik am Anfang des 20. Jahrhunderts geht weiterhin parallel die Verfeinerung der Fertigkeitslehre, der Lehre von den inneren Spannungen – bezogen auf die jeweiligen Materialien und hier insbesondere den Verbundbaustoff Eisen – bzw. Stahlbeton.

Aus der Beschäftigung mit dem Phänomen des „Kriechens" bei Beton entwickelt Eugène Freyssinet (1879–1962) 1911 das Prinzip der Vorspannung von Beton.

Da beim gewöhnlichen Stahlbeton aufgrund der eher begrenzten Zug- und Schubfestigkeit des Beton in der Zugzone eines Querschnittes unter Belastung feine Haarrisse auftreten können, wird beim Spannbeton die Zugzone durch Druckkräfte so vorbelastet, daß diese Risse nicht entstehen können: konkret werden die durch Eigengewicht und Nutzlast im Betonquerschnitt hervorgerufenen Biegespannungen (Druck und Zug) durch diese Vorspannung mit Druckspannungen so überlagert, daß die bezeichneten Risse vermieden, der Korrosionsschutz für die Eiseneinlagen sichergestellt und vor allem durch die bessere Ausnutzung des statischen Querschnittes geringere Bauhöhen bei niedrigerem Eigengewicht der Konstruktion gegeben sind.

Je druckfester der Beton ist, desto geringer ist auch das Kriechen und der dadurch bewirkte Spannungsverlust. Freyssinet entwickelt hierzu ein spezielles Verfahren, mit dem die Bewehrung im Betonverbund entsprechend vorgespannt werden konnte.

Ende der 20er Jahre ergänzt der englische Ingenieur Wilson dieses Verfahren in einem Träger, der außer einer schlaffen Bewehrung auch eine aus Drahtseilen erhält, die vor dem Betoniervorgang vorgespannt werden. Daß hierzu die Verbundspannung zwischen Beton und Eisen durch eine Verdichtung des Beton mit mechanischen Rüttlern erhöht werden kann, ist wiederum das Verdienst von Freyssinet und seinem Kollegen J. Seailles.

1935 wird in Lizenz dieser Erfindungen und Patente Freyssinets durch das deutsche Unternehmen Wayss & Freitag die Bezeichnung Spannbeton offiziell eingeführt und dessen Leistungsfähigkeit durch viele Großprojekte und Brücken mit bis zu 150 m Spannweite unter Beweis gestellt.

5 Zur Entwicklung des Betonsteines im 19. Jahrhundert

Es ist bezeichnend, daß die geschichtliche Aufarbeitung der Betontechnologie ausschließlich fixiert ist auf die skizzierte Massivbauweise von Eisen und Beton, eingesetzt für Wand- und Skelettbauten, vor allem aber Deckentragwerke, weit gespannte Konstruktionen und Ingenieurbauten.

Das neue Material bot die Chance einer Überwindung der tradierten Fesseln des Ziegelmauerwerkes, das bis dahin das Bauen ausschließlich bestimmt hatte mit Deckenkonstruktionen in Holz oder ebenfalls in Mauerwerk, nur anteilig verstärkt durch Eisen.

Das zeitgenössische Bauwesen der Jahrhundertwende vom 19. in das 20. Jahrhundert war fixiert ebenso wie die heutige Bauforschung auf den Innovationssprung vom Mauerwerksbau – Stein auf Stein – zum geschütteten Wandbausystem, in das homogen auch die Deckentragwerke eingebunden werden konnten. Diese Fixierung ist um so verständlicher, als sie einer ging mit einer Entwicklung der Ingenieur-Wissenschaften, der rationalen Durchdringung neuer Materialien und Konstruktionen an Stelle der bisherigen Empirie.

Im Schatten dieser Entwicklung verweisen die Baukonstruktionslehrbücher der Zeit im Kapitel Mauerwerk bis weit in die erste Hälfte des zwanzigsten Jahrhunderts hinein nur auf den Ziegelbau, an dem auch die Verbände und Wandkonstruktionen abgehandelt werden. Der bereits existierende Betonstein wird nicht zur Kenntnis genommen.

Neben den „natürlichen Steinen", in heutiger Terminologie den Natursteinen, werden nur Ziegel als „künstliche Steine" abgehandelt – dies im breiten Spektrum vom Leichtziegel und Hohlziegel bis zum Klinker als Hartbrand. Eher selten sind Hinweise auf weitere „Kunststeine" wie Bims- und Kalksandsteine.

Einzig in den Kapiteln zu den sogenannten Verbindungsmaterialien, den Mörteln, finden sich Hinweise auf die Grundsubstanz des Betonsteines: den Zement.

So verweist zum Beispiel Dr. W.H. Behse in „Der Maurer. Eine umfassende Darstellung der sämtlichen Maurerarbeiten", zitiert nach der 7. Auflage von 1902, Leipzig auf Romanzement als natürlich-hydraulischen Mörtel im Gegensatz zu Portlandzement als künstlich-hydraulichem Mörtel (S. 23 ff).

Dr. Otto Warth ist einer der wenigen Autoren, die sich mit dem neuen Material im Mauerwerksbau beginnen, systematisch auseinanderzusetzen.

In seiner „Allgemeinen Baukonstruktionslehre: Die Konstruktionen in Stein", 7.Auflage 1903, Leipzig differenziert er die künstlichen Steine wesentlich umfassender (a.a.O. S. 4):

„a) Die aus einer plastischen Erdart geformten und entweder nur an der Sonne getrockneten sogenannten Lehmsteine (Luftsteine) oder die im Feuer gebrannten Backsteine (Ziegelsteine).

b) Die Steine, deren Fabrikation auf der Erhärtungsfähigkeit der verwendeten Materialien beruht und die im allgemeinen als Kunststeine bezeichnet werden (die Schlackensteine, die rheinischen Schwemm- oder Tuffsteine, die Korksteine, die Zementbetonsteine, die Kunstsandsteine u.s.w.)."

Im fortlaufenden Text verwischt sich dieser Versuch einer Differenzierung jedoch wieder: im Kapitel § 32 unter der Überschrift „Zementbeton-(Konkret-)Mauerwerk" handelt Warth auf drei von vier Seiten die Ingredenzien, Mischungsverhältnisse und Verarbeitungsrichtlinien des frischen Betones ab, ehe er auf die Erstellung von Betonwänden eingeht – dies aber nicht im angekündigten Betonstein, sondern als Schüttmaterial zwischen Schaltafeln (a.a.O.S. 67 f.):

„Die Betonwände werden entweder, ähnlich wie die Lehm-Pise-Wände, in monolithischen Massen zwischen Schalungen, oder aus einzelnen Betonsteinen – Kunstsandsteinen – hergestellt, die genau wie die natürlichen Steine vermauert werden.

Bei der ersten Art erfolgt das Einfüllen der Betonmasse zwischen Bretterschalungen ..." **(Abb. B.7.16)**. Die zweite Art, d. h. der „Kunstsandstein" wird nicht mehr beschrieben. Statt dessen erfolgt eine sehr kritische, letztlich ablehnende Würdigung der Betonbauweise:

„Die Betonmauern sind im allgemeinen in derselben Stärke zu halten wie Backsteinmauern; wo die Mauern als Umfassungswände dienen, empfiehlt sich ein äußerer Putz mit Zementmörtel, um das Durchschlagen der Feuchtigkeit zu verhüten und die Wände dichter zu machen, da der magere Beton porös und wärmedurchlässig ist.

Die Versuche, den Beton in erheblichem Umfange zum Bau ganzer Häuser zu verwenden, haben bisher keinen Erfolg gehabt. Die formale Durchbildung ist eine beschränkte ... eine Kostenverringerung gegenüber den Backsteinbauten (ist) nicht vorhanden ... Ein weiterer Mißstand der Betonkonstruktionen bei ihrer Anwendung für ganze Bauten ist ihre Starrheit, die sich einer durch veränderte Bedürfnisse notwendig werdenden Änderung der Anlage widersetzt. Die unansehnlich Färbung und die lang dauernden Ausblühungen der Betonwände sind weitere Mißstände, wodurch die Vorzüge der raschen Ausführung und der raschen Trocknung wieder aufgewogen werden.

Es wird deshalb auf die Verwendung des Beton zu ganzen Häusern nicht zu rechnen sein, dagegen eignet er sich ganz vorzüglich zu Fundationen, Decken- und Treppenkonstruktionen u. dergl. m."

Die Ausführungen zeigen evident die zeittypische Fixierung im Mauerwerksbau auf das Material Ziegel, dessen Tradierung bezogen auf die Außenwand nicht als Begrenzung empfunden wird.

Das neue Material Beton erscheint nur marginal gegenüber dem Ziegel im Wandbau, ergänzt ihn jedoch zunehmend im Bereich zugbeanspruchter Bauteile und Konstruktionselemente wie Fundamente, Decken, Treppen etc.

Vor diesem Hintergrund erscheint der Betonstein nicht in den Baukonstruktionslehren; vor diesem Hintergrund ist seine Geschichte noch nicht geschrieben und jegliche historische Untersuchung primär verwiesen auf die „Novitäten-Schau" der Bauzeitschriften seit den 70-er Jahren des 19. Jahrhunderts. Dies kann hier nur auszugsweise und ohne jeden Anspruch auf Vollständigkeit geschehen; nahezu kaleidoskopartig, dennoch chronologisch seien im Folgenden Fachpublikationen aus zeitgenössischen Zeitschriften zitiert, die sich insgesamt zu einer ersten historischen Entwicklungslinie mit allen Verwerfungen fügen werden:

1871, Deutsche Bauzeitung V, S. 235 ff.:

„Es giebt wenige Aufgaben für die Litteratur unseres Faches, von denen wir so lebhaft wünschten, dass eine bewährte sachkundige Kraft ihre erschöpfende Bearbeitung unternähme, ja die wir sogar so würdig erachteten Seitens eines technisch-wissenschaftlichen Vereins als Preisaufgabe gestellt zu werden, wie eine kritische Abhandlung über die Anwendung des Zementes im Hochbauwesen. Seitdem die heimische Fabrikation im Stande ist, ein gutes und billiges Material zu produziren, ist der Zement ein Faktor im Hochbauwesen geworden, dessen Bedeutung von Jahr zu Jahr wächst, dessen Anwendung in ausserordentlichem Steigerungsverhältnisse zunimmt! Eine Fülle der reichsten und vielseitigsten praktischen Erfahrungen hierüber steht der Bautechnik bereits zu Gebote und in dankenswerthem Eifer hat die neuere Wissenschaft sich bemüht vollständigen Aufschluss über die Natur und Eigenschaften des Materials zu geben. Und doch, welche unglaubliche Verschiedenheit der Meinungen. Welche Unkenntniss und Unsicherheit herrscht noch immer in Betreff der Anwendung des Zements! ...

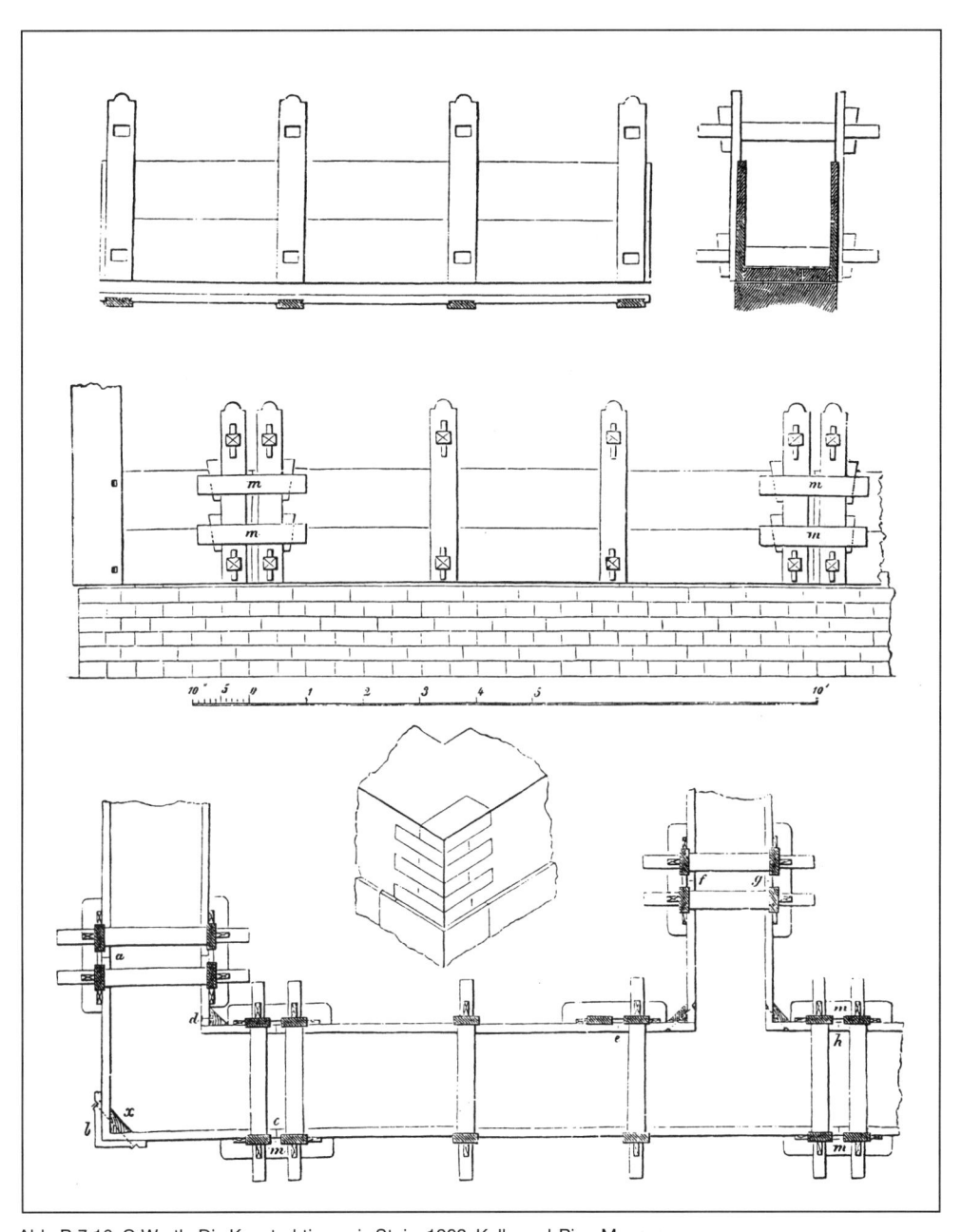

Abb. B.7.16 O.Warth, Die Konstruktionen in Stein, 1903: Kalksand-Pise-Mauern

Hier thut eine Klärung der Anschauungen auf das Entschiedenste Noth, wie sie nur durch eine Arbeit jener Tendenz, welche den Umfang des Gebietes völlig beherrscht, welche das gesammte Ergebniss der praktischen Erfahrung kritisch zusammenzustellen, zu sichten, und aus ihm die wirklichen Resultate zu ziehen versteht, gewonnen werden kann. . . .

Vorläufig werden wir uns begnügen und es mit Dank begrüßen müssen, wenn von verschiedenen

Baustoffe

Abb. B.7.17 Gaulthon'sche Terracotten, gefüllt mit Zementkonkret.

Seiten Bausteine zu einem derartigen Werke zusammengetragen werden. Einen solchen Baustein erblicken wir unter anderem in mehren Aufsätzen, welche das neueste Heft des vom Deutschen Verein für Fabrikation von Ziegeln, Thonwaaren, Kalk und Zement herausgegebenen Notizblattes enthält, und gern benützen wir die uns freundlichst ertheilte Erlaubniss, um jene Mittheilungen, die einen weiteren Kreis von Fachgenossen, als ihn das im Buchhandel leider nicht zugänglichen „Notizblatt" erreicht, interessieren dürften, für unser Blatt zu verwerthen. . . .

Endlich giebt Herr Türrschmiedt einige interessante Mittheilungen über die Anwendung, welche Zementkonkret (Béton) in England als Material zum Häuserbau findet. An erster Stelle geschieht hierbei eines kombinirten Materials Erwähnung, das auf den Werken der Burham Company Seitens der Herren Parr und Strong angefertigt wird. Dasselbe besteht in hohlen Terrakotten (von Gaulthon), welche mit Zementkonkret gefüllt und mit Zement zu Mauerwerks-Konstruktionen zusammengesetzt werden. Das Prinzip derselben ist völlig neu und verlässt das bisher allgemein übliche System einer im Wesentlichen horizontalen Material-Schichtung, um nach dem Vorbilde der Bienenarbeit mit vorwiegend sechseckigen Körpern zu operiren. Fig. 5. zeigt die Hauptformen der Thonröhren, welche sämmtlich die Länge der betreffenden Mauerdicke erhalten. Fig. 6, 7 und 8 geben Beispiele von der architektonischen Behandlung der Façadenmauern und ihrer Öffnungen; . . . **(Abb. B.7.17)**

Auf einem praktisch gesunderen Boden steht jedenfalls die Anfertigung von Häusern aus reinem Zementkonkret, über welche ein den Mittheilungen Türrschmiedt's angeschlossener Reisebericht aus England, von Hrn. Riese in Berlin erstattet, umfangreiche Notizen giebt, welche die Berichte, die wir früher über die Bétonbauten der Württembergischen Eisenbahn brachten, ergänzen mögen. . . .

Was zunächst das Material und seine Zusammensetzung betrifft, so besteht dies je nach –lokalen Verhältnissen aus sehr verschiedenen Grundbestandtheilen. Zerkleinerte natürliche Steine, Thon- und Ziegelbrocken, Kohlenschlacken, endlich auch Sand und Kies sind mit Portland-Zement in einem Mischungsverhältnisse von meistens 7 Theilen fester Masse auf 1 Theil Zement vermengt worden, ohne dass das Resultat in Bezug auf die Eigenschaften des Konkretmauerwerks ein weentlich anderes gewesen wäre; . . .

Hierbei ist es wünschenswerth, dass die Ziegel von Mörtel, Kies und Sand hingegen durch Waschen und Sieben von Lehmbestandtheilen gereinigt werden. Zur Ersparniss bedient man sich wohl auch eines Verfahrens, welches *„packing"* genannt wird, indem man grössere Steinbrocken oder ganze Mauersteine in die Konkretmasse derartig lagenweise eindrückt, dass die ringsum von derselben umgeben werden. Sofort nach der Vollendung wird das Mauerwerk in den Façaden meist noch mit einem Zementputze versehen, während das Innere, soweit dasselbe tapezirt wird, roh bleibt. . . .

Die Eigenschaften der Konkrethäuser werden von Hrn. Riese mit grosser Anerkennung besprochen; die Festigkeit und Stabilität des Mauerwerks sind trotz der geringen Stärken ausserordentliche und haben die sprechendsten Prüfungen überstanden. Gerühmt werden von allen Bewohnern die absolute Trockenheit der Mauern, welche ein Beziehen der Häuser fast unmittelbar nach ihrer Vollendung gestattet, sowie die auch bei den ungünstigsten lokalen Verhältnissen bewährte Wärme der Räume, die grösser ist als bei Ziegel- oder Steinbauten. Ein Schwitzen der Wände, d. h. ein Niederschlagen der Feuchtigkeit an denselben, das man wohl bei Konkretbauten und namentlich in den Küchen gefürchtet hat, ist nirgends bemerkt worden und sind Anstrich wie Tapeten aller Orten unversehrt. . . .

Der bedeutendste Vorzug der Konkrethäuser ist übrigens ihre Billigkeit. . . .

1876, Deutsche Bauzeitung X, S. 152

Zur Frage der Kunststein-Fabrikation geht uns auch die in No. 23 cr. enthaltene kurze „Notiz" von der Fabrik M. Knoblauch & Co. in Nürnberg eine berichtigende Erklärung von sehr bedeutendem Umfange mit dem Ersuchen um Aufnahme derselben in dies. Bl. zu. . . .

Die in der Nürnberger Fabrik verwendeten beiden Maschinen sind französischen Ursprungs; das baupolizeiliche Verbot der Benutzung der Kunststeine, welches allerdings bestanden hat, ist, nachdem Aenderungen in der Fabrikation eingetreten, nach kurzer Zeit, noch im Jahre 1874, wieder rückgängig gemacht worden; . . .

Am 1. April 1875 ist nach vorausgegangener Liquidation der Betrieb neu eröffnet worden und es hat die Fabrik in der nächstfolgenden Bausaison einen Absatz von etwa 1.000 000 Steinen erzielt.–

Die erste Kunststein-Presse in Deutschland, welche Hrn. A. van Berkel zum Erfinder hat, ist im Jahre 1872 von dem Verfasser des Schriftstücks, dem wir diese Mittheilung entlehnen, aufgestellt worden; dieselbe ist ein Dampfhammer-Werk, in welchem auf jeden Stein 3 Schläge – à etwa 50 Ztr. – ausgeübt werden. Fabrizirt werden damit bequem pro Min. 22, pro Tag 12 000 Steine; die Maschine arbeitet sehr exakt und erfordert fast gar keine Reparaturen. Zum Mischen der Materialien ist die Maschinen-Arbeit der Hand-Arbeit, wenn letztere nicht ununterbrochen und scharf kontrollirt wird, vorzuziehen; vielfach zwar ist die Kunststein-Fabrikation mit Handbetrieb begonnen worden, hat jedoch immer bald wieder aufgehört.–

Was die bemängelte Feuersicherheit der Kunststeine betrifft, so wird angeführt, dass die Steine einen bedeutenden Hitzegrad – selbstverständlich keine Glühhitze – ertragen. Selbst zur Verengung der Züge eines Dampfkessels (von welcher Einrichtung? D. Red.) sind dieselben vom Fabrikanten verwendet worden und haben sich „ganz gut" gehalten. Auch beim grossen Brande von Chicago sollen Erfahrungen, die zu Gunsten der Kunststeine sprechen, gemacht worden sein."

1881, Deutsche Bauzeitung, 17. Sept., S. 422:

Vermischtes

Zur Frage der frühesten Verwendung von hohlen Verblendsteinen (No. 70 u. 72 dies. Ztg.). Steine dieser Art sind bereits um Mitte der fünfziger Jahre von dem Fabrikanten L. Scherrer in Pfungstadt (bei Darmstadt) hergestellt und im Jahre 1861 auf der Gewerbeausstellung f. d. Großherzogth. Hessen prämiirt worden. Dieselbe Fabrik fertigte schon damals auch vielerlei Formsteine zu Gesimsen,

Steine zum Ausrollen von Balkenfachen, (darunter eine sehr interessante Form für Viehstall-Decken) Hohlziegel für runden frei stehende Schornsteine, sowie für Fenster- und Thüreinfassungen etc. etc.

Die Priorität in der Anwendung hohler Verblendziegel scheint hiernach dem Fabrikanten Scherrer in Pfungstadt zu gebühren.

1881, Zeitschrift für Baukunde IV, S. 520 ff.:

Zusammenstellung der über Beton-Bauten im Gebiete des Verbandes deutscher Architekten- und Ingenieur-Vereine gemachten Erfahrungen

Die Frage der Verwendung des Betons für Hochbauten war bereits in der General-Versammlung des Verbandes deutscher Architekten- und Ingenieur-Vereine in Berlin im Jahre 1874 behandelt. Der Vorsitzende der Hochbau-Abtheilung fasste damals das Resultat der Verhandlungen über den Gegenstand dahin zusammen, dass Cement-Concret-Bau nur für solche Anlagen sich empfehle, die keinen Anspruch auf ästhetische Bedeutung machten, sondern lediglich dem Bedürfnisse Genüge zu leisten bestimmt seien.

Zu der Wiederaufnahme der Frage seitens des Verbandes hatte besonders die lebhafte Agitation Veranlassung gegeben, welche von verschiedenen Cement-Fabriken für eine weitere Ausbreitung dieser Bauweise im Hochbau eingeleitet war. Es war ferner inzwischen eine grössere Anzahl Bauten in Cement-Concret ausgeführt und hatte dieselbe mehrfach auch für Bauten auf dem Gebiete des Ingenieurwesens – besonders für Brückengewölbe und Canäle – in früher nicht üblicher Weise Verwendung gefunden. Daher erschien es erwünscht, zu constatiren, wie sich diese Bauten unter verschiedenen Verhältnissen bewährt, und wie sich die Herstellungs- und Unterhaltungskosten gegenüber anderen Bauausführungen gestellt hätten. ...

Die Berichte der einzelnen Vereine haben nun zunächst festgestellt, dass die Ausbreitung des Betonbaues für die fraglichen Bauzweige doch nicht eine derartige ist, wie angenommen war. ...

Es ist hienach die größere Anzahl der Verbands-Vereine nicht in der Lage gewesen, ein abschließendes Urtheil über die Bauweise abzugeben. ... Es erschien daher auch nicht rathsam, dass seitens des Verbandes ein derartiges bestimmtes Gesamturtheil über eine Bauweise, welche noch in der Entwicklung begriffen ist, abgegeben werde, und man beschloss in der Heidelberger Abgeordneten-Versammlung, von einer bestimmten, seitens des Verbandes abzugebenden Resolution abzusehen und nur die mitgetheilten einzelnen Erfahrungen und Beurtheilungen in gedrängter Kürze zu veröffentlichen. ...

Es soll hier nur kurz auf die verschiedenen Herstellungs-Methoden unter Angabe der Mischungsverhältnisse hingewiesen werden. Diese sind im Wesentlichen die folgenden:

1. *Cement-Gussmauerwerk.* Dasselbe wird hergestellt durch eine Mischung von Cementmörtel (eventuell reinem Cement) mit mehr oder weniger grobem Kies, Schlacken oder Steinschlag. Erst nach der Mischung werden die Materialien in die Formen gebracht und gestampft und ist bei richtiger Behandlung hierdurch eine sichere Controle zur Erlangung wirklich homogener Körper von gleichmässiger Festigkeit zu erzielen. Das gewöhnliche Verhältnis der verschiedenen Bestandtheile ist etwa 1 Theil Cement, $1^1/_2$ Theile Sand, $7^1/_2$ Theile Steine, also 1 Theil Cement: 9 Theilen Beimengungen.

2. *Cement-Bruchsteinmauerwerk.* Es ist derartiges Mauerwerk, welches allerdings kein Betonmauerwerk im strengen Sinne ist, besonders vielfach zu Brückengewölben verwendet. Man setzt dabei sogenannte Kopfsteine, welche oft nur $^1/_4$ der beabsichtigten Gewölbedicke erreichen, in recht vollem Mörtel, nach dem Fugenschnitte auf den Lehrbogen und stellt die am Gewölbe noch fehlende Stärke durch guten Cementmörtel her, in welchen dann kleinere oder grössere unregelmässige Steine möglichst regelrecht und im Verbande mit dem Hammer eingetrieben werden. ...

Man kann hier etwa bei gutem, fein gemahlenen Cement den Mörtel nach dem Verhältnisse 1 Cement : 5 Sand bereiten, und es besteht dann das Mauerwerk etwa aus 1 Theil Cement, 5 Theilen Sand und 10 Theilen Steinen, also 1 Theil Cement : 15 Theilen Beimengungen.

3. *Cement-Füllmauerwerk* (Cement-Packmauerwerk). Die Methode besteht darin, dass man in einen den Raum der herzustellenden Wände umgebenden Formkasten von 0,5–0,6 m Höhe Cementmörtel gibt und dann soviel grössere oder kleiner Steine, Schlacken etc. hineinpresst, hineinstopft, packt als zulässig und zu erreichen ist. Man hat hier in einzelnen Fällen einen Mörtel 1 : 8 verwendet und auf 1 Theil Mörtel etwas mehr wie 1 Theil Steine verbraucht, so dass sich das Verhältniss des Cements zu den übrigen Bestandtheilen wie 1 : 16 bis 1 : 17 stellt. ...

4. *Cementquader.* Dieselben werden hergestellt in der Regel:

    a) in Formen, die voll Cementbeton gegossen und leicht eingestampft werden.

b) nach einer Aeusserung von Braunschweig auch als Mauerwerk nach den Regeln der Kunst mit reichlichem Mörtelzusatz,

c) als Cementfüllmauerwerk nach Art wie Nr. 3 beschrieben.

Bei Steinen, die nach der Methode a hergestellt werden, wird, besonders wenn vor dem Vermauern deren vollständige Erhärtung abgewartet wird, wieder eine bessere, bei den nach der Methode c hergestellten eine geringere Qualität zu erwarten sein.

Gesammt-Resultate der in den verschiedenen Vereinsgebieten zur Ausführung gekommenen Betonbauten.

Was zunächst die Bewährung des Betons für Hochbauten betrifft, so ist bereits constatirt worden, dass ein völlig gleichmässiges, abschliessendes Urtheil hierüber aus den Einzel-Gutachten der Vereine nicht hervorgeht. Selbst über einzelne bestimmte Ausführungen sind die Meinungen getheilt. Während z. B. verschiedene, von dem Berliner Vereine über die Betonhäuser in Victoriastadt bei Berlin mitgetheilte beachtenswerte Einzelgutachten in jeder Beziehung sich günstig über die Bewährung der Ausführungen äussern, ist das Urtheil des Berliner Vereins selbst ein sehr wenig günstiges. Es wird in demselben als Hauptbedenken geltend gemacht, dass der Beton ein zu guter Wärmeleiter sei, dass daher die Häuser sich schwer heizten und die Wohnräume im Winter kalt und unbehaglich seien.

Die Mauerstärke beträgt hier in den Aussenmauern im Erdgeschosse, ersten, zweiten und Dachgeschosse 25 cm. Es scheint danach diese Stärke doch für die norddeutschen klimatischen Verhältnisse ziemlich schwach bemessen zu sein, und man wird gut thun, über dieselbe bei besseren Ausführungen in Rücksicht auf die Wärmeleitung der Mauern hinauszugehen. Ueber Durchschlagen der Feuchtigkeit wird dagegen bei den Berliner Häusern nicht geklagt. ...

In Württemberg sind Kunststeine aus Cement mit entsprechenden Zuschlägen in ausgedehnter Weise zur Verwendung gekommen.

Von der Immobilien-Gesellschaft zu Blaubeuren werden sogenannte Vulkansteine angefertigt von folgenden Mischungsverhältnissen:

1 *cbm* Roman-Cement	1 050 *kg* à 100 *kg*
3 *cbm* schwarzen Kalk	1 650 *kg* à 100 *kg*
20 *cbm* Kohlenschlacken	1 400 *kg* à 100 *kg*

Diese 24 *cbm* ergeben 4 200 Stück Schlakkensteine im Formate von 30 *cm,* 14 *cm,* 8,5 *cm.* 1 Stein wiegt 4 *kg* und zeigt nach längerer Erhärtung 47,5 *kg* Festigkeit auf den qm. Der Arbeitslohn beträgt für ein Tausend 9 bis 10 M. Die Steine werden mit 40 bis 45 M. für das Tausend verkauft und hauptsächlich zu Ausmauerungen im Innern verwandt. ...

Was das Verhältniss der Kosten von Betongebäuden und in gewöhnlicher Weise hergestellten Hochbauten betrifft, so kann natürlich hier nur eine specielle Veranschlagung entscheiden, da das Verhältniss der Kosten von gewöhnlichen Mauersteinen, Cement und Steinschlag ein sehr veränderliches ist. Im Allgemeinen ist indessen bei denjenigen Beispielen, in welchen ein Vergleich der Kosten gewöhnlicher Bauten und Betonbauten gegeben ist, eine nicht unerhebliche Ersparung durch die Verwendung des Betons bis zu 40 % der Bausumme constatirt. Es werden allerdings in den meisten Fällen hier die höheren Ziegelpreise von Anfang bis Mitte der siebziger Jahre zu Grunde gelegt sein.

Von besonderem Interesse für die Frage der Verwendung des Betons zu Hochbauten ist ein von dem Architekten- und Ingenieur-Verein für das Herzogthum Braunschweig dem herzoglichen Ministerium erstattetes Gutachten über die Frage, ob und unter welchen Voraussetzungen die Anwendung von Cement-Concret zu Mauern und Decken allgemein zulässig erscheint und welche Minimalstärken den Mauern und Decken, ohne deren Stabilität zu gefährden, zu geben ist.

Es ist dem Verbande sowohl das auf diese Frage von dem Holzmindener Zweigvereine als das von dem Hauptvereine erstattete Gutachten mitgetheilt. Der Holzmindener Verein kommt zu dem Resultate, dass der erste Theil der Frage, „ob die Verwendung von Cementconcret zu Mauern und Decken allgemein zulässig erscheint", unbedenklich mit Ja zu beantworten ist, jedoch unter der Voraussetzung, dass der zur Verwendung kommende Cementmörtel schon nach 28 Tagen eine genügende Druckfestigkeit erhält. ...

Das Gesammtresultat der für Hochbauten gesammelten Erfahrungen lässt sich hienach etwa in Folgendem zusammenfassen:

Die Herstellung von Hochbauten aus Beton hat sich in einer Anzahl von Fällen als eine brauchbare Bauweise bewährt, durch welche unter günstigen Preisverhältnissen der dazu zu verwendenden Materialien, besonders, wenn Kies und Sand in guter Beschaffenheit in der Nähe der Baustätte gewonnen werden kann, nicht unerhebliche Ersparungen gegenüber der gewöhnlichen Bauweise herbeigeführt werden können. Immerhin aber sind die bisher gewonnenen Erfahrungen noch nicht so allgemein günstige, dass eine uneingeschränkte Empfehlung der Bauweise angezeigt wäre.

Es stellt sich nach den bisherigen Ergebnissen der Betonbau für Aussenmauern von Hochbauten

Baustoffe

doch nur als ein Surrogatbau dar, welcher nur in Einzelfällen Anwendung gefunden hat und der voraussichtlich auch für die Folge nur dann umfangreichere Verwendung finden wird, wenn nach den bestehenden Preisverhältnissen von Cement und Mauersteinen Betonbauten sich erheblich billiger als gewöhnliche Bauausführungen stellen.

Es ist erwünscht, dass insbesondere in Betreff der bei verschiedenen Mischungsverhältnissen nöthigen Mauerstärken weitere Erfahrungen gesammelt werden, weil nur hierdurch ein rationeller Kostenvergleich zwischen Betonbau und und Mauersteinbau möglich wird. Hierbei ist nicht nur die Festigkeit der Mauern, sondern hauptsächlich auch ihre Wetterdichtigkeit, sowie ihre Wirksamkeit gegenüber den äusseren Temperaturverhältnissen zu berücksichtigen.

Mit einzelnen Hochbauconstructionen aus Beton als: Fussböden, Decken, Treppenanlagen, Gewölben sind gute Resultate erzielt, und es erscheint die Annahme gerechtfertigt, dass wegen der vielfach durch Verwendung von Beton zu erzielenden Ersparungen derselbe sich ein weiteres Gebiet für derartige Constructionen noch erobern wird. . . .

6 Hohle Bausteine aus Beton in Material, Produktion und Baukonstruktion

1904, Beton & Eisen V, S. 283 ff
Hohle Bausteine aus Beton

Der Wert eines in Amerika neu erfundenen oder neu eingeführten Gegenstandes kann immer nach der Zahl der für diesen Gegenstand erteilten Patente beurteilt werden, da – dort ein einzelnes Patent, selbst wenn es noch so klar ist, nicht genügt, um eine Idee entsprechend einzugrenzen und zu schützen. . . .

Diese kurze Einleitung soll zeigen, wie es mit den Patentgesetzen und der Erteilung von Patenten in den Vereinigten Staaten bestellt ist. Daraus aber ist zu entnehmen, daß jede gute Sache, die auf den Markt kommt, eine ganze Anzahl von „Patenten" erzeugt. So ist es mit den hohlen Bausteinen, die eben jetzt hier in Verwendung kommen. Auf der Weltausstellung in St. Louis allein habe ich nicht weniger als acht verschiedene patentierte Maschinen zur Herstellung der hohlen Betonblöcke vorgefunden und ich habe mich vergebens bemüht, einen prinzipiellen Unterschied herauszufinden.

Im Folgenden will ich auf die Beschreibung der von H.S. Palmer in Washington erfundenen ersten Maschine dieser Art eingehen, auf deren Verwendung und auf den Bau mit solchen hohlen Bausteinen.

Die Maschine selbst ist derart eingerichtet, daß man in der Stellung, wie sie auf der Abbildung 1 (**Abb. B.7.18**) ersichtlich ist, einen Eckblock (siehe Fig. 2, **Abb. B.7.19**) herstellen kann. Nachdem man in alle Hohlräume der Maschine eine gute, erd-

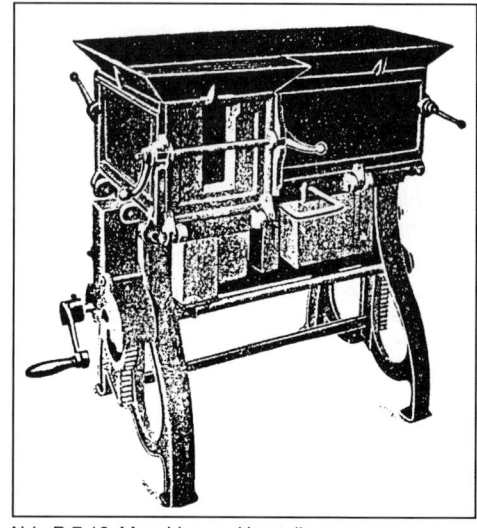

Abb. B.7.18 Maschine zur Herstellung von Betonsteinen nach H.S. Palmer, Washington, 1904

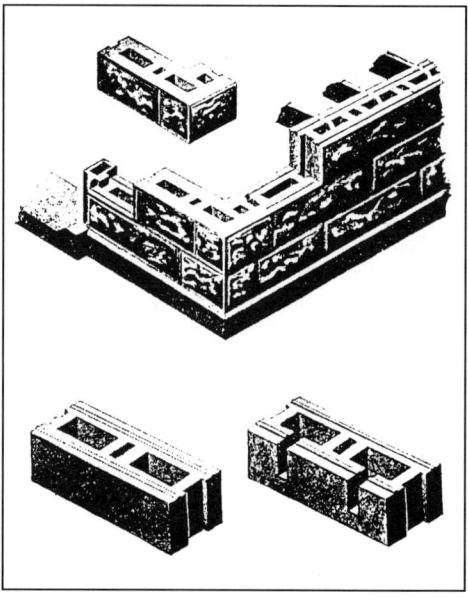

Abb. B.7.19 Hohlsteine aus Beton, z. T. mit Oberflächen in Naturstein-Imitat, 1904

feuchte Mischung von einem Teil Zement und sechs Teilen Sand und Stein eingestampft hat, werden durch die auf der Abbildung ersichtliche Kurbel die Kerne, welche die Hohlräume im Blocke erzeugen, nach abwärts bewegt. Die Seitenwände werden hierauf umgeklappt und der fertige Hohlstein bei Seite gelegt. Dann läßt man diesen Stein austrocknen, welches bei manchen hier ausgeführten Bauten schon in 12 Stunden erreicht werden konnte, wenn man diese Hohlsteine in einem mit Dampf erfüllten Raum hineinlegt. Gewöhnlich können diese Blöcke einige Tage nach ihrer Herstellung auch ohne künstliche Austrocknung für den Bau verwendet werden. ...

Welches sind nun die Vorteile der hohlen Bausteine im Vergleich zu Ziegeln?

1. Bei einer ökonomischen Erzeugung der Blöcke wird man imstande sein, dieselben weit billiger herzustellen als Ziegel, weil der Mechanismus und die Art der Herstellung viel einfacher ist und das Material wegen der verhältnismäßig geringeren Zementmenge nicht viel teurer kommen wird als bei Ziegeln.

2. Der Verband zwischen den Blöcken ist bei weitem einfacher als bei Ziegeln, und braucht man viel weniger Mörtel, weil ein Betonblock zirka 16 Ziegel ersetzt; dabei kommt aber auch die bedeutende Ersparnis an Arbeitszeit in Betracht.

3. Die durchgehenden Hohlräume in den Wänden bringen einen Temperaturausgleich im Innern der Gebäude sowohl im Winter als auch im Sommer hervor.

4. Die bei Ziegelmauern notwendigen Schornsteinverbände und Verbände anderer Art sind hier überflüssig; aus diesem Grunde ist ein rascheres Arbeiten möglich.

5. Diese Art von Mauern ist vollständig feuersicher.

6. In sanitärer Hinsicht sind sie jeder anderen Art von Mauerwerk vorzuziehen.

7. Da die Mauern viel leichter sind, brauchen sie weniger starke Fundamente als Hohlmauern.

8. Die architektonische Ausgestaltung des Hauses ist sehr einfach herzustellen und braucht man nicht den bei Ziegelhäusern notwendigen Verputz; daraus folgt weiters, daß die Erhaltungskosten geringe sind. ...

9. Ich glaube sogar, daß die Zeit kommen dürfte, wo der Beton den Ziegel vollständig verdrängen wird. **(Abb. B.7.20/21)** *E. Probst*

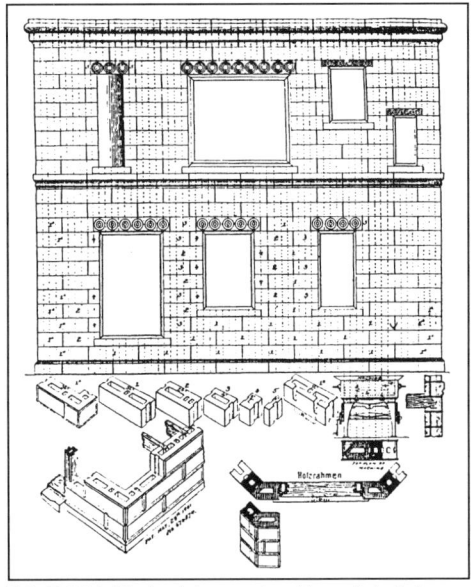

Abb. B.7.20 Werkzeichnung einer Fassade in Beton-Hohlsteinen; Isometrie diverser Steinformate, 1904

Abb. B.7.21 Wohnhaus in Betonsteinmauerwerk, USA, 1904

1905, Beton & Eisen V, S. 188 f
Frühjahrshauptversammlung des Zementwaren-Fabrikantenvereins Deutschlands

... Ganz besonders hohes Interesse erweckte auch die Besprechung der Frage über die behördliche Zulassung der Zementmauersteine. **(Abb. B.7.22)**

Abb. B.7.22 Wohnhaus aus Betonhohlsteinen in Nordamerika, gebaut von der Cement-Concrete Constr.Co., 1905

1905, Beton & Eisen VIII, S. 199 f

Vorträge von der „National Association of Cement Users", Indianapolis.

Die Wasserundurchlässigkeit der Betonbausteine

Von H.B. Kirwan-St. Louis

Herr Jörgenssen erwähnte, daß so ziemlich in ganz Schleswig-Holstein keine Schwierigkeiten mehr gemacht würden, dagegen sei die Stadt Hamburg, ausgenommen die Vororte, dem Zementmauerstein verschlossen. In Lüneburg soll sich das Verbot der Zementmauersteine nur auf Schornsteinbauten beziehen. Herr Jörgenssen hat einen Tonziegel im rotglühenden Zustande in kaltes Wasser geworfen, wobei derselbe zersplittert war. Auch ein ebenso behandelter Kalkstein war bei dieser allerdings etwas scharfen Probe in die Brüche gegangen, während ein von Herrn Jörgenssen hergestellter Zementmauerstein dabei heil geblieben ist. Es wurde angeregt, daß jedes Mitglied des Vereins, welches beabsichtigt, größere Lieferungen von Zementmauersteinen nach einer großen Stadt zu erstreben, Probesteine nach dem Kgl. Material-Prüfungsamte senden solle, damit dieselben dort der Brandprobe unterworfen würden. ...

Herrn Bartels sind zwei Fälle bekannt, in denen sich die Baubehörden ablehnend gegen Zementmauersteine verhielten. So wurde in Neu-Ruppin bei einem bereits begonnenen Bau die weitere Verwendung untersag, während bei einem Kasernenbau in Perleberg Zementmauersteine überhaupt nicht zugelassen wurden. Dagegen konnte Herr Krüger mitteilen, daß das neue Postgebäude in Waidmannslust aus Zementmauersteinen aufgeführt ist. Auch Herr Feutel hat bei seinem eigenen Wohnhause besonders in bezug auf die Trockenheit des Baues ganz vorzügliche Erfahrungen gemacht.

Die große Entwicklung der Betonblock-Industrie erklärt sich damit, daß diese Bausteine fest und billig sind und sich gleichzeitig in gefällige architektonische Formen bringen lassen. Die Zukunft dieser Industrie hängt jedoch davon ab, ob diese Bausteine auch allen übrigen Anforderungen genügen können, die man an sie im Hochbau stellt, in erster Linie ihr Verhalten zur Feuchtigkeit. Während man sowohl in einem Fachwerkhaus, wie auch in Gebäuden von Stein oder Ziegel Vorkehrungen trifft, um wenigstens die Wetterseite zu schützen, so begnügt man sich bei den hohlen Betonblöcken mit der Aussage der Erzeuger, die den Hohlraum für einen genügenden Schutz in dieser Hinsicht erklären. Dies kann jedoch nur bei einem doppelten Hohlraum gesagt werden, weil sonst ein immerhin hinreichender Zusammenhang zwischen der Innenfläche und dem Außenraum bestehen bleibt, wenn man sich nicht entschließt, direkt zwei voneinander unabhängige Mauern zu bauen, was natürlich tunlichst vermieden wird, da jede dieser Mauern einzeln nicht stark genug ist, um als Tragwand zu dienen.

Trockene Luft ist ein schlechter Leiter von Temperaturänderungen, nasse Luft dagegen ist ein guter Leiter derselben. Während also die erstere die Wand im Winter warm, im Sommer kühl erhält, so wird umgekehrt die nasse Luft zu unangenehmen Erscheinungen führen, zu welchen noch der Umstand hinzutritt, daß, wenn sich die Feuchtigkeit niederschlägt, die Wand zu „schwitzen" beginnt. Es ist also die Aufgabe gegeben, diese Hohlräume, wenigstens soweit sie an Wohnräume grenzen, ebenso trocken zu erhalten, wie bei anderen Baumaterialien durch Gebrauch von Schindeln u.ä ... So bleibt die Luft den Eigenschaften der Häuser als Isolator dienlich.

Dies kann hier durch Herstellung einer wasserdichten Außenfläche geschehen. Diese Außenfläche läßt sich aber im vorliegenden Falle nicht durch Verputz und nur schwer in der Fabrikation selbst erzeugen, sondern muß nachträglich erzielt werden durch Auftragen einer der vielen Flüßigkeiten, die zu diesem Zwecke heute im Handel zu haben sind.

1905, Beton & Eisen XII, S. 300 f

Vorschriften für den Gebrauch von Betonbausteinen in Philadelphia

1. Der Gebrauch von Hohlsteinen ist beschränkt auf Gebäude von höchstens 6 Stockwerken unter jeweiliger Zustimmung der Baubehörde, mit Ausnahme der Abteilungswände von Wohnungen.

2. Diese Hohlsteine sollen jedoch aus keiner magereren Mischung als 1 Teil Zement zu 5 Teilen Sand und Schotter bezw. anderen ähnlichen Zumischungen in Größe bis zu 12 mm Durchmesser unter Ausschluß von Schmutz und fremden Bestandteilen bestehen, und ist Voraussetzung, daß diese Bestandteile gut gemischt und richtig behandelt werden.

3. Kein Bestandteil darf eine geringere Fleischstärke als $1/4$ der Blockhöhe haben, und darf der zulässige Hohlraum kein größerer sein, wie im folgenden in Prozenten angegeben: ...
In keinem Fall darf die Gesamtstärke der Mauer von Hohlsteinen kleiner sein als die vorgeschriebenen Abmessungen für Ziegelbau.

4. Dort, wo die Außensicht nur mit Hohlsteinen verkleidet ist und Ziegelhintermauerung hat, die wenigstens 20 cm Stärke haben muß, ist ein guter Verband nötig. ... Bei Mauern nur aus Hohlsteinen, wo die Mauer stärker ist als ein einzelner Stein, muß jede fünfte Lage aus Bindern über die ganze Mauerbreite durchsetzen.

5. Die Steine dürfen nicht vor 3 Wochen in Gebrauch genommen werden.

6. An jeder Stelle, wo die Mauer zu Trägerauflagen dient, die mehr als 2 t tragen, ist ein voller Block zu gebrauchen. ...

7. Die größte zulässige Belastung unter Einschluß des Eigengewichts darf nicht mehr wie 7,8 kg/cm^2 auf den ganzen Mauerquerschnitt betragen, und darf die Mindestfestigkeit solcher Hohlsteine in keinem Falle weniger wie 70 kg/cm^2, bezogen auf die ganze Fläche, nach 28 Tagen betragen.

8. Alle Säulen und Strebepfeiler, die eine größere Last wie 5 t zu tragen haben, sind aus Eisenbeton herzustellen, ebenso die Tür- und Fensterstürze, wobei die Armatur der Behörde zur Genehmigung vorzulegen ist. ...

9. Ein Hohlsteinfabrikat ist erst dann als zugelassen anzusehen, wenn der Unternehmer das Produkt zu einer Untersuchung bringt und mit einem Zeugnis einer verläßlichen Untersuchungsanstalt über seine Eigenschaften belegt.

10. Jeder Hohlstein muß mit einer Fabrikmarke versehen sein.

11. Diese einem Unternehmer gegebene Erlaubnis erstreckt sich jedoch nur auf 4 Monate, nach welchen neuerdings eine Bescheinigung über 3 Muster aus dem Lager der zur Verwendung bereitstehenden Hohlsteine vorzulegen ist als Nachweis, daß das Produkt den Vorschriften für Druck- und Biegefestigkeit entspricht. ...

12. Die Fabrikanten wie ihre Abnehmer sind jederzeit auf Wusch des Vorstandes der Baupolizei verpflichtet, den Zement und das fertige Produkt auf ihre Kosten einer neuerlichen Untersuchung zu unterziehen.

13. Der hierbei zur Verwendung kommende Zement muß ein Portlandzement sein, der den Normen entspricht.

14. Wenn ein Hohlsteinlager den oben angeführten Bedingungen nicht entspricht, so ist es als unbrauchbar zu bezeichnen und zu vernichten.

15. Keine Hohlsteine dürfen in Gebrauch genommen werden, die nicht seitens der Baubehörde einer Besichtigung und der vorgeschriebenen Ueberprüfung unterzogen wurden. ...

1906, Beton & Eisen V, S. 109 ff

Der Betonhohlstein, eine neues Baumaterial

Von Ingenieur **Albrecht**, Berlin

Während sich in den Vereinigten Staaten von Nordamerika die Betonsteinfabrikation in der kurzen Spanne weniger Jahre zu einer blühenden Industrie entwickelt hat, die viele Tausende von Arbeitern beschäftigt, während sich dort alleine schon mehr als zweihundert Fabriken mit der Herstellung der verschiedenartigen Formmaschinen und Formen für Betonhohlquadern befassen, ist man auf dem europäischen Kontinent noch nicht weit über das schüchternste Anfangsstadium mit diesem neuen Baumaterial hinausgekommen.

In Europa weiß das große Publikum überhaupt noch nichts davon, daß man die großartigsten, prächtigsten und gesundesten Gebäude aus Betonhohlsteinen herstellt, und die wenigen Fachleute, welche, aufmerksam gemacht durch die glänzenden Erfolge, die in Amerika in so kurzer Zeit mit den Betonohlquadern errungen wurden, wohl geneigt sind, dieses neue Baumaterial einzuführen, nehmen zumeist eine abwartende Stellung ein, um noch mehr Erfahrung auf diesem Gebiete zu sammeln und wenigstens mit einiger Sicherheit entscheiden zu können, welche von den verschiedenen Steinformen und Formmaschinen, die aus Amerika von allen Seiten angepriesen werden, am zweckmäßigsten anzuwenden sind, um den gewünschten Erfolg zu haben. ...

H. H. Rice stellt in seinem Preisartikel über die Herstellung von Betonsteinen folgende Grundregel für die Bereitung eines guten Betons auf: Jedes Sandkorn muß vollkommen von Zement und jedes Stück Kies oder Steinschlag wiederum vollständig von dem Sandzementgemisch umhüllt sein. Wird diese Grundregel erfüllt, so kann man sicher sein, einen gut erhärtenden und möglichst wasserdichten Betonstein zu erhalten. ...

Demnach sollen die Blöcke enthalten:

1) für Grundmauern: 1T. Zement, 3 T. Sand;
2) für die Mauern des I. Stockwerkes: 1 T. Zement, 4 T. Sand;
3) für die Mauern des II. Stockwerkes: 1T. Zement, 5 T. Sand;
4) für die Mauern des III. Stockwerkes: 1 T. Zement, 6 T. Sand. ...

Das Formen der Betonhohlsteine geschieht, wie bereits angedeutet, je nachdem die Mischung eine trockene, halbtrockene oder nasse wa, durch Einstampfen, durch Pressen oder durch Gießen der Masse in die Formen. Es sei hier gleich erwähnt, daß sich grober Kies oder Steinschlag für die Trokkenmischung und das Einstampfen wenig eignet, da die gröberen Stücke dem Stampfer ausweichen. Gute Ergebnisse erzielt man aber mit dem Einstampfen, wenn, wie z. B. für Verblendmasse, allein Zement und Sand oder feinkörniger Kies mit Sand und Zement die Formmasse bildet.

Das Einstampfen muß so gründlich wie möglich vorgenommen werden und erfordert viel Mühe und Anstrengung. Für größeren Betrieb sind deshalb maschinell betriebene Stampfer anzuwenden.

Die zweite Art der Herstellung der Hohlsteine, wobei die halbtrockene Masse unter hohem Druck in die Formen eingepreßt wird, vermeidet die Nachteile des ersten und dritten Einformungsverfahrens, denn es können hier, unbeschadet der Dichtigkeit, auch gröbere Kiessorten und geeigneter Steinschlag Verwendung finden, da die Form erst vollständig angefüllt und dann auf alle Flächen des Steines zu gleicher Zeit ein gleichförmiger Druck ausgeübt wird, so daß die gröberen Stücke nicht ausweichen können wie unter dem Stampfer. ...

Die Form und Anordnung der Lufträume ist mit der Entwicklungsgeschichte des Betonhohlsteines so eng verwachsen, daß letztere hier kurz berührt werden muß. Zum ersten Male hören wir im Jahre 1850 etwas von Betonhohlsteinen. Am 17. November dieses Jahres wurde Joseph Gibbs in England ein Patent auf Vorrichtungen bei der Herstellung von Zement- und Betonbauwerken erteilt, in welchem unter anderem auch die Herstellung von hohlen Zementblöcken, welche jedoch beim Einbau wieder mit Beton ausgefüllt werden sollten, beansprucht war. Der Betonhohlblock als eigentlicher selbständiger Baustein datiert erst aus dem Jahre 1866, in welchem sich der Amerikaner C. S. Hutchinson ein Patent geben ließ auf hohle Baublöcke, welche, zu einer Wand zusammengesetzt, in senkrechter Richtung derselben ununterbrochen durchlaufende Lufträume bildeten. Hutchinson gebührt unstreitig das Verdienst, als erster die Wichtigkeit der Hohlblöcke sowohl hinsichtlich der Ventilation, als auch der Undurchlässigkeit für Kälte, Hitze und Feuchtigkeit, sowie der Material- und Gewichtsersparnis erkannt zu haben. Welch große Erleichterung und Verminderung der Arbeit mit der Gewichtsersparnis Hand in Hand geht, braucht wohl nicht erwähnt zu werden. Es ist bemerkenswert, daß der Hutchinsonsche Hohlblock in allen wesentlichen Teilen der heute noch gebräuchlichsten Form der Hohlblöcke gleicht. Trotzdem vermochte sich dieser Block damals nicht das rechte Ansehen zu verschaffen und hat jedenfalls so gut wie gar keine Verbreitung gefunden. Es mag dies wohl an dem Mangel einer geeigneten Maschine gelegen zu haben, mit welcher derartige Blöcke schnell, billig und gut hergestellt werden konnten. Hieran vermochte auch die erste, im Jahre 1868 dem Amerikaner Thos. J. Lowry patentierte Maschine zur Herstellung hohler Baublöcke nichts zu ändern, was wohl darin seinen Grund hatte, daß diese leichte, fahrbare Maschine einmal nur als Gußform gedacht war und benutzt werden konnte, und daß ferner die Hohlräume der mit dieser Maschine erzeugten Steine so klein waren, daß die Steine teuer, schwer und alles in allem äußerst unzweckmäßig ausfielen.

Erst vom Jahre 1887 ab kann von einer eigentlichen Betonhohlstein-Industrie die Rede sein.

Das Verdienst, dem Betonhohlstein endlich zu seinem Rechte verholfen zu haben, kommt unstreitig Harmon S. Palmer in Washington zu. ...

Wie aus Abb. 5 und 6 **(Abb. B.7.23)** ersichtlich ist, besteht der Palmersche Normalblock aus zwei Längsseiten sowie zwei End- und zwei mittleren Querstegen, durch welche zwei größere und ein kleinerer Hohlraum gebildet werden. Die Anordnung von zwei mittleren Querstegen hat den praktischen Wert, daß bei der Herstellung von zwei halben Steinen in der Formmaschine für den Normalstein solche mit gleichen Enden entstehen, ohne daß eine Auswechslung der Lochkerne nötig ist. Abb. 8 zeigt einen L-förmigen Palmerschen Eckstein, welcher, wie aus Abb. 9 zu sehen ist, einen besonders guten Eckverband sichert. In Abb. 10 ist der Aufbau einer Wand aus Palmerschen Hohlsteinen recht anschaulich zur Darstellung gebracht. ... **(Abb. B.7.24)**

Von größtem Einfluß auf die Entwicklung der Blockform war das Bestreben, den Durchtritt von

Historische Baustoffe: Der Betonstein

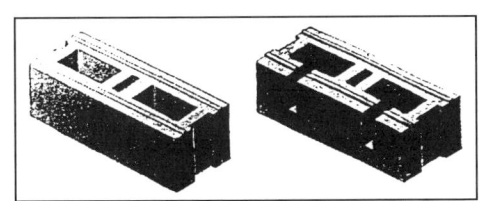

Abb. B.7.23 Beton-Hohlblöcke, sog. Strecker, 1906

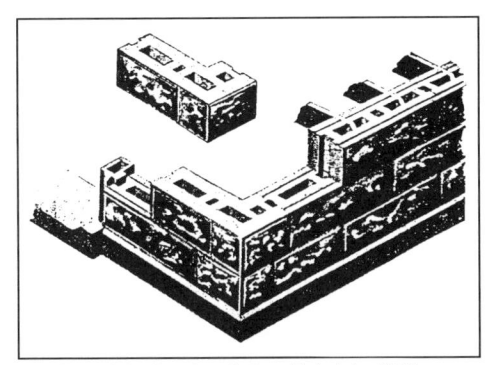

Abb. B.7.24 L–förmiger Palmer Eckstein, 1906

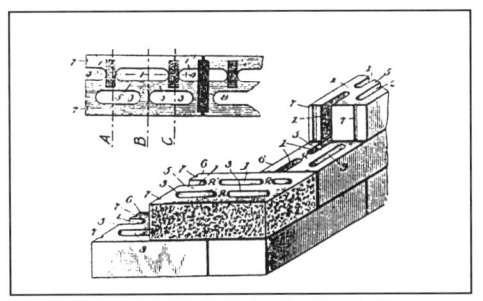

Abb. B.7.25 Beton-Hohlblöcke der Miracle Pressed Stone Co. In Minneapolis

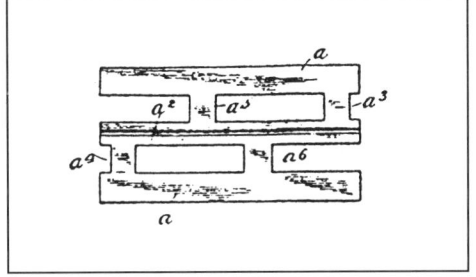

Abb. B.7.26 Sog. Dierlamm-Block

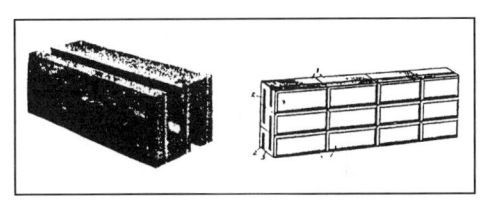

Abb. B.7.27 Sog. Blakeslee-Block

Nässe und Feuchtigkeit durch die Steine nach Möglichkeit zu verhindern. In dieser Hinsicht weist der in Abb. 13 dargestellte Block mit nur zwei Querstegen und einem inneren Hohlraum insofern einen nicht geringen Vorzug vor den bis jetzt geschilderten älteren Blockformen auf, als die Querstege, welche die beste und natürlichste Leitung für die Feuchtigkeit bilden, an Zahl verringert sind, und demgemäß der Nässe der Durchtritt bis zum Inneren der Wände erschwert wird. Weitere Vorzüge dieses Blockes bestehen darin, daß er sich leichter einstampfen und leichter entformen läßt, was darauf zurückzuführen ist, daß das Stampfen nur um einen Lochkern herum vorgenommen zu werden braucht und daß sich das Formmaterial von nur einem Kern leichter löst, ohne daß eine Beschädigung des Steines zu befürchten ist, wie von mehreren.

Einen weiteren bedeutenden Fortschritt auf dem Wege, die Undurchlässigkeit der Blöcke durch eine besondere Anordnung der Lufträume zu erhöhen, zeigt die aus Abb. 14 **(Abb. B.7.25)** ersichtliche Blockform der Miracle Pressed Stone Co. In Minneapolis. Hier sind die Querstege und Hohlräume so verteilt, daß kein Quersteg vom vorderen bis zum hinteren Ende des Blockes durchgeht, sondern jeder Steg nach der Mitte des Blockes hin auf einen Luftraum stößt; erreicht ist dies durch die Anordnung zweier hinter- und gegeneinander versetzt liegender Lufträume in einem Block. Die Näs-

se müßte hier, um von der vorderen nach der hinteren Seite des Blockes durchzudringen, einen vollständigen Schlangenweg machen, da nirgends feste Betonmasse vom vorderen bis zum hinteren Teile des Steines durchläuft. Auf demselben Prinzip beruhen der in Abb. 15 **(Abb. B.7.26)** dargestellte Dierlamm- und der Blakesleeblock nach Abb. 16. **(Abb. B.7.27)**

... In eigenartiger, wenn auch nicht gerade sehr zweckmäßiger Weise versuchten Purdy & Henderson mit dem in Abb. 17 **(Abb. B.7.28)** Blocke Palmerscher Form das Durchdringen der Nässe zu verhindern. Während des Einstampfens des Blockes werden, wie aus der Abbildung ersichtlich, durch in die Form eingesetzte Keile B zwischen sämtliche Stegen keilförmige Zwischenräume gebildet, welche nach dem Herausziehen der Keile mit einer fetten, möglichst wasserdichten Masse ausgestampft werden, die z. B. aus einer Mischung

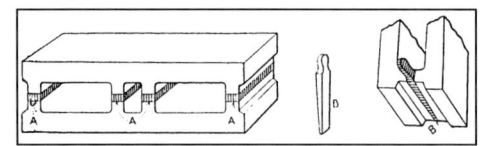

Abb. B.7.28 Beton-Hohlsteine von Purdy & Henderson mit Dichtfuge, 1906

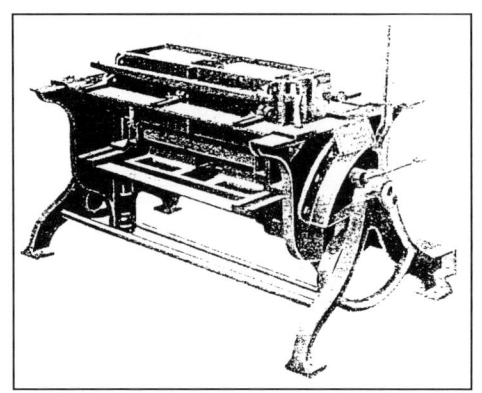

Abb. B.7.29 Sog. Wingetmaschine von Winget Concrete Machine Company, Ohio USA 1906, aufrecht

Abb. B.7.30 Sog. Wingetmaschine in gekippter Stellung zur „Entformung" des Betonsteines

aus Zement, feinem Sand und gelöschtem Kalk bestehen kann. Auch Asphalt ist mit Vorteil als wasserdichte Zwischenlage verwandt worden. **(Abb. B7.29/30)**

1906, Beton & Eisen IX, S. 225 ff

Vorschläge zur Einführung der Betonhohlsteine in Deutschland

Von Ingenieur **Karl Weber**, Präsident der Weber Steel-Concrete Chimney Co., Chikago und London

In den Vereinigten Staaten hat seit ungefähr zwei Jahren die Fabrikation von Betonhohlsteinen einen ganz riesenhaften Umfang angenommen, und es ist jedenfalls nur eine Frage der Zeit, daß auch in Deutschland dieses billige und wertvolle Baumaterial Aufnahme finden wird.

Durch den Betonhohlstein wird der gesamten Bauwelt ein Material geboten, welches eine ganze Anzahl von Vorzügen dem Ziegel- und Bruchstein gegenüber besitzt und außerdem durch seine leichte Herstellung und Billigkeit ohne Zweifel berufen ist, eine hervorragende Rolle im Bauwesen der Zukunft zu spielen.

Es gibt in den Vereinigten Staaten gegenwärtig etwa 8700 Fabriken für die Herstellung solcher Betonhohlsteine, und sind zur Zeit ungefähr 240 verschiedene Spezialfabriken, welche mindestens ebensoviele verschiedene Maschinen zur Herstellung dieser Betonsteine bauen, im Betriebe. . . .

Die allererste Aufgabe der deutschen Architekten und Ingenieure sollte nun sein, sich auf ein Normalformat zu einigen, und gestattet sich der Verfasser, welcher große Bauten dieser Art ausführte und weitgehendste Erfahrungen auf diesem Gebiete hat, folgende Andeutungen zu machen:

Die Dimensionen eines Betonhohlsteines sollten auf alle Fälle mit denen des Normalziegels harmonieren, um die normalen Tür- und Fensteröffnungen beizubehalten und auch ein Zusammenarbeiten zwischen Ziegel- und Betonstein zu ermöglichen. Dies ist häufig sehr nötig und auf alle Fälle erwünscht. Dadurch könnten ohne Aenderung der Grundrisse Betonsteine dort zur Anwendung kommen, wo ursprünglich Ziegelsteine vorgesehen waren und umgekehrt. Dies würde zur leichten Einführung des Betonsteines sehr wesentlich beitragen.

Ein empfehlenswertes Format würde das folgende sein:

Länge 51 cm. (Zwei Ziegel und eine Fuge.)
Höhe 22,5 cm. (Drei Schichten.)
Breite 12 cm, 25 cm und 37,5 cm.

Diese Maße entsprechen den normalen Mauerstärken, und könnten die Betonsteine leicht in diesen drei verschiedenen Stärken hergestellt werden. . . .

Dann sollte auch das Maximalverhältnis der Hohlräume zur festen Masse vorgeschrieben sein, und ist es zu empfehlen, zur Bedingung zu machen, daß die Hohlräume (von welcher Form sie auch immer sein mögen) nicht über 50 vH. der Gesamtmasse betragen sollen. Ein gutes Steinmaterial verträgt große Hohlräume, wodurch die Blöcke leichter und handlicher werden, während eine magere Mischung oder minderwertiges Material größere Masse und infolgedessen kleinere Lufträume bedingen.

Die Dichte und Druckfestigkeit der Betonhohlsteine hängt nicht allein von dem Mischungsverhältnis der Materialien ab, sondern sind da eine Anzahl eine Anzahl anderer Faktoren von größter Wichtigkeit, als z. B. Schärfe und Reinheit des Sandes, Behandlung der Steine, nachdem dieselben aus der Form oder der Maschine kommen (curing), usw. Es ist deshalb eine Unmöglichkeit, bestimmte Vorschriften für alle diese verschiedenen Arbeitsvorgänge zu geben; es sollte aber unbedingt zur Bedingung gemacht werden, daß jeder Stein für 1 cm^2 Lagerfläche (einschließlich der Hohlräume) einen gewissen Minimaldruck aushalten muß, bevor er zur Verwendung zugelassen werden soll. Jeder Stein, welcher bei der Anlieferung den Minimaldruck nicht aushält, sollte ohne weiteres als minderwertig behandelt oder noch besser verworfen werden. Der Minimaldruck sollte auf keinen Fall unter 25 kg für 1 cm^2 festgesetzt werden. ...

Der Betonhohlstein ist trotz der vielen Mißgriffe, die hier bei seiner Einführung gemacht wurden, und trotz der vielen Anfeindungen, welche er erdulden mußte, als eine wertvolle Erfindung zu würdigen, und wenn diese Zeilen dazu beitragen sollten, der Einführung dieses neuen Baumaterials die Wege zu ebnen, so haben sie ihren Zwecke vollständig erfüllt. (Abb. B.7.31)

Abb. B.7.31 Betonstein-Massenproduktion der Steel-Concrete Chimney Co., Chicago/London

1909, Bauzeitung III, S. 11
Aus unserer Industrie.

In der zweiten Antwort auf Frage 179 in Nr. 32 1908 ist u. a. gesagt, dass sich Luftkunststeine nicht mit Fassadenmuster herstellen lassen. Dies könnte nun leicht zu der Annahme verleiten, dass auch auf den sogenannten „Ideal-Betonhohlsteinen", die auch als Luftkunststeine bezeichnet werden, ein Fassadenmuster nicht anzubringen wäre. Wie die beifolgenden Figuren zeigen, ist dies jedoch bei den auf der Maschine „Ideal" hergestellten U-förmigen Betonhohlsteinen ohne weiteres erreichbar. Die Idealsteine geben einen vorzüglichen Luftverband und auch einen günstigen Mauerverband, wie aus der schematischen Darstellung ohne Fassadenmusterung (Abb. B.7.32) ersichtlich ist. Die Fabrikation dieser Betonhohlsteine ist äusserst einfach und zweckmässig. Interessenten können alles nähere, wie auch Kataloge durch die Firma *Lindenthal & Co.,* Berlin SW. erhalten.

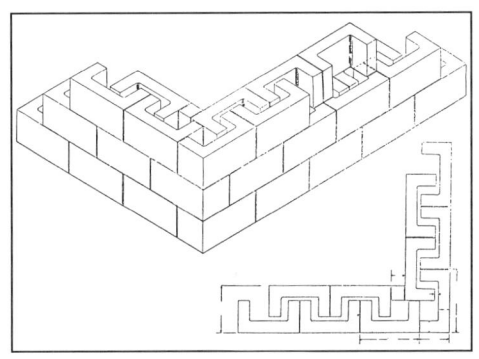

Abb. B.7.32 Verband von „Ideal-Betonhohlsteinen", auch als Luftkunststeine bezeichnet

1909, Betonzeitung III, S. 71
Aus unserer Industrie

Die Firma *Albert Hildebrand,* Leichtstein- und Zementwarenfabrik in Suhl i. Thür. bringt eine sehr praktische, leicht zu handhabende Zement- und Leichtstein-Handmaschine „Einfach" auf den Markt, die sie sich durch D.R.G.M. 346511 hat schützen lassen. Den zahlreichen ähnlichen Maschinen gegenüber besitzt diese den Vorzug der Einfachheit. Die Handhabung ist folgende: Nachdem das Brett aufgelegt, und die Form durch Zurückziehen eines Hakens, welcher sie beim Wegnehmen der Steine hochhält, heruntergelassen ist, wird sie gehäuft gefüllt, und die Masse mit dem zur Maschine gehörenden Schläger eingeschlagen (Abb. B.7.33). Die übrigen Masse wird gleich mit

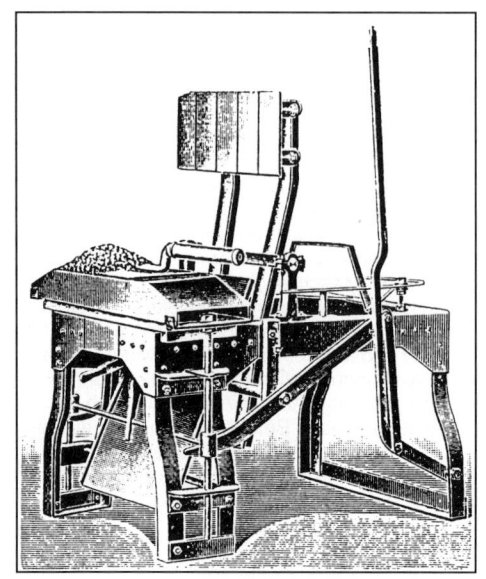

Abb. B.7.33 Zement- und Leichtstein Handmaschine „Einfach", Fa. A. Hildebrand, Suhl i.Thür. Füllvorgang

Abb. B.7.34 Handmaschine wie Abb. B.7.33, Zementform geöffnet nach Pressung

dem Schläger abgestrichen und fällt durch eine Bretterführung nach vorn, von wo sie mit der Schaufel leicht weggenommen und zu weiteren Füllungen mit verwendet werden kann. Durch das Einschlagen wird ein hoher Druck auf die Steine ausgeübt, und es wirkt die Arbeit nicht so ermüdend als das Einstampfen mit Stampfern. Nach Fertigstellung der Steine, die durchaus gleichmässig ausfallen, wird der hochstehende Hebel, der genaue Führung hat, mit den Platten auf die Steine aufgedrückt; gleichzeitig hält am hinteren Ende eine Klinge mit verschiedenen Einschnitten die Steine fest. Sobald die Form am oberen Hebel anstösst, wird durch einen Griff die Klinge ausgeschaltet, die Form hebt sich und das Brett mit den Steinen kann bequem fortgenommen werden (Abb. B.7.34). Das Ausstossen und Wegnehmen der Steine sowie das Zurechtmachen der Maschine zur nächsten Füllung nimmt kaum zwei Sekunden in Anspruch. Ein Wundarbeiten der Finger ist bei der Maschine „Einfach" absolut ausgeschlossen, da diese gar nicht mit der zu verarbeitenden Masse in Berührung kommen.

1909, Betonzeitung III, S. 171 f.:
Aus unserer Industrie

Die Firma *Dr. Gaspary & Co.,* Markranstädt trägt als grösste Spezialmaschinenfabrik dieser Branche dem Zuge der Zeit Rechnung und bringt jetzt mit ihrer Maschine „Phönix" eine Hohlblockmaschine auf den Markt, die aufs neue den Ruf genannter Firma als besonders leistungsfähig bestätigt. ... (Abb. B.7.35)

Abb. B.7.35 Werbung der Maschinenfabrik Dr. Gaspary & Co., Markranstädt in „Betonzeitung" 1909

Die grossen Uebelstände beider Methoden wurden bei der Maschine „Phönix" dadurch beseitigt, dass man die Maschine fahrbar gestaltete und dass die eigentliche Form derart drehbar um eine Achse angeordnet wurde, dass man den gestampften Block in der Form direkt auf dem Boden absetzen kann. Man fertigt also den Block in bequemer Arbeitshöhe nach der einen Methode und nimmt ihn aus der Form direkt auf den Boden nach der anderen Arbeitsweise. Diese Vollkommenheit der Konstruktion zeigt keine der bisher bekannt gewordenen Hohlblockmaschinen. Die Form selbst wird durch nur 2 Hebel geöffnet und geschlossen. Die Ansichtsflächen sind leicht auswechselbar. Es können mit der Maschine unter Verwendung entsprechender Einlagen alle Arten von Blöcken fabriziert werden. Es lassen sich Hohl- und Vollblöcke sowohl als auch Längs- und Querhalbe, profilierte, glatte, bossierte usw. Blöcke arbeiten. Die Fabrikation der Blöcke mit der Maschine ist die denkbar einfachste. Mann kann schmiedeeiserne oder Holzunterlagen verwenden. Eine Ueberanstrengung des einen zur Herstellung der Blöcke benötigten Arbeiters ist ausgeschlossen, da Block und Form nur gefahren werden, also leicht zu bewegen sind....

1909, Betonzeitung III, S. 393 f.:

Die deutsche Maschinen-Industrie für Zement- und Sandverwertung.

Schnellschlagpresse „Deutschland".

Unter den vielen neu auftauchenden Systemen der Zement-Mauersteinmaschinen sind es immer vor Allem die Maschinen mit automatischer Stampfvorrichtung gewesen, welche besonderes Interesse in Anspruch nehmen. Alle bisherigen Systeme haben aber zwei Nachteile, erstens sind sie zu schwer, was hauptsächlich für den Export von grosser Bedeutung ist und zweitens recht teuer.

Die Firma *Emil Ahrens* in *Halle a. S.* hat nun einen neuen Typ konstruiert, bei welcher das schwere eiserne Untergestell völlig fortfällt. Die Maschine wird dadurch bedeutend leichter und billiger. Um dieselbe zur Arbeit fertig zu montieren, ist es nur notwendig einen entsprechend hohen Stein- und Betonsockel zu bauen, der kaum den 6ten Teil der Kosten beansprucht, welcher das eiserne Untergestell kostet....

Die Maschine hat, wie aus den Abbildungen ersichtlich ist, nur einen Hebel und bedeutet dies wiederum eine Vereinfachung der bisherigen Arbeitsweisen gegenüber den seitherigen Systemen. Um gute Steine, gleichviel ob Voll- oder Lochsteine herzustellen ist selbstverständlich ein entsprechend gemischter Zementmörtel notwendig. Derselbe wird in einen Füllkasten, der zu jeder Maschine mitgeliefert wird und gleichzeitig zum Abmessen der zu jeder Schicht Steine gebrauchten Materialien dient, geschüttet. Alsdann drückt

Abb. B.7.36 Schnellschlagpresse „Deutschland", Fa. E.Ahrens, Halle; Befüllung bei geöffneten Stampfern

Abb. B.7.37 Schnellschlagpresse „Deutschland"; Pressvorgang mit 4–5 Umdrehungen

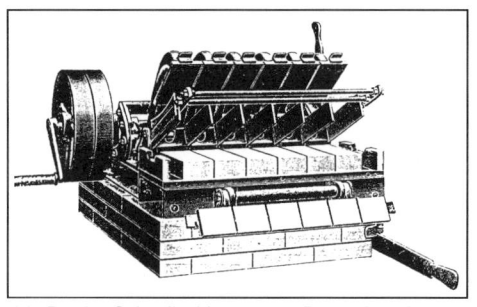

Abb. B.7.38 Schnellschlagpresse „Deutschland"; Öffnen des Formkastens zur Entnahme der Steine

man den Hebel an der linken Seite der Maschine herunter **(Abb. B.7.36),** sodass die automatischen Stampfer von der Form nach oben gestellt werden, man füllt die Form, drückt den Hebel wieder nach oben und setzt die Kurbel an der rechten Seite in

Abb. B.7.39 Werbung in Betonzeitung 1909 für Ahrens-Schnellschlagpresse.

Bewegung wodurch bei 4-5 Umdrehungen die Steine kräftig gestampft werden (Abb. B.7.37). Darnach ist der Satz Steine fertig, man drückt den Hebel wieder nach unten, stellt den Formkasten nach oben, und die Steine können auf dem Unterlagsbrett fortgetragen werden (Abb. B.7.38). Es sind also bei der Arbeitsweise an der Maschine nur 3 Handgriffe notwendig. Die fertigen Steine sind von grosser Dichte und schönem Aussehen, scharfkantig und nach der Erhärtung von unbegrenzter Widerstandsfähigkeit. Es lassen sich auch Verblendsteine und Formsteine in bester Ausführung herstellen.... (Abb. B.7.39)

1909, Betonzeitung III, S. 527:
Haus aus Betonhohlblöcken

Welch gute architektonische Wirkungen sich mit Blocksteinen auf einfache Weise erzielen lassen, dafür giebt unsere Abbildung ein beredtes Zeugnis. Das Gebäude steht in Hagenau im Elsass. Die Blöcke wurden mittels einer Blockmaschine der Leipziger Zementindustrie Dr. *Gaspary & Co.,* Markranstädt b. Leipzig gearbeitet. Sie sind je 16 vermauerte Steine gross und haben Hohlräume entsprechend 4 vermauerten Steinen. Die Wandstärke jedes Blockes ist 7 cm ringsum bei einem Mittelsteg von 14 cm. Die Umfassungsmauern des Gebäudes sind 1 $^1/_2$ Block stark. Alle Blöcke haben eine rote Verblendschicht als Schauseite. Bemerkenswert ist, dass auch die Fensterwände und besonders die Mittelgewände der gekuppelten Fenster aus Hohlblöcken gemauert wurden. Auch die Stürze sind Hohlblöcke. Zu den glattgeputzten Flächen wurden Zementmauersteine verwendet, während die inneren Zwischenwände aus Zementschlackensteinen bestehen. Als Bodenbelag der Küchen, Vorplatz-Abort- und Pissoirräume wurden Marmor-Zementfliesen verwandt. Die Mauern des Obergeschosses, ebenso des Gurtgesimses sind nur 1 Blockstein – 25 cm stark. Das Erdgeschoss ist vollständig unterkellert und hat eine Stampfbetondecke zwischen Eisenträgern. Nach den Angaben des Besitzers wurde der Bau mit 4 Maurern und 4 Tagelöhnern in 6 Wochen unter Dach gebracht.

1910, Betonzeitung, S. 243:
Betonhohlblöcke.

Der Betonhohlblock bricht sich dank der grossen Vorzüge, welche dieser Baustoff fast allen anderen Bausteinen gegenüber aufweist, immer weiter Bahn, und das Misstrauen, welches diesem Hohlblock gerade in Fachkreisen entgegengebracht wurde, ist jetzt fast ganz verschwunden. Die hervorragenden Eigenschaften dieses Baustoffes sind eben so schwerwiegend, dass er nicht unbeachtet bleiben kann und infolge der jetzt wieder getroffenen Neuerungen an der bekannten ersten deutschen Hohlblockmaschine „Triumphator" der Firma Heinrich Strube G. m. b. H. in Weida i. Th. dürfte der hierauf angefertigte Hohlblock unerreicht dastehen (Abb. B.7.40). In Fachkreisen hat sich nämlich der Wunsch geäussert, die horizontalen Auflageflächen der Blöcke mit einer Nute und Feder zu versehen, damit der seitliche Druck besseren Widerstand findet und eine Verschiebung des Blockes in horizontaler Richtung unmöglich wird. Bei den meisten bis jetzt existierenden Blöcken sind die Auflageflächen glatt, sodass die Verbindung nur durch Mörtel geschieht, und diesem Uebelstande hat die vorgenannte Firma abgeholfen, indem sie ihren Block an der einen Seite mit zwei in der Längsrichtung verlaufenden Nuten (*cc*) und an der gegenüberliegenden Seite mit zwei sogenannten Federn (*bb*) versehen hat. Sodann ist in der diesjährigen Versammlung des Zementwarenfabrikanten-Vereins in Berlin angeregt worden, den Block auch in horizontaler Richtung mit Kanälen zu versehen, damit die Luftzirkulation eine vollkommenere werde. Auch diesem Wunsche hat die Firma Heinrich Strube Rechnung getragen, indem sie ihre Maschine „Triumphator" nunmehr mit horizontalen Kanälen (*a*) ausgerüstet hat, sodass sich die Luft in einem Mauerwerk, welches mit diesen Hohlblöcken ausgeführt worden ist, nach allen Seiten frei bewegen kann....

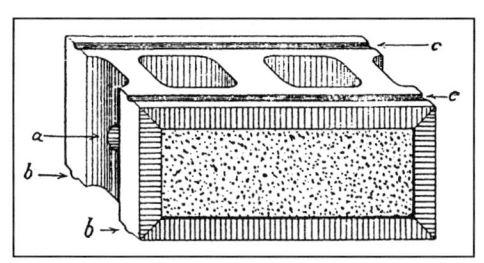

Abb. B.7.40 Hohlblock, hergestellt auf „Triumphator" der Fa. Heinrich Strube GmbH in Weida i. Thür.

1911, Betonzeitung, S. 319 ff:
Neue Hohlblockbauweise

Der gewaltige Fortschritt den der Betonhohlblockbau im Laufe der letzten Jahre gemacht hat, brachte es mit sich, dass sowohl die maschinellen Einrichtungen zur Herstellung der Blöcke als auch die Blöcke selbst im Laufe der Zeit bedeutende Verbesserungen erfahren haben. Die Bauweise ist ja heute nicht mehr neu, sondern hat sehr rasch Fortschritte, gewaltige Fortschritte gemacht.

In erster Linie war es die vorzüglich isolierende Wirkung dieses Baumaterials, welche durch die durchgehenden Höhlungen hervorgerufen wurde, während dieselben zugleich eine wesentliche Materialersparnis und eine Gewichtsverminderung des Blockes mit sich brachten. Des weiteren kam die Fabrikation derartiger Hohlblöcke deshalb so schnell in Aufnahme, weil sie ohne grosse Kapitalanlage, ohne grosse maschinelle Einrichtungen und zum Teil auch ohne besondere Vorkenntnisse bewerkstelligt werden konnte, während zu gleicher Zeit die in Baukreisen immer mehr zur Aufnahme kommenden Anwendung des Zementes der Einführung dieser künstlichen Blöcke den Weg bahnte. Die Herstellung der Blöcke geschieht bis jetzt in folgender Weise:

Der in einem Verhältnis von 1 : 6–8 für die Hintermasse und von 1 : 23 in dem vorderen Teil derselben durch einfache Mischung hergestellte Mörtel wird in auseinandernehmbaren Formen gestampft, indem die feine Masse auf eine die Schauseite des Blockes zeigende, reliefierte Fläche gearbeitet wird. Nachdem diese Schauseite in der nötigen Stärke hergestellt ist, stampft man die magere Mischung bis zur Füllung der ganzen Form an, worauf der Block nach Abnahme der Seitenwände, bei der sich die Abnahme der reliefierten Wand besonders schwierig gestaltet, auf einer Unterlage zum Trocknen und Härten liegen bleibt. Als reliefierte Unterlage werden hauptsächlich die Imitationen von Sandstein bevorzugt, mit welcher Blöcke mit oder ohne Randfase hergestellt werden; vereinzelt wählt man wohl auch eine granitartige Oberfläche. Wie aus der kurzen Beschreibung der Herstellungsweise solcher Blöcke hervorgeht, muss natürlich die Schauseite derselben immer dieselbe Ansicht zeigen, und diese Eintönigkeit des Aussehens einer aus solchen Kunstblöcken hergestellten Mauer oder Hausfassade verrät auch dem Laien sofort den künstlichen Ursprung des Blockes....

Da ist es denn mit Freuden zu begrüssen, dass in dieser Beziehung die Firma *Dr. Bernhardi Sohn G. E. Draenert,* Maschinenfabrik in Eilenburg einen eigenen Weg eingeschlagen hat, um die genannten Uebelstände zu beseitigen und den Betonhohlblock wirklich zu dem idealen Baumaterial auszugestalten, als welches er schon vor Jahren, allerdings etwas verfrüht von der Zementwaren-Industrie begrüsst wurde. ...

Mit diesem zum Patent angemeldeten Verfahren kann man jetzt einen Block fabrizieren, der von dem aus Naturstein gebildeten und behauenen Block nicht mehr zu unterscheiden ist und dem die Firma deshalb den Namen Naturhohlblock gegeben hat. Die nach dem neuen Verfahren hergestellten Blöcke werden nicht einzeln in Formen gestampft, sondern stets zwei derselben, als Doppelblock. Die Schauseite liegt nicht an den Stampfflächen, son-

Baustoffe

dern wird als Verbindung in der Mitte also zwischen die beiden zusammenhängenden Grundschichten der Blöcke eingestampft. Nach Fertigstampfen der beiden Blöcke bilden dieselben ein zusammenhängendes Ganzes, die Schauseiten sind nicht zu sehen, denn hier bindet sich ein Block mit dem anderen. Nach der Erhärtung wird der Block in der Mitte auseinandergesprengt, was sehr leicht vor sich geht, da durch besonderen Mechanismus der Block tadellos in zwei gleiche Hälften geteilt wird. Es ist klar, dass durch diese Art der Herstellung der Charakter des Natürlichen, des aus dem Felsen herausgesprengten Blockes viel mehr gewahrt wird, als dies bisher der Fall war.

Der Block 1, (Abb. B.7.41–43) zeigt sich wirklich als Naturblock und es wird m. E. möglich sein, für diese Art Blöcke die Bauwelt, die bisher dem Betonhohlblock skeptisch gegenüber stand, zu interessieren....

Abb. B.7.42 Naturhohlblöcke im Eckverband

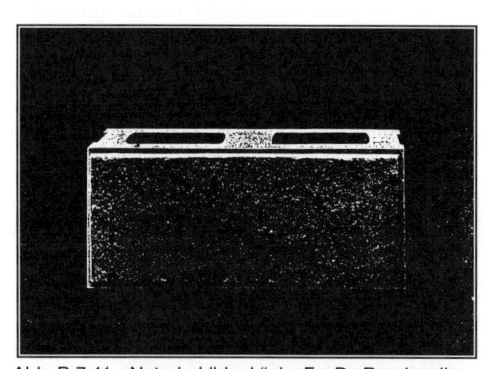

Abb. B.7.41 „Naturhohlblock" der Fa. Dr. Bernhardi Sohn G.E. Draenert Maschinenfabrik

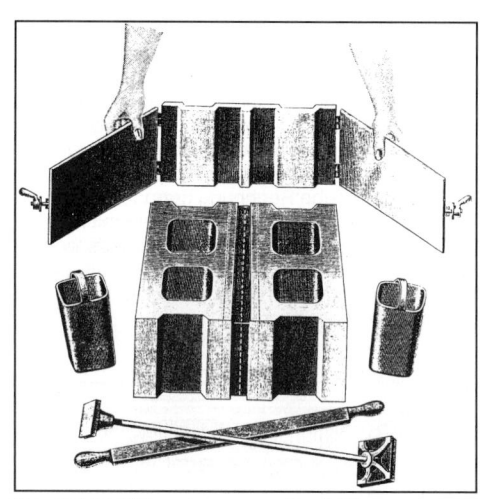

Abb. B.7.43 Hilfswerkzeuge zur Produktion zweier Naturhohlblöcke

1912, „Betonzeitung", Halle a. S., S. 148 ff: *Feuersichere Kunststeinplatten*

Zur Herstellung feuersicherer Kunststeinplatten, die ein wichtiges Bau- und Belagsmaterial bilden, finden in der Hauptsache Asbest und hydraulische Bindemittel Verwendung. Bekannt sind in dieser Beziehung das Verfahren von Simmons & Bock zur Erzielung feuersicherer und wasserdichter Zementplatten und das Verfahren des Berliner Baumeisters Rabitz, dem wir die bekannten Rabitzplatten zu verdanken haben. In letzter Zeit sind eine ganze Reihe von Neuerungen aufgetaucht, die sich teils auf die Zusammensetzung und Mischung, teils auch auf die Formgebung erstrecken und hier wie dort eine Vervollkommnung der Fabrikation anstreben.

Die Firma Julius Kathe in Köln vereinigt z. B. Ton oder tonhaltige Stoffe mit Asphalt, Pech, Harz, trocknenden Oelen und ähnlichen Stoffen auf warmen oder kalten Wege zu einer Masse, der Wasser zugefügt wird. Diese Masse wird mit Faserstoffen, Füllstoffen und Farben verarbeitet und gepreßt und dann an der Luft oder im Wasser erhärtet. Olaf Keßler in Altona mengt Zement mit Braunstein und versetzt das Produkt mit Leimlösung und Glyzerin. In diese erhaltene Masse kommt fein verteilter Asbest. Dieser Kunststein ist vollständig indifferent gegenüber elektrischen Einflüssen und leitet selbst starke Ströme nicht. Holzwolle und andere pflanzliche Faserstoffe benutzt Robert Scherer in Wien zur Herstellung eines leichten und porösen, dabei aber feuersicheren Materials. Er befeuchtet die Holzwolle mit Wasser oder mit einer Lösung von Chlormagnesium und bestreut sie dann mit sogenanntem Sorelzement, einer Mischung von Magnesit, Asbestpulver, Kieselguhr und Chlormagnesium.

7 Die dreissiger Jahre des 20. Jahrhunderts bis zur DIN 18 151

Nach den intensiven, virulenten Forschungen der Jahrhundertwende mit Blick auf Amerika sind die Produktionsmethoden der Betonsteinindustrie im Wesentlichen auch in Deutschland etabliert. Der Blick über den Ozean nach Amerika wird in den Zeitschriften zur historischen Altlast; die Technologie wird national integriert – und dies insbesondere in den dreissiger Jahren.

Massenproduktion im Büro- und Wohnungsbau sind angesagt, das Material Ziegel erhält zunehmend Konkurrenz durch den neuen Stein aus Beton, der vor Ort mit weniger Energieverbrauch gefertigt werden kann und als das Produkt der Moderne schlechthin avanciert. Mit ihm und einer fortgeschriebenen Bauphysik entwickelt sich die Perspektive von Materialeffizienz und konstruktiver Optimierung: die Minimierung des Materials der Außenwand bei verbesserter Wärmedämmung führt zum sogenannten Hohlmauerwerk, dem Vorläufer des zweischaligen Mauerwerks der DIN 1053.

Als Beleg hierfür sei lediglich ein Aufsatz im Folgenden publiziert:

1935, Betonstein Zeitung I, Hohlmauerwerk aus Fertigbauteilen

Von E. Probst, Oberau/Garmisch

... Im Beton und seinen mancherlei auf gesundes Bauen abgestimmten Sonderarten haben wir das gegebene Rohgut für Hohlbaukörper, welches den gestellten Ansprüchen in allen Punkten gerecht zu werden befähigt ist. Ja man kann sehr wohl sagen, daß erst durch den Beton bzw. durch die hieraus hergestellten Hohlbaukörper es möglich wurde, die Vorteile des Hohlmauerwerkes in vollem Umfange auszuwerten, denn hierdurch werden wir in die Lage versetzt, in kürzester Zeit bei geringen Kosten warmhaltende, schallsichere, trockene und somit gesunde Bauten zu erstellen. Bei der Herstellung solcher Betonhohlkörper sind wir nicht an bestimmte Lager- oder Arbeitsstätten, Höchstmaße oder Formen gebunden, die benötigten Grundstoffe sind fast allenthalben leicht zu beschaffen, teure Werkanlagen und geschulte Arbeitskräfte erübrigen sich, die Leistungen können dem jeweiligen Bedarf angepaßt werden, in der Massenbereitung und den stofflichen Eigenschaften ist weitester Spielraum je nach den vorliegenden Anforderungen geboten.

Man räumt vielfach den Ziegelerzeugnissen die Vorzüge guter Wärmehaltung auf Grund des porösen Gefüges, außerdem geringes Gewicht sowie leichtes Behauen und Verlegen ein, bemängelt andererseits bei Beton zu hohe Dichte und Schwere und dichtet ihm daraufhin den Nachteil ungenügender Dämmung gegen Temperatur und Schall an. Diese letzteren Behauptungen fußen auf mangelnder Kenntnis unseres heute wichtigsten und vielseitigsten Bau-Werkstoffes, des Betons. Der Laie und teilweise selbst der Fachmann denkt hierbei zunächst ausschließlich an den Zement-Kiesbeton mit seiner hohen Festigkeit und mit seinem je nach Mischung mehr oder weniger hohen Leistungsvermögen; auf dieser einseitigen irrigen Auffassung beruhte das längst überwundene völlig abwegige Vorurteil gegen Beton-Hohlbaukörper in ihrer Verwendung für gesunde Bauten. – Technik und Wissenschaft haben es verstanden, den Werkstoff Beton in Bereitung und Zusammensetzung der Masse so vielfältig auszugestalten und Sonderarten auf gleicher Basis wie das ursprüngliche Vorbild, den Kiesbeton, zu schaffen, so daß man allen Ansprüchen gerecht werden kann. Erinnert sei an die mannigfachen Formen warmhaltenden Leichtbetons, die in sonstigen physikalischen Eigenschaften dem Tongut nicht nur gleichkommen, sondern dieses vielfach übertreffen. Beliebige Steigerung und Festigkeit der Dichte je nach Bedarf und jede Ausgestaltung in Form und Abmessung sind unerreichte Vorteile, die entschieden nur für Betonmassen bei der Ausführung vollwertigen Hohlmauerwerkes sprechen.

In der Gestaltung der Hohlräume im Mauerwerk fallen zwei Hauptunterschiede auf; auf der einen Seite haben wir die allseitige Absperrung, wodurch einzelne geschlossene Luftzellen geschaffen werden, auf der anderen Seite hat man es mit durchgehenden Luftschichten zu tun. Diese letzteren, wie sie sich z. B. bei Ziegelhohlmauerwerk ergeben, wirken wie Kamine, da die leichtere Warmluft nach oben steigt und die kalte Luft zu Boden sinkt **(Abb. B.7.44)**. Die Temperaturunterschiede zwischen Außen- und Innenluft übertragen sich auf die eingesperrte Luft, die nun in umwälzende Bewegung gesetzt wird; hierdurch wird der Vorteil der Wärmehaltung einer Hohlmauer stark nachteilig beeinträchtigt, außerdem wird die Bildung von Schwitzwasser und die Aufsaugung von Bodenfeuchte ermöglicht. Bewegte Luft im Hohlmauerwerk bringt daher keineswegs den gesuchten Vorteil des Wärmeschutzes in vollem Umfange. Die Behauptung „die Luft sei der beste Isolator" bedarf daher einer Ergänzung insofern, als es heißen muß: „als bestes Dämmittel wirkt Luft in ruhendem Zu-

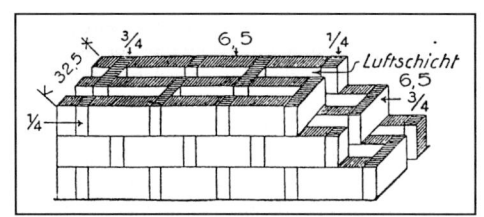

Abb. B.7.44 Dreischalige Hohlmauer aus Normalformatsteinen. „Wärmetechnisch unzureichend, da Luft zirkuliert."

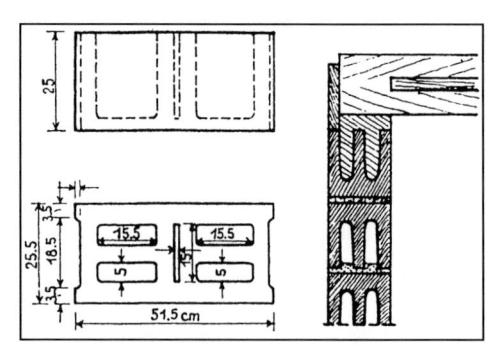

Abb. B.7.46 Mehrschaliger Kastenhohlstein. „... gute Wärmedämmung."

stande". Aus diesem Grund sind all die Bauweisen und Hohlblockformen zu bevorzugen, welche in einzelnen Zellen die Luft einsperren und deren Umlauf verhindern. Hieraus erklärt sich auch die Tatsache, daß in Hohlmauern mit längs verlaufenden Luftschächten die Wärmehaltung verbessert wird, wenn die Hohlwand mit trockenem porösem Füllstoff, z. B. Schlacke ausgefüllt und hierdurch die Luftzirkulation unterbunden wird. ...

Es gibt außerordentlich viele Möglichkeiten, dies zu verwirklichen, von denen folgende Hauptgruppen unterschieden werden können:

Vollblöcke mit porösem Kern;

Lochsteine mit längs und quer laufenden Lochungen;

Hohlblöcke mit offenen durchgehenden Hohlräumen (Abb. B.7.45);

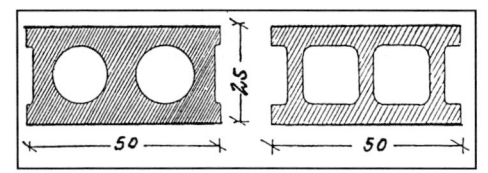

Abb. B.7.45 Hohlblöcke mit durchgehenden Hohlräumen. „Wärmetechnisch nachteilig."

Kastenhohlsteine mit einseitig geschlossenen Kanälen (Abb. B.7.46);

Formsteine mannigfachster Art; die im Zusammenbau Luftschächte oder abgeschlossene Luftkammern ergeben;

Kernsteine sind Blöcke aus Kies- oder Schlackenbeton in verschiedener Form (z. B. in T-Form), bei denen die äußere Wandung in normaler Weise festgestampft wird, der innere Kern aber ungestampft bleibt, um dem Nachteil guter Wärmeleitung und Schallübertragung vorzubeugen. Dieser Zweck wird nur im geringen Maße erreicht, man

kann diese Lösung nicht als besonders glücklich bezeichnen, ein eigentliches vollwertiges Hohlmauerwerk läßt sich nicht damit ausführen. Die Herstellung geschieht in Handformen mit Profilstampfern im Kleinbetrieb.

Lochsteine aus Kies- oder Leichtbeton weisen mehrere hinter- und nebeneinander liegende, ganz oder teilweise durchgehende, senkrecht oder parallel zur Lagerfläche verlaufende Lochungen oder Aussparungen mit mäßigem Durchmesser auf. Sie stellen den Übergang zu den eigentlichen Hohlblöcken dar oder können bei entsprechender Form und Größe diesen zugerechnet werden. ...

... Hohlblöcke ist der Sammelbegriff für alle vierseitig geschlossenen Blockformen mit meist senkrecht zur Lagerfläche verlaufenden Hohlkanälen. Sie sind als älteste großformatige Fertigbauteile anzusehen, die schon seit 7 Jahrhunderten und mehr in Amerika zur Ausführung von Hohlmauern in sehr beträchtlicher Menge angewendet werden, während sie in Deutschland jetzt für gesundes Bauen an Bedeutung sehr eingebüßt haben. ...

... Ihr Vorteil liegt in Materialersparnis und Beschleunigung des Bauens infolge ihres großes Formates, wie es für Tonwarenerzeugnisse im allgemeinen nicht angängig und nicht möglich ist. Die ursprüngliche Form des „Normalblockes" mit einem Rauminhalt von 12 Mauerziegeln D.N.F. weist zwei nebeneinander liegende senkrecht durchgehende runde, abgerundete oder eckige Kanäle auf, wobei die Frage der Lochform, ob rund oder eckig, umstritten ist. Gemeinsam ist in beiden Fällen der Nachteil, daß die Stege (beim Verlegen im Einblocksystem) durch das ganze Mauerwerk gehen. Um diesem Mißstande vorzubeugen, kann man sie zusammen mit längshalben Blöcken oder sonstigen „offenen" oder" geteilten" Steinen verlegen. Andererseits versucht man, diesem Nachteile durchgehender Stege, der nach den Leitsätzen für Beton-Hohlmauern unzulässig ist, entgegenzuwirken, indem mehrere Lochungen hintereinander

Historische Baustoffe: Der Betonstein

versetzt angeordnet werden, so daß innerhalb des Blockes sich nochmals schmale Zwischenwände ergeben; man spricht dann von Wandsteinen, z. B. dem Dreiwandstein. – Die längsdurchgehenden Hohlräume bei den früher allgemein üblichen offenen Hohlblöcken ergeben beim Vermauern im Verband von unten nach oben durchlaufende Kanäle mit ständiger Luftzirkulation, wodurch der Wert der Hohlmauer in wärmetechnischer Hinsicht nachteilig beeinflußt wird; auch ist hierbei der Mörtelverbrauch und somit die eingebrachte Baufeuchtigkeit reichlich groß, da Mörtel in die Luftkanäle beim Verlegen fallen kann. Beim waagerechten Verlauf der Lochungen ist diesem Mangel abzuhelfen, auch ist die Gefahr der Übertragung der Außentemperatur und Bodenfeuchtigkeit weniger groß. ...

... Kastenhohlsteine stellen vervollkommnete, fünfseitig geschlossene Hohlblöcke dar, die Hohlräume sind nicht ganz durchgehend, sondern auf einer Lagerfläche abgesperrt. In Form und Maß gleichen die den gewöhnlichen Hohlblöcken, bevorzugt sind hierbei mehrere hintereinander liegende Lochungen nach Art der Wandsteine. Beim Verlegen mit der offenen Seite nach unten in ein Mörtelbett ergeben sich im Mauerwerk viele in sich abgeschlossene Luftkammern oder Zellen, die gute Wärmehaltung und Schalldämmung bedingen; man spricht daher auch von Zellen- oder Kammersteinen. ...

... Neben dem Kiesbeton sieht man diese vollkommene Form angewendet bei Leichtbetonen, insbesondere bei Bims-, Lava- und Schlackenbeton. ...

... Formsteine kann man jede vom Normalformat abweichende Art von Baukörpern bezeichnen, im besonderen versteht man beim Hohlmauerwerk darunter Formen, welche in den meisten Fällen erst durch Zusammenbau mehrerer Körper Hohlräume im Mauerwerk ergeben. Aus diesem Grunde spricht man von offenen oder von geteilten Steinen, da sie als Einzelstücke meist nicht verlegt werden können oder so nicht den gewünschten Erfolg erreichen. Bei der Vereinigung mehrerer Formsteine zu einem Block – man bezeichnet diese als Zweiblocksystem – kann ein wesentlicher Vorteil darin erblickt werden, daß jegliche durchgehende Stege vermieden werden, da eine Unterbrechung durch Mörtelfugen vorliegt; man hat es demnach mit einem Hintermauerungsverfahren ohne Wärmeübertragung und ohne Feuchtigkeitsdurchschlag zu tun. Die älteste hierher gehörende Form dürfte die eines T in dem von Amerika stammenden Whittleseyblock sein **(Abb. B.7.47)**. ...

Von diesem Stand der Technologie bis zur Formulierung der ersten DIN-Normen seit der Mitte des 20. Jahrhunderts ist es noch ein weiter Weg.

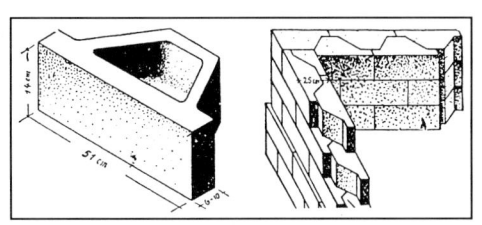

Abb. B.7.47 Beckenbau Stein, sogen. Whittleseyblock

Zwischenstufen der Entwicklung finden sich z. B. in der Baukonstruktion für Architekten von Franz Hart, 1950 **(Abb. B.7.48)**.

In jedem Fall hat der Betonstein in unterschiedlicher Qualifikation selbstverständlichen Eingang gefunden in die Lehrbücher und vor allem in die Realität des Bauens.

Die DIN-Normen 398, Hüttensteine, vor allem aber 18151 für Hohlblöcke aus Leichtbeton **(Abb. B.7.49)**, 18152 für Vollsteine und Vollblöcke aus Leichtbeton und 18153 für Mauersteine aus Beton (Normalbeton) zeigen die Vielfalt eines Materials, das aus dem heutigen Baugeschehen nicht mehr wegzudenken ist.

Das Material Betonstein bietet Grundlage und beste Voraussetzung für hohe Qualität, dies in sichtbarer Evidenz wie als verborgene Struktur unter einer freien Gestaltung.

„Beton, ein fantastischer Baustoff, Fantasie und Kühnheit, das braucht er. Verweigert man die ihm, wird er stumpfsinnig, verfällt in platteste Plattheit, denn das kränkt ihn. Die Kränkung widerfährt ihm überall dort, wo man nachahmt."

Erhart Kästner, Aufstand der Dinge

Baustoffe

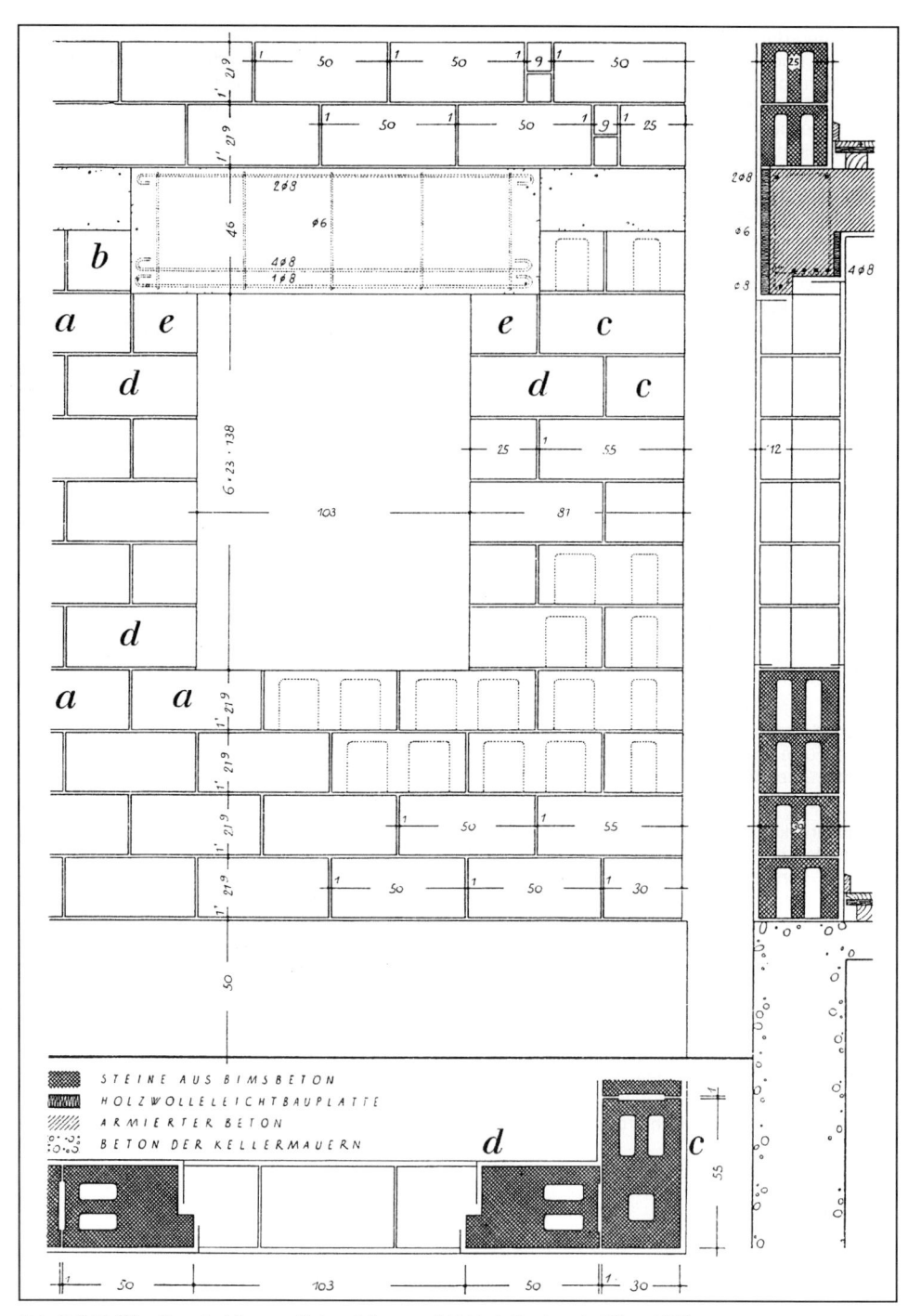

Abb. B.7.48 Wandkonstruktion aus Betonsteinen nach F. Hart, Baukonstruktion, 1950

Historische Baustoffe: Der Betonstein

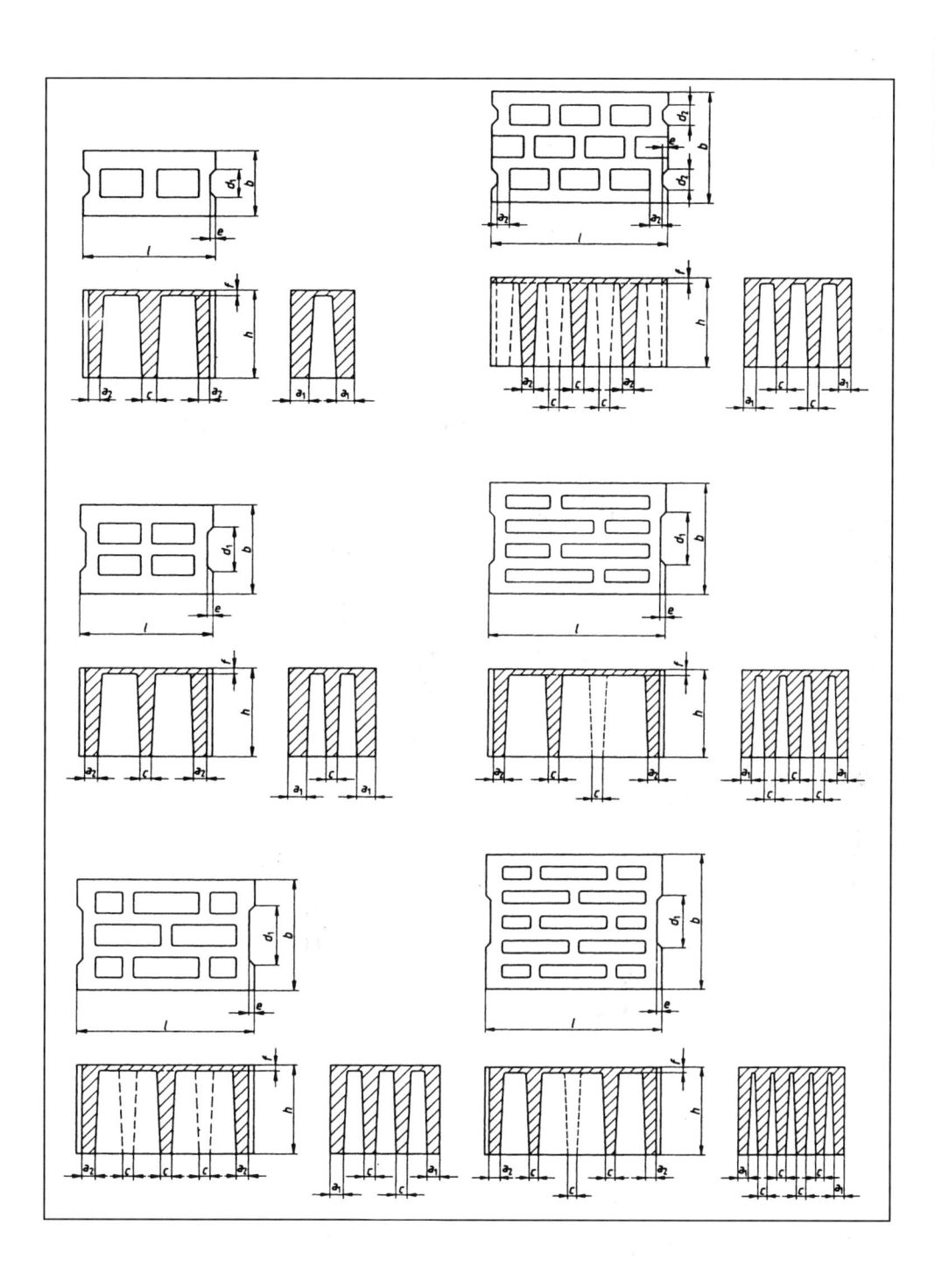

Abb. B.7.49 Hohlblöcke nach DIN 18 151, Bild 1–6

DER NEUE Bisoplan

**Die neue Planstein-Generation für Niedrigenergiehäuser.
Revolutionär und innovativ. Nicht teurer sondern besser.**

VERANTWORTUNG MIT SYSTEM!

λ 0,11
Vbl 2 - 0,45 -
BisoplanSuper

http://www.bisotherm.de

LINNIG UND PARTNER

Jetzt Infos anfordern:
INFO-PHONE: 0 26 30/98 76-0
INFO-FAX: 0 26 30/98 76-90

Bisotherm®
Der Stein fürs Leben
Eisenbahnstraße 12 · 56218 Mülheim-Kärlich

C BAUKONSTRUKTION

Dr.-Ing. Norbert Weickenmeier (Abschnitte 1, 2)
Dr.-Ing. Peter Schubert (Abschnitt 4)
Dipl.-Ing. Helmuth Caesar (Abschnitt 5, erster Beitrag)
Dipl.-Ing. Alexander Reichel (Abschnitte 3)
Dipl.-Ing. Irene Meissner (Abschnitt 5, zweiter Beitrag)
Dipl.-Ing. Claus Schuh (Abschnitte 5, dritter Beitrag))

1 Außenwände ... C.3

1.1. Allgemeines ... C.3
1.2. Einschalige Außenwände ... C.4
1.3 Mehrschalige Außenwände ... C.9
1.4 Kellerwände ... C.12

2 Innenwände ... C.15

2.1 Allgemeines ... C.15
2.2 Tragende Innenwände ... C.16
2.3 Ausschweifende Innenwände ... C.19
2.4 Haustrennwände ... C.20
2.5 Nichttragende Innenwände ... C.20

3 Maßtoleranzen im Mauerwerksbau ... C.23

3.1 Allgemeines ... C.23
3.2 Maßordnung – Modulordnung ... C.23
3.3 Toleranzarten und Maßabweichungen ... C.24
3.4 Allgemeine Begriffe und Definitionen der Maßtoleranzen ... C.25
3.5 Maßhaltigkeit und Kontrolle bei Mauersteinen ... C.27

4 Dehnungsfugen in Bauteilen und Bauwerken aus Mauerwerk – Funktion, Ausbildung und Anordnung ... C.30

4.1 Allgemeines, Funktion einer Dehnungsfuge ... C.30
4.2 Abdichten von Dehnungsfugen ... C.30
4.3 Anordnung von Dehnungsfugen ... C.31
    4.3.1 Zweischalige Außenwände ... C.31
    4.3.2 Nichttragende innere Trennwände, Ausfachungswände ... C.35
    4.3.3 Tragende Mauerwerkswände ... C.35
    4.3.4 Andere Bauteile ... C.35

5 Aktuelle Beiträge

5.1. Neubau U-Bahnhof Mendelssohn-Bartholdy-Park in Berlin C.39
5.2. Sichtmauerwerk in Betonsteinen; Jugendgästehaus in Aachen;
     Ein Ort der Begegnung C.49
5.3 Studentenwohnheim Linz C.54

C BAUKONSTRUKTION
1 Außenwände

1.1 Allgemeines

„Außenwände sollen so beschaffen sein, daß sie Schlagregenbeanspruchungen standhalten. DIN 4108-3 gibt dafür Hinweise." Diese Forderung der DIN 1053-1 – Mauerwerk; Berechnung und Ausführung – hat Gültigkeit in der seit November 1996 geltenden Fassung der Norm.

Die Widerstandsfähigkeit gegen Schlagregenbeanspruchung muß dabei erweitert werden auf den Komplex der Feuchtebeanspruchung insgesamt; hierzu zählen neben atmosphärischen Niederschlägen auch Spritzwasser, seitliche und aufsteigende Feuchtigkeit im Erdreich, Schichten- und Grundwasser, nicht zuletzt auch Baufeuchtigkeit an sich und Wasserdampf. Eine fehlende Widerstandsfähigkeit und infolgedessen Durchfeuchtung der Außenwände ist Ursache der häufigsten Bauschäden. Die Folgen sind reduzierter Wärmeschutz, hygienische Beeinträchtigung der Raumluft, Schimmelpilzbefall der Außenwände auf der Innenseite, Korrosion metallischer Wandbestandteile (Anker, Bewehrungseisen etc.) und Frostschäden. Zu beachten sind hier insbesondere die Normen DIN 18195-2 bis -10, DIN 18531 und DIN 18540.

Darüber hinaus kommen der Außenwand Anforderungen des winterlichen und sommerlichen Wärmeschutzes zu. Es gilt, Transmissions-Wärmeverluste von innen nach außen zu verhindern, Tauwasserbildung auf der Innenseite zu vermeiden, ein gesundes Raumklima zu gewährleisten. Im Sommer geht es um den Schutz der Innenräume vor Erwärmung und Überhitzung, gleichzeitig aber auch um passive Solarenergiewärme und deren Speicherung im Mauerwerk. Die Wärmeschutzanforderungen finden Niederschlag in den Normen DIN 4108-1 bis -5 sowie in der Wärmeschutzverordnung 1/96.

Schutz gegen Außenlärm erfordert eine qualifizierte Schalldämmung der Außenwand, gleiches gilt für Schutz gegen Innenlärm aus benachbarten Räumen. Zu unterscheiden sind jeweils Luftschall und Körperschall, direkte und indirekte Übertragungswege, Luft oder Mauerwerk selbst als Medium. Anforderungen, Nachweise und Empfehlungen hierzu finden sich in DIN 4109 mit den Beiblättern Bbl. 1 und Bbl. 2.

Nicht zuletzt muß die Außenwand widerstandsfähig sein gegen Brandbeanspruchung. Baulicher Brandschutz bezieht sich dabei sowohl auf die Baustoffe an sich als auch auf die Fügung zu Bauteilen wie Wände, Fenster, Stützen sowie deren Bekleidungen. Neben den Normen DIN 4102-1 bis -7, DIN 18230-1 und -2, DIN 18232-2 und DIN 18234-1 gelten hier Brandschutzvorschriften in der Hoheit der Bundesländer mit zusätzlichen Rechtsverordnungen, Verwaltungsvorschriften und Technischen Baubestimmungen.

Neben diesen bauphysikalischen Anforderungen muß die Außenwand tragfähig sein; sie muß Lasten aus Eigengewicht und Verkehrslasten der aufgelagerten Decken ebenso übernehmen wie Horizontalkräfte aus Winddruck, Windsog und anderen Bauteilen, wie z. B. dem Dach. Tragende Außenwände müssen dazu in ein statisch-konstruktives Gesamtsystem eingebunden sein, das auch die Innenwände umfaßt: tragende, aussteifende und nichttragende Wände. Im Detail beziehen sich die Anforderungen an die Tragfunktion und Standsicherheit auf den Verbund aus Mauerstein und Mörtel. In der Fuge müssen Horizontalkräfte durch Reibung und/oder Haftung aufgenommen und übertragen werden. Der Verband nach tradierten und genormten Regeln ist deshalb eine essentielle Grundbedingung für die Übernahme von Zug- und Biegezugkräften; bei Druck- und Schubbeanspruchungen bewirkt er eine Optimierung der Tragfähigkeit. Das konstruktive Tragverhalten von Mauerwerk im Bauteil Außenwand und darüber hinaus regelt DIN 1053-1 bis -4.

Nicht zuletzt bestimmt die Außenwand wesentlich das Erscheinungsbild eines Gebäudes. Sie unterliegt damit ästhetischen Vorstellungen von Bauherrn und Architekten ebenso wie stadtgestalterischen Einflüssen der unmittelbaren Umgebung. Sie kann darüber hinaus in ihrer individuellen Prägung Ausdruck sein für Haltung und Status des Auftraggebers, die inneren Funktionen, für Material und Konstruktion.

Funktionale, bauphysikalische, konstruktive, wirtschaftliche und gestalterische Erfordernisse und Bedingungen treffen im Bauteil Außenwand zusammen und müssen vom Architekten und Fachingenieur gesamtheitlich bewältigt werden. Dies ist um so schwieriger, als viele der unterschiedlichen Erfordernisse sich gegenseitig widersprechen. So erfordert ein optimierter Wärmeschutz eine niedrigere Wärmeleitfähigkeit und einen hohen Wärmedurchlaßwiderstand der Wandbaustoffe, damit gleichzeitig eine niedrigere Rohdichte; letztere bringt eine reduzierte Masse der Außenwand mit sich, was den Schallschutz verschlechtert. Umgekehrt gilt: eine hohe Rohdichte der Mauersteine erhöht die zulässigen Spannungen, verbessert damit das Tragverhalten der Wand, verbessert den Schallschutz und reduziert den Wärmedurchlaßwiderstand, damit gleichzeitig auch den Wärmeschutz.

Auch Wärmedämmung und Wärmespeicherung sind gegensätzliche Bedingungen, die je für sich genommen unterschiedliche Außenwandaufbauten ergeben. Eine Minimierung der Kosten kann z. B. mit der Auflösung der Wand in einen tragenden, schweren Kern und eine leichte, wärmedämmende Vorsatzschale (Wärmedämmverbundsystem) erfolgen; ganzheitlich betrachtet im Rahmen einer dynamischen Wirtschaftlichkeitsberechnung unter Einbezug des Primärenergiebedarfs und der Recyclingkosten, kann diese Konstruktion aber wieder teurer sein als eine dickere, monolithische. Eine Differenzierung der Wandbaustoffe je nach Erfordernis in einem Gebäude erhöht das Risiko von Bauschäden (Rissen) im unterschiedlichen Schwinden und Setzen, auch im unterschiedlichen Feuchteniveau.

Die Außenwand im Mauerwerk, scheinbar low tech, traditionsverhaftet und einfach, stellt immer noch hohe Anforderungen an den Architekten und Fachingenieur, die es ganzheitlich zu bewältigen gilt.

1.2 Einschalige Außenwände

Für Bauten, die zum dauernden Aufenthalt von Menschen vorgesehen sind, definiert die einschlägige Norm DIN 1053-1, Tabelle 1 in ihrer Neufassung Nov. 96 eine Mindestdicke der Außenwand von 17,5 cm bei einer lichten Wandhöhe von maximal 2,75 m und einer Verkehrslast von maximal 5 kN/m²; bei „nicht frostwiderstandsfähigen Steinen ist ein Außenputz, der die Anforderungen nach DIN 18550 Teil 1 erfüllt, anzubringen oder ein anderer Witterungsschutz vorzusehen", ergänzt Kapitel 8.4.2.1 für geputzte, einschalige Außenwände. Eine derartige Wand, mit Innen- und Außenputz weniger als 21 cm dick, erfüllt bei entsprechender Rohdichte des Wandbaustoffes in Abstimmung mit einem geeigneten Mörtel hohe konstruktive Anforderungen. Um jedoch den bauteilbezogenen Forderungen der Wärmeschutz-Verordnung zu genügen, darf ein maximaler Wärmedurchgangskoeffizient von 0,50 W/(m²K) nicht überschritten werden (siehe Wärmeschutz-Verordnung, Anlage 3, Tabelle 1).

Die niedrigste seit 1996 eingeführte Wärmeleitfähigkeit λ_R für Leichtziegel beträgt 0,14 W/(mK); eine 17,5 cm dicke, innen und außen verputzte Wand könnte damit maximal einen k-Wert von 0,66 W/(m²K) erreichen (Tafel C.1.1); erst bei einem 3 cm dicken Wärmedämmputz mit λ_{RP} = 0,07 W/(mK) wäre auch der geforderte Koeffizient von 0,50 W/(m²K) zu erzielen (Tafel C.1.2). Ein derartiger Wandaufbau – unterstellt, ein solcher 17,5er Stein wäre überhaupt auf dem Markt – hätte bei der Mindestrohdichte von 0,6 kg/dm³ ein extrem schlechtes Tragverhalten und kaum Potential für einen Mindestschallschutz. Das Rechenbeispiel verdeutlicht zwingend die Notwendigkeit einer ganzheitlichen Konzeption (Abb. C.1.1).

Tafel C.1.1 Summe der Wärmedurchlaßwiderstände und k-Wert 0,66 W/(m²K)

Bauteilschicht	s cm	λ_R W/(mK)	$1/\Lambda$ m²K/W
Außenputz	2,0	0,87	0,023
Leichtziegel	17,5	0,14	1,250
Innenputz	1,5	0,70	0,021
Σ	–	–	1,294

$$k = \frac{1}{0,21 + 1,294} = 0,66 \, W/(m^2 \cdot K)$$

Tafel C.1.2 Summe der Wärmedurchlaßwiderstände und k-Wert 0,48 W/(m²K)

Bauteilschicht	s cm	λ_R W/(mK)	$1/\Lambda$ m²K/W
Wärmedämmputz	3,0	0,07	0,428
Leichtziegel	17,5	0,14	1,250
Innenputz	1,5	0,70	0,21
Σ	–	–	1,888

$$k = \frac{1}{0,21 + 1,888} = 0,48 \, W/(m^2 \cdot K)$$

Vor diesem Hintergrund stellen selbst 25 cm dicke Außenwände noch die Ausnahme dar, sie sind jedoch möglich bei niedriger Rohdichte von 0,6 kg/dm³ und einer minimalen Wärmeleitfähigkeit von λ_{RP} = 0,14 W/(m·K). Voraussetzung hierfür ist die Verwendung von Leichtmauermörtel LM 21 sowie einem Außenleichtputz der Wärmeleitfähigkeit λ_{RP} = 0,31 W/(mK); der Wärmedurchgangskoeffizient k beträgt dann vorschriftsgemäß 0,50 W/(m²K). Die Wanddicke von 27,5 cm gewährleistet eine hohe Flächeneffizienz in der Relation BGF zu Nutzfläche (Abb. C.1.2). Problematisch bleiben jedoch konstruktiv alle Sonderpunkte wie Sockel, Durchdringungen, Öffnungen und insbesondere Deckenauflagerungen; bei minimaler Auflagerfläche von 17,5 cm verbleiben lediglich noch 12,5 cm zur Wärmedämmung und Verkleidung der Deckenstirn, die im Regelfall 11,5 cm Stein als Putzgrund + 6 cm WD erfordern.

Außenwände

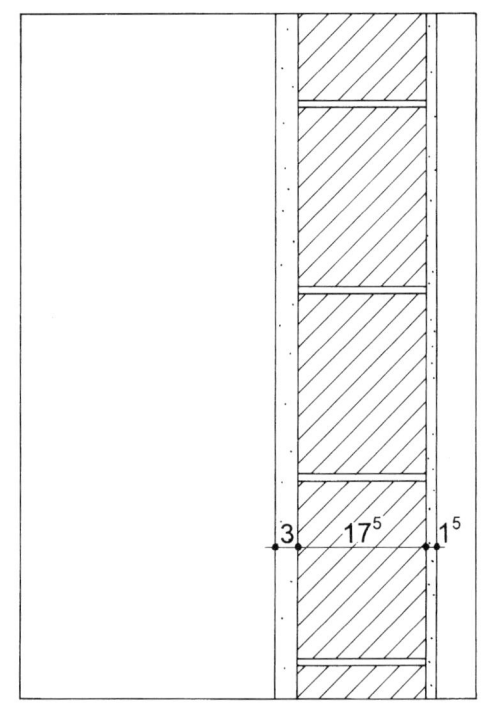

Abb. C.1.1 Nur theoretisch mögliche minimale Wandkonstruktion $d = 22$ cm

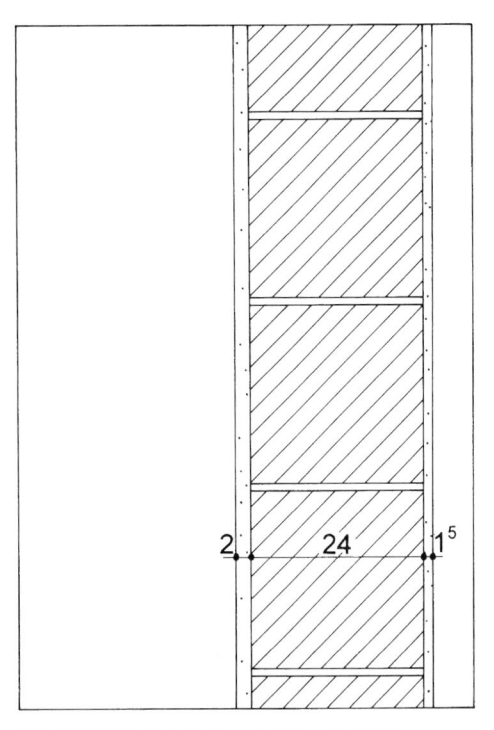

Abb. C.1.2 Minimierte Konstruktion $d = 27,5$ cm

Eine derartig minimierte Wandkonstruktion erfordert deshalb besondere Sorgfalt bei der Lasteinleitung – große Deckenspannweiten und punktförmige Lastenkonzentrationen sollten vermieden werden – sowie bei der Detailausbildung. Nicht zuletzt erfordert ein derart minimiertes System eine exakte Kontrolle bei der Bauausführung.

30–36 cm dicke Außenwände stellen den Regelfall dar (**Abb. C.1.3**). Eine Porosierung des Rohstoffes garantiert niedrige Rohdichte, zusätzlich können Löcher, Kammern und Schlitze die Wärmedämmfähigkeit des Steines verbessern. Zu den hier verwendeten Materialien zählen Leichtziegel, Porenbeton und Bimssteine; sie erreichen Rohdichten von 0,8 bis 0,6 kg/dm^3 bei Wärmeleitfähigkeiten von 0,18 bis 0,13 W/(mK). Entscheidenden Einfluß auf die Güte der Wand hat dabei der Mörtel, der zunehmend reduziert wird: so ist die Vermörtelung der Stoßfugen durch zahnförmig ausgebildete Stirnseiten der Mauersteine nahezu überholt; im Lagerfugenbereich setzen sich Dünnbettmörtel durch in Stärken von lediglich noch 2–3 mm mit zugleich niedrigen k-Werten: LM 21, LM 36 u. a. Der Verzicht auf den Mörtel in der Stoßfuge hat auf die Druckfestigkeit des Mauerwerks kaum Einfluß, reduziert jedoch die Schubfestigkeit und muß daher entsprechend berücksichtigt werden. Auch ist die Wind- und Schlagregendichtigkeit sicherzustellen: dies erfordert Fugenbreiten von weniger als 5 mm und einen rissefreien Außenputz, der auf das Mauerwerk abgestimmt sein muß. Steinhersteller gehen deshalb dazu über, einen speziell für ihr Produkt geeigneten Außenputz zu empfehlen.

Konstruktive Details sind bei diesen Wandstärken unproblematisch unter der Forderung eines homogenen Wärmeschutzes für die gesamte Außenwand. So können z. B. die Deckeneinbindungen bei 17,5 cm Auflager noch mit einer Vormauerung von 11,5 cm und einer Wärmedämmung von 2 bis 8 cm ausgeführt werden. Unter Einhaltung des nach Wärmeschutzverordnung notwendigen Wärmedurchlaßwiderstandes von 0,50 W/(m^{2}K) sind selbst bei 30 cm dicken Wänden Steinrohdichten von 0,8 kg/dm^3 zulässig (bei 20 mm Leichtputz und LM 21). Bei allen diesen Wandaufbauten ist eine Frostbeständigkeit der Mauersteine nicht erforderlich, da das Eindringen von Feuchtigkeit durch den Außenputz verhindert wird.

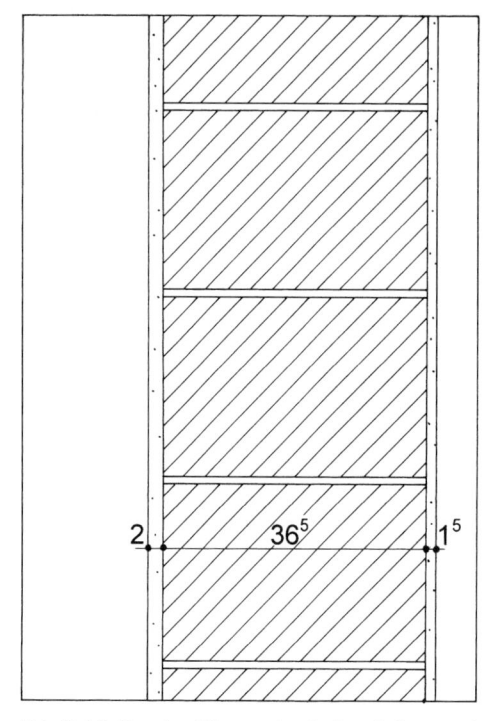

Abb. C.1.3 Regelausführung einschaliger Außenwand
d = 33,5 cm / 40 cm

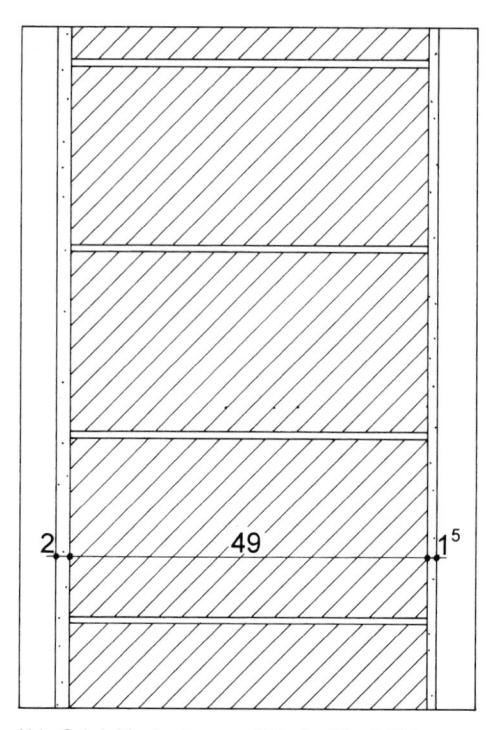

Abb. C.1.4 Maximale monolithische Wandstärke
d = 52,5 cm

Die maximale Wandstärke monolithischer Konstruktionen ergibt sich aus der Verwendung von 49 cm dicken Steinen (16 DF). Bei einer Rohdichte von 0,6 kg/dm³, 20 mm mineralischem Leichtputz außenseitig und Leichtmauermörtel LM 21 erreichen sie einen Wärmedurchlaßwiderstand von nur 0,35 W/(m²K), der den Empfehlungen zum Niedrigenergiehaus von 0,30 W/(m²K) sehr nahekommt **(Abb. C.1.4)**. Monolithische Wandkonstruktionen leisten alle bauphysikalischen und konstruktiven Anforderungen mit einem Material; sie sind insbesondere für Wärmedämmung und Wärmespeicherung gleichermaßen geeignet. Ihr gestalterischer Vorteil liegt in der Übereinstimmung von Material und Erscheinungsform. Bei Wandstärken von 52,5 cm ist der Verbrauch an Nutzfläche aber dem bauphysikalisch-konstruktiven Mehrwert unbedingt kritisch gegenüberzustellen. Dies kann dazu führen, daß bei vorgegebener GFZ und damit Bruttogeschoßfläche die notwendige Nutzfläche nicht mehr erreicht werden kann; analog gilt bei öffentlich geförderten Wohnungsbauten, deren Subvention an der Wohn-/Nutzfläche orientiert ist, ein ungünstiges Verhältnis von Fördermitteln und Investition. Die Folge ist eine Minimierung der Wanddicke unter Kompensation des reduzierten Wärmedurchlaßwiderstandes durch einen Wärmedämmputz **(Abb. C.1.5)**, dessen Dicke bis zu 100 mm betragen kann.

Wärmedämmputze werden mehrlagig aufgebracht und bestehen aus einem dämmenden Unterputz und einem dünnen, wasserabweisenden Oberputz. Die Wärmedämmfunktion des Unterputzes ergibt sich aus leichten Zuschlägen mineralischer Art (wie z. B. Bims) oder organischer Art (z. B. Polystyrol). Der Putzschichtenaufbau erfordert eine genaue Abstimmung aller Komponenten. Für alle Wärmedämmputzsysteme, die nicht in DIN 18550 Teil 3 genormt sind, ist deshalb ein bauaufsichtlicher Einzelnachweis für die Anwendung zu führen. Wärmedämmputz und 17,5 cm Mauersteindicke werden bei einem Wärmedurchlaßwiderstand von 0,21 W/(m²K) den Empfehlungen des Niedrigenergiehauses gerecht.

Bei ganzheitlicher Betrachtung müssen in diese Kalkulation zwingend auch die Investitions- und Unterhaltskosten einbezogen werden. Wärmedämmputze sind teuer und noch relativ neu auf dem Markt, die Erfahrungen gerade mit dicken

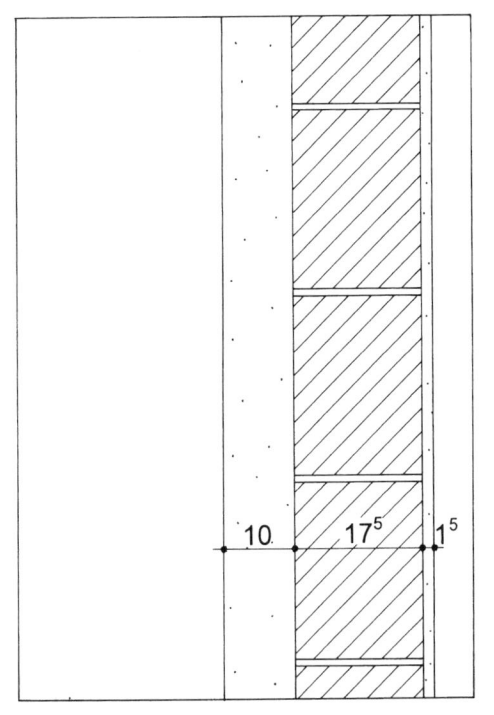

Abb. C.1.5 Monolithische Wand mit Wärmedämmputz
$d = 29$ cm

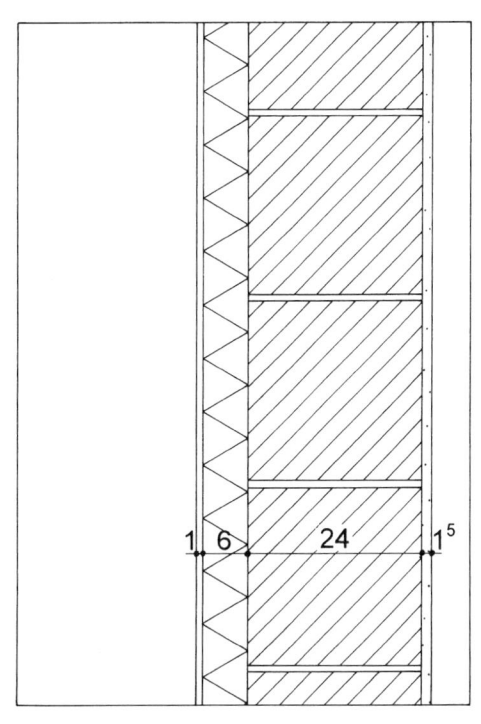

Abb C.1.6 Wärmedämmverbundsystem $d = 32,5$ cm

Putzschichten von 60 bis 100 mm entsprechend gering. Bei porosierten Steinen empfiehlt sich deshalb eine Gegenüberstellung von Wandaufbauten gleicher Dicke $d = 29$ cm: 1,5 cm Innenputz + 17,5 cm Mauerstein + 10 cm WD-Putz = 29 cm im Vergleich zu 1,5 cm Innenputz + 24 cm Mauerstein + 3,5 cm WD-Putz = 29 cm. Zum Vorteil von Solar-absorbierung bei Wärmedämmputzen auf Ziegelmauerwerk siehe auch Abschnitt D.4.2 [Schneider/Weickenmeier-97].

Eine Alternative zum Wärmedämmputz mit längerer „Tradition" stellen sogenannte Wärmedämmverbundsysteme dar. Sie finden nicht nur im Bereich der Altbausanierung Verwendung, wo es um eine nachträgliche Verbesserung des Wärmeschutzes ohne zusätzliche Belastung der Tragkonstruktion geht, sondern auch bei Neubauten in Verbindung mit Beton bzw. Steinen hoher Rohdichte. Der monolithische, homogene Wandaufbau der tradierten Mauerwerkswand ist hier in Auflösung begriffen zugunsten zweier Schichten: der für das Tragen von Schall- und Brandschutz und der für den Wärmeschutz. Verwendung finden hierbei Dämmplatten aus Hartschaum oder Mineralwolle, die als Witterungsschutz jeweils einen dünnen Putzüberzug von 5 bis 10 m erhalten (**Abb. C.1.6**).

Dies ist notwendig zum allgemeinen Schutz der Außenwand vor Nässe, insbesondere jedoch zur Sicherstellung einer trockenen und damit funktionstüchtigen Wärmedämmung. Der maximal 10 mm dicke Thermoputz ist absolut wasserabweisend; er ist nicht in der Lage, Wasser zu speichern und es nach dem Regen wieder zu verdampfen. Trotz der Dünne der Putzschicht kann ihr Eigengewicht bis zu 20 kg/m^2 betragen. Die Ableitung dieser Last erfordert einen kraftschlüssigen Verbund mit der Wärmedämmung: bei weicher Faserdämmung, wie sie aus Brandschutzgründen gefordert sein kann, ist dies problematisch und erfordert einen zusätzlichen Putzträger aus reißfestem Kunststoffgewebe oder Streckmetall, der am Mauerwerk mit entsprechenden Dübeln rückverankert werden muß. Mineralische Putze, die wegen ihrer Dampfdiffusionsoffenheit auf mineralischer Wärmedämmung bevorzugt werden, können keine nennenswerten Spannungen aufnehmen: Einflüsse aus Zugkräften führen deshalb leicht zu feinen Haarrissen, die die Wasserundurchlässigkeit des Putzes gefährden. Mit Kunststoff gebundene Putze sind eher in der Lage, derartige Kräfte in begrenztem Umfang aufzunehmen: sie verformen sich unter Last und Temperaturdifferenzen. Damit aus diesem thermoplastischen Verhalten keine Wellen und sonstigen Verformungen entstehen, sind Randanschlüsse und potentielle Störstellen mit größtmöglicher Sorgfalt zu planen und auszuführen. In jedem Fall dürfen – analog zu Wärmedämmputzsystemen – nur in sich geprüfte und zugelassene Systeme verwendet werden; dies gilt insbesondere deshalb, da der physikalische Aufbau des Wärmedämmverbundsystems a priori konventioneller Bauweise widerspricht. Auf eine weiche Dämmung folgt außen eine harte Putzschale ohne Speicherfähigkeit von Wasser und zudem oftmals hemmend gegen Diffusion. Bereits bei geringen Putzrissen kann eingedrungene Nässe die Wärmedämmung durchfeuchten und hinterlaufen; damit geht die Dämmwirkung verloren, und stauende Nässe kann sich als Ausblühung auf der Innenseite der Außenwand niederschlagen. Neue Mineralschaumplatten, die faserfrei, nichtbrennbar A2 nach DIN 4102 und wasserdampfdiffusionsfähig sind bei geringem Wasseraufnahmewert, werden zur Zeit im Markt eingeführt und bieten die Chance einer Minimierung der genannten Probleme.

Dennoch besteht neben diesen Risikofaktoren beim Wärmedämmverbundsystem der Nachteil, daß eine Speicherung solarer Energie in der Außenwand durch die Wärmedämmung verhindert wird. Dies hat zu einer neuen Entwicklung geführt: dem transparenten Wärmedämm-Verbundsystem (**Abb. C.1.7**). Es wandelt Sonnenlicht in Wärme um, das innenliegende Mauerwerk speichert diese und gibt sie mit 6–8 Stunden Zeitversatz an den Innenraum ab. Der Systemaufbau besteht von außen nach innen aus einem Glasputz auf einer Armierung aus Glasvlies und transparentem Kleber, darunter die eigentliche 8–12 mm dicke transluzente Dämmung als Kapillarplatte aus Polycarbonat (WLG 080), die mit einer schwarzen vollflächigen Absorptionsverklebung am tragenden Mauerwerk befestigt wird. Im Winter ist der Wirkungsgrad am höchsten, da hier die Sonne niedrig steht und mit flachem Einfallswinkel auf die Absorberschicht trifft. Bei steil stehender Sonne im Sommer wird ein großer Teil des einfallenden Lichtes an der Systemoberfläche reflektiert: weitergehend kann ein außenliegender Sonnenschutz notwendig sein, um eine ungewollte Aufheizung der Innenräume zu vermeiden (siehe hierzu weiterführend Abschnitt D.4.1: Mauerwerk und transluzente Wärmedämmung [Schneider/Weickenmeier-97]).

Einschalige Außenwände benötigen nach DIN 1053-1 einen Außenputz: er schützt vor eindringender Feuchtigkeit und vor der Gefährdung des Mauerwerks durch Auffrieren dieser Feuchte. Verputzte einschalige Außenwände können deshalb aus nicht frostwiderstandsfähigen Steinen bestehen.

Soll das Mauerwerk an der Außenseite aber aus

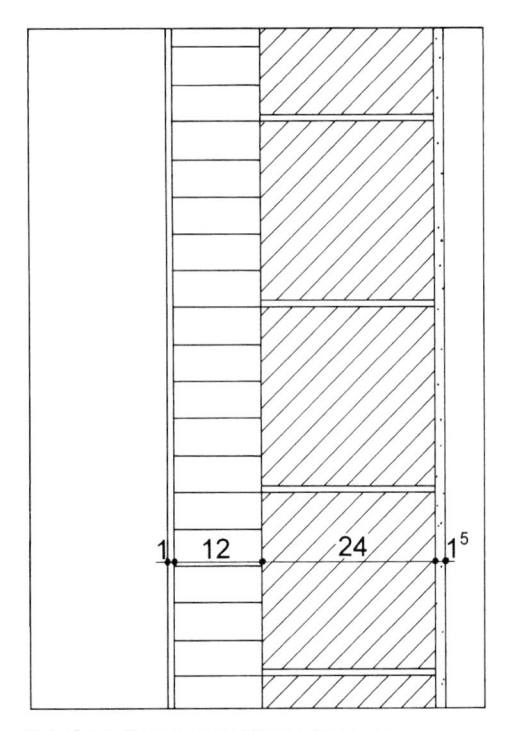

Abb. C.1.7 Transparente Wärmedämmung

gestalterischen Gründen sichtbar bleiben, so gilt DIN 1053-1, 8.4.2.2: Unverputzte einschalige Außenwände (einschaliges Verblendmauerwerk). Nach dieser Norm muß jede Mauerschicht mindestens zwei Steinreihen gleicher Höhe aufweisen, zwischen denen eine durchgehende, schichtweise versetzte, hohlraumfrei vermörtelte, 20 mm dicke Längsfuge verläuft (**Abb. C.1.8**). Mit dieser Fuge als Sperrschicht soll vermieden werden, daß Wasser auch in die innere Wandschicht eindringt, die dann auch aus frostbeständigen Steinen ausgebildet werden müßte. Letztlich sind diese jedoch nicht frostbeständig und weisen vor allem eine geringere Rohdichte als die Vormauerung auf, um einen Mindestwärmedurchlaßwiderstand zu gewährleisten. Innere und äußere Schicht unterschiedlicher Rohdichte gehören gemeinsam zum tragenden Querschnitt; bei der konstruktiven Bemessung der Wand ist deshalb die niedrigste Steinfestigkeitsklasse maßgebend. Die Fugen der Sichtflächen sollen als Glattstrich ausgeführt werden; alternativ können die Lagerfugen mindestens 15 mm tief und flankensauber ausgekratzt und anschließend handwerksgerecht ausgefugt werden. Der Fugenmörtel muß dabei gut verdichtet und hohlraumfrei sein, da er eine Schwachstelle darstellt; dies liegt insbesondere in seinem Trocknungsverhalten, das beim Schwinden das Ab-

Außenwände

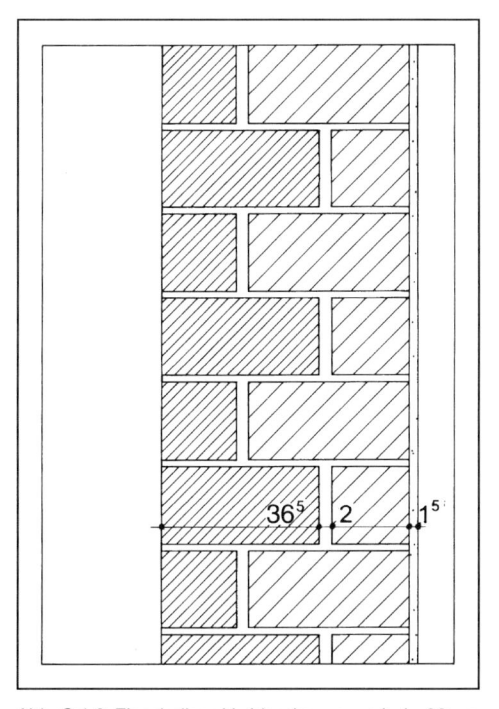

Abb. C.1.8 Einschaliges Verblendmauerwerk $d = 39$ cm

reißen zwischen Fugenmörtel und Mauerstein begünstigt. In diese Feinrisse kann kapillare Feuchtigkeit aus Schlagregen eindringen und auffrieren.

Einschaliges Verblendmauerwerk stellt einen Sonderfall dar, der angesichts aktueller Forderungen der Wärmeschutz-Verordnung an Außenwände nicht mehr realisiert werden sollte. Dies gilt nicht zuletzt deshalb, weil die DIN-Forderung nach gleichen Schichthöhen großformatiges, wärmedämmendes Mauerwerk im Bereich der Innenschale ausschließt. Sichtmauerwerk erfordert deshalb mehrschalige Konstruktionen.

1.3 Mehrschalige Außenwände

Der Begriff „Schale" wird in der Baukonstruktions-Literatur uneinheitlich verwendet. Hier sollen angeklebte und angemauerte Schalen ohne Luftzwischenraum als einschalig bezeichnet werden, hinterlüftete Konstruktionen dagegen als mehrschalig – dies unabhängig von Dicke, Material und Tragverhalten der Vorhangschale. Wesentliches Merkmal mehrschaliger Konstruktionen ist – nahezu analog zum Skelettbau – die Auflösung der Wand in Schalen unterschiedlicher Funktion: Tragen, Wärmedämmen, Feuchtigkeitsausgleich, Schlagregenschutz.

Ausgehend von der zuletzt ausgeführten Wandkonstruktion für einschaliges Verblendmauerwerk, führt die Entwicklung rasch in eine Zwitterkonstruktion, die weder noch bzw. sowohl als auch den einschaligen bzw. mehrschaligen Wandkonstruktionen zuzuweisen ist: die Außenwand mit 2 cm durchgehender Schalenfuge (Abb. C.1.9).

Außenschale und Innenschale sind in diesem Fall nicht miteinander verzahnt, tragend ist auch nur die Innenschale, die von der äußeren Schale durch eine mindestens 20 mm dicke Mörtelfuge getrennt sein muß. Die Außenschale als Sichtmauerwerk muß in frostbeständigen Steinen mit einer Mindestdicke von 90 mm ausgebildet werden, über ihre ganze Länge und vollflächig aufgelagert sein und bedarf einer Rückverankerung durch Drahtanker aus nichtrostendem Stahl. Der vertikale Abstand der Drahtanker soll höchstens 500 mm, der horizontale Abstand höchstens 750 mm betragen; werden die Drahtanker in Leichtmörtel eingebettet, so ist dafür LM 36 erforderlich. Unabhängig von dieser Rückverankerung der nichttragenden Vormauerschale mit dem tragenden Mauerwerk der Innenschale gilt, daß Außenschalen von 11,5 cm Dicke in Höhenabständen von ca. 12 m abgefangen werden sollen. Bei zweigeschossigen Gebäuden darf die 11,5 cm dicke Vormauerschale bis zu einem Drittel ihrer Dicke über ihr Auflager vorstehen; beim Nachweis der Auflagerpressung ist dies jedoch zu berücksichtigen. Außenschalen von weniger als 11,5 cm Dicke dürfen nicht höher als 20 m über Gebäude geführt werden und sind in Höhenabständen von zwei Geschossen, d. h. ca. 6 m, abzufangen. Gestalterisch ergibt sich hieraus die Problematik, daß das Mauerwerk nur noch scheinbar in tradiertem Verband erstellt ist; in Wirklichkeit „hängt" es in der Luft, rückverankert in der eigentlichen tragenden Mauerschale. Es entsteht hier ein Bruch zwischen Erscheinungsbild und Konstruktion, erzwungen durch fortgeschriebene, bauphysikalische Notwendigkeiten. In jedem Fall ist die zweischalige Außenwand mit 2 cm Putzschicht eine erheblich verbesserte Fügungsart gegenüber dem in DIN 1053 Teil 1 dargestellten einschaligen Verblendmauerwerk; der Grund hierfür besteht in der Ablösung der Außenschale von der inneren, was unterschiedliche Steinqualitäten und damit Rohdichten bzw. Wärmedurchlaßwiderstände ermöglicht; die Außenschale kann in frostwiderstandsfähigen Beton- oder Klinkersteinen, die innere Schale in porosierten, wärmedämmenden und insbesondere großformatigen Steinen ausgeführt werden, um eine empfehlenswerte Lösung handelt es sich dabei dennoch nicht.

Die gleichen Anforderungen an das Tragsystem von Innen- und Außenschale gelten zunächst auch

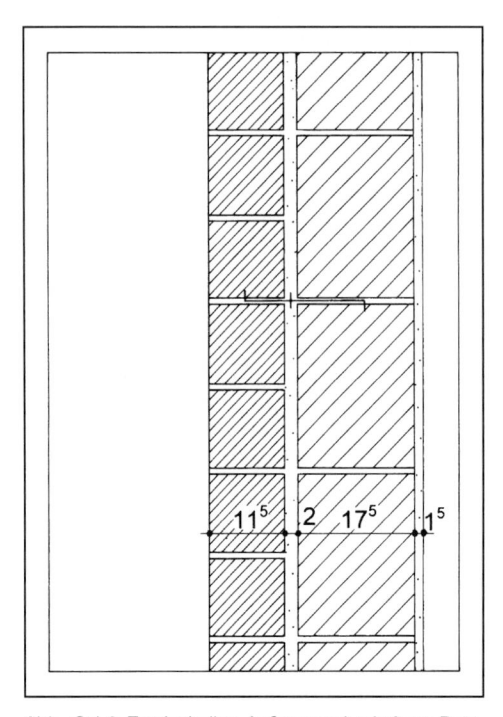

Abb. C.1.9 Zweischalige Außenwand mit 2 cm Putzschicht

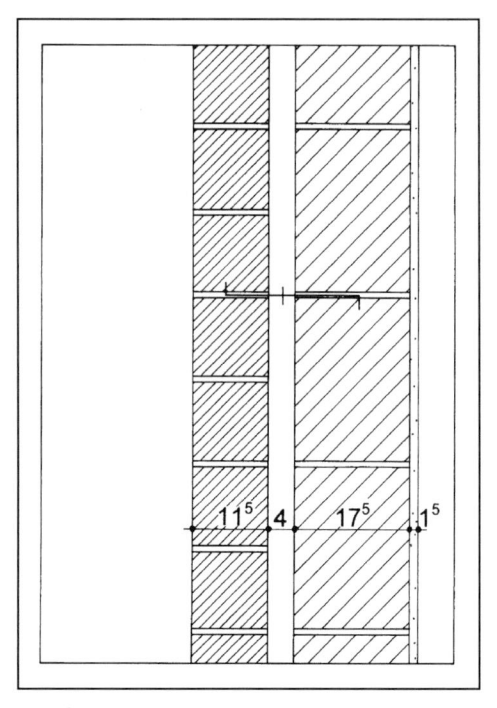

Abb. C.1.10 Zweischalige Außenwand mit Luftschicht

dann, wenn die 2 cm dicke Putzschicht durch eine Luftschicht ersetzt wird **(Abb. C.1.10)**. DIN 1053-1 benennt zusätzliche Regeln in 8.4.3.2 – Zweischalige Außenwände mit Luftschicht primär für den Zwischenraum. So soll die Luftschicht mindestens 60 mm, bei Verwendung von Drahtankern nach Tabelle 11 höchstens 150 mm dick sein. Eine Unterschreitung dieser Vorgaben auf 40 mm ist nur dann zulässig, wenn Fugenmörtel an mindestens einer Hohlraumseite abgestrichen wird. Dies bedeutet, daß ein paralleles Aufmauern der Innen- und Außenschale nicht erfolgen darf, da der verbleibende Zwischenraum zu schmal für eine Führung der Mörtelkelle ist. Die tragende Schale sollte deshalb zumindest ein bis zwei Steinschichten „Vorsprung" haben, wenn nicht ohnehin aufgrund auch der unterschiedlichen Mörtelqualitäten zunächst die Tragschale komplett erstellt wird – und die Mauerschale erst nach Fertigstellung des Rohbaues inklusive Dachstuhl und Deckung als Teil des Anbaues. Zielrichtung der Norm ist der garantierte Luftzwischenraum, der nicht durch hervorquellenden oder herabfallenden Mörtel eingeschränkt sein darf. Der notwendigen Zirkulation dienen weiterhin Luftöffnungen, z. B. offene Stoßfugen am Fuß und oberen Abschluß der Wandschale. Laut DIN sind dabei auf 20 m² Wandfläche einschließlich Fenster und Türen insgesamt ca. 7500 mm² Lüftungsöffnungen notwendig. Die Luftschicht darf erst 100 mm über Erdgleiche beginnen, als Schutz vor Spritzwasser im Sockelbereich. Die Bedeutung der Luftschicht liegt im Transport von Feuchtigkeit, die trotz vollfugiger Vermörtelung und frostwiderstandsfähiger Steine die Vormauerschale durchdrungen hat. Das innere, tragende, wärmedämmende und damit feuchtigkeitsempfindliche Mauerwerk bleibt trocken und erfüllt seine Funktion ohne Einschränkung. Statt dessen kann sich die Feuchtigkeit als Kondenswasser an den Drahtankern und Abfangkonstruktionen niederschlagen. Da diese weder kontrolliert noch gewartet werden können, müssen sie aus nichtrostendem Stahl V2A, besser V4A bestehen. Die Abfangkonstruktion muß dabei nicht nur in sich statisch ausreichend dimensioniert sein, sie bedarf auch einer entsprechenden kraftschlüssigen Verbindung mit dem tragenden Mauerwerk der Innenschale. Gerade bei porosiertem Leichtmauerwerk ist dies nicht unproblematisch – die Luftschicht bleibt in diesem Fall ja ohne Wärmedämmung, so daß der Wärmedurchlaßwiderstand nahezu ausschließlich von der Innenschale erbracht werden muß. Die regelmäßige Rückverankerung des Vormauerwerks ist auch erforderlich, um den Verformungen aus Kriechen und Schwinden, insbesondere jedoch aus Temperaturschwankungen zu begegnen. DIN 1053-1, 8.4.3.2, fordert hier allgemein: „In der Außenschale sollen vertikale Dehnungsfugen angeordnet werden. Ihre Abstände richten sich nach der klimatischen Beanspruchung (Temperatur, Feuchte usw.), der Art der Baustoffe und der Farbe der äußeren Wandfläche. Darüber hinaus muß die freie Beweglichkeit der Außenschale auch in vertikaler Richtung sichergestellt sein." Genauere Angaben und Empfehlungen geben hier unter anderem auch die Hersteller nach Maßgabe von **Tafel C.1.3**.

Tafel C.1.3 Dehnfugenabstände bei Vormauerwerk

Wandkonstruktion zweischaliges Vormauerwerk	Dehnfugenabstand in m	
	Kalksandstein	Ziegel
mit Luftschicht	8	10–12
mit Luftschicht und Wärmedämmung	8	10–12
mit Kerndämmung	8	8
mit Schalenfuge ohne Luftschicht, ohne Dämmung	8–12	10–16

Regelfall mehrschaligen Mauerwerks stellt DIN 1053-1, 8.4.3.3, dar: zweischalige Außenwände mit Luftschicht und Wärmedämmung. Die Auflagen der Norm entsprechen den oben aufgeführten Wandbauarten. Von Bedeutung ist die optische Konsequenz der Schichtung, die eine spezifische Ausbildung jeder einzelnen Schicht erlaubt: Die Innenschale muß nur noch tragen, gewährt damit gleichzeitig Schallschutz und bedarf keiner Porosierung für den Wärmeschutz. Dieser erfolgt hauptsächlich durch die Wärmedämmung, die z. B. als leichte, faserige Mineralwolle an der Tragwand mit Tellerankern befestigt werden kann. Vormauerung und Luftschicht bilden den hinterlüfteten Wetterschutz, der gleichzeitig gestaltprägend ist **(Abb. C.1.11)**. Bei 24 cm dicker Hintermauerung und 11,5 cm Vormauerschale ist die oktametrische Maßordnung leichter einzuhalten werden, wenn der Zwischenraum für Wärmedämmung und Luftschicht 13,5 cm beträgt; die Gesamtwanddicke ohne Innenputz erreicht dann 49 cm, womit auch Fügungen im Eckbereich geometrisch unkompliziert bewältigt werden können.

Wie bei der einschaligen Wand dieser Dicke ist auch hier das Problem des Flächenverbrauches gegeben, das zugunsten der Wandqualität vernachlässigt wird. Lösungen auf Kosten der Luftschicht, d. h. die zweischalige Wand mit Kerndämmung nach DIN 1053-1, 8.4.3.4, sind nur zulässig, wenn die Wärmedämmung dauerhaft

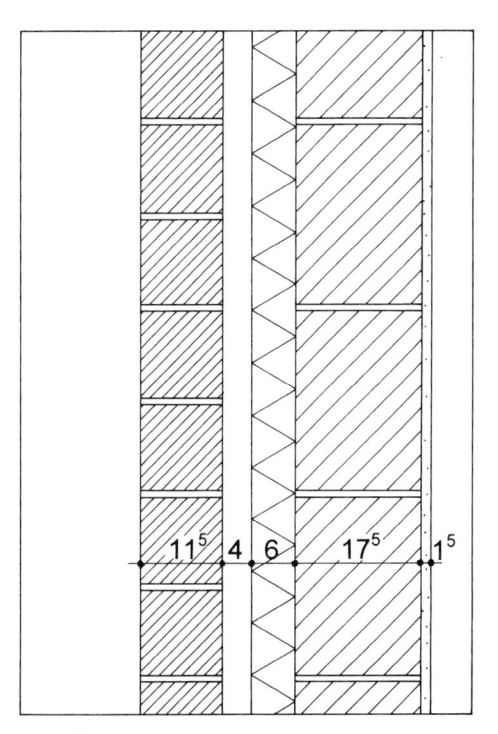

Abb. C.1.11 Sichtmauerwerk mit Wärmedämmung und Hinterlüftung. $d = 40,5$ cm

wasserabweisend ist, da die Vormauerschale nie als definitiv wasserdicht bezeichnet werden kann; sie kann auch rückseitig nicht austrocknen wie beim hinterlüfteten Mauerwerk; deshalb sind an die Vormauersteine besonders hohe Anforderungen gestellt. Alle Regelungen der Norm gelten entsprechend wie bei den mehrschaligen Konstruktionen.

Bei mehrschaligem Mauerwerk mit Wärmedämmung sind der Wanddickenreduktion enge Grenzen gesetzt, sollen die bauphysikalischen Notwendigkeiten nicht aufgegeben werden. Bei kostensparendem Bauen mit niedrigem Budget ebenso wie bei auszureizenden Relationen von Bruttogeschoßfläche zu Nettonutzfläche kommen deshalb diese Wandbauarten mit Vormauerwerk kaum noch zum Tragen.

Kritisch erweist sich zudem ein Aspekt der Gestaltung, da die Übereinstimmung von Form und Material nur unmittelbar gegeben ist: das Sichtmauerwerk scheint massiv auf dem Fundament erstellt zu sein, Eckausbildungen betonen das Körperhafte des Steines, tiefe Fensterlaibungen suggerieren Plastizität. Realiter geht es um dünne Mauerwerksschalen, die aufgehängt und stabilisiert sind an entsprechenden Edelstahlankern,

Baukonstruktion

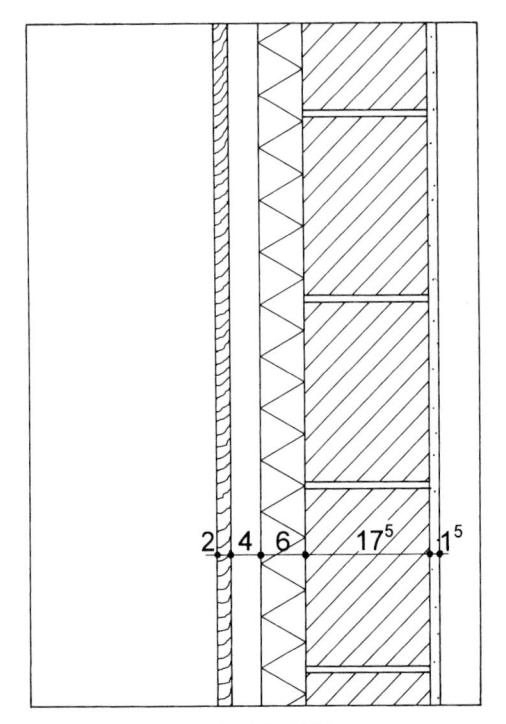

Abb. C.1.12 Mauerwerk mit Bekleidung

aufgelöst in begrenzt große Felder mit Silikon in den Zwischenfugen. Fensterstürze suggerieren den scheitrechten Sturz, sind aber mit Beton hinterlegt und auf Biegezug beansprucht oder ebenfalls rückverankert ohne seitliches Auflager.

Es ist eine der Aufgaben des Architekten, diesen Widersprüchen und *scheinbaren* Zusammenhängen Ausdruck und Gestalt zu geben. Man kann eine Fuge verschämt kaschieren oder bewußt betonen; gleiches gilt für die Abhängung, die versteckt liegen kann oder aber evident und logisch sichtbar.

Unter der Prämisse, daß das Vormauerwerk weniger gestalterischen oder städtebaulichen Bedingungen folgt, sondern mehr technisch-baukonstruktiven wie dem Witterungsschutz der dahinterliegenden Wärmedämmung und dem Mauerwerk der Innenschale, sind auch leichte und entsprechend dünne Materialien denkbar, wenn nicht sogar konstruktiv richtiger: Holz, Aluminium, Faserzement **(Abb. C.1.12)**.

Die Vorhangschale kann – wie z. B. bei Wellaluminium – absolut wasserdicht sein, dies auch im Bereich der überlappenden Stoßfugen; gleiches gilt für das Material Faserzement, bei dem die senkrechten Stoßfugen mit Deckleisten aus Aluminium oder Holz geschlossen werden können.

Bei der Verarbeitung von Holz bestehen vielfältige Möglichkeiten, die von horizontaler Verlegung (Stülpschalung) bis hin zu senkrechter, überlukter Verbretterung reichen. Angesichts der Einsatzmöglichkeiten von wasserabweisenden Wärmedämmungen kommen auch zunehmend Schalungen zur Ausführung, bei denen die senkrechten oder waagerechten Fugen offenbleiben, um die Schichtigkeit gestalterisch noch zu überhöhen.

Bei allen diesen Lösungen trifft DIN 1053-1 für die Vorhangschale nicht mehr zu, da es sich nicht um Mauerwerk, sondern um Bekleidungen handelt.

1.4 Kellerwände

Konstruktive und statische Anforderungen an Kellerwände regelt DIN 1053-1, 8.1.2.3. Hiernach darf ein Nachweis auf Erddruck entfallen, wenn folgende Bedingungen eingehalten sind:

a) lichte Höhe der Kellerwand $h_s \leq 2{,}60$ m, Wanddicke $d \geq 240$ mm

b) Die Kellerdecke wirkt als Scheibe und kann die aus dem Erddruck entstehenden Kräfte aufnehmen.

c) Im Einflußbereich des Erddruckes auf die Kellerwände beträgt die Verkehrslast auf der Geländeoberfläche nicht mehr als 5 kN/m², die Geländeoberfläche steigt nicht an, und die Anschütthöhe h_e ist nicht größer als die Wandhöhe h_s.

d) Die Wandlängskraft N_1 aus ständiger Last in halber Höhe der Anschüttung liegt innerhalb folgender Grenzen:

$$\max N_0 \geq N_0 \geq \min N_0$$

mit

$$\max N_0 = 0{,}45 \cdot d \cdot \sigma_0$$

min N_0 nach Tafel C.1.4

σ_0 siehe S. I.15

Ist die dem Erddruck ausgesetzte Kellerwand durch Querwände oder statisch nachgewiesene Bauteile im Abstand b ausgesteift, so daß eine zweiachsige Lastabtragung in der Wand stattfinden kann, darf der untere Grenzwert von N_0 wie folgt abgemindert werden:

$b \leq h_s$: $\quad N_0 \geq \dfrac{1}{2} \min N_0$

$b \geq 2h_s$: $\quad N_0 \geq \min N_0$

Außenwände

Tafel C.1.4 min N_0 für Kellerwände ohne rechnerischen Nachweis

Wand-dicke d	min N_0 in kN/m bei einer Höhe der Anschüttung h_e von			
mm	1,0 m	1,5 m	2,0 m	2,5 m
240	6	20	45	75
300	3	15	30	50
365	0	10	25	40
490	0	5	15	30
Zwischenwerte sind geradlinig zu interpolieren.				

Zwischenwerte sind geradlinig zu interpolieren.

Weitere Einzelheiten zum Nachweis von Kellerwänden sind in Abschnitt E.1.8 aufgeführt.

Hintergrund dieser Regeln sind Zugspannungen im Mauerwerk, die durch den Erddruck entstehen. Gemäß DIN 1053-1 darf in vertikaler Richtung beim Mauerwerk rechnerisch keine Zugfestigkeit angesetzt werden, in horizontaler Richtung nur eine relativ geringe.

Bei vertikalem Lastabtrag ist eine „Überdrückung" der Biegezugspannungen durch eine ausreichende Auflast erforderlich (vgl. **Tafel C.1.4**).

Bei fehlender Auflast und somit horizontalem Lastabtrag ist es günstig, wenn genügend Querwände (Aussteifungswände) vorhanden sind. Anderenfalls ist eine Ausführung als bewehrtes Kellermauerwerk sinnvoll. Auch ein zweiachsiger Lastabtrag ist u. U. möglich (vgl. E.1.8).

Für die Ausführung eines Bauwerkes ist dabei von Bedeutung, daß die Verfüllung des Arbeitsgrabens erst dann erfolgen darf, wenn die Auflast gesichert, d. h. der Rohbau zumindest im wesentlichen erstellt ist.

Außenwände nichtbeheizter Keller werden aus Steinen mit größerer Rohdichte und damit höherer Druckfestigkeit erstellt, beheizte Keller dagegen z. B. aus porosierten Steinen oder aber mehrschichtigen Konstruktionen mit Wärmedämmung additiv vor der Tragschale. Die zumindest teilweise Beheizung der Kellerräume, die angesichts steigender Bodenpreise und damit zwangsläufiger Ausnutzung der Grundstücke nahezu zwingend geworden ist, erfordert eine Ausbildung der Außenwände nach Wärmeschutzverordnung und DIN 4108 – Wärmeschutz im Hochbau. Dies gilt nicht nur für den ca. 80–120 cm hohen Bereich unterhalb Terrain, in dem mit Frost gerechnet werden muß, sondern insgesamt, da überschlägig die Erdtemperatur der Außentemperatur gleichgesetzt werden kann, Temperaturdifferenzen zwischen innen und außen somit analog zur Außenwand der Obergeschosse aufgefangen werden müssen.

Entscheidenden Einfluß auf die Kelleraußenwand hat die Berührung mit der Feuchtigkeit im Erdreich. Spritzwasser im Sockelbereich und dauerfeuchte Zonen im Erdreich mit drückendem und nicht- drückendem Wasser erfordern eine baukonstruktive Reaktion nach DIN 18 195-4 und -5. Demnach sind erdberührte Kellerwände gegen das Eindringen von Feuchtigkeit und Wasser abzusperren. Diese Dichtung kann durch einen wasserabweisenden Sperrputz P III erfolgen. Dieser ist relativ kompliziert herzustellen, insbesondere aber spröde und damit rissegefährdet. Er wird deshalb im Regelfall ergänzt durch einen Deckaufstrich aus einem kaltflüssigen Voranstrich und mindestens zwei heiß- oder drei kaltflüssigen Deckanstrichen; Alternativen hierzu bestehen in Spachtelmassen, die kalt verarbeitet und in zwei Schichten aufgebracht werden.

Schutz gegen nichtdrückendes Wasser, das auf die Abdichtung keinen oder nur vorübergehend einen geringfügigen hydrostatischen Druck ausübt, bieten nach DIN 18 105-5 mehrlagige Konstruktionen:

– nackte Bitumenbahnen und/oder Glasvlies-Bitumenbahnen aus mindestens zwei Lagen, die mit einer Klebemasse untereinander verbunden und mit einem Deckaufstrich versehen sind

– Bitumendichtungsbahnen, -Dachdichtungs- oder -Schweißbahnen aus mindestens einer Lage Bahnen mit Gewebe und Metallbandeinlage; Bitumen-Dichtungsbahnen und -Dachdichtungsbahnen sind im Bürstenstreich-, im Gieß- oder Flämmverfahren aufzubringen, Bitumen-Schweißbahnen sind im Schweißverfahren ohne Verwendung zusätzlicher Klebemasse oder im Gießverfahren einzubauen; Bitumen-Dichtungsbahnen und -Dachdichtungsbahnen sind mit einem Deckanstrich zu versehen.

– Kunststoff-Dichtungsbahnen aus PIB oder ECB aus mindestens einer 1,5 mm dicken Lage, aufzubringen mit Klebemasse im Bürstenstreich- oder Flämmverfahren. Überdeckungen von 5 cm sind notwendig an Nähten, Stößen und Anschlüssen; ihre Dichtigkeit ist bei PIB durch Quellschweißmittel, bei ECB durch Warmgas zu gewährleisten. Anschlüsse dürfen auch mit Bitumen verklebt werden, wenn sie sich um 10 cm überdecken.

– Abdichtungen mit Kunststoff-Dichtungsbahnen aus PVC weich sind nach Herstellerrichtlinien zu verarbeiten.

– Abdichtungen aus Asphaltmastix als Spachtelmasse mit unmittelbar darauf angeordneter Schutzschicht aus Gußasphalt. Die Schutzschicht bei nur einlagigem Asphaltmastix muß mindestens 20 mm dick sein, bei zweilagigem im Mittel 15, an keiner Stelle jedoch unter 12 mm oder über 20 mm.

Baukonstruktion

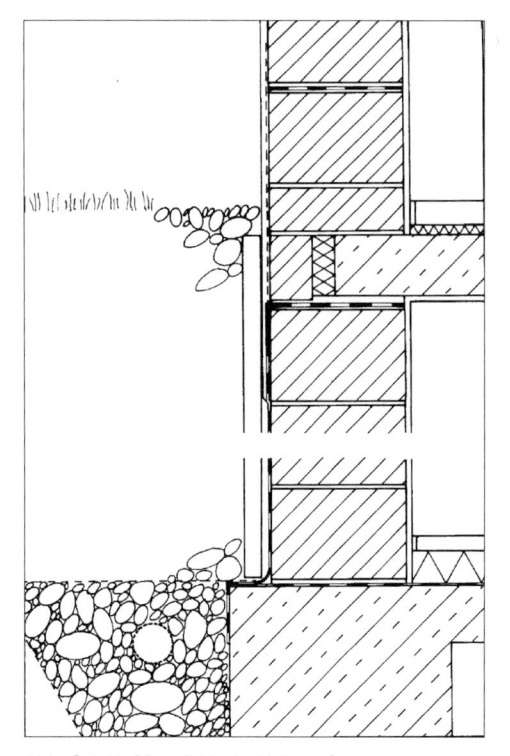

Abb. C.1.13 Monolithische Kelleraußenwand
$d = 39,5$ cm

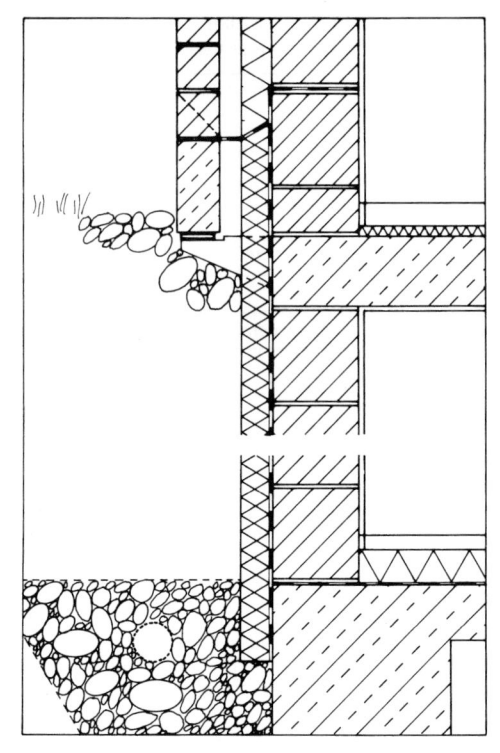

Abb. C.1.14 Mehrschichtige Kelleraußenwand mit Perimeterdämmung

Diese Abdichtungen der Berührungsebene zwischen Kelleraußenwand und Erdreich sind zusätzlich zu entlasten durch einen möglichst raschen Wasserabfluß im Erdreich. Dies kann durch Kiesschüttungen erfolgen oder durch vor die Wand gestellte Drainplatten, die gleichzeitig für den Schutz der Abdichtung vor scharfkantigem Material im verfüllten Arbeitsraum sorgen. Eine Drainage aus Rohren von mindestens 100 mm Durchmesser und einem Gefälle von 0,5 % bis 1 %, verlegt in einem Kiesbett, gewährleistet eine zusätzliche Ableitung von Sickerwasser und schützt damit insbesondere den kritischen Anschlußpunkt von Fundament und aufgehendem Mauerwerk.

Schutz vor kapillarer Feuchtigkeit in der Wand bieten horizontale Sperrschichten. Die unterste Lage der Kelleraußenwand liegt zwischen Fundament bzw. Bodenplatte und aufgehendem Mauerwerk; sie wird mit der Abdichtung der Stahlbetonbodenplatte verklebt und besteht z. B. aus Bitumendachbahn R 500 oder aber aus metallischen Bahnen aus Kupfer Cu 0,1 D bzw. Aluminium Al 0,2 D.

Eine weitere Horizontalsperre ist unterhalb der Kellerdecke, maximal 5 cm darunter, einzubringen, eine dritte ca. 30 cm über Oberkante Gelände; letztere definiert gleichzeitig den Übergang von Sockel zu Außenwandputz. Liegt die Unterkante der Kellerdecke ca. 30 cm über Gelände, so kann auf die dritte Abdichtung verzichtet werden. Im übrigen gelten hier die Regelungen von DIN 18 195-4.

2 Innenwände

2.1 Allgemeines

Gebäude stellen Tragwerke dar, deren Standsicherheit gewährleistet sein muß im räumlichen Gefüge von tragenden und aussteifenden Bauteilen.

Die Differenzierung von Außenwänden und Innenwänden in diesem Gefüge wird dabei überlagert durch die in tragende, aussteifende und nichttragende Bauteile, deren Zusammenwirken entweder im direkten Verbund oder über Deckenscheiben bzw. Ringbalken und Ringankersysteme sichergestellt sein muß.

In diesem Sinne systematisieren die DIN-Normen Werke nicht nach den räumlichen, baukonstruktiv bedeutsamen Kategorien innen / außen, sondern primär nach der Lastfunktion.
Dies bedeutet, daß für Innenwände insbesondere folgende DIN-Normen und hierin die benannten Kapitel einschlägig sind:

Mauerwerk DIN 1053, Teil 1: Berechnung und Ausführung 11/1996:

2	Begriffe
2.3	Tragende Wände
2.4	Aussteifende Wände
2.5	Nichttragende Wände
6	Vereinfachtes Berechnungsverfahren
7	Genaueres Berechnungsverfahren
8	Bauteile und Konstruktionsdetails
8.1.2	Tragende Wände
8.1.2.1	Allgemeines
8.1.2.2	Aussteifende Wände
8.1.3	Nichttragende Wände
8.1.3.1	Allgemeines
8.1.3.3	Nichttragende innere Trennwände

Nichttragende innere Trennwände DIN 4103, Teil 1, Juli 1984:

2	Begriff
3	Einbaubereiche
4	Anforderungen
5	Durchführung der Versuche

Generell ist eine baukonstruktive Auseinandersetzung mit dem Themenkreis Innenwände in Mauerwerk sehr stark eingebunden in die übergeordneten Kapitel Baustoffe, Bauphysik, Baustatik und Baubetrieb dieses Jahrbuches und auch nur in Verbindung mit den dort gegebenen Ausführungen zu betrachten.

Über die in den DIN-Normen gegebenen Anforderungen im statisch-konstruktiven Bereich hinaus gelten für Innenwände – unabhängig davon, ob sie tragende Funktion haben oder nicht, die baukonstruktiv elementare Forderung der größtmöglichen Homogenität zwischen Innen- und Außenwand. Die unterschiedlichen Leistungsbereiche führen immer wieder dazu, daß für Außenwände z. B. hochwärmedämmende porösierte Leichtziegel mit extrem niedriger Rohdichte verwendet werden, für Innenwände dagegen z. B. KS-Mauersteine mit extrem hoher Rohdichte zur Optimierung der Lastabtragung bei Minimierung der beanspruchten Nutzfläche. Derartige Materialmischungen mit unterschiedlichem Materialverhalten (Temperaturdehnung, Setzungsverhalten bei Lasteinwirkng usw.) führen leicht zu Rißbildungen nicht nur im Fugenbereich.

Innenwände grenzen unterschiedliche Funktionsbereiche voneinander ab und übernehmen dabei eine wesentliche, strukturierende Aufgabe innerhalb eines Gebäudes.

Sie sind zu diesem Zweck je nach funktionaler Anforderung undurchlässig und vollständig geschlossen oder aber mehr oder weniger offen durch Türen, Fenster und Oberlichtöffnungen. (Abb. C.2.1,2)

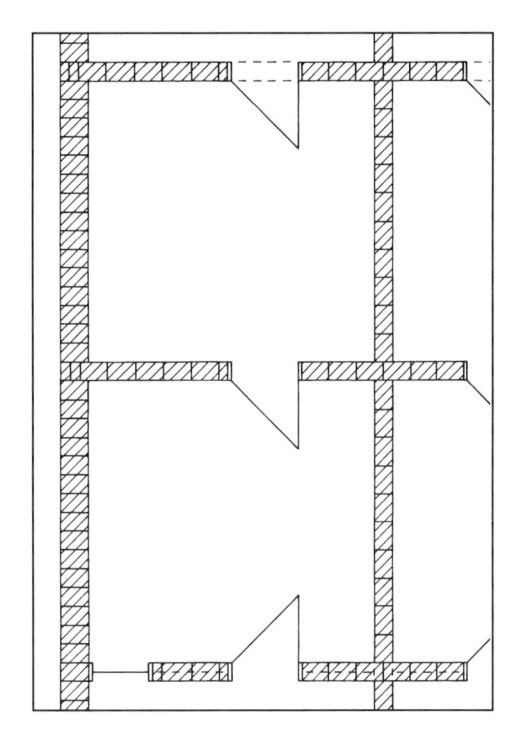

Abb. C.2.1 Grundrißgefüge von Außen- und Innenwänden mit Öffnungen

Baukonstruktion

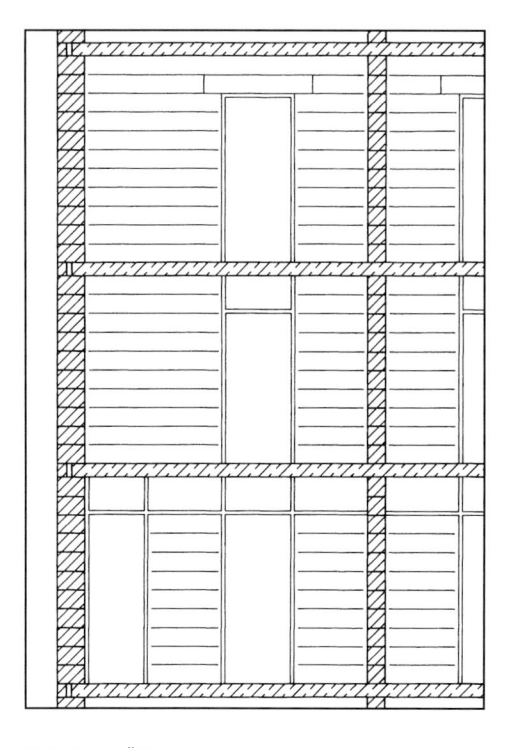

Abb. C.2.2 Öffnungen in tragenden und nichttragenden Innenwänden

Auch steht ihre Dicke in Relation hierzu, beginnend bei einem Mindestmaß von ca. 5 – 8 cm bei Gipsdielen über 10 cm, 11,5 cm, 17,5 cm und 24 cm.

Ausgeführt in massivem Mauerwerk speichern sie bei entsprechender Ausrichtung des Grundrisses solare Energie, die sie phasenverschoben an den Innenraum wieder abgeben.
Ihr Vermögen, Wärme zu speichern, bildet einen wesentlichen Vorteil gegenüber häufig aus Kostengründen angewandten Leichtkonstruktionen, z. B. in Gipskarton.

Sie haben Schutzanforderungen gegen Schall von benachbarten Innenräumen zu gewährleisten; hier gilt wie bei den Außenwänden DIN 4109 mit den Beiblättern Bbl. 1 und Bbl. 2. (Siehe hierzu auch D.11, Schallschutz im Mauerwerksbau, R. Pohlenz).

Tragende Innenwände müssen widerstandsfähig sein gegen Brandbeanspruchung.

Dies gilt insbesondere dann, wenn sie verschiedene Brandabschnitte voneinander abgrenzen: hier ist eine Mindeststärke von 24 cm zuzüglich beidseitigem Verputz zwingend vorgeschrieben. Analoge Anforderungen gelten in jedem Fall auch zur Gewährleistung sicherer Fluchtwege für bestimmte Zeiträume von mindestens 30 Minuten.

Neben den Normen DIN 4102-1 bis -7, DIN 18230-1 und -2, DIN 18232-2 und DIN 18234-1 gelten hier Brandschutzvorschriften in der Hoheit der Bundesländer mit zusätzlichen Rechtsverordnungen, Verwaltungsvorschriften und technischen Baubestimmungen. (Siehe hierzu auch D.22, Baulicher Brandschutz im Mauerwerksbau, K. Klingsohr).

Nicht zuletzt haben Innenwände eine gestalterische Funktion, die sich darin ausdrückt, wie Räume voneinander abgegrenzt werden, gleichzeitig aber auch mit welchen Oberflächen: die sichtbare belassene Oberflächentextur von Stein und Mörtel findet insbesondere Anwendung bei Kalksandstein- und Betonsteinmauerwerk; im Regelfall dient ein glatter Verputz, z. T. mit dekorativer Strukturierung der Kaschierung des Rohbaus, dem Ausgleich von zulässigen Toleranzen, der unsichtbaren Aufnahme von Versorgungsleitungen und nicht zuletzt als neutraler Untergrund für eine individuelle Oberfläche in Papier, Textil oder Fliese.

2.2 Tragende Innenwände

Tragende Wände und damit auch tragende Innenwände sind überwiegend auf Druck beanspruchte, scheibenartige Bauteile zur Aufnahme vertikaler Lasten wie z. B. Decken- oder Verkehrslasten, sowie horizontaler Lasten wie z. B. Windlasten oder aus seitlicher Erddruck-Beanspruchung im Kellergeschoß.

Diese Begriffsdefinition der DIN 1053, Teil 1, Absatz 2.3 wird in 8.1.2.1 nochmals konkretisiert: „Wände, die mehr als ihre Eigenlast aus einem Geschoß zu tragen haben, sind stets als tragende Wände anzusehen. ...
Tragende Innen- und Außenwände sind mit einer Dicke von mindestens 115 mm auszuführen, sofern aus Gründen der Standsicherheit, der Bauphysik oder des Brandschutzes nicht größere Dicken erforderlich sind."

(Abb. C 2.3 – 4)

Die Mindestmaße tragender Pfeiler betragen 115 mm × 365 mm bzw. 175 mm × 240 mm.

Gemauerte Wandquerschnitte, deren Flächen weniger als 400 cm^2 betragen, sind als tragende Teile unzulässig. Wurden tragende Wände bis in die Mitte der 90-er Jahre hinein vom Architekten noch häufig in Stärken von 24 cm, ggfs. auch nur 17,5 cm geplant, sind heute nicht zuletzt unter dem Druck der Baukostenreduktion 11,5 cm tragende Innenwände Standard. Voraussetzung hierfür ist die Beachtung der maximal zulässigen

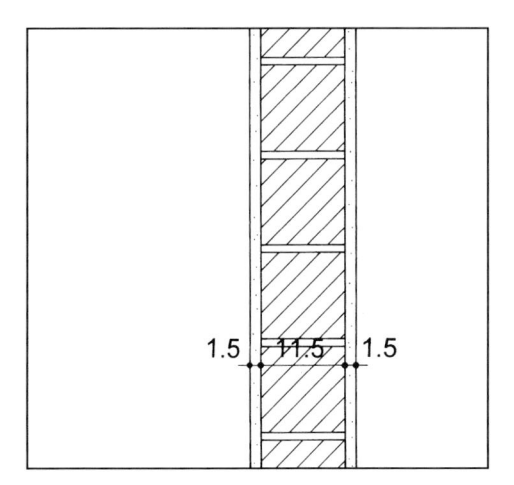

Abb. C. 2.3 Tragende Innenwand mit 11,5 cm

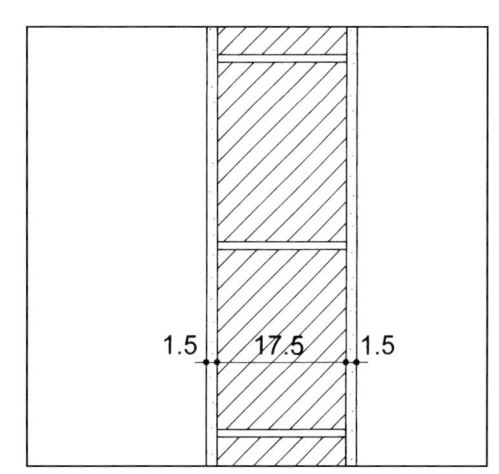

Abb. C.2.4b Tragende Innenwand mit 17,5 cm

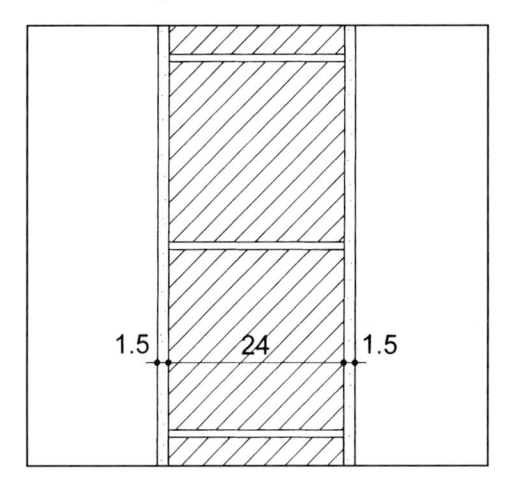

Abb. C. 2.4a Tragende Innenwand mit 24 cm

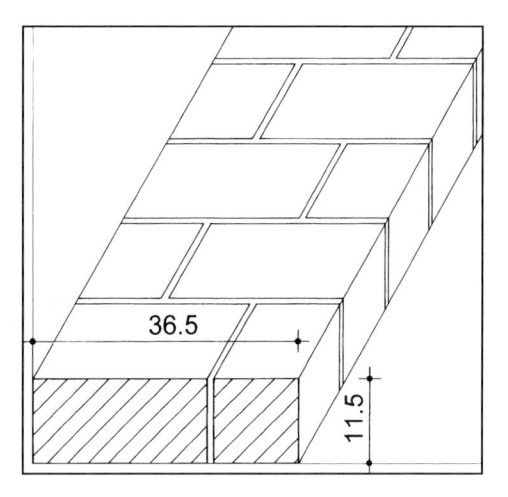

Abb. C.2.5 Mindestmaß eines tragenden Pfeilers mit 115 mm × 365 mm

Knicklängen, die sich in Abhängigkeit von der zwei-, drei- oder vierseitigen Haltung einer Wand ergeben (siehe hierzu S. E.3 ff). **(Abb. C.2.5,6.)**

Voraussetzung ist weiterhin die Einhaltung aller einschlägigen bauphysikalischen und konstruktiven Forderungen wie insbesondere hinsichtlich Schall- und Brandschutz.

Das Steinformat ist für die statischen und bauphysikalischen Eigenschaften der Wand ohne Bedeutung; es kann in Abhängigkeit vom Material der Außenwand, von der Grundrißkomplexität oder Geschoßhöhe gewählt werden. Großformatige Steine verkürzen dabei die Arbeitszeit erheblich, sind jedoch bei den notwendigen Rohdichteklassen von 1,2 – 2, entsprechend schwer und unhandlicher als klein- und mittelformatige Steine.

Die „Gründung" tragender Innenwände muß immer auf der Rohdecke erfolgen, auf keinen Fall auf Verbund- oder gar schwimmendem Estrich. **(Abb. C.2.7).**

Bei nicht unterkellerten Gebäuden kann die tragende Innenwand auch direkt auf dem Fundament errichtet werden. Die Betonbodenplatten werden in diesem Fall raumweise eingebracht, was eine Einsparung von Beton und Bewehrungsstahl ermöglicht neben sehr unterschiedlichen Bodenaufbauten. Die Gefährdung der waagrechten wie

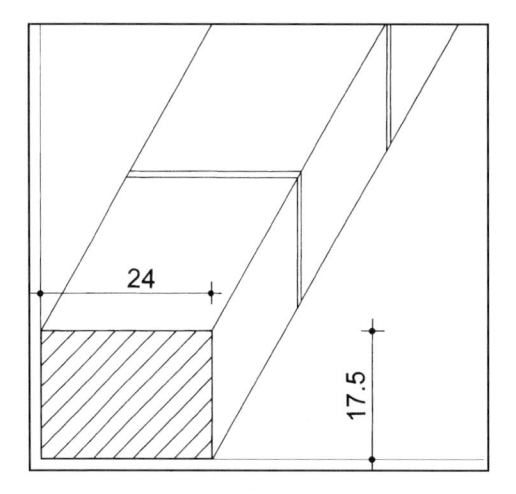

Abb. C.2.6 Mindestmaß eines tragendes Pfeilers mit 175 mm × 240 mm

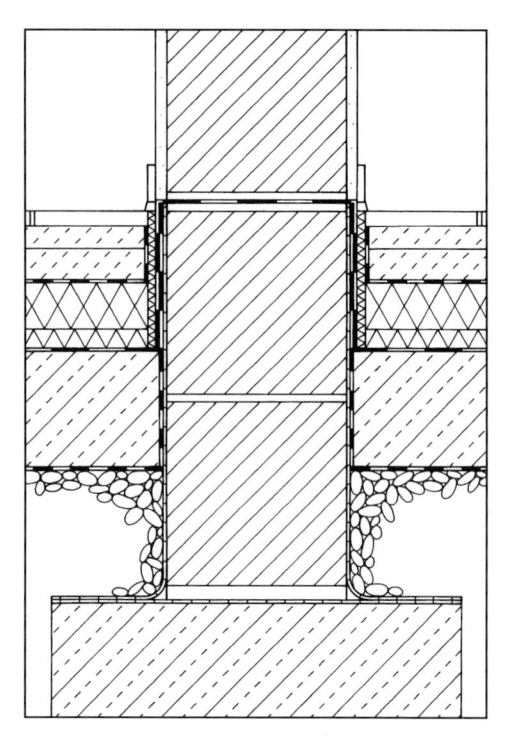

Abb. C.2.8 Tragende Innenwand, auf Fundament gegründet

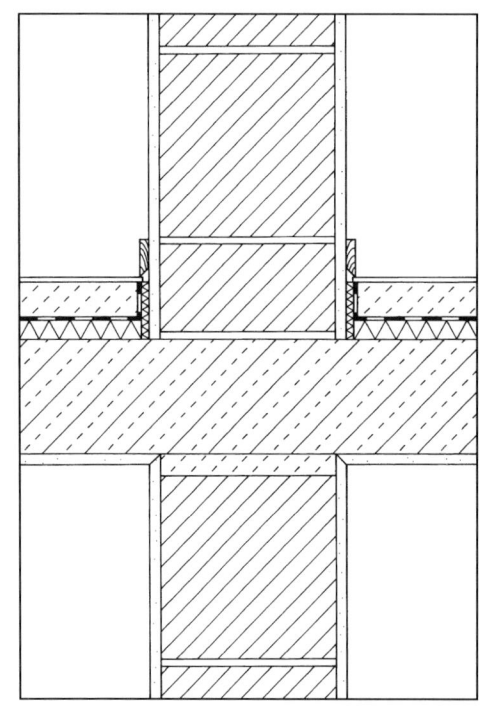

Abb. C.2.7 Tragende Innenwand mit schwimmendem Estrich

Beim Vermauern sind die Lagerfugen vollflächig zu vermörteln, die Stoßfugen können je nach Steinausbildung und Mörteltechnologie ohne Vermörtelung verbleiben, ohne daß das Tragverhalten der Innenwand beeinträchtigt wird. Werden die tragenden Innenwände gleichzeitig mit der Außenwand errichtet, können sie mit dieser fachgerecht im Verband verzahnt werden; zusätzliche Voraussetzung hierfür ist die Abstimmung der Formathöhen und insbesondere Rohdichteklassen.

Weitere kraftschlüssige Verbindungen ergeben sich aus der Stumpfstoßtechnologie, bei der die Verbindung beider Wände und damit die Sicherstellung der zur Knicksteifigkeit notwendigen Halterung durch in die Stoßfuge eingelegte Bandeisen erfolgt.

Das nachträgliche Errichten der tragenden Innenwände kann logistische Vorteile und besseren Bewegungsraum auf der Baustelle bedeuten – in jedem Fall müssen sie vor dem Einschalen der Geschossdecken fertiggestellt sein.

Schlitze und Aussparungen sind bei der Bemessung von tragenden Innenwänden zu berücksichtigen. Dies gilt nicht, wenn die Randbedingungen der DIN 1053-1, Tab. 10 eingehalten sind, bei vertikalen Schlitzen und Aussparungen die Schwä-

senkrechten Feuchtigkeitsabdichtungen durch unterschiedliche Setzungen ist jedoch nicht unbeträchtlich gegeben und entsprechend zu beachten. **(Abb. C.2.8)**

chung des tragenden Querschnittes je Meter Wandlänge nicht mehr als 6 % beträgt, die Wand als zweiseitig gehalten nachgewiesen ist und die Restwanddicke und der konstruktiv notwendige Mindestabstand eingehalten sind.

Tragende Wände sollen unmittelbar auf Fundamente gegründet werden. Ist dies in Sonderfällen nicht möglich, so ist auf eine ausreichende Steifigkeit der Abfangkonstruktion zu achten. Häufig kommt diese Aufgabe der Tiefgaragendecke mit entsprechendem Unterzugsystem zu, da die Dichte der tragenden Innenwände den funktional notwendigen Bewegungsraum hier extrem einschränken kann.

2.3 Aussteifende Innenwände

Wie bereits ausgeführt, hängt die Standsicherheit eines Gebäudes ab vom räumlichen Gefüge aus tragenden und aussteifenden Bauteilen. Ein Wandbauteil an sich ist – abgesehen von seiner Materialstärke – zweidimensional und hat eine geringe Standfestigkeit, beansprucht mit Horizontalkräften quer zur Längsachse neigt es zum Kippen. Das Kippen wird verhindert, indem ein solches Wandbauteil ausgesteift wird; dies kann einseitig oder an beiden Seiten erfolgen, häufig doppelseitig und in den Achsen versetzt.

Aussteifende und auszusteifende Wände müssen unverschieblich miteinander verbunden sein. Idealiter erfordert dies von den verwendeten Materialien ein homogenes Verformungsverhalten und das gleichzeitige Aufmauern im Verband – alternativ den bereits beschriebenen Stumpfstoß als druck- und zugfeste Verbindung (**Abb. C.2.9 – 11**).

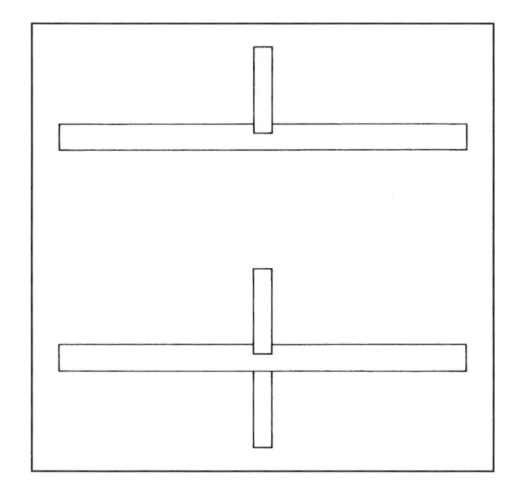

Abb. C.2.9 Einseitige/doppelseitige Aussteifung in einer Achse

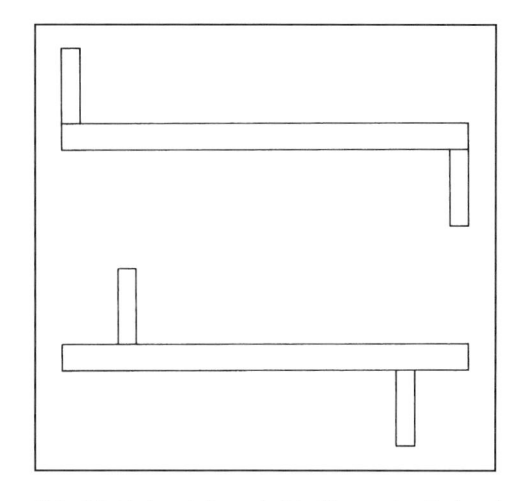

Abb. C.2.10 Aussteifung, beidseitig an den Enden / versetzt

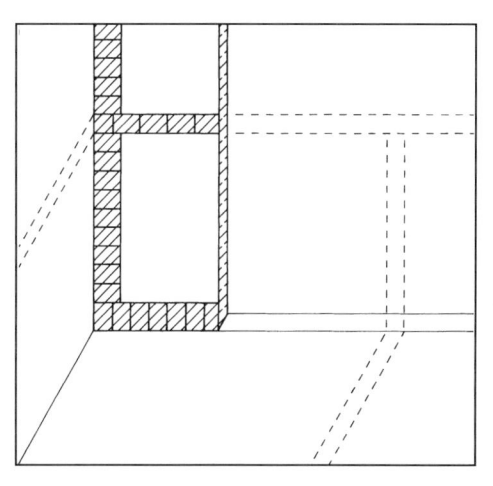

Abb. C.2.11 Raumstabilität durch flächensteife Deckenscheibe

20 % der lichten Geschoßhöhe ergibt im Minimum die Länge der aussteifenden Wand, d.h 50 cm bei einer Raumhöhe von 2,50 m im Lichten; die Dicke der aussteifenden Wand sollte mindestens 33 % der aussteifenden Wand betragen, mindestens aber 11,5 cm – dem Mindestmaß für tragende Wände (siehe hierzu insbesondere S. E.4).

Erst im Verbund mit den horizontalen Scheiben der Betondecken sichern die aussteifenden Wände die erforderliche Raumstabilität, die das Baugefüge als Grundlage des mehrgeschossigen Mauerwerksbaus garantiert; Deckenkonstruktionen in Holz müssen analog als Scheiben ausgebildet und mit den Kronen der tragenden und aussteifenden Wände kraftschlüssig verbunden sein.

Im konstruktiven Aufbau gelten für aussteifende Innenwände analog den in DIN 1053, Teil 1, 8.1.2.1 beschriebenen Anforderungen.

2.4 Haustrennwände

Haustrennwände als tragende Innenwände stellen besonders hohe Anforderungen an Baukonstruktion und Ausführung auf der Baustelle; sie sind insbesondere hinsichtlich Schall- und Brandschutz beansprucht.

Der für Wohnungstrennwände in DIN 4109 geforderte Schalldämmwert beträgt 57 dB und ist nur im Geschoßwohnungsbau mit einschaligen Wandkonstruktionen von mindestens 24 cm Stärke zu gewährleisten.

Beim Reihenhausbau oder zwischen einzelnen Häusern sind einschalige Wandaufbauten schallschutztechnisch nicht mehr zulässig; statt dessen sind z. B. üblich zweischalige Wände aus 2 × 17,5 cm Leichtziegeln der Rohdichteklasse 0,8 und einer Mineralfaserdämmplatte nach DIN 18165 von 3 – 5 cm Stärke in der Fuge. Geschlossen porige Hartschaumplatten oder Holzfaserplatten sind prinzipiell ungeeignet. Bei der Errichtung der Trennfuge muß sichergestellt sein, daß keine hervortretenden Mörtelbatzen Schallbrücken erzeugen. Seltener kommen schwere, biegesteife Schalen mit lediglich 11,5 cm starken Wänden, z. B. in Kalksandsteinen zur Ausführung; die flächenbezogene Masse der Einzelschale mit Innenputz muß mindestens 150 kg/m^2 betragen bei einer Dicke der Trennfuge von mindestens 20 mm. Bei einem Schalenabstand von mehr als 50 mm genügt ein Gewicht der Einzelschale von mindestens 100 kg/m^2. Auf das Einlegen der Dämmschicht darf nur verzichtet werden bei erneuter flächenbezogener Masse der Einzelschale von mindestens 200 kg/m^2. (Abb.C.2.12)

Mit Hochlochziegeln der Lochung B und einer Rohdichteklasse > 1,2 kann das Schallschutzmaß auf die erhöhten Anforderungen der DIN 4109 von 67 dB verbessert und die Wand gleichzeitig als Brandwand im Sinne der Bauordnung ausgewiesen werden.

Von Bedeutung sind in diesem Zusammenhang Hersteller spezifischer Produkte wie z. B. der Schallschutz-Verfüllziegel, der in Stärken von 17,5 cm und 24 cm erhältlich ist und mit Beton verfüllt Schalldämmaße R'w,R von 51 und 55 dB erreicht.

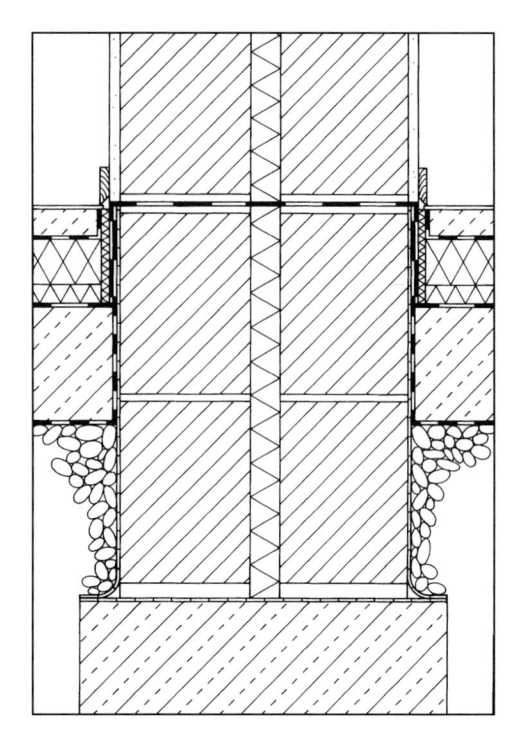

Abb. C. 2.12 Haustrennwand mit gemeinsamem Fundament

Die Zweischaligkeit der Haustrennwände sollte idealiter vom Dach bis in die Fundamente geführt sein, dies insbesondere angesichts der erhöhten Schallschutz – Anforderungen. Dabei empfiehlt es sich, die Fundamentstreifen in zwei Abschnitten zu betonieren, die Trennfugenplatte wird an der erstbetonierten Fläche aufgebracht und als verlorene Schalung verwendet. (Abb.C.2.13)

Feuchtigkeitsabdichtungen zwischen Fundamentplatte und aufgehender Wand können schalltechnisch unbedenklich über die Trennfuge hinweggeführt werden; sichergestellt sein muß zur weiteren Vermeidung von Körperschallbrücken, daß der Estrich auf Trennlage die aufgehende Innenwand nicht berührt. Siehe hierzu ergänzend die Ausführungen in Bauphysik / Schallschutz D 18ff.

2.5 Nichttragende Innenwände

Nichttragende Innenwände sind gemäß DIN 1053, Teil 1, Absatz 2.4 scheibenartige Bauteile, die überwiegend nur durch ihre Eigenlast beansprucht werden und auch nicht zum Nachweis der

Innenwände

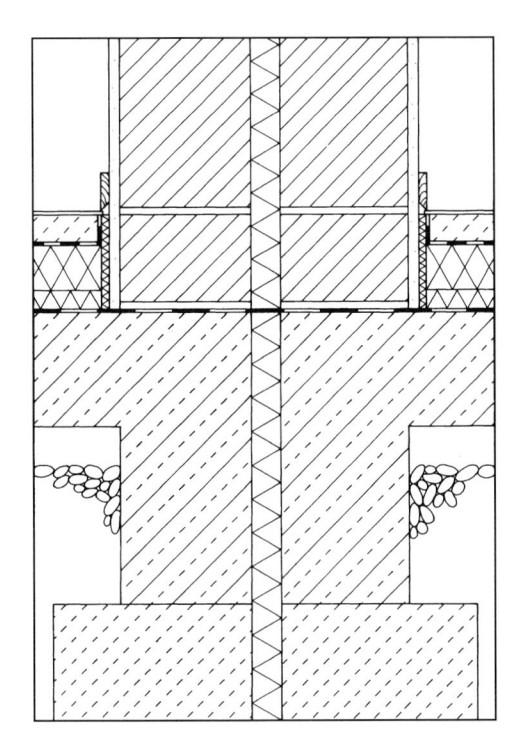

Abb. C. 2.13 Haustrennwand mit getrenntem Fundament

Gebäudeaussteifung oder der Knickaussteifung tragender Wände herangezogen werden.

Nach DIN 4103, Teil 1, sind sie Bauteile im Inneren einer baulichen Anlage, die nur der Raumtrennung dienen und – wie vor: nicht zur Gebäudeaussteifung herangezogen werden.

Sie müssen auf ihre Flächen wirkende Lasten auf tragende Bauteile, z. B. Wand- und Deckenscheiben abtragen. Es muß dabei sichergestellt sein, daß sie über ihr Eigengewicht hinaus keine Lasteinwirkung aus darüberliegenden Wänden erhalten. Dies erfordert eine konstruktive Trennung im Deckenanschluß mit entsprechender baukonstruktiver Ausbildung.

Sie können ein- oder seltener auch mehrschalig ausgebildet sein und bei entsprechender Ausführung auch Aufgaben des Brand-, Wärme-, Feuchtigkeits- und Schallschutzes übernehmen. Sie müssen außer ihrem Eigengewicht auch stoßartige Belastungen, z. B. aus Anprall eines menschlichen Körpers oder eines harten Gegenstandes ohne Zerstörung aufnehmen können. Diese Anforderungen sind nach DIN 4103, Teil 1 abhängig vom Einbauort der Trennwände.

Unterschieden wird der Einbaubereich I mit geringer Menschenansammlung (z. B. Wohnungen, Hotels, Büro-Konferenzräume) vom Einbaubereich II mit großen Menschenansammlungen (z. B. Versammlungs-, Schulräume, Hörsäle, Ausstellungs- und Verkaufsräume). Ihre Standsicherheit erhalten diese Wände durch Verbindung mit angrenzenden Bauteilen. Die Verbindungen müssen den Einfluß berücksichtigen, den die Formänderungen angrenzender Bauteile auf die Trennwände haben können. Neben einer Begrenzung der Schlankheit zur Reduktion der Formveränderungen können gleitende Anschlüsse vorgesehen werden. Werden Trennwände nicht bis unter die Decke geführt, wie z. B. bei durchlaufendem Oberlicht und Fensterbändern, so ist eine ausreichende Halterung am obersten Mauerkopf durch horizontale Aussteifungsriegel aus Stahl oder Stahlbeton vorzusehen; auch raumhohe Türzargen gelten bei entsprechender Detailausbildung und kraftschlüssiger Verbindung mit der Decke als seitliche Halterung.

Zum statischen Nachweis zulässiger Wandhöhen bei mehrseitiger Halterung siehe Baustatik, S. E.44.

Im Gegensatz zu tragenden Innenwänden werden nichttragende im Regelfall erst nach Fertigstellung der darüberliegenden Geschoßdecke errichtet.

Bei Ausführung von schwimmendem Estrich, wird die Trennwand unmittelbar auf der Rohdecke errichtet. Ist aufgrund großer Spannweiten mit einer Durchbiegung der Decke zu rechnen, empfiehlt sich der Einbau einer Trennlage im Mörtelbett der untersten Fuge; ein Abriß der unteren Steinlage bei entsprechender Deckendurchbiegung kann so verhindert und in die unsichtbare Sollbruchstelle im Estrich verlegt werden.

Bei Ausführung von Verbundestrich kann die nichttragende Trennwand auch auf den Estrich gestellt werden. Sie entrückt dabei aus dem Bezug der Maßordnung mit den Höhenlinien der Außenwände und tragenden Innenwände; ein entsprechender Ausgleich ist deshalb vorzusehen.

Die Verbindung zu den angrenzenden Bauteilen ist notwendig, um die Standsicherheit der nichttragenden Innenwand sicherzustellen.

Zwei Anschlußarten sind dabei zu unterscheiden:
– starre Anschlüsse
– gleitende Anschlüsse

Starre Anschlüsse werden durch Verzahnung, durch Ausfüllen mit Mörtel oder durch gleichwertige Maßnahmen wie Anker, Dübel oder einbindende Stahleinlagen hergestellt. Sie können ausgeführt werden, wenn keine oder nur geringe Zwängungskräfte aus den angrenzenden Bauteilen auf die Wand zu erwarten sind. Starre seitliche Anschlüsse bleiben im Regelfall auf den Wohnungsbau mit Wandlängen ≤ 5,0 m und geringen Deckenspannweiten beschränkt. Bei vermörtelter Anschlußfuge zwischen dem oberen Wandende und der Betondecke sollte das Vermörteln der Anschlußfuge möglichst spät erfolgen.

Gleitende Anschlüsse sind besonders dann erforderlich, wenn durch Verformung der angrenzenden Bauteile mit unplanmäßigen Lasteinleitungen zu rechnen ist. Gleitende Anschlüsse werden durch Profile und Nuten hergestellt; dabei sind an die Fugenausbildung hohe Anforderungen gestellt, wenn sie gleichzeitig Schall- und Brandschutz gewährleisten muß.

Zur Ausbildung von Fugen siehe auch Baukonstruktion S. C.30 ff.

Nichttragende Innenwände aus Mauerwerk werden im Regelfall errichtet in einer Dicke von 11,5 cm mit beidseitigem Putz von je 1 cm, d. h. einer Gesamtdicke von 13,5 cm. Die Optimierung von Grundrissstrukturen bei gleichzeitiger Maximierung der Nutzfläche haben insbesondere im Wohnungsbau zu dünneren Wandstärken und neuen Formaten geführt neben dem tradierten Format mit einer Dicke von 11,5 bzw. 17,5 cm wie z. B.:

- 10 cm KS.E: 24,8/10/24,8 mit ≤ 150 kg/m² Flächengewicht in Nut- und Feder mit Hohlräumen für Elektroinstallationen; ein Verputz kann durch Spachtelung ersetzt werden.

- 7 cm KS: 49,8/7/24,8 mit ≤ 150 kg/m² Flächengewicht, ebenfalls im Nut- und Federsystem mit Dünnbettvermörtelung und Oberflächenspachtelung statt Putz.

- 9 cm Betonsteine: 290/90/190 mit 176 kg/m² Flächengewicht; Stoss- und Lagerfugen-Vermörtelung, Oberfläche verputzt oder im Regelfall als Sichtmauerwerk.

- 5, 6, 7, 9,5 cm Isobims Wandplatte: z. B. 990/50/320 mit 0,8 – 1,0 kg/dm³ Plattenrohdichte zur vollflächigen Fugenvermörtelung und Oberflächen in Putz.

- 5, 7,5, 10 cm Planbauplatten PPpl: z. B. 600/50/200 mit 0,35 – 0,7 kg/dm³ Plattenrohdichte aus Gasbeton mit Verklebung der Lagerfugen sowie Oberflächenvergütung mit Dünnspachtel.

3 Maßtoleranzen im Mauerwerksbau

3.1 Allgemeines

„Baut ein Baumeister ein Haus und macht es zu schwach,
so daß es einstürzt und tötet den Bauherrn:
dieser Baumeister ist des Todes.
Kommt ein Sohn des Bauherrn dabei um, so soll ein Sohn des Baumeisters getötet werden, kommt ein Sklave um, so gebe der Baumeister einen Sklaven von gleichem Wert.
Wird bei dem Einsturz Eigentum zerstört, so ersetze er den Wert und baue das Haus wieder auf."

Hammurabi   um 2000 v. Chr.

Mit drastischen Worten wird im babylonischen Zeitalter eine genaue und standsichere Ausführung im Bauwesen gefordert. Heute wird dieses umfangreicher durch das Werkvertragsrecht des BGB und durch einschlägige DIN-Normen geregelt, das den Architekten dazu verpflichtet, ein mängelfreies Werk abzuliefern. Zu diesem gehört auch die Einhaltung von sog. Maßtoleranzen, die in den DIN-Normen sowohl der Gewerke als auch der Baustoffe klar geregelt sind. Auch der Erbauer des Schiefen Turms von Pisa könnte sich auf zulässige Toleranzen berufen oder dadurch den Fall an die Versicherung abgeben (**Abb. C.3.1**), damals erhängte er sich.

Dieser Beitrag gibt einen Überblick über die mauerwerksspezifischen Begriffe und Arten der Toleranzen und Hinweise für die Überprüfung und Einhaltung der Maßhaltigkeit von Mauerwerksbauteilen. Dazu zählt auch die zeitliche Abfolge im Bauprozeß, da Mauersteine in der Regel dem Rohbau dienen und damit die nachgängigen Gewerke durch ihre Maßhaltigkeit beeinflußt werden.

3.2 Maßordnung – Modulordnung

„Der Mensch schaffte Ordnung durch das Messen", stellte Le Corbusier 1922 in „vers un architecture" fest, und weiter: „Der Maß-Regler ist Versicherung gegen die Willkür. Durch das Nachprüfen erfährt jede im Eifer des Schaffensdranges entstandene Arbeit ihre Billigung; es liefert den Beweis, den der unerfahrene Schüler braucht, das quod erat demonstrandum des Mathematikers ... Die Wahl des Maß-Reglers bestimmt die geometrische Grundlage des Werkes ..."

Diese Nachprüfbarkeit, hier stärker auf die Gesamtproportionen des Bauwerks bezogen, wird bei Mauersteinen durch eine tradierte, dem „Backsteinmaß" entnommene Modulordnung erleichtert.

Abb. C.3.1 Schiefer Turm von Pisa, 12. Jh. n. Chr.

Abb. C.3.2 Parthenon, Athen, 5. Jh. v. Chr.

Die Formate der Mauersteine und die zugehörigen Toleranzen sind Grundlage für eine seit 1955 durch die DIN 4172 – Maßordnung im Hochbau – festgelegte Modulordnung. Das Festlegen der Toleranzen definiert einen Standard für die am Bau zu erreichende Genauigkeit.

Dieser Standard soll, unter Einhaltung der notwendigen Sorgfalt, ein wirtschaftliches Bauen ermöglichen und die geforderte bzw. zu honorierende Leistung beschreiben.

Die Steinformate selbst, ihre Abmessungen und zulässigen Abweichungen sind jedoch nicht hier, sondern in der jeweiligen Baustoffnorm festgelegt. Die zulässigen Toleranzen betragen in der Regel 3–4 mm durchgängig bei allen Mauerwerkssteinen und können beim Hochmauern einer Wand vermittelnd ausgeglichen werden. Eine Ausnahme bilden hier die sog. Plansteine, die eine zulässige Toleranz von nur 1–1,5 mm aufweisen. Dieses ist möglich, da die Steine nach ihrer Herstellung zur Verbesserung ihrer Maßtoleranz noch einmal abgehobelt werden. Die sich dadurch verringernde Fugenbreite wirkt sich auf das Steinmaß aus und führt zu größeren Steinformaten, um weiter im oktametrischen System zu bleiben. So verlängert sich z. B. das NF der Steine von 24 cm auf 24,9 cm. Wesentlich größere Abweichungen bei Mauerwerksbau kommen durch die nachfolgend beschriebenen Toleranzarten zustande.

3.3 Toleranzarten und Maßabweichungen

Abweichungen und Maßhaltigkeit beim Bauen werden durch unterschiedliche Faktoren beeinflußt, die beim Festlegen und Überprüfen von Toleranzen berücksichtigt werden müssen.

Regelmäßige Abweichungen entstehen schon allein durch die die Bauteile überprüfenden Meßgeräte und die damit verbundene unzureichend durchzuführende Kalibrierung der Geräte oder durch die unterschiedliche Wahrnehmung der Bediener. Zusätzlich sind zufällige Abweichungen durch Schwankungen der Meßgeräte aufgrund von Umwelteinflüssen zu erwarten.

Zu diesen induzierten oder systemimmanenten Abmaßen kommen Maßtoleranzen hinzu.

Diese Maßtoleranzen sind beim Bauen mit Mauerwerk besonders zu beachten, da hier aufgrund der manuellen Fertigung der Bauteile ein wirtschaftliches Bauen sonst nicht möglich ist. Drastische Reduzierungen der Toleranzen können heute durch Plansteine und eine mechanisierte Fertigung erreicht werden. Durch einen automatischen Ausgleich der bei dem Einzelziegel schon vorhandenen Maßtoleranz (in der Regel ca. 3–4 mm) erreicht ein Fertigungsroboter z. B. bei einer Wandtafel von 2,40 m Höhe ein Fertigungsabmaß von insgesamt nur noch ± 5 mm. Damit werden Toleranzen ermöglicht, die bisher die Vorzüge anderer Baustoffe, wie z. B. Stahl, ausmachten.

Es sind dies Toleranzen in einer Präzision, wie sie historisch bei einem einzigartigen Naturstein-Mauerwerksbau nachweisbar sind: dem Parthenon in Athen, 447–432 v. Chr. (s. **Abb. C.3.2**). Hier wurde die obere Fläche des Gebäudesockels in der Mitte mit einem Stichmaß von 2 cm überhöht, um einer nur optisch wirksamen Durchbiegung der über 70 m langen Fläche vorzubeugen.

Dieser hohe Präzisionsgrad in der manuellen Fertigung war bereits seinerzeit einmalig und ist heute, allein schon aufgrund des im Regelfall eher durchschnittlichen handwerklichen Ausbildungsniveaus der Maurer, nicht mehr üblich. Am Bau gilt die tradierte überschlägige „Daumentoleranz" von ± 2,0 cm beim Mauern.

Zusätzlich zu den Abmaßen in der Herstellung können die sog. inhärenten Abmaße Abweichungen verursachen. Zusammengefaßt werden damit reversible Veränderungen aus Temperatur, Änderung des Feuchtigkeitsgehaltes oder elastischer Beanspruchung sowie aus irreversiblen Formänderungen wie Schwinden, Kriechen und plastischen Beanspruchungen.

Solche vorwiegend baustoffimmanenten Größen finden ihren Niederschlag z. B. in den Trocknungszeiten, die für eine DIN-gemäße Maßhaltigkeit unbedingt einzuhalten sind. Aus diesen veränderlichen Größen resultieren auch festgelegte Fugenmaße und Fertigungstoleranzen für einzelne Bauteile, die mit Hilfe von Passungsberechnungen berücksichtigt werden sollten (**Abb. C.3.3**).

3.4 Allgemeine Begriffe und Definitionen der Maßtoleranzen

Die wesentlichen Grundlagen für alle Toleranzen beschreiben die Normen DIN 18 201, 18 202 und 18 203. Die seit Dezember 1984 geltende DIN 18 201 beinhaltet die Maßtoleranzen und ihre allgemeinen Prüfparameter. In der seit Mai 1986 gültigen Fassung der DIN 18 202 werden diese Definitionen auf Bauwerke bezogen und in der DIN 18 203 Teil 1–3 speziell auf die Baustoffe Beton, Stahl und Holz. Bei Maßtoleranzen für Mauerarbeiten muß zusätzlich die DIN 18 330 mit der jeweils gültigen VOB/C herangezogen werden.

Definiert wird in der DIN, daß das neu zu erstellende Bauteil, z. B. eine Wand – aus welchem Mauerstein auch immer –, als *Sollmaß* bzw. *Nennmaß* in der Planungsphase angegeben wird (s. **Abb. C.3.4**). Das Sollmaß dient der Kennzeichnung der Größe und Gestalt sowie der Lage des Bauteils. Durch die unterschiedlichen Einflüsse beim Bauprozeß, wie z. B. bei der Fertigung und Herstellung des Bauteiles oder durch last- und materialabhängige Verformungen, kommt es zu Abweichungen von der Planung. Von dem erstellten Bauteil wird dann durch eine Messung das *Istmaß* festgestellt. Die evtl. Differenz zwischen Ist- und Sollmaß wird als *Abmaß* (o. a. Istabmaß) bezeichnet.

Um die Abweichung und ihre erlaubte Zulässigkeit festzustellen, muß darauf das größte zulässige Maß, das *Größtmaß*, und das kleinste zulässige Maß, das *Kleinstmaß*, ermittelt werden. Das Größtmaß zeigt an, um welchen Bereich das Sollmaß überschritten werden durfte; das Kleinstmaß zeigt an, um welchen Bereich das Sollmaß unterschritten werden durfte. Die Differenz, d. h. der Bereich zwischen diesen beiden Größen, ist die *Maßtoleranz*. Die Über- oder Unterschreitung des Nennmaßes, also die Abweichung oder Differenz des Größt- bzw. Kleinstmaßes vom Nennmaß, wird als das *Grenzabmaß* bezeichnet.

Das Grenzabmaß bestimmt, ob die Maßtoleranz eingehalten ist und damit das Bauteil – z. B. die oben erwähnte Wand aus Mauersteinen – fach- und normgerecht ausgeführt worden ist.

Zusätzlich zu diesen gut zu überprüfenden Abweichungen der Längenabmaße kann die Wand z. B. schief aufgemauert sein und nicht, obwohl die Planung dieses vorgab, rechtwinklig an die näch-

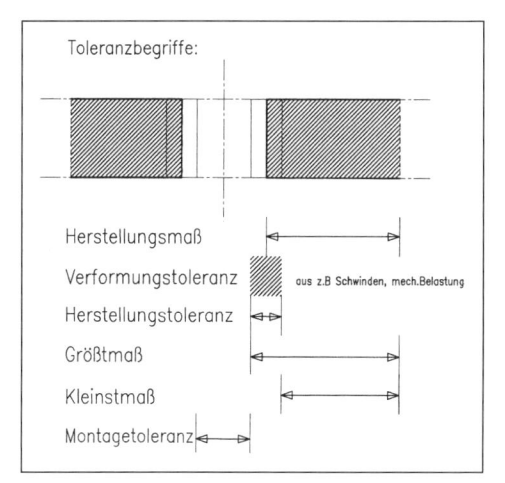

Abb. C.3.3 Toleranzbegriffe

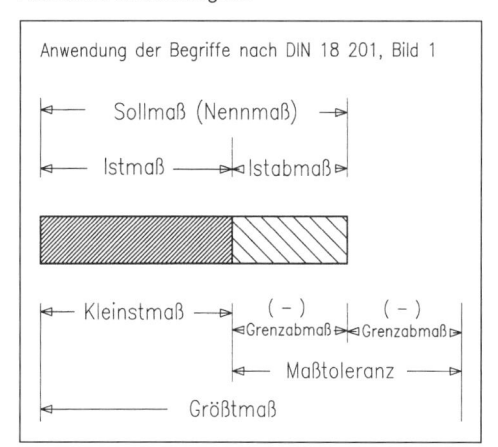

Abb. C.3.4 Anwendung der Begriffe nach DIN 18 201, Bild 1

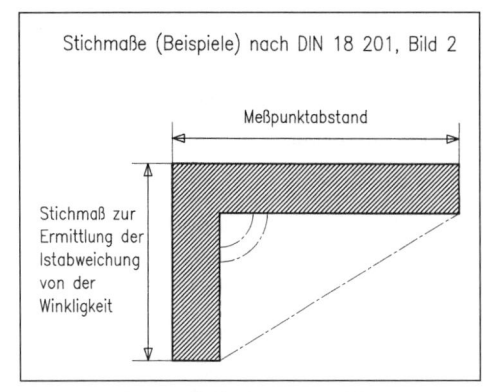

Abb. C.3.5 Stichmaße Winkligkeit nach DIN 18 201

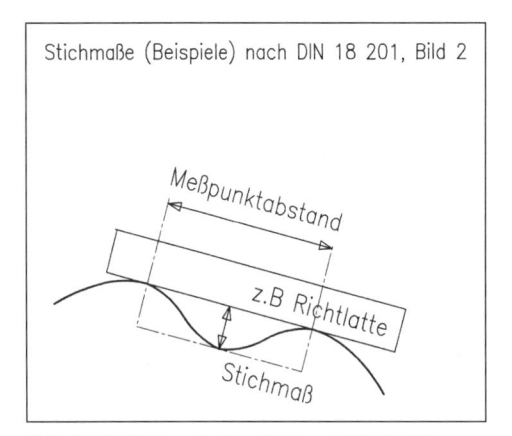

Abb. C.3.6 Stichmaße Ebenheit nach DIN 18 201

ste Wand anschließen. Die Abweichung von der einzuhaltenden Ebene wird mit Hilfe der *Ebenheitstoleranz* definiert, die Abweichung von einem Nennwinkel, d. h. dem herzustellenden Winkel, mit Hilfe der *Winkeltoleranz*. Festgestellt werden kann diese Abweichung durch das Stichmaß, den Abstand eines bestimmten Punktes von einer definierten Bezugslinie. Mit diesem Hilfsmaß kann die Istabweichung von der Ebenheit und der Winkligkeit dargestellt werden (s. **Abb. C.3.5/C.3.6**).

Die in der DIN 18 201 definierten Begriffe und Grundsätze werden in der folgenden DIN 18 202 auf den gesamten Hochbau übertragen. Die dort festgelegten Toleranzen gelten baustoffunabhängig und somit auch für Mauersteine (s. **Abb. C.3.5 und C.3.6 sowie Tafeln C.3.1 bis C.3.3**).

Mit den Grenzabmaßen werden die Abmessungen der Längen, Breiten, Höhen sowie der Achs- und Rastermaße der Öffnungen überprüft, d. h., hierdurch kann bei Mauersteinen die Einhaltung sog. Baurichtmaße und damit Mauersteinmaße festgestellt werden. Die Winkeltoleranzen, die über Stichmaße geprüft werden, gelten sowohl für vertikale als auch für horizontale sowie für geneigte Flächen, z. B. bei Raumecken, aber auch für Öffnungen. Nur für Flächen gelten die als zulässige Grenzwerte festgelegten Stichmaße der Ebenheitstoleranzen.

Zusätzlich muß bei Mauerwerk besonders beachtet werden, daß bei einer gemauerten Fläche die Toleranz nur für eine Seite – die bündige Seite, die dem Steinmaß entspricht – gilt.

Tafel C.3.1 Grenzmaße (nach DIN 18 202)

Spalte	1	2	3	4	5	6
Zeile	Bezug	Grenzmaße in mm bei Nennmaßen in m				
		bis 3	über 3 bis 6	über 6 bis 15	über 15 bis 30	über 30
1	Maße im Grundriß, z. B. Längen, Breiten, Achs- und Rastermaße	± 12	± 16	± 20	± 24	± 30
2	Maße im Aufriß, z. B. Geschoßhöhen, Podesthöhen, Abstände von Aufstandsflächen und Konsolen	± 16	± 16	± 20	± 30	± 30
3	Lichte Maße im Grundriß, z. B. Maße zwischen Stützen, Pfeilern usw.	± 16	± 20	± 24	± 30	–
4	Lichte Maße im Aufriß, z. B. unter Decken und Unterzügen	± 20	± 20	± 30	–	–
5	Öffnungen, z. B. für Fenster, Türen, Einbauelementen	± 12	± 16	–	–	–
6	Öffnungen wie vor, jedoch mit oberflächenfertigen Leibungen	± 10	± 12	–	–	–

Tafel C.3.2 Ebenheitstoleranzen (nach DIN 18 202)

Spalte	1	2	3	4	5	6
Zeile	Bezug	Stichmaße als Grenzwerte in mm bei Meßpunktabständen in m bis				
		0,1	1	4	10	15
1	Nichtflächenfertige Oberseiten von Decken, Unterbeton und Unterböden	10	15	20	25	30
2	Nichtflächenfertige Oberseiten von Decken, Unterbeton und Unterböden mit erhöhten Anforderungen, z. B. zur Aufnahme von schwimmenden Estrichen, Industrieböden, Fliesen- und Plattenbelägen, Verbundestrichen Fertige Oberflächen für untergeordnete Zwecke, z. B. in Lagerräumen, Kellern	5	8	12	15	20
3	Flächenfertige Böden, z. B. Estriche als Nutzestriche, Estriche zur Aufnahme von Bodenbelägen Bodenbeläge, Fliesenbeläge, gespachtelte und geklebte Beläge	2	4	10	12	15
4	Flächenfertige Böden mit erhöhten Anforderungen, z. B. mit selbstverlaufenden Spachtelmassen	1	3	9	12	15
5	Nichtflächenfertige Wände und Unterseiten von Rohdecken	5	10	15	25	30
6	Flächenfertige Wände und Unterseiten von Decken, z. B. geputzte Wände, Wandbekleidungen, untergehängte Decken	3	5	10	20	25
7	wie Zeile 6, jedoch mit erhöhten Anforderungen	2	3	8	15	20

Tafel C.3.3 Winkeltoleranzen (nach DIN 18 202)

Spalte	1	2	3	4	5	6	7
Zeile	Bezug	Stichmaße als Grenzwerte in mm bei Nennmaßen in m					
		bis 1	von 1 bis 3	über 3 bis 6	über 6 bis 15	über 15 bis 30	über 30
	Vertikale, horizontale und geneigte Flächen	6	8	12	16	20	30

3.5 Maßhaltigkeit und Kontrolle bei Mauersteinen

Die Toleranzen im Mauerwerksbau beziehen sich hauptsächlich auf den Rohbau und sind meist unkritisch im Zusammenspiel mit ähnlichen Toleranzen anderer Rohbaugewerke. Aber an den Übergangsstellen zum Ausbau, wie z. B. Fenster oder Türen, kann es bei Nichteinhaltung der Maßtoleranzen zu deutlichen Differenzen kommen. Daher dienen hier die Toleranzen als Meßgrößen, um die im Rahmen üblicher Sorgfalt zu erreichende Genauigkeit zu definieren.

Höhere Anforderungen und Abweichungen von den gesetzlichen Bestimmungen, festgehalten meist in der VOB/Teil C und den ATV, müssen vertraglich vereinbart werden und erhöhen in der Regel die Herstellungskosten beträchtlich.

Die Überprüfung von Bauteilabmessungen erfolgt sowohl im Grundriß als auch im Aufriß anhand des lichten Maßes und anhand der Öffnungs- und Richtmaße.

Die Messungen erfolgen mit festgelegten Meßverfahren, deren Meßpunkte in der Regel ca. 10 cm entfernt von dem zu bewertenden Bauteil liegen. Ebene Flächen werden mit Hilfe eines Flächennivellements, d. h. über die Stichmaße eines Meßpunktrasters, geprüft.

Die Meßgrößen gelten für Abweichungen des Mauerwerks von planerischen Sollgrößen. Die zeit- oder lastabhängigen Verformungen sind

Baukonstruktion

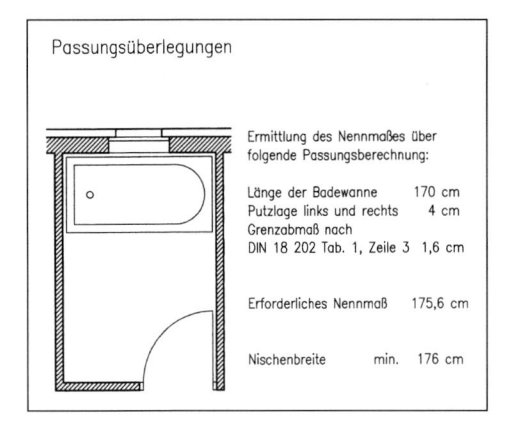

```
Passungsüberlegungen

Ermittlung des Nennmaßes über
folgende Passungsberechnung:

Länge der Badewanne      170 cm
Putzlage links und rechts   4 cm
Grenzabmaß nach
DIN 18 202 Tab. 1, Zeile 3  1,6 cm

Erforderliches Nennmaß   175,6 cm

Nischenbreite       min.  176 cm
```

Abb. C.3.7 Passungsberechnungen

hierdurch nicht berücksichtigt und müssen genauso wie funktionsbezogene Anforderungen, z. B. beim Einbau von Sanitärgegenständen oder Fenstern, in den sog. Passungsberechnungen durch den Planer berücksichtigt werden (s. **Abb. C.3.7**). Bei nicht zulässigen Abweichungen kann sich der Architekt nicht darauf berufen, den Rohbauunternehmer auf die Notwendigkeit von genauem Bauen hingewiesen zu haben. Er muß, z. B. für den späteren Einbau von Sanitärgegenständen oder zu berücksichtigende Möbel, die zulässigen Toleranzen eingeplant haben und vor allem vorhalten. In das Berechnen der notwendigen Baumaße müssen die vorgenannten Passungsberechnungen einfließen, die zusätzlich jeweils vom Auftragnehmer und Auftraggeber durchgeführt werden sollten.

Die Maßtoleranzen des Rohbaus verlangen einen noch höheren Genauigkeitsgrad im Rahmen der Gesamttoleranz, wenn diese als Vorarbeiten für andere Gewerke notwendig sind. So könnte eine nicht lotrecht gemauerte Wand zwar durch einen stärkeren Putz ausgeglichen werden, aber für die Mehrkosten des Mehraufwandes muß dann der Rohbauunternehmer aufkommen, ansonsten muß er die Wand nachbessern. Der Nachunternehmer muß allerdings frühzeitig, d. h. vor dem Verputzen, darauf hinweisen, und die notwendigen Meßprüfungen müssen erstellt worden sein.

Bei allen Mängeln aus Abweichungen von o. a. Maßtoleranzen greift das gesamte, hinreichend bekannte rechtliche Instrumentarium, das am Bau zur Verfügung steht. Zuerst muß der Mangel geklärt und der Beweis gesichert werden. Anschließend wird die Verhältnismäßigkeit festgestellt, die entweder zur Mängelbeseitigung durch den Verursacher oder zur Minderung des Honoraranspruches des Unternehmers führt.

Problematisch scheint hier das Zusammenspiel mit der VOB/C, eingeschlossen die DIN 18 330 und die DIN 18 201.

Hier weisen die Herausgeber des Nachschlagwerkes „Maßtoleranzen im Hochbau" darauf hin, daß zwischen den Vorgaben der Norm und der Verkehrssitte eine erhebliche Differenz klafft, die aber in der Regel wegen der handwerklichen Vernunft der ausführenden Seite und wegen Unkenntnis der Zusammenhänge auf seiten der Planer- und Handwerksebene nicht zum Tragen kommt. Die Toleranzen sind vor allem im Bereich der Ebenheitstoleranzen und der Winkeltoleranzen zu vereinfachend definiert. Zusätzlich zieht sich die DIN 18 201, Abschnitt 4.2, elegant aus der Affäre, da hier andere Genauigkeiten für frei vereinbart erklärt werden.

Für den Planer und auch für den Ausführenden ist es daher unerläßlich, zusätzlich zu der Norm Vereinbarungen zu treffen.

Zusammenfassend kann folgendes festgestellt werden: Maßtoleranzen im Mauerwerksbau sollen auf Grundlage der Normen helfen, wirtschaftlich und fachgerecht zu bauen und Streitigkeiten zwischen Bauherrn, Planer und Ausführenden zu vermeiden, zumindest jedoch einzuschränken. Die dazu festgelegten Maße sind im Mauerwerksbau von manuell erstellten Bauteilen abgeleitet und bedingen einen hohen Toleranzgrad. Die zunehmende Industrialisierung in der Herstellung, z. B. durch Plansteine oder „manuelle Roboter", erreicht genauere Abmessungen, zusätzlich können diese schneller und wirtschaftlicher erzielt werden. Trotzdem bleibt die übliche tradierte Daumentoleranz des Rohbaugewerkes Mauersteine von ca. ± 2 cm gültig und sollte von den Planern genauso wie evtl. höhere Toleranzen zu den Ausbaugewerken frühzeitig berücksichtigt werden, um ein mängelfreies Werk zu liefern.

Maßtoleranzen

Abb. C.3.8

4 Dehnungsfugen in Bauteilen und Bauwerken aus Mauerwerk – Funktion, Ausbildung und Anordnung

4.1 Allgemeines, Funktion einer Dehnungsfuge

Eine Dehnungsfuge hat die Aufgabe, Verkürzungen bzw. Verlängerungen eines Bauteils oder auch zwischen zwei Bauteilen spannungsfrei aufzunehmen. Die Fugendicke wird nach den zu erwartenden Längenänderungen der Bauteile bzw. des Bauteils bemessen. Zu beachten ist, daß bei üblichen Dehnungsfugen nur etwa 25 % der Fugenbreite als dauerhaft verformungswirksam angesehen werden können; dies ist bei der Bemessung der Fugenbreite besonders zu beachten und zu berücksichtigen. Unabhängig davon sollte die Mindestbreite einer Dehnungsfuge 10 mm betragen.

Um die Funktionsfähigkeit einer Dehnungsfuge zu gewährleisten und Risse im Bereich der Dehnungsfuge zu vermeiden, muß die Dehnungsfuge über die gesamte Dicke des entsprechenden Bauteils geführt werden. So darf z. B. die Dehnungsfuge in einer Mauerwerkswand nicht überputzt werden, sondern die Dehnungsfuge muß auch im Putzbereich durch ein entsprechendes Putzprofil fortgeführt werden.

Das gilt vor allem für Gebäudetrennfugen, die Bauteile voneinander trennen und deren zwängungsfreie Verformung sicherstellen sollen. Die Gebäudetrennfugen sind uneingeschränkt durch das Bauteil bzw. den Baukörper einschließlich etwaiger Wandbekleidungen bis zur Oberkante des Fundamentes zu führen.

Die Dehnungsfuge ist so auszubilden, daß sie dauerhaft dicht gegen Wasser (Niederschlag, Schlagregen) ist. Vorteilhaft ist bei bestimmten Dehnungsfugen, wenn eine ausreichende Wasserdampfdurchlässigkeit gewährleistet werden kann. Die Dehnungsfugen sind sorgfältig auszuführen, so daß sie dauerhaft funktionsfähig bleiben (z. B. ggf. Vorbehandeln der Fugenflanken).

4.2 Abdichten von Dehnungsfugen

Für die Abdichtung kommen in Frage:

- Fugendichtstoffe
- Dichtungsbänder
- Abdeckprofile.

Das Abdichten von Außenwandfugen im Hochbau mit **Fugendichtstoffen** ist in [DIN 18 540-95] behandelt. Die DIN enthält Anforderungen an die Fugendichtstoffe, die konstruktive Ausbildung

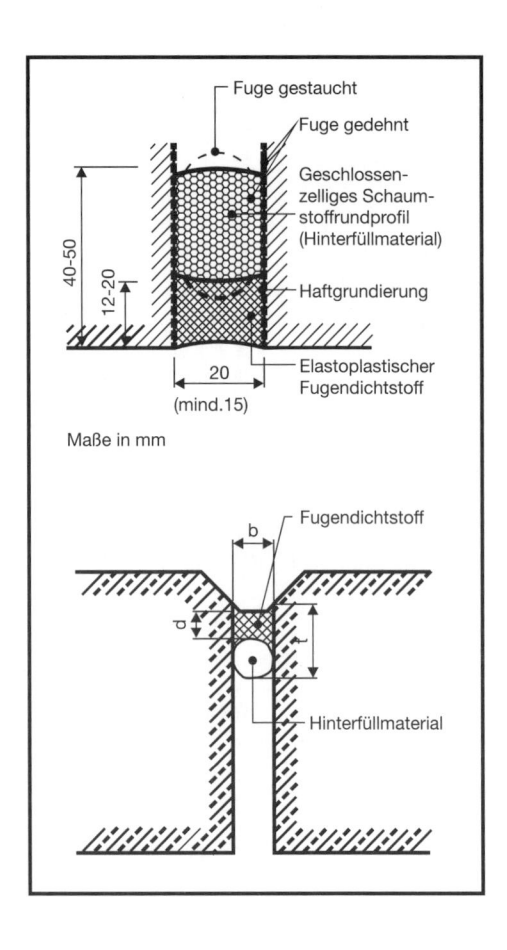

Abb. C.4.1 Ausbildung einer Dehnungsfuge

und das Abdichten der Außenwandfugen. **Abb. C.4.1** zeigt die Ausbildung einer Dehnungsfuge nach der DIN. Dabei ist grundsätzlich folgendes zu beachten:

- Die Fugenflanken müssen bis zu einer Tiefe der zweifachen Fugenbreite, mind. aber 30 mm parallel verlaufen, damit das Hinterfüllmaterial ausreichenden Halt findet.
- Die Fugenflanken müssen vollfugig, sauber und frei von Stoffen sein, die das Haften und Erhärten der Fugendichtungsmasse beeinträchtigen.
- Die Mörtelfugen müssen im Bereich der Fugenflanken bündig abgestrichen sein.

In der DIN 18 540 sind Fugenbreiten b_F in Abhängigkeit vom Fugenabstand L_F angegeben. Für einen Fugenabstand zwischen 5 und 6,5 m beträgt das Nennmaß für die Fugenbreite 30 mm, für einen Fugenabstand über 6,5 m bis 8 m beträgt es 35 mm. Wird von diesen Werten abgewichen, ist ein genauerer Nachweis zu führen. Dabei ist die Fugenbreite b_F so zu bemessen, daß die Gesamtverformung des Fugendichtstoffes aus Verkürzung und Verlängerung des Bauteils, bezogen auf eine Bauteiltemperatur von +10 °C, höchstens $0{,}25 \cdot b_F$ beträgt.

Im allgemeinen beträgt die Fugenbreite bei Mauerwerksbauteilen etwa 20 mm.

Bei Verblendschalen können folgende Anhaltswerte für die Breite der Dehnungsfuge DF angegeben werden:

- horizontale DF: $b_{DF} \geq 2 \times$ Wandhöhe/1000
- vertikale DF: $b_{DF} \geq 1{,}5 \times$ Wandlänge/1000

Die DIN enthält weiterhin Angaben zum Hinterfüllmaterial – u. a. muß es eine Dreiflankenhaftung des Fugendichtstoffes verhindern –, zur Vorbereitung der Fugen und zum Einbringen des Fugendichtstoffes sowie zu Anstrichen: „Fugendichtstoffe sollen grundsätzlich nicht überstrichen werden."

Dehnungsfugen können auch dauerhaft wirksam mit **Fugendichtungsbändern** geschlossen werden. Die Bandprofile werden zusammengedrückt und in die Fuge eingelegt. Sie sind auch werkseitig vorkomprimiert (z. B. auf Rollen) erhältlich.

Nach Lösen der Komprimierung, d. h. nach Abnahme des Fugendichtbandes von der Rolle, entwickelt das Band eine Rückstellkraft, die es fest gegen die Fugenflanken drückt. Vor dem Einbringen des Bandes muß die Fuge nur grob gereinigt werden. Das Band kann von der Rolle in die Fuge verlegt werden.

Kleinere, bauübliche Unebenheiten in der Fuge werden durch den ständigen Anpreßdruck ausgeglichen.

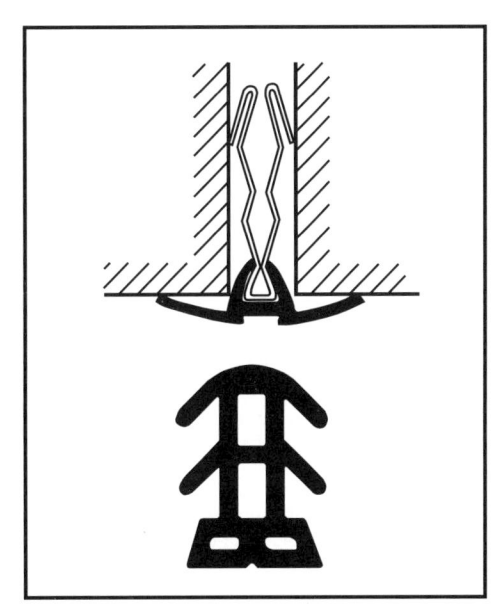

Abb. C.4.2 Abdeckprofile

Abdeckprofile werden in die Dehnungsfuge eingeklemmt oder eingeklebt (s. **Abb. C.4.2**).

4.3 Anordnung von Dehnungsfugen

4.3.1 Zweischalige Außenwände

In der Verblendschale (Außenschale) von zweischaligen Außenwänden nach [DIN 1053–1] sind Dehnungsfugen anzuordnen. Im Abschnitt 8.4.3.1 h der DIN heißt es dazu:

„In der Außenschale sollen vertikale Dehnungsfugen angeordnet werden. Ihre Abstände richten sich nach der klimatischen Beanspruchung (Temperatur, Feuchte usw.), der Art der Baustoffe und der Farbe der äußeren Wandfläche. Darüber hinaus muß die freie Beweglichkeit der Außenschale auch in vertikaler Richtung sichergestellt sein.

Die unterschiedlichen Verformungen der Außen- und Innenschale sind insbesondere bei Gebäuden mit über mehrere Geschosse durchgehender Außenschale auch bei der Ausführung der Türen und Fenster zu beachten. Die Mauerwerksschalen sind an ihren Berührungspunkten (z. B. Fenster und Türanschlägen) durch eine wasserundurchlässige Sperrschicht zu trennen.

Die Dehnungsfugen sind mit einem geeigneten Material dauerhaft und dicht zu schließen."

Bei der Anordnung von vertikalen Dehnungsfugen sind sowohl die Witterungsbeanspruchung (Temperatur, Niederschlag (Schlagregen)) als auch die möglichen Formänderungen des für die Verblendschale verwendeten Mauerwerks zu berücksichtigen. Da die Witterungsbeanspruchung der Westwand am größten, die der Nordwand am geringsten ist, empfiehlt sich die grundsätzliche Anordnung der Dehnungsfugen nach **Abb. C.4.3**. Dadurch, daß sich die Westwand senkrecht zur Dehnungsfugenbreite verformen kann, ist ihre Verformungsmöglichkeit wesentlich größer als bei Verformung in Richtung Fugenbreite.

In der nachfolgenden **Tafel C.4.1** sind Anhaltswerte für Dehnungsfugenabstände in Abhängigkeit von der Mauerwerksart angegeben. Sie sind durch Erfahrungen, aber auch durch theoretische Untersuchungen und Laboruntersuchungen abgesichert und beziehen sich auf die Formänderungswerte in der Tabelle 2 der DIN 1053–1, hier nachfolgende **Tafel C.4.2**. Dabei entsprechen die unteren bzw. oberen Werte für die Dehnungsfugenabstände in etwa den unteren und oberen Grenzwerten für die Verformungskennwerte in der **Tafel C.4.2**. Als Formänderungen kommen für Verblendschalen zweischaliger Außenwände praktisch nur Temperaturänderungen sowie Schwinden bzw. Quellen und ggf. chemisches Quellen in Frage. In der Spalte 3 der **Tafel C.4.1** sind zusätzlich noch die in ENV 1996-2 empfohlenen max. horizontalen Abstände zwischen senkrechten Dehnungsfugen in nichttragenden Außenwänden mit aufgeführt.

Da Mauerziegel praktisch kaum schwinden, besteht bei diesem Mauerwerk i. allg. keine Rißgefahr. Ist bei solchem Mauerwerk allerdings mit größerem chemischem Quellen (über etwa 0,2 mm/m) zu rechnen, so empfiehlt sich bei längeren Wänden – Wandlänge etwa über 10 m – die Anordnung von Dehnungsfugen im Bereich der Gebäudeecken, um Verformungen im Eckbereich infolge chemischen Quellens und Temperaturerhöhung schadensfrei aufnehmen zu können.

Zu beachten ist, daß Dehnungsfugen freie Wandränder darstellen, an denen (beidseitig) nach DIN 1053–1 drei zusätzliche Anker je lfd. Meter Randlänge anzuordnen sind.

Ist aus architektonischen Gründen die Anordnung von Dehnungsfugen in den Gebäudeecken unerwünscht, so können diese auch im halben Dehnungsfugenabstand beidseitig von der Gebäudeecke vorgesehen werden (s. **Abb. C.4.4**).

Zu beachten ist auch der Brüstungsbereich von Verblendschalen, in dem häufig Risse, ausgehend von den Öffnungsecken, auftreten. Solche Risse

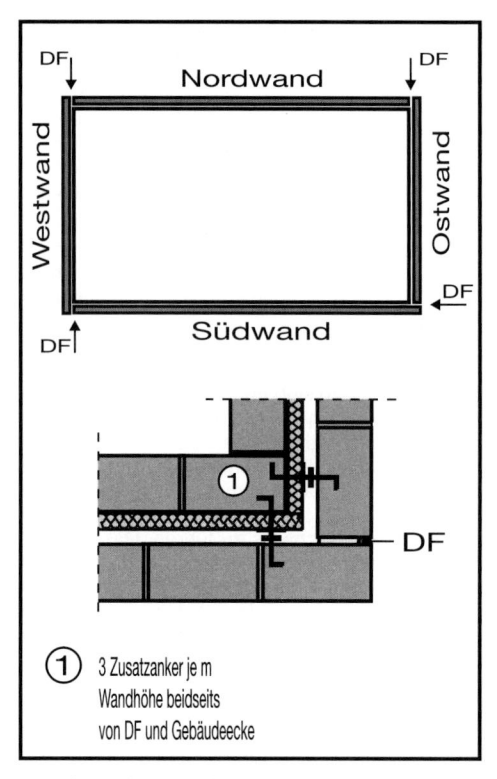

Abb. C.4.3 Sinnvolle Anordnung von Dehnungsfugen DF an Gebäudeecken

Tafel C.4.1 Anhaltswerte für Dehnungsfugenabstände a_{DF} (in m) in unbewehrten Verblendschalen

Mauerwerk aus	Deutsche Empfehlungen (z. B. [Schneider/Schubert-96])		ENV 1996-2
1	2		3
Mauerziegeln	6 bis 8 [1]	10 bis 20 [2]	12
Kalksandsteinen	6 bis 8		7,5
Porenbetonsteinen			6
Betonsteinen			6
Leichtbetonsteinen	4 bis 6		6

[1] Bei zweischaligem Mauerwerk mit Kerndämmung.
[2] Bei Mauerziegeln mit ungünstigem chemischem Quellen etwa über 0,2 mm/m nach Einbau gelten die kleineren a_{DF}-Werte.

Dehnungsfugen

Tafel C.4.2 Verformungskennwerte für Kriechen, Schwinden, Temperaturänderung sowie Elastizitätsmoduln (DIN 1053–1 : 1996-11, Tabelle 2)

Mauersteinart	Endwert der Feuchtedehnung $\varepsilon_{f\infty}$ [1] (Schwinden, chemisches Quellen)		Endkriechzahl φ_∞ [2]	
	Rechenwert	Wertebereich	Rechenwert	Wertebereich
	mm/m			
1	2	3	4	5
Mauerziegel	0	+0,3 bis –0,2	1,0	0,5 bis 1,5
Kalksandsteine [4]	–0,2	–0,1 bis –0,3	1,5	1,0 bis 2,0
Leichtbetonsteine	–0,4	–0,2 bis –0,5	2,0	1,5 bis 2,5
Betonsteine	–0,2	–0,1 bis –0,3	1,0	–
Porenbetonsteine	–0,2	+0,1 bis –0,3	1,5	1,0 bis 2,5

Mauersteinart	Wärmedehnungskoeffizient α_T		Elastizitätsmodul E [3]	
	Rechenwert	Wertebereich	Rechenwert	Wertebereich
	10^{-6}/K		MN/m²	
1	2	3	4	5
Mauerziegel	6	5 bis 7	$3500 \cdot \sigma_0$	3000 bis $4000 \cdot \sigma_0$
Kalksandsteine [4]	8	7 bis 9	$3000 \cdot \sigma_0$	2500 bis $4000 \cdot \sigma_0$
Leichtbetonsteine	10; 8 [5]	8 bis 12	$5000 \cdot \sigma_0$	4000 bis $5500 \cdot \sigma_0$
Betonsteine	10	8 bis 12	$7500 \cdot \sigma_0$	6500 bis $8500 \cdot \sigma_0$
Porenbetonsteine	8	7 bis 9	$2500 \cdot \sigma_0$	2000 bis $3000 \cdot \sigma_0$

[1] Verkürzung (Schwinden): Vorzeichen minus; Verlängerung (chemisches Quellen): Vorzeichen plus.
[2] $\varphi_\infty = \varepsilon_{k\infty} / \varepsilon_{el}$; $\varepsilon_{k\infty}$ Endkriechdehnung, $\varepsilon_{el} = \sigma/E$.
[3] E Sekantenmodul aus Gesamtdehnung bei etwa 1/3 der Mauerwerksdruckfestigkeit; σ_0 Grundwert nach DIN 1053–1.
[4] Gilt auch für Hüttensteine.
[5] Für Leichtbeton mit überwiegend Blähton als Zuschlag.

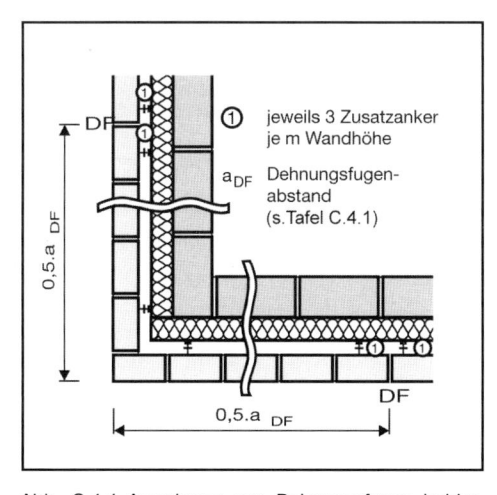

① jeweils 3 Zusatzanker je m Wandhöhe
a_{DF} Dehnungsfugenabstand (s. Tafel C.4.1)

Abb. C.4.4 Anordnung von Dehnungsfugen beiderseits der Außenwandecke

lassen sich durch einseitige oder zweiseitige Anordnung von Dehnungsfugen zwischen Brüstung und Nachbarbereich, aber auch durch eine konstruktive Bewehrung im oberen Brüstungsbereich vermeiden (**Abb. C.4.5**). Bei der Anordnung von Dehnungsfugen ist die ausreichende Standsicherheit der Brüstung durch konstruktive Maßnahmen zu gewährleisten.

Horizontale Dehnungsfugen sind in Verblendschalen stets unter den Abfangungen anzuordnen. Dabei ist sicherzustellen, daß zwischen Abfangung und der darunterliegenden Verblendschale ein genügend großer Zwischenraum für die Ausbildung einer funktionsfähigen Dehnungsfuge verbleibt, damit die vertikale Formänderung der Verblendschale spannungsfrei aufgenommen werden kann (s. dazu **Abb. C.4.6**).

Baukonstruktion

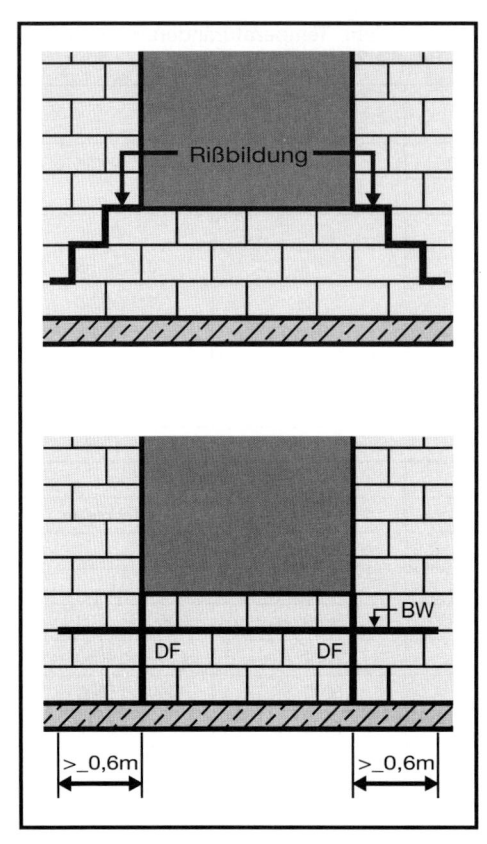

Abb. C.4.5 Brüstungsbereich von Verblendschalen – Konstruktive Bewehrung (BW) oder Dehnungsfuge(n) DF

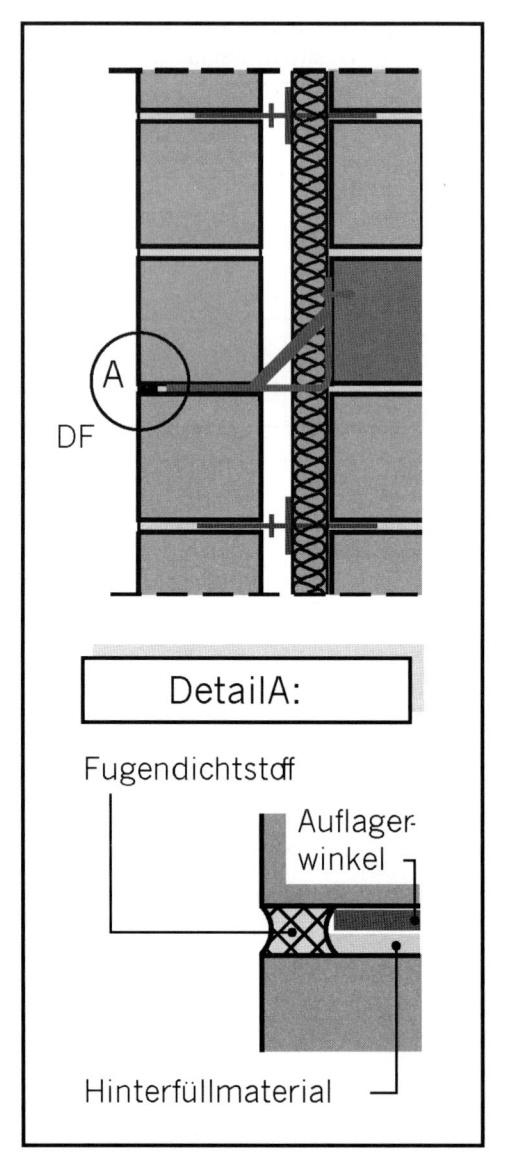

Abb. C.4.6 Ausbildung von horizontalen Dehnungsfugen DF

4.3.2 Nichttragende innere Trennwände, Ausfachungswände

Formänderungen in diesen Trennwänden und Ausfachungswänden entstehen im wesentlichen durch Schwinden und chemisches Quellen des Mauerwerks. Sie sind bei längeren Wänden (ab etwa 6 m Wandlänge) und größeren Wandhöhen (etwa ab 3 m) zu berücksichtigen. Bei horizontalen Formänderungen kann dies entweder durch eine Dehnungsfuge in halber Wandlänge, im Bereich von Türöffnungen (Ausbildung einer geschoßhohen Öffnung) oder durch Dehnungsmöglichkeiten an den seitlichen Wandrändern – horizontale Verformbarkeit bei gleichzeitiger Halterung der Wandränder (s. **Abb. C.4.7**) – geschehen.

In [DIN 4103–1–84] ist die maximale Wandlänge auch aus Rißsicherheitsgründen auf 12 m begrenzt.

Die freie Verformbarkeit des Wandbauteils in vertikaler Richtung ist bei den Trennwänden und häufig auch bei Ausfachungswänden schon deshalb erforderlich, damit eine nachteilige Einwirkung des über der Trenn- oder Ausfachungswand angeordneten Bauteils (Geschoßdecke, Betonbalken) auf das Mauerwerksbauteil vermieden wird (z. B. unplanmäßige Belastung des Mauerwerksbauteils infolge von Durchbiegen der oberen Geschoßdecke (s. dazu **Abb. C.4.8**).

4.3.3 Tragende Mauerwerkswände

Auch bei langen tragenden Mauerwerkswänden sind Formänderungen in Richtung Wandlänge durch Schwinden bzw. Quellen, chemisches Quellen und Temperatur grundsätzlich zu berücksichtigen. Die durch diese Formänderungen möglichen Zugspannungen werden jedoch durch die Druckspannungen senkrecht zur Lagerfuge des Mauerwerks mehr oder weniger „überdrückt", so daß sich günstigere Verhältnisse als in unbelasteten Mauerwerkswänden ergeben. Für die Dehnungsfugenabstände liegen Anhaltswerte aus älteren Quellen vor, die offensichtlich Erfahrungswerte sind. Theoretisch und versuchsmäßig begründete Dehnungsfugenabstände in Abhängigkeit von den wesentlichen Einflußgrößen sind bislang nicht verfügbar. Entsprechende Untersuchungen werden z. Zt. im Institut für Bauforschung der RWTH Aachen (ibac) durchgeführt. Die nachfolgende **Tafel C.4.3** enthält die bisher bekannten, zuvor erwähnten „Erfahrungswerte".

4.3.4 Andere Bauteile

Auch in einer Reihe von anderen Bauteilen bzw. Bauteilkombinationen ist es unter Umständen sinnvoll, Dehnungsfugen anzuordnen. Allerdings muß fallweise geprüft werden, ob die Anordnung einer Dehnungsfuge aus ästhetischen und wirtschaftlichen Gesichtspunkten vertretbar ist oder ob nicht durch andere Maßnahmen eine geeignetere Lösung gefunden werden kann.

Ein Fallbeispiel dafür ist die Vermeidung der relativ häufig auftretenden Rißbildung im Außenbereich der Auflagerung von Flachdachdecken bzw. obersten Geschoßdecken. Durch die dort geringe Auflast auf der Decke kann die Deckenverdrehung infolge Schwindens und Kriechens zu einem etwa horizontal verlaufenden Riß im Auflagerbereich der Decke auf der Außenwandoberfläche führen (**Abb. C.4.9**). Um diesen unkontrolliert verlaufenden Riß zu vermeiden, kann die Ausbildung einer horizontalen Dehnungsfuge im Putzbereich nach Fixierung des Rißortes durch Anordnung einer Trennschicht zwischen Decke und Mauerwerk im äußeren Bereich des Mauerwerks eine durchaus sinnvolle Lösung sein. Andererseits läßt sich der so fixierte horizontal verlaufende Riß auch durch eine entsprechend gestaltete Blende kaschieren.

Dehnungsfugen bzw. Dehnungsmöglichkeiten sind selbstverständlich auch dort vorzusehen, wo Bauteile mit sehr unterschiedlichen Verformungen in Verbindung stehen. Beispiele dafür sind: Holz- bzw. Stahlstützen, aber auch Betonstützen zwischen Mauerwerksbauteilen. Auch in solchen Fällen ist sicherzustellen, daß es durch die Verformungsunterschiede nicht zu unkontrollierten und schädlichen Rissen kommt. Konstruktionsbeispiele dafür enthält **Abb. C.4.10**, entnommen aus dem Merkblatt der DGfM [Mauerwerkkalender-94].

Abbildungen und Tafel zu den Abschnitten 4.3.2 bis 4.3.4 siehe folgende Seiten.

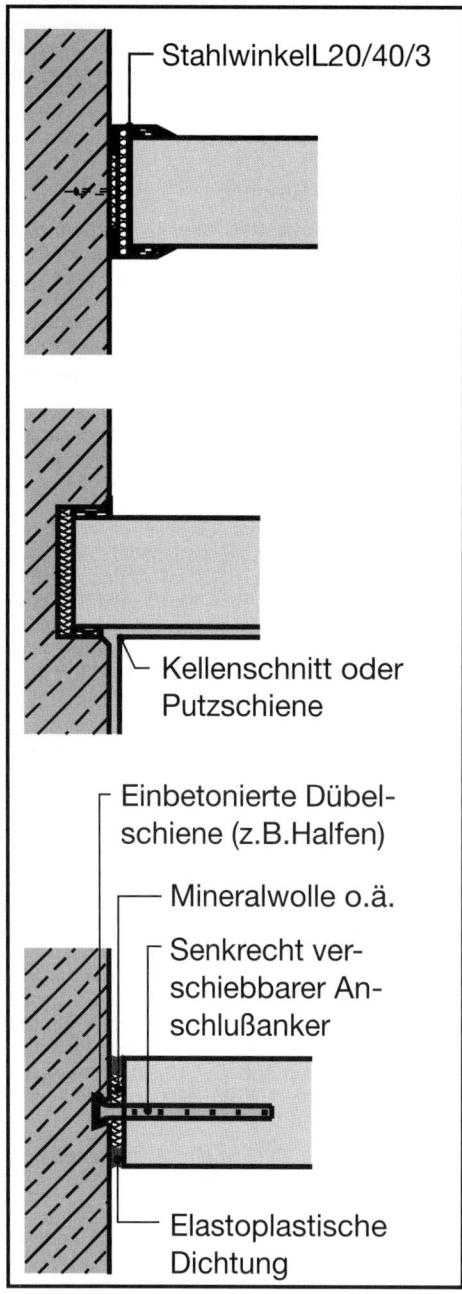

Abb. C.4.7 Nichttragende Trennwände – gleitende Wandanschlüsse (nach [Mauerwerkkalender-94])

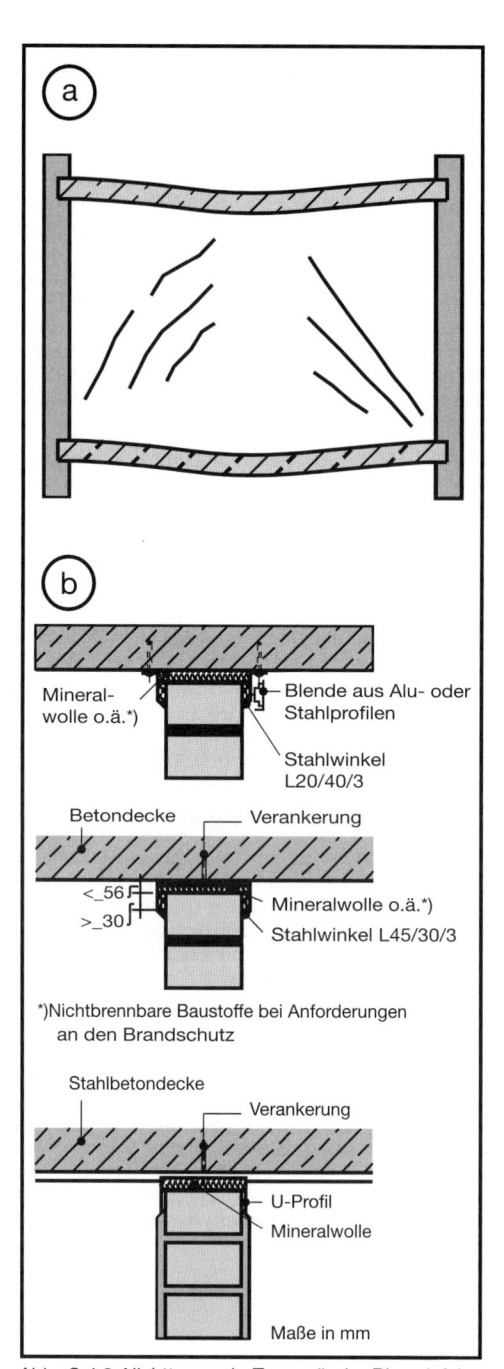

Abb. C.4.8 Nichttragende Trennwände; Risse infolge von Belastung der Trennwand durch die obere Geschoßdecke ⓐ – Vermeiden solcher Risse durch verformungsfähige Zwischenschicht ⓑ (nach [Mauerwerkkalender-94])

Dehnungsfugen

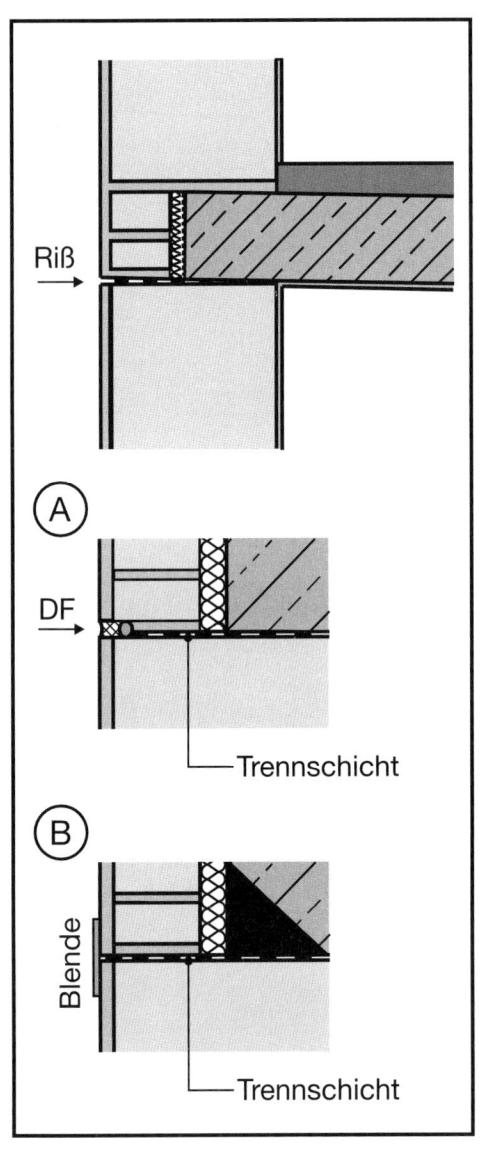

Abb. C.4.9 Horizontale Risse infolge von Durchbiegung/Abheben von obersten Geschoßdecken – Vermeiden solcher Risse durch Ausbildung einer Dehnungsfuge DF Ⓐ bzw. Kaschieren durch eine Blende Ⓑ

a) **Gleitender Anschluß an eine Stahlstütze**

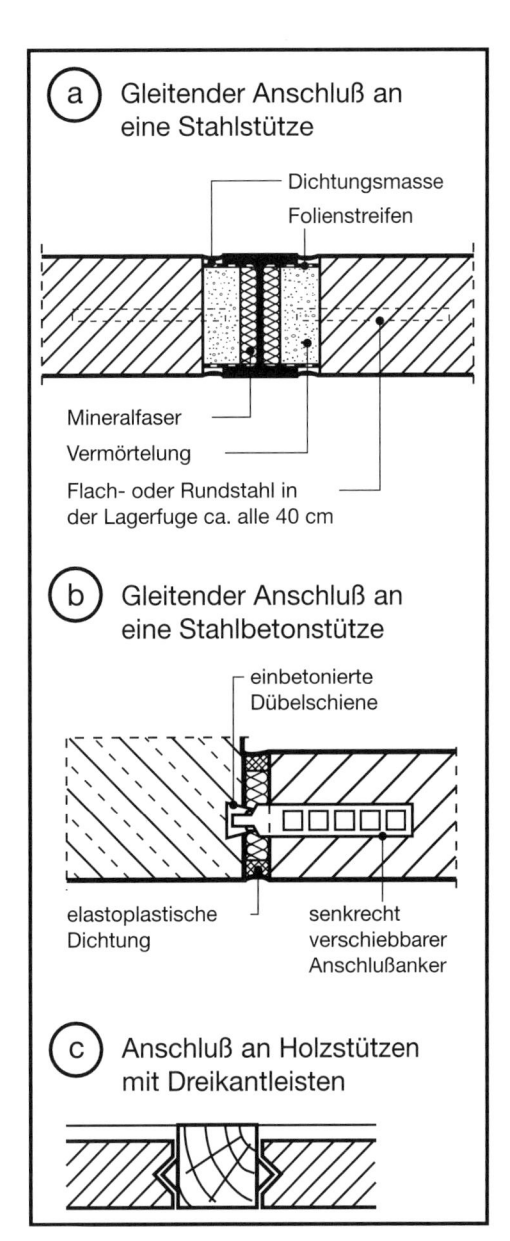

- Dichtungsmasse
- Folienstreifen
- Mineralfaser
- Vermörtelung
- Flach- oder Rundstahl in der Lagerfuge ca. alle 40 cm

b) **Gleitender Anschluß an eine Stahlbetonstütze**

- einbetonierte Dübelschiene
- elastoplastische Dichtung
- senkrecht verschiebbarer Anschlußanker

c) **Anschluß an Holzstützen mit Dreikantleisten**

Abb. C.4.10 Nichttragende Trennwände – gleitender Anschluß an Zwischenstützen (Aussteifungsstützen) (aus [Mauerwerkkalender-94])

Tafel C.4.3 Erfahrungswerte für Dehnungsfugenabstände a_{DF} (in m) in tragenden unbewehrten Außen- und Innenwänden

Anwendungsfall	nach [Schubert-97]	nach [Simons]	nach [Cziesielski]
1	2	3	4
Außenmauerwerk ohne zusätzliche Dämmung	25 bis 30		
Außenmauerwerk mit ≥ 60 mm zusätzlicher Außendämmung	50 bis 55	–	–
Außenmauerwerk mit 60 mm zusätzlicher Innendämmung	15 bis 20		
Allgemein unter besonderer Berücksichtigung der Bauzustände	–	≈ 30 (20 bis 40)	≈ 30

5 Aktuelle Beiträge
Neubau U-Bahnhof Mendelssohn-Bartholdy-Park in Berlin

Text: Alexander Waimer
Bauherr: Berliner Verkehrsbetriebe (BVG)
Architekten: Architektengemeinschaft Hafenplatz
Hilmer + Sattler, Partner T. Albrecht
Hans Peter Störl
Statik: Leonhardt, Andrä und Partner
Realisierung: 1998
Fotos: Stefan Müller, Berlin

Die Hochbahnstation Mendelssohn-Bartholdy-Park wurde im November 1998 eröffnet. Sie liegt an der zum Landwehrkanal orientierten Seite des Potsdamer Platzes. Für die Planung wurde die Arbeitsgemeinschaft aus dem Architekturbüro Hilmer + Sattler mit Partner T. Albrecht als erstem Preisträger des städtebaulichen Wettbewerbs und dem in der Ausführung von U-Bahnbauten erfahrenen Architekturbüro Störl gebildet. Die Bauzeit betrug unter laufendem Betrieb nur acht Monate.

Der neue Haltepunkt wurde an eine bestehende Hochbahntrasse zwischen den Stationen Gleisdreieck und Potsdamer Platz eingefügt. Dieser Streckenabschnitt hat eine traditionsreiche, aber auch wechselhafte Geschichte: Er war schon Bestandteil des allerersten Berliner U-Bahnnetzes, das im Jahre 1902 eingeweiht wurde. Nach starken Beschädigungen im Zweiten Weltkrieg und anschließender Wiederherstellung war er Teil einer durchgehenden Verbindung zwischen Ost und West, die trotz der Teilung der Stadt in den 50er Jahren zunächst aufrechterhalten wurde, dann aber mit dem Bau der Mauer 1961 ein abruptes Ende fand. Während der folgenden 32jährigen Zeit der Stillegung wurden Teile der Gleisanlage abgetragen und das Gelände zeitweise für den Versuchsaufbau einer Magnetschwebebahn genutzt. Nach dem Mauerfall waren umfangreiche Instandsetzungs- und Wiederherstellungsarbeiten erforderlich, bis 1993 der Lückenschluß erfolgte und der Bahnbetrieb zwischen den Stadtzentren in Ost und West wieder aufgenommen wurde. Das Streckenviadukt im Bereich des neuen Bahnhofgebäudes wurde im Zuge dieser Maßnahme als moderne Stahlkonstruktion neu errichtet. Die Streckenführung entspricht nicht mehr exakt dem Verlauf der historischen Trasse. Die Gleisgradiente mußte zur Einrichtung des neuen Haltepunktes, der damals schon im Zusammenhang mit den Planungen zum Potsdamer Platz konzipiert, aber noch nicht ausgeführt wurde, verändert werden.

Vom südlich gelegenen Gleisdreieck kommend überquert die Hochbahn den Landwehrkanal und zwei begleitende Uferstraßen über eine dreifeldige Fachwerkbrücke, die auf massiven, mit farbigen Klinkern verblendeten Brückenpfeilern aufliegt. Dieses Verkehrsbauwerk steht heute unter Denkmalschutz. Eines der wuchtigen Brückenauflager ist nur wenige Meter vor der Südfassade des neuen Bahnhofes positioniert und nun ein prägender Bestandteil der Vorplatzsituation. Westlich des Bahnhofgeländes erstreckt sich, durch eine Grünanlage getrennt, die neue Bebauung des Potsdamer Platzes. Im Osten grenzt jenseits einer Straße ein Wohngebiet sowie der Mendelssohn-Bartholdy-Park an, der dem neuen Bahnhof den Namen gab. Unmittelbar im Norden des Bahnhofsbauwerks beginnt eine Rampe, die in Richtung der nächsten Haltestelle Potsdamer Platz nach unten führt.

Das Bahnhofsgebäude gliedert sich in drei Teile. Gegenüber der Fachwerkbrücke am Landwehrkanal erhebt sich ein kubischer Kopfbau. Von den anderen Gebäudeteilen setzt er sich durch das auf 18 Stahlstützen ruhende, flache Dach in Form einer 1 m starken Platte ab. Das Dachtragwerk besteht aus einem quadratischen Trägerrost aus geschweißten Vollwandträgern. Die Fassade hat im Vergleich zu den anderen Bauteilen einen höheren Anteil an großformatigen Stahlfenstern. Zwei Kaskadentreppen führen zu den Seitenbahnsteigen nach oben (Abb. 1+13).

An den südlichen Eingangspavillon schließt sich ein langgestreckter Brückenbauteil an. Das Konstruktionsraster des bestehenden Steckenviadukts mit einem Achsmaß von 11,25 m wurde auch für den Neubau übernommen. In den Hauptkonstruktionsachsen lagern die Bahnsteigplatten auf massiven Pfeilern auf. Die Spannweiten sind mit einem kombinierten Tragwerk aus Stahlbetonpfeilern und Stahlträgern realisiert. Die Dachform ändert sich hier in eine flache Segmenttonne, die aus biegesteifen Stahlrahmen konstruiert ist. Über den Gleisen ist ein durchgehendes Oberlichtband angeordnet, das die Bahnhofshalle zusätzlich zu den seitlichen Fensterbändern großzügig mit Tageslicht versorgt (Abb. 4).

Das nördliche Eingangsbauwerk verbreitert sich zur Aufnahme der Treppenanlagen. Eine Passage durchquert das Gebäude und öffnet sich nach beiden Seiten mit Einganportalen, die bis zur Traufhöhe reichen. Zusätzlich treten sie 1,20 m aus der Fassadenebene hervor und sind über ihre gesamte Höhe verglast. Diese Passage bietet eine kurze Fußgängeranbindung zum Potsdamer Platz (Abb. 3).

Baukonstruktion

Abb. 1 Südlicher Eingangspavillon

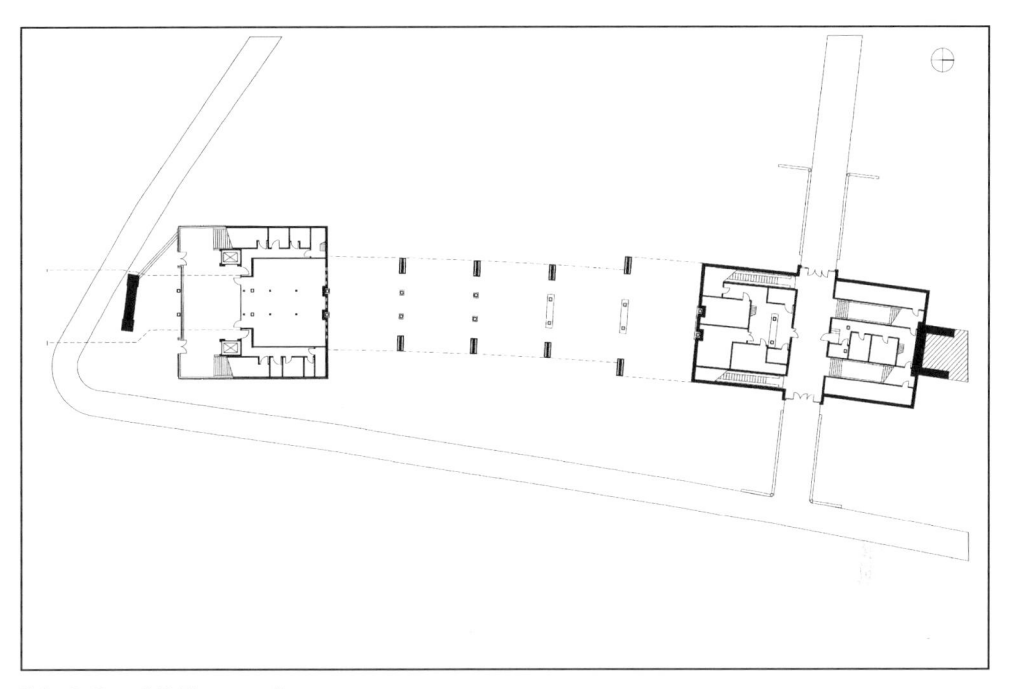

Neubau U-Bahnhof Mendelssohn-Bartholdy-Park in Berlin

Abb. 2 Grundriß Eingangsebene

Abb. 3 Nördliches Eingangsbauwerk mit Passage

Baukonstruktion

Abb. 4 Blick in die Bahnhofshalle

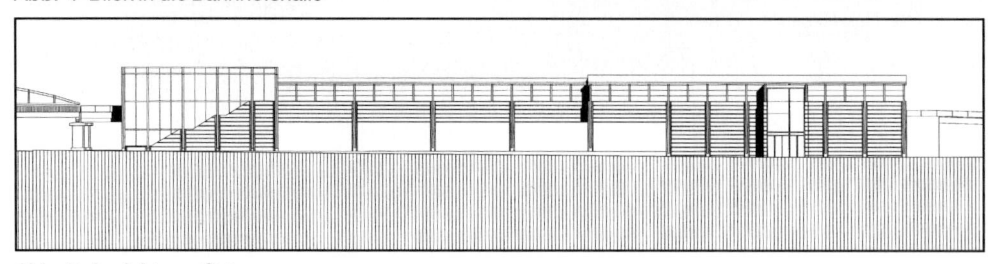

Abb. 5 Ansicht von Osten

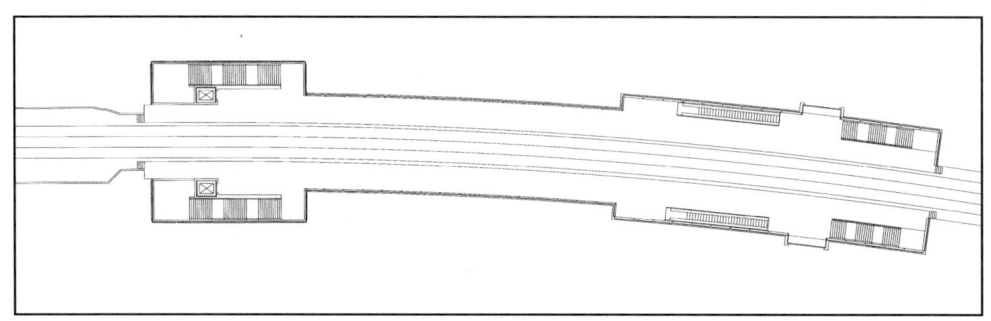

Abb. 6 Grundriß Bahnsteigebene

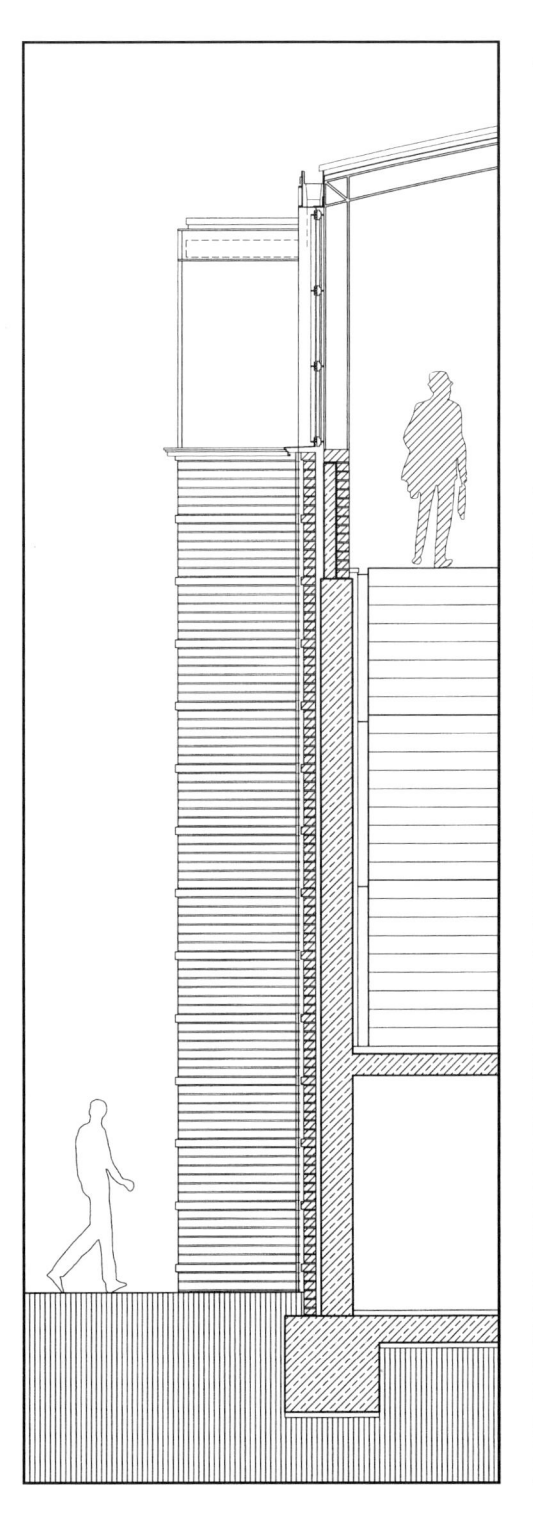

Neubau U-Bahnhof Mendelssohn-Bartholdy-Park in Berlin

Abb. 7 Fassadenschnitt nördliches Eingangsbauwerk

Abb. 8 Blick entlang der Ostfassade

Baukonstruktion

Entsprechend der Typologie der Berliner Hallenbahnhöfe ist der untere Teil des Bauwerks ein geschlossener Massivbau. Hier sind die Eingangshallen und die technischen Betriebsräume untergebracht. Die Bahnhofshalle im oberen Teil wird dagegen von einer reinen Stahlkonstruktion überspannt und kann dadurch gut belichtet werden **(Abb. 2+6)**. Die Außenwände sind konsequent nur bis zur Oberkante der Bahnsteigbrüstungen geführt. Der obere Abschluß des Massivbaus läuft über nahezu die gesamte Gebäudelänge in einer horizontalen Linie durch und folgt am südlichen Aufgang dem Verlauf der Treppenanlage nach unten **(Abb. 5)**.

Die einheitliche Behandlung der Fassaden faßt alle drei Bauteile zu einem Ganzen zusammen und gibt dem Gebäude eine homogene Erscheinung. Die Fassadendetails bleiben in ihrer Anzahl bewußt auf wenige reduziert, welche sich dann in regelmäßiger Reihung wiederholen.

Als Fassadenmaterialien werden Klinker und Stahl kombiniert, was bei Berliner Verkehrsbauwerken Tradition hat: Beim Bau der historischen Hochbahnanlage Anfang des 19. Jahrhunderts waren die Stadtplaner der Auffassung, daß reine Stahlkonstruktionen, wie man sie damals von dem New Yorker Vorbild kannte, nicht mit dem Stadtbild verträglich sind. Die Architekten der ersten U-Bahnbauwerke, als deren bekanntester Vertreter hier Alfred Grenander genannt werden soll, verkleideten die technischen Stahlkonstruktionen mit Bauteilen aus Naturstein oder Klinkern. Ein charmantes Beispiel für eine mit Klinkern gestaltete Hochbahnstation ist die von den Architekten Grisebach und Dinklage entworfene Haltestelle Schleßisches Tor aus dem Jahre 1902, die Formen der niederländischen und deutschen Renaissance aufgreift.

Bei der Gestaltung des Bahnhofes Mendelssohn-Bartholdy-Park stehen die in den Materialien selbst liegenden Ausdrucksmöglichkeiten im Vordergrund. Dabei kommt dem Mauerwerk im Kontrast zur kühlen Strenge des Stahlbaus eine entscheidende Bedeutung zu: Die Wirkung der Fassade wird wesentlich geprägt durch seine Plastizität und die Flächenwirkung von Material, Verband und natürlicher Farbigkeit.

Die Klinkerfassade ist als 11,5 cm starke Vormauerschale vom Fundament an vor der tragenden Wand aufgemauert **(Abb. 7)**. Stahlbau und Mauerwerk bleiben konstruktiv voneinander getrennt. Die Rißempfindlichkeit des Mauerwerks erlaubt keine kraftschlüssige Verbindung zum Stahl, der sich elastisch verformt. Alle Fugen zwischen Stahlstützen und Mauerwerk sind folglich offen ausgeführt. Diese Fugen übernehmen nun gleichzeitig die Funktion von Dehnungsfugen, so daß die Vorsatzschalen durchgehend im Verband gemauert sind. Zusätzlich ist das über 110 m lange Gebäude mit erhöhter Bewehrung fugenlos konstruiert, so daß sich auch keine Setzungsfugen in der Fassade abzeichnen. Somit ist eine vollständige

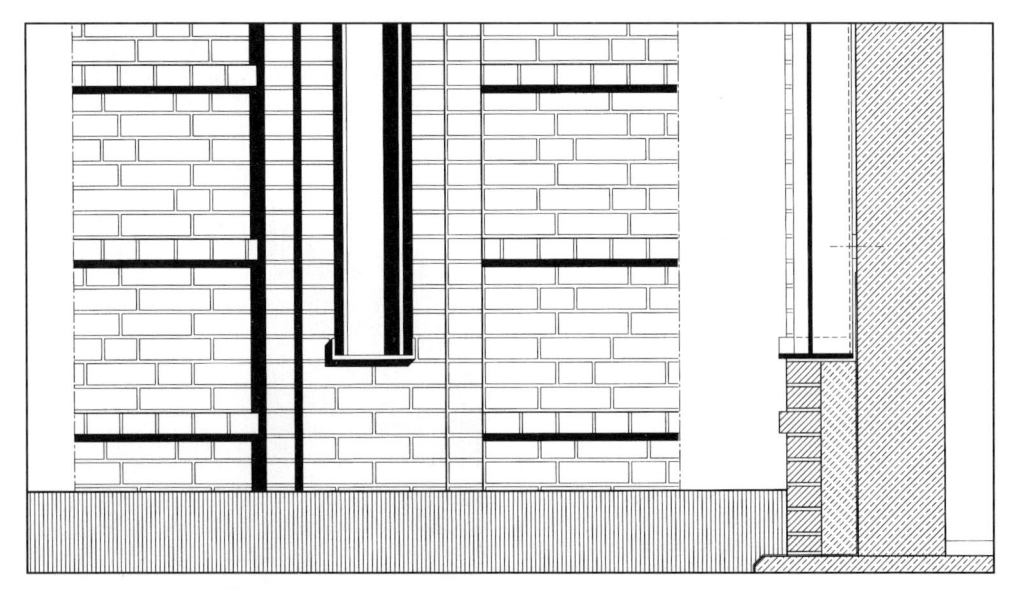

Abb. 9 Ansicht und Schnitt Fußpunkt Stahlstütze am nördlichen Eingangsbauwerk

Durchgängigkeit des Fugenbildes erreicht, was für die Wirkung des Mauerwerks in der Fläche von entscheidender Bedeutung ist.

Die Fügung zwischen Stahlbau und Mauerwerk ist entwurfliche Feinarbeit. Alle Anschlußdetails an die Stahlstützen sind auf die modularen Maße des Mauerwerksbaus abgestimmt. Bei der Ausführung wurde größter Wert darauf gelegt, daß das Mauerwerk an den Anschlußpunkten präzise im Verband verlegt wurde. In der Praxis war die Position der Stahlstützen jedoch großen Bautoleranzen unterworfen. Gelöst wurde das Problem dadurch, daß der Toleranzausgleich unmerklich in den Feldmitten der großen Flächen vorgenommen wurde (Abb. 9).

Die großen Flächen des langgestreckten Gebäudes erfordern eine Gliederung. Eine erste vertikale Einteilung in einzelne Fassadenfelder ergibt sich aus der sichtbaren Anordnung der Stahlstützen in den Hauptkonstruktionsachsen. Diese Stützen sind ihrerseits links und rechts durch Mauerwerkslisenen eingefaßt. Als Binder gemauert treten sie jeweils zweifach gestaffelt nach vorne. Die Vertikalgliederung erhält dadurch eine fein abgestufte Differenzierung. Gleichzeitig verstärkt die zunehmende Massivität des Mauerwerks die Wirkung der Stütze als lastabtragendes Element. Ein durchlaufender Binderverband tritt in jeder siebten Lage aus der Fläche hervor und führt dadurch eine zusätzliche Horizontalgliederung ein, die mit der langgestreckten Form des Verkehrsbauwerks korrespondiert (Abb. 10–12).

Die zweifach nach vorne gestaffelten Mauerwerkslisenen, die horizontalen Binderschichten sowie die eigentliche Fassadenfläche liegen in insgesamt vier verschiedenen Ebenen. Das Fassadenrelief hat eine Tiefe von insgesamt zehn Zentimetern. Zur Flächenwirkung kommt die Wahrnehmung von plastischer Tiefe und Kantigkeit des Materials hinzu.

Die plastische Gestaltung des Mauerwerks ist ein Motiv, das Erinnerungen an die Architektur des Expressionismus aufkommen läßt. Klinker als natürliches, ausdrucksstarkes Material entsprach den Idealvorstellungen dieser Zeit und wurde zur Ausführung plastischer, bewegter Formen und Ornamente verwendet. In Berlin finden sich zahlreiche Beispiele expressionistischer Mauerwerksbauten, so zum Beispiel von den Architekten Erich Mendelsohn und Erwin Gutkind, oder auch von Peter Behrens, in dessen Werk unter anderem Stilmittel des Expressionismus eingeflossen sind.

Im Kontrast zur Strenge der bisher beschriebenen architektonischen Gliederung sind die Felder zwischen den Binderlagen im wilden Verband gemauert, dessen Kennzeichen ein unregelmäßiges Fugenbild. Die Verlegung von Läufern und Bin-

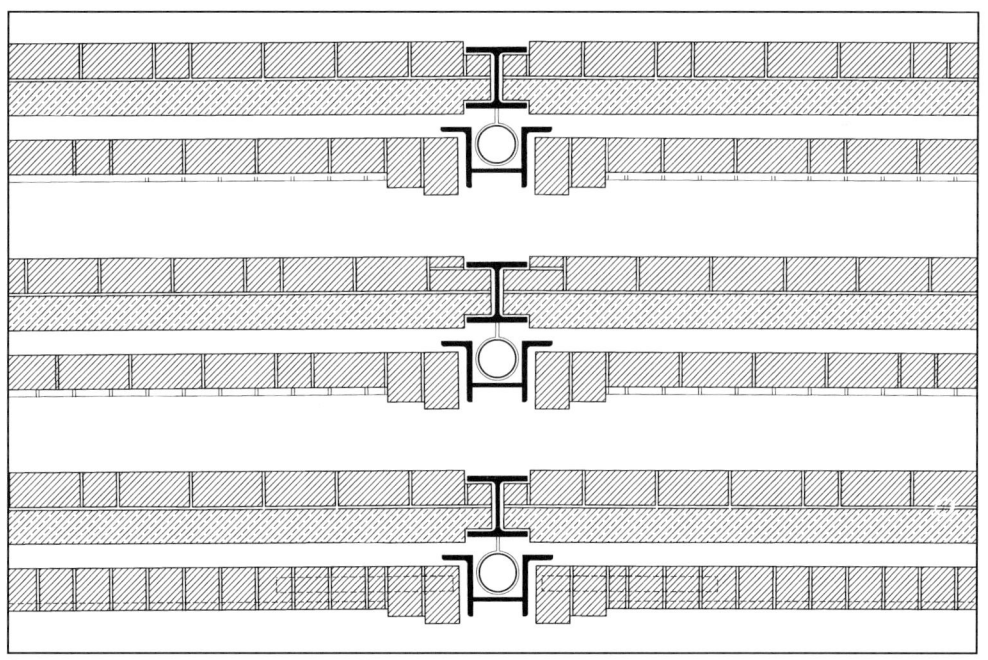

Abb. 10 Horizontalschnitte durch die Bahnsteigbrüstung

dern in willkürlicher Reihenfolge, wenn auch unter Einhaltung bestimmter Rahmenanforderungen, läßt die individuelle Handschrift der handwerklichen Ausführung zur Geltung kommen. Die Herleitung des wilden Verbandes kann bis auf die archaischen Anfänge des Mauerwerksbaus zurückgeführt werden, als regelmäßige Fugenbilder noch nicht gebräuchlich waren.

Das Mauerwerk aus hartgebranntem Klinker zeichnet sich durch ein intensiv changierendes Farbenspiel aus. Das Spektrum der gewählten blau-bunten Sortierung reicht dabei von Rot- und Brauntönen über Blau und Violett bis hin zu einem silbrig-grauem Glanz. Diese Farbigkeit wird durch sogenanntes „Reduzieren" beim Brennvorgang erzielt, d. h. durch kurzzeitige Verminderung des Sauerstoffanteils in der Brennatmosphäre. Auch die einzelnen Steine in sich weisen starke Farbverläufe auf und sind sichtbar vom Vorgang des Brennens gezeichnet. Die Farbintensität wird noch gesteigert durch die Wahl einer anthrazitfarbigen Mörtelfuge.

Die horizontalen Bänder im Binderverband heben sich zusätzlich zu ihrem plastischen Hervortreten aus der Fassadenebene durch eine andere Farbigkeit von der Fläche ab. Sie sind aus Vollsteinen in einer roten Brennfarbe hergestellt, die sich um Nuancen in der Helligkeit von der blau-bunten Sortierung unterscheiden. Die Wirkung wurde vor der Ausführung anhand mehrerer Musterwände erprobt.

Polychromes Mauerwerk war in der Gründerzeit ein allgemein verbreitetes Gestaltungsmittel. Durch die Kombination von verschiedenen Brennfarben entstanden geometrische Muster wie z. B. Bänder oder Rauten. Der Grund für die Beliebtheit lag darin, mit geringem Aufwand dekorative Ornamente herstellen zu können. Das Zurückgreifen auf das polychrome Mauerwerk ist eine Wiederbelebung des Ornaments. Dies erfolgt beim U-Bahnhof Mendelssohn-Bartholdy-Park allerdings auf sehr subtile Art und Weise mit dem Ziel, die Plastizität des Reliefs durch Farbe zu steigern.

Bei der Hochbahnstation Mendelssohn-Bartholdy-Park handelt es sich seiner Funktion als Verkehrsbauwerk entsprechend um ein einfaches Bauwerk mit klarer Struktur. Erst bei näherem Herantreten erschließen sich die Feinheiten der Fassade. Viel von der Wirkung beruht auf einer Gestaltung, welche bewußt die Ausdruckskraft des handwerklichen Mauerwerksbaus zur Geltung kommen läßt. Dieses Gestaltungsmittel wird in verschiedenen Stilformen der Architektur, wie z. B. im Expressionismus, eingesetzt, ist aber letztendlich dem Material selbst zu eigen und somit zeitlos.

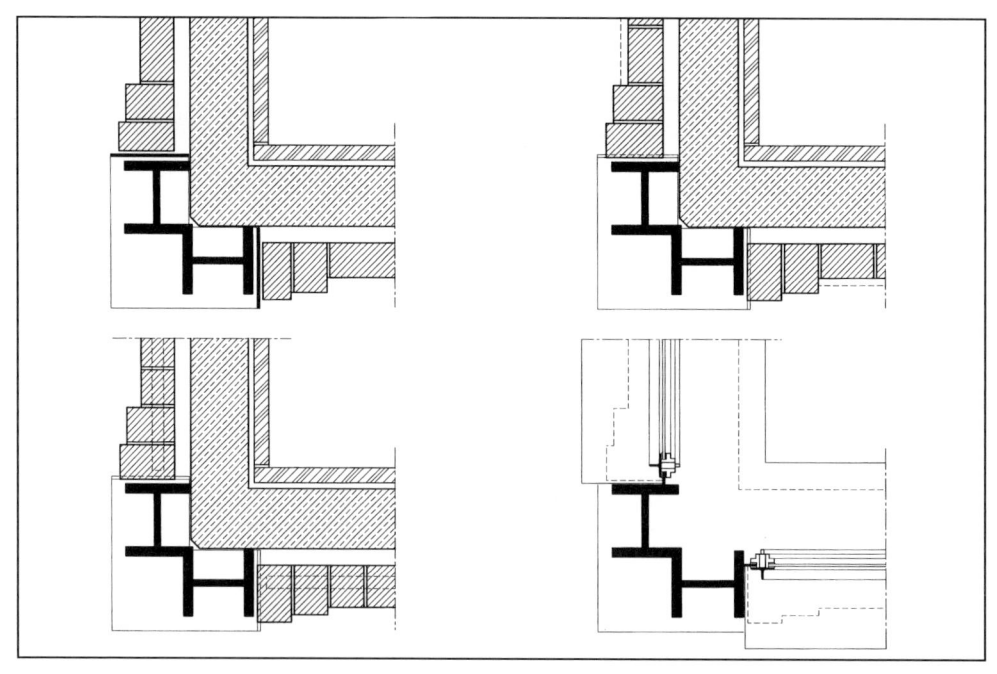

Abb. 11 Horizontalschnitte Gebäudeecke am südlichen Eingangspavillon

Neubau U-Bahnhof Mendelssohn-Bartholdy-Park in Berlin

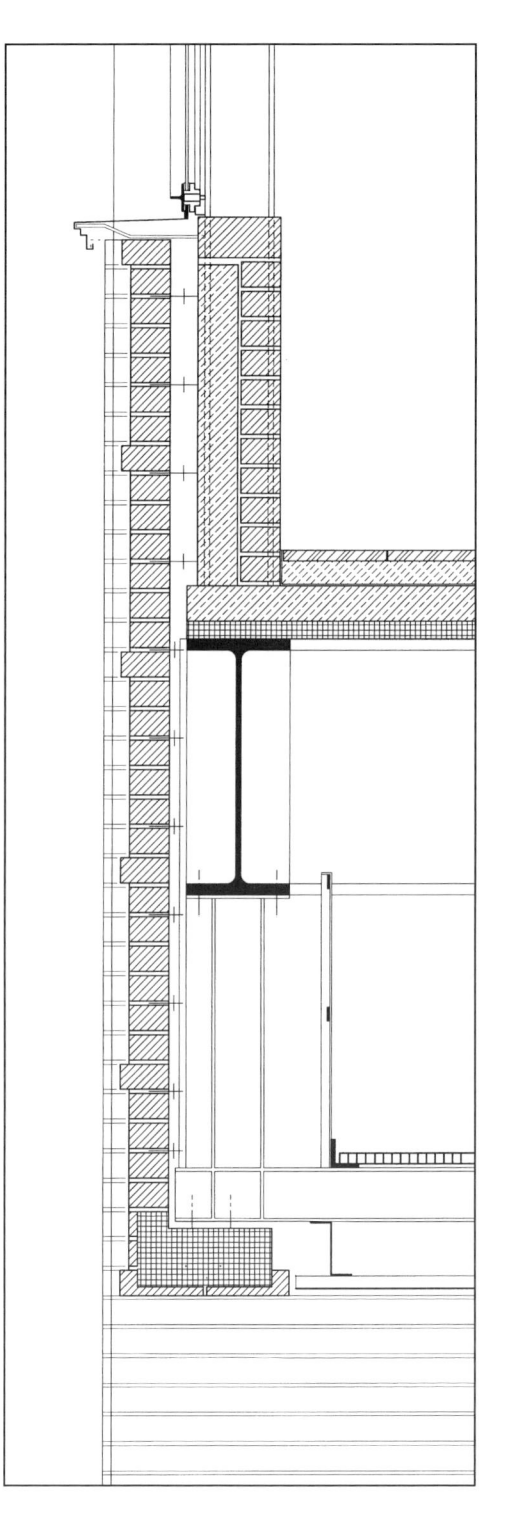

Der Aspekt der Zeitlosigkeit unterscheidet das Gebäude deutlich von einigen der Neubauten am Potsdamer Platz in der unmittelbaren Umgebung, bei denen dem Mauerziegel verwandtes Fassadenmaterial, Terrakotta, in industrieller Bauweise ausgeführt wurde.

Abb. 12 Detailschnitt durch das Brückenbauteil

Baukonstruktion

Abb. 13 Treppenanlage im südlichen Eingangspavillon

Sichtmauerwerk in Betonsteinen
Jugendgästehaus in Dachau
Ein Ort der Begegnung

Architekt: Prof. Rudolf Hierl, Architekt BDA, München
Standort: Dachau, Fichten-/Rosswachtstraße
Autor: Dipl.-Ing. Irene Meissner
Fotos: Dipl.-Ing. Klaus Kinold-Bildarchiv MODUL-Betonsteine

Konzeption

Das Jugendgästehaus in Dachau ist aus der Idee entstanden, für junge Leute aus aller Welt einen Ort der Begegnung, der Verständigung und der Auseinandersetzung mit der Zeit des Nationalsozialismus zu schaffen. Aber auch für alle Formen die Menschen diskriminieren und ausgrenzen sollte hier ein zeitgemäßes Diskussionsforum entstehen. Nach ausländischem Vorbild internationaler Begegnungsstätten entschied man sich für Dachau als Standort, an dessen Rand 1933 eines der ersten Konzentrationslager errichtet worden war. Dieses Vorhaben stieß zunächst auf den erheblichen politischen Widerstand der Stadt und des Landes, die sich nicht weiter mit der Vergangenheit „belasten" wollte. Am Ende eines langen Prozesses von Für und Wider gründete der Freistaat Bayern eine Stiftung, die 1993 einen Wettbewerb auslobte und den der Münchner Architekt Rudolf Hierl für sich entscheiden konnte. Er konzipierte eine Anlage, bei der verschiedene Gebäude hofartig einen Gartenraum umschließen und in deren Räumen und Ebenen Begegnung und Gemeinschaftserfahrung ungezwungen möglich werden kann.

Baukonstruktion

Ort und Funktionen

Das Grundstück des Jugendgästehauses liegt im Nordosten der Stadt Dachau, zwischen dem historischen Zentrum und dem ehemaligen Konzentrationslager. Die besondere Lage in einem Einfamilienhausgebiet bestimmte Ausrichtung, Gruppierung und Höhe der Anlage. Drei unterschiedlich große Baukörper, Jugendgästehaus, Personalhaus und „Raum der Stille" bilden ein markantes Ensemble um einen ruhigen Gartenhof. Fast die Hälfte des Grundstücks nimmt der langgestreckte, zweigeschossige Hauptbaukörper des Jugendgästehauses ein. Nach Westen begrenzt das parallel stehende Personalhaus das Grundstück, während der südliche Bereich des Gartenhofs vom „Raum der Stille" abgeschirmt wird. Im Norden trägt die geschlossene Rückwand der überdachten Parkplätze zum Sichtschutz bei.

Der Gartenhof selbst ist gemäß dem Charakter der Architektur der Gebäude klar gegliedert. Vorhandene Bäume und eine strenge neue Gartengestaltung, mit geometrischen Pflanzzonen und Betonstreifen im Rasen, bilden einen reizvollen Gegensatz und ergebenen einen interessanten Aufenthaltsraum.

Sichtmauerwerk in Betonsteinen

Gestaltung

Zentraler Ort und Mittelpunkt ist die zweigeschossige Halle des Jugendgästehauses. Hierhin orientieren sich alle Räume. Die Gemeinschaftsräume, Büros, Speisesaal mit Küche, sowie eine Bibliotkek liegen im Erdgeschoß. Die privaten Schlafräume und Aufenthaltsbereiche sind im Obergeschoß entlang zweier Galerien untergebracht. Eine einläufige Treppe und ein Aufzugsturm führen nach oben, Brücken verbinden die Galerien. Die Halle ist der Ort der Begegnung, ihre Gestaltung folgt städtischen Prinzipien. Die eingestellten Wandscheiben vor den Büros und den Gruppenräumen bilden eine innere Fassade. Einschnitte und Öffnungen geben den Blick auf die Seminarräume und den Speiseraum im Erdgeschoß und die Flucht der Schlafräume im Obergeschoß frei, deren Zimmertüren sich wie Hauseingänge aneinanderreihen. So ergibt sich ein Kontinuum von Wegen und Nischen, Durchblicken und schützenden Mauern. Eine Besonderheit ist die Lichtführung in der Halle mit raffiniert geschwungenen Dachsheds aus Sichtbeton. Sie sorgen nicht nur für die gute Belichtung, sondern vermitteln auch das Wechselspiel des Himmels nach innen.

Der kubische Baukörper aus Betonsteinen wird im Erdgeschoß großzügig geöffnet. Deutlich zurückgesetzt zeigt sich die schwarzlasierte Holztafelverschalung mit kleinen eingelegten Holzmosaiken und quadratischen Fenstern, hinter denen sich die Büroräume der Mitarbeiter befinden. Direkt am gläsernen Eingang stülpt sich eine gebogene Glasbausteinwand der Cafeteria hervor. Die Einzelöffnung des Bibliotheksfenster ist als ein übergroßes quadratisches Loch mit einem eingesetzten Öffnungsflügel in die Betonsteinwand geschnitten und zusätzlich durch Glaslamellen verdeckt.

Das niedrige Obergeschoß mit den Gästezimmern wirkt kastenartig aufgesetzt und betont die Horizontale des Baukörpers. Die schmalen Fensterformate sind von Feldern aus senkrecht geschlitzten Lärche-Mehrschichtplatten unterbrochen. Das flache Dach kragt weit über den Baukörper aus und schützt so die Holzverschalung vor Wettereinflüssen.

Auf der Gartenseite reihen sich die Seminarräume und der Speisesaal aneinander. Die Fassade ist mehrschichtig aufgebaut. Dabei wandelt sich das Erscheinungsbild, wenn zum Sonnen- oder Sichtschutz die tief in der Fasade liegenden Öffnungen durch raumhohe Lamellentüren aus Eiche ge-

Baukonstruktion

schlossen werden, die ansonsten gefaltet in den Nischen stehen.

Die kurzen Stirnseiten des Gästehauses werden von außen vorgestellten Fluchttreppen bestimmt. Dabei kommen ihre geschlossenen Blechbrüstungen vor dem regelmäßigen Fugenbild der Betonsteine besonders plastisch zur Geltung.

Personalhaus und „Raum der Stille" nehmen den Maßstab der Umgebung auf. Das Personalhaus, eine kurze zweigeschossige Reihenhauszeile für die Wohnungen von Hausmeister und Zivildienstleistenden korrespondiert in Material und Detail mit dem Hauptgebäude.

Der „Raum der Stille" bietet Rückzugsmöglichkeit zur Meditation. Raum und Licht sind hier die bestimmenden architektonischen Elemente. Der winkelförmige Betonbau wird zur Straße durch die geometrische Komposition der Schalung unterschiedlicher Dicke und durch kleine eingelegte Mosaikfelder gegliedert, während auf der Gartenseite das Erdgeschoß vollständig aufgeglast ist. Ein Vorhof mit feinem Kiesel setzt sich im Inneren zu einem Steinboden fort, der Raum mutet fast japanisch an. Belichtet wird er durch ein nach Osten gerichtestes Dachshed.

Konstruktion, Material und Oberflächen

Ein wichtiges Erscheinungsbild ist bei allen Baukörpern die verwendete Vormauerschale aus Betonsteinen. Sie stellt das optisch verbindende Element der Anlage dar und ist dezent genug, um die anderen Materialien wirken zu lassen. Während der Betonstein beim „Raum der Stille" und dem Personalhaus nur gestalterisch auf einzelne Fassadenteile beschränkt ist, prägt das Sichtmauerwerk maßgeblich die Fassade des Jugendgästehauses. Die Ausbildung der Fassade löst sich von den traditionellen Bildern, eines werkgerechten Ziegelbaus und zeigt ein Wechselspiel von offenen und geschlossenen Wandzonen. Durch den Gegensatz von flächigen und räumlich ausgebildeten Fassadenteilen erlangt die Fassade Plastizität und lebt von den ausgewogenen Proportionen und dem regelmäßigen Fugenbild der Betonsteine. Klare Schnittstellen von Wand und Öffnung definieren die einzelnen Elemente und stärken die Wahrnehmung der Mauer als physisch präsente Konstruktion.

Der Betonstein der nie den Anspruch erhebt tragendes Mauerwerk zu sein, erhält dadurch die Kraft, mehr als nur eine dünne Stein-Tapete zu sein. Konstruktiv löst sich der Wandbau im Bereich der großen Öffnungen in einen Skelettbau auf. Der Fassadenaufbau zeigt den klassischen Aufbau einer zweischaligen Konstruktion: eine 9 cm starke Vormauerschale mit 6 cm Hinterlüftung und 8 cm Wärmedämmung verkleidet die massive, statisch notwendige Konstruktion aus Stahlbeton.

Wie das Beispiel zeigt muß zwischen einer werkgerechten Gestaltung und neuen technischen Konstruktionen kein Widerspruch entstehen. Hier ist nicht das Bild von Mauerwerk im Sinne einer Fügung Stein auf Stein entwickelt worden, sondern es zeigt das Mauerwerk als Konstruktionselement. Die Kraft des Baus liegt in der Reduktion auf die gestaltbildenen Elemente Licht, Raum und Material.

Alle Materialien erscheinen in ihrem unverfälschten Zustand: Holz, Stahl und Beton. Neben der stofflichen Authentizität sollte damit der Charakter der Architektur unterstrichen werden. Die materialspezifische Komposition zeigt sich am deutlichsten in der zentralen Halle. Der Ortbeton der eingestellten Seitenwände ist fast weiß, eine Mischung aus Carraramarmorstaub, weißem Zement und hellem Kies. Der Ortbeton wurde scharfkantig ausgeführt. Er kontrastiert zu den Betondecken der Galerien, die in sägerauher Schalung ausgeführt wurden und zu dem Hallenboden aus grau poliertem Terrazzo.

Ressourcenschonung und Recyclingfähigkeit bestimmten Einsatz und Auswahl der Baustoffe. Bei der Baustoffwahl kamen Materialien zum Einsatz, die sich leicht trennen lassen und die wieder verwendet werden können.

Neben der Materialwahl bestimmt die Lichtführung den Charakter der Anlage. Während die Halle durch das Oberlicht am hellsten ausgeleuchtet ist, erhalten Speisesaal und Seminarbereich Fassaden mit großen Laibungstiefen, die ein geführtes moduliertes Licht erzeugen. Die Sichtbetonsheds der Halle sind aus Fertigteilen, die in fugenloser Edelstahlschalung erstellt wurden. Energetisch sind sie als Luftkollektoren wirksam. Diese Eigenschaft senkt zusammen mit der Wärmerückgewinnung und Grundwasserwärme den jährlichen Energiebedarf auf fast die Hälfte eines konventionell betriebenen Gebäudes.

Fast alle Möbel wurden vom Architekten entworfen. Die Stühle sind aus hellen Ahornmehrschichtplatten, Hocker und Kastensofas sind rot, grün und blau lasiert.

Farbe gibt es überall im Gebäude. Buntes Mosaik in den Toiletten, eine blaue Leseecke vor der Bibliothek, einen roten Spachtelboden in der Cafeteria und einen gelben Boden im Mehrzweckraum des Souterrains.

Resümee

Einen Ort zu gestalten, der für junge Menschen aus der ganzen Welt zu einem lebendigen Treffpunkt wird, der zum freien Austausch von Gedanken anregt, der Toleranz und Menschenwürde übt und der den Besuchern in guter Erinnerung bleiben soll, ist für jeden Architekten eine Herausforderung. Diese Herausforderung hat Rudolf Hierl erfolgreich angenommen. Die architektonische Qualität des neuen Jugendgästehauses zeigt sich nicht nur im äußeren Erscheinungsbild, sondern auch gerade in der räumlich differenzierten Gestaltung, den vielfältigen Raumangeboten, innen wie außen, in der Auswahl und dem Zusammenspiel der verschiedenen Materialien und Farben. Dabei ist in Dachau ein ganz eigenständiges und unverwechselbares Bauwerk entstanden.

Die Idee der internationalen Jugendbegegnung hat sich zu einem bundesweit einzigartigen Projekt des historisch-politischen Lernens entwickelt. Die Gäste von Dachau können hier auch neue positive Erkenntnisse über die gebaute Umwelt mit nach Hause nehmen.

Studentenwohnheim Linz

Architekt: o. Prof. Franz Riepl, Architekt BDA, München
Bauherrn: WIST – Wirtschaftshilfe der Studenten in Oberösterreich

←LAWOG – Landeswohnungsanlagen Gesellschaft, Linz
Entstehungszeit: 1995–1997
(Autor: Claus Schuh)

Anfang der neunziger Jahre fand in Linz ein verstärkter Ausbau des Hochschulwesens, statt. Um der aufkommenden Wohnungsproblematik, aber auch der sozialen Integration, Rechnung zu tragen, ist die Wirtschaftshilfe der Studenten in Oberösterreich (WIST) an die Landeswohnungsanlagen Gesellschaft Linz (LAWOG) mit dem Vorhaben herangetreten, ein Gebäude für ca. 75 Studenten zu errichten. Kurz darauf beauftragte die LAWOG Prof. Franz Riepl, mit dem sie damals die mittlerweile mehrfach veröffentlichte, am südlichen Stadtrand von Linz liegende Wohnsiedlung Ebelsberg errichtete, mit der Planung des Gebäudes in direkter Nähe zur bestehenden Universität, im Nordosten von Linz. Nach einer intensiven Planungsphase und langen Gesprächen mit der Stadtverwaltung kam man allerdings überein, um das gesamte Projekt aus politischen Gründen (Integration, Lärm, etc.) nicht zu gefährden, den Standort durch einen Innerstädtischen zu ersetzen. Nachdem Strukturverbesserungsmaßnahmen in den Bereichen der oberen Altstadtkurz vor ihrem Abschluß standen, schlug die Stadt den Prunerplatz in der unteren Altstadt vor, nahe der Donau und dem Bruckner-Konservatorium. Realisiert werden konnte das Projekt jedoch nur, da die sonst so aufwendig zu lösende Stellplatzproblematik, in dem hauptsächlich durch Wohnen und Verwaltung belegten Bereich, dadurch umgangen werden konnte, weil die Nutzung durch Studenten nur eine geringe Anzahl von Stellplätze erforderlich machte.

Abb. C.1 Ansicht West – Prunerstraße

Sichtmauerwerk in Betonsteinen

Abb. C.2 Ansicht West/Süd

Abb. C.3 Ansicht West – Eingangsbereich

Der Prunerplatz, in seiner heterogenen Morphologie, ist gefaßt durch drei- bis fünfgeschossige Wohngebäude der Gründerzeit im Süden und der relativ niedrigen zwei- bis dreigeschossige ehemaligen Volksküche, dem heutigen Architekturforum Oberösterreichs, aus den zwanziger Jahren. Der östliche und nördliche Teil des Platzes wird definiert durch das aus den Nachkriegsjahren stammenden Gebäude, dem Eich- und Vermessungsamt und einem Wohngebäude. Diese beiden sechs- bis siebengeschossigen Gebäude beschreiben mit dem an der Prunerstraße liegenden, neurenoviertem Gründerzeitgebäude in gleicher Höhe, das zu beplanende, L-förmige Grundstück.

Es wurde ein geometrisch-präziser Baukörper konzipiert, der die notwendige Raumkante des Platzes sowie die Einleitung der Prunerstraße klar definiert und durch seine vorgelagerte Terrasse, das zur Prunerstraße hin, starke Gefälle abfängt. Das Gebäude nimmt die bestehenden Traufkanten der angrenzenden Bauten auf, und trägt zusammen mit seiner ruhigen, homogenen Lochfassade, die in der Hauptsache aus einem Fensterformat entwickelt wurde, wohltuend zur Geschlossenheit der räumlichen Situation bei. Der einfache aber markante Baukörper bezieht seine Spannung und Vitalität aus dem präzise kalkuliertem Wechselspiel der Wandfläche und den regelmäßig angeordneten, tief eingeschnittenen, quadratischen Öffnungen. Durch die extreme Reduktion des Fensters auf eine nur noch sichtbare „Glasscheibe" gewinnt das Volumen enorm an Plastizität. Umgesetzt wurde diese, indem man die anthrazitfarbenen innenbündigen Metallfenster samt dem textilen Sonnenschutz, in der Laibung und hinter den leicht über die Fassade kragenden massiven Fensterbrettern aus Betonstein vollkommen verschwinden läßt. Im Kontrast dazu stehen im Erdgeschoß, die zur Terrasse angeordneten, außenbündigen, hohen Fenstertüren, vorallem aber die großen, das Fassadenraster aufnehmenden, Öffnungen. Sie sind Teil eines zweigeschossigen Luftraums, durch den der Fußgänger auf den Platz geführt wird und von dem aus gleichzeitig das Gebäudes erschlossen wird. Dadurch kommt diesem Bereich eine sehr wichtige städtebauliche Bedeutung zu, da er die Verknüpfung von Straßen- und Platzraum mit dem Gebäude leistet. Das Leitthema der Reduktion, das beim Regelfenster als schlichte „Glasscheibe" realisiert wurde, setzt sich im Inneren der zweigeschossigen Öffnung analog fort. So wurde in dem tief zurückliegenden Bereich des Eingangs und dem darüber angeordneten Gemeinschaftsraum mit Teeküche eine großflächige, rahmenlose, außenbündige Verglasung, mit den notwendigen Fenster- und Türelementen, eingesetzt. Die den Eingangsbereich und den Zugang zur Terrasse abgrenzenden Brüstungen werden dabei als einfache massive Elemente plastisch dagegen gesetzt.

Besonders einprägsame Gestalt besitzt auch das neuinterpretierte, weit auskragende Traufgesims, das mit seinem extrem dünnen Dachrand dem

Abb. C.4 Ansicht Süd – Platzfassade

Gebäude einen klar definierten Abschluß verleiht und das blechgedeckte Giebeldach dahinter verschwinden läßt.

Anders als bei den öffentlichen Fassaden (Straße- und Platz-) wurde auf der Gartenseite auf dieses Traufmotiv verzichtet; nicht zuletzt deshalb, da der nördliche Teil des Baukörper zugunsten einer Dachterrasse gestuft wurde, die allerdings aus Lärmschutzgründen nur in Ausnahmefällen betreten werden darf. Während dieser Teil der Fassade weitgehend durch das schon von der Platzfassade bekannte Regelfenster bestimmt wird, macht der Östliche differenziert, durch die Fluchtloggien und Fenstertürelemente, auf die andere Nutzung aufmerksam. Dieser Gebäudeteil, dessen deutlich über den angrenzenden Baukörpern liegende Traufe aus dem Fluchttreppenhaus und dem Aufzug resultiert, wird gewissermaßen zu deren Bindeglied und schafft dadurch einen gelungenen Übergang in der baukörperlichen Abfolge.

Wie schon an den Fassaden deutlich ablesbar, liegt bei der inneren Struktur eine klare Organisation zugrunde. So findet in den Obergeschossen neben einer Teeküche und einem Waschraum, weitgehend das studentische Wohnen statt; während im Erdgeschoß neben dem Wohnen vorallem gemeinschaftliche Einrichtungen, der Entsorgungsraum und die Rampe zum Fahrradkeller untergebracht sind. Den größten Teil des Kellergeschosses nimmt der damals noch vorgeschriebene Schutzraum ein, der zur Zeit als Fahrradkeller genutzt wird. Neben den haustechnischen Nebenräumen gibt es auch noch einen Freizeit- und einen Musikübungsraum, die um einen zweigeschossigen Lichtschacht gruppiert wurden, der als Glaskörper den erdgeschossigen Gemeinschaftsraums zäsiert und in Verbindung mit einer Terrassentüre eine ungewöhnlich helle und freundliche Atmosphäre schafft.

Die Gebäudestruktur der zweibündigen Anlage besteht aus tragenden Längswänden, parallel des Erschließungsflurs und den Außenwänden. Am nördlichen Ende dieses Flurs sind das Fluchttreppenhaus und der Aufzug angeordnet. Belichtet wird der Flur durch ein „Regelfenster" im Osten und einen, über alle Obergeschoße und über Dach geführten Lichtschacht an seinem anderen Ende.

Um die Wohnqualität noch zu steigern hat man auf die sonst üblichen Etagennaßräume verzichtet und stattdessen die Erfahrung, daß stärkere Identifikation auch gleichzeitig mehr Verantwortlichkeit schafft, strukturell umgesetzt. So hat man immer

Sichtmauerwerk in Betonsteinen

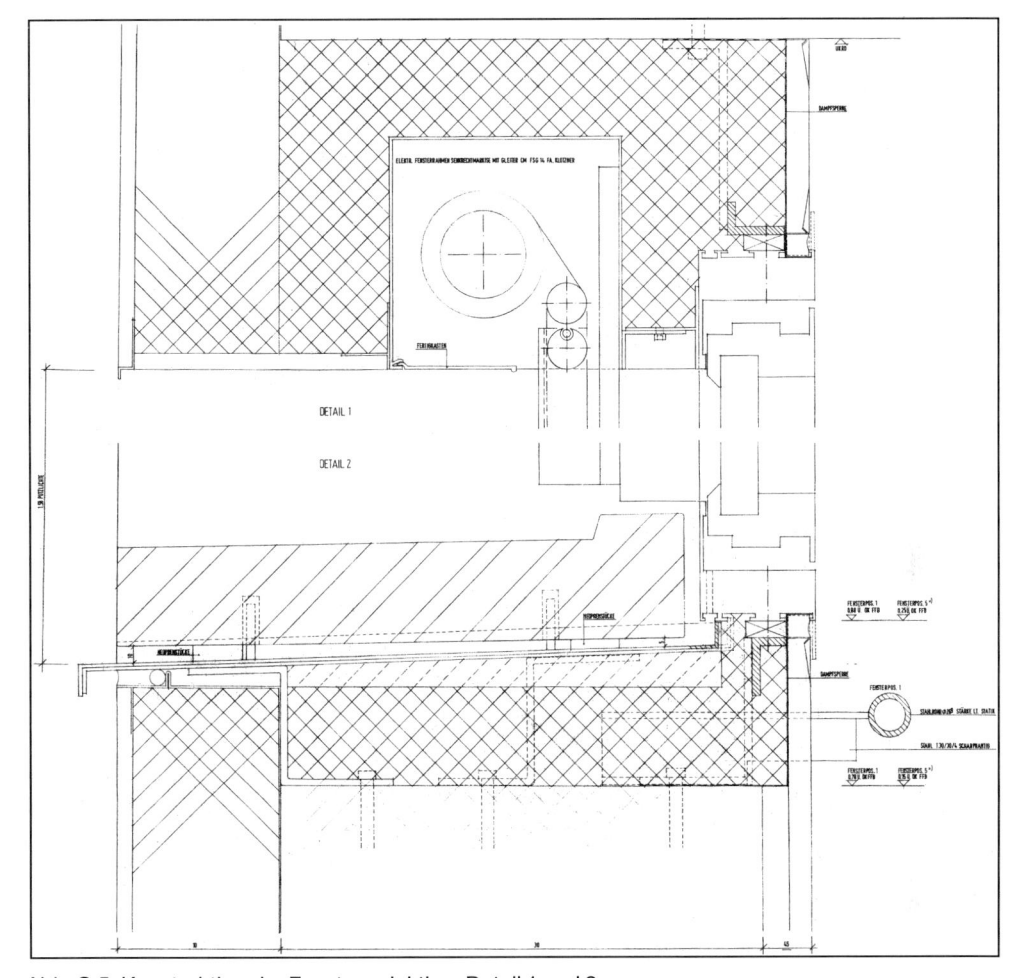

Abb. C.5 Konstruktion der Fensterreduktion, Detail 1 und 2.

zwei ca 12–15 m² große Studentenzimmer mit einem gemeinsamen Vorbereich kombiniert, über den die beiden Zimmer erschlossen werden und der die vorgefertigte gemeinsame Naßzelle enthält. Diese drei Bereiche wurden in ihrer Anordnung wie ein Grundmodul entlang des Erschließungsflurs eingesetzt, wobei sowohl die Zimmer wie auch der Naßraum das gleiche „Fenster" erhielten und ein gleichmäßige Fensterabstand gewählt wurde, wodurch die ruhige Lochfassade entstehen konnte.

Der Rückgriff auf einfache, konventionelle Materialien steht für das Bemühen, auf den Kontext möglichst unaufdringlich und selbstverständlich zu reagieren. So wurde das Gebäude mit seinem Stahlbetonkeller, der zum Teil als Schutzraum ausgebildet werden mußte, weitgehend aus Hochlochziegel erstellt. Trotz der Dicke von 40 cm mußten die Außenwände aus wärmetechnischen Gründen mit einem Vollwärmeschutzsystem versehen werden, während alle tragenden gemauerten Innenwände 25 cm Dicke besitzen. Alle übrigen Innenwände sind Trockenputz-Leichtbauwände, die besonderen schalltechnischen Anforderungen genügen und leichte Veränderbarkeit besitzen. Für die Böden im öffentlichen Bereich wurde ein dunkler Terrazzo, und in den Zimmern taubenblaues Linoleum gewählt. Die Einrichtung der Studentenzimmer, der Gemeinschaftsräume, und öffentlicher Bereiche, wie Portierloge oder Eingangshalle konnten nach detaillierter Planung eigens dafür herge-

Baukonstruktion

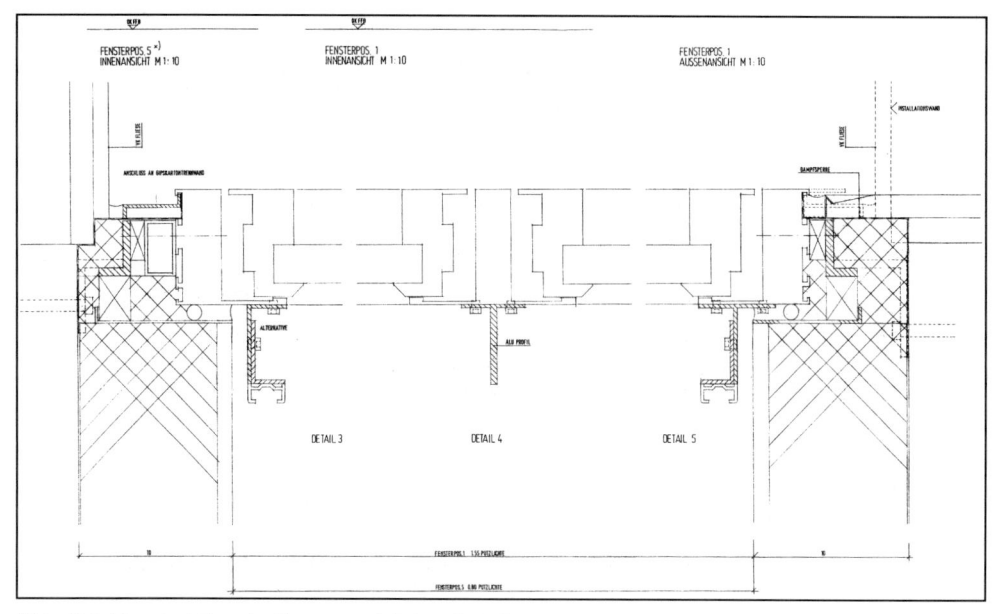

Abb. C.6 Konstruktion der Fensterreduktion, Detail 3, 4 und 5.

Abb. C.7 Ansicht Nord/Ost – Gartenfassade

stellt werden. Die Wände und Decken wurden hell gehalten, was der freundlichen, aber reduzierten Stimmung entgegen kam.

Im Außenbereich dominieren die verputzten Außenwände, die nur durch Betonstein ergänzt werden. So wird der exakt, mit glatter Oberfläche hergestellte Betonstein im Sockelbereich als Anprallschutz, für die Brüstungsmauern zur Abgrenzung zu Platz und Straße, als massive Fensterbretter und als weitauskragendes, dünnes Traufgesims im Dachbereich eingesetzt.

Mit dem Studentenwohnheim am Prunerplatz ist ein Gebäude entstanden, das sowohl stadt- als auch innenräumlich einen überzeugenden Beitrag darstellt. So schließt der homogene Baukörper nicht nur die „klaffende Lücke", sondern definiert die Raumkanten (Einleitung der Straße, Platzfront) neu und verleiht dem Platz durch seine markante Präsens ein neues Erscheinungsbild. Das darauf abgestimmte, ursprüngliche Farbkonzept, die Platzfront des Baukörpers in einem dort verträglichen, dunklen Grau zu gestalten und damit auch farblich die sensible Eingliederung zu leisten, war aus politischen Gründen nicht lange von Bestand. Leider wurde der zurückhaltende Farbton durch ein grelles Weiß ersetzt, wodurch nun sehr starke Kontraste zu den grau belassenen Betonsteinen,

Abb. C.8 Innenraum Eingangsbereich

den dunklen Fenstern, vorallem aber auch zu den bestehenden Gebäuden entstanden, und dadurch weder das Haus in sich, noch in der räumlichen Situation die gewohnte Ruhe vermittelt. Leider wurden hier die komplexen Zusammenhänge des Bauens im städtischen Kontext nicht erkannt, was weder der Geschlossenheit des Platzes noch dem gelungenen Gebäude zugute kommt.

Die ganze Welt des Bauens

Reiner, hochwertiger Ton, geformt zur Liapor-Perle und im Feuer gebrannt – die Basis für Liapor-Baustoffe. Ob Bausteine, massive Fertigbauelemente, Leichtbeton oder gar im Pflanzbereich, Liapor bietet viele Möglichkeiten. Liapor-Baustoffe sind tragfähig, leicht und hochfest, also ideal auch für konstruktives Bauen. Mehr Information? Gerne. Liapor-Service, Postfach 300722, 70447 Stuttgart oder Telefax 0711/1354590.

Liapor®
Ihr Baustoff aus Ton. Natürlich.

D BAUPHYSIK

Prof. Dr.-Ing. Erwin Knublauch (Abschnitt 1)
Prof. Dipl.- Ing. Rainer Pohlenz (Abschnitt 2)
Dipl.-Ing. Kurt Klingsohr (Abschnitt 3)
Prof. Dr.-Ing. Kurt Kießl (Abschnitt 4)

1 Wärmeschutz ... D.3
    1.1 Grundlagen ... D.3
    1.2 Die Wärmeschutzverordnung im Kurzüberblick ... D.3
    1.3 Stimmt der berechnete Heizwärmebedarf mit dem tatsächlichen überein? ... D.5
    1.4 Anforderungen bei baulichen Änderungen bestehender Gebäude ... D.6
    1.5 Welche k-Werte erfüllen die Anforderungen der neuen Wärmeschutzverordnung? ... D.7
    1.6 Ausblick ... D.8

2 Schallschutz im Mauerwerksbau ... D.11
    2.1 Erforderlicher Schallschutz ... D.11
        2.1.1 Bauordnungsrecht – Zivilrecht ... D.11
        2.1.2 Mindestanforderungen an den Schallschutz gemäß DIN 4109 ... D.12
        2.1.3 Erhöhter Schallschutz gemäß DIN 4109 Beiblatt 2 ... D.12
        2.1.4 Kennwerte für den Schallschutz im Wohnungsbau gemäß VDI 4100 ... D.13
        2.1.5 Stand und Wirkung des Schallschutzes ... D.14
        2.1.6 Einzuhaltender Schallschutz ... D.14
    2.2 Planung des Schallschutzes ... D.15
        2.2.1 Innenwände ... D.15
            2.2.1.1 Wohnungstrennwände ... D.15
            2.2.1.2 Haustrennwände ... D.18
        2.2.2 Außenwände ... D.20
            2.2.2.1 Planungsgrundlagen ... D.20
            2.2.2.2 Schalltechnischer Nachweis ... D.20
            2.2.2.3 Planungsempfehlungen ... D.21
            2.2.2.4 Planungs- und Ausführungsmängel ... D.21

3 Baulicher Brandschutz im Mauerwerk ... D.22
    3.1 Einführung ... D.22
    3.2 Die Entstehung und Ausbreitung von Feuer und Rauch ... D.23
    3.3 Bauaufsichtliche Grundlagen ... D.24
    3.4 Gesetze ... D.24
    3.5 Verordnungen ... D.25
    3.6 Richtlinien ... D.25
    3.7 Normen ... D.26
    3.8 Brandschutz baulicher Anlagen ... D.27
        3.8.1 Brandverhütung ... D.27
        3.8.2 Verhinderung der Ausbreitung von Feuer und Rauch ... D.27
        3.8.3 Zur Rettung von Menschen und Tieren ... D.27
        3.8.4 Durchführung wirksamer Löscharbeiten ... D.28
        3.8.5 Regelung der Musterbauordnung ... D.28

3.9 Baustoffe	D.30
3.9.1 Klassifizierung	D.30
3.9.2 DIN 4102 Teil 4: Brandverhalten von Baustoffen und Bauteilen; Zusammenstellung und Anwendung klassifizierter Baustoffe, Bauteile und Sonderbauteile	D.30
3.10 Bauteile	D.31
3.11 Brandwände	D.46
3.11.1 Öffnungen in raumabschließenden Bauteilen	D.46

4 Aktueller Beitrag

Umnutzung historischer Gebäude – Erprobung bauphysikalischer Schutzmaßnahmen für feuchte- und salzbelastete Wände am Objekt   D.50

1 „Erhalten durch Nutzen", aber Prüfen der Beanspruchung	D.50
2 Zum bauphysikalischen Geschehen	D.51
3 Unterschiedliche Objekte, unterschiedliche Aufgabenstellungen	D.52
3.1 Kampischer Hof, Stralsund	D.52
3.2 Medaillon-Saal, Schloß Schwerin	D.54
4 Durchführung der Klimaversuche und Ergebnisse	D.56
4.1 Kampischer Hof, Stralsund	D.56
4.2 Medaillon-Saal, Schloß Schwerin	D.57

D BAUPHYSIK

1 Wärmeschutz

1.1 Grundlagen

Viele Jahrzehnte hindurch galt der k-Wert, also der Wärmedurchgangskoeffizient in W/(m²K), oder der damit verwandte Wärmedurchlaßwiderstand, $1/\Lambda$ oder auch R in m²K/W genannt, als Mittelpunkt aller konstruktiven Überlegungen im Wärmeschutz. Beide Größen beschreiben in einer problemunabhängigen Weise Wärmeübertragungseigenschaften durch „Transmission" durch die Flächeneinheit ebener Bauteile, wobei unglücklicherweise der k-Wert mit besserem Wärmeschutz zu kleineren Zahlenwerten hin fällt, während gleichzeitig der Wärmedurchlaßwiderstand zu größeren Zahlenwerten hin ansteigt.

k bzw. $1/\Lambda$ oder R entscheiden zunächst über Bauschäden durch Tauwasser (Oberflächenkondensation). Daher gibt es Anforderungen in DIN 4108 zum „Mindestwärmeschutz" (an jeder Stelle/an der ungünstigsten Stelle) für jedes schadensanfällige Bauteil (hierzu gehören nicht die Fenster). DIN 4108 dient somit der Gefahrenabwehr und ist eine ingenieurmäßig plausible technische Regel (allgemein anerkannte Regel der Technik). Die Norm wird daher durch die Wärmeschutzverordnung nicht überflüssig und liefert zusätzlich die Berechnungsgrundlagen und die Rechenwerte für λ_R.

Es wird der Zusammenhang zwischen Wärmetransport durch Transmission Q/At in W/m², also die übertragene Wärmemenge Q je Einheit der Fläche A und Zeiteinheit t, und k-Wert bei bestimmten Temperaturen ϑ der beidseitig angrenzenden Luftschichten als bekannt unterstellt:

$$\frac{Q}{At} = q = k\,(\vartheta_{Li} - \vartheta_{La}) \text{ mit } k = \frac{1}{\frac{1}{\alpha_i} + \sum \frac{s_i}{\lambda_i} + \frac{1}{\alpha_a}}$$

$1/\alpha$ Wärmeübergangswiderstände nach DIN 4108 Teil 4, $\lambda = \lambda_R$ Rechenwerte der Wärmeleitfähigkeit nach DIN 4108 Teil 4 oder amtl. Bekanntmachung, s Schichtdicken, s/λ heißt auch $1/\Lambda$ oder R, also Wärmedurchlaßwiderstand.

Der k-Wert entscheidet in Verbindung mit der Temperaturdifferenz zwischen innen und außen über den Energiebedarf zur Deckung der Transmissionswärmeverluste.

Setzt man für $t\,(\vartheta_{Li} - \vartheta_{La})$ als Ausdruck für das Wettergeschehen und die Nutzung der Innenräume eine bestimmte Heizgradtagzahl pro Jahr, also eine Konstante an, dann erhält man für jedes wärmeübertragende Bauteil $Q = Q_T$ = const ($k\,A$) in kWh/a („Transmissionswärmebedarf"). Grenzen Bauteile nicht an Luft mit Außentemperatur, z. B. an unbeheizte Räume mit anderen Temperaturen als den Außentemperaturen, werden vereinfachend zusätzliche Faktoren, z. B. 0,5 oder 0,8 bei const ($k\,A$) eingeführt.

Die früheren Fassungen (1977 und 1982) der WärmeschutzV versuchten durch Begrenzung von k_m, also eines über alle wärmeübertragenden Bauteile gemittelten k-Wertes, indirekt den Energieverbrauch zu begrenzen. Die wärmeübertragende Fläche A wurde dabei ins Verhältnis zum beheizten Gebäudevolumen V gesetzt und der Kennwert A/V gebildet. Die seit dem 1.1.95 geltende WärmeschutzV macht nun deutlich, daß der Heizwärmebedarf nicht nur in der Deckung der Transmissionswärmeverluste besteht, und versucht, zusätzlich den Wärmebedarf für den Luftwechsel Q_L mit den Wärmegewinnen aus der Nutzung Q_I und aus der Sonneneinstrahlung Q_S durch die lichtdurchlässigen Bauteilflächen zu berücksichtigen.

Die Senkung des Bedarfes an Heizenergie beim Betrieb von Gebäuden gilt in besonderem Maße als Beitrag zur Sicherung der Zukunft. Der Umfang zu erzielender Energieeinsparungen gegenüber einem verabredeten oder technisch gewachsenen Ausgangsniveau ist eine politische Frage. Vereinfachungen des Rechenverfahrens gegenüber der „Wirklichkeit" gehören ebenfalls in den politischen Raum. Die Fragen der Energieeinsparung gehören nicht zu den „allgemein anerkannten Regeln der Technik", die sich auch ohne Zwang einführen; sie haben Verordnungscharakter. Auf dem Verordnungsweg wird sogar die äußere Form und der Umfang der benötigten Nachweise, der „Wärmebedarfsausweis" nach § 12 WärmeschutzV, festgelegt. Einzelheiten finden sich im Vorschriftenteil dieses Buches.

1.2 Die Wärmeschutzverordnung im Kurzüberblick

Die WärmeschutzV gliedert sich in die Abschnitte

1. Zu errichtende Gebäude mit **normalen** Innentemperaturen (auf mindestens 19 °C beheizt)

2. Zu errichtende Gebäude mit **niedrigen** Innentemperaturen (mehr als vier Monate lang zwischen 12 und 19 °C)

Bauphysik

3. Bauliche Änderungen **bestehender Gebäude** (Erweiterung um einen beheizten Raum/Nutzfläche > 10 m², Änderungen an mind. 20 % der Flächen von einzelnen wärmeübertragenden Bauteilen, Einbau von Klimaanlagen)
4. Ergänzende Vorschriften (Ausnahmen, Härtefälle, Übergangsvorschriften)

Die Einhaltung der jeweils erlassenen Einzelvorschriften ist nachzuweisen und hat bestimmten Formvorschriften zu genügen.

Nachweise in der Übersicht

Gebäudetyp:			Anforderung an:	
zu errichtende Gebäude	mit **normalen** Innentemperaturen ($\vartheta \geq 19\ °C$)			Zusätzlich:
		allgemein	Jahresheizwärmebedarf Q'_H; Bezug auf V in m³	Fenster und Fenstertüren
		alternativ: falls lichte Raumhöhe $\leq 2,6$ m	Jahresheizwärmebedarf Q''_H; Bezug auf A_N in m²	Flächenheizungen, Heizkörpernischen, Heizkörper vor Verglasungen
		Wohngebäude mit ≤ 2 Vollgeschossen und ≤ 3 Wohneinheiten	Vereinfachtes Verfahren: Max-Werte für k_W, $k_{m,Feq}$, k_D, k_G	Rolladenkästen (nur bei Neubau) Dichtigkeit der Schließfugen a-Wert
	mit **niedrigen** Innentemperaturen ($12\ °C \leq \vartheta \leq 19\ °C$, Beheizung mindestens 4 Monate/Jahr)		Transmissionswärmebedarf Q'_T; Bezug auf V in m³	Dichtigkeit der Bauteile an Fugen in Flächen
Bauliche Änderungen an bestehenden Gebäuden	mit normalen und niedrigen Innentemperaturen fallweise		Max-Werte für k_W, k_F, k_D, k_G. Für Anbauten: Q'_H bzw. Q''_H	

Hier soll zur besseren Übersichtlichkeit zunächst nur der Nachweisweg für **Gebäude mit normalen Innentemperaturen** skizziert werden:

Regelfall für alle Gebäude und (rechnerisch herausgelöste) Gebäudeteile

1) Bestimmung von

vorh $Q_H = 0,9\ (Q_T + Q_L) - (Q_I + Q_S)$ kWh/a

$\rightarrow$ vorh $Q'_H = \dfrac{\text{vorh } Q}{V}$ kWh/(m³a)

2) Nachweis erbracht, wenn

vorh $Q'_H \leq$ zul Q'_H
(nach WärmeschutzV, Anlage 1, Tabelle 1)

Sonderfall für Gebäude, in denen nur Räume mit lichten Höhen unter 2,6 m vorhanden sind:

1a) Bestimmung von

vorh $Q_H = 0,9\ (Q_T + Q_L) - (Q_I + Q_S)$ kWh/a

$\rightarrow Q''_H = \dfrac{\text{vorh } Q_H}{V/0,32}$ kWh/(m²a)

2a) Nachweis erbracht, wenn

vorh $Q''_H \leq$ zulQ''_H
(nach Wärmeschutz V, Anlage 1, Tabelle 1)

Es bedeuten (alle Größen in kWh/a):

$Q_T = 84\ (k_W A_W + k_F A_F + 0,8\ k_D A_D + 0,5\ k_G A_G + k_{DL} A_{DL})$

$Q_L = 22,85\ (\beta)\ V_L = 22,85 \cdot 0,8\ (\beta)\ V = 18,28\ (\beta)\ V$

$Q_I = 8\ V$; fallweise $Q_I = 10\ V$

$Q_S = \sum\limits_{i,j} 0,46\ I_j\ g_i\ A_{i,j}$ (i Einzelfenster, j Himmelsrichtungen)

alternativ: Berücksichtigung der Strahlungsgewinne in k_F (führt zu $k_{F,eq}$!)

zul Q'_H bzw. zul Q''_H sind abhängig von A/V.

Berechnung von A:

Gemeint sind alle an der Wärmeübertragung beteiligten Bauteilflächen:

$A = \sum\limits_i A_i = A_W + A_F + A_D + A_G + A_{DL}$

Berechnung von V:
Das von den Flächen A_i eingeschlossene Gebäudevolumen. Es gelten die Gebäudeaußenmaße, für A_F die Rohbauöffnungen.

Wegen der abweichenden Nachweise für Gebäude mit niedrigen Innentemperaturen (dort werden nur Transmissionswärmeverluste berücksichtigt) oder der Möglichkeit, den Nachweis für kleine Wohngebäude mit nicht mehr als zwei Vollgeschossen und nicht mehr als drei Wohnungen in einem vereinfachten Verfahren nachzuweisen, siehe WärmeschutzV.

Kennzeichnend für die allgemeinen Nachweisverfahren, also außer den Sonderregelungen für kleine Wohngebäude und für bestehende Gebäude, ist, daß es innerhalb der durch DIN 4108 gezogenen Grenzen keine Vorschriften für die Einhaltung bestimmter k-Werte der Einzelbauteile gibt. Dies liegt damit im Entscheidungsbereich der Gebäudeplanung und wird durch konstruktive und wirtschaftliche Randbedingungen bestimmt.

Soweit in den Nachweisvarianten der Wärmeschutzverordnung k-Werte konkret genannt werden, führen diese nicht immer zu technisch oder wirtschaftlich optimalen Lösungen. Dies gilt auch z. B. für die bei Dächern genannten k_D-Werte von fallweise 0,22 oder 0,30 W/(m²K) oder für bei Wänden genannte k_W-Werte von 0,5 oder 0,4 W/(m²K), die nur innerhalb der jeweiligen Nachweisvarianten verbindlich sind. Probeberechnungen auf dem Weg zu einem optimalen Nachweis können sich also lohnen.

1.3 Stimmt der berechnete Heizwärmebedarf mit dem tatsächlichen überein?

Der vorgeschriebene Wärmebedarfsausweis mit den jedermann zugänglichen Daten auch über den Heizwärmebedarf eines Gebäudes läßt einen Vergleich mit den tatsächlichen Heizkostenabrechnungen zu. Bei Abweichungen drängt sich zunächst der Verdacht auf, der Wärmeschutz des Gebäudes sei nicht so ausgeführt, wie er dem Wärmebedarfsausweis zugrunde gelegt worden ist, was Rechtsstreitigkeiten vorprogrammieren könnte.

Sehr systematische Vergleiche zwischen dem nach dem Algorithmus der WärmeschutzV berechneten Wärmebedarf und dem tatsächlichen Bedarf an Heizenergie liegen bisher kaum vor. So kann man nur über Erfahrungen aus Beispielrechnungen berichten.

Im Zuge von Modernisierungsmaßnahmen kann man leicht den rechnerischen Heizwärmebedarf des ursprünglichen Zustands mit dem des durch die Bauarbeiten veränderten Zustandes vergleichen, weil viele Parameter, einschließlich der verbleibenden Bewohner, unverändert geblieben sind. Dabei ergibt sich zunächst naturgemäß, daß das ursprüngliche Gebäude die heutigen Anforderungen nicht erfüllt. Der rechnerische Heizwärmebedarf liegt aber teilweise sehr deutlich unter dem tatsächlich in den Jahren zuvor in den Heizkostenabrechnungen festgestellten Heizwärmebedarf, auch wenn man die tatsächlichen Heizgradzahltage für den Gebäudestandort für die jeweiligen Winter korrigierend einrechnet. Besonders große Abweichungen zeigen sich, wenn in dem Gebäude noch alte Fenster ohne Dichtungen vorhanden sind. Offenbar schätzt in einem solchen Fall der Algorithmus der WärmeschutzV hier den Lüftungswärmeverlust völlig falsch ein. Er ist in Wirklichkeit viel größer, als berechnet. Auch nach der Modernisierung bleibt der für die neue Situation berechnete Wert regelmäßig unter dem tatsächlichen, weil die Bewohner bestimmte Lebensweisen nicht an die veränderten wärmetechnischen Bedingungen anpassen. Ein erheblicher systematischer Fehler zwischen berechnetem und tatsächlichem Heizwärmebedarf ergibt sich aus der Qualität der Heizanlage, weil in der WärmeschutzV bekanntlich keine Annahmen über den Wirkungsgrad der Kessel, über Stillstandsverluste und andere Energieverluste berücksichtigt werden. Dies wird insbesondere deutlich, wenn in der überprüften Stichprobe auch Gebäude vorhanden sind, die an ein Fernheizsystem mit völlig andersartigem Abrechnungsverfahren angeschlossen sind. Im Ergebnis stellen sich häufig nicht einmal die rechnerisch erwarteten prozentualen Einsparungen an Heizkosten ein.

Wendet man den Algorithmus der jetzigen WärmeschutzV auf relativ neue Gebäude nach der alten WärmeschutzV (1984) an, weil für solche Gebäude schon Erfahrungen über den tatsächlichen Wärmebedarf vorliegen, dann treffen die rechnerischen Ergebnisse bis auf den genannten systematischen Fehler durchaus den tatsächlichen Verbrauch. Man gewinnt den Eindruck, als sei der Algorithmus seinerzeit an solchen Gebäuden erprobt und optimiert worden.

Bei Gebäuden, die in ihrem Wärmeschutz das Niveau der bisherigen WärmeschutzV deutlich in Richtung Niedrigenergiehaus übersteigen, zeigten einige Probeberechnungen, daß der rechnerisch erwartete geringe Heizenergieverbrauch bei weitem nicht erreicht wurde. Der tatsächliche Energieverbrauch lag also regelmäßig höher als nach der Berechnung erwartet. Als Niedrigenergiehaus gerechnete Gebäude erfüllen damit nicht die in sie gesetzten Erwartungen. Über die Gründe (systematische Fehler wegen der Heizanlage, nichtberücksichtigte Wärmebrücken in der Gebäudehülle usw.) muß hier noch spekuliert werden.

Bauphysik

Diese ersten Erfahrungen lassen erkennen, daß die WärmeschutzV zunächst nur als Mittel der Steuerung bautechnischer Veränderungen, zweifellos in eine richtige Richtung, taugt. Der Wärmebedarfsausweis enthält dagegen kaum eine Zusicherung über die aufzuwendenden Heizkosten und darf auch in Mieterstreitigkeiten nicht so verstanden werden.

1.4 Anforderungen bei baulichen Änderungen bestehender Gebäude

Prinzip: Erlauben Sowieso-Bauarbeiten die Verbesserung des Wärmeschutzes, dann sind Verbesserungen vorgeschrieben.

Werden Gebäude mit normalen oder niedrigen Innentemperaturen um mindestens einen beheizten Raum oder um mehr als 10 m² zusammenhängende Gebäudenutzfläche erweitert, sind die Anforderungen an Neubauten (WärmeschutzV, Anlage 1 bzw. Anlage 2) einzuhalten. Dies gilt auch für die Dichtheit. Der Algorithmus der WärmeschutzV läßt sich ohne Probleme auch auf Anbauten, Dachgeschoßausbauten oder Gebäudeteile anwenden. Dabei werden die mit dem bestehenden beheizten Gebäudevolumen gemeinsamen Bauteile als wärmeundurchlässig und mit $A = 0$ eingesetzt.

Soweit das Gebäude nicht schon die Anforderungen an zu errichtende Gebäude erfüllt (nachrechnen lohnt!), gelten die hier abgedruckten Anforderungen, wenn Bauteile erstmalig eingebaut, ersetzt (wärmetechnisch nachgerüstet) oder erneuert werden, insbesondere wenn **Außenwände und Fenster** in der Weise erneuert werden, daß auf mindestens **20 %** der Bauteilflächen der zugehörigen Fassade

a) Bekleidungen in Form von Platten oder plattenartigen Bauteilen oder Verschalungen sowie Mauerwerksvorsatzschalen angebracht werden,

b) bei beheizten Räumen auf der Innenseite der Außenwände Verkleidungen oder Verschalungen aufgebracht werden, oder allgemein

c) Dämmschichten eingebaut werden,

oder wenn **Decken** unter nicht ausgebauten Dachräumen und Decken, die Räume nach oben oder unten **gegen die Außenluft** abgrenzen, sowie **Kellerdecken, Wände und Decken gegen unbeheizte Räume sowie Decken und Wände, die an das Erdreich grenzen**, in der Weise erneuert werden, daß

a) die Dachhaut (incl. vorhandener Dachverschalungen unmittelbar unter der Dachhaut) ersetzt wird,

b) Bekleidungen in Form von Platten und plattenartigen Bauteilen, wenn diese nicht unmittelbar angemauert, angemörtelt oder geklebt werden, oder Verschalungen angebracht werden oder

c) Dämmschichten eingebaut werden.

Zeile	Bauteil	Gebäude mit	
		normalen niedrigen Innentemperaturen k_{max} in W/(m²K)[1)]	
1	a) Außenwände b) Außenwände bei Erneuerungsmaßnahmen mit Außendämmung	$k_W \leq 0{,}50$ [2)] $k_W \leq 0{,}40$	$\leq 0{,}75$
2	Außenliegende Fenster, Fenstertüren, Dachfenster	$k_F \leq 1{,}8$	–
3	Decken unter nicht ausgebauten Dachräumen und Decken, die Räume nach oben oder unten gegen die Außenluft abgrenzen	$k_D \leq 0{,}30$	$\leq 0{,}40$
4	Kellerdecken, Wände und Decken gegen unbeheizte Räume oder das Erdreich	$k_G \leq 0{,}50$	–

[1)] Der Wärmedurchgangskoeffizient kann unter Berücksichtigung vorhandener Bauteilschichten ermittelt werden.
[2)] Die Anforderung gilt als erfüllt, wenn Mauerwerk in einer Wandstärke von 36,5 cm mit Baustoffen mit einer Wärmeleitfähigkeit von $\lambda \leq 0{,}21$ W/(mK) ausgeführt wird.

Über die Dichtheit der Gebäudehülle:

Durch die Fortschritte der Wärmedämmung der wärmeübertragenden Gebäudehülle sinkt naturgemäß der Transmissionswärmebedarf eines Gebäudes. Der gesamte Heizwärmebedarf wird daher zu einem immer größeren Anteil durch den Wärmebedarf bestimmt, der mit dem auch unkontrollierten Luftwechsel durch Fugen einhergeht. Die Herstellung auch an allen Anschlußpunkten oder Durchdringungen dichter Bauteile wird daher eine Ingenieuraufgabe mit rasch zunehmendem Gewicht. Die stillschweigende Annahme, Außenwände aus Mauerwerk seien prinzipiell luftdicht, läßt sich angesichts der Fensteröffnungen mit ihren Anschlüssen und Rolladenkästen oder bei der Verwendung von Trockenputzen nicht aufrechterhalten. Folgerichtig enthält die WärmeschutzV den § 4, der ein erhebliches technisches Risikopotential für Planung und Ausführung begründet:

§ 4 WärmeschutzV
„(1) Soweit die wärmeübertragende Umfassungsfläche durch Verschalungen oder gestoßene, überlappende sowie plattenartige Bauteile gebildet wird, ist eine luftundurchlässige Schicht über die gesamte Fläche einzubauen, falls nicht auf andere Weise eine entsprechende Dichtheit sichergestellt werden kann.

(4) Soweit es im Einzelfall erforderlich wird zu überprüfen, ob die Anforderungen der Absätze 1 bis 3 erfüllt sind, gilt Anlage 4 Ziffer 2." dort: „. . . erfolgt diese Überprüfung nach den allgemein anerkannten Regeln der Technik, die nach § 10 Abs. 2 bekanntgemacht sind."

Die Notwendigkeit der Festlegung eines Luftdichtungskonzeptes (Lage von Luftdichtheitsschicht) als konstruktive Aufgabe tritt allerdings erst in jüngster Zeit in Deutschland in das Bewußtsein der Bauherren.

Für die Messung der Luftdichtheit sind internationale Normen in Vorbereitung (ISO 9972 „Fan pressurization method", EN 12114 in Verbindung mit E DIN 4108-21); erste Planungsempfehlungen findet man in DIN V 4108-7.

Konkrete Anforderungen an die zu erreichende Dichtheit des Gesamtgebäudes (und nicht nur bestimmter Bauteilflächen!) gibt es bisher in Deutschland allenfalls in Förderrichtlinien für energiesparende Baumaßnahmen. Im Ausland sind teilweise „Luftwechselzahlen n_{50}" bereits genormt, die Maßstab für zukünftige deutsche Vorschriften sein dürften. n_{50} kennzeichnet den mittels Gebläse, das einen Differenzdruck zwischen Innenraum und Freien erzwingt, erzeugten Austausch des Luftvolumens im Gebäude je Stunde. Luftwechselzahlen n_{50} unter $3\ h^{-1}$ gelten heute als gute Werte, Niedrigenergiehäuser sollten unter $n_{50} = 1\ h^{-1}$ liegen. Die genannten Zahlen haben zunächst nichts mit der natürlichen Lüftung von Innenräumen zu tun, weil n_{50} meßtechnisch mit einem eingeprägten Differenzdruck von 50 Pa ermittelt wird.

1.5 Welche k-Werte erfüllen die Anforderungen der neuen Wärmeschutzverordnung?

Die neue Wärmeschutzverordnung begrenzt bei Gebäuden mit normalen Innentemperaturen den Jahresheizwärmebedarf pro m³ Gebäudevolumen und Jahr, genannt Q'_H, wobei Nachweisvarianten für Gebäude, in denen nur Räume mit höchstens 2,6 m lichter Höhe vorhanden sind, für kleine Wohngebäude und für bauliche Änderungen an bestehenden Gebäuden zulässig sind. Innerhalb des Rechenalgorithmus für Q'_H können für einzelne Bauteile (Wände, Fenster, Dach, Kellerdecke u. a.) k-Werte **frei gewählt** werden, so daß gemeinsam mit den Lüftungswärmeverlusten, den solaren Wärmegewinnen und den Gewinnen aus inneren Wärmequellen die Grenzen für Q'_H nicht überschritten werden. Die Wahl der einzelnen k-Werte wird durch konstruktive und wirtschaftliche Randbedingungen innerhalb der Grenzen des Mindestwärmeschutzes nach DIN 4108 eingeschränkt.

Im folgenden soll der Versuch gemacht werden, die Wahlmöglichkeiten für k-Werte einzugrenzen und zu zeigen, daß es so etwas wie einen Wärmeschutz nach Augenmaß gibt. Aus dem Algorithmus für Q'_H nach der WärmeschutzV läßt sich trotz der Bilanzierung mit neuen Wärmebedarfsanteilen gleichwohl ein aus den früheren Wärmeschutzverordnungen bekannter „mittlerer k-Wert" mit der Beziehung

$$k_m = \frac{k_W A_W + k_{F,eq} A_F + 0{,}8\ k_G A_G + 0{,}5\ k_G A_G}{A}$$
$$+ \frac{k_{DL} A_{DL} + 0{,}5\ k_{AB} A_{AB}}{A}$$

herausziehen, indem man in das Grundgleichungssystem für Q'_H die Einzelgleichungen einsetzt. Dann erhält man

$Q'_H = 1/V(0{,}9 \cdot 84\ k_m \cdot A + 0{,}9 \cdot 0{,}8 \cdot 22{,}85\ V - 8{,}0\ V)$
$= 75{,}6\ k_m A/V + 8{,}45$

Setzt man für Q'_H die jeweils zulässigen Maximalwerte in Abhängigkeit von A/V nach Anlage 1 WärmeschutzV ein, kann der folgende Maximalwert für k_m bestimmt werden:

A/V m⁻¹	1,0	0,8	0,6	0,5	0,4	0,2
max k_m W/(m²K)	0,29	0,31	0,34	0,36	0,39	0,55

Bedenkt man, daß für eingeschossige Hallen oder Reihenhäuser $A/V \approx 0{,}6\ m^{-1}$, für Mehrfamilienhäuser $A/V \approx 0{,}5\ m^{-1}$ und für Verwaltungsgebäude

$A/V \approx 0{,}4$ m^{-1} angenommen werden kann, dann darf für derart „mittlere Gebäude" max $k_m \approx 0{,}35$ W/(m^{2}K) als typisch angenommen werden.

Wegen der in der Gleichung für k_m enthaltenen Faktoren 0,5 und 0,8 dürfen die tatsächlichen k-Werte noch größer als im Mittel 0,35 W/(m^{2}K) angesetzt werden, je nach Bauwerk vielleicht bis zu 0,4 oder 0,45 W/(m^{2}K).

In den Algorithmen der früheren beiden Wärmeschutzverordnungen (1977 und 1982) galten Fensterflächen als „kritisch", da ihnen wegen ihres großen k-Wertes ein besonderes Gewicht beizumessen war. Man beachte daher, daß in der hier angeschriebenen Gleichung für k_m die Fenster mit $k_{F,eq'} = k_F - gS_F$, also einschließlich ihrer solaren Energiegewinne angesetzt werden. Innerhalb der jetzigen Glas- und Fenstertechnologie dürfen Werte $k_F \approx 1{,}7$ W(m^{2}K) bei $g = 0{,}72$ als typisch angenommen werden. Ost-, West- oder Flachdachfenster erhalten auf diese Weise ein $k_{F,eq'} \approx 0{,}5$, Südfenster $k_{F,eq'}$-Werte um Null und Nordfenster rund 1,0 W/(m^{2}K). Bei vielen Gebäuden liegen damit die Werte für $k_{F,eq'}$ über alle Fenster gemittelt in der Nähe des erforderlichen k_m! Die bisher üblichen Kompensationsüberlegungen bei anderen Bauteilen, z. B. den Dächern, wegen der Fenster, sind daher jetzt entbehrlich: Es ist in der Regel nicht nötig, insbesondere Dachflächen oder Kellerdecken/erdberührte Bauteile außergewöhnlich hoch zu dämmen oder nur wegen der Fensterflächen Außenwände mit einem Wärmedämmverbundsystem zu versehen. Es reichen, je nach Bauteil, k-Werte zwischen 0,5 und äußerstenfalls 0,3 W/(m^{2}K). Diese Feststellung gilt z. B. auch im Falle der Sanierung vorhandener Dachflächen, für die sich ein genauerer Nachweis nach der Wärmeschutzverordnung lohnen könnte, bevor der Wert „0,3 W/(m^{2}K)" aus Anlage 3, Tabelle 1, Zeile 3 Wärmeschutzverordnung übernommen wird! Man erkennt auch, wie ggf. unwirtschaftlich es sein kann, bei kleinen Wohngebäuden aufgrund des vereinfachten Nachweises blind einen k-Wert für das Dach von „$k_D = 0{,}22$ W/(m^{2}K)" gemäß Anlage 1 Tabelle 2 WärmeschutzV zu übernehmen.

Im Sinne einer über alle Bauteilflächen hinweg halbwegs gleichmäßigen Wärmedämmung aller Bauteile folgt aus den Überlegungen, daß Außenwände ebenfalls im Bereich $k_W = 0{,}5$ bis 0,4 W/(m^{2}K) durchaus „mit Augenmaß gedämmt" erscheinen. Vergleicht man die ermittelten k-Werte für Wände mit denen der üblichen Mauerwerkskonstruktionen, so erkennt man, daß keine eindeutige Entscheidung in der Streitfrage einschalige Mauerwerkswand oder mehrschichtige, wärmegedämmte schwere Außenwand aus der WärmeschutzV hergeleitet werden kann. Bekanntlich liegen die k-Werte einer 36,5 cm dicken Leichtziegelwand oder einer 30 cm Porenbetonwand, jeweils ohne zusätzliche Wärmedämmschicht, bei etwa 0,5 W/(m^{2}K) oder etwas darunter und konkurrieren damit mit schweren Mauerwerkswänden mit einer zusätzlichen wirksamen Dämmschicht von ca. 6 cm Dicke. Beim Bauen im Bestand dürfte es allerdings nicht ohne zusätzliche Wärmedämmung von überkommenen Mauerwerksaußenwänden gehen. Erst wenn man besonders dünne Außenwände realisieren möchte, muß innerhalb der WärmeschutzV „spitz" gerechnet werden.

Stellt man sich im Zusammenhang mit leichten oder massiven Dächern (außer Porenbeton) den genannten k-Werte-Bereich als Dämmstoffdicken aus Wärmedämmstoffen der Wärmeleitfähigkeitsgruppe 040 vor, dann sind dies mindestens 6 und höchstens 12 cm dicke Platten! Es wird für die meisten Gebäude für zulässig gehalten, ein Dämmstoffdicken-Niveau im Bereich von 12 cm bei Dächern als „allgemein anerkannt" anzusehen. Diese „Üblichkeit" entlastet zusätzlich die k-Wert-Problematik im Wandbereich beim Nachweis von Q'_H, weil über das Dach eine gewisses „Polster" für die Wände geschaffen wird.

1.6 Ausblick

Die seit nunmehr zwei Jahren gültige Wärmeschutzverordnung brachte für die Bemessung des Wärmeschutzes in der Wahl von k-Werten offenbar weniger Veränderungen, als zunächst erwartet worden war. Bei vielen Bauteilen, auch bei Außenwänden, ist ein Bauen wie zur Zeit der WärmeschutzV 1984 möglich. Der Grund liegt überwiegend darin, daß in Zuge der Umdeutung von Fenstern und der Anerkennung von deren solaren Gewinnen ein großer Teil von rechnerischen Verschärfungen der jetzigen WärmeschutzV 1995 gegenüber der Vorgängerverordnung wieder ausgeglichen werden.

Verdienstvoll bei der jetzigen WärmeschutzV ist der begrifflich neue Ansatz, den k-Wert durch den Heizwärmebedarf zu ersetzen, weil damit ein neuer planerischer Ansatz angestoßen wird, der Lüftungswärmeverluste und solare Gewinne in das Bewußtsein anhebt. Die Vermeidung von Lüftungswärmeverlusten führt zusätzlich zu einer neuen Aufgabe in der Bauausführung.

Verdienstvoll ist die noch stärkere Einbindung der Baumaßnahmen an bestehenden Gebäuden. Dabei ist aus Anlage 3 Tabelle 1 WärmeschutzV in Verbindung mit den vorstehenden Abschätzungen über notwendige k-Werte zu erkennen, daß neue oder veränderte Einzelbauteile in eine Qualität hinein verbessert werden, wie sie heute für Neubauten erforderlich sind. Umfassen die Modernisierungsarbeiten nur ausreichend große Anteile der wärmeübertragenden Umfassungsfläche, entstehen automatisch modernisierte Gebäude auf dem wärmetechnischen Standard von Neubauten.

Für das Ende dieses Jahrzehntes ist eine weiter veränderte Fassung der WärmeschutzV angekündigt. Es ist zu erwarten, daß dabei der unmittelbar auf den Heizwärmebedarf gerichtete Ansatz noch verstärkt wird. Dabei werden die jetzt angesetzten solaren Gewinne und die Ansätze für die Wärmerückgewinnung aus der Abluft zur Senkung der Lüftungswärmeverluste auf dem Prüfstand stehen. Sicher wird man auch gehörig über die bauphysikalischen Einsatzgrenzen des k-Wertes als Größe, die allein für ebene Bauteile gilt, nachzudenken haben. Bei immer besser gedämmten Flächen gewinnen die nichtebenen, besser: die nicht eindimensional geschichteten Bauteile ein immer größer werdendes Gewicht. Solche Teile der wärmeübertragenden Umfassungsflächen wirken bekanntlich als geometrische oder stoffliche Wärmebrücken. Da die Berechnungsalgorithmen für Wärmebrücken schon in der Normenwelt sichtbar werden, ist zu erwarten, daß Wärmebrücken auch bald in der Heizwärmebilanzierung rechnerisch auftauchen könnten.

Ein Schwerpunkt in den zukünftigen Überlegungen dürfte auch die Heizanlagen betreffen, deren Wirkungsgrade zu stark differieren.

Jedem Praktiker ist daher schon jetzt die Erprobung von konstruktiven Maßnahmen zur Vermeidung von Wärmebrücken ans Herz zu legen. In der Baupraxis sieht man noch viel zu viele unwirksame Lösungen, z. B. an in die Außenwände einbindenden Decken, Abmauerungen am Traufenfußpunkt steiler Dächer, an Attiken, an den Kronen von in die Steildachfläche einbindenden Giebel- oder Trennwänden, an Fensteranschlüssen, an auskragenden Balkonplatten usw.

Das Standardwerk zur Bauphysik in Neuauflage

Hohmann/Setzer
Bauphysikalische Formeln und Tabellen
Wärmeschutz – Feuchteschutz – Schallschutz
4., neubearbeitete und erweiterte Auflage 2000.
Ca. 460 Seiten 17 x 24 cm, kartoniert
ca. DM 80,–/öS 584,–/sFr 80,–
ISBN 3-8041-2096-2
Erscheint voraussichtlich im II. Quartal 2000

Die Bauphysikalischen Formeln und Tabellen haben sich bereits in drei Auflagen zu einem **Standardwerk** in der Bauphysik entwickelt. Um den Hintergrund der Formeln besser zu verstehen und die bauphysikalischen Vorgänge im Zusammenhang zu erkennen, wurden **zahlreiche Abbildungen** und Tabellen eingefügt und die Formeln aus den naturwissenschaftlichen Grundgesetzen vereinfacht hergeleitet.

Schwerpunkte
Wärmeschutz: Wärmeschutztechnische Grundlagen – Wärmeschutz nach DIN 4108 – Wärmeschutzverordnung – Instationäres Wärmeverhalten von Bauteilen – Wärmebilanz für Räume – **Feuchteschutz:** Feuchteschutztechnische Grundlagen – Feuchteschutz nach DIN 4108 – Tauwasserschutz – Feuchtebilanz für Räume – Kapillares Saugen von Baustoffen – **Schallschutz und Akustik:** Grundlagen des Schallschutzes und der Akustik – Schallschutz nach DIN 4109 – Raum- und Bauakustik – Schallausbreitung in Räumen und im Freien – Berechnung von Schallimmissionen nach DIN 18005, RLS 90, Schall 03, VDI 2714, und VDI 2571 – Schalltechnische Entkopplung von Maschinen.

Zu beziehen über Ihre Buchhandlung oder direkt beim Verlag

WERNER VERLAG
Postfach 10 53 54 · 40044 Düsseldorf
Telefon (02 11) 3 87 98-0 · Telefax (02 11) 3 87 98-11

2 Schallschutz im Mauerwerksbau

Dieser Beitrag wurde in überarbeiteter Form übernommen aus dem Wienerberger Baukalender 1996.

Die Abbildungen entstammen zum größten Teil dem Fachbuch „Der schadenfreie Hochbau 3" [Pohlenz-95]

Die Planung eines einer jeweiligen Bauaufgabe angemessenen Schallschutzes erfordert nicht nur Kenntnisse schalltechnisch-konstruktiver Zusammenhänge, sondern auch eine richtige Einschätzung des geschuldeten Schallschutzes. Sind für die konstruktive Planung schalltechnische Gesetzmäßigkeiten wie das Massegesetz oder Masse-Feder-Masse-Systeme richtig anzuwenden, so sind für die Festlegung der Schallschutzvorgaben sowohl bauordnungsrechtliche als auch zivilrechtliche Belange zu berücksichtigen. Schließlich kann die Kenntnis der wenigen, aber in ihren Auswirkungen um so wichtigeren typischen Ausführungsfehler helfen, Schallschutzmängel zu verhindern.

Im folgenden sollen daher diese Aspekte zusammengestellt und in Hinblick auf den Mauerwerksbau erörtert werden.

2.1 Erforderlicher Schallschutz

2.1.1 Bauordnungsrecht – Zivilrecht

In kaum einem Bereich der Bautechnik ist die Unsicherheit über die einzuhaltenden Grenzwerte und die daraus resultierenden Baukonstruktionen größer als im Bereich des Schallschutzes; selten ist eine Auseinandersetzung über technische Sachverhalte über einen so langen Zeitraum und mit so großer Ausdauer bis in die jüngste Zeit geführt worden. Streitgegenstand ist dabei auch die DIN 4109 - Schallschutz im Hochbau. Anlaß für diese Auseinandersetzung war und ist im wesentlichen die dortige Festlegung der Mindestanforderungen an den Luftschallschutz von Wohnungstrennwänden und an die zulässigen Störpegel von Armaturen und Geräten der Wasserinstallation. Folge der bis heute kontrovers geführten Diskussion ist, daß die gültige DIN 4109 **keine** in allen Belangen allgemein anerkannte Regel der Technik ist [Memorandum zur DIN 4109-92/93]. Dies wird durch eine Vielzahl von Gerichtsurteilen, teilweise letztinstanzlich, bestätigt (vgl. u. a. [OLG Stuttgart-76; OLG Köln-80; OLG Frankfurt-80; OLG München-84; LG Tübingen-78; LG München-83; LG Traunstein-80; OLG Düsseldorf-93]). Daran ändert auch der vor kurzem veröffentlichte Erlaß der Obersten Bauaufsichtsbehörde NRW [RdErl.-94] nichts, der die DIN 4109 zur alleinigen allgemein anerkannten Regel der (Schallschutz-)Technik zu erklären versucht. Vielmehr ist zu befürchten, daß die dadurch nun verursachten Fehl(planungs)entscheidungen für weiteren Verdruß sorgen werden.

Wie soll sich der planende Architekt bzw. der ausführende Handwerker in diesem Gewirr von fachkundigen Äußerungen, fachunkundigen Meinungen und (nicht immer gerechtfertigten) gerichtlichen Urteilen zurechtfinden? Welche Anforderungen sind einzuhalten? Nach meiner Auffassung ist dieses Problem dann relativ einfach zu lösen, wenn man der blinden (!) Normgläubigkeit abschwört und den differenzierten Schutzanspruch unterschiedlicher Nutzer anerkennt. Es geht nämlich dann nicht mehr darum, einen „normgemäßen", sondern einen baurechtlich einwandfreien, der Bauaufgabe „angemessenen" Schallschutz zu erzielen. Dabei sind folgende 3 Leitsätze zu beachten:

1. Bauordnungsrecht: Die DIN 4109 legt als bauaufsichtlich eingeführtes Regelwerk [z. B. RdErl.-90] allein den gemäß Bauordnung vorgesehenen erforderlichen Mindestschallschutz zwischen fremden Nutzungsbereichen fest. Er darf nicht unterschritten werden und bedarf (zunächst) keiner besonderen schriftlichen Vereinbarung.

2. Zivilrecht: Davon abweichend, kann ein Bauherr oder Käufer einer Wohnung einen höheren Schallschutz vereinbaren. Ihm steht dieser erhöhte Schallschutz nach gerichtlicher Auffassung allerdings auch zu, ohne daß er im einzelnen vertraglich vereinbart worden wäre, wenn folgende Umstände alternativ diese Erwartung rechtfertigen:

- Der für ein Bauteil durch die DIN 4109 vorgegebene Mindestschallschutz entspricht nicht den allgemein anerkannten Regeln der Technik bzw. unterschreitet das Merkmal „mittlere Art und Güte".

- Das Gebäude oder die Wohnung weisen in anderen Belangen (z. B. Wärmeschutz, Wohnkomfort, Kaufpreis, Mietzins) ein überdurchschnittliches Niveau auf.

- Der (möglicherweise aus anderen Gründen) gewählte Bauteilaufbau gestattet bei mängelfreier Ausführung aufgrund seiner konstruktiven Merkmale einen höheren Schallschutz als den für diese Bauteilgruppe festgelegten erforderlichen Mindestschallschutz.

Darüber hinaus hat er Anspruch auf einen angemessenen Schallschutz im eigenen Nutzungsbereich, für den DIN 4109 keine Anforderungen formuliert.

Bauphysik

3. Vereinbarungspflicht: Aufgrund des aus den o. a. Überlegungen sich ergebenden Interpretationsspielraums sollte der herzustellende Schallschutz zwischen den Vertragsparteien **immer** umfassend und differenziert vereinbart werden. Der Vereinbarung sollte eine eingehende Diskussion über die Schallschutzmaße hinsichtlich ihrer Einordnung in der Skala der allgemein anerkannten Regeln der Technik, ihrer Schutzwirkung und des baukonstruktiven Aufwands vorausgehen. Abweichend von den Vorgaben der DIN 4109, sollte auch der Mindestschallschutz ausdrücklich vereinbart werden, wenn er als ausreichend erachtet wird, um gegebenenfalls (möglicherweise ungerechtfertigt) vorhandenen Erwartungen auf einen höheren Schallschutz zu begegnen.

2.1.2 Mindestanforderungen an den Schallschutz gemäß DIN 4109

Die bauaufsichtlich vorgeschriebenen Mindestanforderungen an den Schallschutz enthält DIN 4109 - Schallschutz im Hochbau. Sie sind obligatorisch einzuhalten. Die Anforderungen für Trennwände sind in **Tafel D.2.1** auszugsweise wiedergegeben.

Die Anforderungen sind im Bereich des Geschoßwohnungsbaus so festgelegt, daß bei wohnüblicher Lärmerzeugung auf der einen Seite eine nicht zumutbare Störung auf der anderen Seite vermieden wird. Die Erfüllung dieser Mindestanforderungen bedeutet also, daß nachbarschaftliche Geräusche durchaus wahrgenommen werden können und daß gegenseitige Rücksichtnahme unbedingt erforderlich ist. Die Reduzierung der Anforderung an die Luftschalldämmung der Treppenhauswände um 1 dB erscheint fragwürdig, weil ein Unterschied der Dämmwirkung von 1 dB nicht wahrgenommen werden kann, mag sie nun prinzipiell gerechtfertigt sein oder nicht. Aus dem gleichen Grunde bedeutet die höhere Schalldämmung der Wände neben Durchfahrten oder Spielräumen keine wirkliche Verbesserung gegenüber der Standardsituation. Zumindest hier besteht Veranlassung, über einen verbesserten Schallschutz nachzudenken.

Die Mindestanforderung an den Luftschallschutz von Reihenhaus- und Doppelhaustrennwänden liegt merklich, aber nicht wesentlich über der Anforderung im Geschoßwohnungsbau. Sie ist so festgelegt worden, daß sie auch mit einschaligen Wänden noch erfüllt werden kann (siehe Abschnitt 2.2.1.1.3). Der erhöhte Schutzanspruch von Reihenhauserwerbern wird dadurch jedoch mit Sicherheit nicht erfüllt. Bei Verwendung von zweischaligen Haustrennwänden ist diese Anforderung aus den in Abschnitt 2.1.1 erwähnten Gründen ohnehin nicht mehr relevant.

Die bauaufsichtlich vorgeschriebenen Mindestanforderungen an die resultierenden Schalldämm-Maße $R'_{w,res}$ (in dB) der Außenbauteile ergeben sich aus DIN 1109, Abschnitt 5. Diese Mindestanforderungen sind abhängig von den ermittelten maßgeblichen Außenlärmpegeln, die vor den jeweiligen Gebäudefassaden festzustellen sind. Diese Anforderungen sind in Abhängigkeit von der Fassadenfläche S_{W+F} und der Grundrißfläche S_G des betrachteten Raumes zu korrigieren. Bei den Außenbauteilen kann der Mindestschallschutz nach DIN 4109 als Schallschutz mittlerer Art und Güte bezeichnet werden.

2.1.3 Erhöhter Schallschutz gemäß DIN 4109 Beiblatt 2

DIN 4109, Beiblatt 2 [DIN 4109 Bbl. 2-89] enthält Empfehlungen für einen erhöhten Schallschutz zwischen fremden Nutzungsbereichen. Sie sind nicht Bestandteil des Bauordnungsrechts, denn das Beiblatt 2 ist nicht bauaufsichtlich eingeführt. Die Empfehlungen können bei Bedarf vereinbart werden. Auch sie sind auszugsweise in **Tafel D.2.1** wiedergegeben. Kritisch zu beurteilen ist hier, daß der um 2 dB erhöhte Schallschutz von Wohnungstrennwänden keine wirkliche Verbesserung des

Tafel D.2.1 DIN 4109 und Beiblatt 2: Schallschutz zwischen fremden Wohn- und Arbeitsbereichen

Zeile	Bauteil	Mindestschallschutz erf. R'_W dB	Erhöhter Schallschutz erh. R'_W dB
1	Wohnungstrennwände und Wände zwischen fremden Arbeitsräumen	53	≥ 55
2	Treppenraumwände und Wände neben Hausfluren	52	≥ 55
3	Wände neben Durchfahrten, Einfahrten von Sammelgaragen	55	–
4	Wände von Spiel- oder ähnlichen Gemeinschaftsräumen	55	–
5	Einfamilienreihen- oder Doppelhaustrennwände	57	≥ 67

Schallschutz

Tafel D.2.2 DIN 4109: Schallschutz von Außenbauteilen

Zeile	Lärm-pegel-bereich	$L_{maß}$ dB(A)	erf. $R'_{w,res}$ in dB			
			Krankenhäuser	Wohnhäuser, Schulen, Hotels		Bürohäuser
1	I	bis 55	35	30		–
2	II	56 – 60	35	30		30
3	III	61 – 65	40	35		30
4	IV	66 – 70	45	40		35
5	V	71 – 75	50	45		40
6	VI	76 – 80	gesondert festzulegen	50		45
7	VII	über 80	gesondert festzulegen	gesondert festzulegen		50

S_{W+F}/S_G		2,5	2,0	1,6	1,3	1,0	0,8	0,6	0,5	0,4
Korrektur		+5	+4	+3	+2	+1	0	–1	–2	–3

Schallschutzes bedeutet, so daß hier auf andere Quellen zurückgegriffen werden sollte. Dagegen bedeutet der Vorschlag für den erhöhten Schallschutz von Reihenhaustrennwänden eine nennenswerte Verbesserung und stellt, gemessen an dem erreichbaren Schallschutz, eine mittlere Qualität dar.

2.1.4 Kennwerte für den Schallschutz im Wohnungsbau gemäß VDI 4100

Um der eingangs beschriebenen Unsicherheit bei der Festlegung eines angemessenen Schallschutzes zu begegnen, ist von einer Gruppe von Bauakustikern und Wohnungsmedizinern eine Richtlinie erarbeitet worden, die bei der Planung des Schallschutzes von Wohnungen angewendet werden kann: die VDI 4100 [VDI 4100-94]. Sie ist nicht bauaufsichtlich eingeführt und ersetzt somit nicht die DIN 4109. Sie kann aber im Rahmen der zivilrechtlichen Beurteilung des Schallschutzes sehr wohl verwendet werden, denn sie stellt den geplanten Schallschutz im Zusammenhang mit seiner statistischen Einordnung und seiner wahrnehmbaren Wirkung dar. Sie stellt damit eine, wie ich meine, sehr gut brauchbare Planungshilfe dar.

Gemäß VDI 4100 können Kennwerte für einen angemessenen Schallschutz zwischen fremden Nutzungsbereichen und innerhalb des eigenen Nutzungsbereiches vereinbart werden, wobei 3 unterschiedliche Schallschutzstufen (SSt) den Ausstattungsstandard eines Gebäudes oder den unterschiedlichen Schutzanspruch des Benutzer berücksichtigen. Sie sind für Trennwände in **Tafel D.2.3** auszugsweise wiedergegeben.

Schallschutzstufe I entspricht dabei in allen Fällen der Mindestanforderung gemäß DIN 4109, Schallschutzstufe II im wesentlichen den Vorschlägen für einen erhöhten Schallschutz gemäß DIN 4109 Beiblatt 2, wobei darauf geachtet wurde, daß sich SSt II um mindestens 3 dB von SSt I unterscheidet, also immer mindestens ein merklicher Unterschied erzielt wird. Der Schallschutz nach SSt II kann als Schallschutz mittlerer Art und Güte bezeichnet werden. SSt III kann bei den Wohnungstrennwänden als guter, im Bereich der Haustrennwände als mittlerer Schallschutz eingestuft werden. Bei den Außenbauteilen kann der Mindestschallschutz nach DIN 4109 als Schallschutz mittlerer Art und Güte bezeichnet werden. Er entspricht daher SSt I und SSt II.

Die mit der Umsetzung der Schallschutzvorgaben verbundenen Baukosten sind untersucht worden [Kandel-87]. Darauf aufbauend, gibt VDI 4100 die Steigerung der reinen Baukosten an mit

– SSt I auf SSt II: 1,7 %
– SSt I auf SSt III: 2,1 %

Tafel D.2.3 VDI 4100: Schallschutz zwischen fremden Wohn- und Arbeitsbereichen

		Schallschutzstufe		
		SSt I $R'_{w,I}$ dB	SSt II $R'_{w,II}$ dB	SSt III $R'_{w,III}$ dB
Zeile	Bauteil			
1	Wände zwischen Aufenthaltsräumen und fremden Räumen	53	56	59
2	Wände zwischen Aufenthaltsräumen und Treppenhäusern	52	56	59
3	Reihenhaustrennwände	57	63	68
4	Außenbauteile	= erf.$R'_{w,res}$	= erf.$R'_{w,res}$	= erf.$R'_{w,res}$+5

Bauphysik

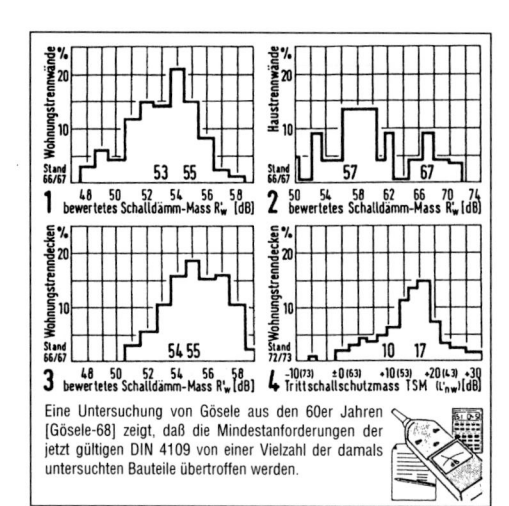

Abb. D.2.1 Stand des Schallschutzes 1967–1973

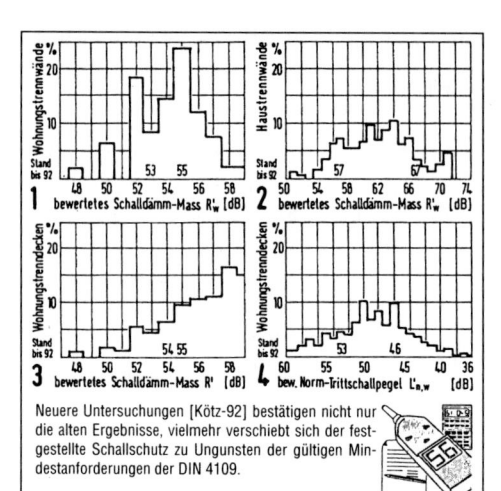

Abb. D.2.2 Stand des Schallschutzes 1990

2.1.5 Stand und Wirkung des Schallschutzes

Der zu planende Schallschutz sollte die allgemein anerkannten Regeln der Technik ebenso berücksichtigen wie individuelle Ansprüche von Bauherren. Dazu ist es nützlich, die statistische Verteilung des Schallschutzes im Wohnungsbau zu kennen.

Untersuchungen in der zurückliegenden Zeit haben gezeigt, daß im Geschoßwohnungsbau, vor allem aber im Reihenhausbau die tatsächlich erreichten Schalldämm-Maße zum überwiegenden Teil über den Mindestanforderungen der DIN 4109 liegen. Bereits in den 60er Jahren hat Gösele nachgewiesen [Gösele-68], daß die Anforderungen der damals gültigen Fassung der DIN 4109 durch eine Vielzahl von Ausgeführten Bauten übertroffen wurden (**Abb. D.2.1**). Daraus versuchte man den Schluß zu ziehen, die Anforderungen bei der Neufassung der Norm entsprechend anzuheben, was bekanntlich an dem Widerstand davon betroffener Kreise des Normenausschusses scheiterte. Neuere Untersuchungen hierzu [Kötz-92] bestätigen die seinerzeit dokumentierte Tendenz (**Abb. D.2.2**). Aus beiden Untersuchungen läßt sich der Schluß ziehen, daß ein Schallschutz mittlerer Art und Güte vorliegt, wenn folgende Schalldämm-Maße eingehalten werden:

- Wohnungstrennwände $R'_w = 55$ dB
- Reihenhaustrennwände $R'_w = 63$ dB

2.1.6 Einzuhaltender Schallschutz

Bei nicht ausdrücklich anderslautender Vereinbarung ist ein Schallschutz mittlerer Art und Güte zu erfüllen. Das bedeutet, daß bei Wohnungstrennwänden und bei Reihenhaustrennwänden die Mindestanforderungen der DIN 4109 merklich überschritten werden müssen.

Um Streitigkeiten über Auslegungsfragen vorzubeugen, sollte der angestrebte Schallschutz nach eingehender Diskussion der allgemein anerkannten Regeln der Technik, ihrer Schutzwirkung (**Abb. D.2.3**) und des baukonstruktiven Aufwands immer schriftlich vereinbart werden. Das angestrebte Schallschutzniveau sollte dem Ausstattungsniveau des Gebäudes entsprechen. Bei Vereinbarung des Mindestschallschutzes nach DIN 4109 sollte auf den Umstand verwiesen werden, daß ein Schallschutz mittlerer Art und Güte u. U. nicht erreicht werden wird.

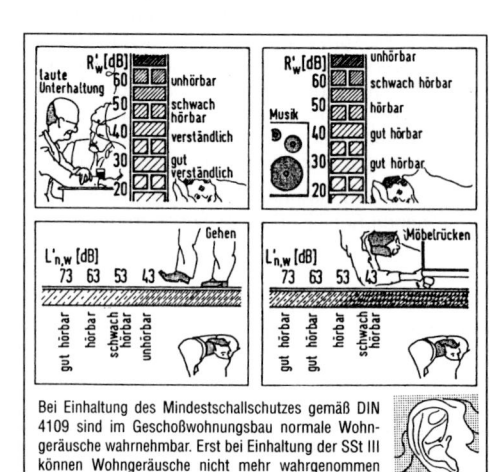

Abb. D.2.3 Wirkung der Schalldämmung

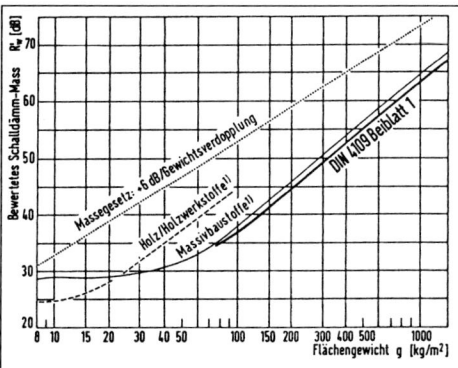

Schallschutz

Abb. D.2.4 Luftschalldämmung einschaliger Bauteile

Die Luftschalldämmung einschaliger Bauteile ermittelt sich theoretisch nach dem Berger'schen Massegesetz. Praktisch nimmt die Luftschalldämmung wegen der Spuranpassung erst ab einem Flächengewicht von etwa 50 kg/m² zu.
[1] Schalldämmung ermittelt nach DIN 4109 E 1979

Abb. D.2.5 Stoßstellendämmung

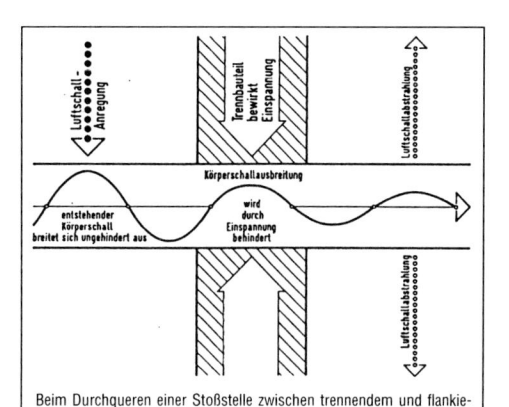

Beim Durchqueren einer Stoßstelle zwischen trennendem und flankierendem Bauteil erfährt der im Flankenbauteil sich ausbreitende Körperschall eine Stoßstellendämmung $R_{s,w}$, die vom Verhältnis der Flächengewichte beider Bauteile abhängig ist: $R_{s,w} = 20 \cdot \lg(g_T/g_L) + 12$ dB. Die Schall-Längsübertragung wird dadurch beträchtlich verringert.

2.2 Planung des Schallschutzes

2.2.1 Innenwände

2.2.1.1 Wohnungstrennwände

2.2.1.1.1 Planungsgrundlagen

Bei der Schallanregung eines Bauteils muß dessen Masseträgheit überwunden werden. Daher gerät ein Bauteil um so weniger in Schwingungen, je größer sein Flächengewicht ist; infolgedessen steigt seine Dämmwirkung. Ebenso macht sich die Masseträgheit mit wachsender Frequenz stärker (dämmend) bemerkbar. Aus diesen Überlegungen leitete Berger das Massegesetz ab. Danach steigt die Schalldämmung eines einschaligen Bauteils um 6 dB sowohl bei Verdopplung des Flächengewichts g als auch der Frequenz f (**Abb. D.2.4**):

$$R = 20 \cdot \lg(g \cdot f) - 45 \text{ in dB} \qquad (1)$$

Der Verlauf der daraus resultierenden Schalldämmgeraden wird darüber hinaus durch das Biegeverhalten des schalldämmenden Bauteils beeinflußt. Eine Luftschallwelle, die auf ein Bauteil schräg auftrifft, bewirkt in ihm eine Biegewelle, die sich dort ausbreitet. Gleichzeitig breitet sich die Luftschallwelle entlang dem Bauteil aus. Stimmt nun die – bauteilabhängige – Biegewelle in Ausbreitungsgeschwindigkeit und Länge mit der Luftschallwelle überein, kommt es zu einer Überlagerung beider Wellenbewegungen, Spuranpassung oder Koinzidenz genannt. Die Dämmung wird in dem zu dieser Wellenlänge gehörenden Frequenzbereich schlechter. Die Koinzidenzgrenzfrequenz f_g läßt sich vereinfacht in Abhängigkeit von der Bauteil-

dicke d in m, der Dichte ϱ in kg/m³ und dem E-Modul E in MN/m² berechnen (nach Cremer):

$$f_g \approx (60/d) \cdot (\varrho/E)^{1/2} \text{ in Hz} \qquad (2)$$

Da lediglich die Schalldämmung eines Bauteils im bauakustischen Meßbereich beurteilt wird, machen sich Koinzidenzeinbrüche besonders im mittleren bauakustischen Meßbereich negativ bemerkbar. Aus schalltechnischer Sicht müssen Bauteile daher ausreichend biegesteif ($f_g < 200$ Hz) oder ausreichend biegeweich ($f_g > 2000$ Hz) sein. Da die Grenzfrequenz in erster Linie durch die Dicke eines Bauteils bestimmt wird, müssen ausreichend biegesteife Bauteile mindestens etwa 20 cm dick, ausreichend biegeweiche dagegen weniger als 2 cm dick sein. Unter Berücksichtigung der Frequenz- und Gewichtsabhängigkeit sowie des Einflusses der Spuranpassung läßt sich die Schalldämmung einschaliger Bauteile relativ genau vorherbestimmen (**Abb. D.2.4**). Dieses Diagramm liegt auch den Dimensionierungstabellen aus Beiblatt 1 zu DIN 4109 zugrunde (**Abb. D.2.6**).

Außer über das Trennbauteil wird ein nicht unerheblicher Teil der Schallenergie über die flankierenden Bauteile übertragen. Wegen der üblichen Flächenverhältnisse des trennenden und der flankierenden Bauteile muß das Schall-Längsdämm-Maß $R'_{L,w}$ etwa 5–6 dB über dem erforderlichen Schalldämm-Maß liegen. Müßte diese Längsdämmung allein über die Bauteilmasse erbracht werden, müßten die flankierenden Bauteile gemäß Massegesetz doppelt so schwer sein wie das Trennbauteil. Tatsächlich erfolgt aber bei starrem Verbund zwischen Trennbauteil und flankierenden Bauteilen eine (zusätzliche) Stoßstellendämmung R_s (**Abb. D.2.5**), die sich in einer Größenordnung von etwa

D.15

Bauphysik

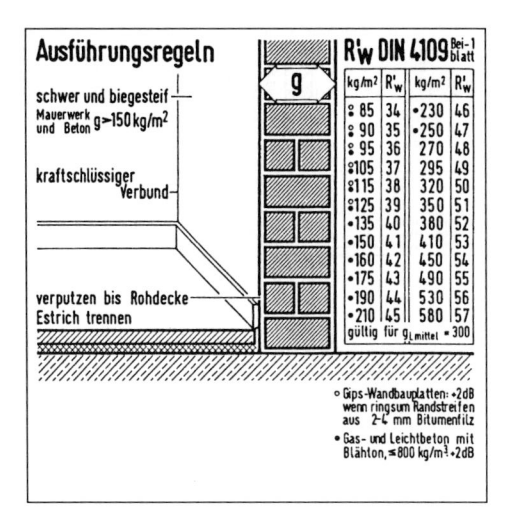

Abb. D.2.6 Schalldämm-Maße $R'_{w,R}$: einschalige Wände (DIN 4109 Bbl. 1)

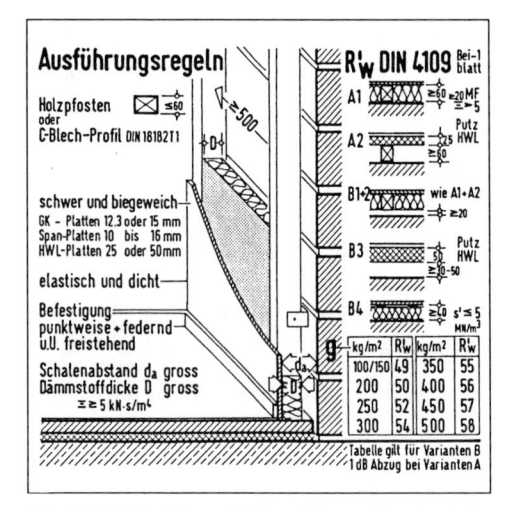

Abb. D.2.7 Schalldämm-Maße $R'_{w,R}$: Vorsatzschalen (DIN 4109 Bbl. 1)

10 bis 20 dB positiv auf die Flankenschalldämmung auswirkt. Das für eine ausreichende Längsdämmung erforderliche Flächengewicht kann dadurch auf etwa 200 bis 300 kg/m² sinken.

$$R'_{L,w} = R'_{F,w} + R'_{S,w} \text{ in dB} \qquad (3)$$

2.2.1.1.2 Schalltechnischer Nachweis
Der vereinfachte Nachweis der vorhandenen Luftschalldämmung im Massivbau erfolgt unter Berücksichtigung des Massegesetzes und der Flankenschallübertragung:

$$\text{vorh. } R'_w = R'_{w,R} + K_{L1} + K_{L2} \text{ in dB} \qquad (4)$$

$R'_{w,R}$ Rechenwert des bewerteten Schalldämm-Maßes nach Beiblatt 1 zu DIN 4109 (**Abb. D.2.6**)

K_{L1} Korrektursummand zur Berücksichtigung der vom mittleren Flächengewicht der Flankenbauteile $g_{L,mittel}$ abhängigen Flankenschalldämmung

bei einschaligen Trennwänden:
$g_{L,mittel} > 200 \text{ kg/m}^2$: $K_{L1} = 0$ dB
$g_{L,mittel} \leq 200 \text{ kg/m}^2$: $K_{L1} = -1$ dB

bei Wänden m. biegeweicher Vorsatzschale:
variables K_{L1} je 50 kg/m² Abweichung von $g_{L,mittel} = 300$ kg/m²: +1 dB oder -1 dB

K_{L2} Korrektursummand für die Schalldämmung zweischaliger Trennwände zur Berücksichtigung der biegeweichen Vorsatzschalen auf den Flankenbauteilen beidseits der Trennwand

1 Flanke mit Vorsatzschale: $K_{L2} = +1$ dB
2 Flanken mit Vorsatzschale: $K_{L2} = +3$ dB
3 Flanken mit Vorsatzschale: $K_{L2} = +6$ dB

2.2.1.1.3 Planungsempfehlungen
Für Wohnungstrennwände sollte nach den Empfehlungen aus Abschnitt 2.1.6 möglichst Steinmaterial der Klasse 2.0 verwendet werden. Gut geeignet sind auch Spezialziegel (z. B. mit Beton $\geq$ B 15 verfüllte Schallschutz-Planziegel [Wienerberger]). Zu beachten ist grundsätzlich, daß nach Beiblatt 1 zu DIN 4109 zur Berechnung des Flächengewichts die Mauerwerksrohdichte anzusetzen ist.

Mit 30 cm dickem Mauerwerk ($\varrho \geq 2000$ kg/m³) wird die SSt III knapp verfehlt. Die Mindestanforderung an Einfamilienreihentrennwände wird erfüllt. Es muß aber noch einmal betont werden, daß Einfamilienreihenhäuser unbedingt durch zweischalige Trennwände mit erheblich besseren Schalldämm-Maßen getrennt werden sollten.

Höhere Schalldämm-Maße sind bei Verwendung von biegeweichen Vorsatzschalen (**Abb. D.2.7**) zu erreichen. Dabei nimmt der Dämmgewinn mit zunehmendem Gewicht der schweren Tragschale ab.

Massive Trennwände sind biegesteif mit den Flankenbauteilen zu verbinden. Sie sind entweder verzahnt oder stumpf gestoßen unter Verwendung von Flachankern anzuschließen.

Tafel D.2.4 Bewertete Schalldämm-Maße R'_w von Mauerwerk einschließlich 2 × 1,5 cm Gips- oder Kalkgipsputz

Material	Fugmörteldichte ϱ-Klasse	≤ 1000 kg/m³ 24 cm	≤ 1000 kg/m³ 30 cm	> 1000 kg/m³ 24 cm	> 1000 kg/m³ 30 cm
KSV/Ziegel	1.6	51 dB	54 dB	52 dB	55 dB
KSV/KLB/Zg.	1.8	53 dB	55 dB	54 dB	56 dB
KSV	2.0	54 dB	56 dB	55 dB	57 dB
SPZ-Plan-T	B15	–	–	55 dB	57 dB

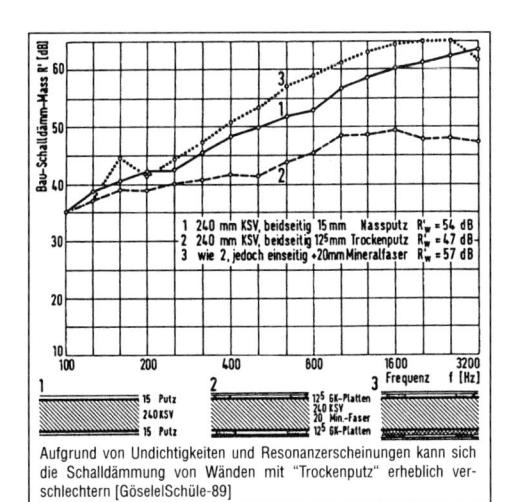

Schallschutz

Aufgrund von Undichtigkeiten und Resonanzerscheinungen kann sich die Schalldämmung von Wänden mit "Trockenputz" erheblich verschlechtern [Gösele/Schüle-89]

Abb. D.2.8 Einfluß von Undichtigkeiten

2.2.1.1.4 Planungs- und Ausführungsmängel

Hervorzuheben ist zuallererst der negative Einfluß von Undichtigkeiten, der mehr als 5 dB betragen kann (**Abb. D.2.8**). Mauerwerkswände sind daher entweder sorgfältig vollfugig zu vermauern oder (besser) mindestens einseitig naß zu verputzen.

Die durch Schlitze o. ä. hervorgerufene Verschlechterung der Schalldämmung einschaliger Wände ist verhältnismäßig gering, aber nachweisbar (**Abb. D.2.9**). Wandschlitze und -nischen in Wohnungstrennwänden sind zwar prinzipiell zulässig, sollten aber wegen der ohnehin nicht besonders hohen Schalldämmung möglichst vermieden werden.

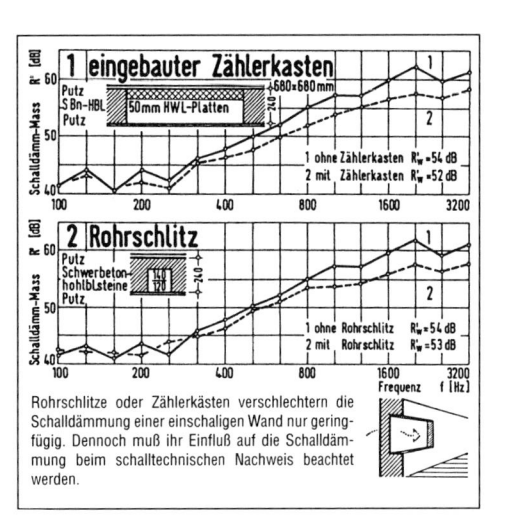

Rohrschlitze oder Zählerkästen verschlechtern die Schalldämmung einer einschaligen Wand nur geringfügig. Dennoch muß ihr Einfluß auf die Schalldämmung beim schalltechnischen Nachweis beachtet werden.

Abb. D.2.9 Einfluß von Querschnittsschwächungen

Reißen stumpf gestoßene Trennwände von der flankierenden Außenwand oder der Geschoßdecke ab, so verliert das flankierende Bauteil seine Stoßstellendämmung. Das Schall-Längsdämm-Maß verringert sich dadurch maßgeblich – besonders bei leichten flankierenden Wänden wird dadurch die Schalldämmung zwischen den getrennten Bereichen merklich verschlechtert (**Abb. D.2.10**).

Das Längsdämm-Maß eines leichten Daches kann durch Unterbrechung der Unterschale und durch Mineralfaserdämmung (in mindestens 3 Sparrenfeldern neben der Trennwand) erhöht werden. Wird der Dachhohlraum zusätzlich abgeschottet, erhöht sich das Längsdämm-Maß auf $R_{L,w} \geq 70$ dB (**Abb. D.2.11**).

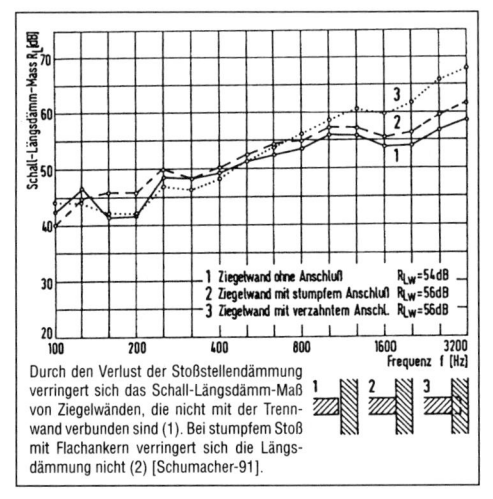

Durch den Verlust der Stoßstellendämmung verringert sich das Schall-Längsdämm-Maß von Ziegelwänden, die nicht mit der Trennwand verbunden sind (1). Bei stumpfem Stoß mit Flachankern verringert sich die Längsdämmung nur wenig (2) [Schumacher-91].

Abb. D.2.10 Längsdämmung verschiedener Wandanschlüsse

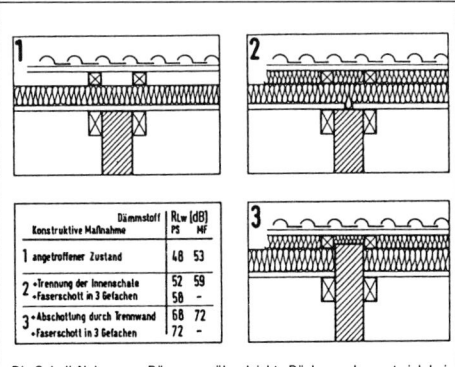

Die Schall-Nebenweg-Dämmung über leichte Dächer verbessert sich bei Unterbrechung der Unterschale bzw. Abschottung des Dachhohlraums und bei Verwendung von MF-Dämmung anstelle von EPS-Dämmung (nach [Lutz-91]). Das Schall-Längsdämm-Maß sollte um etwa 6 dB über dem erforderlichen Schalldämm-Maß liegen.

Abb. D.2.11 Schallnebenwegübertragung über leichte Dächer

Bauphysik

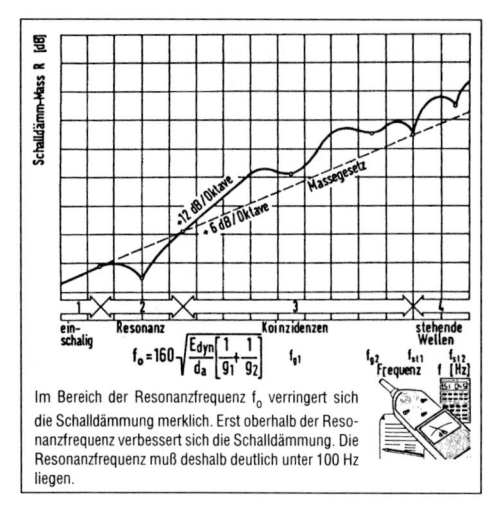

Abb. D.2.12 Schalldämmkurve zweischaliger Bauteile

2.2.1.2 Haustrennwände

2.2.1.2.1 Planungsgrundlagen

Zweischalige Haustrennwände beziehen ihre gute Schalldämmfähigkeit aus der Entkopplung der beiden Wandschalen durch die durchgehende Fuge; der Schall wird quasi zweimal gedämmt. Leider bildet sich bei zweischaligen Haustrennwänden als Masse-Feder-Masse-Systeme unvermeidlich eine Resonanz aus, deren Frequenz jedoch durch konstruktive Maßnahmen beeinflußbar ist. Die Forderung lautet: Die Zweischalenresonanz muß möglichst deutlich unter 100 Hz liegen, damit die Zweischaligkeit im bauakustischen Meßbereich zum Tragen kommt (**Abb. D.2.12**). Sie ist abhängig von den Flächengewichten der Einzelschalen g_1 und g_2 in kg/m², dem dynamischen E-Modul in MN/m³ des Fugenfüllstoffs sowie der Fugenbreite bzw. dem Schalenabstand d_a in m und errechnet sich vereinfacht wie folgt:

$$f_0 = 160 \cdot [(E_{dyn}/d_a) \cdot (1/g_1 + 1/g_2)]^{1/2} \quad \text{in Hz} \quad (5)$$

2.2.1.2.2 Schalltechnischer Nachweis

Der Nachweis der vorhandenen Schalldämmung erfolgt gemäß Beiblatt 1 zu DIN 4109, indem man den Rechenwert des Schalldämm-Maßes, das sich aus der Summe der Flächengewichte der beiden Einzelschalen nach **Abb. D.2.6** ergibt, um 12 dB erhöht:

$$\text{vorh. } R'_w = R'_{w,g_1+g_2} + 12 \quad \text{in dB} \quad (6)$$

Dieser Nachweis gilt ab EG bei unterkellerten Gebäuden und setzt voraus, daß eine richtig bemessene und ausgeführte Trennwandfuge ausgebildet wird. Sie muß mindestens 30 mm breit sein: Einzelheiten hierzu siehe **Abb. D.2.13**. Zum Schallschutz nicht unterkellerter Gebäude siehe Abschn. 2.2.1.2.4.

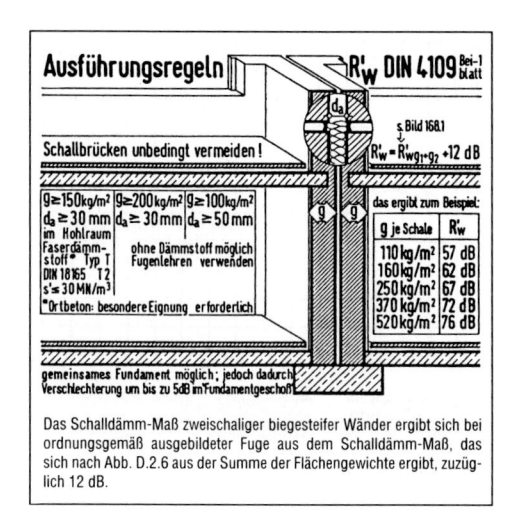

Abb. D.2.13 Schalldämm-Maße $R'_{w,R}$: zweischalige Wände (DIN 4109 B 1)

Der Nachweis gemäß Gl. (6) berücksichtigt den Einfluß des Schalenabstandes nicht. Gösele [Gösele-92] schlägt für die Ermittlung der Schalldämmung folgende Berechnungsformel vor:

$$\text{vorh. } R'_w = 50 \cdot \lg[(g_1 + g_2)/300] \quad (7)$$
$$+ 20 \cdot \lg(d_a/0{,}01) + 56 \quad \text{in dB}$$

Deren Anwendung führt jedoch regelmäßig zu Schalldämm-Maßen, die deutlich über den nach Beiblatt 1 zu DIN 4109 ermittelten Werten liegen. Sie sollte für den schalltechnischen Nachweis deshalb nicht verwendet werden. Statt dessen sollte für den schalltechnischen Nachweis der Schallschutz zweischaliger biegesteifer Wände mit ausreichender Sicherheit wie folgt bestimmt werden [Pohlenz-95]:

$$\text{vorh. } R'_w = 25 \cdot \lg(g_1+g_2) + 20 \cdot \lg d_a + 30$$
$$\text{in dB} \quad (8)$$

Für alle Gleichungen gilt: g_1, g_2 in kg/m²
d_a in m
E_{dyn} in MN/m²

2.2.1.2.3 Planungsempfehlungen

Aus den in den vorangegangenen Abschnitten dargestellten Abhängigkeiten von Schalldämmung und Resonanzfrequenz lassen sich grundsätzlich folgende Forderungen an Mauerwerks-Haustrennwände ableiten:

- Flächengewicht der Einzelschalen mögl. groß
- E-Modul der Dämmschicht mögl. gering
- Schalenabstand mögl. groß

Die beiden Schalen sollten dabei gleich dick sein, weil dadurch die Resonanzfrequenz günstig beeinflußt wird.

Gerade für zweischalige Reihenhaustrennwände gilt, daß den zivilrechtlichen Ansprüchen an den

Schallschutz

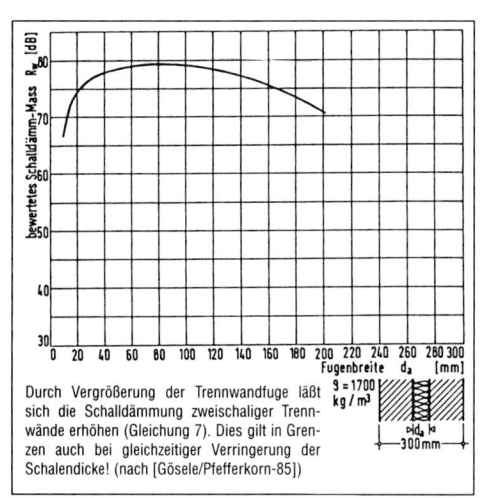

Abb. D.2.14 Schalldämmung bei Fugenverbreiterung

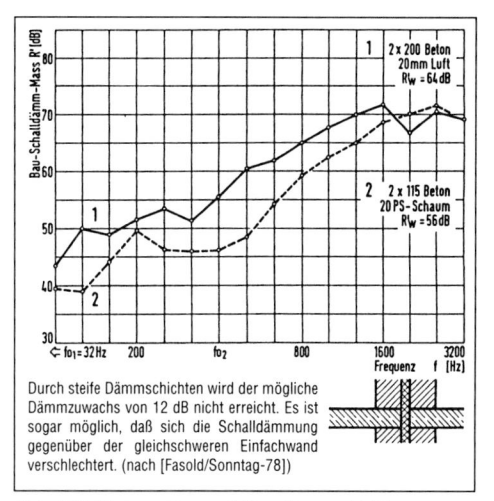

Abb. D.2.15 Auswirkung steifer Dämmschichten

Schallschutz durch Einhaltung des erforderlichen Schallschutzes nach DIN 4109 mit Sicherheit nicht entsprochen wird. Ja, selbst der erhöhte Schallschutz erfüllt häufig nicht die Erwartungen der Bauherren. Daher sind Steinmaterialien mit Rohdichten unter 1800 kg/m³ aus meiner Sicht fehl am Platz, auch wenn sie den erhöhten Schallschutz erfüllen.

Neben KSV-Steinen und betonverfüllten Ziegeln ist ein Spezialziegel zu nennen, dessen Luftkammern mit Luftkanälen an die Schalenfuge angeschlossen sind [Schneider-95]. Mit diesen Resonatorsteinen ist die Schalldämmung gegenüber gleich schweren konventionellen Wänden um bis zu 4 dB zu verbessern.

Die Fuge soll gemäß Gl. (8) möglichst groß ausgebildet werden (**Abb. D.2.14**).

2.2.1.2.4 Planungs- und Ausführungsmängel

Wird in der Fuge ein steifer Dämmstoff verwendet und/oder eine zu dünne Fuge ausgebildet, verschlechtert sich die Schalldämmung der Wand (**Abb. D.2.15** [Fasold/Sonntag-78]). Fugen mit EPS-Schaum sind zu vermeiden.

Schallbrücken verschlechtern die Schalldämmung zweischaliger Wände u. U. drastisch (**Abb. D.2.16**). Bei durchbetonierten Decken kann die Verschlechterung 15 dB und mehr betragen.

Ein gemeinsames Fundament stellt eine (schwierig zu vermeidende) Schallbrücke dar. Je näher die Räume zum Fundament liegen, desto negativer ist sein Einfluß auf die Dämmung (**Abb. D.2.17** [Palazy-89]). Bei Souterrain-Wohnungen ist das nach Gleichung (8) errechnete Ergebnis um 5 dB zu vermindern.

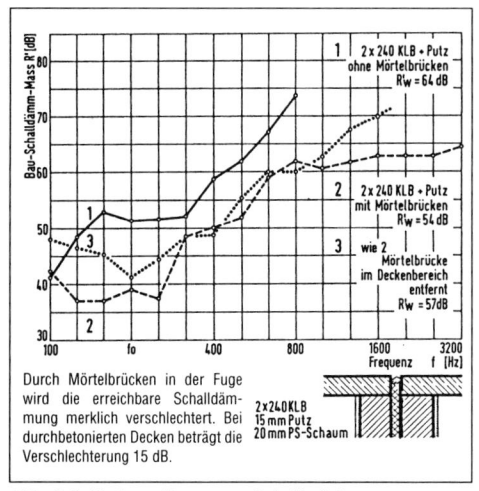

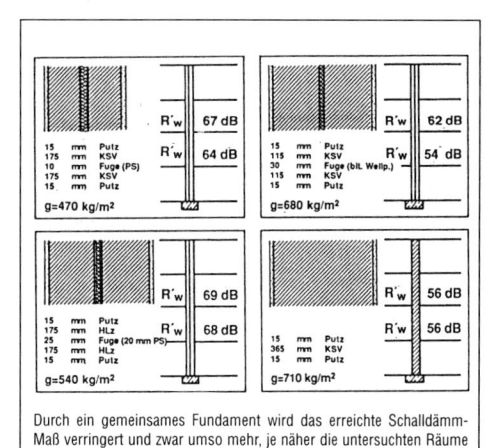

Abb. D.2.16 Auswirkung von Schallbrücken

Abb. D.2.17 Auswirkung des Fundaments

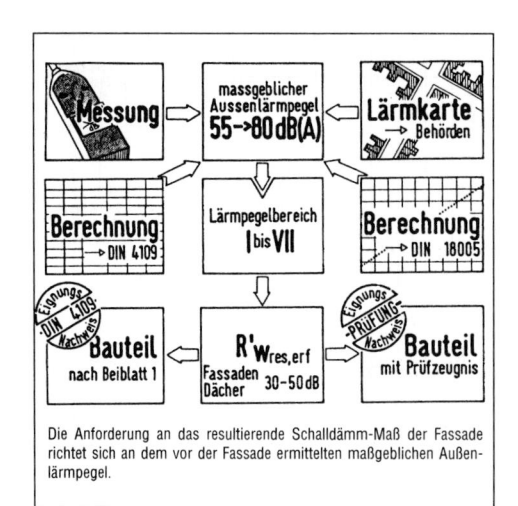

Abb. D.2.18 Außenbauteile: Erforderl. Schalldämmung

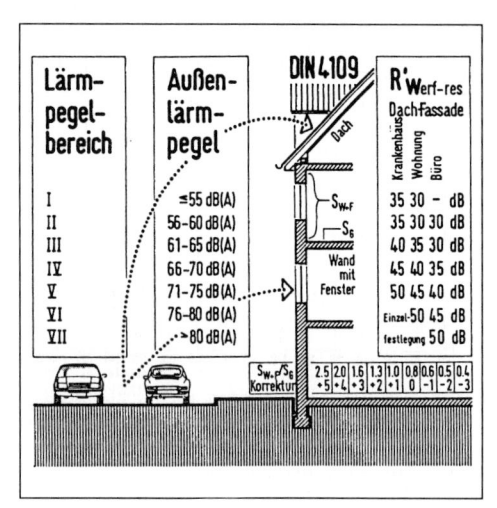

Abb. D.2.19 Außenbauteile: Erforderl. Schalldämmung

2.2.2 Außenwände

2.2.2.1 Planungsgrundlagen
Hinsichtlich der Grundlagen ergeben sich keine prinzipiell zusätzlichen Überlegungen.

2.2.2.2 Schalltechnischer Nachweis
Die erforderliche Schalldämmung von Außenwänden richtet sich nach dem vor dem Gebäude zu ermittelnden maßgeblichen Außenlärmpegel [DIN 4109-89]. Bei einschaligen Außenwänden erfolgt der schalltechnische Nachweis, wie in Abschnitt 2.2.1.1.2 beschrieben. Wände mit hinterlüfteten Bekleidungen werden wie einschalige Wände behandelt.

Bei Außenwänden mit hinterlüfteter Vormauerschale oder bei kerngedämmten Wänden mit weicher Dämmschicht errechnet sich die Schalldämmung nach Beiblatt 1 zu DIN 4109 wie folgt:

$$\text{vorh. } R'_w = R'_{w,R,g_1+g_2} + 5 \text{ dB} \tag{9}$$

Beträgt das Flächengewicht der von innen an die Außenwand angrenzenden Innenwand mehr als 50 % der Außenwandinnenschale, so darf das nach Gleichung (9) errechnete Schalldämm-Maß um weitere 3 dB erhöht werden.

Bei kerngedämmten Wänden mit steifer Dämmschicht errechnet sich die Schalldämmung nach Beiblatt 1 zu DIN 4109 wie folgt:

$$\text{vorh. } R'_w = R'_{w,R,g_1+g_2} - 2 \text{ dB} \tag{10}$$

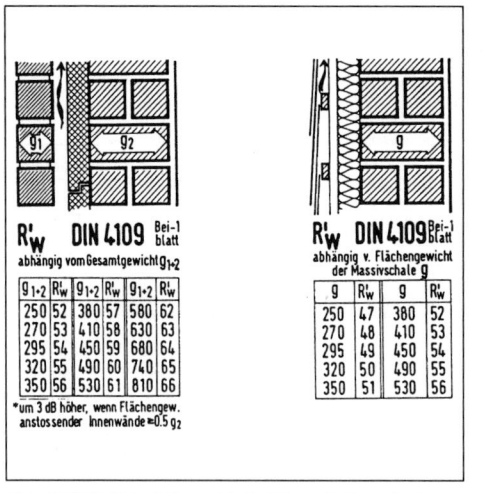

Abb. D.2.20 Schalldämm-Maße $R'_{w,R}$: Außenwände (DIN 4109 Bbl. 1)

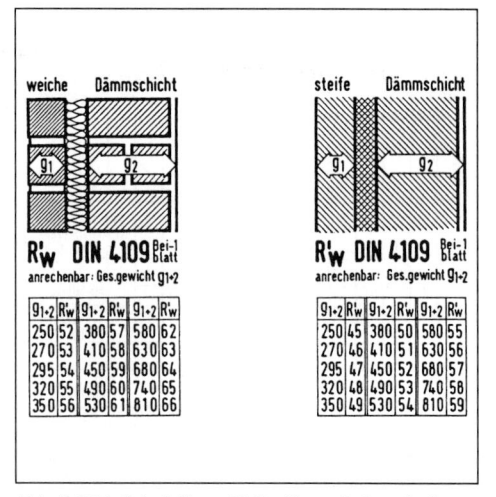

Abb. D.2.21 Schalldämm-Maße $R'_{w,R}$: Außenwände (DIN 4109 Bbl. 1)

Schallschutz

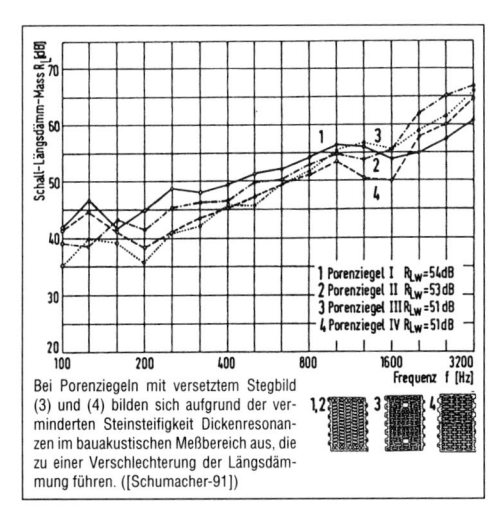

Abb. D.2.22 Schall-Längsdämmung von Porenziegeln

Abb. D.2.23 Schall-Längsdämmung von Porenziegeln

2.2.2.3 Planungsempfehlungen

Bezüglich der Dämmung gegen Außenlärm sind in der Regel keine Probleme zu erwarten, wenn die Außenbauteile dicht ausgeführt werden. Hier können vielfach auch einschalige Wände aus leichten, wärmedämmenden Steinmaterialien wie Bims, Blähton, Porenbeton oder porosierten Ziegeln verwendet werden.

Bei hoher Außenlärmbelastung kann durch eine zweischalige Außenwand auch bei leichter Innenschale der erforderliche, ja sogar der erhöhte Schallschutz erfüllt werden.

2.2.2.4 Planungs- und Ausführungsmängel

Wärmedämm-Verbundsysteme können die Schalldämmung von Außenwänden merklich verschlechtern [Paulmann-94; Rückward-82; ders.-82; LG Traunstein-80], und zwar abhängig von

- der Befestigung
- der Putzdicke
- dem Dämmstoff.

Die stärkste Verschlechterung ergibt sich bei vollflächig verklebten Systemen mit dünnem Spachtelputz, eine geringe Verschlechterung oder sogar Verbesserung bei mechanisch befestigten Systemen oder Systemen mit dicken mineralischen Putzen. Überschläglich läßt sich zusammenfassen:

- Spachtelputz auf MF/EPS, verklebt: −5 dB
- Spachtelputz auf MF/EPS, mechanisch: +2 dB
- Dickputz auf EPS, verklebt: −3 dB
- Dickputz auf MF, verklebt/mechanisch: +4 dB

Bei Porenziegeln mit versetztem Stegbild (**Abb. D.2.22**, Fälle (3) und (4)) bilden sich aufgrund der verminderten Steinsteifigkeit Dickenresonanzen im bauakustischen Meßbereich aus, die zu einer Verschlechterung der Längsdämmung führen [Gösele-92; Schumacher-91].

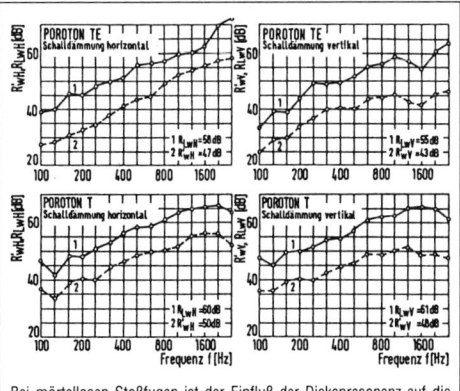

Bei mörtellosen Stoßfugen ist der Einfluß der Dickenresonanz auf die Horizontalübertragung nicht merklich, weil die Körperschall-Leitung über die Stoßfugen stark vermindert wird; in vertikaler Richtung ist er dagegen voll spürbar (**Abb. D.2.23** [Lott Lutz-91]).

Die Ziegelhersteller haben nach eingehender Erforschung dieses Phänomens [Schneider/Lutz-92] durch Neukonstruktion ihrer Steine reagiert. Durch ein verändertes Lochbild, das mittels durchgehender Stege die Dickenresonanz verhindert, wird die Verschlechterung der Längsdämmung vermieden.

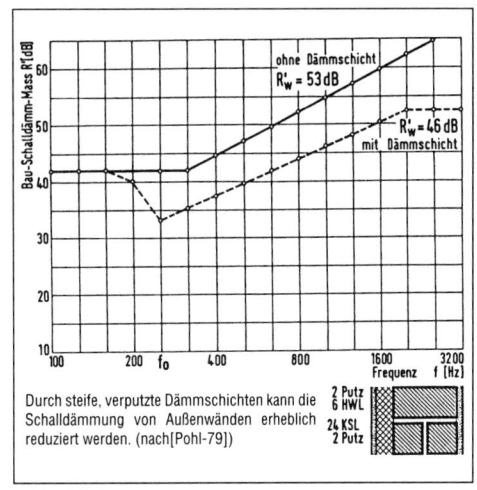

Abb. D.2.24 Schalldämmung von steifen Dämmschichten

3 Baulicher Brandschutz im Mauerwerk

3.1 Einführung

Der frühe Mensch, der sich aus Zweigen und Blättern ein „Haus" – besser gesagt, einen primitiven Wetterschutz – baute, hat seine Feuerstelle schon mit Steinen umwehrt, weil Holz und Stein als einzige in der Natur vorkommenden Baustoffe einen wesentlichen Unterschied aufweisen, der wohl zu den ersten Erkenntnissen des Menschen gehört: ihr unterschiedliches Brandverhalten. Später kam die Erkenntnis, daß man Steine selbst herstellen und formen kann und daß man den Stein mit einem Mörtel verbindet – brandschutztechnisch kein wesentlicher Unterschied. Da man dem menschlichen Maß entsprechende Räume aus technologischen Gründen noch nicht mit Steinen überspannen konnte, hat sich eine Mischbautechnik entwickelt: geschichtete Steine für die Wände – Holzbalken zum Überdecken der Räume; so baut man noch heute. Auch dies ist im Brandfall noch kein allzu großer Fortschritt. Die Mauern bleiben stehen, aber das Gebäude ist zerstört. Diesem Stehenbleiben der Steine jedoch verdanken wir die Zeugen der Baukunst des Altertums und des frühen Mittelalters.

Als der Mensch begann, in Städten zu siedeln, wurde der Brandschaden, der bislang nur einzelne betroffen hatte, zu einem sozialen Problem. Der Stadtbrand war eine regelmäßige Erscheinung. Innerhalb der Stadtmauern wurde eng und hoch gebaut, Wände, Decken und Dächer waren aus Holz, die Eindeckung nicht widerstandsfähig gegen Flugfeuer und strahlende Wärme; Heu, Stroh und Brennstoffe wurden in den Dachböden gelagert; Beleuchtung, Heizung und Kochen geschahen mit offenem Feuer; die Wasserversorgung war mangelhaft, die Einsatzstärke und Ausrüstung der Feuerwehr gegenüber solchen Risiken chancenlos. Nur die Kirche und der Landesherr konnten es sich leisten, in Stein zu bauen. Die Obrigkeit sah sich deshalb gezwungen, Bauvorschriften zu erlassen. Diese Bauvorschriften zielten fast ausschließlich auf die Verhinderung der Brandausbreitung und haben sich bis in unsere Tage erhalten. Sie sind der Ursprung des Bauordnungsrechtes überhaupt und sind heute noch als materielle Vorschriften expressiv verbis in den Bauordnungen und ihren ergänzenden Bestimmungen enthalten, wohingegen der Gesetzgeber die Verwirklichung anderer Schutzziele längst in den Bereich technischer Normen abgegeben hat.

Dies hat andererseits zur Folge, daß technische Grundlagen des Brandes und der Verhütung von Brandschäden erst in diesem Jahrhundert erkannt und umgesetzt wurden.

Die vermeintlich statisch ruhende bauliche Anlage birgt eine Reihe von Gefahren; sie kann schlecht belüftet, belichtet, beleuchtet, wenig schallgeschützt, wärmegedämmt, feuchtigkeitsgeschützt oder auch geruchsbelästigt sein. Alle diese Nachteile schädigen den Menschen nicht akut und können durch Nachbesserung ganz oder teilweise beseitigt werden.

Davon unterscheiden sich zwei Risiken:

Die bauliche Anlage ist nicht standsicher. Dies kann zu Abstürzen und Einstürzen führen. Diese treten akut auf, Personen in der baulichen Anlage erleiden einen Körperschaden, unter Umständen werden sie getötet.

Die bauliche Anlage ist nicht brandsicher. Brände treten akut auf, Personen erleiden Körperschäden oder werden getötet.

Zu den Gefahren für Personen in der baulichen Anlage gehören die Gefahr der Rauchvergiftung, des Erstickens, des Verbrennens, der mechanischen Verletzung durch Einsturz, Absturz oder durch Panikreaktionen wie „Springen aus dem Fenster".

Daneben bestehen Gefahren für Sachgüter:

Die bauliche Anlage selbst, die Einrichtung sowie alle in ihr befindlichen Sachgüter werden durch Feuer und Rauch in ihrem Wert gemindert, beschädigt oder zerstört:

- Rauchgeruch schädigt Textilien und Lebensmittel,

- Brandrauch verschmutzt die bauliche Anlage und ihren Inhalt,

- aggressive Brandgase führen zur Korrosion metallischer Oberflächen (Chlorid-Schäden),

- Kunststoffe (Thermoplaste) erweichen in der Brandwärme,

- Schwärzung und Ankohlung von Oberflächen durch Brandwärme und Flammenberührung und letztlich vollständige Zerstörung durch Verbrennen,

- mechanische Zerstörung durch Explosion oder Einsturz von Bauteilen,

- Beschädigung oder Zerstörung durch den Einsatz von Löschmitteln, insbesondere durch Wasserschaden.

Oftmals übersteigen die Brandfolgeschäden durch Betriebsunterbrechung den eigentlichen Sachschaden. Kunden gehen verloren, schlimmstenfalls kommt es zu einer Aufgabe des Betriebes.

Damit nicht genug, entstehen Gefahren für die Umwelt.

Die durch Verbrennung oder Erwärmung entstehenden Pyrolyse- und Verbrennungsprodukte sind Schadstoffe für die Umwelt. Auch durch den Einsatz von Löschmitteln entstehen Umweltschädigungen (Kohlendioxid, Luftschaum, Löschpulver und die – mittlerweile verbotenen – Halone). Durch das abfließende Löschwasser, das mit Schadstoffen vermischt ist, entstehen Umweltschäden insbesondere im Grundwasser und in Oberflächengewässern.

Feuer ist die Auswirkung der durch die exotherme Reaktion eines Brandes frei werdenden Wärmeenergie, die zur Temperaturerhöhung, Flammen und Glut führt und auf alle Stoffe bis zu ihrer Zerstörung einwirkt.

Den Heizwert aller beteiligten Stoffe und Baustoffe nennt man die Brandlast. Sie bestimmt die freiwerdende Energie, die Brandtemperatur, die Branddauer und die Schadenshöhe.

Wesentlich dabei ist die Abbrandgeschwindigkeit. Sie wird bestimmt durch die Anordnung und Verteilung des Brennstoffes, sein Verhältnis Oberfläche zu Volumen und vor allem durch die Ventilation.

Feuer zerstört Bauteile aus brennbaren Stoffen durch Verbrennen (Oxidation), nichtbrennbare durch Erweichen und Schmelzen (Metalle), durch Auflösen des Kristallgefüges (z. B. Gips) oder durch unterschiedliche Wärmedehnung (Natursteine, Glas, Faserzement).

Durch die Zerstörung raumabschließender Bauteile – Durchbrennen – und durch unzulässige Temperaturerhöhung auf der dem Feuer abgekehrten Seite des Bauteiles erfolgt die Brandausbreitung. Dies dauert möglicherweise sehr lange, sofern das Bauteil keine ungeschützten Öffnungen aufweist.

Das früher „Brandnebenerscheinung" genannte Phänomen des Rauches hat im Brandgeschehen derart an Bedeutung gewonnen, daß man es jetzt als „Brandparallelerscheinung" bezeichnet, um zu vermeiden, daß es als Nebenerscheinung vernachlässigt wird. Es wird der energetischen Komponente eines Brandes, dem Feuer, gleichwertig gegenübergestellt.

Rauch ist ein Gemisch aus Pyrolyseprodukten (unverbrannten Schwelgasen), Verbrennungsprodukten, Stickstoff und unverbranntem Sauerstoff. Rauch ist also unter Umständen zündfähig, was sich in Stichflammen oder Verpuffungen äußern kann.

Je nach den Randbedingungen der Verbrennung und der Brennstoffzusammensetzung entsteht heller oder schwarzer, dünner oder dichter, mehr oder weniger toxischer Brandrauch. Die Rauchgasmenge kann von „kaum sichtbar" bis 3000 m^3 pro kg Brennstoff schwanken.

Gesichert ist die Erkenntnis, daß die Personenschäden mit Todesfolge fast ausschließlich durch die Einwirkung des Brandrauches entstehen, im Wohn- und Schlafbereich stattfinden (Wohnung, Heim, Hotel) und in Verbindung mit Klein- und Mittelfeuern mit relativ geringem Sachschaden zu beklagen sind.

Bei den Sachschäden ist uns eine von den Sachversicherern jährlich zu erstattende Summe von über vier Milliarden DM bekannt, davon knapp drei Milliarden durch Industriebrandschäden, die sich aus vielen kleinen Schäden und etwa 300 Millionenschäden zusammensetzen. 0,5 % der Schadensfälle verursachen die Hälfte der Gesamtschadenshöhe.

Folgende Erkenntnisse sind gesichert:

- Sachschäden resultieren im wesentlichen aus Bränden im Industriebereich,
- Großschäden verlaufen ohne Personenschaden (abgesehen von Personenschäden bei Löschmannschaften).

Der Schlußbericht eines Forschungsvorhabens des Bundesministers für Forschung und Technologie (BMFT) über Schäden bei Großbränden kommt zu dem Ergebnis, daß Personenschäden im Zusammenhang mit relativ geringen Sachschäden im Bereich des Wohnens und Schlafens einhergehen; bei relativ hohen Sachschäden im Bereich Industrie/Gewerbe sowie öffentlicher Gebäude stellen Personenschäden eher die Ausnahme dar. Eine weitere Ausnahme von dieser Regel bilden die Explosionen, bei denen hohe Sachschäden mit relativ hohen Personenschäden einhergehen. Diese besonderen Brandverläufe sind allerdings selten und betragen weniger als 1%.

3.2 Die Entstehung und Ausbreitung von Feuer und Rauch

Brände entstehen vorwiegend aus der betrieblichen Nutzung eines Gebäudes. Zuerst brennen in der Regel Einrichtungen, Lagergüter und Betriebsmittel. Das Verhindern solcher Brände ist eine Aufgabe des betrieblichen Brandschutzes.

Der Entstehung von Bränden baulich vorzubeugen, ist nur in sehr beschränktem Maße möglich. Das kann nur im Hinblick auf den Teil des Brandgeschehens erfolgen, der seine Ursache in einem Mangel am Gebäude findet, und den Teil eines Brandes, bei dem dieser, von der Einrichtung ausgehend, auf Bauteile übergreift. Demzufolge ergeben sich zwei Bereiche der Vorbeugung gegen Brandentstehung am Gebäude:

- die Verwendung nichtbrennbarer bzw. schwerentflammbarer Baustoffe,
- die sichere Ausbildung aller baulichen Einrichtungen, die der Erzeugung von Feuer und Wärme, der Abführung von Rauchgasen und der Verteilung von Energie dienen.

Beide sind letztlich vom selben Prinzip bestimmt:

Wärme darf – unabhängig von der Art der Entstehung, ob betrieblich erzeugt oder ungewollt als Brandursache – nur auf nichtbrennbare Baustoffe einwirken, wenn ein Schadenfeuer verhindert werden soll.

Ein Brand beginnt – von wenigen Ausnahmen wie Explosionen abgesehen – an irgendeiner Stelle des Gebäudes, wo brennbare Stoffe durch eine Zündquelle in Brand gesetzt werden. Man nennt dies einen Entstehungsbrand. Wird dieser nicht sofort gelöscht – sei es durch den Verursacher, durch zufällig Anwesende oder eine automatische Löschanlage –, so breitet er sich aus.

Die entstehende Wärme wird durch Strahlung, Leitung und Konvektion auf andere brennbare Stoffe und auf Bauteile aus brennbaren Baustoffen übertragen, so daß diese auf ihre Zündtemperatur erwärmt werden und ebenfalls zu brennen beginnen. Die Summe des Heizwertes aller brennbaren Teile und Bauteile nennt man die Brandlast. Wenn feste Gebäudeteile in Brand geraten, setzt juristisch der Straftatbestand der Brandstiftung ein.

Dies alles spielt sich noch im selben Raum ab. Von den Bauteilen, die den Brandraum abschließen, hängt es dann ab, ob und wann der Brand den Raum verläßt und sich auf andere Räume und Geschosse ausbreitet. Der Feuerwiderstand der raumabschließenden Bauteile (Wände, Decken, Türen, Abschlüsse, auch der Fenster) bestimmt den Zeitpunkt einer weiteren Brandausbreitung. Die nächste Phase wäre dann das Verlassen des Brandabschnittes. Dies setzt einen stark entwickelten Brand, eine lange Vorbrennzeit oder Mängel an den Bauteilen voraus, die den Brandabschnitt bilden (Brandwände, feuerbeständige Wände in Verbindung mit öffnungslosen feuerbeständigen Decken). Wird der innere Brandabschnitt überwunden oder besteht ein solcher gar nicht, wie in Werk- und Lagerhallen, so wird letztlich das ganze Gebäude vom Brand erfaßt. Man spricht vom Vollbrand oder „es brennt in voller Ausdehnung". Dann besteht die Gefahr, daß der Brand das Gebäude verläßt und sich auf Nachbargebäude ausbreitet. Dazu muß er die äußere Brandwand oder den Abstand zum Nachbargebäude und dessen Feuerwiderstand (Außenwände, harte Bedachung) überwinden, wobei ungeschützte Fensteröffnungen und Bauteile aus brennbaren Baustoffen die Ausbreitung begünstigen. Der Fall der Brandausbreitung auf Nachbargebäude ist gar nicht selten.

3.3 Bauaufsichtliche Grundlagen

Ziel der Brandschutzbestimmungen ist die Vermeidung von Gefahren, die für Leben, Gesundheit, Umwelt, Eigentum und Besitz durch Brände entstehen.

Hier sollten Brandschutzbestimmungen genannt werden, die sich auf Gebäude beziehen (vorbeugender baulicher Brandschutz). Solche Brandschutzbestimmungen finden sich insbesondere im Bauordnungsrecht.

Daneben bestehen andere Brandschutzvorschriften, z. B. im Sprengstoffgesetz, im Chemikaliengesetz, im Forststrafgesetz, in der Störfallverordnung, in der Druckgasverordnung oder in der Verordnung über brennbare Flüssigkeiten.

3.4 Gesetze

Das Bauordnungsrecht ist Sicherheitsrecht und damit Landesrecht. Die gesetzgebenden Körperschaften der Länder (Landtage) geben sich Landesbauordnungen (Gesetze). Diese stützen sich inhaltlich auf eine Musterbauordnung (MBO). Die Musterbauordnung wird von der Fachkommission Bauaufsicht – einem Gremium der ARGEBAU – erarbeitet und fortgeschrieben. Die letzte Fassung der MBO ist vom Juni 1996.

Der Sinn des Vorschriftenwerkes ist in § 3 ausgeführt:

„Bauliche Anlagen ... sind so anzuordnen, zu errichten, zu ändern und instand zu halten, daß die öffentliche Sicherheit oder Ordnung, insbesondere Leben, Gesundheit oder die natürlichen Lebensgrundlagen, nicht gefährdet werden.

Bauprodukte dürfen nur verwendet werden, wenn sie gebrauchstauglich sind.

Die von der obersten Bauaufsichtsbehörde durch öffentliche Bekanntmachung als Technische Baubestimmungen eingeführten technischen Regeln sind zu beachten."

§ 17 MBO behandelt den Brandschutz und gibt eine Gliederung der Anforderungen des vorbeugenden baulichen Brandschutzes:

„Bauliche Anlagen müssen so beschaffen sein, daß der Entstehung eines Brandes und der Ausbreitung von Feuer und Rauch vorgebeugt wird und bei einem Brand die Rettung von Menschen und Tieren sowie wirksame Löscharbeiten möglich sind."

Der § 17 regelt weiterhin materiell etwas über Baustoffe und Bauteile, stellt den Grundsatz zweier Rettungswege auf und fordert Blitzschutzanlagen.

Die MBO und entsprechend die Landesbauordnungen regeln den Bau von Wohngebäuden und landwirtschaftlichen Betriebsgebäuden.

Für sogenannte bauliche Anlagen und Räume besonderer Art oder Nutzung gilt § 51 MBO:

„Können durch die besondere Art oder Nutzung baulicher Anlagen und Räume ihre Benutzer oder die Allgemeinheit gefährdet ... werden, so können im Einzelfall ... besondere Anforderungen gestellt werden. Erleichterungen können gestattet werden, soweit es der Einhaltung von Vorschriften ... nicht bedarf."

Solche baulichen Anlagen mit spezifischen Anforderungen sind insbesondere:

- Hochhäuser,
- Verkaufsstätten,
- Versammlungsstätten,
- Büro- und Verwaltungsgebäude,
- Krankenhäuser, Altenpflegeheime,
- Entbindungs- und Säuglingsheime,
- Schulen und Sportstätten,
- bauliche Anlagen und Räume von großer Ausdehnung oder mit erhöhter Brand-, Explosions- oder Verkehrsgefahr,
- bauliche Anlagen und Räume, die für gewerbliche Betriebe bestimmt sind.

Das Gesetz enthält zwingende Vorschriften (Muß-Bestimmungen). Abweichungen davon sind möglich im Zuge einer Befreiung. Daneben gibt es Kann- (Ermächtigung) und Soll-Bestimmungen, in denen grundsätzliche Forderungen gestellt werden, die Ausnahmen zulassen. Ausnahmen und Befreiungen sind nur möglich, wenn sie mit den öffentlichen Belangen vereinbar sind (§ 67 MBO), d. h., auf den baulichen Brandschutz bezogen, wenn die Forderungen der §§ 3 und 17 MBO trotz der Abweichung erfüllt werden.

Fußend auf § 81 MBO, enthalten die Landesbauordnungen Ermächtigungen zum Erlaß von Rechtsverordnungen „zur Verwirklichung der in § 3 bezeichneten Anforderungen". Insbesondere kann die Verordnung unbestimmte Rechtsbegriffe des Gesetzes konkretisieren.

Ein häufig vorkommender unbestimmter Rechtsbegriff sind „Bedenken wegen des Brandschutzes".

3.5 Verordnungen

Für beinahe alle in § 51 MBO genannten baulichen Anlagen besonderer Art oder Nutzung bestehen Muster-Verordnungen, erarbeitet von der Fachkommission Bauaufsicht.

Den Ländern steht es frei, die bestehenden Muster-Verordnungen als Landesverordnungen (Ergänzende Bestimmungen) zu erlassen, sofern sie einen Regelungsbedarf sehen. Der Erlaß und die Änderung einer Verordnung erfolgen auf dem Büroweg, d. h., sie werden vom zuständigen Minister erlassen und im Amtsblatt verkündet. Verordnungen sind im Gegensatz zu Gesetzen leicht zu ändern. Grundlage einer Verordnung muß wieder ein Muster sein (soweit vorhanden).

Folgende Muster liegen vor:

- MusterVO über den Bau und Betrieb von Garagen (5/93)
- MusterVO über den Bau und Betrieb von Verkaufsstätten (9/95)
- MusterVO über den Bau und Betrieb von Versammlungsstätten (3/78)
- MusterVO über den Bau und Betrieb von Krankenhäusern (12/96)
- MusterVO über den Bau von Betriebsräumen für elektrische Anlagen (10/73)
- MusterVO über den Bau und Betrieb von Gaststätten (6/82)
- Muster-Feuerungsverordnung (9/87)

Verordnungen richten sich als „Ergänzende Bestimmungen zur Bauordnung" an jedermann. Besteht in einem Bundesland für eine bauliche Anlage besonderer Art oder Nutzung keine Verordnung, so stehen die Anforderungen im Einzelfall im Ermessen der Behörde. Besteht eine Verordnung, so regelt diese abschließend, es sei denn, sie enthält zusätzlich eine Ermächtigung für „weitergehende Anforderungen".

Für die Anwendung einer Vorschrift ist ihr jeweiliger Geltungsbereich zu beachten. Jeder Raum, der für die gleichzeitige Anwesenheit vieler Menschen bestimmt oder geeignet ist, ist ein Versammlungsraum, fällt jedoch erst ab einer bestimmten Zahl von Personen in den Geltungsbereich der Versammlungsstättenverordnung.

3.6 Richtlinien

Richtlinien können Verwaltungsvorschriften sein, die sich an die vollziehende Behörde wenden und nicht veröffentlicht werden. Sie können auch als Technische Baubestimmungen eingeführt werden.

Bauphysik

Daneben bestehen privatrechtliche Richtlinien. Für die öffentlich-rechtlichen Richtlinien bestehen Muster, die ebenfalls von der Fachkommission Bauaufsicht erstellt wurden:

- Muster über bauaufsichtliche
  Richtlinien für Schulen (6/76)
- Muster über Richtlinien für die bauaufsichtliche Behandlung von Hochhäusern (5/81)
- Muster bauaufsichtliche Richtlinie über die brandschutztechnischen Anforderungen an Lüftungsanlagen (1/84)
- Muster Bau- und Prüfgrundsätze für automatische Schiebetüren in Rettungswegen (10/84)
- Muster einer Richtlinie über den baulichen Brandschutz im Industriebau (1/85)
- Muster Bauaufsichtliche Anforderungen an elektrische Verriegelungen von Türen im Zuge von Rettungswegen (6/88)
- Muster einer Richtlinie zur Bemessung von Löschwasser-Rückhalteanlagen beim Lagern wassergefährdender Stoffe (8/92)
- Musterrichtlinie für brandschutztechnische Anforderungen an Hohlraumestriche und Doppelböden (3/93)
- Muster für Richtlinien über brandschutztechnische Anforderungen an Leitungsanlagen (9/93)

Die Arbeitsstättenrichtlinien als Ausführungsbestimmungen zur Arbeitsstättenverordnung, die Unfallverhütungsvorschriften UVV, die Vorschriften der Berufsgenossenschaft VBG, die Technischen Regeln über brennbare Flüssigkeiten TRbF usw. gelten, soweit sie bauordnungsrechtliche Regelungen betreffen, als „Baunebenrecht". Das Arbeitsrecht ist Bundesrecht und wird nicht von den Bauaufsichtsbehörden, sondern von den Gewerbeaufsichtsämtern vollzogen.

Die Arbeitsstättenrichtlinien sind nur dann anzuwenden, wenn sich in einer baulichen Anlage „Beschäftigte" aufhalten.

Richtlinien ohne öffentlich-rechtlichen Charakter sind die

- Richtlinien des Verbandes der Schadenversicherer VdS (z. B. für Sprinkleranlagen, für Rauch- und Wärmeabzugsanlagen),
- Richtlinien des Vereins Deutscher Ingenieure VDI (z. B. VDI 3564 Empfehlungen für Brandschutz in Hochregalanlagen),
- Richtlinien des Deutschen Vereins des Gas- und Wasserfaches e. V. DVGW (z. B. Richtlinien für Bau und Betrieb von Feuerlösch- und Brandschutzanlagen in Grundstücken im Anschluß an Trinkwasserleitungen),
- Richtlinien des Verbandes Deutscher Elektrotechniker e. V. VDE (z. B. 0108 Starkstromanlagen und Sicherheitsstromversorgung in baulichen Anlagen für Menschenansammlungen, jetzt DIN VDE mit Beiblatt 1, Musterrichtlinien für Leitungsanlagen).

3.7 Normen

Mit dem Thema Brandschutz befaßt sich eine Vielzahl von Normen. Normen werden von Normausschüssen des Deutschen Instituts für Normung e. V. DIN erarbeitet. Normen sind technische Regeln. Neben den Feuerwehrnormen der Reihe 14 000 sind es insbesondere Normen des NA Bau, die Bedeutung für den baulichen Brandschutz besitzen.

Da das DIN ein Verein ist, haben Normen keinen öffentlich-rechtlichen, sondern privatrechtlichen Charakter. Zu Brandschutzbestimmungen werden Normen dann, wenn sie von der obersten Bauaufsichtsbehörde durch öffentliche Bekanntmachung als Technische Baubestimmungen eingeführt werden. Sie sind dann nach § 3 MBO zu beachten. Durch den Einführungserlaß wird der Bezug zwischen Gesetz/Verordnung und Norm hergestellt.

Eine eingeführte Norm und damit Technische Baubestimmung ist die DIN 4102 – Brandverhalten von Baustoffen und Bauteilen – mit 18 Teilen. Sie ist die Prüfnorm zur Klassifizierung von Bauprodukten. Eine nationale Norm wird nach Erscheinen europäischer Normen (EN) ersatzlos zurückgezogen, allenfalls mit einer Übergangszeit. Es bestehen bereits entsprechende Entwürfe PrEN 1365-1 Prüfung der Feuerwiderstandsdauer von tragenden Gebäudeteilen, Teil 1 Innenwände und Teil 2 Decken, PrEN 1364 Prüfung der Feuerwiderstandsdauer von nichttragenden Gebäudeteilen.

Spezifische Normen für den Brandschutz sind:

- DIN 4102   Brandverhalten von Baustoffen und Bauteilen
- DIN 14 090   Flächen für die Feuerwehr auf Grundstücken
- DIN 14 094   Notleitern
- DIN 14 095   Einsatzpläne für die Feuerwehr
- DIN 14 406 und EN 3 Feuerlöscher
- DIN 14 461   Wandhydranten
- DIN 14 462   Steigleitung trocken
- DIN 14 675/EN 54 Brandmeldeanlagen
- DIN 18 230   Baulicher Brandschutz im Industriebau
- DIN 18 232   Rauch- und Wärmeabzugsanlagen
- DIN 18 095   Rauchschutztüren

Auch die Beachtung von Normen, die bauaufsichtlich nicht eingeführt sind, kann von der Bauaufsichtsbehörde im Genehmigungsverfahren gefordert werden.

Besteht für ein Bauprodukt (Baustoff, Bauteil) eine Norm, so handelt es sich um ein geregeltes Bauprodukt. Die bestehenden technischen Regeln sind in der Bauregelliste A aufgeführt (aufgestellt vom Deutschen Institut für Bautechnik im Einvernehmen mit dem für das Baurecht zuständigen Minister des Landes).

Weicht ein Bauprodukt, für das eine technische Regel besteht, wesentlich von dieser ab oder gibt es für ein Bauprodukt keine technische Regel, so handelt es sich um ein „ungeregeltes" Bauprodukt. Dieses muß dann entweder

- eine allgemeine bauaufsichtliche Zulassung,
- ein allgemeines bauaufsichtliches Prüfzeugnis oder
- eine Zustimmung im Einzelfall haben.

Ausgenommen sind Bauprodukte, die für die Erfüllung der Anforderungen der Bauordnung und ihrer ergänzenden Bestimmungen nur eine untergeordnete Bedeutung haben.

Eine allgemeine bauaufsichtliche Zulassung für nichtgeregelte Bauprodukte wird vom Deutschen Institut für Bautechnik erteilt, wenn deren Verwendbarkeit im Sinn des § 3 Abs. 2 MBO nachgewiesen ist.

Bauprodukte, deren Verwendung nicht der Erfüllung erheblicher Anforderungen an die Sicherheit baulicher Anlagen dient oder die nach allgemein anerkannten bauaufsichtlichen Prüfverfahren beurteilt werden, bedürfen nur eines allgemeinen bauaufsichtlichen Prüfzeugnisses.

Die Übereinstimmung eines Bauproduktes mit einer technischen Regel, einer allgemeinen bauaufsichtlichen Zulassung, einem allgemeinen bauaufsichtlichen Prüfzeugnis oder einer Zulassung im Einzelfall wird durch eine Übereinstimmungserklärung des Herstellers oder ein Übereinstimmungszertifikat bestätigt.

Auf dem Bauprodukt oder seiner Verpackung ist ein Übereinstimmungszeichen (Ü-Zeichen) anzubringen.

3.8 Brandschutz baulicher Anlagen

Alle obengenannten Regelwerke enthalten materielle Vorschriften, die auf den Brandschutz baulicher Anlagen zielen. Gemäß § 17 betreffen sie vier Teilbereiche des baulichen Brandschutzes: Brandverhütung, Verhinderung der Ausbreitung von Feuer und Rauch, Rettung von Mensch und Tier, Durchführung wirksamer Löscharbeiten.

3.8.1 Brandverhütung

Im Rahmen des vorbeugenden Brandschutzes kommt folgenden Geboten und Verboten besondere Bedeutung zu:

- Verwendungsgebot nichtbrennbarer und schwerentflammbarer Baustoffe,
- Lagervorschriften und Bestimmungen für den Umgang mit leichtentzündlichen Stoffen,
- Verbot von Zündquellen (z. B. Rauchverbot, Verbot feuergefährlicher Handlungen).

Darüber hinaus sind zur Vorbeugung bauliche Maßnahmen notwendig im Bereich Blitzschutz, Explosionsunterdrückung und Lüftung.

Die Beachtung der anerkannten Regeln der Technik bei der Errichtung von Anlagen zur Wärmeerzeugung, zur Fortleitung von Energie, zur sicheren Abfall-Lagerung ist ebenso notwendig, wie es Vorkehrungen gegen Brandstiftung durch Gebäudesicherung und -überwachung sind.

3.8.2 Verhinderung der Ausbreitung von Feuer und Rauch

Zu den baulichen Maßnahmen, die bereits im Entwurf zu berücksichtigen sind, zählt insbesondere die Bildung von Brand-, Brandbekämpfungs- und Rauchabschnitten.

Darüber hinaus sind Vorkehrungen zur Rauch- und Wärmeabfuhr notwendig. Durch Einbau von Feuerschutzabschlüssen ist in Öffnungen von raumabschließenden Bauteilen, z. B. bei Türen, Toren, Durchbrüchen für Leitungen und Rohre sowie für bahngebundene Förderanlagen, ein ausreichender Feuerwiderstand zu gewährleisten. Zusätzlich zu diesen Abschottungen, die die Ausbreitung von Feuer und Rauch verhindern sollen, sind Löschanlagen notwendig, die nicht nur den Brandherd begrenzen, sondern auch das Feuer selbst automatisch bekämpfen.

3.8.3 Zur Rettung von Menschen und Tieren

Im Rahmen des Personenschutzes sind folgende Maßnahmen baulicher und organisatorischer Art zwingend:

- Herstellung von zwei voneinander unabhängigen Rettungswegen,
- Sicherung der Rettungswege gegen Räume mit Brandlast,
- Verbot und Einschränkung der Verwendung brennbarer Baustoffe in Rettungswegen,
- Sicherstellen der Rettung durch die Feuerwehr durch Zugänge, Zufahrten und Aufstellflächen für Hubrettungsgeräte,
- Kennzeichnung, Beleuchtung, Freihaltung der Rettungswege im Gebäude und auf dem Grundstück,
- Hausalarm und Brandschutzordnung.

3.8.4 Durchführung wirksamer Löscharbeiten

Die Wirksamkeit von Löscharbeiten hat folgende Voraussetzungen:

- Vorkehrungen zur Brandentdeckung und Brandmeldung,
- Zugang zum Brandobjekt und Brandraum,
- Bereitstellung von Feuerlöschern, Wandhydranten, Löschdecken.
- Sicherstellung der Löschwasserversorgung durch trockene oder nasse Steigleitungen im Gebäude, Über- oder Unterflurhydranten auf dem Grundstück,
- Erstellung von Feuerwehr-Einsatzplänen.

3.8.5 Regelung der Musterbauordnung

Für den Mauerwerksbau sind primär nachstehende Regelungen der Musterbauordnung wichtig, die in Auszügen wiedergegeben sind:

> § 25 MBO: Tragende Wände, Pfeiler und Stützen
>
> (1) Tragende Wände, Pfeiler und Stützen sind feuerbeständig, in Gebäuden geringer Höhe mindestens feuerhemmend herzustellen. Dies gilt nicht für oberste Geschosse von Dachräumen.
>
> (2) Im Keller sind tragende Wände, Pfeiler und Stützen feuerbeständig, bei Wohngebäuden geringer Höhe mit nicht mehr als zwei Wohnungen mindestens feuerhemmend und in den wesentlichen Teilen aus nichtbrennbaren Baustoffen herzustellen.

> (3) Absätze 1 und 2 gelten nicht für frei stehende Wohngebäude mit nicht mehr als einer Wohnung, deren Aufenthaltsräume in nicht mehr als zwei Geschossen liegen, sowie für andere frei stehende Gebäude ähnlicher Größe und frei stehende landwirtschaftliche Betriebsgebäude.

Gebäude geringer Höhe sind Gebäude, bei denen gemäß § 2 Abs. 3 der MBO der Fußboden jedes Geschosses, in dem Aufenthaltsräume möglich sind, an keiner Stelle mehr als 7 m über der Geländeoberfläche liegt.

> § 26 MBO: Außenwände
>
> (1) Nichttragende Außenwände und nichttragende Teile tragender Außenwände sind, außer bei Gebäuden geringer Höhe, aus nichtbrennbaren Baustoffen oder mindestens feuerhemmend herzustellen.
>
> (2) Oberflächen von Außenwänden sowie Außenwandverkleidungen einschließlich der Dämmstoffe und Unterkonstruktionen sind aus schwerentflammbaren Baustoffen herzustellen; Unterkonstruktionen aus normalentflammbaren Baustoffen können gestattet werden, wenn Bedenken wegen des Brandschutzes nicht bestehen. Bei Gebäuden geringer Höhe sind, unbeschadet § 6 Abs. 8 (Verf.: Mindesttiefe der Abstandflächen bei brennbaren Außenwänden), Außenwandverkleidungen einschließlich der Dämmstoffe und Unterkonstruktionen aus normalentflammbaren Baustoffen zulässig, wenn durch geeignete Maßnahmen eine Brandausbreitung auf angrenzende Gebäude verhindert wird.

> § 27 MBO: Trennwände
>
> (1) Zwischen Wohnungen sowie Wohnungen und fremden Räumen sind feuerbeständige, in obersten Geschossen von Dachräumen und in Gebäuden geringer Höhe mindestens feuerhemmende Trennwände herzustellen. Bei Gebäuden mit mehr als zwei Wohnungen sind die Trennwände bis zur Rohdecke oder bis unter die Dachhaut zu führen; dies gilt auch für Trennwände zwischen Wohngebäuden und landwirtschaftlichen Betriebsgebäuden sowie zwischen dem landwirtschaftlichen Betriebsteil und dem Wohnteil eines Gebäudes.
>
> (2) . . .

§ 28 MBO: Brandwände

(1–2) ...

(3) Brandwände müssen feuerbeständig sein und aus nichtbrennbaren Baustoffen bestehen. Sie dürfen bei einem Brand ihre Standsicherheit nicht verlieren und müssen die Verbreitung von Feuer auf andere Gebäude oder Gebäudeabschnitte verhindern.

(4) Brandwände müssen in einer Ebene durchgehend sein. Es kann zugelassen werden, daß anstelle von Brandwänden Wände zur Unterteilung eines Gebäudes geschoßweise versetzt angeordnet werden, wenn
1. ...
2. die Wände in der Bauart von Brandwänden hergestellt sind,
4. die Bauteile, die diese Wände unterstützen, feuerbeständig sind und aus nichtbrennbaren Baustoffen bestehen,
5. die Außenwände innerhalb des Gebäudeabschnittes, in dem diese Wände angeordnet sind, in allen Geschossen feuerbeständig sind und ...

(5) ...

(6) Brandwände sind 30 cm über Dach zu führen oder in Höhe der Dachhaut mit einer beiderseits 50 cm auskragenden feuerbeständigen Platte aus nichtbrennbaren Baustoffen abzuschließen; darüber dürfen brennbare Teile des Daches nicht hinweggeführt werden. Bei Gebäuden geringer Höhe sind Brandwände sowie Wände, die anstelle von Brandwänden zulässig sind, mindestens bis unmittelbar unter die Dachhaut zu führen.

(7) ... Bauteile dürfen in Brandwände nur so weit eingreifen, daß der verbleibende Wandquerschnitt feuerbeständig bleibt; für Leitungen, Leitungsschlitze und Schornsteine gilt dies entsprechend.

(8) ...

(9) In inneren Brandwänden können Teilflächen aus lichtdurchlässigen nichtbrennbaren Baustoffen gestattet werden, wenn diese Flächen feuerbeständig sind.

§ 29 MBO: Decken

(1) Decken und ihre Unterstützungen sind feuerbeständig, in Gebäuden geringer Höhe mindestens feuerhemmend herzustellen. (Verf.: Bei Unterstützungen kommt der Grundsatz zum Ausdruck, daß unterhalb eines Bauteiles mit Feuerwiderstand alle tragenden Bauteile mindestens derselben Feuerwiderstandsklasse angehören müssen.)

§ 30–31 ...

§ 32 MBO: Treppenräume und Ausgänge

(1–6) ...

(7) Die Wände notwendiger Treppenräume müssen in der Bauart von Brandwänden (§ 28 Abs. 3) hergestellt sein, bei Gebäuden geringer Höhe müssen sie feuerbeständig sein ...

(8) In notwendigen Treppenräumen und in Räumen nach Abs. 5 S. 2 (Verf.: Raum zwischen dem Treppenraum und dem Ausgang ins Freie) müssen ... Putze ... aus nichtbrennbaren Baustoffen bestehen.

§ 33 MBO: Notwendige Flure und Gänge

(1–2) ...

(3) Wände notwendiger Flure sind mindestens feuerhemmend und in den wesentlichen Teilen aus nichtbrennbaren Baustoffen, in Gebäuden geringer Höhe mindestens feuerhemmend herzustellen.

§ 34 MBO: Aufzüge

(1) Aufzüge im Inneren von Gebäuden müssen eigene Schächte in feuerbeständiger Bauart haben ...

§ 35–45 ...

§ 46 MBO: Aufenthaltsräume und Wohnungen in Kellergeschossen und Dachräumen

(1–4) ...

(5) Aufenthaltsräume und Wohnungen im Dachraum müssen einschließlich ihrer Zugänge mit mindestens feuerhemmenden Wänden und Decken gegen den nichtausgebauten Dachraum abgeschlossen sein; dies gilt nicht für frei stehende Wohngebäude mit nur einer Wohnung.

Diese Forderungen finden sich sinngemäß in allen Landesbauordnungen und wiederholen sich in den ergänzenden Bestimmungen für bauliche Anlagen und Räume besonderer Art oder Nutzung.

Die obenstehenden Baustoff- und Bauteilanforderungen müssen von den Baustoffen und Bauteilen nachweislich erbracht werden. Der Nachweis erfolgt aufgrund bestandener Prüfungen nach der Norm DIN 4102 Brandverhalten von Baustoffen und Bauteilen.

Bauphysik

3.9 Baustoffe

Um das Brandverhalten von Baustoffen klassifizieren zu können, bestehen zwei Möglichkeiten: zum einen eine Klassifizierung im Einzelfall nach Brandversuchen gemäß DIN 4102 Teil 1, zum anderen ohne Versuch in Übereinstimmung mit DIN 4102 Teil 4.

Brandversuche für konkrete Einzelmaterialien oder Bauteile müssen durchgeführt werden. Die Versuchsanordnungen nach DIN 4102 Teil 1 von einer anerkannten Prüfstelle sind jeweils in den Erläuterungen zur Norm aufgeführt.

3.9.1 Klassifizierung

Zur Klassifizierung der Baustoffe nach DIN 4102 Teil 1 werden drei Brandstadien simuliert:

- der Entstehungsbrand – das Streichholz – in Form des Kleinbrennertestes, um festzustellen, ob ein Baustoff mindestens „normalentflammbar" ist. Die Probe wird 15 Sekunden beflammt, dann wird festgestellt, ob die Flammenspitze innerhalb von 20 Sekunden eine Meßmarke erreicht. Besteht der Baustoff diese Prüfung nicht, so gilt er als „leichtentflammbar" und darf nach § 17 Abs. 2 MBO grundsätzlich nicht verwendet werden.

- der entwickelte Brand, etwa in der Größenordnung eines brennenden Papierkorbes, dargestellt durch die Brandschachtprüfung. Vier Proben werden zu einem Schacht angeordnet und mit einem Brenner von unten 10 Minuten beflammt, dann wird die unverbrannte Restlänge ermittelt. Dabei werden weitere Beobachtungen über das Brandverhalten angestellt.

  Besteht der Baustoff die Prüfung, so gilt er als „schwerentflammbar", d.h., er brennt nicht an sich selbst weiter.

- der Vollbrand, dargestellt durch einen elektrisch beheizten Ofen, in dem eine kleine (40 × 40 × 50 mm) Probe einer Temperatur von 750 °C ausgesetzt wird. Besteht der Baustoff diese Ofenprüfung, ohne zu entflammen und ohne die Ofentemperatur zu erhöhen, so gilt er als nichtbrennbar. Er muß zudem die Brandschachtprüfung, eine Rauchdichte- und Toxizitätsprüfung bestehen.

Als Ergebnis der Prüfung erfolgt nachstehende Klassifizierung (**Tafel D.3.1**):

Tafel D.3.1 Klassifizierung von Baustoffen

Baustoffklasse		Bauaufsichtliche Benennung
A		nichtbrennbare Baustoffe
	A1	
	A2	
B		brennbare Baustoffe
	B1	schwerentflammbare Baustoffe
	B2	normalentflammbare Baustoffe
	B3	leichtentflammbare Baustoffe

Brandversuche nach Teil 1 sind nicht erforderlich, wenn der Baustoff im Teil 4 der Norm bereits genannt ist. Der Teil 4 der Norm (letzte Ausgabe März 1994) enthält einen Katalog klassifizierter Baustoffe.

3.9.2 DIN 4102 Teil 4: Brandverhalten von Baustoffen und Bauteilen; Zusammenstellung und Anwendung klassifizierter Baustoffe, Bauteile und Sonderbauteile

Auszüge grau unterlegt

2 Klassifizierte Baustoffe

2.1 Allgemeines

Die in dieser Norm angegebenen Baustoffklassen gelten nur für die genannten Baustoffe oder Baustoffverbunde. Nicht genannte Verbunde, z. B. Verbunde von Baustoffen der Klasse B mit anderen Baustoffen der Klassen A oder B nach DIN 4102 Teil 1, können ein anderes Brandverhalten und damit eine andere Baustoffklasse besitzen.

ANMERKUNG: Wegen der Kennzeichnungspflicht für die Baustoffe siehe DIN 4102 Teil 1.

2.2 Baustoffe der Klasse A

ANMERKUNG: Die Baustoffklasse A bleibt bei den in den Abschnitten 2.2.1 und 2.2.2 genannten Baustoffen auch dann erhalten, wenn sie oberflächlich mit Anstrichen auf Dispersions- oder Alkydharzbasis oder mit üblichen Papier-Wandbekleidungen (Tapeten) versehen sind.

2.2.1 Baustoffe der Klasse A 1

Zu der Baustoffklasse A 1 gehören:

a) Sand, Kies, Lehm, Ton und alle sonstigen in der Natur vorkommenden, bautechnisch verwendbaren Steine

b) Mineralien, Erden, Lavaschlacke und Naturbims

c) Aus Steinen und Mineralien durch Brenn- und/oder Blähprozesse gewonnene Baustoffe, wie Zement, Kalk, Gips, Anhydrit, Schlacken-Hüttenbims, Blähton, Blähschiefer sowie Blähperlite und -vermiculite, Schaumglas

d) Mörtel, Beton, Stahlbeton, Spannbeton, Porenbeton, Leichtbeton, Steine und Bauplatten aus mineralischen Bestandteilen, auch mit üblichen Anteilen von Mörtel- oder Betonzusatzmitteln - siehe DIN 1053 Teil 1, DIN 1045 und DIN 18 550 Teil 2.

e) Mineralfasern ohne organische Zusätze

f) Ziegel, Steinzeug und keramische Platten

g) Glas

h) Metalle und Legierungen in nicht feinzerteilter Form mit Ausnahme der Alkali- und Erdalkalimetalle und ihrer Legierungen.

Das bedeutet, daß alle Baustoffe für den Mauerwerksbau – ausgenommen Dämmschichten in zweischaligen Wänden und Thermoputze – ohne Nachweis nichtbrennbar sind und aus der Sicht des Brandschutzes uneingeschränkt verwendet werden können.

Als solche erhöhen sie die Brandlast nicht, tragen nicht zur Brandentstehung oder Brandausbreitung bei und nehmen am aktiven Brandgeschehen nicht teil. Sie geben keine Rauchgase ab und tragen somit nichts zur Toxizität der Brandgase bei. Durch das Fehlen der Rauchgase werden Personen nicht zusätzlich gefährdet und der Einsatz der Feuerwehr nicht behindert.

Passiv nehmen sie insofern am Brandgeschehen teil, als sie, abgesehen von ihrer Nichtbrennbarkeit mangels organischer Bestandteile, anderen Gesetzmäßigkeiten der Chemie und Physik folgen. Durch die Temperaturerhöhung im Brandfall dehnen sie sich aus. Natursteine – insbesondere solche mit dichtem Gefüge wie z. B. Granit – dehnen sich wegen ihres inhomogenen Gefüges bei Erwärmung bzw. plötzlicher Abkühlung durch das Löschwasser unterschiedlich aus, und es kommt zu Abplatzungen und Sprüngen. Kalkstein zerfällt bei etwa 1000 °C in seine Bestandteile Kalziumoxid (gebrannter Kalk) und Kohlenstoffdioxid.

Künstliche ungebrannte Steine wie Kalksandstein, Betonstein und Porenbetonstein haben ein homogenes Materialgefüge und erleiden bei Erwärmung nur geringe innere Spannungen; es wird jedoch bei hohen Temperaturen das Kristallwasser ausgetrieben mit der Folge, daß der Stein amorph wird und abbröckelt.

Gebrannte Steine sind ebenfalls homogen zusammengesetzt und werden bei der Herstellung während einer zweistelligen Stundenzahl Ofentemperaturen um 1000 °C ausgesetzt. Mauerziegel sind deshalb sehr widerstandsfähig gegen Brandbeanspruchung.

Mörtel, die für Mauerwerk verwendet werden, sind nahezu durchweg hydraulische Mörtel, die durch chemische Vorgänge erhärten. Zement und Kalk kristallisieren und bauen Wasser in Form des Kristallwassers ein. Für tragendes Mauerwerk werden hochhydraulische Kalk- oder Kalkzementmörtel der Mörtelgruppe II eingesetzt. Auch die Putzmörtel sind vorwiegend Kalkmörtel.

Von brandschutztechnischem Interesse ist auch das Wärmeleitvermögen der Baustoffe, da dadurch die Temperaturerhöhung auf der dem Feuer abgekehrten Seite eines Bauteils (s. u.) mitbestimmt wird.

3.10 Bauteile

Aus Baustoffen werden Bauteile gefertigt, die im Brandfall ihre „kalten Eigenschaften" eine bestimmte Zeit behalten sollen. Diese Zeit nennt man Feuerwiderstandsdauer. Die Feuerwiderstandsdauer ist die Mindestdauer in Minuten, während der ein Bauteil bei der Prüfung nach DIN 4102 Teil 2 die Anforderungen dieser Norm erfüllt.

Es gibt tragende und nichttragende Bauteile, raumabschließende und nicht raumabschließende Bauteile. Eine Decke z. B. ist tragend und raumabschließend, eine Stütze ist tragend und nicht raumabschließend, eine Wand kann raumabschließend und tragend oder raumabschließend und nichttragend sein. Die Prüfung der Bauteile erfolgt in einem Prüfofen im Maßstab 1 : 1. Der Ofen wird nach der Einheitstemperaturkurve (ETK) beflammt. Die Brandraumtemperatur steigt steil an und liegt nach 30 Minuten 822 °C über der Ausgangstemperatur, nach 90 Minuten 986 °C.

Während der Prüfdauer dürfen tragende Bauteile unter ihrer rechnerisch zulässigen Gebrauchslast und nichttragende Bauteile unter ihrer Eigenlast nicht zusammenbrechen.

Raumabschließende Bauteile müssen während der Prüfung den Durchgang des Feuers verhindern. Dies gilt als nicht erfüllt, wenn beim Druck von 10 Pascal im Prüfstand ein an der feuerabgekehrten Seite angehaltener Wattebausch zur Entzündung gebracht wird oder auf der feuerabgekehrten Seite Flammen auftreten. Der Wattebausch wird an die ungünstigen Stellen – Risse, Spalten, Anschlüsse – angehalten.

Raumabschließende Bauteile dürfen sich bei der Prüfung auf der feuerabgekehrten Seite im Mittel um nicht mehr als 140 K über die Anfangstemperatur des Probekörpers bei Versuchsbeginn erwärmen; an keiner Meßstelle darf eine Temperaturerhöhung von mehr als 180 K über die Anfangstemperatur eintreten.

Raumabschließende Wände müssen zusätzlich den Beanspruchungen der Festigkeitsprüfung widerstehen. Etwa 3 Minuten vor dem Beurteilungszeitpunkt wird der Probekörper an der nicht beflammten Seite an drei Stellen einem Kugelstoß ausgesetzt.

Nichtraumabschließende tragende Wände dürfen während der Prüfdauer unter ihrer rechnerisch zulässigen Gebrauchslast bei gleichzeitig zweiseitiger Temperaturbeanspruchung nicht zusammenbrechen.

Die Feuerwiderstandsdauer ist die Zeit in Minuten, in der das Bauteil diese Anforderungen erfüllt: Daraus ergeben sich folgende Feuerwiderstandsklassen (Tafel D.3.2):

Tafel D.3.2 Feuerwiderstandsklassen

Feuerwiderstandsdauer	Feuerwiderstandsklasse	Bauaufsichtliche Benennung
> 30 Minuten	F 30	feuerhemmend
> 90 Minuten	F 90	feuerbeständig

Die Feuerwiderstandsdauer eines Bauteils ist völlig unabhängig vom Baustoff, aus dem es gefertigt wurde: Stahl gehört in die beste Baustoffklasse A 1 und hat keinen Feuerwiderstand, Holz mit der Baustoffklasse B 2 darf gerade noch verwendet werden, doch kann man damit eine hohe Feuerwiderstandsdauer von Bauteilen erzielen.

Wird ein feuerhemmendes Bauteil vollständig aus nichtbrennbaren Baustoffen der Klasse A gefertigt, so erhält es die Zusatzbezeichnung F 30-AB. „Wesentlich" ist jeweils der für die kalte Eigenschaft tragend oder raumabschließend entscheidenen Teil des Bauteils.

Ist das Bauteil ganz aus brennbaren Baustoffen gefertigt, so bezeichnet man es F 30-B.

Die Norm DIN 4102 Brandverhalten von Baustoffen und Bauteilen ist bauaufsichtlich eingeführt. Das heißt, sie gilt als anerkannte Regel der Technik und als technische Baubestimmung. Im Einführungserlaß legt das zuständige Ministerium fest, welche Feuerwiderstandsklassen den bauaufsichtlichen Benennungen entsprechen (Tafel D.3.3).

Merke: F 90-B gilt nicht als feuerbeständig im Sinne der Landesbauordnungen! Für die Einreihung eines Bauteils in die Feuerwiderstandsklassen gibt es wiederum zwei Möglichkeiten:

Im ersten Fall muß das Bauteil von einer anerkannten Prüfanstalt in Brandversuchen nach den Bestimmungen der Norm geprüft werden. Darüber wird ein Prüfzeugnis erteilt, in dem eine Beurteilung der Prüfergebnisse und eine Klassifizierung des Bauteils enthalten ist.

Bedarf das Bauteil zu seiner Beurteilung verschiedener Prüfungen, so werden die Prüfergebnisse einem Sachverständigenausschuß vorgelegt. Dieser schlägt dann bei nachgewiesener Brauchbarkeit des Bauteils dem Deutschen Institut für Bautechnik (DIBt) in Berlin vor, eine „Allgemeine bauaufsichtliche Zulassung" zu erteilen.

Wände, Decken, Unterzüge und Stützen sowie bestimmte Verglasungen nach DIN 4102 Teil 13 wer-

Tafel D.3.3 Bauaufsichtliche Benennungen

	Bauaufsichtliche Benennung	Benennung nach DIN 4102	Kurzbezeichnung
1	feuerhemmend	Feuerwiderstandsklasse F 30	F 30-B
2	feuerhemmend und in den tragenden Teilen aus nichtbrennbaren Baustoffen	Feuerwiderstandsklasse F 30 und in den wesentlichen Teilen aus nichtbrennbaren Baustoffen	F 30-AB
3	feuerhemmend und aus nichtbrennbaren Baustoffen	Feuerwiderstandsklasse F 30 und aus nichtbrennbaren Baustoffen	F 30-A
4	feuerbeständig	Feuerwiderstandsklasse F 90 und in den wesentlichen Teilen aus nichtbrennbaren Baustoffen	F 90-AB
5	feuerbeständig und aus nichtbrennbaren Baustoffen	Feuerwiderstandsklasse F 90 und aus nichtbrennbaren Baustoffen	F 90-A

den mit dem Buchstaben F und der Feuerwiderstandsdauer in Minuten bezeichnet.

Für andere Teile baulicher Anlage bestehen weitere Teilabschnitte der Norm mit besonderen Prüfvorschriften und anderen Bezeichnungen (**Tafel D.3.4**).

Tafel D.3.4 Feuerwiderstandsdauer

Nichttragende Außenwände	W 30, 60, 90
Feuerschutzabschlüsse (Türen, Tore)	T 30, 90, 120
Lüftungsleitungen	L 30, 60, 90
Absperrvorrichtungen in Lüftungsleitungen 60, 90	K 30, 60, 90
Rohrummantelungen und -abschottungen	R 30, 60, 90
Installationsschächte und -kanäle	I 30, 60, 90
Funktionserhalt elektrischer Kabelanlagen	E 30, 60, 90
Brandschutzverglasungen	G 30, 60, 90 bzw. F 30, 60, 90 s. o.

Eine Feuerwiderstandsdauer von 60 Minuten hat ebenfalls nur die bauaufsichtliche Benennung „feuerhemmend", da eine Feuerwiderstandsdauer von 90 Minuten nicht erreicht wird. Diese Feuerwiderstandsklasse hat deshalb kaum Bedeutung.

Ohne Brandversuche werden die in Teil 4 genannten und beschriebenen Bauteile ohne Nachweis in die dort genannte Feuerwiderstandsklasse eingereiht.
Im folgenden sollen grundsätzliche Aussagen der DIN 4102 Teil 4 dargestellt werden.

Für die brandschutztechnisch richtige Ausführung von Wänden aus Mauerwerk sind selbstverständlich alle Bestimmungen der Norm zu beachten, die hier nicht vollständig wiedergegeben werden können.

1.2 Grundlagen zur Brandschutzbemessung

1.2.1 Die Feuerwiderstandsdauer und damit auch die Feuerwiderstandsklasse eines Bauteiles hängen im wesentlichen von folgenden Einflüssen ab:

a) Brandbeanspruchung (ein- oder mehrschalig)

b) verwendbarer Baustoff oder Baustoffverbund,

c) Bauteilabmessungen (Querschnittabmessungen, Schlankheit, Achsabstände usw.),

d) bauliche Ausbildung (Anschlüsse, Auflager, Halterungen, Befestigungen, Fugen, Verbindungsmittel usw.),

e) statisches System (statisch bestimmte oder unbestimmte Lagerung, einachsige oder zweiachsige Lastabtragung, Einspannungen usw.),

f) Ausnutzungsgrad der Festigkeiten der verwendeten Baustoffe infolge äußerer Lasten und

g) Anordnung von Bekleidungen (Ummantelungen, Putze, Unterdecken, Vorsatzschalen usw.)

4 Klassifizierte Wände

4.1 Grundlagen zur Bemessung von Wänden

4.1.1 Wandarten, Wandfunktionen

4.1.1.1 Aus der Sicht des Brandschutzes wird zwischen nichttragenden und tragenden sowie raumabschließenden und nichtraumabschließenden Wänden unterschieden, vgl. DIN 1053 Teil 1.

4.1.1.2 Nichttragende Wände sind scheibenartige Bauteile, die auch im Brandfall überwiegend nur durch ihre Eigenlast beansprucht werden und auch nicht der Knickaussteifung tragender Wände dienen; sie müssen aber auf ihre Flächen wirkende Windlasten auf tragende Bauteile, z. B. Wand- oder Deckenscheiben, abtragen.

Die im folgenden angegebenen Klassifizierungen gelten nur dann, wenn auch die die nichttragenden Wände aussteifenden Bauteile in ihrer aussteifenden Wirkung ebenfalls mindestens der entsprechenden Feuerwiderstandsklasse angehören.

4.1.1.3 Tragende Wände sind überwiegend auf Druck beanspruchte scheibenartige Bauteile zur Aufnahme vertikaler Lasten, z. B. Deckenlasten, sowie horizontaler Lasten, z. B. Windlasten.

Aussteifende Wände sind scheibenartige Bauteile zur Aussteifung eines Gebäudes oder zur Knickaussteifung tragender Wände; sie sind hinsichtlich des Brandschutzes wie tragende Wände zu bemessen.

Bauphysik

4.1.1.4 Als raumabschließende Wände gelten z. B. Wände in Rettungswegen, Treppenraumwände, Wohnungstrennwände und Brandwände. Sie dienen zur Verhinderung der Brandübertragung von einem Raum zum anderen. Sie werden nur einseitig vom Brand beansprucht.

Als raumabschließende Wände gelten ferner Außenwandscheiben mit einer Breite $\geq$ 1,0 m. Raumabschließende Wände können tragende oder nichttragende Wände sein.

4.1.1.5 Nichtraumabschließende tragende Wände sind tragende Wände, die zweiseitig – im Falle teilweise oder ganz frei stehender Wandscheiben auch 3- oder 4seitig – vom Brand beansprucht werden, siehe auch DIN 4102 Teil 2/(9.77), Abschnitt 5.2.5.

Als Pfeiler und kurze Wände aus Mauerwerk gelten Querschnitte, die aus weniger als zwei ungeteilten Steinen bestehen und deren Querschnittfläche $<$ 0,10 m² ist – siehe auch DIN 1053 Teil 1/(2.90), Abschnitt 7.2.1

Als nichtraumabschließende Wandabschnitte aus Mauerwerk gelten Querschnitte, deren Fläche $\geq$ 0,10 m² und deren Breite $\leq$ 1,0 m ist.

4.1.1.6 Zweischalige Außenwände mit oder ohne Dämmschicht oder Luftschicht aus Mauerwerk sind Wände, die durch Anker verbunden sind und deren innere Schale tragend und deren äußere Schale nichttragend ist.

4.1.1.7 Zweischalige Haustrennwände bzw. Gebäudeabschlußwände mit oder ohne Dämmschicht bzw. Luftschicht aus Mauerwerk sind Wände, die nicht miteinander verbunden sind und daher keine Anker besitzen. Bei tragenden Wänden bildet jede Schale für sich jeweils das Endauflager einer Decke bzw. eines Daches.

4.1.1.8 Stürze, Balken, Unterzüge usw. über Wandöffnungen sind für eine $\geq$ dreiseitige Brandbeanspruchung zu bemessen.

4.1.2 Wanddicken, Wandhöhen

4.1.2.1 Die im folgenden angegebenen Mindestdicken d beziehen sich, soweit nicht anders angegeben ist, immer auf die unbekleidete Wand oder auf eine unbekleidete Wandschale.

4.1.2.2 Die maximalen Wandhöhen ergeben sich aus den Normen DIN 1045, DIN 1052 Teil 1 und Teil 2, DIN 1053 Teile 1 bis 4, DIN 4103 Teile 1 bis 4 und DIN 18 183.

4.1.3 Bekleidungen, Dampfsperren

Bei den in Abschnitt 4 klassifizierten Wänden ist die Anordnung von zusätzlichen Bekleidungen – Bekleidungen aus Stahlblech ausgenommen –, z. B.: Putz oder Verblendung, erlaubt; gegebenenfalls sind bei Verwendung von Baustoffen der Klasse B jedoch bauaufsichtliche Anforderungen zu beachten.

Dampfsperren beeinflussen die in Abschnitt 4 angegebenen Feuerwiderstandsklassen-Benennungen nicht.

4.1.4 Anschlüsse, Fugen

4.1.4.1 Die Angaben von Abschnitt 4 gelten für Wände, die sich von Rohdecke bis Rohdecke spannen.

> ANMERKUNG: Werden raumabschließende Wände z. B.: an Unterdecken befestigt oder auf Doppelböden gestellt, so ist die Feuerwiderstandsklasse durch Prüfungen nachzuweisen – siehe unter anderem auch DIN 4192 Teil 2/(9.77), Abschnitt 6.2.2.3.

4.1.4.2 Anschlüsse nichttragender Massivwände müssen nach DIN 1045, DIN 1053 Teil 1 und DIN 4103 Teil 1 (z. B.: als Verbandsmauerwerk oder als Stumpfstoß mit Mörtelfuge ohne Anker) oder nach Angaben von Bild 17 bzw. Bild 18 ausgeführt werden.[5)]

4.1.4.3 Anschlüsse tragender Massivwände müssen nach DIN 1045 oder DIN 1053 Teil 1 (z. B.: als Verbandsmauerwerk) oder nach den Angaben von Bild 19 bzw. Bild 20 ausgeführt werden.[5)]

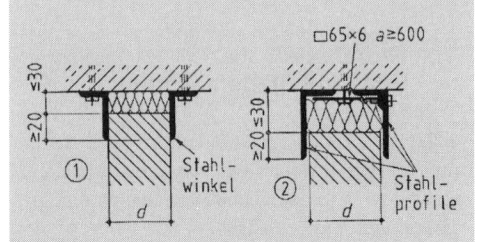

Bild 17 Anschlüsse Wand – Decke nichttragender Massivwände, Ausführungsmöglichkeiten 1 und 2

Bild 18 Anschlüsse Wand (Pfeiler/Stütze) – Wand nichttragender Massivwände (Beispiel Mauerwerk, Ausführungsmöglichkeiten 1 bis 3)

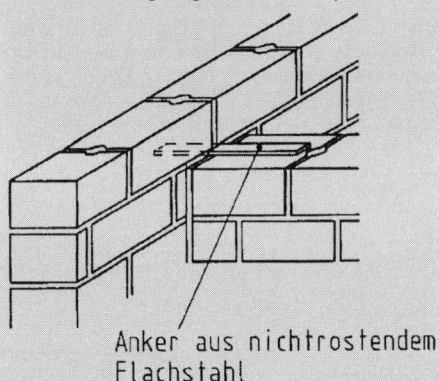

Bild 19 Stumpfstoß Wand – Wand tragender Wände, Beispiel Mauerwerk

Bild 20 Gleitender Stoß Wand (Stütze) – Wand tragender Wände, Ausführungsmöglichkeiten 1 und 2

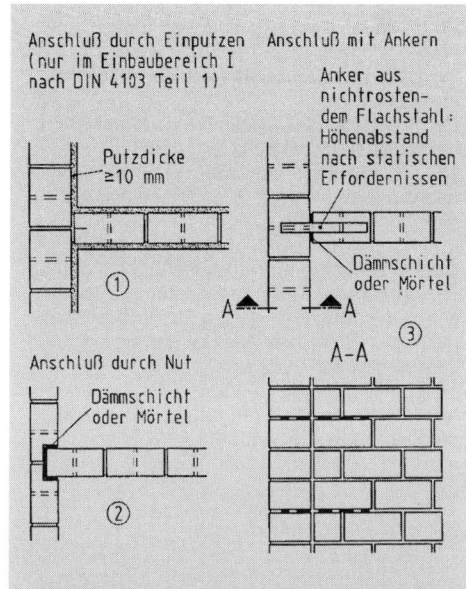

4.1.5 Zweischalige Wände

Die Angaben nach Tabelle 45 für zweischalige Brandwände beziehen sich nicht auf den Feuerwiderstand einer einzelnen Wandschale, sondern stets auf den Feuerwiderstand der gesamten zweischaligen Wand.

Stützen, Riegel, Verbände usw., die zwischen den Schalen zweischaliger Wände angeordnet werden, sind für sich allein zu bemessen.

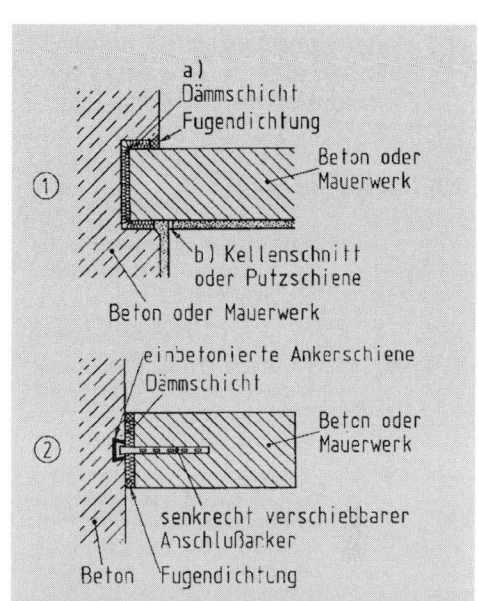

4.1.6.3 Durch die in Abschnitt 4 klassifizierten raumabschließenden Wänden dürfen vereinzelt elektrische Leitungen durchgeführt werden, wenn der verbleibende Lochquerschnitt mit Mörtel nach DIN 18 550 Teil 2 oder Beton nach DIN 1045 vollständig verschlossen wird.

> ANMERKUNG: Für die Durchführung von gebündelten elektrischen Leitungen sind Abschottungen erforderlich, deren Feuerwiderstandsklasse durch Prüfungen nach DIN 4102 Teil 9 nachzuweisen ist; es sind weitere Eignungsnachweise, z. B. im Rahmen der Erteilung einer allgemeinen bauaufsichtlichen Zulassung, erforderlich.

4.1.6.4 Wenn in raumabschließenden Wänden mit bestimmter Feuerwiderstandsklasse Verglasungen oder Feuerschutzabschlüsse mit bestimmter Feuerwiderstandsklasse eingebaut werden sollen, ist die Eignung dieser Einbauten in Verbindung mit der Wand nach DIN 4102 Teil 5 bzw. Teil 13 nachzuweisen; es sind weitere Eignungsnachweise erforderlich – z. B. im Rahmen der Erteilung einer allgemeinen bauaufsichtlichen Zulassung. Ausgenommen hiervon sind die in den Abschnitten 8.2 bis 8.4 zusammengestellten Konstruktionen, für denen Einbau die einschlägigen Norm- oder Zulassungsbestimmungen zu beachten sind.

4.5 Feuerwiderstandsklassen von Wänden aus Mauerwerk und Wandbauplatten einschließlich von Pfeilern und Stürzen

4.5.1 Anwendungsbereich

4.5.1.1 Die folgenden Angaben gelten für Wände und Pfeiler aus Mauerwerk und Wandbauplatten nach folgenden Normen:

DIN 1053 Teil 1 Mauerwerk; Rezeptmauerwerk

DIN 1053 Teil 2 (Ausgabe 07.84) Mauerwerk; Mauerwerk nach Eignungsprüfung; Berechnung und Ausführung; Abschnitte 6 bis 8

DIN 1053 Teil 3 (Ausgabe 02.90) Mauerwerk; Bewehrtes Mauerwerk, Berechung und Ausführung, Abschnitte 1, 2 b, 2 d, 2 e, 3 bis 8, Anhänge

DIN 1053 Teil 4 Mauerwerk; Ziegelbaufertigteile

DIN 4103 Teil 1 Nichttragende innere Trennwände; Trennwände aus Gips-Wandplatten

DIN 4103 Teil 2 Nichttragende innere Trennwände; Trennwände aus Gips-Wandbauplatten

Wird Mauerwerk aufgrund der Eignungsprüfung nach DIN 1053 Teil 2 bemessen, ist eine Beurteilung im Einzelfall nach DIN 4102 Teil 2 erforderlich.

Der Bereich des „bewehrten Mauerwerks" nach DIN 1053 Teil 3 (02.90), Abschnitt 2a und 2c, ist im Einzelfall nach DIN 4102 Teil 2 nachzuweisen, siehe jedoch Ausnahme im Abschnitt 4.5.4.3.

4.5.1.2 Die Angaben von Abschnitt 4.5 enthalten außerdem Bestimmugen für die Bemessung von Stürzen, unter anderem für Stürze nach den Richtlinien für die Bemessung und Ausführung von Flachstürzen.

4.5.1.3 Wegen der Bemessung von Brandabständen siehe Abschnitt 4.8.

4.5.2 Randbedingungen

4.5.2.1 Wände und Pfeiler aus Mauerwerk und Wandbauplatten müssen unter Beachtung der folgenden Abschnitte die in den Tabellen 38 bis 41 angegebenen Mindestdicken besitzen.

4.5.2.2 Der Ausnutzungsfaktor α_2 ist das Verhältnis der vorhandenen Beanspruchung zu der zulässigen Beanspruchung nach DIN 1053 Teil 1 (vorh σ/zul. σ).

Bei Bemessung nach DIN 1053 Teil 2 ist bei planmäßig ausmittig gedrückten Pfeilern bzw. nichtraumabschließenden Wandabschnitten für die Ermittlung von a_2 von einer über die Wandhöhe konstanten Ausmitte nach DIN 1053 Teil 1 auszugehen.

4.5.2.3 Für die Ermittllung der Druckspannungen σ gilt DIN 1053 Teil 1 bzw. Teil 2.

4.5.2.4 Die Angaben der Tabellen 38 bis 41 decken Exzentrizitäten nach DIN 1053 Teil 1 bis $e \geq d/6$ ab. Bei Exzentrizitäten $d/6 \leq e \leq d/3$ ist die Lasteinleitung konstruktiv zu zentrieren.

4.5.2.5 Lochungen von Steinen oder Wandbauplatten dürfen nicht senkrecht zur Wandebene verlaufen.

4.5.2.6 Dämmschichten in Anschlußfugen, die aus schalltechnischen oder anderen Gründen angeordnet werden, müssen aus mineralischen Fasern nach DIN 18 165 Teil 2/(7.91), Abschnitt 2.2, bestehen, der Baustoffklasse A angehören, einen Schmelzpunkt $\geq$ 1000 °C nach DIN 4102 Teil 17 besitzen und eine Rohdichte $\geq$ 30 kg/m^3 aufweisen; gegebenenfalls vorhandene Hohlräume müssen dicht ausgestopft werden, Fugendichtstoffe im Sinne von DIN EN 26 927 auf der Außenseite der Dämmschichten beeinflussen die Feuerwiderstandsklasse und Benennung nicht.

4.5.2.7 Kunstharzmörtel (Dispersions-Klebemörtel), die zur Verbindung von Fertigteilen im Lagerfugenbereich in einer Dicke $\leq$ 3 mm verwendet werden, beeinflussen die Feuerwiderstandsklasse und Benennung nicht.

4.5.2.8 Sperrschichten gegen aufsteigende Feuchtigkeit beeinflussen die Feuerwiderstandsklasse und Benennung nicht.

4.5.2.9 Aussteifende Riegel und Stützen müssen mindestens derselben Feuerwiderstandsklasse wie die Wände angehören; ihre Feuerwiderstandsklasse ist nach den Abschnitten 3, 6 oder 7 nachzuweisen.

4.5.2.10 Als Putze zur Verbesserung der Feuerwiderstandsdauer können Putze der Mörtelgruppe P IV nach DIN 18550 Teil 2 oder Putze aus Leichtmörtel nach DIN 18 550 Teil 4 verwendet werden.

Voraussetzung für die brandschutztechnische Wirksamkeit ist eine ausreichende Haftung am Putzgrund. Sie wird sichergestellt, wenn der Putzgrund die Anforderungen nach DIN 18 550 Teil 2 erfüllt.

Der Putz kann durch eine zusätzliche Mauerwerksschale oder eine Verblendung aus Mauerwerk ersetzt werden. Bei zweischaligen Trennwänden ist Putz jeweils nur auf den Außenseiten der Schalen – nicht zwischen den Schalen – erforderlich.

Wenn ein Wärmedämmverbundsystem bei Außenwänden aufgebracht wird, darf bei Verwendung

- einer Dämmschicht aus Baustoffen der Baustoffklasse B der Aufbau nicht als Putz angesetzt werden,
- einer Dämmschicht aus Baustoffen der Baustoffklasse A (z. B.: Mineralfaserplatten oder Foamglas) der Aufbau als Putz angesetzt werden.

4.5.2.11 Die Werte der Tabellen 38 bis 41 und 45 gelten für alle Stoßfugenausbildungen nach DIN 1053 Teil 1.

4.5.3 Stürze

4.5.3.1 Stürze im Bereich von Mauerwerkswänden sind entweder vorgefertigte Stürze, z. B. bewehrte Normal- oder Leichtbetonstürze, Stahlstürze, die als Einfeldträger angeordnet werden, oder Ortbetonstürze im Bereich von Ringbalken oder Unterzügen, z. B. Stahlbetonstürze mit und ohne U-Schalen.

4.5.3.2 Die Breite von Stürzen aus Stahlbeton oder bewehrtem Porenbeton muß der geforderten Mindestwanddicke entsprechen; anstelle eines Sturzes dürfen auch nebeneinander verlegte Stürze verwendet werden.

> ANMERKUNG: Stürze aus bewehrtem Porenbeton bedürfen zur Zeit einer allgemeinen bauaufsichtlichen Zulassung; die dort angegebenen Bedingungen sind zu beachten.

4.5.3.3 Die Achsabstände u und u_s der Sturzbewehrung müssen bei Stahlbetonstürzen mindestens den Angaben von Tabelle 35, Zeile 1.4, entsprechen.

4.5.3.4 Stahlstürze sind zu ummanteln und nach den Angaben von Abschnitt 6.2 zu bemessen.

4.5.3.5 Flachstürze nach den Richtlinien für die Bemessung und Ausführung von Flachstürzen (schlaff bewehrt), Stürze aus ausbetonierten U-Schalen und Porenbetonstürze sind nach Angaben von Tabelle 42 zu bemessen.

Bauphysik

Tabelle 38: Mindestdicke d nichttragender, raumabschließender Wände aus Mauerwerk oder Wandbauplatten (1seitige Brandbeanspruchung)
Die ()-Werte gelten für Wände mit beidseitigem Putz nach Abschnitt 4.5.2.10

Zeile	Konstruktionsmerkmale Wände mit Mörtel [1] [2] [3]	Mindestdicke d in mm für die Feuerwiderstandsklasse-Benennung				
		F 30-A	F 60-A	F 90-A	F 120-A	F 180-A
1	Porenbeton-Blocksteine und Porenbeton-Plansteine nach DIN 4165 Porenbeton-Bauplatten und Porenbeton-Planbauplatten nach DIN 4166	75[4] (50)	75 (75)	100[5] (75)	115 (75)	150 (115)
2	Hohlwandplatten aus Leichtbeton nach DIN 18 148 Hohlblöcke aus Leichtbeton nach DIN 18 151 Vollsteine und Vollblöcke aus Leichtbeton nach DIN 18 152 Mauersteine aus Beton nach DIN 18 153 Wandbauplatten aus Leichtbeton nach DIN 18 162	50 (50)	70 (50)	95 (70)	115 (95)	140 (115)
3 3.1	Mauerziegel nach DIN 105 Teil 1 Voll- und Hochziegel, DIN 105 Teil 2 Leichthochlochziegel, DIN 105 Teil 3 hochfeste Ziegel und hochfeste Klinker, DIN 105 Teil 4 Keramikklinker	115 (70)	115 (70)	115 (100)	140 (115)	175 (140)
3.2	Mauerziegel nach DIN 105 Teil 5 Leichtlanglochziegel und Leichtlangloch-Ziegelplatten	115 (70)	115 (70)	140 (115)	175 (140)	190 (175)
4	Kalksandsteine nach DIN 106 Teil 1 Voll-, Loch-, Block- und Hohlblocksteine DIN 106 Teil 1 A1 (z.Z. Entwurf) Voll-, Loch-, Block-, Hohlblock- und Plansteine DIN 106 Teil 2 Vormauersteine und Verblender	70 (50)	115[6] (70)	115 (100)	115 (115)	175 (140)
5	Mauerwerk nach DIN 1053 Teil 4 Bauten aus Ziegelfertigbauteilen	115 (115)	115 (115)	115 (115)	165 (140)	165 (140)
6	Wandbauplatten aus Gips nach DIN 18 163 für Rohdichten $\geq 0{,}6$ kg/dm^3	60	80	80	80	100

[1] Normalmörtel
[2] Dünnbettmörtel
[3] Leichtmörtel
[4] Bei Verwendung von Dünnbettmörtel: $d \geq 50$ mm
[5] Bei Verwendung von Dünnbettmörtel: $d \geq 75$ mm
[6] Bei Verwendung von Dünnbettmörtel: $d \geq 70$ mm

Tabelle 39: Mindestdicke d tragender, raumabschließender Wände aus Mauerwerk (1seitige Brandbeanspruchung)
Die ()-Werte gelten für Wände mit beidseitigem Putz nach Abschnitt 4.5.2.10

Zeile	Konstruktionsmerkmale Wände	F 30-A	F 60-A	F 90-A	F 120-A	F 180-A
1	Porenbeton-Blocksteine und Porenbeton-Plansteine nach DIN 4165, Rohdichteklasse ≥ 0,5 unter Verwendung von[1])[2])					
1.1	Ausnutzungsfaktor $\alpha_2 = 0{,}2$	115 (115)	115 (115)	115 (115)	115 (115)	150 (115)
1.2	Ausnutzungsfaktor $\alpha_2 = 0{,}6$	115 (115)	115 (115)	150 (115)	175 (150)	200 (175)
1.3	Ausnutzungsfaktor $\alpha_2 = 1{,}0$	115 (115)	150 (115)	175 (150)	200 (175)	240 (200)
2	Hohlblöcke aus Leichtbeton nach DIN 18 151, Vollsteine und Vollblöcke aus Leichtbeton nach DIN 18 152 Mauersteine aus Beton nach DIN 18 153, Rohdichteklasse ≥ 0,6 unter Verwendung von[1])[3])					
2.1	Ausnutzungsfaktor $\alpha_2 = 0{,}2$	115 (115)	115 (115)	115 (115)	140 (115)	140 (115)
2.2	Ausnutzungsfaktor $\alpha_2 = 0{,}6$	140 (115)	140 (115)	175 (115)	175 (140)	190 (175)
2.3	Ausnutzungsfaktor $\alpha_2 = 1{,}0$	175 (140)	175 (140)	175 (140)	190 (175)	240 (190)
3	Mauerziegel nach					
3.1	DIN 105 Teil 1 Voll- und Hochlochziegel Lochung: Mz, HLz A, HLz B unter Verwendung von[1])					
3.1.1	Ausnutzungsfaktor $\alpha_2 = 0{,}2$	115 (115)	115 (115)	115 (115)	115 (115)	175 (140)
3.1.2	Ausnutzungsfaktor $\alpha_2 = 0{,}6$	115 (115)	115 (115)	140 (115)	175 (115)	240 (140)
3.1.3	Ausnutzungsfaktor $\alpha_2 = 1{,}0$[4])	115 (115)	115 (115)	175 (115)	240 (140)	240 (175)
3.2	Mauerziegel nach DIN 105 Teil 2 Leichthochlochziegel Rohdichteklasse ≥ 0,8 unter Verwendung von[1])[3])					
3.2.1	Lochung A und B					
3.2.1.1	Ausnutzungsfaktor $\alpha_2 = 0{,}2$	(115)	(115)	(115)	(115)	(140)
3.2.1.2	Ausnutzungsfaktor $\alpha_2 = 0{,}6$	(115)	(115)	(115)	(115)	(140)
3.2.1.3	Ausnutzungsfaktor $\alpha_2 = 1{,}0$	(115)	(115)	(115)	(140)	(175)
3.2.2	Leichthochlochziegel W					
3.2.2.1	Ausnutzungsfaktor $\alpha_2 = 0{,}2$	(115)	(115)	(140)	(175)	(240)
3.2.2.2	Ausnutzungsfaktor $\alpha_2 = 0{,}6$	(115)	(140)	(175)	(300)	(300)
3.2.2.3	Ausnutzungsfaktor $\alpha_2 = 1{,}0$	(115)	(175)	(240)	(300)	(365)

[1]) bis [4]) siehe Seite D.40.

(fortgesetzt)

Bauphysik

Tabelle 39 (abgeschlossen)

Zeile	Konstruktionsmerkmale Wände	Mindestdicke d in mm für die Feuerwiderstandsklasse-Benennung				
		F 30-A	F 60-A	F 90-A	F 120-A	F 180-A
4	Kalksandsteine nach DIN 106 Teil 1 Voll-, Loch-, Block- und Hohlblocksteine DIN 106 Teil 1 A1 (z.Z. Entwurf) Voll-, Loch-, Block-, Hohlblock- und Plansteine DIN 106 Teil 2 Vormauersteine und Verblender unter Verwendung von [1]) [2])					
4.1	Ausnutzungsfaktor $\alpha_2 = 0{,}2$	115 (115)	115 (115)	115 (115)	115 (115)	175 (140)
4.2	Ausnutzungsfaktor $\alpha_2 = 0{,}6$	115 (115)	115 (115)	115 (115)	140 (115)	200 (140)
4.3	Ausnutzungsfaktor $\alpha_2 = 1{,}0$ [4])	115 (115)	115 (115)	115 (115)	200 (140)	240 (175)
5	Mauerwerk nach DIN 1053 Teil 4 Bauten aus Ziegelfertigbauteilen	115 (115)	165 (115)	165 (165)	190 (165)	240 (190)

[1]) Normalmörtel
[2]) Dünnbettmörtel
[3]) Leichtmörtel
[4]) Bei 3,0 N/mm² < vorh $\sigma \leq$ 4,5 N/mm² gelten die Werte nur für Mauerwerk aus Voll-, Block- und Plansteinen.

Tabelle 40: Mindestdicke d tragender, nichtraumabschließender Wände aus Mauerwerk (mehrseitige Brandbeanspruchung). Die ()-Werte gelten für Wände mit beidseitigem Putz nach Abschnitt 4.5.2.10

Zeile	Konstruktionsmerkmale Wände	F 30-A	F 60-A	F 90-A	F 120-A	F 180-A
1	Porenbeton-Blocksteine und Porenbeton-Plansteine nach DIN 4165, Rohdichteklasse $\geq 0,5$ unter Verwendung von[1)][2)]					
1.1	Ausnutzungsfaktor $\alpha_2 = 0,2$	115 (115)	150 (115)	150 (115)	150 (115)	175 (115)
1.2	Ausnutzungsfaktor $\alpha_2 = 0,6$	150 (115)	175 (150)	175 (150)	175 (150)	240 (175)
1.3	Ausnutzungsfaktor $\alpha_2 = 1,0$	175 (150)	175 (150)	240 (175)	300 (240)	300 (240)
2	Hohlblöcke aus Leichtbeton nach DIN 18 151, Vollsteine und Vollblöcke aus Leichtbeton nach DIN 18 152, Mauersteine aus Beton nach DIN 18 153, Rohdichteklasse $\geq 0,6$ unter Verwendung von[1)][3)]					
2.1	Ausnutzungsfaktor $\alpha_2 = 0,2$	115 (115)	140 (115)	140 (115)	140 (115)	175 (115)
2.2	Ausnutzungsfaktor $\alpha_2 = 0,6$	140 (115)	175 (140)	190 (175)	240 (190)	240 (240)
2.3	Ausnutzungsfaktor $\alpha_2 = 1,0$	175 (140)	175 (175)	240 (175)	300 (240)	300 (240)
3	Mauerziegel nach					
3.1	DIN 105 Teil 1 Voll- und Hochlochziegel Lochung: Mz, HLz A, HLz B unter Verwendung von[1)]					
3.1.1	Ausnutzungsfaktor $\alpha_2 = 0,2$	115 (115)	115 (115)	175 (115)	240 (115)	240 (175)
3.1.2	Ausnutzungsfaktor $\alpha_2 = 0,6$	115 (115)	115 (115)	175 (115)	240 (115)	300 (200)
3.1.3	Ausnutzungsfaktor $\alpha_2 = 1,0$[4)]	115 (115)	115 (115)	240 (115)	365 (175)	490 (240)
3.2	Mauerziegel nach DIN 105 Teil 2 Leichthochlochziegel Rohdichteklasse $\geq 0,8$ unter Verwendung von[1)][3)]					
3.2.1	Lochung A und B					
3.2.1.1	Ausnutzungsfaktor $\alpha_2 = 0,2$	(115)	(115)	(115)	(115)	(175)
3.2.1.2	Ausnutzungsfaktor $\alpha_2 = 0,6$	(115)	(115)	(115)	(115)	(200)
3.2.1.3	Ausnutzungsfaktor $\alpha_2 = 1,0$	(115)	(115)	(115)	(175)	(240)
3.2.2	Leichthochlochziegel W					
3.2.2.1	Ausnutzungsfaktor $\alpha_2 = 0,2$	(175)	(175)	(175)	(175)	(240)
3.2.2.2	Ausnutzungsfaktor $\alpha_2 = 0,6$	(175)	(175)	(240)	(240)	(300)
3.2.2.3	Ausnutzungsfaktor $\alpha_2 = 1,0$	(240)	(240)	(240)	(300)	(365)

[1)] bis [4)] siehe Seite D.42.

(fortgesetzt)

Tabelle 40 (abgeschlossen)

Zeile	Konstruktionsmerkmale Wände	Mindestdicke d in mm für die Feuerwiderstandsklasse-Benennung				
		F 30-A	F 60-A	F 90-A	F 120-A	F 180-A
4	Kalksandsteine nach DIN 106 Teil 1 Voll-, Loch-, Block- und Hohlblocksteine DIN 106 Teil 1 A1 (z.Z. Entwurf) Voll-, Loch-, Block-, Hohlblock- und Plansteine DIN 106 Teil 2 Vormauersteine und Verblender unter Verwendung von [1], [2]					
4.1	Ausnutzungsfaktor $\alpha_2 = 0{,}2$	115 (115)	115 (115)	115 (115)	140 (115)	175 (140)
4.2	Ausnutzungsfaktor $\alpha_2 = 0{,}6$	115 (115)	115 (115)	140 (115)	175 (115)	200 (175)
4.3	Ausnutzungsfaktor $\alpha_2 = 1{,}0$ [4]	115 (115)	115 (115)	140 (115)	200 (175)	240 (190)
5	Mauerwerk nach DIN 1053 Teil 4 Bauten aus Ziegelfertigbauteilen	115 (115)	165 (115)	165 (165)	190 (165)	240 (190)

[1] Normalmörtel
[2] Dünnbettmörtel
[3] Leichtmörtel
[4] Bei 3,0 N/mm² < vorh $\sigma \leq$ 4,5 N/mm² gelten die Werte nur für Mauerwerk aus Voll-, Block- und Plansteinen.

Tabelle 41: Mindestdicke d und Mindestbreite b tragender Pfeiler bzw. nichtraumabschließender Wandabschnitte aus Mauerwerk (mehrseitige Brandbeanspruchung). Die ()-Werte gelten für Pfeiler mit allseitigem Putz nach Abschnitt 4.5.2.10. Der Putz kann 1- oder mehrseitig durch eine Verblendung ersetzt werden.

Zeile	Konstruktionsmerkmale Wände	Mindestdicke d mm	Mindestbreite b in mm für die Feuerwiderstandsklasse-Benennung				
			F 30-A	F 60-A	F 90-A	F 120-A	F 180-A
1	Porenbeton-Blocksteine und Porenbeton-Plansteine nach DIN 4165, Rohdichteklasse ≥ 0,5 unter Verwendung von [1], [2]						
1.1	Ausnutzungsfaktor $\alpha_2 = 0,6$						
1.1.1		175	365	365	490	490	615
1.1.2		200	240	365	365	490	615
1.1.3		240	240	240	300	365	615
1.1.4		300	240	240	240	300	490
1.1.5		365	240	240	240	240	365
1.2	Ausnutzungsfaktor $\alpha_2 = 1,0$						
1.2.1		175	490	490	—[8]	—[8]	—[8]
1.2.2		200	365	490	—[8]	—[8]	—[8]
1.2.3		240	300	490	615	730	730
1.2.4		300	240	300	490	490	615
1.2.5		365	240	240	365	490	615
2	Hohlblöcke aus Leichtbeton nach DIN 18 151, Vollsteine und Vollblöcke aus Leichtbeton nach DIN 18 152, Mauersteine aus Beton nach DIN 18 153, Rohdichteklasse ≥ 0,6 unter Verwendung von [1] [3]						
2.1	Ausnutzungsfaktor $\alpha_2 = 0,6$						
2.1.1		175	240	365	490	—[8]	—[8]
2.1.2		240	175	240	300	365	490
2.1.3		300	190	240	240	300	365
2.2	Ausnutzungsfaktor $\alpha_2 = 1,0$						
2.2.1		175	365	490	—[8]	—[8]	—[8]
2.2.2		240	240	300	365	—[8]	—[8]
2.2.3		300	240	240	300	365	490
3	Mauerziegel nach						
3.1	DIN 105 Teil 1 Voll- und Hochlochziegel[9] Lochung: Mz, HLz A, HLz B unter Verwendung von [1]						
3.1.1	Ausnutzungsfaktor $\alpha_2 = 0,6$						
3.1.1.1		115	615[5]	730[5]	990[5]	—[8]	—[8]
3.1.1.2		175	490	615	730[5]	990[5]	—[8]
3.1.1.3		240	200	240	300	365	490
3.1.1.4		300	200	200	240	365	490
3.1.2	Ausnutzungsfaktor $\alpha_2 = 1,0$ [4]						
3.1.2.1		115	990[5]	990[5]	—[8]	—[8]	—[8]
3.1.2.2		175	615	730	990[5]	—[8]	—[8]
3.1.2.3		240	365	490	615	—[8]	—[8]
3.1.2.4		300	300	365	490	—[8]	—[8]

[1] bis [9] siehe Seite D.44.

(fortgesetzt)

Tabelle 41 (abgeschlossen)

Zeile	Konstruktionsmerkmale Wände	Mindest- dicke d mm	\multicolumn{5}{c}{Mindestbreite b in mm für die Feuerwiderstandsklasse-Benennung}
			F 30-A	F 60-A	F 90-A	F 120-A	F 180-A
3.2	Mauerziegel nach DIN 105 Teil 2 Leichthochlochziegel Lochung A und B Rohdichteklasse $\geq 0{,}8$ unter Verwendung von [1])[3])						
3.2.1	Ausnutzungsfaktor $\alpha_2 = 0{,}6$						
3.2.1.1		115	(365)	(490)	(615)	(730)	—[8])
3.2.1.2		175	(240)	(240)	(240)	(300)	—[8])
3.2.1.3		240	(175)	(175)	(175)	(240)	(300)
3.2.1.4		300	(175)	(175)	(175)	(175)	(240)
3.2.2	Ausnutzungsfaktor $\alpha_2 = 1{,}0$						
3.2.2.1		115	(490)	(615)	(730)	—[8])	—[8])
3.2.2.2		175	(240)	(240)	(365)	(365)	—[8])
3.2.2.3		240	(175)	(175)	(240)	(240)	(365)
3.2.2.4		300	(175)	(175)	(200)	(240)	(300)
3.3	Mauerziegel nach DIN 105 Teil 2 Leichthochlochziegel W Rohdichteklasse $\geq 0{,}8$ unter Verwendung von [1])[3])						
3.3.1	Ausnutzungsfaktor $\alpha_2 = 0{,}6$						
3.3.1.1		240	(240)	(240)	(240)	(240)	—[8])
3.3.1.2		300	(175)	(175)	(175)	(240)	(240)
3.3.1.3		365	(175)	(175)	(175)	(240)	(240)
3.3.2	Ausnutzungsfaktor $\alpha_2 = 1{,}0$						
3.3.2.1		240	(240)	(240)	(300)	—[8])	—[8])
3.3.2.2		300	(240)	(240)	(240)	(240)	—[8])
3.3.2.3		365	(240)	(240)	(240)	(240)	(240)
4	Kalksandsteine nach DIN 106 Teil 1 Voll-, Loch-, Block- und Hohlblock- steine DIN 106 Teil 1 A1 (z. Z. Entwurf) Voll-, Loch-, Block-, Hohlblock- und Plansteine DIN 106 Teil 2 Vormauersteine und Verblender unter Verwendung von [1])[2])						
4.1	Ausnutzungsfaktor $\alpha_2 = 0{,}6$						
4.1.1		115	365	490	(615)	(990)	—[8])
4.1.2		175	240	240	240	240	365
4.1.3		240	175	175	175	175	300
4.2	Ausnutzungsfaktor $\alpha_2 = 1{,}0$[4])						
4.2.1		115	(365)	(490)	(730)	—[8])	—[8])
4.2.2		175	240	240	300[6])[7])	300[7])	490
4.2.3		240	175	175	240	240	365

[1]) Normalmörtel
[2]) Dünnbettmörtel
[3]) Leichtmörtel
[4]) Bei 3,0 N/mm² < vorh $\sigma \leq 4{,}5$ N/mm² gelten die Werte nur für Mauerwerk aus Vollsteinen, Block- und Plansteinen.
[5]) Nur bei Verwendung von Vollziegeln.
[6]) Bei $h_k/d \leq 10$ darf $b = 240$ mm betragen.
[7]) Bei Verwendung von Dünnbettmörtel, $h_k/d \leq 15$ und vorh $\sigma \leq 3{,}0$ N/mm², darf $b = 240$ mm betragen.
[8]) Die Mindestbreite ist $b > 1{,}0$ m; Bemessung bei Außenwänden daher als raumabschließende Wand nach Tabelle 39 — sonst als nichtraumabschließende Wand nach Tabelle 40.
[9]) Die ( )-Werte nach Zeile 3.2 gelten auch für Zeile 3.1.

Tabelle 42: Mindestbreite b und Mindesthöhe h von vorgefertigten Flachstürzen, ausbetonierten U-Schalen und Porenbetonstürzen nach Abschnitt 4.5.3.5
Die ()-Werte gelten für Stürze mit 3seitigem Putz nach Abschnitt 4.5.2.10. Auf den Putz an der Sturzunterseite kann bei Anordnung von Stahl- oder Holz-Umfassungszargen verzichtet werden.

Zeile	Konstruktionsmerkmale	Mindest- betondeckung mm	Mindest- höhe h mm	Mindestbreite b in mm Feuerwiderstandsklasse-Benennung				
				F 30-A	F 60-A	F 90-A	F 120-A	F 180-A
1 1.1	Vorgefertigte Flachstürze Mauerziegel nach DIN 105 Teil 1 bis Teil 5	—	71	(115)	(115)	(115)	—	—
			113	115	115	175 (115)	—	—
1.2	Kalksandsteine nach DIN 106 Teil 1 und Teil 2	—	71	115	115	175	(175)	—
			113	115	115	115	(175)	—
1.3	Leichtbeton	—	71	115	115	175		
			113	115	115	115		
2 2.1	Ausbetonierte U-Schalen aus Porenbeton	—	240	175	175	175	—	—
2.2	Leichtbeton	—	240	175	175	175	—	—
2.3	Mauerziegeln	—	240	115	115	175	—	—
2.4	Kalksandsteinen	—	240	115	115	175	—	—
3 3.1	Porenbetonstürze	10	240	175 (175)	240 (200)	—	—	—
3.2		20	240	175 (175)	240 (200)	300[1] (240)	—	—
3.3		30	240	175 (175)	175 (175)	200 (175)	—	—

Mindeststabzahl $n = 3$

[1]) Mindeststabzahl $n = 4$

3.11 Brandwände

Zur Verhinderung einer Brandübertragung auf Nachbargrundstücke dienen in der geschlossenen Bauweise äußere Brandwände. Zur Verhinderung einer Brandausbreitung im Inneren ausgedehnter Gebäude dienen innere Brandwände. Sie unterteilen das Gebäude in Brandabschnitte.

Brandabschnitte können nur durch vertikale Wände gebildet werden. Geschoßdecken können keine Brandabschnitte bilden, da sie nicht standsicher sind und an den Rändern durch den sog. Feuerüberschlag umgangen werden. Wie schon ausgeführt, müssen Brandwände im Grundsatz in einer Ebene durchgehend und mindestens 30 cm über Dach geführt sein oder in Höhe der Dachhaut mit einer beiderseits 50 cm auskragenden feuerbeständigen Platte aus nichtbrennbaren Baustoffen abgeschlossen werden.

Bauteile dürfen in Brandwände nur so weit eingreifen, daß der verbleibende Wandquerschnitt feuerbeständig bleibt. Für Leitungen, Leitungsschlitze und Schornsteine gilt dies entsprechend. Waagerechte Schlitze bergen bei äußeren Brandwänden (Giebelwänden) die Gefahr des Einsturzes im Brandfall. Je nach Bauausführung sind zwei Fälle möglich:

Die Wand wird auf der Giebelinnenseite erwärmt. Brennen aussteifende Holzdachträger weg und die Wand erwärmt sich einseitig, so stürzt sie nach außen. Dies ist eine häufige Verletzungs- oder Todesursache bei Feuerwehrleuten.

Sind aussteifende Teile biegesteif mit der Wand verbunden, dann stürzt sie nach innen. Dieser Fall ist insofern weniger gefährlich, da sich im Brandraum in diesem Fall niemand aufhält.

Der Nachweis der Feuerwiderstandsklasse erfolgt entweder mit Brandversuchen nach DIN 4102 T 3 mit dem Ergebnis eines Prüfzeugnisses oder ohne Brandversuche, wenn die Brandwände in DIN 4102 Teil 4 genannt sind (Tabelle 45).

Anforderungen:

Brandwände müssen aus nichtbrennbaren Baustoffen der Klasse A bestehen. Brandwände müssen - ohne Anordnung von Bekleidungen - bei mittiger und ausmittiger Belastung mindestens die Feuerwiderstandsklasse F 90 erfüllen. Brandwände müssen bei der Stoßprüfung mit dem 200 kg schweren Bleischrotsack standsicher und raumabschließend bleiben. Während und nach der Stoßbeanspruchung darf auf der dem Feuer abgekehrten Seite die Temperaturerhöhung über die Anfangstemperatur nicht mehr als 140 K im Mittel und nicht mehr als 180 K maximal betragen.

Teil 3 der Norm regelt auch die Prüfung von nichttragenden Außenwänden sowie Brüstungen.

Auch klassifizierte Ausführungen von Brandwänden finden sich im Teil 4, die unter einschränkenden Randbedingungen für Aussteifungen, zulässige Schlankheit, Mindestdicke, Bekleidungen und Anschlüsse (siehe Abschnitt 4.8. der Norm) Tabelle 45 zu entnehmen sind.

3.11.1 Öffnungen in raumabschließenden Bauteilen

Um die aus raumabschließenden Bauteilen gebildeten Räume, Geschosse, Rauch- und Brandabschnitte zu erschließen, müssen die raumabschließenden Wände und Decken Öffnungen erhalten.

Durch Öffnungen wird der Feuerwiderstand eines raumabschließenden Bauteils aufgehoben. Flammen treten hindurch, der Wattebausch wird entzündet, die Temperatur erhöht sich um mehr als 180 K.

Zur Wiederherstellung des Feuerwiderstandes müssen Öffnungen deshalb mit Brandschutzabschlüssen verschlossen werden. Die größten Öffnungen sind Tür- und Toröffnungen. Sie sind mit geprüften und bauaufsichtlich zugelassenen Feuerschutzabschlüssen (T 30-Türen, T 90-Türen oder Toren) oder Rauchschutztüren zu verschließen. Ebenso sind alle Öffnungen für die Durchführung von Kabeln, Leitungen, Kanälen, Rohrleitungen und Fördermitteln mit Absperrvorrichtungen oder Abschottungen gegen Brandübertragung zu schützen. Absperrvorrichtungen und Abschottungen müssen geprüft und bauaufsichtlich zugelassen sein und müssen unter Beachtung der Zulassungsbedingungen eingebaut werden.

Für Wände aus Mauerwerk ergeben sich dabei keinerlei Einschränkungen, da diese stets den Anschluß des jeweiligen Abschlusses an Massivbauteile bieten.

Die Angaben des Teils 4 über den Feuerwiderstand von Wänden beziehen sich stets auf Wände ohne Einbauten.

Steckdosen, Schalterdosen, Verteilerdosen usw. dürfen bei raumabschließenden Wänden mit einer Dicke von weniger als 140 mm nicht unmittelbar gegenüberliegend eingebaut werden; bei Wänden von weniger als 60 mm Dicke dürfen nur Aufputzdosen verwendet werden. Vereinzelte elektrische Leitungen dürfen durch Wände geführt werden, wenn der verbleibende Lochquerschnitt mit Mörtel oder Beton vollständig verschlossen wird.

Zusammenfassend ist festzustellen, daß Mauerwerk aus der Sicht des vorbeugenden baulichen Brandschutzes eine Bauart darstellt, die nur positive Eigenschaften aufweist – Nichtbrennbarkeit und berechenbarer Feuerwiderstand.

Von der oben geschilderten Gefahr des Einsturzes von freigebrannten Giebelwänden abgesehen, ergeben sich auch für den Löscheinsatz keine weiteren Nachteile. Die Massivbauart wird deshalb auch vom Feuerversicherer mit günstigen Prämien honoriert.

Bauphysik

Tabelle 45: Zulässige Schlankheit, Mindestwanddicke und Mindestachsabstand von 1- und 2schaligen Brandwänden (1seitige Brandbeanspruchung). Die ()-Werte gelten für Wände mit Putz nach Abschnitt 4.5.2.10.

Zeile	Wandart	Zulässige Schlankheit h_s/d	Mindestdicke d in mm bei 1schaliger Ausführung	Mindestdicke d in mm bei 2schaliger[10] Ausführung	Mindestachsabstand u mm
1 1.1	Wände aus Normalbeton nach DIN 1045 Unbewehrter Beton	Bemessung nach DIN 1045	200	2 × 180	nach DIN 1045
1.2 1.2.1	Bewehrter Beton Nichttragend	Bemessung nach DIN 1045	120	2 × 100	nach DIN 1045
1.2.2	Tragend	25	140	2 × 120[1]	25
2 2.1	Wände aus Leichtbeton mit haufwerksporigem Gefüge nach DIN 4232 der Rohdichteklasse ≥ 1,4	Bemessung nach DIN 4232	250	2 × 200	entfällt
2.2	≥ 0,8		300	2 × 200	
3 3.1	Wände aus bewehrtem Porenbeton Nichttragende Wandplatten der Festigkeitsklasse 4.4, Rohdichteklasse ≥ 0,7	nach Zulassungsbescheid	175	2 × 175	20
3.2	Nichttragende Wandplatten der Festigkeitsklasse 3.3, Rohdichteklasse ≥ 0,6		200	2 × 200	30
3.3	Tragende, stehend angeordnete Wandtafeln der Festigkeitsklasse 4.4 Rohdichteklasse ≥ 0,7		200[2]	2 × 200[2]	20[2]
4 4.1	Wände aus Ziegelfertigbauteilen nach DIN 1053 Teil 4 Hochlochtafeln mit Ziegeln für vollvermörtelbare Stoßfugen	25	165	2 × 165	nach DIN 1053 Teil 4
4.2	Verbundtafeln mit zwei Ziegelschichten	25	240	2 × 165	
5 5.1	Wände aus Mauerwerk[6] nach DIN 1053 Teil 1 und Teil 2 unter Verwendung von Normalmörtel der Mörtelgruppe II, IIa oder III, IIIa Steine nach DIN 105 Teil 1 der Rohdichteklasse ≥ 1,4[3]	Bemessung nach DIN 1053 Teil 1[3], Teil 2[3]	240	2 × 175	entfällt
	≥ 1,0		300 (240)	2 × 200 (2 × 175)	
	DIN 105 Teil 2 der Rohdichteklasse ≥ 0,8		365[6] (300)[6]	2 × 240 (2 × 175)	

[1]) bis [10]) siehe Seite D.49.

(fortgesetzt)

Tabelle 45 (abgeschlossen)

Zeile	Wandart	Zulässige Schlankheit h_s/d	Mindestdicke d in mm bei 1schaliger Ausführung	Mindestdicke d in mm bei 2schaliger[10] Ausführung	Mindestachsabstand u mm
5.2	Steine nach DIN 106 Teil 1 und Teil 1 A1[4]) (z. Z. Entwurf) sowie Teil 2 der Rohdichteklasse	$\geq 1{,}8$	240[5])	2 × 175[9])	entfällt
		$\geq 1{,}4$	240	2 × 175	
		$\geq 0{,}9$	300 (300)	2 × 200 (2 × 175)	
		= 0,8	300	2 × 240 (2 × 175)	
5.3 5.3.1	Steine nach DIN 4165 der Rohdichteklasse	$\geq 0{,}6$	300	2 × 240	entfällt
5.3.2		$\geq 0{,}6$[7])	240	2 × 175	
5.3.3		$\geq 0{,}5$[11])	300	2 × 240	
5.4 5.4.1	Steine nach DIN 18 151, DIN 18 152, DIN 18 153 der Rohdichteklasse	$\geq 0{,}8$	240 (175)	2 × 175 (2 × 175)	entfällt
5.4.2		$\geq 0{,}6$	300 (240)	2 × 240 (2 × 175)	

Bemessung nach DIN 1053 Teil 1[3]), Teil 2[3])

[1]) Sofern infolge hohen Ausnutzungsfaktors nach Tabelle 35 keine größeren Werte gefordert werden.
[2]) Sofern infolge hohen Ausnutzungsfaktors nach Tabelle 44 keine größeren Werte gefordert werden.
[3]) Exzentrizität $e \leq d/3$.
[4]) Auch mit Dünnbettmörtel.
[5]) Bei Verwendung von Dünnbettmörtel und Plansteinen $d = 175$ mm.
[6]) Bei Verwendung von Leichtmauermörtel; Ausnutzungsfaktor $\alpha_2 \leq 0{,}6$.
[7]) Bei Verwendung von Dünnbettmörtel und Plansteinen mit Vermörtelung der Stoß- und Lagerfugen.
[8]) Weitere Angaben siehe z. B. [5].
[9]) Bei Verwendung von Dünnbettmörtel und Plansteinen: $d = 150$ mm.
[10]) Hinsichtlich des Abstandes der beiden Schalen bestehen keine Anforderungen.
[11]) Bei Verwendung von Dünnbettmörtel und Plansteinen mit Nut und Feder nur bei Vermörtelung der Stoß- und Lagerfugen.

4 Aktueller Beitrag
Umnutzung historischer Gebäude - Erprobung bauphysikalischer Schutzmaßnahmen für feuchte- und salzbelastete Wände am Objekt

Prof. Dr.-Ing. K. Kießl
Fraunhofer-Institut für Bauphysik, Holzkirchen
(Leiter: Prof. Dr. Dr. h.c. mult. Dr. E.h. mult. Karl Gertis)

Zusammenfassung

Eine moderne Nutzung historischer Bauwerke kann – insbesondere auch unter wirtschaftlichen Gesichtspunkten – zu deren Erhaltung beitragen. Dabei muß jedoch klar sein, daß dies nicht beliebig möglich ist. Eine Umnutzung solcher Bauten ist praktisch meist mit Raumklimaänderungen verbunden, welche die hygrothermischen Bedingungen im Baukörper verändern und auf diese Weise erhebliche neue Schädigungsrisiken mit sich bringen können. Diesen Effekten kann man entgegenwirken. Am Beispiel historischer Ziegelbauten, die häufig aufgrund mangelhaften Regenschutzes und sonstiger Umfeldbedingungen aus ihrer Geschichte hohe Feuchte- und Salzlasten aufweisen, wird gezeigt, daß durch spezielle bauphysikalische Maßnahmen im Einzelfall den zerstörerischen Wirkungen der Salzkristallisation bei der Austrocknung und ganz besonders den raumklimabedingten Kristallisationswechseln vorgebeugt werden kann. Klimakammerversuche im Innenraum solcher Objekte, dem Kampischen Hof in Stralsund und im Medaillon-Saal des Schlosses Schwerin, belegen durch Meßergebnisse, daß bei künftigem Nutzungsklima im Raum und klimastabilisierenden Maßnahmen unmittelbar an den zu bewahrenden Mauerwerk- bzw. Bauteiloberflächen die gefürchteten Salzkristallisationen unterbunden bzw. deutlich reduziert werden können.

1. „Erhalten durch Nutzen", aber Prüfen der Beanspruchung

Die angemessene Nutzung historischer Bauwerke nach heutigen Maßstäben stellt ein Konzept dar, zu deren Erhaltung beizutragen. Dies gilt auch unter wirtschaftlichen Gesichtspunkten. Nutzungserträge können zur Deckung der Kosten für die Instandsetzung und eine dauerhafte Instandhaltung beitragen. Eine Umnutzung historischer Bauten ist jedoch nicht beliebig und uneingeschränkt möglich. Besondere Bedeutung kommt dabei dem künftigen Verhalten des instandgesetzten Baukörpers gegenüber den natürlichen Klimaeinwirkungen von außen und den nutzungsbedingten, meist deutlich veränderten Raumklimaverhältnissen von innen her zu. Dabei gilt grundsätzlich die Anforderungen, daß durch die außen- und innenseitige Klimabeanspruchung keine Gefährdung der Originalsubstanz entstehen darf.

Die Überprüfung von Maßnahmen an der Außenoberfläche wird in der üblichen Denkmalpflege-Praxis mit Hilfe von ausreichend großen Musterflächen standardmäßig durchgeführt. Bei Innenraum-Maßnahmen ist dies nicht ohne weiteres möglich, da die wichtige Randbedingung „künftiges Nutzungsklima" meist nicht vor den Restaurierungsarbeiten im Innenraum einstellbar ist und repräsentative Testflächen aus Originalsubstanz mit daran durchgeführten raumseitigen Maßnahmen nicht zur Überprüfung ins Labor transferiert werden können. Dies trifft in besonderem Maße für historisches Ziegelmauerwerk mit seinen kleinformatigen Steinen, den starken Materialstreuungen, den hohen Mörtelfugenanteilen und konstruktiven Inhomogenitäten zu.

Im Rahmen des BMBF-geförderten Teilprojektes „Erhaltung historischen Ziegelmauerwerks" ist daher von den Fraunhofer-Instituten Wilhelm-Klauditz-Institut für Holzforschung (WKI), Braunschweig und Institut für Bauphysik (IBP), Holzkirchen ein Konzept zur Klimasimulation am Objekt entwickelt worden, das mit Hilfe einer mobilen Klimakammer eine Überprüfung von restauratorischen bzw. Schutzmaßnahmen vor Ort ermöglichen kann. Eine Schemadarstellung dazu ist in Bild 1 angegeben. Die flexible Versuchskammer mit Ankoppelungsmöglichkeit an raumseitige Wandoberflächen sowie Meß- und Steuereinrichtungen für die wesentlichen Klima- und Bauteilparameter ist dann gemeinsam mit dem Institut für Technischen Ausbau der TU Braunschweig realisiert und erstmals am Kampischen Hof in Stralsund eingesetzt worden. Diese Vorgehensweise ermöglicht bei Vorgabe eines nutzungsähnlichen Innenklimas, bauliche Modernisierungskonzepte an Musterflächen raumseitig zu testen und so Konsequenzen einer Umnutzung rechtzeitig beurteilen zu können.

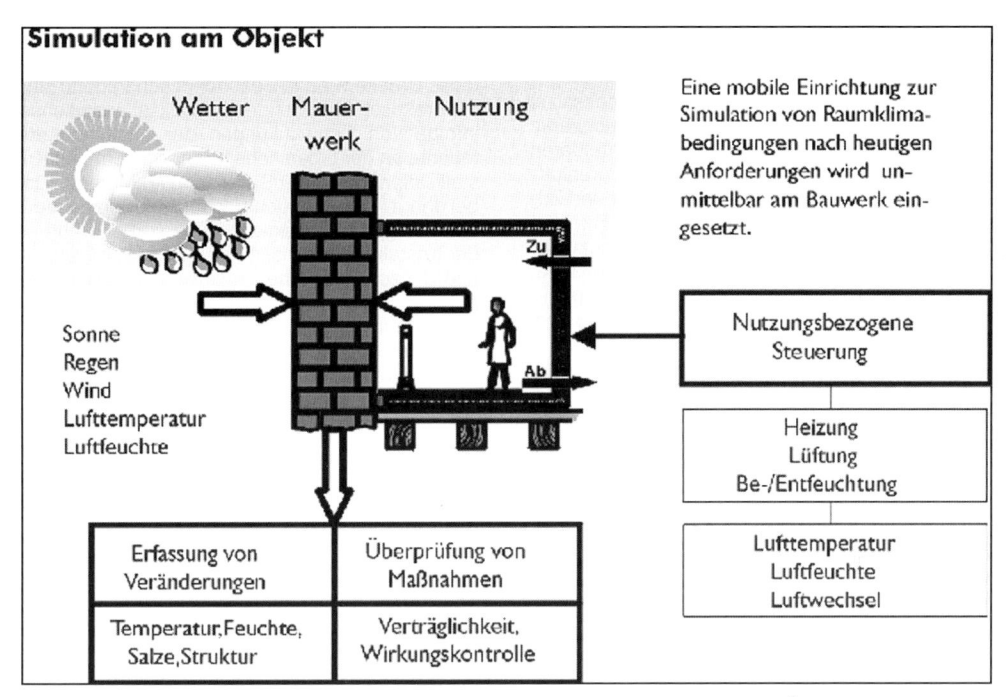

Bild 1: Simulation nutzungsbedingter Raumklimaänderungen am Objekt zur Überprüfung von Innenraummaßnahmen.

2. Zum bauphysikalischen Geschehen

Bei Ziegelbauwerken aus früheren Jahrhunderten ist aufgrund der spezifischen Materialeigenschaften und des meist desolaten Witterungsschutzes mit beachtlichen Feuchte- und Salzlasten im Mauerwerk zu rechnen. Durch eine moderne Nutzung solcher Bauten mit den entsprechenden Raumklimaänderungen – primär Temperaturerhöhungen und angepaßter Luftwechsel mit Auswirkungen auf die relative Luftfeuchte – ergeben sich folgende Situationen bzw. Konsequenzen:

Winter

Mittlere Außenbedingungen von z. B. 0 °C, 85 % r.F. (absolute Luftfeuchte ca. 4 g/m^3, Wasserdampfdruck ca. 520 Pa) erzeugen im Innenraum bei Beheizung auf ca. 22 °C relative Raumluftfeuchten von etwa 20 % (ohne nennenswerte interne Feuchteproduktion, natürlicher Luftwechsel in erforderlicher Größenordnung, gleiche Absolutwerte wie außen). Bei moderaten Feuchteproduktionen im Raum (Personen, Pflanzen, sonstige übliche Quellen) steigt die relative Luftfeuchte auf ca. 30 bis 40 % an (Dampfdruck ca. 800 bis 1100 Pa).

Sommer

Mittlere Außenbedingungen von z. B. 17 °C, 70 % r.F. (absolute Luftfeuchte ca. 10 g/m^3, Dampfdruck ca. 1360 Pa) erzeugen im Innenraum bei Temperaturen von ca. 18 bis 22 °C (angenommene Mittelwerte; Energieeintrag durch Sonne) relative Raumluftfeuchten von etwa 50 bis 70 % (ohne nennenswerte interne Feuchteproduktion, erhöhter sommerlicher Luftwechsel, gleiche Absolutwerte wie außen).

Absolute / relative Luftfeuchte

Da die absolute Außenluftfeuchte über gewisse Zeiträume (z. B. tage- oder wochenweise, entsprechend Wettersituation) nur geringen Schwankungen unterliegt, wird die relative Luftfeuchte direkt und spontan von Temperaturänderungen beeinflußt, d. h. Abfall der relativen Luftfeuchte bei Temperaturzunahme und Anstieg bei Temperaturerniedrigung. Dieser Zusammenhang ist aufgrund der Temperaturabhängigkeit des Sättigungsdampfdruckes nicht linear.

Feuchte- / Salzlasten

Bei erhöhter Mauerwerksfeuchte mit darin gelösten Salzen (meist hygroskopische Mischsalze) entstehen in den Porenräumen des Mauerwerks gesättigte Salzlösungen, die in ihrer unmittelbaren Umgebung eine konstante relative Porenluftfeuchte erzeugen. Diese kann je nach Art und Zusammensetzung der Salze z. B. einen Fix-Wert zwischen 70 und 90 % r.F. annehmen, nahezu unabhängig von der Temperatur. Dieser kritische, auch als Kristallisations- oder Deliqueszenzpunkt bezeichnete Wert (für NaCl, Kochsalz, z. B. bei 75 % r.F.) hat in zweierlei Hinsicht Bedeutung:

– Der Dampfdruck im Mauerwerk wird damit von der gerade vorliegenden Temperatur bestimmt, z. B. bei 20 °C und 80 % r.F. ca. 1870 Pa und bei 10 °C und 80 % r.F. ca. 980 Pa.

– Beim Absinken der relativen Luftfeuchte in der Umgebung der Salzlösung unter diesen Wert kommt es infolge des Feuchteentzugs zum Auskristallisieren von Salzen aus der Lösung, beim Anstieg über diesen Wert gehen diese wieder in Lösung.

Trocknen/Befeuchten

Hohe Feuchte-/Salzlasten in Mauerwerken reichen praktisch meist bis knapp unter die Oberfläche. Ist der Dampfdruck unter der Oberfläche mauerwerkseitig höher als an der Oberfläche raumseitig, so findet Trocknung zum Raum hin statt. Im umgekehrten Fall nimmt das Mauerwerk Feuchte aus der Raumluft auf (hygroskopische De- bzw. Adsorption). Als Temperaturzustand für die Grenzzone mauerwerk-/raumseitig kann die Oberflächentemperatur angesetzt werden. Daher ist die Abschätzung, ob Wasserabgabe oder -aufnahme stattfindet bzw. ob Salze auskristallisieren oder in Lösung gehen auch mit Hilfe der Differenz zwischen relativer Luftfeuchte im Porenraum mauerwerkseitig (gesättigte Lösung) und relativer Luftfeuchte an der Oberfläche raumseitig möglich.

Salzkristallisation / Kristallisationswechsel

Während der Trocknungsphase tritt Kristallwachstum im Porenraum an der Front der Salzlösung auf. Dabei entwickeln sich nach geraumer Zeit, wenn die Porenräume mit Salzkristallen gefüllt sind, erhebliche Drücke auf das Materialgefüge, die zur Zerstörung führen können. Besonders kritisch ist dies bei hoch feuchte-/salzbelastetem Mauerwerk, da die Lösungsfront dann meist bis knapp unter die Oberfläche reicht, was an der Oberfläche zu sog. Salzausblühungen (schleier- oder nadelartig) und im Laufe der Zeit zu Absanden, Abplatzungen und Schichtablösungen führt. Gehen die Salze während nachfolgender Befeuchtungsphasen in Lösung, verschwinden diese Drücke wieder. Besonders schädigend sind die praktisch auftretenden Kristallisationswechsel infolge von Schwankungen der relativen Luftfeuchte an der Oberfläche raumseitig um den Kristallisationspunkt der Salzlösung im Material. Dabei dringt in der Befeuchtungsphase (Salze wieder in Lösung) die Flüssigkeit in die vorher während der Kristallisationsphase erzeugten Mikrorisse ein und die zerstörerische Druckwirkung findet während der nächsten Trocknungsphase (Auskristallisieren) nun auch in den neu entstandenen Rißhohlräumen statt, was makroskopisch zu einer erheblichen Beschleunigung des Zerstörungsprozesses führt.

3. Unterschiedliche Objekte, unterschiedliche Aufgabenstellungen

Die Überprüfung der Auswirkungen von Raumklimaveränderungen in historischen Ziegelbauten mit Hilfe der Methode „Klimakammer am Objekt" ist an zwei Bauwerken mit sehr unterschiedlichen Zielsetzungen, Ausgangszuständen und bauphysikalischen Ansätzen vorgenommen worden, wie nachfolgend beschrieben.

3.1 Kampischer Hof, Stralsund

Der Südflügel des denkmalgeschützten Backsteinbaus aus dem 14. Jahrhundert ist jahrhundertelang unbeheizt als Speicher genutzt worden und sollte nach Instandsetzung modernen Wohn- bzw. Gewerbezwecken dienen.

Zielsetzung

Primäre denkmalpflegerische Zielsetzung ist hier der Erhalt des historischen Mauerwerks im Originalzustand. Dazu ist ein Schutz vor weiteren klima- bzw. salzbedingten Schädigungen vorzusehen. Die Bewahrung der Ziegelsichtigkeit an der Innenoberfläche oder zumindest der Struktursichtigkeit wäre wünschenswert. Sollte sich dies als nicht möglich erweisen oder mit zu hohen Risiken verbunden sein, könnten auch verdeckende Systeme, wie Dünnputze oder vorgebaute Schutzsysteme, eingesetzt werden.

Ausgangszustand Mauerwerk

Es liegen teils erheblich geschädigte Ziegeloberflächen vor. Hohe Salzlasten, im wesentlichen bestehend aus NaCl und KNO$_3$, und dadurch bedingte hohe hygroskopische Mauerwerksfeuchten mit bis zu 15 Masse-% sind in der Fläche unterschiedlich verteilt und reichen bis knapp unter die Innenoberfläche, auch wenn optisch nicht immer erkennbar. Die hohen Feuchtewerte sind zudem auch auf den nicht mehr vorhandenen Regenschutz der Außenwand zurückzuführen. Die leicht variierenden Salzlösungen im Mauerwerk besitzen Kristallisations- bzw. Deliqueszenzpunkte bei etwa 70 bis 80 % relativer Luftfeuchte. Mit diesen relativen Porenluftfeuchten ist an der Verdunstungsfront der Salzlösung knapp unter der Oberfläche permanent zu rechnen.

Klimabeaufschlagung

Das anzunehmende Nutzungsklima im Innenbereich wird im Mittel Temperaturen von etwa 20 bis 22 °C, einen natürlichen Luftwechsel nach Bedarf, kaum interne Feuchteproduktionen und damit relative Raumluftfeuchten zwischen 20 und 40 % im Winter und etwa 50 bis 70 % im Sommer aufweisen, mit üblichen nutzungs- bzw. witterungsbedingten Schwankungen in diesen Bereichen. Bei üblicher Raumheizung (z. B. Radiatoren) und normalem Wärmeübergang an das 60 bis 90 cm dicke Außenmauerwerk mit hoher thermischer Trägheit sind Temperaturen an der Innenoberfläche von etwa 18 bis 20 °C zu erwarten.

Bauphysikalische Ansätze

Neben der zwingend erforderlichen Herstellung eines soliden Regenschutzes für die Außenwand ist im Innenraum dem Hauptproblem der Trocknung und dem dadurch bedingten enormen Schädigungspotential durch Salzkristallisation bei der angestrebten Raumklimaänderung Rechnung zu tragen. Im ungünstigsten Fall, d. h. unter winterlichen Bedingungen, würde im ungeschützten Mauerwerk (20 °C und salzbedingt etwa 80 % r.F.) ein Dampfdruck von ca. 1870 Pa auftreten und von der Raumluft her (22 °C und 20 % r.F.) ein Dampfdruck von ca. 520 Pa mit einer relativen Luftfeuchte von ca. 22 % unmittelbar an der Oberfläche raumseitig anliegen, ein enormes Trocknungs- und Kristallisationspotential. Im entgegengesetzten Fall (Sommer, periodenweise Mittelwerte) mit Raumluftbedingungen von z. B. 20 °C, 70 % r.F. (ca. 1640 Pa), mit Oberflächenbedingungen mauerwerkseitig von ca. 18 °C, 80 % r.F. (salzbedingt, ca. 1650 Pa) und einer raumseitigen relativen Luftfeuchte an der Oberfläche von ca. 80 % würde gerade keine Trocknung mehr auftreten und Salze würden durch Feuchteaufnahme aus der Luft wieder in Lösung gehen. Insgesamt bedeutet dies im Jahresverlauf eine extreme Trocknung mit hoher Kristallisationsrate und phasenweise ein Wieder-in-Lösunggehen der kristallisierten Salze, die denkbar ungünstigste Klimabeanspruchung für die Mauerwerkoberfläche.

Theoretische Konsequenz: Trocknung und Kristallisationswechsel verhindern, d. h. die vorhandenen und praktisch nicht entfernbaren Salze in Lösung halten. Wollte man das mit einer dampfdichten Versiegelung der Oberfläche erreichen, so würde man zwar – theoretisch – eine Abtrocknung zum Raum hin unterbinden, aufgrund des winterlichen Temperaturgefälles nach außen aber eine Feuchteverlagerung in das Mauerwerksinnere Richtung Außenoberfläche erzeugen, die längerfristig ebenfalls zur Trocknung im raumseitigen Bereich des Mauerwerks und somit zur Salzkristallisation dort und später dann auch in den Außenzonen führt. Außerdem ist bekanntlich eine 100%-ige Abdichtung in der Praxis nicht zu erreichen (Anschlüsse, Übergänge, Fehlstellen), was lokal die Problematik der ungeschützten Oberfläche bedeuten würde (Ausblühungen, Zerstörungen).

Ein bauphysikalisches Schutzkonzept könnte allerdings darin bestehen, die enorme winterliche Trocknung physikalisch zu verhindern, d. h. den Dampfdruck unter der Oberfläche mauerwerkseitig soweit zu senken, daß dieser in die Größenordnung des raumseitigen Dampfdruckes kommt. Das ist durch Temperaturabsenkung an der Mauerwerksoberfläche erreichbar, und zwar durch eine entsprechende Wärmedämmung innenseitig, die hier primär zur thermischen Abkoppelung der Oberfläche vom Innenraum eingesetzt wird, mit positivem Nebeneffekt der Wärmeschutzverbesserung. Eine durchaus mögliche und bleibende Absenkung auf höchstens 5 °C im Winter bei ca. 80 % r.F. im Mauerwerk würde bei 22 °C Raumlufttemperatur ein Absinken der relativen Raumluftfeuchte auf bis zu ca. 25 % erlauben, ohne daß eine nennenswerte Trocknung stattfindet und der Kristallisationsbereich unterschritten wird. Da theoretische Überlegungen infolge vieler praktischer Unwägbarkeit nie deckungsgleich mit dem tatsächlichen Geschehen sind, wird zur Absicherung gegen temporär oder lokal begrenzt eventuell doch auftretende Abtrocknungswirkungen ergänzend folgendes vorgeschlagen:

– Innenseitige Dampfsperre als zusätzlicher Schutz gegen Trocknung (nicht wie sonst üblich als Schutz vor Befeuchtung).

– Wärmedämmschicht aus diffusionsoffener Mineralwolle, um bei eventuellen Trocknungstendenzen infolge von Fehlstellen in der Dampfsperre (z. B. bei Anschlüssen oder Verletzungen) ein Abtrocknen aus dem Mauerwerk wegen der möglichen Querdiffusion in der Mineralwolle auf größere Flächen zu verteilen und dadurch das lokale Risiko zu minimieren.

- Feuchteverträgliches, salzaufnahmefähiges Pufferputzsystem als reversible Opferschicht direkt auf entsprechend vorbereiteter Mauerwerksoberfläche zur kapillaren Aufnahme von Salzlösung aus dem Mauerwerk bis knapp in die mauerwerkseitige Putzzone hin, damit bei eventuellen Trocknungstendenzen die Kristallisationsfront im Inneren der Putzschicht liegt, auskristallisierende Salze dort gespeichert werden können und eventuelle Schädigungswirkungen aus dem Mauerwerk heraus in den „Opfer"-Putz verlagert wären. Um ein Durchdringen der Lösung bis zur Putzoberfläche weitgehend im Sinne einer maximalen Speicher- und Schutzwirkung zu verhindern, kann die äußere Putzschicht hydrophob bzw. für die Lösung nicht kapillar leitend gestaltet werden (Imprägnierung, 2-schichtig, Zusätze etc.).

Ein derartiges Schutzsystem ist mittels üblicher Trockenbau-Ständerwerke vor der Ziegelwand zerstörungsfrei und wieder abbaubar (reversibel) zu installieren. Als raumseitiger Abschluß sind übliche Innenbekleidungen möglich. Funktion und Wirkung solcher Systeme müssen unter Praxisbedingungen überprüft werden, wozu die „Klimakammer vor Ort" ein geeignetes Instrument darstellt.

Anstriche, Schlämmen oder Dünnputze besitzen keine thermische Wirkung und nur einen geringen Diffusionswiderstand, können somit also keinen Schutz vor der raumklima- bzw. kristallisationsbedingten Zerstörungswirkung für das Mauerwerk bieten. Das gleiche gilt für Entsalzungsmaßnahmen vor Ort mit Hilfe von Kompressen oder für imprägnierende Oberflächenfestigungen, welche bestenfalls nur kurzfristig und oberflächennah günstigere Konditionen für Oberflächenmaßnahmen schaffen, z. B. für Putzauftrag, Materialergänzungen oder Strukturfestigungen. Durch Wassereintrag in die hochversalzene Oberflächenzone und Kompressenauflagen kann temporär eine gewisse Salzmenge entzogen werden, die mit dem Wasser kapillar in tiefere Mauerwerkszonen transportierten Salze kommen jedoch nach geraumer Zeit ebenso kapillar wieder an die Oberfläche zurück und die Kristallisationswirkung bei Trocknung setzt erneut ein.

Maßnahmen

Die im Klimaversuch zu überprüfenden Maßnahmen konzentrieren sich im Fall Innenoberfläche Kampischer Hof entsprechend Vorgabenkonzept auf

a) Ziegel- bzw. Struktursichtigkeit mit

- Reinigung, Festigung, Ergänzung der originalen Mauerwerksoberfläche
- zusätzliches Auftragen von Kalkschlämmen

b) Traditionelle Kalk- oder Lehmputze nach Oberflächeninstandsetzung

c) vorgebautes Schutzsystem (reversibel), aus

- Pufferputz auf Ziegelmauerwerk
- Mineralwolle-Dämmung
- Dampfsperre
- innenseitiger Bekleidung (z. B. GK- oder HWL-Platten)

3.2 Medaillon-Saal, Schloß Schwerin

Der seit langem brachliegende Medaillon-Saal der Orangerie im Schloß Schwerin soll renoviert und künftig als Restaurant genutzt werden. Auf unterschiedlich feuchte- und salzbelastetem Mauerwerk sind historisch wertvolle Terrakotta-Reliefplatten pilasterartig angeordnet, teilweise gut

Bild 2: Terrakotta-Reliefplatten mit unterschiedlichen Schädigungsgraden.

erhalten, teilweise aber auch stark salzgeschädigt und mit Materialverlusten (siehe Bild 2).

Zielsetzung

Das Hauptanliegen in diesem Fall ist die Restaurierung und der Erhalt der Terrakotta-Platten im Saal. Klimaeinflüsse infolge von Nutzungsänderungen dürfen zu keiner weiteren Schädigung führen.

Ausgangszustand

Die Terrakotta-Pilaster bestehen aus Natursteinsockel, vier Platten übereinander und abschließendem Kapitell. Die medaillonartigen Reliefplatten sind über Mörtelbett auf das Ziegelmauerwerk in verschiedenen Wandbereichen des Saales aufgebracht. Im Mauerwerk, wie auch in den Terrakotten, liegen sehr unterschiedliche Feuchte- und Salzgehalte vor. Die Feuchtewerte reichen von normaler praktischer Feuchte bis lokal über 10 Vol.-%. Die löslichen Salze bilden ein sehr komplexes Gemisch mit Kristallisations- bzw. Deliqueszenzpunkten für Einzelkomponenten in einem breiten Bereich von ca. 50 bis 90 % relativer Gleichgewichtsfeuchte. Die Ursache lokaler Feuchteanreicherungen ist nicht genau nachvollziehbar.

Klimabeaufschlagung

Bei der beabsichtigten künftigen Nutzung als Restaurant werden mittlere Raumtemperaturen im Bereich von etwa 20 bis 23 °C und ein erhöhter Luftwechsel entsprechend Vorschriften auftreten. Da interne Feuchteproduktionen und Publikumsverkehr bei deutlichem Luftwechsel kaum zur Luftfeuchteerhöhung beitragen, wird im Raum mit absoluten Luftfeuchten wie in der Umgebung zu rechnen sein, jedoch auch mit den witterungsbedingten Schwankungen. Die mit den Terrakotta-Pilastern belegten Bereiche sind im wesentlichen Innenwandbereiche mit Temperaturen um ca. 19 bis 20 °C.

Bauphysikalische Ansätze

Generell muß auch hier beim Medaillon-Saal ein funktionierender Regenschutz der Fassade hergestellt und ein Wassereintrag in die Hüllkonstruktion durch entsprechende Abdichtungsmaßnahmen unterbunden werden. Die zu erwartenden Klimabeanspruchungen der Terrakotten im Raum lassen sich wie folgt abschätzen:

Im Winter im Raum bzw. an den Oberflächen:

– Raumluft: 21 °C, 30 ± 10 % r.F. (5 ± 2 g/m³ bzw. 750 ± 250 Pa)

– Oberfläche: 19 °C, rel. Luftfeuchte raumseitig 35 ± 10 % r.F.
– hygroskopische Gleichgewichtsfeuchte, Oberfläche mauerwerkseitig 50 bis 90 % r.F. (1100 bis 2000 Pa)
– Trocknung und Kristallisation

Im Sommer im Raum bzw. an den Oberflächen:

– Raumluft: 21 °C, 60 ± 15 % r.F. (11 ± 3 g/m³ bzw. 1500 ± 400 Pa)
– Oberfläche: 19 °C, rel. Luftfeuchte raumseitig 70 ± 20 % r.F.
– hygroskopische Gleichgewichtsfeuchte, Oberfläche mauerwerkseitig 50 bis 90 % r.F. (1100 bis 2000 Pa)
– Befeuchtungs-/Trocknungswechsel mit permanenten Kristallisationswechseln

Da die Terrakotten zwangsläufig sichtbar bleiben müssen, ergeben sich nach den zu erwartenden Klimabeanspruchungen und den heterogenen Bedingungen im Mauerwerk bzw. in den Terrakotta-Platten folgende bauphysikalische Alternativen:

1. Bei erheblichem Feuchtenachschub im Mauerwerk, dessen Ursachen nicht eingrenzbar bzw. nicht abstellbar sind und dessen kapillare Intensität größer ist als die Abtrocknungsrate an der Oberfäche, bleibt als zuverlässige Möglichkeit für den Erhalt der Terrakotten strenggenommen nur der Ausbau der Platten, Entsalzung und Restaurierung in der Werkstatt und kapillar trennender Wiedereinbau an den Pilastern. Dieses Vorgehen ist auch örtlich begrenzt in gefährdeten Wandbereichen möglich.

2. Ohne nennenswerten Feuchtenachschub im Mauerwerk, wenn die kapillare Nachschubintensität auch während der ersten Trocknungssphase kleiner ist als die Abtrocknungsrate und die Trocknungsfront sich dabei ins Mauerwerk zurückzieht, könnte urch eine Klimastabilisierung an der Oberfläche mit permanenten Luftfeuchtebedingungen unterhalb des festgestellten Kristallisationsbereiches (hier < 50 % r.F.) eine fortschreitende Salzschädigung ebenfalls vermieden werden. Dies wäre z. B. mit Hilfe eines auf konstante Temperatur und konstante relative Luftfeuchte vorkonditionierten Luftschleiers, der an den Pilaster-Oberflächen entlang geführt wird, denkbar. Die permanente Bespülung mit vorkonditionierter, relativ trockener Luft würde eine „Einmalkristallisation" bedeuten, was toleriert werden könnte, wenn danach keine Luftfeuchteschwankungen an der Oberfläche mehr auftreten.

Die speziell im Fall 2 autretenden Fragen, wie weit eine an die Oberfläche gelenkte Strömungsschicht stabil bleibt und nicht von den üblichen Temperatur- und Luftfeuchteschwankungen im übrigen Raum beeinflußt wird, ob die Wand trocknet und trocken bleibt, wie Vorkonditionierung sowie Zu- und Abluftsteuerung technisch realisiert werden können, müssen am konkreten Objekt experimentell überprüft werden.

Maßnahmen

Die Erhaltungsmaßnahmen für die Terrakotta-Platten im Medaillon-Saal konzentrieren sich – weitgehend unabhängig von den erforderlichen Restaurierungen – auf das Ausschließen künftiger Schädigungswirkungen infolge der nutzungsbedingten Raumklimaänderung.

4. Durchführung der Klimaversuche und Ergebnisse

Die an den beiden Objekten erstmals durchgeführten Klima-Simulationsversuche zur Überprüfung der Baukörperreaktionen bzw. der Eignung von Restaurierungs- und Erhaltungsmaßnahmen unter veränderten Raumklima-Bedingungen entsprechend künftiger Nutzung werden nachfolgend kurz erläutert und die wesentlichen bauphysikalischen Ergebnisse daraus zusammengefaßt.

4.1 Kampischer Hof, Stralsund

An die Innenseite der Südwand sind ab Winter 1994/95 in verschiedenen Bereichen drei Klimaversuchsräume angebaut worden, mit je ca. 11 m² Versuchsfläche an der Mauerwerksoberfläche. Die Kammern sind hoch wärmegedämmt und diffusionsdicht ausgeführt und mit den erforderlichen Steuer- und Meßeinrichtungen ausgerüstet. Bild 3 zeigt einen Blick in eine Versuchskammer mit Heiz- und Meßgeräten und der Versuchsfläche.

Folgende praxisnahe, aber relativ extreme Bedingungen sind im Innenraum konstant vorgegeben worden:

Lufttemperatur 22 °C

Luftwechsel 1,0 h^{-1}

Die relative Luftfeuchte wird nicht gesteuert, sie stellt sich danach und entsprechend den Außenklimaverhältnissen frei ein, so wie dies auch praktisch bei unklimatisierten Räumen geschieht.

An ausreichend großen Musterflächen über längere Zeiträume überprüft wurden die oben genannten Maßnahmen in verschiedenen Varianten. Dabei zeigt sich im wesentlichen folgendes:

– Reine Festigungsmaßnahmen (z. B. Imprägnierung mit Kieselsäureester) bei ziegelsichtiger Oberfläche stellen keinen dauerhaften Schutz dar. Das eingebrachte Kieselgel verengt die Porenräume, der Kristallisationsdruck der nach wie vor vorhandenen Salze wird rascher und zerstörungswirksamer auf das Gefüge übertragen. Schädigungsprozesse, die sich durch Salzausblühungen ankündigen – wie z. B. in Bild 3 als Oberflächenschleier bereits nach wenigen Tagen Trocknung unter winterlichen Bedingungen erkennbar –, können durch Porenraumverkleinerung intensiviert werden.

Bild 3: Klima-Simulationskammer an der Mauerwerk-Innenoberfläche.

– Schlämmen oder Dünnputze bieten ebenfalls keinen Schutz vor Kristallisationsschäden. Sie blättern nach relativ kurzer Zeit ab und haben keine Wirkung auf das Geschehen in der Ziegelstruktur. Dasselbe gilt für Kalk- oder Lehmputze, wobei hier bis zur Zerstörung bzw. Ablösung aufgrund der Dicke und eines kurzfristigen Salzspeichereffekts nur etwas mehr Zeit vergeht.

– Das nach der Prinzipdarstellung in Bild 4 (links) aufgebaute Schutzsystem mit Pufferputz, Wärmedämmung und Dampfsperre als Funktionsschichten an der Innenoberfläche scheint die gewünschten Effekte der Temperaturabsenkung und der Stabilisierung der relativen Luftfeuchte auf Werte oberhalb des Kristallisationsbereiches zu erbringen und damit ein Auskristallisieren bzw. Trocknen verhindern zu können, unter extremen winterlichen Bedingungen und auf lange Sicht.

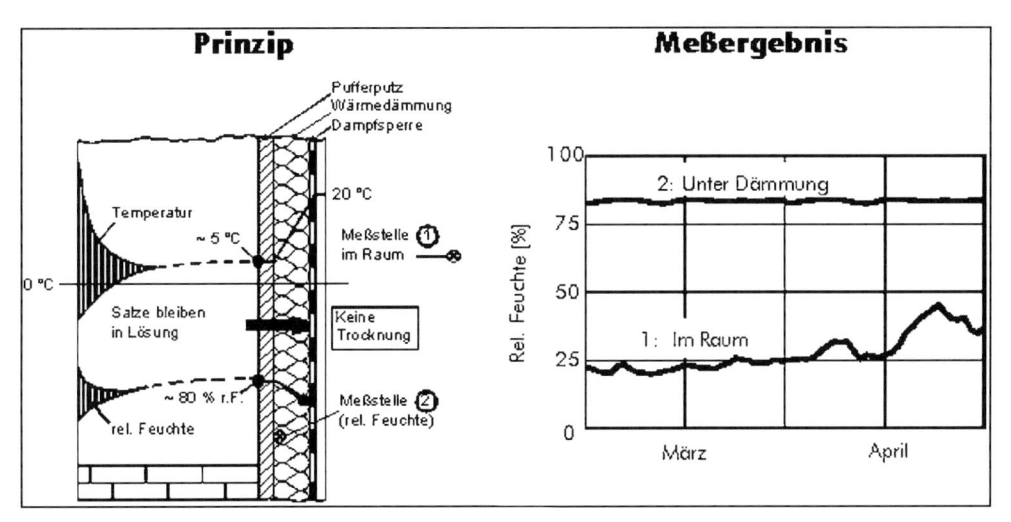

Bild 4: Prinzipdarstellung des innenseitigen Schutzsystems (links) und Meßergebnisse für die relative Luftfeuchte (rechts).

Die positiven Meßergebnisse in Bild 4 (rechts) gelten allerdings für eine 10 cm dicke Wärmedämmung und für den Fall mit innenliegender Dampfsperre. Die stabile relative Luftfeuchte unter der Dämmung mit etwas über 80 % bleibt unter trockener Raumluft im Winter (ca. 20 bis 25 % r.F.; siehe Prognose) wie auch bei steigender Raumluftfeuchte in das Frühjahr hinein bestehen. Die (hier nicht dargestellten) Oberflächentemperaturen am Ziegel liegen dabei zwischen ca. 1 und 5 °C bis Ende März und steigen dann bis zum Sommer auf knapp 20 °C an, bei permanent gleichbleibender relativer Luftfeuchte unter der Dämmung.

4.2 Medaillon-Saal, Schloß Schwerin

Im Medaillon-Saal ist ein ganzes Raumsegment mit zwei Fensternischen durch eine hoch wärmegedämmte Hilfskonstruktion vom restlichen Saal abgeteilt und als Klima-Versuchsraum mit Meß- und Steuergeräten ausgerüstet worden. Zur Überprüfung der hier – neben vielen anderen Versuchsmöglichkeiten – interessierenden Realisierbarkeit des Klima – „Schleiers" vor den Terrakotten-Oberflächen war der zusätzliche Einbau einer Fußbodenheizung (Teilabdeckung der Heizlast, wie auch später vorgesehen) und einer Versuchsklimaanlage für die Vorkonditionierung des einzublasenden Luftstromes zweckmäßig. Der Luftstrom wird in einer Unterflurverteilung an die Pilaster gebracht und über Luftauslässe mit Leit-

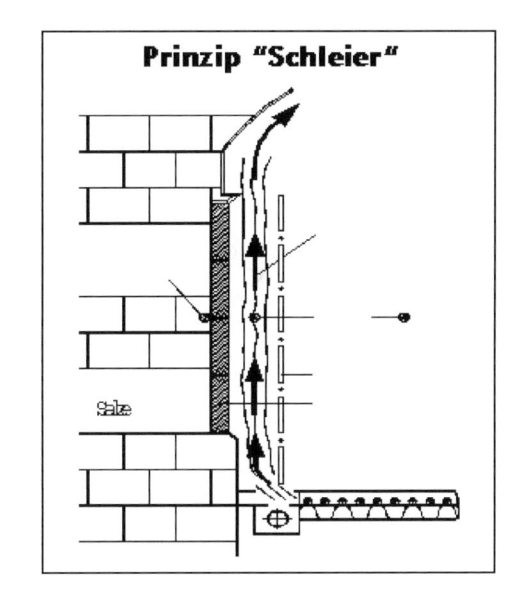

Bild 5: Schemadarstellung für das Klima-Schleier-Prinzip.

blechen im Fußboden vom Pilastersockel aus vertikal an die Terrakotten angelegt. Der erwärmte zugeführte Luftstrom mit konstant einzustellender Luftfeuchte dient der Restabdeckung der Heizlast, der Sicherstellung des erforderlichen Luftwechsels und der Luftfeuchtestabilisierung unterhalb des Kristallisationsbereiches der Mauersalze. Er wird im oberen Rückwandbereich wieder ab-

Bauphysik

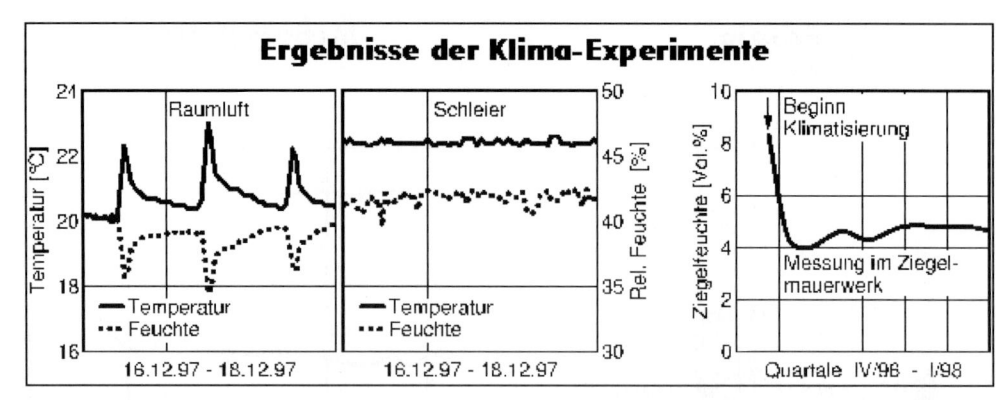

Bild 6: Meßergebnisse für Temperaturen und relative Luftfeuchten im Raum und im Klimaschleier an der Terrakotten-Oberfläche (links) sowie der gemessene zeitliche Feuchteverlauf (rechts) im Ziegelmauerwerk.

gesaugt. Bild 5 zeigt das zu untersuchende Klima-Schleier-Prinzip mit Angabe von Kontrollmeßstellen für Raumklima, Klima-Schleier und Ziegelfeuchte neben bzw. unter den Terrakotten (Trocknungsverlauf).

Folgende Bedingungen sind eingeregelt worden für

– Raum:
Lufttemperatur 20 bis 22 °C
Luftwechsel 3 bis 5 h^{-1}

– „Schleier":
Lufttemperatur 21 bis 23 °C
abs. Luftfeuchte 8 g/m^3
rel. Luftfeuchte 40 bis 45 %
Strömungsgeschw. 20 bis 40 cm/s

Im Untersuchungszeitraum 1997/98 war folgendes festzustellen:

– Der Klima – „Schleier" an der Wand, das haben erste Rauchversuche gezeigt, kann relativ stabil und anliegend gehalten werden.

– Die absolute Luftfeuchte bleibt im Schleier völlig konstant, unabhängig von absoluten Luftfeuchteschwankungen der Außenluft, die als Zuluft in die Vorkonditionierung eingeht. Dies bedeutet, daß bei Temperaturkonstanz des Luftschleiers, welche vergleichsweise einfach technisch realisierbar ist, auch die für die Kristallisationsproblematik bedeutsame relative Luftfeuchte in der Grenzschicht in engen Bereichen konstant gehalten werden kann, unabhängig von sonstigen Temperatur- und Luftfeuchteschwankungen im Raum (Nutzungsbereich). Dies bestätigen Meßergebnisse in Bild 6 (links).

– Die im Ziegelmauerwerk neben bzw. unter den Terrakotten durchgeführten Stoffeuchtemessungen seit Beginn der Raumklimatisierung zeigen – wie in Bild 6 (rechts) angegeben –, daß nach anfänglich starker Trocknung die Mauerwerksfeuchte weitgehend konstant, offenbar im Gleichgewicht mit den Konditionen im Klimaschleier bleibt. Das bedeutet für den Bereich der Meßstelle eine Bestätigung dafür, daß kein nennenswerter kapillarer Feuchtenachschub im Mauerwerk stattfindet, eine einmalige Kristallisationsphase zu Beginn durchlaufen worden ist und eine Stabilisierung der hygroskopischen Feuchte auf niedrigem Niveau mit Hilfe des Klimaschleier-Prinzips erreicht werden kann.

„Damit sind Sie bestimmt
nicht auf dem Holzweg."

Walter Bei der Kellen, Diplom-Ingenieur und Baumeister in Bramsche-Engter,
über Poroton-Ziegel von Wienerberger

Für den Rohbau alles aus einer Hand: Als Europas führender Ziegelhersteller bieten wir Ihnen Poroton-Ziegel, Systemergänzungen, Ziegelfertigteile, Ziegeldecken, Verblender, Pflasterklinker, Systemschornsteine – und einen zuverlässigen Service.

Der Mann vom Fach stützt sich gerne auf die Vorteile unserer Poroton-Ziegel: Denn aufgrund ihrer hervorragenden bauphysikalischen Eigenschaften sind sie formbeständig und statisch hoch belastbar. Bereits einschalige Wandkonstruktionen sichern die Wertbeständigkeit eines Hauses über Generationen, bieten neben einem behaglichen Wohnklima optimalen Brandschutz und kosten weniger Holz, als man denkt. **Von Wienerberger hat jeder was.**

WIENERBERGER

WIENERBERGER POROTON   **WIENERBERGER** SYSTEMSCHORNSTEINE   **WIENERBERGER** VERBLENDER

Wienerberger Ziegelindustrie GmbH · Oldenburger Allee 26 · 30659 Hannover
Tel. (05 11) 6 10 70-0 · Fax (05 11) 61 44 03 · info@wzi.com · http://www.wienerberger.de

Grundlagen der Baukonstruktion

Die klare Darstellung dieses praktischen Handbuchs erlaubt es Architekten, Bauingenieuren und selbst Fachfremden, Antworten auf baukonstruktive Fragen zu finden. Das Buch informiert grundlegend über:

- Grundlagen
- Gründungen
- Wände
- Geschoßdecken
- Treppen
- Dächer
- Schornsteine
- Fenster
- Türen

Herausgegeben wird das Standardwerk von Prof. Dr.-Ing. K. Dierks, Prof. Dipl.-Ing. K.-J. Schneider und Prof. Dipl.-Ing. R. Wormuth.
Es enthält Beiträge von Prof. Dr.-Ing. K. Dierks, Dr.-Ing. K. Gabriel, Prof. Dipl.-Ing. H.-J. Hermann, Dipl.-Ing. O. Klostermann, Dipl.-Ing. E. Kuhlmann, Prof. Dr.-Ing. Dr. h.c. mult. Jörg Schlaich, Dr.-Ing. H.-W. Tietge †, Prof. Dipl.-Ing. R. Wormuth.

Dierks/ Schneider/Wormuth
Baukonstruktion

4., neubearbeitete und erweiterte Auflage 1997.
816 Seiten 17 x 24 cm, mit zahlreichen Abbildungen, gebunden
DM 76,–/öS 555,–/sFr 76,–
ISBN 3-8041-1374-5

Zu beziehen über Ihre Buchhandlung oder direkt beim Verlag

WERNER VERLAG

Postfach 10 53 54 · 40044 Düsseldorf
Telefon (02 11) 3 87 98 - 0 · Telefax (02 11) 3 87 98 -11

E BAUSTATIK

Prof. Dipl.-Ing. Klaus-Jürgen Schneider (Abschnitte 1–4)
Prof. Dr.-Ing. Wolfram Jäger (Abschnitt 5)
Prof. Dipl.-Ing. Klaus-Jürgen Schneider und Dipl.-Ing. Torsten Schoch (Abschnitt 6, erster Beitrag)
Dr.-Ing. Dieter Bertram (Abschnitt 6, zweiter Beitrag)

1 Vereinfachtes Berechnungsverfahren nach DIN 1053-1 .... E.3

    1.1 Anwendungsgrenzen für das vereinfachte Berechnungsverfahren E.3
    1.2 Knicklängen E.3
        1.2.1 Zweiseitig gehaltenen Wände E.3
        1.2.2 Drei- und vierseitig gehaltene Wände E.4
        1.2.3 Halterungen zur Knickaussteifung bei Öffnungen E.4
    1.3 Bemessung nach dem vereinfachten Verfahren E.5
        1.3.1 Zentrische und exzentrische Druckbeanspruchung E.5
        1.3.2 Zusätzlicher Nachweis bei Scheibenbeanspruchung E.6
        1.3.3 Zusätzlicher Nachweis bei dünnen, schmalen Wänden E.6
        1.3.4 Teilflächenpressung E.6
        1.3.5 Biegezug E.6
        1.3.6 Scheibenschub E.7
        1.3.7 Plattenschub E.7
        1.3.8 Mitwirkende Breite b_m E.7
    1.4 Tragfähigkeitstafeln für Mauerwerkswände E.8
    1.5 Ringanker E.23
    1.6 Ringbalken E.23
        1.6.1 Konstruktion und Funktion E.23
        1.6.2 Bemessungsbeispiel für einen Ringbalken aus bewehrtem Mauerwerk ... E.23
        1.6.3 Tragfähigkeitstafeln für Ringbalken aus bewehrtem Mauerwerk E.24
    1.7 Belastung bei Stürzen E.25
    1.8 Kellerwände E.26
        1.8.1 Allgemeines E.26
        1.8.2 Formeln für Berechnung von Kellermauerwerk auf der Basis einer Gewölbeeinwirkung E.26
        1.8.3 Tafeln für erforderliche Auflast min F bei Kellerwänden E.28
        1.8.4 Tragfähigkeitstafeln für Kellerwände aus bewehrtem Mauerwerk E.31

2 Genaueres Berechnungsverfahren E.33

    2.1 Allgemeines E.33
    2.2 5%-Regel E.33
    2.3 Rahmenformel (genauere Berechnung) E.34
    2.4 Bemessung E.39
    2.5 Zahlenbeispiel E.40

3 Bewehrtes Mauerwerk E.41

    3.1 Biegebemessung nach DIN 1053 Teil 3 .... E.41
        3.1.1 Allgemeines E.41
        3.1.2 Biegebemessung mit dem k_h-Verfahren E.41
        3.1.3 Nachweis der Knicksicherheit ($l = H_k/d$) E.42

3.2	Bemessung für Querkraft	E.42
	3.2.1 Scheibenschub (Last parallel zur Mauerwerksebene)	E.42
	3.2.2 Plattenschub (Last rechtwinklig zur Mauerwerksebene)	E.42
3.3	Bemessung von Flachstürzen	E.42

4 Nichttragende innere Trennwände E.44

5 Zahlenbeispiele nach Eurocode 6 .... E.47

5.1	Vorbemerkungen	E.47
5.2	Zahlenbeispiele	E.47

6 Aktuelle Beiträge

Statischer Nachweis von dünnen Außenwänden aus Mauerwerk E.52

1	Vorbemerkungen	E.52
2	Bemessung nach DIN 1053-1 Vereinfachtes Verfahren	E.52
	2.1 Allgemeines	E.52
	2.2 Allgemeiner Nachweis von Wänden	E.52
	2.3 Nachweis von Außenwänden in obersten Geschossen	E.53
3	Der Windnachweis bei Anwendung des „Vereinfachten Bemessungsverfahrens"	E.54
	3.1 Allgemeines	E.54
	3.2 Zahlenbeispiel	E.55
	3.3 Erforderliche Auflast in kN von Pfeilern	E.57
4	Kriterien für die Vernachlässigung des Windeinflusses bei Wandpfeilern mit $d \leq 15$ cm	E.58
5	Hinweise zum Nachweis von dünnen Außenwänden nach dem „Genaueren Berechnungsverfahren"	E.59

Mauerwerk aus Fertigbauteilen E.60

1	Allgemeines	E.60
2	Bauliche Durchbildung	E.60
	2.1 Mauertafeln	E.60
	2.2 Vergußtafeln	E.61
	2.3 Verbundtafeln	E.61
3	Bemessung	E.62
	3.1 Grundlagen	E.62
	3.2 Mauertafeln	E.62
	3.3 Vergußtafeln	E.62
	3.3.1 Geringe Ausmitte	E.63
	3.3.2 Große Ausmitte	E.63
	3.4 Verbundtafeln	E.63
	3.5 Erdbebennachweis	E.63
	3.6 Stürze	E.63
4	Transport und Montage	E.63
5	Übereinstimmungsnachweis	E.63
6	Zusammenfassung	E.64

E BAUSTATIK

1 Vereinfachtes Berechnungsverfahren nach DIN 1053-1

1.1 Anwendungsgrenzen für das vereinfachte Berechnungsverfahren

Alle Bauwerke, die innerhalb der im folgenden zusammengestellten Anwendungsgrenzen liegen, dürfen mit dem *vereinfachten Verfahren* berechnet werden. Es ist selbstverständlich auch eine Berechnung nach dem *genaueren Verfahren* (vgl. Abschnitt 1.6) möglich. Befindet sich das Mauerwerk außerhalb der Anwendungsgrenzen, *muß* es nach dem genaueren Verfahren gerechnet werden. Im einzelnen müssen für die Anwendung des *vereinfachten Berechnungsverfahrens* die folgenden Voraussetzungen erfüllt sein:

- Gebäudehöhe < 20 m über Gelände
  (Bei geneigten Dächern darf die Mitte zwischen First- und Traufhöhe zugrunde gelegt werden.)
- Verkehrslast $p \leq 5{,}0$ kN/m²
- Deckenstützweiten $l \leq 6{,}0$ m[1]
  (Bei zweiachsig gespannten Decken gilt für l die kleinere Stützweite.)
- Innenwände
  Wanddicke 11,5 cm $\leq d <$ 24 cm: lichte Geschoßhöhe $h_s \leq 2{,}75$ m
  $d \geq 24$ cm: h_s ohne Einschränkung
- Einschalige Außenwände
  Wanddicke 17,5 cm[2] $\leq d <$ 24 cm: lichte Geschoßhöhe $h_s \leq 2{,}75$ m
  Wanddicke $d \geq 24$ cm: $h_s \leq 12\,d$
- Zweischalige Außenwände und Haustrennwände
  Tragschale 11,5 cm $\leq d <$ 24 cm: lichte Geschoßhöhe $h_s \leq 2{,}75$ m
  Tragschale $d \geq 24$ cm: lichte Geschoßhöhe $h_s \leq 12\,d$

  Zusätzliche Bedingung, wenn $d = 11{,}5$ cm:

  a) maximal 2 Vollgeschosse zuzüglich ausgebautem Dachgeschoß
  b) Verkehrslast einschließlich Zuschlag für unbelastete Trennwände $q \leq 3$ kN/m²
  c) Abstand der aussteifenden Querwände $e \leq 4{,}50$ m bzw. Randabstand $\leq 2{,}0$ m

- Als horizontale Lasten dürfen nur Wind oder Erddruck angreifen.
- Es dürfen keine größeren planmäßigen Exzentrizitäten eingeleitet werden.[3]

1.2 Knicklängen

1.2.1 Zweiseitig gehaltene Wände

- Allgemein: $\quad h_K = h_s$

- Bei Einspannung der Wand in flächig[4] aufgelagerten Massivdecken: $\quad h_K = \beta \cdot h_s$

  Für β gilt:

β	Wanddicke d in mm
0,75	≤ 175
0,90	$175 < d \leq 250$
1,00	> 250

- Abminderung der Knicklänge nur zulässig, wenn
  - als horizontale Last nur Wind vorhanden ist,
  - folgende Mindestauflagertiefen gegeben sind:

Wanddicke d in mm	Auflagertiefe a in mm
= 240	≥ 175
< 240	= d

---

[1] Es dürfen auch Stützweiten $l > 6$ m vorhanden sein, wenn die Deckenauflagerkraft durch Zentrierung mittig eingeleitet wird (Verringerung des Einflusses des Deckendrehwinkels).

[2] Bei eingeschossigen Garagen und vergleichbaren Bauwerken, die nicht zum dauernden Aufenthalt von Menschen dienen, ist auch $d = 11{,}5$ cm zulässig.

[3] Was sind *größere* planmäßige Exzentrizitäten? Diese Frage wird in der Norm nicht eindeutig beantwortet. In vielen Diskussionen unter Fachleuten hat sich folgende baupraktisch sinnvolle Regelung herauskristallisiert: Läßt sich eine exzentrisch beanspruchte Mauerwerkskonstruktion rechnerisch für das vereinfachte Verfahren nachweisen (Nachweis der Auflagerpressung und Nachweis in halber Geschoßhöhe bei einseitiger Lastverteilung unter 60°), so handelt es sich um keine *größere* Exzentrizität.

[4] Als flächig aufgelagerte Massivdecken gelten auch Stahlbetonbalken- und Stahlbetonrippendecken mit Zwischenbauteilen nach DIN 1045, bei denen die Auflagerung durch Randbalken erfolgt.

1.2.2 Drei- und vierseitig gehaltene Wände

- Für die Knicklänge gilt: $h_K = \beta \cdot h_s$

- wenn $h_s \leq 3{,}50$ m, β nach Tafel E.1.1
- wenn $b > 30\,d$ bzw. $b' > 15\,d$, Wände wie zweiseitig gehalten berechnen
- ein Faktor β größer als bei zweiseitiger Halterung braucht nicht angesetzt zu werden.

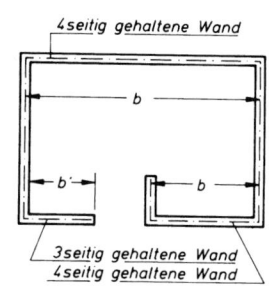

- Schwächung der Wände durch Schlitze oder Nischen
  a) vertikal in Höhe des mittleren Drittels:
     d = Restwanddicke oder freien Rand annehmen
  b) unabhängig von der Lage eines vertikalen Schlitzes oder einer Nische Wandöffnung annehmen, wenn Restwanddicke $d < 1/2$ Wanddicke oder < 115 mm ist.

- Öffnungen in Wänden
  Bei Wänden, deren Öffnungen
  - in ihrer lichten Höhe $> 1/4$ der Geschoßhöhe oder
  - in ihrer lichten Breite $> 1/4$ der Wandbreite oder
  - in ihrer Gesamtfläche $> 1/10$ der Wandfläche sind, gelten die Wandteile
    - zwischen der Wandöffnung und der aussteifenden Wand als dreiseitig
    - zwischen den Wandöffnungen als zweiseitig gehalten.

Tafel E.1.1 β-Werte für drei- und vierseitig gehaltene Wände

b' in m	0,65	0,75	0,85	0,95	1,05	1,15	1,25	1,40	1,60	1,85	2,20	2,80
β	0,35	0,40	0,45	0,50	0,55	0,60	0,65	0,70	0,75	0,80	0,85	0,90
b in m	2,00	2,25	2,50	2,80	3,10	3,40	3,80	4,30	4,80	5,60	6,60	8,40

Tafel E.1.2 Grenzwerte für b' und b in m

Wanddicke in cm	11,5	17,5	24	30
max $b' = 15\,d$	1,75	2,60	3,60	–
max $b = 30\,d$	3,45	5,25	7,20	9,00

1.2.3 Halterungen zur Knickaussteifung bei Öffnungen

Als unverschiebliche Halterungen von belasteten Wänden dürfen Deckenscheiben und aussteifende Querwände oder andere ausreichend steife Bauteile angesehen werden.

Ist die aussteifende Wand durch Öffnungen unterbrochen, so muß die Bedingung der nebenstehenden Abbildung erfüllt sein. Bei Fenstern gilt die jeweilige lichte Höhe als h_1 und h_2.

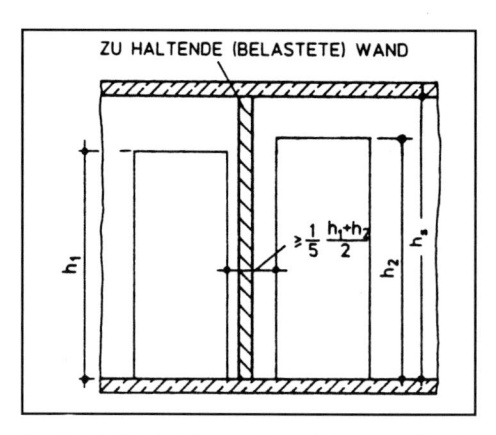

Abb. E.1.1 Mindestlänge einer knickaussteifenden Wand bei Öffnungen

1.3 Bemessung nach dem vereinfachten Verfahren

1.3.1 Zentrische und exzentrische Druckbeanspruchung

Der Spannungsnachweis ist unter Ausschluß von Zugspannungen zu führen (klaffende Fugen maximal bis zum Schwerpunkt des Querschnitts zulässig).

$$\text{zul } \sigma = k \cdot \sigma_0$$

σ_0 Grundwert der zulässigen Spannungen
k Abminderungsfaktor

Tafel E.1.3 Grundwerte der zulässigen Druckspannungen in MN/m²

Steinfestigkeits-klasse	Normalmörtel mit Mörtelgruppe					Dünnbettmörtel[2]	Leichtmörtel	
	I	II	IIa	III	IIIa		LM 21	LM 36
2	0,3	0,5	0,5[1]	–	–	0,6	0,5[3]	0,5[3)4]
4	0,4	0,7	0,8	0,9	–	1,1	0,7[5]	0,8[6]
6	0,5	0,9	1,0	1,2	–	1,5	0,7	0,9
8	0,6	1,0	1,2	1,4	–	2,0	0,8	1,0
12	0,8	1,2	1,6	1,8	1,9	2,2	0,9	1,1
20	1,0	1,6	1,9	2,4	3,0	3,2	0,9	1,1
28	–	1,8	2,3	3,0	3,5	3,7	0,9	1,1
36	–	–	–	3,5	4,0	–	–	–
48	–	–	–	4,0	4,5	–	–	–
60	–	–	–	4,5	5,0	–	–	–

[1] $\sigma_0 = 0{,}6$ MN/m² bei Außenwänden mit Dicken ≥ 300 mm. Diese Erhöhung gilt jedoch nicht für den Nachweis der Auflagerpressung nach Abschnitt 1.3.4.
[2] Verwendung nur bei Porenbeton-Plansteinen nach DIN 4165 und bei Kalksand-Plansteinen. Die Werte gelten für Vollsteine. Für Kalksand-Lochsteine und Kalksand-Hohlblocksteine nach DIN 106 Teil 1 gelten die entsprechenden Werte bei Mörtelgruppe III bis Steinfestigkeitsklasse 20.
[3] Für Mauerwerk mit Mauerziegeln nach DIN 105 Teil 1 bis 4 gilt $\sigma_0 = 0{,}4$ MN/m².
[4] $\sigma_0 = 0{,}6$ MN/m² bei Außenwänden mit Dicken ≥ 300 mm. Diese Erhöhung gilt jedoch nicht für den Nachweis der Auflagerpressung.
[5] Für Kalksandsteine nach DIN 106 Teil 1 der Rohdichteklasse $\geq 0{,}9$ und für Mauerziegel nach DIN 105 Teil 1 bis 4 gilt $\sigma_0 = 0{,}5$ MN/m².
[6] Für Mauerwerk mit den in Fußnote 5 genannten Mauersteinen gilt $\sigma_0 = 0{,}7$ MN/m².

Ermittlung der Abminderungsfaktoren k_i

- Wände als Zwischenauflager: $k = k_1 \cdot k_2$
- Wände als einseitiges Endauflager: $k = k_1 \cdot k_2$
  oder $k = k_1 \cdot k_3$
  Der kleinere Wert ist maßgebend.

a) k_1 für Pfeiler/Wände
   Ein Pfeiler im Sinne der Norm liegt vor, wenn $A < 1000$ cm² ist. Pfeiler mit einer Fläche $A < 400$ cm² (Nettofläche) sind unzulässig.
   1. Wände sowie *Pfeiler*, die aus einem oder mehreren ungetrennten Steinen bestehen oder aus getrennten Steinen mit einem Lochanteil von $< 35\%$: $k_1 = 1{,}0$
   2. Alle anderen *Pfeiler*: $k_1 = 0{,}8$

b) k_2 für Knicken

$h_K/d \leq 10$	$k_2 = 1{,}0$
$10 < h_K/d \leq 25$	$k_2 = \dfrac{25 - h_K/d}{15}$

h_K Knicklänge

c) k_3 für Deckendrehwinkel
   (Endauflager)

Bei zweiachsig gespannten Decken:
l = kürzere Stützweite

Geschoßdecken

$l \leq 4{,}20$ m	$k_3 = 1{,}0$
$l > 4{,}20$ m	$k_3 = 1{,}7 - l/6$

Bei mittiger Auflagerkrafteinleitung (z. B. Zentrierung): $k_3 = 1$

Dachdecken (oberstes Geschoß)

Für alle l:	$k_3 = 0{,}5$

1.3.2 Zusätzlicher Nachweis bei Scheibenbeanspruchung

Sind Wandscheiben infolge Windbeanspruchung rechnerisch nachzuweisen, so ist bei klaffender Fuge außer dem Spannungsnachweis ein Nachweis der Randdehnung $\varepsilon_R \leq 10^{-4}$ zu führen. Der Elastizitätsmodul für Mauerwerk darf zu $E = 3000\,\sigma_0$ angenommen werden.

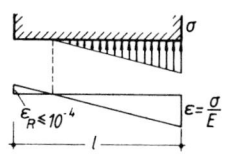

1.3.3 Zusätzlicher Nachweis bei dünnen, schmalen Wänden

Bei zweiseitig gehaltenen Wänden mit $d < 17$ cm und mit Schlankheiten $h_K/d > 12$ und Wandbreiten $< 2{,}0$ m ist der Einfluß einer ungewollten horizontalen Einzellast $H = 0{,}5$ kN in halber Geschoßhöhe zu berücksichtigen. H darf über die Wandbreite gleichmäßig verteilt werden, zul σ darf hierbei um 33 % erhöht werden.

Dieser Nachweis darf entfallen, wenn folgende Gleichung erfüllt ist:

$$\bar{\lambda} \leq 20 - 100 \cdot \frac{H}{A \cdot \beta_R}$$

A Wandquerschnitt $b \cdot d$
$\beta_R = 2{,}67 \cdot \sigma_0$

1.3.4 Teilflächenpressung

- Belastung in Richtung der Wandebene
  Gleichmäßig verteilte Auflagerpressung mit zul $\sigma = 1{,}3\,\sigma_0$. Zusätzlich Nachweis in Wandmitte (Lastverteilung unter 60°) erforderlich.

- Belastung rechtwinklig zur Wandebene
  Ebenfalls gilt zul $\sigma = 1{,}3\,\sigma_0$. Bei $F \geq 3$ kN ist zusätzlich ein Schubnachweis in den Lagerfugen der belasteten Steine nach 1.3.6 zu führen. Bei Loch- und Kammersteinen muß die Last mindestens über zwei Stege eingeleitet werden (Unterlagsplatten).

1.3.5 Biegezug

Nur zulässig parallel zur Lagerfuge in Wandrichtung.

$$\text{zul } \sigma_Z = 0{,}4\,\sigma_{0HS} + 0{,}12\,\sigma_D \leq \max \sigma_Z$$

zul σ_Z zulässige Biegezugspannung parallel zur Lagerfuge
σ_D zugehörige Druckspannung rechtwinklig zur Lagerfuge
σ_{0HS} und max σ_Z siehe Tafeln

Tafel E.1.4 σ_{0HS}

Mörtelgruppe	I	II	IIa	III	IIIa	LM 21	LM 36	Dü
σ_{0HS} in MN/m²	0,01	0,04	0,09	0,11	0,11	0,09	0,09	0,11
Bei unvermörtelten Stoßfugen (weniger als die halbe Wanddicke ist vermörtelt) sind die σ_{0HS}-Werte zu halbieren. Dü = Dünnbettmörtel									

Tafel E.1.5 max σ_Z

Steinfestigkeitsklasse	2	4	6	8	12	20	≥ 28
max σ_Z in MN/m²	0,01	0,02	0,04	0,05	0,10	0,15	0,20

1.3.6 Scheibenschub

Ein Schubnachweis ist in der Regel nicht erforderlich, wenn ausreichende räumliche Steifigkeit des Bauwerks gegeben ist.
Anderenfalls gilt für Rechteckquerschnitte (andere Querschnittsformen sind nach dem *genaueren Verfahren* nachzuweisen):

$$\tau = \alpha\, Q/A \leq \text{zul } \tau$$

mit

$$\text{zul } \tau = \sigma_{0HS} + 0{,}20\, \sigma_{Dm} \leq \max \tau$$

α Formbeiwert

$\dfrac{h}{l} \geq 2 \rightarrow \alpha = 1{,}5$

$\dfrac{h}{l} \leq 1 \rightarrow \alpha = 1{,}0$

(*h* Höhe der Mauerwerksscheibe)
(*l* Länge der Mauerwerksscheibe)
Zwischenwerte für α sind linear zu interpolieren.

A überdrückte Querschnittsfläche
σ_{0HS} aus Tafel E.1.4
σ_{Dm} mittlere zugehörige Druckspannung rechtwinklig zur Lagerfuge im ungerissenen Querschnitt A
max $\tau = n \cdot \beta_{NSt}$
    $n = 0{,}010$ bei Hohlblocksteinen
    $n = 0{,}012$ bei Hochlochsteinen und Steinen mit Grifföffnungen oder -löchern
    $n = 0{,}014$ bei Vollsteinen ohne Grifföffnungen oder -löcher
β_{NSt} Steindruckfestigkeit

1.3.7 Plattenschub

$$\text{zul } \tau = \sigma_{0HS} + 0{,}30\, \sigma_D$$

Nachweis für einen Rechteckquerschnitt:

$$\tau = \frac{1{,}5\, Q}{A} \leq \text{zul } \tau$$

A überdrückte Querschnittsfläche
σ_{0HS} aus Tafel E.1.4
σ_D Druckspannung rechtwinklig zur Lagerfuge

1.3.8 Mitwirkende Breite b_m

b_m = 1/4 der über dem betrachteten Schnitt liegenden Höhe des zusammengesetzten Querschnitts, jedoch nicht größer als die vorhandene Querschnittsbreite.

1.4 Tragfähigkeitstafeln für Mauerwerkswände

Die Tragfähigkeiten in kN/m wurden nach dem vereinfachten Berechnungsverfahren (DIN 1053-1, Abschnitt 6) ermittelt. Die Berechnungsgrundlagen sind auch in den Abschnitten 1.2 und 1.3.1 dieses Beitrags dargestellt.

Legende: h_s = lichte Geschoßhöhe

Übersicht über die Tragfähigkeitstafeln für Mauerwerkswände

Wanddicke	Wandart	Tafel	Seite
11,5 cm	Mittelwände und Außenwände mit Deckenendfeldstützweite $l \leq 6{,}00$ m	E.1.6	E.9
17,5 cm	Mittelwände und Außenwände mit Deckenendfeldstützweite $l \leq 4{,}20$ m	E.1.7	E.10
	Außenwände mit Deckenendfeldstützweite $l = 4{,}50$ m	E.1.10	E.13
	Außenwände mit Deckenendfeldstützweite $l = 5{,}00$ m	E.1.13	E.16
	Außenwände mit Deckenendfeldstützweite $l = 5{,}50$ m	E.1.15	E.18
	Außenwände mit Deckenendfeldstützweite $l = 6{,}00$ m	E.1.17	E.20
	Außenwände unter Dachdecken	E.1.19	E.22
24 cm	Mittelwände und Außenwände mit Deckenendfeldstützweite $l \leq 4{,}20$ m	E.1.8	E.11
	Außenwände mit Deckenendfeldstützweite $l = 4{,}50$ m	E.1.11	E.14
	Außenwände mit Deckenendfeldstützweite $l = 5{,}00$ m	E.1.14	E.17
	Außenwände mit Deckenendfeldstützweite $l = 5{,}50$ m	E.1.16	E.19
	Außenwände mit Deckenendfeldstützweite $l = 6{,}00$ m	E.1.18	E.21
	Außenwände unter Dachdecken	E.1.19	E.22
30 cm	Mittelwände und Außenwände mit Deckenendfeldstützweite $l \leq 4{,}20$ m	E.1.9	E.12
	Außenwände mit Deckenendfeldstützweite $l = 4{,}50$ m	E.1.12	E.15
	Außenwände mit Deckenendfeldstützweite $l = 5{,}00$ m	E.1.14	E.17
	Außenwände mit Deckenendfeldstützweite $l = 5{,}50$ m	E.1.16	E.19
	Außenwände mit Deckenendfeldstützweite $l = 6{,}00$ m	E.1.18	E.21
	Außenwände unter Dachdecken	E.1.19	E.22
36,5 cm	Mittelwände und Außenwände mit Deckenendfeldstützweite $l \leq 4{,}20$ m	E.1.9	E.12
	Außenwände mit Deckenendfeldstützweite $l = 4{,}50$ m	E.1.12	E.15
	Außenwände mit Deckenendfeldstützweite $l = 5{,}00$ m	E.1.14	E.17
	Außenwände mit Deckenendfeldstützweite $l = 5{,}50$ m	E.1.16	E.19
	Außenwände mit Deckenendfeldstützweite $l = 6{,}00$ m	E.1.18	E.21
	Außenwände unter Dachdecken	E.1.19	E.22

Tafel E.1.6 Mittelwände und Außenwände zwischen Geschoßdecken

Deckenendfeldstützweite $l \leq 6{,}00$ m

zweiseitig gehalten, elastisch eingespannt

zweiseitig gehalten, gelenkig *(kursiv)*

$d = 11{,}5$ cm

Tafelwerte: zul N in kN/m

h_s (m) → ↓ σ_0 (MN/m²)	2,40	2,50	2,60	2,70	2,80	2,90
0,4	28,7 *12,7*	26,7 *10,0*	24,7 *7,3*	22,7 *4,7*	20,7 *2,0*	18,7 *–*
0,5	35,8 *15,8*	33,3 *12,5*	30,8 *9,2*	28,3 *5,8*	25,8 *2,5*	23,3 *–*
0,6	43,0 *19,0*	40,0 *15,0*	37,0 *11,0*	34,0 *7,0*	31,0 *3,0*	28,0 *–*
0,7	50,2 *22,2*	46,7 *17,5*	43,2 *12,8*	39,7 *8,2*	36,2 *3,5*	32,7 *–*
0,8	57,3 *25,3*	53,3 *20,0*	49,3 *14,7*	45,3 *9,3*	41,3 *4,0*	37,3 *–*
0,9	64,5 *28,5*	60,0 *22,5*	55,5 *16,5*	51,0 *10,5*	46,5 *4,5*	42,0 *–*
1,0	71,7 *31,7*	66,7 *25,0*	61,7 *18,3*	56,7 *11,7*	51,7 *5,0*	46,7 *–*
1,1	78,8 *34,8*	73,3 *27,5*	67,8 *20,2*	62,3 *12,8*	56,8 *5,5*	51,3 *–*
1,2	86,0 *38,0*	80,0 *30,0*	74,0 *22,0*	68,0 *14,0*	62,0 *6,0*	56,0 *–*
1,4	100,3 *44,3*	93,3 *35,0*	86,3 *25,7*	79,3 *16,3*	72,3 *7,0*	65,3 *–*
1,5	107,5 *47,5*	100,0 *37,5*	92,5 *27,5*	85,0 *17,5*	77,5 *7,5*	70,0 *–*
1,6	114,7 *50,7*	106,7 *40,0*	98,7 *29,3*	90,7 *18,7*	82,7 *8,0*	74,7 *–*
1,8	129,0 *57,0*	120,0 *45,0*	111,0 *33,0*	102,0 *21,0*	93,0 *9,0*	84,0 *–*
2,0	143,3 *63,3*	133,3 *50,0*	123,3 *36,7*	113,3 *23,3*	103,3 *10,0*	93,3 *–*
2,2	157,7 *69,7*	146,7 *55,0*	135,7 *40,3*	124,7 *25,7*	113,7 *11,0*	102,7 *–*
2,3	164,8 *72,8*	153,3 *57,5*	141,8 *42,2*	130,3 *26,8*	118,8 *11,5*	107,3 *–*
2,4	172,0 *76,0*	160,0 *60,0*	148,0 *44,0*	136,0 *28,0*	124,0 *12,0*	112,0 *–*
3,0	215,0 *95,0*	200,0 *75,0*	185,0 *55,0*	170,0 *35,0*	155,0 *15,0*	140,0 *–*
3,2	229,3 *103,3*	213,3 *80,0*	197,3 *58,7*	181,3 *37,3*	165,3 *16,0*	149,3 *–*
3,5	250,8 *110,8*	233,3 *87,5*	215,8 *64,2*	198,3 *40,8*	180,8 *17,5*	163,3 *–*
3,7	265,2 *117,2*	246,7 *92,5*	228,2 *67,8*	209,7 *43,2*	191,2 *18,5*	172,7 *–*

Tafel E.1.7 Mittelwände und Außenwände zwischen Geschoßdecken

Deckenendfeldstützweite $l \leq 4{,}20$ m

zweiseitig gehalten, elastisch eingespannt

zweiseitig gehalten, gelenkig *(kursiv)*

$d = 17{,}5$ cm

Tafelwerte: zul N in kN/m

h_s (m) → ↓ σ_0 (MN/m²)	2,40	2,50	2,60	2,70	2,80	2,90
0,4	68,7 *52,7*	66,7 *50,0*	64,7 *47,3*	62,7 *44,7*	60,7 *42,0*	58,7 *39,3*
0,5	85,9 *65,8*	83,3 *62,5*	80,8 *59,2*	78,3 *55,8*	75,8 *52,5*	73,3 *49,2*
0,6	103,0 *79,0*	100,0 *75,0*	97,0 *71,0*	94,0 *67,0*	91,0 *63,0*	88,0 *59,0*
0,7	120,2 *92,2*	116,7 *87,5*	113,2 *82,8*	109,7 *78,2*	106,2 *73,5*	102,7 *68,8*
0,8	137,3 *105,3*	133,3 *100,0*	129,3 *94,7*	125,3 *89,3*	121,3 *84,0*	117,3 *78,7*
0,9	154,5 *118,5*	150,0 *112,5*	145,5 *106,5*	141,0 *100,5*	136,5 *94,5*	132,0 *88,5*
1,0	171,7 *131,7*	166,7 *125,0*	161,7 *118,3*	156,7 *111,7*	151,7 *105,0*	146,7 *98,3*
1,1	188,8 *144,8*	183,3 *137,5*	177,8 *130,2*	172,3 *122,8*	166,8 *115,5*	161,3 *108,2*
1,2	206,0 *158,0*	200,0 *150,0*	194,0 *142,0*	188,0 *134,0*	182,0 *126,0*	176,0 *118,0*
1,4	240,3 *184,3*	233,3 *175,0*	226,3 *165,7*	219,3 *156,3*	212,3 *147,0*	205,3 *137,7*
1,5	257,5 *197,5*	250,0 *187,5*	242,5 *177,5*	235,0 *167,5*	227,5 *157,5*	220,0 *147,5*
1,6	274,7 *210,7*	266,7 *200,0*	258,7 *189,3*	250,7 *178,7*	242,7 *168,0*	234,7 *157,3*
1,8	309,0 *237,0*	300,0 *225,0*	291,0 *213,0*	282,0 *201,0*	273,0 *189,0*	264,0 *177,0*
2,0	343,3 *263,3*	333,3 *250,0*	323,3 *236,7*	313,3 *223,3*	303,3 *210,0*	293,3 *196,7*
2,2	377,7 *289,7*	366,7 *275,0*	355,7 *260,3*	344,7 *245,7*	333,7 *231,0*	322,7 *216,3*
2,3	394,8 *302,8*	383,3 *287,5*	371,8 *272,2*	360,3 *256,8*	348,8 *241,5*	337,3 *226,2*
2,4	412,0 *316,0*	400,0 *300,0*	388,0 *284,0*	376,0 *268,0*	364,0 *252,0*	352,0 *236,0*
3,0	515,0 *395,0*	500,0 *375,0*	485,0 *355,0*	470,0 *335,0*	455,0 *315,0*	440,0 *295,0*
3,2	549,3 *421,3*	533,3 *400,0*	517,3 *378,7*	501,3 *357,3*	484,3 *336,0*	467,3 *314,7*
3,5	600,8 *460,8*	583,3 *437,5*	565,8 *414,2*	548,3 *390,8*	530,8 *367,5*	513,3 *344,2*
3,7	635,2 *487,2*	616,7 *462,5*	598,2 *437,8*	579,7 *413,2*	561,2 *388,5*	542,7 *363,8*

Tafel E.1.8 Mittelwände und Außenwände zwischen Geschoßdecken

Deckenendfeldstützweite $l \leq 4{,}20$ m

zweiseitig gehalten, elastisch eingespannt

zweiseitig gehalten, gelenkig *(kursiv)*

$d = 24$ cm

Tafelwerte: zul N in kN/m

h_s (m) → ↓ σ_0 (MN/m²)	2,40	2,50	2,60	2,70	2,80	2,90
0,4	96,0 *96,0*	96,0 *93,3*	96,0 *90,7*	95,2 *88,0*	92,8 *85,3*	90,4 *82,7*
0,5	120,0 *120,0*	120,0 *116,7*	120,0 *113,3*	119,0 *110,0*	116,0 *106,7*	113,0 *103,3*
0,6	144,0 *144,0*	144,0 *140,0*	144,0 *136,0*	142,8 *132,0*	139,2 *128,0*	135,6 *124,0*
0,7	168,0 *168,0*	168,0 *163,3*	168,0 *158,7*	166,6 *154,0*	162,4 *149,3*	158,2 *144,7*
0,8	192,0 *192,0*	192,0 *186,7*	192,0 *181,3*	190,4 *176,0*	185,6 *170,7*	180,8 *165,3*
0,9	216,0 *216,0*	216,0 *210,0*	216,0 *204,0*	214,2 *198,0*	208,8 *192,0*	203,4 *186,0*
1,0	240,0 *240,0*	240,0 *233,3*	240,0 *226,7*	238,0 *220,0*	232,0 *213,3*	226,0 *206,7*
1,1	264,0 *264,0*	264,0 *256,7*	264,0 *249,3*	261,8 *242,0*	255,2 *234,7*	248,6 *227,3*
1,2	288,0 *288,0*	288,0 *280,0*	288,0 *272,0*	285,6 *264,0*	278,4 *256,0*	271,2 *248,0*
1,4	336,0 *336,0*	336,0 *326,7*	336,0 *317,3*	333,2 *308,0*	324,8 *298,7*	316,4 *289,3*
1,5	360,0 *360,0*	360,0 *350,0*	360,0 *340,0*	357,0 *330,0*	348,0 *320,0*	339,0 *310,0*
1,6	384,0 *384,0*	384,0 *373,3*	384,0 *362,7*	380,8 *352,0*	371,2 *341,3*	361,6 *330,7*
1,8	432,0 *432,0*	432,0 *420,0*	432,0 *408,0*	428,4 *396,0*	417,6 *384,0*	406,8 *372,0*
2,0	480,0 *480,0*	480,0 *466,7*	480,0 *453,3*	476,0 *440,0*	464,0 *426,7*	452,0 *413,3*
2,2	528,0 *528,0*	528,0 *513,3*	528,0 *498,7*	523,6 *484,0*	510,4 *469,3*	497,2 *454,7*
2,3	552,0 *552,0*	552,0 *536,7*	552,0 *521,3*	547,4 *506,0*	533,6 *490,7*	519,8 *475,3*
2,4	576,0 *576,0*	576,0 *560,0*	576,0 *544,0*	571,2 *528,0*	556,8 *512,0*	542,4 *496,0*
3,0	720,0 *720,0*	720,0 *700,0*	720,0 *680,0*	714,0 *660,0*	696,0 *640,0*	678,0 *620,0*
3,2	768,0 *768,0*	768,0 *746,7*	768,0 *725,3*	761,6 *704,0*	742,4 *682,7*	723,2 *661,3*
3,5	840,0 *840,0*	840,0 *816,7*	840,0 *793,3*	833,0 *770,0*	812,0 *746,7*	791,0 *723,3*
3,7	888,0 *888,0*	888,0 *863,3*	888,0 *838,7*	880,6 *814,0*	858,4 *789,3*	836,2 *764,7*

Tafel E.1.9 Mittelwände und Außenwände zwischen Geschoßdecken

Deckenendfeldstützweite $l = 4{,}20$ m
zweiseitig gehalten
(elastisch eingespannt oder gelenkig)

$d = 30$ cm
$d = 36{,}5$ cm

Tafelwerte: zul N in kN/m

σ_0 (MN/m^2)	$d = 30$ cm $h_s \leq 3{,}0$ m	$d = 36{,}5$ cm $h_s \leq 3{,}65$ m
0,4	120,0	146,0
0,5	150,0	182,5
0,6	180,0	219,0
0,7	210,0	255,5
0,8	240,0	292,0
0,9	270,0	328,5
1,0	300,0	365,0
1,1	330,0	401,5
1,2	360,0	438,0
1,4	410,0	511,0
1,5	450,0	547,5
1,6	480,0	584,0
1,8	540,0	657,0
2,0	600,0	730,0
2,2	660,0	803,0
2,3	690,0	839,5
2,4	720,0	876,0
3,0	900,0	1095,0
3,2	960,0	1168,0
3,5	1050,0	1277,5
3,7	1110,0	1350,5

Tafel E.1.10 Außenwände zwischen Geschoßdecken

Deckenendfeldstützweite $l = 4{,}50$ m

zweiseitig gehalten, elastisch eingespannt

zweiseitig gehalten, gelenkig *(kursiv)*

$d = 17{,}5$ cm

Tafelwerte: zul N in kN/m

h_s (m) → ↓ σ_0 (MN/m²)	2,40	2,50	2,60	2,70	2,80	2,90
0,4	66,5 *52,7*	66,5 *50,0*	64,7 *47,3*	62,7 *44,7*	60,7 *42,0*	58,7 *39,3*
0,5	83,1 *65,8*	83,1 *62,5*	80,8 *59,2*	78,3 *55,8*	75,8 *52,5*	73,3 *49,2*
0,6	99,8 *79,0*	99,8 *75,0*	97,0 *71,0*	94,0 *67,0*	91,0 *63,0*	88,0 *59,0*
0,7	116,4 *92,2*	116,4 *87,5*	113,2 *82,8*	109,7 *78,2*	106,2 *73,5*	102,7 *68,8*
0,8	133,0 *105,3*	133,0 *100,0*	129,3 *94,7*	125,3 *89,3*	121,3 *84,0*	117,3 *78,7*
0,9	149,6 *118,5*	149,6 *112,5*	145,5 *106,5*	141,0 *100,5*	136,5 *94,5*	132,0 *88,5*
1,0	166,3 *131,7*	166,3 *125,0*	161,7 *118,3*	156,7 *111,7*	151,7 *105,0*	146,7 *98,3*
1,1	182,9 *144,8*	182,9 *137,5*	177,8 *130,2*	172,3 *122,8*	166,8 *115,5*	161,3 *108,2*
1,2	199,5 *158,0*	199,5 *150,0*	194,0 *142,0*	188,0 *134,0*	182,0 *126,0*	176,0 *118,0*
1,4	232,8 *184,3*	232,8 *175,0*	226,3 *165,7*	219,3 *156,3*	212,3 *147,0*	205,3 *137,7*
1,5	249,4 *197,5*	249,4 *187,5*	242,5 *177,5*	235,0 *167,5*	227,5 *157,5*	220,0 *147,5*
1,6	266,0 *210,7*	266,0 *200,0*	258,7 *189,3*	250,7 *178,7*	242,7 *168,0*	234,7 *157,3*
1,8	299,3 *237,0*	299,3 *225,0*	291,0 *213,0*	282,0 *201,0*	273,0 *189,0*	264,0 *177,0*
2,0	332,5 *263,3*	332,5 *250,0*	323,3 *236,7*	313,3 *223,3*	303,3 *210,0*	293,3 *196,7*
2,2	365,8 *289,7*	365,8 *275,0*	355,7 *260,3*	344,7 *245,7*	333,7 *231,0*	322,7 *216,3*
2,3	382,4 *302,8*	382,4 *287,5*	371,8 *272,2*	360,3 *256,8*	348,8 *241,5*	337,3 *226,2*
2,4	399,0 *316,0*	399,0 *300,0*	388,0 *284,0*	376,0 *268,0*	364,0 *252,0*	352,0 *236,0*
3,0	498,8 *395,0*	498,8 *375,0*	485,0 *355,0*	470,0 *335,0*	455,0 *315,0*	440,0 *295,0*
3,2	532,0 *421,0*	532,0 *400,0*	517,3 *378,7*	501,3 *357,3*	484,3 *336,0*	467,3 *314,7*
3,5	581,9 *460,8*	581,9 *437,5*	565,8 *414,2*	548,3 *390,8*	530,8 *367,5*	513,3 *344,2*
3,7	615,1 *487,2*	615,1 *462,5*	598,2 *437,8*	579,7 *413,2*	561,2 *388,5*	542,7 *363,8*

Tafel E.1.11 Außenwände zwischen Geschoßdecken

Deckenendfeldstützweite $l = 4{,}50$ m
zweiseitig gehalten, elastisch eingespannt
zweiseitig gehalten, gelenkig *(kursiv)*

$d = 24$ cm

Tafelwerte: zul N in kN/m

h_s (m) → ↓ σ_0 (MN/m²)	2,40	2,50	2,60	2,70	2,80	2,90
0,4	91,2 *91,2*	91,2 *91,2*	91,2 *90,7*	91,2 *88,0*	91,2 *85,3*	90,4 *82,7*
0,5	114,0 *114,0*	114,0 *114,0*	114,0 *113,3*	114,0 *110,0*	114,0 *106,7*	113,0 *103,3*
0,6	136,8 *136,8*	136,8 *136,8*	136,8 *136,0*	136,8 *132,0*	136,8 *128,0*	135,6 *124,0*
0,7	159,6 *159,6*	159,6 *159,6*	159,6 *158,7*	159,6 *154,0*	159,6 *149,3*	158,2 *144,7*
0,8	182,4 *182,4*	182,4 *182,4*	182,4 *181,3*	182,4 *176,0*	182,4 *170,7*	180,8 *165,3*
0,9	205,2 *205,2*	205,2 *205,2*	205,2 *204,0*	205,2 *198,0*	205,2 *192,0*	203,4 *186,0*
1,0	228,0 *228,0*	228,0 *228,0*	228,0 *226,7*	228,0 *220,0*	228,0 *213,3*	226,0 *206,7*
1,1	250,8 *250,8*	250,8 *250,8*	250,8 *249,3*	250,8 *242,0*	250,8 *234,7*	248,6 *227,3*
1,2	273,6 *273,6*	273,6 *273,6*	273,6 *272,0*	273,6 *264,0*	273,6 *256,0*	271,2 *248,0*
1,4	319,2 *319,2*	319,2 *319,2*	319,2 *317,3*	319,2 *308,0*	319,2 *298,7*	316,4 *289,3*
1,5	342,0 *342,0*	342,0 *342,0*	342,0 *340,0*	342,0 *330,0*	342,0 *320,0*	339,0 *310,0*
1,6	364,8 *364,8*	364,8 *364,8*	364,8 *362,7*	364,8 *352,0*	364,8 *341,3*	361,6 *330,7*
1,8	410,4 *410,4*	410,4 *410,4*	410,4 *408,0*	410,4 *396,0*	410,4 *384,0*	406,8 *372,0*
2,0	456,0 *456,0*	456,0 *456,0*	456,0 *453,3*	456,0 *440,0*	456,0 *426,7*	452,0 *413,3*
2,2	501,6 *501,6*	501,6 *501,6*	501,6 *498,7*	501,6 *484,0*	501,6 *469,3*	497,2 *454,7*
2,3	524,4 *524,4*	524,4 *524,4*	524,4 *521,3*	524,4 *506,0*	524,4 *490,7*	519,8 *475,3*
2,4	547,2 *547,2*	547,2 *547,2*	547,2 *544,0*	547,2 *528,0*	547,2 *512,0*	542,4 *496,0*
3,0	684,0 *684,0*	684,0 *684,0*	684,0 *680,0*	684,0 *660,0*	684,0 *640,0*	678,0 *620,0*
3,2	729,6 *729,6*	729,6 *729,6*	729,6 *725,3*	729,6 *704,0*	729,6 *682,7*	723,2 *661,3*
3,5	798,0 *798,0*	798,0 *798,0*	798,0 *793,3*	798,0 *770,0*	798,0 *746,7*	791,0 *723,3*
3,7	843,6 *843,6*	843,6 *843,6*	843,6 *838,7*	843,6 *814,0*	843,6 *789,3*	836,2 *764,7*

Tafel E.1.12 Mittelwände und Außenwände zwischen Geschoßdecken

Deckenendfeldstützweite $l = 4{,}50$ m

zweiseitig gehalten

(elastisch eingespannt oder gelenkig)

$d = 30$ cm
$d = 36{,}5$ cm

Tafelwerte: zul N in kN/m

σ_0 (MN/m^2)	$d = 30$ cm $h_s \leq 3{,}20$ m	$d = 36{,}5$ cm $h_s \leq 3{,}90$ m
0,4	114,0	138,7
0,5	142,5	173,4
0,6	171,0	208,1
0,7	199,5	242,7
0,8	228,0	277,7
0,9	256,5	312,1
1,0	285,0	346,8
1,1	313,5	381,4
1,2	342,0	416,1
1,4	399,0	485,5
1,5	427,5	520,1
1,6	456,0	554,8
1,8	513,0	624,2
2,0	570,0	693,5
2,2	627,0	762,9
2,3	655,5	797,5
2,4	684,0	832,2
3,0	855,0	1040,3
3,2	912,0	1109,6
3,5	977,5	1213,6
3,7	1054,5	1283,0

Tafel E.1.13 Außenwände zwischen Geschoßdecken

Deckenendfeldstützweite $l = 5{,}00$ m

zweiseitig gehalten, elastisch eingespannt

zweiseitig gehalten, gelenkig *(kursiv)*

$d = 17{,}5$ cm

Tafelwerte: zul N in kN/m

h_s (m) → ↓ σ_0 (MN/m²)	2,40	2,50	2,60	2,70	2,80	2,90
0,4	60,7 *52,7*	60,7 *50,0*	60,7 *47,3*	60,7 *44,7*	60,7 *42,0*	58,7 *39,3*
0,5	75,8 *65,8*	75,8 *62,5*	75,8 *59,2*	75,8 *55,8*	75,8 *52,5*	73,3 *49,2*
0,6	91,0 *79,0*	91,0 *75,0*	91,0 *71,0*	91,0 *67,0*	91,0 *63,0*	88,0 *59,0*
0,7	106,2 *92,2*	106,2 *87,5*	106,2 *82,8*	106,2 *78,2*	106,2 *73,5*	102,7 *68,8*
0,8	121,3 *105,3*	121,3 *100,0*	121,3 *94,7*	121,3 *89,3*	121,3 *84,0*	117,3 *78,7*
0,9	136,5 *118,5*	136,5 *112,5*	136,5 *106,5*	136,5 *100,5*	136,5 *94,5*	132,0 *88,5*
1,0	151,7 *131,7*	151,7 *125,0*	151,7 *118,3*	151,7 *111,7*	151,7 *105,0*	146,7 *98,3*
1,1	166,8 *144,8*	166,8 *137,5*	166,8 *130,2*	166,8 *122,8*	166,8 *115,5*	161,3 *108,2*
1,2	182,0 *158,0*	182,0 *150,0*	182,0 *142,0*	182,0 *134,0*	182,0 *126,0*	176,0 *118,0*
1,4	212,3 *184,3*	212,3 *175,0*	212,3 *165,7*	212,3 *156,3*	212,3 *147,0*	205,3 *137,7*
1,5	227,5 *197,5*	227,5 *187,5*	227,5 *177,5*	227,5 *167,5*	227,5 *157,5*	220,0 *147,5*
1,6	242,7 *210,7*	242,7 *200,2*	242,7 *189,3*	242,7 *178,7*	242,7 *168,0*	234,7 *157,3*
1,8	273,0 *237,0*	273,0 *225,0*	273,0 *213,0*	273,0 *201,0*	273,0 *189,0*	264,0 *177,0*
2,0	303,3 *263,3*	303,3 *250,0*	303,3 *236,7*	303,3 *223,3*	303,3 *210,0*	293,3 *196,7*
2,2	333,7 *289,7*	333,7 *275,0*	333,7 *260,3*	333,7 *245,7*	333,7 *231,0*	322,7 *216,3*
2,3	348,8 *302,8*	348,8 *287,5*	348,8 *272,2*	348,8 *256,8*	348,8 *241,5*	337,3 *226,2*
2,4	364,0 *316,0*	364,0 *300,0*	364,0 *284,0*	364,0 *268,0*	364,0 *252,0*	352,0 *236,0*
3,0	455,0 *395,0*	455,0 *375,0*	455,0 *355,0*	455,0 *335,0*	455,0 *315,0*	440,0 *295,0*
3,2	485,3 *421,3*	485,3 *400,0*	485,3 *378,7*	485,3 *357,3*	485,3 *336,0*	467,3 *314,7*
3,5	530,8 *460,8*	530,8 *437,5*	530,8 *414,2*	530,8 *390,8*	530,8 *367,5*	513,3 *344,2*
3,7	561,2 *487,2*	561,2 *462,5*	561,2 *437,8*	561,2 *413,2*	561,2 *388,5*	542,7 *363,8*

Tafel E.1.14 Außenwände zwischen Geschoßdecken

Deckenendfeldstützweite *l* = 5,00 m
zweiseitig gehalten
(elastisch eingespannt oder gelenkig)

$d = 24$ cm
$d = 30$ cm
$d = 36,5$ cm

Tafelwerte: zul N in kN/m

σ_0 (MN/m²)	$d = 24$ cm $h_s \leq 2,90$ m	$d = 30$ cm $h_s \leq 3,60$ m	$d = 36,5$ cm $h_s \leq 4,30$ m
0,4	83,2	104,0	126,5
0,5	104,0	130,0	158,2
0,6	124,8	156,0	189,8
0,7	145,6	182,0	221,4
0,8	166,4	208,0	253,1
0,9	187,2	234,0	284,7
1,0	208,0	260,0	316,3
1,1	228,8	286,0	348,0
1,2	249,6	312,0	379,6
1,4	291,2	364,0	442,9
1,5	312,0	390,0	474,5
1,6	332,8	416,0	506,1
1,8	374,4	468,0	569,4
2,0	416,0	520,0	632,7
2,2	457,6	572,0	695,9
2,3	478,4	598,0	727,6
2,4	499,2	624,0	759,2
3,0	664,0	780,0	949,0
3,2	665,6	832,0	1012,3
3,5	728,0	910,0	1107,2
3,7	769,6	962,0	1170,4

Tafel E.1.15 Außenwände zwischen Geschoßdecken

Deckenendfeldstützweite $l = 5{,}50$ m
zweiseitig gehalten, elastisch eingespannt
zweiseitig gehalten, gelenkig *(kursiv)*

$d = 17{,}5$ cm

Tafelwerte: zul N in kN/m

h_s (m) → ↓ σ_0 (MN/m²)	2,40	2,50	2,60	2,70	2,80	2,90
0,4	54,8 *52,7*	54,8 *50,0*	54,8 *47,3*	54,8 *44,7*	54,8 *42,0*	54,8 *39,3*
0,5	68,5 *65,8*	68,5 *62,5*	68,5 *59,2*	68,5 *55,8*	68,5 *52,5*	68,5 *49,2*
0,6	82,2 *79,0*	82,2 *75,0*	82,2 *71,0*	82,2 *67,0*	82,2 *63,0*	82,2 *59,0*
0,7	96,0 *92,2*	96,0 *87,5*	96,0 *82,8*	96,0 *78,2*	96,0 *73,5*	96,0 *68,8*
0,8	109,7 *105,3*	109,7 *100,0*	109,7 *94,7*	109,7 *89,3*	109,7 *84,0*	109,7 *78,7*
0,9	123,4 *118,5*	123,4 *112,5*	123,4 *106,5*	123,4 *100,5*	123,4 *94,5*	123,4 *88,5*
1,0	137,1 *131,7*	137,1 *125,0*	137,1 *118,3*	137,1 *111,7*	137,1 *105,0*	137,1 *98,3*
1,1	150,8 *144,8*	150,8 *137,5*	150,8 *130,2*	150,8 *122,8*	150,8 *115,5*	150,8 *108,2*
1,2	164,5 *158,0*	164,5 *150,0*	164,5 *142,0*	164,5 *134,0*	164,5 *126,0*	164,5 *118,0*
1,4	191,1 *184,3*	191,1 *175,0*	191,1 *165,7*	191,1 *156,3*	191,1 *147,0*	191,1 *137,7*
1,5	205,6 *197,5*	205,6 *187,5*	205,6 *177,5*	205,6 *167,5*	205,6 *157,5*	205,6 *147,5*
1,6	219,3 *210,7*	219,3 *200,0*	219,3 *189,3*	219,3 *178,7*	219,3 *168,0*	219,3 *157,3*
1,8	246,7 *237,0*	246,7 *225,0*	246,7 *213,0*	246,7 *201,0*	246,7 *189,0*	246,7 *177,0*
2,0	274,2 *263,3*	274,2 *250,0*	274,2 *236,7*	274,2 *223,3*	274,2 *210,0*	274,2 *196,7*
2,2	301,6 *289,7*	301,6 *275,0*	301,6 *260,3*	301,6 *245,7*	301,6 *231,0*	301,6 *216,3*
2,3	315,3 *302,8*	315,3 *287,5*	315,3 *272,2*	315,3 *256,8*	315,3 *241,5*	315,3 *226,2*
2,4	329,0 *316,0*	329,0 *300,0*	329,0 *284,0*	329,0 *268,0*	329,0 *252,0*	329,0 *236,0*
3,0	411,2 *395,0*	411,2 *375,0*	411,2 *355,0*	411,2 *335,0*	411,2 *315,0*	411,2 *295,0*
3,2	438,7 *421,3*	438,7 *400,0*	438,7 *378,7*	438,7 *357,3*	438,7 *336,0*	438,7 *314,7*
3,5	479,8 *460,8*	479,8 *437,5*	479,8 *414,2*	479,8 *390,8*	479,8 *367,5*	479,8 *344,2*
3,7	507,2 *487,2*	507,2 *462,5*	507,2 *437,8*	507,2 *413,2*	507,2 *388,5*	507,2 *363,8*

Tafel E.1.16 Außenwände zwischen Geschoßdecken

Deckenendfeldstützweite $l = 5{,}50$ m

zweiseitig gehalten

(elastisch eingespannt oder gelenkig)

$d = 24$ cm
$d = 30$ cm
$d = 36{,}5$ cm

Tafelwerte: zul N in kN/m

σ_0 (MN/m²)	$d = 24$ cm $h_s \leq 3{,}10$ m	$d = 30$ cm $h_s \leq 3{,}90$ m	$d = 36{,}5$ cm $h_s \leq 4{,}80$ m
0,4	75,2	94,0	114,4
0,5	94,0	117,5	143,0
0,6	112,8	141,0	171,6
0,7	131,6	164,5	200,1
0,8	150,4	188,0	228,7
0,9	169,2	211,5	257,3
1,0	188,0	235,0	285,9
1,1	206,8	258,5	314,5
1,2	225,6	282,0	343,1
1,4	263,2	229,0	400,3
1,5	282,0	352,5	428,9
1,6	300,8	376,0	457,5
1,8	338,4	423,0	514,7
2,0	376,0	470,0	571,8
2,2	413,6	517,0	629,0
2,3	432,4	540,5	657,6
2,4	451,2	564,0	686,2
3,0	564,0	705,0	857,8
3,2	601,6	752,0	914,9
3,5	658,0	822,5	1000,7
3,7	695,6	869,5	1057,9

Baustatik

Tafel E.1.17 Außenwände zwischen Geschoßdecken
Deckenendfeldstützweite l = 6,00 m
zweiseitig gehalten, elastisch eingespannt
zweiseitig gehalten, gelenkig *(kursiv)*

d = 17,5 cm

Tafelwerte: zul N in kN/m

h_s (m) → ↓ σ_0 (MN/m²)	2,40	2,50	2,60	2,70	2,80	2,90
0,4	49,0 *49,0*	49,0 *49,0*	49,0 *47,3*	49,0 *44,7*	49,0 *42,0*	49,0 *39,3*
0,5	61,3 *61,3*	61,3 *61,3*	61,3 *59,2*	61,3 *55,8*	61,3 *52,5*	61,3 *49,2*
0,6	73,5 *73,5*	73,5 *73,5*	73,5 *71,0*	73,5 *67,0*	73,5 *63,0*	73,5 *59,0*
0,7	85,8 *85,8*	85,8 *85,8*	85,8 *82,8*	85,8 *78,2*	85,8 *73,5*	85,8 *68,8*
0,8	98,0 *98,0*	98,0 *98,0*	98,0 *94,7*	98,0 *89,3*	98,0 *84,0*	98,0 *78,7*
0,9	110,3 *110,3*	110,3 *110,3*	110,3 *106,5*	110,3 *100,5*	110,3 *94,5*	110,3 *88,5*
1,0	122,5 *122,5*	122,5 *122,5*	122,5 *118,3*	122,5 *111,7*	122,5 *105,0*	122,5 *98,3*
1,1	134,8 *134,8*	134,8 *134,8*	134,8 *130,2*	134,8 *122,8*	134,8 *115,5*	134,8 *108,2*
1,2	147,0 *147,0*	147,0 *147,0*	147,0 *142,0*	147,0 *134,0*	147,0 *126,0*	147,0 *118,0*
1,4	171,5 *171,5*	171,5 *171,5*	171,5 *165,7*	171,5 *156,3*	171,5 *147,0*	171,5 *137,7*
1,5	183,8 *183,8*	183,8 *183,8*	183,8 *177,5*	183,8 *167,5*	183,8 *157,5*	183,8 *147,5*
1,6	196,0 *196,0*	196,0 *196,0*	196,0 *189,3*	196,0 *178,7*	196,0 *168,0*	196,0 *157,3*
1,8	220,5 *220,5*	220,5 *220,5*	220,5 *213,0*	220,5 *201,0*	220,5 *189,0*	220,5 *177,0*
2,0	245,0 *245,0*	245,0 *245,0*	245,0 *236,7*	245,0 *223,3*	245,0 *210,0*	245,0 *196,7*
2,2	269,5 *269,5*	269,5 *269,5*	269,5 *260,3*	269,5 *245,7*	269,5 *231,0*	269,5 *216,3*
2,3	281,8 *281,8*	281,8 *281,8*	281,8 *272,2*	281,8 *256,8*	281,8 *241,5*	281,8 *226,2*
2,4	294,0 *294,0*	294,0 *294,0*	294,0 *284,0*	294,0 *268,0*	294,0 *252,0*	294,0 *236,0*
3,0	367,5 *367,5*	367,5 *367,5*	367,5 *355,0*	367,5 *335,0*	367,5 *315,0*	367,5 *295,0*
3,2	392,0 *392,0*	392,0 *392,0*	392,0 *378,7*	392,0 *357,3*	392,0 *336,0*	392,0 *314,7*
3,5	428,8 *428,8*	428,8 *428,8*	428,8 *414,2*	428,8 *390,8*	428,8 *367,5*	428,8 *344,2*
3,7	453,3 *453,3*	453,3 *453,3*	453,3 *437,8*	453,3 *413,2*	453,3 *388,5*	453,3 *363,8*

Tafel E.1.18 Außenwände zwischen Geschoßdecken

Deckenendfeldstützweite *l* = 6,00 m

zweiseitig gehalten

(elastisch eingespannt oder gelenkig)

$d = 24$ cm
$d = 30$ cm
$d = 36,5$ cm

Tafelwerte: zul *N* in kN/m

σ_0 (MN/m²)	$d = 24$ cm $h_s \leq 3,40$ m	$d = 30$ cm $h_s \leq 4,30$ m	$d = 36,5$ cm $h_s \leq 5,30$ m
0,4	67,2	84,0	102,2
0,5	84,0	105,0	127,8
0,6	100,8	126,0	153,3
0,7	117,6	147,0	178,9
0,8	134,4	168,0	204,4
0,9	151,2	189,0	230,0
1,0	168,0	210,0	255,5
1,1	184,8	231,0	281,1
1,2	201,6	252,0	306,6
1,4	235,2	294,0	357,7
1,5	252,0	315,0	383,3
1,6	268,8	336,0	408,8
1,8	302,4	378,0	459,9
2,0	336,0	420,0	511,0
2,2	369,6	462,0	562,1
2,3	386,4	483,0	587,7
2,4	403,2	504,0	613,2
3,0	504,0	630,0	766,5
3,2	537,6	672,0	817,6
3,5	588,0	735,0	894,3
3,7	621,6	777,0	945,4

Tafel E.1.19 Außenwände unter Dachdecken
zweiseitig gehalten
(elastisch eingespannt oder gelenkig)

$d = 17,5$ cm
$d = 24$ cm
$d = 30$ cm
$d = 36,5$ cm

Tafelwerte: zul N in kN/m

σ_0 (MN/m²)	$d = 17,5$ cm $h_s \leq 3,00$ m	$d = 24$ cm $h_s \leq 4,20$ m	$d = 30$ cm $h_s \leq 5,20$ m	$d = 36,5$ cm $h_s \leq 6,30$ m
0,4	35,0	48,0	60,0	73,0
0,5	43,7	60,0	75,0	91,2
0,6	52,5	72,0	90,0	109,5
0,7	61,2	84,0	105,0	127,7
0,8	70,0	96,0	120,0	146,0
0,9	78,7	108,0	135,0	164,2
1,0	87,4	120,0	150,0	182,5
1,1	96,2	132,0	165,0	200,7
1,2	105,0	144,0	180,0	219,0
1,4	122,5	168,0	210,0	255,5
1,5	131,2	180,0	225,0	273,7
1,6	140,0	192,0	240,0	292,0
1,8	157,5	216,0	270,0	328,5
2,0	175,0	240,0	300,0	365,0
2,2	192,5	264,0	330,0	401,5
2,3	201,2	276,0	345,0	419,7
2,4	210,0	288,0	360,0	438,0
3,0	262,5	360,0	450,0	547,5
3,2	280,0	384,0	480,0	584,0
3,5	306,2	420,0	525,0	638,7
3,7	323,7	444,0	555,0	675,2

1.5 Ringanker

Bei Mauerwerksbauten sind in alle Außenwände und in die Querwände, die als lotrechte Scheiben der Abtragung waagerechter Lasten (z. B. Wind) dienen, durchlaufende Ringanker zu legen:

- bei Bauten, die insgesamt mehr als 2 Vollgeschosse haben oder länger als 18 m sind,
- bei Wänden mit vielen oder besonders großen Öffnungen, besonders dann, wenn die Summe der Öffnungsbreiten 60 % der Wandlänge oder bei Fensterbreiten von mehr als $^2/_3$ der Geschoßhöhe 40 % der Wandlänge übersteigt,
- wenn die Baugrundverhältnisse es erfordern.

Die Ringanker sind in jeder Deckenlage oder unmittelbar darunter anzubringen. Sie können mit Massivdecken oder Fensterstürzen aus Stahlbeton vereinigt werden. In Gebäuden, in denen die Ringanker nicht durchgehend ausgebildet werden können, ist die Ringankerwirkung auf andere Weise sicherzustellen.

Ringanker aus Stahlbeton sind mit mindestens zwei durchlaufenden Rundstäben zu bewehren, die unter Gebrauchslast eine Zugkraft vn mindestens 30 kN aufnehmen können (z. B. 2 Ø 10, BSt III oder IV). Auf die Ringanker dürfen dazu parallel liegende durchlaufende Bewehrungen mit vollem Querschnitt angerechnet werden, wenn sie in Decken oder in Fensterstürzen im Abstand von höchstens 50 cm von der Mittelebene der Wand bzw. der Decke liegen. Ringanker können auch aus bewehrtem Mauerwerk, Stahl oder Holz ausgeführt werden.

1.6 Ringbalken

1.6.1 Konstruktion und Funktion

Ringbalken sind an der Wandebene liegende horizontale Balken, die Biegemomente infolge von rechtwinklig zur Wandebene wirkenden Lasten (z. B. Wind) aufnehmen können. Sie bilden die obere Halterung der Außenwände bei fehlender Deckenscheibe. Ringbalken können auch Ringankerfunktionen übernehmen, wenn sie als „geschlossener Ring" um das ganze Gebäude herumgeführt werden.

Ausführungsmöglichkeiten: bewehrtes Mauerwerk, Stahlbeton, Stahl, Holz.

Bei fehlenden Deckenscheiben oder wenn z. B. unter einer Flachdecke eine Gleitschicht angeordnet wird, ist ein Ringbalken als obere Halterung für die tragende Wand anzuordnen. Dieser Ringbalken ist statisch nachzuweisen. Bei Ausführung aus bewehrtem Mauerwerk kann die Bemessung gemäß DIN 1053 Teil 3 mit dem k_h-Verfahren erfolgen. Soll der Ringbalken auch gleichzeitig Ringankerfunktion übernehmen, ist bei der Bemessung außer der Windlast rechtwinklig zur Außenwandebene zusätzlich eine Zugkraft von 30 kN anzusetzen.

Wird die Bewehrung in normale Lagerfugen gelegt, so ist der maximal zulässige Durchmesser 8 mm.

1.6.2 Bemessungsbeispiel für einen Ringbalken aus bewehrtem Mauerwerk

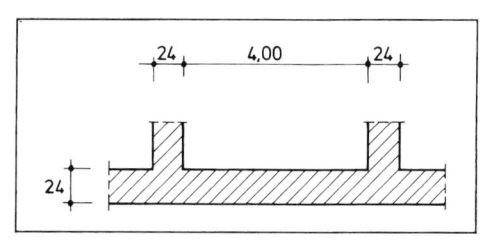

Grundriß Außenrand

Der Ringbalken soll auch die Ringankerfunktion übernehmen. Daher ist als Belastung zusätzlich eine Zugkraft $N = 30$ kN anzusetzen (s. Abschn. E.1.2).

N = 30 kN
H = 3,00 m (Einflußhöhe des Windes)
l = 4,00 + 2 · 0,24/2 = 4,24 m (Stützweite)
d = 24 cm
h = 20 cm (statische Höhe)
b = 1,00 m (Mauerwerkshöhe für Bemessung)

vertikale Belastung von oben 40 kN
Staudruck $q = 0,8$ kN/m² (8 bis 20 m)
$w = c_p \cdot q = 0,8 \cdot 0,8 = 0,64$ kN/m²

Horizontale Belastung des Ringbalkens:
aus Wind $\quad\quad\quad\quad\quad$ 0,64 · 3,00 = 1,92 kN/m
aus Last von oben $\quad\quad\quad$ 40/100 = 0,40 kN/m
$\quad\quad\quad\quad\quad\quad\quad\quad\quad q = 2,32$ kN/m

Schnittgrößen:
$A = B = 2,32 \cdot 4,24/2 = 4,92$ kN
max $M = 2,32 \cdot 4,24^2/8 = 5,21$ kNm

Bemessungsmoment:
$M_s = 5,21 - 30 \cdot (0,20 - 0,24/2) = 2,81$ kNm
$k_h = 20/\sqrt{2,81/1,00} = 11,93$

gew. Steinfestigkeitsklasse:
12/III mit $\beta_r = 4,81$ MN/m²
da Lochsteine: $\beta_r/2 = 4,81/2 = 2,40$ MN/m²
aus k_h-Tafeln (siehe E.2.1.2)
$k_s = 3,72 \quad\quad k_z = 0,94$
erf $A_s = 3,72 \cdot 2,81/20 + 30/28,6 = 1,57$ cm²/m
4 Ø 7 mm $\quad\quad A_s = 1,54$ cm²

Schubnachweis:
$\tau_0 = 4,92/(100 \cdot 0,94 \cdot 20) = 0,03$ MN/m²
zul $\tau_0 = 0,015 \cdot \beta_r = 0,015 \cdot 4,81 = 0,072$ MN/m²
$\quad\quad\quad\quad\quad\quad\quad\quad\quad\quad > 0,03$ MN/m²

Baustatik

1.6.3 Tragfähigkeitstafeln für Ringbalken aus bewehrtem Mauerwerk

Die erforderlichen Bewehrungsquerschnitte für Ringbalken aus bewehrtem Mauerwerk, die in den folgenden Tafeln zusammengestellt worden sind, wurden entsprechend wie im Zahlenbeispiel (siehe E.1.6.2) ermittelt.

Die in den folgenden Tafeln angegebenen erforderlichen A_s-Werte sollen aus konstruktiven Gründen auf beiden Außenseiten des Mauerwerks angeordnet werden. Dabei ist die erforderliche Mörteldeckung (Außenfläche Stahl bis Außenfläche Wand) mindestens 3 cm dick zu wählen.

Prinzipskizze:
Steindruckfestigkeit 12 MN/m²
Mörtelgruppe MG III
Gebäudehöhe 8–20 m
Winddruck $w = q \cdot c_p = 0{,}8 \cdot 0{,}8 = 0{,}64$ kN/m²

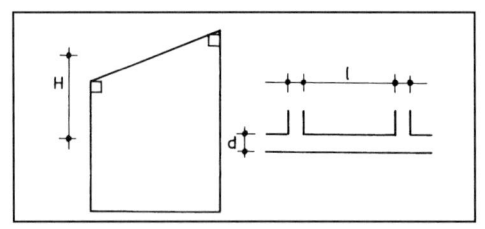

l in m: lichte Weite der Mauer
H in m: Einflußhöhe des Windes

Tafel E.1.20 erf A_s in cm² (d = 24 cm)

H \ l	3,00	3,50	4,00	4,50
2,00	1,01	1,15	1,30	1,48
2,50	1,12	1,27	1,47	1,69
3,00	1,17	1,35	1,57	1,82
3,50	1,24	1,46	1,71	1,99
4,00	1,32	1,56	1,85	2,17
4,50	1,40	1,67	1,99	2,35
5,00	1,48	1,78	2,13	2,54
5,50	1,56	1,88	2,27	2,72
6,00	1,64	1,99	2,42	2,92
6,50	1,72	2,10	2,57	3,13
7,00	1,80	2,22	2,72	3,34

Tafel E.1.21 erf A_s in cm² (d = 30 cm)

H \ l	3,00	3,50	4,00	4,50	5,00	5,50
2,00	0,89	1,01	1,13	1,26	1,41	1,57
2,50	0,99	1,11	1,26	1,43	1,62	1,83
3,00	1,03	1,17	1,34	1,53	1,74	1,97
3,50	1,09	1,25	1,44	1,66	1,90	2,18
4,00	1,15	1,33	1,55	1,79	2,07	2,38
4,50	1,21	1,42	1,66	1,93	2,24	2,59
5,00	1,27	1,50	1,76	2,07	2,41	2,80
5,50	1,33	1,58	1,87	2,20	2,58	3,01
6,00	1,40	1,67	1,98	2,34	2,76	3,22
6,50	1,46	1,75	2,09	2,48	2,93	3,45
7,00	1,52	1,83	2,20	2,63	3,11	3,68

Tafel E.1.22 erf A_s in cm² (d = 36,5 cm)

H \ l	3,00	3,50	4,00	4,50	5,00	5,50	6,00	6,50
2,00	0,82	0,91	1,02	1,14	1,27	1,40	1,55	1,71
2,50	0,86	1,06	1,12	1,25	1,40	1,56	1,74	1,93
3,00	0,93	1,13	1,21	1,36	1,53	1,72	1,93	2,16
3,50	0,99	1,14	1,29	1,47	1,66	1,88	2,12	2,39
4,00	1,04	1,21	1,38	1,58	1,80	2,05	2,32	2,62
4,50	1,11	1,27	1,47	1,69	1,94	2,21	2,52	2,85
5,00	1,16	1,34	1,56	1,80	2,07	2,38	2,72	3,09
5,50	1,21	1,41	1,65	1,91	2,21	2,55	2,92	3,33
6,00	1,26	1,48	1,73	2,02	2,35	2,72	3,12	3,57
6,50	1,31	1,55	1,82	2,14	2,49	2,89	3,33	3,82
7,00	1,36	1,62	1,92	2,25	2,63	3,06	3,54	4,08

Vereinfachtes Berechnungsverfahren nach DIN 1053-1

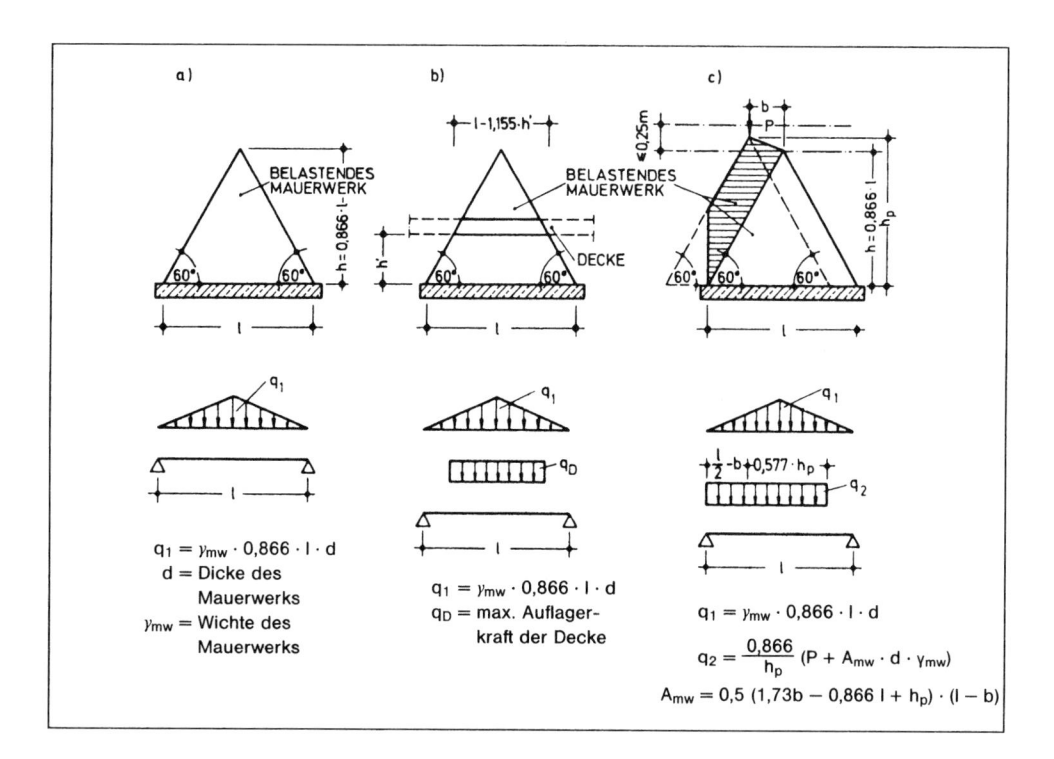

Abb. E.1.2 Gewölbewirkung bei Mauerwerksöffnungen

a)
$q_1 = \gamma_{mw} \cdot 0{,}866 \cdot l \cdot d$
d = Dicke des Mauerwerks
γ_{mw} = Wichte des Mauerwerks

b)
$q_1 = \gamma_{mw} \cdot 0{,}866 \cdot l \cdot d$
q_D = max. Auflagerkraft der Decke

c)
$q_1 = \gamma_{mw} \cdot 0{,}866 \cdot l \cdot d$
$q_2 = \dfrac{0{,}866}{h_p} (P + A_{mw} \cdot d \cdot \gamma_{mw})$
$A_{mw} = 0{,}5 \, (1{,}73b - 0{,}866 \, l + h_p) \cdot (l - b)$

1.7 Belastung bei Stürzen

Bei Sturz- und Abfangträgern brauchen nur die Lasten gemäß Abb. E.1.2 angesetzt zu werden.

Für Einzellasten, die innerhalb oder in der Nähe des Belastungsdreiecks liegen, darf eine Lastverteilung von 60° angenommen werden. Liegen Einzellasten außerhalb des Belastungsdreiecks, so brauchen sie nur berücksichtigt zu werden, wenn sie noch innerhalb der Stützweite des Trägers und unterhalb einer Waagerechten angreifen, die 25 cm über der Dreiecksspitze liegt. Solchen Einzellasten ist das Gewicht des waagerecht schraffierten Mauerwerks zuzuschlagen.

Man beachte: Die verminderten Belastungsannahmen nach Abb. E.1.2 sind nur zulässig, wenn sich oberhalb und neben dem Träger und der Belastungsfläche ein Gewölbe ausbildet (keine störenden Öffnungen!) und der Gewölbeschub aufgenommen werden kann.

Angaben über erforderliche Abmessungen des ungestörten Mauerwerks neben und über der Öffnung findet man in der Vorschrift 158 (Ausgabe 1985) der Staatl. Bauaufsicht (ehemalige DDR); siehe nebenstehende Abb. und Tabelle.

h/l	n
0,85	0,4
1,2	0,5
1,6	0,6
2,0	0,7
2,5	0,8
3,0	0,9
3,6	1,0

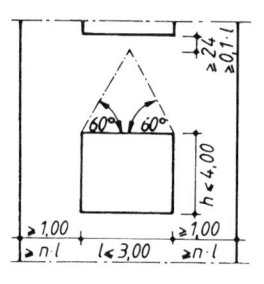

1.8 Kellerwände

1.8.1 Allgemeines

Es gibt mehrere Möglichkeiten für die Wahl von Tragmodellen bei durch Erddruck belasteten Kellerwänden:

1. vertikale Lastabtragung (Träger auf 2 Stützen, klaffende Fuge)
2. horizontale Lastabtragung (Träger auf 2 Stützen)
   a) Ausnutzung der Biegezugfestigkeit parallel zur Lagerfuge
   b) bewehrtes Mauerwerk
3. vertikale und horizontale Lastabtragung (zweiachsig gespannte Platte): Kombination der statischen Systeme aus 1 und 2
4. Bei allen Varianten 1 bis 3 kann als statisches System ein Stützlinienbogen gewählt werden. Hierbei muß jedoch in jedem Fall die Aufnahme des Horizontalschubs gewährleistet sein.

zu 1: In DIN 1053 T1 (s. Abschnitt I) sind Formeln für die erforderliche Auflast von Kellermauerwerk angegeben. Die hier geforderten Auflasten liegen auf der sicheren Seite und führen häufig zu unwirtschaftlichen Wanddicken. Im Abschnitt E.1.8.3 sind Tabellen für geringere erf. Auflasten angegeben, die sich durch die Annahme eines günstigeren Tragmodells ergeben.

zu 2: Im folgenden Abschnitt E.1.8.4 findet man Tragfähigkeitstafeln für bewehrtes Mauerwerk (horizontale Lastabtragung). Diese Konstruktionsvariante empfiehlt sich für Bereiche mit größerem Erddruck und wenig Auflast (z. B. unter großen Fensterbereichen).

zu 4: Formeln und ein Zahlenbeispiel befinden sich im folgenden Abschnitt E.1.8.2.

1.8.2 Formeln für Berechnung von Kellermauerwerk auf der Basis einer Gewölbeeinwirkung[1]

Dem folgenden Zahlenbeispiel liegen die umseitig angeführten Formeln zugrunde.

Zahlenbeispiel: Kellermauerwerk mit Gewölbewirkung

$q = 9{,}1$ kN/m^2
$l_w = 3{,}385$ m
$d = 36{,}5$ cm
Mauerwerk HLz 12/II a

Vorwert: $l/d = 3{,}385/0{,}365 = 9{,}27$

Maximale Randspannung für Fall 3

$\sigma_D = 0{,}75 \cdot 9{,}1 \cdot 9{,}27^2 = 586$ kN/m^2
$\qquad\qquad\qquad\qquad = 0{,}586$ MN/m^2

$\sigma_{Dm} = \dfrac{\sigma_D}{2} = 0{,}293$ MN/m^2

vorh. Hlz 12/II a mit $\sigma_0 = 1{,}6$ MN/m^2

Schubspannungsnachweis für Fall 3

vorh $\tau = 0{,}75 \cdot 9{,}1 \cdot 9{,}27 = 63{,}3$ kN/m^2
$\qquad\qquad\qquad\qquad = 0{,}0633$ MN/m^2

DIN 1053-1 (vereinfachtes Berechnungsverfahren):

$$\text{zul } \tau = \sigma_{Z0} + 0{,}20\, \sigma_{Dm} \leq \max \tau$$

max $\tau = 0{,}012 \cdot 12 = 0{,}144$
zul $\tau\ = 0{,}09 + 0{,}20 \cdot 0{,}293$
$\qquad = 0{,}149 > 0{,}144$ (maßgebend)

---

[1] Auf der Basis einer hochschulinternen Veröffentlichung von Prof. Gerhard Richter, FH Bielefeld, Abt. Minden.

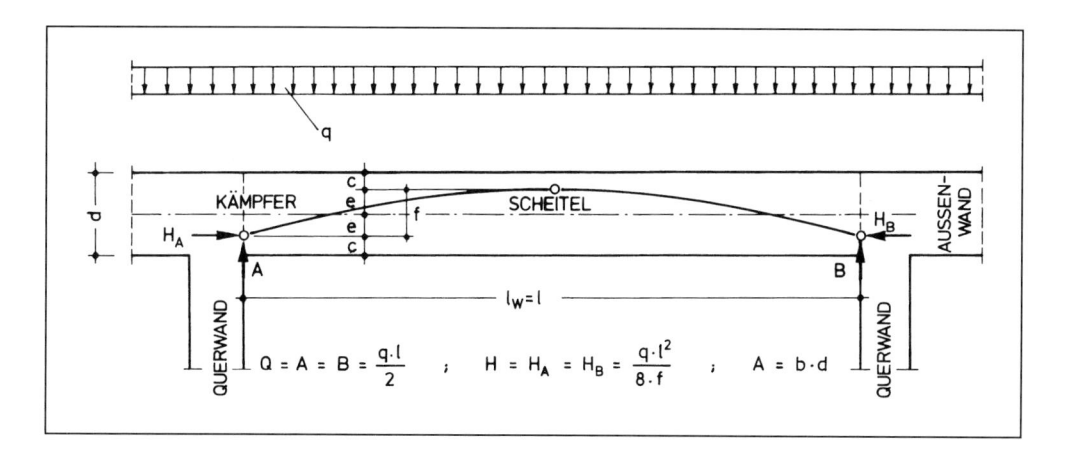

Vereinfachtes Berechnungsverfahren nach DIN 1053-1

$$Q = A = B = \frac{q \cdot l}{2} \quad ; \quad H = H_A = H_B = \frac{q \cdot l^2}{8 \cdot f} \quad ; \quad A = b \cdot d$$

Bei Untersuchung eines horizontalen Wandstreifens von $b = 1{,}0$ m ergeben sich folgende Fälle:

	① klaffende Fugen reichen bis:	②	③ keine klaffenden Fugen – H greift im Kernpunkt an
ungerissener wirksamer Querschnitt ($b = 1{,}0$ m) A_w	$d/2$	$3d/4$	d
e	$\dfrac{d}{3}$	$\dfrac{d}{4}$	$\dfrac{d}{6}$
c	$\dfrac{d}{6}$	$\dfrac{d}{4}$	$\dfrac{d}{3}$
f	$\dfrac{2d}{3}$	$\dfrac{d}{2}$	$\dfrac{d}{3}$
Horizontalschub $H = q \cdot l^2/(8 \cdot f)$	$0{,}1875 \cdot q \cdot l \left(\dfrac{l}{d}\right)$	$0{,}25 \cdot q \cdot l \left(\dfrac{l}{d}\right)$	$0{,}375 \cdot q \cdot l \left(\dfrac{l}{d}\right)$
max. Randspannung $\sigma_D = 2 \cdot H/(3 \cdot c \cdot b)$	$0{,}75 \cdot q \cdot \left(\dfrac{l}{d}\right)^2$	$0{,}666 \cdot q \cdot \left(\dfrac{l}{d}\right)^2$	$0{,}75 \cdot q \cdot \left(\dfrac{l}{d}\right)^2$
Schubspannung $\tau_s = 1{,}5 \cdot Q/A_w$	$1{,}5 \cdot q \cdot \left(\dfrac{l}{d}\right)$	$1{,}0 \cdot q \cdot \left(\dfrac{l}{d}\right)$	$0{,}75 \cdot q \cdot \left(\dfrac{l}{d}\right)$

E.27

1.8.3 Tafeln für erforderliche Auflast min F bei Kellerwänden[1]

Zur Arbeitsvereinfachung werden im folgenden Bemessungstabellen angegeben, die auf einem Verfahren von Prof. Mann (Mauerwerkskalender 1984, „Rechnerischer Nachweis von ein- und zweiachsig gespannten, gemauerten Kellerwänden") beruhen. Die Tabellen geben die erforderlichen Mindestauflasten bei verschiedenen Anschütthöhen, Böschungswinkeln und Verkehrslasten an. Zwischenwerte können interpoliert werden.

Falls am Wandfuß eine Horizontalsperre zwischen Betonfundament und Mauerwerk eingelegt wird, muß die Betonoberfläche rauh abgezogen sein, um ausreichende Reibung zu erreichen. Die Tabellen gelten nicht für hydrostatischen Druck (Grundwasser).

(Hinweis: Bei größeren Böschungswinkeln ist vom Statiker zusätzlich der Gleitsicherheitsnachweis in der Sohlfläche zu führen – unabhängig vom Kellerbaustoff!)

Die Tabellen wurden von Dipl.-Ing. Hammes, Aachen, aufgestellt und von Prof. Mann in statischer Hinsicht geprüft (Prüfbericht vom 11. 4. 1988 kann bei unipor angefordert werden).

Den Tabellen liegen folgende Rechenwerte zugrunde:
- Einachsig gespannte Kellerwände für Rezeptmauerwerk nach DIN 1053 Teil 1, d. h. mindestens Ziegelfestigkeitsklasse 6 und Normalmauermörtel MG IIa
- Bodenwichte 19 kN/m³
- Wandreibungswinkel $\delta = 0°$
- Ziegelrohdichteklasse 0,8 kg/cm³
- Verkehrslast auf dem Gelände $p = 5$ kN/m² oder $p = 1,5$ kN/m². Der niedrigere Wert kann z. B. für Terrassen vor großen Fenstern angesetzt werden, wo sichergestellt ist, daß sich keine Fahrzeuge auf der Freifläche bewegen.
- Mauerwerk im Läuferverband (Einsteinmauerwerk)
- Mörtelgruppe IIa, III, IIIa und Leichtmauermörtel.

Eine Aussteifung der Kelleraußenwände ist rechnerisch nicht in Ansatz gebracht. Die Wände sind also als einachsig gerechnet. Die Wände dürfen deshalb in Stumpfstoßtechnik errichtet werden.

Die Bezeichnung in folgenden Tafeln sind in der Abb. erläutert.

---
[1] Die folgenden Tabellen wurden mit freundlicher Genehmigung der unipor-Gruppe aus den Fachinformationen *unipor* entnommen.

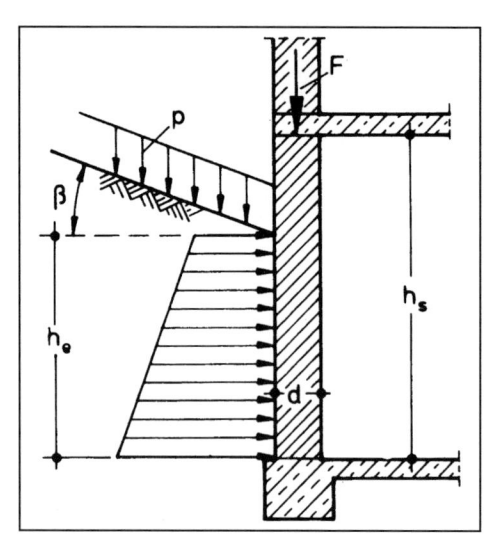

Prinzipskizze, Legende

Tafel E.1.23 Erforderliche Mindestauflast min F in kN/m bei Kellermauerwerk (h_s = 2,26 m) mit unvermörtelter* Stoßfuge

*Hinweis: Die Tabellenwerte sind weitgehend identisch mit den Tabellenwerten für „vermörtelte Stoßfuge". Nur in Einzelfällen ergeben sich wegen der geringeren zulässigen Schubspannungen etwas höhere Auflasten.

Lichte Kellerhöhe h_s = 2,26 m   Verkehrslast p = 5,00 KN/m²

Anschütthöhe h_e m	Böschungswinkel $\beta = 0°$ Wanddicken d in cm				Böschungswinkel $\beta = 30°$ Wanddicken d in cm			
	24,00	30,00	36,50	49,00	24,00	30,00	36,50	49,00
1,00	4,21	1,66	–	–	14,17	9,64	6,06	1,08
1,10	6,07	3,20	0,81	–	18,24	12,93	8,81	3,22
1,20	8,08	4,85	2,21	–	22,66	16,51	11,79	5,52
1,30	10,23	6,60	3,69	–	27,40	20,34	14,98	7,96
1,40	12,51	8,46	5,26	0,79	32,44	24,40	18,36	10,54
1,50	14,91	10,41	6,89	2,06	37,74	28,67	21,90	13,25
1,60	17,41	12,43	8,58	3,38	43,28	33,13	25,59	16,05
1,70	19,98	14,52	10,32	4,72	49,01	37,74	29,71	19,04
1,80	22,62	16,65	12,10	6,09	54,89	42,46	33,91	22,39
1,90	25,31	18,82	13,90	7,47	60,87	47,27	38,29	25,69
2,00	28,02	21,01	15,72	8,86	66,93	52,33	42,70	29,22
2,10	30,74	23,20	17,54	10,24	–	57,41	47,12	32,74
2,20	33,45	25,37	19,34	11,61	–	62,46	51,62	36,35
2,30	36,12	27,52	21,11	12,95	–	67,45	56,07	39,91

Lichte Kellerhöhe h_s = 2,26 m   Verkehrslast p = 1,50 KN/m²

Anschütthöhe h_e m	Böschungswinkel $\beta = 0°$ Wanddicken d in cm				Böschungswinkel $\beta = 30°$ Wanddicken d in cm			
	24,00	30,00	36,50	49,00	24,00	30,00	36,50	49,00
1,00	1,80	–	–	–	8,89	5,37	2,50	–
1,10	3,34	0,97	–	–	12,24	8,09	4,78	0,12
1,20	5,04	2,37	0,13	–	15,95	11,10	7,30	2,08
1,30	6,90	3,89	1,42	–	20,02	14,39	10,04	4,20
1,40	8,90	5,53	2,80	–	24,42	17,95	13,01	6,47
1,50	11,03	7,27	4,26	0,02	29,14	21,75	16,17	8,89
1,60	13,29	9,10	5,80	1,23	34,14	25,78	19,51	11,44
1,70	15,66	11,02	7,41	2,48	39,39	30,01	23,01	14,10
1,80	18,12	13,02	9,08	3,77	44,86	34,40	26,65	16,86
1,90	20,76	15,17	10,79	5,09	50,50	38,94	30,71	19,90
2,00	23,36	17,27	12,63	6,43	56,29	43,59	34,85	23,11
2,10	25,99	19,39	14,40	7,78	62,17	48,31	39,15	26,45
2,20	28,65	21,54	16,18	9,23	68,10	53,28	43,48	29,91
2,30	31,31	23,68	17,95	10,58	74,50	58,25	47,92	33,36

Baustatik

Tafel E.1.24 Erforderliche Mindestauflast min F in kN/m bei Kellermauerwerk (h_s = 2,63 m) mit *unvermörtelter** Stoßfuge

*Hinweis: Die Tabellenwerte sind weitgehend identisch mit den Tabellenwerten für „vermörtelte Stoßfuge". Nur in Einzelfällen ergeben sich wegen der geringeren zulässigen Schubspannungen etwas höhere Auflasten.

Lichte Kellerhöhe h_s = 2,63 m   Verkehrslast p = 5,00 KN/m²

Anschütthöhe h_e m	Böschungswinkel $\beta = 0°$ Wanddicken d in cm				Böschungswinkel $\beta = 30°$ Wanddicken d in cm			
	24,00	30,00	36,50	49,00	24,00	30,00	36,50	49,00
1,00	3,95	1,10	–	–	14,60	9,62	5,65	0,05
1,10	6,02	2,80	0,10	–	19,11	13,27	8,71	2,42
1,20	8,28	4,66	1,67	–	24,06	17,28	12,05	5,01
1,30	10,72	6,65	3,36	–	29,45	21,63	15,67	7,79
1,40	13,35	8,79	5,16	0,04	35,24	26,31	19,56	10,76
1,50	16,14	11,06	7,07	1,53	41,42	31,29	23,69	13,91
1,60	19,09	13,46	9,07	3,09	47,97	36,56	28,06	17,23
1,70	22,18	15,96	11,16	4,71	54,84	42,08	32,73	20,80
1,80	25,41	18,57	13,33	6,38	62,01	47,85	37,70	24,81
1,90	28,74	21,26	15,58	8,11	69,43	53,82	42,93	28,94
2,00	32,17	24,03	17,88	9,87	77,08	59,96	48,41	33,27
2,10	35,69	26,86	20,23	11,67	–	66,25	53,90	37,68
2,20	39,26	29,74	22,62	13,48	–	72,65	59,58	42,25
2,30	42,87	32,65	25,02	15,31	–	79,12	65,32	46,97
2,40	46,50	35,57	27,44	17,15	–	85,64	71,10	51,70
2,50	50,13	38,49	29,86	18,97	–	92,16	76,87	56,53
2,60	53,75	41,39	32,26	20,79	–	98,65	82,72	61,34

Lichte Kellerhöhe h_s = 2,63 m   Verkehrslast p = 1,50 KN/m²

Anschütthöhe h_e m	Böschungswinkel $\beta = 0°$ Wanddicken d in cm				Böschungswinkel $\beta = 30°$ Wanddicken d in cm			
	24,00	30,00	36,50	49,00	24,00	30,00	36,50	49,00
1,00	1,35	–	–	–	8,88	5,00	1,80	–
1,10	3,04	0,37	–	–	12,55	7,98	4,30	–
1,20	4,92	1,92	–	–	16,66	11,31	7,09	1,21
1,30	7,00	3,63	0,82	–	21,21	14,99	10,16	3,59
1,40	9,26	5,48	2,38	–	26,19	19,02	13,51	6,16
1,50	11,71	7,47	4,06	–	31,59	23,38	17,14	8,94
1,60	14,33	9,60	5,85	0,60	37,39	28,05	21,01	11,90
1,70	17,11	11,86	7,75	2,08	43,56	33,02	25,13	15,03
1,80	20,05	14,24	9,73	3,62	50,07	38,26	29,47	18,32
1,90	23,12	16,73	11,81	5,22	56,90	43,75	34,12	21,97
2,00	26,32	19,31	13,96	6,88	64,02	49,47	39,05	25,94
2,10	29,62	21,98	16,18	8,58	71,38	55,39	44,34	30,03
2,20	33,02	24,72	18,45	10,32	–	61,47	49,66	34,32
2,30	36,49	27,51	20,77	12,08	–	67,69	55,09	36,68
2,40	40,01	30,35	23,13	13,87	–	74,00	60,71	43,20
2,50	43,47	33,22	25,50	15,67	–	80,39	66,37	47,86
2,60	47,15	36,09	27,88	17,48	–	86,81	72,16	52,53

1.8.4 Tragfähigkeitstafeln für Kellerwände aus bewehrtem Mauerwerk

1.8.4.1 Bemessungsbeispiel für eine Kellerwand aus bewehrtem Mauerwerk

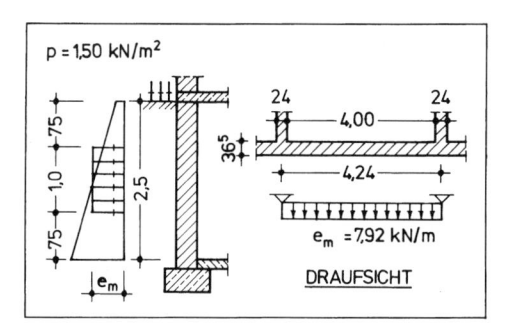

Angenommene Bodenkennwerte
$\gamma = 18$ kN/m³
$\varphi = 30°$ $\delta = 0$ $K_{ah} = 0{,}33$
$e = e_{ah} + e_{ah,p} = \gamma \cdot h \cdot K_{ah} + p \cdot K_{ah}$

0,75 von OK Erdreich:
$e = 18 \cdot 1{,}75 \cdot 0{,}33 + 1{,}5 \cdot 0{,}33 = 10{,}89$ kN/m

Berechnung des mittleren 1-m-Streifens:
$e_m = (4{,}95 + 10{,}89) / 2 = 7{,}92$ kN/m

Da die Wand als dreiseitig gelagerte Platte trägt und die elastische Einspannung nicht angesetzt wird, ist diese Vereinfachung vertretbar.

Schnittgrößen

$\max M = 7{,}92 \cdot 4{,}24^2/8 = 17{,}79$ kN/m
Bemessungsquerkraft am Anschnitt:
$Q = 7{,}92 \cdot 4{,}00/2 = 15{,}84$ kN

Biegebemessung

$d = 36{,}5$ cm $h = 33$ cm $b = 1{,}0$ m
Steinfestigkeitsklasse 8, Lochanteil $\leq 50\,\%$
MG III   BSt (IV) 500
$\sigma_0 = 1{,}4$ MN/m² $\beta_R = 2{,}67 \cdot 1{,}4 = 3{,}74$ MN/m²
da Lochsteine, $\beta_R/2 = 1{,}87$ MN/m²
$k_h = h/\sqrt{M/b}$
$k_h = 33/\sqrt{17{,}79/1{,}0} = 7{,}82$
$k_s < 3{,}92$ $k_z = 0{,}89$
$A_s = k_s \cdot M/h$

$\boxed{A_s = 3{,}92 \cdot 17{,}79/33 = 2{,}11 \text{ cm}^2/\text{m}}$

Schubnachweis (Plattenschub)

$\tau = Q/(b \cdot h \cdot k_z)$
$\tau = 15{,}84 / (100 \cdot 33 \cdot 0{,}89) = 0{,}0054$ kN/cm²
                                                  $= 0{,}054$ MN/m²
zul $\tau = 0{,}015\, \beta_R$
zul $\tau = 0{,}015 \cdot 3{,}74 = 0{,}056$ MN/m² $> 0{,}054$

1.8.4.2 Tragfähigkeitstafeln – Erforderliche Bewehrung

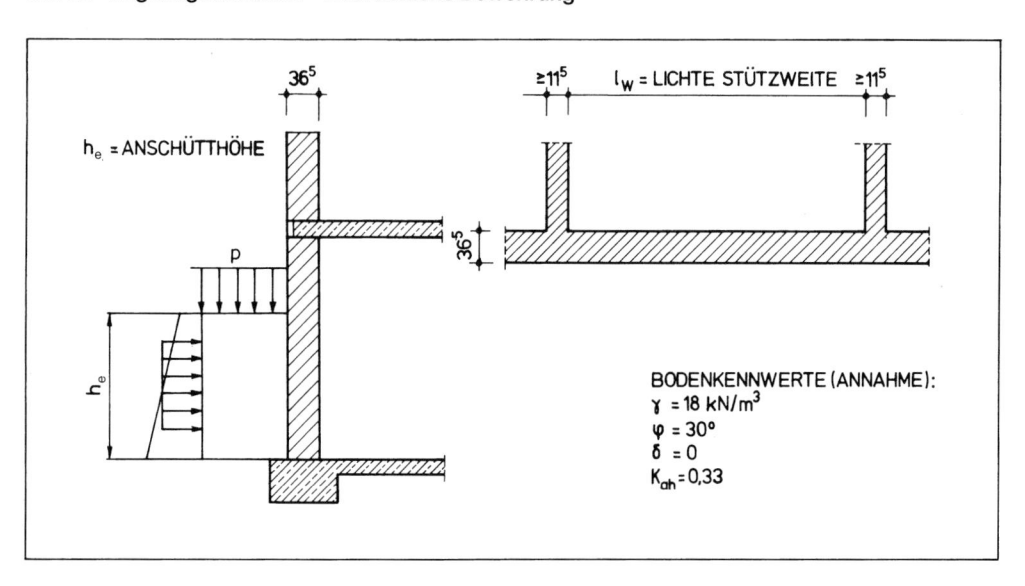

Baustatik

Für die Tafeln E.1.25 und E.1.26 gilt

> Steinfestigkeitsklasse 12
> Lochanteil ≤ 35 %
> Mörtelgruppe III
> BSt IV

Tafel E.1.25 erf A_s in cm²/m $\hspace{6cm} p = 1{,}50$ kN/m²

h_e in m	Lichte Stützweite l_w der Wand in m									
	2,50	2,75	3,00	3,25	3,50	3,75	4,00	4,25	4,50	4,75
1,00	0,36	0,43	0,50	0,58	0,67	0,77	0,87	0,98	1,10	1,22
1,25	0,43	0,52	0,61	0,71	0,82	0,94	1,06	1,20	1,34	1,49
1,50	0,51	0,61	0,72	0,84	0,97	1,11	1,26	1,42	1,59	1,77
1,75	0,59	0,71	0,84	0,97	1,12	1,28	1,46	1,64	1,84	2,05
2,00	0,67	0,80	0,95	1,10	1,27	1,46	1,66	1,87	2,09	2,34
2,25	0,75	0,90	1,06	1,24	1,43	1,63	1,86	2,10	2,35	2,63
2,50	0,83	0,99	1,17	1,37	1,58	1,81	2,06	2,33	2,61	2,92
2,75	0,91	1,09	1,29	1,50	1,74	1,99	2,26	2,56	2,88	3,23

Tafel E.1.26 erf A_s in cm²/m $\hspace{6cm} p = 5{,}00$ kN/m²

h_e in m	Lichte Stützweite l_w der Wand in m									
	2,50	2,75	3,00	3,25	3,50	3,75	4,00	4,25	4,50	4,75
1,00	0,48	0,57	0,67	0,78	0,90	1,03	1,17	1,32	1,48	1,65
1,25	0,56	0,67	0,79	0,92	1,06	1,21	1,37	1,54	1,73	1,93
1,50	0,64	0,76	0,90	1,05	1,21	1,38	1,57	1,77	1,98	2,21
1,75	0,71	0,86	1,01	1,18	1,36	1,56	1,77	1,99	2,24	2,50
2,00	0,79	0,95	1,12	1,31	1,51	1,73	1,97	2,22	2,50	2,79
2,25	0,87	1,05	1,24	1,44	1,67	1,91	2,17	2,45	2,76	3,09
2,50	0,96	1,15	1,36	1,58	1,83	2,10	2,39	2,70	3,04	3,43
2,75	1,04	1,24	1,47	1,71	1,98	2,27	2,59	2,94	–	–

Für die Tafeln E.1.27 und E.1.28 gilt

> Steinfestigkeitsklasse 8
> Lochanteil ≤ 50 %
> (vgl. Zulassung Z–17.1–480)
> Mörtelgruppe III
> BSt IV

Tafel E.1.27 erf A_s in cm²/m $\hspace{6cm} p = 1{,}50$ kN/m²

h_e in m	Lichte Stützweite l_w der Wand in m									
	2,50	2,75	3,00	3,25	3,50	3,75	4,00	4,25	4,50	4,75
1,00	0,36	0,43	0,51	0,59	0,68	0,78	0,88	0,99	1,11	1,23
1,25	0,44	0,52	0,62	0,72	0,83	0,95	1,07	1,21	1,36	1,51
1,50	0,52	0,62	0,73	0,85	0,98	1,12	1,27	1,43	1,61	1,79
1,75	0,60	0,71	0,84	0,98	1,13	1,30	1,48	1,67	1,87	2,09
2,00	0,68	0,81	0,96	1,12	1,29	1,48	1,68	1,90	2,13	2,39
2,25	0,78	0,91	1,07	1,25	1,44	1,66	1,89	2,13	2,40	2,71
2,50	0,84	1,00	1,18	1,38	1,60	1,84	2,11	2,38	2,70	–
2,75	0,92	1,10	1,30	1,52	1,76	2,03	2,31	2,63	–	–

Tafel E.1.28 erf A_s in cm²/m $p = 5{,}00$ kN/m²

h_e in m	Lichte Stützweite l_w der Wand in m									
	2,50	2,75	3,00	3,25	3,50	3,75	4,00	4,25	4,50	4,75
1,00	0,48	0,57	0,68	0,79	0,91	1,04	1,18	1,33	1,50	1,67
1,25	0,56	0,67	0,79	0,92	1,07	1,22	1,39	1,56	1,75	1,96
1,50	0,64	0,77	0,90	1,06	1,22	1,40	1,59	1,79	2,01	2,25
1,75	0,72	0,86	1,02	1,19	1,37	1,58	1,79	2,03	2,28	2,56
2,00	0,80	0,96	1,13	1,32	1,53	1,76	2,00	*2,27*	*2,56*	*2,89*
2,25	0,88	1,06	1,25	1,46	1,69	1,94	*2,22*	*2,52*	*2,85*	–
2,50	1,01	1,16	1,37	1,60	1,87	*2,15*	*2,43*	–	–	–
2,75	1,05	1,25	1,48	1,74	*2,02*	*2,32*	–	–	–	–

Hinweis für die kursiv gedruckten Zahlenwerte

In diesem Fall müssen Ziegel der Steinfestigkeitsklasse 12 (Mörtelgruppe III) verwendet werden, obwohl die Festigkeitsklasse 12 in der Ziegelzulassung für bewehrtes Mauerwerk (Lochanteil ≤ 50 %) wegen fehlender Versuchsergebnisse nicht aufgeführt ist. Man kann jedoch davon ausgehen, daß, wie es sich bei Ziegeln bis zur Festigkeitsklasse 8 ergeben hat, auch bei der Festigkeitsklasse 12 keine wesentlichen Festigkeitsunterschiede zwischen Steinen mit Lochanteil ≤ 35 % und ≤ 50 % vorhanden sind. Die in den Tabellen *kursiv* gedruckten Zahlen (Bewehrungsquerschnitte) wurden unter der Voraussetzung ermittelt, daß die zul. Schubspannungen für die Steinfestigkeitsklasse 12 wegen der noch fehlenden Untersuchungen um 10 % abgemindert wurden.

2 Genaueres Berechnungsverfahren

2.1 Allgemeines

Das *genauere Berechnungsverfahren* berücksichtigt näherungsweise die Rahmenwirkung zwischen den Decken und den Mauerwerkswänden. Das führt i.d.R. zu wirtschaftlicheren Lösungen bei der Mauerwerksbemessung gegenüber der Berechnung nach dem *vereinfachten Verfahren*.

Das *genauere Verfahren* darf nicht nur bei ganzen Bauwerken, sondern auch bei einzelnen Bauteilen angewendet werden.

Für die Berechnung gilt im einzelnen:
Der Einfluß der Decken-Auflagerdrehwinkel auf die Ausmitte der Lasteintragung in die Wände ist zu berücksichtigen. Dies darf durch eine Berechnung des Wand-Decken-Knotens erfolgen, bei der vereinfachend ungerissene Querschnitte und elastisches Materialverhalten zugrunde gelegt werden können. Die so ermittelten Knotenmomente dürfen auf 2/3 ihres Wertes ermäßigt werden.

Die Berechnung des Wand-Decken-Knotens darf an einem Ersatzsystem unter Abschätzung der Momenten-Nullpunkte in den Wänden, im Regelfall in halber Geschoßhöhe, erfolgen. Hierbei darf die halbe Verkehrslast wie ständige Last angesetzt und der Elastizitätsmodul für Mauerwerke zu $E = 3000\,\sigma_0$ angenommen werden.

Ist e aus Deckenlast und aus N größer als $^1/_3$ der Wanddicke d, so darf $e = d/3$ gesetzt werden. In diesem Fall ist eventuellen Rissen im Mauerwerk mit besonderen konstruktiven Maßnahmen entgegenzuwirken (z. B. Fugen, Zentrierleisten, Kantennut).

2.2 5%-Regel

Eine einfache, aber nur grobe (auf der sicheren Seite liegende) Abschätzung der Wandmomente erfolgt mit der sog. 5 %-Regel:

Die Berücksichtigung der Knotenmomente darf bei $p \leq 5\,\text{kN/m}^2$ durch eine Näherungsberechnung gemäß nachstehender Abb. erfolgen.

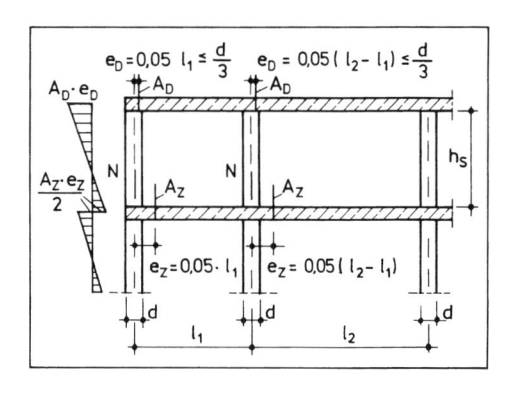

Baustatik

Hinweise:

- Das Moment $M_D = A_D \cdot e_D$ ist bei Dachdecken voll in den Wandkopf, bei Geschoßdecken das Moment $M_Z = A_Z \cdot e_Z$ je zur Hälfte in den angrenzenden Wandkopf und in den Wandfuß einzuleiten.

- Lasten N aus oberen Geschossen dürfen zentrisch angesetzt werden.

- Bei zweiachsig gespannten Decken mit Spannweitenverhältnissen bis 1 : 2 darf mit

$$e = 0{,}05\, l_1 \cdot {}^2\!/_3$$

gerechnet werden.

2.3 Rahmenformeln (genauere Berechnung)

Die folgenden Formeln gelten für Mauerwerksbauten mit Stahlbetondecken. Weitere Einzelheiten und ausführlichere Formeln für Stahlbetondecken und für beliebige andere Deckensysteme siehe [Schneider/Schubert-96].

Auf der Grundlage der nachstehenden Definitionen der Zugfaser für die Wände und der positiven Exzentrizität e ergeben sich die folgenden Formeln für die Wandmomente und für e.

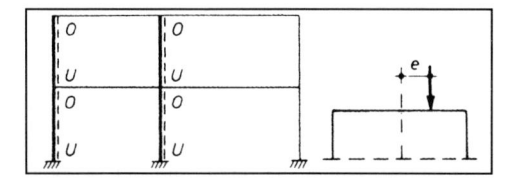

Die in diesem Abschnitt zusammengestellten Formeln gelten für Mauerwerksbauten mit Stahlbeton-Vollplatten.

Liegen andere Ortbetondecken vor, z. B. Stahlbetonrippendecken, so ist in den folgenden Formeln $d_b^3 \cdot b_b$ durch $12 \cdot l_b$ zu ersetzen (l_b = Flächenmoment 2. Grades der Betondecke).

Abkürzungen und Bezeichnungen

b_i, b_j, b_k — Breite des betrachteten Wandstreifens im Geschoß i, j, k

b_{bi}, b_{bj}, b_{bk} — Breite des betrachteten Stahlbetondeckenstreifens im Geschoß i, j, k

d_i, d_j, d_k — Wanddicke im Geschoß i, j, k

d_{bi}, d_{bj}, d_{bk} — Dicke der Stahlbetondecke über dem Geschoß i, j, k

E_i, E_j, E_k — Elastizitätsmodul des Mauerwerks im Geschoß i, j, k

E_{bi}, E_{bj}, E_{bk} — Elastizitätsmodul der Stahlbetondecke über dem Geschoß i, j, k

l_1, l_2, l_k — Stützweiten linkes Feld, rechtes Feld, Kragarm

q_i, q_j, q_k — Belastung der Decke über dem Geschoß i, j, k

● **Außenwand im Dachgeschoß**

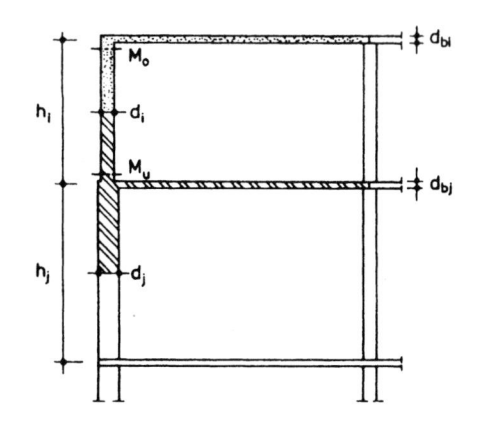

Wandmoment M_o:

$$M_o = -\frac{1}{24} \cdot q_i \cdot l_1^2 \cdot \frac{1}{1+k_i} \qquad (1)$$

mit $k_i = \dfrac{2 \cdot E_{bi} \cdot d_{bi}^3 \cdot b_{bi} \cdot h_i}{3 \cdot E_i \cdot d_i^3 \cdot b_i \cdot l_1}$

Rechnerische Exzentrizität am Wandkopf:

$$e_o = -\frac{M_o}{A_D} \qquad (2)$$

E.34

A_D Auflagerkraft am Deckenendauflager der Dachdecke

Wandmoment M_u:

$$M_u = \frac{1}{24} \cdot q_j \cdot l_1^2 \cdot \frac{1}{1 + \frac{E_j \cdot d_j^3 \cdot b_j \cdot h_i}{E_i \cdot d_i^3 \cdot b_i \cdot h_j} + k_j} \quad (3)$$

mit $k_j = \dfrac{2 \cdot E_{bj} \cdot d_{bj}^3 \cdot b_{bj} \cdot h_i}{3 \cdot E_i \cdot d_i^3 \cdot b_i \cdot l_1}$

Rechnerische Exzentrizität am Wandfuß:

$$e_u = -\frac{M_u}{R_u} \quad (4)$$

$R_u = N$ Längskraft oberhalb der Zwischendecke

● Außenwand im Normalgeschoß

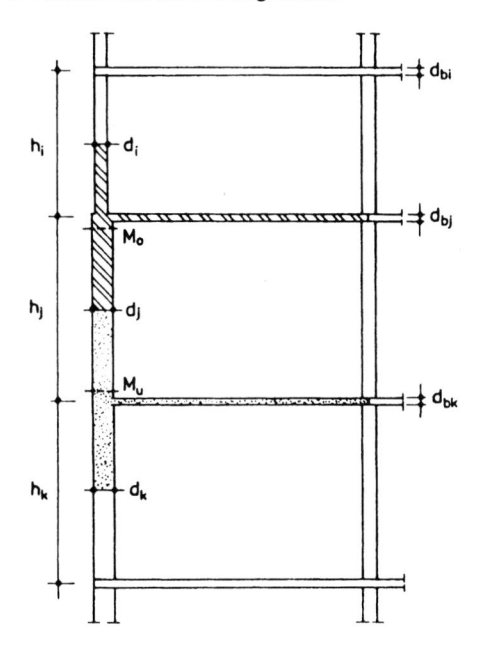

Wandmoment M_o:

$$M_o = -\frac{1}{24} \cdot q_j \cdot l_1^2 \cdot \frac{1}{1 + \frac{E_i \cdot d_i^3 \cdot b_i \cdot h_j}{E_j \cdot d_j^3 \cdot b_j \cdot h_i} + \bar{k}_j} \quad (5)$$

mit $\bar{k}_j = \dfrac{2 \cdot E_{bj} \cdot d_{bj}^3 \cdot b_{bj} \cdot h_j}{3 \cdot E_j \cdot d_j^3 \cdot b_j \cdot l_1}$

Rechnerische Exzentrizität am Wandkopf:

$$e_o = -\frac{M_o}{R_o} \quad (6)$$

$R_o = N + A_z$
N Längskraft oberhalb der Zwischendecke j
A_z Auflagerkraft am Endauflager der Zwischendecke j

Wandmoment M_u:

$$M_u = \frac{1}{24} \cdot q_k \cdot l_1^2 \cdot \frac{1}{1 + \frac{E_k \cdot d_k^3 \cdot b_k \cdot h_j}{E_j \cdot d_j^3 \cdot b_j \cdot h_k} + k_k} \quad (7)$$

mit $k_k = \dfrac{2 \cdot E_{bk} \cdot d_{bk}^3 \cdot b_{bk} \cdot h_j}{3 \cdot E_j \cdot d_j^3 \cdot b_j \cdot l_1}$

Rechnerische Exzentrizität am Wandfuß:

$$e_u = -\frac{M_u}{R_u} \quad (8)$$

$R_u = N$ Längskraft oberhalb der Zwischendecke k

Baustatik

● **Innenwand im Dachgeschoß**

Die Vorzeichen der Wandmomente in den folgenden Formeln ergeben sich gemäß „Zugfaser" (vgl. Abb. S. E.34), wenn l_1 jeweils die Stützweite links neben der betrachteten Wand ist.

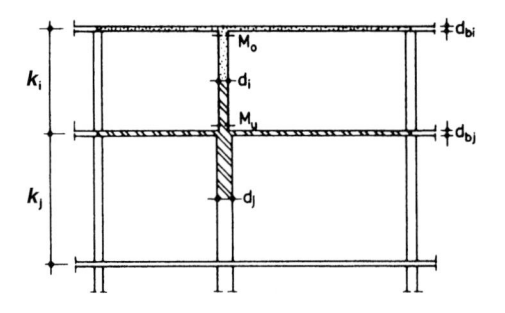

Wandmoment M_o:

$$M_o = \frac{1}{18} \cdot (q_{1i} \cdot l_1^2 - q_{2i} \cdot l_2^2) \cdot \frac{1}{1 + k_i(1 + \frac{l_1}{l_2})} \quad (9)$$

mit $k_i = \dfrac{2 \cdot E_{bi} \cdot d_{bi}^3 \cdot b_{bi} \cdot h_i}{3 \cdot E_i \cdot d_i^3 \cdot b_i \cdot l_1}$

Rechnerische Exzentrizität am Wandkopf:

$$e_o = -\frac{M_o}{B_D} \quad (10)$$

B_D = Auflagerkraft am Mittelauflager der Dachdecke

Wandmoment M_u:

$$M_u = -\frac{1}{18} \cdot (q_{1j} \cdot l_1^2 - q_{2j} \cdot l_2^2) \cdot \frac{1}{1 + \frac{E_j \cdot d_j^3 \cdot b_j \cdot h_i}{E_i \cdot d_i^3 \cdot b_i \cdot h_j} + k_j(1 + \frac{l_1}{l_2})} \quad (11)$$

mit $k_j = \dfrac{2 \cdot E_{bj} \cdot d_{bj}^3 \cdot b_{bj} \cdot h_i}{3 \cdot E_i \cdot d_i^3 \cdot b_i \cdot l_1}$

Rechnerische Exzentrizität am Wandfuß:

$$e_u = -\frac{M_u}{R_u} \quad (12)$$

$R_u = N$ Längskraft oberhalb der Zwischendecke j

● **Innenwand im Normalgeschoß**

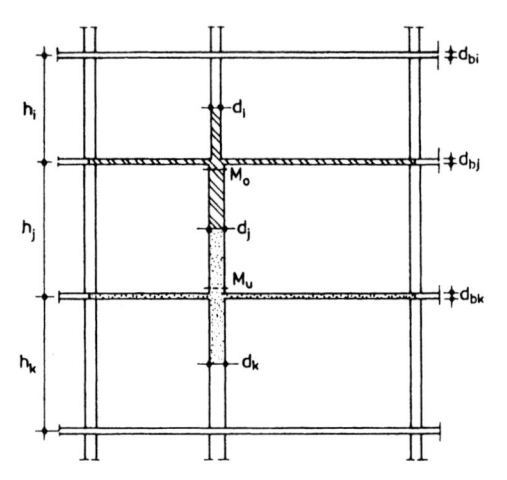

Wandmoment M_o:

$$M_o = \frac{1}{18} \cdot (q_{1j} \cdot l_1^2 - q_{2j} \cdot l_2^2) \cdot \frac{1}{1 + \frac{E_i \cdot d_i^3 \cdot b_i \cdot h_j}{E_j \cdot d_j^3 \cdot b_j \cdot h_i} + \bar{k}_j(1 + \frac{l_1}{l_2})} \quad (13)$$

mit $\bar{k}_j = \dfrac{2 \cdot E_{bj} \cdot d_{bj}^3 \cdot b_{bj} \cdot h_j}{3 \cdot E_j \cdot d_j^3 \cdot b_j \cdot l_1}$

Rechnerische Exzentrizität am Wandkopf:

$$e_o = -\frac{M_o}{R_o} \quad (14)$$

$R_o = N + B_z$
N Längskraft oberhalb der Zwischendecke j
B_z Auflagerkraft am Mittelauflager der Zwischendecke j

Wandmoment M_u:

$$M_u = -\frac{1}{18} \cdot (q_{1k} \cdot l_1^2 - q_{2k} \cdot l_2^2)$$

$$\cdot \frac{1}{1 + \frac{E_k \cdot d_k^3 \cdot b_k \cdot h_j}{E_j \cdot d_j^3 \cdot b_j \cdot h_k} + k_k (1 + \frac{l_1}{l_2})} \quad (15)$$

mit $k_k = \dfrac{2 \cdot E_{bk} \cdot d_{bk}^3 \cdot b_{bk} \cdot h_j}{3 \cdot E_j \cdot d_j^3 \cdot b_j \cdot l_1}$

Rechnerische Exzentrizität am Wandfuß:

$$e_u = -\frac{M_u}{R_u} \quad (16)$$

$R_u = N$ Längskraft oberhalb der Zwischendecke k

DECKEN MIT KRAGARM

Eine Abminderung der Volleinspannmomente im Endfeld auf 75 % wird nicht vorgenommen, da bei vorhandenen Kragplatten die erforderliche obere Kragbewehrung in das Endfeld hineingeführt wird. Diese obere Bewehrung ist in der Regel erheblich größer als eine konstruktive Einspannbewehrung bei Endfeldern ohne Kragarm.

Aufgrund dieser unterschiedlichen Rechenansätze lassen sich daher die Gleichungen (1) bis (7) für $l_k = 0$ nicht ohne weiteres in die Gleichungen (17) bis (23) überführen.

● **Außenwand im Dachgeschoß**

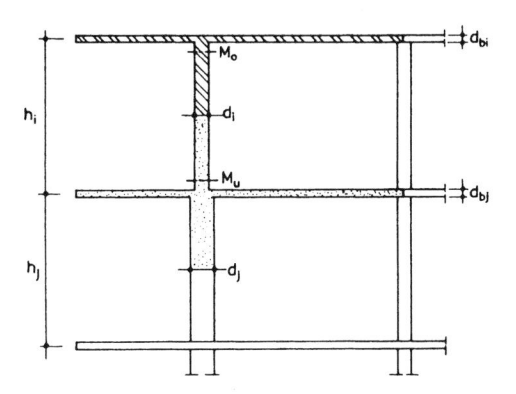

Wandmoment M_o:

$$M_o = -\frac{1}{18} \cdot (q_i \cdot l_1^2 - 9 q_{ki} \cdot l_{ki}^2) \cdot \frac{1}{1 + k_i} \quad (17)$$

mit $k_i = \dfrac{2 \cdot E_{bi} \cdot b_{bi} \cdot d_{bi}^3 \cdot h_i}{3 \cdot E_i \cdot b_i \cdot d_i^3 \cdot l_1}$

Rechnerische Exzentrizität am Wandkopf:

$$e_o = -\frac{M_o}{R_o} \quad (18)$$

$R_o = A_D$ Auflagerkraft am Endauflager der Dachdecke

Wandmoment M_u:

$$M_u = \frac{1}{18} \cdot (q_j \cdot l_1^2 - 9 q_{kj} \cdot l_{kj}^2)$$

$$\cdot \frac{1}{1 + \frac{E_j \cdot b_j \cdot d_j^3 \cdot h_i}{E_i \cdot b_i \cdot d_i^3 \cdot h_j} + k_j} \quad (19)$$

mit $k_j = \dfrac{2 \cdot E_{bj} \cdot b_{bj} \cdot d_{bj}^3 \cdot h_i}{3 \cdot E_i \cdot b_i \cdot d_i^3 \cdot l_1}$

Rechnerische Exzentrizität am Wandfuß:

$$e_u = -\frac{M_u}{R_u} \quad (20)$$

$R_u = N$ Längskraft oberhalb der Zwischendecke j

Baustatik

● Außenwand im Normalgeschoß

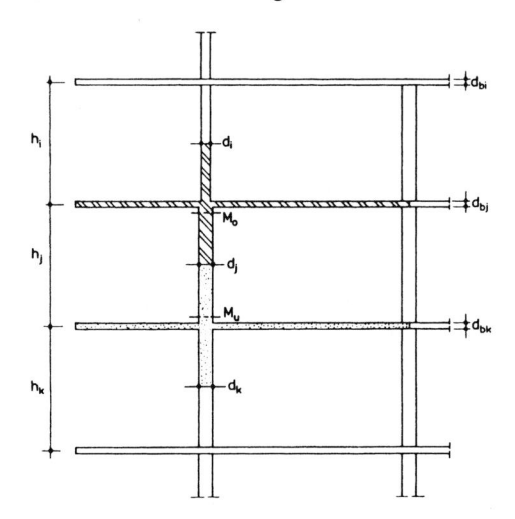

Wandmoment M_u:

$$M_u = -\frac{1}{18} \cdot (q_k \cdot l_1^2 - 9\, q_{kk} \cdot l_{kk}^2)$$
$$\cdot \frac{1}{1 + \dfrac{E_k \cdot b_k \cdot d_k^3 \cdot h_j}{E_j \cdot b_j \cdot d_j^3 \cdot h_k} + k_k} \quad (23)$$

mit $k_k = \dfrac{2 \cdot E_{bk} \cdot b_{bk} \cdot d_{bk}^3 \cdot h_j}{3 \cdot E_j \cdot b_j \cdot d_j^3 \cdot l_1}$

Rechnerische Exzentrizität am Wandfuß:

$$e_u = -\frac{M_u}{R_u} \quad (24)$$

$R_u = N$ Längskraft oberhalb der Zwischendecke k

Wandmoment M_o:

$$M_o = -\frac{1}{18} \cdot (q_j \cdot l_j^2 - 9\, q_{kj} \cdot l_{kj}^2)$$
$$\cdot \frac{1}{1 + \dfrac{E_i \cdot b_i \cdot d_i^3 \cdot h_j}{E_j \cdot b_j \cdot d_j^3 \cdot h_i} + \bar{k}_j} \quad (21)$$

mit $\bar{k}_j = \dfrac{2 \cdot E_{bj} \cdot b_{bj} \cdot d_{bj}^3 \cdot h_j}{3 \cdot E_j \cdot b_j \cdot d_j^3 \cdot l_1}$

Rechnerische Exzentrizität am Wandkopf:

$$e_o = -\frac{M_o}{R_o} \quad (22)$$

$R_o = N + A_z$
  N Längskraft oberhalb der Zwischendecke j
  A_z Auflagerkraft am Endauflager der Zwischendecke

E.38

2.4 Bemessung

2.4.1 Knicklängen s. S. I.19

2.4.2 Nachweis der Bruchsicherheit

$$\boxed{\gamma \cdot \text{vorh } \sigma \leq \beta_R}$$

$\beta_R = 2{,}67\,\sigma_o$ Rechenwert der Druckfestigkeit
σ_o siehe S. E.5
γ Sicherheitsbeiwert

Bei exzentrischer Beanspruchung darf die Kantenpressung im Bruchzustand $1{,}33\,\beta_R$ betragen, während für die mittlere Spannung β_R eingehalten werden muß.

Sicherheitsbeiwerte

Durch den Sicherheitsbeiwert γ wird der Sicherheitsabstand zwischen Bruchlast und Gebrauchslast wiedergegeben. Da von einer linearen Spannungsverteilung ausgegangen wird, wird durch γ auch der Abstand zwischen der Rechenfestigkeit β_R und der unter Gebrauchslast auftretenden Spannung σ angegeben.

Es gibt zwei Sicherheitsbeiwerte:

- $\gamma_w = 2{,}0$ für Wände und Pfeiler ($A < 1000\,\text{cm}^2$), die aus einem oder mehreren ungetrennten Steinen oder aus getrennten Steinen mit einem Lochanteil $< 35\,\%$ bestehen
- $\gamma_p = 2{,}5$ für alle anderen Pfeiler.

Querschnitte mit $A < 400\,\text{cm}^2$ sind unzulässig.

Klaffende Fugen infolge planmäßiger Exzentrizität e dürfen im Gebrauchszustand höchstens bis zum Schwerpunkt des Gesamtquerschnitts entstehen.

2.4.3 Zusätzlicher Nachweis für Scheibenbeanspruchung s. S. E.6

2.4.4 Knicknachweis

Hierbei sind außer der planmäßigen Ausmitte e_1 eine ungewollte sinusförmige Ausmitte mit dem Maximalwert $f_1 = h_K/300$ (h_K Knicklänge siehe S. I.19) und die Stabauslenkung f_2 nach Theorie II. Ordnung zu berücksichtigen. Für die Erfassung der Spannungs-Dehnungs-Beziehung gilt

$E_s = 1100 \cdot \sigma_o$ (E_s Sekantenmodul).

Näherungsverfahren:

$$\boxed{f_1 + f_2 = f = \bar{\lambda}\,\frac{1+m}{1800}\,h_K}$$

In dieser Gleichung ist der Einfluß des Kriechens näherungsweise erfaßt.

h_K Knicklänge
$\bar{\lambda} = h_K/d$ Schlankheit ($\bar{\lambda} > 25$ ist unzulässig)
$m = 6 \cdot |e|/d$ bezogene planmäßige Ausmitte in halber Geschoßhöhe

Wandmomente nach Abschnitt E.1.6.2 und gegebenenfalls Windmomente sind mit ihren Werten in halber Wandhöhe als planmäßige Ausmittigkeiten e_1 zu berücksichtigen.

2.4.5 Zusätzlicher Nachweis bei dünnen, schmalen Wänden s. S. I.20

2.5 Zahlenbeispiel

24 cm Außenwand im Dachgeschoß (zweiseitig gehalten)

geg: Geschoßhöhe: $h = 2{,}875$ m;
lichte Höhe $h_s = 2{,}72$ m;
Stützweite (Endfeld) $l = 4{,}10$ m;
Dachdecke: $q = 7{,}0$ kN/m²; $A_D = 9{,}4$ kN/m;
Zwischendecke: $q = 8{,}55$ kN/m²
gew.: Rezeptmauerwerk 2/II, $\sigma_0 = 0{,}5$ MN/m²;
$E_{mw} = 3000 \cdot \sigma_0 = 1500$ MN/m²;
$\beta_R = 2{,}67 \cdot \sigma_0 = 1{,}335$
Steinrohdichte $\varrho = 1{,}6$ kg/dm³; Stahlbetondecke $d = 16$ cm; B 25; $E_b = 30\,000$ MN/m²; Belastung am Wandfuß: 22 kN/m; Wanddicke unterhalb des Dachgeschosses auch $d = 24$ cm.

Nach Abschnitt E.2.3:

$$k_i = \frac{2 \cdot 30\,000 \cdot 16^3 \cdot 1{,}0 \cdot 2{,}875}{3 \cdot 1500 \cdot 0{,}24^3 \cdot 1{,}0 \cdot 4{,}10} = 2{,}77$$

Wandkopf: Gl. (1):

$$M_o = -\frac{1}{24} \cdot 7{,}0 \cdot 4{,}10^2 \cdot \frac{1}{1+2{,}77} = -1{,}3 \text{ kNm/m}$$

Gl. (2): $e_o = 1{,}3/9{,}4 = 0{,}14$ m $> d/3 = 0{,}08$ m
Bemessungsbeiwert $e_o = 0{,}08$ m (vgl. Abschnitt E.2.1)

Wandfuß: Gl. (3):

$$M_u = \frac{1}{24} \cdot 8{,}55 \cdot 4{,}10^2 \cdot \frac{1}{1+1+2{,}77} = 1{,}26 \text{ kNm/m}$$

Gl. (4): $e_u = -1{,}26/22 = -0{,}06$ m
$|e_u| < e/3 = 0{,}08$ m

Bemessung: Wandfuß maßgebend.
$|e_u| = 0{,}06$ m; $N_u = 22$ kN/m;

$$\max \sigma = \frac{2 \cdot 22}{3(24/2 - 6) \cdot 100} = 0{,}024 \text{ kN/cm}^2$$
$$= 0{,}24 \text{ MN/m}^2$$

$$< 1{,}33 \frac{\beta_R}{\gamma} = 1{,}33 \frac{1{,}335}{2} = 0{,}88 \text{ MN/m}^2$$

Wandmitte:

Planmäßige Exzentrizität $e_1 = (e_o + e_u)/2 = 0{,}01$ m;
$h_K = \beta \cdot h_s = 1 \cdot 2{,}72 = 2{,}72$ m;

Abschnitt E.2.4.4:

$m = 6 \cdot 0{,}01/0{,}24 = 0{,}25$;
$\bar{\lambda} = 2{,}72/0{,}24 = 11{,}3$

$$f = 11{,}3 \cdot \frac{1 + 0{,}25}{1800} \cdot 2{,}72 = 0{,}02;$$

$e_m = e_1 + f = 0{,}01 + 0{,}02 = 0{,}03$ m

3 Bewehrtes Mauerwerk

3.1 Biegebemessung nach DIN 1053 Teil 3

3.1.1 Allgemeines

- Biegeschlankheit $l/d > 20$ nicht zulässig
- Bei wandartigen Trägern muß die Nutzhöhe $h \leq 0{,}5\, l$ sein (Stützweite).
- Bemessungsquerschnitt ist das tragende Mauerwerk einschl. mit Mörtel oder Beton verfüllten Aussparungen.
- Rechenwerte β_R der Mauerwerksfestigkeit (vgl. Abschnitt E.1.9.4.2):
  - in Lochrichtung: β_R
  - rechtwinklig zur Lochrichtung: $0{,}5\, \beta_R$
- Bei verfüllten Aussparungen gilt: Für den Gesamtquerschnitt ist der kleinste Rechenwert (β_R von Mauerwerk oder von der Verfüllung) anzusetzen.
  Mörtelgruppe III: $\beta_R = 4{,}5$ MN/m²;
  IIIa: $\beta_R = 10{,}5$ MN/m²
  Beton: β_R nach DIN 1045

3.1.2 Biegebemessung mit dem k_h-Verfahren

$$k_h = \frac{h\,(\text{cm})}{\sqrt{\dfrac{M\,(\text{kNm})}{b\,(\text{m})}}}$$

M Biegemoment
b Querschnittsbreite
h statische Höhe

$$A_s\,(\text{cm}^2) = k_s \cdot \frac{M\,(\text{kNm})}{h\,(\text{cm})}$$

Biegung ohne Längskraft

$$A_s\,(\text{cm}^2) = k_s \cdot \frac{M_s\,(\text{kNm})}{h\,(\text{cm})} + \frac{N\,(\text{kN})}{\beta_s/\gamma\,(\text{kN/cm}^2)}$$

Biegung mit Längskraft

N Längskraft in kN
M_s Moment, bezogen auf die Lage der Bewehrung

$\beta_s/\gamma = 24$ kN/cm² für BSt 420;
$\beta_s/\gamma = 28{,}6$ kN/cm² für BSt 500

k_h-Tafel für Rezeptmauerwerk nach DIN 1053-1

Rechenfestigkeit β_R in MN/m²											BSt 420 k_s	BSt 500 k_s	k_x	k_z	$\varepsilon_m/\varepsilon_\sigma$ ‰
0,67	0,94	1,07	1,2	1,34	1,6	1,87	2,14	2,4	2,54	2,67					
k_h															
165,14	139,42	130,68	123,40	116,77	106,87	98,85	92,40	87,26	84,82	82,73	4,19	3,52	0,02	0,99	0,1/5,0
57,46	48,51	45,47	42,93	40,63	37,18	34,39	32,15	30,36	29,51	28,78	4,25	3,57	0,06	0,98	0,3/5,0
35,97	30,37	28,46	26,88	25,43	23,28	21,53	20,13	19,01	18,47	18,02	4,30	3,61	0,09	0,97	0,5/5,0
26,80	22,63	21,21	20,03	18,95	17,34	16,04	15,00	14,16	13,77	13,43	4,35	3,65	0,12	0,96	0,7/5,0
21,74	18,36	17,21	16,25	15,37	14,07	13,01	12,17	11,49	11,17	10,89	4,40	3,70	0,15	0,95	0,9/5,0
18,56	15,67	14,68	13,87	13,12	12,01	11,11	10,38	9,80	9,53	9,30	4,45	3,74	0,18	0,94	1,1/5,0
16,38	13,83	12,96	12,24	11,58	10,60	9,81	9,17	8,66	8,41	8,21	4,50	3,78	0,21	0,93	1,3/5,0
14,82	12,51	11,72	11,07	10,48	9,59	8,87	8,29	7,83	7,61	7,42	4,55	3,82	0,23	0,92	1,5/5,0
13,65	11,52	10,80	10,20	9,65	8,83	8,17	7,64	7,21	7,01	6,84	4,59	3,86	0,25	0,91	1,7/5,0
12,76	10,77	10,10	9,53	9,02	8,26	7,64	7,14	6,74	6,55	6,39	4,64	3,90	0,28	0,90	1,9/5,0
12,31	10,40	9,74	9,20	8,71	7,97	7,37	6,89	6,51	6,32	6,17	4,67	3,93	0,29	0,89	2,0/4,9
12,16	10,26	9,62	9,08	8,60	7,87	7,28	6,80	6,42	6,24	6,09	4,69	3,94	0,30	0,89	2,0/4,7
12,00	10,13	9,49	8,96	8,48	7,76	7,18	6,71	6,34	6,16	6,01	4,71	3,96	0,31	0,88	2,0/4,5
11,84	9,99	9,37	8,84	8,37	7,66	7,08	6,62	6,25	6,08	5,93	4,73	3,97	0,32	0,88	2,0/4,3
11,67	9,85	9,24	8,72	8,25	7,55	6,99	6,53	6,17	5,99	5,85	4,75	3,99	0,33	0,88	2,0/4,1
11,51	9,71	9,11	8,60	8,14	7,45	6,89	6,44	6,08	5,91	5,76	4,77	4,01	0,34	0,87	2,0/3,9
11,34	9,57	8,97	8,47	8,02	7,34	6,79	6,34	5,99	5,82	5,68	4,80	4,03	0,35	0,87	2,0/3,7
11,17	9,43	8,84	8,35	7,90	7,23	6,69	6,25	5,90	5,74	5,60	4,82	4,05	0,36	0,86	2,0/3,5
11,00	9,28	8,70	8,22	7,78	7,12	6,58	6,15	5,81	5,65	5,51	4,85	4,08	0,38	0,86	2,0/3,3
10,82	9,14	8,56	8,09	7,65	7,00	6,48	6,06	5,72	5,56	5,42	4,89	4,10	0,39	0,85	2,0/3,1

Baustatik

k_h-Tafel für Rezeptmauerwerk nach DIN 1053-1
(Fortsetzung)

Rechenfestigkeit β_R in MN/m²											BSt 420 k_s	BSt 500 k_s	k_x	k_z	$-\varepsilon_m/\varepsilon_\sigma$ ‰
3,07	3,2	3,74	4,01	4,27	4,67	4,81	5,07	5,34	6,14	6,41					
k_h															
77,15	75,57	69,90	67,50	65,42	62,55	61,63	60,03	58,80	54,55	53,39	4,19	3,52	0,02	0,99	0,1/5,0
26,84	26,29	24,32	23,49	22,76	21,76	21,44	20,89	20,35	18,98	18,58	4,25	3,57	0,06	0,98	0,3/5,0
16,80	16,46	15,22	14,70	14,25	13,62	13,42	13,08	12,74	11,88	11,63	4,30	3,61	0,09	0,97	0,5/5,0
12,52	12,26	11,34	10,96	10,62	10,15	10,00	9,74	9,49	8,85	8,66	4,35	3,65	0,12	0,96	0,7/5,0
10,16	9,95	9,20	8,89	8,61	8,24	8,11	7,90	7,70	7,18	7,03	4,40	3,70	0,15	0,95	0,9/5,0
8,67	8,49	7,85	7,58	7,35	7,03	6,93	6,75	6,57	6,13	6,00	4,45	3,74	0,18	0,94	1,1/5,0
7,65	7,50	6,93	6,70	6,49	6,20	6,11	5,95	5,80	5,41	5,30	4,50	3,78	0,21	0,93	1,3/5,0
6,92	6,78	6,27	6,06	5,87	5,61	5,53	5,39	5,25	4,89	4,79	4,55	3,82	0,23	0,92	1,5/5,0
6,38	6,25	5,78	5,58	5,41	5,17	5,09	4,96	4,83	4,51	4,41	4,59	3,86	0,25	0,91	1,7/5,0
5,96	5,84	5,40	5,22	5,05	4,83	4,76	4,64	4,52	4,21	4,12	4,64	3,90	0,28	0,90	1,9/5,0
5,75	5,63	5,21	5,03	4,88	4,66	4,60	4,48	4,36	4,07	3,98	4,67	3,93	0,29	0,89	2,0/4,9
5,68	5,56	5,15	4,97	4,82	4,60	4,54	4,42	4,31	4,02	3,93	4,69	3,94	0,30	0,89	2,0/4,7
5,60	5,49	5,08	4,90	4,75	4,54	4,48	4,36	4,25	3,96	3,88	4,71	3,96	0,31	0,88	2,0/4,5
5,53	5,42	5,01	4,84	4,69	4,48	4,42	4,30	4,19	3,91	3,83	4,73	3,97	0,32	0,88	2,0/4,3
5,45	5,34	4,94	4,77	4,62	4,42	4,36	4,24	4,13	3,86	3,77	4,75	3,99	0,33	0,88	2,0/4,1
5,38	5,27	4,87	4,70	4,56	4,36	4,29	4,18	4,08	3,80	3,72	4,77	4,01	0,34	0,87	2,0/3,9
5,30	5,19	4,80	4,63	4,49	4,30	4,23	4,12	4,02	3,75	3,67	4,80	4,03	0,35	0,87	2,0/3,7
5,22	5,11	4,73	4,57	4,42	4,23	4,17	4,06	3,96	3,69	3,61	4,82	4,05	0,36	0,86	2,0/3,5
5,14	5,03	4,65	4,50	4,36	4,17	4,10	4,00	3,90	3,63	3,56	4,85	4,08	0,38	0,86	2,0/3,3
5,06	4,95	4,58	4,42	4,29	4,10	4,04	3,93	3,83	3,58	3,50	4,89	4,10	0,39	0,85	2,0/3,1

3.1.3 Nachweis der Knicksicherheit ($\bar{\lambda} = h_k/d$)

- $\bar{\lambda} \leq 20$: Im mittleren Drittel darf für ungewollte Ausmitte und Stabauslenkung nach Theorie II. Ordnung angesetzt werden:

$$f = \frac{h_K}{46} - \frac{d}{8}$$

h_K Knicklänge
d Querschnittsdicke in Knickrichtung

- $\bar{\lambda} > 20$: Nachweis nach DIN 1045
- $\lambda > 25$: unzulässig

3.2 Bemessung für Querkraft

3.2.1 Scheibenschub (Last parallel zur Mauerwerksebene)

Nachweis darf im Abstand 0,5 h von der Auflagerkante geführt werden:
- bei überdrückten Rechteckquerschnitten Nachweis mit max τ
- bei gerissenen Querschnitten Nachweis in Höhe der Nullinie im Zustand II

Es ist nachzuweisen, daß vorh $\tau \leq$ zul τ (nach DIN 1053-1, vgl. Abschnitt 6.2.4). Für die rechnerische Normalspannung σ darf angesetzt werden:
$\sigma = 2 \cdot A/(b \cdot l)$ (A Auflagerkraft; b Querschnittsbreite; l Stützweite des Trägers bzw. doppelte Kraglänge bei Kragträgern).

Ergänzend gilt:
$\beta_{Rk} = 0{,}08$ MN/m² für Mörtelgruppe II;
$\beta_{Rk} = 0{,}18$ MN/m² für Leichtmörtel;
$\beta_{Rk} = 0{,}22$ MN/m² für Dünnbettmörtel.

3.2.2 Plattenschub (Last rechtwinklig zur Mauerwerksebene)

Nachweis gemäß DIN 1045. Abweichend gilt:
$\tau_{011} = 0{,}015 \beta_R$ (β_R nach DIN 1053-1).
Nur Schubbereich I zulässig.

3.3 Bemessung von Flachstürzen

Maßgebend: „Richtlinien für die Bemessung und Ausführung von Flachstürzen" (s. S. I.152)

Folgende Bedingungen sind einzuhalten:

Zuggurt: $b \geq 11,5$ cm und $d \geq 6$ cm; BSt 420 S (III) oder BSt 500 S (IV); $\geq$ B 25 oder $\geq$ LB 25 zum Verfüllen der Schalen; Betonüberdeckung $\geq$ 2 cm; vollvermörtelte Stoß- und Lagerfugen; Mauerwerk $\geq$ 12/II

(Rechenwert der Festigkeit: β = 2,5 MN/m²); Druckhöhe darf nur bis $l/2{,}4$ (l Stützweite; h statische Höhe) in Rechnung gestellt werden. Auflagertiefe $t \geq 11{,}5$ cm; Bewehrungsdurchmesser $d_s \leq 12$ mm, max $l = 3{,}0$ m.

Besteht die Druckzone aus Mauerwerk *und* Beton, so ist der gesamte Druckgurt wie für Mauerwerk zu bemessen. Mauerwerk *über* einer Stahlbetondecke bzw. einem Ringbalken darf nicht angesetzt werden.

Biegebemessung (k_h-Verfahren)

$$k_h = \frac{h\,(\text{cm})}{\sqrt{\dfrac{M\,(\text{kNm})}{b\,(\text{m})}}} \quad ; \quad A_s = k_s \cdot \frac{M\,(\text{kNm})}{h\,(\text{cm})}$$

k-Tafel für Flachstürze

$\beta_R = 2{,}5$ MN/m²	k_h	29,7	18,6	13,9	11,3	9,61	8,48	7,67	7,07	6,42	6,21	6,00	5,78	5,56
	k_s (III)	4,25	4,30	4,35	4,40	4,45	4,50	4,55	4,59	4,67	4,71	4,76	4,82	4,90
	k_s (IV)	3,57	3,61	3,65	3,70	3,74	3,78	3,82	3,86	3,92	3,96	4,00	4,05	4,12
	k_x	0,06	0,09	0,12	0,15	0,18	0,21	0,23	0,25	0,29	0,31	0,33	0,36	0,40
	k_z	0,98	0,97	0,96	0,95	0,94	0,93	0,92	0,91	0,89	0,89	0,88	0,86	0,85
	$-\varepsilon_{mw}/\varepsilon_s$	0,3/5	0,5/5	0,7/5	0,9/5	1,1/5	1,3/5	1,5/5	1,7/5	2/5	2,/4,5	2/4	2/3,5	2/3

Querkraftbemessung

$$\text{zul } Q = \text{zul } \tau \cdot b \cdot h \frac{\lambda + 0{,}4}{\lambda - 0{,}4}$$

mit zul $\tau = 0{,}1$ N/mm² = 100 kN/m² und $\lambda = \max M/(\max Q \cdot h) \geq 0{,}6$.
Für Gleichstreckenlast wird $\lambda = l/(4h)$.

Verankerung der Bewehrung

Maßgebend DIN 1045. Es muß ein Bewehrungsquerschnitt A_s verankert werden für eine Zugkraft $F_{sR} = 0{,}75\,Q_R \leq \max M/(k_z \cdot h)$. Erforderliche Verankerungslänge hinter der Auflagervorderkante:
$l_2 = 2 \cdot l_1/3 \geq 6\,d_s$ bzw. $\geq t/3$
(t Auflagertiefe, d_s Stabdurchmesser).

Beispiel

Belastung des Sturzes $q = 50$ kN/m; Breite der U-Schalen $b = 30$ cm; Stützweite $l = 2{,}20$ m; Höhe der Druckzone (U-Schale, Mauerwerk, Dicke der Stahlbetonplatte) 78 cm; statische Höhe (geschätzt) $h = 70$ cm; B 25; BSt 420 S (III); Auflagertiefe $t = 18$ cm.
Bedingung $h = 70$ cm $< \max h = l/2{,}4 = 220/2{,}4 = 91{,}7$ cm erfüllt.

Biegebemessung:
$M = 50 \cdot 2{,}20^2/8 = 30{,}25$ kNm
$k_h = 70\sqrt{30{,}25/0{,}30} = 6{,}97$; $k_s = 4{,}67$; $k_z = 0{,}89$
$A_s = 4{,}67 \cdot 30{,}25/70 = 2{,}02$ cm²
gew. 3 Ø 10 mit $A_s = 2{,}36$ cm²

Querkraftbemessung:
$\max Q = 50 \cdot 2{,}20/2 = 55$ kN
$\lambda = 220/(4 \cdot 70) = 0{,}786$
zul $Q = 100 \cdot 0{,}30 \cdot 0{,}70 \cdot (0{,}786 + 0{,}4)/(0{,}786 - 0{,}4)$
    $= 64{,}5$ kN > 55

Verankerung:
$F_{sR} = 0{,}75 \cdot 55 = 41{,}25$
    $< 30{,}25/(0{,}89 \cdot 0{,}70) = 48{,}56$ kN
erf $A_s = 41{,}25/24 = 1{,}72$ cm² (hinter der Auflagerkante mit l_2 verankern)
erf A_s/vorh $A_s = 1{,}72/2{,}36 = 0{,}7$
Nach [Schneider – 98], S. 6.46:
$l_2 = 16$ cm $> 6 \cdot 1{,}0$ cm bzw. $> 18/3$

4 Nichttragende innere Trennwände

Für nichttragende innere Trennwände, die nicht rechtwinklig zur Wandfläche durch Wind beansprucht werden, ist DIN 4103 Teil 1 (7.84) maßgebend.

Abhängig vom Einbauort werden nach DIN 4103 Teil 1 zwei unterschiedliche Einbaubereiche unterschieden.

Einbaubereich I:

Bereiche mit geringer Menschenansammlung, wie sie z. B. in Wohnungen, Hotel-, Büro- und Krankenräumen sowie ähnlich genutzten Räumen einschließlich der Flure vorausgesetzt werden können.

Einbaubereich II:

Bereiche mit großen Menschenansammlungen, wie sie z. B. in größeren Versammlungs- und Schulräumen, Hörsälen, Ausstellungs- und Verkaufsräumen und ähnlich genutzten Räumen vorausgesetzt werden müssen.

Für die Versuchsdurchführung sind das statische System und die Belastung nach Abb. E.4.1 maßgebend.

Aufgrund neuer Forschungsergebnisse hat die DGfM (Deutsche Gesellschaft für Mauerwerksbau e.V.) ein Merkblatt über „Nichttragende innere Trennwände aus künstlichen Steinen und Wandbauplatten" herausgegeben. Die folgenden Ausführungen basieren auf diesem Merkblatt.

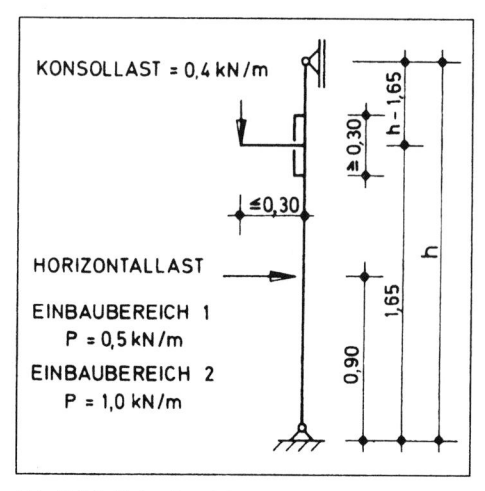

Abb. E.4.1 Einbaubereiche

Tafel E.4.1 Grenzabmessungen für vierseitig[1] gehaltene Wände ohne Auflast[2] bei Verwendung von Ziegeln oder Leichtbetonsteinen[3]

d (cm)	max. Wandlänge in m (Tabellenwert) im Einbaubereich I (oberer Wert) und im Einbaubereich II (unterer Wert) bei einer Wandhöhe in m				
	2,5	3,0	3,5	4,0	4,5
5,0	3,0	3,5	4,0	–	–
	1,5	2,0	2,5	–	–
6,0	4,0	4,5	5,0	5,5	–
	2,5	3,0	3,5	–	–
7,0	5,0	5,5	6,0	6,5	7,0
	3,0	3,5	4,0	4,5	5,0
9,0	6,0	6,5	7,0	7,5	8,0
	3,5	4,0	4,5	5,0	5,5
10,0	7,0	7,5	8,0	8,5	9,0
	5,0	5,5	6,0	6,5	7,0
11,5	10,0	10,0	10,0	10,0	10,0
	6,0	6,5	7,0	7,5	8,0
12,0	12,0	12,0	12,0	12,0	12,0
	6,0	6,5	7,0	7,5	8,0
17,5	keine Längenbegrenzung				
	12,0	12,0	12,0	12,0	12,0

Fußnoten s. S. E.46

Nichttragende innere Trennwände

Tafel E.4.2 Grenzabmessungen für vierseitig[1] gehaltene Wände mit Auflast[2] bei Verwendung von Ziegeln oder Leichtbetonsteinen[4]

d cm	max. Wandlänge in m (Tabellenwert) im Einbaubereich I (oberer Wert) und im Einbaubereich II (unterer Wert) bei einer Wandhöhe in m				
	2,5	3,0	3,5	4,0	4,5
5,0	5,5	6,0	6,5	–	–
	2,5	3,0	3,5	–	–
6,0	6,0	6,5	7,0	–	–
	4,0	4,5	5,0	–	–
7,0	8,0	8,5	9,0	9,5	–
	5,5	6,0	6,5	7,0	7,5
9,0	12,0	12,0	12,0	12,0	12,0
	7,0	7,5	8,0	8,5	9,0
10,0	12,0	12,0	12,0	12,0	12,0
	8,0	8,5	9,0	9,5	10,0
11,5	keine Längenbegrenzung				
		12,0	12,0	12,0	12,0
12,0	keine Längenbegrenzung				
				12,0	12,0
17,5	keine Längenbegrenzung				

Tafel E.4.3 Grenzabmessungen für dreiseitig gehaltene Wände (der obere Rand ist frei) ohne Auflast[2] bei Verwendung von Ziegeln oder Leichtbetonsteinen[5]

d cm	max. Wandlänge in m (Tabellenwert) im Einbaubereich I (oberer Wert) und im Einbaubereich II (unterer Wert) bei einer Wandhöhe in m						
	2,0	2,25	2,5	3,0	3,5	4,0	4,5
5,0	3,0	3,5	4,0	5,0	6,0	–	–
	1,5	2,0	2,5	–	–	–	–
6,0	5,0	5,5	6,0	7,0	8,0	9,0	–
	2,5	2,5	3,0	3,5	4,0	–	–
7,0	7,0	7,5	8,0	9,0	10,0	10,0	10,0
	3,5	3,5	4,0	4,5	5,0	6,0	7,0
9,0	8,0	8,5	9,0	10,0	10,0	12,0	12,0
	4,0	4,0	5,0	6,0	7,0	8,0	9,0
10,0	10,0	10,0	10,0	12,0	12,0	12,0	12,0
	5,0	5,0	6,0	7,0	8,0	9,0	10,0
11,5	8,0	9,0	10,0	10,0	12,0	12,0	12,0
	6,0	6,0	7,0	8,0	9,0	10,0	10,0
12,0	8,0	9,0	10,0	12,0	12,0	12,0	12,0
	6,0	6,0	7,0	8,0	9,0	10,0	10,0
17,5	keine Längenbegrenzung						
	8,0	9,0	10,0	12,0	12,0	12,0	12,0

Fußnoten s. S. E.46

Zur Herstellung der Trennwände sind nur genormte oder bauaufsichtlich zugelassene Baustoffe zu verwenden. Bei Einhaltung der in den obigen Tafeln angegebenen Grenzabmessungen ist kein statischer Nachweis erforderlich.

Fußnoten zu den Tafeln E.4.1 bis E.4.3:

1) Bei dreiseitiger Halterung (ein freier, vertikaler Rand) sind die max. Wandlängen zu halbieren.
2) „Ohne Auflast" bedeutet, daß der obere Anschluß so ausgeführt wird, daß durch die Verformung der angrenzenden Bauteile keine Auflast entsteht. „Mit Auflast": Durch Verformung der angrenzenden Bauteile entsteht geringe Auflast (starrer Anschluß).
3) Bei Verwendung von Porenbeton-Blocksteinen und Kalksandsteinen mit Normalmörtel sind die max. Wandlängen zu halbieren. Dies gilt nicht bei Verwendung von Dünnbettmörteln oder Mörteln der Gruppe III. Bei Verwendung der Mörtelgruppe III sind die Steine vorzunässen.
4) Bei Verwendung von Porenbeton-Blocksteinen und Kalksandsteinen mit Normalmörtel und Wanddicken < 10 cm sind die max. Wandlängen zu halbieren. Dies gilt auch für 10 cm dicke Wände der genannten Steinarten und Normalmörtel im Einbaubereich II. Die Einschränkungen sind nicht erforderlich bei Verwendung von Dünnbettmörteln oder Mörteln der Gruppe III. Bei Verwendung der Mörtelgruppe III sind die Steine vorzunässen.
5) Bei Verwendung von Steinen aus Porenbeton und Kalksandsteinen mit Normalmörtel sind die max. Wandlängen wie folgt zu reduzieren:

   a) bei 5, 6 und 7 cm dicken Wänden auf 40 %
   b) bei 9 und 10 cm dicken Wänden auf 50 %
   c) bei 11,5 und 12 cm dicken Wänden im Einbaubereich II auf 50 % (keine Abminderung im Einbaubereich I).

Die Reduzierung der Wandlängen ist nicht erforderlich bei Verwendung von Dünnbettmörteln oder Mörteln der Gruppe III. Bei Verwendung der Mörtelgruppe III sind die Steine vorzunässen.

5 Zahlenbeispiele nach Eurocode 6

5.1 Vorbemerkungen

In [Das Mauerwerk 2.97] wurden die Ergebnisse von Mauerwerksberechnungen (Parameterstudien) nach Eurocode 6 (DIN V ENV 1996-1-1) vorgestellt. Hierbei ergab sich, daß bei strenger Auslegung des EC 6 für die Berechnung *einer* Mauerwerkswand 32 Nachweise zu führen sind. Bei einer ingenieurmäßigen Interpretation dieser Parameterstudien kamen die Autoren zu dem Schluß, daß letztlich nur (!) 8 Nachweise erforderlich sind. Daß auch dieser Rechenaufwand baupraktisch nicht aktzeptabel sein kann, liegt auf der Hand. Bei Verwendung eines Rechenprogramms wäre ein derartiger Rechenaufwand kein Problem. Es muß jedoch auch in Zukunft möglich sein, eine Mauerwerkswand ohne Computer („zu Fuß") nachweisen zu können. Über die oben angedeutete Problematik (großer Rechenaufwand wegen Berücksichtigung verschiedener Lastkombinationen) wird in Zukunft bei Fachveranstaltungen diskutiert werden müssen.

Auch weitere Fachveröffentlichungen könnten Klarheit schaffen. Bei allen Überlegungen sollte jedoch berücksichtigt werden, daß eine zu große Genauigkeit bezüglich verschiedener Lastkombinationen auch aus folgendem Grund nicht sinnvoll ist: Die den Momenten- und Auflagerkraftberechnungen zugrunde gelegten statischen Modelle (Rahmen und Durchlaufträger) stellen nur eine Näherung dar. Hinzu kommt, daß auch die statisch unbestimmte Rahmenberechnung nur eine grobe Näherung sein kann, da die für die Berechnung erforderlichen Materialkennwerte der Mauerwerkswand und der Stahlbetondecke (E und I) auch nur näherungsweise bekannt sind.

Anhand der folgenden zwei Zahlenbeispiele (Mittelwand im Dachgeschoß und Mittelwand im Geschoß darunter) wird der Rechengang nach EC 6 erläutert, ohne auf die o. a. Problematik der Lastkombinationen einzugehen. In den Zahlenbeispielen werden die Lastkombinationen verwendet, die den bisherigen „baustatischen Gepflogenheiten" beim Nachweis nach dem „genaueren Verfahren" nach DIN 1053 entsprechen. Es werden vereinfachend (auch für die Ermittlung des Differenzmomentes) beide Felder mit $g + q$ belastet (vgl. auch [Schneider/Schubert-96] S. 245). Die Möglichkeit, bei Hochbauten und bei Berücksichtigung mehrerer veränderlicher Einwirkungen den Teilsicherheitsbeiwert γ_Q auf 1,35 abzumindern, wird nicht angewendet. Es wird immer mit $\gamma_Q = 1,5$ gerechnet.

5.2 Zahlenbeispiele

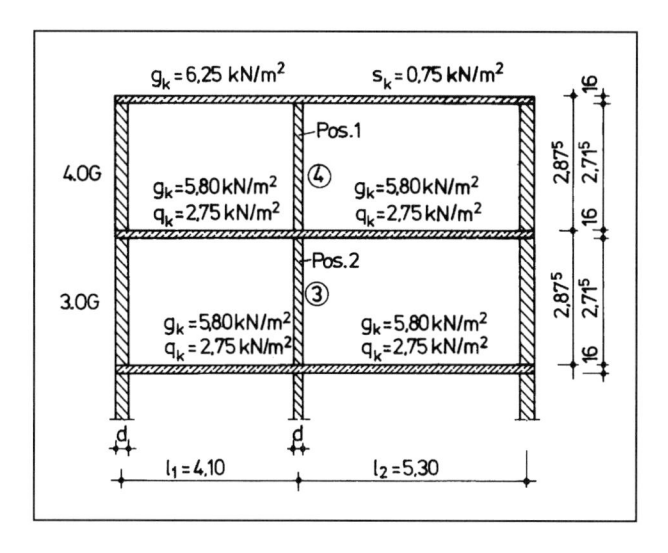

Baustatik

Beispiel 1
Pos. 1: 11,5 cm dicke Innenwand im 4. Obergeschoß (Dachgeschoß)
$h = 2,88$ m; $h_s = 2,72$ m;
Porenbeton 8/DM
Steinrohdichte 0,8 kg/dm^3
$\sigma_0 = 2,0$ MN/m^2;
$f_k = 2,86 \cdot 2,0 = 5,72$ MN/m^2
$E_{mw} = 1000\, f_k = 5720$ MN/m^2
B 25, $d_b = 16$ cm, $E_b = 30\,000$ MN/m^2

Auflagerkraft B_d^D der Dachdecke:
Stat. Ersatzsystem:

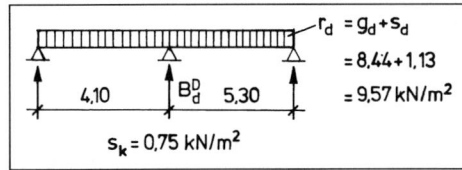

```
                    r_d = g_d + s_d
                        = 8,44 + 1,13
    4,10   B_d^D   5,30 = 9,57 kN/m²
    s_k = 0,75 kN/m²
```

$g_k = 6,25$ kN/m^2 $s_k = 0,75$ kN/m^2
$g_d = 1,35 \cdot 6,25 = 8,44$ kN/m^2
$s_d = 1,5 \cdot 0,75 = 1,13$ kN/m^2
$B_d^D = (0,674 + 0,784) \cdot 9,57 \cdot 4,10 = 57,2$ kN/m

Auflagerkraft B_d^Z der Zwischendecke:
Stat. Ersatzsystem:

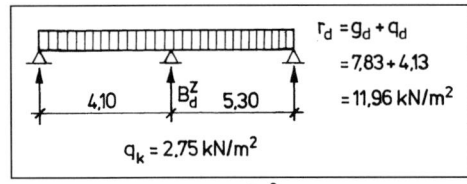

```
                    r_d = g_d + q_d
                        = 7,83 + 4,13
    4,10   B_d^Z   5,30 = 11,96 kN/m²
    q_k = 2,75 kN/m²
```

$g_d = 1,35 \cdot 5,8 = 7,83$ kN/m^2
$q_d = 1,5 \cdot 2,75 = 4,13$ kN/m^2
$B_d^Z = 57,2 \cdot 11,96/9,57 = 71,5$ kN/m

Ermittlung der Momente aus Rahmenwirkung
(Vereinfachtes Verfahren nach EC 6, Anhang C)

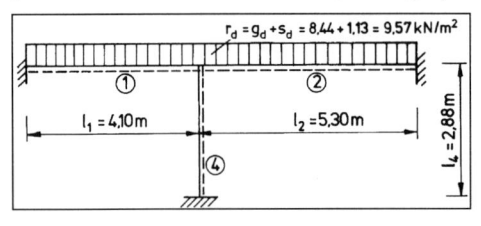

Steifigkeiten:

$$s_1 = \frac{E_1 I_1'}{l_1} = \frac{30\,000 \cdot 0,16^3}{4,10} = 30,0$$

$$s_2 = \frac{E_2 I_2'}{l_2} = \frac{30\,000 \cdot 0,16^3}{5,3} = 23,2$$

$$s_4 = \frac{E_4 I_4'}{l_4} = \frac{5720 \cdot 0,115^3}{2,88} = 3,02$$

Verteilungszahl:

$$\mu_4 = \frac{s_4}{\sum s_i} = \frac{3,02}{30,0 + 23,2 + 3,02} = 0,054$$

Wandmoment:

$M_{4d}^0 = \mu_4 (r_d\, l_1^2 - r_d\, l_2^2)/12$
$\quad = 0,054\,(9,57 \cdot 4,10^2 - 9,57 \cdot 5,3^2)/12$
$\quad = -0,49$ kNm/m

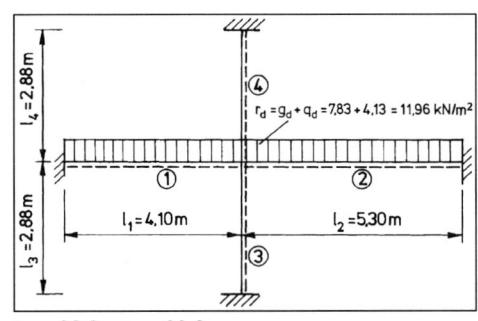

$s_1 = 30,0$ $s_2 = 23,2$
$s_3 = 3,02$ $s_4 = 3,02$

Verteilungszahl:
$\mu_4 = 3,02/(30,0 + 23,2 + 2 \cdot 3,02) = 0,051$

Wandmoment:
$M_{4d}^u = -0,051\,(11,96 \cdot 4,10^2 - 11,96 \cdot 5,3^2)/12$
$\quad = +0,57$ kNm/m

Abminderung der Momente mit $(1 - k/4)$:

$$k = \frac{\dfrac{E_3 I_3'}{l_3} + \dfrac{E_4 I_4'}{l_4}}{\dfrac{E_1 I_1'}{l_1} + \dfrac{E_2 I_2'}{l_2}} \leq 2$$

wenn die mittlere Bemessungsspannung
$> 0,25$ MN/m^2 ist.

Ermittlung der mittleren Bemessungsspannung

Stiel (Wand) oben:

$B_d^D = 57{,}2$ kN/m

$\sigma = 57{,}2 \cdot 10^{-3}/0{,}115 = 0{,}50$ MN/m²
$\phantom{\sigma = 57{,}2 \cdot 10^{-3}/0{,}115\;} > 0{,}25$ MN/m²

Stiel (Wand) unten:

$\sigma > 0{,}25$ MN/m²

$k = \dfrac{3{,}02}{30 + 23{,}2} = 0{,}057$

Abminderung $(1 - 0{,}057/4) = 0{,}986$

Ermittlung der Exzentrizitäten

a) Wandkopf

$B_d^D = 57{,}2$ kN/m

$M_d^o = -0{,}49 \cdot 0{,}986 = -0{,}48$ KNm/m

$e_o = -\dfrac{M_d^o}{B_d^D} = \dfrac{0{,}48}{57{,}2} = 0{,}0084\text{ m} = 0{,}84$ cm

b) Wandfuß

Längskraft am Wandfuß:

aus Dachdecke	57,2 kN/m
aus Wand	$2{,}72 \cdot 1{,}7 \cdot 1{,}35 = $ 6,2 kN/m
	= 63,4 kN/m

$M_d^u = 0{,}57 \cdot 0{,}986 = 0{,}56$ kNm/m

$e^u = -\dfrac{M_d^u}{R_d^u} = -\dfrac{0{,}56}{63{,}4} = -0{,}0089\text{ m} = -0{,}89$ cm

c) Wandmitte

Moment im mittleren Fünftel der Wandhöhe:

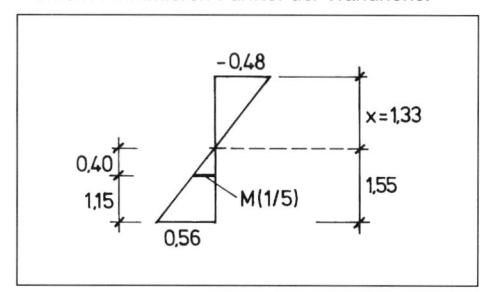

$\dfrac{0{,}48}{x} = \dfrac{0{,}56}{2{,}88 - x}$

$0{,}48\,(2{,}88 - x) = 0{,}56\,x$

$x = 1{,}33$ m

$M(1/5)_d = 0{,}56 \cdot 0{,}40/1{,}55 = 0{,}14$ kNm/m

Belastung im Fünftel der Wandhöhe:

aus Dachdecke	$B_d^D = 57{,}2$ kN/m
aus Mauerwerk	
$(2{,}88 - 1{,}15) \cdot 1{,}7 \cdot 1{,}35 =$	4,0 kN/m
	$R_d^m = 61{,}2$ kN/m

$\bar{e}^m = -\dfrac{M_d^m}{R_d^m} = -\dfrac{0{,}14}{61{,}2} = -0{,}0023\text{ m} = -0{,}23$ cm

Tragfähigkeitsnachweise

a) Wandkopf

$e_i = e^o + e^o{}_h + e_a$

$ e_o = 0{,}84$ cm

$ e_h^o = 0$

$ e_a = h_{ef}/450 = 0{,}75 \cdot 272/450 = 0{,}45$ cm

$e_i = 0{,}84 + 0{,}45 = 1{,}29$ cm

$\Phi_1 = 1 - \dfrac{2 l_i}{t} = 1 - \dfrac{2 \cdot 1{,}29}{11{,}5} = 0{,}78$

$N_{Rd} = \dfrac{\Phi_1' \cdot t \cdot f_k}{\gamma_M} = \dfrac{0{,}78 \cdot 0{,}115 \cdot 5{,}72}{1{,}7} = 0{,}30$ MN/m

$N_{Sd} = B_d^D = 57{,}2$ kN/m $= 0{,}057$ MN/m

$N_{Sd} \leq N_{Rd}$

$0{,}06 < 0{,}30$

Baustatik

b) Wandfuß

Im Vergleich mit a): $N_{Sd} < N_{Rd}$

c) Wandmitte

$e^m = \bar{e}^m + e_h^m + e_a$

$ = 0{,}23 + 0 + 0{,}45 = 0{,}68$ cm

Kriechen:

$e_k = 0{,}002 \, \varphi_\infty \, \dfrac{h_{ef}}{t} \sqrt{e^m \cdot t}$

$ = 0{,}002 \cdot 1{,}5 \cdot \dfrac{0{,}75 \cdot 272}{11{,}5} \sqrt{0{,}68 \cdot 11{,}5}$

$ = 0{,}15$ cm

$e_{mk} = e^m + e_k = 0{,}68 + 0{,}15 = 0{,}83$ cm

$\phantom{e_{mk} = e^m + e_k} \geq 0{,}05 \cdot 11{,}5 = 0{,}58$ cm

$e_{mk}/t = 0{,}83/11{,}5 = 0{,}072$

$h_{ef}/t = 0{,}75 \cdot 272/11{,}5 = 17{,}7$

Aus Bild 4.2 (S. I.91): $\Phi_m = 0{,}60$

$N_{Rd} = 0{,}30 \cdot 0{,}6/0{,}78 = 0{,}23$ MN/m

$N_{Sd} = R_d^m = 61{,}2$ kN/m $= 0{,}061$ MN/m

$N_{Sd} \leq N_{Rd}$

$0{,}06 < 0{,}23$

Beispiel 2

Pos. 2 11,5 cm dicke Wand im 3. Obergeschoß

Abmessungen, Materialkennwerte, Belastung wie Beispiel 1 (Pos. 1).

Ermittlung der Momente aus Rahmenwirkung (vgl. Beispiel 1)

$M_{3d}^o = -0{,}57$ kNm

$M_{3d}^u = 0{,}57$ kNm

Abminderung der Momente mit $(1 - k/4)$:

$k = \dfrac{\dfrac{E_3 I_3'}{l_3} + \dfrac{E_4 I_4'}{l_4}}{\dfrac{E_1 I_1'}{l_1} + \dfrac{E_2 I_2'}{l_2}} \leq 2$ (vgl. Beispiel 1),

wenn die mittlere Bemessungsspannung $> 0{,}25$ MN/m² ist.

Ermittlung der mittleren Bemessungsspannung

Stiel (Wand) oben:

aus Dachdecke	$B_d^D = 57{,}2$ kN/m
aus Zwischendecke	$B_d^Z = 71{,}5$ kN/m
aus Wand $2{,}72 \cdot 1{,}7 \cdot 1{,}35$	$= 6{,}2$ kN/m
	$R_d = 134{,}9$ kN/m

$\sigma = 134{,}9 \cdot 10^{-3}/0{,}115 = 1{,}17$ MN/m²
$\phantom{\sigma = 134{,}9 \cdot 10^{-3}/0{,}115} > 0{,}25$ MN/m²

Stiel (Wand) unten: $\sigma > 0{,}25$ MN/m²

$k = \dfrac{3{,}02 + 3{,}02}{30{,}0 + 23{,}2} = 0{,}114$

Abminderung $(1 - 0{,}114/4) = 0{,}972$

Ermittlung der Exzentrizitäten aus Rahmenwirkung

a) Wandkopf

$R_d^o = 134{,}9$ kN/m

$M_d^o = -0{,}57 \cdot 0{,}972 = -0{,}55$ kNm/m

$e^o = -\dfrac{M_d^o}{R_d^o} = -\dfrac{-0{,}55}{134{,}9} = 0{,}0041$ m $= 0{,}41$ cm

b) Wandfuß

Längskraft am Wandfuß:

von oben	134,9 kN/m
aus Wand	6,2 kN/m
	$R_d^u = 141{,}1$ kN/m

$M_d^u = 0{,}57 \cdot 0{,}972 = 0{,}55$ kNm/m

$e^u = -\dfrac{M_d^u}{R_d^u} = -\dfrac{0{,}55}{141{,}1} = -0{,}0039$ m $= -0{,}39$ cm

c) Wandmitte

Moment im mittleren Fünftel der Wandhöhe:

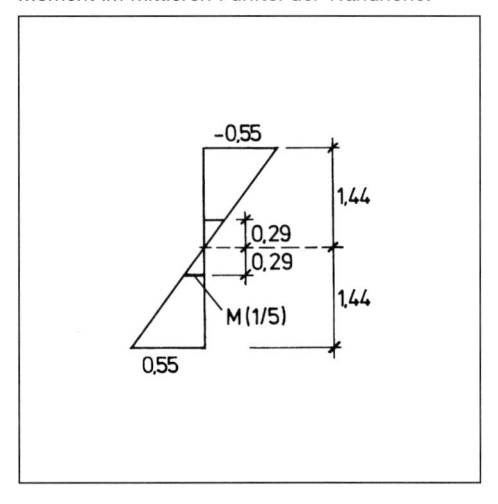

$$\frac{0{,}29}{1{,}44} = \frac{M(1/5)_d}{0{,}55}$$

$M(1/5)_d = 0{,}11$ kNm/m

Belastung im mittleren Fünftelpunkt:

von oben	134,9 kN/m
aus Wand (wie Beispiel 1)	4,0 kN/m
	$R_d^m = 138{,}9$ kN/m

$$\bar{e}^m = -\frac{M_d^m}{R_d^m} = -\frac{0{,}11}{138{,}9} = -0{,}0008 \text{ m} = -0{,}08 \text{ cm}$$

Tragfähigkeitsnachweise

a) Wandkopf

$e_i = e^o + e_h^o + e_a$

$e^o = 0{,}41$ cm

$e_h^o = 0$

$e_a = h_{ef}/450 = 0{,}75 \cdot 272/450 = 0{,}45$ cm

$e_i = 0{,}41 + 0{,}45 = 0{,}86$ cm

$$\Phi_2 = 1 - \frac{2\,e_i}{t} = 1 - \frac{2 \cdot 0{,}86}{11{,}5} = 0{,}85$$

$$N_{RD} = \frac{\Phi_2 \cdot t \cdot f_k}{\gamma_M} = \frac{0{,}85 \cdot 0{,}115 \cdot 5{,}72}{1{,}7}$$

$= 0{,}33$ MN/m

$N_{Sd} = R_d^o = 134{,}9$ kN/m $= 0{,}135$ MN/m

$N_{Sd} \leq N_{Rd}$

$0{,}14 < 0{,}33$

b) Wandfuß

Im Vergleich mit a):

$N_{Sd} < N_{Rd}$

c) Wandmitte

$e^m = \bar{e}^m + e_h^m + e_a$

$ = 0{,}08 + 0 + 0{,}45 = 0{,}53$ cm

Kriechen:

$$e_k = 0{,}002\, \varphi_\infty\, \frac{h_{ef}}{t}\, \sqrt{e^m t}$$

$$= 0{,}002 \cdot 1{,}5\, \frac{0{,}75 \cdot 272}{11{,}5}\, \sqrt{0{,}53 \cdot 11{,}5} = 0{,}13 \text{ cm}$$

$e_{mk} = e^m + e_k = 0{,}53 + 0{,}13 = 0{,}66$ cm

$\phantom{e_{mk}} > 0{,}05 \cdot 11{,}5 = 0{,}58$ cm

$e_{mk}/t = 0{,}66/11{,}5 = 0{,}057$

$h_{ef}/t = 0{,}75 \cdot 272/11{,}5 = 17{,}7$

Aus Bild 4.2 (S. I.91): $\Phi_m = 0{,}65$

$N_{Rd} = 0{,}33 \cdot 0{,}65/0{,}85 = 0{,}25$ MN/m

$N_{Sd} = R_d^m = 138{,}9$ kN/m $= 0{,}139$ MN/m

$N_{Sd} \leq N_{Rd}$

$0{,}14 < 0{,}25$

6 Aktuelle Beiträge

Statischer Nachweis von dünnen Außenwänden aus Mauerwerk

1 Vorbemerkungen

Dünne Außenwände aus Mauerwerk werden insbesondere im Wohnungsbau immer häufiger ausgeführt. Grundsätzlich ist die Konstruktion von dünnen Außenwänden mit einer Dicke von $d \geq 11{,}5$ cm möglich, wenn ein statischer Nachweis erbracht werden kann und wenn die erforderlichen bauphysikalischen Randbedingungen (Wärmeschutz, Schallschutz, Schlagregenschutz, Brandschutz) erfüllt sind. Statische Probleme können insbesondere bei 11,5-cm-Außenwänden (z. B. als tragende Innenschale von zweischaligem Mauerwerk) auftreten, wenn Steine mit geringer Festigkeit verwendet werden oder wenn ein Windnachweis geführt werden muß.

Im Folgenden werden diese Fragen anhand der Vorschrift DIN 1053-1 eingehend behandelt. Es werden Außenwände mit Dicken $d = 11{,}5$ cm und $d = 15{,}0$ cm betrachtet.

Der Punkt e) bedarf einer Kommentierung. Diese Aussage widerspricht der Aussage des Abschnitts 8.1.2.1 von DIN 1053-1. Hier steht die allgemeine Aussage, daß die Mindestdicke von Außenwänden 11,5 cm beträgt. Die in der Vorgängernorm DIN 1053-1 (Ausgabe 11.74) im Abschnitt 3.2.2.2 geforderte Mindestdicke für Außenwände von $d = 24$ cm ist – wie oben bereits erwähnt – in der aktuellen Fassung von DIN 1053-1 nicht mehr enthalten. Dafür gibt es einen einleuchtenden Grund. Mit den heutigen bautechnischen Mitteln ist es problemlos möglich, auch bei 11,5 cm dicken Wänden sowohl die bauphysikalischen Anforderungen zu erfüllen (z. B. Wärmeschutz durch Wärmedämmverbundsystem) als auch Schlagregenschutz zu gewährleisten. Die in der Vorgängernorm geforderte Mindestwanddicke $d = 24$ cm bei Außenwänden von Räumen, die für den dauernden Aufenthalt von Menschen vorgesehen sind, hatte keine statischen, sondern Schlagregenschutz-Gründe. Daher ist Punkt e) der Aufzählung zuvor unlogisch. Vermutlich ist bei der Überarbeitung der neuen DIN 1053-1 vergessen worden, diesen Absatz zu streichen.

2 Bemessung nach DIN 1053-1 Vereinfachtes Verfahren

2.1 Allgemeines

Sollen dünne Wände ($d < 17{,}5$ cm) nach dem „Vereinfachten Verfahren" bemessen worden, so sind neben den allgemeinen Voraussetzungen für die Anwendung des „Vereinfachten Verfahrens" (s. DIN 1053-1, Tabelle 1) zusätzliche Bedingungen einzuhalten:

a) Lichte Wandhöhe $\leq 2{,}75$ m.

b) Verkehrslast $p \leq 3$ kN/m^2 (einschließlich Zuschlag für nichttragende innere Trennwände).

c) Maximal zwei Vollgeschosse zuzüglich einem ausgebauten Dachgeschoß.

d) Aussteifende Querwände im Abstand $\leq 4{,}50$ m.

e) Einschalige Außenwände mit $d = 11{,}5$ cm Dicke sind nur zulässig bei 1-geschossigen Garagen und bei vergleichbaren Bauwerken, die nur zum zeitweiligen Aufenthalt von Menschen vorgesehen sind.

2.2 Allgemeiner Nachweis von Wänden

Werden die Voraussetzungen für die Anwendung des „Vereinfachten Verfahrens" eingehalten, so erfolgt der Nachweis nach folgendem Prinzip. Der Grundwert der zulässigen Druckspannung σ_0, der sich aus der Stein-Mörtelkombination gemäß DIN 1053-1, Tabellen 4a, 4b oder 4c ergibt, wird mit den Faktoren k_i abgemindert. Dieser abgeminderte Wert entspricht der zulässigen Spannung.

a) Faktoren k_1 zur Berücksichtigung unterschiedlicher Sicherheitsbeiwerte bei Wänden und „kurzen Wänden" (Pfeilern):

$k_1 = 1{,}0$ (keine Abminderung) für Wände

$k_1 = 1{,}0$ (keine Abminderung) für „kurze Wände" (Pfeiler), die aus einem oder mehreren ungetrennten Steinen oder aus getrennten Steinen mit einem Lochanteil von weniger als 35 % bestehen und nicht durch Schlitze oder Aussparungen geschwächt sind.

$k_1 = 0,8$ (20 % Abminderung) für alle anderen „kurzen Wände" (Pfeiler), Mindestquerschnitt beträgt jedoch 400 cm².

b) Faktor k_2 zur Berücksichtigung der Traglastminderung bei Knickgefahr.

$k_2 = 1,0$ (keine Abminderung) bei Schlankheiten $h_k/d \leq 10$

$$k_2 = \frac{25 - h_k/d}{15}$$

h_k = Knicklänge

Die Ermittlung der Knicklänge erfolgt nach DIN 1053-1, Abs. 6.7.2.

c) Faktor zur Berücksichtigung der Traglastminderung durch den Deckendrehwinkel bei Endlauflagern auf Innen- oder Außenwänden:

$k_3 = 1,0$ (keine Abminderung)
keine Abminderung bei Deckenstützweiten
$l \leq 4,20$ m

$k_3 = 1,7 - l/6$
bei Deckenstützweiten

4,20 m $< l \leq 6,00$ m

$k_3 = 1,0$ (keine Abminderung)
bei Anordnung von Zentrierleisten oder anderen konstruktiven Maßnahmen zur Vermeidung der Traglastminderung aus Deckendrehwinkel.

$k_3 = 0,5$ (50 % Abminderung) bei Decken über dem obersten Geschoß, insbesondere bei Dachdecken.

Ein Mauerwerksnachweis ist bekannterweise wie folgt zu führen:

$$\text{vorh } \sigma = \frac{N}{A} \leq \text{zul } \sigma = k \cdot \sigma_0 \quad (1)$$

$k = k_1 \cdot k_2$ gilt für alle Wände   (2)

bzw.

$k = k_1 \cdot k_3$ gilt für Wände, die ein Endlauflager bilden   (3)

Für den k-Wert in Gl. (1) ist der kleinste Wert aus Gl. (2) und (3) einzusetzen.

Betrachtet man einmal speziell den Wert k_2 bei dünnen Wänden ($d \leq 15,0$ cm), so ergeben sich für den Fall, daß $k_1 = 1$ und $k_2 = 1$ sind, folgende Traglastminderungen infolge Knickeinfluß:

Aus den Tabellen 1 und 2 ist ersichtlich, daß bei schlanken Tragschalen die Traglastminderung bei Knickgefahr zwischen 20 % und 84 % liegen kann. Insbesondere bei Wanddicken von $d = 11,5$ cm und bei nicht vollflächig aufgelagerten Massivdecken ist somit Mauerwerk mit hoher Druckfestigkeit erforderlich.

Tabelle 1

Traglastminderung aufgrund von Knickgefahr bei schlanken Wänden mit lichter Geschoßhöhe von 2,60 m und *vollflächig* aufgelagerter Massivdecke, zweiseitige Wandhaltung:

Wanddicke	h_k/d	k_2
11,5 cm	16,95	0,53
15,0 cm	13,00	0,80

Tabelle 2

Traglastminderung aufgrund von Knickgefahr bei schlanken Wänden mit lichter Geschoßhöhe von 2,60 m und *nicht vollflächig* aufgelagerter Massivdecke, zweiseitige Wandhalterung:

Wanddicke	h_k/d	k_2
11,5 cm	22,60	0,16
15,0 cm	17,33	0,51

2.3 Nachweis von Außenwänden in obersten Geschossen

In der neuen DIN 1053-1 (11.96) wird erstmals eine 50 %-ige Abminderung der Traglast infolge Deckendrehwinkel für den Fall gefordert, daß Außenwände ausschließlich durch Decken über dem obersten Geschoß belastet werden. Die Notwendigkeit für diese Abminderung ergibt sich aus der Tatsache, daß insbesondere bei Dachdecken aufgrund fehlender Auflast der Deckendrehwinkel besonders wirksam wird. Die Resultierende der Auflagerkraft der Decke wird in Richtung Innenkante der Wand verschoben, da die Decke aufgrund fehlender Auflast außen „abhebt". Dies führt zu erhöhten Kantenpressungen im Mauerwerk. Dem wird durch eine zusätzliche Abminderung des Grundwertes der zulässigen Druckspannung Rechnung getragen.

Aufgrund der Formulierung des Normentextes „Bei Decken über dem obersten Geschoß, insbesondere bei Dachdecken..." ergeben sich jedoch einige Fragen, auf die im folgenden näher eingegangen werden soll.

Insbesondere bei Gebäuden mit Pfetten- oder Sparrendächern und häufig ausgebautem Dachgeschoß stellt sich die Frage: Ist die Decke unter dem ausgebauten Dachgeschoß als „Decke über dem obersten Geschoß" anzusehen? Es ist für die

Bemessung des Mauerwerks von Bedeutung, wie groß die Auflast der Wand ist. Bei geringerer Auflast (z. B. beim Pfettendach) ist die Gefahr einer zu großen „klaffenden Fuge" im Mauerwerk größer als bei höherer Auflast (z. B. beim Sparrendach).

Um eine wirtschaftliche Bemessung – insbesondere bei Leichtmauerwerk mit guten Wärmedämmeigenschaften und geringeren Festigkeiten zu ermöglichen – schlagen die Verfasser aufgrund des zuvor dargestellten Zusammenhangs zwischen „klaffender Fuge" und Auflast vor, den in der DIN 1053-1 pauschal festgelegten Wert $k = 0,5$ in Abhängigkeit von der Auflast wie folgt zu variieren:

Mauerwerk im obersten Geschoß, wenn darüber eine Dachkonstruktion vorhanden ist:

- Auflast 4 kN/m $\leq F \leq$ 8 kN/m
  $k_3 = 0,7$ bzw $k_3 = 1,7 - l/6$

  der kleinere Wert ist maßgebend

- Auflast $F > 8$ kN/m
  $k_3 = 1,7 - l/6$

Beispiel:
Mauerwerk, belastet durch Decke über EG und durch Last aus Dachkonstruktion (Sparrendach) gemäß Abb. E 1:

Last aus Dachkonstruktion:
Ständige Last: 7,85 kN/m = $N_1 g$
Vollast: 14,50 kN/m = $N_1 q$

Deckenstützweite der angrenzenden Decke:
$l = 5,20$ m

k_3 bei ständiger Last $F \leq 8$ kN/m:

$k_3 = 0,70$

k_3 bei Vollast $F > 8$ kN/m:

$k_3 = 1,7 - 5,20/6 = 0,84$

Nach DIN 1053-1 wäre unter diesen Bedingungen mit einem k_3-Wert von 0,5 zu rechnen. Die Beachtung des Abminderungsfaktors bei ständiger Last ist nur dann erforderlich, wenn z. B. Pfeiler unter Beachtung der Windlast rechtwinklig zur Wandebene nachgewiesen werden (siehe Abschnitt 3).

$N_1 g = 7,85$ kN/m
$N_1 q = 14,50$ kN/m

Stützweite Decke
$l = 5,20$ m

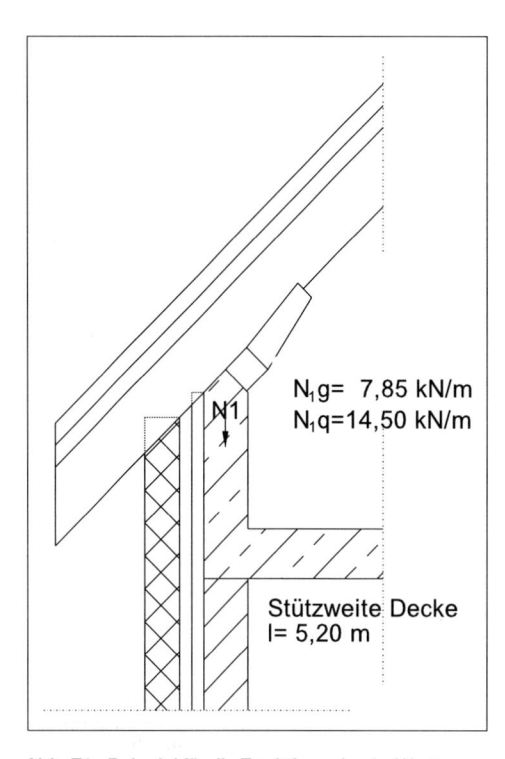

Abb. E1: Beispiel für die Ermittlung des k_3-Wertes

3 Der Windnachweis bei Anwendung des „Vereinfachten Bemessungsverfahrens"

3.1 Allgemeines

Im Abschnitt 6.3 der Norm DIN 1053-1 wird hinsichtlich der Beachtung von Windlasten rechtwinklig zur Wandebene folgende Aussage getroffen: „Der Einfluß der Windlast rechtwinklig zur Wandebene darf beim Spannungsnachweis unter den Voraussetzungen des vereinfachten Verfahrens in der Regel vernachlässigt werden, wenn eine ausreichende horizontale Halterung der Wände vorhanden ist. Als solche gelten z. B. Decken mit Scheibenwirkung oder statisch nachgewiesenen Ringbalken im Abstand der zulässigen Geschoßhöhen nach Tabelle 1. Unabhängig davon ist die räumliche Steifigkeit des Gebäudes sicherzustellen."

In der Regel kann also auf einen Windnachweis verzichtet werden, wenn die o. a. konstruktiven Regeln eingehalten werden und die Bedingungen für die Anwendung des „Vereinfachten Verfahrens" erfüllt sind.

Die Formulierung „in der Regel" weist darauf hin, daß der Tragwerksplaner in bestimmten Fällen, wie z. B. bei einem Pfeiler mit angrenzenden großen Wandöffnungen, Überlegungen zur Standsicherheit infolge Wind anstellen sollte.

3.2 Zahlenbeispiel

Im folgenden wird am Beispiel einer „kurzen Wand" (Pfeiler) der Einfluß der Windlast überprüft.

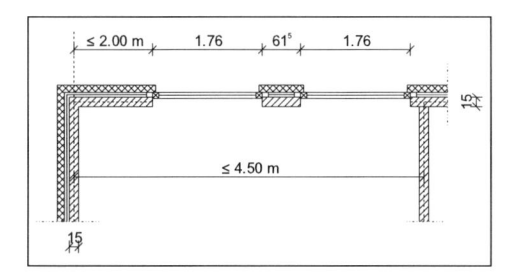

Wandpfeiler $b = 61{,}5$ cm, $d = 15$ cm; lichte Pfeilerhöhe $h = 2{,}60$ m, zweiseitig gehalten, Decke spannt parallel zum Pfeiler, Steinrohdichte $0{,}6$ kg/dm^3, Eigenlast Mauerwerk 8 kN/m^3.

Einflußbreite B des Pfeilers:

$B = 0{,}615 + 2 \cdot 1{,}76/2 = 2{,}38$ m

Lastannahmen:

Auflagerkraft der Dachkonstruktion:

max $A = 4{,}0$ kN/m (Vollast)

min $A = 1{,}5$ kN/m (Eigenlast)

Decke:

$q = 7{,}00$ kN/m^2

$g = 5{,}50$ kN/m^2

Belastung des Pfeilers

Lastfall 1: Vollast und Wind

Last in Wandmitte:
aus Dachkonstruktion $4{,}0 \cdot 2{,}38$	$= 9{,}52$ kN
aus Deckenanteil $7{,}0 \cdot 1{,}00 \cdot 2{,}38$	$= 16{,}66$ kN
aus Pfeiler in Wandmitte $0{,}15 \cdot 0{,}615 \cdot 1{,}3 \cdot 8$	$= 0{,}96$ kN
aus Gipsputz (0,18 kN/m^2) $0{,}615 \cdot 1{,}3 \cdot 0{,}18$	$= 0{,}14$ kN
max R	$= 27{,}28$ kN

Windlast

(Gebäudehöhe liegt zwischen 8 und 20 m)

$w = 0{,}8 \cdot 0{,}5 \cdot 2{,}38 = 0{,}95$ kN/m

Da es sich gemäß DIN 1055 um ein Einzeltragglied handelt, ist die Windlast um 25 % zu erhöhen:

$w = 1{,}25 \cdot 0{,}95 = 1{,}19$ kN/m

max $M = 1{,}19 \cdot 2{,}60^2/8 = 1{,}0$ kNm

Ausmittigkeit in Wandmitte:

$e = \dfrac{M}{\max R} = \dfrac{1{,}0}{27{,}28} = 0{,}037$ m $= 3{,}7$ cm

$e < d/3 = 5{,}0$ cm $=$ zul e

Lastfall 2: Ständige Last und Windlast

Last in Wandmitte:
aus Dachkonstruktion $1{,}5 \cdot 2{,}38$	$= 3{,}57$ kN
aus Deckenanteil $5{,}5 \cdot 1{,}00 \cdot 2{,}38$	$= 13{,}09$ kN
aus Pfeiler in Wandmitte $0{,}15 \cdot 0{,}615 \cdot 1{,}3 \cdot 8$	$= 0{,}96$ kN
aus Gipsputz (0,18 kN/m^2) $0{,}615 \cdot 1{,}3 \cdot 0{,}18$	$= 0{,}14$ kN
min R	$= 17{,}76$ kN

aus Wind wie vor max $M = 1{,}00$ kNm

Ausmittigkeit in Wandmitte:

$e = \dfrac{M}{\min R} = \dfrac{1{,}0}{17{,}76} = 0{,}56$ m $= 5{,}6$ cm

$e > d/3 = 5{,}0$ cm $=$ zul e

Für die Ermittlung des maximalen Windmoments wurde ein Träger auf zwei Stützen, oben und unten gelenkig gelagert, gewählt. Unter diesen Bedingungen ist die Wand mit $d = 15$ cm nicht ausführbar.

Die Verfasser schlagen als Alternative vor, in Anlehnung an DIN 1053-1, Abschnitt 7.2.5 („Genaueres Verfahren") eine elastische Einspannung anzunehmen. Dies ist realistisch, wenn die Decken oberhalb und unterhalb des Pfeilers voll aufliegen und als Massivplatte ausgeführt werden.

Damit ergibt sich ein Windmoment am Wandkopf, Wandfuß und in Wandmitte von

$M_w = 1{,}18 \cdot 2{,}60^2/16 = 0{,}50$ kNm

Nachweis am Wandkopf für Lastfall 2:

$R = 17{,}76 - 1{,}10 = 16{,}66$ kN

$e = \dfrac{M}{R} = \dfrac{0{,}50}{16{,}66} = 0{,}03$ m $< d/3 = 5$ cm

Anmerkung: Für den Lastfall 1 ergibt sich am Wandkopf bei Annahme einer elastischen Einspannung die größte Ausmitte. Für die Ermittlung der max. Mauerwerksdruckspannung ist jeweils für den Lastfall 1 und für den Lastfall 2 der Spannungsnachweis am Wandkopf, am Wandfuß und in Wandmitte zu führen. Dies führt in der Regel zu einem erhöhten Rechenaufwand.

Vereinfachend kann die Ermittlung der max. Mauerwerksdruckspannung in Wandmitte für den Lastfall 2 unter Annahme der gelenkigen Lagerung erfolgen – allerdings nur, wenn die Ausmitte $e \leq d/3$ ist.

Im Rahmen dieses Beispiels wird der Spannungsnachweis am Wandkopf für den Lastfall 1 und 2 unter Annahme einer elastischen Einspannung und in Wandmitte für den Lastfall 1 unter Annahme einer gelenkigen Wandlagerung geführt.

Ermittlung der k-Werte

$k_1 = 1,0$ (Pfeiler besteht aus Steinen mit Lochanteil < 35 %)

$k_2 = \dfrac{25 - h_k/d}{15}$ $h_k = 0,75 \cdot 2,60\,\text{m}$

$h_k = 1,95\,\text{m}$

$h_k/d = 13 > 10$

$k_2 = \dfrac{25 - 13}{15} = 0,80$

$k_3 = 1,0$ → kein Deckenendauflager

Abminderungsfaktor

$\min k = 0,8 \cdot 1,0 = 0,8$

Lastfall Ständige Last und Windlast, Nachweis am Wandkopf bei elastischer Einspannung

$\max \sigma = \dfrac{2R}{3c \cdot b}$

$c = 15/2 - 3,0\,\text{cm} = 4,5\,\text{cm}$

$\max \sigma = \dfrac{2 \cdot 16,66}{3 \cdot 4,5 \cdot 61,5} = 0,040\,\text{kN/cm}^2$

$= 0,40\,\text{MN/m}^2$

Lastfall Vollast und Windlast, Nachweis am Wandkopf bei elastischer Einspannung

$R = 27,28 - 1,10 = 26,18\,\text{kN}$

$e = \dfrac{M}{R} = \dfrac{0,50}{26,18} = 0,20\,\text{m} < d/6 = 2,5\,\text{cm}$

$\max \sigma = \dfrac{R}{bd}\left(1 + \dfrac{6e}{d}\right)$

$\max \sigma = \dfrac{26,18}{61,5 \cdot 15}\left(1 + \dfrac{6 \cdot 2}{15}\right) = 0,051\,\text{kN/cm}^2$

$= 0,51\,\text{MN/m}^2$

Auf eine komplette Darstellung der Nachweisführung für die beiden Lastfälle in der Wandmitte und am Wandfuß wird an dieser Stelle verzichtet. Die Berechnungsergebnisse werden in der nachfolgenden Tabelle aufgeführt:

Nachweis	max σ in MN/m²	
	Lastfall 1	Lastfall 2
Wandmitte	0,50	0,40
Wandfuß	0,50	0,41

Für das gewählte Beispiel ergeben sich somit die max. Druckspannungen am Wandkopf bei Vollast und Windlast.

Wie bereits auf S. E.55 (unten rechts) erwähnt, kann die max. Druckspannung bei Einhaltung des Kriteriums $e \leq d/3$ in Wandmitte für gelenkige Wandhalterung ermittelt werden. Diese Vereinfachung führt unter Umständen jedoch zu unwirtschaftlichen Bemessungen des Mauerwerks.

Lastfall Vollast und Windlast, Nachweis in Wandmitte, bei gelenkiger Lagerung oben und unten

$R = 27,28\,\text{kN}$

$e = \dfrac{M}{R} = \dfrac{1,00}{27,28} = 0,036\,\text{m} < d/3 = 5\,\text{cm}$

$\max \sigma = \dfrac{2R}{3c \cdot b}$

$c = 15/2 - 3,6\,\text{cm} = 3,9\,\text{cm}$

$b = 61,5\,\text{cm}$

$\max \sigma = \dfrac{2 \cdot 27,28}{3 \cdot 3,9 \cdot 61,5} = 0,075\,\text{kN/cm}^2$

$= 0,75\,\text{MN/m}^2$

Die ermittelte maximale Druckspannung liegt somit deutlich höher als bei Annahme einer elastischen Einspannung am Wandkopf und am Wandfuß.

Die Ermittlung der notwendigen Stein-Mörtelkombination erfolgt auf der Grundlage der ermittelten maximalen Druckspannung bei elastischer Einspannung.

Erforderlich σ_0 Mauerwerk:

$\text{erf}\,\sigma_0 = \dfrac{\max \sigma}{k}$

k = ermittelter Abminderungsfaktor

$$\text{erf } \sigma_0 = \frac{0{,}51 \text{ MN/m}^2}{0{,}80} = 0{,}63 \text{ MN/m}^2$$

Gewählt:

z. B. SFK 4/MG II, $\sigma_0 = 0{,}70$ MN/m²

Anmerkungen:

Gemäß DIN 1053, 7.9.1 darf beim „Genauen Verfahren" bei exzentrischer Beanspruchung im Bruchzustand die Kantenpressung den Wert 1,33 β_R, die mittlere Spannung den Wert β_R nicht überschreiten.

Für das „Vereinfachte Verfahren" ist eine 33 %-ige Erhöhung der zulässigen Druckspannungen nicht vorgesehen, da bei diesem Verfahren das Mauerwerk i. d. R. nicht unter Beachtung von Kantenpressungen bemessen wird. Wenn jedoch das Mauerwerk wie oben gezeigt unter Beachtung von Exzentrizitäten aus Windmomenten nachgewiesen wird, so können nach Meinung der Verfasser auch im „Vereinfachten Verfahren" die zulässigen Druckspannungswerte für Kantenpressungen um 33 % erhöht werden.

Für das berechnete Beispiel ist dann erforderlich σ_0 Mauerwerk:

$$\text{erf } \sigma_0 = \frac{0{,}51}{1{,}33 \cdot 0{,}80} = 0{,}49 \text{ MN/m}^2$$

Gewählt: SFK 2/II, $\sigma_0 = 0{,}50$ MN/m²

3.3 Erforderliche Auflast in kN von Pfeilern

Die erforderliche Auflast von Pfeilern in Abhängigkeit von Einflußbreite kann mit den nachfolgenden Formeln ermittelt werden. Die Herleitung der Formeln erfolgte unter der Prämisse, daß die Bedingung $e \leq d/3$ eingehalten wird.

Gebäudehöhe ≤ 8 m

Erforderliche Auflast N in Wandmitte bei gelenkiger Wandhalterung:

$$\text{erf } N_1 \geq \frac{0{,}9375 \cdot B \cdot h^2}{8d} \quad \text{(E1)}$$

B = Erflußbreite des Pfeilers in m
h = Pfeilerhöhe in m
d = Pfeilerdicke in m

Erforderliche Auflast N am Wandkopf bei elastischer Einspannung:

$$\text{erf } N_2 \geq \frac{0{,}9375 \cdot B \cdot h^2}{12d} \quad \text{(E2)}$$

Erforderliche Auflast N am Wandkopf bei Volleinspannung:

$$\text{erf } N_3 \geq \frac{0{,}9375 \cdot B \cdot h^2}{16d} \quad \text{(E3)}$$

Wenn in Abhängigkeit von der Gebäudehöhe vorh $N \geq N_1$, N_2 oder N_3, so kann der Pfeiler mit den vorhandenen Abmessungen unter Beachtung der Einflußbreite nachgewiesen werden, anderenfalls ist die Pfeilerdicke zu erhöhen oder die Einflußbreite zu verringern. Der Nachweis erfolgt unter Beachtung der Kantenpressung mit dem um 33 % erhöhten zulässigen Grundwert der Mauerwerksdruckspannung σ_0.

Die erforderliche Auflast bei Gebäudehöhen > 8 m bis 20 m erhält man, wenn in den Gleichungen (E1) bis (E3) der Faktor 0,9375 durch den Faktor 1,5 ersetzt wird.

In den nachfolgenden Tabellen werden für die Wanddicken 11,5 und 15,0 cm in Abhängigkeit der Einflußbreite des Pfeilers die erforderlichen Mindestauflasten zur Einhaltung des Kriteriums $e \leq d/3$ dargestellt.

Tabelle 3:

Erforderliche Auflast N_1 in kN für Pfeiler mit $h = 2{,}60$ m bei gelenkiger Wandhaltung, Gebäudehöhe ≤ 8 m

	Einflußbreite B in m				
d	1,50	2,00	2,50	3,00	3,50
11,5 cm	10,33	13,76	17,22	20,67	24,11
15,0 cm	7,92	10,56	13,20	15,84	18,48

Tabelle 4:

Erforderliche Auflast N_2 in kN für Pfeiler mit $h = 2{,}60$ m bei elastischer Einspannung des Pfeilers am Wandkopf und Wandfuß, Gebäudehöhe ≤ 8 m

	Einflußbreite B in m				
d	1,50	2,00	2,50	3,00	3,50
1,5 cm	5,17	6,89	8,61	10,33	12,06
15,0 cm	3,96	5,28	6,6	7,92	9,24

Tabelle 5:

Erforderliche Auflast N_3 in kN für Pfeiler mit $h = 2{,}60$ m bei Volleinspannung des Pfeilers am Wandkopf und Wandfuß, Gebäudehöhe ≤ 8 m

d	Einflußbreite B in m				
	1,50	2,00	2,50	3,00	3,50
11,5 cm	6,89	9,18	11,48	13,78	16,07
15,0 cm	5,28	7,04	8,8	10,56	12,32

Tabelle 6:

Erforderliche Auflast N_1 in kN für Pfeiler mit $h = 2{,}60$ m bei gelenkiger Wandhalterung, Gebäudehöhe > 8 m bis 20 m

d	Einflußbreite B in m				
	1,50	2,00	2,50	3,00	3,50
11,5 cm	16,53	22,02	27,55	33,07	38,58
15,0 cm	12,68	16,90	21,13	25,35	29,58

Tabelle 7:

Erforderliche Auflast N_2 in kN für Pfeiler mit $h = 2{,}60$ m bei elastischer Einspannung des Pfeilers am Wandkopf und Wandfuß, Gebäudehöhe > 8 m bis 20 m

d	Einflußbreite B in m				
	1,50	2,00	2,50	3,00	3,50
11,5 cm	8,27	11,02	13,78	16,53	19,29
15,0 cm	6,34	8,45	10,56	12,66	14,79

Tabelle 8:

Erforderliche Auflast N_3 in kN für Pfeiler mit $h = 2{,}60$ m bei Volleinspannung des Pfeilers am Wandkopf und Wandfuß, Gebäudehöhe > 8 m bis 20 m

d	Einflußbreite B in m				
	1,50	2,00	2,50	3,00	3,50
11,5 cm	11,02	14,70	16,37	22,04	25,72
15,0 cm	8,45	11,27	14,08	16,90	19,72

Beispiel:

Für den im Zahlenbeispiel 3.2 nachgewiesenen Pfeiler wird die erforderliche Auflast ermittelt:

Pfeilerdicke: 15 cm

Einflußbreite: 2,38 m

Gebäudehöhe > 8 m bis 20 m

erf N_1 nach Tabelle 6 (interpoliert) in Wandmitte:

$$\text{erf } N_1 = 20{,}28 \text{ kN}$$

erf N_2 nach Tabelle 7 (interpoliert) am Wandkopf:

$$\text{erf } N_2 = 10{,}14 \text{ kN}$$

erf N_3 nach Tabelle 8 (interpoliert) am Wandkopf:

$$\text{erf } N_3 = 13{,}52 \text{ kN}$$

Der Pfeiler kann im Lastfall „Ständige Last und Wind" mit elastischer Einspannung und Volleinspannung nachgewiesen werden, da

$N = 17{,}72 \text{ kN} > 13{,}52 \text{ kN} > 10{,}14 \text{ kN}$

Aus den Tabellen 3 bis 8 ist ersichtlich, daß die Annahme einer Volleinspannung des Mauerwerks am Wandkopf und Wandfuß beim vereinfachten Bemessungsverfahren wenig Sinn ergibt, da die erforderlichen Auflasten am Wandkopf höher sind als bei angenommener elastischer Einspannung. Auch ist konstruktiv eine Volleinspannung am Wandkopf eines obersten Geschosses kaum realisierbar.

4 Kriterien für die Vernachlässigung des Windeinflusses bei Wandpfeilern mit $d \leq 15$ cm

Auf die Berücksichtigung der Windlast rechtwinklig zur Wandebene darf beim vereinfachten Bemessungsverfahren „in der Regel verzichtet werden". Dies gilt auch für Wandpfeiler mit $d \leq 15$ cm. In diesem Zusammenhang schlagen die Verfasser folgende baupraktische Regelung vor: Auf einen Nachweis kann verzichtet werden, wenn die Ausmittigkeit $e \leq d/6$ ist, also ein ungerissener Querschnitt vorliegt. Für diesen Fall reicht es aus, den Spannungsnachweis ohne Berücksichtigung der Ausmittigkeit der Auflast zu führen.

Im folgenden werden die Gleichungen zur Ermittlung der min. Auflast zur Erfüllung der vorbezeichneten Bedingung angegeben:

Gebäudehöhe ≤ 8 m

Erforderliche Auflast N_4 in Wandmitte bei gelenkiger Wandhalterung:

$$\text{erf } N_4 \geq \frac{1{,}875 \cdot B \cdot h^2}{8d} \tag{E4}$$

B = Einflußbreite des Pfeilers

h = Pfeilerhöhe in m

d = Pfeilerdicke in m

Erforderliche Auflast N_5 am Wandkopf bei elastischer Einspannung:

$$\text{erf } N_5 \geq \frac{1{,}875 \cdot B \cdot h^2}{12\,d} \quad \text{(E5)}$$

Erforderliche Auflast N_6 am Wandkopf bei Volleinspannung:

$$\text{erf } N_6 \geq \frac{1{,}875 \cdot B \cdot h^2}{16\,d} \quad \text{(E6)}$$

Die erforderliche Auflast N_4 bis N_6 bei Gebäudehöhen > 8 m bis 20 m erhält man, wenn in den Gleichungen (E4) bis (E6) der Faktor 1,875 durch den Faktor 3 ersetzt wird.

Beispiel:

Pfeiler mit d = 11,5 cm

Pfeilerhöhe h = 2,60 m

Einflußbreite B = 2,00 m

Auflast am Wandkopf: 38,50 kN

Auflast in Wandmitte: 40,15 kN

Gebäudehöhe < 8 m

erf N_4 = 27,55 kN (nach Gl. (E4))

Interpretation der Ergebnisse:

Die vorhandene Auflast ist schon bei gelenkiger Lagerung größer als die erforderliche Auflast. Der Pfeiler kann ohne Berücksichtigung der Windlast nachgewiesen werden, da die vorhandene Auflast in Wandmitte größer ist als N_4 und folglich ein ungerissener Querschnitt vorliegt ($e \leq d/6$).

5 Hinweise zum Nachweis von dünnen Außenwänden nach dem „Genaueren Berechnungsverfahren"

Werden Mauerwerkskonstruktionen nach dem „Genaueren Berechnungsverfahren" nachgewiesen, so ist bei Außenwänden mit d < 24 cm immer ein Windnachweis zu führen. Das „Genaue Verfahren" muß angewendet werden, wenn die Bedingungen für das „Vereinfachte Verfahren" nicht erfüllt sind. Der Nachweis von dünnen Wänden bei Berücksichtigung von Windlasten ist insbesondere dann nicht möglich, wenn nur geringe Normalkräfte (z. B. Dachgeschoß) vorhanden sind. Auf jeden Fall sollten die Deckenauflager zentriert werden, so daß die Wandmomente oben und unten gleich Null sind. Ansonsten muß die Auflast so groß sein, daß die planmäßige Exzentrizität aus Wind in Wandmitte $e_1 \leq d/3$ ist.

Außerdem müssen folgende Bedingungen erfüllt sein: $e = e_1 + f < d/2$, wobei e_1 die planmäßige Exzentrizität (aus Rahmenmomenten und eventuellen Windmomenten) ist und f die Exzentrizität nach Theorie II. Ordnung.

Im allgemeinen lassen sich Außenwände in oberen Geschossen mit d = 11,5 cm nicht mit dem „Genaueren Verfahren" nachweisen. Eine Ausführung ist nur dann möglich, wenn die konstruktiven Bedingungen für die Anwendung des vereinfachten Verfahrens erfüllt werden. Dies hat u. U. einen nicht unerheblichen Einfluß auf den Entwurf.

Zusammenfassung:

- Werden die Voraussetzungen des vereinfachten Bemessungsverfahrens eingehalten, so kann bei Wänden auf die Berücksichtigung der Windlasten rechtwinklig zur Wandebene verzichtet werden. Bei Pfeilern mit angrenzenden großen Wandöffnungen sollte der Einfluß der Windlast rechtwinklig zur Wandebene statisch berücksichtigt werden, wenn die aus den Gleichungen (E4) bis (E5) in Abhängigkeit von der Art der Lagerung ermittelten Pfeilermindestauflasten unterschritten werden.

- In Anlehnung an das „Genauere Bemessungsverfahren" nach DIN 1053-1 können die Windlasten auch bei Anwendung des vereinfachten Bemessungsverfahrens zwischen den Grenzfällen Volleinspannung und gelenkige Lagerung umgelagert werden.

- Bei Beachtung der Exzentrizitäten aus Windlast können beim Nachweis der Randspannungen die zul. Druckspannungen um 33 % erhöht werden (in Anlehnung an DIN 1053-1).

- Werden Wände/Pfeiler nach dem vereinfachten Bemessungsverfahren nachgewiesen, die lediglich durch Decken über dem obersten Geschoß und durch eine Dachkonstruktion belastet werden, so sollte die Abminderung infolge Deckendrehwinkel (k_3) in Abhängigkeit von der Belastung aus der Dachkonstruktion ermittelt werden. Ein entsprechender Vorschlag ist unter 2.1 zu finden.

Mauerwerk aus Fertigbauteilen

1 Allgemeines

Auch im traditionellen Mauerwerksbau werden Wege zur Rationalisierung beschritten. Für viele Bauherrn bedeutet Mauerwerk allerdings immer noch das Verlegen von Stein auf Stein per Hand.

Es gibt schon seit über 20 Jahren die Möglichkeit, normengerecht Fertigteile, hier Fertigbauteile genannt, zu verwenden. Eine größere Anzahl von Bauwerken bestätigt diesen Trend. Für Bauten aus Ziegelfertigbauteilen gibt es die **Norm DIN 1053 Teil 4** (09.78). Fertigbauteile aus anderen Mauersteinen sind durch allgemein bauaufsichtliche Zulassungen geregelt.

Stahlsteindecken, auch als Ziegeldecken bezeichnet, wurden bisher bemessen und ausgeführt nach DIN 1045, (07.88), Abschnitt 20.2. Da der Deutsche Ausschuß für Stahlbeton ein neues Normenkonzept auf der Grundlage von Eurocode 2 bzw. DIN EN 1992 – 1 plant, befindet sich eine eigene Norm (Normteil) für die Ziegeldecken in Arbeit. Hierüber soll zu gegebener Zeit an dieser Stelle berichtet werden.

Die technische Entwicklung bei Fertigbauteilen machte eine Überarbeitung der bisherigen DIN 1053 Teil 4 erforderlich, insbesondere im Hinblick auf die Einbeziehung von Kalksandsteinen nach DIN 106, Porenbetonsteinen nach DIN 4165, Beton- und Leichtbeton-Steinen nach DIN 18 151, DIN 18 152, DIN 18 153 sowie im Hinblick auf die Überarbeitung von DIN 4159 für statisch mitwirkende Ziegel für Decken und Wandtafeln.

Im Folgenden wird über künftige Regelungen für Fertigbauteile berichtet.*)

Grundsätzlich gelten die Regelungen von DIN 1053 Teil 1 bis 3, soweit in Teil 4 nicht andere Regelungen getroffen werden.

2 Bauliche Durchbildung

2.1 Mauertafeln

Fertigbauteile aus Mauerwerk bestehen in Form von Mauertafeln, Vergußtafeln und Verbundtafeln. Für deren Transport- und Montagezustände ist jeweils eine Mindestbewehrung erforderlich.

Geschoßhohe, raumbreite Mauertafeln bestehen aus Mauersteinen, die in DIN 1053-1 geregelt werden, und aus Mauermörtel nach DIN 1053-1 im Verbund. Die Tafeln werden im allg. stehend hergestellt. **Abb. E.1** zeigt eine Mauertafel mit der erforderlichen Mindestbewehrung. Danach sind im Fuß- und Kopfbereich jeweils mindestens zwei Bewehrungsstäbe Durchmesser 6 mm nach DIN 488-1 horizontal anzuordnen. Je nach Art der Aufhängung ist zu unterscheiden zwischen Mauertafeln mit oder ohne vertikal durchlaufenden Vergußkanälen zur Aufnahme der Aufhängbewehrung.

Die am Markt befindlichen Mauermaschinen ermöglichen maximale Maße der Mauertafeln bis zu 8,0 m Länge, 3,50 m Höhe und 0,49 m Dicke. Der Wandaufbau richtet sich nach statischen und bauphysikalischen Anforderungen.

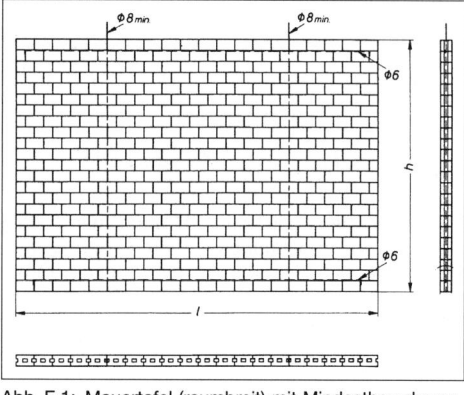

Abb. E.1: Mauertafel (raumbreit) mit Mindestbewehrung

---

*) zum Zeitpunkt des Redaktionsschlusses dieses Bandes wurde der Entwurf (Gelbdruck) der Norm vorbereitet.

Mauerwerk aus Fertigbauteilen

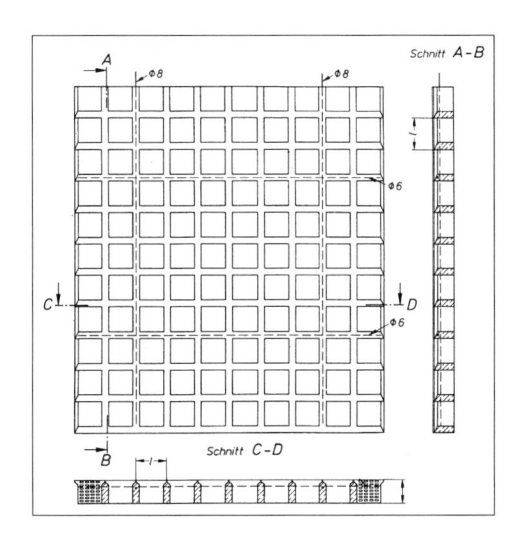

Abb. E.2 a: Vergußtafel (Hochlochtafel) mit Ziegeln für vollvermörtelbare Stoßfugen

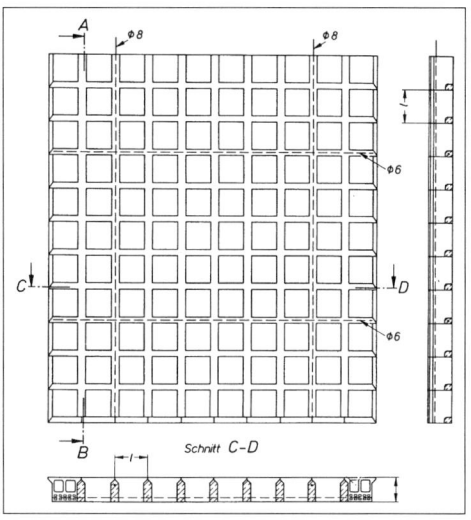

Abb. E.2 b: Vergußtafel (Rippentafel) mit Ziegeln für teilvermörtelbare Stoßfugen.

2.2 Vergußtafeln

Vergußtafeln werden in liegenden Formkästen vorgefertigt, die Fugen zwischen den Ziegeln werden mit Beton nach DIN 1045 oder DIN 4219-1 verfüllt. Die zu verwendenden Steine sind in DIN 4159 genormt. In mindestens zwei horizontalen Fugen, möglichst im Drittelpunkt der Geschoßhöhe, sind zwei Bewehrungsstäbe Durchmesser 6 mm als Mindestbewehrung für Transport- und Montagezustände anzuordnen analog den Mauertafeln. In mindestens zwei vertikalen Fugen ist ein lotrechter Bewehrungsstab anzuordnen. **Abb. E.2 a** zeigt eine Hochlochtafel mit Ziegeln für vollvermörtelbare Stoßfugen, **Abb. E.2 b** eine Rippentafel mit Ziegeln für teilvermörtelbare Stoßfugen. Soll die Bewehrung statisch in Rechnung gestellt werden, so richtet sich der Korrosionsschutz bei den Vergußtafeln nach DIN 1045, für die Montagebewehrung ist ein zusätzlicher Korrosionsschutz nicht erforderlich.

2.3 Verbundtafeln

Verbundtafeln werden liegend aus Hohlziegeln mit profilierten Wandungen nach DIN 278 hergestellt, die durch senkrechte Betonscheiben und Querrippen verbunden sind. Es sind eine oder mehrere Lagen von Ziegeln möglich. Rechnerisch darf nur der Betonquerschnitt in Ansatz gebracht werden. Die Mindestbewehrung entspricht derjenigen der Verbundtafeln. **Abb. E.3** zeigt eine Verbundtafel mit einer Lage Ziegeln.

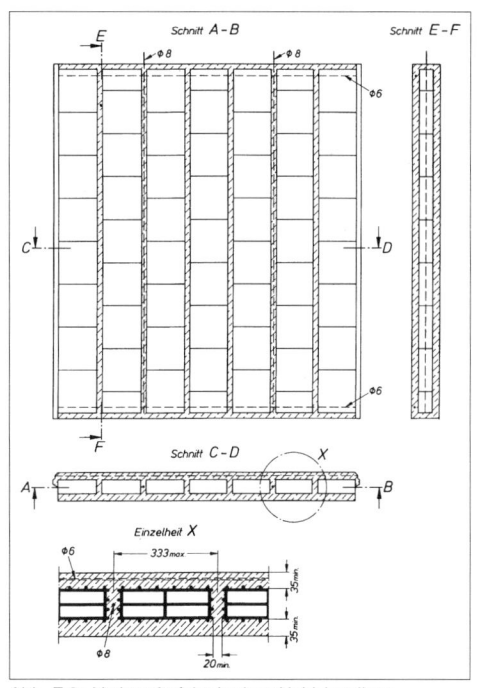

Abb. E.3: Verbundtafel mit einer Hohlziegellage

3 Bemessung

3.1 Grundlagen

Die Bemessung basiert im wesentlichen auf den Berechnungsgrundlagen von DIN 1053-1, d.h. mit globalen Sicherheitsbeiwerten unter Ansatz zulässiger Spannungen. Das Bemessungskonzept nach den Eurocodes auf semiprobabilistischer Grundlage ist der nächsten Normengeneration vorbehalten. Nur wenige Zusatzregelungen gegenüber üblichem Mauerwerk sind für die Fertigbauteile erforderlich. Zur Vermeidung zu großer Verformungen müssen die Wandelemente eine Mindestlänge von 1,25 m haben.

Ringbalken sind wie bei Baustellen-Mauerwerk vorzusehen.

Eine sog. Palisandenbauart ist nicht Gegenstand von DIN 1053-4. Eine Scheibenwirkung mehrerer hintereinanderliegender Wandtafeln darf rechnerisch nur dann in Ansatz gebracht werden, wenn die Wandtafeln in einer Ebene liegen und die Übertragung der Schubkräfte über die Fugen hinweg nachgewiesen wird. Darüberhinaus ist die horizontale Zugkomponente, die bei einer unter 45° geneigten Druckkomponente der Schubkraft entsteht, in Höhe der Decken durch Bewehrung (Ringanker) aufzunehmen.

3.2 Mauertafeln

Während für die Nachweise auf Druck und Schub in der Einzeltafel DIN 1053-1 einschlägig ist, sind die lotrechten Stoßfugen zwischen den Wandtafeln mit den Werten von **Tafel E.1** zu bemessen, jedoch nicht mit höheren Werten als die zulässige Schubspannung innerhalb der Mauertafel nach DIN 1053-1.

Die bei der Berechnung zugrundezulegende Schubfläche ergibt sich dabei aus dem Produkt von Tafelhöhe und Breite des Füllkanals. Bei einer verzahnten Ausbildung der seitlichen Tafelränder dürfen die Tafelwerte um 50 % erhöht werden.

Mauertafeln dürfen auch als vertikal bewehrtes, plattenartig beanspruchtes Mauerwerk nach DIN 1053 Teil 3, Ausgabe Februar 1990, berechnet und ausgeführt werden, vgl. insbesondere dort den Anhang B. Beispielhaft seien hier bestimmte Kelleraußenwände zu nennen.

3.3 Vergußtafeln

Die Bemessung von Mauerwerk aus Vergußtafeln wird abhängig gemacht von der Größe der vorhandenen Ausmitte der Normalkraft.

3.3.1 Geringe Ausmitte

Bei geringer Ausmitte ($e/d \leq 0{,}33$) erfolgt die Bemessung wie bei Mauerwerk nach DIN 1053-1 mit den Grundwerten σ_0 der zulässigen Druckspannungen nach **Tafel E.2** in Abhängigkeit von Stein- und Betonfestigkeitsklasse. Aufgrund neuerer Versuchsergebnisse wurden die zulässigen Schubspannungen unabhängig von der Festigkeitsklasse des Betons festgelegt mit zul. $\tau = 0{,}005\,\beta_{Nst}$, wobei β_{Nst} die Festigkeitsklasse des Ziegels ist. Dieser Wert gilt auch für die Schubspannungen in den lotrechten Fugen zwischen den Vergußtafeln bei bestimmten Ausführungen.

Tafel E.1: Zulässige Schubspannungen in den lotrechten Stoßfugen zwischen den Wandtafeln

Mörtelgruppe	Zulässige Schubspannungen zul τ_V MN/m^2
II a, LM 21, LM 36	0,09
III, III a, Dünnbett	0,11

Tafel E.2: Grundwerte σ_0 der zulässigen Druckspannungen in Vergußtafeln

	1		2
1	Festigkeitsklasse des		Grundwerte σ_0 der zul. Druckspannung des rechnerischen Querschnitts MN/m^2
	Betons	Ziegels	
2	Leicht-beton LB 10	6	1,2
		8	1,4
		12	1,7
3	Normal-beton B 15/B 25	6	1,2/1,2
		8	1,6/1,7
		12	2,0/2,2
		18	3,0/3,3
		24	3,5/4,4

3.3.2 Große Ausmitte

Bei großer Ausmitte ($e/d > 0{,}33$) erfolgt der Nachweis auf Druck nach DIN 1045. Zugspannungen innerhalb des Querschnitts sind durch Bewehrungen aufzunehmen. Diese Tafeln dürfen eine maximale Schlankheit von $s_K/d = 20$ aufweisen.

Die Bemessung auf Schub richtet sich ebenfalls nach DIN 1045. Bei reiner Biegung gelten die Bestimmungen für Ziegeldecken (Stahlsteindecken).

3.4 Verbundtafeln

Bemessung und Ausführung richten sich nach DIN 1045, wobei nur der Betonquerschnitt rechnerisch angesetzt werden darf.

3.5 Erdbebennachweis

Für Mauer- und Verbundtafeln in allen Erdbebenzonen gelten die in DIN 4149-1 angegebenen Regelungen.

Die Regelungen für Vergußtafeln bedürfen einer weiteren Abklärung durch Versuche, insbesondere im Hinblick auf den Einfluß der Steinfestigkeitsklassen. Zunächst ist für Vergußtafeln in den Erdbebenzonen 1 bis 4 stets ein Nachweis erforderlich.

3.6 Stürze

Die Bemessung scheitrechter Ziegelstürze in Vergußtafeln läßt sich nach DIN 1053-4 durch Aufnahme einer zulässigen Querkraft nachweisen. Der Verbund der Ziegel nach DIN 4159 untereinander muß durch Verfüllen der Stoßfugen mit Beton mindestens der Festigkeitsklasse B 15 sichergestellt sein.

Flachstürze werden nach den „Richtlinien für die Bemessung und Ausführung von Flachstürzen" nachgewiesen.

4 Transport und Montage

Fertigbauteile unterliegen neben den bauaufsichtlichen Regelungen für die Standsicherheit auch den Regelungen für die Arbeitssicherheit. Hierzu zählen die „Regeln für Sicherheit und Gesundheitsschutz beim Bauen mit Fertigteilen aus Mauerwerk", herausgegeben vom Hauptverband der gewerblichen Berufsgenossenschaften e. V., Alte Heerstraße 111, 53757 St. Augustin.

Einerseits müssen Vorschädigungen durch unsachgemäßen Transport ausgeschlossen werden, andererseits dürfen Personen nicht zu Schaden kommen. Eine technische Regel (Norm) kann sich nicht auf beide Rechtsbereiche beziehen. Demzufolge beschränkt sich DIN 1053-4 auf technische Angaben zu den Aufhängungen. Es wird unterschieden zwischen Aufhängungen mit Bewehrung in vertikalen Vergußkanälen, mit Tragbolzen durch ein Bohrloch im Fertigbauteil oder mit Hebebändern. Nachweise für die Lastaufnahme bei den genannten Aufhängungen wurden für einen Großteil der Mauersteine bereits erbracht. Auskunft hierüber erteilt der Sachverständigenrat „Fertigbauteile aus Mauerwerk", im AK 7 des Fachausschuß Bau der Bau-BG Bayern und Sachsen, Gebersdorfer Straße 67, 90449 Nürnberg.

Für Beanspruchungen aus Transport und Montage darf der Sicherheitsbeiwert für die Bemessung des Fertigbauteils mit $\gamma = 1{,}3$ angenommen werden oder es dürfen die zulässigen Spannungen nach DIN 1053-1 für diesen Lastfall um 50 % erhöht werden. Diese Regelung gilt sinngemäß auch für Fertigteile aus Beton nach DIN 1045 und ist von dieser Norm übernommen worden.

5 Übereinstimmungsnachweis

Entsprechend den Bauordnungen der Bundesländer muß die Bestätigung der Übereinstimmung der Fertigbauteile mit den Bestimmungen von DIN 1053-4 für jedes Herstellwerk mit einem Übereinstimmungszertifikat auf der Grundlage der werkseigenen Produktionskontrolle und einer regelmäßigen Fremdüberwachung einschließlich einer Erstprüfung des Bauproduktes erfolgen.

Der Abnehmer der Fertigbauteile hat somit die Möglichkeit, anhand des Übereinstimmungszeichens (Ü-Zeichen) auf dem Lieferschein und ggf. zusätzlich am Bauprodukt die Bestätigung der durchgeführten Überwachung sowie weitere Angaben zu Hersteller und Bauprodukt zu entnehmen. Die Aufzeichnungen und die Lieferscheine sind nach Abschluß der Arbeiten mindestens fünf Jahre vom Hersteller aufzubewahren, so daß sie im Streitfall noch verfügbar sind.

In der Bauregelliste A Teil 1, Ausgabe 98/1 vom 4. Mai 98, Nr. 2.4.1 sind die bisher in DIN 1053-4 genannten Fertigbauteile aus Ziegel enthalten. Die Fertigbauteile aus anderen Mauersteinen werden nach Herausgabe der neuen DIN 1053-4 ebenfalls in die Bauregelliste A Teil 1 übernommen.

6 Zusammenfassung

Mauerwerksbauten aus Fertigbauteilen sind ein innovativer Zweig der traditionellen Mauerwerksbauart. Deren Marktanteil dürfte nicht nur vom Preis abhängig sein, sondern auch von der Akzeptanz durch den Kunden, unter den Gesichtspunkten Qualität (z. B. Maßgenauigkeit), Bauzeitverkürzung, Festpreisgarantie und Baustellensituation (z. B. bei Gebäudeaufstockung).

Zahlreich ausgeführte Bauwerke zeigen, daß die Bauart sich bewährt hat.

F BAUBETRIEB

Prof. Dipl.-Ing. Hans-Dieter Fleischmann (Abschnitt 1)
Dr.-Ing. Norbert Weickenmeier (Abschnitt 2)

1 Vergabe und Baukosten F.3

    1.1 Verdingungsunterlagen F.3
        1.1.1 Einführung F.3
        1.1.2 Stichwortliste für Besondere Vertragsbedingungen F.4
        1.1.3 Muster für ZTV und ausgewählte LV-Texte F.4
    1.2 Hochbaukosten F.17
        1.2.1 Kostenermittlung F.17
        1.2.2 Grundflächen und Rauminhalte F.18
        1.2.3 Baunutzungskosten F.20

2 Ausführung von Mauerwerk F.21

    2.1 Allgemeines F.21
    2.2 Mauermörtel F.21
        2.2.1 Herstellung F.21
        2.2.2 Verarbeitung des Mauermörtels auf der Baustelle F.22
        2.2.3 Ausführung der Stoß- und Lagerfugen F.23
    2.3 Mauerwerk F.25
        2.3.1 Vom Mauern F.25
        2.3.2 Ausführung von Verbänden F.26
        2.3.3 Verbindung von Wänden und Querwänden F.29
        2.3.4 Schlitze und Aussparungen F.30
        2.3.5 Feuchteschutz F.32
        2.3.6 Ausführung von Mauerwerk bei Frost F.32
        2.3.7 Reinigung von Sichtmauerwerk F.32
    2.4 Eignungs- und Güteprüfungen F.33
    2.5 Material und Zeit F.33
    2.6 Ablauforganisation und Arbeitsplatzgestaltung F.35

F BAUBETRIEB

1 Vergabe und Baukosten

1.1 Verdingungsunterlagen

1.1.1 Einführung

Die Verdingungsunterlagen zur Vergabe von Bauleistungen nach VOB/A bestehen normalerweise aus den Vertragsbedingungen und der Leistungsbeschreibung, wozu gegebenenfalls noch Zeichnungen, Berechnungen, Gutachten etc. kommen.

Ein **Anschreiben** (Aufforderung zur Abgabe eines Angebots) ist nach VOB/A § 17.4 (1) immer erforderlich. Es muß die dort im einzelnen aufgelisteten Informationen zur ausgeschriebenen Leistung und zum vorgesehenen Vergabeablauf enthalten. Außerdem empfiehlt es sich, auf dem Anschreiben auch die anliegenden übrigen Verdingungsunterlagen zusammenzustellen. Vielfach werden Formblätter verwendet, z. B. das Blatt EVM (B) A[1].

Bewerbungsbedingungen (BB) sollen nach VOB/A § 17.4 (2) von Auftraggebern verwendet werden, die ständig Bauleistungen vergeben. Sie können alle *objektunabhängigen* Informationen des Anschreibens enthalten, entlasten also das Anschreiben, in das dann nur noch Angaben für den Einzelfall aufgenommen werden müssen.

Während die großen öffentlichen Auftraggeber meist überregional abgestimmte Verdingungsmuster verwenden, die staatlichen und kommunalen Hochbauämter z. B. die EVM (B) BB[1], sind im Fachbereich Architektur und Bauingenieurwesen in Minden besonders für *nicht*öffentliche Auftraggeber geeignete Musterbedingungen entwickelt worden.[2]

Zusätzliche Vertragsbedingungen (ZVB) können gemäß VOB/A § 10.2 (1) von Auftraggebern, die ständig Bauleistungen vergeben, zur Ergänzung der Allgemeinen Vertragsbedingungen (AVB) der VOB/B für die bei ihnen allgemein gültigen Verhältnisse aufgestellt werden. Sie müssen demnach ebenfalls objektunabhängig sein. Bei kleineren Bauvorgaben sind sie durchaus entbehrlich, bei größeren aber eigentlich immer in den Vergabeunterlagen zu finden.

Die in Minden aufgestellten Musterbedingungen[2] sind wie die Bewerbungsbedingungen vorwiegend für *nicht*öffentliche Auftraggeber geeignet. Sie sind etwas kürzer gehalten als die EVM (B) ZVB. Außerdem wurde versucht, die weitgehende Ausgewogenheit der AVB nicht wesentlich zu verändern und im Rahmen des AGB-Gesetzes[3] zu bleiben.

Besondere Vertragsbedingungen (BVB) ergänzen gemäß VOB/A § 10.2 (2) die Allgemeinen und Zusätzlichen Vertragsbedingungen für die Erfordernisse des Einzelfalles, sind also *objektabhängig*. Wie die Auflistung in VOB/A § 10.4 zeigt, sind sie nicht entbehrlich, da zumindest die objektabhängigen Punkte a, b, d und o geregelt werden müssen, von Fall zu Fall auch die übrigen Punkte. Wird auf ZVB, die ja lediglich der Arbeitseinsparung dienen, ganz verzichtet, so können natürlich auch die objektunabhängigen Punkte in den BVB geregelt werden.

Auch zur Aufstellung Besonderer Vertragsbedingungen sind Formblätter entwickelt worden, z. B. EVM (B) BVB, in die von Fall zu Fall die entsprechenden Objektdaten eingetragen werden können. Die Vertragsbedingungen werden allerdings kürzer und übersichtlicher, wenn man sie jedesmal neu schreibt und als Gedächtnisstütze eine Stichwortliste verwendet (siehe Abschn. 1.1.2).

Zusätzliche Technische Vertragsbedingungen/(ZTV), bisher Zusätzliche Technische Vorschriften genannt, ergänzen gemäß VOB/A § 10.3 die Allgemeinen Technischen Vertragsbedingungen (ATV) der VOB/C. Sie sollen daher ausschließlich technische Bestimmungen enthalten und lassen sich so ziemlich eindeutig von den übrigen Vertragsbedingungen abgrenzen. Es empfiehlt sich eine Zuordnung zu den Leistungsbereichen der VOB/C.

Von großen bauvergebenden Behörden wie den Straßenbauverwaltungen, der Wasserstraßenverwaltung, der Bundesbahn und -post werden *objektunabhängige* ZTV verwendet. Diese müssen jedoch in der Regel, ähnlich wie ZVB, für den Einzelfall noch ergänzt werden. Konsequenterweise müßte man dann von „Besonderen Tech-

---

[1] Einheitliche Verdingungsmuster für Bauleistungen EVM (B), zu beziehen über den Werner Verlag.
[2] Abgedruckt im WIENERBERGER-Baukalender 2000 und 2001.
[3] Gesetz zur Regelung des Rechts der Allgemeinen Geschäftsbedingungen (AGB-Gesetz) vom 9. 12. 1976.

nischen Vertragsbedingungen" sprechen. In der Praxis bevorzugt man aber die Bezeichnung „Vorbemerkungen zum Leistungsbereich...", was leider oft dazu führt, daß unter dieser Überschrift alles mögliche „im voraus angemerkt" wird, auch nichttechnische Bedingungen, die in die BVB gehören.

Abschnitt 1.1.3 enthält Vorschläge für objekt*unabhängige* Zusätzliche Technische Vertragsbedingungen zu den Mauerarbeiten. Sie sind vorwiegend für *nicht*öffentliche Auftraggeber gedacht, beschränken sich auf das unbedingt Notwendige und können im Einzelfall noch durch objektabhängige Vorschriften ergänzt werden.

Die **Leistungsbeschreibung** soll bei Einheitspreisverträgen gemäß VOB/A § 9.3 aus einer *Baubeschreibung* mit allgemeiner Darstellung der/Bauaufgabe und einem nach Teilleistungen gegliederten *Leistungsverzeichnis* (LV) bestehen.

Leistungsverzeichnisse sollten, soweit irgend/möglich, nach einem bestimmten *Ordnungssystem* aufgebaut sein. Im Fachbereich Architektur und Bauingenieurwesen in Minden wurden zu diesem Zweck ein Ordnungsschlüssel entwickelt, der sich eng an die Gliederung des StLB[1] anlehnt, aber auch für Texte aus dem STLK[2] oder für frei formulierte Texte verwendet werden kann.[3] Aus diesem Schlüssel werden die *Positionsnummern* für das aufzustellende LV ausgewählt. Diese sind dann zwar nicht fortlaufend, aber gleiche (oder ähnliche) Teilleistungen werden immer mit der gleichen Positionsnummer versehen und erscheinen dadurch auch immer an derselben Stelle im LV. Das erleichtert nicht nur den Umgang mit dem LV während der Bauausführung, sondern hilft auch bei der Bauabrechnung und der Arbeitsvorbereitung des Auftragnehmers (z. B. bei der „Umschlüsselung" in Arbeitsvorgänge für die Arbeitskalkulation).

1.1.2 Stichwortliste für Besondere Vertragsbedingungen

a) Ausführungsunterlagen (Art und Zahl der Exemplare), die dem Auftragnehmer kostenlos zur Verfügung gestellt werden (VOB/B § 3.1)

b) Vom Auftraggeber bestellter Bauleiter

c) Zufahrtswege (Verkehrsbeschränkung, evtl. Gleisanschluß)

d) Lager- und Arbeitsplätze, Wasser-, Abwasser-, Stromanschlüsse, gegebenenfalls von VOB/B § 4 abweichende Kostenverteilung

e) Ausführungs- und Vertragsfristen nach VOB/B § 5

f) Höhe der Vertragsstrafen bzw. Beschleunigungsvergütungen

g) Von VOB/B § 13.4 abweichende Gewährleistungsfristen

h) Gerichtsstand

i) Mögliche Änderung der Vertragspreise gemäß VOB/A § 15 (Festpreise, Lohn- oder Stoffpreisgleitklauseln)

1.1.3 Muster für ZTV und ausgewählte LV-Texte

Mauerarbeiten nach DIN 18 330

1. Mit den Einheitspreisen für die Mauerwerkspositionen ist das Anlegen von Tür- und Fensteröffnungen sowie von Aussparungen und Schlitzen, mit denen normalerweise gerechnet werden muß, abgegolten.

2. Das für die Leistungen des AN notwendige Fassadengerüst (gegebenenfalls auch ein anderes Arbeits- oder Schutzgerüst) wird für Folgearbeiten benötigt. Dafür ist die komplette Einrüstung des Gebäudes (eines bestimmten Gebäudeteils)/über die eigene Benutzungsdauer hinaus vorzuhalten. Vorhaltezeit gemäß LV-Position...[4]

3. Werden Arbeits- und Schutzgerüste nicht entsprechend den Regelausführungen der/DIN 4420 Teil 1 bis 3 oder einer allgemeinen bauaufsichtlichen Zulassung erstellt, so hat der AN vor deren Aufbau einen geprüften statischen Nachweis vorzulegen.

Mit den folgenden **Mustertexten** können die wichtigsten Teilleistungen des Leistungsbereichs „Mauerarbeiten" beschrieben werden. Die Texte

(Fortsetzung Seite F.17)

---

[1] Standardleistungsbuch für das Bauwesen (StLB), herausgegeben vom DIN Deutsches Institut für Normung e. V.

[2] Standardleistungskatalog für den Straßen- und Brückenbau (STLK), herausgegeben durch den Bundesminister für Verkehr.

[3] Siehe Fleischmann, Angebotskalkulation mit Richtwerten, 3. Auflage, Düsseldorf 1999. Dort ist auch ein Leistungsverzeichnis mit Baubeschreibung (einschl. BVB und ZTV) für ein konkretes Beispiel wiedergegeben.

[4] Objektabhängig zu formulieren; nach DIN 18 330, Ausgabe 1998, gilt das Vorhalten von Gerüsten über die eigene Benutzungsdauer hinaus *immer* als besondere Leistung und sollte daher bei Bedarf in einer eigenen LV-Position, gegebenenfalls im Leistungsbereich „Baustelleneinrichtung", erfaßt werden.

Muster-Leistungsverzeichnis Mauerarbeiten nach StLB 012, Ausgabe 1992

T 1	T 2	T 3	T 4	T 5	Text	
					Mauerwerk, Sichtmauerwerk	
					Leitbeschreibungen	
040					Mauerwerk DIN 1053 Teil 1,	
	01	00			der Außenwand,	
	04	00			des Pfeilers, schmaler als 49 cm,	
		10			einseitig als Sichtmauerwerk,	
		40			als Hintermauerwerk für Vormauerschale einschl. Drahtanker DIN 1053 Teil 1	
			12		Mauerwerksdicke 17,5 cm,	
			14		Mauerwerksdicke 24 cm,	
			16		Mauerwerksdicke 30 cm,	
			17		Mauerwerksdicke 36,5 cm,	
			20		(41) Mauerwerksdicke „42,5 cm",	
			19		Mauerwerksdicke 49 cm,	
				3	Höhe bis 3 m,	
				4	Höhe bis 3,5 m,	
				1	bestehend aus:	m²
				2	bestehend aus:	m³
	02	00			der Innenwand,	
	04	00			des Pfeilers, schmaler als 49 cm,	
		20			zweiseitig als Sichtmauerwerk,	
			08		Mauerwerksdicke 11,5 cm,	
			12		Mauerwerksdicke 17,5 cm,	
			14		Mauerwerksdicke 24 cm,	
				2	Höhe bis 2,5 m,	
				4	Höhe bis 3,5 m,	
				1	bestehend aus:	m²
				2	bestehend aus:	m³
					Unterbeschreibungen	
060	03	51			Mauerziegel DIN 105 Teil 1, HLzB 20 - 1,2 -	
			03		2 DF (240 × 115 × 113),	
			04		3 DF (240 × 175 × 113),	
			09		(41) Format „d = ...",	
				01	MG II.	
				02	MG IIa.	
062					Mauerziegel DIN 105 Teil 2	
	23	20			HLzB 8 - 0,8 -	
	24	30			HLzB 12 - 0,9 -	
	24	40			HLzB 12 - 1,0 -	
			02		2 DF (240 × 115 × 113),	
			03		3 DF (240 × 175 × 113),	
			05		5 DF (240 × 300 × 113),	
			06		6 DF (240 × 365 × 113),	
			14		(41) Format „d = ...",	

Baubetrieb

T 1	T 2	T 3	T 4	T 5	Text
				01	MG II.
				02	MG IIa.
				06	LM 36.
					Hinweis: Wärmeleitfähigkeit gemäß DIN 4108 Teil 4.
064					Mauerziegel gemäß Zulassung des Instituts für Bautechnik,
	02	46			(31/32) 6 - „0,65" - Wärmeleitfähigkeit „0,12",
	02	16			(32) 6 - 0,7 - Wärmeleitfähigkeit „0,14",
	02	11			6 - 0,7 - Wärmeleitfähigkeit 0,16,
	02	12			6 - 0,7 - Wärmeleitfähigkeit 0,18,
	03	21			8 - 0,8 - Wärmeleitfähigkeit 0,16,
	03	22			8 - 0,8 - Wärmeleitfähigkeit 0,18,
	03	23			8 - 0,8 - Wärmeleitfähigkeit 0,21,
	04	33			12 - 0,9 - Wärmeleitfähigkeit 0,21,
			13		(41) Format „Planziegel d = ...",
			13		(41) Format „Blockziegel d = ...",
				07	Dünnbettmörtel.
				08	(51) Mörtel „gemäß Zulassungsbescheid".
080					Kalksandsteine DIN 106 Teil 1
	11	14			KS mit vermörtelter Stoßfuge, 12 - 1,8 -
			03		2 DF (240 × 115 × 113),
			07		3 DF (240 × 175 × 113),
	21	12			KSL mit vermörtelter Stoßfuge, 12 - 1,4 -
			03		2 DF (240 × 115 × 113),
			07		3 DF (240 × 175 × 113),
			19		(41) Format „5 DF (300 × 240 × 113)",
					(41) Format „6 DF (365 × 240 × 113)",
	32	14			KS-R mit unvermörtelter Stoßfuge, 12 - 1,8 -
			19		(41) Format „Vollstein d = ...",
	42	12			KSL-R mit unvermörtelter Stoßfuge, 12 - 1,4 -
			19		(41) Format „Hohlblockstein d = ...",
				01	MG II.
				02	MG IIa.
084					Kalksand-Planstein DIN 106 Teil 1 und DIN 106 Teil 1 A1
	01	14			KS-R(P) 12 -1,8 -
			17		(41) Format „Vollstein d = ..." ,
	02	12			KSL-R(P) 12 - 1,4 -
			17		(41) Format „Hohlblockstein d = ..." ,
				01	verlegen in Dünnbettmörtel.
					Hinweis: Kalksandsteine dürfen nur bis zu folgenden Formaten von Hand versetzt werden:
					Rohdichteklasse 2,0: bis 6 DF
					Rohdichteklasse 1,8: bis 8 DF
					Rohdichteklasse 1,6: bis 9 DF
					Rohdichteklasse 1,4: bis 10 DF
088					Kalksand-Leichtstein gemäß Zulassung des Instituts für Bautechnik, Berlin,

Vergabe und Baukosten

T 1	T 2	T 3	T 4	T 5	Text
	11	11			KS 4 - 0,7 - Wärmeleitfähigkeit 0,18,
	11	12			(32) KS 4 - 0,7 - Wärmeleitfähigkeit „0,21",
	12	22			(32) KS 6 - 0,8 - Wärmeleitfähigkeit „0,21",
	12	22			(32) KS 6 - 0,8 - Wärmeleitfähigkeit „0,24",
			01		16 DF (498 × 240 × 238),
			05		15 DF (373 × 300 × 238),
			09		12 DF (247 × 365 × 238),
				08	(51) Mörtel „gemäß Zulassungsbescheid".
					Keine StL-Nr.
					Porenbeton-Planstein DIN 4165
					mit Nut und Feder, Stoßfuge unvermörtelt,
					PP2 - 0,35,
					PP2 - 0,45,
					PP4 - 0,55,
					PP6 - 0,65,
					PP6 - 0,80,
					Wärmeleitfähigkeit gemäß DIN 4108 Teil 4,
					verlegen in Dünnbettmörtel.
					Keine StL-Nr.
					Porenbeton-Planstein W gemäß bauaufsichtlichem Bescheid,
					mit Nut und Feder, Stoßfuge unvermörtelt,
					PPW2 - 0,35 - Wärmeleitfähigkeit 0,11,
					PPW2 - 0,45 - Wärmeleitfähigkeit 0,13,
					PPW4 - 0,50 - Wärmeleitfähigkeit 0,14,
					PPW4 - 0,60 - Wärmeleitfähigkeit 0,16,
					PPW6 - 0,65 - Wärmeleitfähigkeit 0,18,
					PPW6 - 0,70 - Wärmeleitfähigkeit 0,21,
					verlegen in Dünnbettmörtel.
					Hinweis: Porenbetonsteine der Höhe 249 mm sind nur bis zu folgenden Dicken bzw. Rohdichteklassen von Hand versetzbar:
					<u>Länge 499 mm</u> <u>Länge 624 mm</u> <u>max. Dicke</u>
					≤ 0,45 ≤ 0,35 365 mm
					≤ 0,55 ≤ 0,45 300 mm
					≤ 0,70 ≤ 0,55 250 mm
					≤ 0,80 ≤ 0,70 200 mm
					≤ 0,80 175 mm
					Leitbeschreibung
040					Mauerwerk DIN 1053 Teil 1
	30	00			der nichttragenden Trennwand,
		20			zweiseitig als Sichtmauerwerk,
			04		Mauerwerksdicke 7 cm,
			07		Mauerwerksdicke 10 cm,
			08		Mauerwerksdicke 11,5 cm,
			09		Mauerwerksdicke 12,5 cm,
			20		(41) Mauerwerksdicke „7,5 cm",

Baubetrieb

T 1	T 2	T 3	T 4	T 5	Text	
				2	Höhe bis 2,5 m,	
				4	Höhe bis 3,5 m,	
				1	bestehend aus:	m²
					Unterbeschreibungen	
062	23	20			Mauerziegel DIN 105 Teil 2, HLzB 8 - 0,8 -	
			02		2 DF (240 × 115 × 113),	
			14		(41) Format „373 × 115 × 238",	
				01	MG II.	
				02	MG IIa.	
				05	LM 21.	
				06	LM 36.	
087	00				Kalksandstein-Bauplatte für nichttragende Wände	
		02	02		KS - P7 (498 × 70 × 249),	
		11			KSL 0,9 ,	
			02		6 DF (365 × 115 × 238),	
			03		8 DF (498 × 115 × 238),	
				01	verlegen in Dünnbettmörtel.	
				02	(51) Verlegen „in Normalmörtel".	
					Keine StL-Nr.	
					Porenbeton-Planbauplatte DIN 4166	
					als nichttragende Trennwand,	
					mit glatten Stoßflächen (mit Nut und Feder),	
					PPpl - 0,4,	
					PPpl - 0,6,	
					PPpl - 0,8,	
					verlegen in Dünnbettmörtel.	
					Leitbeschreibung	
040					Mauerwerk DIN 1053 Teil 1,	
	32				(21) „der Wohnungstrennwand",	
		81			(31) als „einschalige Wand",	
			12		Mauerwerksdicke 17,5 cm,	
			14		Mauerwerksdicke 24 cm,	
			16		Mauerwerksdicke 30 cm,	
			17		Mauerwerksdicke 36,5 cm,	
				2	Höhe bis 2,5 m,	
				4	Höhe bis 3,5 m,	
				2	bestehend aus:	m³
					Unterbeschreibungen	
060					Mauerziegel DIN 105 Teil 1	
	01	55			Mz 20 - 2,0 -	
	03	53			HLzB 20 - 1,6 -	
			03		2 DF (240 × 115 × 113),	
			04		3 DF (240 × 175 × 113),	

T 1	T 2	T 3	T 4	T 5	Text
				06	5 DF (240 × 300 × 113),
				07	6 DF (240 × 365 × 113),
				01	MG II.
				02	MG IIa.
064					
	1				Mauerziegel gemäß Zulassung des Instituts für Bautechnik, (21) Erzeugnis „Schallschutz-Planziegel-T, Löcher vollständig mit Beton der Güteklasse ≥ B 15 verfüllt",
	3	20	13		(41) 8 - 0,8 - Format „freigestellt",
				07	Dünnbettmörtel.
	1				(21) Erzeugnis „Schallschutz-Blockziegel-T, Löcher vollständig mit Mörtel der Rohdichte 1,8 (2,0) verfüllt",
	4	30	13		(41) 12 - 0,9 - Format „freigestellt",
				01	MG II.
				02	MG IIa.

Hinweis: Mit vorgenannten Ziegelwänden, je beidseitig mit 15 mm Putz Pl - PIII versehen, lassen sich folgende Bau-Schalldämm-Maße R'_w erreichen ($m'_{L,mittel}$ = 300 kg/m²):

R'_w	Wandbaustoffe	d in cm
52	Mz-2,0	17,5
	Planziegel, verfüllt mit B 15	17,5
	HLzB-1,6	24,0
	Blockziegel, verfüllt mit Mörtel 1,8	24,0
55	Mz-2,0	24,0
	Planziegel, verfüllt mit B 15	24,0
	Blockziegel, verfüllt mit Mörtel 2,0	24,0
	HLzB-1,6	30,0
57	Mz-2,0	30,0
	Blockziegel, verfüllt mit Mörtel 2,0	30,0
	HLzB-1,6	36,5

T 1	T 2	T 3	T 4	T 5	Text
080					Kalksandstein DIN 106 Teil 1
084					Kalksand-Planstein DIN 106 Teil 1 und DIN 106 Teil 1 A1

Hinweis: Mit den beim Außen- und Innenmauerwerk beschriebenen Vollsteinen KS-R und KS-R(P) können bei der Wahl von T3 = 15 (Rohdichteklasse 2,0) mit d=24 cm bis zu R'_w = 55 dB, mit d=30 cm bis zu R'_w = 57 dB erreicht werden, jeweils mit beidseitig 15 mm Putz Pl - PIII ($m'_{L,mittel}$ = 300 kg/m²).

Leitbeschreibung

T 1	T 2	T 3	T 4	T 5	Text
040					Mauerwerk DIN 1053 Teil 1,
	32				(21) „der Wohnungstrennwand",
		81			(31) als „zweischalige Wand mit 40 mm Fugeneinlage, die gesondert vergütet wird",
			20		(41) Mauerwerksdicke „2 × 11,5 cm",
					(41) Mauerwerksdicke „2 × 17,5 cm",

Baubetrieb

T 1	T 2	T 3	T 4	T 5	Text	
				2	Höhe bis 2,5 m,	
				4	Höhe bis 3,5 m,	
				1	bestehend aus:	m²
					Unterbeschreibungen	
060					Mauerziegel DIN 105 Teil 1	
	03	51	03		HLzB 20 - 1,2 - 2 DF (240 × 115 × 113),	
			04		HLzB 20 - 1,2 - 3 DF (240 × 175 × 113),	
				01	MG II.	
				02	MG IIa.	
064					Mauerziegel gemäß Zulassung des Instituts für Bautechnik,	
	03	20	13		(41) 8 - 0,8 - Format „Planziegel d = 17,5 cm",	
					(41) 8 - 0,8 - Format „Blockziegel d = 17,5 cm",	
				01	MG II.	
				02	MG IIa.	
				07	Dünnbettmörtel.	
					Hinweis: Mit T1 = 060 und d = 2 × 11,5 cm sowie mit T1 = 064, je mit 40 mm Fugeneinlage aus Faserdämmplatten nach DIN 18 165 T 2, Typ T und beidseitig mit 15 mm Putz Pl - PIII ist $R'_w \geq 67$ dB erreichbar. Die gleichen Schalldämmwerte sind mit Kalksand- oder Porenbetonsteinen entsprechender Steinrohdichte und Dicken zu erzielen.	
					Verblendmauerwerk	
3					Verblendmauerwerk DIN 1053 Teil 1 an vorhandenen Drahtankern	
2					(12) mit Luftschicht und Dämmung, die gesondert vergütet wird, Schalenabstand .... ,	
1					vor Außenwänden,	
7					vor Schornsteinen, [1]	
3					(12) ohne Luftschicht, mit Kerndämmung, die gesondert vergütet wird, Schalenabstand .... ,	
4					mit Fingerspalt vor verputzter Hintermauerung,	
1					vor Außenwänden,	
92					(12) mit „Fingerspalt", vor Innenwänden,	
	01				Mauerziegel DIN 105 Teil 1 - VMz -	
		1			(31) Erzeugnis „WIENERBERGER - Handformziegel",	
					(31) Erzeugnis „WIENERBERGER - Glattformziegel",	
					(31) Erzeugnis „WIENERBERGER - Wasserstrichziegel",	
					(32) Druckfestigkeitsklasse „8",	
					(33) Rohdichteklasse „1,8",	
		1			DF (240 × 115 × 52),	
		2			NF (240 × 115 × 71),	

---

[1] Bei Verwendung vor Schornsteinen ist DIN 18 160-1, Ziffer 12.2.2 zu beachten

T 1	T 2	T 3	T 4	T 5	Text
	02				Mauerziegel DIN 105 Teil 1 - VHLz -
		1			(31) Erzeugnis „WIENERBERGER - Strangverblender",
					(32) Druckfestigkeitsklasse „28",
					(33) Rohdichteklasse „1,6",
		1			DF (240 × 115 × 52),
		2			NF (240 × 115 × 71),
		5			(34) Format „RF (240 × 115 × 65)",
	03				Mauerziegel DIN 105 Teil 1 - KMz -
		1			(31) Erzeugnis „WIENERBERGER - Klinker",
					(32) Druckfestigkeitsklasse „28",
					(33) Rohdichteklasse „≥ 1,9",
		1			DF (240 × 115 × 52),
		2			NF (240 × 115 × 71),
		5			(34) Format „RF (240 × 115 × 65)",
	07				Kalksandstein DIN 106 Teil 2 - KS Vm -
	08				Kalksandstein DIN 106 Teil 2 - KS Vb -
		1			(31) Erzeugnis „KS-Vormauerstein",
					(32) Druckfestigkeitsklasse „20",
					(33) Rohdichteklasse „1,8 / 2,0",
		1			DF (240 × 115 × 52),
		2			NF (240 × 115 × 71),
		3			2 DF (240 × 115 × 113),
			1		MG II,
			2		MG IIa,
			3		(41) Mörtel „als Fertigmörtel ......",
			4		Höhe bis 3,5 m.
			6		Höhe bis 5,5 m.
			9		(42) Höhe ....
				3	Ausführung im Läuferverband.
				4	Ausführung im wilden Verband.
				1	Ausfugen wird gesondert vergütet. m²
51					Sparverblendung DIN 18 515
1					an Außenwänden,
2	.				an Innenwänden,
3					an Pfeilern/Pfeilervorlagen,
		1			(21) Mauerziegel gemäß DIN 105, Erzeugnis
					„WIENERBERGER - Handform - Sparverblender",
					„WIENERBERGER - Glattform - Sparverblender",
					„WIENERBERGER - Wasserstrich - Sparverblender",
		1			(22) Druckfestigkeitsklasse ....,
					(23) Format „DF (240 × 55 × 52)",
					(23) Format „NF (240 × 55 × 71)",
		2			Kalksandstein gemäß DIN 106
		1			(22) Druckfestigkeitsklasse „20",
					(23) Format „DF (240 × 57 × 52)",
					(23) Format „NF (240 × 57 × 71)",

Baubetrieb

T 1	T 2	T 3	T 4	T 5	Text	
		2			(31) auf tragendem Untergrund aus .... vorbereiten,	
		1			Mörtel MG II,	
		2			Mörtel MG IIa,	
		4			Mörtel „als Fertigmörtel ......",	
			4		Höhe bis 3,5 m,	
			6		Höhe bis 5,5 m,	
			9		(41) Höhe .... ,	
			1		(42) Mauerverband	
				01	Ausfugen wird gesondert vergütet.	m²
					Ausfugen, Abgleichen	
526	20				Ausfugen des Verblendmauerwerks	
		1			mit Mörtel MG II,	
		2			mit Mörtel MG IIa,	
		3			(31) mit Fertigmörtel .... ,	
					(32) Erzeugnis .... ,	
		1			Farbton zementgrau,	
		2			Farbton weiß,	
		3			Farbton schwarz,	
			01	01	Fuge bündig.	m²
			02	01	Fuge zurückliegend.	m²
541					Abgleichen des Mauerwerks	
	1				von oberen Abschlüssen	
	2				von oberen Giebelabschlüssen	
		1			an Mauerwerk,	
		2			an Sichtmauerwerk,	
		3			an Verblendmauerwerk,	
		1			waagerecht,	
		3			geneigt,	
		1	02		mit Mörtel MG III, Oberfläche abreiben,	
		3			mit Beton B 15,	
			11		einschl. Schalung, Oberfläche abziehen,	
		6	00		durch Anpassen der Steine,	
				01	Breite der Abgleichfläche bis 11,5 cm.	m
				02	Breite der Abgleichfläche über 11,5 bis 24 cm.	m
				03	Breite der Abgleichfläche über 24 bis 36,5 cm.	m
					Öffnungen, Stürze, Ringanker	
					Keine StL-Nr.	
					Zulage für das Herstellen von Fenster- und Türlaibungen mit Anschlag, in einschaligem Mauerwerk, Wanddicke ≥ 24 cm.	m
					Hinweis: Das Anlegen von normalen Tür- und Fensteröffnungen im üblichen Umfang kann mit Stundenansätzen für gegliedertes Mauerwerk erfaßt und braucht daher nicht gesondert ausgeschrieben zu werden (siehe Muster für ZTV, Ziffer 1).	

T 1	T 2	T 3	T 4	T 5	Text
					Keine StL-Nr.
					Zulage für das Überdecken von Fenster- und Türöffnungen im Mauerwerk mit
					bewehrten Leichtbetonstürzen (Ziegelstürzen), lichte Breite
					bis 1,01 m, Wanddicke 11,5 (17,5; 24; 30; 36,5) cm. m
					bis 2,01 m, Wanddicke 11,5 (17,5; 24; 30; 36,5) cm. m
					bis 3,01 m, Wanddicke 11,5 (17,5; 24; 30; 36,5) cm. m
					bewehrten KS-Flachstürzen, lichte Breite
					bis 1,01 m, Wanddicke 11,5 (17,5; 24; 30; 36,5) cm. m
					bis 2,01 m, Wanddicke 11,5 (17,5; 24; 30; 36,5) cm. m
					bis 2,76 m, Wanddicke 11,5 (17,5; 24; 30; 36,5) cm. m
					bewehrten Porenbetonstürzen, lichte Breite
					bis 1,01 m, Wandd. 7,5 (10; 11,5; 17,5; 20; 24; 30; 36,5) cm. m
					bis 1,76 m, Wanddicke 17,5 (20; 24; 30; 36,5) cm. m
					Hinweis: Porenbetonstürze mit 7,5 cm, 10 cm und 11,5 cm Dicke sind nur für nichttragende Wände bei lichten Öffnungsbreiten bis 1,01 m zugelassen, Stürze mit 17,5 oder 20 cm Dicke nur bis zu lichten Öffnungsbreiten von 1,51 m.
					Keine StL-Nr.
					Zulage für das Überdecken von Fenster- und Türöffnungen im Verblendmauerwerk mit
					Winkelprofil 50 × 6, verzinkt, lichte Breite bis 2,01 m. m
					Winkelprofil 100 × 50 × 6, verzinkt, lichte Breite bis 4,01 m. m
					bewehrten KSVm-Flachstürzen DF (NF),
					lichte Breite bis 1,76 (2,76) m. m
					KSVm-U-Schalen, Füllung aus Normalbeton B 25, 1 Rundstahl ⌀ 12 mm, Höhe 24 cm, lichte Breite bis 2,01 m. m
					Keine StL-Nr.
					Ringanker aus U-Schalen, mit Füllung aus Normalbeton B 25, 2 Rundstählen ⌀ 12 mm, Höhe 24 cm, Breite 17,5 (24; 30) cm,
					U-Schalen aus Leichtziegel (mit zusätzlicher Dämmung aus 20 mm Mineralfaserplatte 035 an der Außenseite). m
					KS-U-Schalen (Porenbeton-U-Schalen). m
					Schornsteine, Schächte
591					Hausschornstein gemäß Zulassung des Instituts für Bautechnik, als feuchtigkeitsunempfindlicher Schornstein im Unterdruckbetrieb, mehrschalig aus Leichtbetonmantelstein, Mineralfaserdämmschicht und Schamotteinnenrohr,
	1				im Gebäude,
	2				Schornsteinhöhe bis 6 m,
	3				Schornsteinhöhe bis 10 m,
	4				(22) Schornsteinhöhe .... ,

Baubetrieb

T 1	T 2	T 3	T 4	T 5	Text
		09			einzügig, Durchmesser 12 cm,
		10			einzügig, Durchmesser 14 cm,
		11			einzügig, Durchmesser 16 cm,
		12			einzügig, Durchmesser 20 cm,
		15			(31) einzügig, Durchmesser .... ,
		5			zweizügig, Durchmesser 14 cm,
		6			zweizügig, Durchmesser 16 cm,
		8			(31) zweizügig, Durchmesser .... ,
		2			und Querschnitt 14 cm × 14 cm,
		3			und Querschnitt 16 cm × 16 cm,
		4			und Querschnitt 20 cm × 20 cm,
		5			(32) und Querschnitt .... ,
			0		(ohne Heizraumabluftschacht)
			1		mit Heizraumabluftschacht, Querschnitt 10 cm × 25 cm.
			2		mit Heizraumabluftschacht, Querschnitt 12 cm × 30 cm.
			3		mit Heizraumabluftschacht, Querschnitt 16 cm × 40 cm.
			4		(41) mit Heizraumabluftschacht, Querschnitt ....
			1		(43) Ausführung „für Abgastemperaturen ≥ 60 °C, mit Feuerstättenanschluß (-anschlüssen) und 1 (2) Reinigungs- bzw. Kontrolltür(en) je Zug (und Schacht sowie Abluftöffnung unter der Kellerdecke)".
			1		(43) Ausführung „für Brennwertgeräte-Anschluß mit Abgastemperaturen < 60 °C, mit Feuerstättenanschluß (-anschlüssen) und 1 (2) Reinigungs- bzw. Kontrolltür(en) je Zug (und Schacht sowie Abluftöffnung unter der Kellerdecke)".
				11	(51) Erzeugnis „WIENERBERGER-KamTec (in Kombination mit IS-S) oder vergleichbar". m
610					Luftabgasschornstein L.A.S. gemäß Zulassung des Instituts für Bautechnik, Berlin, zur Verbrennungsluftzuführung und Abgasführung für besondere Feuerstätten DIN 3368 Teil 5,
	21				mehrschalig, mit konzentrischer Schachtanordnung für Zuluft und Abgas, im Gebäude,
		20			Schornsteinhöhe bis 6 m,
		30			Schornsteinhöhe bis 10 m,
		40			(31) Schornsteinhöhe .... ,
			05		einzügig, Querschnitt 20 cm × 20 cm.
			06		einzügig, Querschnitt 25 cm × 25 cm.
			08		(41) einzügig, Querschnitt ....
			09		einzügig, Durchmesser 12 cm.
			10		einzügig, Durchmesser 14 cm.
			11		einzügig, Durchmesser 16 cm.
			12		einzügig, Durchmesser 20 cm.
			15		(41) einzügig, Durchmesser ....
				1	(51) Ausführung „für (≤ 10) Gasfeuerstätten mit Abgas- und Zuluftanschlußbuchsen und Anschlußformteilen sowie 1 (2) Reinigungs- bzw. Kontrolltür(en)".

T 1	T 2	T 3	T 4	T 5	Text	
				1	(53) Erzeugnis „WIENERBERGER-Luftabgasschornstein KamTec (LAS-K) oder vergleichbar".	m
					Keine StL-Nr.	
					Zubehör für Schornsteinkopf, bestehend aus Kragplatte und Kopfabdeckung, B 25, Oberseite glatt mit Gefälle sowie Abströmkopf bzw. Dehnfugenblech mit Abströmrohr aus V 4A (und Abströmscheibe aus Faserzement).	ps
					Hinweis: Abströmscheibe nur für Luftabgasschornstein ohne Abströmkopf (z. B. LAS-K);	
					Verblendmauerwerk siehe T1 = 327, Verfugen siehe T1 = 526, zusätzliche Wärmedämmung über Dach und im Bereich nicht beheizter Dachräume nach Maßgabe des Zulassungsbescheides siehe T1 = 934.	
					Alternativ (keine StL-Nr.)	
					Stülpkopf aus Faserzement mit witterungsbeständiger Beschichtung, Oberfläche glatt (Ziegel-, Schiefer-, Putzstruktur), Farbe ziegelrot (braun, schwarz, betongrau, weiß), größte Höhe über Dach ...... cm, Dachneigung ...... °, mit Abströmkopf bzw. Dehnfugenblech und Abströmrohr aus V 4a (sowie Abströmscheibe aus Faserzement).	ps
750					Kellerlichtschacht,	
	60	00			als Betonfertigteil,	
			00	1	(51) lichte Schachtrohbaumaße	
				4	Gitterrost, begehbar.	St
				6	Gitterrost, belastbar bis 2 kN/m².	St
	71				(21) als Kunststoffertigteil einschl. korrosionsbeständiger Schrauben, Erzeugnis .... ,	
		01			(32) lichte Schachtmaße .... ,	
			00	02	Gitterrost, begehbar.	St
				04	Gitterrost, belastbar bis 2 kN/m².	St
					Einbauteile	
845	02				Maueranschlußschiene für Anker aus verzinktem Stahl,	
		02			Profil 28/15,	
		03			Profil 38/17,	
			01		einbetonieren in Beton.	m
846	01				Anker für den Anschluß von Mauerwerk,	
		02			aus verzinktem Stahl,	
			01		Maße 25 mm × 85 mm × 3 mm,	
			02		Maße 25 mm × 120 mm × 3 mm,	
			03		Maße 25 mm × 180 mm × 3 mm,	

Baubetrieb

T 1	T 2	T 3	T 4	T 5	Text	
				1	beim Aufmauern in Maueranschlußschiene einführen	
				1	im Abstand von 25 cm.	St
				2	(51) im Abstand	St
870	01				Träger aus Profilstahl St 37,	
		3			(31) Einzellänge .... ,	
		2			(32) Profil .... ,	
			01	03	in Mauerwerk beim Aufmauern einbauen.	kg
871	01				Stütze aus Profilstahl St 37,	
		3			(31) Einzellänge .... ,	
		2			(32) Profil .... ,	
			05	03	(42) „mit Kopf-, Fußplatte und Ankern, einbauen und mit Mörtel MG III vergießen".	kg
902					Stahlumfassungszarge,	
906					Stahltür T 30,	
909					Stahlfenster,	
	01		00		(21) Maße der Einbauöffnung .... ,	
			01		(31) Wanddicke .... ,	
			11	02	vom AG beigestellt, in Mauerwerk beim Aufmauern einbauen.	St
					Dämm-, Trenn-, Schutzschichten	
93					Wärmedämmschicht	
4					an Wänden	
7					in zweischaligem Mauerwerk mit Luftschicht	
8					als Kerndämmung bei Vorsatzschalen	
	10				aus Schaumkunststoffplatten DIN 18 164 Teil 1, Typ W, nicht druckbelastbar,	
		30			Wärmeleitfähigkeitsgruppe 030,	
		40			Wärmeleitfähigkeitsgruppe 035,	
		50			Wärmeleitfähigkeitsgruppe 040,	
		1			Baustoffklasse B1 DIN 4102 schwerentflammbar,	
			03		Nenndicke 40 mm.	
			05		Nenndicke 60 mm.	
			09		(42) zweilagig mit versetzten Stößen verlegen, Gesamtdicke	
	41				aus mineralischen Faserdämmstoffplatten, Typ W DIN 18 165 Teil 1, nicht druckbelastbar,	
		10			Wärmeleitfähigkeitsgruppe 035,	
		20			Wärmeleitfähigkeitsgruppe 040,	
		30			Wärmeleitfähigkeitsgruppe 045,	
			01		Nenndicke 40 mm.	
			02		Nenndicke 60 mm.	
			07		(42) zweilagig mit versetzten Stößen verlegen, Gesamtdicke	

T 1	T 2	T 3	T 4	T 5	Text	
	61				aus expandierten Materialien,	
		01			hydrophobiert, als Schüttung,	
			1		Baustoffklasse A1 DIN 4102 nicht brennbar,	
			1	01	Dicke 50 mm.	m²
			2	01	Dicke 60 mm.	m²
			5	01	Dicke 80 mm.	m²
				21	Befestigen mit Kleber.	m²
				41	Befestigen auf vorhandene Drahtanker.	m²
943					Schalldämmschicht zwischen zwei Bauteilen	
	44				aus mineralischen Faserdämmstoffplatten,	
					Typ T DIN 18 165 Teil 2,	
		00	01		Nenndicke 40 mm.	
				21	Befestigen mit Kleber.	m²
953					Trennschicht zwischen zwei Bauteilen	
	10				aus Schaumkunststoffplatten DIN 18 164 Teil 1, Typ W,	
					nicht druckbelastbar,	
		00	01		Nenndicke 20 mm.	
				21	Befestigen mit Kleber.	m²
				2	Befestigen mit Kleber,	
				6	Einbauen in Streifen, Breite über 10 bis 20 cm.	m
				7	Einbauen in Streifen, Breite über 20 bis 30 cm.	m
960					Schutzschicht vor senkrechten Abdichtungen	
	10				(21) aus „Hartschaum-Filterplatten einschl. Formteilen",	
		00	20		beim Hinterfüllen trocken im Verband versetzen,	
				01	(51) Höhe der Schutzschicht ………. .	m²

sind weitestgehend[1] aus dem Standardleistungsbuch (StLB) 012, Ausgabe Okt. 1992, ausgewählt. Bei rechnergestützter Aufstellung des LVs braucht man also nur die passenden Textteilnummern aufzurufen und eventuelle Textergänzungen einzugeben. Nicht vorhandene Textteile, z. B. für andere Baumaterialien, können analog aufgerufen oder auch herkömmlich formuliert werden.

Die eingeklammerten Ziffern am Beginn von Textzeilen sind die K-Nummern für Textergänzungen nach StLB. Textteile für Alternativen und Eventualfälle stehen ebenfalls in Klammern.

Hinweis: Die Textteilnummern nach StLB ersetzen *nicht* die *Positionsnummern* (die im folgenden nicht angegeben sind, siehe dazu unter 1.1.1).

nung der entstehenden Kosten bzw. die Feststellung der tatsächlich entstandenen Kosten als Grundlage für Planungs- und Ausführungsentscheidungen". Kostenermittlung in diesem Sinn ist vorwiegend ein Instrument der Bauplanung und nicht zu verwechseln mit der auf der bauausführenden Seite betriebenen Kalkulation oder Kostenrechnung. Bei der Kostenermittlung nach DIN 276 geht es eigentlich nicht einmal um die Ermittlung von Kosten (die entstehen nach betriebswirtschaftlicher Definition nur bei denen, die Bauleistungen erbringen, und können auch nur von diesen errechnet werden). Ermittelt wird vielmehr der vom Bauherrn (Investor) zu zahlende *(Bau-)Preis.*

1.2 Hochbaukosten

1.2.1 Kostenermittlung

Nach **DIN 276** bezeichnet man mit Kostenermittlung „die möglichst zutreffende Vorausberech-

---

[1] Für einige Positionen werden allerdings komplette Freitexte vorgeschlagen, weil entsprechende Texte im StLB fehlen oder unbrauchbar sind.

Entsprechend dem jeweiligen Planungsstand unterscheidet man vier Stufen der Kostenermittlung:

Die **Kostenschätzung** dient der Entscheidung über die Vorplanung und ist im Zusammenhang mit dieser zu erstellen. Für die Kostenschätzung und die folgenden Kostenermittlungen empfiehlt DIN 276 ein Gliederungsschema[1]. Bei Kostenschätzungen sollen die Kosten mindestens bis zur *ersten* Gliederungsebene gegliedert werden, d. h. nach den *Kostengruppen* 1 bis 7 bzw. 100 bis 700 gemäß **Tafel F.1.1.** Bezugsgrößen sind in der Regel Grundflächen und Rauminhalte (siehe Abschn. 1.2.2).

Die **Kostenberechnung** ist eine ausführliche Ermittlung der voraussichtlich entstehenden Kosten und bildet die Grundlage für die Finanzierung. Sie soll spätestens im Zusammenhang mit der Entwurfsplanung erstellt werden. Die Kosten sollen dabei mindestens bis zur *zweiten* Ebene des Gliederungsschemas nach DIN 276 gegliedert werden. Bezugsgrößen sind entweder noch Grundflächen und Rauminhalte oder – besser – Gebäudeelemente.

Der **Kostenanschlag** dient den Vergabeentscheidungen und ist Grundlage für die Kostenkontrolle während der Bauausführung. Er enthält also die *Sollkosten*, die später im Rahmen der Kostenfeststellung durch die *Istkosten* ersetzt werden. Es ist daher zweckmäßig, den Kostenanschlag bereits so zu gliedern, wie die Kostenfeststellung gegliedert werden soll. Dabei empfiehlt es sich, bis zur *dritten* Gliederungsebene bzw. die wichtigen Kostengruppen 300 und 400 (Bauwerk) zusätzlich oder alternativ nach Vergabeeinheiten (Fachlosen) oder Leistungsbereichen zu gliedern (siehe alternativen/Gliederungsvorschlag in DIN 276[1]).

Die **Kostenfeststellung** ist die Ermittlung der *tatsächlich entstandenen* Kosten auf der Grundlage geprüfter Schlußrechnungen, Gebührenrechnungen usw. Sie sollte als Fortschreibung des Kostenanschlags die Bauausführung begleiten und damit der ständigen Kostenkontrolle dienen. Die Gliederungstiefe hängt davon ab, ob die Kostenfeststellung nur als Vertragsleistung des Bauleiters gegenüber dem Bauherrn (siehe HOAI § 15, 8) erstellt wird oder ob damit auch Richtwerte für zukünftige Kostenermittlungen gewonnen werden sollen.

In den Kostenermittlungen ist immer anzugeben, ob die *Mehrwertsteuer* enthalten ist oder nicht.

Für den **öffentlich geförderten Wohnungsbau** sind anstelle der Kostenermittlung nach DIN 276 in der Regel die Gesamtkosten nach der „Verordnung über wohnungswirtschaftliche Berechnungen (Zweite Berechnungsverordnung – II. BV)" zu ermitteln.[1]

1.2.2 Grundflächen und Rauminhalte

Im allgemeinen sind Grundflächen und Rauminhalte nach DIN 277 Teil 1 gemäß **Tafel F.1.2** zu berechnen. Dabei gelten folgende allgemeine Berechnungsgrundlagen:

– Die Nettogrundflächen von Raumteilen unter Schrägen mit lichten Höhen < 1,5 m sind getrennt zu ermitteln.

– Grundflächen und Rauminhalte sind getrennt nach folgenden Bereichen zu ermitteln:

Bereich a: überdeckte und allseitig in voller Höhe umschlossene Räume;

Bereich b: überdeckte, aber nicht allseitig in voller Höhe umschlossene Räume, z. B. Loggien;

Bereich c: nichtüberdeckte Flächen, z. B. von Balkonen und Freisitzen.

Für wohnungswirtschaftliche Berechnungen sind die Grundflächen und der umbaute Raum in der Regel nach der Zweiten Berechnungsverordnung – II. BV zu ermitteln. Hier wird nur die Berechnung der *Wohnfläche* (WF) erläutert, weil sie in Ermangelung anderer Vorschriften meist auch beim frei finanzierten Wohnungsbau benutzt wird.

Die Wohnfläche besteht aus den Räumen, die ausschließlich zur Wohnung gehören; nicht zur Wohnung gehören Zubehörräume wie Keller, Waschküchen, Abstellräume außerhalb der/Wohnung, Dachböden, Garagen sowie Wirtschafts- und Geschäftsräume.

Die Wohnfläche wird berechnet aus den lichten Maßen zwischen den fertigen Wänden ohne Berücksichtigung von Türnischen, Wandgliederungen, Fußleisten, Öfen, Heizkörpern, Herden.

Hinzuzurechnen sind die Grundflächen von

– mehr als 13 cm tiefen, bis zum Fußboden herunterreichenden Fenster- und offenen Wandnischen

– Erkern und Wandschränken, die eine Grundfläche von mindestens 0,5 m² haben

– Raumteilen unter Treppen, soweit die lichte Höhe mindestens 2 m ist.

Abzuziehen sind die Grundflächen von

– Schornsteinen, Mauervorlagen, Stützen mit mehr als 0,1 m² Einzelfläche

– Treppen mit mehr als drei Steigungen und deren Treppenabsätzen.

Voll anrechenbar sind nur Grundflächen von Raumteilen mit mindestens 2 m lichter Höhe;

---

[1] Abgedruckt in Frommhold/Hasenjäger, Wohnungsbau-Normen, 22. Auflage, Düsseldorf 2000.

Tafel F.1.1 Kostengliederung nach DIN 276 (bis zur 2. Gliederungsebene)[1)]

Nach der Ausgabe April 1981		Nach der Ausgabe Juni 1993	
1	Baugrund	100	Grundstück
1.1	Wert	110	Grundstückswert
1.2	Erwerb	120	Grundstücksnebenkosten
1.3	Freimachen	130	Freimachen
1.4	Herrichten	200	Herrichten und Erschließen
2	Erschließung	210	Herrichten
2.1	Öffentliche Erschließung	220	Öffentliche Erschließung
2.2	Nichtöffentliche Erschließung	230	Nichtöffentliche Erschließung
2.3	Andere einmalige Abgaben	240	Ausgleichsabgaben
3	Bauwerk	300	Bauwerk – Baukonstruktionen
3.1	Baukonstruktionen	310	Baugrube
3.2	Installationen	320	Gründung
3.3	Zentrale Betriebstechnik	330	Außenwände
3.4	Betriebliche Einbauten	340	Innenwände
3.5	Besondere Bauausführungen zu 3.1 bis 3.4	350	Decken
		360	Dächer
4	Gerät	370	Baukonstruktive Einbauten
4.1	Allgemeines Gerät	390	Sonstige Maßnahmen für Baukonstruktionen
4.2	Möbel		
4.3	Textilien	400	Bauwerk – Technische Anlagen
4.4	Arbeitsgerät	410	Abwasser-, Wasser-, Gasanlagen
4.5	Beleuchtung	420	Wärmeversorgungsanlagen
4.9	Sonstiges Gerät	430	Lufttechnische Anlagen
		440	Starkstromanlagen
5	Außenanlagen	450	Fernmelde- und informationstechnische Anlagen
5.1	Einfriedungen		
5.2	Geländebearbeitung und -gestaltung	460	Förderanlagen
5.3	Abwasser und Versorgungsanlagen	470	Nutzungsspezifische Anlagen
5.4	Wirtschaftsgegenstände	480	Gebäudeautomation
5.5	Kunstwerke und künstlerisch gestaltete Bauteile im Freien	490	Sonstige Maßnahmen für technische Anlagen
5.6	Anlagen für Sonderzwecke	500	Außenanlagen
5.7	Verkehrsanlagen	510	Geländefläche
5.8	Grünfläche	520	Befestigte Flächen
5.9	Sonstige Außenanlagen	530	Baukonstruktionen in Außenanlagen
		540	Technische Anlagen in Außenanlagen
6	Zusätzliche Maßnahmen	550	Einbauten in Außenanlagen
6.1	Zusätzliche Maßnahmen bei der Erschließung	590	Sonstige Maßnahmen für Außenanlagen
6.2	Zusätzliche Maßnahmen beim Bauwerk		
6.3	Zusätzliche Maßnahmen bei den Außenanlagen	600	Ausstattung und Kunstwerke
		610	Ausstattung
7	Baunebenkosten	620	Kunstwerke
7.1	Vorbereitung von Bauvorhaben	700	Baunebenkosten
7.2	Planung von Baumaßnahmen	710	Bauherrenaufgaben
7.3	Durchführung von Baumaßnahmen	720	Vorbereitung der Objektplanung
7.4	Finanzierung	730	Architekten- und Ingenieurleistungen
7.5	Allgemeine Baunebenkosten	740	Gutachten und Beratung
		750	Kunst
		760	Finanzierung
		770	Allgemeine Baunebenkosten
		790	Sonstige Baunebenkosten

[1)] In den Erläuterungen zur Ausgabe 1993 ist eine detaillierte Zuordnung der bisherigen zu den neuen Kostengruppen enthalten.

Raumteile mit 1 m ' h 5 2 m werden zur Hälfte, mit h < 1 m gar nicht angerechnet. Zur Wohnung gehörende Balkone, Loggien, Dachgärten oder gedeckte Freisitze können maximal mit ihrer halben Grundfläche angerechnet werden.

Wird die Wohnfläche aus *Rohbaumaßen* ermittelt, so sind die errechneten Flächen um 3 % zu kürzen. Diese Vorschrift wird normalerweise auch bei der Ermittlung von Nettoflächen nach DIN 277 aus Rohbaumaßen zugrunde gelegt.

Tafel F.1.2 Grundflächen und Rauminhalte nach DIN 277 Teil 1

Definition	gemessen	ein-/ausschließlich
Brutto-Grundfläche (BGF) Summe der Grundflächen aller Grundrißebenen	in Fußbodenhöhe zwischen äußeren Maßen einschl. Putz und Bekleidung	ohne konstruktive oder gestalterische Vor- und Rücksprünge
Konstruktions-Grundflächen (KGF) Summe der Grundflächen aller aufgehenden Bauteile in den Grundrißebenen	in Fußbodenhöhe, einschl. Putz und Bekleidungen, aber ohne Fußleisten	einschl. Schornsteinen, nichtbegehbaren Schächten, Türöffnungen,[1] Nischen und Schlitzen
Netto-Grundfläche (NGF) Summe der Grundfläche aller Grundrißebenen zwischen den aufgehenden Bauteilen NGF = BGF − KGF NGF = NF + VF + FF	in Fußbodenhöhe, als lichte Maße ohne Fußleisten (Treppenflächen senkrecht nach oben projizieren!)	einschl. Grundfläche von freiliegenden Installationen, fest eingebauten Gegenständen,[2] Aufzugsschächten und begehbaren Schächten in *jeder* Grundrißebene
Nutzfläche (NF) dient der Nutzung des Bauwerks aufgrund seiner Zweckbestimmung		
Verkehrsfläche (VF) dient dem Verkehr innerhalb des Bauwerks und dem Verlassen im Notfall (ohne Bewegungsflächen innerhalb von Nutz- und Funktionsflächen)		
Funktionsfläche (FF) dient der Unterbringung zentraler betriebstechnischer Anlagen, z. B. für Wasser, Abwasser, Heizung, Gas, Strom, Raumluft- und Fördertechnik, Abfall- und Feuerlöschanlagen		
Brutto-Rauminhalt (BRI) Rauminhalt des Baukörpers zwischen den äußeren Begrenzungsflächen	BGF *eines* Geschosses × Höhe zwischen UF der konstruktiven Bauwerkssohle und OF Dachbelag[3]	ohne Fundamente, Lichtschächte, Außentreppen und -rampen, Eingangsüberdachungen, Dachgauben und -überstände, Lichtkuppeln, Schornsteinköpfe

[1] Nach den vom NABau herausgegebenen Bilderläuterungen gehört auch die Grundfläche einer größeren Wandöffnung, die von einem in den Raum greifenden Sturz überdeckt wird, zur KGF.
[2] Zum Beispiel unter Öfen, Heizkörpern, fest eingebauten Tischplatten; nach den o. g. Bilderläuterungen gehören auch die Grundflächen von versetzbaren Trennwänden zur NGF.
[3] Ist die BGF in den einzelnen Geschossen unterschiedlich groß, so muß der BRI geschoßweise jeweils zwischen den OF der Bodenbeläge ermittelt werden. Der *umbaute Raum* nach der II. BV (siehe unten) ist abweichend von DIN 276 nach der Anlage 2 zur II. BV zu ermitteln.

1.2.3 Nutzungskosten

Nach **DIN 18 960** (8.99) sind Nutzungskosten im Hochbau alle an baulichen Anlagen und deren Grundstücken entstehenden, regelmäßig oder unregelmäßig wiederkehrenden Kosten vom Beginn ihrer Nutzbarkeit bis zu ihrer Beseitigung. Nicht dazu gehören Herstell-, Umbau- und Beseitigungskosten; diese gelten als Baukosten im Sinne der DIN 276.

Die neue Norm unterscheidet, in Anlehnung an DIN 276, vier Arten von Nutzungskostenermittlungen: Nutzungskostenschätzung, -berechnung, -anschlag und -feststellung (siehe Abschn. 1.2.1), wobei die ersten parallel zu den entsprechenden Ermittlungen nach DIN 276 durchzuführen sind, die Kostenfeststellung aber erst am Ende einer Nutzungsperiode erstellt werden kann.

Die Nutzungskosten werden nach den folgenden Hauptkostengruppen gegliedert:

100 Kapitalkosten
200 Verwaltungskosten
300 Betriebskosten
400 Instandsetzungskosten

Die Abschreibungskosten zählen nach der neuen Norm nicht mehr zu den Nutzungskosten.

Für den **öffentlich geförderten Wohnungsbau** sind die Nutzungskosten nach der Zweiten Berechnungsverordnung – II. BV, Abschn. IV – als *laufende Aufwendungen* zu ermitteln.

Nähere Einzelheiten enthalten die Wohnungsbau-Normen (siehe Fußnote 1 auf Seite F.18).

2 Ausführung von Mauerwerk

2.1 Allgemeines

Der Mauerstein, Produkt industrieller, hochtechnologischer Forschung und Fertigung und einem ständigen Wandel steigender Möglichkeiten und Ansprüche aus Normen, Richtlinien und Markterfordernissen unterworfen, unterliegt doch in der Herstellungsmethode des Gefüges handwerklichen, manuellen, damit letztlich tradierten Prinzipien. Es besteht eine gravierende Divergenz zwischen den präzisen Fertigungen im Prüflabor und den ruppigen Fügungen im Allwetter-Betrieb auf der Baustelle unter Zeitdruck und häufiger Disqualifikation des Maurers. Zwangsläufig bedeutet dies eine erhebliche Schwankungsbreite in der errechneten und der tatsächlichen Leistungsfähigkeit der Wand in statischer wie bauphysikalischer Hinsicht. Die technischen, konstruktiven Chancen, die sich in der materialkundlichen Forschung eröffnen, damit auch die bauphysikalischen und ökologischen Möglichkeiten gilt es zwingend zu nutzen.

Angesichts dessen ist die sorgfältige Planung mauerwerksgerechter Gefüge ebenso wie deren qualifizierte und kontrollierte Ausführung vor Ort um so wichtiger, muß das theoretisch Machbare bestmöglich praktisch umgesetzt werden, ohne die maximale Leistungsfähigkeit des Mauerwerks durch mangelnde Qualitätsstandards zu gefährden.

Dies ist heute um so leichter, als nahezu alle Steinhersteller in jüngster Zeit in sich geschlossene und abgestimmte Systeme anbieten. Damit muß zwingend die Erkenntnis einhergehen, daß die Forderung nach größter Wirtschaftlichkeit auf der Baustelle nicht einfach heißt: Kostenminimierung um jeden Preis; sie bedeutet vielmehr die Minimierung des Aufwandes unter Beibehaltung des Qualitätsniveaus – oder auch die Steigerung der Qualität unter Beibehaltung des Aufwandes.

Daß Bauen Bestandteil und Träger von Kultur ist, darf keine theoretische, realitätsferne Formel sein, sondern muß Gültigkeit haben von der Planung bis zur Ausführung auf der Baustelle.

2.2 Mauermörtel

2.2.1 Herstellung

Bei der Herstellung des Mauermörtels müssen auf der Baustelle Bindemittel und Zusatzstoffe trocken und windgeschützt gelagert werden. Der Sand darf keine schädlichen Bestandteile wie Salze, Lehm, organische Verunreinigungen oder großkörnige Steine enthalten.

Für das Abmessen der Mörtelbestandteile sind bei den Mörtelgruppen II, II a, III und III a Waagen oder Zumeßbehälter mit volumetrischer Einteilung zu verwenden, um eine gleichmäßige Mörtelzusammensetzung sicherzustellen. Das Mischen erfolgt bei Kleinmengen händisch mit einer Sandschaufel oder in der Mörtelwanne mit Bohrmaschine und Rührquirl – dies insbesondere bei Dünnbettmörtel (Abb. F.2.1). Den Regelfall stellt ein elektrischer Freifallmischer entsprechender Größe dar. Hier ist die Mischanleitung deutlich sichtbar anzubringen. Die Ausgangsstoffe sind so lange zu mischen, bis der Mörtel eine verarbeitungsgerechte Konsistenz aufweist und sich vollfugig vermauern läßt. Anhaltswert für die Regelkonsistenz von Normal- und Leichtmörteln ist ein Ausbreitungsmaß von ca. 170 mm.

Abb. F.2.1: Anrühren von Dünnbettmörtel für Planstein-Mauerwerk

Als Rationalisierungsmaßnahme haben werksgemischte Mörtel zunehmend Bedeutung erlangt; man unterscheidet Trocken-, Vor- und Frischmörtel. Auf der Baustelle darf Trockenmörtel nur die erforderliche Wassermenge zugegeben werden; so wird z. B. bei Leichtmörtel LM 21 der Standard-24-kg-Sack mit 10 Liter Wasser mindestens 3 Minuten gemischt zu insgesamt 37 Liter verarbeitungsgerechtem Mörtel. Vormörtel erhält zusätzlich zum Wasser nur die angabegemäße Bindemittelmenge, Frischmörtel ist bereits gebrauchsfertig.

Diesen Werkmörteln dürfen darüber hinaus keine weiteren Zuschläge und Zusätze beigemischt werden.

Nach DIN 1053 T 1, Abschnitt 5.2.3.1, dürfen Mörtel unterschiedlicher Art und Gruppen auf einer Baustelle nur dann gemeinsam verwendet werden, wenn sichergestellt ist, daß keine Verwechslung möglich ist. Hierauf ist besonders bei Normalmörtel der Gruppen II und IIa zu achten, die sich optisch sehr ähneln. Leichtmauermörtel und Normalmauermörtel sind dagegen gut voneinander zu unterscheiden.

Mörtel erhalten in aller Regel Zement, der mit Wasser bzw. Feuchtigkeit alkalisch reagiert: Haut und Augen sind deshalb zu schützen; bei Berührung sind sie mit Wasser auszuspülen; bei Augenkontakt muß unverzüglich ein Arzt aufgesucht werden.

2.2.2 Verarbeitung des Mauermörtels auf der Baustelle

Für das Vermauern klein- und mittelformatiger Steine bleibt die Maurerkelle das geeignete Werkzeug. Die Dreieckskelle hat eine günstige Schwerpunktlage und beansprucht das Handgelenk des Maurers weniger. Die Viereckkelle (Spachtel) ermöglicht das Aufbringen größerer Mörtelmengen und erleichtert das gleichmäßige Verteilen.

Für das Vermauern großformatiger Steine eignet sich der Mörtelschlitten, der der Breite des Mauerwerks angepaßt werden kann und eine gleichmäßige Fugendicke gewährleistet; mit Schaufel oder Schöpfer gefüllt, ermöglicht er rationell Lagerfugen bis zu 10 m Länge (Abb. F.2.2).

Abb. F.2.2: Mörtelauftrag mit Dünnbettmörtelschlitten

Neueren Entwicklungen mit Dünnbettmörtel werden sogenannte Zahnkellen oder Mörtelwalzen gerecht, die ein gleichmäßiges Aufziehen des Mörtels in einer Stärke von nur 1 mm gewährleisten (**Abb. F.2.3/4**); diese Hilfsmittel ergänzen die Methode, den Mauerstein einfach nur in den flüssigen Mörtel in der Mörtelwanne einzutauchen und im Verband zu plazieren (**Abb. 2.5**).

Abb. F.2.3: Mörtelauftrag mit Mörtelwalze

Abb. F.2.4: Mörtelauftrag mit Zahnkelle

Der Mörtel hat die Aufgabe, die Kraftübertragung von Stein zu Stein sicherzustellen, und dient dem Ausgleich für die Maßtoleranzen bei den Steinen; je geringer die Fertigungstoleranzen des Mauersteines sind (Plansteine), desto geringer kann die Mörtelfuge sein. Dabei ist zu beachten, daß stark

Ausführung von Mauerwerk

Abb. F.2.5: Tauchverfahren bei Dünnbettmörtel

saugende Mauersteine dem Frischmörtel vergleichsweise viel Wasser entziehen. Da Mörtel für den Erhärtungsprozeß eine bestimmte Wassermenge benötigt, kann bei zu starkem Wasserentzug die Erhärtung nur unvollständig ablaufen, der Mörtel „verdurstet", der Verband zwischen Stein und Mörtel wird mangelhaft. Um den Wasserentzug zu begrenzen, müssen stark saugende Steine vorgenäßt, oder aber – in Ausnahmefällen – das Wasserrückhaltevermögen des Mörtels unter Verwendung von Zusatzmitteln gesteigert werden. Bei Werkmörtel sollte sich der Maurer unbedingt nach den Empfehlungen des Herstellers richten.

Durch Wasserwanderung vom Mörtel in den Stein können lösliche Bestandteile aus dem Bindemittel des Mörtels in den Stein gelangen. Das Wasser verdunstet auf der Oberfläche des Steines, die im Wasser gelösten Stoffe lagern sich als Ausblühung auf der Steinoberfläche ab. Durch Vornässen oder Verwendung von Zusatzmitteln, die das Wasserrückhaltevermögen des Mörtels steigern, lassen sich diese Ausblühungen verringern. Vorhandene Ausblühungen aus wasserlöslichen Salzen können durch wiederholtes Abbürsten entfernt werden.

2.2.3 Ausführung der Stoß- und Lagerfugen

Die Fugen im Mauerwerk sind im allgemeinen vollständig zu vermörteln, um die Kraftübertragung von Stein zu Stein sicherzustellen. Der Vermörtelungsgrad ist von besonderer Bedeutung: die Mauerwerksdruckfestigkeit verändert sich proportional mit der Größe der auf die Gesamtfläche der Lagerfuge (Sollfläche) bezogenen sachgerecht vermörtelten Fläche (Istfläche). Die Stoßfugenvermörtelung spielt dagegen eine geringere Rolle, da bei Normal- und Leichtmörtel-Mauerwerk im Stoßfugenbereich wegen der geringen Haftzugfestigkeit zwischen Stein und Mörtel keine wesentlichen Kräfte aufgenommen werden können

Lagerfugen sollen üblicherweise 12 mm, bei Verwendung von Dünnbettmörteln 1 bis 3 mm dick sein, Stoßfugen bei herkömmlicher Mauertechnik 10 mm, bei Dünnbettmörteln ebenfalls 1 bis 3 mm. Bei Knirschverlegung der Steine, d. h., wenn sie ohne Mörtel so dicht aneinander gelegt werden, wie dies wegen der herstellbedingten Unebenheiten der Stoßfugenfläche möglich ist, kann die im Stein vorgesehene Mörteltasche verfüllt werden, oder die Stoßfuge bleibt unverfüllt. Dabei soll der Abstand der Steine im allgemeinen nicht größer als 5 mm sein. Bei größeren Abständen müssen die Fugen bereits im Planungsstadium so gewählt werden, daß das Maß von Stein und Fugen dem Baurichtmaß bzw. dem Koordinierungsmaß entspricht.

Die unvermörtelte Stoßfuge setzt sich wegen des verringerten Arbeits- und Mörtelbedarfs immer mehr durch. Die Steine müssen hierfür durch ein Nut- und Federsystem geeignet sein (**Abb. F.2.6**). Die erforderlichen Maßnahmen zur Erfüllung der Anforderungen hinsichtlich des Schlagregenschutzes, des Wärme-, Schall- sowie des Brandschutzes sind bei dieser Vermauerungsart besonders zu beachten (**Abb. F.2.7–10**).

Abb. F.2.6: Nut- und Federsystem für unvermörtelte Stoßfugen

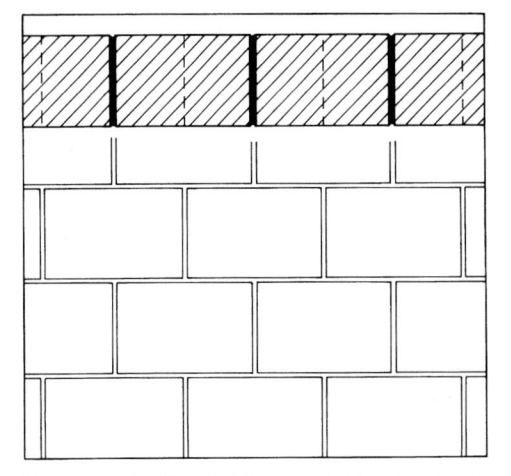

Abb. F.2.7: Traditionelle Fügung mit Mörtel in Stoß- und Lagerfuge

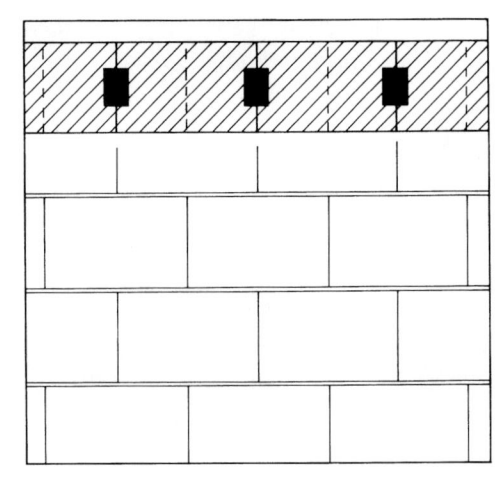

Abb. F.2.9: Knirschverlegung mit verfüllten Mörteltaschen

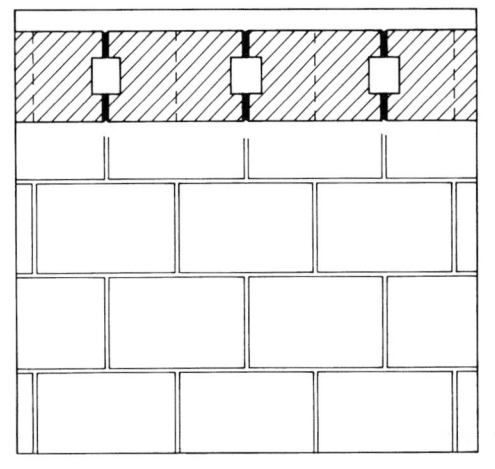

Abb. F.2.8: Stoßfugenvermörtelung nur auf Steinflanken

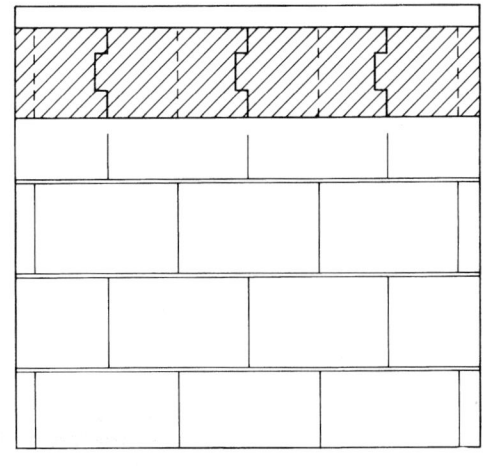

Abb. F.2.10: Nut- und Federsystem ohne Stoßfugenvermörtelung

Eine Besonderheit stellen neuere Entwicklungen im Bereich von Leichtbeton/Bims-Steinen dar, bei denen auch die Lagerfuge unvermörtelt ausgeführt wird; der statische Verbund zwischen den Steinen erfolgt dann ausschließlich über Reibung. Hier sind zwingend die produktspezifischen Zulassungen zu beachten **(Abb. F.2.11)**.

Bei Sicht- und Verblendmauerwerk hängen die bauphysikalische und konstruktive Funktion sowie die Dauerhaftigkeit des Mauerwerks wesentlich von der Qualität der Verfugung ab. So sind Feuchteschäden nach Schlagregeneinwirkung fast immer auf die mangelnde Dichtigkeit der Fugen zurückzuführen. Häufig sind Risse die Ursache, die in den Lagerfugen meist quer dazu und mittig zwischen den Stoßfugen, in den Stoßfugen selbst oft zwischen Stein und Mörtel auftreten **(Abb. F.2.12)**.

Sie sind die Folge eines zu rasch schwindenden Mörtels, dem das Wasser noch vor ausreichender Erhärtung durch den Stein entzogen wurde, was wiederum insbesondere dann geschieht, wenn der Mörtel zu „fett" ist wegen zu großer Anteile an Bindemitteln oder auch zu feinkörniger oder lehmhaltiger Sande. Wesentlich ist deshalb beim Vermauern die Vorbereitung vollflächig deckender

Ausführung von Mauerwerk

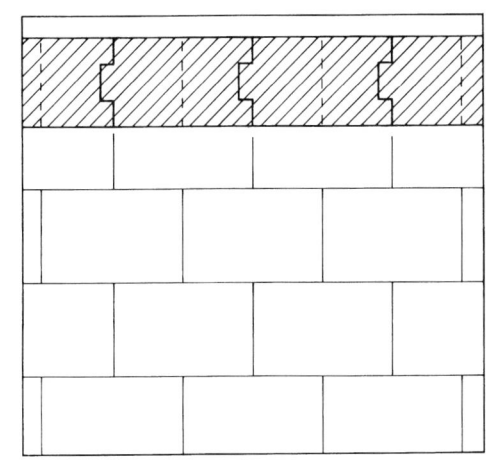

Abb. F.2.11: Mauerwerk ohne Mörtel in Stoß- und Lagerfuge

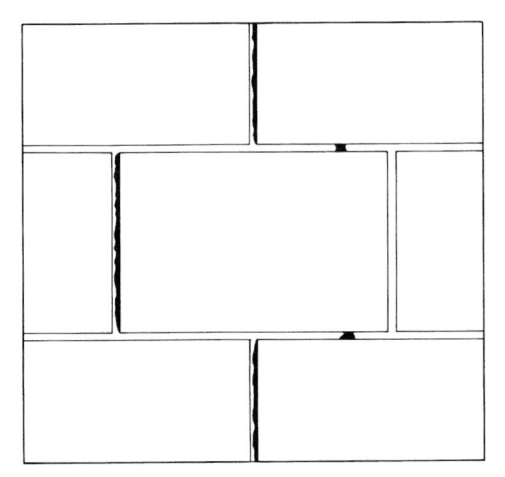

Abb. F.2.12: Schwindrisse in Stoß- und Lagerfugen

und nach dem Ansteifen mit einem Holzspan oder einem Schlauchstück bündig glatt gestrichen. Voraussetzung für diese Technik ist die Verwendung von Fugenmörtel mit gutem Zusammenhalt (Kohäsion) und Wasserrückhaltevermögen; dies ist erforderlich, damit herausquellender Mörtel die Steine nicht verschmutzt. Der Fugenglattstrich bietet den Vorteil einer homogenen, gut verdichteten Fuge und zwingt den Maurer zu vollfugigem Mauern.

Beim nachträglichen Verfugen sind die Fugen der Sichtflächen mit einem Hartholzstab gleichmäßig 1,5 bis 2 cm tief auszuräumen. Die Fassadenflächen einschließlich der Fugen sind dann von losen Mörtelteilen und Staub zu reinigen und anschließend ausreichend vorzunässen. Das Vornässen sollte am Wandfuß beginnen. Im Reinigungswasser gelöste Stoffe werden dann beim Ablaufen von der bereits vorgenäßten Wand nicht aufgesogen; die Gefahr späterer Ausblühungen wird so verringert.

Der schwach plastische Verfugmörtel wird kräftig in die Fugen eingedrückt, wobei auf eine innige Verbindung von Stoß- und Lagerfuge zu achten ist. Die frische Verfugung ist vor Regen und Austrocknung zu schützen. Nachträgliches Verfugen sollte nur dann angewandt werden, wenn mit der Verfugung ein besonderer Effekt erzielt werden soll (z. B. Farbe) oder wenn die Oberfläche des Steines einen Fugenglattstrich nicht zuläßt.

Über die Mörtel für Verfugungsarbeiten enthält DIN 1053 T 1 keine besonderen Hinweise. Prinzipiell sollen sie aber wie Mauermörtel aufgebaut sein. Vorzugsweise sind die Mörtelgruppen II oder II a zu verwenden.

2.3 Mauerwerk

2.3.1 Vom Mauern

Eine additiv geschichtete und mit Mörtel gefügte Mauerwerkswand wird bauseits erstellt nach den Vorgaben der Grundrißgeometrie im Werkplan; dieser basiert im Regelfall auf der „oktametrischen" Maßordnung, d. h. einem Grundmodul von 12,5 cm, das nach 1945 von Ernst Neufert als System entwickelt und verbindlich als DIN 4172 (7.55) eingeführt wurde. Hieraus ergibt sich geometrisch exakt der Mauerwerksverband in Höhe, Breite und Länge der Wände und Öffnungen, dies sowohl insgesamt wie in der Einzeladdition unterschiedlich großer Steine.

Da im Regelfall der Rohbauzustand der Wand durch Innen- oder Außenputz kaschiert wird, entziehen sich diese geometrischen Überlegungen zur Ausführung im einzelnen fälschlich immer mehr dem planenden Architekten und Fachinge-

Mörtellagen für Stoß- und Lagerfugen. Geschieht dies nicht, gleiten die Mörtelbatzen gerade beim Verarbeiten von Hochlochklinkern nicht weit genug auseinander und ein Teil des Mörtels weicht in die Lochungen aus; es entstehen Hohlräume, die einen dichten, kraftschlüssigen Haftschluß verhindern.

Es gibt zwei Möglichkeiten der Verfugung: den sogenannten Fugenglattstrich und die nachträgliche Verfugung. Der Fugenglattstrich ermöglicht hochwertiges Sichtmauerwerk mit geringem Arbeitsaufwand und gleichzeitig dem bauphysikalischen Vorteil, daß die Fugen in ihrer ganzen Tiefe aus einem „Guß" sind. Der beim Mauern herausquellende Mörtel wird mit der Kelle abgezogen

nieur und verlagern sich in den Bereich des Unternehmers. Ihm sind immer häufiger die Fragen nach Steingrößen und Stückgewicht überlassen, damit die nach seiner Leistung und Effizienz: bei geringem Gewicht und Stückformat entsteht pro Arbeitsgang auch nur ein geringes Volumen; bei größerem Stückformat steigt pro Arbeitsgang das Volumen; da jedoch auch das Gewicht steigt, ermüdet der Maurer schneller, und die Arbeitsleistung sinkt.

Im Spanngriff können ca. 12 cm gefaßt werden, als günstiges Stückgewicht für eine Hand haben sich 3,5–3,7 kg erwiesen – dies entspricht einem Vollziegel im Normalformat von 24 × 11,5 × 7,1 cm bei einer Rohdichte von 1,8 kg/dm^3. Größer formatierte Steine erfordern einen oder zwei Griffschlitze, die im Schwerpunkt angeordnet sein müssen; arbeitstechnisch günstig gelten hier Stückgewichte von 6,2 bis 6,5 kg, wie sie z. B. ein Leichtziegel mit Rohdichte 0,8 und einer Dimension von 30 × 24 × 11,3 cm aufweist – dem 3,75fachen des NF-Formates und damit der Möglichkeit einer mehr als doppelt so großen Arbeitsleistung des Maurers. Hier ist die Grenze des einhändigen Rhythmus aus Stein und Mörtelkelle erreicht (Abb. F.2.13).

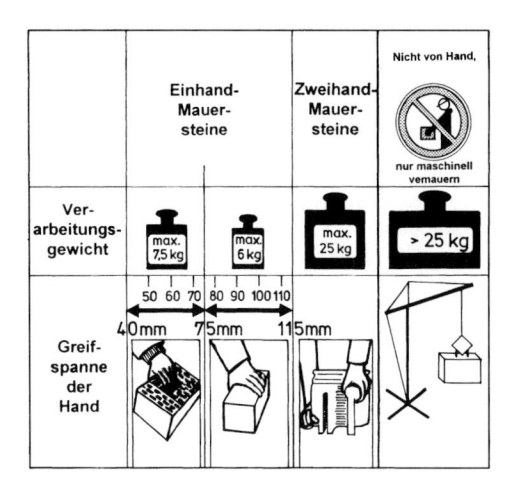

Abb. F.2.13: Verarbeitungsgewichte

Größere Formate erfordern das Zupacken mit beiden Händen, haben ein größeres Gewicht von ca. 20 kg und mehr zur Folge und implizieren im Arbeitsrhythmus zunächst das Erstellen der Lagerfuge mit Mörtel über größere Strecken, dann das trockene Versetzen mehrerer Steine hintereinander. Von Bedeutung ist dabei insbesondere die Ausbildung der Stoßfuge bzw. Mörteltasche, die in der Baustoffindustrie unterschiedlich und konkurrierend ausgebildet wird und einem innovativen, auf Effizienzsteigerung zielenden Wandel unterworfen ist.

Die Auseinandersetzungen innerhalb dieser Thematik sind für Qualität und Effizienz auf der Baustelle, damit für die Wirtschaftlichkeit des Mauerwerksbaues von besonderem Interesse; sie setzen die qualitative Einbindung des Architekten und Bauingenieurs voraus, deren Einfluß auf die Praxis an der Baustelle gestärkt werden muß.

In diesem Zusammenhang geht es aber nicht nur um die Verwendung ganzer Steine mit den beschriebenen Aspekten, es geht auch um die Frage ihrer Teilbarkeit zur Anpassung an fachgerechte Mauerwerksverbände. Das Teilen und Ablängen bei kleinformatigen Steinen mit relativ geringem Lochanteil kann problemlos mit dem Maurerhammer vorgenommen werden. Bei großformatigen leichten Steinen mit entsprechend hohem Lochanteil wird der Hammer oft durch Beil oder Axt ersetzt, was nicht handwerksgerecht ist und insbesondere unnötigen Bruch mit unpräzisen Kanten ergibt; werden diese Fehlstellen mit Mörtel und Ziegelbruch ausgefüllt – wie in der Praxis häufig insbesondere im Bereich von Giebelschrägen zu beobachten –, entstehen irreparable statische und bauphysikalische Schwachstellen. Es sollten deshalb z. B. Spaltmesser oder Handsägen (Abb. F.2.14) mit speziell gehärtetem Blatt Verwendung finden, besser noch geeignete und vom Steinhersteller empfohlene Trennmaschinen (Abb. F.2.15).

2.3.2 Ausführung von Verbänden

Die Fügung der Mauersteine mittels Mörtel in Stoß- und Lagerfugen, d. h. ihr Verband, erfolgt bei sogenanntem Rezeptmauerwerk nach Regeln der DIN 1053 T 1 (02.90).

Abb. F.2.14: Elektrische Steinhandsäge

Ausführung von Mauerwerk

Abb. F.2.15 Paßsteinherstellung mit Steinsäge

Abb. F.2.16 Überbindemaße in Stoß- und Längsfugen; Querschnitt

Im wesentlichen gelten hier folgende Regeln: Stoß- und Längsfugen übereinanderliegender Schichten müssen versetzt sein. Von dieser Bestimmung darf nicht abgewichen werden. Das Überbindemaß muß betragen: $ü ≤ 0{,}4\,h ≤ 4{,}5$ cm: h ist dabei das Nennmaß der Steinhöhe (**Abb. F.2.16/17**).

Auch von dieser Bestimmung darf nicht abgewichen werden; dabei sollte die Mindestüberbindung die Ausnahme sein, die Überbindung nach der Baumaßordnung die Regel (**Tafel F.2.1**); vergleiche auch Abschnitt A.3.

Steine einer Schicht sollen die gleiche Höhe haben; Ziel dieser Sollbestimmung ist die Vermeidung bzw. Reduzierung einer ungleichen Anzahl von Lagerfugen in einer Schicht, da sich die Bereiche mit mehr Fugen unterschiedlich verformen und der Belastung anteilig entziehen können. Bei Steinen nebeneinanderliegender Läuferschichten darf die Steinhöhe nicht größer sein als die Steinbreite – eine zwingende Bestimmung, zu der es keine Ausnahme gibt.

Grundsätzlich unterscheidet man bei einem Verband Läufer- und Binderschichten. Läufer sind

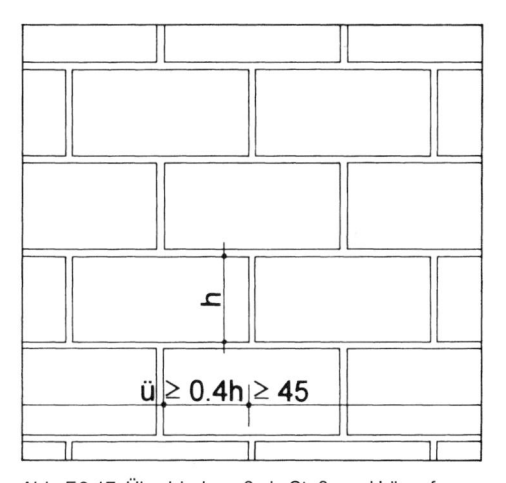

Abb. F.2.17 Überbindemaße in Stoß- und Längsfugen; Ansicht

Tafel F.2.1 Überbindemaße

Steinhöhe h	Schichthöhe h	Schichtzahl	Rechnung nach DIN + Vergleich mit Mindestforderung	$ü$ min cm	$ü$ Baumaß cm
5,2	6,25	16	0,4 × 5,2 = 2,08 < 4,5	4,5	5,2
7,1	8,33	12	0,4 × 7,1 = 2,84 < 4,5	4,5	5,2
11,3	12,5	8	0,4 × 11,3 = 4,52 > 4,5	4,52	5,2
23,8	25,0	4	0,4 × 23,8 = 9,52 > 4,5	9,52	11,5

Steine, die mit der Längsseite in der Mauerflucht liegen. Binder liegen mit der Schmalseite in der Mauerflucht, sie binden im Wortsinne (zu den wichtigsten Verbänden, siehe A 3.3).

Aus Rationalisierungsgründen wird heute vorwiegend Mauerwerk im Läufer- oder Binderverband als sogenanntes „Einsteinmauerwerk" ausgeführt. Durch Verwendung von großformatigen Steinen kann mit diesen Verbänden einsteiniges Mauerwerk von 25 cm, 30 cm, 36,5 cm und 49 cm Dicke hergestellt werden. Bei Verwendung von mittel- und großformatigen Steinen empfiehlt es sich, die Ausführung von Eckverbänden, Einbindungen, Kreuzungen usw. vor Baubeginn festzulegen. Je größer das Steinformat, desto geringer ist die Anpassungsmöglichkeit an beliebige Maße.

Um fachgerechte Verbände zu gewährleisten und das Anpassen der Steine durch Schlagen oder Schneiden zu vermeiden, zumindest aber zu reduzieren, sollten schwierige Punkte vor der Ausführung durchdacht werden. Bei einschaligen Außenwänden ist darauf zu achten, daß die Ergänzungssteine gleiche bzw. nahezu gleiche Wärmedämmeigenschaften haben, um keine Wärmebrücken entstehen zu lassen, das Entsprechende gilt in statischer Hinsicht für ihre Festigkeitsklasse. Einige Lösungen sind **Abb. F.2.18–21** zu entnehmen.

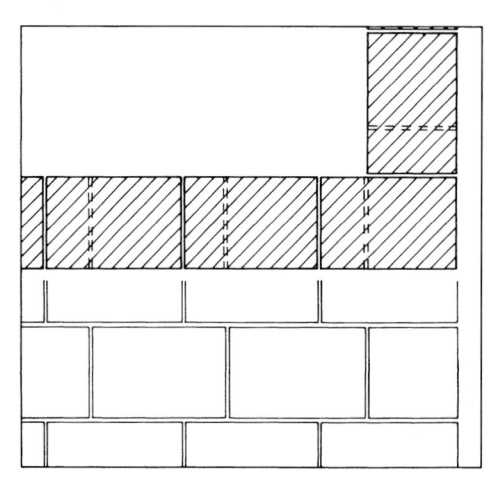

Abb. F.2.18: Wand d = 24 cm; Läuferverband aus 12 DF

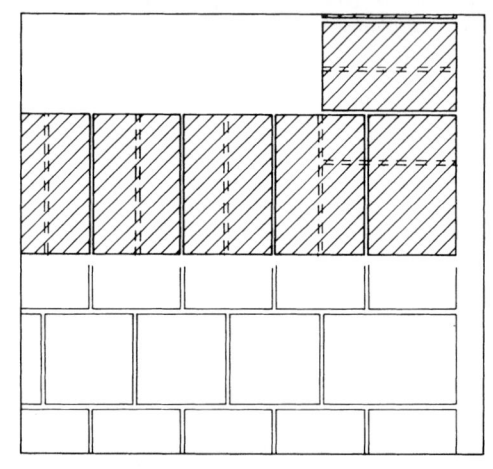

Abb. F.2.20: Wand d = 36,5 cm; Binderverband aus 12 DF

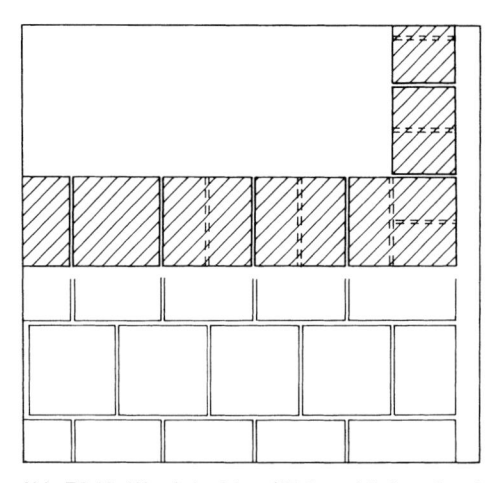

Abb. F.2.19: Wand d = 24 cm/17,5 cm; Läuferverband aus 8 DF/6 DF

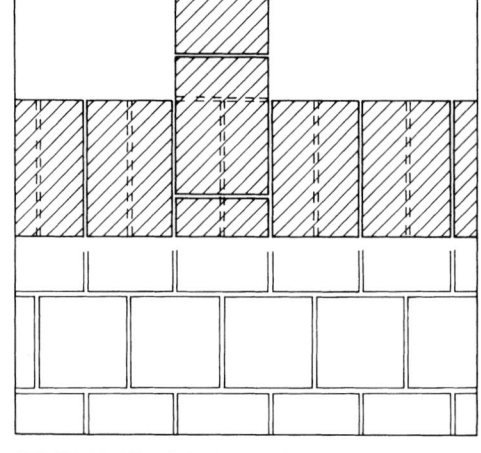

Abb. F.2.21: Wand d = 36,5 cm/24 cm; Binder-/Läuferverband aus 12 DF

2.3.3 Verbindung von Wänden und Querwänden

Von besonderer Bedeutung bei der Ausführung von Mauerwerksverbänden ist die kraftschlüssige Verbindung von Wänden und Querwänden. Es ist deshalb auf der Baustelle darauf zu achten, daß die der statischen Berechnung zugrunde gelegten, rechtwinklig zur Wandebene unverschieblich gehaltenen Bauteilränder (zwei-, drei- oder vierseitige Halterung) auch tatsächlich realisiert werden.

Als unverschiebliche Halterung dürfen horizontal gehaltene Deckenscheiben, aussteifende Querwände oder andere ausreichend steife Bauteile angesehen werden; dies aber nur dann, wenn die aussteifende Querwand und die auszusteifende Wand aus Baustoffen annähernd gleichen Verformungsverhaltens bestehen, sie zug- und druckfest mit einander verbunden sind und ein Abreißen auch infolge stark unterschiedlicher Verformungen nicht zu erwarten ist.

Als zug- und druckfester Anschluß gilt das gleichzeitige Hochführen der Wände im Verband, d. h. mit liegender oder stehender Verzahnung (**Abb. F.2.22/23**).

Nach DIN 1053 T 1, Abschnitt 6.6.1, sind aber auch andere Maßnahmen hinsichtlich zug- und druckfester Anschlüsse gestattet: so können Regelaussparungen in der auszusteifenden Wand (Lochzahnung) oder auch vorstehende Steine (Stockzahnung) eine nachträgliche Einbindung der aussteifenden Wand ermöglichen. Dies hat in der Baupraxis den Vorteil, daß der zur Verfügung stehende Arbeitsraum einschließlich erforderlicher Gerüste effizienter genutzt werden kann.

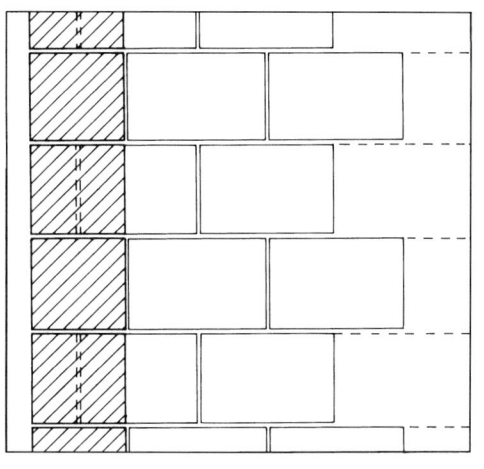

Abb. F.2.23: Stehende Verzahnung

Da Loch- und Stockzahnung jedoch nur druckfeste Verbindungen gewährleisten, müssen zur Übernahme von Zugkräften in den Drittelspunkten der Wandhöhe ausreichend korrosionsgeschützte Bewehrungseisen eingelegt werden (**Abb. F.2.24**).

Zur Rationalisierung bietet sich an, auf ihre Verzahnung – gleich welcher Art – ganz zu verzichten. Die Wände werden stumpf gestoßen und im Anschlußbereich besonders sorgfältig vermörtelt. Um den Wandanschluß zugfest zu machen, wird – wie oben geschildert – eine Bewehrung aus Betonstahl (**Abb. F.2.25**) oder aber Flachankern aus V 4A-Stahl in Verbindung mit einer an der Außenwand befestigten Führungsschiene in die Lager-

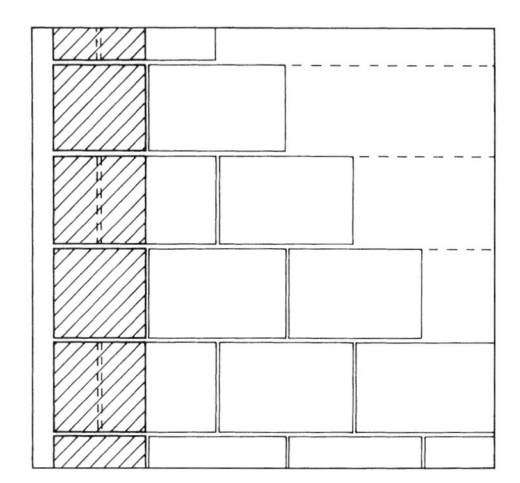

Abb. F.2.22: Liegende Verzahnung

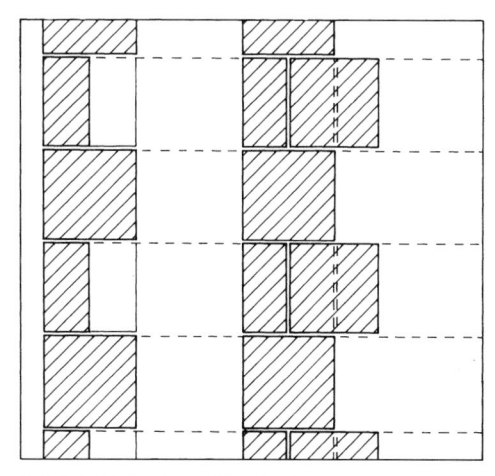

Abb. F.2.24: Loch- und Stockzahnung

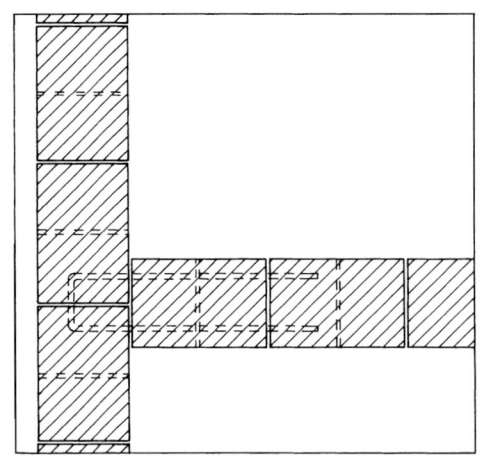

Abb. F.2.25: Kraftschlüssiger Stumpfstoß mit Betonstahl

Tafel F.2.2 Zulässige Wandhöhen in m

Steinroh-dichte kg/m³	Wanddicke d in cm		
	11,5	17,5	24
600	0,60	1,35	2,55
800	0,75	1,70	3,20
1 000	0,90	2,00	3,85
1 200	0,95	2,20	4,00
1 600	1,25	2,90	4,00
1 800	1,30	3,05	4,00
2 000	1,45	3,40	4,00

fuge eingelegt. Durch diese Maßnahme verringert sich Arbeitszeit im Wegfall der aufwendigen Verzahnung, insbesondere ergibt sich ein problemloser Anschluß bei verschiedenen Steinformaten und -höhen sowie ein Wegfall von Wärmebrücken bei einbindenden Innenwänden höherer Rohdichte in Außenwände mit einer niedrigeren.

Tafel F.2.2 gibt die zu beachtenden Wandhöhen für nicht ausgesteifte Wände gemäß „Merkblatt für das Ausmauern von Wandscheiben der Bau-Berufsgenossenschaft an, bezogen auf eine maximale Windstärke von 12 m/s, d. h. Stärke 6 nach Beaufort.

2.3.4 Schlitze und Aussparungen

Die Tragfähigkeit des Mauerwerkes wird durch Schlitze und Aussparungen verringert; sie sollten deshalb frühzeitig bei der Planung in Abstimmung mit den Fachingenieuren festgelegt werden (Abb. F.2.27).

Bei nachträglicher Festlegung und Herstellung sind nur Geräte wie z. B. Fräsen oder elektrische Schlagwerkzeuge zu verwenden, die den Mauerwerksverband nicht lockern und die Schlitztiefe möglichst genau einhalten (Abb. F.2.28). Durch waagerechte und schräge Aussparungen und Schlitze treten an der Wand erhebliche Exzentritäten auf. Die Größe der Tragfähigkeitsminderung kann etwa proportional zur Querschnittsminderung angesetzt werden, dies bis zu einer Minderung von 25 %, wenn die Schlitze nicht im mittleren Bereich der Wandhöhe liegen. Ohne rechnerischen Nachweis sind nach DIN 1053 T 1 folgende horizontale und schräge Schlitze in tragenden Wänden zulässig (Tafel F.2.3), unter Beachtung der unten aufgeführten Einschränkungen.

Abb. F.2.26: Kraftschlüssiger Stumpfstoß mit Flachanker

Abb. F.2.27: Aussparungen im gemauerten Verband

Ausführung von Mauerwerk

Abb. F.2.28: Elektrische Mauerfräse für nachträgliches Schlitzen

Tafel F.2.3: Ohne Nachweis zulässige horizontale und schräge Schlitze in tragenden Wänden

Wand-dicke	Horizontale und schräge Schlitze[1] nachträglich hergestellt	
	Schlitzlänge[2]	
	unbeschränkt Tiefe[4] mm	≤ 1,25 lang[3] Tiefe/mm
≥ 115	–	–
≥ 175	0	≥ 25
≥ 240	≥ 15	≥ 25
≥ 300	≥ 20	≥ 30
≥ 365	≥ 20	≥ 30

[1] Es ist zu beachten, daß horizontale und schräge Schlitze nur zulässig sind in einem Bereich 0,4 m ober- oder unterhalb der Rohdecke sowie jeweils an einer Wandseite. Sie sind nicht zulässig bei Langlochziegeln.
[2] Bei begrenzten Schlitzlängen sind größere Tiefen zulässig, weil die Möglichkeit zur Lastumlagerung besteht.
[3] Mindestabstand in Längsrichtung von Öffnungen ≥ 490 mm, vom nächsten Horizontalschlitz 2fache Schlitzlänge.
[4] Die Tiefe darf um 10 mm erhöht werden, wenn Werkzeuge verwendet werden, mit denen die Tiefe genau eingehalten werden kann; in diesem Fall dürfen auch in Wände ≥ 240 mm gegenüberliegende Schlitze mit jeweils 10 mm Tiefe ausgeführt werden.

Vertikale Aussparungen und Schlitze können die Tragfähigkeit der Wände wesentlich beeinträchtigen, dies insbesondere dann, wenn die seitliche Halterung verringert bzw. aufgehoben wird. Sie sind im allgemeinen dann ohne Nachweis zulässig, wenn die Querschnittsschwächung, bezogen auf 1 m Wandlänge, nicht mehr als 6 % beträgt und die Wand rechnerisch 2seitig, d. h. oben und unten gehalten ist **(Tafel F.2.4)**.

Tafel F.2.4: Ohne Nachweis zulässige vertikale Schlitze und Aussparungen in tragenden Wänden

Wand-dicke	Vertikale Schlitze und Aussparungen, nachträglich hergestellt[1]			Vertikale Schlitze und Aussparungen in gemauertem Zustand[1]			
	Tiefe[2]	Einzel-schlitz-breite[3] mm	Abstand der Schlitze und Aussparungen von Öffnungen	Breite[3] mm	Rest-wand-dicke mm	Abstand der Schlitze und Aussparungen von Öffnungen mm	untereinander mm
≥ 115	10	≥ 100		–	–	≥ 2fache Schlitzbreite bzw. ≥ 365	≥ Schlitz-breite
≥ 175	30	≥ 100		260	≥ 115		
≥ 240	30	≥ 150	≥ 115	385	≥ 115		
≥ 300	30	≥ 200		385	≥ 175		
≥ 365	30	≥ 200		385	≥ 240		

[1] Die Grenzwerte sind so festgelegt, daß der Einfluß auf die seitliche Halterung der Wand vernachlässigbar bleibt. Die Restwanddicken und der Abstand von Öffnungen müssen zwingend eingehalten werden.
[2] Schlitze, die bis maximal 1 m über den Fußboden reichen, dürfen bei Wanddicken ≥ 240 mm bis 80 mm Tiefe und 120 mm Breite ausgeführt werden.
[3] Die Gesamtbreite von Schlitzen nach Spalte 3 und Spalte 5 darf je 2 m Wandlänge die Maße in Spalte 5 nicht überschreiten. Bei geringeren Wandlängen als 2 m sind die Werte in Spalte 5 proportional zur Wandlänge zu verringern.

2.3.5 Feuchteschutz

Mauersteine werden im Regelfall auf folienverpackten Paletten geliefert. In dieser Form sind sie vor dem Vermauern gegen Durchnässen geschützt.

Da Mörtel an durchnäßten Steinen schlecht haftet, mit der Trocknung das Risiko von Ausblühungen steigt und insbesondere der Trocknungsvorgang des Rohbaues unnötig Zeit und Energie beansprucht, müssen bei lang anhaltenden Regenfällen sowohl die Mauersteine an sich als auch Bauteilbereiche wie Wände, Brüstungen, offene Aussparungen und Schlitze insgesamt an ihren Oberseiten mit Planen oder Folien sorgfältig abgedeckt werden; gegen Windeinwirkungen schützen Nagelbretter oder beschwerende Materialien, bei noch nicht vorhandenen Regenfallrohren sind provisorische Ableitungen erforderlich.

Wenn die o.a. Empfehlungen rechtzeitg und konsequent angewandt werden, sind auch bei Winterbaustellen keine Schäden am ausgeführten Mauerwerk, wie z. B. Abplatzungen, Ausblühungen und – als Extremfall – Verringerung der Tragfähigkeit, zu erwarten.

2.3.6 Ausführung von Mauerwerk bei Frost

Nach DIN 1053 T1, Abschnitt 9.4, darf bei Frost Mauerwerk nur unter Einhaltung besonderer Schutzmaßnahmen ausgeführt werden. Gestaffelt nach Temperaturbereichen, können verschiedene Schutzmaßnahmen empfohlen werden: So kann bei Temperaturen von + 5 bis 0 °C wärmedämmendes Abdecken des Mörtelzuschlages bereits genügen, bei 0 bis – 5 °C sind unvermauerte Steine abzudecken; es ist ein Erwärmen des Anmachwassers und des Zuschlages unter Verwendung von Zementen höherer Festigkeitsklassen (z. B. PZ 45 F oder PZ 55) denkbar; die Zugabe von Luftporenbildnern oder Erhärtungsbeschleunigern bei der Mörtelherstellung macht eine spezielle Eignungsprüfung erforderlich. Fertiges Mauerwerk muß zum Schutz vor Feuchtigkeit und Frost abgedeckt werden.

Die Festigkeit des Mörtels verlangsamt sich mit abnehmenden Temperaturen und kommt bei – 10 °C praktisch zum Erliegen. Durch die Volumenvergrößerung von Wasser zu Eis wird frischer und noch wenig fester Mörtel in seinem Gefüge gestört. Eine Frosteinwirkung vor Ablauf ausreichender Abbindezeiträume beeinträchtigt nachhaltig die Mörtelfestigkeit.

Auf gefrorenem Mauerwerk darf nicht weitergemauert werden. Teile von Mauerwerk, die durch Frost oder andere Einflüsse beschädigt werden, sind vor dem Weiterbau abzutragen. Gefrorene Baustoffe dürfen nicht verwendet werden. Frostschutzmittel und der Einsatz von Auftausalzen sind nicht zulässig.

2.3.7 Reinigung von Sichtmauerwerk

Zu unterscheiden sind zunächst verschiedene Verschmutzungsarten, unabhängig vom Steinmaterial der Vorsatzschale, von denen die häufigste die durch Mörtel und Bindemittel während des Arbeitsvorganges ist. Nach Fertigstellung des Sichtmauerwerkes können Ausblühungen entstehen, daneben auch Auslaugungen von Kalk. Insbesondere im Zuge der Altbausanierung stellt sich die Problematik atmosphärischer Verschmutzung.

Im ersten Fall ist die beste und billigste Reinigung die sofortige Beseitigung der noch frischen Mörtelreste parallel zur Erstellung des Mauerwerks; dies geschieht mittels Wasser, Bürste und Schwamm.

Wichtig ist in diesem Zusammenhang auch die Vorsorge: Mörtelkästen sollen in genügendem Abstand von der Fassade aufgestellt werden, frisches Mauerwerk ist durch Folienabdeckung vor Mörtelspritzern zu schützen, nicht zuletzt sind die Gerüstbretter regelmäßig zu reinigen. Das innere Brett ist bei Arbeitsunterbrechungen und Regen hochkant zu stellen.

Werden die Vormauersteine noch vor der Verarbeitung gewässert, so daß das spezifische Wassersaugvermögen z. B. bei Ziegel 15 g/m^2 und Minute nicht übersteigt, wird die Saugfähigkeit der Steine und damit die Aufnahme von Bestandteilen aus dem Mörtel und dessen Bindemittel reduziert; dies betrifft Alkalimetalle, Kieselsäure und kleine Mengen leicht löslicher Salze, insbesondere Kalium- und Natriumsulfat. Durch Wasser werden diese ausblühfähigen Stoffe gelöst, transportiert und an der Steinoberfläche abgelagert, an der das Wasser verdunsten kann. Unter Witterungseinflüssen verschwinden die meisten Ausblühungen nach kurzer Zeit; ist dies nicht der Fall, ist eine trockene Reinigung mit Spachtel (Abb. F.2.29), geeigneten Holzbrettchen oder Wurzelbürste vorzunehmen, Angewendet werden können in besonderen Fällen auch Sandstrahlverfahren, bei denen jedoch die Oberfläche des Sichtmauerwerks gefährdet ist.

Bei der nassen Reinigung muß das Mauerwerk von unten nach oben vorgenäßt werden, ehe die Reinigungsmittel gemäß Herstelleranleitung verdünnt oder unverdünnt aufgetragen werden können (Abb. F.2.30). Diese Verfahren gelten insbesondere bei älteren Kalkauslaugungen und -aussinterungen wie z. B. von Calciumcarbonat; bewährt haben sich insbesondere bei Ziegelmauerwerk

Abb. F.2.29: Trockene Reinigung mit Spachtel

Abb. F.2.30: Nasse Reinigung unter fließendem Wasser

Reinigungsmittel auf Basis von Salz-, Phosphor- und Ameisensäure. Unmittelbar nach der Reinigung muß die gelöste Verschmutzung unter fließendem Wasserstrahl abgespült werden, damit sie vom trocknenden Mauerwerk nicht wieder aufgenommen wird, bzw. die Oberfläche nicht verschmiert.

Langjährige atmosphärische Verschmutzungen von Altbauten sollten nur durch spezialisierte Reinigungsfirmen auf Basis einer chemischen Analyse beseitigt werden. Bewährt haben sich auch hier grundsätzlich nasse Reinigungsverfahren unter Verwendung von Dampf- bzw. Heißwasserstrahlgeräten mit entsprechender Tiefenwirkung.

2.4 Eignungs- und Güteprüfungen

Neben Eignungs- und Güteprüfungen, die im Regelfall seitens der Hersteller und autorisierter Prüforganisationen vorgenommen werden, sind auf der Baustelle Kontrollen und Güteprüfungen vorzunehmen, die in DIN 1053 Teil 1, 11 geregelt sind.

Diese Maßnahmen beziehen sich zuerst auf das Steinmaterial an sich. Der bauausführende Unternehmnr muß die Angaben auf dem Lieferschein bzw. Beipackzettel prüfen hinsichtlich ihrer Übereinstimmung mit den bautechnischen Unterlagen.

Schwieriger ist die Prüfung des Baustellenmörtels, die regelmäßig während der Bauausführung vorgenommen werden muß; wichtig ist hierbei die Kontrolle des Mischungsverhältnisses nach Anhang A, Tabelle 1 der Norm oder der Vorgaben nach Eignungsprüfung. Bei Werkmörteln ist wie bei den Steinen der Lieferschein oder Verpackungsaufdruck daraufhin zu kontrollieren, ob die Angaben über Mörtelart und Mörtelgruppe mit den bautechnischen Vorgaben sowie der Sortennummer und das Lieferwerk mit der Bestellung übereinstimmen; nicht zuletzt ist das Überwachungszeichen zu kontrollieren.

Bei den Mörteln der Gruppe III a sind darüber hinaus Materialproben erforderlich. So müssen je Geschoß aus drei verschiedenen Mischungen bei jeweils drei Prismen die Mörteldruckfestigkeit nach DIN 18 555 Teil 3 nachgewiesen werden. Sie muß dabei die Anforderungen nach Anhang 4, Tabelle A 2, Spalte 3 erfüllen.

Bei Gebäuden mit mehr als sechs gemauerten Vollgeschossen sind ebenfalls geschoßweise Prüfungen, mindestens jedoch je 20 m^3 Mörtel gefordert, dies nicht nur bei Mörteln der Gruppe III a, sondern auch bei Normalmörteln der Gruppen II, II a und III, darüber hinaus bei Leicht- und Dünnbettmörtel. Der Schwerpunkt der Prüfungen sollte in den drei unteren Geschossen liegen, in den darüberliegenden kann nach DIN verzichtet werden.

2.5 Material und Zeit

Das Bauen mit Mauerwerk ist einem ständigen Optimierungsprozeß unterworfen. Planung und Ausführung, Theorie und Praxis müssen deshalb so aufeinander abgestimmt sein, daß der Aufwand an Material und Zeit möglichst gering gehalten werden kann – dies nicht zuletzt zugunsten grundsätzlicher Aspekte einer humanen, ästhetischen ökologischen Baukultur.

Da beim Mauerwerksbau in seiner primär handwerklichen Tradiertheit die Vorteile industrialisierten Bauens mit weitgehender Vorfertigung wie beim Skelettbau weniger greifen, kommt dem Material an sich und seiner Verarbeitung auf der Baustelle besondere Bedeutung zu.

Materialbedarf und erforderliche Arbeitszeit lassen sich theoretisch ermitteln, diese Werte unterliegen jedoch in der Praxis erheblichen Schwankungen.

Großen Einfluß hat die Führung und Organisation auf der Baustelle. Für den Steinbedarf ist z. B. entscheidend, ob die Steine durch Schlagen oder Sägen abgelängt werden. Der Mörtelbedarf bei Steinen mit unvermörtelter Stoßfuge liegt ca. 25 bis 30 % niedriger als bei verfüllten Stoßfugen. Neben der Steinart (Lochanteil, geschlossene Oberfläche) spielt hierbei auch eine Rolle, ob die richtige Mörtelmenge zum richtigen Zeitpunkt bereitgestellt wird.

Für die Arbeitszeit sind umfangreiche Richtwerte in den ARH-Tabellen des Bundesausschusses Leistungslohn veröffentlicht. Die folgenden Angaben sind Anhaltswerte und an Erfahrungswerte der Ziegelindustrie angelehnt **(Tafel F.2.5)**. Sie schließen Nebenarbeiten wie Einweisung, Herstellen des Mörtels, Umsetzen von Gerüsten, Einmessen und Anlegen von Öffnungen, Reinigen des Arbeitsplatzes usw. mit ein.

Diese Erfahrungswerte machen deutlich, wie gravierend Steingröße und Entfall der Stoßfugenvermörtelung in die Kalkulation eingehen: Der Zeitbedarf für die Verarbeitung der Steine sinkt um bis zu 15 %, gleichzeitig erfolgt durch die Verringerung des Fugenanteils eine Senkung der Mörtelkosten, was besonders bei Verwendung von teuren Leichtmauermörteln von Einfluß ist. Bei Leichtbetonsteinen mit Bims-Zuschlag und völligem Entfall einer vermörtelten Lagerfuge ergeben sich sogar Arbeitszeiten von nur ca. 1,8 h/m³.

Nicht zuletzt hat die Rohdichte der verwendeten Steine Konsequenzen; erfahrungsgemäß liegt der Arbeitszeitrichtwert bei einer Rohdichteklasse von 1,0 um 10 % höher als bei 0,5 und 10 % niedriger als bei Rohdichteklasse 1,6.

Der reduzierte Arbeitsaufwand großformatiger Steine gegenüber Kleinformaten liegt auch in deren Reihenverlegung. Bei dieser Arbeitstechnik kann der Lagerfugenmörtel effizient für mehrere Steine mit Schaufel, Mörtelkasten oder Walze aufgetragen werden; anschließend werden mehrere Steine in einem zweiten Arbeitsgang dicht an dicht („knirsch") versetzt. Der ökonomische Vorteil ist dabei um so größer, je präziser die Steine gefertigt sind; bei Maßtoleranzen in der Steinhöhe von nur 0,2 mm – ermöglicht durch zunehmend computergestützte Produktionstechniken bzw. nachträglichem Feinschliff – kann auch die Mörtelbett auf ein Minimum reduziert werden: Material- und Zeitersparnis sind die Folge, gleichzeitig wird die Wand homogener mit allen Vorteilen in statischer und bauphysikalischer Hinsicht.

Die Rationalisierung durch immer größere Steine stößt an Grenzen der arbeitsphysiologischen Belastbarkeit des Maurers. Viele Baubetriebe lehnen deshalb Steine größer als 16 DF bei 24 cm dicken Wänden und 10 DF bei 36,5 cm dicken Wänden ab. Hier ist dann der Einsatz entsprechender Hebeeinrichtungen erforderlich **(Tafel F.2.6)**.

Tafel F.2.5: Materialbedarf und Arbeitszeit bei Wänden aus Hochlochziegeln

Wand-dicke cm	Format Bezeichnung	Abmessungen $L \times B \times H$ mm	Bedarf pro m²			Bedarf pro m³			
			Ziegel Stück	Mörtel Liter	Arbeitszeit Stunden	Ziegel Stück	Mörtel Liter	Arbeitszeit/Stunden	
								Hlz/S	Hlz/Z
11,5	2 DF	240×115×113	32	22	1,08				
	8 DF	490×115×238	8	8	0,65				
17,5	3 DF	240×175×113	32	30	1,10				
	12 DF	490×175×238	8	17	0,70	45	140	3,0	–
24,0	2 DF	115×240×113	64	55	1,80	267	220	5,3	–
	12 DF	365×240×238	11	34	0,72	45	140	3,0	2,5
	16 DF	490×240×238	8	32	0,70	32	130	2,9	2,4
30,0	2 DF	240×115×113	32	72	1,45	107	240	4,8	–
	10 DF	240×300×238	16	44	1,00	54	150	3,2	2,7
	20 DF	490×300×238	8	40	0,80	26	120	2,85	2,3
36,5	2 DF	240×115×113	96	95	1,50	263	260	5,0	–
	12 DF	240×365×238	16	54	1,05	45	150	3,0	2,5
49,0	16 DF	240×490×238	16	70	1,25	32	140	2,8	2,25

Hlz/S Leichthochlochstein mit Stoßfugenvermörtelung
Hlz/Z Leichthochlochstein ohne Stoßfugenvermörtelung

Ausführung von Mauerwerk

Tafel F.2.6: Verarbeitungszeiten bei Porenbetonsteinen

Wand-dicke cm	Abmessungen $L \times B \times H$ cm	Arbeitszeit/Stunden	
		h/m²	h/m³
11,5	100,0 × 11,5 × 62,5	0,37	
	62,5 × 11,5 × 25,0	0,60	
17,5	100,0 × 17,5 × 62,5	0,37	
			2,25
24,0	100,0 × 24,0 × 62,5		1,55
	62,5 × 24,0 × 25,0		2,05
30,0	100,0 × 30,0 × 62,5		1,25
	62,5 × 30,0 × 25,0		1,90
36,5	100,0 × 36,5 × 62,5		1,00
	50,0 × 36,5 × 25,0		1,90

2.6 Ablauforganisationen und Arbeitsplatzgestaltung

Ablauforganisation und Arbeitsplatz müssen vom Bauunternehmer sorgfältig geplant und so gestaltet werden, daß unnötige Behinderungen und Erschwernisse nicht entstehen.

In der Praxis zeigt sich dabei, daß gerade im Zusammenhang mit den reduzierten Arbeitszeiten bei großformatigen Steinen Störungen des Baustellenbetriebes stärkere Auswirkungen haben als bei der Verarbeitung von kleineren Steinen in der Vergangenheit. Wichtig ist insbesondere die rechtzeitige Organisation des Materials: Steine und Mörtel müssen so bereitgestellt werden, daß bei der Verarbeitung unnötige Wege und Drehungen vermieden werden. Auch sind personell die Kolonnenstärken zu optimieren; bei vier Maurern und einem Helfer ist der Helfer meistens nicht voll ausgelastet.

Um einen gleichmäßigen Arbeitsrhythmus zu erreichen, sollte der Abstand zwischen den Maurern ca. 2,50 m bis 3,00 m betragen. Bei einer Mauerlänge je Mauer von 3,00 m liegt die Leistung um ein Viertel höher als bei 2,00 m, weil der Arbeitsrhythmus weniger häufig unterbrochen wird. Bei Verwendung von Mörtelschlitten oder -walzen können diese Abstände noch vergrößert werden; die Mörtelkübel stehen dann in größeren Abständen, so daß mehr Lagerplatz für die Steinstapel und kürzere Arbeitswege für den Maurer gegeben sind.

Bei Arbeitshöhen zwischen 0,6 m und 0,8 m ist der Zeitaufwand für das Verlegen eines Steines am geringsten. Durch variable Gerüsthöhen sollte versucht werden, den optimalen Bereich weitgehend für die gesamte Arbeit einzuhalten. Hierzu sind mobile, höhenverstellbare Arbeitsbühnen optimal (**Abb. F.2.31/32**). Moderne Stahlgerüste ermöglichen das Einhängen der Gerüstböden in

Abb. F.2.31: Mobile Arbeitsbühne

Abb. F.2.32: Mobile selbstbeladende Arbeitsbühne

Regalabständen von 50 cm, wobei auf der Wandseite Verbreiterungskonsolen jeweils 50 cm niedriger montiert werden können, um überflüssiges Bücken zu vermeiden und die ergometrische Leistungsfähigkeit des Maurers zu vergrößern.

Eine weitergehende Optimierung der Bauabläufe mit erheblicher Zukunftsperspektive bietet der Einsatz von Robotern als Errungenschaft der Datenverarbeitung und Automationstechnik (siehe hierzu C3, Th. Rückert). Sei es im nur unterstützenden Einsatz oder in Vollautomation erweitern sie die Möglichkeiten einer Bauweise, der noch immer zu Unrecht das Etikett des Tradierten, Handwerklichen anhaftet.

Bemessungspraxis nach EUROCODE 2

Dieses Buch zeigt neben den Grundlagen der Arbeit mit der europäischen Stahlbetonnorm vertieft die tägliche Bemessungspraxis. Folgende Konstruktionen werden behandelt:

- Einachsig gespannte Einfeldplatte mit Auskragung
- Einachsig gespannte dreifeldrige Platte
- Zweiachsig gespannte Platte über zwei Felder
- Durchlaufträger mit gevoutetem Kragarm
- Rippendecke
- Pendelstütze
- Kragstütze
- Einzelfundamente
- Haltestellenüberdachung
- Konsole
- Gebäudeaußenwand
- Einfeldrige Scheibe

Avak/Goris
Bemessungspraxis nach EUROCODE 2
Zahlen- und Konstruktionsbeispiele
Von Prof. Dr.-Ing. Ralf Avak und Prof. Dr.-Ing. Alfons Goris
1994.
184 Seiten 17 x 24 cm, kartoniert
DM 48,–/öS 350,–/sFr 48,–
ISBN 3-8041-1046-0

Zu beziehen über Ihre Buchhandlung oder direkt beim Verlag.

WERNER VERLAG
Werner Verlag · Postfach 10 53 54 · 40044 Düsseldorf
Telefon (02 11) 3 87 98-0 · Telefax (02 11) 3 87 98-11
www.werner-verlag.de

G BAUSCHÄDENVERMEIDUNG UND SANIERUNG

Dr.-Ing. Peter Schubert (Abschnitte 1–3)
Prof. Dr. Dr. Kurt Milde (Abschnitt 4, erster und zweiter Beitrag)
Dipl.-Ing. Werner Schmidt (Abschnitt 4, dritter Beitrag)
Dipl.-Ing. Dieter Selk (Abschnitt 4, vierter Beitrag)

1 Vorbemerkung G.3

2 Risse in Mauerwerksbauteilen – Rißformen G.5

3 Schadensbilder – Ursachen – Vermeidung – Instandsetzung G.6

3.1 Vertikale und horizontale Risse in Außenwänden	G.6
3.2 Horizontale Risse in Außenwänden	G.7
3.3 Schrägrisse in Innenwänden nahe der Außenwand	G.9
3.4 Risse im Bereich Gebäudedecke, oberste Decke	G.10
3.5 Risse im Bereich von Öffnungen	G.11
3.6 Schrägrisse in Ausfachungswänden	G.12
3.7 Risse in nichttragenden Wänden – Verblendschalen, leichte Trennwände, Ausfachungswände	G.13
3.8 Risse in leichten Trennwänden	G.15
3.9 Risse in tragenden Innenwänden	G.16
3.10 Mängel und Schäden an Sichtmauerwerk	G.17
3.10.1 Schadhafter Verfugmörtel	G.17
3.10.2 Ablösen von äußeren Schalen bzw. Teilstücken aus Mauersteinen	G.18
3.10.3 Ausblühungen, Auslaugungen	G.19
3.11 Beeinträchtigung der Mauerwerksdruckfestigkeit durch Ausführungsmängel ...	G.20
3.12 Putzrisse	G.21
3.12.1 Risse an der Putzoberfläche	G.21
3.12.2 Sackrisse im Putz	G.22
3.12.3 Putzrisse im Bereich von Mörtelfugen	G.23
3.12.4 Risse durch zu festen, steifen Putz	G.25
3.13 Zweischaliges Mauerwerk	G.27
3.13.1 Unsachgerechte Verankerung	G.27
3.13.2 Durchfeuchtungen bei zweischaligem Mauerwerk	G.29
3.14 Risse durch Verformungsunterschiede zwischen Bauteilen aus Stahlbeton bzw. Beton und Mauerwerk	G.30
3.14.1 Ringbalken aus Stahlbeton	G.30
3.14.2 Risse durch Verformung von Stahlbetongurten auf Mauerwerk im Giebelbereich	G.30
3.14.3 Risse im Bereich von Stürzen im Verblendmauerwerk	G.31

4 Aktuelle Beiträge

4.1	Das Studienhaus Brücke-Villa in Dresden-Blasewitz	G.33
4.2	Bauwerke in der Kulturlandschaft Schloß Moritzburg	G.48
4.3	„Aufsteigende Feuchte": Was ist das eigentlich?	G.67
4.4	Modernisierung mit Verblendmauerwerk – nicht die billigste aber die bessere Lösung	G.72

G BAUSCHÄDEN-VERMEIDUNG

1 Vorbemerkung

Wie bei anderen Baustoffen, so gibt es auch im Bereich des Mauerwerksbaus gelegentlich Mängel bzw. Schäden. Diese sind fast ausschließlich auf Planungs- und Ausführungsfehler zurückzuführen. Materialfehler als Ursache von Mängeln und Schäden sind sehr selten.

Die meisten dieser Mängel und Schäden entstehen dadurch, daß Formänderungen des Mauerwerks (Schwinden, Quellen, Wärmedehnung – Abkühlung und Erwärmung –, Kriechen) nicht oder unzureichend berücksichtigt werden. Derartige Formänderungen eines Mauerwerksbauteils werden mehr oder weniger behindert durch die Verbindung des Bauteils mit Auflagern oder benachbarten Bauteilen. Dadurch entstehen Spannungen, die meist hohe Rißgefahr bedeuten, wenn es sich um Zug-, Scher- und Schubspannungen handelt. Wegen der im Vergleich zu seiner Druckfestigkeit geringen Zug-, Scher- und Schubfestigkeit ist die Beanspruchbarkeit des Mauerwerks in solchen Fällen gering. Zu beachten ist dies besonders bei Mauerwerksbauteilen mit geringer oder gar keiner Auflast, wie z. B. Verblendschalen, Ausfachungswände und leichte Trennwände. In solchen Bauteilen entstehen durch Schwindzugspannungen und/oder temperaturbedingte Zugspannungen bei Überschreiten der Mauerwerkszugfestigkeit annähernd vertikal verlaufende Risse über den gesamten Bauteilquerschnitt. Derartige Risse lassen sich z. B. durch entsprechende Anordnung von Dehnungsfugen, aber auch durch konstruktive Bewehrung vermeiden.

Ein weiterer, relativ häufiger Rißfall sind Risse in Außenwänden und in quer zu diesen anschließenden Innenwänden. Rißursache sind Unterschiede der Verformung beider Wände in vertikaler Richtung. Auch hier gibt es eine Reihe von Möglichkeiten, derartige Risse zu vermeiden.

Auch die gelegentlich im Außenputz, z. T. bis in den Putzgrund, auftretenden Risse können zu Schäden führen, wenn bei entsprechend großen Rißbreiten die Funktion des Außenputzes als Witterungsschutz nicht mehr vorgabegemäß erfüllt wird (Eindringen von Feuchtigkeit, Verringerung der Wärmedämmung, Frostschäden und anderes mehr). Putzrisse lassen sich je nach Ursachen und Rißbild verschiedenen Gruppen zuordnen. Dies vereinfacht die Ursachenerkennung und die Wahl der geeigneten Instandsetzungsmaßnahmen.

Von den ausführungsbedingten Mängeln bzw. Schäden sind vor allem Bauweisen und Konstruktionen betroffen, die, um ihre Funktionsfähigkeit zu gewährleisten, besonderer Sorgfalt bei der bauseitigen Herstellung bedürfen. Ein Beispiel dafür ist die zweischalige Außenwand, die den großen Vorteil aufweist, daß sie verschiedenartige Anforderungen – Tragfähigkeit, Wärmeschutz, Schallschutz, Witterungsschutz und Ästhetik – optimal erfüllen kann. Bei dieser Konstruktion sind jedoch eine ganze Reihe von Ausführungsdetails besonders zu beachten, damit es nicht zu Mängeln bzw. Schäden kommt.

In diesem Kapitel wird ein neuartiger Weg beschritten, um Schäden, Schadensursachen, Schadensvermeidung und Instandsetzungsmaßnahmen darzustellen. In Ergänzung zu der umfangreich vorhandenen Fachliteratur, in der die einzelnen Schäden ausführlich behandelt werden, werden im folgenden Schadensfälle in schematisierter, kurzgefaßter Form beispielhaft behandelt. Für den jeweiligen Schadensfall werden das typische Schadensbild, die Schadensursachen, Möglichkeiten zur Schadensvermeidung und Instandsetzungsmaßnahmen sowie weiterführende Literatur angegeben. Die im folgenden behandelten Schadensfälle beziehen sich auf die zuvor genannten Themenbereiche. Mit dieser Behandlungsform soll eine schnelle, aber doch informative Übersicht über mögliche Schäden an Mauerwerk erreicht werden. Es ist beabsichtigt, die Zusammenstellung von möglichen Schäden laufend zu erweitern. Hierfür wird der Leser ausdrücklich um Anregungen, Kritik, Verbesserungen gebeten.

Als Ergänzung zu den Beispielen gibt die **Tafel G.1** die wichtigsten Formänderungskennwerte von Mauerwerk an. Die Tafel entspricht der Neufassung der DIN 1053-1. Besonders wichtig sind die Eigenschaftskennwerte für die Feuchtedehnung (Schwinden, Quellen). Sie sind meist hauptverursachend für formänderungsbedingte Risse. Der Vergleich dieser Kennwerte gibt bereits einen Anhalt dafür, bei welchen Kombinationen von Mauersteinarten in Mauerwerk besonders große Verformungsunterschiede zu erwarten sind und somit eine mögliche Rißgefahr besteht.

Beurteilungsverfahren zur Abschätzung der Rißsicherheit für einige Rißfälle finden sich in [Schubert-96].

Tafel G.1 Verformungskennwerte für Kriechen, Schwinden, Temperaturänderung sowie Elastizitätsmoduln (aus DIN 1053-1, 11.96)

Mauersteinart	Endwert der Feuchtedehnung (Schwinden, chemisches Quellen)[1] $\varepsilon_{f\infty}$ [1] mm/m		Endkriechzahl φ_∞ [2]	
	Rechenwert	Wertebereich	Rechenwert	Wertebereich
Mauerziegel	0	+ 0,3 bis − 0,2	1,0	0,5 bis 1,5
Kalksandsteine[4]	− 0,2	− 0,1 bis − 0,3	1,5	1,0 bis 2,0
Leichtbetonsteine	− 0,4	− 0,2 bis − 0,5	2,0	1,5 bis 2,5
Betonsteine	− 0,2	− 0,1 bis − 0,3	1,0	−
Porenbetonsteine	− 0,2	+ 0,1 bis − 0,3	1,5	1,0 bis 2,5

Mauersteinart	Wärmedehnungskoeffizient α_T 10^6/K		Elastizitätsmodul E [3] N/mm²	
	Rechenwert	Wertebereich	Rechenwert	Wertebereich
Mauerziegel	6	5 bis 7	$3500 \cdot \sigma_0$	3000 bis $4000 \cdot \sigma_0$
Kalksandsteine[4]	8	7 bis 9	$3000 \cdot \sigma_0$	2500 bis $4000 \cdot \sigma_0$
Leichtbetonsteine	10	8 bis 12	$5000 \cdot \sigma_0$	4000 bis $5500 \cdot \sigma_0$
Betonsteine	10	8 bis 12	$7500 \cdot \sigma_0$	6500 bis $8500 \cdot \sigma_0$
Porenbetonsteine	8	7 bis 9	$2500 \cdot \sigma_0$	2000 bis $3000 \cdot \sigma_0$

[1] Verkürzung (Schwinden): Vorzeichen minus; Verlängerung (chemisches Quellen): Vorzeichen plus
[2] $\varphi_\infty = \varepsilon_{k\infty}/\varepsilon_{el}$; $\varepsilon_{k\infty}$ Endkriechdehnung, $\varepsilon_{el} = \sigma/E$
[3] E Sekantenmodul aus Gesamtdehnung bei einer Druckspannung von etwa 1/3 der Mauerwerksdruckfestigkeit; σ_0 Grundwert der zulässigen Druckspannung nach DIN 1053-1
[4] Gilt auch für Hüttensteine.
[5] Für Leichtbeton mit überwiegend Blähton als Zuschlag

2 Risse in Mauerwerksbauteilen – Rißformen

■ Schadensbild, Kennzeichen

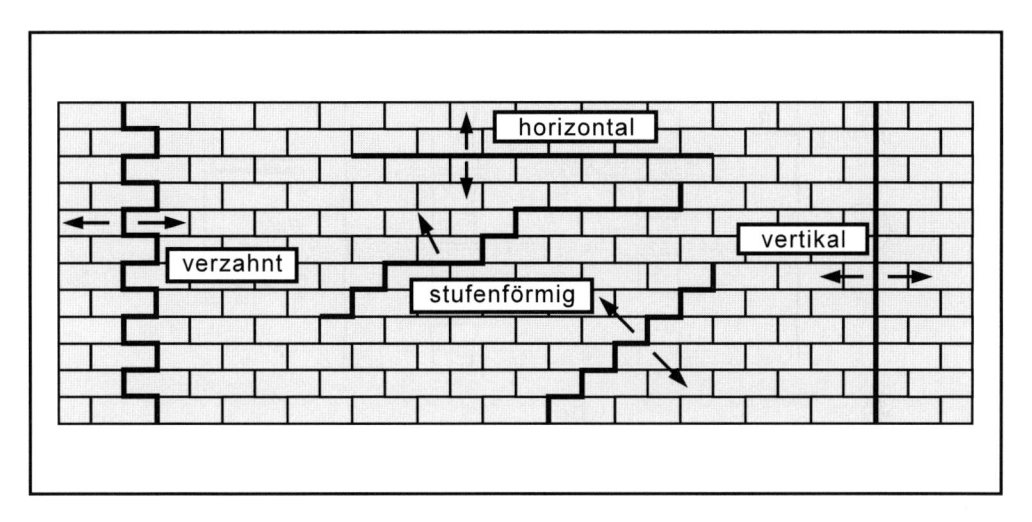

● **Verzahnte, vertikale Risse**
 Ursachen: Schwinden, Abkühlung der Mauerwerkwand in horizontaler Richtung

● **Abgestufte schräge, auch horizontale Risse**
 Ursachen: Schwinden, (Quellen), Temperaturverformung, Kriechen, Formänderungen durch Baugrundverformungen von kraftschlüssig verbundenen Nachbarbauteilen, z. B. aus Mauerwerk oder Beton

■ Literaturhinweis

[Schubert-96]

3 Schadensbilder – Ursachen – Vermeidung – Instandsetzung
3.1 Vertikale und horizontale Risse in Außenwänden

- **Schadensbild, Kennzeichen**

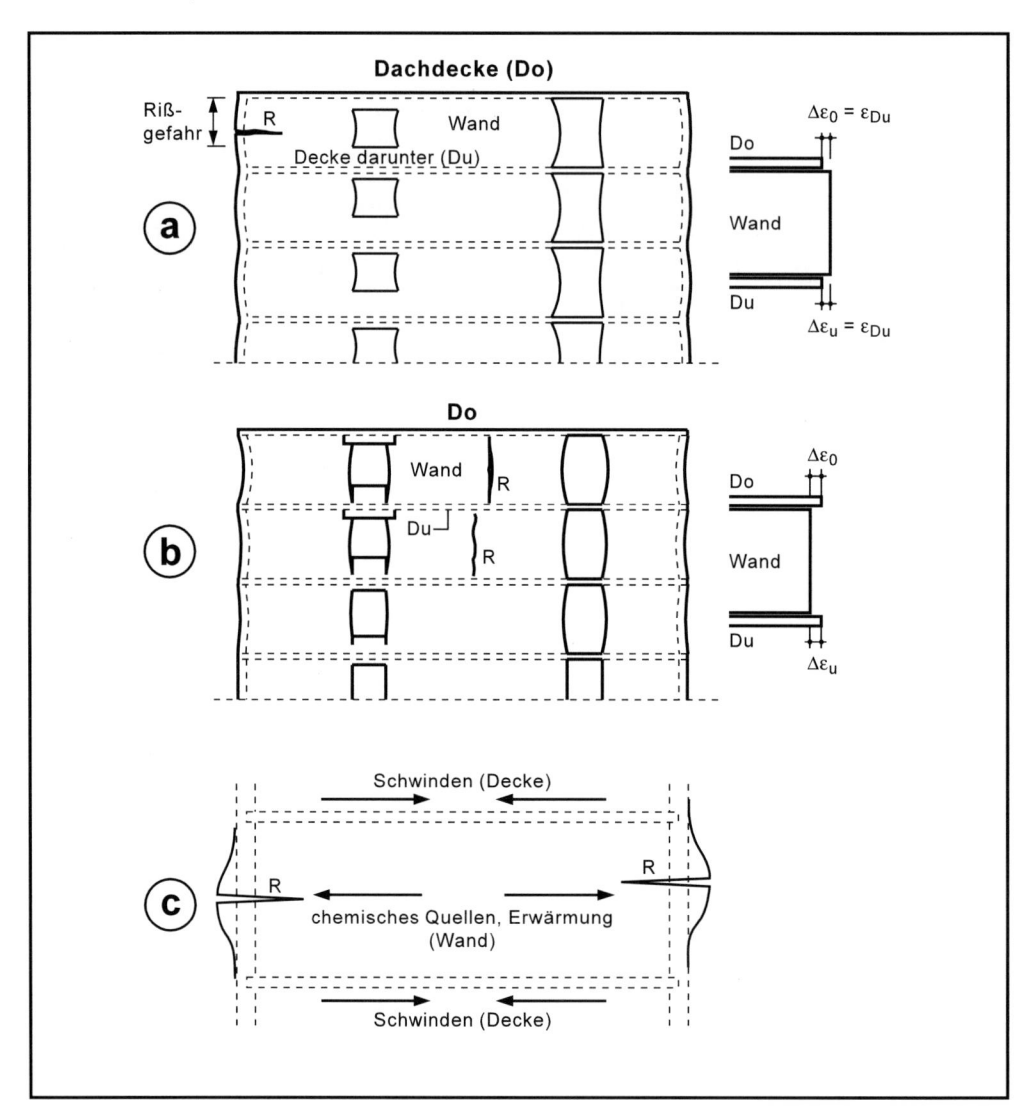

[Abbildung a: Dachdecke (Do), Wand, Decke darunter (Du), Rißgefahr, $\Delta\varepsilon_o = \varepsilon_{Du}$, $\Delta\varepsilon_u = \varepsilon_{Du}$]

[Abbildung b: Do, Wand, Du, $\Delta\varepsilon_o$, $\Delta\varepsilon_u$]

[Abbildung c: Schwinden (Decke), chemisches Quellen, Erwärmung (Wand), Schwinden (Decke)]

- **Ursachen**

  Zu große horizontale Verformungsunterschiede zwischen Decken und Wand in *Wandebene*

  ⓐ Verkürzen der Decken infolge Schwinden gegenüber der Wand (häufiger Fall)

  ⓑ Verkürzen der Wand infolge Schwinden gegenüber den Decken

  ⓒ Verlängern der Wand durch Erwärmen und ggf. chemisches Quellen gegenüber den Decken (erhöhte Rißgefahr)

Schadensbilder – Ursachen – Vermeidung – Instandsetzung

- **Vermeidung**

  (1) Möglichst geringe Verformungsunterschiede zwischen Decken und Wand

  (2) Bei Fall ⓐ

  - Im Eckbereich der Außenwände Verankerung zwischen oberer und unterer Decke
  - Trennung Decke-Außenwand durch Folie, Pappe (Abdeckung außen)

  (3) Bei Fall ⓑ

  Vertikale Dehnungsfuge in der Wand, Abstand etwa 2 x Wandhöhe

  (4) Bei Fall ⓒ

  - wie Fall ⓐ
  - wie Fall ⓑ

- **Instandsetzung**

  (1) Unmittelbar nach Rißentstehung

  ⇒ Es sind noch wesentliche Rißveränderungen zu erwarten

  - Vertikale Risse: Ausbildung von Dehnungsfugen oder wie bei horizontalen Rissen
  - Horizontale Risse: Vorläufiges Schließen größerer Risse (Rißbreite etwa über 0,2 mm) für Feuchteschutz mit Fugendichtstoff

  (2) Sehr lange nach Rißentstehung (empfehlenswert)

  ⇒ die Risse werden sich nicht mehr oder nur noch wenig verändern

  - Erneuern Putz durch gewebebewehrten Putz
  - Rißüberbrückender Anstrich
  - Innen auch: Sehr verformungsfähige Tapete (Thermopete, Textiltapete)

- **Literaturhinweis**

  [Pfefferkorn-94], [Pfefferkorn-80], [Schubert-96], [Simons-88]

3.2 Horizontale Risse in Außenwänden

- **Schadensbild, Kennzeichen** (s. S. G.8)

- **Ursachen**

  ⓐ Zu großer Unterschied der vertikalen Formänderungen von Innenwand (IW) und Außenwand (AW); AW verkürzt sich gegenüber IW (Verformungsfall V 2 – s. auch „Schrägrisse in Innenwänden nahe der Außenwand")

  ⓑ

  (1) Abheben der Stahlbeton-Geschoßdecke im Bereich Außenwandauflager infolge zu großer Durchbiegung und zu geringer Auflast (vorwiegend Dachdecke, oberste Geschoßdecke)

  (2) Exzentrische Belastung des Unterzuges (Sturz) und Mauerwerkpfeilers durch Deckenverdrehung

- **Vermeidung**

  ⓐ

  (1) Wahl verformungsverträglicher Baustoffe (z. B. Baustoffe mit gleichem Verformungsverhalten)

  (2) Steifigkeit IW möglichst klein, Belastung AW möglichst groß (AW „zwingt" Verkürzung IW auf)

  (3) Stumpfstoßtechnik (geringere Verformungsbehinderung zwischen IW und AW)

  ⓑ

  (1) Durchbiegung Betondecke möglichst klein halten

  (2) Günstige konstruktive Ausbildung Auflager AW

  (3) Evtl. abgedeckte Außenfuge, Blende (Rißkaschierung)

Bauschädenvermeidung

- **Instandsetzung**

    (1) Unmittelbar nach Rißentstehung

    ⇒ es sind noch wesentliche Rißänderungen zu erwarten

    Nur bei Horizontalrissen im Deckenbereich:
    - Ausbildung einer horizontalen Dehnungsfuge
    - Abdecken durch vorgesetzte Blende

    (2) Sehr lange nach Rißentstehung (empfehlenswert) (wenn keine wesentlichen temperaturbedingten Verformungen zu erwarten sind)
    - Entfernen Putz etwa 100 mm beidseits vom Riß, Auftrag gewebebewehrter Putz, Anstrich
    - Rißüberbrückende Beschichtung, faserbewehrter Anstrich

- **Literaturhinweis**

    [Schubert-96], [Pfefferkorn-94], [König/Fischer-91], [Wesche/Schubert-76]

- **Schadensbild, Kennzeichen**

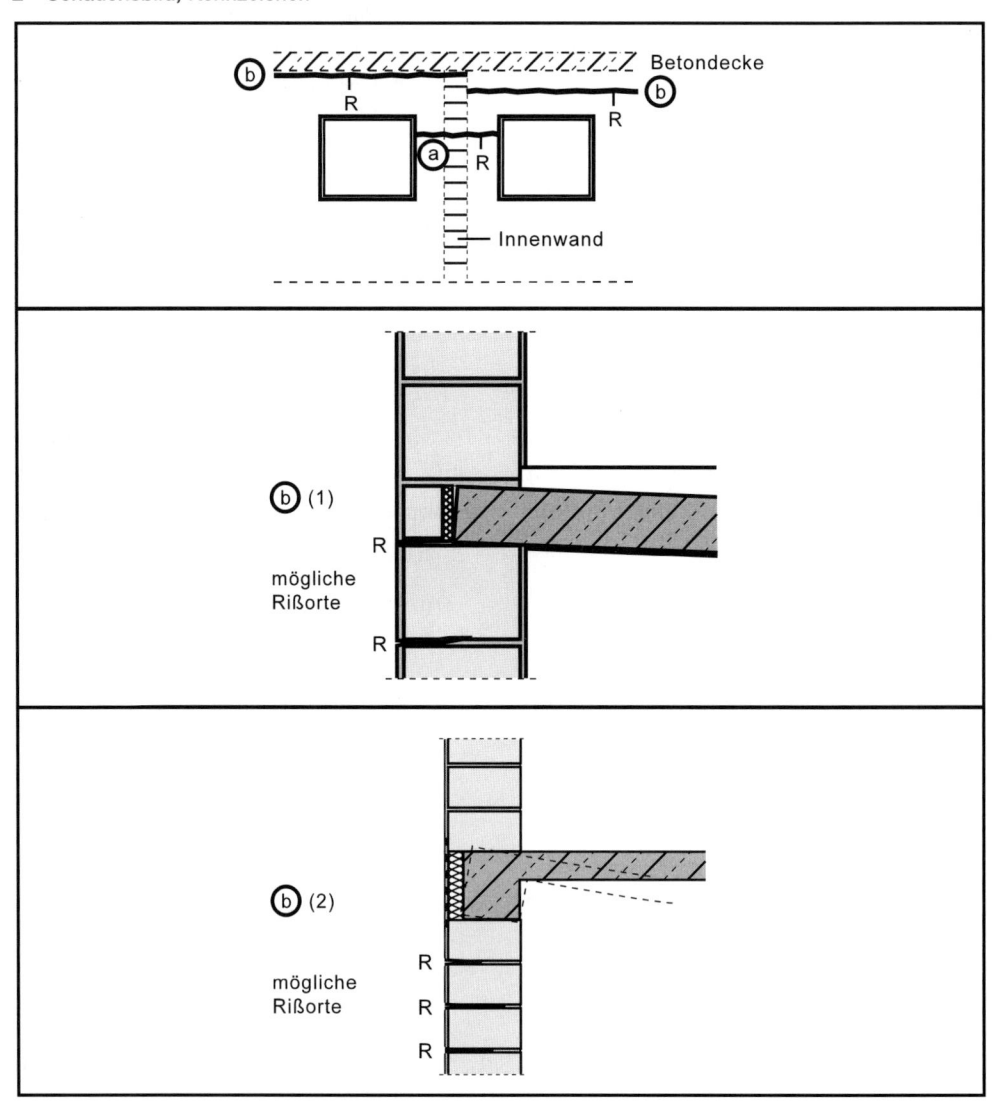

G.8

3.3 Schrägrisse in Innenwänden nahe der Außenwand

■ **Schadensbild, Kennzeichen**

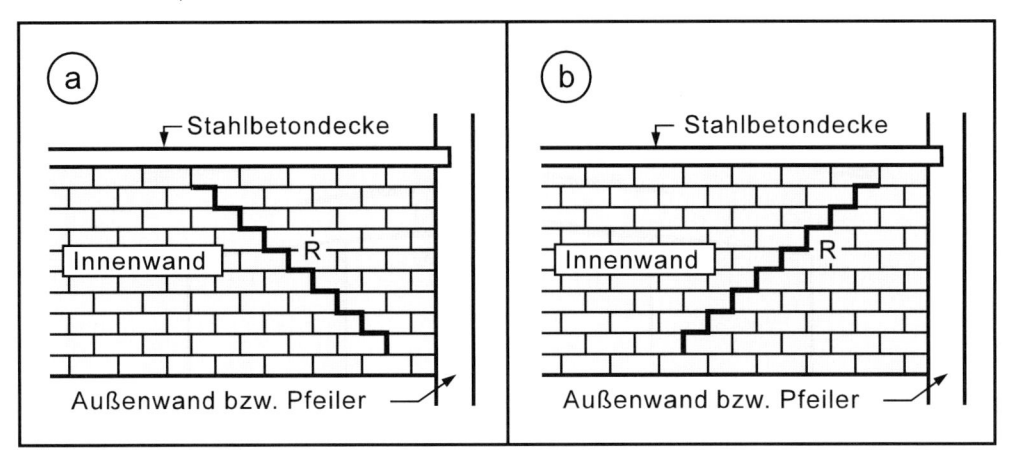

```
ⓐ  ┌─ Stahlbetondecke         ⓑ  ┌─ Stahlbetondecke
   Innenwand      R              Innenwand      R
   Außenwand bzw. Pfeiler        Außenwand bzw. Pfeiler
```

■ **Ursachen**

Zu großer Unterschied der vertikalen Formänderungen (i. w. Schwinden, ggf. chem. Quellen) von Innenwand (IW) und Außenwand (AW)

ⓐ IW verkürzt sich gegenüber AW (Verformungsfall 1)

ⓑ AW verkürzt sich gegenüber IW (Verformungsfall 2)
  Beispiel: Sehr steife AW (Beton) verkürzt sich gegenüber IW
  s. aber auch „Horizontale Risse in Außenwänden"

■ **Vermeidung**

(1) Wahl verformungsverträglicher Mauerwerksbaustoffe bzw. anderer Bauteile

(2) Wahl günstiger Steifigkeitsverhältnisse IW-AW (Verformungsfall 1: IW steif, AW weich; Verformungsfall 2: umgekehrt)

(3) Verringerung der Verformungsbehinderung zwischen IW und AW durch Stumpfstoßtechnik

(4) Konstruktive Bewehrung im rißgefährdeten Bereich, gewebebewehrter Putz

■ **Instandsetzung**

(1) Unmittelbar nach Rißentstehung

  ⇒ Es sind noch wesentliche Rißänderungen zu erwarten

  ● Vorgesetzte Bekleidung, nicht flächig an Wand befestigt

(2) Sehr lange nach Rißentstehung (empfehlenswert)

  ⇒ die Risse werden sich nicht mehr oder nur noch wenig verändern

  ● Erneuern Putz durch gewebebewehrten Putz
  ● Rißüberbrückender Anstrich
  ● Innen auch: Sehr verformungsfähige Tapete (Thermopete, Textiltapete)

■ **Literaturhinweis**

[Schubert-96], [Schubert-94], [Wesche/Schubert-76], [Mann/Zahn-90]

3.4 Risse im Bereich Gebäudedecke, oberste Decke

- **Schadensbild, Kennzeichen**

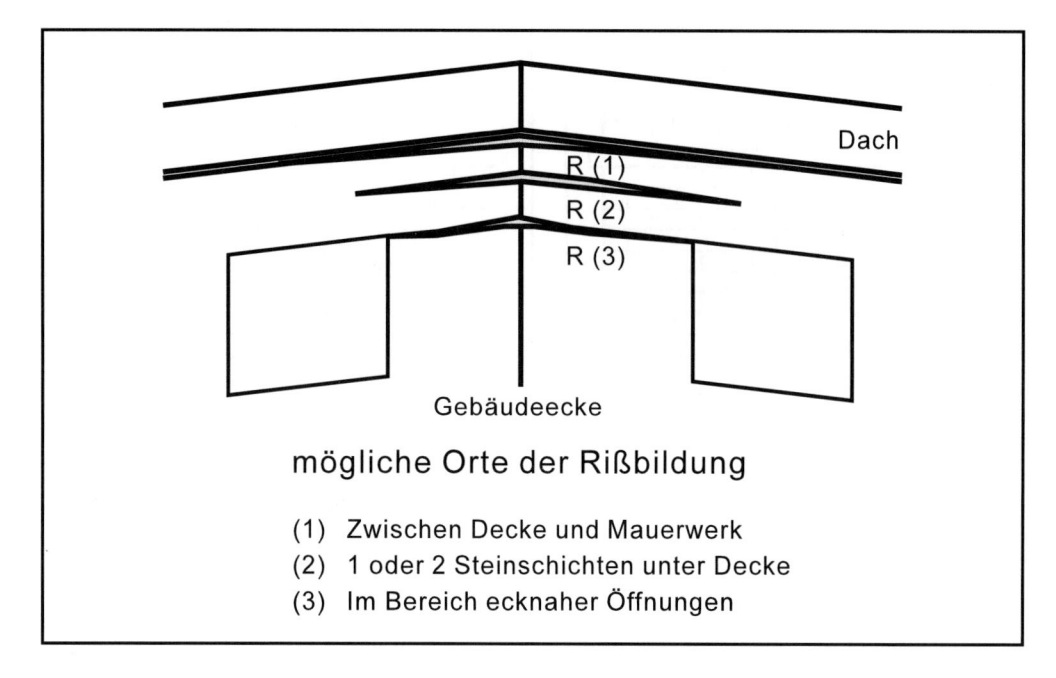

```
                    Dach
              R (1)
              R (2)
              R (3)
            Gebäudeecke
```

mögliche Orte der Rißbildung

(1) Zwischen Decke und Mauerwerk
(2) 1 oder 2 Steinschichten unter Decke
(3) Im Bereich ecknaher Öffnungen

- **Ursachen**

Abheben der Dachdecke bzw. der obersten Geschoßdecke infolge Deckendurchbiegung und seitlicher Lastabtragung im Eckbereich bei zu geringer Auflast

- **Vermeidung**

(1) Verankerung der Dachdecke bzw. der obersten Geschoßdecke durch Betonzugsäulen im Gebäudeeckbereich mit der Decke darunter

(2) Trennung Dachdecke bzw. oberste Geschoßdecke von der Außenwand im Eckbereich (z. B. Bitumen-Dichtungsbahn, Folie) und Abdeckung außen durch Blende; innen Kellenschnitt, Deckleiste

- **Instandsetzung**

(1) Unmittelbar nach Rißentstehung

⇒ Es sind noch wesentliche Rißänderungen zu erwarten

Bei Rißort (1) ggf. auch (2): umlaufende Blende. Andernfalls vorläufiges Schließen größerer Risse (Rißbreite etwa über 0,2 mm) für Feuchteschutz mit Fugendichtstoff

(2) Sehr lange nach Rißentstehung

⇒ die Risse werden sich nicht mehr oder nur noch wenig verändern

- Erneuern Putz durch gewebebewehrten Putz
- Rißüberbrückender Anstrich
- Innen auch: sehr verformungsfähige Tapete (Thermopete, Textiltapete)

- **Literaturhinweis**

[Pfefferkorn-80], [Pfefferkorn-94], [Schubert-96]

3.5 Risse im Bereich von Öffnungen

■ **Schadensbild, Kennzeichen**

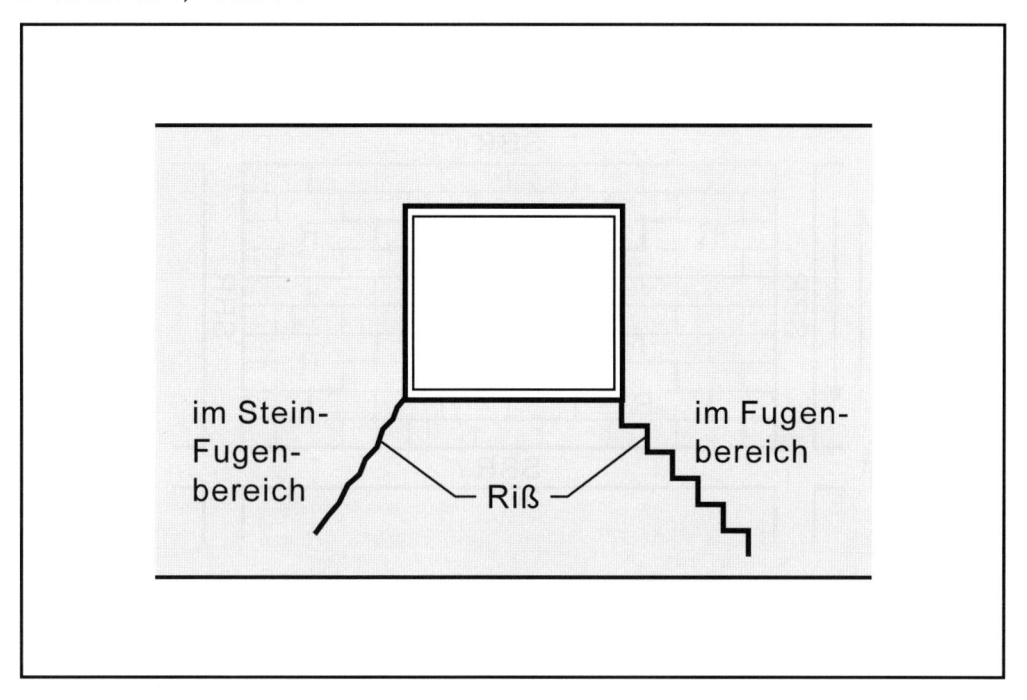

[Abbildung: Riss im Brüstungsbereich unter Fensteröffnung – „im Stein-Fugenbereich" (links) und „im Fugenbereich" (rechts), mit Riss]

■ **Ursachen**

Horizontale Zugspannung am oberen Rand von Brüstungen infolge

- „Spreizen" der Drucktrajektorien
- exzentrisch eingeleiteter Sturzauflagerkräfte
- erhöhter Schwindzugspannungen wegen der Querschnittsverringerung im Bereich der Öffnung

■ **Vermeidung**

(1) Trennung von Brüstung und Wand (Pfeiler) durch ein- oder beidseitige Dehnungsfuge

(2) konstruktive Bewehrung im oberen Randbereich der Brüstung

(3) geschoßhohe Öffnung bzw. Trennung von Wand, Pfeiler (deckengleicher Wechsel – Geschoßdecke als Sturz, zusätzliche Bewehrung)

(4) Keine Stoßfuge in der obersten Schicht im Bereich der Öffnungsecken

■ **Instandsetzung**

(1) Unmittelbar nach Rißentstehung

⇒ es sind i. allg. noch wesentliche Rißveränderungen zu erwarten

Einschneiden einer Dehnungsfuge an einem Brüstungsende, kraftschlüssiges Verschließen der Risse, beidseitig der Risse (etwa jeweils 100 mm), Erneuern Putz (gewebebewehrt), Anstrich.

(2) Sehr lange nach Rißentstehung

⇒ die Risse werden sich nicht mehr oder nur noch wenig verändern

Beidseitig der Risse (etwa jeweils 100 mm), Entfernen des Putzes und Auftrag eines gewebebewehrten Putzes, Anstrich.

■ **Literaturhinweis**

[Schubert-96], [Glitza-84], [Mann/Zahn-90]

3.6 Schrägrisse in Ausfachungswänden

■ **Schadensbild, Kennzeichen**

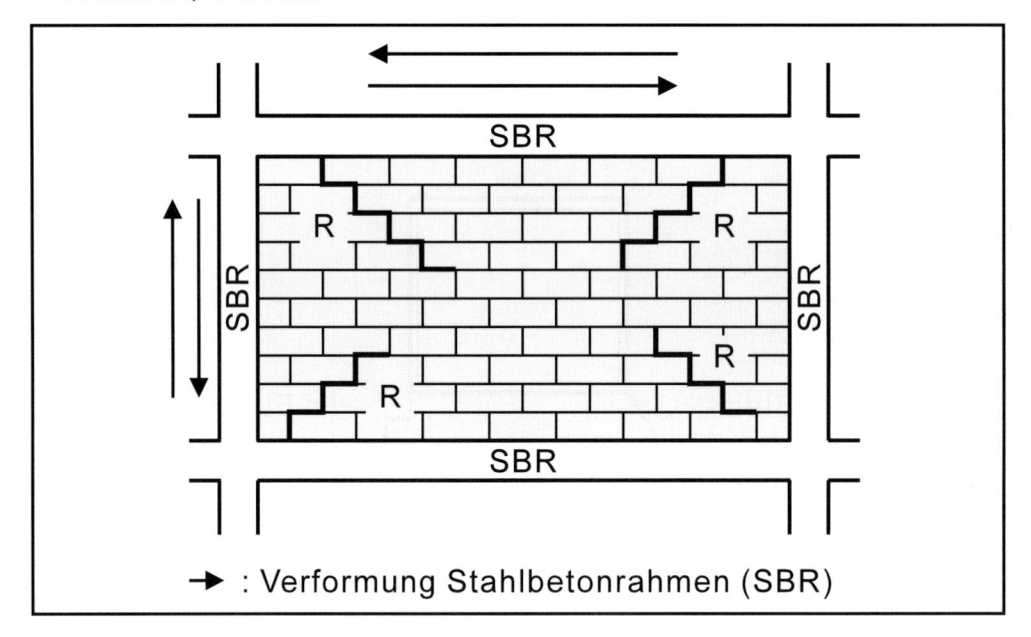

→ : Verformung Stahlbetonrahmen (SBR)

■ **Ursachen**

- Kraftschlüssige Verbindung des Ausfachungsmauerwerks mit dem Stahlbetonrahmen
- Risse im Mauerwerk durch Verformung des Stahlbetonrahmens (Schwinden (Quellen) Erwärmung, Abkühlung, Kriechen)

■ **Vermeidung**

(1) Durch geeignete konstruktive Verbindung von Mauerwerk und Stahlbetonrahmen (z. B. Winkelprofile, U-Profile) weitgehend unbehinderte Verformung beider Bauteile sicherstellen

(2) Möglichst spätes Errichten des Mauerwerkbauteils

(3) Vermeiden größerer temperaturbedingter Verformungen vor allem des Stahlbetonrahmens (Wärmedämmung)

■ **Instandsetzung**

(1) Gewebebewehrter Putz

(2) Rißüberbrückende Beschichtung

(3) Wärmedämmputz-System

(4) Wärmedämmverbundsystem

(5) Vorgesetzte Bekleidung

■ **Literaturhinweis**

[Schubert-96]

3.7 Risse in nichttragenden Wänden – Verblendschalen, leichte Trennwände, Ausfachungswände

■ Schadensbild, Kennzeichen

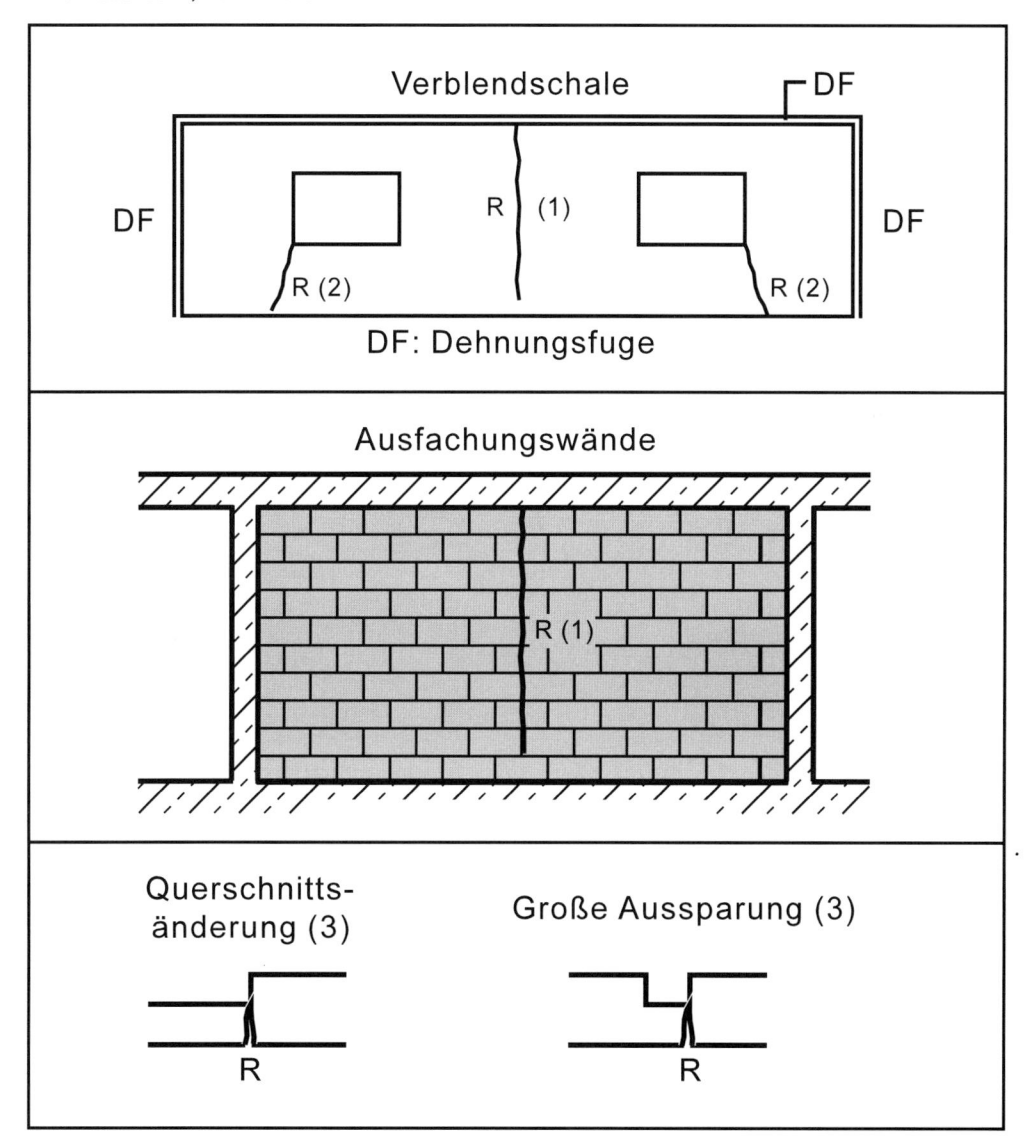

Verblendschale — DF

DF   R (1)   DF
R (2)   R (2)

DF: Dehnungsfuge

Ausfachungswände

R (1)

Querschnittsänderung (3)

R

Große Aussparung (3)

R

■ Ursachen

(1) Zu große horizontale Verformungsunterschiede infolge Schwinden, Abkühlen der Mauerwerkwände gegenüber dem unteren Auflager bzw. den seitlich anbindenden Bauteilen

(2) Öffnungen

G.13

(3) Querschnittsänderungen, größere Aussparungen

(4) Zwischenbauteile

- **Vermeidung**

    (1) Geringe Formänderungen des Mauerwerks (Baustoffwahl, günstige Ausführungs-, Herstellungsbedingungen)

    (2) Kleinere Verformungsbehinderung im Auflagerbereich (z. B. 2lagige Bitumen-Dichtungsbahn)

    (3) Vertikale Dehnungsfugen

    (4) Konstruktive Lagerfugenbewehrung

- **Instandsetzung**

    (1) Nachträgliche Ausbildung von Dehnungsfugen (DF) im Rißbereich (vorzugsweise bei nahezu vertikalen Rissen), Breite DF mind. 10 mm; ggf. durch DF geänderte Halterung der Wand beachten, ggf. Zusatzverankerung im DF-Bereich.

    (2) Bei Innenwänden nach Abklingen Schwinden kraftschlüssiges Schließen Riß, ggf. Putz beiderseits Riß (etwa jeweils 100 mm) entfernen, Auftrag gewebebewehrter Putz, Anstrich.

- **Literaturhinweis**

    [Schubert-88], [Schubert-96], [Mann/Zahn-90], [Schneider/Schubert-96]

3.8 Risse in leichten Trennwänden

- **Schadensbild, Kennzeichen**

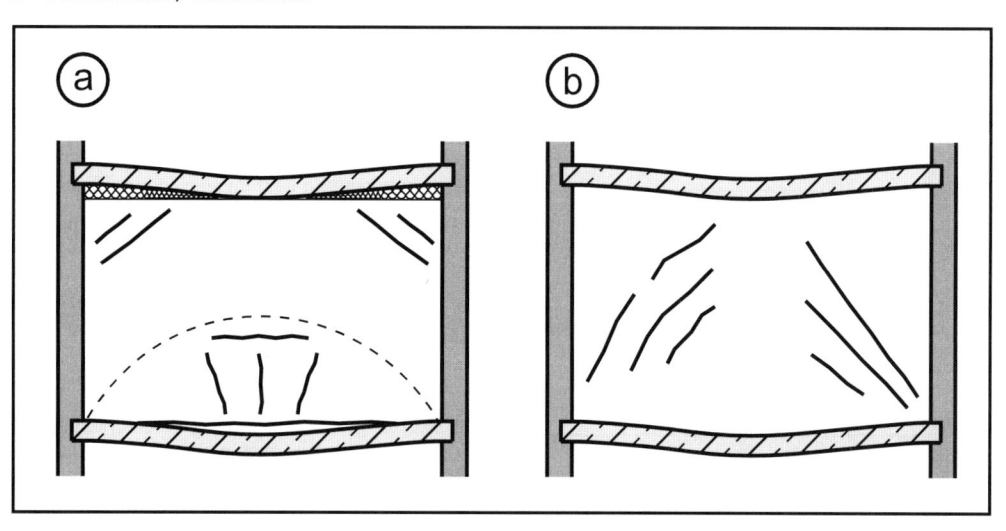

- **Ursachen**

  ⓐ Durchbiegung der unteren Geschoßdecke

  ⓑ Zusätzliche, belastende Durchbiegung der oberen Geschoßdecke

- **Vermeidung**

  (1) Ausreichende Begrenzung der Deckenschlankheit

  (2) Verringerung Schwinden, Kriechen der Stahlbetondecke durch spätes Ausschalen, gute Nachbehandlung

  (3) Spätes Errichten der Trennwand – möglichst hoher „*Vor*verformungsanteil" der Decke

  (4) Trennung der Trennwand von unterer Geschoßdecke durch Folie, Pappe (Fixierung Wandabriß an unsichtbarer Stelle)

  (5) Ausbildung der Trennwand als selbsttragend → Dünnbett-Mauerwerk, bewehrtes Mauerwerk (Lagerfugenbewehrung)

  (6) Verformungsfähige Zwischenschicht zwischen Wand und oberer Geschoßdecke, obere Wandhalterung konstruktiv (z. B. Winkelprofile)

- **Instandsetzung**

  (1) Unmittelbar nach Rißentstehung
  ⇒ es sind noch wesentliche Rißveränderungen zu erwarten
  vorgesetzte Bekleidung, nicht flächig an Wand befestigt

  (2) Sehr lange nach Rißentstehung (empfehlenswert)
  ⇒ die Risse werden sich nicht mehr oder nur noch wenig verändern

  - Erneuern Putz durch gewebebewehrten Putz
  - Rißüberbrückender Anstrich
  - Sehr verformungsfähige Tapete (Thermopete, Textiltapete)

- **Literaturhinweis**

  [Schubert-96], [Pfefferkorn-94], [Schneider/Schubert-96]

3.9 Risse in tragenden Innenwänden

■ Schadensbild, Kennzeichen

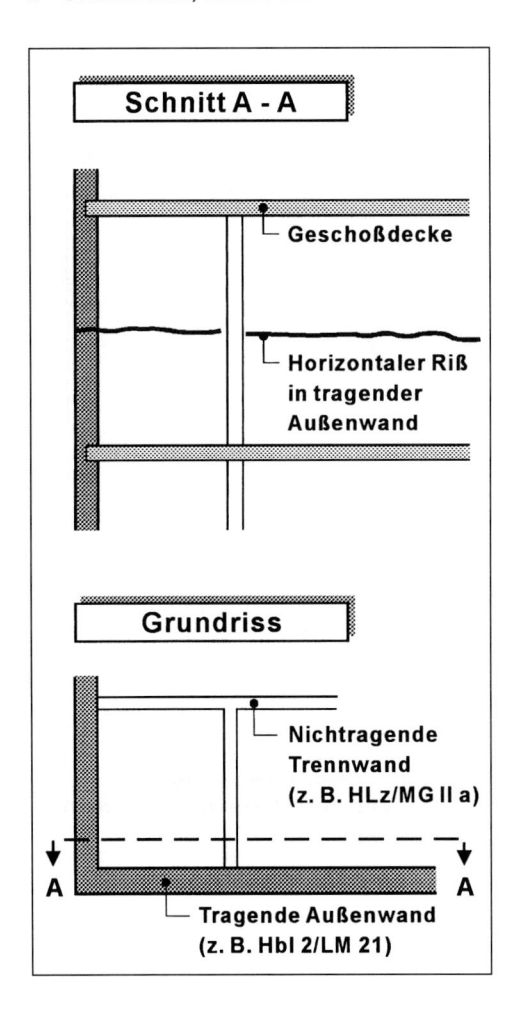

Schnitt A - A
- Geschoßdecke
- Horizontaler Riß in tragender Außenwand

Grundriss
- Nichttragende Trennwand (z. B. HLz/MG II a)
- Tragende Außenwand (z. B. Hbl 2/LM 21)

■ Ursachen

Tragende Innenwände können sich relativ stark durch Kriechen und Schwinden verkürzen. Werden später errichtete, rechnerisch unbelastete „nichttragende" Trennwände aus Mauerwerk, das praktisch nicht schwindet, wenig kriecht und möglicherweise chemisch quillt, kraftschlüssig mit der oberen Geschoßdecke vermörtelt, so kann es zu rißverursachenden Lastumlagerungen kommen.

Durch das relativ hohe Schwinden der tragenden Wände entziehen sich diese der Belastung, die dann von den sich praktisch nicht verkürzenden nichttragenden Trennwänden aufgenommen wird. Durch das vertikale Schwinden der Tragwände entstehen in diesen horizontal verlaufende Risse.

■ Vermeidung

(1) Kein zu großer Verformungsunterschied in vertikaler Richtung zwischen nichttragenden und tragenden Mauerwerkswänden durch Wahl entsprechender Mauerwerksbaustoffe.

(2) Ausführung der nichttragenden Trennwände mit ausreichender Verformungsmöglichkeit der oberen Geschoßdecke zur Trennwand, um eine unplanmäßige Belastung der Trennwand zu vermeiden (s. dazu auch Abschn. 3.8).

■ Instandsetzung

(1) Zunächst ist zu prüfen, ob durch die unplanmäßige Belastung der nichttragenden Trennwände deren Standsicherheit bzw. die Standsicherheit des Bauwerks beeinträchtigt ist.

(2) Ist die Standsicherheit gegeben und sind Schwinden und Kriechen der tragenden Wände weitgehend abgeklungen, so sollten die horizontalen Risse kraftschlüssig geschlossen und der Putz wie in Abschn. 3.7, Instandsetzung (2), ausgebessert werden.

3.10 Mängel und Schäden an Sichtmauerwerk

3.10.1 Schadhafter Verfugmörtel

■ Schadensbild, Kennzeichen

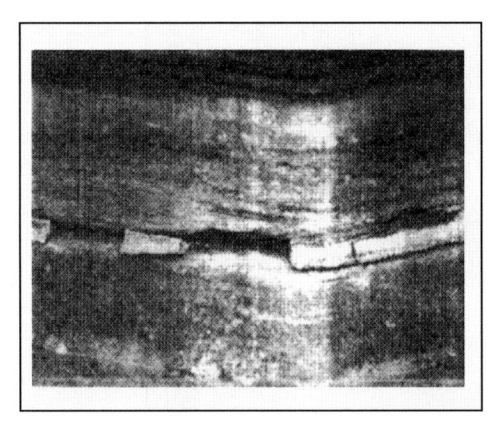

Ablösen des Verfug- bzw. Fugenmörtels von den Steinflanken, Herausfallen einzelner Fugenteilstücke

■ Ursachen

Bei nachträglichem Verfugen

(1) Verwendung eines ungeeigneten Verfugmörtels – mangelhafte Zusammensetzung (zuwenig Bindemittel, zu langsames Erhärten, ungünstige Sieblinie, zu steife Verarbeitungskonsistenz).

(2) Sehr stark wasseraufsaugende Mauersteine.

(3) Unsachgerechtes, mangelhaftes Einbringen des Verfugmörtels – zu schwaches Eindrücken („Einbügeln") des Mörtels in die Fuge, nicht in 2 Arbeitsgängen, nicht hohlraumfrei (kein kraftschlüssiger Anschluß an den dahinterliegenden Fugenmörtel).

(4) Keine notwendige Nachbehandlung des frisch verfugten Mauerwerks (starker Feuchteentzug, großes Schwinden des Verfugmörtels).
⇒ Keine Flankenhaftung des Verfugmörtels zu den Mauersteinen, zu geringe Mörtelfestigkeit, kein Verbund zwischen Verfugmörtel und Fugenmörtel.

(5) Unsachgemäßes und unzureichendes Vorbereiten der Fugen – Fugenmörtel nicht ausreichend tief entfernt (Solltiefe mind. 15 bis 20 mm!), Verfugbereich nicht sauber genug hergestellt bzw. vor dem Verfugen nicht gründlich gereinigt (lose Mörtelbestandteile) und vorgenäßt.

Bei Fugenglattstrich

(1) Ungeeignete Mörtelzusammensetzung – zu großes Schwinden, zu geringes Wasserrückhaltevermögen, zu langsame Festigkeitsentwicklung.

(2) Sehr stark wasseraufsaugende Mauersteine – nicht vor dem Vermauern vorgenäßt.

(3) Mörtelfuge zu spät bzw. zu früh abgestrichen, geglättet bzw. zu intensiv bearbeitet – kein ausreichender Haftverbund zu den Steinflanken, zu starke Anreicherung von Feinbestandteilen an der Fugenoberfläche (großes Schwinden).

(4) Keine erforderliche Nachbehandlung (Schutz des frischen Mauerwerkes vor Beregnung bzw. zu starker und zu schneller Austrocknung) – Auswaschen der Mörtelfugen, zu starkes Schwinden, Ablösen des Fugenmörtels von den Steinflanken.

■ Vermeidung

(1) Verwendung von auf die Mauersteine (Wasseraufsaugvermögen) ausreichend abgestimmtem Verfug- bzw. Fugenmörtel (Wasserrückhaltevermögen, Erhärtungscharakteristik, Hafteigenschaften zum Stein).

(2) Sachgerechte Ausführung des nachträglichen Verfugens bzw. des Fugenglattstrichs entsprechend DIN 1053-1 und den technischen Informationsschriften der Mörtel- und Mauersteinindustrie.

(3) Notwendige und sachgerechte Nachbehandlung (Schutz des frischen Mauerwerks vor Beregnung und zu schnellem intensivem Austrocknen durch z. B. Abdecken mit Folien, ggf. durch Feuchthalten).

■ Instandsetzung

(1) Gründliches Entfernen des Verfug- bzw. Fugenmörtels bis zu einer Tiefe von mind. 20 mm.

(2) Sachgerechtes Neuverfugen (s. unter „Vermeidung").

(3) Ausreichende Nachbehandlung des frisch verfugten Mauerwerks (s. unter „Vermeidung").

■ Literaturhinweis

[Schneider/Schubert-96], [Merkblatt „Verblendmauerwerk"-94], [PKA-KS-94], [Ziegel-Bauberatung]

3.10.2 Ablösen von äußeren Schalen bzw. Teilstücken aus Mauersteinen

■ Schadensbild, Kennzeichen

■ Ursachen

(1) Unzureichender Frostwiderstand der verwendeten Mauersteine.

(2) Wasserdampfundurchlässiger Anstrich bzw. Beschichtung auf der Sichtmauerwerksoberfläche.

(3) Sehr starke Durchfeuchtung – z. B. im Fußpunktbereich von Sichtmauerwerk – durch Niederschlagswasser bzw. aufsteigende Bodenfeuchtigkeit.

■ Vermeidung

(1) Verwendung normgerechter Mauersteine mit ausreichend hohem Frostwiderstand – Vormauersteine, Verblender.

(2) Vermeiden von Anstrichen bzw. Beschichtungen mit zu geringer Wasserdampfdurchlässigkeit – wenn nötig und sinnvoll: Verwenden von geeigneten Hydrophobierungen.

(3) Vermeiden von Durchfeuchtungen infolge aufsteigender Bodenfeuchtigkeit durch Anordnen von Horizontalisolierungen; Gewährleistung des schnellen Ablaufes von Niederschlagswasser im Fußpunktbereich durch entsprechendes Gefälle, Dränageeinrichtungen.

■ Instandsetzung

(1) Stark geschädigte Mauerwerksbereiche sind zu erneuern (Verwendung ausreichend frostwiderstandsfähiger Mauersteine!).

(2) Anstriche bzw. Beschichtungen mit zu geringer Wasserdampfdurchlässigkeit sind zu entfernen und durch geeignete Anstriche bzw. Hydrophobierungen zu ersetzen.

(3) Konstruktive Maßnahmen zur Verhinderung einer zu starken Durchfeuchtung bestimmter Mauerwerksbereiche. Hinweis: Horizontale Mauerwerksbrüstungen unter Öffnungen (Gesimse) mit ausreichendem Gefälle versehen!

■ Literaturhinweis

[DIN 1053-1], [DIN 105], [DIN 106-2], [DIN 18 152], [PKA-KS-94], [Ziegel-Bauberatung]

Schadensbilder – Ursachen – Vermeidung – Instandsetzung

3.10.3 Ausblühungen, Auslaugungen
■ Schadensbild, Kennzeichen

Ausblühungen: Weißlicher, flockiger, lose anhaftender Belag auf der Oberfläche des Sichtmauerwerks

Auslaugungen: weißer, fest anhaftender und schwer löslicher Belag (auch „Kalkfahnen" genannt).

■ Ursachen

Ausblühungen

(1) Wasserlösliche Salze im Mauerwerk (Mauerstein, Mauermörtel) werden im Porenwasser gelöst, bei Austrocknung nach außen transportiert und kristallisieren nach Verdunsten des Wassers auf der Mauerwerksoberfläche aus.

(2) Zu hoher Gehalt an wasserlöslichen Salzen in den Mauersteinen und/oder im Mauermörtel.

(3) Hohe (unplanmäßige) Durchfeuchtung des Mauerwerks infolge mangelhafter Schutzmaßnahmen bei der Ausführung – keine sachgerechte Wasserabführung, kein ausreichender Schutz des hergestellten Mauerwerks vor Durchfeuchtung.

(4) Zu hohe Durchfeuchtung des Mauerwerks durch unsachgemäße Planung – z. B. fehlende Abdichtung gegen aufsteigende Bodenfeuchtigkeit.

Auslaugungen

(1) Zu hohe Anteile von Calciumhydroxid, das an der Mauerwerksoberfläche mit dem Kohlendioxid der Luft schwer lösliches Calciumcarbonat bildet; Calciumhydroxid ist im wesentlichen im Mauermörtel vorhanden.

(2) Zu hoher Gehalt an wasserlöslichen Salzen in den Mauersteinen und/oder im Mauermörtel.

(3) Hohe (unplanmäßige) Durchfeuchtung des Mauerwerks infolge mangelhafter Schutzmaßnahmen bei der Ausführung – keine sachgerechte Wasserabführung, kein ausreichender Schutz des hergestellten Mauerwerks vor Durchfeuchtung.

(4) Zu hohe Durchfeuchtung des Mauerwerks durch unsachgemäße Planung – z. B. fehlende Abdichtung gegen aufsteigende Bodenfeuchtigkeit.

■ Vermeidung

(1) Verwendung von Vormauersteinen bzw. Verblendern, welche die Anforderungen der Norm (Mauerziegel) an den max. Gehalt ausblühfähiger Salze erfüllen.

(2) Verwendung von Mauermörteln mit geringem Anteil an ausblühfähigen Salzen bzw. auslaugbarem Calciumhydroxid.

(3) Vermeiden der Durchfeuchtung des Sichtmauerwerks bei Planung und Ausführung.

■ Instandsetzung

Sowohl bei Ausblühungen als auch bei Auslaugungen handelt es sich i. d. R. nicht um einen Schaden, sondern am ehesten um einen optischen Mangel!

(1) Quelle der Durchfeuchtung dauerhaft beseitigen.

(2) Ausblühungen von Zeit zu Zeit trocken abbürsten; wenn notwendig, mit geeigneten lösenden Stoffen entfernen (das Mauerwerk muß dabei von unten nach oben vorgenäßt und behandelt werden!).

Ausblühungen auf zu verputzendem Mauerwerk werden trocken und sorgfältig durch Abbürsten entfernt, da sie ansonsten die Haftung des Putzes auf dem Mauerwerk beeinträchtigen können. Weitere Maßnahmen sind nicht erforderlich.

(3) Auslaugungen müssen durch geeignete Chemikalien gelöst und mit Wasser abgespült werden. Im allgemeinen geschieht dies durch Behandlung mit verdünnter Salzsäure (Vornässen und Behandeln von unten nach oben!). Möglich ist auch, die Auslaugungen durch mechanisch wirkende Behandlungen – wie mit dem sogenannten Rotationswirbelverfahren (Auftrag von Quarzsand unter hohem Wasserdruck mittels rotierender kleiner Bürsten) – zu beseitigen.

■ Literaturhinweis

[Schneider/Schubert-96], [Kilian/Kirtschig-97], [Ziegel-Bauberatung]

3.11 Beeinträchtigung der Mauerwerksdruckfestigkeit durch Ausführungsmängel

■ Schadensbild, Kennzeichnung

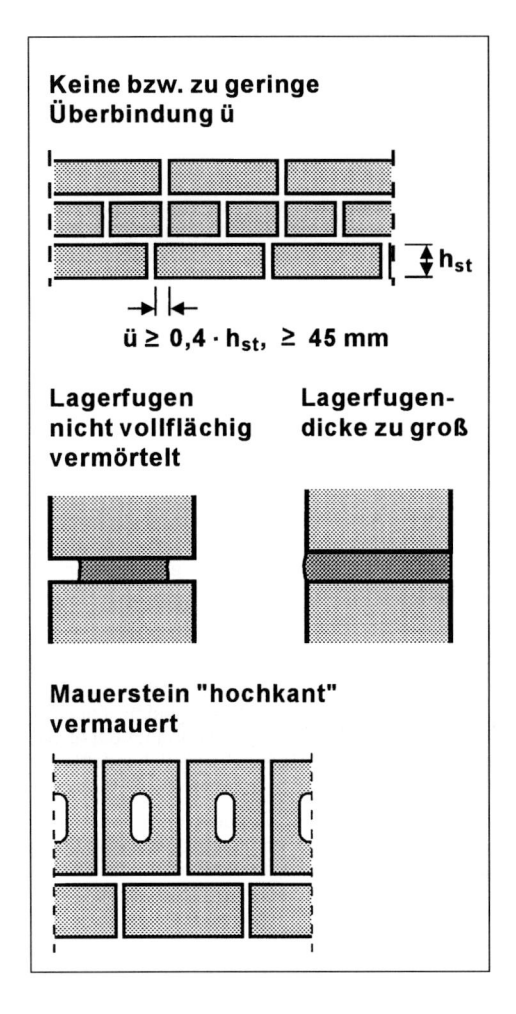

Keine bzw. zu geringe Überbindung ü

$ü \geq 0{,}4 \cdot h_{st}, \geq 45$ mm

Lagerfugen nicht vollflächig vermörtelt

Lagerfugendicke zu groß

Mauerstein "hochkant" vermauert

Keine ausreichende schichtweise Überbindung, Vermauern von Steinen in falscher Richtung, zu große Lagerfugendicke, Lagerfugen nicht vollflächig vermörtelt.

■ Ursachen

Die Mauerwerksdruckfestigkeit und damit u. U. die Standsicherheit von Mauerwerksbauteilen können durch folgende Ausführungsmängel beeinträchtigt werden:

(1) Kein bzw. ein unzureichendes Überbindemaß $\Rightarrow$ dadurch wird die Flächentragwirkung des Mauerwerksbauteils in Frage gestellt (besonders nachteilig bei Zug-, Biegezug- und Schubbeanspruchung).

(2) Unsachgerechtes Verlegen der Mauersteine, z. B. Vermauern der Steine hochkant $\Rightarrow$ vor allem bei Lochsteinen wesentlich geringere Druckfestigkeit der Steine in vertikaler Richtung.

(3) Zu große Dicke der Lagerfugen – Solldicke von 12 mm (bei Normal-, Leichtmörtel) wird wesentlich überschritten $\Rightarrow$ mit zunehmender Lagerfugendicke verringert sich die Mauerwerksdruckfestigkeit.

(4) Nicht vollflächig vermörtelte Lagerfugen $\Rightarrow$ die Mauerwerksdruckfestigkeit nimmt linear mit dem Anteil der nicht vermörtelten Lagerfläche ab.

■ Vermeidung

Das Mauerwerk ist sachgerecht entsprechend DIN 1053-1 herzustellen.

■ Instandsetzung

Eine Instandsetzung des – wie zuvor beschrieben – unsachgemäß ausgeführten Mauerwerks selbst ist praktisch nicht möglich. Bei unzureichender Standsicherheit ist entweder das Mauerwerk zu ersetzen, oder die Lastabtragung ist durch Ersatzkonstruktionen sicherzustellen.

■ Literaturhinweis

[Schneider/Schubert-96]

Schadensbilder – Ursachen – Vermeidung – Instandsetzung

3.12 Putzrisse

3.12.1 Risse an der Putzoberfläche

- Schadensbild, Kennzeichen

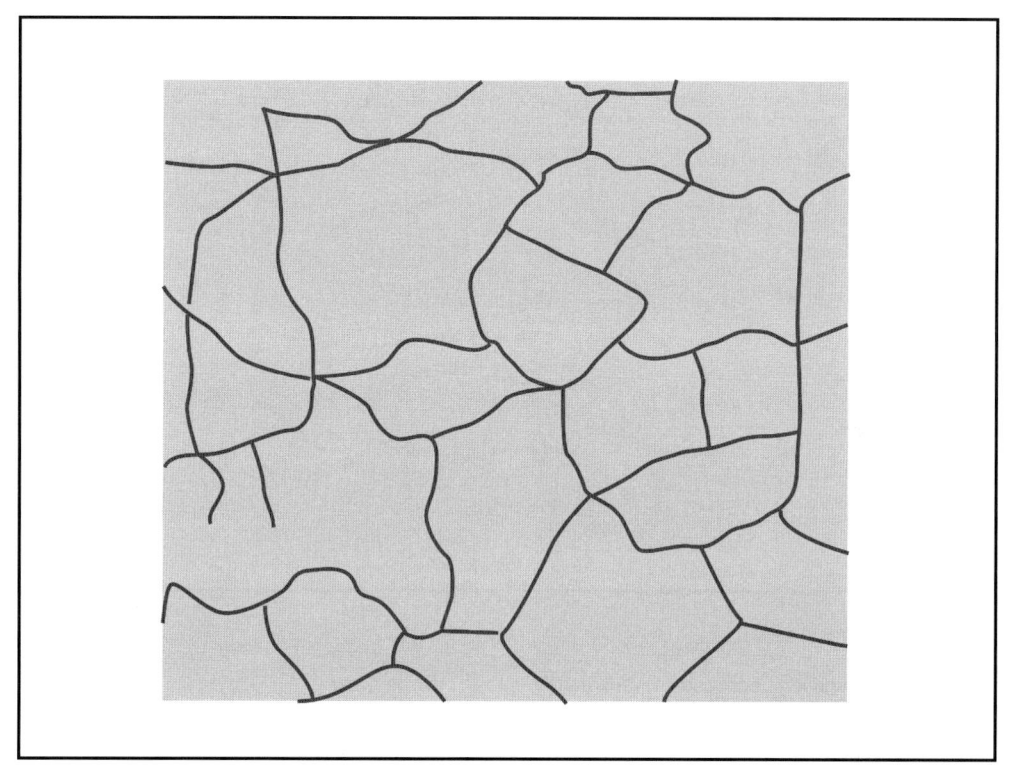

Engmaschige, dünne Risse (netzförmig, y-förmig), Knotenabstand etwa 100 bis 200 mm (abhängig vom Steifigkeitsverhältnis Putz-Putzgrund), Risse gehen i. allg. nicht durch gesamte Putzdicke

- Ursachen

überschreiten der Zugfestigkeit des Putzes durch zu großes Putz-Schwinden infolge von

(1) Schwindfördernder Zusammensetzung des Putzes
 → hoher Anteil von Feinststoffen (Bindemittel, Sand, Zusätze)
(2) zu schnellem, intensivem Austrocknen
(3) zu langem und intensivem Glätten bzw. Abreiben der Putzoberfläche → Anreichern von Feinststoffen an der Putzoberfläche
(4) (möglicherweise) unzureichend abgestimmtem Putzgrund und/oder Putzsystem (einzelne Putzlagen).

- Vermeidung

(1) Günstige, schwindarme Putzzusammensetzung

(2) Keine zu lange Oberflächenbearbeitung
(3) Wirksamer Schutz vor zu schneller und intensiver Austrocknung → Abhängen mit Folie (Achtung: Vermeiden von „Windkanälen"), Befeuchten

Anmerkung: Durch Wahl einer geeigneten Putzweise – z. B. Kratzputz – wird die Schwindrißgefahr vermindert, „feine" Schwindrisse sind kaum erkennbar.

- Instandsetzung

Anmerkung: In der Regel nur optischer Mangel wenn Rißbreite klein (max. 0,1 bis 0,2 mm)

(1) ggf. Vorbehandlung der Putzoberfläche (Abtrag der feinststoffreichen Oberschicht) ggf. Hydrophobierung
rißfüllender Anstrich bzw. Dünnputz

- Literaturhinweis

[Künzel-94], [WTA-Merkblatt]

3.12.2 Sackrisse im Putz

■ Schadensbild, Kennzeichen

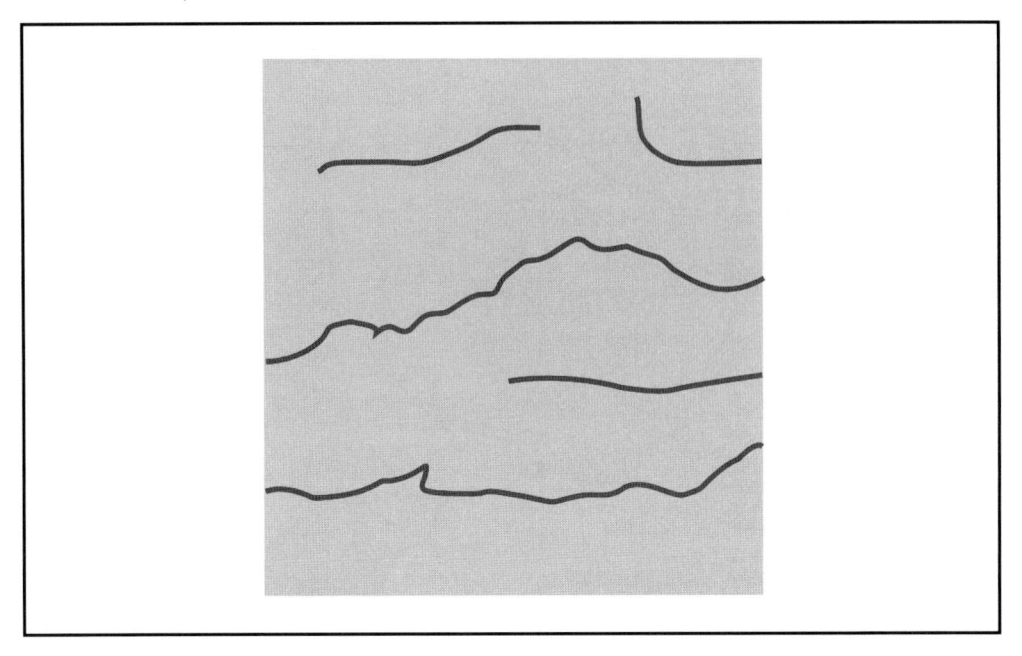

Kurze, überwiegend horizontal verlaufende, „durchhängende" Risse; Rißlänge etwa 100 bis 200 mm, Rißbreite bis etwa 3 mm

■ Ursachen

„Absacken" des frischen Putzmörtels infolge Eigengewicht

- zu große Auftragsdicke in einer Putzlage
- zu „weiche" Konsistenz des Putzmörtels
- zu langsames Ansteifen (Putzgrund saugt zu wenig Putzwasser ab – zu wenig saugfähig oder zu naß)
- zu langes, zu intensives Verreiben der Putzoberfläche.

■ Vermeidung

(1) Nicht zu große Auftragsdicke des Putzmörtels
(2) Nicht zu weiche Konsistenz („schwach" plastisch)
(3) Ausreichend saugfähiger Putzgrund, ggf. Vorbehandlung (Spritzbewurf)

■ Instandsetzung

(1) Füllen, Schließen der Risse
(2) Dünnputz bzw. Anstrich

■ Literaturhinweis

[Künzel-94], [WTA-Merkblatt]

3.12.3 Putzrisse im Bereich von Mörtelfugen

■ Schadensbild, Kennzeichen

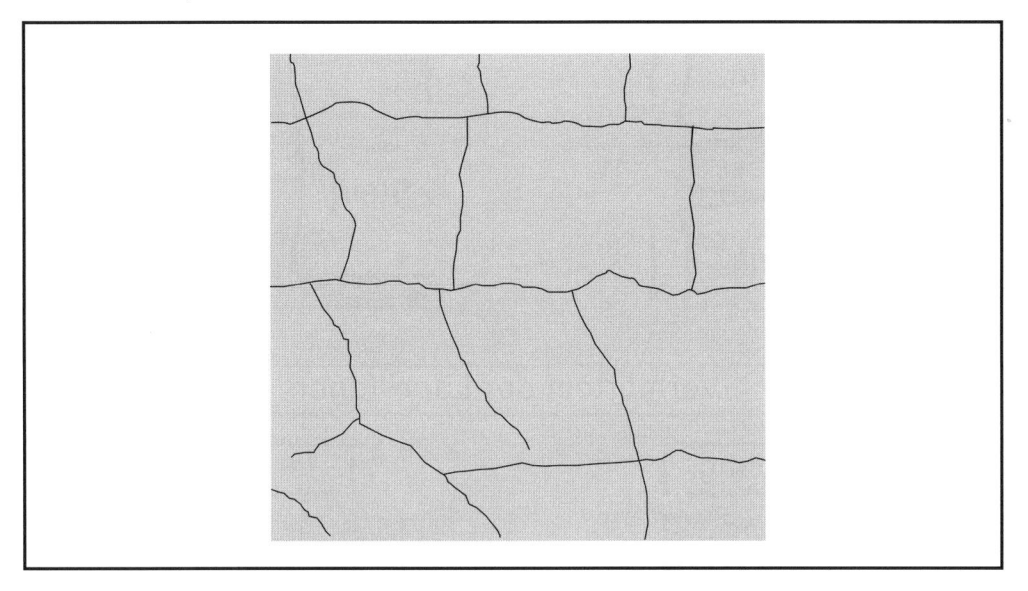

Großmaschige, relativ breite Risse, in etwa im Verlauf von Mörtelfugen, großer Knotenabstand, Risse gehen durch gesamte Putzdicke

■ Ursachen

(1) Schwinden größerer Mauersteine, ggf. überlagert durch Abkühlung; größeres Schwinden im Steinrandbereich (s. Folgeseite Bild ⓐ), wenig behindert bei geringer Auflast (Leichtmauerwerk) und/oder bei Lochsteinen (äußere Steinschale), begünstigt durch unvollständig vermörtelte (Stoß-) und Lagerfuge

(2) Im äußeren Bereich nicht vermörtelte Fugen (s. Folgeseite Bild ⓑ); Putz liegt frei, Putzschwinden wirkt sich ungünstig aus

(3) Zu breite offene Stoßfuge

(4) Kein oder zu geringes Überbindemaß (s. Folgeseite Bild ⓒ)

■ Vermeidung

(1) Geringes Schwinden der Mauersteine nach Putzauftrag → Baustoffwahl, spätes Putzen

(2) Vollständiges Vermörteln der (Stoß-) und Lagerfugen; „knirsches" Verlegen der Mauersteine im Stoßfugenbereich, andernfalls Fugenverschluß mit Mörtel vor dem Putzen

■ Instandsetzung

(1) Unmittelbar nach Rißentstehung

⇒ Es sind noch wesentliche Rißveränderungen zu erwarten

● Wärmedämmputz-System

● Wärmedämmverbund-System

● ggf. rißüberbrückender Anstrich (geringe Sicherheit)

(2) Sehr lange nach Rißentstehung (empfehlenswert)

⇒ die Risse werden sich nicht mehr oder nur noch wenig verändern

● Erneuern Putz durch gewebebewehrten Putz, Anstrich

● Rißüberbrückender Anstrich

● Schließen (Verfüllen) der Risse, Anstrich

● Gewebebewehrter „Aufputz", Anstrich

● Faserbewehrter oder gewebearmierter dicker Anstrich

● Innen auch: Sehr verformungsfähige Tapete (Thermotapete, Textiltapete)

Bauschädenvermeidung

a)

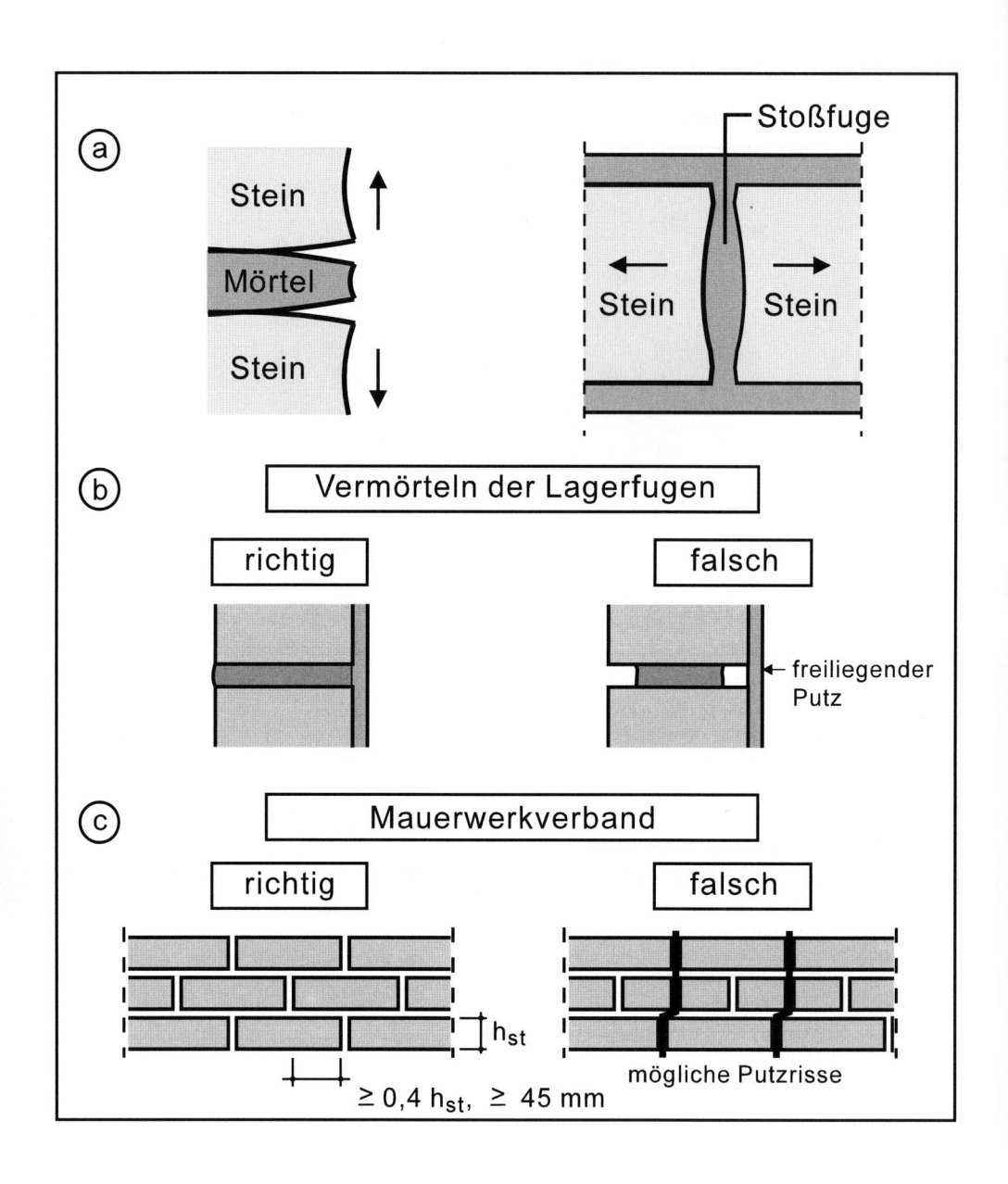

Stein — Mörtel — Stein

Stoßfuge

Stein — Stein

b) Vermörteln der Lagerfugen

richtig | falsch

← freiliegender Putz

c) Mauerwerkverband

richtig | falsch

h_{st}

$\geq 0{,}4\ h_{st},\ \geq 45\ mm$

mögliche Putzrisse

■ Literaturhinweis

[Schubert-92], [Schubert-93], [Künzel-94], [WTA-Merkblatt]

3.12.4 Risse durch zu festen, steifen Putz

- **Schadensbild, Kennzeichen**

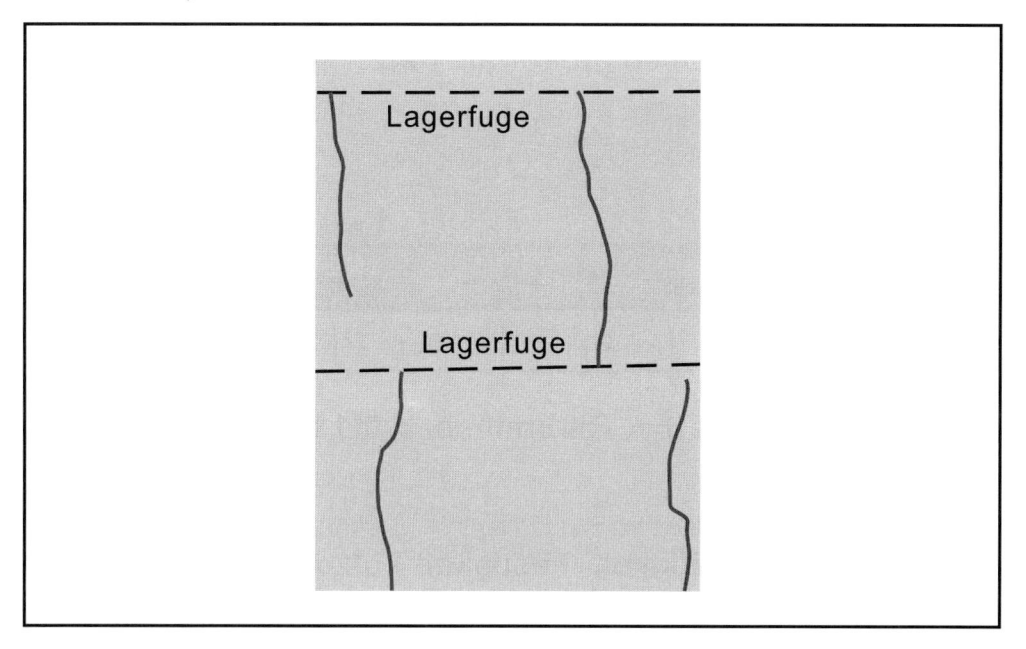

```
Lagerfuge

Lagerfuge
```

Großmaschige relativ breite Risse, großer Rißabstand; i. allg. im Bereich der Mauersteine außerhalb von Mörtelfugen; meist vertikal; Risse gehen durch gesamte Putzdicke und Außenschale der Mauersteine, vorwiegend bei Leichthochlochziegeln.

- **Ursachen**

  Putz ist fester, steifer als Putzgrund (Verstoß gegen Putzregel); Risse im Putz infolge Putzschwinden werden durch den „weicheren" Putzgrund nicht mehr fein verteilt – s. Folgeseite, Bild –, sondern setzen sich im Putzgrund fort. Hohe Rißgefahr bei Mauersteinen mit hohem Lochanteil, dünnen, wenig festen und steifen Außenscherben.

- **Vermeidung**

  (1) Mindeststeifigkeit Putzgrund gewährleisten; nicht zu dünne, zu weiche Außenschalen der Mauersteine

  (2) Anpassung Putz an Putzgrund; Verwendung von Leichtputz (kleiner E-Modul, niedrige Festigkeit)

- **Instandsetzung**

  (1) Faser-, gewebebewehrter dicker Anstrich bzw. Putz

  (2) Wärmedämmputz-System (sicherer)

  (3) Wärmedämmverbund-System (sicherer)

- **Literaturhinweis**

  [Schubert-92], [Schubert-93], [Künzel-94], [WTA-Merkblatt], [Pfefferkorn-94]

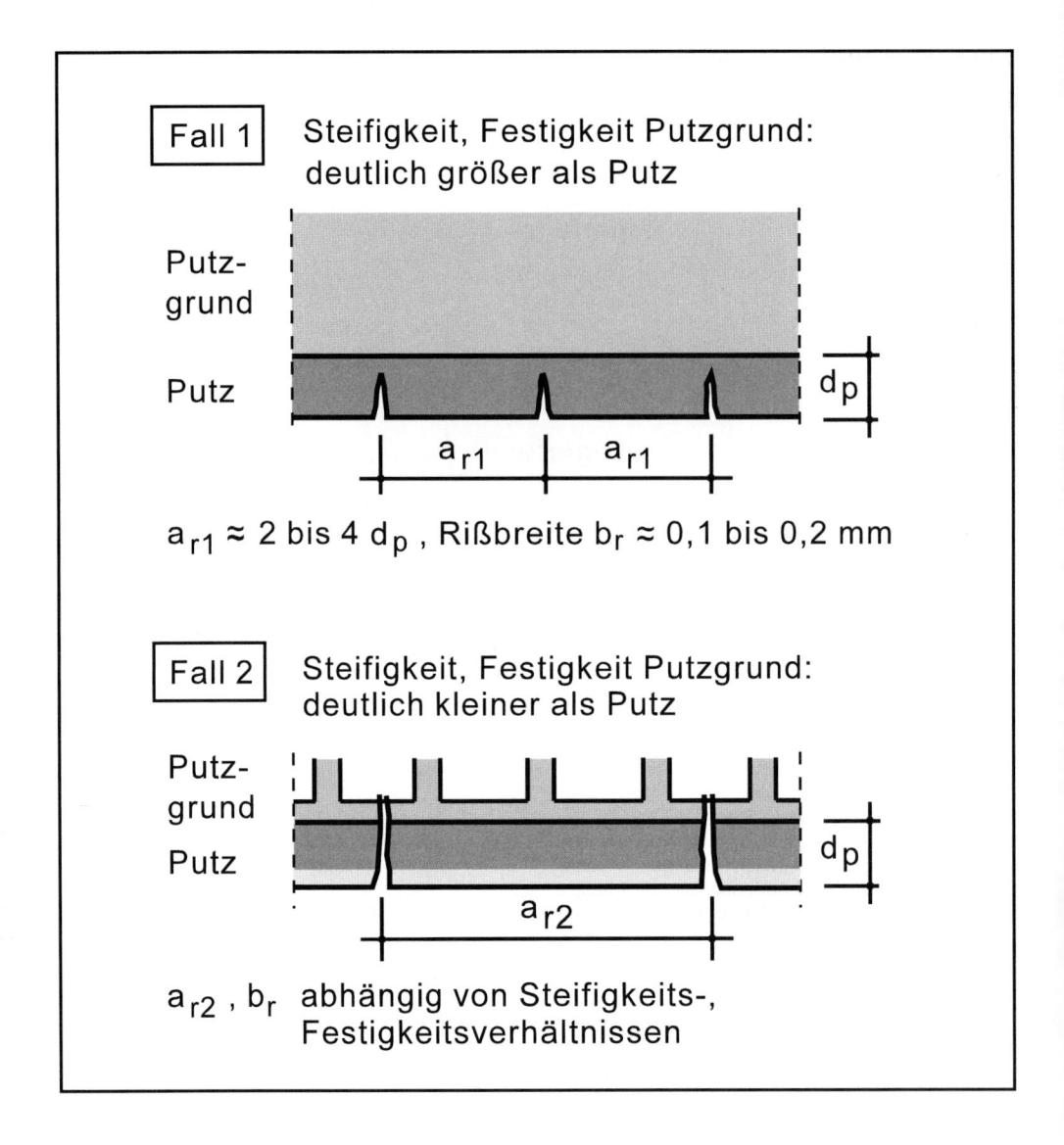

Fall 1 Steifigkeit, Festigkeit Putzgrund: deutlich größer als Putz

Putzgrund

Putz

$a_{r1} \approx 2$ bis $4\, d_p$, Rißbreite $b_r \approx 0{,}1$ bis $0{,}2$ mm

Fall 2 Steifigkeit, Festigkeit Putzgrund: deutlich kleiner als Putz

Putzgrund

Putz

a_{r2}, b_r abhängig von Steifigkeits-, Festigkeitsverhältnissen

3.13 Zweischaliges Mauerwerk

3.13.1 Unsachgerechte Verankerung

■ Schadensbild, Kennzeichen

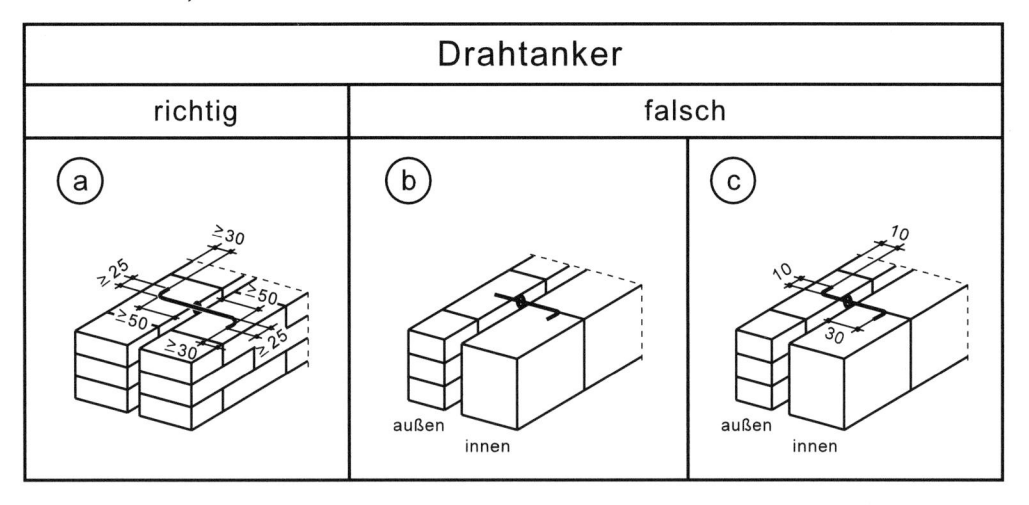

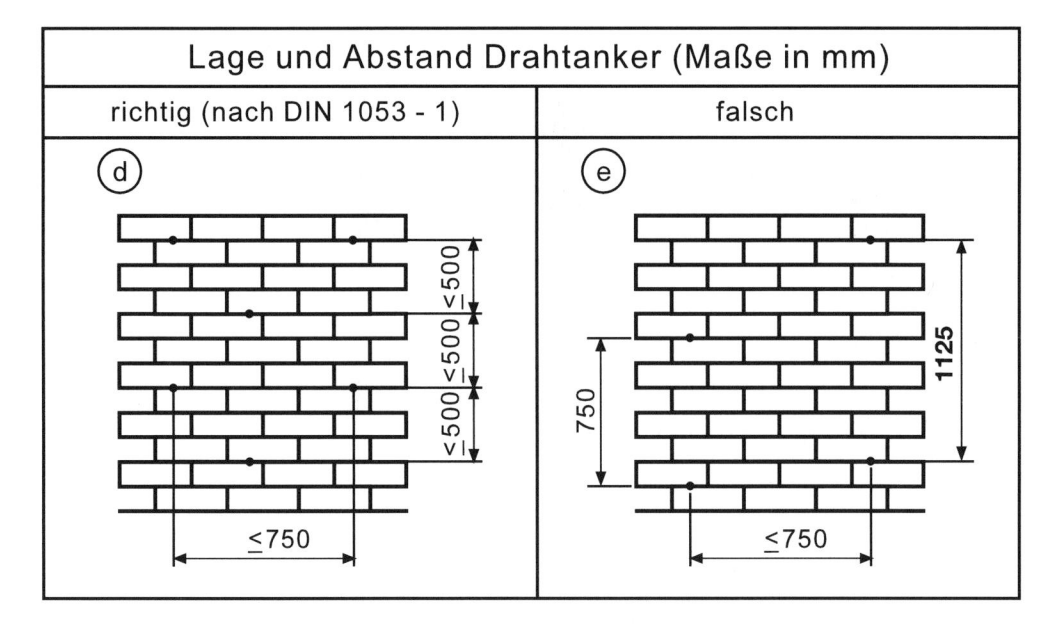

Drahtanker

richtig	falsch
(a)	(b) außen / innen (c) außen / innen

Lage und Abstand Drahtanker (Maße in mm)

richtig (nach DIN 1053 - 1)	falsch
(d) ≤750, <500	(e) ≤750, 750, 1125

Beeinträchtigung der Standsicherheit der Verblendschale, möglicherweise „Absturz" der Schale

- **Ursachen**

  (1) Drahtanker nicht beidseitig abgebogen (Bild ⓑ)

  (2) Zu wenige Drahtanker im Bereich der Bauteilflächen (Bild ⓔ), an Öffnungen, Rändern

  (3) Zu geringer Durchmesser der Drahtanker

  (4) Falsches Material (nicht korrosionssicher)

  (5) Nicht sachgerecht verlegt (Einbindetiefe falsch), (Bild ⓒ)

- **Vermeidung**

  Sachgerechte Ausführung nach DIN 1053-1

- **Instandsetzung**

  (1), (4), (5) Neuverankerung
  (2), (3) Ergänzungsverankerung (zusätzliche Anker) durch nachträgliches Einsetzen dafür bauaufsichtlich zugelassener Anker (Verankerungssysteme)

- **Literaturhinweis**

  [DIN 1053-1]

3.13.2 Durchfeuchtungen bei zweischaligem Mauerwerk

■ Schadensbild, Kennzeichen

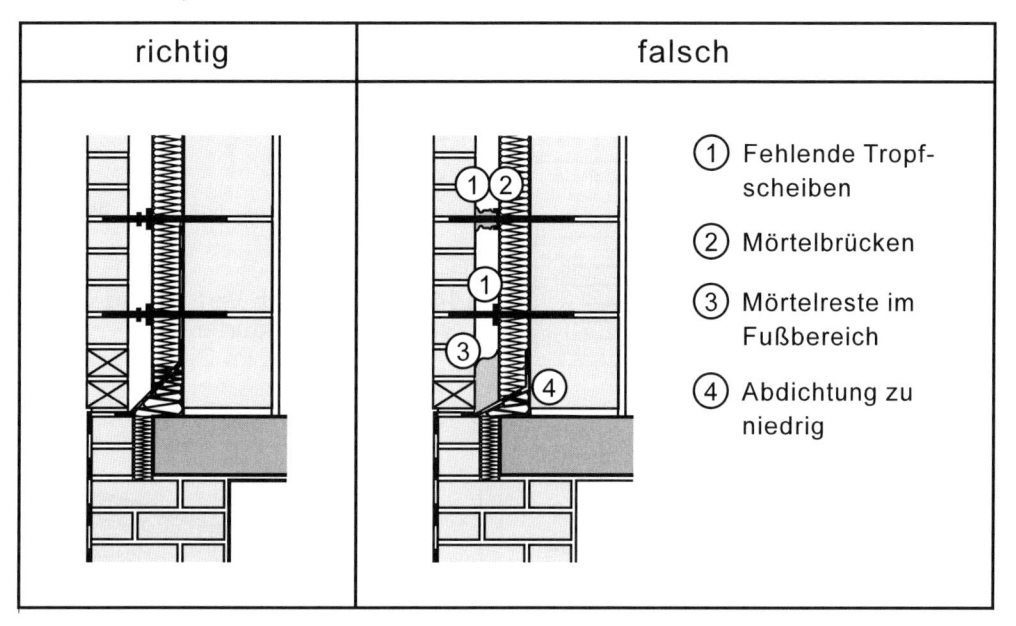

richtig	falsch
	① Fehlende Tropfscheiben
	② Mörtelbrücken
	③ Mörtelreste im Fußbereich
	④ Abdichtung zu niedrig

Durchfeuchtung im Bereich der Innenschale von zweischaligem Außenmauerwerk

(1) im Bereich der Geschoßhöhe

(2) in „Fußbereichen" von Öffnungen, Auflagern

■ Ursachen

(1) „Mörtelbrücken" zwischen Verblend- und Innenschale; keine Tropfscheibe auf den Drahtankern; wasserdurchlässiger Wärmedämmstoff (bei Kerndämmung)

(2) Fehlerhafte Abdichtung, Entwässerung in den „Fußbereichen"

- Abdichtung an der Innenschale nicht ausreichend hochgeführt; nicht vollflächig verklebt (verschweißt), vor allem in den Eckbereichen; beschädigt

- Keine bzw. nicht ausreichend wirksame Entwässerung des „Fußbereiches" – keine Entwässerungssteine; keine bzw. zu wenige offene Stoßfugen; behinderte Entwässerung durch Mörtel-„reste".

■ Vermeidung

(1) DIN-1053-1-gerechte Ausführung; durch sorgfältiges Mauern Vermeiden von Mörtelbrücken.

(2) Sach- und DIN-gerechte Ausführung; Entfernen der Mörtelreste über erst später geschlossene „Öffnungen" (nachträglich eingesetzte Mauersteine); Entwässerungsöffnungen auch in 2. und ggf. 3. Steinschicht.

■ Instandsetzung

(1) Bei möglicher Lokalisierung: Öffnen und Instandsetzen des Verblendschalenbereiches; andernfalls – soweit erfolgversprechend – Hydrophobierung der Verblendschale; soweit akzeptabel, Aufbringen eines wasserabweisenden Putzes; bei großflächiger Durchfeuchtung Neuerrichten der Verblendschale

(2) Bereichsweise Verblendmauerwerk entfernen, Abdichtung, Entwässerung instandsetzen, Verblendmauerwerk erneuern.

■ Literaturhinweis

[DIN 1053-1]

3.14 Risse durch Verformungsunterschiede zwischen Bauteilen aus Stahlbeton bzw. Beton und Mauerwerk

3.14.1 Ringbalken aus Stahlbeton

■ Schadensbild, Kennzeichen

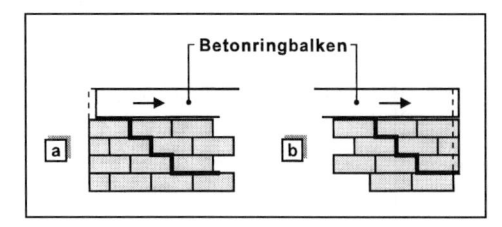

■ Ursachen

a) Zu großes Schwinden und/oder temperaturbedingtes Verkürzen des Ringbalkens gegenüber dem Mauerwerkbauteil.

b) Zu großes temperaturbedingtes Verlängern des Ringbalkens gegenüber dem Mauerwerkbauteil.

Zu große temperaturbedingte Verformungen des Ringbalkens treten bei geringer außenseitiger Wärmedämmung auf. Erhöhte Rißgefahr bei wenig schwindendem Mauerwerk (Mauerziegel).

■ Vermeidung

(1) Ringbalkenquerschnitt möglichst klein
→ geringe Schwindzugkraft.

(2) Hoher Längsbewehrungsanteil ($\mu \geq 5\,\%$)
→ Verringerung Schwinddehnung Beton.

(3) Hohe außenseitige Wärmedämmung, Wärmebrückenwirkung minimieren
→ Verringerung temperaturbedingter Verformung.

(4) Ringbalken aus Mauerwerk; z. B. Lagerfugenbewehrung, Verwendung von U-Schalen
→ Angleichung Verformung Ringbalken – Mauerwerk; einheitlicher Putzgrund, kein Schalaufwand, i. d. R. keine Wärmebrücke.

■ Instandsetzung

(1) Bei unzureichender Wärmedämmung des Ringbalkens: Anordnung einer außenseitigen Blende im Rißbereich.

(2) Bei Schwinden als Rißursache: Nach Abklingen des Schwindens (2 bis 3 Jahre) Risse ausbessern → Putz mindestens 100 mm beidseitig der Risse entfernen und Auftrag eines gewebebewehrten Putzes, Anstrich.

■ Literaturhinweis

[Schneider/Schubert – 96], [Schubert – 96]

3.14.2 Risse durch Verformung von Stahlbetongurten auf Mauerwerk im Giebelbereich

■ Schadensbild, Kennzeichen

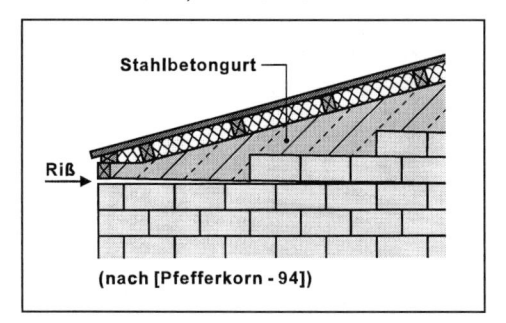

(nach [Pfefferkorn - 94])

■ Ursachen

Zu großes Schwinden des Stahlbetongurtes gegenüber dem darunterliegenden Mauerwerk – Verkürzung in horizontaler Richtung; wegen zu geringer Auflast an den seitlichen Gurtenden bzw. zu geringer Verbundfestigkeit mit dem Mauerwerk
→ Abriß.

Rißfördernd wirkt temperaturbedingte Verkürzung des Stahlbetongurtes (z. B. geringe außenseitige Wärmedämmung).

Erhöhte Rißgefahr bei wenig schwindendem Mauerwerk (Mauerziegel).

■ Vermeidung

(1) Ringbalkenquerschnitt möglichst klein
→ geringe Schwindzugkraft.

(2) Hoher Längsbewehrungsanteil ($\mu \geq 5\,\%$)
→ Verringerung Schwinddehnung Beton.

(3) Hohe außenseitige Wärmedämmung, Wärmebrückenwirkung minimieren → Verringerung temperaturbedingter Verformung.

- **Instandsetzung**

  (1) Bei unzureichender Wärmedämmung des Stahlbetongurtes: Anordnung einer außenseitigen Blende im Rißbereich.

  (2) Bei Schwinden als Rißursache: Nach Abklingen des Schwindens (2 bis 3 Jahre) Risse ausbessern → Putz mindestens beidseitig 100 mm der Risse entfernen, Fugenbereich möglichst kraftschlüssig (z. B. mit Epoxidharzmörtel), zumindest im Randbereich bis etwa 50 mm Tiefe, neu vermörteln und Auftrag eines gewebebewehrten Putzes, Anstrich.

- **Literaturhinweis**

  [Pfefferkorn – 94]

3.14.3 Risse im Bereich von Stürzen im Verblendmauerwerk

- Schadensbild, Kennzeichen

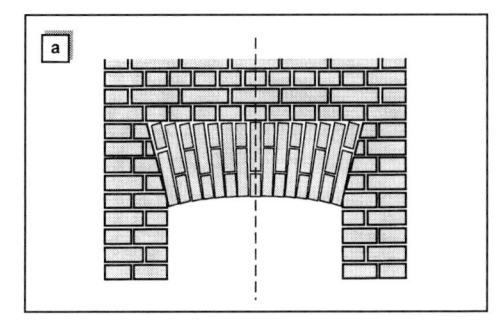

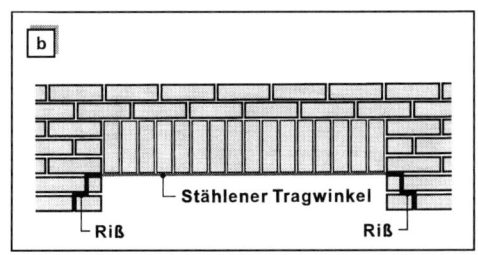

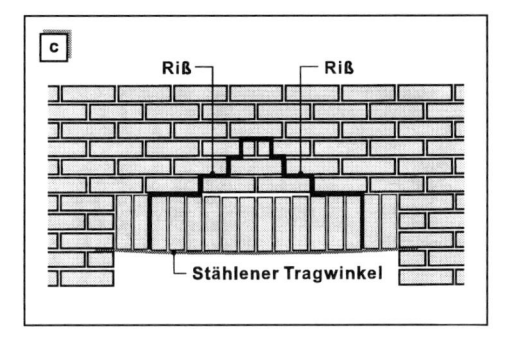

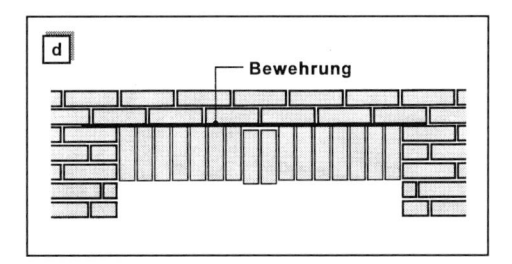

- **Ursachen**

  a) Zu große Horizontalkräfte im Widerlagerbereich bei scheitrechten Stürzen – zu geringer Bogenstich, zu geringe Beanspruchbarkeit der Widerlager (zu kleine Breite).

  b) Zu geringe Auflagerbreite des Sturzes (Tragwinkels).

  c) Zu große Durchbiegung des unter dem (Grenadier-)Sturz angeordneten Tragelementes (Stahlwinkel).

  d) Fehlende oder ungenügende Sicherung der Grenadiersteine gegen Lösen (keine horizontale und vertikale Verankerung in der bewehrten Lagerfuge über der Grenadierschicht).

- **Vermeidung**

  a) Ausreichender Bogenstich (mind. l/50 – l: lichte Öffnungsbreite) und genügend große Widerlagerbreite (rechnerischer Nachweis), Einsatz von bauaufsichtlich zugelassenen Flachstürzen bzw. von Sturz-Systemen (mit Grenadierschicht).

  b) Ausreichende Auflagerbreite, mind. 100 mm bzw. l/10.

  c) Ausreichende Bemessung; Durchbiegung auf l/500 begrenzen.

  d) Sorgfältige und sachgerechte Ausführung nach allgemeiner bauaufsichtlicher Zulassung.

- **Instandsetzung**

  (1) Wenn Standsicherheit nicht gewährleistet ist: In der Regel Erneuern von Sturz und Brüstungsmauerwerk; ggf. Einsetzen eines Stahlwinkels unter dem Sturz.

  (2) Wenn Standsicherheit gewährleistet ist: Entfernen des Fugenmörtels im Rißbereich bis mindestens 50 mm Tiefe und Neuverfugen mit – ggf. kunststoffmodifiziertem – Mörtel.

- **Literaturhinweis**

  [Klaas – 84]

Stahlbetonbau in Beispielen

Avak
Stahlbetonbau in Beispielen
DIN 1045 und EUROPÄISCHE NORMUNG
Teil 1
Baustoffe · Grundlagen
Bemessung von Stabtragwerken

NEU

3. Auflage
Werner Verlag

Avak
Stahlbetonbau in Beispielen
*DIN 1045 (2000)
und Europäische Normung*

Teil 1: Baustoffe – Grundlagen – Bemessung von Stabtragwerken
3., neubearbeitete und erweiterte Auflage 2001.
ca. 370 Seiten 17 x 24 cm, kartoniert
ca. DM 60,–/öS 438,–/sFr 60,–
ISBN 3-8041-1073-8

Teil 2: Konstruktion – Platten – Treppen – Fundamente
2., neubearbeitete und erweiterte Auflage 2001.
ca. 310 Seiten 17 x 24 cm, kartoniert
ca. DM 50,–/öS 365,–/sFr 50,–
ISBN 3-8041-1074-6

Die Neuauflage des ersten Teils behandelt die Baustoffe des Stahlbetons und die Grundlagen der Bemessung. Anschließend wird die Bemessung von Stahlbetonbalken, -stützen und -rahmen besprochen. Die Bemessung wird hierbei nach der neuen Norm im Stahlbetonbau DIN 1045-1 gezeigt und anhand von Zahlenbeispielen demonstriert.
Besonderer Wert wird auf die Darstellung von technischen Weiterentwicklungen gelegt, wie z.B. bei der Verbindungstechnik von Betonstählen.

Der zweite Teil setzt die im ersten Band angesprochenen Themen fort und schließt die Bemessung biegebeanspruchter Bauteile ab. Die erläuterten Grundlagen werden in zahlreichen Zahlenbeispielen vertieft.
Neben den rechnerischen Nachweisen wird auch die Konstruktion von Bauteilen aus Stahlbeton behandelt. Entsprechend den heutigen Anforderungen der Praxis erfolgt die Planerstellung mit geeigneter CAD-Unterstützung. Es werden nicht nur fertige Pläne präsentiert, sondern mit Hilfe der Anmerkungen zu den Zeichnungen Hinweise für wirtschaftliches Konstruieren gegeben.

Zu beziehen über Ihre Buchhandlung oder direkt beim Verlag.

WERNER VERLAG

Werner Verlag · Postfach 10 53 54 · 40044 Düsseldorf
Telefon (02 11) 3 87 98-0 · Telefax (02 11) 3 87 98-11
www.werner-verlag.de

4 Aktuelle Beiträge

Das Studienhaus Brücke-Villa in Dresden-Blasewitz

Der Name der Brücke-Villa ist nicht alt. Er wurde aus dem neuen Zweck des Hauses (Abb. G.1) als Bildungsstätte und Forschungseinrichtung der Brücke/Most-Stiftung zur Förderung der deutsch-tschechischen Verständigung und Zusammenarbeit abgeleitet.

Diese Stiftung „hat sich das Ziel gesetzt, die deutsch-tschechische Aussöhnung und Verständigung sowie die Eingliederung der Tschechischen Republik in die Staatengemeinschaft der Europäischen Union zu unterstützen und zu fördern. Mit ihren Einrichtungen und Veranstaltungen will die Stiftung ein offenes Forum für alle bieten, die ohne Vorbehalte und Vorbedingungen die kulturelle Begegnung zwischen Deutschen und Tschechen suchen". [Brücke/Most-Stiftung-98] Für die Stiftung führt das Brücke-Institut für deutsch-tschechische Zusammenarbeit die operativen Maßnahmen durch. Das Raumprogramm der Villa wurde auf die aus diesem Programm abgeleiteten Erfordernisse ausgerichtet.

Es umfaßt:

– Küche, Speiseräume, Computerraum, Gästezimmer im Kellergeschoß,
– Mit moderner Technik ausgestattete Tagungs- und Büroräume, Sanitärräume und Eingangsbereiche im Erdgeschoß (Abb. G.17 und G.20)
– Bibliothek, Gästezimmer Haushalle im 1. Obergeschoß (Abb. G.19 und G.22) und
– Gästezimmer im 2. Obergeschoß.

Die Villa[1] (Abb. G.3 und G.4) war seit der Mitte des 19. Jahrhunderts bis in die dreißiger Jahre des 20.

---

[1] Die folgenden Darstellungen zur Baugeschichte sind Ergebnis der sanierungsvorbereitenden Untersuchungen [Milde/Möser-96] und wurden von Dr. Albrecht Sturm aus der Durchsicht der überlieferten Pläne und der Dresdner Adreßbücher abgeleitet.

Abb. G.1

Bauschäden

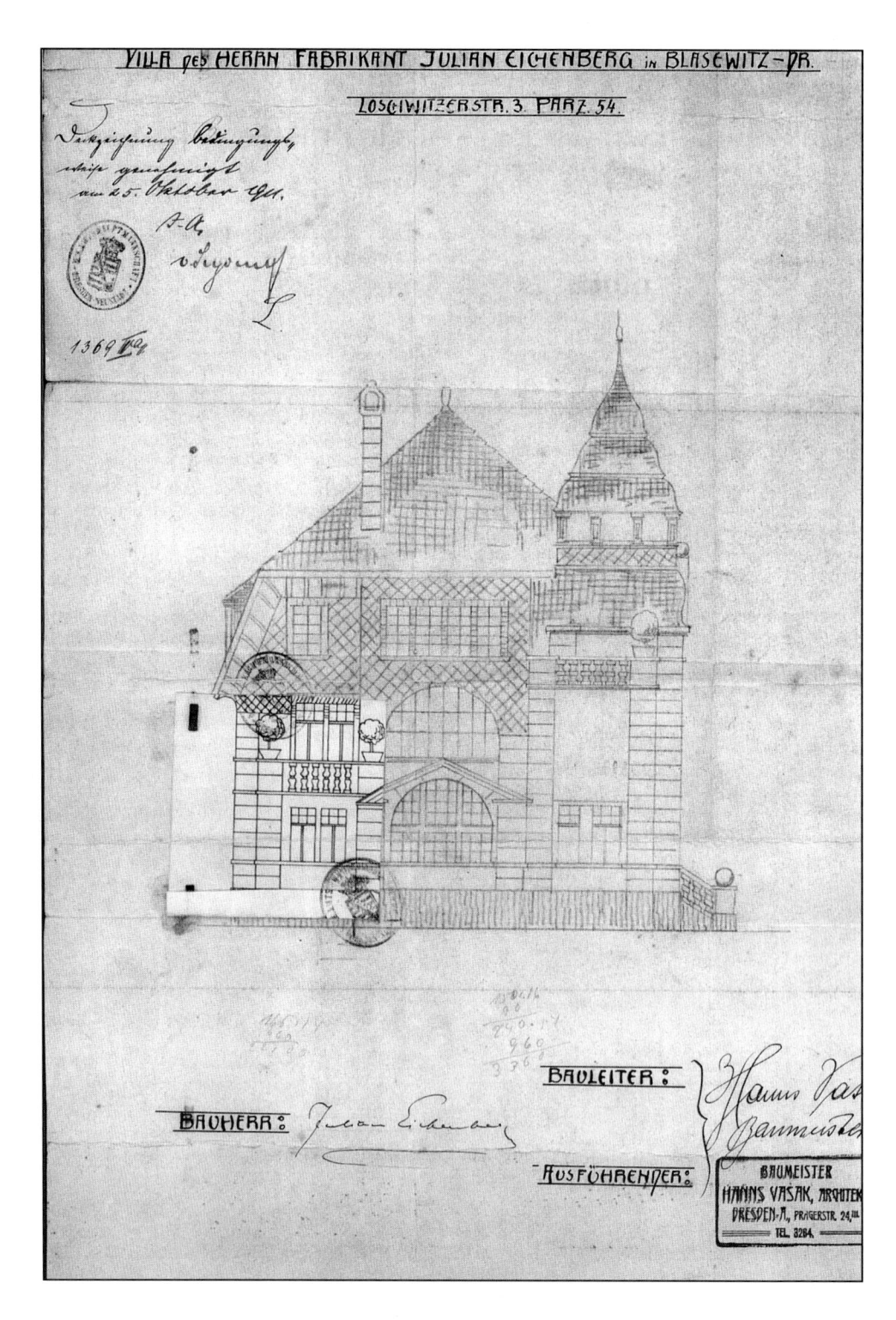

G.34

Studienhaus Brücke-Villa

Abb. G.3

Jahrhunderts in Blasewitz – einem erst im Jahre 1921 eingemeindeten Ort bei Dresden, unweit der dortigen, als „Blaues Wunder" bekannten Elbbrücke erbaut worden. Auf dem Grundstück hatte die in der zweiten Hälfte des 19. Jahrhunderts errichtete kleinere „Villa Marienheim" gestanden. Sie ist – zumindest in Teilen – im heutigen Gebäude aufgegangen. Dieses Haus (Abb. G.1, G.3 und G.23) hat einen differenzierten zweigeschossigen Baukörper, mit einem relativ hohen Sockel und einem 70 und 35 Grad geneigten Mansarddach, das durch mehrere Dachaufbauten gegliedert ist. Der Dachkörper besteht aus einem Untermansarddach mit Giebeln und einem zeltförmigen Obermansarddach. Die Untermansarde war bis zur Sanierung mit einer Mönch-Nonne-Deckung gedeckt. In ihre Dachfläche sind Schleppgaupen eingeordnet. Auf der Eingangsseite zur Reinhold-Becker-Straße greift ein Risalit mit einem Turmaufbau und einem geschwungenen Giebel in die Dachfläche ein. Die Obermansarde hatte ebenfalls eine Möch-Nonne-Dachdeckung gehabt, wie Fotos vom Haus aus den zwanziger Jahren belegen (Abb. G.3). Sie wurden aber später mit einer Kronendeckung aus Biberschwanzziegeln versehen.

Der ursprüngliche zweigeschossige, rechteckige, aber im Laufe der Zeit mehrfach erweiterte Hauskörper ist bis heute im Gefüge der verschiedenen Baukörperteile erkennbar, weil sein hohes weit ausladendes Dach noch immer die Gesamterscheinung des Hauses beherrscht. Nach dem Kriege war der charakteristische Turmaufbau durch ein flaches Zeltdach ersetzt worden (Abb. G.16). Erst sein Fehlen ließ erkennen, daß er als ein sehr wichtiges Element zur Gesamtkomposition gehörte.

Der Kernbau der Villa ist im Jahre 1905 oder 1906 aufgeführt worden, ebenso das Seitengebäude, das Wagenremise und Pferdestall enthielt sowie seit dem Jahre 1906 eine Wohnung für einen „herrschaftlichen Kutscher" im Dachgeschoß aufnahm. Der Bauherr war Emil Florenz Postel (Dresden-Gruna), der Architekt Max Große (Blasewitz). Im Jahre 1911 ließ wahrscheinlich der neue Eigentümer, der Fabrikant Julian Eichenberg, beträchtliche Umbauten vornehmen. Es ist möglich, daß erst jetzt der Turm (Abb. G.1) an der Nordseite aufgesetzt worden ist. Er scheint ebenso wie der Giebel des Risalits eine andere stilistische Handschrift zu tragen als der Hauptbaukörper mit dem ausladenden, großzügig gestalteten Dach. Es ist jedoch auch denkbar, daß die Spannung zwischen der Symmetrie des Baukörpers und der asymmetrischen Lage des Turmes Reflex der im späten

G.35

Bauschäden

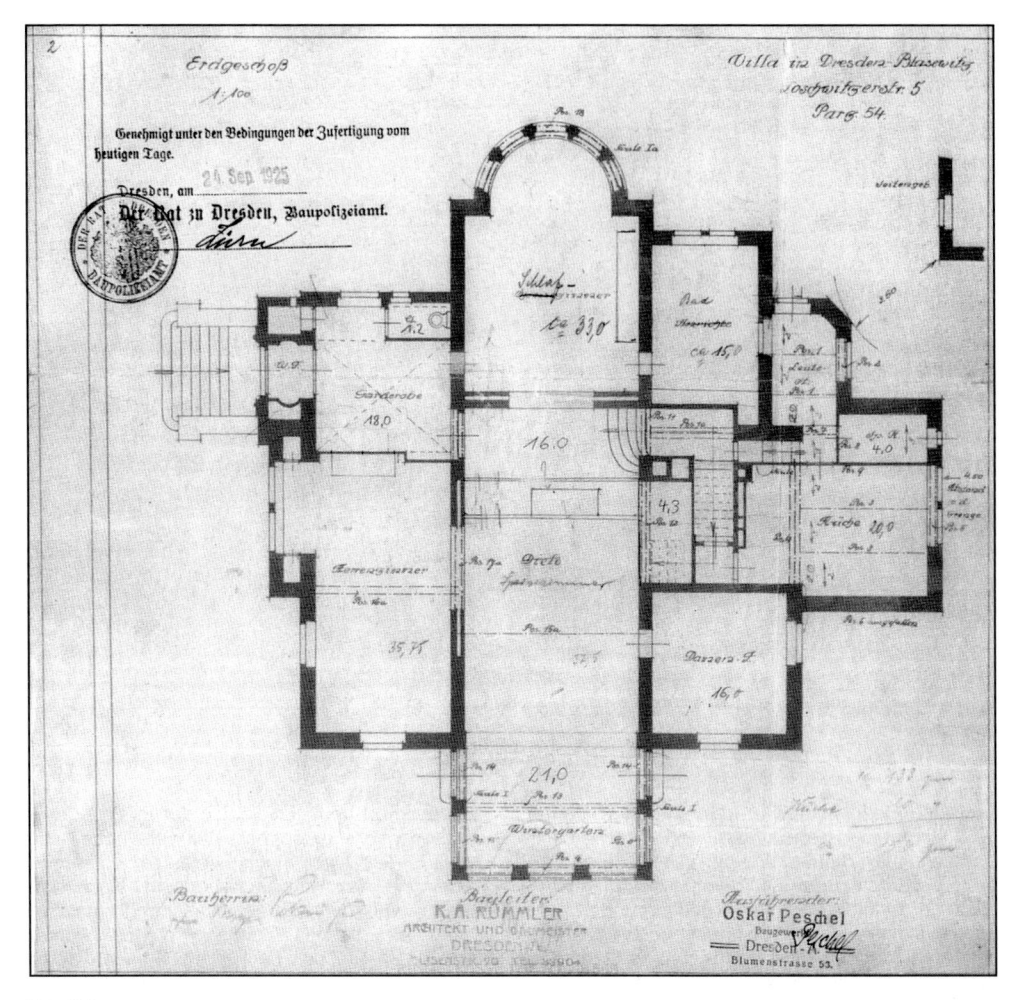

Abb. G.4

Historismus, vor allem in der deutschen Neorenaissance gebräuchlichen Kompositionsweise ist. Gewiß ist die überlieferte Situation des Haupteingangs (Abb. G.8) nicht ursprünglich. Das Gewölbe der kleinen Eingangshalle könnte darauf hinweisen, daß der Eingang zunächst eine offene Laube war. Eine Ende 1911 genehmigte Bauzeichnung betrifft eine erdgeschossige Erweiterung an der südlichen Ostseite des Hauses; darauf entstand eine Terrasse. Die Tendenz zu immer weiteren Anfügungen sollte sich später fortsetzen. Dabei wurden bei Türen und Fenster die Formen des Ursprungbaus weiter verwendet. Charakteristisch dafür ist die spiralförmige Gestaltung aller senkrechten stabförmigen Elemente, auch der Pfosten des Treppengeländers (Abb. G.12, G.17 und G.21). Im Jahre 1925 werden Pläne zu bedeuten-

Abb. G.5

Studienhaus Brücke-Villa

Abb. G.6

Abb. G.8

Abb. G.7

Abb. G.9

Bauschäden

den baulichen Veränderungen genehmigt (Abb. G.4), so eine Aufstockung des erdgeschossigen Ostanbaus (wobei das große, in der Zeichnung von 1911 zu sehende Rundbogenfenster (Abb. G.2) des Treppenhauses wegfiel). Verbunden mit der Aufstockung wurde der Ostanbau außerdem durch die halbkreisförmige Ausbildung der Außenwand räumlich erweitert (Abb. G.4, G.5 und G.23). Für die Küche wurde ein neuer erdgeschossiger und mit einem „Altan" abgeschlossener Südanbau angefügt. Außerdem wurde ein Dienstboteneingang in der Südostecke des Hauses vorgesehen (Abb. G.4). Schließlich sollte die Hauptachse des Hauses durch einen neuen, massiv gebauten „Wintergarten" erweitert werden, und auf der Nordseite der Terrasse des 2. Obergeschosses ein gläserner Aufbau entstehen (Abb. G.23). Ein vom „Herrschaftseingang" gesonderter „Mietereingang" wurde eingefügt (Abb. G.13). Inwieweit die Planungen zu dieser Zeit oder erst vom nächsten Eigentümer ausgeführt wurden, bleibt offen. Die Anbauten, für ein herrschaftliches Wohnen über alle Etagen des Hauses gedacht, machten sicher die Erneuerung oder umfängliche Ergänzung des Außenputzes im Interesse der Gesamterscheinung erforderlich.

Abb. G.10

Spätestens 1929 ist ein weiterer Eigentümerwechsel erfolgt. In den Jahren 1929 und 1931 ist das Erdgeschoß vermietet. Das war offenbar mit dem Einbau eines erdgeschossigen Badezimmers (Abb. G.4, G.9 und G.13) und einer Unterteilung des Erdgeschosses verbunden, und zwar in der Weise, daß vom Haupteingang an der Straße nunmehr getrennte Wohnbereiche (im Erd- und in den Obergeschossen) zugänglich gemacht wurden. Das Bedürfnis, das Gebäude noch besser zu nutzen, führte in den 30er Jahren erneut zum Bauen. Die Wohnungen des 2. Obergeschosses wurden besser abgegrenzt und an die Zentralheizung angeschlossen. Die Hauserschließung wurde noch einmal überarbeitet und der südöstliche Zugang ausgebaut (Abb. G.13). Der Treppenantritt wurde dabei so verändert, daß die Obergeschosse nun direkt von diesem Zugang her erreicht werden konnten.

Abb. G.11

Vor der Sanierung machte die Villa keinen guten Eindruck mehr, obwohl von fern die überlegte Gestaltung der äußeren Wandoberflächen noch sehr gut zu erkennen war (Abb. G.5). Die Sockelzone hatte einen groben Strukturputz, die Wandflächen einen waagerechten Rillenputz. Die Ecken waren mit einer regelmäßigen und glatten Quaderung versehen. Die Fenster und Türen hatten geputzte Umrahmungen, die Wandflächen und -abschlüsse geputzte Simse. Vieles davon war arg verschlissen und mußte ersetzt werden (Abb. G.5 – G.7 und G.16).

Abb. G.12

Die Schieferdeckung der oberen Wandfläche, die ursprünglich mit einer sehr qualitätsvollen dekorativen Bemalung versehen war (Abb. G.1), war wohl im Laufe der Zeit mehrfach ausgebessert worden, aber dennoch in schlechtem Zustand. Auch die Unterkonstruktion war an mehreren Stellen schadhaft geworden.

Die Fenster – Kastenfenster mit den erwähnten spiralförmigen Verzierungen an den Mittelpfosten – waren dagegen fast alle gut erhalten (Abb. G.5 und G.17). Auch die Außentüren am Haupteingang und am Gartengang waren im gutem Zustand.

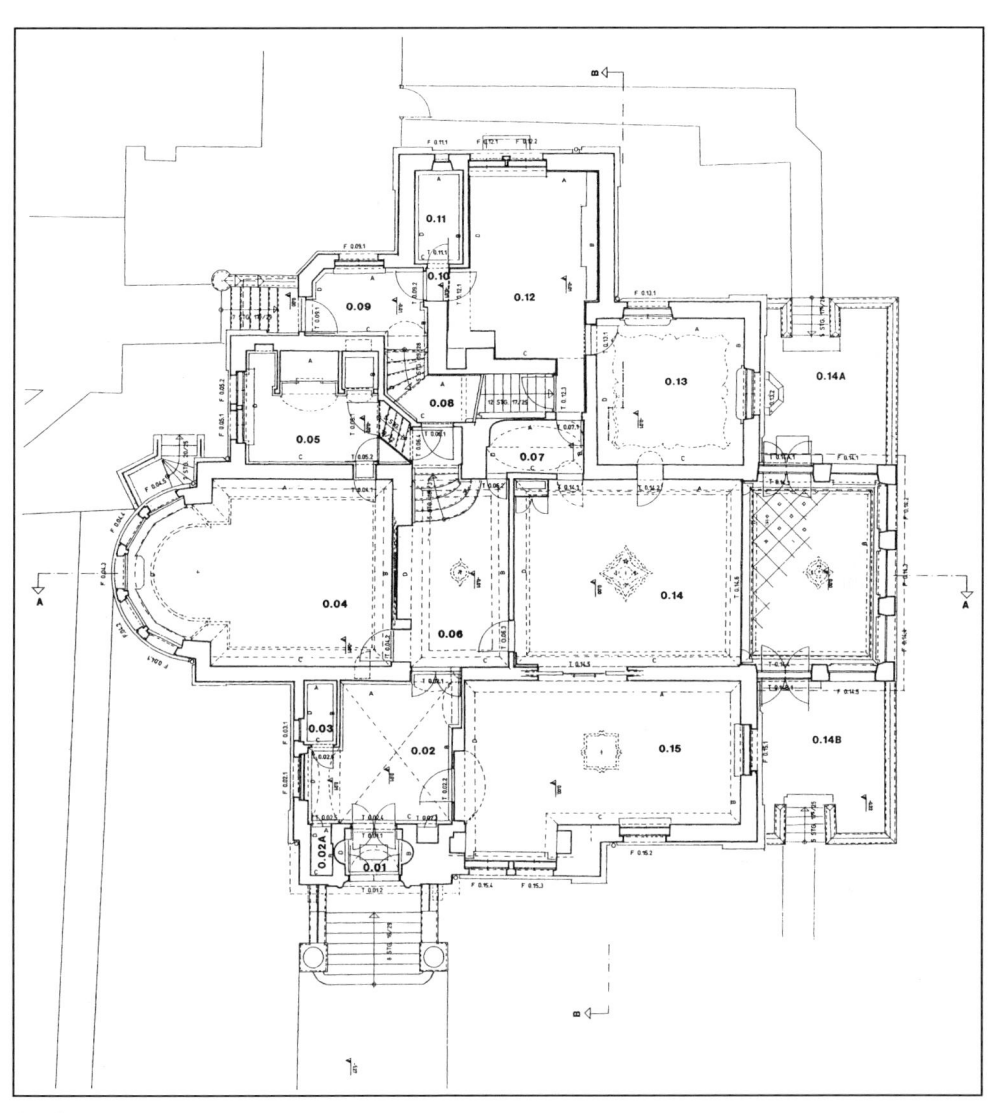

Abb. G.13

Die in den zur Tolkewitzer Straße gerichteten Wintergarten in den zwanziger Jahren eingesetzten Stahlfenster waren noch vorhanden, aber bauphysikalisch problematisch, so daß sie durch neue Fenster ersetzt werden mußten. Die räumliche Struktur des Hauses war durch die Umbauten, vor allem die Wohnungseinteilungen und die danach vorgenommenen Anpassungen an die Erfordernisse des Technischen Museums, relativ kompliziert geworden. Dennoch war die ursprüngliche Achsialität der Anlage (Abb. G.13) noch zu spüren, die in reizvoll widersprüchlicher Beziehung zur asymmetrischen Gestaltung des Baukörpers steht (Abb. G.1 und G.23). Auch die beeindruckende Wirkung, die früher von der großen Raumflucht zwischen dem halbrund geschlossenen Ostzimmer und dem ehemaligen Wintergarten im Westen ausgegangen sein mußte, war noch zu erahnen (Abb. G.10). Für die beiden Obergeschosse ist die genannte Achse ebenfalls wichtig (Abb. G.19). Allerdings wird sie in ihrer Bedeutung von den zentralisierenden Wirkung des dominanten, durch beide Geschosse reichenden Dielenraum es überlagert (Abb. G.21). Auch diese Eigentümlichkeit war durch eine mit Oberlicht versehene Zwischendecke fast bis zur Unkennt-

Bauschäden

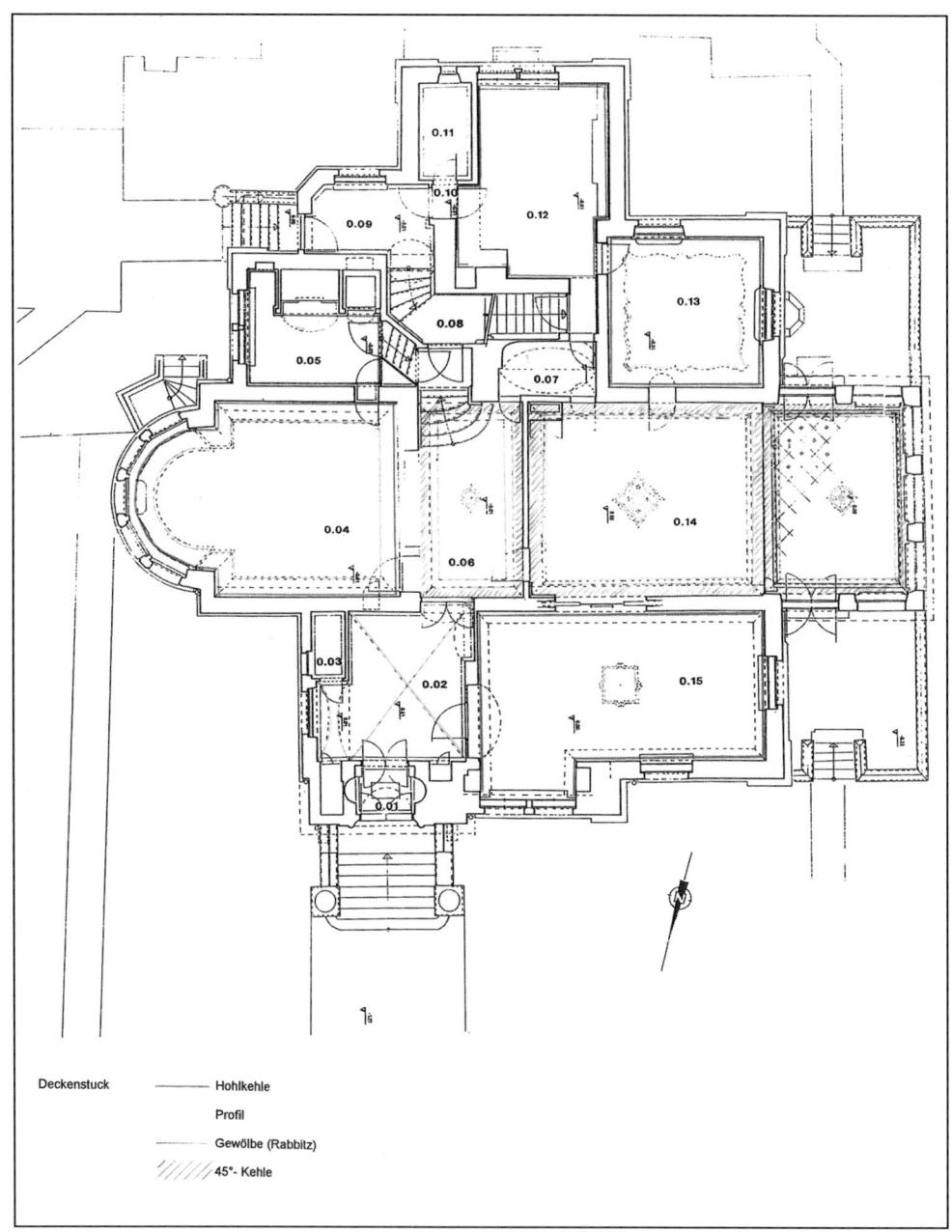

Abb. G.14

lichkeit beeinträchtigt und damit auch der in der Diele eingeordneten Treppe alle Großzügigkeit genommen (Abb. G.12).

Der zum Teil verwahrloste Eindruck der Räume (Abb. G.9 bis G.12), der durch abblätternde Farbe, sich lösende Tapeten, Wasserschäden und Schwammbefall sowie Veränderungen für die Zwecke des Technischen Museums hervorgerufen wurde, überdeckte den im Ganzen überraschenden Bestand an originaler Substanz. Zu ihm gehören in erster Linie die gut erhaltenen Stuck-

Studienhaus Brücke-Villa

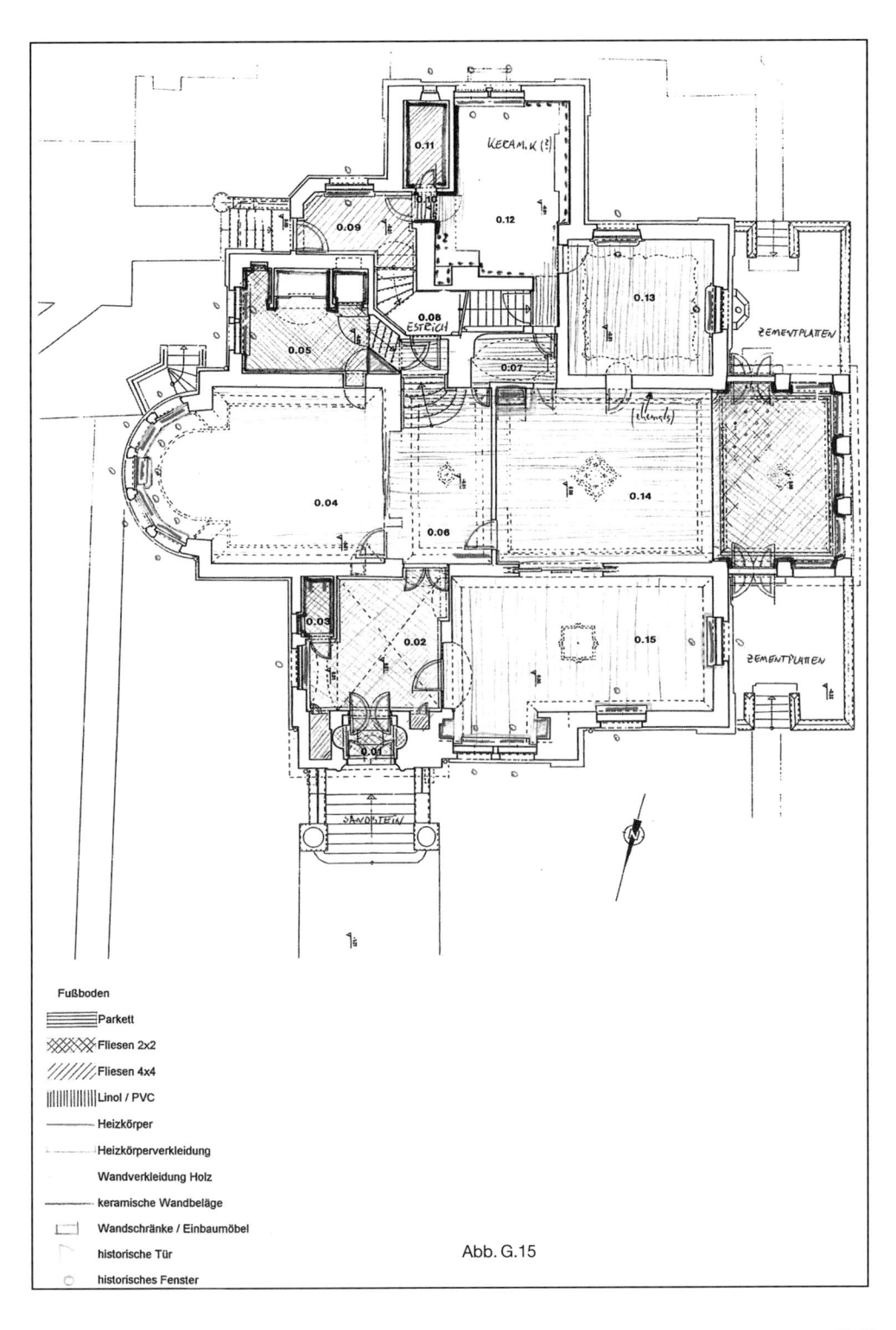

Abb. G.15

Fußboden
- Parkett
- Fliesen 2x2
- Fliesen 4x4
- Linol / PVC
- Heizkörper
- Heizkörperverkleidung
- Wandverkleidung Holz
- keramische Wandbeläge
- Wandschränke / Einbaumöbel
- historische Tür
- historisches Fenster

Bauschäden

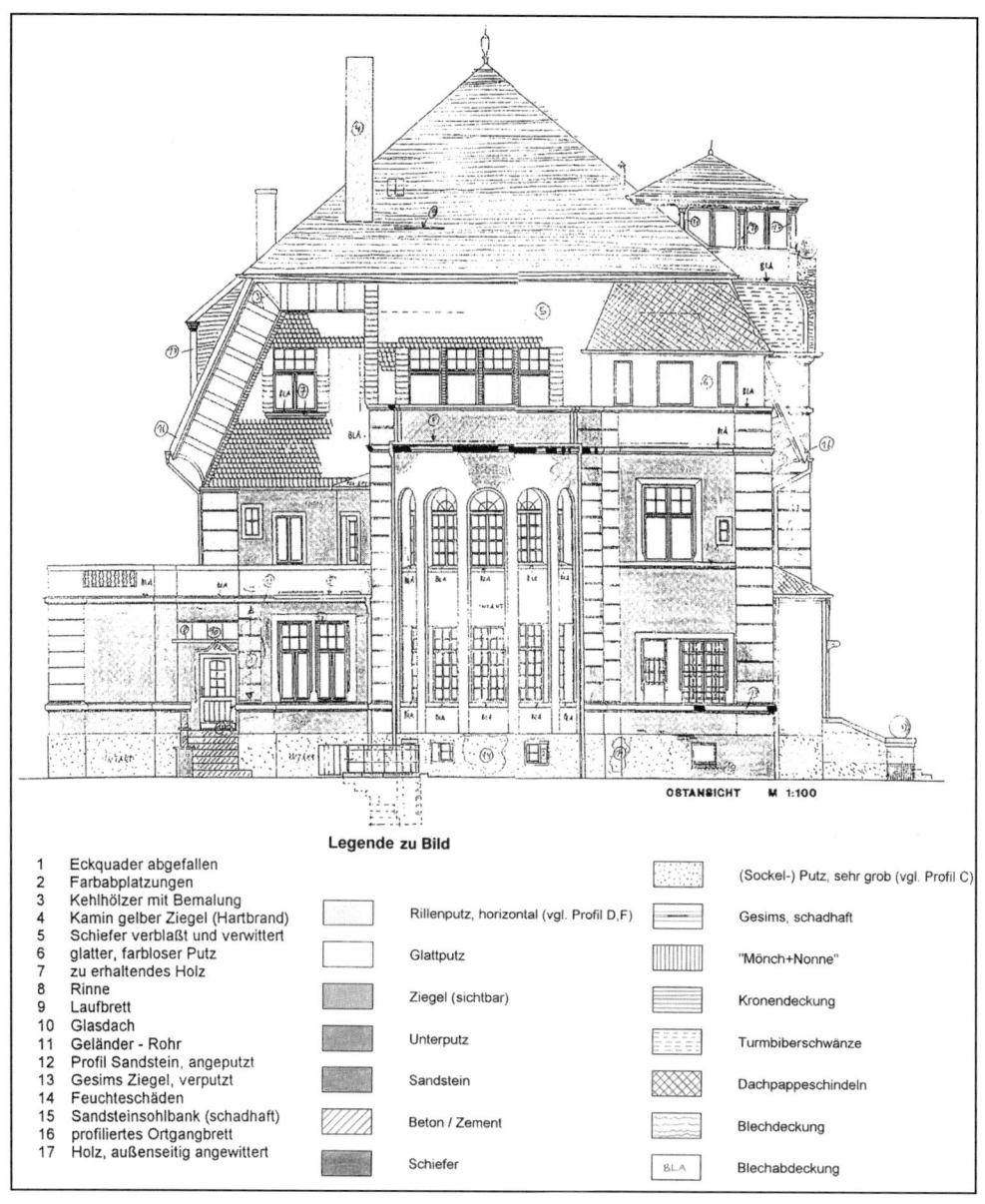

Legende zu Bild

1 Eckquader abgefallen
2 Farbabplatzungen
3 Kehlhölzer mit Bemalung
4 Kamin gelber Ziegel (Hartbrand)
5 Schiefer verblaßt und verwittert
6 glatter, farbloser Putz
7 zu erhaltendes Holz
8 Rinne
9 Laufbrett
10 Glasdach
11 Geländer - Rohr
12 Profil Sandstein, angeputzt
13 Gesims Ziegel, verputzt
14 Feuchteschäden
15 Sandsteinsohlbank (schadhaft)
16 profiliertes Ortgangbrett
17 Holz, außenseitig angewittert

Rillenputz, horizontal (vgl. Profil D,F)
Glattputz
Ziegel (sichtbar)
Unterputz
Sandstein
Beton / Zement
Schiefer

(Sockel-) Putz, sehr grob (vgl. Profil C)
Gesims, schadhaft
"Mönch+Nonne"
Kronendeckung
Turmbiberschwänze
Dachpappeschindeln
Blechdeckung
Blechabdeckung

Abb. G.16

profilierungen an Decken und Wänden, das Parkett und der Mosaikbelag der Fußböden und – nicht zuletzt – die Türen und Fenster Abb. G.14 und G.15).

Vor allem die zum Teil zu- bzw. ausgebauten Schiebe- und Falttüren (Abb. G.13) haben hohe handwerkliche Qualität und vermögen dem Erdgeschoß eine große räumliche Transparenz und Variabilität (Abb. G.18 und G.20) zu verleihen. Hölzerne Heizkörperverkleidungen und Wandschränke zeugten noch von der gehobenen Wohnkultur, für die die Räume einen repräsentativen Rahmen gebildet haben. Von gleicher gestalterischer Bedeutung sind die keramischen Erzeugnisse, die im ehemaligen Wintergarten (Erdgeschoß) und im

Abb. G.17

Bad des ersten Obergeschosses die Zeiten überdauert haben. Obwohl die dekorativen Fliesen des Bades durch spätere Wasser- und Elektroleitungen zum Teil stark beeinträchtigt worden sind, waren sie in erhaltenswertem Zustand. Das gilt auch für die noch vorhandenen originalen Armaturen. Gleichermaßen zu erhalten waren die in den meisten Fällen noch funktionierenden Rolläden.

Die Sanierung der Villa bot keine Probleme, über deren Lösung es sich lohnen würde, an diesem Ort – also für Fachleute – zu berichten.

Beachtenswert ist die Wiederherstellung der Villa vielmehr deswegen, weil sich der Bauherr durch die Fülle originaler Substanz veranlaßt sah, diese so weit wie möglich zu erhalten. Damit legte er den Qualitätsmaßstab für Planung und Ausführung von vornherein fest. Dieser Maßstab ist gemeinhin mit dem Odium versehen, daß die dadurch entstehenden Kosten an sich schon unverhältnismäßig hoch und außerdem nicht zu kalkulieren seien, weil sie durch „unerwartete Befunde" und dadurch ausgelöste neue Forderungen des Denkmalschutzes zusätzlich in dann unzumutbare Höhen getrieben würden. Entgegen diesem durch eine hinreichende Anzahl von schlechten Beispielen scheinbar „gesicherten" Vorurteil war die Sanierung der Villa zu keiner Zeit mit einem solchen Risiko unabschätzbarer, unerwarteter und daher unangemessener Kosten belastet – auch dann nicht, als das Programm noch einmal geändert und zu Gunsten des ursprünglich zur Vermietung vorgesehenen Büros im ersten Obergeschoß Gästezimmer und Bibliothek eingeordnet wurden. Die nun höheren Kosten waren keine „denkmalpflegerischen Mehrkosten", sondern Folge des notwendigen höheren Ausstattungsaufwandes. Die im Bauantrag dargestellten Baumaßnahmen wurden zu den dort geschätzten Kosten durchgeführt. Und darin – in dieser Kostensicherheit – beruht ein zweiter wesentlicher, aber durchaus nicht alltäglicher Aspekt der Sanierung. Sie wurde durch hinreichend genaue Voruntersuchungen erreicht. Auch diese spezielle – zu Unrecht nur mit denkmalpflegerischen Planungsaufgaben in Verbindung gebrachte – „Besondere Leistung" des Architekten wird als ein erhöhender und dazu (weil nicht zur Regelleistung gehörend) noch „unnötiger" Kostenfaktor angesehen. Mit welchem Recht wäre zu überprüfen.

Für die Villa wurden folgende „Besondere Leistungen" erbracht:

– Bauaufmaß

Es wurde in zwei Stufen erarbeitet:

1. Geodetisches Erfassen der Raumgeometrie (Abb. G.13) als Grundlage exakter Planung notwendiger baulicher Veränderungen wie Einbau einer zweiten Treppe (Abb. G.18 und G.19), der Küchen- und Speiseräume, eines Kleinaufzuges oder der Sanitärräume,
2. Einmessen und Darstellen aller weiteren baulichen Spezifika, die für die Reparatur und Ergänzung des originalen Bestandes nötig waren. Das erfolgte als Aufmaßbearbeitung bei der

– Befund- und Schadenerfassung (Abb. G.14-G.16).
Diese Arbeiten bestanden in der genauen Dokumentation aller Teile und Oberflächen des Bauwerks, die in irgendeiner Hinsicht Sanierungsarbeiten erforderten oder bei deren Ausführung besondere Rücksichtnahme verlangten.

– Restauratorische Untersuchungen [Sandner-96]
Sie präzisierten die Befunderfassung durch sogenannte Suchschnitte entlang vorher festgelegter Schnittebenen und an den für gliedernde Farbfassungen üblichen Stellen. Sie gaben die Grundlage für die gestalterischen und denkmalpflegerischen Entscheidungen. Da gerade diese Arbeiten ausufern können, sei erwähnt, daß sie für DM 7.500,00 einschließlich aller Nebenkosten ausgeführt wurden.

Bauschäden

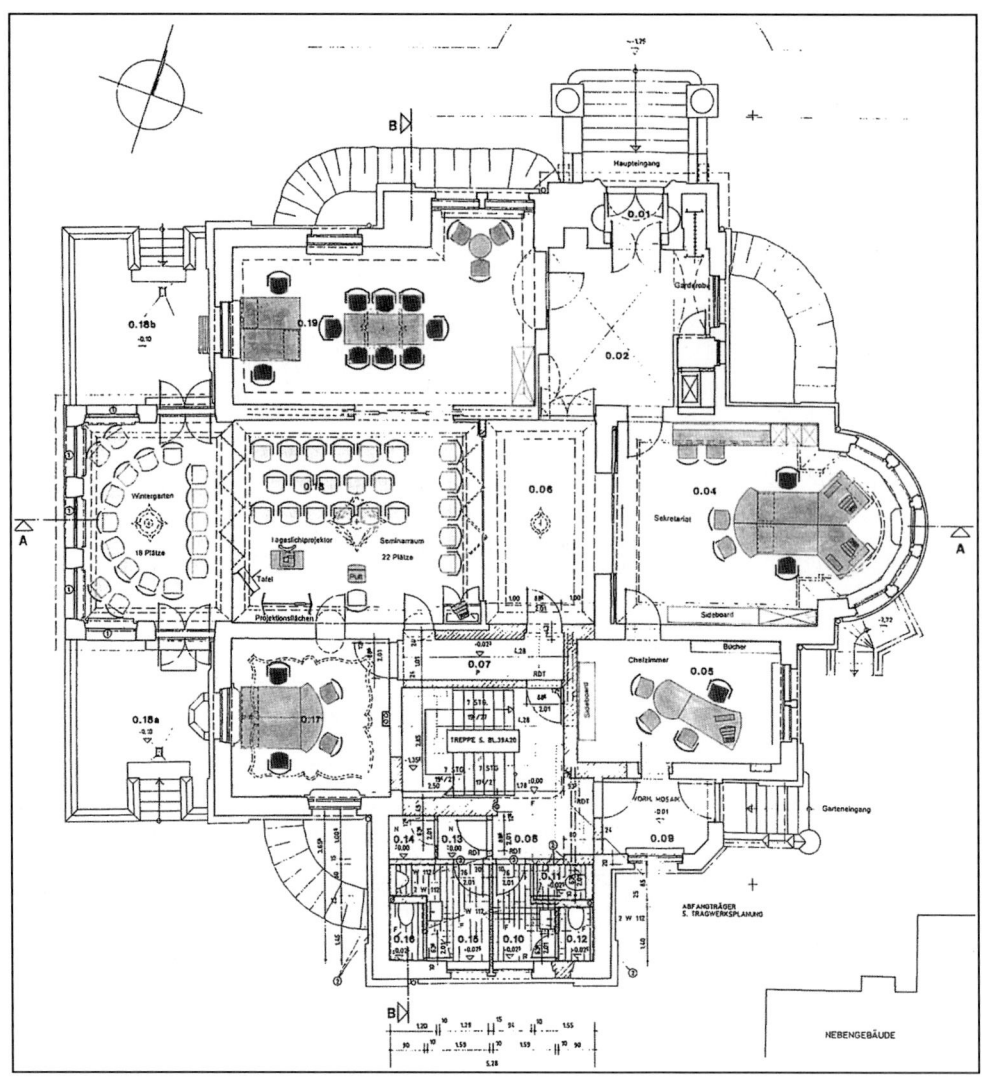

Abb. G.18

- Baugeschichtliche Untersuchungen, Archivarbeiten.

Der Architekt der Villa ist in der Dresdner Baugeschichte unbekannt. Veröffentlichungen über sie waren nicht zu finden. Die Bauakte war verbrannt. Die daher notwendige Beschäftigung mit der Geschichte des Hauses erbrachte unter anderem die oben erwähnten Ergebnisse. Dennoch sind sie ein Nebenprodukt – wenn auch ein durchaus willkommenes und interessantes – denn für Sanierungsarbeiten sind vor allem jene Erkenntnisse wichtig, die Aufschluß über konstruktive Besonderheiten des bestehenden Bauwerks geben, die mitunter auch in zur Zeit unsichtbaren, weil nicht relevanten Schwachstellen bestehen können. Es war daher ein Glück, daß der Bauherr vom bisherigen Besitzer eine Reihe von aufschlußreichen Fotos (Abb. G.3) und Zeichnungen (Abb. G.2 und G.4) erhalten hat. Gerade die Grundrißzeichnungen mit den Angaben zu Lage und Dimension von Eisenträgern (Abb. G.4) waren für den Einbau der neuen Treppe (Abb. G.18, G.19 und G.21) sowohl in konstruktiver als auch technologischer und mithin in kalkulatorischer Hinsicht von großer Wichtigkeit und gaben auch für die

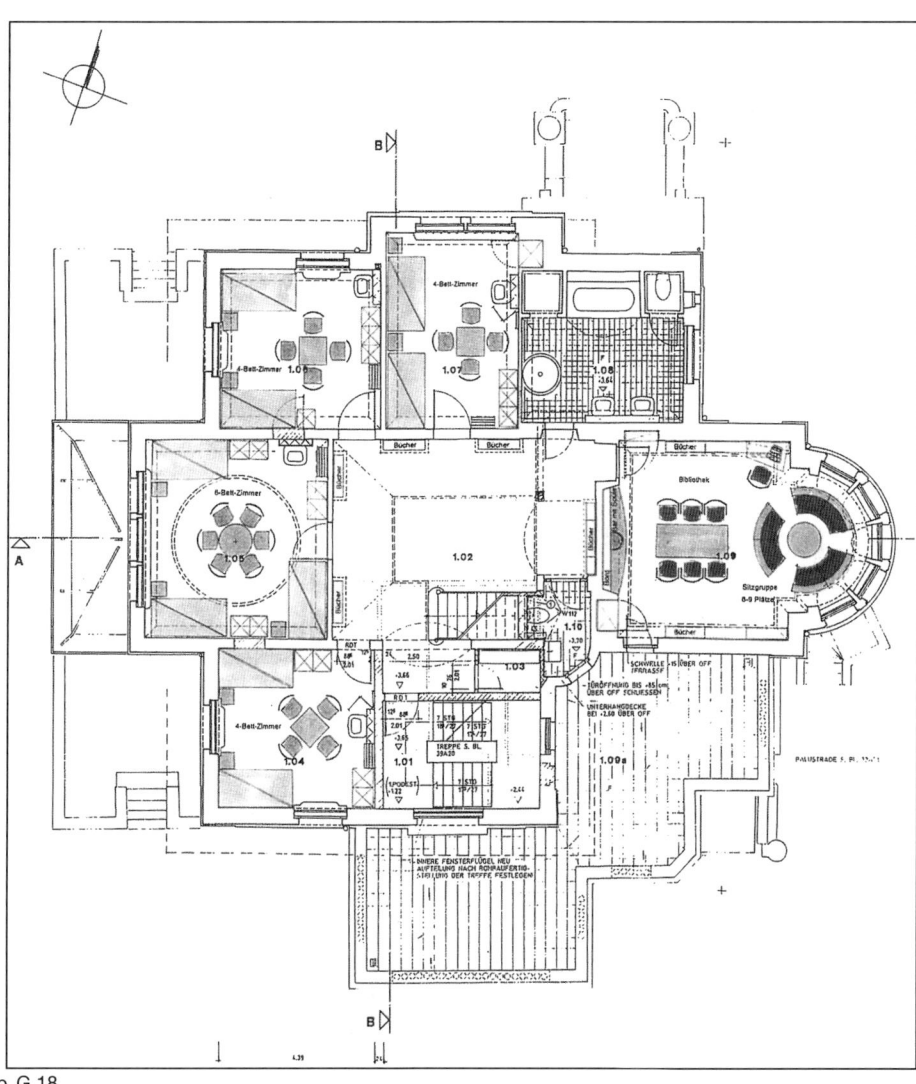

Abb. G.18

Abb. G.20

notwendige Deckensanierung brauchbare statische Auskünfte.

Diese Orientierung der sogenannten Voruntersuchungen auf die für Planungs- und Kostensicherheit entscheidende möglichst genaue und umfassende Kenntnis der für die Sanierung relevanten Besonderheiten und Eigentümlichkeiten der baulichen Substanz unterscheidet sie grundlegend sowohl im Inhalt als auch im Ziel von der Bauforschung als Disziplin der Baugeschichtswissenschaft. Diese hat das Ziel, die Geschichte des Bauwerks so gründlich wie möglich zu erforschen, unabhängig davon, ob es saniert wird oder nicht.

Bauschäden

Abb. G.21

Abb. G.22

Abb. G.23

Die Voruntersuchungen, die im Zusammenhang mit Sanierungsaufgaben durchgeführt werden, haben dagegen die Aufgabe, am bestehenden Bauwerk den für die Sanierung wichtigen – und oft genug geschichtlich bedingten Zustand nach konstruktivem System, Materialeigenschaften, Schäden und Schwachstellen zu erfassen. Um die leider verbreitete und sehr irreführende oftmals auch bewußte und damit nicht nur anmaßende, sondern auch kostentreibende Verwechslung mit der Bauforschung zu vermeiden, sollten derartige Voruntersuchungen als das bezeichnet werden, was sie sind: sanierungsvorbereitende Untersuchungen. Sie sind kein Luxus, sondern unerläßlich für Planungs- und Kostensicherheit – sofern sie mit Kompetenz durchgeführt werden.

Ein anderes, bei Diskussionen um die Kosten von Denkmalsanierungen oft umstrittenes Problem ist das Verhältnis von Reparatur und Ersatz. Gerade bei Ausbauelementen, wie Fenster und Türen, wird die Reparatur meist mit dem Argumenten besserer Haltbarkeit, höhere Funktionalität und günstigen Einfluß auf Vermietung ausübendem Neuwert abgelehnt – möglicherweise verbunden mit dem Hinweis, daß bei Ersatz der Fenster das „Bild" der Fassade (Abb. G.1, G.3 und G.23) durch die Wiederholung des Formates und der Gliederung ja erhalten werden könne. Abgesehen von dem fundamentalen Irrtum, daß der Wert des Denkmals in erster Linie in seiner Erscheinungsform, und nicht in der geschichtlichen Originalität seiner Substanz beruhe, ist der Ersatz in der Regel teurer als die Reparatur. Bei der Sanierung der Brücke-Villa kostete die allen funktionalen Ansprüchen gerecht werdende Reparatur

– eines Fensters mit sehr großen Schäden
  1 × DM 2.057,00   DM 2.057,00
– von 22 Fenstern mit schweren Schäden
  22 × DM 1.207,00   DM 26.554,00
– von 26 Fenstern mit leichten Schäden
  26 × DM   593,00   DM 15.418,00
– reparierte Fenster
  49   zu   DM 44.029,00

Damit kostete die Reparatur
der Fenster im Durchschnitt   DM 898,00/Stck.

ein Kastenfenster wurde
neu gebaut für   DM 1.701,00

damit wäre für jedes neue
Fenster Mehrkosten entstanden
von   DM 803,00

ein einflügliges kleineres Fenster mit ISO-Verglasung und zur Angleichung aufgesetzten Sprossen wurde gebaut für DM 938,00.

Es kann nicht bestritten werden, daß diesem eindeutigen Argument für die Reparatur, damit für die Kostenersparnis, damit für den Substanzerhalt und folglich für die Denkmalpflege entgegengehalten werden kann, daß es dennoch eine kostengünstigere Variante gegeben hätte, die zu dem noch den nicht zu unterschätzenden Vorteil des „Neuwerts" geboten haben würde – nämlich den Einsatz von Thermofenstern – möglichst in der pflegeleichten und funktionssicheren Ausführung mit Plastrahmen. Sofern dann noch die angesprochene Gliederung unbedingt hätte wiederholt werden müssen, wäre diese wiederum kostengünstig durch aufgeklebte oder zwischen die Scheiben gelegte Sprossen zu erreichen gewesen.

Einer solchen Argumentation kann nicht widersprochen werden, weil es in unserer pluralistischen Gesellschaft jedem überlassen werden muß, was er als schön und preiswert ansieht. Aus wissenschaftlicher Sicht ist jedoch anzumerken, daß der Vergleich, der den Preisvorteil für Plastfenster zu konstatieren erlaubt, nur zu ziehen ist, wenn die aller Denkmalpflege sinngebend zu Grunde liegende Tatsache übersehen, in Frage gestellt oder negiert wird, daß ein Baudenkmal nur so lange und in dem Maße Denkmal ist, wie seine Substanz und Form in ihrer historischen Originalität erhalten bleiben.

Der Kostenvergleich zwischen Arbeiten, die dem Bewahren des Denkmalwertes eines historischen Gebäudes dienen, und solche, die ihm beeinträchtigen oder gar zerstören, ist nur dann möglich, wenn der Denkmalwert als unerhebliche Qualität baulicher Umwelt oder gar als Ballast angesehen wird. Auch das ist möglich, allerdings nur in dem Maße wie das (noch) geltende Denkmalpflegegesetz das Individualinteresse zu Gunsten des „öffentlichen Interesses" am Erhalt des Denkmals einschränkt.

Sanierung Schloß Moritzburg bei Dresden, Sächsisches Landgestüt, Architekt Pöppelmann (1735/36) und Fasanenschlößchen Moritzburg

1. Kulturlandschaft Moritzburg

Wenn man an Dresden und seine Umgebung denkt, ist mit dem Namen Moritzburg seit langem das Erlebnis höfischer Barockarchitektur verbunden, eingebettet in eine über die Jahrhunderte kunstvoll gestaltete Park-, Teich- und Waldlandschaft (s. Abb. G.1).

Abb. G.1 Schloß Moritzburg bei Dresden, (Photo Verfasser, 2000).

Besucher, die sich die Moritzburger Kulturlandschaft mit ihren architektonischen und natürlichen Attraktionen heute meist touristisch erschließen, werden die behutsame Nutzung dieser Landschaft durch Feldwirtschaft, Pferde- und Fischzucht und als Wohnumfeld neben den Erscheinungen des allgegenwärtigen Fremdenverkehrs als sehr wohltuende Bereicherung wahrnehmen (s. Abb. G.2).

Die Kulturlandschaft um das Jagdschloß

Die Wald-, Teich- und Parkgebiete mit dem dominierenden Schloß auf einer Felskuppe, als Höhepunkt der von Dresden kommenden Straße, dienten den Landesherren von den ersten Besiedelungen der Wälder im 12. Jahrhundert bis in die Mitte des 19. Jahrhunderts hauptsächlich als Stätte des Jagdwesens. Während dieses im ausgehenden Mittelalter und noch in der Renaissance primär der Versorgung des Hofes diente, wurde das Jagen allmählich zu einem Teil des Vergnügungs- und Repräsentationsapparates des sächsischen Hofes.

Das Schloß am Nordrand der heutigen Gemeinde Moritzburg ist das Zentrum dieser Kulturlandschaft, unmittelbar eingebettet zwischen die beiden Teiche und den nördlich angrenzenden Park mit mehreren Kavaliershäusern und Pavillons bis zum Friedewald. Im südlichen Umfeld findet man in der reizvollen Ortslage die ehemaligen Stallungen, heute das Landgestüt und zahlreiche interessante Bauwerke, die mehr oder weniger mit dem Schloß in Verbindung standen.

Angrenzend an die das Schloß umgebenden Wälder befinden sich das Wildgehege, Fischteiche, Parklandschaften, Landwirtschaftsflächen, mehrere Wirtschaftsgebäude und kleinere Schloß- und Pavillonbauten. Alle Bauwerke sind in einem sich wandelnden Kontext in ein landschaftsgestalterisches Gesamtkunstwerk eingebunden und bis auf wenige Ausnahmen heute noch erlebbar. Sie werden als Museums-, Wohn- oder Gewerbestätten verwendet.

Für viele Nutzungen stehen dem Menschen hier überwiegend historische Bauwerke zur Verfügung, die in ihrer Substanz als wichtige Zeugnisse der Baukultur in besonderem Maße geschützt werden müssen. Diese Bauwerke wurden in der Vergangenheit mehr oder minder radikalen Veränderungen unterzogen, manche über Jahrhunderte hinweg. Trotzdem sollen sie allen heutigen Anforderungen an die menschlichen Tätigkeiten gerecht werden, was bei den sehr unterschiedlichen Beanspruchungen durch eine wirtschaftliche oder touristische „Verwertung" nicht selbstverständlich scheint.

Man mag einwenden, daß die Moritzburger Bauten aus der Sicht denkmalpflegerischer Bauwerkserhaltung schwer verallgemeinerungswürdig sind, da sie wegen der staatlichen Zuwendung und ihrer exponierten Stellung in einer „Museumslandschaft" nicht mit dem „normalen" Baudenkmal in privater Hand vergleichbar scheinen.

Zwei Beispiele von Bauwerken mit sehr verschiedenen Zweckbestimmungen sollen zeigen, daß es sehr wohl spezifische Sanierungsprobleme und sich wandelnde Ambitionen gibt, die an anderen,

Sanierung Schloß Moritzburg

Abb. G.2   Luftbild des Schlosses Moritzburg und des Friedewaldes, rechts im Bild das Landgestüt Moritzburg (Photo H. Boswank, 1995).

weniger publiken Objekten so oder ähnlich zu bewältigen sein werden[1]. So werden die Stallbauten des Sächsischen Landgestütes an der Schloßallee von 1733/35 (s. Abb. G.3) und das Fasanenschlößchen von 1771 ff. am Großteich unter bestimmten Sanierungsaspekten betrachtet (s. Abb. G.4).

Planungsprobleme bei Feuchteerscheinungen an Wänden

Ein in der Nutzung sehr ärgerliches und häufig unbewältigtes Problem sind Kondensationserscheinungen, meist an inneren Gebäudeecken, seitlichen Fensterlaibungen und Brüstungsnischen. Nach heutigen Ansprüchen bauphysikalisch unterbemessen, sind solchen Bauteilen mit relativ geringen k-Werten und hohen spezifischen Bauwerksmassen Schimmel- und Kondensationserscheinungen im Sommer *und* im Winter eigen.

Es gibt wohl keinen historischen Mauerwerksbau, der vor 1900 errichtet wurde, an dem nicht im Zuge von Veränderungen der Lebens-, sprich: Heizungs-

---

[1] Beide Objekte werden vom Freistaat Sachsen derzeit instandgesetzt und restauriert. Die Planung und Bauüberwachung wird von der Architektengemeinschaft Milde + Möser, Pirna realisiert.

Abb. G.3 Sächsisches Landgestüt Moritzburg, ehemals Jagdstallungen des kurfürstlichen Schlosses, Südflügel während der Restaurierungsarbeiten (Photo Verfasser, 2000).

Abb. G.4 Das Fasanenschlößchen am Großteich, Ansicht von Süden, (Photo Verfasser, 1999).

gewohnheiten das Problem von schwarz werdenden Wandbereichen oder feuchten Sockeln auf der Raumseite mindestens zu diskutieren ist.

Dabei ist es gleich, ob es sich um Quadermauerwerk aus Naturstein mit großen Wandstärken bei mittelalterlichen Mauern oder, wie in den meisten Bauwerken in Moritzburg, um Mischmauerwerk aus anstehendem Bruchstein und gewonnenen Abbruchsteinen aus Sandstein und Backstein handelt.

Zu den Ursachen und Behebungsmöglichkeiten von Feuchtigkeit an Wänden gibt es eine große Anzahl von umfassenden Fachpublikationen, die aber in der täglichen Planungspraxis für den Architekten oder Bauingenieur im jeweils speziellen Anwendungsfall manchmal schwer verwendbar sind. Checklistenartige Handreichungen oder die gängigen Empfehlungen zur Erfüllung der Wärmeschutzverordnung in Altbauten sperren sich meist dem ganz konkreten Sanierungsfall vor Ort.

In diesem Beitrag sollen daher auch nicht fachspezifisch Sanierungsmethoden aus ingenieurtechnischer Sicht aufgezeigt werden, da die in anderen Kapiteln behandelt werden.

Auch die recht unterschiedlichen Ursachen für andere Feuchteerscheinungen an Innen- und Außenwänden, die in ihrer Wichtung und Verteilung sehr differenziert zu betrachten sind, müssen ausgespart werden.

Meist können mehrere Faktoren verantwortlich sein, die in verschiedenen Bereichen unterschiedliche Anteile an den Durchfeuchtungen haben:

– Aufsteigende Feuchtigkeit, die über die Gründungssohle der Wände vertikal eintritt und durch die kapillare Wirkung der Bausubstanz aufsteigt,
– durch Regenwasser, das beim Versickern in die vertikale Wandfläche dringt und aufsteigt, durch
– Spritzwasser oder Schlagregen, die in die Sockelzone außen eindringen,
– an der Wand ablaufendes Wasser aus defekten Regenentwässerungen,
– **Kondensationserscheinungen im Winter an beheizten Wandflächen mit zu geringen k-Werten und nicht zuletzt durch**
– **Kondensation im Frühjahr und Sommer an Bauteilen mit schwerer spezifischer Bauwerksmasse bei Temperaturunterschieden an Wandoberfläche und Raumluft.**

Für die Ursachenforschung und die Bewältigung des technischen Problems stehen dem Architekten meist Spezialisten zur Verfügung, die ebenso technische Sanierungsempfehlungen geben. Diese sind dann auf den eingegrenzten Sachverhalt abgestimmt.

Der Architekt wird dann im Rahmen einer komplexen Planung zur Modernisierung des Denkmals vor eine Reihe von weitergehenden Fragen gestellt, beispielsweise wie sich die Sanierungsempfehlungen langfristig auf Erhaltungs- und Pflegeaufwendungen, auf die ästhetische Wirkung des Bauwerks und auf die Substanzbeeinträchtigungen am Denkmal u.v.m. auswirken. Wie ist also in der Gesamtheit der Planungsarbeit des Architekten mit den technischen Spezialdisziplinen umzugehen und welche Folgen für die dauerhafte Benutzung sind zu beachten?

2. Geschichte der Schloßlandschaft

Die Geschichte Moritzburgs und des Jagdwesens in den Waldgebieten geht bis in das hohe Mittelalter zurück. Wahrscheinlich Mitte des 13. Jahrhunderts kam das Waldgebiet aus königlicher Hand an den Wettiner Markgrafen von Meißen, Heinrich den Erlauchten[2]. Erstmals wurde der „Frydewald" 1326 in einer Urkunde erwähnt. Ein „Förster", der in Diensten des Landesherrn stand und von ihm belehnt wurde, erscheint 1438. Von einem „Lager der Jäger zum Isenberge[3]" gibt es aus der Mitte des 15. Jahrhunderts mehrfach Nachrichten[4].

1542 hat Kurfürst Moritz von Sachsen (1521–1553), der Namensgeber des Schlosses mit dem Bau eines befestigten Jagdhauses auf der flachen Granitkuppe am „Moßebruch" beginnen lassen[5]. 1546 wurde dieser erste Bau beendet und in den folgenden Jahren bis 1584 mehrfach umgebaut oder neu ausgestattet.

Nun muß dem Schloßbau der Renaissance die Tradition des fortifikatorischen Burgenbaus des späten Mittelalters sehr nahe gestanden haben, zumal man sich in einem weitgehend unbesiedelten Waldgebiet befunden hat. Es entstand nämlich eine wehrhafte Anlage mit Ecktürmen und Wehrmauern (s. Abb. G.5).

Abb. G.5 Rekonstruktion des ersten Schlosses – Zustand nach einem Umbau von 1584, W. Bachmann, Archiv des Landesamtes für Denkmalpflege.

Alle Wirtschaftsfunktionen fanden in der Anlage Raum, so auch die Pferdeställe, die erst durch den Umbau von 1723/32 aus dem Schloß verbannt wurden[6].

Architekt waren Voigt von Wierandt und in der Ausführung etwas später Hans von Dehn-Rothfelser. Vorbilder für die Konzeption sind sicherlich in den verschiedenen europäischen Kastelltypen zu suchen. Vor allem standen jedoch die großartigen französischen Schloßbauprojekte der Renaissance ab 1520 Pate, die unbestritten in Schloß Chambord gipfelten.

Das erste Schloß an dieser Stelle zeigte ein Fürstenhaus inmitten einer Vierflügelanlage. Alle zur Hofhaltung benötigten Wirtschaftsfunktionen fanden in den äußeren Flügeln Platz, so auch die Pferdeställe, die erst durch den Umbau von 1723/32 aus dem Schloß verbannt wurden.

Schon bald nach Fertigstellung des Jagdhauses wurde mit der Gestaltung und Bewirtschaftung des Waldes in der unmittelbaren Umgebung begonnen. Die Anlage des Tiergartens westlich des Schlosses fällt ebenfalls in die zweite Hälfte des 16. Jahrhunderts.

In dieser Form bleibt das Schloß viele Jahre bis zum Ende des Dreißigjährigen Krieges bestehen, bis die Schloßkapelle nach Entwürfen des Oberlandbaumeisters Wolf Caspar von Klengel errichtet wurde: Dazu wurden u. a. die Stallungen im Westflügel abgebrochen und der neue Baukörper in die Anlage integriert. Der Bau wurde 1661 und nebst anderen Baumaßnahmen bis 1672 abgeschlossen (s. Abb. G.6).

1694 war dann das Jahr, in dem Kurfürst Friedrich August II. auf den sächsischen Thron kam, der später als August der Starke in die Geschichte einging. In seine Regentschaft fällt die umfassende Neugestaltung des gesamten Moritzburger Areals. Ab etwa 1700 wird unter Leitung des Kurfürsten von verschiedenen Baumeistern geplant.

---

[2] Der ehemalige slawische Gau Nisan um das heutige Dresden rückte im Zuge von Eroberungen unter König Heinrich I. nach der Gründung der Burg Meißen 923 in die Interessensphäre des Deutschen Reiches. Nach Gründung des Bistums Meißen 968 und Errichtung der fünf Marken als Grenzlande des Reiches nach Osten unter Kaiser Otto I. im 10. und 11. Jahrhundert kamen auch die Waldgebiete entlang der Elbe in königliche Hand. Seit 1089 ist mit Unterbrechungen das Geschlecht der Wettiner mit der Mark Meißen belehnt worden.

[3] gemeint ist Eisenberg, heute ein Teil der Ortschaft Moritzburg.

[4] Ausgaben des Amtes Dresden weisen 1449 und 1462 Geld und Naturalien für das Lager aus. Vielleicht ist hier ein fester Wohnbau gemeint, der an der Stelle oder in der Nähe des heutigen Schlosses gelegen hat. Der Verfasser hat zur frühen Geschichte weitgehend auf das Buch von HARTMANN, Hans-Günther: MORITZBURG, Schloß und Umgebung in Geschichte und Gegenwart, Weimar, (2. Aufl. 1990) – zurückgegriffen.

[5] Der Bau von Jagdschlössern war im 16. Jahrhundert nicht nur in Sachsen zunehmend. Weitere Anlagen entstanden in Wermsdorf, Radeberg und Grillenburg.

[6] Plan von Walter Bachmann nach einer älteren Vorlage von Paul Buchner, um 1936, Dresden, Archiv des Landesamtes für Denkmalpflege Sachsen.

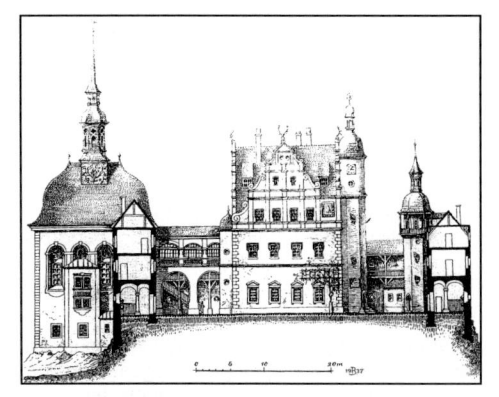

Abb. G.6 Schloß Moritzburg West-Ost-Schnitt nach dem Umbau 1656/ 1672, links die in die quadratische Anlage eingefügte Kapelle Wolf Caspar Klengels, Rekonstruktion W. Bachmann, Archiv des Landesamtes für Denkmalpflege.

Abb. G.7 Jagdschloß Moritzburg, Ansicht der so nicht realisierten Südfassade, Entwurf M. D. Pöppelmanns darstellt. um 1723, Staatsarchiv Dresden.

Nach seinen Ideen beginnt 1723 der Architekt Matthäus Daniel Pöppelmann (1662–1736) mit den Abbrüchen und Neubauten im Schloß. Er war seit 1718 Oberlandbaumeister und hatte zuvor schon so bedeutsame Bauten wie den Zwinger und das Pillnitzer Schloß gebaut (s. Abb. G.7).

Dem ebenfalls von der französischen Architektur der Zeit geprägten Pöppelmann ging es von Beginn an auch um die Gestaltung des gesamten Umfeldes mit den Teichen und Waldzonen. Dabei entstand auch die Idee der Ausrichtung der Schloßanlage auf die Achse nach Süden.

Ein barockes Schloßensemble ist ohne ein kongeniales Parkgefüge nicht denkbar. Wie in Versailles, das für alle Herrscherhäuser das ultimative Vorbild bot, ergänzen sich Park und Schloß in ihrer Gestaltfindung, geben sich Maßstab und Proportion und werden so zum bildhaften Ausdruck absolutistischen Herrschertums. Schon der 1678 in Dresden fertiggestellte Große Garten entsprach den idealen Stilvorstellungen der Zeit Ludwigs XIV. und begründete damit eine Tradition für mehr als zwei Generationen auch in Sachsen.

So wurde auch in Moritzburg neben der bis dahin umfassendsten Neugestaltung des Schlosses als dem dominierenden Bau ab 1725 mit der Anlage des Parks im Norden mit seinen Pavillons und Kavaliershäusern und der Ausprägung des sternförmigen Schneisensystems im Forst begonnen. Ein wichtiger Bestandteil war auch die Bebauung an der Allee, die schnurgerade von Dresden kommend durch den Ort führt und begleitende Bauwerke, nämlich die Häuser der geplanten „Handwerkersiedlung" erhalten sollte. Als deren baulicher Endpunkt vor dem Schloßteich wurde die rechter Hand gelegene Pferdestallanlage geplant, die notwendig wurde, da ja alle Stallungen und wirtschaftlichen Versorgungseinrichtungen aus dem unmittelbaren Schloß entfernt wurden und zeitweilig die Pferde des Hofes bei Bauern im benachbarten Ort untergestellt werden mußten. Diese quadratische Stallanlage, später das Herzstück des Areals des Landgestütes, sollte späteren Planungen zufolge ein spiegelgleiches Pendant an der Schloßallee erhalten. An dieser Stelle befand sich zu Beginn des 18. Jahrhunderts noch ein kleinerer Teich. Warum diese Planung nicht umgesetzt wurde, ist nicht bekannt (s. Abb. G.8).

Auch die anderen Anlagen im weiteren Umfeld entstammen dieser Blütezeit des Schloßbaus in Moritzburg. Der Tiergarten, schon seit dem 16. Jahrhundert der Jagd dienend, wurde grundlegend neu gestaltet.

Nicht zuletzt entstand nach 1727 am Großteich, der östlich vom Schloß in einiger Entfernung liegt, eine Anlage zur „Fasanen- und Niederjagd", also schon zur Zeit des großen Schloßumbaus, der um 1736 zum Abschluß kam. Ursprünglich als Wohnhaus mit zwei Garnhäusern und Wirtschaftsgebäuden geplant, war die Fasanerie östlicher Blickpunkt der großen ost-westlichen Hauptachse des Schlosses.

Zentrum dieser Anlage war später ein Pavillon, der um 1739 unter der Leitung des Architekten Johann Christoph Knöffel errichtet wurde, dem Nachfolger Pöppelmanns als Oberlandbaumeister des Königs.

3. Das Landgestüt Moritzburg

Baugeschichte

Der Neubau der Pferdestallungen außerhalb des Schlosses muß als ein Bestandteil des Gesamt-

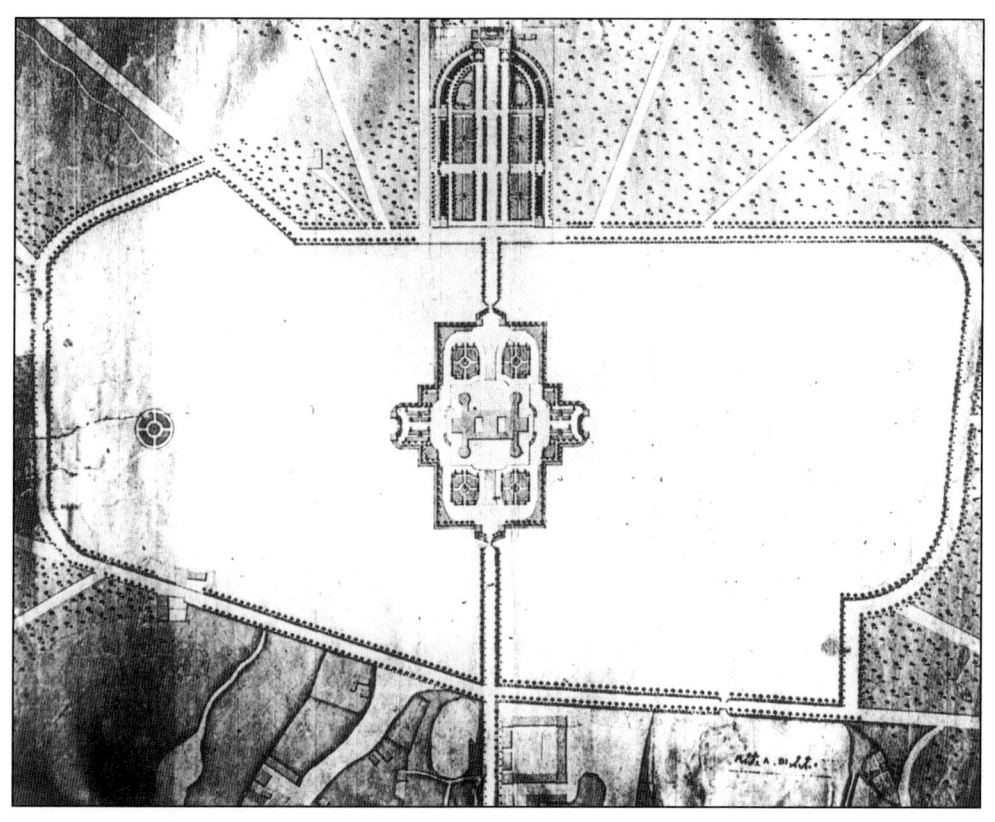

Abb. G.8 Schloß Moritzburg, Plan der Gesamtanlage, unten die Stallungen, um 1729, Archiv des Landesamtes für Denkmalpflege.

vorhabens von Beginn an geplant worden sein, da sämtliche Wirtschafts- und Versorgungseinrichtungen beim Umbau ab 1723 ausgelagert worden waren. Schon die frühen Planungen für die Moritzburger Gesamtanlage zeigen jeweils vier unmittelbar am Schloßteich gelegene Stallbauten flankierend an der Nord-Süd-Achse[7]. Die weitergehenden Entwürfe enthalten dann die realisierte vierflügelige Anlage (s. Abb. G.9).

Den Auftrag zur Errichtung der Pferdestallungen hat der Kurfürst wiederum seinem Oberlandbaumeister M.D. Pöppelmann erteilt, der schon mit anderen Bauten für Gestüte, wie etwa in Graditz bei Torgau, betraut war.

Die Stallungen wurden als drei zweigeschossige, rechtwinklig zueinander angeordnete Stallflügel geplant, die zwischen ebenfalls zweigeschossigen Pavillons als Eckbauten eingestellt worden sind. Diese so entstandene Dreiflügelanlage wird im Westen mit dem einzeln stehenden flachen Remisengebäude, welches das Ensemble zur Schloßallee abschließt, abgerundet. Die senkrecht zur Schloßallee entstandene Mittelachse in der symmetrischen Anlage wird über die mittig gelegenen Durchfahrten sowohl im Westflügel als auch im Ostflügel markiert, wo sie den Stall unterbricht und durch illusionistisch gemalte Risalite in der Fassade betont wird.

Die Erdgeschosse nehmen die Ställe auf und boten ehemals Platz für 176 Pferde. Die Kopfbauten bergen im Erdgeschoß Lager- und Aufenthaltsräume, von denen zur Erbauungszeit einige mit Heizmöglichkeiten versehen waren. In den Obergeschossen waren in den Stallflügeln Unterkünfte mit Ofenheizung und Abortanlagen für Bedienstete vorgesehen, während die Kopfbauten gehobenen Wohnungen für „Cavaliers und Hof-Officianten" vorbehalten waren (s. Abb. G.10).

---

[7] So auf einem Gesamtplan von M.D.Pöppelmann von 1716, in HARTMANN, 1990, S. 64.

Bauschäden

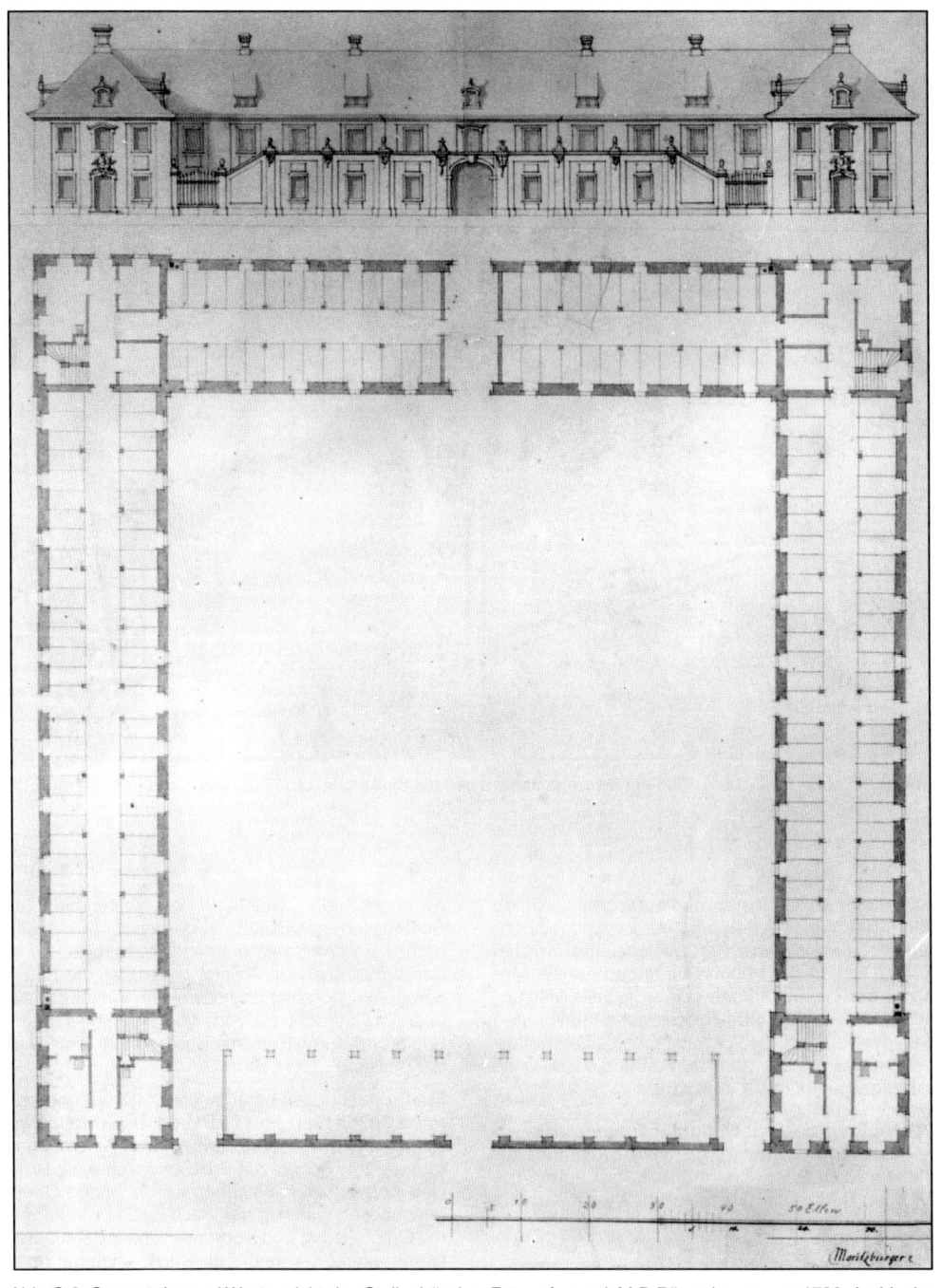

Abb. G.9 Gesamtplan und Westansicht des Stallgebäudes, Entwurf vermtl. M.D.Pöppelmann, um 1730, Archiv des Landesamtes für Denkmalpflege Dresden.

G.54

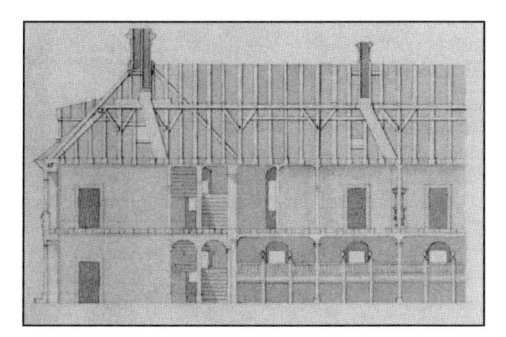

Abb. G.10 Längsschnitt des Stallgebäudes, Entwurf vermtl. M.D.Pöppelmann, um 1730, Archiv des Landesamtes für Denkmalpflege Dresden.

Abb. G.11 Reithalle im Landgestüt Moritzburg (Photo Verfasser, 2000).

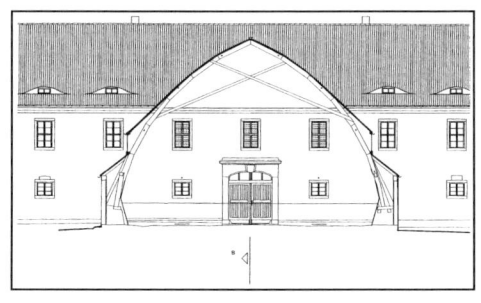

Abb. G.12 Reithalle im Landgestüt Moritzburg, Querschnitt o.M., Bauaufnahme des Vermessungsbüros Bugnowski u. Pa., 1997.

Der Westflügel mit dem zentralen Einfahrtstor, war zur Bauzeit ein spartanisch ausgestatteter Remisenbau mit einem zur Hofseite flach geneigten Pultdach, welches gegen die Grundstücksmauer zur Schloßallee gebaut war. Das heutige Walmdach wurde erst später errichtet. Auf der Ostfassade wurden die Tore zu den Remisen mit Sandsteingewänden gerahmt. Dieser Flügel diente als Wagenschuppen für Kutschen und anderes Gerät.

In Verlängerung der West-Ost-Achse wurde nach Gründung des Sächsischen Landgestütes unter König Anton im Jahre 1828 eine Reithalle angebaut. Diese ist eine ingenieurtechnisch höchst interessante Bohlen-Binder-Konstruktion von imposanten Ausmaßen und bis heute vollständig erhalten. Andere Anbauten und Wirtschaftsgebäude folgten im 19. Jahrhundert im Osten des Areals (s. Abb. G.11 und G.12).

Bausubstanz

Das Stallgebäude wurde auf teils felsigem Untergrund, teils auf dem morastigem Ufergelände ohne Keller gebaut. Für mehrere Fundamente und Kanäle mußte der anstehende Fels ausgebrochen werden. Als Baumaterial diente zum größten Teil der anstehende Naturstein – Granit und verschiedene Quarzite. Für konstruktiv anspruchsvolle Bauteile, aber auch für Laibungen und Ecken wurden Sandsteinquader, häufig aus Abbruchsteinen verwendet, während fast alle Korbbögen über Türen und Fenstern aus Backsteinen gemauert wurden. Die Stützen und Unterzüge in den Ställen wurden wie die Boxenabtrennwände aus Eiche, die Decken und die Dachstühle dagegen aus Nadelholz in tradierten Bauweisen gefertigt. Als Dachdeckung wurden Biberschwänze verwendet (s. Abb. G.13).

Die Ställe waren mit Flußkieseln bzw. Lehmfußböden versehen, die Fußböden der Kopfbauten waren mit Sandsteinplatten belegt. Horizontalsperren sind nicht vorhanden. Untersuchungen in Vorbereitung der laufenden Sanierungsarbeiten bestätigten die stark hygroskopische Wirkung der Mauern und machten einen sehr hohen Grad der Versalzung durch aggressive Stallabwässer, aufsteigende Feuchte und Kondensationsfeuchte deutlich.

Ein Großteil der Salze waren Nitrate, die wahrscheinlich durch die mit Pferdemist belasteten Abwässer der Ställe ins Mauerwerk gekommen sind. Andere Salze waren Sulfate und Chloride. Der Volumenfeuchtegehalt wies Anteile von bis zu 11 Vol. – % im Erdgeschoß und 7 Vol. – % in den oberen Zonen auf.[8]

Die ununterbrochene Nutzung als Pferdeställe über mehr als 170 Jahre und eine intensive Nut-

---

[8] Die Mauerwerksanalysen und Putzempfehlungen wurden vom Ingenieurbüro Erfurth, Augsburg durchgeführt.

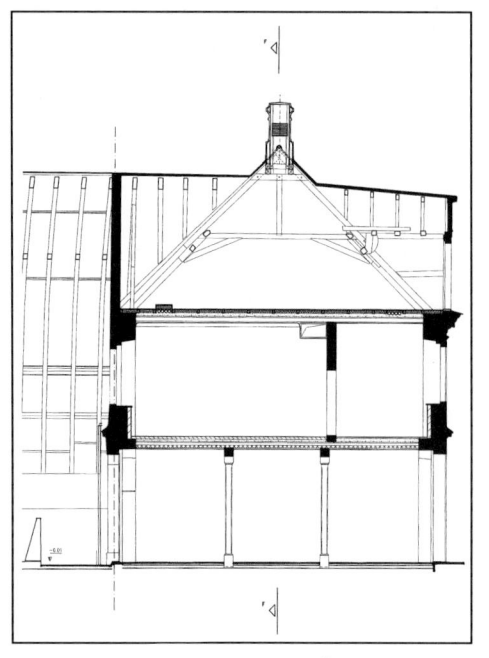

Abb. G.13 Landgestüt Moritzburg, Östlicher Stallflügel, Querschnitt, Planung Architektengemeinschaft Milde + Möser, 2000.

Abb. G.14 Landgestüt Moritzburg, Mauerwerk der Außenmauern aus Granit, Backstein und Sandstein nach Abnehmen des Putzes, (Photo Verfasser, 1999).

nutzungen durch ständigen Gebrauch (s. Abb. G.14).

Verminderungen der Tragfähigkeit oder andere Standsicherheitsprobleme durch Setzungen o. ä., sind nicht zu verzeichnen gewesen. Die Natursteinwände und Holzkonstruktionen haben sich somit als sehr solide und dauerhaft bewährt, was durch die Tatsache, daß man keine Übernutzungen der Dachgeschosse oder statisch-konstruktiven Veränderungen vornahm, unterstützt wurde.

Architektonische Ziele

Das Gesamtziel der Baumaßnahme im Landgestüt Moritzburg ist im wesentlichen die Instandsetzung und Modernisierung der historischen Bausubstanz unter Beibehaltung der bisherigen Nutzungen und funktionalen Abläufe in allen Gebäudeteilen. Dabei werden denkmalpflegerische Komponenten wie bei der teilweisen Rekonstruktion der äußeren Farbigkeit und der Revitalisierung der inneren Raumstruktur aufgenommen.

Die Ställe sind nach dem heutigen Stand der Haltung sehr hochwertiger Zuchthengste mit opulenten Boxengrößen und neuester technischer Ausstattung umzugestalten. Die Räume im oberen Geschoß behalten ihre bisherigen Bestimmungen als Unterkünfte für Angestellte und Lehrlinge, Büros, Werkstätten, Lagerräume und einer Wohnung für den Gestütsdirektor.

zung aller Räume mit vielen Anpassungsarbeiten an bauhygienische Standards, wie Heizungen, Einbau von Toiletten und mehr oder minder erfolgreiche Wärmedämmaßnahmen führten zu einem sehr massiven Schadensbild an Durchfeuchtungen, Salzausblühungen, Kondensationsfeuchte, Putzabplatzungen durch Frostabsprengungen und Salze, Holzverschleiß durch Schwamm und Naßfäule und mechanischen Ab-

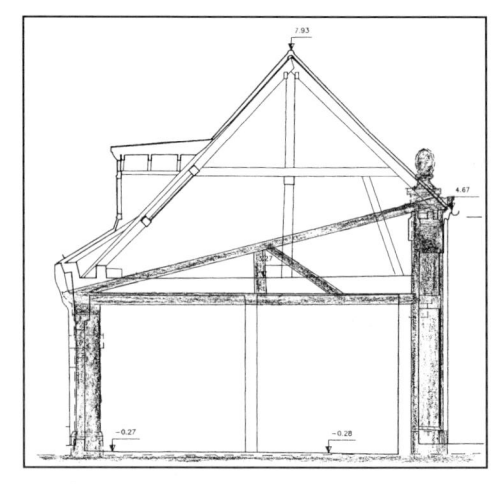

Abb. G.15 Landgestüt Moritzburg, Querschnitt durch den Westflügel, skizzenhaft grau hinterlegt der Originalzustand von 1735, Planung Architektengemeinschaft Milde + Möser, 2000.

Lediglich im mehrfach umgewandelten Westflügel wird die Stallnutzung der letzten Jahrzehnte und die Lagerwirtschaft zugunsten der Rückführung auf eine Unterstell- und damit Ausstellungsmöglichkeit für historische Kutschen und Wagen aufgegeben und die ursprüngliche Grundrißstruktur wiederhergestellt und auf hergebrachte technische Nutzungsbedingungen zurückgeführt (s. Abb. G.15).

Wird sich auch die Funktionsbestimmug des Bauwerks nicht verändern, allein die Beseitigung von Nutzungsspuren und Altschäden und die Anpassung an zeitgemäße technische Standards und die Instandsetzung zugunsten einer optisch halbwegs makellosen Gestalt bei nicht adäquatem Bauunterhalt in den Folgejahren birgt eine Vielzahl divergierender Problemstellungen bei der Wahl der Sanierungsmethoden und dem Umgang mit den planerischen Konsequenzen in ästhetischer, denkmalpflegerischer und funktionaler Hinsicht. Als Auswahl im Gesamtprogramm sind dies die Feuchte- und Versalzungserscheinungen im Mauerwerk.

Versalzungsschäden

Über nicht vorhandene oder verschlissene Grundleitungen oder über die Innenwände des Stalles drangen beständig die Abwässer der Pferdeställe in den Untergrund. Diese Abwässer, die durch die Fäkalien hochkonzentriert aggressive Nitrate in die Substanz eintragen, hatten in Permanenz Salzausblühungen und dadurch hervorgerufene Putzabplatzungen zur Folge. Die stark hygroskopische Wirkung des Mauerwerks, besonders des Fugenmörtels, die ein Aufsteigen von Feuchte bis ca. 2,0 m Höhe beförderte, hat an dem ständigen Zerstörungsprozess einigen Anteil. Dazu tritt aufsteigendes Grundwasser, das mit den Fäkalienabwässern versetzt ist und Spritzwasser im Sockelbereich gleichermaßen auf (s. Abb. G.16).

Dieser Zustand stellte eine schier unlösbare Sanierungsaufgabe, wenn man diese darin zu sehen hat, ein über mehrere Jahre relativ ungestörtes Putzbild und Fassadenanstrich zu gewährleisten.

Da eine Horizontalsperre in dem inhomogenen Mauerwerk ohne massiven Kostenaufwand und erhebliche Substanzbeeinträchtigung nicht zu realisieren gewesen wäre, und auch Änderungen im Nutzungsregime des Stalles ausgeschlossen waren, schied eine primäre Eindämmung der Schadensursache, wie sie ja bei jedem Feuchtigkeitsschaden erstes Gebot ist, fast gänzlich aus.

Nach den Ergebnissen der Analysen boten sich dem Architekten nicht sehr viele diskutable Alternativen:

Abb. G.16 Landgestüt Moritzburg, Putzausblühungen an der Außenwand des Nordflügels (Photo Verfasser, 1999).

1. Umfassende Modifikation der Gebäudesubstanz im Stallbereich wie etwa Austausch des Mauerwerks oder Schaffung einer zusätzlichen hermetischen Bauhülle im Stallbereich, so daß aggressive Stallabwässer und aufsteigende Feuchte vom historischen Mauerwerk getrennt werden und dieses langfristig entsalzt und getrocknet wird, was wegen der unverhältnismäßigen Kosten und der ohnehin schon beengten Platzverhältnisse ausschied!

2. Trennung von Mauerwerk und Wandbeschichtung durch separate Trägerschichten des Putzes und des Anstrichs – wäre eine optische Verbesserung ohne Beseitigung der Ursachen mit ungewissen Folgen für einen dauerhaften Bestand und mit ästhetischen Problemen an Gewänden, Simsen und Portalen.

3. Einbau einer Horizontalsperre, was auch einen massiven Eingriff in das Mauerwerk zur Bedingung hätte, da ein Aufsägen des Mischmauerwerkes kaum realisierbar wäre.

4. Beibehalten der jetzigen Situation des Salz- und Wassertransportes in der Außenwand, bei dem die Mauerfeuchte in den ersten zwei Metern oberhalb des Stallbodens austrocknet –

Bauschäden

Abb. G.17 Landgestüt Moritzburg, Zustand eines Kopfbaues vor Abschluß der Sanierungsarbeiten (Photo Verfasser, 2000).

bei einer Verminderung des Feuchteeintrittes in den Stallfußboden durch einen sperrenden Aufbau und damit Reduzierung der aufsteigenden Feuchte in die Wände.

Nach Abwägen aller Argumente in puncto Baukosten, technologischer Realisierbarkeit, Substanzschutz des Denkmals und künftiger laufender Baupflegeaufwand wurde die vierte Variante für das weitere Vorgehen favorisiert. Eine entscheidende Argumentation war dabei:

Die Intensität der Nutzung durch die Pferde und die damit verbundene Emission an verschiedenen Salzen bei hoher Luftfeuchte und aggressiven Abwässern wird sich nicht ändern. Eine Bekämpfung des Symptome ohne Beseitigung der Ursachen würde langfristig nur neue, womöglich unkalkulierbare Probleme hervorrufen. So sind eine weitgehende Eindämmung der Schadensursachen und ein Instandsetzen der Substanz mit tradierten, der historischen Bauweise angepaßten Technologie ein akzeptables Ergebnis.

Dies ist es auch in dem Bewußtsein, daß die Instandhaltungsintervalle kürzer sind als bei sogenannten radikalen „endgültigen" Lösungen, die in dem Falle zweifelhaft erschienen. Eine relativ intensive Pflege des Bauwerks, speziell der gefährdeten Wandanstriche ist in jedem Fall eine unerläßliche Notwendigkeit.

So wurden neben der schon erwähnten Sperrung des Fußbodens bei richtiger Entwässerung der Ställe außen wie innen Sanierputze mit einem mineralischen Silikatfarbenanstrich aufgebracht. Sandsteingewände der Stallfenster erhielten dabei keinen Anstrich, da die Lebensdauer sehr gering wäre. Die Entscheidung für die Sanierputze in den wenig belasteten Obergeschossen und den Kopfbauten ist dagegen eher dem Absicherungsbedürfnis des Gutachters zuzuschreiben (s. Abb. G.17).

Kondensationserscheinungen im Winter

Ein anderer, in Altbauten mit großen Wandstärken stets sehr „gefährdeter" Bereich sind die Fensternischen (s. Abb. G.19). Schräg nach innen verbreiterte Laibungsflächen der Natursteinwände, die eine hohe spezifische Bauwerksmasse haben, und vergleichsweise geringe Mauerstärken in den Nischen unter den Fenstern sind ein typisches Beispiel für historische Bauteile mit sehr ungünstigen k-Werten und ausgeprägten Wärmebrücken. Die Gewände aus Sandstein sind hier ca. 17 cm stark und nahmen die Einfachfenster in einer 3,0 cm tiefen Falz auf (s.Abb. G.18).

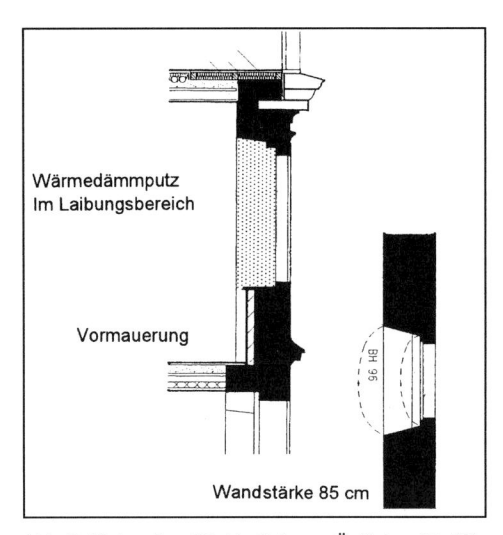

Abb. G.18 Landgestüt Moritzburg, Östlicher Stallflügel, Grundriß und Schnitt (Ausschnitt), Fensterlaibung im Flurbereich, Instandsetzungsplanung Architektengemeinschaft Milde + Möser, 1999.

Abb. G.19 Landgestüt Moritzburg, südlicher Stallflügel, Fensterlaibung im Obergeschoß, Zustand 1999 (Photo Verfasser).

Bauschäden

Es besteht also eine Situation, die für den Bauphysiker a priori problembehaftet ist. Bei Erwärmung des Raumes durch Beheizung kondensiert die feuchte, vom Menschen abgegebene Luft an der schwächsten Stelle, mithin der Fensterscheibe oder den zu „dünnen" Wänden der Laibung. Während das Wasser am Glas schnell abtrocknet, sind auf der Putzoberfläche Schimmelflecke die Folge.

In der jahrhundertelang üblichen Benutzung eines solchen Hauses wurden jedoch die Flurbereiche und häufig auch die Zimmer nicht geheizt. So blieb die Differenz zwischen der Oberflächentemperatur der Wandnischen und der inneren Raumlufttemperatur meist in einem für Kondensation unkritischen Bereich. Ein großer Anteil an Luftströmen durch die Fugen des Fensters unterstützten zudem ein schnelles Austrocknen bei auftretenden Fällen von Kondensation im Winter im Bereich der Wärmebrücke.

Auch in der Vergangenheit sind also derartige Fensternischen bei Erwärmung der Raumluft durch Feuchteniederschlag belastet worden, sie führten durch das Regime der Nutzung und die Eigenschaften der Bauteile nicht zu substanzbedrohenden Bauschäden.

Dies änderte sich schlagartig durch die Lebensgewohnheiten und Ansprüche unserer Zeit, die auch für das Landgestüt eine Beheizung der Flure und Wohnräume und eine Verbesserung der Fenstereigenschaften zur Prämisse hatten.

Die Erneuerung der Fenster als Verbundfenster (Kastenfenster kamen aus Kostengründen nicht zum Einsatz) bewirkte eine Erhöhung der Wärmedurchgangskoeffizienten k_F der Fenster von 5,20 W/(m²K) der historischen Einfachfenster auf 2,70 W/(m²K) der Verbundfenster. Diese Maßnahme allein hätte massive Kondensation und damit Schimmelbildung auf der raumseitigen Oberfläche der Nischen zwangsläufig zur Folge. Die Außenwände besaßen Wärmedurchgangskoeffizienten k_W von 2,5 W/(m²K) und in den Nischen gar von 4,3 W/(m²K).

Um bei den gängigen klimatischen Randbedingungen Tauwasserfreiheit zu erreichen, wurden im bauphysikalischen Gutachten[9] mehrere Varianten vorgeschlagen. Die Bewertung der Varianten auf ihre architektonischen wie technischen und finanziellen Auswirkungen und die denkmalpflegerischen Aspekte in der Ausführung blieb dabei dem Architekten vorbehalten. Diese planerischen Folgen einzuschätzen und nach Abwegung aller Aspekte den optimalen Lösungsweg für den Bauherrn zu finden, wird dem Architekten auch durch hochqualifizierte Gutachten nicht gänzlich abgenommen.

Im konkreten Falle ergaben sich folgende Möglichkeiten:

1. *Verbesserung der Wandeigenschaften durch außenliegende Wärmedämmung* – dadurch würden alle Fenstergewände und plastischen Fassadenschmuckteile sowie der Sims in der Dämmschicht eingebaut; das Erscheinungsbild des Bauwerkes würde gänzlich entstellt.

2. *Aufbringen eines Wärmedämmputzes außen* in der Stärke von 2–3 cm – könnte eine Verbesserung der Wärmedurchgangskoeffizienten k_W der Außenwände im OG auf 1,32 W/(m²K) und in den Nischen auf 1,89 W/(m²K) bewirken. Bei 45 % relativer Luftfeuchte könnte damit Tauwasseranfall weitgehend ausgeschlossen werden. Der Wärmedämmputz (WLG 100, mit einem 0,5 cm starken mineralischen Oberputz) würde aber eine stärkere Putzschicht am Übergang zu den Sandsteingewänden bedeuten und zu entstellenden Fasen oder „Kissen" um die Fenster führen, was aus denkmalpflegerischen Gründen unerwünscht wäre. Zudem ist eine Kombination mit den unerläßlichen Sanierputzen im Erdgeschoß nicht möglich, weshalb auch diese Variante ausschied.

3. Realisiert wurde letztendlich das *Aufbringen eines Wärmedämmputzes auf den raumseitigen Laibungsflächen* in der Stärke von 2 cm. Diese Putzschicht wirkt wegen der geringen Stärke nicht in der Art einer Innendämmung, sondern bewirkt lediglich eine Anhebung der Oberflächentemperatur der Laibungsflächen und verringert das Kondensationsrisiko.

Unterstützend wurde als planerische Entscheidung eine 12 cm starke Vormauerung und die Anordnung eines Heizkörpers in *jeder* Fensternische vorgesehen, um ein Mikroklima in den Nischenbereichen zu schaffen. Dies bedeutet zwar eine geringfügige Kostensteigerung wegen der höheren Zahl der Heizkörper, kann jedoch bei sinnvollen Betriebskosten einen Schutz des Bauwerks bei intensiver Nutzung unterstützen.

Birgt die geringe Wandstärke und der ungünstige k-Wert im Bereich der Fensterlaibungen als Wärmebrücke eine latente Gefahr im Winter, so sind die sehr starken Natursteinwände auch im Frühjahr und Sommer durch Feuchte gefährdet, was am Beispiel des Fasanenschlößchens illustriert werden soll.

---

[9] Die bauphysikalischen Untersuchungen und Empfehlungen wurden von Frau Dr.-Ing. C. Pischke, Dresden erarbeitet.

Abb. G.20 Fasanenschlößchen Moritzburg, Ansicht von Osten, Zustand 1999 (Photo Verfasser).

4. Das Fasanenschlößchen

Baugeschichte

Der Pavillon in der Fasanerie im Schloßareal Moritzburg bestand bereits mehr als vierzig Jahre, als im August 1769 der regierende Kurfürst Friedrich August III. mit einem rauschenden Fest auf dem östlich gelegenen Großteich den Namenstag seiner Gattin Amalie beging. Die landschaftliche Situation und das Flair der Anlage, bekrönt mit dem Pavillon J.C.Knöffels von 1738/39, in dessen Westachse das Schloß als Point de vue erscheint, muß den Herrscher dazu inspiriert haben, diesen Teil mit seinen ohnehin baufälligen Gebäuden neu zu gestalten. Ganz dem Trend der Zeit an der Wende zum Klassizismus in Sachsen folgend, wollte sich der Kurfürst, weit ab vom barocken Hofstaat ein intimes und der Natur zugewandtes Refugium schaffen (s. Abb. G.20).

Durchgeführt wurden seine Pläne von seinem Jugendfreund und „OberCämmerer" Graf C. Marcolini, an den die Fasanerie seit 1765 verpachtet war und der auch später in einem nahegelegenen Gebäude eine „Dienstwohnung" zur Verfügung hatte.[10] Dieser hatte hier die seit dem Siebenjährigen Krieg brachliegende Fasanenhaltung wieder aufgebaut.

Zugeschrieben wird der Entwurf dem Architekten Johann Daniel Schade (1730–1798), ab 1755 Kondukteur am Oberlandbauamt. Eindeutige Hinweise in originalen Quellen finden sich jedoch nur spärlich, sind doch die meisten Vorträge und Anschläge von seinem „Chef", dem Oberlandbaumeister C.F. Exner unterzeichnet.[11] Begonnen wurde der zwei Jahre dauernde Bau wahrscheinlich zu Beginn des Jahres 1771.[12] Es ist anzunehmen, daß der alte Pavillon J.C. Knöffels nicht vollständig beseitigt worden ist, vielmehr in die neue

---

[10] Zur Baugeschichte des Fasanenschlößchens siehe: HARTMANN, 1990 und vor allem Margitta COBAN-HENSEL, Die Fasanerieanlage zu Moritzburg, Untersuchungen zur Baugeschichte des Fasanenschlößchens und der Nebengebäude, Diplomarbeit an der M-Luther-Universität Halle, 1995.

[11] siehe COBAN-HENSEL, 1995. Hier sind auch die wichtigsten Originalquellen zur Baugeschehen zitiert.

[12] Obwohl schon für die Jahre ab 1769 (s. HARTMANN, S. 189) angenommen, dürfte die Bautätigkeit erst 1771 begonnen haben. Dafür sprechen zum einen Kostenanschläge aus dem Jahre 1771 (30. 01. 1771, SHSA, Loc. 35794 in COBAN-HENSEL) und der Umstand, daß auf einem Gemälde des Malers J.C.Malcke im gleichen Jahr der Bau von 1738/39 dargestellt wurde, was unwahrscheinlich wäre, hätte der Neubau bereits begonnen.

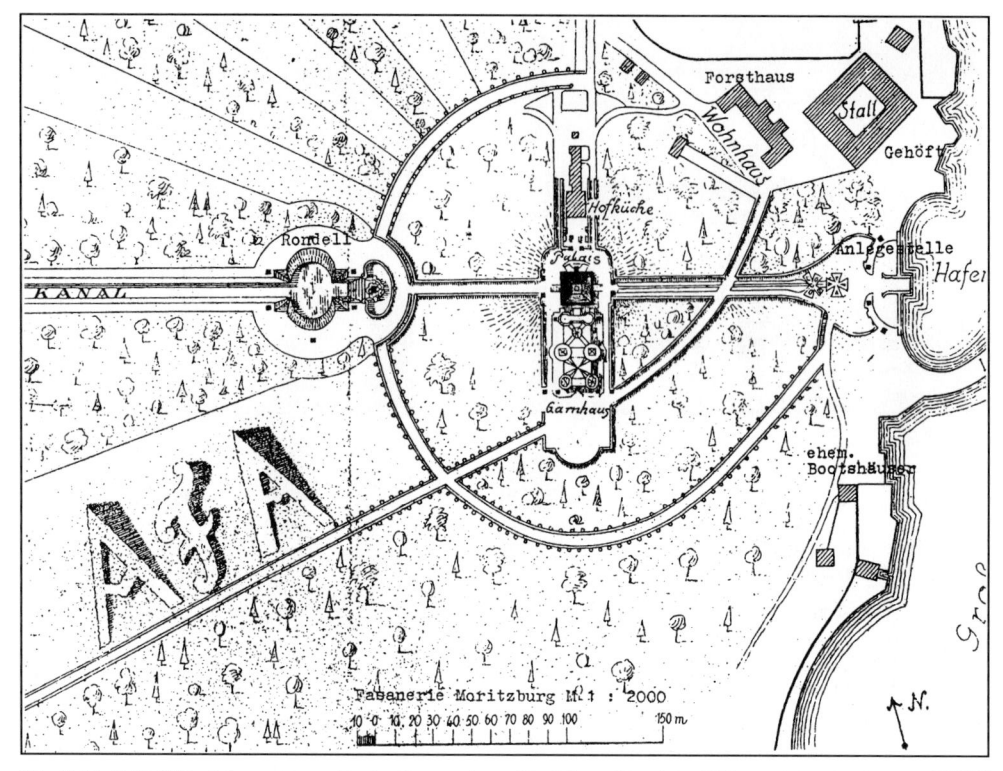

Abb. G.21 Schloß Moritzburg, Lageplan der Fasanerie zu Moritzburg bis etwa 1882, nachempfunden aus KOCH, Sächsische Gartenkunst, Berlin, 1910.

Bebauung einbezogen wurde.[13] Die Fertigstellung des als Jagd- Palais oder -Pavillon bezeichneten Bauwerkes kann in die Jahre 1774/75 angenommen werden, zeigen doch Darstellungen aus diesen Jahren den vollendeten Neubau. Die Bauarbeiten an den umliegenden Wirtschaftsgebäuden und Garnhäusern – den Vogelhaltungen – dauern noch bis etwa 1785 an (s. Abb. G.21).

Es wurden neben den Ställen für Pferde und Vieh und den Bauten für das edle Jagdgefieder auch eine Reihe romantischer Bauten am Großteich als Kulisse für die kurfürstliche Privatsphäre geschaffen, wie der Leuchtturm und die Hafenanlage, die Pavillons und Gondelschuppen und die sogenannte „Buchstabenwiese".

Das Fasanenschlößchen stellt in der Phase des Übergangs vom verspielten Rokoko zum klaren strengen Klassizismus eine eigene Symbiose beider Epochen dar. Während die geputzten Fassaden mit einer recht einfachen plastischen Lisenengliederung und nur wenig vorspringenden Risaliten im wesentlichen ohne Ornamentik auskommt, erinnert das geschweifte und gewölbte Dach mit dem Dachaufsatz, der geschwungenen Dachrinne und den stark plastisch gehaltenen Gaupen eher an die vergangenen Stilelemente des Spätbarock.

Der Dachaufbau schließt mit einer Plattform ab, die von vier Eckpostamenten, welche ursprünglich die Schornsteine aufnahmen, umspannt wird und in deren Mitte die kunstvolle Dachlaterne mit der ehemals farbig gefaßten Chinesengruppe aufragt (s. Abb. G.22).

Ursprünglich ist das Dach vermutlich mit Dachziegeln oder Holzschindeln gedeckt gewesen, die bei umfangreichen Reparaturarbeiten im Sommer 1786 in die bis heute stets erneuerte Blecheindeckung getauscht wurde.[14] Den gesamten

---

[13] Ob in das Bauwerk von 1771 ff. Teile des Vorgängerbaues einbezogen wurden, was die gleiche Fensterachsen-Teilung auf dem erwähntem Gemälde nahelegt, bleibt dem Ergebnis einer bauarchäologischen Untersuchung der Erdgeschoßräume vorbehalten, die bisher noch nicht möglich war.

[14] siehe COBAN-HENSEL, 1995, SHSA, Akten des Hofbauamtes Dresden 842, s. 104–113: Am 10. 5. 1786 unterbreitet der Zimmermeister J.G.Adam einen Kostenanschlag u. a. „... die alte Schalung nebst Blechkanten und Schindeln abzubrechen ..."

Abb. G.22 Fasanenschlößchen Moritzburg, Querschnitt in einer Umzeichnung des Architekten einer älteren Vorlage des VEB Denkmalpflege Dresden, 1975.

Dachaufbau einschließlich der Gaupen und Simse muß man sich in einer ehemals sehr kräftigen Farbigkeit vorstellen, was aus den Anweisungen und Kostenanschlägen von 1786 hervorgeht.[15]

Die Räumlichkeiten im Inneren lassen zumindest im Erdgeschoß einiges von der klaren Struktur der Fassade vermissen, wurde hier doch versucht, auf engstem Raum die Bedürfnisse einer herrschaftlichen Familie mit ihrer großen funktionalen Vielfalt zu erfüllen (s.Abb. G.23). Die Anordnung der Räume, ihre Größe und Lage, sowie einige Baufugen, Wandstärken und verschiedene Indizien lassen den Verdacht aufkommen, daß die heutige Form zumindest in Teilen das Ergebnis von Umbauten sein könnte.[16]

Im Obergeschoß hingegen korrespondiert der Festsaal auf der Westseite mit seinen Nebenräumen mit den privaten Wohnräumen im Osten, von denen er durch das über die gesamte Tiefe verlaufende Treppenhaus getrennt ist (s. Abb. G.24).

Ins Dachgeschoß führt zum einen die Verlängerung der Haupttreppe sowie eine schmale, sehr kunstvoll gewendelte Holztreppe vom Erdgeschoß her. Hier waren früher wohl Abstell- und Dienerwohnräume untergebracht.

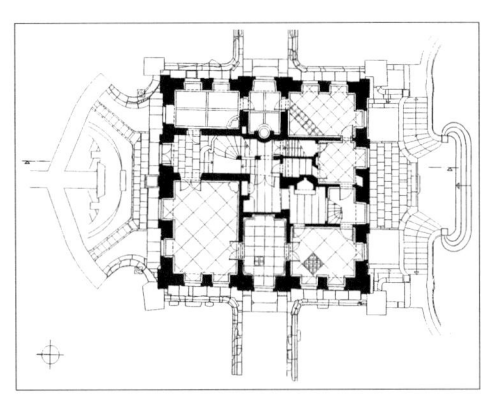

Abb. G.23 Fasanenschlößchen Moritzburg, Grundriß des Erdgeschoßes, Bauaufnahme Architektengemeinschaft Milde + Möser.

Die Innenarchitektur des Palais' ist in allen Räumen geprägt von einer Durchdringung von antikisierenden, klassizistischen und chinoiserienden Details sowie von Rokoko- und Zopfornamenten. Die gesamte Haltung verrät auch hier die Hinwendung zu Naturformen, getreu dem Rufe Rousseaus „Retournons à la nature!"

Bausubstanz

Das Fasanenschlößchen wird seit mehreren Jahren abschnittsweise restauriert, wobei Arbeiten in den Innenräumen, an der Substruktion und der Haustechnik bisher den Vorrang vor Fassade und Dacherneuerung hatten.[17]

Das Fasanenschlößchen ist auf der Südwestecke mit einem kleinen Keller versehen, der ursprünglich vermutlich einen Zugang von außen hatte. Dieser Keller und alle Fundamente sind aus dem hier anstehenden bräunlichen Granit mit Kalkmörtel errichtet. Die Gründungen sind hinreichend tief und tragfähig. Das gesamte Bauwerk steht somit auf einem massiven Sockel, der eine ausgesprochene Wärmebrücke darstellt. Dies wird durch die um das Schlößchen angeordneten Sandsteinplastiken, die direkt mit der Außenwand an den ungünstigen Außenecken verbunden sind, noch verstärkt.

Die aufgehenden Wände sind in einem Gemisch aus Sandstein und Backsteinen erbaut. Das könnte für die übliche Verfahrensweise sprechen,

---

[15] ebenda vom 15. 5. 1786, S. 110

[16] Die Treppe ins Obergeschoß ist im unteren Teil aus zweitverwendeten Sandsteinstufen errichtet, Des weiteren geben die Anordnungen der Innenwände in Keller, EG und OG Fragen auf. Eine umfassende bauarchäologische Untersuchung ist wie schon oben erwähnt, bisher noch nicht durchgeführt worden.

[17] Die Arbeiten zur Planung und Bauüberwachung wurden vom Architekturbüro Lippmann und Kühn, Dresden und seit 1999 von der Architektengemeinschaft Milde + Möser, Pirna durchgeführt. Die restauratorischen Arbeiten werden vom Restaurator G. Herrmann, Radebeul geleitet.

Bauschäden

Abb. G.24 Fasanenschlößchen Moritzburg, Ansicht des Speisesaales im Obergeschoß, um 1930 (Historisches Photo).

daß ältere Abbruchsteine mit neuem Baumaterial, hier aus Backstein gemischt wurde. Sie besitzen Wärmedurchgangskoeffizienten von ca. 2,0 W/(m^2K).

Die Decken sind durchweg Holzbalkendecken mit Einschub und Auffüllungen, unterseitigen Schalungen, die die Stuckdecken tragen, sowie Parkett- und Dielenböden auf der Oberseite. Die Fenster sind als Fenstertüren in Einfachverglasung ausgebildet und sitzen in den gefälzten Sandsteingewänden. Sie wurden wie vieles im Haus um 1900 komplett erneuert und in Eiche gearbeitet.

Der Fußboden weist eine interessante Lösung der Durchlüftung des Bauwerks auf, die über die gesamte Standzeit gut funktionierte. Im Sockel sind rings um das Gebäude acht Lüftungsöffnungen vorhanden, die über Tonrohre den Fußbodenunterbau im Erdgeschoß verbunden sind. In einigen Räumen sind Auslaßöffnungen angeordnet. Auf diese Weise wird der etwa 15 cm starke Hohlraum unter dem Fußboden gut belüftet und verbessert die Feuchtehaushalt des Bauwerks.

Sommerliche Kondensationserscheinungen

Im Fasanenschlößchen sind während der gesamten Nutzungszeit Instandhaltungsarbeiten an den Wandoberflächen durch Feuchteeinwirkungen in den Nachrichten des Hofbauamtes belegt. Schon etwa 10 Jahre nach Fertigstellung mußten neben vielen anderen Ausbesserungen die gemalten Lambris' im Treppenhaus erneuert werden.

Das Schadensbild der Durchfeuchtung in den Sockelbereichen auf der Raumseite ist wie in den meisten Fällen nicht einer Ursache allein zuzuschreiben. Spritzwasser an der Fassade, aufsteigende Feuchte sind zu nennen, in der Bewertung aller Schadensgründe aber eher untergeordnet. Bei der Bauwerksanalyse fiel auf, daß sich die Schäden in den Laibungen der Türnischen im Erdgeschoß konzentrierten. Die Malfassungen und Putze lösen sich ab (s. Abb. G.25).

Obwohl die verschiedenen Ursachen einen jahreszeitlich verschieden hohen Anteil haben, kann man nach Abschluß der bauklimatischen Unter-

Abb. G.25 Fasanenschlößchen Moritzburg, Erdgeschoß, Feuchteschäden in den Türlaibungen durch sommerliche Kondensation, (Photo Verfasser, 1999).

suchungen in der sommerlichen Kondensation einen Schwerpunkt sehen.[18]

Das Problem, daß bei erwärmender Außen- und Raumluft im Frühjahr und Sommer die Oberflächentemperatur der raumseitigen Wände im kritischen Bereich unter der Taupunkttemperatur bleiben, ist bei GRAUPNER und LOBERS, 1999 für den speziellen Fall sehr eindrucksvoll beschrieben und mit Lösungsvorschlägen bedacht worden.

Entweder bleibt es beim historischen Zustand, so daß die Malfassungen in Intervallen von ca. 5 Jahren erneuert werden müssen, oder eine Anhebung

---

[18] Die bauklimatischen Untersuchungen wurden vom Ingenieurbüro Lobers, Herr Dr.-Ing. Graupner und Herr Dipl.-Ing. Lobers, Dresden durchgeführt, die auch die weitere Betreuung der Sanierungsarbeiten innehaben.
Detaillierte Feuchte- und Salzanalysen wurden auch von Herrn Dipl.-Ing. H. Landmann, Meißen durchgeführt – siehe: Klaus GRAUPNER und Falk LOBERS: Das Fasanenschlößchen in Moritzburg bei Dresden, Bauklimatische Untersuchungen, in: Tagungsband zum 10. Bauklimatischen Symposium der TU Dresden, Dresden, 1999.

---

der Oberflächentemperatur durch gezielte Temperierung (nicht Beheizung des Raumes) verhindert bei entsprechender Regelung die Unterschreitung des Taupunktes und somit die Kondensation.

Die probaten Methoden wie Sockelleistenheizungen, unter Putz liegende Heizmatten oder Konvektoren im Fußboden scheiden wegen der denkmalpflegerisch hohen Wertigkeit der Wandoberflächen aus. Die Bauteile können weder mit zusätzlichen Wärmedämmungen außen oder innen versehen werden können, noch sind sichtbare Bauteile im Fußboden oder auf der Wand diskutabel. Es bleiben nur behutsame Eingriffe und technische Lösungen ohne Substanzbeeinträchtigung zur Auswahl.

Die zur Auswahl kommende Methode ist das Einschlitzen von Heizdrähten waagerecht in die Wandoberfläche der Laibungen exakt in den gefährdeten Zonen. Anzahl und Abstand werden abgestuft nach dem Grad der Belastung, auf der Nordseite mehr als auf der stärker besonnten Südseite (s. Abb. G.26).

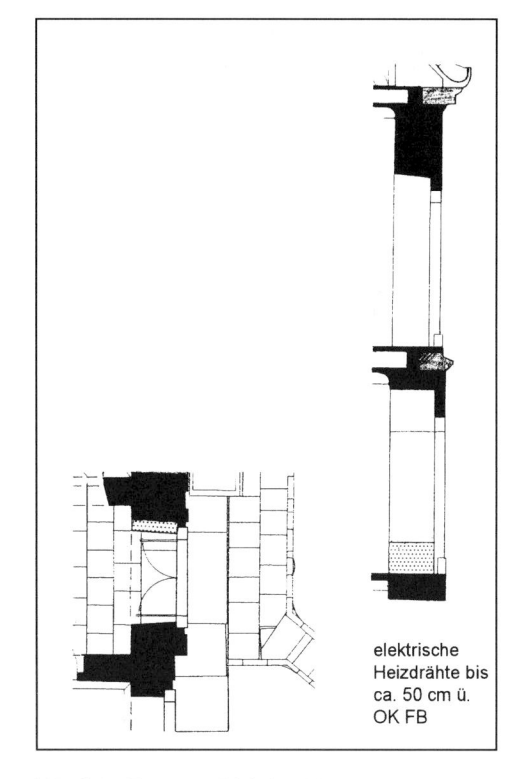

elektrische Heizdrähte bis ca. 50 cm ü. OK FB

Abb. G.26 Fasanenschlößchen Moritzburg, Ausschnitt Grundriß und Schnitt des Erdgeschosses, Architektengemeinschaft Milde + Möser, 2000.

Detailfragen wie die Dimensionierung und die genaue Abstimmung der Stromstärken der Heizdrähte und deren Regelung kann der Architekt dabei getrost dem Spezialisten überlassen.

Was für den denkmalpflegerischen Umgang und die Planungsarbeit von Bedeutung bleibt, sind die minimalen Schlitze mit Trennscheiben im Wandputz unter Aufsicht des Restaurators und deren Verschluß mit Retusche der Farbfassungen. Großes Augenmerk muß künftig auf eine regelmäßige Wartung und Regelung der Anlage gelegt werden, wobei sich dies aber kaum über den ohnehin normalen Aufwand steigert.

Fazit

An diesen Beispielen wie an anderen historischen Bauwerken bleibt für den Architekten eine häufig gemachte Erfahrung:

1. Der bauliche Wärmeschutz der meisten Bauwerke entspricht nicht den heutigen oder geplanten Nutzungen. Eine Verbesserung winterlichen wie des – für historische Bauten oft bedeutsamen – sommerlichen Wärmeschutzes kann in vielen Fällen aus denkmalpflegerischen oder technischen Gründen nur unzureichend erfolgen.

2. Die Planung der Art und die Dichte der Nutzungen sowie das Regime der Heizung und Lüftung muß akurat auf die **bestehenden Bedingungen** abgestimmt werden!

3. Den technischen Lösungen des Spezialingenieurs für den allgemeinen wie für den speziellen Problemfall folgen weitergehende planerische Konsequenzen, die über die technische Fragestellung weit hinaus gehen.

Diese zu bewältigen, ist einer von vielen oft beschworenen Konflikten in der denkmalpflegerischen Praxis, bei denen sich der Architekt mit einer komplexen Betrachtung gegen eine „Spartenargumentation" stellen muß.

Abbildungsnachweis

13, 15, 18, 22, 23, 26:   Architektengemeinschaft Milde + Möser, Pirna

1, 3, 4, 11, 14, 16, 17, 19, 20, 25, 26:   Verfasser

5, 6, 7, 8, 9, 10:   Archiv des Landesamtes für Denkmalpflege Dresden

2:   H. Boswank, Dresden

12:   Vermessungsbüro Bugnowski und Partner, Dresden

„Aufsteigende Feuchte": Was ist das eigentlich?

Mauerwerk wird vor allem dort feucht, wo es an das Erdreich grenzt. Der Feuchte begegnete man über Jahrhunderte hinweg mit einfachen Mitteln: Das Kellermauerwerk ragte als Sockel aus dem Boden. Das Mauerwerk nahm Wasser aus dem Erdreich auf und gab es oberhalb des Terrains wieder ab. Das Erdgeschoß blieb einigermaßen trocken, sofern nicht besondere Umstände zu zusätzlicher Durchfeuchtung führten. Grundfeuchte im Keller wurde als gegeben hingenommen.

Gestiegene Ansprüche an die Raumqualität, veränderte Nutzungsgewohnheiten, und umfangreicherer technischer Ausbau der Gebäude führten im 19. Jahrhundert zu aufwendigeren Konstruktionen, die erdberührte Bauwerksflächen trockenhalten sollten. Frühe Vertikalabdichtungen waren „Isoliergräben" und Umluftschichten, sogenannte „Mauerlungen". Auch Tonpackungen wurden der Außenwand vorgesetzt. Horizontale Querschnittsabdichtungen sind erst seit etwa 150 Jahren gebräuchlich: Bleiplatten, Rohglastafeln, Schieferplatten, Mörtelschichten, die mit Asphalt, Talg oder Leinöl vermischt waren, sollten dem Wasser den Weg versperren.[1]

Im Vergleich zu den heutigen Techniken und dem mittlerweile verfügbaren Wissen über Feuchtigkeitsprozesse im Mauerwerk waren die Abdichtungsmethoden der Vergangenheit übersichtlich. Die damaligen Nutzer waren unempfindlicher gegenüber Feuchtigkeit und Kälte ihrer Häuser.

Heute stehen wir einer unübersehbaren Fülle von Sanierungsverfahren gegenüber, die angeboten werden, um den Feuchteproblemen erdberührter Mauern alter Häuser zu Leibe zu rücken. Das Mangelempfinden der Nutzer gegenüber Feuchtigkeit – auch im juristischen Sinn – ist heute hoch entwickelt. Dies zeigt die ausufernde Flut von Rechtsstreitigkeiten, die Baumängel zum Anlaß haben. Von den in Deutschland anhängigen Zivil-

---

[1] R. Ahnert/K.H. Krause: Typische Baukonstruktionen von 1860 bis 1960, Berlin 1994, Band 1, S. 68.

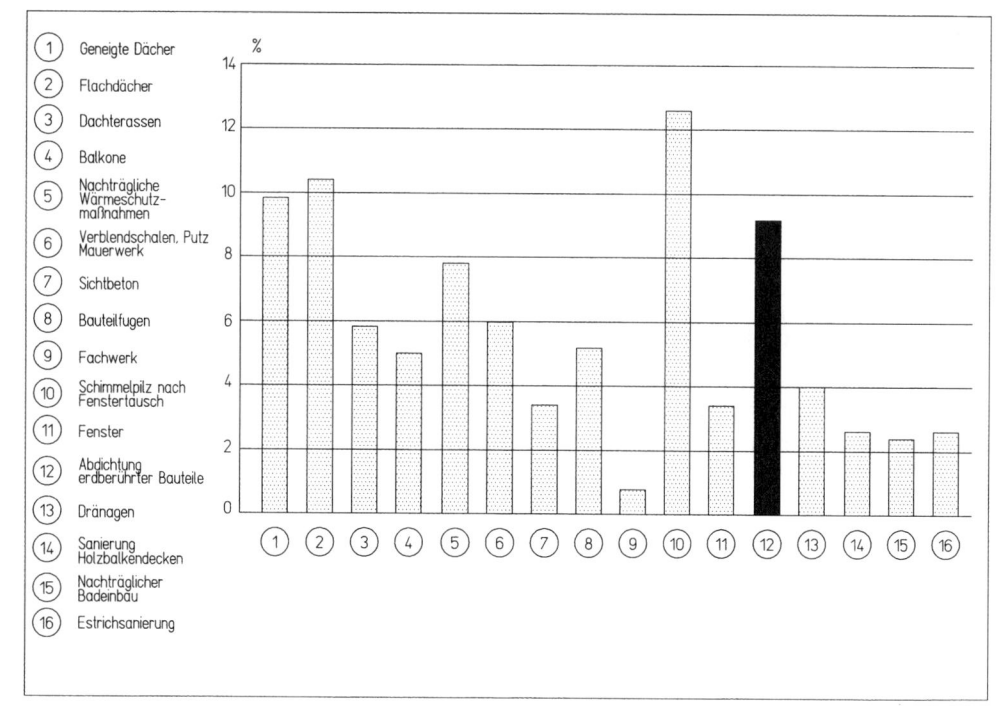

Legende:
1. Geneigte Dächer
2. Flachdächer
3. Dachterassen
4. Balkone
5. Nachträgliche Wärmeschutzmaßnahmen
6. Verblendschalen, Putz Mauerwerk
7. Sichtbeton
8. Bauteilfugen
9. Fachwerk
10. Schimmelpilz nach Fenstertausch
11. Fenster
12. Abdichtung erdberührter Bauteile
13. Dränagen
14. Sanierung Holzbalkendecken
15. Nachträglicher Badeinbau
16. Estrichsanierung

Tabelle 1: Schadensbetroffene Sanierungsmaßnahmen in Gruppen zusammengefaßt, darin hervorgehoben: Abdichtung erdberührter Bauteile, aus: Bauschadensbericht der Bundesregierung, 1996.

Bauschäden

verfahen wird jährlich ein Drittel wegen mangelhafter Bauausführung oder -planung geführt. Davon betrifft ein großer Teil Feuchteschäden erdberührter Bauteile[2]

Wechselwirkungen der Mauerwerksfeuchte

Feuchte Keller und Mauerwerkssockel führen Laien und häufig auch Fachleute vor allem auf „aufsteigende Feuchtigkeit" zurück. Tatsächlich führt ein komplexes Zusammenspiel thermischer und hygrischer Prozesse zu Feuchteschäden am Mauerwerk. Allein von aufsteigender Feuchte zu sprechen, ist eine gefährliche Verkürzung. Die möglichst annähernd genaue Ermittlung der Schadensmechanismen stellt einen erheblichen Aufwand dar, der häufig umgangen wird, um Kosten zu sparen. Mangelhafte oder unterlassene Bauwerksdiagnostik führt zu Sanierungsverfahren, die an den Symptonen des Patienten, dem „kranken Haus" herumlaborieren, ohne die Wurzel des Übels zu erreichen.

Feuchtigkeit gelangt auf vielen Wegen ins Mauerwerk. Die wichtigsten sind:

- Wasseraufnahme durch Regen-, Sicker- und Hangwasser
- kapillare Wasseraufnahme
- hygroskopische Wasseraufnahme
- Wasseraufnahme durch Kapillarkondensation
- Wasseraufnahme durch Kondensation.
- Wasseraufnahme durch Leitungswasserschäden.[3]

Kapillare Wasseraufnahme

Mauerwerk ist ein poröser Körper. Nur über die Poren dringt Wasser ein und breitet sich aus. Je kleiner die Poren sind, desto weiter wird das Wasser transportiert. In der Praxis stellt sich ein Gleichgewichtszustand zwischen kapillarem Saugvermögen und Verdunstung ein.

Die kapillare Wasseraufnahme wird durch Aufkleben des Karstenschen Prüfröhrchens einfach und zerstörungsfrei gemessen.

---

[2] Dritter Bericht über Schäden an Gebäuden, Drucksache 13/3593, 25. 01. 1996, S. 97.
[3] WTA – Merkblatt (Entwurf) Anwendungstechnische Richtlinien für chemische Sperrverfahren gegen aufsteigende Mauerfeuchtigkeit, „Injektagen", zitiert aus: H. Weber, Mauerwerksfeuchtigkeit, Ehningen 1988, S. 138. Anmerkung: Leitungswasserschäden Ergänzung durch den Verfasser.

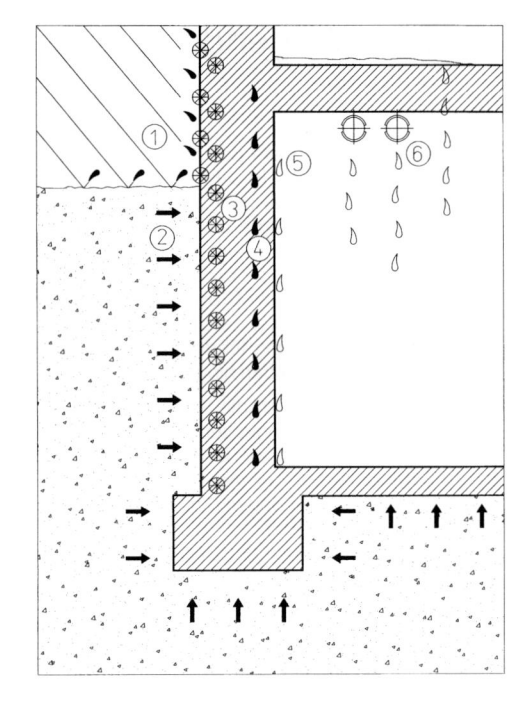

Abb. 1 Wege der Feuchtigkeit im Mauerwerk
1 Schlagregen, Sicker- und Hangwasser
2 Kapillarfeuchtigkeit
3 Hygroskopische Feuchte durch Salzeinlagerung
4 Kapillarkondensation/Gleichgewichtsfeuchte
5 Kondensation
6 Leitungswasserschäden

Wasseraufnahme durch Regen-, Sicker- und Hangwasser

Die senkrechte Außenwand des Kellermauerwerks wird allein wegen der größeren Fläche stärker vom Wasser beansprucht als die vergleichsweise geringere Querschnittsfläche. Steht das Wasser vor der Kellerwand, wirkt ein hydrostatischer Druck.

Die Wasseraufnahme durch Regen-, Sicker- und Hangwasser wird durch Probeentnahme in unterschiedlicher Tiefe des Wandquerschnitts festgestellt und mit der Sättigungsfeuchte des Materials verglichen

Bei ausreichender Probenanzahl kann ein Feuchtigkeitsprofil der Wand erstellt werden. Die Mauerwerksproben werden herausgestemmt oder im Trockenverfahren mit Hammerbohrkronen entnommen. Die Materialfeuchte wird mittels Darr-Methode gemessen und in Masse-Prozent angegeben.

Hygroskopische Wasseraufnahme

Die hygroskopische Wasseraufnahme bewirken Salze, die im Wasser gelöst sind und sich über die Kapillaren ausbreiten. Ziegel und Natursteine können Salze als natürliche Inhaltsstoffe haben. Zementhaltiger Mauermörtel kann durch gelöste Alkalien einen hohen Salzgehalt aufweisen. Fremdsalze gelangen durch Umweltbedingungen in das Mauerwerk. Luftverunreinigungen, z. B. Schwefelsäure, zerstören die Bindemittel des Mörtels. Schadensverursacher sind hier Sulfate. Andere Salze, die häufig Schäden verursachen, sind Nitrate und Chloride. Nitrate gelangen vor allem im landwirtschaftlichen Raum durch Düngung in die mauerwerksnahen Bodenschichten. Chloride sickern u. a. als Tausalz in das Erdreich.

Salze haben die Eigenschaft, Wassermoleküle in ihr Kristallgitter einzubauen. Diesen Vorgang bezeichnet man als Hydratation der Salze. Hierbei vergrößert sich das Volumen der Salze im Porenraum. Dieser Prozeß zerstört langfristig das Mauerwerk. Verdunstet das Wasser an der Oberfläche, so kristallisieren die Salze im Porenraum aus und zerstören das Gefüge durch den Kristallisationsdruck. Umgekehrt nehmen kristallisierte Salze Wasser aus der Luft auf und gehen bei hoher Luftfeuchtigkeit wieder in Lösung. Dieser Vorgang macht die hygroskopische Wirkung der Salze aus.

Die zur hygroskopischen Feuchtebelastung führenden Mauerwerkssalze werden nach der Entnahme von Bohrmehl im Labor bestimmt. Art und Konzentration der Salze sind für die Ermittlung der Schadensursachen und die Art der Sanierung von großer Bedeutung.

Wasseraufnahme durch Kapillarkondensation

In porösen mineralischen Baustoffen entsteht mit zunehmender Feuchtigkeit der Umgehungsluft in engen Porenräumen ein geschlossener Wasserfilm bis zur Porensättigung, der als Kapillarkondensation bezeichnet wird.[4] Zwischen der relativen Luftfeuchtigkeit, die die Wand umgibt, und dem Baustoff entsteht ein hygrisches Gleichgewicht, das mit dem Begriff „Soptionsisotherme" beschrieben wird.

Kondensation

An der Grenzfläche zwischen Mauerwerk und Luft bildet sich Tauwasser, wenn an der Wandoberfläche die Taupunkttemperatur der Luft unterschritten wird.

---

[4] Siehe auch: Feuchtigkeitsschutz bei historischen Mauerwerken, Sonderheft Universität Karlsruhe 1988.

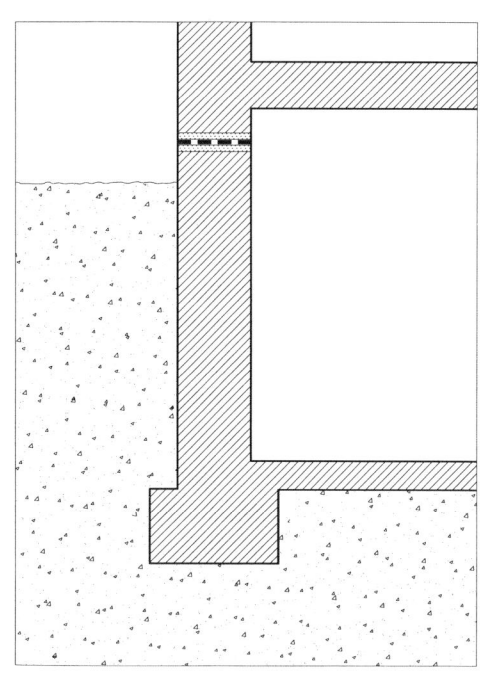

Abb. 2 Horizontale Querschnittsabdichtung durch Mauertrennung. Nur ein Wassertransportweg kann hierdurch unterbrochen werden. Die übrigen Wege der Wasseraufnahme bleiben weiter wirksam.

Zur Bewertung der Oberflächen-Kondensation müssen mehrere Randbedingungen bekannt sein: zum einen die Raumtemperatur und die relative Luftfeuchtigkeit, zum anderen die Temperaturverteilung auf der Wandoberfläche.

Leitungswasserschäden

Zu den häufigsten und meist vernachlässigten Ursachen der Feuchtebelastung in alten Häusern gehören die wasserführenden Komponenten der gebäudetechnischen Ausstattung.

Sanierungsverfahren

Die Sanierungsverfahren gegenüber feuchtem Mauerwerk sind bislang nicht genormt. Die Randbedingungen des Einzelfalls sind so unterschiedlich, daß ein normiertes Verfahren vermutlich auch nicht praktikabel wäre. Die WTA, die Wissenschaftlich Technische Arbeitsgemeinschaft für Bauwerkserhaltung und Denkmalpflege, hat mehrere Merkblätter, teilweise noch im Entwurf vorliegend, zum Themenkreis feuchtebelasteten Mauerwerks erarbeitet.

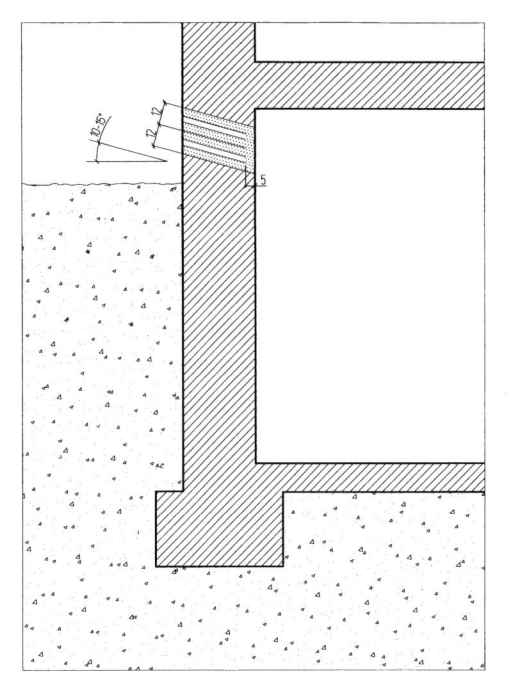

Abb. 3 Horizontale Querschnittsabdichtung mittels chemischer Injektage. Die Probleme feuchtebelasteten Mauerwerks sind damit nur teilweise lösbar.

Ein systematisches Instandsetzungskonzept umfaßt Haupt- und Begleitmaßnahmen, die gezielt auf die Bedingungen der Bauaufgabe zugeschnitten sind.

Aus der Vielfalt infragekommender Sanierungsmethoden zur Horizontalabdichtung, die die Bauindustrie teilweise euphorisch als „Trockenlegung" propagiert, werden zwei Methoden herausgegriffen und näher beschrieben:

Mechanische Mauerwerkstrennung

Gebräuchlich und bewährt sind Trennverfahren des Mauerwerks mit Schwert- oder Seilsäge. Voraussetzung ist eine durchgehende Lagerfuge, in die Kunststoff- oder korrosionsbeständige Stahlplatten eingeschoben werden. Das Mauerwerk wird unterteilt und die Fuge mit Quellmörtel geschlossen.

Ein anderes mechanisches Verfahren ist das Einbringen von Chromstahlblechen mittels pneumatischer Rammen. Die Bleche sind wellenförmig gefalzt und lassen sich bei Vortrennung durch eine Schwertsäge bei Mauerwerksstärken bis zu 80 cm einbauen. Als Schutz vor Chloridangriff sollte hochwertig legierter Chromstahl zum Einsatz kommen.

Vorteile der mechanischen Verfahren sind die sichere und kontrollierbare Querschnittstrennung, die schnelle Wirkungsweise und die Unabhängigkeit von dem Wasser- und Salzgehalt des Mauerwerks. Zu beachten ist, daß statische Gefügestörungen vermieden werden.

Chemische Querschnittsabdichtung durch Injektage

Die Bauindustrie bietet diverse Chemikalien an, die das Porengefüge des Mauerwerks so verändern sollen, daß kapillare Feuchtetransporte unterbrochen werden. Durch Bohrlöcher, die bis auf ein Reststück in den gesamten Querschnitt der Wand hineinragen müssen, werden Injektagemittel mit oder ohne Druck eingebracht. Drei Wirkungsweisen werden angestrebt, die einige Hersteller auch kombinieren.

- Die Poreninnenflächen sollen hydrophobiert werden. Der Benetzungswinkel wird größer als 90°, so daß Wasser nicht mehr an den Kapillarwandungen haften bleibt (Lotusblatt-Effekt).

- Der Kapillardurchmesser soll verringert werden. Wasser wird langsamer transportiert und nach Möglichkeit in geringerer Menge als die verdunstende Feuchtigkeit.

- Der Kapillarraum soll verstopft werden. Wasser kann dann nicht mehr transportiert werden.

Die Mittel: Wasserglaslösungen, Paraffine, Kunstharze, Silicon-Microemulsionen und andere finden ihre Grenzen dort, wo eigentlich Handlungsbedarf wäre: bei sehr feuchtem, salzbelasteten Mauerwerk. Wasser- und salzgefüllte Poren bieten physikalische Widerstände, die bislang mit der Injektage nicht zuverlässig überwunden werden können.

Zusammenfassung

Feuchte im Mauerwerk hat mehrere Ursachen, die zusammenwirken, sich überlagern und verstärken können. Voraussetzung einer erfolgreichen Sanierung ist eine Bauwerksuntersuchung, die umfassende Beprobung und Datenerhebung beinhaltet.

Mauerwerk ist **immer** feucht in Abhängigkeit von der relativen Luftfeuchtigkeit und den anderen Randbedingungen. Unter diesen Wert der Gleichgewichtsfeuchte kann auch nach einer „Trockenlegung" der Feuchtegehalt einer Wand nicht sinken. Der Sanierungserfolg ist immer relativ und abhängig von der Sorgfalt der Untersuchung.

„Aufsteigende Feuchtigkeit" ist ein mißverständlicher Oberbegriff für die vielen versteckten Wege, die sich das Wasser im porösen Baustoff Mauerwerk sucht. Allein mit einer Horizontalabdichtung sind Feuchteprobleme meist nicht zu lösen. Wie Abb. 1 zeigt, können horizontale Querschnittsabdichtungen nur einen geringen Teil der Wassertransportwege unterbinden. Erst die Analyse des Zusammenspiels der Faktoren, die genaue Feststellung der Wassertransportwege und die gezielte Kombination der Sanierungsverfahren ermöglichen den Sanierungserfolg.

Modernisierung mit Verblendmauerwerk – nicht die billigere aber die bessere Lösung

Allgemeine Betrachtungen

Jeder Sanierung muss eine Schadensanalyse mit Ursachenforschung vorangestellt werden. Einzelne Gebäudeteile für sich betrachtet, können zu keiner befriedigenden Lösung der Modernisierung führen.

Vielmehr muss das Zusammenwirken aller Gebäudeteile sowie der haustechnischen Anlagen in die Betrachtung mit einbezogen werden, um den gewünschten Erfolg zu erzielen und Folgeschäden zu vermeiden.

Vorab sollte geklärt werden, ob:

a) eine Instandsetzungsmaßnahme im Vordergrund steht

b) eine Verbesserung der bauphysikalischen Eigenschaften erfolgen soll

c) eine Verbesserung der bauphysikalischen Eigenschaften und

eine Instandsetzung in Betracht kommen.

Eine Möglichkeit zur Auswahl eines Sanierungssystems kann wie folgt aussehen:

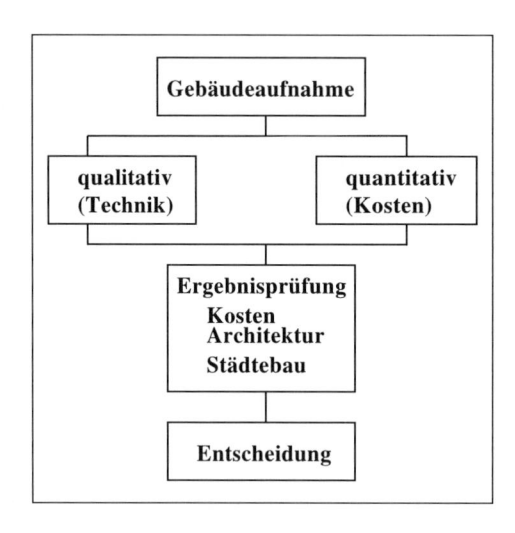

```
             Gebäudeaufnahme
            /                \
      qualitativ          quantitativ
      (Technik)            (Kosten)
            \                /
             Ergebnisprüfung
                 Kosten
               Architektur
                Städtebau
                    |
               Entscheidung
```

Insbesondere sind u. a. folgende Fragen zu beantworten:

– Detailausbildung (Anschlüsse) im Bereich
   – Dachüberstand (Ortgang, Traufe)
– Wandöffnungen (Fenster, Türen)
– Sockelausbildung
– An- und Abschlüsse
– Regen- und Fallrohre
– Werden die geforderten Abstandsflächen unterschritten?
– Ist die geplante Maßnahme genehmigungsfrei oder muss ein Bauantrag eingereicht werden?
– Städtebauliche und gestalterische Vorgaben sind zu beachten, wie z. B. städtebaulicher Rahmenplan, Denkmalschutz usw.
– Können erforderliche Abfangungen oder Anker im vorhandenen Hintermauerwerk/ Deckenkonstruktion fachgerecht befestigt werden und ihre Kräfte weiterleiten?
– Wird durch die Sanierungsmaßnahme die Bodenpressung der vorhandenen Fundamente überschritten?
– Welche statischen Nachweise sind zu führen?
– Bauaufsichtliche Brauchbarkeitsnachweise im Sinne des § 3, Absatz 1, Satz 1 LBO sind zu beachten (siehe auch § 21 ff).
– Die Systemverträglichkeit von Nachbehandlungsmaßnahmen ist festzulegen.
– Auswirkungen auf die Haustechnik?

Für die nachträgliche Fassadensanierung durch eine Verblendschale muss in jedem Fall ein Bauantrag eingereicht werden.

Die nachträgliche Fassadendämmung eines Gebäudes hat Auswirkungen auf die Größe, die Leistung und die Wirtschaftlichkeit der Heizungsanlage.

> Der Wärmebedarf des Gebäudes wird geringer.
> Die Umweltbelastung wird reduziert.

Die Leistung der Heizungsanlage muss neu berechnet werden:

> Installation eines „kleineren" Heizkessels
> Anpassung der Heizungsregelung
> Einbau von Thermostatventilen.

Mit diesen Maßnahmen muss ein wirtschaftliches Optimum zwischen der verbesserten Bauphysik und der jetzt betriebskostengünstigeren Heizungsanlage erzielt werden.

Hinterlüftete Vorsatzschalen

Die Außenwände alter Häuser haben in der Regel nicht den nach heutigen Verhältnissen gewünsch-

Modernisierung mit Verblendmauerwerk

ten Wärmeschutz, bzw. sind nicht ausreichend wärmegedämmt.

Es handelt sich überwiegend um einschalige, massive oder um 2 × $^1/_2$ Stein gemauerte Wände. Oft können diese Wände die ihnen zugedachten Funktionen nicht erfüllen.

Die bauphysikalischen Eigenschaften, wie

- Wärmeschutz
- Wetterschutz
- Schallschutz

lassen sich durch ein zusätzliche Außenschale aus Vormauersteinen sinnvoll verbessern.

Nicht nur für das norddeutsche Küstengebiet bietet sich hier z. B. die bewährte wärme-dämmende Zweischaligkeit der Außenwand an.

Insbesondere sind dabei zu beachten:

Das Errichten von Vormauerschalen vor bestehenden Außenwänden muss nach den Grundsätzen der Norm

- DIN 1053: Mauerwerk, Berechnung und Ausführung, Teil 1

vorgenommen werden.

Es sind zur Aufnahme und Ableitung der Eigenlasten der Vormauerschale Aufstands-konstruktionen notwendig, die unverschieblich mit dem Tragwerk oder den Gründungs-elementen des Gebäudes verbunden sein müssen.

Bewegungsfugen im Verblendmauerwerk

1. Formänderungseigenschaften von Mauerwerkbaustoffen können zu Rissen führen. Durch richtige Anordnung von Bewegungsfugen können Schäden vermieden werden.
2. Gemäß DIN 1053-1, Abschnitt 6.5, ist durch konstruktive Maßnahmen (z. B. ausreichende Wärmedämmung, geeignete Baustoffwahl, zwängungsfreie Anschlüsse, Fugen usw.) unter Beachtung von 6.6 sicherzustellen, dass Einwirkungen auf die Standsicherheit und Gebrauchsfähigkeit der baulichen Anlagen nicht unzulässig beeinträchtigt werden.
3. Der Tragwerksplaner kann unter Berücksichtigung der Kennwerte für Kriechen, Schwinden, Temperaturänderung sowie Elastizitätsmodulen aus DIN 1053-1, Tab. 2, rechnerisch Bewegungsfugenabstände ermitteln.
4. Die überschlägige Berechnung von Bewegungsfugenabständen ergeben Werte zwischen 8,0 und 14,0 m.
5. Horizontale Bewegungsfugen sind unter Aufstandkonsolen – bei abgefangenem Verblendmauerwerk – erforderlich.
6. Trennfugen im Baukörper müssen auch durch die Verblendschale geführt werden.

Ausbildung von Bewegungsfugen[1]

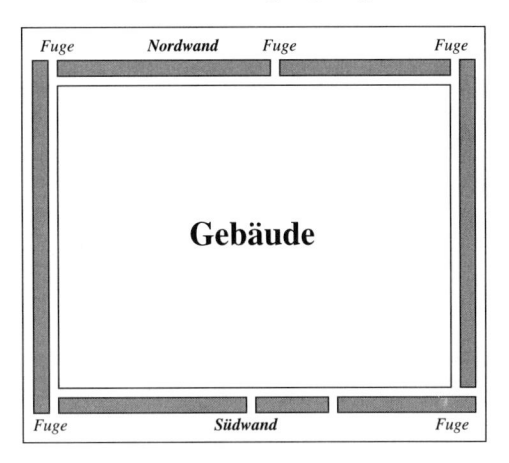

Bewegungsfugen in Verblendschalen sind im Bereich der Gebäudeecken und bei langen Mauerscheiben in Abständen von 8,0 bis 14,0 m notwendig.

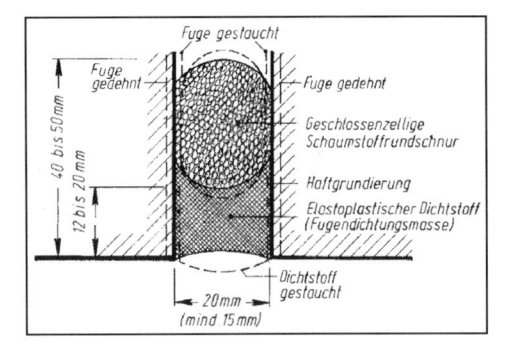

Ausbildung einer Bewegungsfuge

Ausführung der Maurerarbeiten

Besondere Bedeutung für die zu erreichende Schutzwirkung gegen Schlagregen kommt der handwerklichen Ausführung der Maurerarbeiten zu.

---

[1] Gilt für alle Mauerwerksbauten

Bauschäden

- Die Mauersteine sind, soweit sie saugfähig sind, vor dem Vermauern ausreichend vorzunässen.
- Gute Erfahrungen sind mit Werktrockenmörteln gemacht worden, die ausgewählte Sieblinien und ein gezielt eingestelltes Wasserrückhaltevermögen besitzen, um allen Steinsorten – von stark saugend bis nicht saugend – gerecht werden zu können.
- Die Lager, vor allem aber auch die Stoßfugen, sind sorgfältig voll zu vermörteln.
- Die Verfugung sollte vorzugsweise durch einen oberflächig bündigen Fugenglattstrich des Mauermörtels vorgenommen werden.
- Eindringendes Tagwasser ist durch geeignetes Abdecken in notwendigen Arbeitspausen zu verhindern.

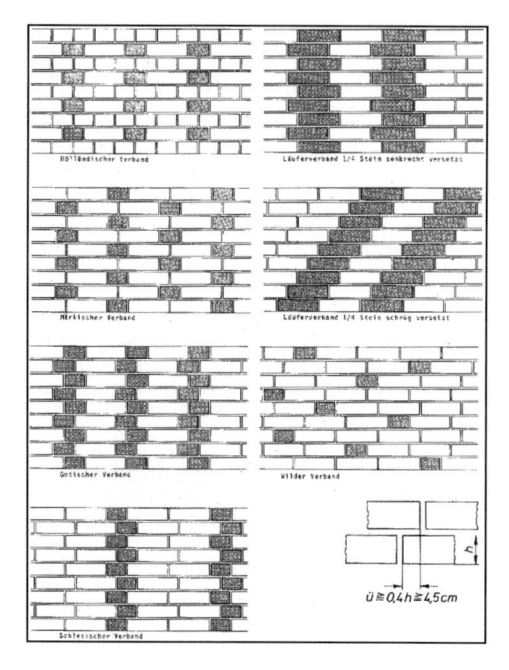

Abdichtungsmaßnahmen

Im Bereich aller Aufstandpunkte der Vormauerschalen ist für ein schadloses Abführen des auf der Rückseite der Vormauerung ablaufenden Wassers zu sorgen.

Im Sockelbereich wird dies bei Verblendschalen durch ein Offenlassen der Stoßfugen nach unten erreicht. Auch sind im Aufstandbereich „Fußpunktabdichtungen" anzuordnen. Diese können aus Dichtungsbahnenstreifen (z. B. aus Bitumen, Kunststoff oder Metallbändern) bestehen, die auf der Aufstandsfläche mit Gefälle nach außen aufgelegt werden und an der inneren Schale mind. 0,25 m hoch zuführen und dort mechanisch zu befestigen sind.

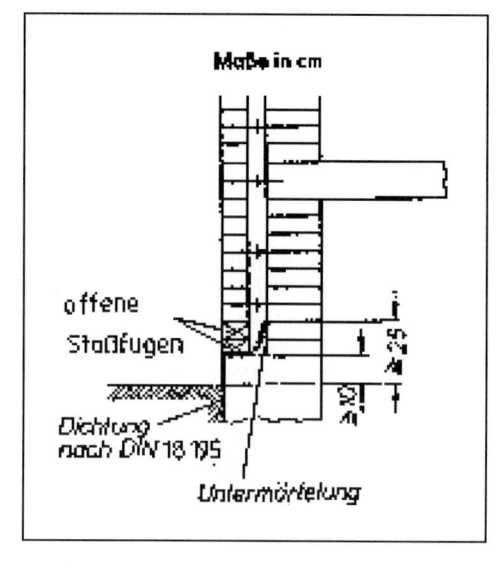

Im Sockelbereich kann die notwendige Flächenabdichtung z. B. aus einer Dichtungsbahn z-förmig am Hintermauerwerk befestigt und durch die Vormauerschale geschützt werden.

Liegt die Fußpunktabdichtung unterhalb der Spritzwassergrenze (weniger als ca. 30–50 cm über angrenzendem Gelände), dann ist es erforderlich, oberhalb der Spritzwasserzone eine zusätzliche Querschnittsabdichtung einzubauen, die das kapillare Ausbreiten der Spritzwasserdurchfeuchtung und deren Folgeerscheinungen (z. B. Ausblühungen) begrenzt.

Der Anschluss der Vormauerschalen an die Öffnungen (Fenster, Türen) bedarf besonderer planerischer Überlegungen. Wegen der erheblichen Dicke der Vormauerschalen wird nur in seltenen Fällen eine entsprechende Verengung der Öffnungen hinnehmbar sein.

- Entsprechende Anpassarbeiten werden grundsätzlich auch am Dachanschluss (Ortgang, Traufe, Regenfallrohr) notwendig.
- Es ist zu prüfen, ob es nicht wirtschaftlicher ist, die alte Verblendschale abzutragen und durch eine neue Verblendschale zu ersetzen, um zusätzliches Gewicht und Abfange-Konstruktionen zu vermeiden. Das gilt besonders für den Fall, dass die Verankerungen der alten Verblenderschale nicht mehr funktionstüchtig ist.
- In der Regel werden die notwendigen Aufstandsflächen für die nachträglich herzustellenden Vormauerschalen nicht vorhanden sein, dann muss eine Abfangkonstruktion hergestellt werden.

Modernisierung mit Verblendmauerwerk

Möglichkeiten der Modernisierung mit Verblendung

Die Möglichkeiten sollten in jedem Einzelfall untersucht und kostenmäßig sowie gestalterisch gewertet werden.

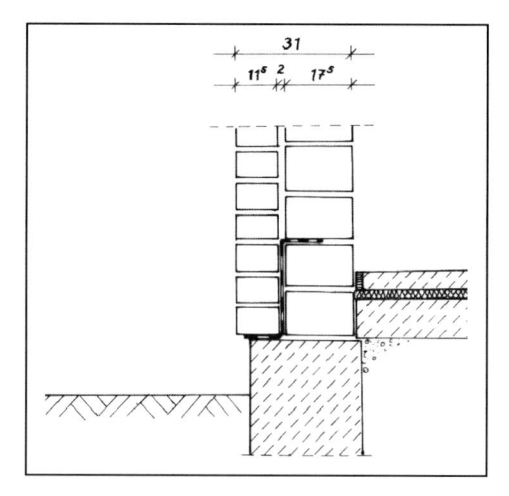

Wandaufbau alt
11,5 cm VMZ
 2,0 cm Schalenfuge
17,5 cm KSL
 1,5 cm Putz
k = 1,90 W/M²K

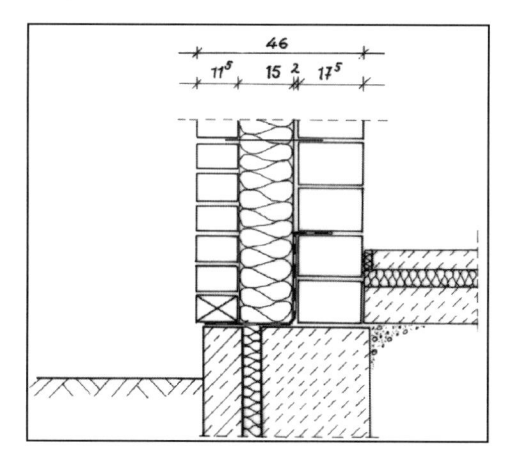

Wandaufbau neu
11,5 cm VMZ
15,0 cm mineralische Dämmung
 2,0 cm Schalenfuge
17,5 cm KSL
 1,5 cm Putz
k = 0,20 W/M²K

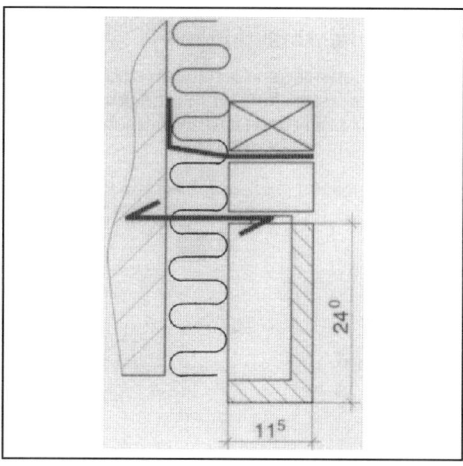

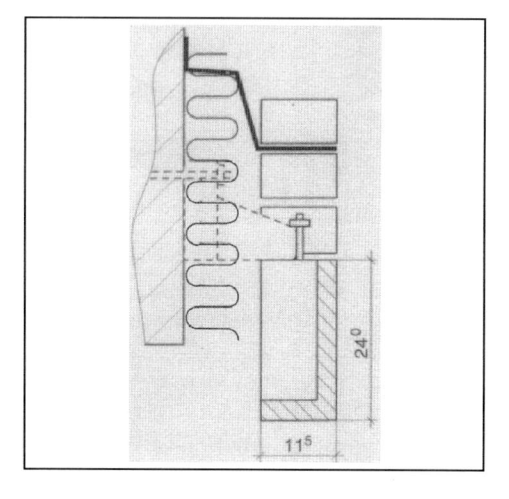

Nicht unterkellerte Gebäude

In aller Regel ist hier ein Vorsetzen des neuen Fundamentes vor das alte die günstigste Lösung. Dabei ist es oft, insbesondere bei Schalenfugenmauerwerk, günstiger die alte Verblendschale abzutragen.

Der Wärmedurchgang wurde auf 11 % verringert. Die Kosten betragen 320,- DM/m² oder 250,- DM/m²Wfl.

Vor Ansetzen der Wärmedämmung muss der Untergrund geglättet werden.

Grundsätzlich wird das Anbringen einer zugelassenen Fassadendämmplatte, hydrophobiert mit WLG 0,035 empfohlen, die zwar im Materialpreis höher liegt als die mit WLG 0,04 aber, wegen des größeren Effektes auch besser und kostengünstiger zu verlegen ist. Außerdem ist sie maßhaltiger und trotzt besser den Widrigkeiten auf der Baustelle.

Mauerwerks-Abfangungen

Bei allen unterkellerten Gebäuden sind in der Regel die typengeprüften Abfangungen von z.B. CAMINO, HALFEN und RÖBEN wirtschaftlich.

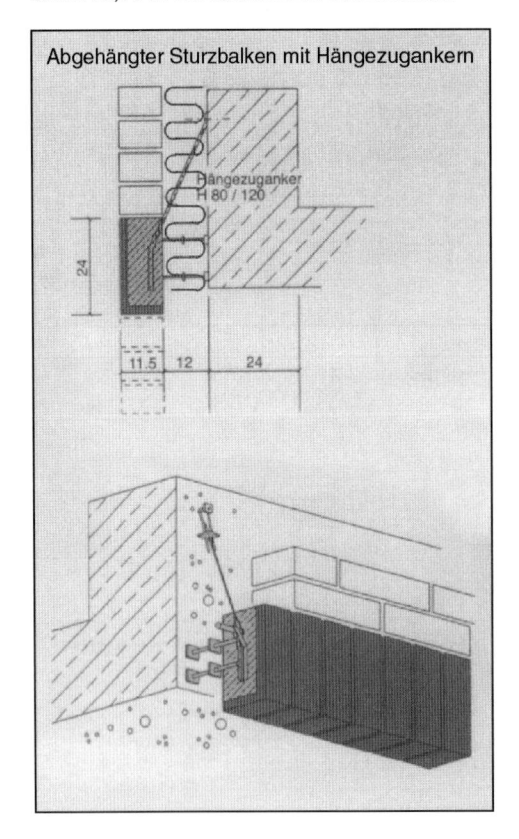

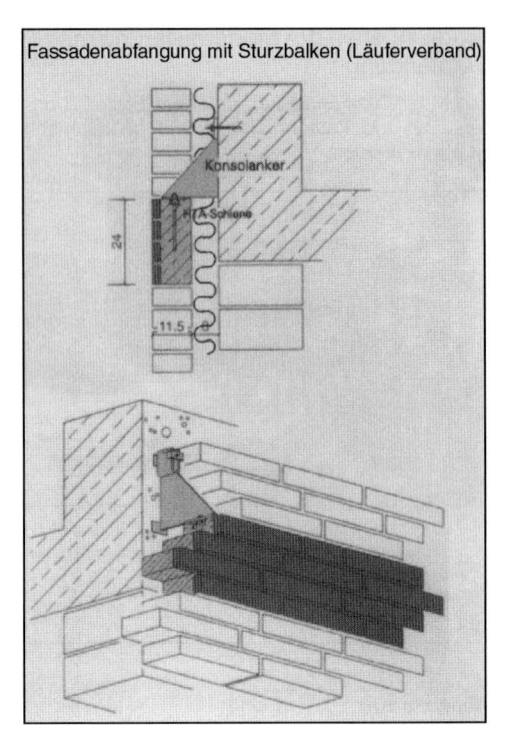

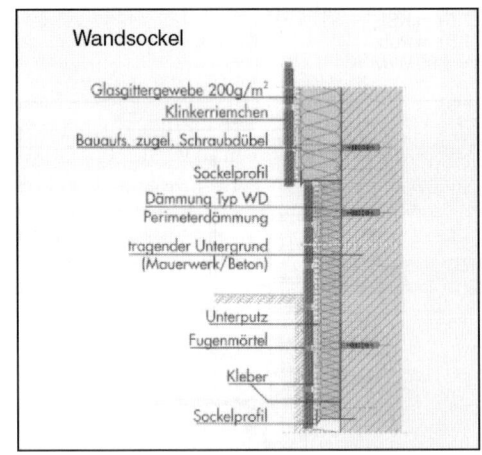

Die Sturzabfangungen haben den großen Vorteil, dass sie weniger Anpassarbeiten mit sich bringen.

Die Möglichkeit der Verwendung von Riemchen kann in besonderen Fällen wie z. B. begrenzte Lastaufnahme des Untergrundes oder Lage der Fenster geboten sein. Die Kosten liegen nur unwesentlich unter denen von vollen Verblendungen.

Fertigteile entflechten die Bauarbeiten indem sie lohnaufwendige Arbeiten in die Fabrik verlegen.

Sie tragen dadurch zweifellos zur Qualitätssteigerung bei. Dem Unternehmer halten sie Gewährleistungsverpflichtungen von der Hand. Die Vorfertigung ist nur scheinbar teurer als herkömmliche Erstellung denn durch Vorteile in Qualität und Schadensarmut ist sie am Ende günstiger.

Fensterbankrollschicht mit Betonaufkantung

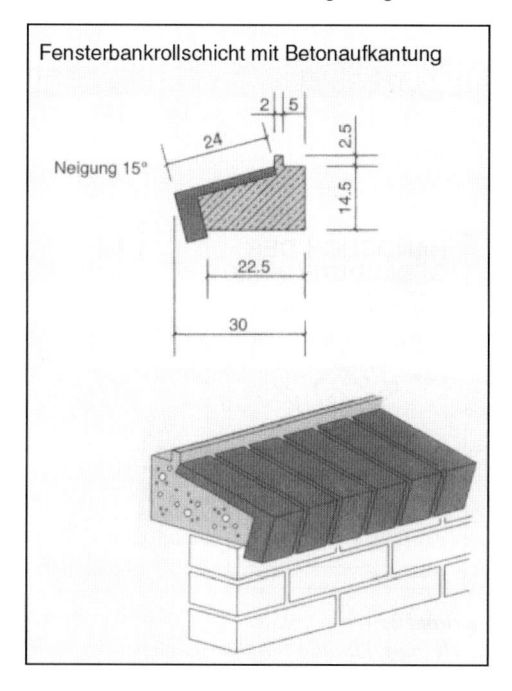

Unterschreitung der Mindesttiefe von 3 m ist möglich

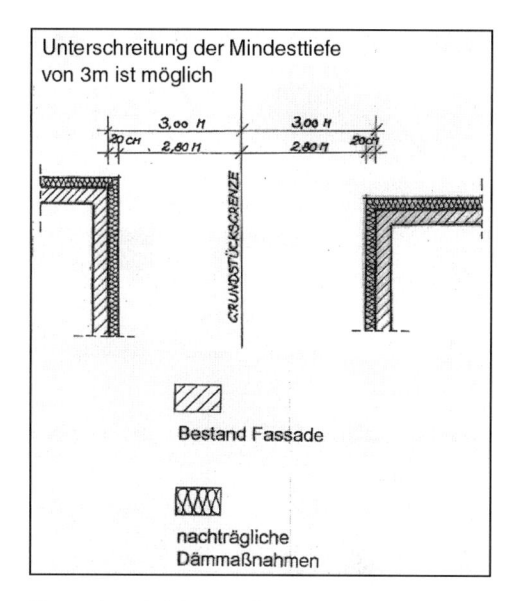

Bestand Fassade

nachträgliche Dämmaßnahmen

Die vorbeschriebenen Optimierungen des Wärmeschutzes mit Verblendmauerwerk bringen Einsparungen an Heizenergie:

- bei einem üblichen Einfamilienhaus von rd. 1 980 Öl oder m³ Gas im Jahr oder rd. 20 l/m² Wfl.
- bei einem 6-Familienhaus von rd. 5 100 l Öl oder m³ Gas im Jahr oder rd. 14 l/m² Wfl.

Die Kosten für vorbeschriebene Optimierung betragen 300,- bis 400,- DM/m² Fassadenfläche. Die große Spanne kommt dadurch zustande, dass Abfangungen und Dacherweiterungen bei Gebäuden mit geringer Geschossanzahl relativ mehr zu Buche schlagen als bei größerer Geschossanzahl.

Die Kosten liegen damit um ca. 80,- bis 100,- DM über denen von üblichen Wärmedämm-verbundsystemen. Diese müssen im allgemeinen alle 6 – 10 Jahre mit einem Anstrich auf ihr ursprüngliches Erscheinungsbild gebracht werden. Ein Anstrich kostet nahezu so viel wie die Unterschiedskosten in der investiven Phase.

In aller Regel sind im Zuge der Investitionen die Kosten leichter aufzubringen als später in der Instandhaltungsphase. Diese Problematik ist offensichtlich nicht allgemein bekannt und sollte im Zuge der Nachhaltigkeit vor der Investitionsentscheidung immer erörtert werden.

Abstandsflächen nach LBO

Da die energetische Gebäudeoptimierung nicht nur in Verordnungen gefordert wird sondern allgemeiner politischer Anspruch ist unterstützen die einzelnen Bundesländer diese auch in ihren Landesbauordnungen.

In Schleswig-Holstein sind bis zu 20,0 cm in der LBO verankert. Darüber hinaus empfiehlt sich rechtzeitige Einschaltung des Nachbarn und der Bauaufsicht. Dies ist beim Bauen an der Grenze unumgänglich.

Kosten und Wirtschaftlichkeit

Je nach Ausgangsbasis sind Investitionen in die Gebäudeoptimierung grundsätzlich wirtschaftlich, tragen sie doch zur Wertsteigerung und zur nachhaltigen Vermietung der Gebäude bzw. der Räume bei. Auf jeden Fall schaffen sie durch die Energieeinsparung Spielräume in der Kaltmiete. Ganz nebenbei erwirken die Maßnahmen erhebliche Einsparungen an Umweltbeeinträchtigungen und verbessern deshalb die Umwelt.

Handbuch der Gebäudetechnik

Speziell für Praktiker

Pistohl
Handbuch der Gebäudetechnik
Planungsgrundlagen und Beispiele

Band 1:
Sanitär/Elektro/Förderanlagen
3., neubearbeitete und
erweiterte Auflage 1999.
760 Seiten 17 x 24 cm, gebunden
DM 78,–/öS 569,–/sFr 78,–
ISBN 3-8041-2984-6

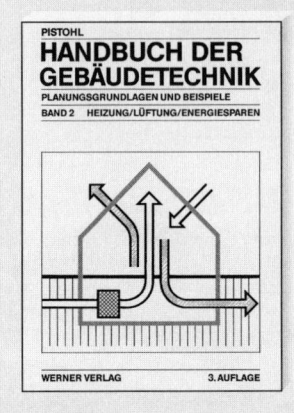

Band 2:
Heizung/Lüftung/Energiesparen
3., neubearbeitete und
erweiterte Auflage 2000.
768 Seiten 17 x 24 cm, gebunden
DM 89,–/öS 650,–/sFr 89,–
ISBN 3-8041-2986-1

Die Gebäudetechnik beeinflußt in starkem Maße den Energieverbrauch, den Umgang mit Ressourcen und damit auch die Belastung der Umwelt: Dinge also, denen eine immer größere ökologische und ökonomische Bedeutung zukommt. Die beiden Bücher geben als übersichtlich gegliederte Nachschlagewerke einen praxisnahen Überblick über Grundlagen, Vorschriften, Begriffe, Sinnbilder und Anlagensysteme sowie Angaben zu Materialien, Anordnung, Platzbedarf und Bemessung von Zentralen, Leitungen und Anlagenteilen.

WERNER VERLAG

*Zu beziehen über
Ihre Buchhandlung oder
direkt beim Verlag*

Werner Verlag · Postfach 10 53 54 · 40044 Düsseldorf
Telefon (02 11) 3 87 98-0 · Telefax (02 11) 3 87 98-11
www.werner-verlag.de

H BAURECHT

Bearbeitet von RA Dr. jur. Stefan Weise (Abschnitt 1)
Bearbeitet von RA Dr. jur. Erich Gassner und RA Raimund Volpert (Abschnitt 2)
Dipl.-Ing. Ernst W. Klauke (Abschnitt 3)

1 Einführung in die Haftung des Architekten und Ingenieurs H.3

- 1.1 Planungsfehler H.3
  - 1.1.1 Verstoß gegen die anerkannten Regeln der Technik H.3
  - 1.1.2 Fehlende Genehmigungsfähigkeit H.4
  - 1.1.3 Verpflichtung zur fehlerfreien Leistung H.5
  - 1.1.4 Beispiele für Planungsfehler H.6
- 1.2 Koordinierungsfehler H.7
- 1.3 Mangelhafte Objektüberwachung H.7
  - 1.3.1 Ständige Überwachungspflicht H.7
  - 1.3.2 Handwerkliche Selbstverständlichkeiten H.8
  - 1.3.3 Stichprobenweise Überwachung H.9
  - 1.3.4 Sonderfachleute H.9
  - 1.3.5 Weitere Überwachungspflichten H.9
  - 1.3.6 Überwachungspflicht bei Mängeln H.10
- 1.4 Fehler im wirtschaftlichen Bereich H.10
  - 1.4.1 Unwirtschaftliche Planung H.11
  - 1.4.2 Fehler in der Vertragsgestaltung H.11
  - 1.4.3 Bausummenüberschreitung H.11
    - 1.4.3.1 Fehler im Kostenbereich H.12
    - 1.4.3.2 Überschreiten der Toleranzgrenze H.12
    - 1.4.3.3 Nachbesserungsrecht des Architekten H.12
    - 1.4.3.4 Verursachter und verschuldeter Kostenfehler H.13
    - 1.4.3.5 Schadenshöhe H.13
  - 1.4.4 Kostengarantien H.13
- 1.5 Folgen einer Pflichtverletzung des Architekten H.14
  - 1.5.1 Nachbesserungsrecht des Architekten H.14
  - 1.5.2 Schadensersatzpflicht des Architekten H.15
- 1.6 Aktuelle Rechtsprechung H.15
  - 1.6.1 Bedeutung der HOAI für die Auslegung von Architekten- und Ingenieurverträgen H.15
  - 1.6.2 Dreißigjährige Gewährleistungsfrist bei nicht nachbesserungsfähigem Mangel des Architektenwerks auch ohne Abnahme H.16
  - 1.6.3 Architektenhaftung bei unterbliebener Prüfung der Abstandsflächen H.17
  - 1.6.4 Hinweispflichten bei Abdichtung gegen drückendes Wasser H.17
  - 1.6.5 Haftung für sommerlichen Wärmeschutz von Büroräumen hinter Glasfassaden .. H.19
  - 1.6.6 Architektenhaftung gegenüber dem Bauträger wegen Fehlkalkulation H.19
  - 1.6.7 Überprüfungspflicht bei Vorplanung durch anderen Architekten H.20

2 Entwicklungstendenzen im öffentlichen Baurecht ... H.22

- 2.1 Allgemeine Aspekte ... H.22
- 2.2 Das Bauplanungsrecht ... H.22
  - 2.2.1 Aufgaben ... H.22
  - 2.2.2 Steuerungsinstrumente ... H.23
    - 2.2.2.1 Aufwertung des Flächennutzungsplanes ... H.23
    - 2.2.2.2 Erweiterung des Satzungsinstrumentariums ... H.23
    - 2.2.2.3 Anlagenbezogene Feinsteuerung ... H.24
  - 2.2.3 Erweiterung der im Außenbereich privilegierten oder begünstigten Vorhaben ... H.24
  - 2.2.4 Städtebauliche Verträge ... H.24
- 2.3 Bauordnungsrecht ... H.25
  - 2.3.1 Aufgaben ... H.25
  - 2.3.2 Zurückdrängung der Baugenehmigung in bezug auf Tatbestand und Rechtswirkung ... H.25
  - 2.3.3 Landesgesetzliche Konkretisierung von Rücksichtspflichten ... H.26
  - 2.3.4 Verfahrensbeschleunigung und Privatisierung öffentlicher Aufgaben ... H.26
- 2.4 Rechtsprechungsbeispiele im öffentlichen Baurecht ... H.27
  - 2.4.1 Fortgeltung eines Bauvorbescheides trotz später erteilter Baugenehmigung ... H.27
  - 2.4.2 Bestandschutz in bau- und immissionsschutzrechtlicher Hinsicht ... H.27
  - 2.4.3 Kein Abwägungsfehler durch Vorwegbindung an Planvorstellungen des Architekten ... H.28
  - 2.4.4 Grenzen öffentlich-rechtlicher Verträge ... H.29
  - 2.4.5 Amtspflichtverletzungen ... H.29
  - 2.4.6 Auslegung von DIN-Vorschriften ... H.31
  - 2.4.7 Haftung für Altlasten ... H.32
  - 2.4.8 Normenkontrolle nicht nur des Änderungs-, sondern auch des Ursprungsbebauungsplans ... H.32
  - 2.4.9 Zum Begriff des Rohbaulandes ... H.33
  - 2.4.10 Abstandsflächen und Werbeanlagen ... H.33
  - 2.4.11 Verantwortung des Bauherrn bzw. des Architekten im freigestellten Verfahren ... H.34
  - 2.4.12 Verlust des Bebauungsplandokuments ... H.35
  - 2.4.13 Abstandsflächenberechnung ... H.35
- Abkürzungen ... H.37

3 Aktuelle Beiträge

Verwendung von Bauprodukten ... H.38

Liste der Technischen Baubestimmungen ... H.45

H Rechtsprechung im Bauwesen

1. Einführung in die Haftung des Architekten und Ingenieurs[1]

Der Architekten- und Ingenieurvertrag ist ein Werkvertrag. Der Architekt und der Ingenieur schulden einen Erfolg. Dabei ist unerheblich für welche Tätigkeiten sie nach der HOAI bzw. nach den getroffenen Absprachen vergütet werden oder nicht. Die HOAI ist für die Haftung des Architekten und Ingenieurs grundsätzlich unmaßgeblich. Die HOAI enthält nur öffentliches Preisrecht, sie regelt, in welcher Höhe und nach welchen Gesichtspunkten Honorare berechnet werden können. Für die Haftung ist allein der geschlossene Werkvertrag nach Maßgabe der Regelungen des BGB und der dazu im einzelnen getroffenen Vereinbarungen von Bedeutung.[2] Demgemäß hat der Architekt und der Ingenieur die Verpflichtung, seine Leistung so zu erbringen, daß sie

- die zugesicherten Eigenschaften aufweist;
- nicht mit Fehlern behaftet ist, die den Wert oder die Tauglichkeit nach dem gewöhnlichen oder nach dem Vertrag vorausgesetzten Gebrauch aufheben oder mindern können (§ 633 BGB).

Im Ergebnis unterscheidet sich daher die Gewährleistungspflicht des Architekten[3] vom Grundsatz her nicht von der Gewährleistungspflicht eines Werk- oder Bauunternehmers. Der Unterschied zur Haftung des Bauunternehmers liegt jedoch darin begründet, daß nicht jeglicher Baumangel gleichfalls zu einer Gewährleistungspflicht des Architekten führt. Zu dem bloßen Baumangel muß hinzukommen, daß aus einer mangelhaften Erfüllung der Architektenleistung erst ein Bauwerksmangel resultiert. Je nach Leistungsumfang des Architekten, der sich maßgeblich nach seinem Auftragsumfang richtet, kommen in der Praxis im wesentlichen folgende Haftungs- bzw. Gewährleistungsfälle in Betracht:

1.1 Planungsfehler

Die Planungsaufgaben des Architekten richten sich vornehmlich nach dem geschlossenen Architekten- oder Ingenieurvertrag. Eine Planung ist daher mangelhaft, wenn sie

- gegen die anerkannten Regeln der Technik verstößt;
- nicht genehmigungsfähig ist;
- mit einem Fehler behaftet ist oder nicht die zugesicherten Eigenschaften einhält.

1.1.1 Verstoß gegen die anerkannten Regeln der Technik

Der Architekt muß die allgemein anerkannten Regeln der Technik (nach der früheren Terminologie der „Baukunst") beachten und einhalten.

Anerkannte Regeln der Technik liegen vor, wenn es sich um technische Regeln für den Entwurf und die Ausführung baulicher Anlagen handelt, die in der technischen Wissenschaft als theoretisch richtig anerkannt sind und feststehen sowie insbesondere im Kreis der für die Anwendung der betreffenden Regeln maßgeblichen, nach dem neuesten Erkenntnisstand vorgebildeten Techniker durchweg bekannt und aufgrund fortdauernder praktischer Erfahrung als technisch geeignet, angemessen und notwendig anerkannt sind.[4]

Allgemein anerkannte Regeln der Bautechnik können daher DIN-Normen, VDI-Richtlinien, VDE-Vorschriften, Normen des Deutschen Ausschusses für Stahlbeton im DNA, europäische Normen (DIN-EN-Normen), aber auch bestimmte öffentlich-rechtliche Regelwerke, wie z. B. die Technische Anleitung zur Reinhaltung der Luft (TA-Luft) sowie Unfallverhütungsvorschriften der Berufsgenossenschaften sein. Dabei ist zu beachten, daß derartige Regeln nicht allein aufgrund ihres bloßen Bestehens, d. h. weil sie von Ausschüssen oder Verbänden aufgestellt wurden, zu Regeln der Technik werden. Maßgeblich ist, daß sie in der Wissenschaft als richtig erkannt werden und in der Baupraxis bekannt und anerkannt sind. So ist es möglich, daß eine DIN-Norm zwar in der Wissenschaft theoretisch als richtig anerkannt wird, ihre praktische Bewährung aber noch aussteht oder noch nicht feststellbar ist. Ferner ist es möglich, daß eine DIN-Norm sowohl in der Theorie als auch in der Praxis anfechtbar ist und aus verschiedenen

---

1 Unter Mitarbeit von Dr. Tassilo Eichberger, Nörr Stiefenhofer Lutz.
2 BGH, BauR 1997, 154 ff.; BGH, BauR 1999, 187.
3 Wenn im folgenden nur von „Architekt" gesprochen wird, gelten die Ausführungen für den Ingenieur entsprechend.

---

4 Ingenstau/Korbion, Kommentar zur VOB, 13. Aufl., § 4 VOB/B RN 141 ff. m.w.N.

Gründen nicht eingehalten wird. Dies ist beispielsweise dann der Fall, wenn sich die Vorschriften in der Praxis als unzureichend erwiesen haben, da von Verhältnissen ausgegangen wird, die auf der Baustelle selten anzutreffen sind.[5] Ferner besteht die Möglichkeit – vor allem im Wärme- und Schallschutz, aber auch im umwelttechnischen Bereich (vgl. Gefahrstoffverordnung) –, daß die Normen aufgrund von neueren wissenschaftlichen oder praktischen Erkenntnissen überholt sind.

Entwürfe von DIN-Vorschriften, die bereits veröffentlicht wurden, bevor sie endgültig beschlossen werden, können schon den Stand der Technik darstellen. Dies gilt vor allem, wenn eine bestimmte Technik oder Verfahrensweise von der Wissenschaft bereits als richtig anerkannt[6] und in der Praxis ständig angewandt wird, und erst dann der Fachnormenausschuß sich veranlaßt sieht, dies in einer neuen DIN-Norm oder im Wege der Änderung einer bestehenden Norm umzusetzen.

Daraus ergibt sich, daß derartige Normenwerke immer einer kritischen Überprüfung unterzogen werden müssen[7]. Der Stand der Technik schreitet ständig fort. Der Architekt muß daher sorgfältig prüfen, ob er Normenwerke anwenden kann, oder ob sich nicht aus Theorie oder Praxis weitergehende Erkenntnisse ableiten lassen. Im Einzelfall soll aber der Architekt sehr sorgfältig prüfen, ob er von geltenden Normen abweicht. Dies deswegen, da ein Verstoß gegen DIN-Vorschriften grundsätzlich ein Anscheinsbeweis[8] für ein pflichtwidriges Handeln des Architekten ist. In diesem Fall muß der Architekt dann nachweisen, daß die Vermutung in diesem Einzelfall unzutreffend ist.

Da der Stand der Technik sich ständig verändert, ist auch fraglich, welcher **Zeitpunkt** für die Beurteilung, ob ein Mangel oder ein Verstoß gegen die Regeln der Technik vorliegt, maßgeblich ist. So kann es vorkommen, daß ein bestimmter Stand der Technik bei den Planungen noch zugrunde gelegt werden konnte. Während der Durchführung des Bauvorhabens oder nach Durchführung des Bauvorhabens treten neuere wissenschaftliche oder praktische Erkenntnisse zutage, die zu dem Ergebnis führen, daß das Werk entgegen dem (neuen) Stand der Technik oder mangelhaft ausgeführt wurde. Nach herrschender Meinung[9] ist maßgeblich, daß die Planung zum Zeitpunkt des Auftretens des Mangels innerhalb der Gewährleistungsfrist nicht mehr dem Stand der Technik entsprach. Unerheblich ist daher der Zeitpunkt der Abnahme oder der Zeitpunkt der Erbringung der Planungsleistungen. Die Frage nach dem Stand der Technik wird daher objektiv – grundsätzlich unabhängig vom Zeitpunkt, solange er innerhalb der Gewährleistungsfrist liegt – beurteilt. Auch noch nachträglich erzielte neuere wissenschaftliche oder technische Erkenntnisse sind zu berücksichtigen. Der Architekt haftet jedoch grundsätzlich nur bei Verschulden auf Schadensersatz (§ 635 BGB). Im Rahmen der Haftung ist daher zu berücksichtigen, daß er bei Erbringung seiner Leistungen diese neuen Erkenntnisse noch nicht kannte, z. B. weil sie nur in Spezialzeitschriften abgedruckt waren. Der Architekt kann sich auf fehlendes Verschulden berufen, wenn zum Zeitpunkt der vollständigen Fertigstellung und Abnahme seiner Leistungen seine Planung und/oder Überwachung noch den zu diesem Zeitpunkt anerkannten Regeln der Technik entsprachen.[10]

1.1.2 Fehlende Genehmigungsfähigkeit

Wenn die Planungen des Architekten nicht genehmigungsfähig sind, liegt ein Planungsfehler vor. Der Architekt muß nicht nur eine technisch einwandfreie und den Wünschen des Bauherrn entsprechende Planung erbringen, sondern hat auch alle in diesem Zusammenhang erforderlichen öffentlich-rechtlichen Vorschriften einzuhalten.[11] Die Verpflichtung besteht auch bei Bauvorhaben, die nach den neuen Bauordnungen der Länder genehmigungsfrei sind. Der Architekt hat bei genehmigungsfreien Vorhaben keine Kontrolle, ob er alle öffentlich-rechtlichen Normen eingehalten hat, bevor das Bauvorhabens ausgeführt wird. Die Haftungsrisiken sind daher erheblich höher, da u. U. erst nach Fertigstellung des Bauvorhabens festgestellt wird, daß öffentlich-rechtliche Vorschriften nicht beachtet wurden.

Hingegen muß die Planung nicht genehmigungsfähig sein, wenn der Architekt – z. B. bei einer stufenweisen Beauftragung – nur mit der Entwurfsplanung beauftragt war.[12]

Grundsätzlich gilt auch hier, daß bei zweifelhafter Genehmigungslage – sei es nach dem Bauplanungsrecht, dem Bauordnungsrecht oder sonsti-

---

5 OLG Hamm, BauR 1997, 309.
6 OLG Köln, BauR 1999, 426.
7 OLG Köln, IBR 2000, 69 hinsichtlich DIN 4108 Teil 2.
8 OLG München, NJW-RR 1992, 1523; OLG Hamm, NJW-RR 1995, 17; Ingenstau/Korbion, aaO., § 4 VOB/B RN 162 f.
9 BGHZ 48, 310; BGH, BauR 1971, 58; BGH, BauR 1985, 567; BGH, BauR 1987, 207; OLG Frankfurt, NJW 1983, 486; vgl. Werner/Pastor, Der Bauprozeß, 9. Aufl., 1467 ff. hinsichtlich des Meinungstandes.
10 OLG Frankfurt, Schäfer/Finnern Nr. 65 zu § 635 BGB; Werner/Pastor, aaO., RN 1468.
11 BGH, BauR 1998, 579; OLG Düsseldorf, BauR 1996, 287; OLG Düsseldorf, BauR 1997, 159; BGH, BauR 1999, 1195; a.A. für einen Sonderfall OLG Zweibrücken, IBR 1998, 264.
12 BGH, BauR 1997, 1065.

gen öffentlich-rechtlichen Vorschriften – dem Auftraggeber grundsätzlich eine **Bauvoranfrage** (Bauvorbescheid) empfohlen werden muß, bevor die Entwurfs- und Genehmigungsplanungen durchgeführt werden.

Ausnahmsweise können die Parteien eines Architektenvertrages vereinbaren, daß und in welchen Punkten eine Planung nicht genehmigungsfähig sein muß – an eine derartige Vereinbarung sind jedoch strenge Anforderungen zu stellen.[13]

Sofern der Auftraggeber für eine Planung einen Dispens oder eine **Befreiung bzw. Ausnahme** nach dem Bauplanungs- oder Bauordnungsrecht erhält, wird durch die Erteilung der Ausnahme oder der Befreiung eine grundsätzlich mangelhafte Planung (nachträglich) mangelfrei. Hieraus folgt, daß sich der Bauherr nicht auf eine Planung, die nur mit Hilfe von Befreiungen oder Ausnahmen genehmigungsfähig wird, einlassen muß. Signalisiert aber die Behörde, daß der Entwurf zwar nicht genehmigungsfähig ist, jedoch bei einem entsprechenden Antrag des Bauherrn eine Befreiung oder Ausnahme erteilt werden würde, so muß der Bauherr dem Architekten die Möglichkeit einräumen, eine Befreiung oder Ausnahme für den Bauherrn zu beantragen; diese Verpflichtung des Bauherrn folgt aus dem Nachbesserungsrecht des Architekten (§ 633 BGB)[14]. Der Architekt muß, soweit dies mit den Wünschen und Anforderungen des Bauherrn vereinbar ist, so planen, daß Befreiungen und Ausnahmen nicht notwendig sind. Sofern er die Wünsche und Anforderungen des Bauherrn nur mit Dispensen genehmigungsfähig umsetzen kann, hat er den Bauherrn hierauf hinzuweisen und ggf. auch Vorklärungen bei den Behörden – vor die Entwurfs- oder Genehmigungsplanungen – vorzunehmen.

Sofern eine Baugenehmigung von den Behörden **zu Unrecht abgelehnt** wird, ist die Planung des Architekten grundsätzlich mangelhaft. In diesem Fall hat der Architekt den Auftraggeber dahingehend zu beraten, daß er die notwendigen Rechtsmittel gegen die behördliche Entscheidung fristgemäß ergreift. Der Bauherr ist aber im Regelfall nicht verpflichtet, die Rechtsmittel zu ergreifen, um den Planungsmangel zu „heilen", es sei denn, die Ablehnung der Baugenehmigung ist offensichtlich zu Unrecht erfolgt.[15]

Wird eine Baugenehmigung zu Unrecht erteilt, befreit dies den Architekten nicht von seiner Haftung; ggf. haftet er später, wenn die Baugenehmigung wegen Rechtswidrigkeit aufgehoben wird.[16] Hierbei muß aber das Verschulden des Architekten

sorgfältig geprüft werden, da er grundsätzlich davon ausgehen kann, daß seine Planung genehmigungsfähig ist, wenn die Behörde den Entwurf ohne Beanstandungen genehmigt.

1.1.3 Verpflichtung zur fehlerfreien Leistung

Nicht jede Leistung, die den Stand der Technik erfüllt, ist eine mangelfreie Leistung des Architekten. Der Architekt schuldet ein dauerhaft mangelfreies und zweckgerichtetes Werk. Sind daher gewisse Wünsche und Anforderungen des Auftraggebers oder zugesicherte Eigenschaften des Werks zu beachten, so ist die Planung auch dann mangelhaft, wenn der Architekt in Abweichung von diesen Anforderungen des Auftraggebers entsprechend den Regeln der Technik plant. So ist beispielsweise eine Planung schon dann fehlerhaft,

- wenn der Architekt entgegen den Vorgaben des Auftraggebers die Raumhöhe nicht mit 2,50 m, sondern mit 2,38 m plant, auch wenn letzteres den Regeln der Technik entspricht;
- wenn die Planung gewisse vorgegebene Repräsentationsfunktionen des Gebäudes nicht beachtet;[17]
- wenn die Geschoßdecken mit einer für den konkreten Nutzungszweck ausreichenden Tragfähigkeit von 200 kp/m^2 statt vereinbarter 500 kp/m^2 geplant werden;[18]
- wenn der Architekt die Wärmedämmung der Außenwände schwächer dimensioniert als mit dem Bauherrn vereinbart, auch wenn dies durch die Verwendung eines Poroton-Steins ausgeglichen wird, so daß möglicherweise insgesamt eine günstigere Dämmung erreicht wird;[19]
- wenn die geschuldete Optimierung der Nutzbarkeit eines Gebäudes, beispielsweise das Verhältnis Nutzflächen – Verkehrsflächen nicht erreicht wird.[20]

Ferner ist es Aufgabe des Architekten, die Wünsche des Auftraggebers zu ermitteln und dementsprechend zu planen.[21] Dabei sind auch Wünsche zu beachten, die während der Planungsphase vom Bauherrn geäußert werden.[22] Sofern Wünsche des Auftraggebers aber dazu führen, daß gegen die Regeln der Technik verstoßen wird, wenn die Wünsche eingehalten würden, so kann

---

13 BGH, BauR 1999, 1195.
14 Vgl. zum Nachbesserungsrecht: Locher/Koeble/Frik, Kommentar zur HOAI, 7. Aufl., Einl. RN 48 ff.
15 OLG Düsseldorf, BauR 1996, 287.
16 BGH LM Nr. 51 zu § 839 BGB; OLG Düsseldorf, BauR 1997, 159; KG, IBR 2000, 90.
17 OLG Hamm, NJW-RR 1989, 470; OLG Hamm, BauR 1993, 732.
18 BGH, BauR 1995, 388.
19 OLG Düsseldorf, NJW-RR 1997, 275.
20 BGH, BauR 1998, 354.
21 BGH, BauR 1998, 356.
22 BGH, BauR 1998, 354.

sich der Architekt nur dann von seiner Haftung befreien, wenn er den Auftraggeber auf diesen Verstoß vorher hingewiesen und der Auftraggeber trotz Belehrung auf eine derartigen Ausführung bestanden hat.[23] In solchen Fällen ist dem Architekten und Ingenieur zu empfehlen, seine Beratung und die Entscheidung des Auftraggebers schriftlich festzuhalten.

1.1.4 Beispiele für Planungsfehler

Planungsfehler kann es in jedem Stadium der Planung eines Bauvorhabens geben.[24] Ohne auch nur im Ansatz eine Zuordnung von Planungsfehlern zu einzelnen Leistungsphasen des § 15 HOAI vorzunehmen, können einige haftungsrelevante Pflichten in den einzelnen „Planungsphasen" hervorgehoben werden. Dabei wird nochmals betont, daß die HOAI weder Maßstab noch Leitbild für den Haftungsumfang des Architekten ist.[25] Im Rahmen der Grundlagenermittlung (Leistungsphase 1) steht die Beratungs- und Aufklärungspflicht im Mittelpunkt. Dabei werden die entscheidenden Weichen hinsichtlich des Leistungsbedarfs und auch des wirtschaftlichen und finanziellen Rahmens für das Bauvorhaben gestellt; bereits hier können Fehler gemacht werden, die sich dann durch die ganze Planungsphase hindurchziehen. In der Leistungsphase 2 (Vorplanung) stehen die prinzipielle Genehmigungsfähigkeit des Vorentwurfs und die ordnungsgemäße Kostenermittlung (Kostenschätzung) im Vordergrund. Daher hat der Architekt die Durchführung von Bauvoranfragen zu empfehlen, wenn die Genehmigungslage unklar ist; ferner hat er den Bauherrn hinsichtlich der zu erwartenden Kosten umfassend und ordnungsgemäß zu beraten. Bei der Entwurfsplanung (Leistungsphase 3) sind die wesentlichen planerischen Details und deren fehlerfreie Umsetzung (z. B. bzgl. Genehmigungsfähigkeit, Stand der Technik, Schall- und Wärmeschutz, Gründungsverhältnisse, Wasserverhältnisse) sowie eine ordentliche Kostenberechnung und -kontrolle zu beachten. Zentrale Haftungsfrage bei der Leistungsphase 4 (Genehmigungsplanung) ist die Genehmigungsfähigkeit der Planung. Ferner ist im Rahmen der Ausführungsplanung (Leistungsphase 5) eine fehlerfreie Detailplanung unter Berücksichtigung der Beiträge anderer Projektanten zu erbringen. Schließlich ist bei der Leistungsphase 6 (Vorbereitung der Vergabe) die Erstellung einer vollständigen, widerspruchsfreien und richtigen Leistungsbeschreibung zu nennen; zwar ist dies keine zeichnerische Aufgabe des Architekten, dennoch gehört sie noch zu dessen Planungspflichten.

Folgende Planungsfehler sind beispielhaft hervorzuheben:

- Fehlender Hinweis des Architekten auf ein mögliches Risiko bei der Verwendung neuartiger, nicht erprobter Baustoffe oder Konstruktionen;[26]
- fehlende Klärung der Boden- und Grundwasserverhältnisse vor Ausführung der Planungen[27] sowie Ausrichtung der Planung nach dem höchsten bekannten Grundwasserstand zuzüglich eines Sicherheitszuschlags[28],
- fehlende Detailplanungen, die nicht durch mündliche Weisungen auf der Baustelle nachgeholt werden,[29]
- nicht rechtzeitige Vorlage von Detailplanungen gegenüber den an der Bauausführung beteiligten Unternehmern,[30]
- unzureichende, lückenhafte oder widersprüchliche Leistungsverzeichnisse,[31]
- fehlende Dampfsperre,[32]
- Abdichtung gegen drückendes Grundwasser,[33]
- unzureichende Dehnungsfugen,[34]
- Auswirkungen von Deckenbewegungen auf Dämm- und Dichtungsschichten,[35]
- unzureichende Wärme- oder Schalldämmung,[36]
- fehlende Überprüfung der vom Bauherrn überreichten Unterlagen,[37]
- fehlende Planung zur Entlüftung von Fassadenelementen, Entwässerung eines Balkonobelages oder wirksame Ausbeulung des unteren Abschlusses einer Schweißbahn.[38]

---

23 BGH, BauR 1998, 356; OLG Hamm, NJW-RR 1989, 470; OLG München, NJW-RR 1988, 336; OLG Düsseldorf, BauR 2000, 131.
24 Vgl. die Zusammenstellung von Planungspflichten bei Bindhardt, Jagenburg, Die Haftung des Architekten, 8. Aufl., § 6 RN 2 ff.
25 BGH, BauR 1997, 154 ff.
26 BGH, BauR 1976, 66; BGH, BauR 1981, 76; BGH, BauR 1981, 479; BGH, BauR 1976, 66; OLG Celle, BauR 1990, 759; OLG Saarbrücken, NJW-RR 1998, 93.
27 BGH, ZfBR 1980, 287; OLG Düsseldorf, BauR 1993, 124; OLG Köln, BauR 1993, 756 ff; OLG Celle, BauR 1983, 483; OLG Hamm, BauR 1997, 1069.
28 OLG Düsseldorf, OLGR 1996, 240; OLG Hamm, BauR 1997, 876.
29 BGH, NJW-RR 1988, 275; OLG Hamm, NJW-RR 1993, 549; OLG Köln, VersR 1993, 1229; OLG Celle, BauR 1991, 243.
30 Locher/Koeble/Frik, aaO., § 15 HOAI, RN 141 f.
31 Locher/Koeble/Frik, aaO., § 15 HOAI, RN 155.
32 BGH, Schäfer/Finnern, Z 3.00 Bl. 165.
33 OLG Hamm, BauR 1997, 876; OLG Düsseldorf, BauR 2000, 1358.
34 OLG Düsseldorf, BauR 1973, 272.
35 BGH, BauR 1986, 112.
36 BGH, Schäfer/Finnern, Z 3.01 Bl.41; BGH, BauR 1981, 395; OLG Düsseldorf, BauR 1993, 622; OLG Hamm, BauR 1983, 183; OLG Köln, IBR 2000, 69.
37 OLG Düsseldorf, NJW-RR 1992, 156.

- unterbliebene Prüfung der Abstandsflächen[39]
- Ein Architekt, der für eine Bauträgergesellschaft mehrere Einfamilienhäuser plant, muß davon ausgehen, daß diese – und zwar möglichst frühzeitig – Verträge mit Erwerbern schließen will. Daher muß er bei einer beabsichtigten Planungsänderung deren Auswirkungen auf eventuell schon bestehende oder künftige Erwerberverträge bedenken und grundsätzlich von sich aus mit der Bauträgergesellschaft erörtern.[40]

1.2 Koordinierungsfehler

Der Architekt muß das Bauvorhaben und den Bauablauf koordinieren. Er muß daher die richtigen Entscheidungen zur richtigen Zeit treffen, die für eine reibungslose Ausführung des Baues unentbehrlich sind. Die Koordinierungspflicht besteht sowohl während der Planungs- als auch während der Bauüberwachungsphase. Beispiele für eine fehlerhafte Koordinierung sind:

- Fehlender Ausgleich des Rohbetons vor Aufbringen des Estrichs;
- Mehrkosten von Bauunternehmern wegen doppelter Anfahrt aufgrund mangelhafter terminlicher Koordination;
- fehlende oder nicht ordnungsgemäße Aufstellung und Überwachung von Terminplänen, unzureichende Anpassung von Terminplänen an veränderte Bauabläufe;
- unzureichende Koordinierung der Beiträge der anderen an der Planung fachlich Beteiligten.[41]
- Wohl nicht die zu kurze Bemessung der Zeitspanne zwischen Probebohrungen mit anschließender Bodengutachten und Erstellung der Statik und Einbringung der Spundwände, so daß eine gewisse Hektik entsteht, die dazu führt, daß die Sonderfachleute die Bodenverhältnisse falsch einschätzen.[42]

1.3 Mangelhafte Objektüberwachung

In der Praxis kommt der Haftung des Architekten wegen mangelhafter Bau- oder Objektüberwachung große Bedeutung zu. Dies liegt im wesentlichen darin begründet, daß es leichter ist, dem Architekten im Einzelfall einen Überwachungs- statt einen Planungsfehler nachzuweisen, und die Inanspruchnahme des Architekten unproblematischer ist als eines von mehreren Bauunternehmern, wenn verschiedene Ursachen zu einem Mangel geführt haben. Ein weiterer Grund ist, daß der Architekt wegen seiner bestehenden Berufshaftpflichtversicherung oft ein „besserer" Schuldner ist als ein Bauunternehmer. Im Rahmen der Objektüberwachung hat der Architekt und Ingenieur vor allem die Ausführung des Objektes in Übereinstimmung mit den Planungen, der Baugenehmigung und den Leistungsbeschreibungen sowie den anerkannten Regeln der Technik zu überwachen. Dazu gehört die Überwachung der Tätigkeit der am Bau beteiligten Unternehmer und Handwerker. Der Architekt muß die Baustelle so überwachen und koordinieren, daß das Bauvorhaben in allen wesentlichen technischen, zeitlichen und kostenmäßigen Belangen wie geplant fehlerfrei und reibungslos durchgeführt wird. Diesen Erfolg des mangelfrei überwachten Bauwerks schuldet der Architekt. Die Festlegung des Umfangs der Bauaufsichtspflicht ist schwierig; bei genauer Betrachtung ist die Frage des Umfangs weniger eine Frage der objektiven Pflichtverletzung – der Architekt schuldet den Erfolg, nicht ein „Tätigsein"- , als der Zurechnung eines Mangels und/oder des Verschuldens (subjektive Pflichtverletzung) eines mangelhaften Bauwerks. Letztendlich kann der Umfang weder zeitlich noch sachlich bestimmt werden, sondern richtet sich gemäß der ständigen Rechtsprechung nach den Umständen des Einzelfalls. Da die Rechtsprechung, die eine Verletzung einer Überwachungspflicht bejaht, ausufert, muß heute nahezu im Umkehrschluß überprüft werden, wo die Grenzen der Überwachungstätigkeit des Architekten und Ingenieurs liegen. Dies hat in der Baupraxis zu dem Spruch geführt: „Im Zweifel haftet der Architekt immer". Solche Grundsätze und Grenzen der Überwachungstätigkeit sind folgende.[43]

1.3.1 Ständige Überwachungspflicht

Selbstverständlich besteht keine Pflicht des Architekten, sich ständig auf der Baustelle aufzuhalten und gewissermaßen neben dem Handwerker zu stehen, ihn anzuleiten und zu überwachen. Oft wird – in Verkennung der Haftungsgrundsätze der herrschenden Meinung – vertreten, daß sich der Architekt bei der Überwachung auf Stichproben beschränken darf. Hierbei wird jedoch übersehen, daß immer erst zu prüfen ist, welche Leistungen zu überwachen sind. Handelt es sich um Bauleistungen mit besonderen Gefahrenquellen oder hohen Qualitätsanforderungen, oder erhöhen sich die Aufsichtspflichten, weil ein besonderes „Signal" vorliegt (wegen typischen Gefahrenquellen,

---

38 BGH, NJW-RR 1988, 275.
39 OLG Hamm, BauR 2000, 918 und OLG Hamm, BauR 2000, 1361.
40 BGH, NJW 1996, 2370.
41 OLG Celle, BauR 1970, 182.
42 a.A. OLG Stuttgart, BauR 1996, 748.

43 Vgl. anschaulich OLG München, NJW-RR 1988, 336 f.

schwierigen Bauarbeiten, ungewöhnlicher Baumethoden u. a.), darf sich die Tätigkeit des Architekten und Ingenieurs nicht auf Stichproben beschränken. Vielmehr muß der Architekt die wichtigen Bauabschnitte, von denen das Gelingen des ganzen Werkes abhängt, in angemessener Weise überwachen oder sich sofort nach der Ausführung der Arbeiten von deren Ordnungsmäßigkeit überzeugen. Je höher die Qualitätsanforderungen an die Bauleistungen sind, desto größer ist auch das Maß der Überwachung. Gerade bei schwierigen oder gefährlichen Arbeiten bzw. typischen Gefahrenquellen muß der Architekt ständig beobachten und überprüfen.

Als Bauleistungen, die besondere Gefahrenquellen oder hohe Qualitätsanforderungen beinhalten, gelten insbesondere:

- Abdichtungs- und Isolierarbeiten,[44]
- Betonierungsarbeiten, einschließlich Bewehrungsarbeiten,[45]
- Zementestrich vor Parkettverlegung,[46]
- Abbruch- und Unterfangungsarbeiten,[47]
- Drainagearbeiten,[48]
- Schall- und Wärmeschutzisolierungen,[49]
- Standfestigkeit des Bauvorhabens und der Baugrube,[50]
- Winterfestigkeit eines Rohbaus,[51]
- Bestandsschutz beim Umbau,[52]
- generell bei Sanierungs-[53] und Mangelbeseitigungsarbeiten.[54]
- **Maurerarbeiten** sind in der Regel gesondert zu überwachen. Hier hat der Architekt vor allem dafür Sorge zu tragen, daß die Steine im richtigen Verbund vermauert, die einzelnen Wände ordnungsgemäß verzahnt und aussteifende Zwischenwände mit tragendem Mauerwerk ordnungsgemäß verbunden sind. Gleiches gilt für die Verbindung von Vorsatzschale und Hintermauerung bei zweischaligem Mauerwerk

und die Verwendung der richtigen Mörtelgruppe[55]. Dies gilt auch für das Verdichten des Mörtels.[56]

Die Liste der Beispiele ließe sich aufgrund der vorliegenden Rechtsprechung noch erheblich erweitern.[57]

Ferner ist eine erhöhte Aufsichtspflicht des Architekten dann angezeigt, wenn ein besonderes „Signal" vorliegt. Dies ist z. B. bei typischen Gefahrenquellen, wichtigen oder schwierigen und kritischen Bauarbeiten, die erfahrungsgemäß mit Mängeln verbunden sind, ungewöhnlichen Baumaßnahmen oder Baumethoden der Fall. So ist etwa generell bei der Sanierung von Altbauten eine den Besonderheiten solcher Umbau- und Modernisierungsarbeiten Rechnung tragende Bauaufsicht nötig.[58]

1.3.2 Handwerkliche Selbstverständlichkeiten

Der Architekt muß einfache und gängige Arbeiten nicht überwachen, von denen er annehmen darf, daß sie auch ohne Überwachung fachlich ordnungsgemäß erledigt werden. Hierzu gehören z. B. einfache Malerarbeiten, Aufbringen von Dachpappe, Verlegen von Fliesen – nicht aber die Einbringung von Zementestrich[59] –, Auftragen eines Innenputzes.[60] Derartige einfache gängige Arbeiten werden auch als sog. **handwerkliche Selbstverständlichkeiten**[61] angesehen. In diesen Fällen ist eine Überwachungstätigkeit des Architekten nicht erforderlich. Dies gilt aber dann nicht, wenn es für den Architekten Anhaltspunkte gibt, daß der ausführende Unternehmer erkennbar unzuverlässig und wenig sachkundig ist oder erkennbar unsichere Arbeitnehmer für dieses Bauvorhaben beschäftigt, bzw. wenn sich auch bei diesen einfachen Arbeiten bereits Mängel gezeigt haben.[62]

---

44 OLG Düsseldorf, OLGR 1994, 130; OLG Hamm, BauR 1990, 638; OLG Nürnberg, IBR 1998, 446; OLG Hamm, IBR 1999, 543.
45 BGH, BauR 1974, 66; OLG München, NJW-RR 1988, 336; OLG Stuttgart, NJW-RR 1989, 1428.
46 OLG Oldenburg, IBR 1999, 487.
47 OLG Frankfurt, BauR 1991, 377; OLG Oldenburg, BauR 1992, 258.
48 OLG Frankfurt, MDR 1970, 924.
49 OLG Köln, BauR 1981, 475; OLG Hamm, BauR 1988, 340; OLG Düsseldorf, BauR 1993, 622; OLG Hamm, BauR 1994, 246.
50 OLG Hamm, NJW-RR 1990, 915; OLG Köln, NJW-RR 1994, 89.
51 OLG Hamm, BauR 1991, 788.
52 OLG Oldenburg, BauR 1992, 258.
53 OLG Hamm, NJW-RR 1990, 915; BGH, BauR 2000, 1217.
54 BGH, BauR 1971, 205.

55 Bindhardt, Jagenburg, aaO., § 6 Rdn. 119.
56 OLG Düsseldorf, BauR 1984, 201.
57 Vgl. die Beispiele bei Bindhardt, Jagenburg, aaO., § 6 RN 114 ff.; Locher/Koeble/Frik, aaO., § 15 HOAI, RN 203 ff.; Werner/Pastor, aaO., RN 1501 ff.
58 BGH, BauR 2000, 1217.
59 OLG Hamm, BauR 1990, 638 einerseits, BGH, BauR 1994, 392 andererseits.
60 Vgl. Bindhardt, Jagenburg, aaO., § 6 RN 113; Werner/Pastor, aaO., RN 1499
61 Ein in der heutigen Baupraxis letztendlich unzutreffender Begriff, da er suggeriert, daß bei handwerklichen Selbstverständlichkeiten kaum eine Überwachungstätigkeit gefordert wird, obwohl die Rechtsprechung im Ergebnis oft anders entschieden hat.
62 BGH, BauR 1994, 392.

1.3.3 Stichprobenweise Überwachung

Die Intensität der Überwachung hängt natürlich auch von der Qualität des jeweiligen Unternehmers oder Handwerkers ab. Ein als zuverlässig bekannter Bauunternehmer muß nicht mit der gleichen Intensität überwacht werden wie ein unzuverlässiger. In diesen Fällen kann sich der Architekt auf **stichprobenartige Überprüfungen** beschränken. Erkennt er aber im Einzelfall, daß ausnahmsweise eine derartige Zuverlässigkeit nicht gegeben ist, muß er gesondert überprüfen. In der Praxis ist dies auch gerade beim Einsatz von ausländischen Subunternehmern zu beachten, die nicht über die entsprechende handwerkliche Vorbildung verfügen wie deutsche Unternehmen. Wenn sich z. B. zeigt, daß ein ausländischer Unternehmer oder dessen Arbeitnehmer nicht über die entsprechenden handwerklichen Kenntnisse oder sonstige Fachkenntnisse verfügen, ist eine erhöhte Überwachungspflicht des Architekten anzunehmen. Es genügt daher nicht, daß der Architekt dem Bauherrn gegenüber erklärt, daß er für solche Unternehmen keine Verantwortung übernehmen könne. Vielmehr muß er auch hier auf eine mangelfreie Leistung hinwirken.[63]

1.3.4 Sonderfachleute

Eine weitere Grenze der Überwachungstätigkeit des Architekten ergibt sich, wenn Spezialfirmen oder **Sonderfachleute** zum Einsatz kommen und der Architekt im Hinblick auf die spezielle Bauleistung über keine Kenntnisse verfügt, da sie nach seiner Ausbildung und Fortbildung nicht vorausgesetzt werden können, es sei denn es ist etwas anderes vereinbart.[64] Wenn zwischen dem Auftraggeber und dem Architekten nichts gesondert vereinbart wurde, kommt eine Architektenhaftung nur dann in Betracht, wenn der Architekt einen unzuverlässigen Sonderfachmann ausgewählt hat, die Mängel offensichtlich sind oder der Architekt aufgrund seiner allgemeinen Grundkenntnisse erkennen konnte.[65] Ferner muß der Architekt die ihm zur Verfügung stehenden Prüfungsmöglichkeiten auch bei sog. Spezialisten wahrnehmen. Er muß zumindest die Pläne oder Ausführungen mit den bereits vorhandenen Plänen und Leistungsbeschreibungen – soweit ihm dies möglich und zumutbar ist – überprüfen. Dies hat vor allem der Architekt gegenüber dem **Statiker** zu beachten. Zwar muß er nicht die statischen Berechnungen selbst überprüfen, wohl aber hat er zu klären, ob sie mit den von ihm erstellten Plänen und sonstigen Angaben übereinstimmen und ob der ausführende Unternehmer die Vorgaben des Statikers einhält.[66] Ferner hat der Architekt sog. offensichtlichen, statischrelevanten Fehlern, die ihm auch aufgrund seiner Ausbildung auffallen müssen, zu beanstanden.

Zu derartigen Spezialleistungen gehören aus Sicht des überwachenden Architekten auch Projektierungsarbeiten (z. B. Klima-, Belüftungs- und Entlüftungsanlagen). Ob es sich um Spezial- oder Sonderfacharbeiten handelt, kann nicht immer zweifelsfrei festgestellt werden. Ein gewisses Hilfsmittel ergibt sich aus den verschiedenen Projektierungs- und Ingenieurleistungen, wie z. B. in den Bereichen Elektrik, Klima- und Lüftungstechnik, Tragwerksplanung u. a. Aber auch in anderen Bereichen, wie z. B. beim Spezialtiefbau, lassen sich derartige „Spezialisten" annehmen.

Oft wird das Bauvorhaben vom überwachenden Architekten nicht geplant. Dann hat ein nur bauaufsichtsführender Architekt die Ausführungsplanung des vorleistenden, planenden Architekten auf ihre Übereinstimmung mit den anerkannten Regeln der Technik zu überprüfen und den Bauherrn auf Planungsfehler des planenden Architekten hinzuweisen und die Entscheidung des Auftraggebers abzuwarten.[67] Der bauleitende Architekt kann sich dabei nicht auf ein Mitverschulden des planenden Architekten berufen.[68]

1.3.5 Weitere Überwachungspflichten

Zu den weiteren Pflichten des Architekten gehören die Prüfung und Erstellung eines Aufmaßes und die Rechnungsprüfung bzgl. der Bauleistungen.[69] Ferner hat der Architekt die Bauleistungen abzunehmen. Dies ist keine rechtsgeschäftliche, sondern eine sog. technische Abnahme, die sich nur auf die Prüfung der Mangelhaftigkeit der Ausführung – vor allem im Hinblick auf Übereinstimmung mit den Plänen, der Leistungsbeschreibung, den anerkannten Regeln der Technik und der Baugenehmigung – beschränkt.[70] Je nach Ergebnis der technischen Überprüfung muß der Architekt den Auftraggeber beraten und ihn über die Wirkungen und Folgen einer (rechtsgeschäftlichen) Abnahme aufklären.

Der Architekt ist ferner verpflichtet, den Auftraggeber darauf hinzuweisen, wenn eine Vertragsstrafe verwirkt ist und ein entsprechender Vorbehalt bei Abnahme erklärt werden muß.[71]

---

63 BGH, BauR 1978, 60.
64 BGH, BauR 1997, 488.
65 BGH, BauR 1997, 488; OLG Koblenz, BauR 1997, 502; OLG Köln, BauR 1999, 429.
66 OLG Düsseldorf, IBR 1998, 492.
67 OLG Köln, OLGR 1997, 58.
68 OLG Düsseldorf, BauR 1998, 582; vgl. OLG Düsseldorf, IBR 1999, 24.
69 BGH, BauR 1998, 869.
70 BGH, BauR 1999, 187.
71 BGH, BauR 1979, 345.

Schließlich hat der Architekt dem Bauherrn die Gewährleistungsfristen aufzulisten, d. h. Beginn, Dauer und Ende der Gewährleistungsfrist.[72] Auch hier können dem Architekten haftungsrelevante Fehler unterlaufen: wie z. B. unzutreffende Feststellung des Datums der Abnahme, Annahme einer längeren als nach dem Vertrag vorgesehenen Gewährleistungsfrist u. a.

1.3.6 Überwachungspflicht bei Mängeln

Der Architekt hat im Rahmen seiner Überwachungspflichten bei der **Feststellung von Mängeln** dafür Sorge zu tragen, daß diese Mängel beseitigt werden. Dabei muß er erst die Mangelerscheinung[73] feststellen, die Ursache der Mangelerscheinung erkunden und objektiv prüfen, wer für diese Mängel verantwortlich ist. Dabei darf er eigene Fehler nicht verheimlichen.[74] Er muß seinen Auftraggeber umfassend über die Ursachen der Mangelerscheinung aufklären. Ferner hat er den am Bau beteiligten Unternehmer, der die Mängel zu verantworten hat, zur Mängelbeseitigung aufzufordern und die Mängelbeseitigung zu überwachen. Kommt der Unternehmer dieser Verpflichtung nicht nach, muß der Architekt den Auftraggeber über die weiteren technischen Gegebenheiten und Möglichkeiten unterrichten. Erfüllt der Architekt diese nachvertragliche Pflicht nicht, haftet er 30 Jahre für diese Pflichtverletzung.[75] Es gehört aber nicht zu den Verpflichtungen des Architekten, dem Auftraggeber rechtliche Möglichkeiten zur Durchsetzung von Gewährleistungsansprüchen vorzuschlagen oder gar selbst entsprechende Erklärungen (Fristsetzungen u. a.) abzugeben.[76] Dem Architekten ist gerade in diesem Zusammenhang Zurückhaltung zu empfehlen, da durch formale Fehler des Architekten die Gewährleistungsansprüche des Bauherrn verlustig gehen können. Dies gilt z. B. für die Ersatzvornahme beim VOB/B-Vertrag; bei einer Ersatzvornahme vor Abnahme ist u. a. die (Teil-)Kündigung des Bauvertrages erforderlich (§§ 4 Nr. 7, 8 Nr. 3 VOB/B).[77]

---

72 Bindhardt, Jagenburg, aaO., § 6 RN 144 f.
73 Vgl. Weise, BauR 1991, 19 ff.
74 BGH, NJW 1978, 1311; BGH, BauR 1986,112; BGH, BauR 1996, 418; grundlegend Weise, Die Sekundärhaftung der Architekten und Ingenieure, 1997 m. w.N.
75 BGH, NJW 1978, 1311; BGH, BauR 1986,112; BGH, BauR 1996, 418; a.A. Weise, Die Sekundärhaftung der Architekten und Ingenieure, 1997 m.w.N.
76 Locher/Koeble/Frik, aaO., § 15 HOAI RN 214 m.w.N.
77 Bindhardt, Jagenburg, aaO., § 6 RN 156.

Dabei stellt sich oft die Frage, wie lange der Architekt verpflichtet ist, wegen festgestellter Mängel (ohne zusätzliche Vergütung) tätig zu werden. Der Architekt hat für die Beseitigung all jener Mängel zu sorgen, die bis zur Abnahme festgestellt werden. In gewissen zeitlichen Grenzen kann man diese Verpflichtung auch noch auf Mängel erstrecken, die in einem zeitlichen Zusammenhang mit der Abnahme festgestellt werden und gegenüber dem Unternehmer zu rügen sind. Danach besteht nach herrschender Literaturmeinung diese Verpflichtung des Architekten nicht mehr, es sei denn, Planungs- oder Überwachungsfehler des Architekten sind für diesen Mangel mitursächlich. Dann treffen die Verpflichtungen den Architekten schon aufgrund seiner eigenen Gewährleistungspflicht. Nur dann, wenn der Architekt auch die Objektbetreuung (§ 15 Abs. 2 Nr. 9 HOAI) übernommen hat, hat er vor Ablauf der Gewährleistungsfristen eine Objektbegehung zur Mängelfeststellung durchzuführen und die Beseitigung dieser Mängel zu überwachen. Wenn man aber mit dem BGH[78] annimmt, daß der Architekt im Rahmen seines Aufgabengebiets die Verpflichtung (sog. Sekundärhaftung) hat, den Bauherrn auch über die Ursachen von Mängeln aufzuklären, die dem Architekten innerhalb der Gewährleistungsfrist bekannt werden, so folgt daraus zumindest auch eine Tätigkeitsverpflichtung zur objektiven Ermittlung der Mangelursache mindestens 5 Jahre nach der Abnahme der Architektenleistungen, ohne daß es der Beauftragung der Leistungsphase 9 des § 15 HOAI bedarf.

1.4 Fehler im wirtschaftlichen Bereich

Der Architekt hat bei der Planung und Durchführung des Bauvorhabens nicht nur eine technische sowie den Zwecken des Bauherrn entsprechende Planung zu erstellen und die Bauarbeiten ordnungsgemäß zu überwachen, sondern auch gewisse wirtschaftliche Belange des Auftraggebers einzuhalten. Zwar ist Kernaufgabe des Architekten, für ein technisch einwandfreies, den Zwecken des Bauherrn entsprechendes Bauvorhaben zu sorgen; die Rechtsprechung und Literatur sieht jedoch einige konkrete wirtschaftliche Aufgaben und Beratungspflichten des Architekten und Ingenieurs vor. Dies gilt grundsätzlich auch dann, wenn kein verbindlicher Kostenrahmen vereinbart wurde.[79]

---

78 BGH, BauR 1996, 418.
79 Brandenburgisches OLG, BauR 1999, 1202.

1.4.1 Unwirtschaftliche Planung

Die Planung des Architekten hat gleichrangig neben technischen Belangen auch die wirtschaftlichen Gesichtspunkte zu berücksichtigen.[80] Der Architekt ist aber nicht Treuhänder der Vermögensinteressen des Bauherrn; er ist daher grundsätzlich nicht verpflichtet, so kostengünstig und wirtschaftlich zu bauen, wie es möglich wäre. Bei den wirtschaftlichen Fehlern ist daher zwischen zwei Kategorien zu unterscheiden: Zum einen wirtschaftliche Fehler, die sich – ohne jeglichen Hinweis seitens des Bauherrn – bereits aus den technischen oder sonstigen Grundlagen für den Architekten ergeben und von ihm beachtet werden müssen, und zum anderen wirtschaftliche Fehler, die sich erst aus den vom Bauherrn offenbarten näheren Umständen oder Wünschen ergeben:

So liegen wirtschaftliche Fehler vor, die der Architekt von sich aus beachten muß, wenn er überdimensionierte Fundamente erstellt, wodurch dem Bauherrn vermeidbare Kosten entstehen.[81] Ferner liegt ein wirtschaftlicher Fehler vor, wenn der Architekt in einem Pauschalvertrag die Massen für einige Positionen zu hoch ansetzt, so daß ein überhöhter Pauschalpreis vereinbart wird.

In der Regel benötigt der Architekt aber Anhaltspunkte – z. B. aus den Vorgaben oder den Umständen des Bauherrn –, die entsprechende wirtschaftliche Pflichten erst begründen:

- Gibt der Auftraggeber dem Architekten vor, ein rentables Mehrfamilienhaus zu entwerfen, und entspricht die Planung dem nicht, so ist sie fehlerhaft.[82]
- Der Bauherr weist den Architekten darauf hin, daß er bestimmte steuerliche Vergünstigungen oder Förderungen von öffentlichen Stellen für das Bauvorhaben beanspruchen möchte. Entspricht dann die Planung nicht den steuerlichen Vorschriften oder den Förderbestimmungen, kann sie fehlerhaft sein.[83]

1.4.2 Fehler in der Vertragsgestaltung

Auch bei der Vorbereitung und Durchführung der Bauverträge können dem Architekten haftungsrelevante Fehler unterlaufen.[84] Jedoch ist diese Pflicht von einer Rechtsberatung des Bauherrn abzugrenzen. Wenn der Bauherr die Wahrung bestimmter Rechte begehrt oder ein kompliziertes Vertragswerk zugrunde legen möchte, muß er einen Rechtsanwalt beiziehen. Dies sollte der Architekt dem Bauherrn auch empfehlen, um eigene Haftungsrisiken zu reduzieren.

Der Architekt genügt seinen Pflichten, wenn er dem Bauvertrag die im Buchhandel erhältlichen sogenannten **VOB/B – Vertragsformulare** zugrundelegt. Er muß dann den Bauherrn über die wesentlichen Unterschiede zwischen VOB/B und BGB aufklären und beraten; Kernpunkt der Beratung ist die unterschiedliche „Regel-Gewährleistungsfrist" von 2 statt 5 Jahren.[85] Bei der Verwendung von solchen Vertragsformularen muß er den Bauherrn auch im Hinblick auf die im Formular offengelassenen Punkte, wie z. B. Vertragsstrafe, Ausführungsfristen, Sicherheitsleistung beraten.[86] Stets muß aber der Architekt bei seiner Beratung Grundzüge der höchstrichterlichen Rechtsprechung beachten, wie z. B. die zulässigen Sätze und Maximalgrenzen einer Vertragsstrafe, die Problematik der Vereinbarung der VOB/B „als Ganzes". Empfiehlt der Architekt dem Auftraggeber von ihm selbst oder von Dritten erstellte Besondere Vertragsbedingungen, die von der VOB/B „als Ganzes" abweichen, so setzt er sich erheblichen Haftungsrisiken aus: Einzelne Bestimmungen der empfohlenen Besonderen Vertragsbedingungen können wegen Verstoßes gegen das AGBG unwirksam sein; einzelne Vertragsklauseln können von der VOB/B „als Ganzes" abweichen, so daß alle VOB/B-Bestimmungen ihr AGBG-Privileg (§ 23 AGBG) verlieren und gegen das AGBG verstoßen und unwirksam sein können.

1.4.3 Bausummenüberschreitung

Im Rahmen des Architektenvertrages übernimmt der Architekt verschiedene Verpflichtungen zur Kostenüberprüfung und -ermittlung. In der HOAI ist dies z. B. in der Leistungsphase 2 (Vorplanung) mit der Kostenschätzung, in der Leistungsphase 3 (Entwurfsplanung) mit der Kostenberechnung sowie Kostenkontrolle durch den Vergleich der Kostenberechnung mit der Kostenschätzung vorgesehen. In der Leistungsphase 7 (Mitwirkung bei der Vergabe) hat er einen Kostenanschlag sowie eine Kostenkontrolle durch den Vergleich des Kostenanschlags mit der Kostenberechnung vorzunehmen. Ferner hat er im Rahmen der Objektüberwachung die Kostenfeststellung durchzuführen. Aus der HOAI ergeben sich aber keine Hinweise, wann der Architekt seinen Pflichten zur Kostenüberprüfung nachkommen muß. Vielmehr ergibt sich aus seiner allgemeinen Beratungs-

---

80 BGH, BauR 1984, 420; BGH, BauR 1996, 570.
81 OLG Düsseldorf, BauR 1980, 376; BGH, BauR 1991, 366.
82 BGH, BauR 1975, 434; BGH, BauR 1984, 420.
83 BGH, BauR 1996, 570; BGH, BauR 1988, 734; BGH, NJW 1978, 322; OLG Köln, BauR 1993, 756; OLG Bremen, VersR 1973, 1050; OLG Düsseldorf, BauR 1990, 493; OLG Bamberg, OLGR 1998, 71; OLG Naumburg, BauR 1998, 361.
84 BGH, BauR 1983, 168.
85 Bindhardt, Jagenburg, aaO., § 6 RN 91 f.
86 Locher/Koeble/Frik, aaO., § 15 HOAI, RN 171.

pflicht, daß er den Bauherrn auf Kostensteigerungen hinweisen muß, sobald dies erkennbar wird.[87] In jedem Stadium kann es daher zu Kostenermittlungs-, Beratungs- und Prüfungsfehlern des Architekten kommen. Hieraus resultiert jedoch nicht immer eine Haftung des Architekten. Vielmehr sind bei der Haftung des Architekten wegen Bausummenüberschreitung folgende Voraussetzungen zu beachten:

1.4.3.1 Fehler im Kostenbereich

Dem Architekten muß ein **Fehler im Kostenbereich** unterlaufen sein. Die Fehler können vielfältiger Natur sein, wie z. B. Fehler bei der Berechnung von Massen[88], Übersehen von Positionen oder Leistungsteilen, Einsetzen von zu niedrigen Einheitspreisen, Vergessen der Mehrwertsteuer, zu umständliche oder luxuriöse Planung. Ein Fehler kann aber nur dann festgestellt werden, wenn eine Differenz zwischen den vom Architekten ermittelten – vor allem geschätzten – Kosten und den – zum Zeitpunkt der Kostenermittlung – realistischen Kosten besteht.[89] Dabei ist stets zu ermitteln, von welchen Baukosten der Architekt bei der jeweiligen Kostenermittlung ausgehen konnte. Diese Kosten sind um spätere Änderungen der Planungen oder des Bauvorhabens, Sonderwünsche des Bauherrn, unerwartete Bodenverhältnisse u.ä. zu bereinigen. Es ist immer zu überprüfen, welche Kosten in die Kostenermittlung eingestellt werden konnten und welche nicht.

Für das Vorliegen eines Fehlers trifft den Bauherrn die Darlegungs- und Beweislast. Er muß daher den Fehler in der Kostenermittlung des Architekten nachvollziehbar darlegen und beweisen.[90]

1.4.3.2 Überschreiten der Toleranzgrenze

Auch wenn ein Fehler im Kostenbereich vorliegt, führt dieser nicht sofort zu einer objektiven Pflichtverletzung des Architekten. Vielmehr wird dem Architekten eine sog. **Toleranzgrenze** bzw. ein sog. Toleranzrahmen zugestanden. Diese Toleranzgrenze ist je nach Kostenermittlungsart bzw. je nach Grad der Verfeinerung der einzelnen Kostenermittlungen und nach Art des Kostenfehlers zu bestimmen. Bei **groben Fehlern**, wie z. B. die vergessene Mehrwertsteuer oder völlig unrealistische Kubikmeterpreise werden dem Architekten keine Toleranz zugestanden[91]. Soweit Toleranzgrenzen zur Anwendung kommen, bestehen unterschiedliche Auffassungen. So werden grundsätzlich folgende Toleranzgrenzen vertreten:[92]

- 20–40 % im Rahmen der Kostenschätzung;
- 20–25 % im Rahmen der Kostenberechnung;
- 10–15 % im Rahmen des Kostenanschlags.

Letztendlich ist der Einzelfall maßgeblich, insbesondere das konkrete Bauvorhaben und die Schwierigkeit, dessen Kosten zu Die prozentualen Ansätze können jedoch nur Anhaltspunkte sein. Die vorstehenden Prozentsätze sind daher nicht als feste Größe anzusehen – sondern eher mit größter Vorsicht anzuwenden.[93] Letztendlich ist der Einzelfall maßgeblich, insbesondere das konkrete Bauvorhaben und die Schwierigkeit, dessen Kosten zu schätzen (z. B. bei der Sanierung eines Altbaus).[94]

Die Toleranzgrenze hat nicht nur für das Vorliegen einer objektiven Pflichtverletzung des Architekten eine Bedeutung – erst bei Überschreiten der Toleranzgrenze kann die Pflichtverletzung bejaht werden –, sondern auch für den Umfang des Schadens: Der Toleranzrahmen ist daher der ursprünglichen (unzutreffenden) Kostenermittlung hinzuzurechnen und dann erst in Relation zu den realistischen Werten zu setzen. Dies ist aber in der Literatur umstritten. Ein Teil der Literatur sieht die Toleranzgrenze nur als „Nadelöhr" für die Bejahung der objektiven Pflichtverletzung[95]; danach wird sie bei der Schadensberechnung nicht mehr berücksichtigt. Es ist aber nicht verständlich, weshalb auf der einen Seite ein Toleranzrahmen bei der Pflichtverletzung, nicht aber beim Schadensumfang zugestanden wird. Nach der hier vertretenen Meinung fehlt dann zwischen dem Toleranzbetrag und dem Schaden ein kausaler Zurechnungszusammenhang. Ferner ist nicht verständlich, weshalb derjenige der den Toleranzrahmen um 1 DM überschritten hat, in vollem Umfang haftet, während derjenige der gerade noch den Toleranzrahmen einhielt, überhaupt nicht haftet.

1.4.3.3 Nachbesserungsrecht des Architekten

Da der Architekt für Bausummenüberschreitungen nach nunmehr herrschender Meinung gemäß §§ 633 ff. BGB haftet, muß ihm die **Gelegenheit zur Nachbesserung** gegeben werden, sofern dies nach dem Bauablauf noch möglich ist.[96] Der Bauherr kann daher Schadensersatzansprüche erst

---

87 BGH, BauR 1997, 1067.
88 OLG Köln; IBR 2000, 36.
89 Locher/Koeble/Frik, aaO., Einl. RN 58.
90 BGH, BauR 1988, 734.
91 BGH, BauR 1997, 335.

92 Locher/Koeble/Frik, aaO., Einl. RN 59 ff. m.w.N.
93 BGH, BauR 1988,m 734; BGH, BauR 1994, 734.
94 Vgl. Werner/Pastor, aaO., RN 1790.
95 Locher/Koeble/Frik, aaO., Einl. RN 67.
96 OLG Hamm, BauR 1995, 413; OLG Düsseldorf, BauR 1994, 133; OLG Düsseldorf, BauR 1988, 237; a.A. wohl OLG Naumburg, ZfBR 1996, 213. Unklar BGH, BauR 1997, 494 der wohl von einer Nebenpflichtverletzung und damit fehlenden Nachbesserungsrecht ausgeht.

dann geltend machen, wenn er den Architekten unter Fristsetzung mit Ablehnungsandrohung zur Nachbesserung aufgefordert hat und die Frist fruchtlos abgelaufen ist (§§ 634, 635 BGB). Der Bauherr kann jedoch einwenden, daß eine Fristsetzung mit Ablehnungsandrohung nicht zumutbar oder möglich gewesen sei; hierfür trifft aber ihn die Darlegungs- und Beweislast.[97]

1.4.3.4 Verursachter und verschuldeter Kostenfehler

Eine Pflichtverletzung im Kostenbereich muß vom Architekten **verursacht und verschuldet** sein. Darlegungs und beweispflichtig ist hierfür allein der Bauherr.[98]

1.4.3.5 Schadenshöhe

Schließlich muß der Auftraggeber auch einen **Schaden** nachweisen. Dabei wird zwischen einer sog. echten und einer unechten Bausummenüberschreitung unterschieden. Bei einer echten Bausummenüberschreitung bringt die Fehlleistung des Architekten dem Bauherrn nur Nachteile, bei einer unechten Bausummenüberschreitung hingegen auch Vorteile, wie z. B. größere Nutzungsmöglichkeiten, höherer Ertrags- oder Substanzwert (Verkehrswert). In der Praxis herrscht das Problem der sog. unechten Bausummenüberschreitung vor. Nach ständiger Rechtsprechung liegt nur dann ein Schaden beim Auftraggeber vor, wenn die Mehraufwendungen des Bauherrn höher sind als die entsprechenden Wertsteigerungen des Objektes. Maßgeblicher Zeitpunkt für die Bemessung dieses Wertes ist der Zeitpunkt der letzten mündlichen Tatsachenverhandlung.[99] Dies führt bei zunehmender Wertsteigerung der Immobilie zu einem immer geringeren Schaden; demnach kann eine längere Auseinandersetzung oder Rechtsstreit über mehrere Instanzen für den Architekten vorteilhaft sein, wenn der Wert in dieser Zeit steigt. Ein weiterer Nachteil für den Bauherrn kann in den zusätzlichen Zinsbelastungen für das teuere Objekt bestehen[100]; aber auch hier sind die vorstehenden Grundsätze der Vorteilsausgleichung zu beachten[101], wie z. B. erweiterte Nutzungsmöglichkeiten und damit höhere Mieteinnahmen oder sonstige steuerliche Vergünstigungen.

Der Bauherr kann sich grundsätzlich nicht darauf berufen, daß er die Gesamtbaumaßnahme mit diesen Vorteilen – zusätzlicher Verkehrswert u. a. – so nicht gewollt habe bzw. diese für ihn nicht von Nutzen sei. Nach herrschender Meinung verbietet sich die Anrechnung des höheren Wertes nur dann, wenn der Bauherr den erhöhten Zins nicht tragen oder das Objekt nicht halten kann.[102]

Auch kann der Bauherr nicht pauschal einen Schadensersatzanspruch damit begründen, daß er bei einer fehlerfreien Kostenermittlung die tatsächlich angefallenen höheren Kosten durch entsprechend teurere Verkaufspreise wieder hereingeholt hätte.[103]

Letztendlich besteht daher nur dann ein Schaden, wenn der Bauherr darlegt, daß aufgrund einer Gesamtbilanz unter Berücksichtigung aller Vor- und Nachteile bei ihm ein Schaden verbleibt.

1.4.4 Kostengarantien

Von der bloßen Bausummenüberschreitung ist die Kostengarantie oder Bausummengarantie des Architekten zu unterscheiden. Bausummenüberschreitungen resultieren aus Pflichtverletzungen oder Kostenfehlern im Rahmen der baubegleitenden Kostenermittlung und -prüfung.[104] Unter Kostengarantie versteht man vertragliche Zusicherungen des Architekten, daß die Kosten einen bestimmten Betrag nicht überschreiten und ein übersteigender Mehrbetrag vom Architekten getragen wird. Dagegen genügt es nicht, wenn der Architekt bloße Kostenlimits und Kostenrahmen angibt. Dies stellt noch keine Kostengarantie dar.[105] Vielmehr muß *zweifelsfrei* zum Ausdruck kommen, daß der Architekt für Mehrkosten einstehen will. Dies ist ist nicht der Fall, wenn die zu erbringenden Bauleistungen bei Abgabe einer vermeintlichen Kostengarantie noch nicht bekannt waren.[106] Bei den Kostengarantien oder Bausummengarantien wird zwischen totaler und beschränkter Bausummengarantie unterschieden. Bei der totalen Bausummengarantie verpflichtet sich der Architekt, selbst bei atypischen Geschehensabläufen die Baukostengarantie einzuhalten. Bei der beschränkten Bausummengarantie reduziert sich die Haftung auf typische Geschehensabläufe. Notwendige und nicht voraussehbare Änderungen, die dazu führen, daß das Bauvorhaben nicht mehr identisch ist mit dem, auf das sich die Garantie bezog, fallen daher nicht unter den

---

97 OLG Düsseldorf, BauR 1994, 133.
98 BGH, BauR 1997, 494, 497.
99 BGH, BauR 1997, 494; BGH, BauR 1997, 335; BGH, NJW 1980, 2187 f.; OLG Köln, NJW-RR 1993, 986.
100 Locher/Koeble/Frik, aaO., Einl. RN 65.
101 BGH, BauR 1994, 268.

102 Vgl. OLG Hamm, NJW-RR 1994, 211 f.; OLG Köln, NJW-RR 1993, 986.
103 OLG Köln, IBR 2000, 69.
104 BGH, BauR 1997, 494.
105 BGH, BauR 1991, 366; nicht ganz klar insoweit Brandenburgisches OLG, BauR 1999, 1202.
106 OLG Celle, BauR 1998, 1030.

garantierten Rahmen; dies kann auch zum Wegfall der Garantie führen.[107]

Sofern der Architekt eine derartige Bausummen- oder Kostengarantie abgibt, haftet er für deren Überschreiten ohne Verschulden.

Sofern jedoch keine Kostengarantie, sondern nur eine Kostenobergrenze oder ein Kostenrahmen vom Bauherrn vorgegeben ist, und der Architekt diesen akzeptiert, liegt keine Garantie vor.[108] Solche Kostenrahmen können sich aus verbindlichen **Kostenvorgaben des Bauherrn** ergeben, wie z. B. die Vorgabe des Bauherrn „eine bestimmte Wohnfläche zu einem maximalen Preis von ..." zu bauen[109], die Benennung von Kosten im Architektenvertrag oder im Honorarangebot des Architekten.[110] Dabei genügen aber nicht einseitige Kostenvorstellungen des Bauherrn; vielmehr ist es notwendig, daß diese Vorstellungen mit dem Architekten als verbindlicher Planungsrahmen vereinbart wurden.[111] Bei der Vereinbarung eines Kostenrahmens ist ferner zu ermitteln, ob die Vertragsparteien diesen Rahmen als strikte Obergrenze oder nur als Orientierung angesehen haben. Im ersten Fall verbietet sich eine Toleranzgrenze anzunehmen, im letzten Fall können hierüber Erwägungen im Einzelfall angestellt werden.[112] Ferner wird man bei der Vereinbarung eines Kostenrahmens eher das Recht annehmen können, den Architektenvertrag aus wichtigem Grund zu kündigen, wenn der Architekt dieses Kostenlimit trotz Fristsetzung und Ablehnungsandrohung nicht einhält.

1.5 Folgen einer Pflichtverletzung des Architekten

Der Architekten- und Ingenieurvertrag ist ein Werkvertrag. Die Rechtsfolgen eines Fehlers des Architekten bestimmen sich daher nach §§ 633 ff. BGB. Nach dem Werkvertragsrecht ist die Nachbesserungspflicht des Unternehmers vorrangig – nicht jedoch beim Architektenvertrag: Hier gilt das Prinzip, daß nur ausnahmsweise eine Nachbesserungspflicht und ein -anspruch des Architekten besteht.

Schadensersatzansprüche gegen einen Architekten wegen fehlerhafter Planung können zu verneinen sein, wenn der Bauherr sich mit der Planung und Ausführung einverstanden zeigte. Das setzt allerdings voraus, daß der Bauherr Bedeutung und Tragweite der Fehlerhaftigkeit der Planung erkannte. Das kann in der Regel nur angenommen werden, wenn der Architekt den Bauherrn aufgeklärt und belehrt hat.[113]

1.5.1 Nachbesserungsrecht des Architekten

Solange und soweit die Leistungen des Architekten sich nicht im Bauwerk verwirklich haben, besteht grundsätzlich ein Nachbesserungsrecht des Architekten.[114] Nur dann, wenn er der Nachbesserungspflicht nicht gemäß den Voraussetzungen des §§ 633 Abs. 3 BGB oder §§ 634, 635 BGB nachkommt, macht er sich ersatzpflichtig. Der mit der Nachbesserungspflicht korrespondierende Nachbesserungsanspruch des Architekten erlischt daher in dem Moment, in dem die Planung in eine Bauleistung umgesetzt wird.

Wenn sich daher ein Planungsfehler in der Bauleistung verwirklicht hat, ist der Architekt grundsätzlich nicht verpflichtet, den Mangel im Bauwerk zu beseitigen.[115] Dies gilt erst recht für Überwachungsfehler; sobald der Überwachungsfehler vorliegt, kann er nicht mehr nachgebessert werden, der Fehler hat sich im Bauwerk verwirklicht.[116] Nur ausnahmsweise ist der Architekt berechtigt, auch die Nachbesserung des Bauwerks zu verlangen: Wenn der Architekt nachweist, daß er den Baumangel günstiger nachbessern kann als der Bauherr,[117] oder wenn ihm nach dem Architektenvertrag das Recht eingeräumt wurde, den Schaden selbst zu beseitigen.[118]

Wenn ausnahmsweise ein Nachbesserungsrecht des Architekten besteht – insbesondere, wenn das Bauwerk noch nicht nach den (mangelhaften Planungen ausgeführt wurde[119] –, kann der Bauherr nur dann Aufwendungsersatz oder Schadensersatz verlangen, wenn er die Voraussetzungen des §§ 633 Abs. 3 BGB, 634, 635 BGB beachtet. Dies gilt grundsätzlich auch, wenn der Architektenvertrag vom Auftraggeber gekündigt wurde.[120] Ist der Architekt mit der Mangelbeseitigung im Verzug, kann der Bauherr eine Ersatzvornahme gemäß § 633 Abs. 3 BGB durchführen und z. B. die Kosten

---

107 OLG Düsseldorf, BauR 1995, 411; OLG Düsseldorf, IBR 1999, 225.
108 Locher/Koeble/Frik, aaO., Einl. RN 72 m.w.N.
109 Werner/Pastor, aaO., RN 1781.
110 Werner/Pastor, aaO., RN 1781.
111 BGH, BauR 1997, 494.
112 BGH, BauR 1997, 494.
113 BGH, NJW 1996, 2370.
114 Zur Ablösung dieses Nachbesserungsrechts durch den Schadensersatz zuletzt BGH, BauR 2000, 128.
115 BGHZ 42, 16; BGHZ 48, 257; BGH, BauR 1981, 395; BGH, BauR 1988, 592.
116 OLG München, NJW-RR 1988, 336.
117 BGHZ 43, 227.
118 OLG Celle, BauR 1999, 676; OLG Frankfurt, IBR 1998, 215; BGH, BauR 1991, 395.
119 BGH, NJW-RR 1990, 787.
120 OLG Hamm, BauR 1995, 413.

einer den Mangel beseitigenden Planung ersetzt verlangen. Der Bauherr muß gegenüber dem Architekten den Fehler gerügt und ihn eine angemessene Frist zur Mangelbeseitigung gesetzt haben; nach Ablauf der Frist darf er dann die Ersatzvornahme durchführen und die Ersatzvornahmekosten vom Architekten verlangen. Nach einer Fristsetzung und Ablehnungsandrohung kann der Bauherr auch Schadensersatz wegen Nichterfüllung oder Minderung oder Wandelung beanspruchen.

Sofern ein Schadensbeseitigungsrecht im Architektenvertrag vereinbart wurde, muß der Auftraggeber dem Architekten die Möglichkeit einräumen den Schaden zu beseitigen und auf sein Schadensbeseitigungsrecht hinweisen.[121]

1.5.2 Schadensersatzpflicht des Architekten

In der Regel haftet der Architekt gemäß § 635 BGB auf Schadensersatz, wenn er eine seiner Pflichten verletzt hat, dieser Mangel sich im Bauwerk verwirklicht oder der Bauherr die Voraussetzungen des § 634 BGB (Fristsetzung mit Ablehnungsandrohung) herbeigeführt hat.[122]

Neben einem Architektenfehler setzt eine Schadensersatzpflicht voraus, daß der Fehler für den Schaden ursächlich war und der Architekt den Fehler verschuldet hat. Für ein fehlendes Verschulden ist aber der Architekt grundsätzlich beweispflichtig, vor allem dann, wenn er gegen die Regeln der Technik verstoßen hat.[123]

Der Anspruch nach § 635 BGB geht auf Geldersatz. Der Bauherr hat die Wahl zwischen dem sogenannten kleinen und dem großen Schadensersatz, d. h. er kann das Werk behalten und den durch den Mangel verursachten Schaden ersetzt verlagen (kleiner Schadensersatzanspruch), oder er kann das Werk zurückweisen und Ersatz des durch die Nichterfüllung des ganzen Vertrags verursachten Schadens verlangen (großer Schadensersatzanspruch). Der große Schadensersatzanspruch ist praktisch unbedeutend, da er die Rückgabe des Gebäudes beinhalten würde; dies wird in der Regel nicht dem Interesse des Bauherrn entsprechen. Der kleine Schadensersatzanspruch umfaßt entweder den mangelbedingten Minderwert des Bauwerks oder die Mangelbeseitigungskosten.[124] Von den Mangelbeseitigungskosten sind die Sowieso-Kosten, d. h. die Kosten, um die das Werk bei ordnungsgemäßer Ausführung von vornherein teurer geworden wäre[125], abzuziehen. War z. B. die Gründung fehlerhaft geplant worden und hätte mangelfrei eine aufwendigere Gründung geplant werden müssen, so hat der Architekt nicht die Kosten zu tragen, um die das Bauwerk unter Berücksichtigung der aufwendigeren Gründung teurer geworden wäre.[126] Ferner sind die Kosten der Mangelfeststellung und weitere Mangelfolgeschäden – z. B. entgangenen Gewinn, Nutzungsausfall – zu ersetzen.

Bei der Schadensberechnung sind ferner die wirtschaftlichen Vorteile zu berücksichtigen, die entweder aus dem Fehler selbst resultieren – z. B. bei einer umfangreicheren aber die Bausumme überschreitenden Planung – oder die der Bauherr aus der Nachbesserung erlangt – z. B. Vergrößerung der Nutzfläche (Ersetzen einer Mauer mit einer Glas-/Stahlkonstruktion), erheblich längere Lebensdauer des Gewerks.[127] Ein Schaden scheidet schließlich aus, wenn der Bauherr gerade wegen des in Rede stehenden Mangels keinen oder entsprechend geringeren Werklohn zahlen muß; denn dann hat der Bauherr insoweit keinen Schaden.[128]

1.6 Aktuelle Rechtsprechung

1.6.1 Bedeutung der HOAI für die Auslegung von Architekten- und Ingenieurverträgen

Die HOAI enthält keine normativen Leitbilder für den Inhalt von Architekten- und Ingenieurverträgen.

Die Auslegung des Werkvertrages und der Inhalt der vertraglichen Verpflichtungen des Architekten oder Ingenieurs können nicht in einem Vergleich der Gebührentatbestände der HOAI und der vertraglich vereinbarten Leistungen bestimmt werden.

BGH, Urteil vom 22. 10. 1998 – VII ZR 91/97; BauR 1999, 187.

Problem:

Der Auftraggeber schloß mit einem Ingenieur mehrere Ingenieurverträge über die Instandsetzung eines Bühnenhauses und eines Staatstheaters. Hierzu zählte auch die Leistung „Technische Ausrüstung". Vier Jahre nach der Abnahme fanden Bauarbeiter auf der Hauptbühne Teile einer

---

121 BGH, BauR 1981, 395; OLG Hamm, IBR 1992, 15; OLG Frankfurt, IBR 1998, 215.
122 Zu den Problemen der (verweigerten) Abnahme und zur Verjährung zuletzt instruktiv BGH, BauR 2000, 128.
123 BGHZ 48, 310; BGH, BauR 1982, 514.
124 BGH, BauR 1991, 744.

125 BGH, BauR 1984, 512.
126 BGH, BauR 1988, 468.
127 OLG Frankfurt, BauR 1987, 322; beachte aber BGH, BauR 1984, 513 bei verzögerter Nachbesserung.
128 BGH, BauR 1996, 732.

größeren Schraube. Tags darauf fiel das Hinterbühnentor auf die Bühne. Der Sachverständige stellte fest, daß Unterlegscheiben fehlten, die verwendeten Schrauben zu kurz und die Muttern nicht gegen Lockern gesichert waren. Der Auftraggeber nimmt den Ingenieur wegen Fehler im Rahmen der Planung und der Objektüberwachung in Anspruch.

Entscheidungsgründe:

Während die Vorinstanzen die Klage abwiesen, da der gefundene Fehler ein reiner Ausführungsfehler gewesen sei, geht der BGH wesentlich weiter. Die Objektüberwachungspflicht beinhaltet auch die Pflicht, solche Mängel zu erkennen, die „erst bei ruhiger Prüfung der Leistungen im Detail erkennbar werden". Zur Überwachungspflicht gehöre auch die fachliche Überprüfung der technischen Unterlagen auf Vollständigkeit, Richtigkeit sowie Übereinstimmung der Ausführung mit den Plänen. Auch wenn im Rahmen der HOAI nur bestimmt sei, daß der Fachingenieur bei der Abnahme „mitwirke", bewirke dies keine Einschränkung seiner Pflicht, entsprechende Mängel festzustellen. Auch die Tatsache, daß der Auftraggeber eine technische Prüfung bei der Abnahme durch den TÜV vornehmen ließ, entlaste den Architekten/Ingenieur nicht.

Ergänzende Hinweise:

Auch in dieser Entscheidung setzt der BGH seine Rechtsprechung zur Trennung von Werkvertrags- und Preis-(/HOAI-) Recht seit Ende des Jahres 1996 konsequenterweise fort. Auch wenn in dem vorliegenden Fall in § 73 Abs. 3 Nr. 8 HOAI die fachtechnische Abnahme der Leistungen und die Feststellungen der Mängel im Vertrag nicht ausdrücklich erwähnt ist, interessiert dies den BGH bei dieser Entscheidung nicht. Maßgeblich ist der Auftragsumfang und nicht die HOAI, um den Haftungsumfang festzustellen. Ob der BGH mit seinem Hinweis auf den Umfang der Objektüberwachungspflicht faktisch den Haftungsumfang der Architekten erweiterte, ergibt sich aus dieser Entscheidung noch nicht ganz. Die Aussagen in dem Urteil aber auf die Praxis umgesetzt, bedeutet dies, daß auch der Architekt sich in Zukunft nicht damit entlasten wird können, daß ihm gewisse Mängel aufgrund der Hektik oder Schnelligkeit der Entscheidung auf einer Baustelle nicht auffallen konnten.

1.6.2 Dreißigjährige Gewährleistungsfrist bei nicht nachbesserungsfähigem Mangel des Architektenwerks auch ohne Abnahme

Liegt ein nicht mehr nachbesserungsfähiger Mangel eines Architektenwerks vor, kann der Besteller des Architektenwerkes Schadensersatz nach § 635 BGB geltend machen. Dieser Anspruch setzt eine Abnahme nicht voraus. Er unterliegt der dreißigjährigen Regelverjährung nach § 195 BGB.

BGH, Urteil vom 30.09.1999 – VII ZR 162/97; BauR 2000, 128.

Problem:

Mitglieder einer früheren Bauherren- und jetzigen Wohnungseigentümergemeinschaft nehmen den mit der Planung und Überwachung beauftragten Architekten nach der Gebäudefertigstellung im Sommer 1984 in Anspruch, da dieser regelwidrig eine der Fassade vorgesetzte Balkonanlage ohne Entwässerung geplant hat und ausführen ließ. Die Kläger erhoben zunächst im Mai 1988 Klage auf Zahlung eines Kostenvorschusses und, nach einem entsprechenden Hinweis des Landgerichts, im Juni 1989 auf Schadensersatz. Nach nur teilweisem Erfolg hat der Kläger in der Berufungsinstanz klageerweiternd die Feststellung begehrt, daß der Architekt verpflichtet sei, sämtliche Kosten zu ersetzen, die in Folge fehlerhafter Planung und Bauüberwachung an der Balkonanlage entstanden seien und künftig entstünden.

Entscheidungsgründe:

Das Berufungsgericht hat dem Antrag auf Feststellung nicht stattgegeben, weil der Schadensersatzanspruch verjährt sei. Der BGH beurteilt dagegen die Rechtslage anders. Im Anschluß an seine ständige Rechtsprechung stellt der Senat zunächst klar, daß der Besteller die Gewährleistungsansprüche gemäß §§ 634, 635 geltend machen könne, wenn sich Mängel seiner Planung oder seiner Bauaufsicht im Bauwerk verwirklicht hätten und damit eine Nachbesserung nicht mehr in Betracht komme. Liegt ein solcher nicht mehr nachbesserungsfähiger Mangel eines Architektenwerkes vor, kann der Besteller vor Abnahme des Architektenwerks Schadensersatz nach § 635 BGB geltend machen. Die fünfjährige Verjährungsfrist des § 638 Abs. 1 Satz 1 BGB greife hier nicht ein, da weder eine Abnahme noch eine ernsthafte und endgültige Abnahmeverweigerung vorliege. Auch das in der Sache vorangegangene Beweissicherungsverfahren diene alleine der Feststellung von Mängeln, und beinhalte keine rechtsgeschäftliche Erklärung bzgl. einer Abnahme. In Folge dessen unterliege der Schadensersatzanspruch der allgemeinen dreißigjährigen Verjährungsfrist.

Ergänzende Hinweise:

Die Entscheidung wiederholt nochmals, daß ein Nachbesserungsrecht des Architekten dann nicht mehr besteht, wenn sich die fehlerhafte Planung oder unzureichende Bauüberwachung bereits in einem Baumangel niedergeschlagen hat. Der Architekt haftet dann nur noch auf Schadensersatz. Im Hinblick auf den werkvertraglichen Verjährungsbeginn ist darauf hinzuweisen, daß eine Abnahme immer die Vollendung von Architektenleistungen voraussetzt. Es empfiehlt sich daher, in jedem Fall eine Teilabnahme nach Leistungen der Phase 8 (Objektüberwachung) zu vereinbaren.

1.6.3 Architektenhaftung bei unterbliebener Prüfung der Abstandsflächen

Es gehört zu den Pflichten des planenden Architekten, die vorgeschriebenen Abstandsflächen eines zu errichtenden Gebäudes zu prüfen und entweder einzuhalten oder den Bauherrn auf die mit der Nichteinhaltung verbundenen Risiken und das Erfordernis der Nachbarzustimmung mit der erforderlichen Deutlichkeit hinzuweisen. Verletzt er diese Pflicht so hat er den den Bauherrn durch einen Baustop und Umplanungen entstehenden Schaden zu ersetzten.

Eine zugleich vorliegende Pflichtverletzung des Vermessungsingenieurs muß sich der Bauherr nicht gemäß § 278 BGB zurechnen lassen; vielmehr haften dem Bauherrn ggf. Architekt und Vermessungsingenieur als Gesamtschuldner.

OLG Hamm, Urteil vom 26. 11. 1999 – 25. U 56/99; BauR 2000, 918.

Problem:

Ein Architekt hatte, nach vorangegangenen Entwürfen des Bauherrn, einen Bauantrag gefertigt und bei der Stadt eingereicht. Die Baugenehmigung wurde entsprechend den eingereichten Plänen genehmigt, woraufhin der Kläger mit den Rohbauarbeiten begann, die im Jahr 1996 nahezu abgeschlossen waren. Im August 1996 legten Nachbarn des Klägers Widerspruch gegen die Baugenehmigung ein. Eine Überprüfung der Stadt ergab einen Verstoß gegen § 6 Abs. 7 BauO NW und untersagte daraufhin die Weiterführung der Bauarbeiten. Nach einem entsprechenden Nachtragsantrag entstanden für die Umbauarbeiten an dem bereits erstellten Rohbau Kosten in Höhe von 12.307,72 DM. Der Bauherr verlangt diesen Betrag vom Architekten.

Entscheidungsgründe:

Nach dem das Landgericht bereits der Klage stattgegeben hatte, blieb auch die Berufung des Beklagten ohne Erfolg. Das OLG war der Ansicht, daß der Beklagte gemäß § 635 BGB zum Ersatz des geltend gemachten Schadens verpflichtet sei, da er es übernommen habe, die Abstandsflächen des von dem Kläger zu errichtenden Gebäudes zu überprüfen. Neben der zeichnerischen Darstellung, gehöre es daher zu den Aufgaben des Architekten die Problematik der Abstandsflächen vollständig zu erfassen und den Kläger darauf hinzuweisen, daß die Planung gegen § 6 Abs. 7 BauO NW (1984) verstieß. Das Gericht bejahte die Schadensersatzpflicht des Architekten trotz der Tatsache, daß der Architekt den Bauherr wiederholt allgemein darauf hingewiesen hatte, daß das Bauvorhaben zu groß sei und die notwendigen Abstandsflächen damit nicht eingehalten seien. Das Gericht war der Ansicht, daß ein solcher allgemeiner Hinweis auf Probleme bei den Abstandsflächen nicht genüge, da dem Bauherrn als Laien die spezielle Problematik des § 6 Abs. 7 BauO NW (1984) nicht bekannt gewesen sein könne. Vielmehr habe sich der Bauherr u. a. gerade deshalb an den Architekten gewandt, um eine dauerhaft genehmigungsfähige Planung erstellen zu können. Lediglich klarstellend äußerte sich das Gericht auch zu der Frage, ob eine eventuelle Pflichtverletzung des Vermessungsingenieurs dem Bauherrn gemäß § 278 BGB zuzurechnen sei. Dies wurde vom OLG verneint.

Ergänzende Hinweise:

Die Entscheidung zeigt nochmals, daß die Rechtsprechung generell im Rahmen der Erstellung einer genehmigungsfähigen Planung einen strengen Maßstab an die entsprechenden Hinweispflichten anlegt. Keinesfalls kann sich der Architekt also bereits vorangegangene Planungen oder Gespräche des Bauherrn mit der entsprechenden Baugenehmigungsbehörde verlassen. Es ist auch anzuraten, bei Zweifeln über die Genehmigungsfähigkeit dem Bauherrn einen konkreten Hinweis auf die ggf. verletzte Vorschrift zu erteilen. Dies gilt auch, wenn das Vorhaben genehmigt wird; dies entlastet den Architekten nicht. Abzuraten ist generell von lediglich allgemein gehaltenen Hinweisen auf bestehende Bedenken.

1.6.4 Hinweispflichten bei Abdichtung gegen drückendes Wasser

Der mit der Planung beauftrage Architekt muß dem ausführenden Unternehmer besonders schadensträchtige Details einer Abdichtung gegen drückendes Wasser (hier: Abdichtung mit Dickbeschichtung) in einer jedes Risiko ausschließenden Weise verdeutlichen.

BGH, Urteil vom 15.06.2000 – VII. ZR 212/99, BauR 2000, 1330.

Problem:

Die Bauherrn hatten einen Architekten mit der Bauausführung eines Typenhauses, der Bauplanung und der Bauleitung beauftragt. Aus dem Leistungsprogramm war die Errichtung des Kellers herausgenommen. Die vom Architekten erstellte Genehmigungsplanung sah keine Abdichtungsmaßnahmen für den Keller gegen drückendes Wasser vor, eine schriftliche Ausführungsplanung wurde insoweit nicht erstellt. Der Keller wurde tatsächlich mit einer stärkeren Sohlplatte errichtet, die vertikale Abdichtung erfolgte mit einer bituminösen, spachtelbaren Dichtungsmasse. Während der Bauausführung ließ der Architekt durch einen Subunternehmer einen Durchbruch für ein Entwässerungsrohr in die Kellerwand stemmen, wobei diese Rohrdurchführung in der Folge nur unzureichend abgedichtet wurde. Das Bauvorhaben wurde im November 1991 abgenommen. Im Dezember 1993 kam es zu einer Überflutung des Kellers, weil durch alle Kellerwände und durch die unzureichende Abdichtung der Rohrdurchführung Grundwasser eindrang. Nachdem der Architekt Restwerklohn eingeklagt hatte, rechneten die Bauherrn mit Schadensersatzansprüchen auf und machten darüber hinaus im Wege einer Widerklage weitere Schadensersatzansprüche in Höhe von DM 70 000 geltend.

Entscheidungsgründe:

Während das Landgericht und das Berufungsgericht der Restwerklohnklage teilweise stattgaben, und die im Wege der Widerklage verfolgten Schadensersatzansprüche abwiesen, hob die Revision das Berufungsurteil auf. Die Vorinstanzen waren der Ansicht, daß dem Architekten keine Planungsfehler anzulasten seien. Die Ausführung des Kellers mit verstärkter Sohlplatte und vertikaler Abdichtung aus spachtelbarer Masse habe den örtlichen Verhältnissen Rechnung getragen und dem Stand der Technik entsprochen. Eine Dickbeschichtung aus bestimmten Materialien in ausreichender Stärke entspräche auch den in der „Richtlinie für die Planung und Ausführung von Abdichtungen erdberührter Bauteile mit kunststoffmodifizierten Bitumendickbeschichtungen" festgehaltenen Erfordernissen. Der Wassereinbruch sei vielmehr auf handwerkliche Ausführungsmängel zurückzuführen. Bezüglich der fehlerhaften Abdichtung der Rohrdurchführung habe der Architekt keine Bauaufsichtspflicht gehabt. Der BGH ist in beiden Aspekten anderer Ansicht. Ausgangspunkt des BGH ist, daß der Architekt eine Planung schuldete, die eine dauerhafte Abdichtung gegen drückendes Wasser vorsah. Die Ausführung des Kellers durch das andere Unternehmen ohne weitere, die Abdichtung des Kellers betreffende Anordnungen seitens des Architekten erfülle nicht die an eine notwendige detaillierte Planung zu stellenden Anforderungen. Wie detailliert die Planung sein müsse, hänge von den Umständen des Einzelfalls ab. Maßgeblich seien dabei die Anforderungen an die Ausführung, insbesondere unter Berücksichtigung der vorhandenen Boden- und Wasserverhältnisse und die Kenntnisse, die von einem ausführenden Unternehmer unter Berücksichtigung der baulichen und örtlichen Gegebenheiten zu erwarten seien. Falls Details der Ausführung sich als besonders schadensträchtig darstellten, müßten diese unter Umständen im einzelnen geplant und dem Unternehmer in einer jedes Risiko ausschließenden Weise verdeutlicht werden. Die in der „Richtlinie" festgelegten Ausführungsmodalitäten seien für die Beurteilung einer Pflichtverletzung unerheblich, da jedenfalls aus ihr hervorgehe, daß eine Abdichtung mit einer Dickbeschichtung grundsätzlich im Detail geplant werden müsse. Der BGH hat klar gestellt, daß von einer detaillierten, die wichtigsten Maßnahmen gegen die besondere Schadensanfälligkeit darstellenden Planung nur im Ausnahmefall abgesehen werden könne, wenn eine solche dem ausführenden Unternehmer bereits bekannt sei und sich darüber hinaus der Architekt darauf verlasen könne, daß sie auch ohne nochmaligen planerischen Hinweis ordnungsgemäß ausgeführt werde. Der BGH stellte des weiteren klar, daß auch die unzureichende Rohrabdichtung im Zuge der Rohrdurchführung für die Sanitärinstallation in den Haftungsbereich des Architekten falle, da die Sanitärinstallation zum Gewerk des Architekten gehöre, für welches er auch die Bauleitung übernommen habe. In diesem Falle habe er zu überwachen und sicherzustellen, daß durch die Maßnahme keine Gefahr für die Abdichtung des Bauwerks entsteht.

Ergänzende Hinweise:

Das Urteil betrifft den stets relevanten Bereich der für den Architekten notwendigen Klärung der Grundwasserverhältnisse und der in diesem Zusammenhang notwendigen Planung. Der BGH stellt klar, daß sich der Architekt weder auf Richtlinien noch auf Drittunternehmer ohne weiteres verlassen darf. Vielmehr trifft ihn im Zusammenhang mit Grundwasserverhältnissen zunächst eine, den örtlichen Gegebenheiten Rechnung tragende Aufklärungs- und Risikohinweispflicht (vgl. zu diesem Bereich auch zuletzt OLG Düsseldorf, Urteil vom 17.03.2000 – 22 U 142/99, BauR 2000, 1358). Insbesondere hat er aber auch in der Ausführungsphase darauf zu achten, daß seine Vorplanung derart detailliert ist, daß sie bei einwandfreier handwerklicher Ausführung zu einer fachlich richtigen, vollständigen und dauerhaften Abdichtung führt. Natürlich muß der Architekt auch bei der Beauftragung von Subunternehmern dafür Sorge tragen, daß es nicht durch diese zu einem Schaden für den Bauherrn kommt. Es ist insbesondere darauf zu achten, daß auch bereits von dritter Seite erteilte Warnungen oder Hinweise auf entsprechende Grundwasserrisiken, den Architekten grundsätzlich nicht von seiner Hinweispflicht entbinden. Insgesamt ist dem Architekten zu raten, in der Frage des Grundwasserrisikos äußerst sorgfältig vorzugehen, und seine Planungen auch nach einem Grundwasserstand auszurichten, der u. U. seit Jahren nicht mehr tatsächlich erreicht wurde, der aber erreicht werden könnte.

1.6.5 Haftung für sommerlichen Wärmeschutz von Büroräumen hinter Glasfassaden

DIN 4108 Teil 2 enthält für den sommerlichen Wärmeschutz nur relativ grobe Empfehlungen für Gebäude mit normalem Fensterflächenanteil. Bei einer vollflächig verglasten Südwestfassade muß der Fachingenieur für Wärmeschutz bei den maßgeblichen Berechnungsparametern entsprechende Sicherheitsspannen einplanen, damit es nicht zu einer zu hohen Erwärmung im Sommer kommt.

Ein durchschnittlicher Architekt, dem neben der Bearbeitung der Ausführungsplanung auch wesentliche Teil der Leistungsphasen 6, 7 und 8 des § 15 HOAI übertragen worden sind, muß wissen, daß eine vollverglaste Südwestfassade bei der Bemessung des sommerlichen Wärmeschutzes besonders sensibel ist und es sich insoweit bei der DIN 4108 Teil 2 nur um eine Empfehlung handelt, die extreme Verhältnisse des geplanten Bauvorhabens möglicherweise nicht berücksichtigt.

Der Sonderplaner und der Architekt haften dem Bauherrn für ihre Fehler, die zu einem Mangel des Gebäudes geführt haben, gesamtschuldnerisch. Sie sind im Verhältnis zum jeweils anderen keine Erfüllungsgehilfen des Bauherrn.

OLG Köln, Urteil vom 14. 09. 1999 – 22 U 30/99; IBR 2000, 69.

Problem:

In den Büroräumen eines zum „Haus der Geschichte" in Bonn gehörigen Gebäudes, die hinter einer vollverglasten Südwestfassade liegen, kommt es im Sommer zu unerträglich hohen Raumtemperaturen. Der Bauherr begehrt vom Fachplaner für Wärmeschutz und vom Architekten als Gesamtschuldner Schadensersatz.

Entscheidungsgründe:

Das Gericht stellt zunächst klar, daß die DIN 4108 Teil 2 nur relativ grobe Beurteilungskriterien enthalte, die zudem nur für Gebäude mit normalem Fensterflächenanteil Geltung beanspruchen könnten. Dem Sonderplaner müsse dies klar sein, jedenfalls aber habe er auch eine dem Bauherrn nicht mögliche bzw. nicht zumutbare nächtliche Lüftung nicht ausreichend berücksichtigt. Ferner stellte das Gericht klar, daß aber auch der Architekt die Vorgaben des Sonderplaners in einem solchen Falle nicht einfach ungeprüft übernehmen dürfe. Das Gericht ist der Ansicht, daß einem Architekten mit durchschnittlichem Kenntnisstand die möglichen Probleme einer vollverglasten Südwestfassade geläufig sein müßten. In einem solchen Falle müsse er durch eigene Nachfragen klären, ob die Vorgaben des Sonderplaners der besonderen Gebäudesituation in hinreichender Weise Rechnung tragen.

Ergänzende Hinweise:

Die Entscheidung beschäftigt sich mit dem gerade in den letzten Jahren vermehrt relevanten Bereich sog. vollverglaster Fassaden. Etwaige Mängel des Wärmeschutzes können hier nicht mit dem Hinweis auf die architektonische Besonderheit aus der Welt geschaffen werden. Eine übermäßige Wärmeentwicklung, wie sie insbesondere bei exponierter Ausrichtung des Gebäudes auftreten kann, stellt eine Einschränkung der Gebrauchstauglichkeit und somit einen Mangel dar. Hinzuweisen ist insbesondere auch darauf, daß der Architekt sich auch in dieser Frage nicht einfach auf Vorgaben eines Sonderplaners verlassen kann.

1.6.6 Architektenhaftung gegenüber dem Bauträger wegen Fehlkalkulation

Ein Bauträger kann einen Schadensersatzanspruch nicht allein mit der Behauptung nachvollziehbar begründen, der Architekt habe bei seinen Kostenermittlungen für vier einzelne Werke die Kosten zu niedrig kalkuliert, weshalb für diese Werke tatsächlich um rund DM 90.000,– höhere Kosten entstanden seien, welche er aber bei rechtzeitiger Kenntnis durch den Verkauf der einzelnen Wohnungen zu höheren Preisen wieder hereingeholt hätte.

OLG Köln, Urteil vom 15. 05. 1998 – 20 U 91/97 (vom BGH zur Revision nicht angenommen); IBR 2000, 36.

Problem:

Ein Architekt wurde von einem Bauträger mit der Planung eines in Eigentumswohnungen aufgeteilten Hauses beauftragt. Bei der Kostenermittlung wurden zumindest bei dem Dachdeckergewerk zu geringe Massen angesetzt. Der Bauträger behauptete eine zu geringe Massenansetzung auch für die Gewerke Abbruch, Erdaushub und Zimmerer und bezifferte die erhöhten tatsächlichen Kosten für diese Gewerke um rund DM 90.000,–. Diese höheren Kosten begehrt er vom Architekten im Wege des Schadensersatzes. Die zu gering veranschlagten Kosten habe er seiner eigenen Kalkulation zugrunde gelegt. Die zu erstellenden Wohnungen hätte er bei ordnungsgemäßer Kostenermittlung zu einem höheren Preis verkaufen können.

Entscheidungsgründe:

Das OLG hat in dieser Entscheidung – bei grundsätzlicher Bejahung eines möglichen Schadensersatzanspruches aufgrund solcher Sachverhalte – die Darlegungspflichten bezüglich eines möglichen Kalkulationsschadens präzisiert. Danach genügt es nicht, einfach die Differenz zwischen den geplanten und den tatsächlichen Ausführungskosten einzelner Gewerke anzusetzen. Das OLG weist vielmehr daraufhin, daß die Verkaufspreise von Wohnungen entscheidend von der Gesamtkalkulation des Bauträgers abhängen, ferner auch davon, wie evtl. höhere Preise am Markt durchsetzbar gewesen wären. Auch stellte das OLG klar, daß Kostensteigerung bei einzelnen Gewerken durch geringere Ausführungskosten bei anderen Gewerken unter Umständen aufgewogen oder abgemildert werden könnten.

Ergänzende Hinweise:

Die Entscheidung ist interessant, weil sie zeigt, daß auch tatsächlich vorliegende Pflichtverletzungen, nicht immer unmittelbar schon in einen Schaden münden. Vielmehr ist daran festzuhalten, daß ein eventueller Kalkulationsschaden im Einzelfall nachvollziehbar dargelegt werden muß. Gleichwohl ist dem Architekten, der für Bauträger tätig wird, zu raten, daß er bei einer Kostenermittlung besonders sorgfältig vorgeht, sowie evtl. zu erwartende Baukostenüberschreitungen rechtzeitig mitteilt.

1.6.7 Überprüfungspflicht bei Vorplanung durch anderen Architekten

Der Architekt, der ein Bauvorhaben übernimmt, nachdem ein anderer Architekt bereits das Baugesuch eingereicht hat, muß dessen Planung eigenverantwortlich überprüfen.

Bei einer Grenzbebauung ist die Unterlassung einer Vermessung, die zu einem Überbau führt, ein schwerer Architektenfehler.

Den Bauherrn trifft ein Mitverschulden, wenn er den Hinweis des ersten Architekten, daß noch eine genaue Vermessung erforderlich sei, nicht an den später tätigen Architekten weitergibt.

OLG Hamburg, Urteil vom 18. 12. 1998 – 12 U 12/96 (vom BGH zur Revision nicht angenommen); IBR 2000, 131.

Problem:

Ein Bauherr beauftragte einen Architekten mit der Planung der Erweiterung seines Hauses um einen Vorbau bis zur Grundstücksgrenze an der Straße. Der Architekt ermittelte mit einem Bandmaß einen Abstand von 3,70 m und legte 3,67 m seiner Planung zugrunde. Dabei wies er den Bauherrn daraufhin, daß noch eine genaue Vermessung erforderlich sei. Noch vor Erteilung der Baugenehmigung beauftragte der Bauherr einen anderen Architekten mit der Weiterführung des Vorhabens, welches nach mündlich erteiltem Einverständnis der Bauprüfbehörde dann in Angriff genommen wurde. Nach einer weiteren Prüfung stellt sich eine Grenzüberschreitung auf städtisches Gelände heraus, weshalb ein Baustopp ergeht. Der Bauherr begehrt Schadensersatz wegen des erforderlichen Rückbaus sowie wegen des Verzögerungsschadens.

Entscheidungsgründe:

Während das Landgericht den nachfolgenden Architekten zur Zahlung von DM 13.000,– als Schadensersatz verurteilt hatte, nahm das OLG eine Kürzung um 20 % aufgrund Mitverschuldens des Bauherrn vor. Das OLG stellte zunächst klar, daß die unterlassene Vermessung seitens des nachfolgenden Architekten einen schweren Architektenfehler darstelle. Zwar sei dieser Fehler bereits dem ersten Architekten anzulasten, dem zweiten Architekten oblag es aber nach Übernahme des Projektes, die Planungsunterlagen des Vorgängers eigenverantwortlich zu überprüfen. Hätte er dies getan, wäre ihm das Fehlen von Vermessungen auch aufgefallen. Im weiteren stellte das OLG klar, daß dem Bauherrn zwar keine Überwachungspflicht bezüglich der Leistungen des zuerst mit dem Vorhaben befaßten Architekten treffe, daß er aber gleichwohl das im Rahmen seiner Beziehungen zum ersten Architekten erworbene Wissen an dessen Nachfolger weitergeben müsse. Das OLG bejahte daher ein Mitverschulden des Bauherrn, stellte jedoch klar, daß den Architekten als Fachmann der wesentlich größere Verschuldensanteil treffe.

Ergänzende Hinweise:

Die Entscheidung stellt nochmals klar, wie es bereits von einigen Oberlandesgerichten entschieden wurde, daß bei mehreren nacheinander tätigen Architekten, den als Nachfolger mit dem

Bauvorhaben befaßten Architekten eine umfassende Prüfungspflicht hinsichtlich der Planungsunterlagen des Vorgängers trifft. Keinesfalls darf sich der Architekt darauf verlassen, daß sein Vorgänger eine fehlerfreie und ordnungsgemäße Planung durchgeführt hat. Dies ist auch bei der Honorarvereinbarung zu beachten. Die zeitraubende Überprüfung der Planung des ersten Architekten sollte er sich gesondert vergüten lassen.

2 Entwicklungstendenzen im öffentlichen Baurecht

2.1 Allgemeine Aspekte

Das öffentliche Baurecht wird im wesentlichen durch das Bauplanungsrecht (als Bundesrecht) und das Bauordnungsrecht (als Landesrecht) konstituiert. Aus baurechtlicher Sicht als Nebenrecht zu qualifizierende Bereiche wie das Immissionsschutzrecht, das Wasserrecht und das Naturschutzrecht haben zunehmend an Bedeutung gewonnen – neben so klassischen Bereichen wie dem Denkmalschutzrecht. Künftig wird zudem das allmählich Fuß fassende Bodenschutzrecht eine wichtige Rolle bei der Regelung der Nutzung von Grund und Boden (insbesondere auch in bezug auf Altlasten) spielen; ein Bodenschutzgesetz des Bundes ist mit Gesetz vom 17.03.1998, BGBl. I S. 502 erlassen worden. Es tritt am 01.03.1999 in Kraft. Auch hier liegt inzwischen die nach § 8 BBodSchG ergangene Bundesbodenschutz- und AltlastenVO vor – BgBl. I S. 1554 vom 16.7.1999 –, so daß vor allem für die Behandlung von altlastenverdächtigen Flächen Prüf- und Maßnahmewerte vorliegen werden. Eine Reihe von Ländern verfügt bereits über entsprechende Landesgesetze (z. B. Baden-Württemberg, Berlin und Sachsen). Ausgesprochenes Spezialrecht ist etwa das Arbeitsstättenrecht.

Verfassungsrechtlich ist davon auszugehen, daß das Recht zur baulichen Nutzung dem Grunde nach zum Eigentumsinhalt gehört, seine Ausübung aber nur nach Maßgabe der Gesetze zulässig ist (Näheres bei Gaentzsch, Berliner Kommentar zum BauGB, § 1 Rn. 3). Das öffentliche Baurecht bestimmt folglich in hohem Maße Inhalt und Schranken des Eigentums nach Art. 14 Abs. 1 Satz 2 GG.

Der in Art. 28 Abs. 2 GG verankerte Grundsatz der Planungshoheit der Gemeinden bedeutet keine Planungssouveränität. Vielmehr unterliegt die kommunale Bauleitplanung der staatlichen Rechtsaufsicht, die in der Genehmigungsbedürftigkeit der Bebauungspläne – das Anzeigeverfahren ist lediglich ein vereinfachtes Genehmigungsverfahren – Ausdruck findet (Schlichter, Berliner Komm. zum BauGB, Einf. Rn. 82).

2.2 Das Bauplanungsrecht

2.2.1 Aufgaben

Das Bauplanungsrecht, auch Städtebaurecht genannt, dient dem Ziel der städtebaulichen Entwicklung und Ordnung der Gemeinden. Instrumente dazu sind die Bauleitplanung, die Regelung der Zulässigkeit von Vorhaben, die Sicherung der Erschließung, Bodenumlegung und Enteignung, städtebauliche Gebote, die Sicherung städtebaulicher Entwicklungsziele insbesondere durch Erhaltungssatzungen und Sanierungs- sowie Entwicklungsmaßnahmen.

Am 1.1.1998 ist das neue Bau- und Raumordnungsgesetz (BauROG) in Kraft getreten. Es regelt in Form eines sog. Artikelgesetzes zum einen das Baugesetzbuch neu, in welches nunmehr auch das BauGB-MaßnG integriert wird, zum anderen novelliert es das Raumordnungsgesetz. Mit dem Gesetz soll ein einheitliches Städtebaurecht geschaffen und die Sondervorschriften für die neuen Länder zusammengefaßt werden. Beabsichtigt sind auch zügige und überschaubare Planungsverfahren. Eine Teilungsgenehmigung wird bundesrechtlich nicht mehr vorgeschrieben. Nunmehr gilt: Für den Innenbereich nach § 34 BauGB und den Außenbereich nach § 35 BauGB ist die Teilungsgenehmigung ab 01.01.1998 entfallen; die Gemeinde kann jedoch für den Geltungsbereich eines Bebauungsplanes durch Satzung bestimmen, daß die Teilung eines Grundstücks der Genehmigung durch die Gemeinde bedarf. Nach § 19 Abs. 5 BauGB können die Länder den Gemeinden dieses Recht allerdings durch Erlaß einer entsprechenden VO entziehen.

Ferner entfällt die Anzeigepflicht für Bebauungspläne, wenn diese nach § 8 Abs. 2 Satz 1 BauGB aus einem Flächennutzungsplan entwickelt wurden. Nur selbständige Bebauungspläne nach § 8 Abs. 2 Satz 2 BauGB, vorzeitige Bebauungspläne nach § 8 Abs. 4 BauGB und vorzeitig bekanntgemachte Bebauungspläne nach § 8 Abs. 2 Satz 2 BauGB bedürfen noch der Genehmigung.

Allerdings ermächtigt § 246 Abs. 1a BauGB die Länder, in den Fällen der Genehmigungsfreistellung die Anzeigepflicht einzuführen, wobei lediglich die im vereinfachten Verfahren erlassenen Bebauungspläne ausgenommen sind.

Weiter können die Länder bestimmen, daß § 34 Abs. 1 Satz 1 BauGB bis zum Jahre 2004 nicht für Einkaufszentren oder großflächige Handelsbetriebe im Sinne von § 11 Abs. 3 BauNVO anzuwenden ist. Im übrigen werden diese Nutzungsformen der UVP-Pflicht unterworfen. Der Wegfall der Sonderregelungen über Vergnügungsstätten (§ 2a BauGBMaßnG) wird die Gemeinden ggf. veranlassen, durch einfache Bebauungspläne (mit wenigen

Festsetzungen) die Differenzierungs- und Ausschlußmöglichkeiten nach § 1 Abs. 5 bis Abs. 9 BauNVO zur Geltung zu bringen.

Die Befreiung von den Festsetzungen eines Bebauungsplans ist künftig nicht mehr auf den Einzelfall beschränkt (§ 31 Abs. 2 BauGB). Besonders ist auf die Übernahme und Integration der Verpflichtungen aus der naturschutzrechtlichen Eingriffsregelung (insbesondere zur Darstellung bzw. Festsetzung von Maßnahmen zum Ausgleich und Ersatz für Beeinträchtigungen von Natur und Landschaft) in die Bauleitplanung hinzuweisen. Die neuen §§ 1 a, 135 a–c BauGB komplettieren und justieren insoweit die gesetzlichen Vorgaben in einer Weise, in der sie seitens der Bauverwaltung sicherer und – so ist zu hoffen – effektiver angewandt werden können. Vor allem werden den Planern größere Gestaltungsräume eröffnet. Dies gilt vor allem für die Zuordnung entsprechender Flächen im Flächennutzungsplan (§§ 5 Abs. 2 a und 9 Abs. 1 a BauGB).

2.2.2 Steuerungsinstrumente

Eine der tragenden Säulen des BauGB ist das Planungsprinzip. Danach hat die Gemeinde Bauleitpläne aufzustellen, sobald und soweit dies für die städtebauliche Entwicklung und Ordnung erforderlich ist (§ 1 Abs. 3 BauGB). In bezug auf dieses Steuerungsmittel sind wesentliche Änderungen zu verzeichnen.

2.2.2.1 Aufwertung des Flächennutzungsplanes

Der vorbereitende Bauleitplan (Flächennutzungsplan) entfaltete in den zurückliegenden Jahren eher geringe rechtliche Wirkung. Die Pflicht der öffentlichen Planungsträger, ihre Planungen dem Flächennutzungsplan anzupassen, besteht nach § 7 BauGB nur, wenn nicht fristgerecht Widerspruch erhoben wurde. Das Gebot, den Bebauungsplan aus dem Flächennutzungsplan zu entwickeln, wurde durch mehrfache Änderungen des § 8 BauGB und durch § 1 Abs. 2 BauGB-MaßnG erheblich gelockert bzw. durchbrochen, und die Relevanz des Flächennutzungsplanes als (Projekten im Außenbereich) entgegenstehender Belang ist nach § 35 Abs. 3 BauGB äußerst begrenzt.

Dieser Trend steht im Widerspruch zur Aufgabe des Flächennutzungsplanes, das gesamte Gemeindegebiet aus umfassender und ganzheitlicher Sicht zu steuern. Deshalb ist es naheliegend, daß nunmehr die Lösung des Konflikts zwischen Baulandgewinnung und Naturschutz- sowie Landschaftsschutz insbesondere auch mit Hilfe des Flächennutzungsplanes realisiert werden soll. § 1 a Nr. 2–5 BauGB sehen nunmehr vor, daß Eingriffe in Natur und Landschaft in Bauleitplänen durch Ausgleichs- und Ersatzmaßnahmen kompensiert werden (§ 8 a BNatSchG). Dies ist im Hinblick auf den über das Eingriffsgrundstück hinausreichenden Flächenbedarf vorzugsweise im Flächennutzungsplan vorzubereiten. Im Rahmen des meist eng begrenzten Bebauungsplans ist das aufgezeigte Problem schwer zu bewältigen.

Konsequenterweise gestattet § 5 Abs. 2 a BauGB, daß Ausgleichsflächen an anderen (als den Eingriffs-)Stellen solchen Flächen zugeordnet werden können, auf denen Eingriffe in Natur und Landschaft zu erwarten sind. Dies gilt auch für Ersatzmaßnahmen (§ 200 a BauGB).

Der Flächennutzungsplan hat durch § 35 Abs. 1 Nr. 6 BauGB auch insofern eine Aufwertung erfahren, als durch Ausweisungen im Flächennutzungsplan insbesondere Windkraftanlagen an allen anderen Stellen unzulässig sind (vgl. dazu unter Nr. 2.2.3).

2.2.2.2 Erweiterung des Satzungsinstrumentariums

Von den Satzungen im Erschließungsrecht (§ 123 ff. BauGB) und im besonderen Städtebaurecht (Erhaltungs- und Sanierungssatzungen) abgesehen, erobert die Satzungsform mehr und mehr auch Gebiete des Zulassungsrechtes. Nach § 34 Abs. 4 Satz 1 Nr. 3 BauGB können Ergänzungssatzungen als selbständige Satzungen erlassen werden, d. h. nicht nur in Verbindung mit Klarstellungssatzungen (Nr. 1) oder Entwicklungssatzungen (Nr. 2). Auch auf Ergänzungssatzungen ist die naturschutzrechtliche Eingriffsregelung entsprechend anzuwenden, weil hierdurch Bauland geschaffen wird (§ 34 Abs. 4 Satz 5 BauGB).

Vor Erlaß der Satzungen ist den betroffenen Bürgern und den berührten Trägern öffentlicher Belange Gelegenheit zur Stellungnahme zu geben. Auf die **Außenbereichssatzung** wird unter Nr. 2.2.3 näher eingegangen.

Der Vorhaben- und Erschließungsplan, der bislang in § 7 BauGB-MaßnG seine Regelung fand, wird nunmehr durch § 12 BauGB normiert, wonach er künftig als vorhabenbezogener Bebauungsplan hoheitlich sanktioniert wird. Daneben ist weiterhin erforderlich: der mit der Gemeinde abgestimmte Vorhaben- und Erschließungsplan sowie der Durchführungsvertrag.

Wichtig ist, daß keine Bindung an den Festsetzungskatalog nach § 9 BauGB und an die BauNVO besteht; auch entfällt die Anwendbarkeit des Planungsschadensrechts (§ 12 Abs. 3 Satz 2 BauGB).

2.2.2.3 Anlagenbezogene Feinsteuerung

Die zunehmende Belastung der Städte durch Immissionen hat zum Ausbau eines stärker auf konkrete Gegebenheiten und Erfordernisse eingehenden Planungs-Instrumentariums geführt. Vor allem in Bezug auf **Gemengelagen** hat die 1990 in die BauNVO aufgenommene Regelung des § 1 Abs. 10 Bedeutung. Sie will der Bewältigung von Fremdkörpern dienen, welche in einem Baugebiet nach §§ 2–9 BauNVO nicht zulässig sind. In bezug auf diese konkret-individuell bestimmbaren Anlagen kann nun im Bebauungsplan festgesetzt werden, daß Erweiterungen, Änderungen, Nutzungsänderungen und Erneuerungen dieser Anlagen allgemein zulässig sind oder ausnahmsweise zugelassen werden dürfen. Im Bebauungsplan können nähere Bestimmungen über die Zulässigkeit getroffen werden, ggf. auch bez. des Emissionsverhaltens der Anlagen.

Ebenfalls mit der BauNVO 1990 wird die Möglichkeit eröffnet, solche Bauvorhaben nicht zuzulassen, die sich unzumutbaren Belästigungen oder Störungen – lediglich – aussetzen (sie also nicht selbst hervorrufen). Näheres dazu ist im Rechtsprechungsteil durch Urteil des BVerwG vom 18. 5. 1995 ausgeführt.

2.2.3 Erweiterung der im Außenbereich privilegierten oder begünstigten Vorhaben

In bezug auf die **begünstigten Vorhaben** stellt § 4 Abs. 3 BauGB-MaßnG eine § 35 Abs. 4 BauGB insoweit verdrängende Sonderregelung dar. Den begünstigten Vorhaben, die an sich nach § 35 Abs. 2 BauGB zu beurteilen sind, dürfen die in § 35 Abs. 3 BauGB aufgeführten Belange nicht entgegengehalten werden. Nunmehr sind auch wesentliche Nutzungsänderungen von Gebäuden der Hofstelle begünstigt. Allerdings muß die äußere Gestalt des Gebäudes im wesentlichen gewahrt bleiben. Erleichtert wird auch der Abbruch eines zulässigerweise errichteten Wohngebäudes, das Mißstände oder Mängel aufweist.

Mit dem neuen BauROG werden § 4 Abs. 3 BauGB-MaßnG in das BauGB übernommen und die Außenbereichsvorschriften dahingehend erweitert, daß in bestehende Bausubstanz bei landwirtschaftlichen Hofstellen auch gewerbliche Nutzungen integriert werden können (§ 35 Abs. 4 Nr. 1 BauGB).

Ferner kann die Gemeinde durch **Außenbereichssatzungen** nach § 35 Abs. 6 BauGB bestimmen, daß Vorhaben, die Wohnzwecken dienen und sonstige Vorhaben nach § 35 Abs. 2 BauGB sind, erleichtert zugelassen werden können, falls das Gebiet keine landwirtschaftliche Prägung, jedoch Wohnbebauung von einigem Gewicht aufweist.

Aus energie- und umweltpolitischen Gründen hat der Deutsche Bundestag erst jüngst einen neuen Privilegierungstatbestand für Vorhaben zur Erforschung, Entwicklung oder Nutzung der Wind- und Wasserenergie geschaffen (Gesetz vom 30. 7. 1996, BGBl. I S. 1189). Die Privilegierung steht unter dem Vorbehalt, daß der Flächennutzungsplan oder ein Raumordnungsplan für derartige Anlagen nicht eigens Ausweisungen trifft. Ist letzteres der Fall, dann sind die Anlagen an anderen Stellen unzulässig (§ 35 Abs. 1 Nr. 6 BauGB).

2.2.4 Städtebauliche Verträge

Durch Gesetz vom 22. 4. 1993 wurde in § 6 BauGB-MaßnG eine bundeseinheitliche Regelung über städtebauliche Verträge getroffen. Danach kann die Gemeinde einem Dritten, d. h. vor allem einem Investor, durch Vertrag die Vorbereitung und die Durchführung städtebaulicher Maßnahmen übertragen. Die Ausschöpfung kooperativer Formen im Verhältnis zwischen Hoheitsträgern und Privaten ist sehr aktuell. Sie findet auch in der Fülle der gerichtlichen Entscheidungen zum Recht der öffentlichen Verträge nach §§ 54 ff. VwVfG Niederschlag. Vergleiche dazu das Urteil des OVG Rheinl.-Pf. vom 28. 11. 1991 (Rechtsprechungsteil).

Vor allem müssen ursächliche Zusammenhänge zwischen Lasten und Vorteilen beachtet werden (Kausalitätsgebot) und ist ein „Verkauf von Hoheitsakten" unzulässig (Koppelungsverbot). Auch können städtebauliche Verträge am Verbot des Machtmißbrauches oder am Übermaßverbot scheitern (BVerwGE 42, 331 = NJW 1973, 1895).

Das Recht der städtebaulichen Verträge wird durch § 11 BauGB – nahtlos – fortgeschrieben. Gegenstände eines solchen Vertrages können danach insbesondere sein:

§ 11 Abs. 1 Satz 2 Nr. 1–3.

Die Zulässigkeit anderer städtebaulicher Verträge bleibt unberührt. Dies gilt vor allem für die Erschließungsverträge nach § 124 BauGB, nach dessen Neufassung die gemeindliche Kostenbeteiligung in Höhe von 10 % entfällt.

Ein Anspruch auf Erlaß eines Bauleitplanes oder einer sonstigen städtebaulichen Satzung kann durch Vertrag nicht begründet werden (§ 2 Abs. 3 BauGB). Durch den Vertrag darf die Gemeinde in ihrer Abwägungsunabhängigkeit nicht unzulässig vorab gebunden werden. Vergleiche dazu unten das Urteil des VGH Bad.-Württ. vom 11. 7. 1995 (Rechtsprechungsteil).

Um Gefahren für das (gerechte) Abgewogensein des Bebauungsplanes zu vermeiden, wird vorgeschlagen, insbesondere Regelungen zum Immissionsschutz nicht ausschließlich im Vertrag zu treffen, sondern wenigstens in den Grundzügen in den Bebauungsplan aufzunehmen, dem Vertrag also nur die Konkretisierung zu überlassen (Scharmer, NVwZ 1995, 219/222). Vertragliche Regelungen sind insbesondere in Insolvenzfällen gefährdet. Indes bieten sie v. a. die Chance, den Besonderheiten des Einzelfalles differenziert Rechnung zu tragen, d. h., maßgeschneiderte Lösungen zu finden.

2.3 Bauordnungsrecht

2.3.1 Aufgaben

Das Bauordnungsrecht schließt primär das ein, was früher Sache der Baupolizei war und heute mit Gefahrenabwehr beim Bauen, bei der Nutzung und der Unterhaltung der baulichen Anlage sowie des Grundstücks umschrieben wird. In erster Linie sind Sicherheit und Gesundheit zu gewährleisten.

Zu den Gegenständen des Bauordnungsrechtes gehören ferner die Baugestaltung und Pflege (Verunstaltungsabwehr), die Verwirklichung der Ziele gesunden Wohnens und Arbeitens sowie neuerdings die Energieeinsparung (Wärmeschutz) und die Umweltverträglichkeit des Bauens.

Im Vordergrund stehen die Anforderungen an das Grundstück und an die Bauausführung, während die Standortfrage im Bauplanungsrecht geklärt wird.

Schließlich wird das Baugenehmigungsverfahren (in den Landesbauordnungen) geregelt. Es stellt sicher, daß all den vorgenannten sachlichen Anforderungen Rechnung getragen wird.

2.3.2 Zurückdrängung der Baugenehmigung in bezug auf Tatbestand und Rechtswirkung

Dem Herzstück des Bauordnungsrechtes, der Baugenehmigung, ist in den letzten Jahren der Kampf angesagt worden.

a) Zwar hat die Baugenehmigung auch bisher andere notwendige öffentlich-rechtliche Gestattungen (Erlaubnisse, Bewilligungen etc.) nicht ersetzt, jedoch bildete sie „gewissermaßen den **Schlußpunkt** der verschiedenen Verwaltungsverfahren" (Ortloff, NVwZ 1995, 112/113). Zumindest in Baden-Württemberg (§ 58 Abs. 1 Satz 1 LBO), und in Bayern (Art. 72 Abs. 1 BauO) beschränkt sich die Prüfung im Baugenehmigungsverfahren auf die Vorschriften, welche in der Sachkompetenz der Bauaufsicht zu realisieren sind (vgl. auch BayVGH, BayVBl 1984, 566). Das führt zu einem Aufschnüren des Bündels der als umfassender öffentlich-rechtlicher Unbedenklichkeitsbescheinigung verstandenen Baugenehmigung (Jäde, NVwZ 1995, 672/674). Der Bauherr muß möglicherweise nach Erteilung der Baugenehmigung in den o. g. Ländern noch eine Reihe von Gestattungen einholen, ehe er bauen darf. Die Klausel, daß die Baugenehmigung aufgrund anderer Vorschriften bestehende Verpflichtungen zum Einholen von Genehmigungen, Bewilligungen etc. unberücksichtigt läßt (§ 75 Abs. 3 Satz 3 BauO NW, § 70 Abs. 2 Satz 2 HBO), hat eher den Zweck einer Haftungsfreistellung der Baubehörde.

Einen gangbaren Weg weist OVG Bautzen auf, das zwar feststellt, daß die Baugenehmigung und andere anlagenbezogene Genehmigungen (z. B. die Sanierungsgenehmigung) grundsätzlich selbständig nebeneinander stehen. Das Gericht verlangt jedoch, daß – jedenfalls nach der SächsBauO – die Baugenehmigung nur unter der aufschiebenden Bedingung erteilt werden darf, daß die weitere Anlagengenehmigung beigebracht wird. Eine Baufreigabe darf erst erfolgen, wenn der Bauherr das Vorliegen aller erforderlichen Genehmigungen nachgewiesen hat (Urteil vom 08. 06. 1995 – 1 S 154/95 – LKv 1995, 405)

b) Ein Überblick über die jüngsten Novellierungen der Landesbauordnungen vermittelt das Bild eines Flickenteppichs, der sehr bunt ist (Ortloff, NVwZ 1995, 112 sowie NVwZ 1998, 581). Das durchgängige Ziel der Zurückdrängung der Baugenehmigung wird auf unterschiedlichen Wegen zu erreichen versucht, wobei die ursprüngliche Unterscheidung zwischen genehmigungsbedürftigen und genehmigungsfreien Vorhaben die Ausgangslage charakterisiert.

Zusätzlich werden eingeführt:

- **Genehmigungsfreistellungen besonderer Art** (z. B. für Wohngebäude geringer Höhe), vgl. u. a. Art. 64 BayBO, Baufreistellungsverordnung Berlin, § 65 LBauO MV, § 67 BauO NW, § 74 LBO SH, §§ 62 f. ThürBO).

- **Bauanzeigeverfahren** mit der Möglichkeit des Einschreitens der Bauaufsichtsbehörde innerhalb einer bestimmten Frist, vgl. u. a. § 41 BauO Bln, § 69 BbgBO, § 64 Abs. 2 LBauO MV, § 62 b SächsBO, § 7 LBO SH, § 62 Abs. 2 ThürBO. Nach Art. 64 Abs. 2 BayBO kann die Gemeinde innerhalb eines Monats nach Vorlage der Unterlagen die Durchführung eines Genehmigungsverfahrens verlangen, ebenso nach § 67 Abs. 2 BauO NW.

- **Vereinfachtes Genehmigungsverfahren**, das z. B. für „einfache bauliche Anlagen" (Art. 73 BayBO) mit reduzierter Feststellungswirkung durchgeführt wird; vgl. u. a. § 68 BauO NW, § 62a ThürBO.

In den meisten Ländern gilt dann, wenn die Baubehörde nicht innerhalb einer bestimmten Frist im Rahmen des vereinfachten Verfahrens entscheidet, die Baugenehmigung als erteilt (**Genehmigungsfiktion**). Vergleiche u. a. § 67 Abs. 4 HBO, § 63 Abs. 7 LBauO MV, § 62a SächsBO, § 66 Abs. 9 BauO LSA, § 75 Abs. 9 LBO SH.

Voraussetzung für den Eintritt der Fiktion ist, daß alle erforderlichen Unterlagen eingereicht worden sind und insbesondere auch der Entwurf von dessen Verfasser eigenhändig unterschrieben wurde (OVG Greifswald, NVwZ-RR 1995, 498).

c) Ebenso wie das bundesrechtliche Bauplanungsrecht wird auch das Bauordnungsrecht der Länder fortgeschrieben. Mittlerweile haben praktisch alle Länder ihr Bauordnungsrecht novelliert. Ziel ist vor allem Deregulierung und Vereinfachung der behördlichen Verfahren. Beispiel Bayern:

Wesentliche Merkmale der BayBO 1998 sind die Erweiterung des Genehmigungsfreistellungsverfahrens und des vereinfachten Genehmigungsverfahrens sowie die Abschaffung des Sonderverfahrensrechts für Werbeanlagen. Nach der Absicht des Gesetzgebers sollen nur noch zwischen 5 und 10 % aller Bauvorhaben im herkömmlichen Genehmigungsverfahren behandelt werden. Die Entwicklung ist rechtlich ambivalent zu sehen. Sie schafft nicht nur Erleichterungen, sondern auch Erschwerungen. So schreitet die Zersplitterung des Bauordnungsrechts in Deutschland gleichsam unaufhaltsam fort, was die Arbeit der überregional tätigen Architekten und Ingenieure belastet. Hinsichtlich des Rechtsschutzes ist hervorzuheben, daß mit der (künftig weitgehend entbehrlichen) Baugenehmigung auch der Genehmigungsabwehranspruch des Nachbarn und damit das Fundament wegfällt, auf welchem der baurechtliche Drittschutz ruht. Zudem wird die Rücknahme der staatlichen (ex ante) Kontrolle zu einer spürbaren Zunahme der Verantwortung und folglich auch der Haftung der Entwurfsverfasser führen. Die Entwicklung ist somit unter vielen Aspekten sorgfältig zu beobachten.

2.3.3 Landesgesetzliche Konkretisierung von Rücksichtnahmepflichten

Im Gegensatz zu dem aus §§ 34 Abs. 1, 35 Abs. 3 und 31 Abs. 2 BauGB sowie aus § 15 Abs. 1 Satz 2 BauNVO abgeleiteten, sozusagen abstrakten (bodenrechtlichen) Rücksichtnahmegebot (vgl. BVerwE 52, 122; 55, 369/386) finden sich im Bauordnungsrecht der Länder Vorschriften, welche Rücksichtnahmepflichten bzw. Unzumutbarkeitsschwellen für typische Situationen im Sinne der Gefahrenabwehr normieren. Beispiele:

– Anforderungen an die Umweltverträglichkeit von Stellplätzen und Garagen. Vgl. u. a. § 37 Abs. 7 LBO BW, Art. 58 Abs. 8 BayBO, § 50 Abs. 3 HBO, § 45 Abs. 7 LBO RP, § 45 Abs. 9 LBO SH.

– Schutz gegen chemische, physikalische, pflanzliche oder tierische Einwirkungen. Vgl. u. a. Art. 15 BayBO, § 16 HBO, § 14 LBauO MV, § 19 NBauO, § 16 BauO NW, § 14 LBO RP, § 16 SächsBO, § 16 BauO LSA.

– Schall- und Erschütterungsschutz. Vgl. u. a. Art. 16 Abs. 2 Satz 2 und Abs. 3 BayBO, § 18 Abs. 2 Satz 2 und Abs. 3 HBO, § 16 Abs. 2 Satz 2 und Abs. 3 LBO RP, § 18 Abs. 2 Satz 2 und Abs. 3 SächsBO, § 18 Abs. 2 Satz 2 und Abs. 3 BauO LSA, § 20 Abs. 2 Satz 2 und Abs. 3 LBO SH.

Es ist unmittelbar einsichtig, daß die unterschiedlichen Zielsetzungen des Bauplanungsrechtes (bodenrechtliche Spannungen zu vermeiden) und des Bauordnungsrechtes (Gefahren abzuwehren) auf ein und denselben Sachverhalt nebeneinander Anwendung finden können und ggf. auch finden müssen (BVerwG E 40, 94/96). In der Praxis wird das speziellere Recht der Landesbauordnungen oft den Vorzug genießen (Sarninghausen NVwZ 1993, 1054 m.w.N.).

2.3.4 Verfahrensbeschleunigung und Privatisierung öffentlicher Aufgaben

Unabhängig von den generellen Bemühungen um die Beschleunigung von Planungs- und und Genehmigungsverfahren (vgl. u. a. Krumsiek/ Frenzen, DÖV 1995, 1013) leistet das Bauordnungsrecht eigene Beiträge zu diesem Ziel.

a) Bemerkenswert ist die Verkürzung der Einwendungsfrist der Nachbarn bis zu lediglich zwei Wochen. Vgl. u. a. § 55 Abs. 2 Satz 1 LBO BW, § 66 Abs. 2 Satz 3 LBO RP; § 69 Abs. 2 SächsBO.

b) Hervorhebung verdient eine tiefergreifende Maßnahme, nämlich die Einführung einer **materiellen Präklusion** durch § 55 Abs. 2 Satz 3 LBO BW (Novelle vom 8. 8. 1995, GBl. S. 617). Das bedeutet, daß die Nachbarn bzw. „Angrenzer" mit allen Einwendungen ausgeschlossen werden, die im Rahmen der Beteiligung nicht fristgerecht geltend gemacht worden sind. Das gilt in der Sache bis hin zu gerichtlichen Auseinandersetzungen. Eine solche Maßnahme ist grundsätzlich verfassungsrechtlich zulässig (BVerwG E 60,297 zur materiellen Präklusion im Atomrecht).

c) Eine wesentliche Entwicklungstendenz, die auch, aber nicht nur auf Beschleunigungsziele zurückzuführen ist, findet Ausdruck in einer „neuen Philosophie des Bauordnungsrechtes". Kern dieser Philosophie ist der Rückzug des Staates aus der präventiven (baupolizeilichen) Kontrolle, die schrittweise Verlagerung dieser Kontrolle auf private Träger (vgl. Jäde, UPR 1995, 81). Einen entscheidenden Schritt in diese Richtung tut Art. 69 Abs. 4 BayBO. Legt der Bauherr Bescheinigungen eines besonders qualifizierten Sachverständigen – dessen Anforderungsprofil und Aufgabengebiet werden durch Verordnung nach Art. 90 Abs. 10 BayBO bestimmt – vor, so gelten die materiell-rechtlichen Anforderungen an das Vorhaben als erfüllt. Die Bauaufsichtsbehörde kann – zu ihrer Entlastung – die Vorlage solcher Bescheinigungen sogar verlangen. Die Norm **fingiert** also unter den genannten Voraussetzungen die Einhaltung der bauaufsichtlichen Anforderungen für **alle Bauvorhaben** (Simon, BayBO 1994, Art. 76, RN 35). Die darin liegende Privatisierung der Verantwortung für die Gefahrenabwehr ist rechtlich nicht unbedenklich und wohl nur in gewissen Grenzen zulässig (vgl. Gassner, UPR 1995, 85/89).

Der Überblick macht deutlich, daß im Baurecht vieles in Bewegung gekommen ist. Ob alle Neuerungen die Hoffnungen erfüllen, die in sie gesetzt sind, wird die Praxis zeigen.

2.4 Rechtsprechungsbeispiele

2.4.1 Fortgeltung eines Bauvorbescheides trotz später erteilter Baugenehmigung

Bundesrechtlich ist nicht geregelt, daß ein Bauvorbescheid mit der späteren Erteilung der Baugenehmigung gegenstandslos wird. BVerwG, Urteil vom 9. 2. 1995 – 4 C 23.94 BauGB § 29: Reichweite der Bindungswirkung eines Bauvorbescheides

Problem/Sachverhalt

In einem Bauvorbescheid wurde die Errichtung eines Freizeitbades für zulässig erklärt. Später wurde für eine spezifische Ausgestaltung des Bades eine Baugenehmigung erteilt. Die Verwirklichung dieser Baugenehmigung wurde durch eine Reihe in der Folgezeit auf dem Grundstück ins Werk gesetzter Maßnahmen in Frage gestellt, so daß die gerichtliche Vorinstanz sogar eine Nachbarklage wegen mangelnden Rechtsschutzinteresses abwies. Die Revision dagegen hatte Erfolg.

Entscheidung

Das BVerwG bemängelt, daß nicht geprüft wurde, ob der Bauvorbescheid möglicherweise auch andere Freizeitbäder als das mit der Baugenehmigung zugelassene Projekt für zulässig erklärt hat. Ferner wäre zu untersuchen gewesen, ob trotz der inzwischen vorgenommenen andersartigen Bebauung des Grundstücks ein anderes Freizeitbad auf ihm errichtet werden könnte, ohne daß diese Bebauung vollständig oder wenigstens teilweise beseitigt werden müßte. Es müsse auch eine mögliche Umplanung in Betracht gezogen werden.

Die Maßgeblichkeit des Bauvorbescheides wird nicht durch eine spätere Baugenehmigung „konsumiert". Dies wäre nur der Fall, wenn gesetzlich etwas anderes bestimmt wäre. Insoweit fehlt jedoch eine bundesgesetzliche Regelung; zudem ist auch eine abweichende Regelung in Landesbauordnungen nicht ersichtlich. Folglich entfaltet der Bauvorbescheid seinen Regelungsgehalt als eigenständiger Verwaltungsakt.

Praxishinweis

Für die Praxis ist daher wichtig, wie weit die Bindungswirkung des Bauvorbescheides reicht, d. h., welche Fragen er in concreto regelt. Erklärt er lediglich ein Bauvorhaben der Art nach, sozusagen abstrakt für zulässig, gibt er also nur Antwort auf die Frage, ob auf einem Grundstück eine bestimmte Nutzung überhaupt zulässig ist, dann bleibt die Festlegung der Ausführung im einzelnen der Prüfung im nachfolgenden Genehmigungsverfahren vorbehalten (BVerwG NVwZ 1987, 884 = ZfBR 1987, 260). In diesem Fall kann, wie die o. g. Entscheidung zeigt, auf den Bauvorbescheid auch dann zurückgegriffen werden, wenn das in der (späteren) Baugenehmigung zugelassene Vorhaben – aus welchen Gründen auch immer – nicht realisierbar ist. Somit ist stets sorgfältig zu prüfen, wie präzise bzw. wie allgemein der Antrag auf Erteilung eines Vorbescheides gefaßt wird. Denn der Antrag bestimmt maßgeblich die Reichweite der Antworten im Bauvorbescheid.

2.4.2 Bestandschutz in bau- und immissionsschutzrechtlicher Hinsicht

Der Betrieb einer (vorhandenen) Anlage, für welche eine baurechtliche Genehmigung erteilt worden ist, genießt Bestandschutz bis zu den Grenzen des immissionsschutzrechtlich Zulässigen.

BVerwG, Urteil vom 18. 5. 1995 – 4 C 20.94 BauGB § 30; BauNVO §§ 4, 15 Abs. 1 Satz 2; BImSchG §§ 4, 22

Problem/Sachverhalt

Eine Grundstückseigentümerin will in einem überwiegend mit Wohnhäusern bebauten Gebiet ein Wohnhaus mit Garage errichten, was ihr die Baugenehmigungsbehörde ablehnt. Der Ablehnung liegt der nachstehende Sachverhalt zugrunde:

Auf dem Nachbargrundstück ist bereits vor Jahren für eine Lagerhalle die Nutzungsänderung in eine Lackiererei genehmigt worden, ohne daß Auflagen zur Begrenzung der Emissionen erteilt wurden. In der Folgezeit wurde dort eine Autolackiererei betrieben. Das Gebiet ist als WA ausgewiesen. Unter den gegebenen Umständen sah die Behörde einen ausreichenden Immissionsschutz auch dann nicht als sichergestellt an, wenn die Autolackiererei nach dem Stand der Technik betrieben wird.

Entscheidung

Das BVerwG äußert sich in seiner Entscheidung zu Grundsatzfragen des Verhältnisses zwischen Bau- und Immissionsschutzrecht.

Die Existenz der baurechtlich genehmigten Autolackiererei macht den Bebauungsplan nicht funktionslos. Denn selbst wenn die Lackiererei ein Wohnen auf dem Nachbargrundstück wegen gesundheitlicher Gefahren ausschließen würde, wäre die Verwirklichung des Planes nicht auf unabsehbare Zeit ausgeschlossen (BVerwG 54, 5/8 und 85, 273/282 f.). Unter Umständen kann die Baugenehmigung zurückgenommen werden oder können nachträgliche Emissionsschutzauflagen den Betrieb zur Standortverlegung veranlassen.

Trotz bestehenden Bebauungsplanes und grundsätzlicher Zulässigkeit eines Wohngebäudes in einem WA kann das Projekt nach § 15 Abs. 1 Satz 2 BauNVO an der Unzumutbarkeit von Störungen scheitern, denen es sich **aussetzen** würde. Bezüglich der Zumutbarkeit ist nicht nur auf die abstrakte Eigenart des Baugebietes abzustellen, vielmehr ist eine konkrete Beurteilung anhand der inneren Struktur und der äußeren Rahmenbedingung der örtlichen Situation vorzunehmen. So können auch faktische Vorbelastungen dazu führen, daß sich die Pflicht zur gegenseitigen Rücksichtnahme reduziert und sonst nicht zumutbare Belastungen hingenommen werden müssen. Eine einmal genehmigte Anlage genießt Bestandschutz und prägt das Gebiet, in das sie hineingestellt ist. Die Situationsberechtigung für die Lackiererei bedeutet eine Situationsbelastung für das Nachbargrundstück. Allerdings kann sich der baurechtliche Bestandschutz nur innerhalb der Grenzen entfalten, die das Immissionsschutzrecht setzt.

Danach müssen immissionsschutzrechtlich nicht genehmigungsbedürftige Anlagen die Betreiberpflichten gem. § 22 BImSchG erfüllen, d. h., schädliche Umwelteinwirkungen nach dem Stand der Technik vermeiden. Was nicht vermeidbar ist, muß auf ein Mindestmaß reduziert werden. Das danach zumutbare Maß bestimmt sich, wie das Urteil zeigt, auch wesentlich nach den faktischen Vorbelastungen.

Praxishinweis

Das auf die Konkretisierung im Einzelfall angewiesene (baurechtliche) Rücksichtnahmegebot und die Unbestimmtheit des (immissionsschutzrechtlichen) Begriffes des Standes der Technik erschweren die Kalkulierbarkeit baurechtlicher Zulassungsentscheidungen in Zweifelsfällen. Was für den einen eine Chance bedeutet, kann für den anderen die Vereitlung seines Anspruches bewirken.

2.4.3 Kein Abwägungsfehler durch Vorwegbindung an Planvorstellungen des Architekten

Ein Abwägungsfehler in Form einer unzulässigen Vorwegbindung liegt nicht vor, wenn die Gemeinde Herrin des Bebauungsplanverfahrens bleibt und sich Planentwürfen eines Architekten und Absprachen mit Bauträgern nur zur effektiven Umsetzung des von ihr vorgegebenen Planungskonzeptes bedient.

VGH Bad.-Württ. Normenkontrollurteil vom 11. 7. 1995 – 3 S 1242/95 BauGB § 1 Abs. 6: Gerechte Abwägung

Problem/Sachverhalt

Eine Gemeinde hat mit einem Architekten und später mit einem Bauträgerunternehmen „zusammengearbeitet". Diese Kooperation bezog sich auf die Umsetzung der planerischen Konzeption der Gemeinde durch Planentwürfe und auf deren praktische Verwirklichung, wobei diese auch flankierend „Absprachen" mit Dritten einschloß.

Entscheidung

Eine unzulässige Vorabbindung liegt nicht schon dann vor, wenn eine Gemeinde, vor allem bei größeren Planvorhaben, intensiv mit geeigneten Bauträgern zusammenarbeitet und die Bauträger auch eigene Planentwürfe und Vorlagen ausarbeiten und zur Verfügung stellen. Selbst wenn die Gemeinde auf der Grundlage eines vom künftigen Bauherrn vorgelegten Planentwurfs einen Bebauungsplan aufstellt, ohne selbst alternative Planentwürfe auszufertigen, macht dies den Bebauungsplan für sich noch nicht abwägungsfehlerhaft

(BVerwG, BRS 47, Nr. 3). Denn eine solche Zusammenarbeit kann sachgerecht und sogar notwendig sein, um umfangreiche Planungen effektiv, schnell und kostengünstig zu realisieren (BVerwG NJW 1975, 70/73). Zu diesen Zwecken sind auch Verträge mit Planern und Investoren zulässig (vgl. § 6 BauGB-MaßnG). Ein Abwägungsdefizit der Gemeinde liegt nur vor, wenn vorgeschaltete tatsächliche oder rechtliche Bindungen die Interessenabwägung der Gemeinde beim Satzungsbeschluß erkennbar einschränken, die Gemeinde die Ziele der Planung nicht mehr eigenständig vorgibt.

Praxishinweis

Das im Umwelt- und Planungsrecht (auch) geltende Kooperationsprinzip gewinnt mehr und mehr an Boden; vgl. auch die zunehmende Bedeutung von Vorhaben- und Erschließungsplänen (§ 12 BauGB) und von Folgekostenverträgen (§ 11, Abs. 1 Nr. 3 BauGB).

Die Praxis muß sich auf diese Instrumente einlassen und sie möglichst souverän nutzen. Die Gefahr unzulässiger Einengung der Gemeinde ist begrenzt, meist wird diese der dominante Partner sein. Unter Umständen wird sich sogar die Frage des Machtmißbrauchs stellen.

2.4.4 Grenzen öffentlich-rechtlicher Verträge

Eine Gemeinde darf sich für die Erteilung des Einvernehmens zu einer Grundstücksteilung regelmäßig keine finanzielle Gegenleistung versprechen lassen.

OVG Rheinl.-Pf., Urteil vom 28. 11. 1991 – I R 10312/89

VwVfG §§ 54 ff., BauGB § 19 Abs. 3: "Hinkende" Austauschverträge

Problem/Sachverhalt

Im Hinblick auf eine bei der Bauaufsichtsbehörde beantragte Grundstücksteilung zum Zwecke der Bebauung machte die Gemeinde die Erteilung ihres Einvernehmens von der Zahlung von DM 25 000,– abhängig, "um den durch die Teilung entstehenden Vorteil abzugelten". Der Vertrag wurde geschlossen. Nachdem die Teilung genehmigt worden war, forderte der Grundstückseigentümer die geleistete Summe zurück und hatte dabei in allen Instanzen Erfolg.

Entscheidung

Die Erklärung des gemeindlichen Einvernehmens gegenüber der Bauaufsichtsbehörde ist kein nach außen wirkender, sondern nur ein innerdienstlicher Rechtsakt. Folglich kann vorliegend nicht unmittelbar auf die §§ 54 ff. VwVfG zurückgegriffen werden, wonach eine Behörde, anstatt einen Verwaltungsakt zu erlassen, einen öffentlich-rechtlichen Vertrag schließen kann. Indessen ist anerkannt, daß auch sonstige Verwaltungshandlungen mit lediglich mittelbaren Auswirkungen Gegenstand eines öffentlich-rechtlichen Vertrages sein können (VGH Bad.-Württ., NJW 1991, 583 f.). Das hier in Betracht kommende Regelungsmodell des § 56 VwVfG stellt zwar ausdrücklich auf Austauschverträge ab, ist aber nach herrschender Meinung entsprechend anzuwenden, wenn es um ein lediglich "hinkendes" Austauschverhältnis geht, d. h., nur die Gegenleistung (die Zahlung der DM 25 000,–), nicht aber die Leistung der Gemeinde als vertragliche Hauptleistungspflicht fixiert ist.

Sinn und Zweck des § 56 VwVfG ist es, zu verhindern, daß sich ein Hoheitsträger die Erfüllung seiner öffentlichen Aufgaben "abkaufen" läßt. Deshalb werden an Leistung und Gegenleistung besondere Anforderungen gestellt. Unter anderem verbietet § 56 Abs. 2 VwVfG die Vereinbarung einer Gegenleistung in Fällen, in denen ein Rechtsanspruch auf die behördliche Leistung besteht. So verhält es sich bei der Teilungsgenehmigung und in bezug auf die Erteilung des gemeindlichen Einvernehmens, wenn kein Hinderungsgrund vorliegt.

Dem öffentlich-rechtlichen Erstattungsanspruch kann nicht entgegengehalten werden, der Grundstückseigentümer habe von Anfang an gewußt, nicht zur Leistung verpflichtet zu sein. Denn § 814 BGB findet keine entsprechende Anwendung, wenn es um die Rückabwicklung einer rechtsgrundlosen Leistung des Bürgers im Verhältnis zu einem Träger öffentlich-rechtlicher Gewalt geht.

Praxishinweis

Vor allem dann, wenn "unfreiwillige" Verträge insbesondere mit Gemeinden geschlossen worden sind, lohnt es sich – ex post – zu prüfen, ob sich diese in den durch das Prinzip des Gesetzesvorrangs gezogenen Grenzen halten. Verneinendenfalls gibt es, wie das Beispiel zeigt, durchaus Wege, rechtsgrundlos Geleistetes zurückzufordern.

2.4.5 Amtspflichtverletzungen

(1) Verzögert eine Gemeinde ihre Stellungnahme zu einem Antrag auf Erlaß eines Vorbescheids, so verletzt sie damit dem Bauherrn gegenüber **Rechtspflichten.**

BayObLG, Urteil vom 21. 2. 1995 – 2 Z RR 270/94

(2) Wesentlich ist der Schutzzweck der in Rede stehenden Amtspflicht. Mit der Baugenehmigung wird das Vertrauen des Bauherrn geschützt, daß dem Bauvorhaben öffentlich-rechtliche Hindernisse nicht entgegenstehen und daß er entsprechend disponieren kann. Das Baugenehmigungs-

Baurecht

verfahren hat jedoch nicht den Zweck, den Bauherrn vor allen denkbaren wirtschaftlichen Nachteilen zu bewahren, die bei der Verwirklichung seines Vorhabens erwachsen können.

BGH, Urteil vom 1. 12. 1994 – III ZR 33/84
§ 839 BGB i.V. mit Art. 34 GG

(3) Eine Gemeinde haftet für eine unrichtige Auskunft über die Rechtsgültigkeit eines Bebauungsplans.

BGH, Beschluß vom 21. 11. 1991 – III ZR 190/90
§ 839 BGB i.V.m. Art. 34 GG

Problem/Sachverhalt

Im baurechtlichen Kontext tritt immer wieder die Frage auf, ob Schadensersatz wegen verletzter Amtspflichten geltend gemacht werden kann. Die beiden Beispiele illustrieren die Spannweite der Rechtsfrage. Im ersten Fall wurde ein Anspruch bejaht, im zweiten verneint. Dort ging es um den Mietausfall und die Verteuerung der Bausumme während der Zeit der Verzögerung der gemeindlichen Stellungnahme zur Bauvoranfrage (231 840 DM). Hier standen die Mehraufwendungen des Bauherrn für die Sicherstellung der Trinkwasserversorgung inmitten, also die Frage, ob dieser Aspekt vom Schutzzweck des Baugenehmigungsverfahrens miterfaßt wird.

Im dritten Fall wurde ebenfalls ein Anspruch auf Schadensersatz bejaht, weil der zuständige Bedienstete der Gemeinde eine falsche Auskunft über die Rechtsgültigkeit eines Bebauungsplans erteilt hat, die vermögensrechtliche Dispositionen des um die Auskunft nachsuchenden Bürgers zur Folge hatte, hier des Bediensteten einer Bank. Diese hatte im Anschluß an die falsche Auskunft einen Kredit im Vertrauen auf das Bestehen des Bebauungsplans gewährt. Tatsächlich jedoch war der Bebauungsplan nichtig, weil er nicht vom Bürgermeister, sondern vom Stadtdirektor unterzeichnet worden war.

Entscheidungen

Aus den Entscheidungen ist jeweils folgendes hervorzuheben:

(1) In bezug auf das für die Amtspflichtverletzung notwendige Verschulden wird ausgeführt, daß jeder Amtsträger die für sein Amt erforderlichen Rechts- und Verwaltungskenntnisse besitzen oder sich verschaffen muß. So mußten die Amtsträger wissen, daß sie ihre Entscheidung ohne vermeidbare Verzögerungen herbeizuführen hatten. Insbesondere mußten sie wissen, daß sie ihre Stellungnahme zu dem im maßgebenden Zeitpunkt planungsrechtlich zulässigen Vorhaben nicht im Hinblick auf eine für die Zukunft erwogene Änderung der planungsrechtlichen Voraussetzungen (Veränderungssperre etc.) hinauszögern durften.

(2) In der neueren Rechtsprechung des BGH wird zunehmend betont, daß beim Ausgleich staatlichen Unrechts jeweils auf den Schutzzweck der verletzten Amtspflicht als Kriterium für die inhaltliche Bestimmung und sachliche Begrenzung der Haftung abzustellen ist (vgl. BGHZ 123, 191 m.w.N.). Im vorliegenden Fall sieht der BGH keine greifbaren Anhaltspunkte dafür, daß sich die Gefahr, einen vorschriftswidrigen Bau errichtet zu haben, der keinen Bestand haben kann und unter Umständen wieder beseitigt werden muß, zum Nachteil des Bauherrn verwirklicht hat. Insbesondere könne keine Rede davon sein, daß der Baukörper selbst die Quelle einer Gesundheitsgefahr für Leib und Leben der Bewohner darstelle. Das – lediglich – wirtschaftliche Risiko, daß der geplante Trinkwasseranschluß ungeeignet ist und für eine spätere Sanierung Mehraufwendungen entstehen, die an sich vermeidbar gewesen wären, muß der Bauherr selbst tragen. Diese Mehraufwendungen unterscheiden sich nicht wesentlich von solchen Aufwendungen, die aus sonstigen Gründen, etwa wegen mangelnder Standsicherheit für die Baureifmachung, erforderlich werden können und bei denen die Rechtsprechung eine Ersatzpflicht stets verneint hat (BGHZ 39, 358; 113, 367[KR10]/372 ff.).

(3) Der BGH hat klargestellt, daß in dem Fall, daß der Gemeinde Bedenken gegen die Rechtswirksamkeit eines Bebauungsplans bekannt sind, dieser Mangel gegenüber dem um Auskunft nachsuchenden Bürger nicht verschwiegen werden darf. Die Gemeinde hat die hierfür notwendigen organisatorischen Maßnahmen zu treffen; tut sie dies nicht, so handelt es sich um einen schuldhaften Organisationsmangel, für den die Gemeinde aus dem Gesichtspunkt der Amtshaftung einzustehen hat. Der BGH hat ein Mitverschulden des um Auskunft nachsuchenden Bürgers unter dem Aspekt, er hätte auch eine schriftliche Auskunft einholen müssen, verneint. Die persönliche Vorsprache bei der zuständigen Gemeinde, um sich von der Existenz und der Wirksamkeit des Bebauungsplans bei dem zuständigen Bediensteten zu überzeugen, ist eine geeignete und zweckmäßige Maßnahme, um eine hinreichende Gewißheit über die Baulandqualität eines Grundstücks zu erlangen.

Natürlich stellt sich die Prozeßsituation unterschiedlich dar, je nachdem, ob es sich um einen (bloßen, eindeutig feststellbaren) Formfehler oder um einen materiellen Abwägungsfehler handelt.

Praxishinweis

Die vorstehenden Urteile machen es notwendig, in bezug auf den Schutzzweck der möglicherweise verletzten Gesetzesbestimmungen sorgfältig zu differenzieren. Dies legt auch die neue Fassung des Art. 72 Abs. 1 BayBO nahe, wonach die Baugenehmigung nur an solchen öffentlichen Vorschriften scheitern darf, „die im bauaufsichtlichen Verfahren zu prüfen sind". Darin liegt eine Einschränkung, die ihren Grund in der limitierten Sachentscheidungskompetenz der Baugenehmigungsbehörde hat. Die Reichweite der Sachentscheidungskompetenz gibt wertvolle Hinweise auf die Pflichten, die den Vertrauenstatbestand der Baugenehmigung begründen. Dazu gehören die Aspekte nicht, die in die Entscheidungskompetenz anderer Behörden, z. B. der Wasserbehörden, fallen.

Im Falle einer Auskunft einer Gemeinde über die Rechtsgültigkeit eines Bebauungsplans muß diese hinreichende organisatorische Vorkehrungen treffen, damit dem um die Auskunft nachsuchenden Bürger – auch und gerade bei persönlicher Vorsprechung – präzise Informationen zur Bebaubarkeit eines Grundstücks gegeben werden können.

Hervorzuheben ist, daß der Umstand, daß das Gespräch in einer „unkomplizierten" Form geführt wurde, dem Haftungsgrund nicht entgegensteht. Entscheidend ist, daß kein Anhaltspunkt dafür gegeben ist, daß es lediglich um ein allgemeines Informationsinteresse gegangen ist, sondern er kennbar um Vermögensdispositionen der auskunftsuchenden Bank.

2.4.6 Auslegung von DIN-Vorschriften

Die Auslegung von DIN-Vorschriften ist als solche keine Rechtsanwendung, sondern Tatsachenfeststellung. DIN-Vorschriften können anerkannte „Regeln der Technik" sein, sind dies aber noch nicht ohne weiteres kraft ihrer Existenz; sie schließen den Rückgriff auf weitere Erkenntnismittel nicht aus.

BVerwG, Beschluß vom 30. 9. 1996 – 4 b 175.96
WHG § 18 b, NWG § 153

Problem/Sachverhalt

Das BVerwG hatte anhand der Frage, ob Sickerschächte bei Kleinkläranlagen allgemein anerkannten Regeln der Technik entsprechen, die Frage zu klären, ob solche Regeln selbst Rechtsnormen darstellen. Mit der Beschwerde gegen die Nichtzulassung der Revision wurde aus der DIN 4261 Teil 1 abgeleitet, daß es ausreicht, Kleinkläranlagen mit Sickerschächten auszustatten. Im Bereich der Abwasserbehandlung und -einleitung seien die Regeln der Technik mit der DIN 4261 Teil 1 identisch.

Entscheidung

Das BVerwG hat an die bestehende Rechtsprechung angeknüpft und deutlich gemacht, daß DIN-Vorschriften als solche nicht schon kraft ihrer Existenz die Qualität von anerkannten Regeln der Technik haben und auch keinen Ausschließlichkeitsanspruch begründen. Anerkannte Regeln der Technik sind im Sinne der Rechtsprechung diejenigen Prinzipien und Lösungen, die in der Praxis erprobt und bewährt sind und sich bei der Mehrheit der Praktiker durchgesetzt haben (vgl. u. a. VerwG, Urteil vom 25. 9. 1992 – 8 C 28.90, BVerfG, Beschluß vom 8. 8. 1978, BVerfGE 49, 89/135). DIN-Vorschriften und sonstige technische Regelwerke kommen hierfür als geeignete Quellen in Betracht. Als Ausdruck der fachlichen Mehrheitsmeinung sind sie jedoch nur dann zu werten, wenn sie sich mit der Praxis überwiegend angewandter Vollzugsweisen decken. Unter Hinweis darauf, daß die verabschiedeten DIN-Normen nicht selten das Ergebnis eines Kompromisses der unterschiedlichen Zielvorstellungen, Meinungen und Standpunkte sind, betont das Gericht, daß nur eine tatsächliche Vermutung dafür besteht, daß sie als Regeln sicherheitstechnische Festlegungen enthalten, die einer objektiven Kontrolle standhalten. Dies schließt aber ausdrücklich den Rückgriff auf weitere Erkenntnismittel keinesfalls aus. Die zuständigen Behörden dürfen auch andere Quellen hinzuziehen, die nicht in der gleichen Weise wie etwa die DIN-Normen kodifiziert sind. Dies gilt auch dann, wenn die entsprechenden Normen rechtliche Relevanz dadurch erlangt haben, daß sie vom Gesetzgeber aufgenommen wurden und so an der normativen Wirkung teilnehmen, daß sie die zugrunde liegenden materiellen Rechtsvorschriften näher konkretisieren.

Praxishinweis

DIN-Vorschriften können nicht mit Rechtsnormen gleichgesetzt werden, sondern dienen lediglich den zuständigen Behörden als – durchaus maßgebliche – Erkenntnisquellen. Die Behörden sind allerdings nicht gehindert, maßgebliche Erkenntnisse auch aus anderen technischen (Regel-)Werken aufzugreifen. Ob und inwieweit dies im Einzelfall zulässig ist, ist letztendlich eine Frage des zugrunde liegenden Lebenssachverhalts. DIN-Normen ziehen keine Automatik bei der Rechtsanwendung nach sich.

Der Verbindlichkeitsgrad von DIN-Normen oder anderen Technischen Regelwerken, bspw. VDI-Richtlinien, wird angehoben, wenn in Verwaltungsvorschriften oder gar in Rechtssätzen, etwa Verordnungen oder Satzungen, auf diese Bezug genommen wird.

2.4.7 Haftung für Altlasten

Der Eigentümer eines verunreinigten Grundstücks kann als Zustandsverantwortlicher für Maßnahmen zur Beseitigung von Gefahren für das Grundwasser in Anspruch genommen werden, wenn er beim Erwerb des Grundstücks von dem ordnungswidrigen Zustand wußte oder entsprechende Tatsachen kannte.

BVerwG, Beschluß vom 14. 11. 1996 – 4 b 205/96
GG Art. 14 I 2, II; SchlHWassG § 110 I; SchlHLVwG §§ 176 I, 217, 219

Problem/Sachverhalt

Der Eigentümer eines Grundstücks, der für die Durchführung von Sanierungsmaßnahmen für das Grundwasser, welches durch das mit Teer und Mineralöl verunreinigte Grundstück kontaminiert wurde, hat eingewandt, er habe zur Zeit der Begründung des Eigentums lediglich die Möglichkeit von Verunreinigungen gekannt, die tatsächlich aber so gering schienen, daß sie für deren Verursacher keine Handlungsstörerhaftung auslösen würden.

Entscheidung

Das BVerwG stellt klar, daß die Inanspruchnahme des Zustandsverantwortlichen, also hier des Eigentümers, von Rechts wegen nicht zu beanstanden ist, wenn dieser bei der Begründung des Eigentums oder der Sachherrschaft vom ordnungswidrigen Zustand der Sache wußte oder doch zumindest Tatsachen kannte, die auf das Vorhandensein eines solchen Zustandes schließen lassen konnten. Wer ein solches Risiko eingeht, muß auch die gesetzliche Folge der ordnungsrechtlichen Verantwortlichkeit tragen, so das Gericht. Er kann sich nicht damit entlasten, daß er von der Art der Verunreinigung und dem Umfang der Verursachungsbeiträge der Voreigentümer keine Kenntnis gehabt habe.

Dies ist eine zulässige Inhalts- und Schrankenbestimmung i.S.d. Art. 14 I 2 GG, die verfassungsrechtlich unbedenklich ist, weil sie Ausdruck der dem Sacheigentum nach Art. 14 II GG immanenten Sozialbindung ist. Die Anwendung dieser Vorschriften unterliegt zwar dem Grundsatz der Verhältnismäßigkeit, der im vorliegenden Fall aber nicht greift, weil der Zustandsverantwortliche zumindest die Tatsachen kannte, die das in Rede stehende Risiko begründeten.

Praxishinweis

Beim Erwerb eines Grundstücks, insbesondere eines Gewerbegrundstücks, ist stets sorgfältig darauf zu achten, ob Verunreinigungen des Bodens und/oder des Grundwassers vorhanden sein können. Sorglosigkeit vor oder beim Kauf eines Grundstücks kann ruinöse wirtschaftliche Folgen nach sich ziehen. Die einschlägigen landesgesetzlichen Regelungen sind unterschiedlich, was die Inanspruchnahme der Zustands- und/oder Verhaltensverantwortlichen angeht. Gemeinsam ist allen Regelungen jedoch, daß auch derjenige, der beim Erwerb eines Grundstücks von Verunreinigungen nichts wußte, grundsätzlich zur Verantwortung herangezogen werden kann und in der Praxis auch wird, insbesondere, wenn kein Verhaltensverantwortlicher greifbar ist.

Eine Begrenzung nach dem Grundsatz der Verhältnismäßigkeit kann u. a. in Betracht kommen aufgrund interner Ausgleichsregelungen zwischen verschiedenen Störern, bei wirtschaftlicher Leistungsunfähigkeit eines Verantwortlichen oder dessen drohenden wirtschaftlichen Ruins im Falle der Inanspruchnahme oder etwa dann, wenn der Verursacher der Verunreinigung bekannt, greifbar und wirtschaftlich leistungsfähig ist.

2.4.8. Normenkontrolle nicht nur des Änderungs-, sondern auch des Ursprungsbebauungsplans.

Das Normenkontrollgericht prüft – abweichend vom Petitum des Antragstellers – nicht nur die Änderung, sondern auch den zugrundeliegenden Plan, wenn zwischen dem Bebauungsplan und seiner Änderung ein untrennbarer Regelungszusammenhang besteht und Anhaltspunkte für die Nichtigkeit des Ursprungsplans vorliegen.

OVG Nordrhein-Westfalen, Urteil vom 21.08.1997 – 11 a D 156/793.NE, Art. 14 GCT; § 47 VwGO, §§ 1 Abs. 6; 34 Abs. 2 BauGB; §§ 1 Abs. 5 und 9, 6 Abs. 2 Nr. 8 und § 7 Abs. 2 Nr. 2 BauNVO.

Problem/Sachverhalt

Gegenstand der Normenkontrolle ist die erste Änderung eines Bebauungsplanes (Satzungsbeschluß 1983), die einen Spielhallenausschluß vorsieht.

Der Ursprungsplan (Satzungsbeschluß 1981) setzte für die in Rede stehende Fläche ein Kerngebiet fest. Spielhallen als Unterarten der in Kerngebieten allgemein zulässigen Vergnügungsstätten können zwar grundsätzlich nach § 1 Abs. 9 i.V.m. § 1 Abs. 5 BauNVO ausgeschlossen werden. Im vorliegenden Fall aber stellte sich die Frage, ob nicht ein „Etikettenschwindel" vorlag, weil der Ursprungsplan das Wohnen in betroffenen Gebieten allgemein und überall zuläßt.

Entscheidung

Wegen der – neben der dem subjektiven Rechtschutz dienenden – objektiven Prüffunktion der Normenkontrolle ist im Verfahren nach § 47 VwGO "in eine Prüfung der Gültigkeit eines Bebauungsplanes auch dann einzutreten und diese durch einen entsprechenden Entscheidungsausspruch zu beenden, obwohl sich später als Ergebnis dieser Prüfung herausstellt, daß der Antragsteller von einzelnen Festsetzungen nicht betroffen wird". Vorliegend stellte sich die Frage, ob der Ursprungsplan eine wirkliche Kerngebietsausweisung enthielt. Dies wurde verneint, weil eine Festsetzung, daß im Kerngebiet Wohnungen allgemein und überall zulässig sind, gegen § 1 Abs. 6 Nr. 2 BauNVO verstößt. Denn es wird die allgemeine Zweckbestimmung des Kerngebiets nicht mehr gewahrt.

Praxishinweis

Natürlich ist es der Gerneinde nicht verwehrt, eine vorgefundene bauliche Nutzung zu überplanen. Indes geschieht dies nur dann rechtmäßig, wenn alle abwägungsrelevanten Gesichtspunkte ermittelt und sachgerecht bewertet werden. Insbesondere müssen gewichtige Gründe für die Umgestaltung des Gebietscharakters vorliegen und die erforderlichen Veränderungen – zumindest langfristig – realisierbar sein.

2.4.9. Zum Begriff des Rohbaulandes

Grundlegende Voraussetzung für die Einstufung eines Grundstücks als Rohbauland nach § 4 Abs. 3 WertV i.V.m. § 33 Abs. 2 BauGB ist die materielle Planungsreife. Diese ist solange nicht gegeben, als gegen einen Bebauungsplan Einsprüche und Änderungswünsche vorliegen und folglich nicht mit hinreichender Sicherheit erwartet werden kann, daß der Bebauungsplan in dieser Form in Kraft tritt.

VGH Baden-Württemberg, Beschluß vom 01.10.1996 – 3 S 1904/96.
§§ 33 Abs. 1 Nr. 2 und Abs. 2 Satz 1 BauGB.
§ 4 Abs. 2 und Abs. 3 WertV.

Problem/Sachverhalt

In der Gemeinde liegen unstreitig die Voraussetzungen für eine städtebauliche Entwicklungsmaßnahme vor, eine Entwicklungssatzung ist beschlossen. Streitig ist lediglich der Ausgleichsbetrag, der sich nach § 166 Abs. 4 Satz 3 BauGB aus dem Unterschiedsbetrag zwischen dem Bodenwert errechnet, der sich für das Grundstück ergeben würde, wenn eine Entwicklungsmaßnahmen weder beabsichtigt noch durchgeführt worden wäre (Anfangswert) und dem Bodenwert, der sich für das Grundstück durch die rechtliche und tatsächliche Neuordnung des förmlich festgelegten Entwicklungsgebiets (Endwert) ergibt.

Der Antragsteller war der Ansicht, daß ein Grundstück nach dem Beschluß der Gemeinde über die Aufstellung der Entwicklungssatzung und der Information der interessierten Öffentlichkeit die Qualität von Robbauland erlangt habe. Der Gutachterausschuß bewertete das Grundstück zum Stichtag lediglich als Bauerwartungsland.

Entscheidung

Wesentliches Kriterium für die Einstufung als Rohbauland ist insbesondere, daß eine Fläche für eine bauliche Nutzung bestimmt ist.

Da vorliegend eine öffentliche Auslegung des Bebauungsplanentwurfes noch nicht durchgeführt worden ist, kommt es auf die materielle Planreife an. Erst dann kann mit hinreichender Sicherheit erwartet werden, daß der im Entwurf gebilligte Bebauungsplan in dieser Form in Kraft tritt. Dies ist erst der Fall, wenn allseits Übereinstimmung über die Plankonzeption besteht und vor allem keine Bedenken von Bürgern mehr im Raume stehen.

Praxishinweis

Trotz der aufgezeigten klaren Linie gibt es Differenzierungs- und Abstufungsmöglichkeiten. So hat der Gutachterausschuß auch im vorliegenden Falle „Bauerwartungsland hoher Stufe" angenommen, dessen Wert sich am Verkehrswert für Rohbauland orientiert. Wesentlicher Grund dafür war u.a., daß ein bereits in Kraft getretener Flächennutzungsplan vorlag und der Bebauungsplanentwurf dessen Darstellungen entsprach.

2.4.10. Abstandsflächen und Werbeanlagen

Eine Werbetafel im sog. Euro-Format (3,70 m Breite und 2,60 m Höhe), die ca. 80 cm über dem Boden angebracht ist, kann nach ihren Wirkungen zwar grundsätzlich der Außenwand eines Gebäudes gleichgestellt werden, vor welcher z. B. nach Art. 6 Abs. 1 BayBO Abstandsflächen einzuhalten sind. Dies muß jedoch nicht immer der Fall sein.

BayVGH, Urteil vom 13.08.1997 – 2 B 93.4024; § 34 Abs. 1 Satz 2 BauGB; Art. 6, 72 Abs. 1, 79 Abs. 1 BayBO.

Problem/Sachverhalt

Bauaufsichtsbehörde und VG verneinten die Zulässigkeit der Aufstellung von zwei freistehenden Werbetafeln, welche zur schräg verlaufenden Grundstücksgrenze einen Abstand von ca. 3,30 m bis 2,30 m bzw. ca. 2,15 m bis 1,55 m einhielten.

Entscheidung

Der BayVGH bejahte die Zulässigkeit der Aufstellung. Das Abstandsflächenrecht nach Art. 6 Abs. 1 bis Abs. 7 BayBO gilt nach Auffassung der Richter nur für bauliche Anlagen (und andere Anlagen sowie Einrichtungen sinngemäß), wenn von ihnen Wirkungen wie von Gebäuden ausgehen. Darunter können zwar grundsätzlich auch größere Werbeanlagen fallen, die o.g. Werbetafeln stellen jedoch keine größeren Werbeanlagen dar, von welchen gebäudeähnliche Wirkungen ausgehen. Denn sie vermitteln nicht den optischen Eindruck einer Gebäudeaußenwand und entfalten vor allem keine Wirkung auf die Besonnung, Belichtung und Belüftung eines Grundstücks. Damit entfallen die Kriterien, auf welche sich das Abstandsflächenrecht stützt. Konkret wurde festgestellt, daß die Distanz der Werbetafeln zur Geländeoberfläche die Zufuhr von Sonne, Licht und Luft im bodennahen Bereich nicht hindere. Soweit diese Funktionen dennoch behindert werden, seien sie geringfügig und damit abstandsflächenrechtlich unerheblich. Eine andere Beurteilung ist nur dann gerechtfertigt, wenn mehrere Werbetafeln derart aneinandergefügt werden, daß der Eindruck einer geschlossenen Wand entsteht.

Praxishinweis

Gerade in bezug auf Werbeanlagen lohnt es sich, differenzierend und wägend vorzugehen.

2.4.11 Verantwortung des Bauherrn bzw. des Architekten im freigestellten Verfahren

Der Verzicht auf eine Baugenehmigung im Verfahren z. B. nach § 67 BauO NW geht einher mit den gesteigerten Verantwortlichkeiten des Bauherrn bzw. des Entwurfsverfassers (Architekten). Es liegt im Verantwortungsbereich des Bauherrn selbst darauf zu achten, daß das Bauvorhaben dem geltenden Recht entspricht.

VG Münster, Urteil vom 26.11.1998 – 2 K 819/98 (rechtskräftig nach Ablehnung des Antrags auf Zulassung der Berufung, OVG NW, Beschluß vom 11.03.1999 – 11 A 301/99).
§ 67 BauO NW; § 18 OBG.

Problem/Sachverhalt

Der 1995 in Kraft getretene Bebauungsplan setzt auf der Rückseite eines als Bauland ausgewiesenen Grundstücks, wo sich ein Gewässergraben befindet, fest, daß ein 5 m breiter Streifen als Fläche für Maßnahmen zum Schutz, zur Pflege und zur Entwicklung von Natur und Landschaft vorzuhalten ist. Für diese Fläche werden Anpflanzungen und Pflanzbindungen für Bäume festgesetzt. Ferner setzt der Bplan Baugrenzen fest. Nach Ziff. 5. der textlichen Festsetzungen sind u. a. Garagen auch außerhalb der überbaubaren Grundstücksflächen zulässig. Im Mai 1996 werden die Bauvorlagen für ein Einfamilienhaus mit Garage der Gemeinde vorgelegt. Die Bau- und Lagepläne sehen die Errichtung einer Garage im hinteren Grundstücksbereich vor. Im Juni 1996 sendet der Stadtdirektor den Klägern eine „Eingangsbestätigung" zu, worin auch ausgeführt wird, daß § 67 BauO NW Anwendung finde. Im Februar 1997, als das Wohnhaus und die Garage entsprechend den eingereichten Bauvorlagen bereits nahezu fertiggestellt sind, stellen Mitarbeiter der Stadt fest, daß die Garage auf dem durch den Bebauungsplan festgesetzten Pflanz- und Schutzstreifen errichtet wurde. Daraufhin wird die Einstellung der Bauarbeiten verfügt. Widerspruch und Klage gegen die Ordnungsverfügung haben keinen Erfolg.

Entscheidung

Die Errichtung der Garage war rechtswidrig, weil sie gegen die Festsetzungen des qualifizierten Bebauungsplanes verstößt. Eine Befreiung nach § 31 Abs. 2 BauGB von den rechtsverbindlichen Festsetzungen liegt nicht vor. Im übrigen stünde das Erfordernis einer Befreiung der Genehmigungsfreiheit nach § 67 BauO NW entgegen. Ziff. 5. der textlichen Festsetzungen bewirkt nicht, daß das Vorhaben insgesamt im Einklang mit den Festsetzungen des Planes steht. Sie läßt nur eine Ausnahme im Hinblick auf die festgesetzten Baugrenzen im Sinne von § 23 BauNVO zu. Die Festsetzung eines Pflanzstreifens steht gleichrangig und eigenständig neben den Festsetzungen der überbaubaren Grundstücksfläche, so daß eine Ausnahmeregelung bezüglich der letzteren die ersteren Festsetzungen unberührt läßt.

Das Bestätigungsschreiben des Stadtdirektors hat keinen Einfluß auf die Vereinbarkeit des Vorhabens mit den Festsetzungen des Bebauungsplanes. Die Gemeinde hat nicht die Stellung einer Bauaufsichtsbehörde. Ihr obliegt es daher nicht, die Rechtmäßigkeit des Vorhabens zu prüfen. Sie wird am Verfahren nach § 67 BauO NW nur beteiligt, um die Möglichkeit zu erhalten, eigene Rechte, die sich aus der kommunalen Planungshoheit ergeben, wahrzunehmen. Die uneingeschränkte Verantwortlichkeit für die Vereinbarung des Vorhabens mit den Festsetzungen des Bebauungsplanes liegt allein beim Bauherrn bzw. bei den von diesem betrauten Entwurfsverfassern oder Architekten. Mit dem Verzicht auf eine Baugenehmigung geht zwangsläufig ein erhebliches Maß an Sicherheit für den Bauherrn verloren. Dies bedingt eine gesteigerte Verantwortlichkeit desselben. Diese Verlagerung der Verantwortung ist vom Gesetzgeber ausdrücklich gewollt.

Praxishinweis

Die Konsequenzen der gesteigerten Verantwortlichkeit in bezug auf freigestellte Verfahren äußern sich nicht nur in etwaigen Einstellungsverfügungen, sie können auch – naheliegenderweise – Schadensersatzansprüche des Bauherrn gegenüber dem Entwurfsverfasser bzw. Architekten begründen. Welch weitreichende Folgen die Genehmigungsfreiheit hat, belegt auch das Urteil des Bundesverwaltungsgerichtes vom 08.10.1998 – 4 C 6/97, NJW 1999, 1739 - worin festgestellt wird, daß ein unter Geltung des § 29 Satz 1 BauGB 1986 errichtetes Gebäude nicht zulässigerweise errichtet ist und nach § 35 Abs. 4 Satz 1 Nr. 3 BauGB (etwa nach einem Brand) nicht neu errichtet werden darf, wenn es nach Landesrecht genehmigungs- und anzeigenfrei war und deshalb nicht den bebauungsrechtlichen Zulässigkeitsvoraussetzungen der §§ 30-37 BauGB unterlag oder wenn nach seiner Errichtung ohne Baugenehmigung und ohne Bauanzeige ein bauaufsichtsbehördliches Zeugnis ausgestellt worden ist, es sei genehmigungs- und anzeigenfrei.

2.4.12 Verlust des Bebauungsplandokuments

Der Verlust des Bebauungsplandokuments führt nicht schon für sich allein zur Ungültigkeit oder zum Außerkrafttreten des Bebauungsplanes. Wer sich für die Zulässigkeit eines Vorhabens auf Festsetzungen eines Bebauungsplanes beruft, trägt – grundsätzlich – die Beweislast für deren Vorhandensein. Die Mißachtung organisatorischer Vorsorge gegen den Verlust von Planunterlagen auf behördlicher Seite, kann zu einer Beweislastumkehr oder Beweislasterleichterungen zugunsten des Bauwerbers führen.

BVG, Beschluß vom 01.04.1997 – 4 B 206.96
BauGB §§ 2, 10, 12, 29.

Problem/Sachverhalt

Angesichts der Unwirksamkeit eines Bebauungsplanes stellte sich im Hinblick auf die Zulässigkeit eines Vorhabens die Frage, ob durch den Wegfall des Zweitbebauungsplanes der frühere Bebauungsplan noch Geltung besitze. Auch nach diesem Bebauungsplan soll ein Baurecht bestanden haben. Allerdings war der Erstbebauungsplan, der von einer eingemeindeten Gemeinde erlassen worden war, nicht mehr auffindbar. In dieser Situation entschied das OVG Münster, daß der Erstbebauungsplan nichtig sei, weil er trotz der Aufklärungsbemühungen des Gerichtes und der Prozeßbeteiligten nicht aufzufinden sei.

Entscheidung

Das BVerwG korrigierte jedoch die Entscheidung des OVG Münster. Die Richter stellten fest, daß der Bürger einen Rechtsanspruch auf Einsicht und Auskunft bezüglich des Bebauungsplanes besitzt. Deshalb muß ein hinreichendes Maß an archivmäßiger Sicherheit und Dokumentationsbeständigkeit seitens der Gemeinde gewährleistet werden. Damit legt der Bundesgesetzgeber der Gemeinde als Satzungsgeberin archivmäßige Verwahrungspflichten auf. Liegt eine Verletzung dieser Pflichten vor, muß sich die Rechtsnachfolgerin der eingemeindeten Gemeinde dies zurechnen lassen. Der Schutzzweck der verletzten Pflicht kann es im Einzelfall sogar verlangen, den Berechtigten die auftretende Beweisnot vollständig abzunehmen. Im vorliegenden Fall wurde eine verstärkte Aufklärungspflicht durch das Gericht für erforderlich und ausreichend gehalten. Das BVerwG verlangte, gerichtlicherseits in eine Zeugenvernehmung einzutreten und die ehemaligen Mitarbeiter des Planungsamtes der Ausgangsgemeinde zu vernehmen. Insbesondere wurde auf das Vorhandensein von Indiztatsachen abgestellt, wie z. B. den Satzungsbeschluß, die Vorabgenehmigung durch das Regierungspräsidium sowie die Änderung des ursprünglichen Bebauungsplanes.

Praxishinweis

Es ist hervorzuheben, daß höchstrichterlich die Mitwirkungspflichten der Behörde regelmäßig strenger als diejenigen der Bürger beurteilt werden. Das gilt sowohl für Nachweis-, Aufbewahrungs- als auch Protokollierungspflichten. Daher treffen die Folgen von Beweisschwierigkeiten, die in der Verantwortungsphäre der Behörde begründet sind, primär diese.

2.4.13 Abstandsflächenberechnung

Kann für einen Teil der Außenwand, sei es aufgrund einer Gliederung durch Vor- oder Rücksprünge oder infolge eines abknickenden oder schrägen Grenzverlaufs die volle Abstandsflächentiefe eingehalten werden, so genügt für den verbleibenden Teil der Außenwand – auch wenn diese insgesamt über 16 m lang ist – die halbe Abstandsflächentiefe, sofern dieser verbleibende Außenwandteil unter 16 m mißt (BayVGH, Urteil vom 25.05.1998 – AZ: 2 B 94.2682; Art. 6 bei BayBO).

Problem/Sachverhalt

In Rede steht das bekannte Problem der Einhaltung der bauordnungsrechtlich vorgeschriebenen Abstandsflächen. Das vorliegende Urteil behandelt exemplarische Fälle.

Entscheidung

Nach Art. 6 Abs. 5 Satz 1 BayBO genügt vor zwei Außenwänden von nicht mehr als je 16 m Länge als Tiefe der Abstandsfläche die Hälfte der nach Abs. 4 erforderlichen Tiefe, mindestens 3 m. Maßgeblich sind nur die abstandsflächenrelevanten Außenwandteile; das sind diejenigen Wandteile, die näher als das Tiefenmaß nach Art. 6 Abs. 4 BayBO an die Grundstücksgrenze bzw. an die Abstandsfläche eines anderen Gebäudes auf dem gleichen Grundstück herangerückt werden sollen. Wesentlich ist nun, daß eine Aufteilung in privilegierte Außenwandteile (im Sinne des Art. 6 Abs. 5 BayBO) und solche, deren Abstandsfläche die (in Art. 6 Abs. 4 BayBO vorgesehene) Tiefe von 1 H einhält, auch bei einer ungegliederten Außenwand möglich ist. Ein solcher Fall liegt insbesondere dann vor, wenn das Gebäude einem abknickenden oder schrägen Grenzverlauf folgt. Die durch diese Markierung entstehende Aufteilung gestattet es, diejenige Außenwand, die weniger als 16 m mißt, durch die halbe Abstandsflächentiefe zu privilegieren. Das Gebot, für Gebäude mit versetzten Außenwandteilen die Wandhöhe und damit die Abstandsflächentiefe für jeden Wandteil gesondert zu ermitteln, ist strikt einzuhalten. Folglich wurde die von den beigezogenen Architekten im Streitfall praktizierte Methode verworfen. Die Architekten bildeten unter gedanklicher Vernachlässigung von Wandvorsprüngen zunächst eine einheitliche Außenwand, von der aus nach den Maßstäben des Art. 6 Abs. 3 Satz 1 und 2 BayBO eine einheitliche Wandhöhe bestimmt wurde. Die sich daraus ergebende einheitliche Tiefe der Abstandsfläche wurde sodann den einzelnen Wandvorsprüngen folgend verschoben. Diese Methode beachtet nicht, daß die Wandhöhe für jeden Wandteil gesondert ermittelt werden muß.

Praxishinweis

Der vorliegende Fall zeigt, daß die enorme Mühe, die in die differenzierte Behandlung des Abstandsflächenrechtes investiert wurde, vergebens war. Zwar waren einige Außenwände durch H/2 privilegiert, jedoch blieben zwei Außenwände übrig, für die eine Abstandsfläche von 1 H erforderlich gewesen wäre. Daran scheiterte die baurechtliche Zulassung des Vorhabens. Dieses Ergebnis hätte man auf einfacherem Wege finden können.

Abkürzungen

BauGB	Baugesetzbuch
BauGB-MaßnG	Maßnahmengesetz zum BauGB
BauNVO	Baunutzungsverordnung
BauROG	Bau- und Raumordnungsgesetz
BayObLG	Bayerisches Oberstes Landesgericht
BayVGH	Bayerischer Verwaltungsgerichtshof
BayVBl	Bayerische Verwaltungsblätter
BGB	Bürgerliches Gesetzbuch
BGBl. I	Bundesgesetzblatt Teil I
BGHZ	Bundesgerichtshof, Amtliche Sammlung der Entscheidungen in Zivilsachen
BImSchG	Bundes-Immissionsschutzgesetz
BRS	Baurechtssammlung
BVerfGE	Bundesverfassungsgericht, Amtliche Entscheidungssammlung
BVerwGE	Bundesverwaltungsgericht, Amtliche Entscheidungssammlung
DÖV	Die öffentliche Verwaltung (Zeitschrift)
DVBl	Deutsches Verwaltungsblatt
GBl.	Gesetzblatt
NJW	Neue Juristische Wochenschrift
NVwZ	Neue Zeitschrift für Verwaltungsrecht
NVwZ-RR	Rechtsprechungsreport der NVwZ
NWG	Niedersächsisches Wassergesetz
OVG	Oberverwaltungsgericht
SchlHLVwG	Schleswig-Holsteinisches Landesverwaltungsgesetz
SchlHWassG	Schleswig-Holsteinisches Wassergesetz
VGH	Verwaltungsgerichtshof
VwVfG	Verwaltungsverfahrensgesetz
WA	Allgemeines Wohngebiet nach BauNVO
WHG	Wasserhaushaltsgesetz
ZfBR	Zeitschrift für Baurecht

3 Aktuelle Beiträge
Verwendung von Bauprodukten*)
Bauordnungsrechtliche Regelungen

1 Bauproduktenrichtlinie, Bauproduktengesetz, Bauordnung

In den Jahren 1994 bis 1996 wurden in allen Bundesländern neue Landesbauordnungen erlassen, die sich an der **Musterbauordnung** (MBO) der ARGEBAU (Arbeitsgemeinschaft der für das Bau-, Wohnungs- und Siedlungswesen zuständigen Minister der Länder) als Grundlage zur Vereinheitlichung des Bauordnungsrechts orientieren. Der Geltungsbereich dieser Landesbauordnungen umfaßt neben baulichen Anlagen, Grundstücken etc. insbesondere auch Bauprodukte. § 2 Abs. 9 MBO definiert **Bauprodukte** als Baustoffe, Bauteile und Anlagen, die hergestellt werden, um dauerhaft in bauliche Anlagen eingebaut zu werden. Als Bauprodukte sind auch aus Baustoffen und Bauteilen vorgefertigte Anlagen, wie z. B. Fertighäuser und Fertiggaragen zu verstehen.

Das Zusammenfügen von Bauprodukten zu baulichen Anlagen oder Teilen davon wird als **Bauart** bezeichnet (§ 2 Abs. 10 MBO).

Die Einführung des Begriffs Bauprodukt rührt aus der jüngeren europäischen Entwicklung, die eine Harmonisierung des Bauens in der Europäischen Union anstrebt. Das zugrundeliegende europäische Leitpapier ist die bereits im Jahre 1988 von der EG-Kommission verabschiedete „**Bauproduktenrichtlinie**" (Richtlinie 89/106/EWG des Rates der Europäischen Gemeinschaften zur Angleichung der Rechts- und Verwaltungsvorschriften der Mitgliedstaaten über Bauprodukte vom 21. Dezember 1988), zu deren rechtlicher Umsetzung die Mitgliedstaaten der EG verpflichtet wurden. In Deutschland ist dies auf zweierlei Weise (siehe **Abb. H.1**) geschehen, nämlich durch das/die:

- **Bauproduktengesetz** (BauPG) des Bundes vom 10. 08. 1992 und seine Neufassung vom 24.04.1998, soweit es das Inverkehrbringen und den freien Handel von Bauprodukten betrifft (Wirtschaftsrecht – Zuständigkeit der Bundesregierung),
- **Landesbauordnungen** (auf der Grundlage der ARGEBAU-Musterbauordnung MBO), soweit

es um die Verwendung der Bauprodukte geht (Bauordnungsrecht – Zuständigkeit der Länder der Bundesrepublik).

Die durch die Bauproduktenrichtlinie vorgegebenen Regelungen für Bauprodukte sind – abgestellt auf deren Verwendung – in den §§ 20 bis 24c der Musterbauordnung entsprechenden §§ 20 ff der Landesbauordnungen enthalten. Der Text entspricht in allen Bauordnungen dem der MBO.

Aufgrund des § 20 Abs. 1 MBO dürfen Bauprodukte in der Regel nur **verwendet**, d. h. in eine bauliche Anlage eingebaut werden, wenn sie

- bekanntgemachten technischen Regeln entsprechen oder nach dem BauPG und anderen EU-Recht umsetzenden Vorschriften in Verkehr gebracht und gehandelt werden dürfen **und**
- das Übereinstimmungszeichen (Ü-Zeichen) – künftig das europäische Konformitätszeichen **CE** – tragen,

somit die baurechtlichen Anforderungen für die Errichtung, Änderung und Instandhaltung baulicher Anlagen erfüllen.

Im Rahmen der Bauüberwachung und bei Bauzustandsbesichtigungen wird die Einhaltung dieser Gesetzesvorschrift durch die Bauaufsichtsbehörden oder durch deren Beauftragte kontrolliert. Die Nichtbeachtung der Vorschriften und die unberechtigte Kennzeichnung mit dem Ü-Zeichen gilt nach den § 80 Abs. 1 MBO entsprechenden Paragraphen der Landesbauordnungen als Ordnungswidrigkeit und kann von den Bauaufsichtsbehörden mit einer hohen Geldbuße belegt werden.

2 Bauprodukte

Die Landesbauordnungen und die Musterbauordnung unterscheiden gleichermaßen zwischen:

- **geregelten Bauprodukten** (§ 20 Abs. 1 Satz 1 Nr. 1 MBO),
- **nicht geregelten Bauprodukten** (§ 20 Abs. 3 Satz 1 MBO),
- nach BauPG oder Vorschriften zur Umsetzung anderer EG-Richtlinien in Verkehr gebrachten Bauprodukten – mit CE-Zeichen (§ 20 Abs. 1 Satz 1 Nr. 2 MBO),
- **sonstigen** Bauprodukten (§ 20 Abs. 1 Satz 1 Nr. 2 MBO) und

---

*) mit Auszügen aus der Bauregelliste A Teil 1: siehe Kapitel I, Seite I.171

Verwendung von Bauprodukten

Bauproduktenrichtlinie (BPR)

Richtlinie des Rates zur Angleichung der Rechts- und Verwaltungsvorschriften der Mitgliedstaaten über Bauprodukte vom 2. Dezember 1988 (89/106/EWG)

- Wesentliche Anforderungen an Bauwerke
- Grundlagendokumente
- Harmonisierte CEN-Normen,
  Europäische Technische Zulassungen, für Bauprodukte
  Nationale techn. Spezifikationen
- Konformitätsnachweis
- CE-Kennzeichnung

umgesetzt in nationales Recht

Bauproduktengesetz BauPG
vom 10.08.1992,
Neufassung vom 28.04.1998

über das **Inverkehrbringen** von und den **freien Warenverkehr** mit Bauprodukten

Musterbauordnung der ARGEBAU
vom 10.12.1993,
letzte Neufassung 1997: 12

Landesbauordnungen
aus den Jahren 1994 – 1996 für die **Verwendung** von Bauprodukten

- Brauchbarkeit
- Konformitätsnachweis
- Bestätigung durch Herstellererklärung oder Konformitätszertifikat

- Verwendbarkeit
- Übereinstimmungsnachweis
- Bestätigung durch Herstellererklärung oder Übereinstimmungszertifikat

CE-Zeichen

Ü-Zeichen + CE-Zeichen

Abb. H.1

- vom Deutschen Institut für Bautechnik in einer **Liste C** bekanntgemachten Bauprodukten von untergeordneter baurechtlicher Bedeutung (§ 20 Abs. 3 Satz 2 MBO).

Geregelte Bauprodukte werden nach technischen Regeln hergestellt, welche in Teil 1 der Bauregelliste A vom Deutschen Institut für Bautechnik in Berlin (DIBt) im Einvernehmen mit den Obersten Bauaufsichtsbehörden der Bundesländer im jährlichen Turnus bekanntgemacht werden. Bauprodukte gelten auch noch als „geregelt", wenn sie nur unwesentlich von den technischen Regeln der Bauregelliste A abweichen.

Von **nicht geregelten Bauprodukten** ist dann auszugehen, wenn die Bauprodukte entweder wesentlich von den in der Bauregelliste A Teil 1 enthaltenen technischen Regeln abweichen, oder wenn es für sie keine derartigen technischen Regeln gibt. Nicht geregelte Bauprodukte bedürfen daher einen besonderen **Verwendbarkeitsnachweises** nach § 20 Abs. 3 MBO. Als solche sind nach Bauordnungsrecht vorgesehen (siehe **Abb. H.2**):

- die **allgemeine bauaufsichtliche Zulassung** des DIBt (§ 21 MBO) oder
- das **allgemeine bauaufsichtliche Prüfzeugnis** (§ 21a MBO) – „kleine Zulassung"- einer dafür nach § 24c MBO anerkannten Prüfstelle oder
- die **Zustimmung im Einzelfall** durch die oberste Bauaufsichtsbehörde (§ 22 MBO).

Unter **sonstigen Bauprodukten** werden Bauprodukte verstanden, die für die Erfüllung der bauaufsichtlichen Anforderungen nicht von besonderer sicherheitsrelevanter Bedeutung sind, für die technische Vorschriften von seiten regelsetzender technisch-wissenschaftlicher Vereinigungen, fachspezifischer Institutionen und Ingenieur-Verbände (z. B. VDI Verein Deutscher Ingenieure, DVGW Deutscher Verein des Gas- und Wasserfaches) als allgemein anerkannte Regeln der Technik zwar bestehen, deren Aufnahme in die Bauregelliste A aber von der Bauaufsicht nicht als notwendig angesehen wird. Die Landesbauordnungen fordern für diese Bauprodukte **keine Verwendbarkeits- und Übereinstimmungsnachweise**. Somit entfällt auch die Kennzeichnung mit dem Ü-Zeichen (siehe **Abb. H.2**).

Ein Teil der bauordnungsrechtlichen Regelungen für Bauprodukte gilt ebenso für **Bauarten,** bei denen aus Bauprodukten bauliche Anlagen zusammengefügt werden. Bei wesentlicher Abweichung von den in technischen Baubestimmungen geregelten Bauarten oder wenn für Bauarten keine allgemein anerkannten Regeln der Technik bestehen, gelten diese Bauarten als nicht geregelt. In diesen Fällen bedürfen Bauarten, um angewendet zu werden – analog zu den Bauprodukten – einer allgemeinen bauaufsichtlichen Zulassung, eines allgemeinen bauaufsichtlichen Prüfzeugnisses oder der Zustimmung im Einzelfall.

Verfahren für die Verwendung von Bauprodukten nach MBO

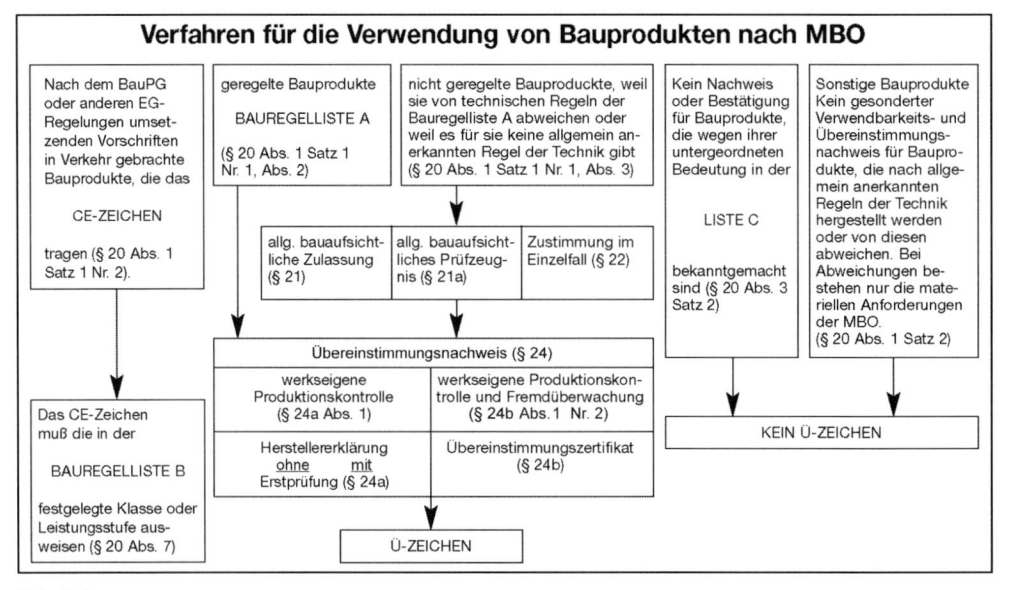

Nach dem BauPG oder anderen EG-Regelungen umsetzenden Vorschriften in Verkehr gebrachte Bauprodukte, die das CE-ZEICHEN tragen (§ 20 Abs. 1 Satz 1 Nr. 2).	geregelte Bauprodukte BAUREGELLISTE A (§ 20 Abs. 1 Satz 1 Nr. 1, Abs. 2)	nicht geregelte Bauprodcukte, weil sie von technischen Regeln der Bauregelliste A abweichen oder weil es für sie keine allgemein anerkannten Regel der Technik gibt (§ 20 Abs. 1 Satz 1 Nr. 1, Abs. 3)	Kein Nachweis oder Bestätigung für Bauprodukte, die wegen ihrer untergeordneten Bedeutung in der LISTE C bekanntgemacht sind (§ 20 Abs. 3 Satz 2)	Sonstige Bauprodukte Kein gesonderter Verwendbarkeits- und Übereinstimmungsnachweis für Bauprodukte, die nach allgemein anerkannten Regeln der Technik hergestellt werden oder von diesen abweichen. Bei Abweichungen bestehen nur die materiellen Anforderungen der MBO. (§ 20 Abs. 1 Satz 2)
Das CE-Zeichen muß die in der BAUREGELLISTE B festgelegte Klasse oder Leistungsstufe ausweisen (§ 20 Abs. 7)		allg. bauaufsichtliche Zulassung (§ 21) / allg. bauaufsichtliches Prüfzeugnis (§ 21a) / Zustimmung im Einzelfall (§ 22)		
		Übereinstimmungsnachweis (§ 24) — werkseigene Produktionskontrolle (§ 24a Abs. 1) / werkseigene Produktionskontrolle und Fremdüberwachung (§ 24b Abs. 1 Nr. 2)	KEIN Ü-ZEICHEN	
		Herstellererklärung ohne mit Erstprüfung (§ 24a) / Übereinstimmungszertifikat (§ 24b) → Ü-ZEICHEN		

Abb. H.2

3 Bauregellisten A und B, Liste C

3.1 Allgemeines

Zur Orientierung von Herstellern und aller am Bau Beteiligten werden in der vom Deutschen Institut für Bautechnik herausgegebenen **Bauregelliste A** Teile 1 bis 3 – zuletzt veröffentlicht als Ausgabe 2000/1 im Sonderheft 21 der „Mitteilungen" des DIBt – die bauordnungsrechtlich relevanten Bauprodukte und Bauarten mit ihren nationalen technischen Regeln sowie den speziell erforderlichen Verwendbarkeits- und Anwendbarkeitsnachweisen bekanntgemacht. Die **technischen Regeln der Bauregelliste A Teil 1** gelten damit als **allgemein anerkannte Regeln der Technik.** Die Aufnahme der technischen Regeln in die Bauregelliste A signalisiert, dass diese Regeln den Anforderungen der Landesbauordnungen genügen und auf ihrer Grundlage gebrauchstaugliche Bauprodukte ihrem Verwendungszweck entsprechend hergestellt werden können.

Die Bauregelliste A bedarf einer ständigen Anpassung an die Entwicklung des technischen Regelwerkes und der bauordnungsrechtlichen Anforderungen. Daher erscheint in jedem Jahr eine aktualisierte Ausgabe.

Die parallel dazu herausgegebene **Bauregelliste B** Teile 1 und 2 dient der Bekanntmachung „europäischer Bauprodukte", d. h. von Bauprodukten, die nach Vorschriften der EU-Mitgliedstaaten auf der Basis harmonisierter europäischer technischer Spezifikationen – das sind EN-Normen oder Europäische Technische Zulassungen – innerhalb Europas in Verkehr gebracht und über Ländergrenzen hinaus gehandelt werden und als äußeres Zeichen ihrer Brauchbarkeit die europäisch vereinbarte **CE-Kennzeichnung** tragen.

Mit dem Europäischen Konformitätszeichen CE wird die Übereinstimmung (Konformität) von Bauprodukten mit europäischen technischen Spezifikationen deklariert. Je nach Verwendungszweck sind von den Bauprodukten weitere Anforderungen, sogenannte Klassen und Leistungsstufen zu erfüllen oder es bestehen zusätzliche nationale Anforderungen an die Verwendbarkeit und an den Übereinstimmungsnachweis, welche in der Bauregelliste B außerdem bekanntgemacht werden. Die mit einem CE-Zeichen versehenen, in Verkehr gebrachten und gehandelten Bauprodukte dürfen in Deutschland unter dem Aspekt der Beseitigung von Handelshemmnissen innerhalb des Europäischen Wirtschaftsraumes ebenso verwendet werden wie die nationalen Bauprodukte mit Ü-Zeichen.

Die **Bauregelliste B Teil 1** enthält zur Zeit noch keine Angaben zu europäischen Regelwerken sowie zu den obligatorischen Klassen und Leistungsstufen, da harmonisierte europäische technische Spezifikationen im Sinne der Bauproduktenrichtlinie noch nicht vorliegen;

Die **Bauregelliste B Teil 2** dagegen gibt bereits Bauprodukte an, die nach bestimmte EG-Richtlinien umsetzenden nationalen Vorschriften – z. B. den Verordnungen zum Gerätesicherheitsgesetz – hergestellt werden können, jedoch zur Erfüllung der hierzulande bestehenden baurechtlichen Anforderungen zusätzlicher Verwendbarkeits- oder Übereinstimmungsnachweise bedürfen.

Schließlich enthält die **Liste C,** welche für untergeordnete Bauprodukte veröffentlicht wird, eine Auflistung von Bauprodukten, für die weder technische Baubestimmungen noch allgemein anerkannte Regeln der Technik existieren und die von geringerer bauordnungsrechtlicher Bedeutung sind. An diese weniger sicherheitsrelevanten Bauprodukte werden von seiten der Bauaufsicht keine Anforderungen, wie sie bei geregelten und nicht geregelten Bauprodukten bestehen, gestellt; die materiellen Anforderungen der Bauordnung gelten gleichwohl.

3.2 Bauregelliste A

Die bereits genannte **Bauregelliste A** enthält in **Teil 1** die geregelten Bauprodukte mit Angaben der technischen Regeln für ihre Herstellung. Falls notwendig, werden in Anlagen zu den technischen Regeln weitere verwendungsbezogene Bestimmungen ergänzt.

In **Teil 2** der Bauregelliste A werden die nicht geregelten Bauprodukte aufgeführt, deren Verwendung keine erhebliche Sicherheitsbedeutung zukommt und für die es definitionsgemäß keine anerkannten technischen Regeln, oder nicht für alle Anforderungen, gibt oder die einzig nach allgemein anerkannten **Prüf**verfahren – z. B. für das Brandverhalten – beurteilbar sind.

Der **Teil 3** der Bauregelliste A enthält in Analogie zu den nicht geregelten Bauprodukten die nicht geregelten Bauarten mit geringerer Sicherheitsrelevanz und solche Bauarten, deren technische Beurteilung hinsichtlich bestimmter Anforderungen – z. B. an die Feuerwiderstandsdauer und an den Funktionserhalt unter Brandeinwirkung – aber nach allgemein anerkannten **Prüf**verfahren möglich ist.

Auszüge aus der Bauregelliste A Teil 1, die **Bauprodukte für den Mauerwerksbau** betreffend: z. B. Künstliche Steine für Wände, Decken, Schornsteine, Bindemittel und Zuschläge für Mauermörtel, Drahtanker und Ziegelfertigbauteile, enthält das Kapitel I: Normung.

3.3 Ü-Zeichen, Übereinstimmungszeichen-Verordnung

Neben technischen Regeln und Prüfverfahren enthalten die Bauregellisten A Teile 1 bis 3 auch Angaben zu Verwendbarkeitsnachweisen und insbesondere zu den bauordnungsrechtlich geforderten Übereinstimmungsnachweisen, die als Grundlage für die Kennzeichnung der Bauprodukte mit dem **Übereinstimmungszeichen (Ü-Zeichen)** nach § 24 MBO dienen. Seit Inkrafttreten der §§ 20 ff. der Landesbauordnungen besteht für Bauprodukte die Kennzeichnungspflicht mit dem **Ü-Zeichen**. Mit dem Ü-Zeichen bestätigt der Hersteller, dass für das in seinem Werk gefertigte Bauprodukt ein Übereinstimmungsnachweis mit den technischen Regeln oder Verwendbarkeitsnachweisen geführt wurde.

Von der Kennzeichnungspflicht ausgenommen werden nur die **sonstigen** Bauprodukte, die Bauprodukte der **Liste C** und Bauarten, d. h. diese Bauprodukte/Bauarten dürfen kein Ü-Zeichen tragen. Es ist jedoch durch den Hersteller zu gewährleisten, dass sie die materiellen Anforderungen der Landesbauordnungen hinsichtlich Standsicherheit, Brandschutz, Gesundheitsschutz etc. erfüllen.

Einzelheiten zur Ü-Kennzeichnung und den damit verbundenen Angaben, u. a. auch bezüglich der für die Verwendung wesentlichen Merkmale des Bauproduktes – z. B. Wärmedämmwert, Festigkeitsklassen, Brennbarkeit etc. – sind in einer die Landesbauordnungen ergänzenden **Übereinstimmungszeichen-Verordnung ÜZVO** (siehe Abb. H.3) geregelt.

Die Kennzeichnung mit dem Ü-Zeichen hat in Deutschland eine gewisse Tradition und ist quasi der Vorläufer für die künftig in Europa geltende einheitliche CE-Kennzeichnung. Letzteres Verfahren kann jedoch erst angewandt werden, wenn es in Europa für einzelne Bauprodukte und ganze Produktgruppen die harmonisierten europäischen technischen Spezifikationen gibt; dies ist, wie erwähnt, bedauerlicherweise noch nicht der Fall, vgl. die Angaben zur Bauregelliste B Teil 1.

Die Bauordnungen der Länder und die ihnen zugrundeliegende Musterbauordnung müssen berücksichtigen, dass es für eine vermutlich längere Übergangszeit neben den mit dem CE-Zeichen versehenen Bauprodukten nach europäischen Regelwerken eine Vielzahl an Bauprodukten geben wird, die nach nationalen technischen Regeln hergestellt und aufgrunddessen mit dem Ü-Zei-

---

Muster einer Verordnung über das Übereinstimmungszeichen (Übereinstimmungszeichen-Verordnung ÜZVO)

Fassung April 1994

Aufgrund des § 81 Abs. 6 Nr. 1 MBO wird verordnet:

§ 1

(1) Das Übereinstimmungszeichen (Ü-Zeichen) nach § 24 Abs. 4 MBO besteht aus dem Großbuchstaben „Ü" und hat folgende Angaben zu enthalten:
1. Name des Herstellers
2. Grundlage des Übereinstimmungsnachweises
   a) die Kurzbezeichnung der maßgebenden technischen Regeln und der für den Verwendungszweck wesentlichen Merkmale des Bauprodukts,
   b) die Bezeichnung für eine allgemeine bauaufsichtliche Zulassung als „Z" und deren Nummer,
   c) die Bezeichnung für ein allgemeines bauaufsichtliches Prüfzeugnis als „P", die Bezeichnung der Prüfstelle und die Nummer des Prüfzeugnisses oder
   d) die Bezeichnung „Zustimmung im Einzelfall" und die Behörde.
3. Bildzeichen oder Bezeichnung der Zertifizierungsstelle, sofern deren Einschaltung gefordert ist.

Diese Angaben sind auf der von dem Großbuchstaben umschlossenen Innenfläche oder unmittelbar daneben anzubringen.

*) In der Abbildung verkleinert dargestellt

(2) Der Großbuchstabe „Ü" muß mindestens 4,5 cm breit und 6 cm hoch sein.*) Seine Breite muß zur Höhe im Verhältnis von 1 : 1,33 stehen. Wird das Ü-Zeichen auf dem Lieferschein angebracht, so darf von der Mindestgröße nach Satz 1 abgewichen werden. Der Großbuchstabe „Ü" muß der folgenden Abbildung entsprechen:

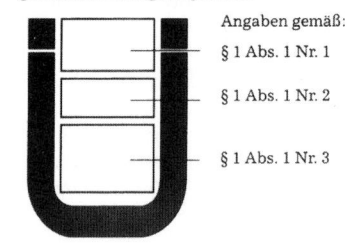

Angaben gemäß:

§ 1 Abs. 1 Nr. 1

§ 1 Abs. 1 Nr. 2

§ 1 Abs. 1 Nr. 3

(3) Wird das Ü-Zeichen auf der Verpackung angebracht oder ist seine Anbringung nur auf dem Lieferschein möglich, so darf es zusätzlich ohne die Angaben nach Absatz 1 und abweichend von Absatz 2 Satz 1 auf dem Bauprodukt angebracht werden.

§ 2

Diese Verordnung tritt am ... in Kraft.

Abb. H.3

chen nach § 24 Abs. 4 MBO gekennzeichnet werden oder die neben der CE-Kennzeichnung auch das Ü-Zeichen tragen müssen (s. Bauregelliste B Teil 2). Die Kennzeichnung mit dem Ü-Zeichen durch den Hersteller setzt den geführten Übereinstimmungsnachweis voraus. Er gilt für die geregelten und die nicht geregelten Bauprodukte.

3.4 Übereinstimmungsnachweis

Der **Übereinstimmungsnachweis** (§ 24 MBO) unterscheidet drei mögliche Verfahren, je nach Sicherheitsrelevanz des Bauproduktes für die bauliche Anlage, für die es verwendet wird. Welches Verfahren als Nachweis der Übereinstimmung mit den technischen Regeln nach § 20 Abs. 2 MBO, den allgemeinen bauaufsichtlichen Zulassungen/Prüfzeugnissen oder den Zustimmungen im Einzelfall durchzuführen ist, wird in der Bauregelliste A oder in den besonderen Verwendbarkeitsnachweisen (Allgemeine bauaufsichtliche Zulassung/Allgemeines bauaufsichtliches Prüfzeugnis/Zustimmung im Einzelfall) angegeben.

Bei den **Verfahren ÜHP und ÜZ** (s. Bauregelliste A) sind beim Übereinstimmungsnachweis staatlich anerkannte Prüf-, Überwachungs- und Zertifizierungsstellen (sogenannte PÜZ-Stellen) nach § 24c Abs. 1 MBO zur Prüfung und Bewertung der

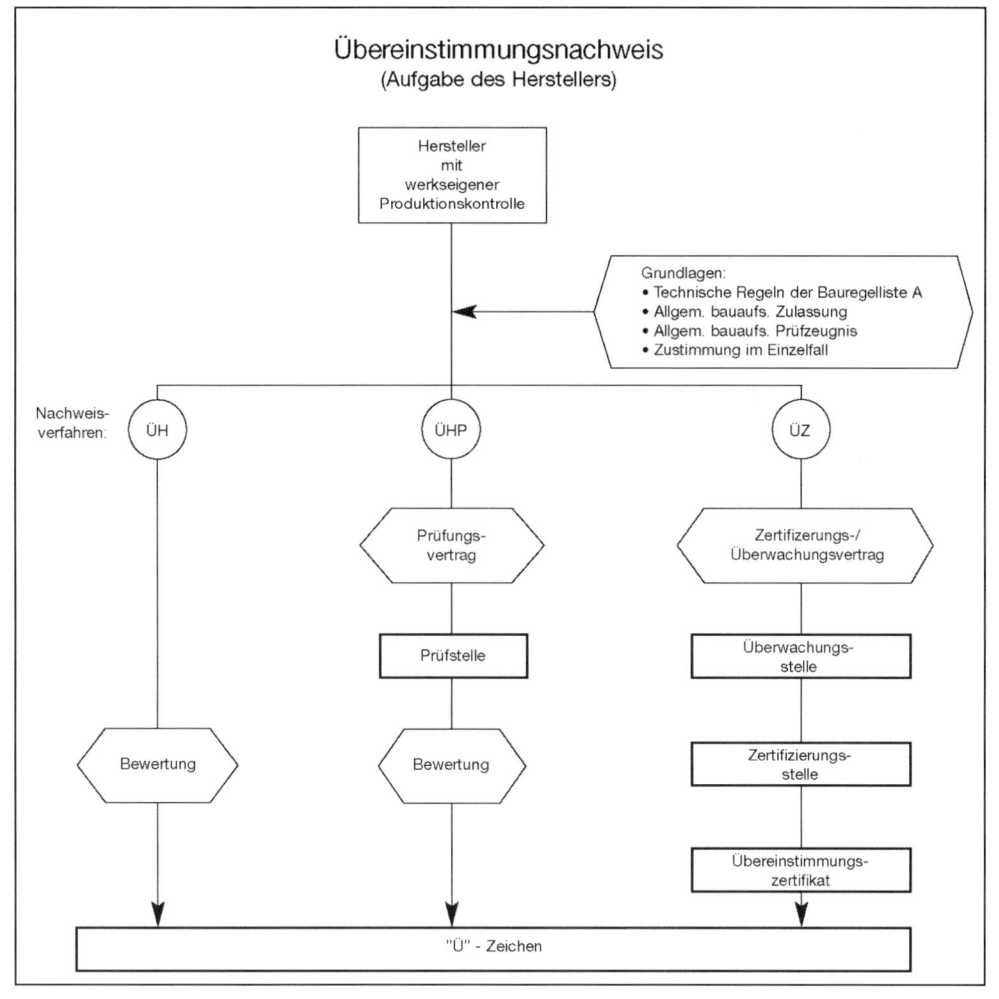

Abb. H.4

Bauprodukte vertraglich einzuschalten (siehe **Abb. H.4**). Die Bestätigung der Übereinstimmung aufgrund des Übereinstimmungszertifikates einer anerkannten Zertifizierungsstelle setzt eine Fremdüberwachung mit laufender Kontrolle der Produktherstellung durch eine Überwachungsstelle voraus. Bei der Übereinstimmungserklärung kann eine einmalige Erstprüfung des Bauproduktes durch eine dafür anerkannte Prüfstelle gefordert werden, während im einfachsten Fall der Hersteller allein die Übereinstimmung seines Produktes mit den technischen Regeln erklären kann (**ÜH-Verfahren**). Zentrales Element aller drei Übereinstimmungsnachweisverfahren ist die vom Hersteller durchzuführende werkseigene Produktionskontrolle zur Überprüfung und Bewertung des Bauproduktes sowie zur Steuerung des Produktionsablaufs. Schon bisher galt diese ureigene Unternehmenstätigkeit als der entscheidende Bestandteil der bis etwa zum Jahre 1995 für „überwachungs- und prüfzeichenpflichtige Baustoffe und Bauteile" vorgeschriebenen Eigen- und Fremdüberwachung.

3.5 Bauprodukt-Kennzeichnung

Den Abschluss des Übereinstimmungsnachweises bildet die Kennzeichnung des Bauprodukts mit dem Ü-Zeichen durch den Hersteller selbst gemäß den Vorgaben der Übereinstimmungszeichen-Verordnung. Das Übereinstimmungszeichen ist somit für alle am Bau Beteiligten augenfälliges Merkmal der nachgewiesenen Verwendungsfähigkeit des Bauprodukts; es darf nach § 24 MBO, angepasst an die baupraktischen Gegebenheiten für Lieferung, Lagerhaltung und Verwendung der Bauprodukte, auf dem Bauprodukt selbst, auf einem Beipackzettel oder auf seiner Verpackung oder, wenn dies Schwierigkeiten bereitet – wie z. B. bei in grösseren Mengen angeliefertem Betonzuschlag aus Sand und Kies –, auf dem Lieferschein oder einer Anlage zum Lieferschein angebracht werden. Die Zuordnung zum Bauprodukt auf der Baustelle muss in jedem Falle gegeben sein und belegt werden.

Liste der Technischen Baubestimmungen

1 Bauaufsichtliche Einführung technischer Regeln

Die in § 3 Abs. 1 der Musterbauordnung (MBO) und der Landesbauordnungen formulierte Grundanforderung des Bauordnungsrechts besagt, dass bauliche Anlagen so anzuordnen, zu errichten, zu ändern und instandzuhalten sind, dass die öffentliche Sicherheit oder Ordnung, insbesondere Leben, Gesundheit oder die natürlichen Lebensgrundlagen, nicht gefährdet wird. Bauaufsichtliches Handeln dient daher in erster Linie der vorbeugenden Abwehr erkennbarer konkreter Gefahren für Leib und Leben. Dazu gehören insbesondere Vorgaben über die Anforderungen an die Standsicherheit und den Brandschutz.

Neben der Forderung nach Verwendung gebrauchstauglicher, den Anforderungen der MBO genügender Bauprodukte sind als Verfahrens- und Anwendungsregeln im Rahmen der Bautätigkeit die von der obersten Bauaufsichtsbehörde als sogenannte Technische Baubestimmungen eingeführten technischen Regeln zu beachten. Die bauaufsichtliche Einführung erfolgt durch öffentliche Bekanntmachung in der **Liste der Technischen Baubestimmungen.** Diese „Liste" ist innerhalb der ARGEBAU (Arbeitsgemeinschaft der Länderbauminister) abgestimmt und wurde bei der Europäischen Kommission zwecks Information der EU-Mitgliedstaaten notifiziert (gemeldet). Die aktuelle Fassung der Liste der Technischen Baubestimmungen wird in regelmäßigen Abständen mittels Runderlass in den Amtsblättern der Länder, z. B. des Landes Nordrhein-Westfalen

---

**Einführung
Technischer Bestimmungen
nach § 3 Abs. 3 BauO NRW*)**

RdErl. d. Ministeriums
für Bauen und Wohnen v. 29. 12. 1999 –
II B 1 – 408

*) Die Verpflichtungen aus der Richtlinie 83/189/EWG des Rates vom 28. März 1983 über ein Informationsverfahren auf dem Gebiet der Normen und technischer Vorschriften (ABl. EG Nr. L 109 S. 8), zuletzt geändert durch die Richtlinie 94/10/EG des Europäischen Parlaments und des Rates vom 23. März 1994 (ABl. EG Nr. L 100 S. 30) sind beachtet worden.

1 Aufgrund des § 3 Abs. 3 der Landesbauordnung (BauO NRW) vom 7. März 1995 (GV. NRW. S. 218/SGV. NRW. 232), zuletzt geändert durch Gesetz vom 9. November 1999 (GV. NRW. S. 622), werden die in der anliegenden Liste aufgeführten technischen Regeln als Technische Baubestimmungen eingeführt, ausgenommen die Abschnitte in den technischen Regeln über Prüfzeugnisse (Anlage).

2 Durch die Einführung gelten diese Technischen Baubestimmungen als allgemein anerkannte Regeln der Technik, die der Wahrung der Belange von öffentlicher Sicherheit oder Ordnung dienen (§ 3 Abs. 1 Satz 2 BauO NRW).

Neben diesen eingeführten sind auch die nicht eingeführten allgemein anerkannten Regeln der Technik, soweit sie sicherheitsrelevant im Sinne von § 3 Abs. 1 Satz 1 BauO NRW sind, von den am Bau Beteiligten (§ 56 BauO NRW) zu beachten. Im Baugenehmigungsverfahren wird jedoch nur die Beachtung der eingeführten Technischen Baubestimmungen geprüft, soweit sie Gegenstand präventiver Prüfungen sein können (s. § 3 Abs. 3 Satz 3 und § 72 Abs. 4 BauO NRW). Die Beachtung der eingeführten Technischen Baubestimmungen ist deshalb im Rahmen der §§ 81 und 82 BauO NRW auch Gegenstand von Bauüberwachungen und Bauzustandsbesichtigungen.

3 Für die in dieser Liste genannten Normen, anderen Unterlagen und technischen Anforderungen, die sich auf Bauprodukte bzw. Prüfverfahren beziehen, gilt: es dürfen auch Bauprodukte bzw. Prüfverfahren angewandt werden, denen sonstigen Bestimmungen und technischen Vorschriften anderer Vertragsstaaten des Abkommens vom 2. Mai 1992 über den Europäischen Wirtschaftsraum entsprechen, sofern das geforderte Schutzniveau in bezug auf Sicherheit, Gesundheit und Gebrauchstauglichkeit gleichermaßen dauerhaft erreicht wird.

Sofern für ein Bauprodukt ein Übereinstimmungsnachweis oder der Nachweis der Verwendbarkeit, z. B. durch eine allgemeine bauaufsichtliche Zulassung oder ein allgemeines bauaufsichtliches Prüfzeugnis, vorgesehen ist, kann von einer Gleichwertigkeit nur ausgegangen werden, wenn für das Bauprodukt der entsprechende Nachweis der Verwendbarkeit oder ein Übereinstimmungsnachweis vorliegt und das Bauprodukt ein Übereinstimmungszeichen trägt.

4 Prüfungen, Überwachungen und Zertifizierungen, die von Stellen anderer Vertragsstaaten des Abkommens über den Europäischen Wirtschaftsraum erbracht werden, sind ebenfalls anzuerkennen, sofern die Stellen aufgrund ihrer Qualifikation, Integrität, Unparteilichkeit und technischer Ausstattung Gewähr dafür bieten, die Prüfung, Überwachung bzw. Zertifizierung gleichermaßen sachgerecht und aussagekräftig durchzuführen. Die Voraussetzungen gelten insbesondere als erfüllt, wenn die Stellen nach Art. 16 der Richtlinie 89/106/EWG vom 21. Dezember 1988 für diesen Zweck zugelassen sind.

5 Der Runderlass des Ministeriums für Bauen und Wohnen v. 11. 7. 1997 – II B 1 – 408 (MBl. NRW. S. 1018/SMBL. NRW. 2323) – Einführung Technischer Bestimmungen nach § 3 Abs. 3 BauO NRW – wird hiermit aufgehoben.

Abb. H.5

(siehe Abb. H.5), veröffentlicht. Ein Auszug der „Liste" mit den für die Anwendung im Mauerwerksbau maßgeblichen Normen und Richtlinien ist auf der Seite H. 46 wiedergegeben.

Die Bekanntmachung der Liste der Technischen Baubestimmungen klärt die bestehende Rechtsunsicherheit bezüglich der in § 3 Abs. 3 MBO und in den entsprechenden Paragraphen der Landesbauordnungen geforderten Beachtung der **allgemein anerkannten Regeln der Technik** (aaRdT) insoweit, als die als Technische Baubestimmungen eingeführten Regelwerke der „Liste" im Sinne des Baurechts als aaRdT gelten. Durch die bauaufsichtliche Einführung von technischen Regeln (DIN-Normen und auch Richtlinien technisch-wissenschaftlicher Vereinigungen oder der Bauaufsicht) für Lastannahmen, Konstruktion, Bemessung und Ausführung als Technische Baubestimmungen werden Zweifel bezüglich des Status dieser Regeln ausgeräumt: es besteht neben der faktischen Vermutung (aufgrund des Zustandekommens der Normen/Richtlinien) auch die sich auf die bauaufsichtliche Behandlung gründende rechtliche Vermutung, dass die auf diesen Regelwerken beruhende Bauausführung den aaRdT entspricht. Wer die Liste der Technischen Baubestimmungen beachtet, hat die gesetzliche Beweisvermutung für sich, dass er nach den aaRdT im Sinne des Bauordnungsrechts verfährt und hierüber einen besonderen Nachweis nicht zu führen braucht.

Die bauaufsichtliche Einführung soll darüberhinaus den Zweck erfüllen, nur die technischen Regeln als Technische Baubestimmungen einzuführen, die zur Erfüllung der Grundanforderungen des Bauordnungsrechts als sicherheitsrelevante aaRdT im Sinne von § 3 Abs. 1 Satz 1 MBO/Landesbauordnungen unerlässlich sind, die Grundlage präventiver Prüfungen zur Gefahrenabwehr sein können und von der Bauaufsicht tatsächlich angewendet werden. Insoweit bedeutet die bauaufsichtliche Einführung eine Weisung an die Bauaufsichtsbehörden, nach diesen Technischen Baubestimmungen im Rahmen des Baugenehmigungsverfahrens die bautechnischen Nachweise zu prüfen und die Bauüberwachung und Bauzustandsbesichtigungen durchzuführen. Die Liste der Technischen Baubestimmungen dient damit als Orientierungshilfe nicht nur für die Bauaufsichtsbehörden und sie dient der Verbesserung der Information über bauaufsichtlich relevante technische Baubestimmungen. Von seiten der Bauwirtschaft wird die bauaufsichtliche Einführung wichtiger sicherheitsrelevanter Konstruktions- und Bemessungsnormen und deren Aufnahme in einer einheitlichen Liste gewünscht, weil damit der Stellenwert der Technischen Baubestimmungen im Rahmen des Wettbewerbs nachhaltig unterstrichen wird und dies zu einer soliden Wettbewerbsgrundlage beiträgt.

In Einzelfällen besteht für die obersten Bauaufsichtsbehörden Veranlassung, bei Normen und Richtlinien, die nicht alle bauaufsichtlichen Anforderungen erfassen, die notwendigen technischen Ergänzungen oder baurechtliche Anwendungs- und Verfahrenshinweise in **Anlagen** zu den Technischen Baubestimmungen (siehe Abb. H.6) bekanntzumachen. Diese Regelungen sind wichtiger Bestandteil bauaufsichtlicher Anforderungen, die ebenfalls zu beachten sind. Die Anlagen der „Liste" führen das zusammen, was vormals in einer Vielzahl von Einführungserlassen zu einzelnen Normen/Richtlinien als zusätzliche Anwendungshinweise aufgenommen war.

Öffentlich-rechtlich sind nicht alle allgemein anerkannten Regeln der Technik zu beachten. Von baurechtlicher Bedeutung sind nur die Regelwerke, die der Wahrung der in den Landesbauordnungen genannten Schutzziele dienen, d. h. sicherheitsrelevante Anforderungen an Bauprodukte (siehe Technische Regeln in Bauregelliste A) und bei der Errichtung, Änderung und Instandhaltung baulicher Anlagen (siehe Liste der Technischen Baubestimmungen) regeln. Die Beachtung der Vielzahl anderer aaRdT ist aus verschiedenen bauwirtschaftlichen und haftungsrechtlichen Gründen zwar geboten oder zumindest angeraten, die Bauaufsichtsbehörde als Ordnungsbehörde ist hiervon aber nicht berührt.

Auszug aus der Liste der Technischen Baubestimmungen des Landes Nordrhein-Westfalen

Lfd. Nr.	Bezeichnung	Titel	Ausgabe	Fundstelle MBl.NW./ Bezugs-quelle
1	2	3	4	5

2.2 Mauerwerksbau

2.2.1	DIN 1053	Mauerwerk		
	–1 Anlage 2.2/4	–; Berechnung und Ausführung	November 1996	[1]
	Teil 3	Bewehrtes Mauerwerk; Berechnung und Ausführung	Februar 1990	1991 S. 314
	Teil 4 Anlage 2.2/2	Bauten aus Ziegelfertigbauteilen	September 1978	1981 S. 848
2.2.2	Richtlinie	Richtlinien für die Bemessung und Ausführung von Flachstürzen	August 1977 Ber. Juli 1979	1978 S. 310 [2] 3/1979, S. 73
2.2.3	DIN V ENV 1996–1–1 Anlage 2.2/3	Eurocode 6: Bemessung und Konstruktion von Mauerwerksbauten; Teil 1–1: Allgemeine Regeln, Regeln für bewehrtes und unbewehrtes Mauerwerk	Dezember 1996	[1]
	Richtlinie	Nationales Anwendungsdokument (NAD); Richtlinie zur Anwendung von DIN V ENV 1996–1–1; Eurocode 6 (DIN-Fachbericht 60)	1. Auflage 97	[1]

zu DIN 1053 Teil 4   Anlage 2.2/2

Bei Anwendung der technischen Regel ist folgendes zu beachten:
1. Zu Abschnitt 2 – Mitgeltende Normen und Unterlagen
Anstelle der „Richtlinien für Leichtbeton und Stahlleichtbeton mit geschlossenem Gefüge" sind als mitgeltende Normen
DIN 4219, Ausgabe Dezember 1979, Leichtbeton und Stahlleichtbeton mit geschlossenem Gefüge;
Teil 1 –; Anforderungen an den Beton; Herstellung und Überwachung
Teil 2 –; Bemessung und Ausführung
zu beachten.
Soweit in anderen Abschnitten der Norm auf DIN 1045 (Ausgabe Januar 1972) verwiesen wird, gilt hierfür nunmehr die Norm DIN 1045 (Ausgabe Juli 1988).
2. Auf folgende Druckfehler in der Norm wird hingewiesen
– Abschnitt 4.8 Abs. 5
In Zeile 1 muß es richtig heißen: „B 5 bis B 25 (Bn 50 bis Bn 250)..." [statt „...B 5 bis B 35 (Bn 50 bis Bn 350)...".]

zu DIN V ENV 1996-1-1   Anlage 2.2/3

Bei Anwendung der technischen Regel ist folgendes zu beachten:
DIN V ENV 1996 Teil 1–1, Ausgabe Dezember 1996, darf – unter Beachtung der zugehörigen Richtlinie zur Anwendung von DIN V ENV 1996–1–1 – alternativ zu DIN 1053–1 (lfd. Nr. 2.2.1) dem Entwurf der Berechnung und der Bemessung sowie der Ausführung von Mauerwerksbauten zugrunde gelegt werden.

zu DIN 1053-1   Anlage 2.2/4

Bei Anwendung der technischen Regel ist folgendes zu beachten:
Zu Abschnitt 8.4.3.4:
Polystyrol-Hartschaumplatten und Polyurethan-Hartschaumplatten nach DIN 18 164-1: 1992-08 können als Wärmedämmstoff für zweischaliges Mauerwerk verwendet werden, wenn die Platten eine umlaufende Kantenprofilierung (Nut und Feder oder einen Stufenfalz) haben oder mit versetzten Lagen verlegt werden.

Abb. H.6

Stahlbau nach DIN 18 800 (11.90)

Aus dem Inhalt:
Trägerarten: Trägersysteme • Berechnung der Vollwandträger
Stützen: Gestaltung der Stützen • Berechnung der Stützen
Theorie der Verbindungen: Schweißverbindungen • Schraubenverbindungen
• Beispiele zur Konstruktion und Berechnung von Verbindungen • Berechnungswerte für Stahlbauten.

Stahltrapezprofile

Das Buch hilft bei der schnellen und wirtschaftlichen Bemessung von Stahltrapezprofilen. Das neue Bemessungskonzept nach Grenzzuständen und die Anpassungsrichtlinie Stahlbau 5/96 des DIBt sind für die Praxis aufbereitet. Die erforderlichen Nachweisführungen werden in Nachweisschemata dargestellt. Auf die bauphysikalischen Besonderheiten, die Einzelheiten zur Konstruktion für Stahltrapezprofile als Dach und Wand und auf die Bauausführung wird eingegangen.

Stahlbau in Beispielen

Aus dem Inhalt: Bemessungsvoraussetzungen • Nachweisverfahren für die Tragsicherheit • Schraubenverbindungen • Schweißverbindungen
• Zugstäbe • Knicklängenbeiwert β • Mittig gedrückte einteilige Stäbe
• Stäbe mit einachsiger Biegung ohne Normalkraft • Stäbe mit einachsiger Biegung und Normalkraft • Stäbe mit zweiachsiger Biegung mit oder ohne Normalkraft • Mehrteilig einfeldrige Stäbe mit unveränderlichem Querschnitt und konstanter Normalkraft • Elastisch gestützte Druckgurte
• Nachweisführung für Tragwerke nach Theorie II. Ordnung • Plattenbeulen
• Planmäßig gerade Stäbe mit ebenen dünnwandigen Querschnittsteilen
• Stützenfüße • Biegesteife Rahmenecken • Örtliche Krafteinleitungen
• Biegetorsionsbeanspruchung von U-Profilen.

Hohlprofilkonstruktionen aus Stahl

Wegen ihrer hohen Torsionssteifigkeit und großen Knickstabilität erlauben Hohlprofile den Bau schlanker, eleganter Konstruktionen. Außerdem bieten sie strömenden Medien wie Luft oder Wasser wenig Widerstand.

Moderne Schweiß- und Schneideverfahren erlauben heute die wirtschaftliche Fertigung von einfachen unversteiften Knoten und Verbindungen, die ein von Architekten bevorzugtes klares Erscheinungsbild liefern.

Zu beziehen über
Ihre Buchhandlung
oder direkt beim Verlag.

Kahlmeyer
Stahlbau nach DIN 18 800 (11.90)
Bemessung und Konstruktion
Träger – Stützen – Verbindungen
WIT, 3., durchgesehene und
verbesserte Auflage 1998.
320 Seiten 17 x 24 cm, kartoniert
DM 58,–/öS 423,–/sFr 58,–
ISBN 3-8041-4938-3

Neu

Maass/Hünersen/Fritzsche
Stahltrapezprofile
2. Auflage 2000.
272 Seiten 17 x 24 cm, kartoniert
DM 98,–/öS 715,–/sFr 98,–
ISBN 3-8041-2699-5

Hünersen/Fritzsche
Stahlbau in Beispielen
Berechnungspraxis nach DIN 18 800
Teil 1 bis Teil 3
WIT, 4. Auflage 1998.
288 Seiten 17 x 24 cm, kartoniert
DM 58,–/öS 423,–/sFr 58,–
ISBN 3-8041-2078-4

Puthli
Hohlprofilkonstruktionen aus Stahl nach DIN V ENV 1993 (EC 3) und DIN 18 800 (11.90)
Anwendung – Konstruktion und Bemessung – Knotenverbindungen – Ermüdung – Entwurfsbeispiele
WIT, 1998.
272 Seiten 17 x 24 cm, kartoniert
DM 65,–/öS 475,–/sFr 65,–
ISBN 3-8041-2975-7

WERNER VERLAG

Werner Verlag · Postfach 10 53 54 · 40044 Düsseldorf
Telefon (02 11) 3 87 98-0 · Telefax (02 11) 3 87 98-11
www.werner-verlag.de

I NORMEN, RICHTLINIEN, GESETZE

Prof. Dipl.-Ing. Klaus-Jürgen Schneider
Dr.-Ing. Peter Schubert
Dipl.-Ing. Ernst W. Klauke (Abschnitt 3, zweiter Beitrag)

1 Normen I.3

Konstruktive Normen I.3
DIN 1053-1 Mauerwerk – Berechnung und Ausführung I.3
DIN 1053-2 Mauerwerk – Mauerwerksfestigkeitsklassen aufgrund von
               Eignungsprüfungen I.43
DIN 1053-3 Mauerwerk – Bewehrtes Mauerwerk – Berechnung und Ausführung I.48
DIN V ENV 1996-1-1 Bemessung und Konstruktion von Mauerwerksbauten –
               Regeln für bewehrtes und unbewehrtes Mauerwerk
               (unter Berücksichtigung der Richtlinie zur Anwendung
               von DIN V ENV 1996-1-1) I.57

2 Richtlinien I.117

Richtlinien für die Bemessung und Ausführung von Flachstürzen I.117
Bauteile, die gegen Absturz sichern I.121

3 Gesetze I.126

Raumordnungsgesetz I.126
Bauregelliste I.136

I NORMEN, RICHTLINIEN, GESETZE

1 Normen

1.1 Konstruktive Normen

Mauerwerk
Teil 1: Berechnung und Ausführung[1)]
DIN 1053-1 (11.96)

1	Anwendungsbereich und normative Verweisungen	I.6
1.1	Anwendungsbereich	I.6
1.2	Normative Verweisungen	I.6
2	Begriffe	I.8
2.1	Rezeptmauerwerk (RM)	I.8
2.2	Mauerwerk nach Eignungsprüfung (EM)	I.8
2.3	Tragende Wände	I.8
2.4	Aussteifende Wände	I.8
2.5	Nichttragende Wände	I.8
2.6	Ringanker	I.8
2.7	Ringbalken	I.8
3	Bautechnische Unterlagen	I.8
4	Druckfestigkeit des Mauerwerks	I.8
5	Baustoffe	I.9
5.1	Mauersteine	I.9
5.2	Mauermörtel	I.9
5.2.1	Anforderungen	I.9
5.2.2	Verarbeitung	I.9
5.2.3	Anwendung	I.9
5.2.3.1	Allgemeines	I.9
5.2.3.2	Normalmörtel (NM)	I.9
5.2.3.3	Leichtmörtel (LM)	I.9
5.2.3.4	Dünnbettmörtel (DM)	I.9
6	Vereinfachtes Berechnungsverfahren	I.9
6.1	Allgemeines	I.9
6.2	Ermittlung der Schnittgrößen infolge von Lasten	I.10
6.2.1	Auflagerkräfte aus Decken	I.10
6.2.2	Knotenmomente	I.10
6.3	Wind	I.10
6.4	Räumliche Steifigkeit	I.10
6.5	Zwängungen	I.11
6.6	Grundlagen für die Berechnung der Formänderung	I.11
6.7	Aussteifung und Knicklänge von Wänden	I.12
6.7.1	Allgemeine Annahmen für aussteifende Wände	I.12
6.7.2	Knicklängen	I.13
6.7.3	Öffnungen in Wänden	I.14
6.8	Mitwirkende Breite von zusammengesetzten Querschnitten	I.14
6.9	Bemessung mit dem vereinfachten Verfahren	I.14
6.9.1	Spannungsnachweis bei zentrischer und exzentrischer Druckbeanspruchung	I.14
6.9.2	Nachweis der Knicksicherheit	I.15
6.9.3	Auflagerpressung	I.15
6.9.4	Zug- und Biegezugspannungen	I.16
6.9.5	Schubnachweis	I.16
7	Genaueres Berechnungsverfahren	I.17
7.1	Allgemeines	I.17
7.2	Ermittlung der Schnittgrößen infolge von Lasten	I.17
7.2.1	Auflagerkräfte aus Decken	I.17
7.2.2	Knotenmomente	I.17
7.2.3	Vereinfachte Berechnung der Knotenmomente	I.17
7.2.4	Begrenzung der Knotenmomente	I.18
7.2.5	Wandmomente	I.18
7.3	Wind	I.18
7.4	Räumliche Steifigkeit	I.18
7.5	Zwängungen	I.18
7.6	Grundlagen für die Berechnung der Formänderungen	I.18

[1)] Im folgenden wurden die wichtigsten Änderungen gegenüber der alten Ausgabe der DIN 1053 Teil 1 bzw. Teil 2 (02.90 bzw. 07.84) grau unterlegt.

7.7 Aussteifung und Knicklängen von Wänden ... I.19
7.7.1 Allgemeine Annahmen für aussteifende Wände I.19
7.7.2 Knicklängen I.19
7.7.3 Öffnungen in Wänden ... I.20
7.8 Mittragende Breite von zusammengesetzten Querschnitten ... I.20
7.9 Bemessung mit dem genaueren Verfahren I.20
7.9.1 Tragfähigkeit bei zentrischer und exzentrischer Druckbeanspruchung I.20
7.9.2 Nachweis der Knicksicherheit I.20
7.9.3 Einzellasten, Lastausbreitung und Teilflächenpressung I.21
7.9.4 Zug- und Biegezugspannungen I.21
7.9.5 Schubnachweis I.21

8 Bauteile und Konstruktionsdetails ... I.22
8.1 Wandarten, Wanddicken I.22
8.1.1 Allgemeines I.22
8.1.2 Tragende Wände I.22
8.1.2.1 Allgemeines I.22
8.1.2.2 Aussteifende Wände I.22
8.1.2.3 Kellerwände I.23
8.1.3 Nichttragende Wände ... I.24
8.1.3.1 Allgemeines I.24
8.1.3.2 Nichttragende Außenwände I.24
8.1.3.3 Nichttragende innere Trennwände I.24
8.1.4 Anschluß der Wände an die Decken und den Dachstuhl I.24
8.1.4.1 Allgemeines I.24
8.1.4.2 Anschluß durch Zuganker I.24
8.1.4.3 Anschluß durch Haftung und Reibung I.24
8.2 Ringanker und Ringbalken I.24
8.2.1 Ringanker I.24
8.2.2 Ringbalken I.25
8.3 Schlitze und Aussparungen I.25
8.4 Außenwände I.26
8.4.1 Allgemeines I.26
8.4.2 Einschalige Außenwände ... I.26
8.4.2.1 Verputzte einschalige Außenwände I.26
8.4.2.2 Unverputzte einschalige Außenwände (einschaliges Verblendmauerwerk) I.26

8.4.3 Zweischalige Außenwände I.26
8.4.3.1 Konstruktionsarten und allgemeine Bestimmungen für die Ausführung I.26
8.4.3.2 Zweischalige Außenwände mit Luftschicht I.28
8.4.3.3 Zweischalige Außenwände mit Luftschicht und Wärmedämmung I.28
8.4.3.4 Zweischalige Außenwände mit Kerndämmung ... I.28
8.4.3.5 Zweischalige Außenwände mit Putzschicht I.29
8.5 Gewölbe, Bogen und Gewölbewirkung I.29
8.5.1 Gewölbe und Bogen I.29
8.5.2 Gewölbte Kappen zwischen Trägern I.29
8.5.3 Gewölbewirkung über Wandöffnungen I.30

9 Ausführung I.30
9.1 Allgemeines I.30
9.2 Lager-, Stoß- und Längsfugen .. I.30
9.2.1 Vermauerung mit Stoßfugenvermörtelung I.30
9.2.2 Vermauerung ohne Stoßfugenvermörtelung I.31
9.2.3 Fugen in Gewölben I.31
9.3 Verband I.31
9.4 Mauern bei Frost I.32

10 Eignungsprüfungen I.32

11 Kontrollen und Güteprüfungen auf der Baustelle I.32
11.1 Rezeptmauerwerk (RM) I.32
11.1.1 Mauersteine I.32
11.1.2 Mauermörtel I.32
11.2 Mauerwerk nach Eignungsprüfung (EM) I.33
11.2.1 Einstufungsschein, Eignungsnachweis des Mörtels I.33
11.2.2 Mauersteine I.33
11.2.3 Mörtel I.33

12 Natursteinmauerwerk I.33
12.1 Allgemeines I.33
12.2 Verband I.33

12.2.1 Allgemeines	I.33	Anhang A Mauermörtel	I.37
12.2.2 Trockenmauerwerk	I.34	A.1 Mörtelarten	I.37
12.2.3 Zyklopenmauerwerk und Bruchsteinmauerwerk	I.34	A.2 Bestandteile und Anforderungen	I.38
12.2.4 Hammerrechtes Schichtenmauerwerk	I.34	A.2.1 Sand	I.38
		A.2.2 Bindemittel	I.38
12.2.5 Unregelmäßiges Schichtenmauerwerk	I.35	A.2.3 Zusatzstoffe	I.38
		A.2.4 Zusatzmittel	I.38
12.2.6 Regelmäßiges Schichtenmauerwerk	I.35	A.3 Mörtelzusammensetzung und Anforderungen	I.39
12.2.7 Quadermauerwerk	I.35	A.3.1 Normalmörtel (NM)	I.39
12.2.8 Verblendmauerwerk (Mischmauerwerk)	I.35	A.3.2 Leichtmörtel (LM)	I.40
		A.3.3 Dünnbettmörtel (DM)	I.41
12.3 Zulässige Beanspruchung	I.36	A.3.4 Verarbeitbarkeit	I.41
12.3.1 Allgemeines	I.36	A.4 Herstellung des Mörtels	I.41
12.3.2 Spanngungsnachweis bei zentrischer und exzentrischer Druckbeanspruchung	I.37	A.4.1 Baustellenmörtel	I.41
		A.4.2 Werkmörtel	I.41
		A.5 Eignungsprüfungen	I.41
12.3.3 Zug- und Biegezugspannungen	I.37	A.5.1 Allgemeines	I.41
		A.5.2 Normalmörtel	I.41
12.3.4 Schubspannungen	I.37	A.5.3 Leichtmörtel	I.41
		A.5.4 Dünnbettmörtel	I.42

Vorwort

Diese Norm wurde vom Normenausschuß Bauwesen (NABau), Fachbereich 06 „Mauerwerksbau", Arbeitsausschuß 06.30.00 „Rezept- und Ingenieurmauerwerk", erarbeitet. DIN 1053 „Mauerwerk" besteht aus folgenden Teilen:

Teil 1: Berechnung und Ausführung
Teil 2: Mauerwerksfestigkeitsklassen aufgrund von Eignungsprüfungen
Teil 3: Bewehrtes Mauerwerk - Berechnung und Ausführung
Teil 4: Bauten aus Ziegelfertigbauteilen

Änderungen

Gegenüber der Ausgabe Februar 1990 und DIN 1053-2 : 1984-07 wurden folgende Änderungen vorgenommen:

a) Haupttitel „Rezeptmauerwerk" gestrichen.
b) Inhalt sachlich und redaktionell neueren Erkenntnissen angepaßt.
c) Genaueres Berechnungsverfahren, bisher in DIN 1053-2, eingearbeitet.

Frühere Ausgaben

DIN 4156 : 05.43; DIN 1053 : 02.37x, 12.52, 11.62; DIN 1053-1 : 1974-11, 1990-02

1 Anwendungsbereich und normative Verweisungen

1.1 Anwendungsbereich

Diese Norm gilt für die Berechnung und Ausführung von Mauerwerk aus künstlichen und natürlichen Steinen.

Mauerwerk nach dieser Norm darf entweder nach dem vereinfachten Verfahren (Voraussetzungen siehe 6.1) oder nach dem genaueren Verfahren (siehe Abschnitt 7) berechnet werden.

Innerhalb eines Bauwerkes, das nach dem vereinfachten Verfahren berechnet wird, dürfen einzelne Bauteile nach dem genaueren Verfahren bemessen werden.

Bei der Wahl der Bauteile sind auch die Funktionen der Wände hinsichtlich des Wärme-, Schall-, Brand- und Feuchteschutzes zu beachten. Bezüglich der Vermauerung mit und ohne Stoßfugenvermörtelung siehe 9.2.1 und 9.2.2.

Es dürfen nur Baustoffe verwendet werden, die den in dieser Norm genannten Normen entsprechen.

ANMERKUNG: Die Verwendung anderer Baustoffe bedarf nach den bauaufsichtlichen Vorschriften eines besonderen Nachweises der Verwendbarkeit, z. B. durch eine allgemeine bauaufsichtliche Zulassung.

1.2 Normative Verweisungen

Diese Norm enthält durch datierte oder undatierte Verweisungen Festlegungen aus anderen Publikationen. Diese normativen Verweisungen sind an den jeweiligen Stellen im Text zitiert, und die Publikationen sind nachstehend aufgeführt. Bei datierten Verweisungen gehören spätere Änderungen oder Überarbeitungen dieser Publikationen nur zu dieser Norm, falls sie durch Änderung oder Überarbeitung eingearbeitet sind. Bei undatierten Verweisungen gilt die letzte Ausgabe der in Bezug genommenen Publikation.

DIN 105-1
Mauerziegel - Vollziegel und Hochlochziegel

DIN 105-2
Mauerziegel - Leichthochlochziegel

DIN 105-3
Mauerziegel - Hochfeste Ziegel und hochfeste Klinker

DIN 105-4
Mauerziegel - Keramikklinker

DIN 105-5
Mauerziegel - Leichtlanglochziegel und Leichtlangloch-Ziegelplatten

DIN 106-1
Kalksandsteine - Vollsteine, Lochsteine, Blocksteine, Hohlblocksteine

DIN 106-2
Kalksandsteine - Vormauersteine und Verblender

DIN 398
Hüttensteine - Vollsteine, Lochsteine, Hohlblocksteine

DIN 1045
Beton und Stahlbeton - Bemessung und Ausführung

DIN 1053-2
Mauerwerk - Teil 2: Mauerwerksfestigkeitsklassen aufgrund von Eignungsprüfungen

DIN 1053-3
Mauerwerk - Bewehrtes Mauerwerk - Berechnung und Ausführung

DIN 1055-3
Lastannahmen für Bauten - Verkehrslasten

DIN 1057-1
  Baustoffe für frei stehende Schornsteine – Radialziegel – Anforderungen, Prüfung, Überwachung

DIN 1060-1
  Baukalk – Teil 1: Definitionen, Anforderungen, Überwachung

DIN 1164-1
  Zement – Teil 1: Zusammensetzung, Anforderungen

DIN 4103-1
  Nichttragende innere Trennwände – Anforderungen, Nachweise

DIN 4108-3
  Wärmeschutz im Hochbau – Klimabedingter Feuchteschutz – Anforderungen und Hinweise für Planung und Ausführung

DIN 4108-4
  Wärmeschutz im Hochbau – Wärme- und feuchteschutztechnische Kennwerte

DIN 4165
  Porenbeton-Blocksteine und Porenbeton-Plansteine

DIN 4211
  Putz- und Mauerbinder – Anforderungen, Überwachung

DIN 4226-1
  Zuschlag für Beton – Zuschlag mit dichtem Gefüge – Begriffe, Bezeichnung und Anforderungen

DIN 4226-2
  Zuschlag für Beton – Zuschlag mit porigem Gefüge (Leichtzuschlag) – Begriffe, Bezeichnung und Anforderungen

DIN 4226-3
  Zuschlag für Beton – Prüfung von Zuschlag mit dichtem oder porigem Gefüge

DIN 17 440
  Nichtrostende Stähle – Technische Lieferbedingungen für Blech, Warmband, Walzdraht, gezogenen Draht, Stabstahl, Schmiedestücke und Halbzeug

DIN 18 151
  Hohlblöcke aus Leichtbeton

DIN 18 152
  Vollsteine und Vollblöcke aus Leichtbeton

DIN 18 153
  Mauersteine aus Beton (Normalbeton)

DIN 18 195-4
  Bauwerksabdichtungen – Abdichtungen gegen Bodenfeuchtigkeit – Bemessung und Ausführung

DIN 18 200
  Überwachung (Güteüberwachung) von Baustoffen, Bauteilen und Bauarten – Allgemeine Grundsätze

DIN 18 515-1
  Außenwandbekleidungen – Angemörtelte Fliesen oder Platten – Grundsätze für Planung und Ausführung

DIN 18 515-2
  Außenwandbekleidungen – Anmauerung auf Aufstandsflächen – Grundsätze für Planung und Ausführung

DIN 18 550-1
  Putz – Begriffe und Anforderungen

DIN 18 555-2
  Prüfung von Mörteln mit mineralischen Bindemitteln – Frischmörtel mit dichten Zuschlägen – Bestimmung der Konsistenz, der Rohdichte und des Luftgehalts

DIN 18 555-3
  Prüfung von Mörteln mit mineralischen Bindemitteln – Festmörtel – Bestimmung der Biegezugfestigkeit, Druckfestigkeit und Rohdichte

DIN 18 555-4
  Prüfung von Mörteln mit mineralischen Bindemitteln – Festmörtel – Bestimmung der Längs- und Querdehnung sowie von Verformungskenngrößen von Mauermörteln im statischen Druckversuch

DIN 18 555-5
  Prüfung von Mörteln mit mineralischen Bindemitteln – Festmörtel – Bestimmung der Haftscherfestigkeit von Mauermörteln

DIN 18 555-8
  Prüfung von Mörteln mit mineralischen Bindemitteln – Frischmörtel – Bestimmung der Verarbeitbarkeitszeit und der Korrigierbarkeitszeit von Dünnbettmörteln für Mauerwerk

DIN 18 557
  Werkmörtel – Herstellung, Überwachung und Lieferung

DIN 50 014
  Klimate und ihre technische Anwendung – Normalklimate

DIN 51 043
  Traß – Anforderungen, Prüfung

DIN 52 105
  Prüfung von Naturstein – Druckversuch

DIN 52 612-1
  Wärmeschutztechnische Prüfungen – Bestimmung der Wärmeleitfähigkeit mit dem Plattengerät – Durchführung und Auswertung

DIN 53 237
  Prüfung von Pigmenten – Pigmente zum Einfärben von zement- und kalkgebundenen Baustoffen

Richtlinien für die Erteilung von Zulassungen für Betonzusatzmittel (Zulassungsrichtlinien), Fassung Juni 1993, abgedruckt in den Mitteilungen des Deutschen Instituts für Bautechnik,1993, Heft 5.

Vorläufige Richtlinie zur Ergänzung der Eignungsprüfung von Mauermörtel – Druckfestigkeit in der Lagerfuge – Anforderungen, Prüfung
Zu beziehen über
Deutsche Gesellschaft für
Mauerwerksbau e. V. (DGfM),
53179 Bonn, Schloßallee 10.

2 Begriffe

2.1 Rezeptmauerwerk (RM)

Rezeptmauerwerk ist Mauerwerk, dessen Grundwerte der zulässigen Druckspannungen σ_0 in Abhängigkeit von Steinfestigkeitsklassen, Mörtelarten und Mörtelgruppen nach den Tabellen 4a und 4b festgelegt wird.

2.2 Mauerwerk nach Eignungsprüfung (EM)

Mauerwerk nach Eignungsprüfung ist Mauerwerk, dessen Grundwerte der zulässigen Druckspannungen σ_0 aufgrund von Eignungsprüfungen nach DIN 1053-2 und nach Tabelle 4c bestimmt werden.

2.3 Tragende Wände

Tragende Wände sind überwiegend auf Druck beanspruchte, scheibenartige Bauteile zur Aufnahme vertikaler Lasten, z. B. Deckenlasten, sowie horizontaler Lasten, z. B. Windlasten. Als

„Kurze Wände" gelten Wände oder Pfeiler, deren Querschnittsflächen kleiner als 1000 cm² sind. Gemauerte Querschnitte kleiner als 400 cm² sind als tragende Teile unzulässig.

2.4 Aussteifende Wände

Aussteifende Wände sind scheibenartige Bauteile zur Aussteifung des Gebäudes oder zur Knickaussteifung tragender Wände. Sie gelten stets auch als tragende Wände.

2.5 Nichttragende Wände

Nichttragende Wände sind scheibenartige Bauteile, die überwiegend nur durch ihre Eigenlast beansprucht werden und auch nicht zum Nachweis der Gebäudeaussteifung oder der Knickaussteifung tragender Wände herangezogen werden.

2.6 Ringanker

Ringanker sind in Wandebene liegende horizontale Bauteile zur Aufnahme von Zugkräften, die in den Wänden infolge von äußeren Lasten oder von Verformungsunterschieden entstehen können.

2.7 Ringbalken

Ringbalken sind in Wandebene liegende horizontale Bauteile, die außer Zugkräften auch Biegemomente infolge von rechtwinklig zur Wandebene wirkenden Lasten aufnehmen können.

3 Bautechnische Unterlagen

Als bautechnische Unterlagen gelten insbesondere die Bauzeichnungen, der Nachweis der Standsicherheit und eine Baubeschreibung sowie etwaige Zulassungs- und Prüfbescheide.

Für die Beurteilung und Ausführung des Mauerwerks sind in den bautechnischen Unterlagen mindestens Angaben über

a) Wandaufbau und Mauerwerksart (RM oder EM),
b) Art, Rohdichteklasse und Druckfestigkeitsklasse der zu verwendenden Steine,
c) Mörtelart, Mörtelgruppe,
d) Aussteifende Bauteile, Ringanker und Ringbalken,
e) Schlitze und Aussparungen,
f) Verankerungen der Wände,
g) Bewehrungen des Mauerwerks,
h) verschiebliche Auflagerungen

erforderlich.

4 Druckfestigkeit des Mauerwerks

Die Druckfestigkeit des Mauerwerks wird bei Berechnung nach dem vereinfachten Verfahren nach 6.9 charakterisiert durch die Grundwerte σ_0 der zulässigen Druckspannungen. Sie sind in Tabelle 4a und 4b in Abhängigkeit von den Steinfestigkeitsklassen, den Mörtelarten und Mörtelgruppen, in Tabelle 4c in Abhängigkeit von der Nennfestigkeit des Mauerwerks nach DIN 1053-2 festgelegt.

Wird nach dem genaueren Verfahren nach Abschnitt 7 gerechnet, so sind die Rechenwerte β_R der Druckfestigkeit von Mauerwerk nach Gleichung (10) zu berechnen.

Für Mauerwerk aus Natursteinen ergeben sich die Grundwerte σ_0 der zulässigen Druckspannungen in Abhängigkeit von der Güteklasse des Mauerwerks, der Steinfestigkeit und der Mörtelgruppe aus Tabelle 14.

5 Baustoffe

5.1 Mauersteine

Es dürfen nur Steine verwendet werden, die DIN 105-1 bis DIN 105-5, DIN 106-1 und DIN 106-2, DIN 398, DIN 1057-1, DIN 4165, DIN 18 151, DIN 18 152 und DIN 18 153 entsprechen.

Für die Verwendung von Natursteinen gilt Abschnitt 12.

5.2 Mauermörtel

5.2.1 Anforderungen

Es dürfen nur Mauermörtel verwendet werden, die den Bedingungen des Anhanges A entsprechen.

5.2.2 Verarbeitung

Zusammensetzung und Konsistenz des Mörtels müssen vollfugiges Vermauern ermöglichen. Dies gilt besonders für Mörtel der Gruppen III und IIIa. Werkmörteln dürfen auf der Baustelle keine Zuschläge und Zusätze (Zusatzstoffe und Zusatzmittel) zugegeben werden. Bei ungünstigen Witterungsbedingungen (Nässe, niedrige Temperaturen) ist ein Mörtel mindestens der Gruppe II zu verwenden.

Der Mörtel muß vor Beginn des Erstarrens verarbeitet sein.

5.2.3 Anwendung

5.2.3.1 Allgemeines

Mörtel unterschiedlicher Arten und Gruppen dürfen auf einer Baustelle nur dann gemeinsam verwendet werden, wenn sichergestellt ist, daß keine Verwechslung möglich ist.

5.2.3.2 Normalmörtel (NM)

Es gelten folgende Einschränkungen:

a) Mörtelgruppe I:
   - Nicht zulässig für Gewölbe und Kellermauerwerk, mit Ausnahme bei der Instandsetzung von altem Mauerwerk, das mit Mörtel der Gruppe I gemauert ist.
   - Nicht zulässig bei mehr als zwei Vollgeschossen und bei Wanddicken kleiner als 240 mm; dabei ist als Wanddicke bei zweischaligen Außenwänden die Dicke der Innenschale maßgebend.
   - Nicht zulässig für Vermauern der Außenschale nach 8.4.3.
   - Nicht zulässig für Mauerwerk EM.

b) Mörtelgruppen II und IIa:
   - Keine Einschränkung.

c) Mörtelgruppen III und IIIa:
   - Nicht zulässig für Vermauern der Außenschale nach 8.4.3.

   Abweichend davon darf MG III zum nachträglichen Verfugen und für diejenigen Bereiche von Außenschalen verwendet werden, die als bewehrtes Mauerwerk nach DIN 1053-3 ausgeführt werden.

5.2.3.3 Leichtmörtel (LM)

Es gelten folgende Einschränkungen:

- Nicht zulässig für Gewölbe und der Witterung ausgesetztes Sichtmauerwerk (siehe auch 8.4.2.2 und 8.4.3).

5.2.3.4 Dünnbettmörtel (DM)

Es gelten folgende Einschränkungen:

- Nicht zulässig für Gewölbe und für Mauersteine mit Maßabweichungen der Höhe von mehr als 1,0 mm (Anforderungen an Plansteine).

6 Vereinfachtes Berechnungsverfahren

6.1 Allgemeines

Der Nachweis der Standsicherheit darf mit dem gegenüber Abschnitt 7 vereinfachten Verfahren geführt werden, wenn die folgenden und die in Tabelle 1 enthaltenen Voraussetzungen erfüllt sind:

- Gebäudehöhe über Gelände nicht mehr als 20 m.

  Als Gebäudehöhe darf bei geneigten Dächern das Mittel von First- und Traufhöhe gelten.

- Stützweite der aufliegenden Decken $l \leq 6{,}0$ m, sofern nicht die Biegemomente aus dem Deckendrehwinkel durch konstruktive Maßnahmen, z. B. Zentrierleisten, begrenzt werden; bei zweiachsig gespannten Decken ist für l die kürzere der beiden Stützweiten einzusetzen.

Beim vereinfachten Verfahren brauchen bestimmte Beanspruchungen, z. B. Biegemomente

Tabelle 1: Voraussetzungen für die Anwendung des vereinfachten Verfahrens

	Bauteil	Voraussetzungen		
		Wand-dicke d mm	lichte Wand-höhe h_s	Verkehrs-last p kN/m²
1	Innenwände	$\geq$ 115 < 240	$\leq$ 2,75 m	
2		$\geq$ 240	–	
3	einschalige Außen-wände	$\geq$ 175[1] < 240	$\leq$ 2,75 m	< 5
4		$\geq$ 240	$\leq$ 12 · d	
5	Tragschale zwei-schaliger Außen-wände und zwei-schalige Haustrenn-wände	$\geq$ 115[2] < 175[2]	$\leq$ 2,75 m	$\leq$ 3[3]
6		$\geq$ 175 < 240		$\leq$ 5
7		$\geq$ 240	$\leq$ 12 · d	

[1] Bei eingeschossigen Garagen und vergleichbaren Bauwerken, die nicht zum dauernden Aufenthalt von Menschen vorgesehen sind, auch $d \geq$ 115 mm zulässig.
[2] Geschoßanzahl maximal zwei Vollgeschosse zuzüglich ausgebautes Dachgeschoß; aussteifende Querwände im Abstand $\leq$ 4,50 m bzw. Randabstand von einer Öffnung $\leq$ 2,0 m.
[3] Einschließlich Zuschlag für nichttragende innere Trennwände.

aus Deckeneinspannung, ungewollte Exzentrizitäten beim Knicknachweis, Wind auf Außenwände usw., nicht nachgewiesen zu werden, da sie im Sicherheitsabstand, der den zulässigen Spannungen zugrunde liegt, oder durch konstruktive Regeln und Grenzen berücksichtigt sind.

Ist die Gebäudehöhe größer als 20 m oder treffen die in diesem Abschnitt enthaltenen Voraussetzungen nicht zu oder soll die Standsicherheit des Bauwerkes oder einzelner Bauteile genauer nachgewiesen werden, ist der Standsicherheitsnachweis nach Abschnitt 7 zu führen.

6.2 Ermittlung der Schnittgrößen infolge von Lasten

6.2.1 Auflagerkräfte aus Decken

Die Schnittgrößen sind für die während des Errichtens und im Gebrauch auftretenden maßgebenden Lastfälle zu berechnen. Bei der Ermittlung der Stützkräfte, die von einachsig gespannten Platten und Rippendecken sowie von Balken und Plattenbalken auf das Mauerwerk übertragen werden, ist die Durchlaufwirkung bei der ersten Innenstütze stets, bei den übrigen Innenstützen dann zu berücksichtigen, wenn das Verhältnis benachbarter Stützweiten kleiner als 0,7 ist. Alle übrigen Stützkräfte dürfen ohne Berücksichtigung einer Durchlaufwirkung unter der Annahme berechnet werden, daß die Tragwerke über allen Innenstützen gestoßen und frei drehbar gelagert sind. Tragende Wände unter einachsig gespannten Decken, die parallel zur Deckenspannrichtung verlaufen, sind mit einem Deckenstreifen angemessener Breite zu belasten, so daß eine mögliche Lastabtragung in Querrichtung berücksichtigt ist. Die Ermittlung der Auflagerkräfte aus zweiachsig gespannten Decken darf nach DIN 1045 erfolgen.

6.2.2 Knotenmomente

In Wänden, die als Zwischenauflager von Decken dienen, brauchen die Biegemomente infolge des Auflagerdrehwinkels der Decken unter den Voraussetzungen des vereinfachten Verfahrens nicht nachgewiesen zu werden. Als Zwischenauflager in diesem Sinne gelten:

a) Innenauflager durchlaufender Decken
b) beidseitige Endauflager von Decken
c) Innenauflager von Massivdecken mit oberer konstruktiver Bewehrung im Auflagerbereich, auch wenn sie rechnerisch auf einer oder auf beiden Seiten der Wand parallel zur Wand gespannt sind.

In Wänden, die als einseitiges Endauflager von Decken dienen, brauchen die Biegemomente infolge des Auflagerdrehwinkels der Decken unter den Voraussetzungen des vereinfachten Verfahrens nicht nachgewiesen zu werden, da dieser Einfluß im Faktor k_3 nach 6.9.1 berücksichtigt ist.

6.3 Wind

Der Einfluß der Windlast rechtwinklig zur Wandebene darf beim Spannungsnachweis unter den Voraussetzungen des vereinfachten Verfahrens in der Regel vernachlässigt werden, wenn ausreichende horizontale Halterungen der Wände vorhanden sind. Als solche gelten z. B. Decken mit Scheibenwirkung oder statisch nachgewiesene Ringbalken im Abstand der zulässigen Geschoßhöhen nach Tabelle 1.

Unabhängig davon ist die räumliche Steifigkeit des Gebäudes sicherzustellen.

6.4 Räumliche Steifigkeit

Alle horizontalen Kräfte, z. B. Windlasten, Lasten aus Schrägstellung des Gebäudes, müssen sicher in den Baugrund weitergeleitet werden können.

Auf einen rechnerischen Nachweis der räumlichen Steifigkeit darf verzichtet werden, wenn die Geschoßdecken als steife Scheiben ausgebildet sind bzw. statisch nachgewiesene, ausreichend steife Ringbalken vorliegen und wenn in Längs- und Querrichtung des Gebäudes eine offensichtlich ausreichende Anzahl von genügend langen aussteifenden Wänden vorhanden ist, die ohne größere Schwächungen und ohne Versprünge bis auf die Fundamente geführt sind.

Ist bei einem Bauwerk nicht von vornherein erkennbar, daß Steifigkeit und Stabilität gesichert sind, so ist ein rechnerischer Nachweis der Standsicherheit der waagerechten und lotrechten Bauteile erforderlich. Dabei sind auch Lotabweichungen des Systems durch den Ansatz horizontaler Kräfte zu berücksichtigen, die sich durch eine rechnerische Schrägstellung des Gebäudes um den im Bogenmaß gemessenen Winkel

$$\varphi = \pm \frac{1}{100 \sqrt{h_G}} \qquad (1)$$

ergeben. Für h_G ist die Gebäudehöhe in m über OK Fundament einzusetzen.

Bei Bauwerken, die aufgrund ihres statischen Systems eine Umlagerung der Kräfte erlauben, dürfen bis zu 15 % des ermittelten horizontalen Kraftanteils einer Wand auf andere Wände umverteilt werden.

Bei großer Nachgiebigkeit der aussteifenden Bauteile müssen darüber hinaus die Formänderungen bei der Ermittlung der Schnittgrößen berücksichtigt werden. Dieser Nachweis darf entfallen, wenn die lotrechten aussteifenden Bauteile in der betrachteten Richtung die Bedingungen der folgenden Gleichung erfüllen:

$$h_G \sqrt{\frac{N}{EI}} \leq 0{,}6 \quad \text{für } n \geq 4 \qquad (2)$$
$$\leq 0{,}2 + 0{,}1 \cdot n \quad \text{für } 1 \leq n < 4$$

Hierin bedeuten:

h_G	Gebäudehöhe über OK Fundament
N	Summe aller lotrechten Lasten des Gebäudes
EI	Summe der Biegesteifigkeit aller lotrechten aussteifenden Bauteile im Zustand I nach der Elastizitätstheorie in der betrachteten Richtung (für E siehe 6.6)
n	Anzahl der Geschosse

6.5 Zwängungen

Aus der starren Verbindung von Baustoffen unterschiedlichen Verformungsverhaltens können erhebliche Zwängungen infolge von Schwinden, Kriechen und Temperaturänderungen entstehen, die Spannungsumlagerungen und Schäden im Mauerwerk bewirken können. Das gleiche gilt bei unterschiedlichen Setzungen. Durch konstruktive Maßnahmen (z. B. ausreichende Wärmedämmung, geeignete Baustoffwahl, zwängungsfreie Anschlüsse, Fugen usw.) ist unter Beachtung von 6.6 sicherzustellen, daß die vorgenannten Einwirkungen die Standsicherheit und Gebrauchsfähigkeit der baulichen Anlage nicht unzulässig beeinträchtigen.

6.6 Grundlagen für die Berechnung der Formänderung

Als Rechenwerte für die Verformungseigenschaften der Mauerwerksarten aus künstlichen Steinen dürfen die in der Tabelle 2 angegebenen Werte angenommen werden.

Die Verformungseigenschaften der Mauerwerksarten können stark streuen. Der Streubereich ist in Tabelle 2 als Wertebereich angegeben; er kann in Ausnahmefällen noch größer sein. Sofern in den Steinnormen der Nachweis anderer Grenzwerte des Wertebereichs gefordert wird, gelten diese. Müssen Verformungen berücksichtigt werden, so sind die der Berechnung zugrunde liegende Art und Festigkeitsklasse der Steine, die Mörtelart und die Mörtelgruppe anzugeben.

Für die Berechnung der Randdehnung ε_R nach Bild 3 sowie der Knotenmomente nach 7.2.2 und zum Nachweis der Knicksicherheit nach 7.9.2 dürfen vereinfachend die dort angegebenen Verformungswerte angenommen werden.

Tabelle 2: Verformungskennwerte für Kriechen, Schwinden, Temperaturänderung sowie Elastizitätsmoduln

Mauersteinart	Endwert der Feuchtedehnung (Schwinden, chemisches Quellen)[1] $\varepsilon_{f\infty}$[1]		Endkriechzahl φ_∞[2]		Wärmedehnungskoeffizient α_T		Elastizitätsmodul E[3]	
	Rechenwert	Wertebereich	Rechenwert	Wertebereich	Rechenwert	Wertebereich	Rechenwert	Wertebereich
	mm/m				10^{-6}/K		MN/m^2	
1	2	3	4	5	6	7	8	9
Mauerziegel	0	+0,3 bis −0,2	1,0	0,5 bis 1,5	6	5 bis 7	$3500 \cdot \sigma_0$	3000 bis 4000 · σ_0
Kalksandsteine[4]	−0,2	−0,1 bis −0,3	1,5	1,0 bis 2,0	8	7 bis 9	$3000 \cdot \sigma_0$	2500 bis 4000 · σ_0
Leichtbetonsteine	−0,4	−0,2 bis −0,5	2,0	1,5 bis 2,5	10[5]	8 bis 12	$5000 \cdot \sigma_0$	4000 bis 5000 · σ_0
Betonsteine	−0,2	−0,1 bis −0,3	1,0	−	10	8 bis 12	$7500 \cdot \sigma_0$	6500 bis 8500 · σ_0
Porenbetonsteine	−0,2	+0,1 bis −0,3	1,5	1,0 bis 2,5	8	7 bis 9	$2500 \cdot \sigma_0$	2000 bis 3000 · σ_0

[1] Verkürzung (Schwinden): Vorzeichen minus; Verlängerung (chemisches Quellen): Vorzeichen plus.
[2] $\varphi_\infty = \varepsilon_{k\infty}/\varepsilon_{el}$; $\varepsilon_{k\infty}$ Endkriechdehnung; $\varepsilon_{el} = \sigma/E$.
[3] E Sekantenmodul aus Gesamtdehnung bei etwa $1/3$ der Mauerwerksdruckfestigkeit; σ_0 Grundwert nach Tabellen 4a, 4b und 4c.
[4] Gilt auch für Hüttensteine.
[5] Für Leichtbeton mit überwiegend Blähton als Zuschlag.

6.7 Aussteifung und Knicklänge von Wänden

6.7.1 Allgemeine Annahmen für aussteifende Wände

Je nach Anzahl der rechtwinklig zur Wandebene unverschieblich gehaltenen Ränder werden zwei-, drei- und vierseitig gehaltene sowie frei stehende Wände unterschieden. Als unverschiebliche Halterung dürfen horizontal gehaltene Deckenscheiben und aussteifende Querwände oder andere ausreichend steife Bauteile angesehen werden. Unabhängig davon ist das Bauwerk als Ganzes nach 6.4 auszusteifen.

Bei einseitig angeordneten Querwänden darf unverschiebliche Halterung der auszusteifenden Wand nur angenommen werden, wenn Wand und Querwand aus Baustoffen annähernd gleichen Verformungsverhaltens gleichzeitig im Verband hochgeführt werden und wenn ein Abreißen der Wände infolge stark unterschiedlicher Verformung nicht zu erwarten ist, oder wenn die zug- und druckfeste Verbindung durch andere Maßnahmen gesichert ist. Beidseitig angeordnete Querwände, deren Mittelebenen gegeneinander um mehr als die dreifache Dicke der auszusteifenden Wand versetzt sind, sind wie einseitig angeordnete Querwände zu behandeln.

Aussteifende Wände müssen mindestens eine wirksame Länge von $1/5$ der lichten Geschoßhöhe h_s und eine Dicke von $1/3$ der Dicke der auszusteifenden Wand, jedoch mindestens 115 mm haben.

Ist die aussteifende Wand durch Öffnungen unterbrochen, muß die Länge der Wand zwischen den Öffnungen mindestens so groß wie nach Bild 1 sein. Bei Fenstern gilt die lichte Fensterhöhe als h_1 bzw. h_2.

Bei beidseitig angeordneten, nicht versetzten Querwänden darf auf das gleichzeitige Hochführen der beiden Wände im Verband verzichtet werden, wenn jede der beiden Querwände den vorstehend genannten Bedingungen für aussteifende Wände genügt. Auf Konsequenzen aus unterschiedlichen Verformungen und aus bauphysikalischen Anforderungen ist in diesem Fall besonders zu achten.

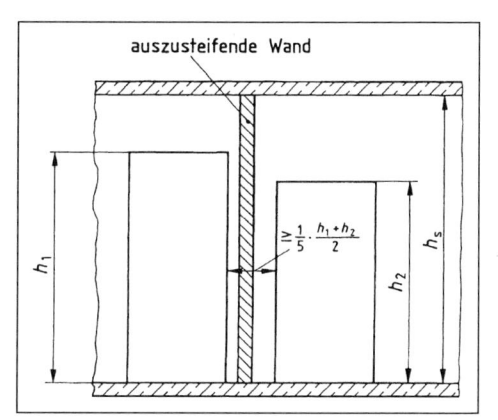

Bild 1. Mindestlänge der aussteifenden Wand

6.7.2 Knicklängen

Die Knicklänge h_K von Wänden ist in Abhängigkeit von der lichten Geschoßhöhe h_s wie folgt in Rechnung zu stellen:

a) Zweiseitig gehaltene Wände:

Im allgemeinen gilt

$$h_K = h_s \qquad (1)$$

Bei Plattendecken und anderen flächig aufgelagerten Massivdecken darf die Einspannung der Wand in den Decken durch Abminderung der Knicklänge auf

$$h_K = \beta \cdot h_s \qquad (2)$$

berücksichtigt werden.

Sofern kein genauerer Nachweis für β nach 7.7.2 erfolgt, gilt vereinfacht:

$\beta = 0{,}75$ für Wanddicke $d \leq 175$ mm
$\beta = 0{,}90$ für Wanddicke
$\qquad\quad 175$ mm $\leq d < 250$ mm
$\beta = 1{,}00$ für Wanddicke $d > 250$ mm

Als flächig aufgelagerte Massivdecken in diesem Sinn gelten auch Stahlbetonbalken- und -rippendecken nach DIN 1045 mit Zwischenbauteilen, bei denen die Auflagerung durch Randbalken erfolgt.

Die so vereinfacht ermittelte Abminderung der Knicklänge ist jedoch nur zulässig, wenn keine größeren horizontalen Lasten als die planmäßigen Windlasten rechtwinklig auf die Wände wirken und folgende Mindestauflagertiefen a auf den Wänden der Dicke d gegeben sind:

$d \geq 240$ mm $\qquad a \geq 175$ mm
$d < 240$ mm $\qquad a = d$

b) Drei- und vierseitig gehaltene Wände:

Für die Knicklänge gilt $h_K = \beta \cdot h_s$. Bei Wänden der Dicke d mit lichter Geschoßhöhe $h_s \leq 3{,}50$ m darf β in Abhängigkeit von b und b' nach Tabelle 3 angenommen werden, falls kein genauerer Nachweis für β nach 7.7.2 erfolgt. Ein Faktor β ungünstiger als bei einer zweiseitig gehaltenen Wand braucht nicht angesetzt zu werden. Die Größe b bedeutet bei vierseitiger Halterung den Mittenabstand der aussteifenden Wände, b' bei dreiseitiger Halterung den Abstand zwischen der Mitte der aussteifenden Wand und dem freien Rand (siehe Bild 2). Ist $b > 30 \cdot d$ bei vierseitiger Halterung bzw. $b' > 15 \cdot d$ bei dreiseitiger Halterung, so sind die Wände wie zweiseitig gehaltene zu behandeln. Ist die Wand in der Höhe des mittleren Drittels durch vertikale Schlitze oder Nischen

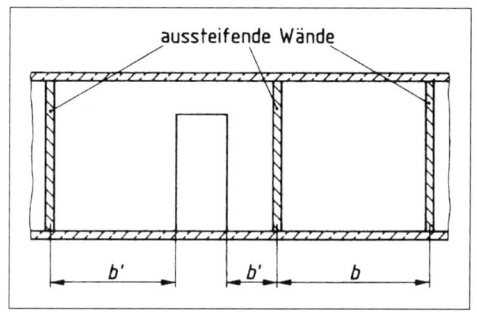

Bild 2. Darstellung der Größen b und b'

Tabelle 3: Faktor β zur Bestimmung der Knicklänge $h_K = \beta \cdot h_s$ von drei- und vierseitig gehaltenen Wänden in Abhängigkeit vom Abstand b der aussteifenden Wände bzw. vom Randabstand b' und der Dicke d der auszusteifenden Wand

Dreiseitig gehaltene Wand					Vierseitig gehaltene Wand			
Wanddicke in mm			b'	β	b	Wanddicke in mm		
240	175	115	m		m	115	175	240	300
				0,65	0,35	2,00			
				0,75	0,40	2,25			
				0,85	0,45	2,50			
				0,95	0,50	2,80			
				1,05	0,55	3,10	$b \leq$ 3,45 m		
				1,15	0,60	3,40			
				1,25	0,65	3,80			
		$b' \leq$ 1,75 m		1,40	0,70	4,30	$b \leq$ 5,25 m		
				1,60	0,75	4,80			
				1,85	0,80	5,60			
	$b' \leq$ 2,60 m			2,20	0,85	6,60			
							$b \leq$ 7,20 m		
$b' \leq$ 3,60 m				2,80	0,90	8,40	$b \leq$ 9,00 m		

geschwächt, so ist für *d* die Restwanddicke einzusetzen oder ein freier Rand anzunehmen. Unabhängig von der Lage eines vertikalen Schlitzes oder einer Nische ist an ihrer Stelle eine Öffnung anzunehmen, wenn die Restwanddicke kleiner als die halbe Wanddicke oder kleiner als 115 mm ist.

6.7.3 Öffnungen in Wänden

Haben Wände Öffnungen, deren lichte Höhe größer als $1/4$ der Geschoßhöhe oder deren lichte Breite größer als $1/4$ der Wandbreite oder deren Gesamtfläche größer als $1/10$ der Wandfläche ist, so sind die Wandteile zwischen Wandöffnung und aussteifender Wand als dreiseitig gehalten, die Wandteile zwischen Wandöffnungen als zweiseitig gehalten anzusehen.

6.8 Mitwirkende Breite von zusammengesetzten Querschnitten

Als zusammengesetzt gelten nur Querschnitte, deren Teile aus Steinen gleicher Art, Höhe und Festigkeitsklasse bestehen, die gleichzeitig im Verband mit gleichem Mörtel gemauert werden und bei denen ein Abreißen von Querschnittsteilen infolge stark unterschiedlicher Verformung nicht zu erwarten ist. Querschnittsschwächungen durch Schlitze sind zu berücksichtigen. Brüstungs- und Sturzmauerwerk dürfen nicht in die mitwirkende Breite einbezogen werden. Die mitwirkende Breite darf nach der Elastizitätstheorie ermittelt werden. Falls kein genauer Nachweis geführt wird, darf die mitwirkende Breite beidseits zu je $1/4$ der über dem betrachteten Schnitt liegenden Höhe des zusammengesetzten Querschnitts, jedoch nicht mehr als die vorhandene Querschnittsbreite, angenommen werden.

Die Schubtragfähigkeit des zusammengesetzten Querschnitts ist nach 7.9.5 nachzuweisen.

6.9 Bemessung mit dem vereinfachten Verfahren

6.9.1 Spannungsnachweis bei zentrischer und exzentrischer Druckbeanspruchung

Für den Gebrauchszustand ist auf der Grundlage einer linearen Spannungsverteilung unter Ausschluß von Zugspannungen nachzuweisen, daß die zulässigen Druckspannungen

$$\text{zul } \sigma_D = k \cdot \sigma_0 \qquad (3)$$

nicht überschritten werden.

Hierin bedeuten:

σ_0 Grundwerte nach Tabellen 4a, 4b oder 4c

k Abminderungsfaktor:

- Wände als Zwischenauflager:
  $k = k_1 \cdot k_2$
- Wände als einseitiges Endauflager:
  $k = k_1 \cdot k_2$ oder $k = k_1 \cdot k_3$, der kleinere Wert ist maßgebend.

k_1 Faktor zur Berücksichtigung unterschiedlicher Sicherheitsbeiwerte bei Wänden und „kurzen Wänden":

$k_1 = 1,0$ für Wände

$k_1 = 1,0$ für „kurze Wände" nach 2.3, die aus einem oder mehreren ungetrennten Steinen oder aus getrennten Steinen mit einem Lochanteil von weniger als 35 % bestehen und nicht durch Schlitze oder Aussparungen geschwächt sind

$k_1 = 0,8$ für alle anderen „kurzen Wände"

Gemauerte Querschnitte, deren Flächen kleiner als 400 cm^2 sind, sind als tragende Teile unzulässig. Schlitze und Aussparungen sind hierbei zu berücksichtigen.

k_2 Faktor zur Berücksichtigung der Traglastminderung bei Knickgefahr nach 6.9.2

$k_2 = 1,0$ $\qquad$ für $h_K/d \leq 10$

$k_2 = \dfrac{25 - h_K/d}{15}$ $\qquad$ für $10 < h_K/d \leq 25$

mit h_K als Knicklänge nach 6.7.2. Schlankheiten $h_K/d > 25$ sind unzulässig.

k_3 Faktor zur Berücksichtigung der Traglastminderung durch den Deckendrehwinkel bei Endauflagerung auf Innen- oder Außenwänden.

Bei Decken zwischen Geschossen:

$k_3 = 1$ $\qquad$ für $\qquad$ $l \leq 4{,}20$ m
$k_3 = 1{,}7 - l/6$ $\qquad$ für $4{,}20$ m $< l \leq 6{,}00$ m

mit l als Deckenstützweite in m nach 6.1.

Bei Decken über dem obersten Geschoß, insbesondere bei Dachdecken:

$k_3 = 0{,}5$ für alle Werte von l. Hierbei sind rechnerisch klaffende Lagerfugen vorausgesetzt.

Wird die Traglastminderung infolge Deckendrehwinkel durch konstruktive Maßnahmen, z. B. Zentrierleisten, vermieden, so gilt unabhängig von der Deckenstützweite $k_3 = 1$.

Falls ein Nachweis für ausmittige Last zu führen ist, dürfen sich die Fugen sowohl bei Ausmitte in Richtung der Wandebene (Scheibenbeanspruchung) als auch rechtwinklig dazu (Plattenbeanspruchung) rechnerisch höchstens bis zum Schwerpunkt des Querschnitts öffnen. Sind Wände als Windscheiben rechnerisch nachzuweisen, so ist bei Querschnitten mit klaffender Fuge infolge Scheibenbeanspruchung zusätzlich nachzuweisen, daß die rechnerische Randdehnung aus der Scheibenbeanspruchung auf der Seite der Klaffung den Wert $\varepsilon_R = 10^{-4}$ nicht überschreitet (siehe Bild 3). Der Elastizitätsmodul für Mauerwerk darf hierfür zu $E = 3000 \cdot \sigma_0$ angenommen werden.

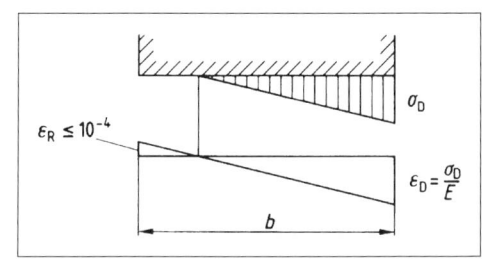

b Länge der Windscheibe

σ_D Kantenpressung

ε_D rechnerische Randstauchung im maßgebenden Gebrauchs-Lastfall

Bild 3. Zulässige rechnerische Randdehnung bei Scheiben

Bei zweiseitig gehaltenen Wänden mit $d < 175$ mm und mit Schlankheiten $\frac{h_K}{d} > 12$ und Wandbreiten $< 2{,}0$ m ist der Einfluß einer ungewollten horizontalen Einzellast $H = 0{,}5$ kN, die in halber Geschoßhöhe angreift und die über die Wandbreite gleichmäßig verteilt werden darf, nachzuweisen. Für diesen Lastfall dürfen die zulässigen Spannungen um den Faktor 1,33 vergrößert werden. Dieser Nachweis darf entfallen, wenn Gleichung (12) eingehalten ist.

6.9.2 Nachweis der Knicksicherheit

Der Faktor k_2 nach 6.9.1 berücksichtigt im vereinfachten Verfahren die ungewollte Ausmitte und die Verformung nach Theorie II. Ordnung. Dabei ist vorausgesetzt, daß in halber Geschoßhöhe nur Biegemomente aus Knotenmomenten nach 6.2.2 und aus Windlasten auftreten. Greifen größere horizontale Lasten an oder werden vertikale Lasten mit größerer planmäßiger Exzentrizität eingeleitet, so ist der Knicksicherheitsnachweis nach 7.9.2 zu führen. Ein Versatz der Wandachsen infolge einer Änderung der Wanddicken gilt dann nicht als größere Exzentrizität, wenn der Querschnitt der dickeren tragenden Wand den Querschnitt der dünneren tragenden Wand umschreibt.

6.9.3 Auflagerpressung

Werden Wände von Einzellasten belastet, so muß die Aufnahme der Spaltzugkräfte sichergestellt sein. Dies kann bei sorgfältig ausgeführtem Mauerwerksverband als gegeben angenommen werden. Die Druckverteilung unter Einzellasten darf dann innerhalb des Mauerwerks unter 60° angesetzt werden. Der höher beanspruchte Wandbereich darf in höherer Mauerwerksfestigkeit ausgeführt werden. Es ist 6.5 zu beachten.

Unter Einzellasten, z. B. unter Balken, Unterzügen, Stützen usw., darf eine gleichmäßig verteilte Auflagerpressung von $1{,}3 \cdot \sigma_0$ mit σ_0 nach Tabellen 4a, 4b oder 4c angenommen werden, wenn zusätzlich nachgewiesen wird, daß die Mauerwerksspannung in halber Wandhöhe den Wert zul σ_D nach Gleichung (3) nicht überschreitet.

Teilflächenpressungen rechtwinklig zur Wandebene dürfen den Wert $1{,}3 \cdot \sigma_0$ nach Tabellen 4a, 4b oder 4c nicht überschreiten. Bei Einzellasten $F \geq 3$ kN ist zusätzlich die Schubspannung in den Lagerfugen der belasteten Steine nach 6.9.5, Gleichung (6), nachzuweisen. Bei Loch- und Kammersteinen ist z. B. durch Unterlagsplatten sicherzustellen, daß die Druckkraft auf mindestens zwei Stege übertragen wird.

Tabelle 4a: Grundwerte σ_0 der zulässigen Druckspannungen für Mauerwerk mit Normalmörtel

Stein-festig-keits-klasse	Grundwerte σ_0 für Normalmörtel Mörtelgruppe				
	I MN/m²	II MN/m²	IIa MN/m²	III MN/m²	IIIa MN/m²
2	0,3	0,5	0,5[1)]	–	–
4	0,4	0,7	0,8	0,9	–
6	0,5	0,9	1,0	1,2	–
8	0,6	1,0	1,2	1,4	–
12	0,8	1,2	1,6	1,8	1,9
20	1,0	1,6	1,9	2,4	3,0
28	–	1,8	2,3	3,0	3,5
36	–	–	–	3,5	4,0
48	–	–	–	4,0	4,5
60	–	–	–	4,5	5,0

[1)] $\sigma_0 = 0{,}6$ MN/m² bei Außenwänden mit Dicken ≥ 300 mm. Diese Erhöhung gilt jedoch nicht für den Nachweis der Auflagerpressung nach 6.9.3.

Normen

Tabelle 4b: Grundwerte σ_0 der zulässigen Druckspannungen für Mauerwerk mit Dünnbett- und Leichtmörtel

Steinfestig-keitsklasse	Grundwerte σ_0 für		
	Dünnbett-mörtel[1] MN/m²	Leichtmörtel LM 21 MN/m²	LM 36 MN/m²
2	0,6	0,5[2]	0,5[2],[3]
4	1,1	0,7[4]	0,8[5]
6	1,5	0,7	0,9
8	2,0	0,8	1,0
12	2,2	0,9	1,1
20	3,2	0,9	1,1
28	3,7	0,9	1,1

[1] Anwendung nur bei Porenbeton-Plansteinen nach DIN 4165 und bei Kalksand-Plansteinen. Die Werte gelten für Vollsteine. Für Kalksand-Lochsteine und Kalksand-Hohlblocksteine nach DIN 106-1 gelten die entsprechenden Werte der Tabelle 4a bei Mörtelgruppe III bis Steinfestigkeitsklasse 20.

[2] Für Mauerwerk mit Mauerziegeln nach DIN 105-1 bis DIN 105-4 gilt $\sigma_0 = 0{,}4$ MN/m².

[3] $\sigma_0 = 0{,}6$ MN/m² bei Außenwänden mit Dicken ≥ 300 mm. Diese Erhöhung gilt jedoch nicht für den Fall der Fußnote [2] und nicht für den Nachweis der Auflagerpressung nach 6.9.3.

[4] Für Kalksandsteine nach DIN 106-1 der Rohdichteklasse $\geq 0{,}9$ und für Mauerziegel nach DIN 105-1 bis DIN 105-4 gilt $\sigma_0 = 0{,}5$ MN/m².

[5] Für Mauerwerk mit den in Fußnote [4] genannten Mauersteinen gilt $\sigma_0 = 0{,}7$ MN/m².

Tabelle 4c: Grundwerte σ_0 der zulässigen Druckspannungen für Mauerwerk nach Eignungsprüfung (EM)

Nennfestigkeit β_M[1] in N/mm²	1,0 bis 9,0	11,0 und 13,0	16,0 bis 25,0
σ in MN/m²[2]	0,35 β_M	0,32 β_M	0,30 β_M

[1] β_M nach DIN 1053-2.
[2] σ_0 ist auf 0,01 MN/m² abzurunden.

6.9.4 Zug- und Biegezugspannungen

Zug- und Biegezugspannungen rechtwinklig zur Lagerfuge dürfen in tragenden Wänden nicht in Rechnung gestellt werden.

Zug- und Biegezugspannungen σ_Z parallel zur Lagerfuge in Wandrichtung dürfen bis zu folgenden Höchstwerten in Rechnung gestellt werden:

$$\text{zul } \sigma_Z = 0{,}4 \cdot \sigma_{0HS} + 0{,}12 \cdot \sigma_D \leq \max \sigma_Z \quad (4)$$

Hierin bedeuten:

zul σ_Z zulässige Zug- und Biegezugspannung parallel zur Lagerfuge

σ_D zugehörige Druckspannung rechtwinklig zur Lagerfuge

σ_{0HS} zulässige abgeminderte Haftscherfestigkeit nach Tabelle 5

max σ_Z Maximalwert der zulässigen Zug- und Biegezugspannung nach Tabelle 6

Tabelle 5: Zulässige abgeminderte Haftscherfestigkeit σ_{0HS} in MN/m²

Mörtelart, Mörtelgruppe	NM I	NM II	NM IIa LM 21 LM 36	NM III DM	NM IIIa
σ_{0HS}[1]	0,01	0,04	0,09	0,11	0,13

[1] Für Mauerwerk mit unvermörtelten Stoßfugen sind die Werte σ_{0HS} zu halbieren. Als vermörtelt in diesem Sinn gilt eine Stoßfuge, bei der etwa die halbe Wanddicke oder mehr vermörtelt ist.

Tabelle 6: Maximale Werte max σ_Z der zulässigen Biegezugspannungen in MN/m²

Steinfestigkeitsklasse	2	4	6	8	12	20	≥ 28
max σ_Z	0,01	0,02	0,04	0,05	0,10	0,15	0,20

6.9.5 Schubnachweis

Ist ein Nachweis der räumlichen Steifigkeit nach 6.4 nicht erforderlich, darf im Regelfall auch der Schubnachweis für die aussteifenden Wände entfallen.

Ist ein Schubnachweis erforderlich, darf für Rechteckquerschnitte (keine zusammengesetzten Querschnitte) das folgende vereinfachte Verfahren angewendet werden:

$$\tau = \frac{c \cdot Q}{A} \leq \text{zul } \tau \quad (5)$$

Scheibenschub:

$$\text{zul } \tau = \sigma_{0HS} + 0{,}2 \cdot \sigma_{Dm} \leq \max \tau \quad (6a)$$

Plattenschub:

$$\text{zul } \tau = \sigma_{0HS} + 0{,}3 \, \sigma_{Dm} \quad (6b)$$

Hierin bedeuten:

Q	Querkraft
A	überdrückte Querschnittsfläche
c	Faktor zur Berücksichtigung der Verteilung von τ über den Querschnitt. Für hohe Wände mit $H/L \geq 2$ gilt $c = 1,5$; für Wände mit $H/L \leq 1,0$ gilt $c = 1,0$; dazwischen darf linear interpoliert werden. H bedeutet die Gesamthöhe, L die Länge der Wand. Bei Plattenschub gilt $c = 1,5$.
σ_{0HS}	siehe Tabelle 5
σ_{Dm}	mittlere zugehörige Druckspannung rechtwinklig zur Lagerfuge im ungerissenen Querschnitt A

max τ = 0,010 · β_{Nst} für Hohlblocksteine

= 0,012 · β_{Nst} für Hochlochsteine und Steine mit Grifföffnungen oder -löchern

= 0,014 · β_{Nst} für Vollsteine ohne Grifföffnungen oder -löcher

β_{Nst} Nennwert der Steindruckfestigkeit (Steinfestigkeitsklasse)

7 Genaueres Berechnungsverfahren

7.1 Allgemeines

Das genauere Berechnungsverfahren darf auf einzelne Bauteile, einzelne Geschosse oder ganze Bauwerke angewendet werden.

7.2 Ermittlung der Schnittgrößen infolge von Lasten

7.2.1 Auflagerkräfte aus Decken

Es gilt 6.2.1.

7.2.2 Knotenmomente

Der Einfluß der Decken-Auflagerdrehwinkel auf die Ausmitte der Lasteintragung in die Wände ist zu berücksichtigen. Dies darf durch eine Berechnung des Wand-Decken-Knotens erfolgen, bei der vereinfachend ungerissene Querschnitte und elastisches Materialverhalten zugrunde gelegt werden können. Die so ermittelten Knotenmomente dürfen auf $2/3$ ihres Wertes ermäßigt werden.

Die Berechnung des Wand-Decken-Knotens darf an einem Ersatzsystem unter Abschätzung der Momenten-Nullpunkte in den Wänden, im Regelfall in halber Geschoßhöhe, erfolgen. Hierbei darf die halbe Verkehrslast wie ständige Last angesetzt und der Elastizitätsmodul für Mauerwerk zu $E = 3000 \, \sigma_0$ angenommen werden.

7.2.3 Vereinfachte Berechnung der Knotenmomente

Die Berechnung des Wand-Decken-Knotens darf durch folgende Näherungsrechnung ersetzt werden, wenn die Verkehrslast nicht größer als 5 kN/m² ist:

Der Auflagerdrehwinkel der Decken bewirkt, daß die Deckenauflagerkraft A mit einer Ausmitte e angreift, wobei e zu 5 % der Differenz der benachbarten Deckenspannweiten, bei Außenwänden zu 5 % der angrenzenden Deckenspannweite angesetzt werden darf.

Bei Dachdecken ist das Moment $M_D = A_D \cdot e_D$ voll in den Wandkopf, bei Zwischendecken ist das Moment $M_Z = A_Z \cdot e_Z$ je zur Hälfte in den angrenzenden Wandkopf und Wandfuß einzuleiten. Längskräfte N_0 infolge Lasten aus darüberbefindlichen Geschossen dürfen zentrisch angesetzt werden (siehe auch Bild 4).

Bei zweiachsig gespannten Decken mit Spannweitenverhältnissen bis 1 : 2 darf als Spannweite zur Ermittlung der Lastexzentrizität $2/3$ der kürzeren Seite eingesetzt werden.

Normen

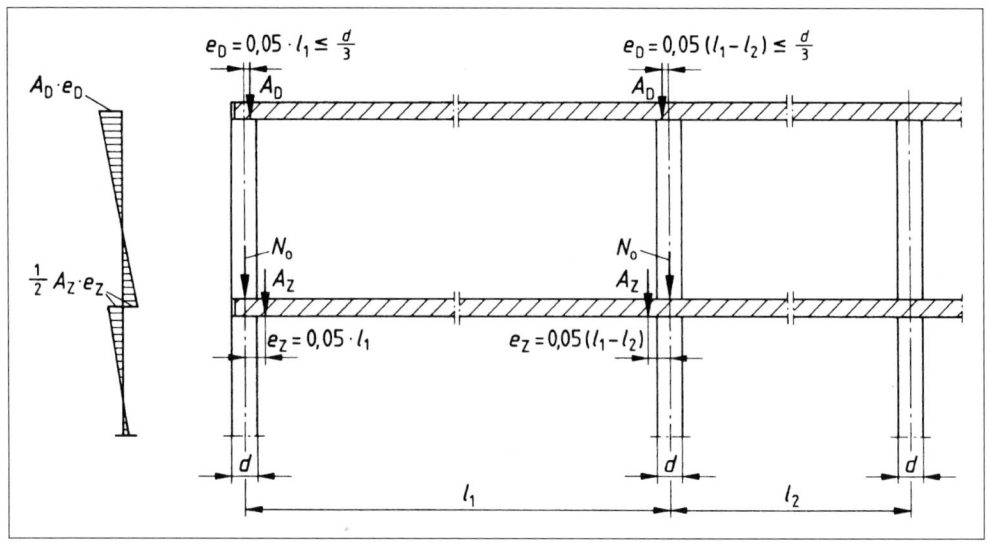

Bild 4. Vereinfachende Annahmen zur Berechnung von Knoten- und Wandmomenten

7.2.4 Begrenzung der Knotenmomente

Ist die rechnerische Exzentrizität der resultierenden Last aus Decken und darüberbefindlichen Geschossen infolge der Knotenmomente am Kopf bzw. Fuß der Wand größer als $1/3$ der Wanddicke d, so darf sie zu $1/3\, d$ angenommen werden. In diesem Fall ist Schäden infolge von Rissen in Mauerwerk und Putz durch konstruktive Maßnahmen, z. B. Fugenausbildung, Zentrierleisten, Kantennut usw., mit entsprechender Ausbildung der Außenhaut entgegenzuwirken.

7.2.5 Wandmomente

Der Momentenverlauf über die Wandhöhe infolge Vertikallasten ergibt sich aus den anteiligen Wandmomenten der Knotenberechnung (siehe Bild 4). Momente infolge Horizontallasten, z. B. Wind oder Erddruck, dürfen unter Einhaltung des Gleichgewichts zwischen den Grenzfällen Volleinspannung und gelenkige Lagerung umgelagert werden; dabei ist die Begrenzung der klaffenden Fuge nach 7.9.1 zu beachten.

7.3 Wind

Momente aus Windlast rechtwinklig zur Wandebene dürfen im Regelfall bis zu einer Höhe von 20 m über Gelände vernachlässigt werden, wenn die Wanddicken $d \geq 240$ mm und die lichten Geschoßhöhen $h_s \leq 3{,}0$ m sind. In Wandebene sind die Windlasten jedoch zu berücksichtigen (siehe 7.4).

7.4 Räumliche Steifigkeit

Es gilt 6.4.

7.5 Zwängungen

Es gilt 6.5.

7.6 Grundlagen für die Berechnung der Formänderungen

Es gilt 6.6. Für die Berechnung der Knotenmomente darf vereinfachend der E-Modul $E = 3000 \cdot \sigma_0$ angenommen werden. Beim Nachweis der Knicksicherheit gilt der ideelle Sekantenmodul $E_i = 1100 \cdot \sigma_0$.

7.7 Aussteifung und Knicklänge von Wänden

7.7.1 Allgemeine Annahmen für aussteifende Wände

Es gilt 6.7.1.

7.7.2 Knicklängen

Die Knicklänge h_K von Wänden ist in Abhängigkeit von der lichten Geschoßhöhe h_s wie folgt in Rechnung zu stellen:

a) Frei stehende Wände:

$$h_K = 2 \cdot h_s \sqrt{\frac{1 + 2N_o/N_u}{3}} \quad (7)$$

Hierin bedeuten:

N_o Längskraft am Wandkopf
N_u Längskraft am Wandfuß

b) Zweiseitig gehaltene Wände:
Im allgemeinen gilt
$$h_K = h_s \quad (8a)$$

Bei flächig aufgelagerten Decken, z. B. Massivdecken, darf die Knicklänge wegen der Einspannung der Wände in den Decken nach Tabelle 7 reduziert werden, wenn die Bedingungen dieser Tabelle eingehalten sind. Hierbei darf der Wert β nach Gleichung (8b) angenommen werden, falls er nicht durch Rahmenrechnung nach Theorie II. Ordnung bestimmt wird:

$$\beta = 1 - 0{,}15 \cdot \frac{E_b I_b}{E_{mw} I_{mw}} \cdot h_s \cdot \left(\frac{1}{l_1} + \frac{1}{l_2}\right) \geq 0{,}75 \quad (8b)$$

Hierin bedeuten:

E_{mw}, E_b E-Modul des Mauerwerks nach 6.6 bzw. des Betons nach DIN 1045

I_{mw}, I_b Flächenmoment 2. Grades der Mauerwerkswand bzw. der Betondecke

l_1, l_2 Angrenzende Deckenstützweiten; bei Außenwänden gilt $\frac{1}{l_2} = 0$

Bei Wanddicken $\leq$ 175 mm darf ohne Nachweis $\beta = 0{,}75$ gesetzt werden. Ist die rechnerische Exzentrizität der Last im Knotenanschnitt nach 7.2.4 größer als $1/3$ der Wanddicke, so ist stets $\beta = 1$ zu setzen.

Tabelle 7: Reduzierung der Knicklänge zweiseitig gehaltener Wände mit flächig aufgelagerten Massivdecken

Wanddicke d in mm	Erforderliche Auflagertiefe a der Decke auf der Wand
< 240	d
$\geq$ 240 $\leq$ 300	$\geq \frac{3}{4} d$
> 300	$\geq \frac{2}{3} d$
Planmäßige Ausmitte e [1] der Last in halber Geschoßhöhe (für alle Wanddicken)	Reduzierte Knicklänge h_K [2]
$\leq \frac{d}{6}$	$\beta \cdot h_s$
$\frac{d}{3}$	$1{,}00 \, h_s$

[1] Das heißt Ausmitte ohne Berücksichtigung von f_1 und f_2 nach 7.9.2, jedoch gegebenenfalls auch infolge Wind.

[2] Zwischenwerte dürfen geradlinig eingeschaltet werden.

c) Dreiseitig gehaltene Wände (mit einem freien vertikalen Rand):

$$h_K = \frac{1}{1 + \left(\frac{\beta \cdot h_s}{3b}\right)^2} \cdot \beta \cdot h_s \geq 0{,}3 \cdot h_s \quad (9a)$$

d) Vierseitig gehaltene Wände:
für $h_s \leq b$:

$$h_K = \frac{1}{1 + \left(\frac{\beta \cdot h_s}{b}\right)^2} \cdot \beta \cdot h_s \quad (9b)$$

für $h_s > b$:

$$h_K = \frac{b}{2} \quad (9c)$$

Hierin bedeuten:

b Abstand des freien Randes von der Mitte der aussteifenden Wand bzw. Mittenabstand der aussteifenden Wände

β wie bei zweiseitig gehaltenen Wänden

Ist $b > 30\,d$ bei vierseitig gehaltenen Wänden bzw. $b > 15\,d$ bei dreiseitig gehaltenen Wänden, so sind diese wie zweiseitig gehaltene zu behandeln. Hierin ist d die Dicke der gehaltenen Wand. Ist die Wand im Bereich des mittleren Drittels durch vertikale Schlitze oder Nischen geschwächt, so ist für d die Restwanddicke einzusetzen oder ein freier Rand anzunehmen. Unabhängig von der Lage eines vertikalen Schlitzes oder einer Nische ist an ihrer Stelle ein freier Rand anzunehmen, wenn die Restwanddicke kleiner als die halbe Wanddicke oder kleiner als 115 mm ist.

7.7.3 Öffnungen in Wänden

Es gilt 6.7.3.

7.8 Mittragende Breite von zusammengesetzten Querschnitten

Es gilt 6.8.

7.9 Bemessung mit dem genaueren Verfahren

7.9.1 Tragfähigkeit bei zentrischer und exzentrischer Druckbeanspruchung

Auf der Grundlage einer linearen Spannungsverteilung und ebenbleibender Querschnitte ist nachzuweisen, daß die γ-fache Gebrauchslast ohne Mitwirkung des Mauerwerks auf Zug im Bruchzustand aufgenommen werden kann. Hierbei ist β_R der Rechenwert der Druckfestigkeit des Mauerwerks mit der theoretischen Schlankheit Null. β_R ergibt sich aus

$$\beta_R = 2{,}67 \cdot \sigma_0 \qquad (10)$$

Hierin bedeutet:

σ_0 — Grundwert der zulässigen Druckspannung nach Tabelle 4a, 4b oder 4c

Der Sicherheitsbeiwert ist $\gamma_W = 2{,}0$ für Wände und für „kurze Wände" (Pfeiler) nach 2.3, die aus einem oder mehreren ungetrennten Steinen oder aus getrennten Steinen mit einem Lochanteil von weniger als 35 % bestehen und keine Aussparungen oder Schlitze enthalten. Für alle anderen „kurzen Wände" gilt $\gamma_P = 2{,}5$. Gemauerte Querschnitte mit Flächen kleiner als 400 cm² sind als tragende Teile unzulässig.

Im Gebrauchszustand dürfen klaffende Fugen infolge der planmäßigen Exzentrizität e (ohne f_1 und f_2 nach 7.9.2) rechnerisch höchstens bis zum Schwerpunkt des Gesamtquerschnitts entstehen. Bei Querschnitten, die vom Rechteck abweichen, ist außerdem eine mindestens 1,5fache Kippsicherheit nachzuweisen. Bei Querschnitten mit Scheibenbeanspruchung und klaffender Fuge ist zusätzlich nachzuweisen, daß die rechnerische Randdehnung aus der Scheibenbeanspruchung auf der Seite der Klaffung unter Gebrauchslast den Wert $\varepsilon_R = 10^{-4}$ nicht überschreitet (siehe Bild 3).

> Bei exzentrischer Beanspruchung darf im Bruchzustand die Kantenpressung den Wert $1{,}33\,\beta_R$, die mittlere Spannung den Wert β_R nicht überschreiten.

7.9.2 Nachweis der Knicksicherheit

Bei der Ermittlung der Spannungen sind außer der planmäßigen Exzentrizität e die ungewollte Ausmitte f_1 und die Stabauslenkung f_2 nach Theorie II. Ordnung zu berücksichtigen. Die ungewollte Ausmitte darf bei zweiseitig gehaltenen Wänden sinusförmig über die Geschoßhöhe mit dem Maximalwert

$$f_1 = \frac{h_K}{300} \quad (h_K = \text{Knicklänge nach 7.7.2})$$

angenommen werden.

Die Spannungs-Dehnungs-Beziehung ist durch einen ideellen Sekantenmodul E_i zu erfassen. Abweichend von Tabelle 2, gilt für alle Mauerwerksarten

$$E_i = 1100 \cdot \sigma_0$$

An Stelle einer genaueren Rechnung darf die Knicksicherheit durch Bemessung der Wand in halber Geschoßhöhe nachgewiesen werden, wobei außer der planmäßigen Exzentrizität e an dieser Stelle folgende zusätzliche Exzentrizität $f = f_1 = f_2$ anzusetzen ist:

$$f = \bar{\lambda} \cdot \frac{1+m}{1800} \cdot h_K \qquad (11)$$

Hierin bedeuten:

$\bar{\lambda} = \dfrac{h_K}{d}$ — Schlankheit der Wand

h_K — Knicklänge der Wand

$m = \dfrac{6 \cdot e}{d}$ — bezogene planmäßige Exzentrizität in halber Geschoßhöhe

In Gleichung (11) ist der Einfluß des Kriechens in angenäherter Form erfaßt.

Wandmomente nach 7.2.5 sind mit ihren Werten in halber Geschoßhöhe als planmäßige Exzentrizitäten zu berücksichtigen.

Schlankheiten $\bar{\lambda} > 25$ sind nicht zulässig.

Bei zweiseitig gehaltenen Wänden nach 6.4 mit Schlankheiten $\bar{\lambda} > 12$ und Wandbreiten $< 2{,}0$ m ist zusätzlich nachzuweisen, daß unter dem Einfluß einer ungewollten horizontalen Einzellast $H = 0{,}5$ kN die Sicherheit γ mindestens 1,5 beträgt. Die Horizontalkraft H ist in halber Wandhöhe anzusetzen und darf auf die vorhandene Wandbreite b gleichmäßig verteilt werden.

Dieser Nachweis darf entfallen, wenn

$$\bar{\lambda} \leq 20 - 1000 \cdot \frac{H}{A \cdot \beta_R} \qquad (12)$$

Hierin bedeutet:

A \quad Wandquerschnitt $b \cdot d$

7.9.3 Einzellasten, Lastausbreitung und Teilflächenpressung

Werden Wände von Einzellasten belastet, so ist die Aufnahme der Spaltzugkräfte konstruktiv sicherzustellen. Die Spaltzugkräfte können durch die Zugfestigkeit des Mauerwerksverbandes, durch Bewehrung oder durch Stahlbetonkonstruktionen aufgenommen werden.

Ist die Aufnahme der Spaltzugkräfte konstruktiv gesichert, so darf die Druckverteilung unter konzentrierten Lasten innerhalb des Mauerwerks unter 60° angesetzt werden. Der höher beanspruchte Wandbereich darf in höherer Mauerwerksfestigkeit ausgeführt werden. 7.5 ist zu beachten.

Wird nur die Teilfläche A_1 (Übertragungsfläche) eines Mauerwerksquerschnittes durch eine Druckkraft mittig oder ausmittig belastet, dann darf A_1 mit folgender Teilflächenpressung σ_1 beansprucht werden, sofern die Teilfläche $A_1 \leq 2\,d^2$ und die Exzentrizität des Schwerpunkts der Teilfläche

$e < \dfrac{d}{6}$ ist:

$$\sigma_1 = \frac{\beta_R}{\gamma}\left(1 + 0{,}1 \cdot \frac{a_1}{l_1}\right) \leq 1{,}5 \cdot \frac{\beta_R}{\gamma} \qquad (13)$$

Hierin bedeuten:

a_1 \quad Abstand der Teilfläche vom nächsten Rand der Wand in Längsrichtung

l_1 \quad Länge der Teilfläche in Längsrichtung

d \quad Dicke der Wand

γ \quad Sicherheitsbeiwert nach 7.9.1

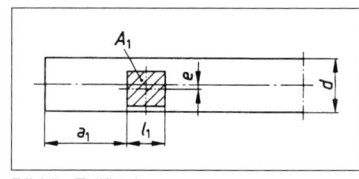

Bild 5. Teilflächenpressungen

Teilflächenpressungen rechtwinklig zur Wandebene dürfen den Wert $0{,}5\,\beta_R$ nicht überschreiten.

Bei Einzellasten $F \geq 3$ kN ist zusätzlich die Schubspannung in den Lagerfugen der belasteten Einzelsteine nach 7.9.5 nachzuweisen. Bei Loch- und Kammersteinen ist z. B. durch Unterlagsplatten sicherzustellen, daß die Druckkraft auf mindestens 2 Stege übertragen wird.

7.9.4 Zug- und Biegezugspannungen

Zug- und Biegezugspannungen rechtwinklig zur Lagerfuge dürfen in tragenden Wänden nicht in Rechnung gestellt werden.

Zug- und Biegezugspannungen σ_Z parallel zur Lagerfuge in Wandrichtung dürfen bis zu folgenden Höchstwerten im Gebrauchszustand in Rechnung gestellt werden:

$$\text{zul } \sigma_Z \leq \frac{1}{\gamma}\left(\beta_{RHS} + \mu \cdot \sigma_D\right)\frac{\ddot{u}}{h} \qquad (14)$$

$$\text{zul } \sigma_Z \leq \frac{\beta_{RZ}}{2\,\gamma} \leq 0{,}3\ \text{MN/m}^2 \qquad (15)$$

Der kleinere Wert ist maßgebend.

Hierin bedeuten:

zul σ_Z \quad zulässige Zug- und Biegezugspannung parallel zur Lagerfuge

σ_D \quad Druckspannung rechtwinklig zur Lagerfuge

β_{RHS} \quad Rechenwert der abgeminderten Haftscherfestigkeit nach 7.9.5

β_{RZ} \quad Rechenwert der Steinzugfestigkeit nach 7.9.5

μ \quad Reibungsbeiwert = 0,6

$\ddot{u}$ \quad Überbindemaß nach 9.3

h \quad Steinhöhe

γ \quad Sicherheitsbeiwert nach 7.9.1

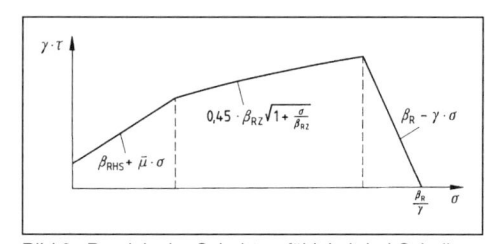

Bild 6. Bereich der Schubtragfähigkeit bei Scheibenschub

7.9.5 Schubnachweis

Die Schubspannungen sind nach der technischen Biegelehre bzw. nach der Scheibentheorie für homogenes Material zu ermitteln, wobei Querschnittsbereiche, in denen die Fugen rechnerisch klaffen, nicht in Rechnung gestellt werden dürfen.

Die unter Gebrauchslast vorhandenen Schubspannungen τ und die zugehörige Normalspannung σ in der Lagerfuge müssen folgenden Bedingungen genügen:

Scheibenschub:

$$\gamma \cdot \tau \leq \beta_{RHS} + \bar{\mu} \cdot \sigma \qquad (16a)$$
$$\leq 0{,}45 \cdot \beta_{RHS} \cdot \sqrt{1 + \sigma/\beta_{RZ}} \qquad (16b)$$

Plattenschub:

$$\gamma \cdot \tau \leq \beta_{RHS} + \mu \cdot \sigma \qquad (16c)$$

Hierin bedeuten:

β_{RHS} Rechenwert der abgeminderten Haftscherfestigkeit. Es gilt $\beta_{RHS} = 2\,\sigma_{0HS}$ mit σ_{0HS} nach Tabelle 5. Auf die erforderliche Vorbehandlung von Steinen und Arbeitsfugen entsprechend 9.1 wird besonders hingewiesen.

μ Rechenwert des Reibungsbeiwertes. Für alle Mörtelarten darf $\mu = 0{,}6$ angenommen werden.

$\bar{\mu}$ Rechenwert des abgeminderten Reibungsbeiwertes. Mit der Abminderung wird die Spannungsverteilung in der Lagerfuge längs eines Steins berücksichtigt. Für alle Mörtelgruppen darf $\bar{\mu} = 0{,}4$ gesetzt werden.

β_{RZ} Rechenwert der Steinzugfestigkeit. Es gilt:

$\beta_{RZ} = 0{,}025 \cdot \beta_{Nst}$ für Hohlblocksteine

$\phantom{\beta_{RZ}} = 0{,}033 \cdot \beta_{Nst}$ für Hochlochsteine und Steine mit Grifföffnungen oder Grifflöchern

$\phantom{\beta_{RZ}} = 0{,}040 \cdot \beta_{Nst}$ für Vollsteine ohne Grifföffnungen oder Grifflöcher

β_{Nst} Nennwert der Steindruckfestigkeit (Steindruckfestigkeitsklasse)

γ Sicherheitsbeiwert nach 7.9.1

Bei Rechteckquerschnitten genügt es, den Schubnachweis für die Stelle der maximalen Schubspannung zu führen. Bei zusammengesetzten Querschnitten ist außerdem der Nachweis am Anschluß der Teilquerschnitte zu führen.

8 Bauteile und Konstruktionsdetails

8.1 Wandarten, Wanddicken

8.1.1 Allgemeines

Die statisch erforderliche Wanddicke ist nachzuweisen. Hierauf darf verzichtet werden, wenn die gewählte Wanddicke offensichtlich ausreicht. Die in den folgenden Abschnitten festgelegten Mindestwanddicken sind einzuhalten.

Innerhalb eines Geschosses soll zur Vereinfachung von Ausführung und Überwachung das Wechseln von Steinarten und Mörtelgruppen möglichst eingeschränkt werden (siehe auch Abschnitt 5.2.3).

Steine, die unmittelbar der Witterung ausgesetzt bleiben, müssen frostwiderstandsfähig sein. Sieht die Stoffnorm hinsichtlich der Frostwiderstandsfähigkeit unterschiedliche Klassen vor, so sind bei Schornsteinköpfen, Kellereingangs-, Stütz- und Gartenmauern, stark strukturiertem Mauerwerk und ähnlichen Anwendungsbereichen Steine mit der höchsten Frostwiderstandsfähigkeit zu verwenden.

Unmittelbar der Witterung ausgesetzte, horizontale und leicht geneigte Sichtmauerwerksflächen, wie z. B. Mauerkronen, Schornsteinköpfe, Brüstungen, sind durch geeignete Maßnahmen (z. B. Abdeckung) so auszubilden, daß Wasser nicht eindringen kann.

8.1.2 Tragende Wände

8.1.2.1 Allgemeines

Wände, die mehr als ihre Eigenlast aus einem Geschoß zu tragen haben, sind stets als tragende Wände anzusehen. Wände, die der Aufnahme von horizontalen Kräften rechtwinklig zur Wandebene dienen, dürfen auch als nichttragende Wände nach Abschnitt 8.1.3 ausgebildet sein.

Tragende Innen- und Außenwände sind mit einer Dicke von mindestens 115 mm auszuführen, sofern aus Gründen der Standsicherheit, der Bauphysik oder des Brandschutzes nicht größere Dicken erforderlich sind.

Die Mindestmaße tragender Pfeiler betragen 115 mm × 365 mm bzw. 175 mm × 240 mm.

Tragende Wände sollen unmittelbar auf Fundamente gegründet werden. Ist dies in Sonderfällen nicht möglich, so ist auf ausreichende Steifigkeit der Abfangkonstruktion zu achten.

8.1.2.2 Aussteifende Wände

Es ist Abschnitt 8.1.2.1, zweiter und letzter Absatz, zu beachten.

8.1.2.3 Kellerwände
Bei Kellerwänden darf der Nachweis auf Erddruck entfallen, wenn die folgenden Bedingungen erfüllt sind:

a) Lichte Höhe der Kellerwand $h_s \leq 2{,}60$ m, Wanddicke $d \geq 240$ mm.

b) Die Kellerdecke wirkt als Scheibe und kann die aus dem Erddruck entstehenden Kräfte aufnehmen.

c) Im Einflußbereich des Erddrucks auf die Kellerwände beträgt die Verkehrslast auf der Geländeoberfläche nicht mehr als 5 kN/m², die Geländeoberfläche steigt nicht an, und die Anschütthöhe h_e ist nicht größer als die Wandhöhe h_s.

d) Die Wandlängskraft N_1 aus ständiger Last in halber Höhe der Ausschüttung liegt innerhalb folgender Grenzen:

$$\frac{d \cdot \beta_R}{3\gamma} \geq N_1 \geq \min N \quad (17)$$

mit $\min N = \dfrac{\varrho_e \cdot h_s \cdot h_e^2}{20\, d}$

Hierin und in Bild 7 bedeuten:

h_s lichte Höhe der Kellerwand
h_e Höhe der Anschüttung
d Wanddicke
ϱ_e Rohdichte der Anschüttung
β_R, γ nach 7.9.1

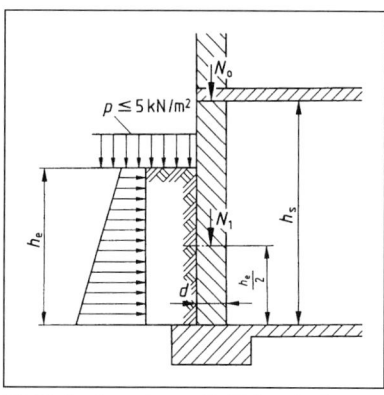

Bild 7. Lastannahmen für Kellerwände

Anstelle von Gleichung (17) darf nachgewiesen werden, daß die ständige Auflast N_0 der Kellerwand unterhalb der Kellerdecke innerhalb folgender Grenzen liegt:

$$\max N_0 \geq N_0 \geq \min N_0 \quad (18)$$

mit

$\max N_0 = 0{,}45 \cdot d \cdot \sigma_0$
$\min N_0$ nach Tabelle 8
σ_0 siehe Tabellen 4a, 4b oder 4c

Tabelle 8: min N_0 für Kellerwände ohne rechnerischen Nachweis

Wand-dicke d mm	min N_0 in kN/m bei einer Höhe der Anschüttung h_e von			
	1,0 m	1,5 m	2,0 m	2,5 m
240	6	20	45	75
300	3	15	30	50
365	0	10	25	40
490	0	5	15	30
Zwischenwerte sind geradlinig zu interpolieren.				

Ist die dem Erddruck ausgesetzte Kellerwand durch Querwände oder statisch nachgewiesene Bauteile im Abstand b ausgesteift, so daß eine zweiachsige Lastabtragung in der Wand stattfinden kann, dürfen die unteren Grenzwerte N_0 und N_1 wie folgt abgemindert werden:

$$b \leq h_s: N_1 \geq \tfrac{1}{2} \min N;\ N_0 \geq \tfrac{1}{2} \min N_0 \quad (19)$$
$$b \geq 2\, h_s: N_1 \geq \min N;\ N_0 \geq \min N_0 \quad (20)$$

Zwischenwerte sind geradlinig zu interpolieren.

Die Gleichungen (17) bis (20) setzen rechnerisch klaffende Fugen voraus.

Bei allen Wänden, die Erddruck ausgesetzt sind, soll eine Sperrschicht gegen aufsteigende Feuchtigkeit aus besandeter Pappe oder aus Material mit entsprechendem Reibungsverhalten bestehen.

8.1.3 Nichttragende Wände

8.1.3.1 Allgemeines
Nichttragende Wände müssen auf ihre Fläche wirkende Lasten auf tragende Bauteile, z. B. Wand- oder Deckenscheiben, abtragen.

8.1.3.2 Nichttragende Außenwände
Bei Ausfachungswänden von Fachwerk-, Skelett- und Schottensystemen darf auf einen statischen Nachweis verzichtet werden, wenn

a) die Wände vierseitig gehalten sind (z. B. durch Verzahnung, Versatz oder Anker),

b) die Bedingungen nach Tabelle 9 erfüllt sind und

c) Normalmörtel mindestens der Mörtelgruppe IIa oder Dünnbettmörtel oder Leichtmörtel LM 36 verwendet wird.

In Tabelle 9 ist ε das Verhältnis der größeren zur kleineren Seite der Ausfachungsfläche.

Tabelle 9: Größte zulässige Werte der Ausfachungsfläche von nichttragenden Außenwänden ohne rechnerischen Nachweis

1	2	3	4	5	6	7
Wanddicke d mm	\multicolumn{6}{l	}{Größte zulässige Werte[1] der Ausfachungsfläche in m² bei einer Höhe über Gelände von}
	0 bis 8 m		8 bis 20 m		20 bis 100 m	
	$\varepsilon = 1{,}0$	$\varepsilon \geq 2{,}0$	$\varepsilon = 1{,}0$	$\varepsilon \geq 2{,}0$	$\varepsilon = 1{,}0$	$\varepsilon \geq 2{,}0$
115[2]	12	8	8	5	6	4
175	20	14	13	9	9	6
240	36	25	23	16	16	12
≥ 300	50	33	35	23	25	17

[1] Bei Seitenverhältnissen $1{,}0 < \varepsilon < 2{,}0$ dürfen die größten zulässigen Werte der Ausfachungsflächen geradlinig interpoliert werden.

[2] Bei Verwendung von Steinen der Festigkeitsklassen ≥ 12 dürfen die Werte dieser Zeile um $1/3$ vergrößert werden.

Bei Verwendung von Steinen der Festigkeitsklassen ≥ 20 und gleichzeitig bei einem Seitenverhältnis $\varepsilon = h/l \geq 2{,}0$ dürfen die Werte der Tabelle 9, Spalten 3, 5 und 7, verdoppelt werden (h, l Höhe bzw. Länge der Ausfachungsfläche).

8.1.3.3 Nichttragende innere Trennwände
Für nichttragende innere Trennwände, die nicht durch auf ihre Fläche wirkende Windlasten beansprucht werden, siehe DIN 4103-1.

8.1.4 Anschluß der Wände an die Decken und den Dachstuhl

8.1.4.1 Allgemeines
Umfassungswände müssen an die Decken entweder durch Zuganker oder durch Reibung angeschlossen werden.

8.1.4.2 Anschluß durch Zuganker
Zuganker (bei Holzbalkendecken Anker mit Splinten) sind in belasteten Wandbereichen, nicht in Brüstungsbereichen, anzuordnen. Bei fehlender Auflast sind erforderlichenfalls Ringanker vorzusehen. Der Abstand der Zuganker soll im allgemeinen 2 m, darf jedoch in Ausnahmefällen 4 m nicht überschreiten. Bei Wänden, die parallel zur Deckenspannrichtung verlaufen, müssen die Maueranker mindestens einen 1 m breiten Deckenstreifen und mindestens zwei Deckenrippen oder zwei Balken, bei Holzbalkendecken drei Balken, erfassen oder in Querrippen eingreifen.

Werden mit den Umfassungswänden verankerte Balken über einer Innenwand gestoßen, so sind sie hier zugfest miteinander zu verbinden.

Giebelwände sind durch Querwände oder Pfeilervorlagen ausreichend auszusteifen, falls sie nicht kraftschlüssig mit dem Dachstuhl verbunden werden.

8.1.4.3 Anschluß durch Haftung und Reibung
Bei Massivdecken sind keine besonderen Zuganker erforderlich, wenn die Auflagertiefe der Decke mindestens 100 mm beträgt.

8.2 Ringanker und Ringbalken

8.2.1 Ringanker
In alle Außenwände und in die Querwände, die als vertikale Scheiben der Abtragung horizontaler Lasten (z. B. Wind) dienen, sind Ringanker zu legen, wenn mindestens eines der folgenden Kriterien zutrifft:

a) bei Bauten, die mehr als zwei Vollgeschosse haben oder länger als 18 m sind,

b) bei Wänden mit vielen oder besonders großen Öffnungen, besonders dann, wenn die Summe der Öffnungsbreiten 60 % der Wandlänge oder bei Fensterbreiten von mehr als $2/3$ der Geschoßhöhe 40 % der Wandlänge übersteigt,

c) wenn die Baugrundverhältnisse es erfordern.

Die Ringanker sind in jeder Deckenlage oder unmittelbar darunter anzubringen. Sie dürfen aus Stahlbeton, bewehrtem Mauerwerk, Stahl oder Holz ausgebildet werden und müssen unter Gebrauchslast eine Zugkraft von 30 kN aufnehmen können.

In Gebäuden, in denen der Ringanker nicht durchgehend ausgebildet werden kann, ist die Ringankerwirkung auf andere Weise sicherzustellen.

Ringanker aus Stahlbeton sind mit mindestens zwei durchlaufenden Rundstäben zu bewehren (z. B. zwei Stäbe mit mindestens 10 mm Durchmesser). Stöße sind nach DIN 1045 auszubilden und möglichst gegeneinander zu versetzen. Ringanker aus bewehrtem Mauerwerk sind gleichwertig zu bewehren. Auf diese Ringanker dürfen dazu parallel liegende durchlaufende Bewehrungen mit vollem Querschnitt angerechnet werden, wenn sie in Decken oder in Fensterstürzen im Abstand von höchstens 0,5 m von der Mittelebene der Wand bzw. der Decke liegen.

8.2.2 Ringbalken

Werden Decken ohne Scheibenwirkung verwendet oder werden aus Gründen der Formänderung der Dachdecke Gleitschichten unter den Deckenauflagern angeordnet, so ist die horizontale Aussteifung der Wände durch Ringbalken oder statisch gleichwertige Maßnahmen sicherzustellen. Die Ringbalken und ihre Anschlüsse an die aussteifenden Wände sind für eine horizontale Last von $^1/_{100}$ der vertikalen Last der Wände und gegebenenfalls aus Wind zu bemessen. Bei der Bemessung von Ringbalken unter Gleitschichten sind außerdem Zugkräfte zu berücksichtigen, die den verbleibenden Reibungskräften entsprechen.

8.3 Schlitze und Aussparungen

Schlitze und Aussparungen, bei denen die Grenzwerte nach Tabelle 10 eingehalten werden, dürfen ohne Berücksichtigung der Bemessung des Mauerwerks ausgeführt werden.

Vertikale Schlitze und Aussparungen sind auch dann ohne Nachweis zulässig, wenn die Querschnittsschwächung, bezogen auf 1 m Wandlänge, nicht mehr als 6 % beträgt und die Wand nicht drei- oder vierseitig gehalten gerechnet ist. Hierbei müssen eine Restwanddicke nach Tabelle 10, Spalte 8, und ein Mindestabstand nach Spalte 9 eingehalten werden.

Alle übrigen Schlitze und Aussparungen sind bei der Bemessung des Mauerwerks zu berücksichtigen.

Tabelle 10: Ohne Nachweis zulässige Schlitze und Aussparungen in tragenden Wänden

1	2	3	4	5	6
Wanddicke	Horizontale und schräge Schlitze,[1] nachträglich hergestellt		Vertikale Schlitze und Aussparungen, nachträglich hergestellt		Abstand der Schlitze und Aussparungen von Öffnungen
	Schlitzlänge		Schlitztiefe[4]	Einzelschlitzbreite[5]	
	unbeschränkt	≤ 1,25 m[2]			
	Schlitztiefe[3]	Schlitztiefe			
≥ 115	–	–	≤ 10	≤ 100	≥ 115
≥ 175	0	≤ 25	≤ 30	≤ 100	
≥ 240	≤ 15	≤ 25	≤ 30	≤ 150	
≥ 300	≤ 20	≤ 30	≤ 30	≤ 200	
≥ 365	≤ 20	≤ 30	≤ 30	≤ 200	

1	7	8	9	10	
Wanddicke	Vertikale Schlitze und Aussparungen in gemauertem Verband				
	Schlitzbreite[5]	Restwanddicke	Mindestabstand der Schlitze und Aussparungen		
			von Öffnungen	untereinander	
≥ 115	–	–	≥ 2fache Schlitzbreite bzw. ≥ 240	≥ Schlitzbreite	Maße in mm
≥ 175	≤ 260	≥ 115			
≥ 240	≤ 385	≥ 115			
≥ 300	≤ 385	≥ 175			
≥ 365	≤ 385	≥ 240			

[1] Horizontale und schräge Schlitze sind nur zulässig in einem Bereich ≤ 0,4 m ober- oder unterhalb der Rohdecke sowie jeweils an einer Wandseite. Sie sind nicht zulässig bei Langlochziegeln.
[2] Mindestabstand in Längsrichtung von Öffnungen ≥ 490 mm, vom nächsten Horizontalschlitz zweifache Schlitzlänge.
[3] Die Tiefe darf um 10 mm erhöht werden, wenn Werkzeuge verwendet werden, mit denen die Tiefe genau eingehalten werden kann. Bei Verwendung solcher Werkzeuge dürfen auch in Wänden ≥ 240 mm gegenüberliegende Schlitze mit jeweils 10 mm Tiefe ausgeführt werden.
[4] Schlitze, die bis maximal 1 m über den Fußboden reichen, dürfen bei Wanddicken ≥ 240 mm bis 80 mm Tiefe und 120 mm Breite ausgeführt werden.
[5] Die Gesamtbreite von Schlitzen nach Spalte 5 und Spalte 7 darf je 2 m Wandlänge die Maße in Spalte 7 nicht überschreiten. Bei geringeren Wandlängen als 2 m sind die Werte in Spalte 7 proportional zur Wandlänge zu verringern.

8.4 Außenwände

8.4.1 Allgemeines

Außenwände sollen so beschaffen sein, daß sie Schlagregenbeanspruchungen standhalten. DIN 4108-3 gibt dafür Hinweise.

8.4.2 Einschalige Außenwände

8.4.2.1 Verputzte einschalige Außenwände

Bei Außenwänden aus nicht frostwiderstandsfähigen Steinen ist ein Außenputz, der die Anforderungen nach DIN 18 550-1 erfüllt, anzubringen oder ein anderer Witterungsschutz vorzusehen.

8.4.2.2 Unverputzte einschalige Außenwände
(einschaliges Verblendmauerwerk)

Bleibt bei einschaligen Außenwänden das Mauerwerk an der Außenseite sichtbar, so muß jede Mauerschicht mindestens zwei Steinreihen gleicher Höhe aufweisen, zwischen denen eine durchgehende, schichtweise versetzte, hohlraumfrei vermörtelte, 20 mm dicke Längsfuge verläuft (siehe Bild 8). Die Mindestwanddicke beträgt 310 mm. Alle Fugen müssen vollfugig und haftschlüssig vermörtelt werden.

Bei einschaligem Verblendmauerwerk gehört die Verblendung zum tragenden Querschnitt. Für die zulässige Beanspruchung ist die im Querschnitt verwendete niedrigste Steinfestigkeitsklasse maßgebend.

Soweit kein Fugenglattstrich ausgeführt wird, sollen die Fugen der Sichtflächen mindestens 15 mm tief flankensauber ausgekratzt und anschließend handwerksgerecht ausgefugt werden.

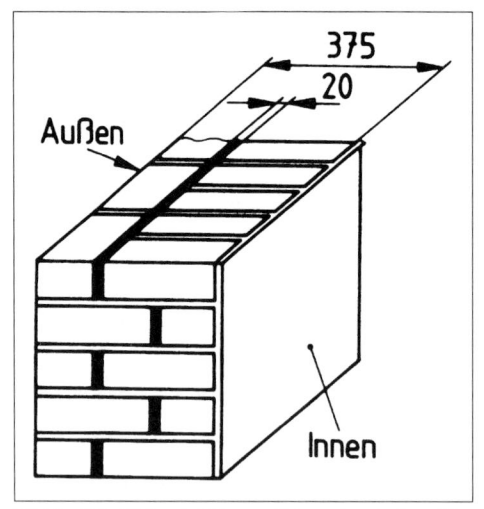

Bild 8. Schnitt durch 375 mm dickes einschaliges Verblendmauerwerk (Prinzipskizze)

8.4.3 Zweischalige Außenwände

8.4.3.1. Konstruktionsarten und allgemeine Bestimmungen für die Ausführung

Nach dem Wandaufbau wird unterschieden nach zweischaligen Außenwänden
- mit Luftschicht
- mit Luftschicht und Wärmedämmung
- mit Kerndämmung
- mit Putzschicht.

Bei Anordnung einer nichttragenden Außenschale (Verblendschale oder geputzte Vormauerschale) vor einer tragenden Innenschale (Hintermauerschale) ist folgendes zu beachten:

a) Bei der Bemessung ist als Wanddicke nur die Dicke der tragenden Innenschale anzunehmen. Wegen der Mindestdicke der Innenschale siehe Abschnitt 8.1.2.1. Bei Anwendung des vereinfachten Verfahrens ist Abschnitt 6.1 zu beachten.

b) Die Mindestdicke der Außenschale beträgt 90 mm. Dünnere Außenschalen sind Bekleidungen, deren Ausführung in DIN 18 515 geregelt ist.

Die Mindestlänge von gemauerten Pfeilern in der Außenschale, die nur Lasten aus der Außenschale zu tragen haben, beträgt 240 mm.

Die Außenschale soll über ihre ganze Länge und vollflächig aufgelagert sein. Bei unterbrochener Auflagerung (z. B. auf Konsolen) müssen in der Abfangebene alle Steine beidseitig aufgelagert sein.

c) Außenschalen von 115 mm Dicke sollen in Höhenabständen von etwa 12 m abgefangen werden. Sie dürfen bis zu 25 mm über ihr Auflager vorstehen. Ist die 115 mm dicke Außenschale nicht höher als zwei Geschosse oder wird sie alle zwei Geschosse abgefangen, dann darf sie bis zu einem Drittel ihrer Dicke über ihr Auflager vorstehen. Diese Überstände sind beim Nachweis der Auflagerpressung zu berücksichtigen. Für die Ausführung der Fugen der Sichtflächen von Verblendschalen siehe 8.4.2.2.

d) Außenschalen von weniger als 115 mm Dicke dürfen nicht höher als 20 m über Gelände geführt werden und sind in Höhenabständen von etwa 6 m abzufangen. Bei Gebäuden bis zwei Vollgeschossen darf ein Giebeldreieck bis 4 m Höhe ohne zusätzliche Abfangung ausgeführt werden. Diese Außenschalen dürfen maximal 15 mm über ihr Auflager vorstehen. Die Fugen der Sichtflächen von diesen Verblendschalen sollen in Glattstrich ausgeführt werden.

e) Die Mauerwerksschalen sind durch Drahtanker aus nichtrostendem Stahl mit den Werkstoffnummern 1.4401 oder 1.4571 nach DIN 17 440 zu verbinden (siehe Tabelle 11). Die Drahtanker müssen in Form und Maßen Bild 9 entsprechen. Der vertikale Abstand der Drahtanker soll höchstens 500 mm, der horizontale Abstand höchstens 750 mm betragen.

Tabelle 11: Mindestanzahl und Durchmesser von Drahtankern je m² Wandfläche

		Drahtanker Mindestanzahl	Durchmesser mm
1	mindestens, sofern nicht Zeilen 2 und 3 maßgebend	5	3
2	Wandbereich höher als 12 m über Gelände oder Abstand der Mauerwerksschalen über 70 bis 120 mm	5	4
3	Abstand der Mauerwerksschalen über 120 bis 150 mm	7 oder 5	4 5

An allen freien Rändern (von Öffnungen, an Gebäudeecken, entlang von Dehnungsfugen und an den oberen Enden der Außenschalen) sind zusätzlich zu Tabelle 11 drei Drahtanker je m Randlänge anzuordnen.

Werden die Drahtanker nach Bild 9 in Leichtmörtel eingebettet, so ist dafür LM 36 erforderlich. Drahtanker in Leichtmörtel LM 21 bedürfen einer anderen Verankerungsart.

Andere Verankerungsarten der Drahtanker sind zulässig, wenn durch Prüfzeugnis nachgewiesen wird, daß diese Verankerungsart eine Zug- und Druckkraft von mindestens 1 kN bei 1,0 mm Schlupf je Drahtanker aufnehmen kann. Wird einer dieser Werte nicht erreicht, so ist die Anzahl der Drahtanker entsprechend zu erhöhen.

Die Drahtanker sind unter Beachtung ihrer statischen Wirksamkeit so auszuführen, daß sie keine Feuchte von der Außen- zur Innenschale leiten können (z. B. Aufschieben einer Kunststoffscheibe, siehe Bild 9).

Andere Ankerformen (z. B. Flachstahlanker) und Dübel im Mauerwerk sind zulässig, wenn deren Brauchbarkeit nach den bauaufsichtlichen Vorschriften nachgewiesen ist, z. B. durch eine allgemeine bauaufsichtliche Zulassung.

Bei nichtflächiger Verankerung der Außenschale, z. B. linienförmig oder nur in Höhe der Decken, ist ihre Standsicherheit nachzuweisen.

Bei gekrümmten Mauerwerksschalen sind Art, Anordnung und Anzahl der Anker unter Berücksichtigung der Verformung festzulegen.

f) Die Innenschalen und die Geschoßdecken sind an den Fußpunkten der Zwischenräume der Wandschalen gegen Feuchtigkeit zu schützen (siehe Bild 10). Die Abdichtung ist im Bereich des Zwischenraumes im Gefälle nach außen, im Bereich der Außenschale horizontal zu verlegen. Dieses gilt auch bei Fenster- und Türstürzen sowie im Bereich von Sohlbänken.

Die Aufstandsfläche muß so beschaffen sein, daß ein Abrutschen der Außenschale auf ihr nicht eintritt. Die erste Ankerlage ist so tief wie möglich anzuordnen. Die Dichtungsbahn für die

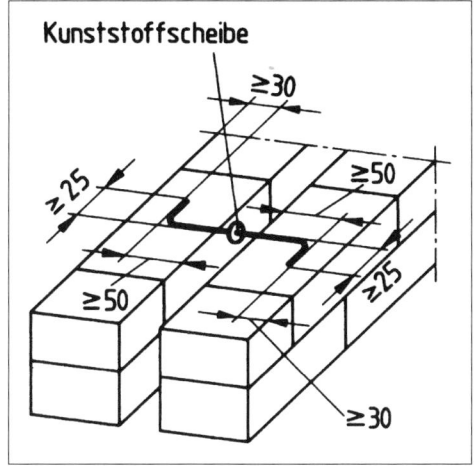

Bild 9. Drahtanker für zweischaliges Mauerwerk für Außenwände

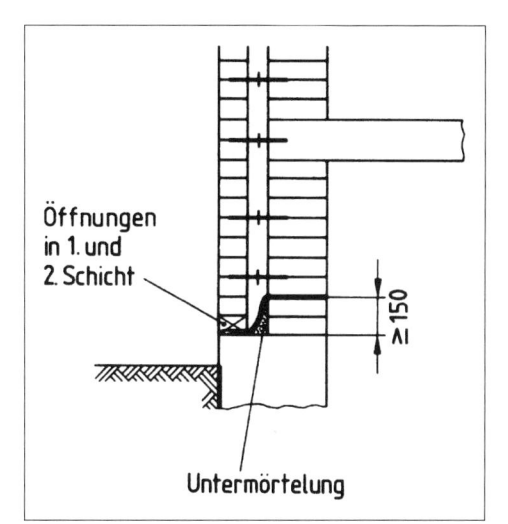

Bild 10. Fußpunktausführung bei zweischaligem Verblendmauerwerk (Prinzipskizze)

untere Sperrschicht muß DIN 18 195-4 entsprechen. Sie ist bis zur Vorderkante der Außenschale zu verlegen, an der Innenschale hochzuführen und zu befestigen.

g) Abfangekonstruktionen, die nach dem Einbau nicht mehr kontrollierbar sind, sollen dauerhaft gegen Korrosion geschützt sein.

h) In der Außenschale sollen vertikale Dehnungsfugen angeordnet werden. Ihre Abstände richten sich nach der klimatischen Beanspruchung (Temperatur, Feuchte usw.), der Art der Baustoffe und der Farbe der äußeren Wandfläche. Darüber hinaus muß die freie Beweglichkeit der Außenschale auch in vertikaler Richtung sichergestellt sein.

Die unterschiedlichen Verformungen der Außen- und Innenschale sind insbesondere bei Gebäuden mit über mehrere Geschosse durchgehender Außenschale auch bei der Ausführung der Türen und Fenster zu beachten. Die Mauerwerksschalen sind an ihren Berührungspunkten (z. B. Fenster- und Türanschlägen) durch eine wasserundurchlässige Sperrschicht zu trennen.

Die Dehnungsfugen sind mit einem geeigneten Material dauerhaft und dicht zu schließen.

8.4.3.2 Zweischalige Außenwände mit Luftschicht

Bei zweischaligen Außenwänden mit Luftschicht ist folgendes zu beachten:

a) Die Luftschicht soll mindestens 60 mm und darf bei Verwendung von Drahtankern nach Tabelle 11 höchstens 150 mm dick sein. Die Dicke der Luftschicht darf bis auf 40 mm vermindert werden, wenn der Fugenmörtel mindestens an einer Hohlraumseite abgestrichen wird. Die Luftschicht darf nicht durch Mörtelbrücken unterbrochen werden. Sie ist beim Hochmauern durch Abdecken oder andere geeignete Maßnahmen gegen herabfallenden Mörtel zu schützen.

b) Die Außenschalen sollen unten und oben mit Lüftungsöffnungen (z. B. offene Stoßfugen) versehen werden, wobei die unteren Öffnungen auch zur Entwässerung dienen. Das gilt auch für die Brüstungsbereiche der Außenschale. Die Lüftungsöffnungen sollen auf 20 m^2 Wandfläche (Fenster und Türen eingerechnet) eine Fläche von jeweils etwa 7500 mm^2 haben.

c) Die Luftschicht darf erst 100 mm über Erdgleiche beginnen und muß von dort bzw. von der Oberkante Abfangkonstruktion (siehe 8.4.3.1, Aufzählung c) bis zum Dach bzw. bis Unterkante Abfangkonstruktion ohne Unterbrechung hochgeführt werden.

8.4.3.3 Zweischalige Außenwände mit Luftschicht und Wärmedämmung

Bei Anordnung einer zusätzlichen matten- oder plattenförmigen Wärmedämmschicht auf der Außenseite der Innenschale ist zusätzlich zu 8.4.3.2 zu beachten:

a) Bei Verwendung von Drahtankern nach Tabelle 11 darf der lichte Abstand der Mauerwerksschalen 150 mm nicht überschreiten.

Bei größerem Abstand ist die Verankerung durch andere Verankerungsarten gemäß 8.4.3.1, Aufzählung e, 4. Absatz, nachzuweisen.

b) Die Luftschichtdicke von mindestens 40 mm darf nicht durch Unebenheit der Wärmedämmschicht eingeengt werden. Wird diese Luftschichtdicke unterschritten, gilt 8.4.3.4.

c) Hinsichtlich der Eigenschaften und Ausführung der Wärmedämmschicht ist 8.4.3.4, Aufzählung a, sinngemäß zu beachten.

8.4.3.4 Zweischalige Außenwände mit Kerndämmung

Zusätzlich zu 8.4.3.2 gilt:

Der lichte Abstand der Mauerwerksschalen darf 150 mm nicht überschreiten. Der Hohlraum zwischen den Mauerwerksschalen darf ohne verbleibende Luftschicht verfüllt werden, wenn Wärmedämmstoffe verwendet werden, die für diesen Anwendungsbereich genormt sind oder deren Brauchbarkeit nach den bauaufsichtlichen Vorschriften nachgewiesen ist, z. B. durch eine allgemeine bauaufsichtliche Zulassung.

In Außenschalen dürfen glasierte Steine oder Steine mit Oberflächenbeschichtungen nur verwendet werden, wenn deren Frostwiderstandsfähigkeit unter erhöhter Beanspruchung geprüft wurde.[1]

Auf die vollfugige Vermauerung der Verblendschale und die sachgemäße Verfugung der Sichtflächen ist besonders zu achten.

Entwässerungsöffnungen in der Außenschale sollen auf 20 m^2 Wandfläche (Fenster und Türen eingerechnet) eine Fläche von mindestens 5000 mm^2 im Fußpunktbereich haben.

Als Baustoff für die Wärmedämmung dürfen z. B. Platten, Matten, Granulate und Schüttungen aus Dämmstoffen, die dauerhaft wasserabweisend sind, sowie Ortschäume verwendet werden.

Bei der Ausführung gilt insbesondere:

a) Platten- und mattenförmige Mineralfaserdämmstoffe sowie Platten aus Schaumkunststoffen und Schaumglas als Kerndämmung sind an der

---
[1] Mauerziegel nach DIN 52 252-1, Kalksandsteine nach DIN 106-2.

Innenschale so zu befestigen, daß eine gleichmäßige Schichtdicke sichergestellt ist.

Platten- und mattenförmige Mineralfaserdämmstoffe sind so dicht zu stoßen, Platten aus Schaumkunststoffen so auszubilden und zu verlegen (Stufenfalz, Nut und Feder oder versetzte Lagen), daß ein Wasserdurchtritt an den Stoßstellen dauerhaft verhindert wird.

Materialausbruchstellen bei Hartschaumplatten (z. B. beim Durchstoßen der Drahtanker) sind mit einer lösungsmittelfreien Dichtungsmasse zu schließen.

Die Außenschale soll so dicht, wie es das Vermauern erlaubt (Fingerspalt), vor der Wärmedämmschicht errichtet werden.

b) Bei lose eingebrachten Wärmedämmstoffen (z. B. Mineralfasergranulat, Polystyrolschaumstoff-Partikeln, Blähperlit) ist darauf zu achten, daß der Dämmstoff den Hohlraum zwischen Außen- und Innenschale vollständig ausfüllt. Die Entwässerungsöffnungen am Fußpunkt der Wand müssen funktionsfähig bleiben. Das Ausrieseln des Dämmstoffes ist in geeigneter Weise zu verhindern (z. B. durch nichtrostende Lochgitter).

c) Ortschaum als Kerndämmung muß beim Ausschäumen den Hohlraum zwischen Außen- und Innenschale vollständig ausfüllen. Die Ausschäumung muß auf Dauer in ihrer Wirkung erhalten bleiben.

Für die Entwässerung gilt Aufzählung b sinngemäß.

8.4.3.5 Zweischalige Außenwände mit Putzschicht

Auf der Außenseite der Innenschale ist eine zusammenhängende Putzschicht aufzubringen. Davor ist die Außenschale (Verblendschale) so dicht, wie es das Vermauern erlaubt (Fingerspalt), vollfugig zu errichten.

Wird statt der Verblendschale eine geputzte Außenschale angeordnet, darf auf die Putzschicht auf der Außenseite der Innenschale verzichtet werden.

Für die Drahtanker nach 8.4.3.1, Aufzählung e, genügt eine Dicke von 3 mm.

Bezüglich der Entwässerungsöffnungen gilt 8.4.3.2, Aufzählung b, sinngemäß. Auf obere Entlüftungsöffnungen darf verzichtet werden.

Bezüglich der Dehnungsfugen gilt 8.4.3.1, Aufzählung h.

8.5 Gewölbe, Bogen und Gewölbewirkung

8.5.1 Gewölbe und Bogen

Gewölbe und Bogen sollen nach der Stützlinie für ständige Last geformt werden. Der Gewölbeschub ist durch geeignete Maßnahmen aufzunehmen. Gewölbe und Bogen größerer Stützweite und stark wechselnder Last sind nach der Elastizitätstheorie zu berechnen. Gewölbe und Bogen mit günstigem Stichverhältnis, voller Hintermauerung oder reichlicher Überschüttungshöhe und mit überwiegender ständiger Last dürfen nach dem Stützlinienverfahren untersucht werden, ebenso andere Gewölbe und Bogen mit kleineren Stützweiten.

8.5.2 Gewölbte Kappen zwischen Trägern

Bei vorwiegend ruhender Verkehrslast nach DIN 1055-3 ist für Kappen, deren Dicke erfahrungsgemäß ausreicht (Trägerabstand bis etwa 2,50 m), ein statischer Nachweis nicht erforderlich.

Die Mindestdicke der Kappen beträgt 115 mm.

Es muß im Verband gemauert werden (Kuff oder Schwalbenschwanz).

Die Stichhöhe muß mindestens $1/10$ der Kappenstützweite sein.

Die Endfelder benachbarter Kappengewölbe müssen Zuganker erhalten, deren Abstände höchstens gleich dem Trägerabstand des Endfeldes sind. Sie sind mindestens in den Drittelpunkten und an den Trägerenden anzuordnen. Das Endfeld darf nur dann als ausreichendes Widerlager (starre Scheibe) für die Aufnahme des Horizontalschubes der Mittelfelder angesehen werden, wenn seine Breite mindestens ein Drittel seiner Länge ist. Bei schlankeren Endfeldern sind die Anker über mindestens zwei Felder zu führen. Die Endfelder als Ganzes müssen seitliche Auflager erhalten, die in der Lage sind, den Horizontalschub der Mittelfelder auch dann aufzunehmen, wenn die Endfelder unbelastet sind. Die Auflager dürfen durch Vormauerung, dauernde Auflast, Verankerung oder andere geeignete Maßnahmen gesichert werden.

Über den Kellern von Gebäuden mit vorwiegend ruhender Verkehrslast von maximal 2 kN/m² darf ohne statischen Nachweis davon ausgegangen werden, daß der Horizontalschub von Kappen bis 1,3 m Stützweite durch mindestens 2 m lange, 240 mm dicke und höchstens 6 m voneinander entfernte Querwände aufgenommen wird, wobei diese gleichzeitig mit den Auflagerwänden der Endfelder (in der Regel Außenwände) im Verband zu mauern sind oder, wenn Loch- bzw. stehende Verzahnung angewendet wird, durch statisch gleichwertige Maßnahmen zu verbinden sind.

8.5.3 Gewölbewirkung über Wandöffnungen

Voraussetzung für die Anwendung dieses Abschnittes ist, daß sich neben und oberhalb des Trägers und der Lastflächen eine Gewölbewirkung ausbilden kann, dort also keine störenden Öffnungen liegen, und der Gewölbeschub aufgenommen werden kann.

Bei Sturz- oder Abfangträgern unter Wänden braucht als Last nur die Eigenlast des Teils der Wände eingesetzt zu werden, der durch ein gleichseitiges Dreieck über dem Träger umschlossen wird.

Gleichmäßig verteilte Deckenlasten oberhalb des Belastungsdreiecks bleiben bei der Bemessung der Träger unberücksichtigt. Deckenlasten, die innerhalb des Belastungsdreiecks als gleichmäßig verteilte Last auf das Mauerwerk wirken (z. B. bei Deckenplatten und Balkendecken mit Balkenabständen $\leq$ 1,25 m), sind nur auf der Strecke, in der sie innerhalb des Dreiecks liegen, einzusetzen (siehe Bild 11a).

Für Einzellasten, z. B. von Unterzügen, die innerhalb oder in der Nähe des Lastdreiecks liegen, darf eine Lastverteilung von 60° angenommen werden. Liegen Einzellasten außerhalb des Lastdreiecks, so brauchen sie nur berücksichtigt zu werden, wenn sie noch innerhalb der Stützweite des Trägers und unterhalb einer Horizontalen angreifen, die 250 mm über der Dreieckspitze liegt.

Solchen Einzellasten ist die Eigenlast des in Bild 11b horizontal schraffierten Mauerwerks zuzuschlagen.

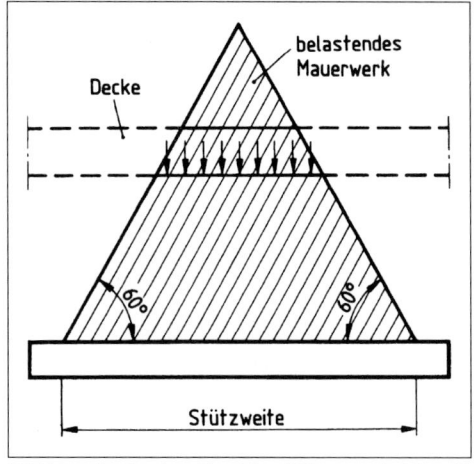

Bild 11a. Deckenlast über Wandöffnungen bei Gewölbewirkung

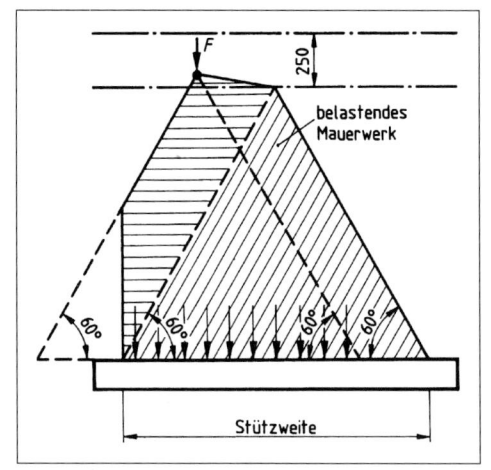

Bild 11b. Einzellast über Wandöffnungen bei Gewölbewirkung

9 Ausführung

9.1 Allgemeines

Bei stark saugfähigen Steinen und/oder ungünstigen Umgebungsbedingungen ist ein vorzeitiger und zu hoher Wasserentzug aus dem Mörtel durch Vornässen der Steine oder andere geeignete Maßnahmen einzuschränken, wie z. B.

a) durch Verwendung von Mörtel mit verbessertem Wasserrückhaltevermögen,

b) durch Nachbehandlung des Mauerwerks.

9.2 Lager-, Stoß- und Längsfugen

9.2.1 Vermauerung mit Stoßfugenvermörtelung

Bei der Vermauerung sind die Lagerfugen stets vollflächig zu vermauern und die Längsfugen satt zu verfüllen bzw. bei Dünnbettmörtel der Mörtel vollflächig aufzutragen. Stoßfugen sind in Abhängigkeit von der Steinform und vom Steinformat so zu verfüllen bzw. bei Dünnbettmörtel der Mörtel vollflächig aufzutragen, daß die Anforderungen an die Wand hinsichtlich des Schlagregenschutzes,

Wärmeschutzes, Schallschutzes sowie des Brandschutzes erfüllt werden können. Beispiele für Vermauerungsarten und Fugenausbildung sind in den Bildern 12a bis 12c angegeben.

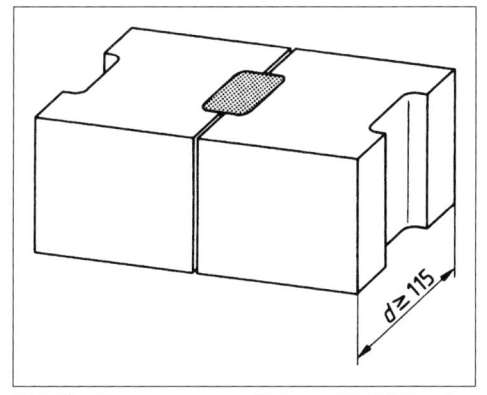

Bild 12a. Vermauerung von Steinen mit Mörteltaschen bei Knirschverlegung (Prinzipskizze)

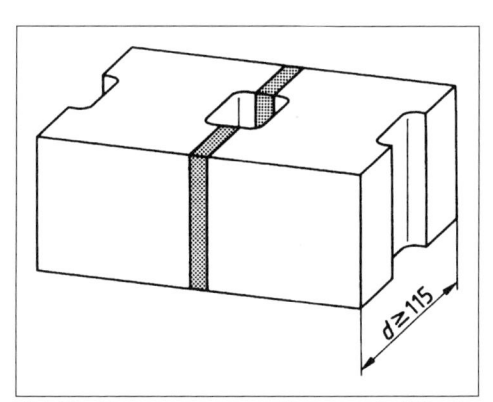

Bild 12b. Vermauerung von Steinen mit Mörteltaschen durch Auftragen von Mörtel auf die Steinflanken (Prinzipskizze)

Die Dicke der Fugen soll so gewählt werden, daß das Maß von Stein und Fuge dem Baurichtmaß bzw. dem Koordinierungsmaß entspricht. In der Regel sollen die Stoßfugen 10 mm und die Lagerfugen 12 mm dick sein. Bei Vermauerung der Steine mit Dünnbettmörtel muß die Dicke der Stoß- und Lagerfuge 1 bis 3 mm betragen.

Wenn Steine und Mörteltaschen vermauert werden, sollen die Steine entweder knirsch verlegt und die Mörteltaschen verfüllt werden (siehe Bild 12a) oder durch Auftragen von Mörtel auf die Steinflanken vermauert werden (siehe Bild 12b). Steine gelten dann als knirsch verlegt, wenn sie ohne Mörtel so dicht aneinander verlegt werden, wie dies wegen der herstellungsbedingten Unebenheiten der Stoßfugenflächen möglich ist. Der Abstand der Steine soll im allgemeinen nicht größer als 5 mm sein. Bei Stoßfugenbreiten > 5 mm müssen die Fugen beim Mauern beidseitig an der Wandoberfläche mit Mörtel verschlossen werden.

9.2.2 Vermauerung ohne Stoßfugenvermörtelung

Soll bei Verwendung von Normal-, Leicht- oder Dünnbettmörtel auf die Vermörtelung der Stoßfugen verzichtet werden, müssen hierzu die Steine hinsichtlich ihrer Form und Maße geeignet sein. Die Steine sind stumpf oder mit Verzahnung durch ein Nut- und Federsystem ohne Stoßfugenvermörtelung knirsch zu verlegen bzw. ineinander verzahnt zu versetzen (siehe Bild 12c).

> Bei Stoßfugenbreiten > 5 mm müssen die Fugen beim Mauern beidseitig an der Wandoberfläche mit Mörtel verschlossen werden.

Die erforderlichen Maßnahmen zur Erfüllung der Anforderungen an die Bauteile hinsichtlich des Schlagregenschutzes, Wärmeschutzes, Schallschutzes sowie des Brandschutzes sind bei dieser Vermauerung besonders zu beachten.

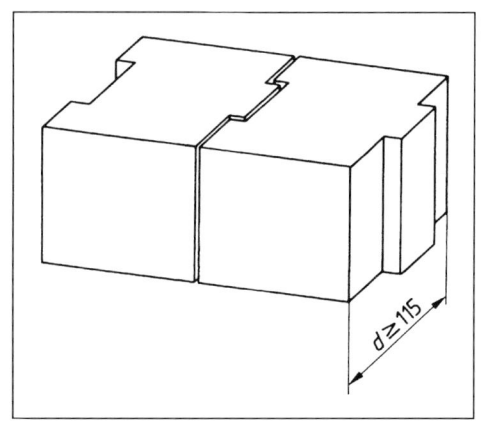

Bild 12c. Vermauerung von Steinen ohne Stoßfugenvermörtelung (Prinzipskizze)

9.2.3 Fugen in Gewölben

Bei Gewölben sind die Fugen so dünn wie möglich zu halten. Am Gewölberücken dürfen sie nicht dicker als 20 mm werden.

9.3 Verband

Es muß im Verband gemauert werden, d. h., die Stoß- und Längsfugen übereinanderliegender Schichten müssen versetzt sein.

Das Überbindemaß ü (siehe Bild 13) muß $\geq 0{,}4\,h$ bzw. ≥ 45 mm sein, wobei h die Steinhöhe (Sollmaß) ist. Der größere Wert ist maßgebend.

Normen

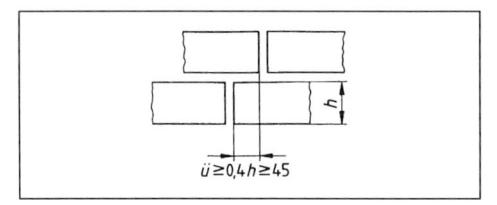

a) Stoßfugen (Wandansicht)

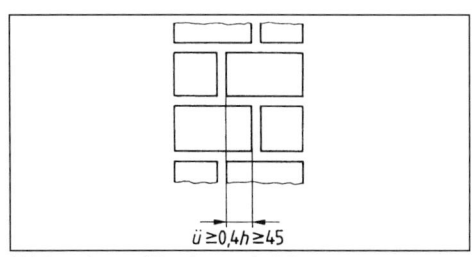

b) Längsfugen (Wandquerschnitt)

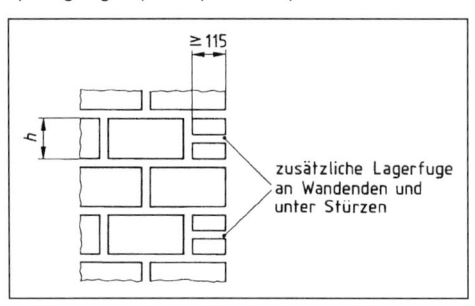

c) Höhenausgleich an Wandenden und Stürzen

Bild 13. Überbindemaß und zusätzliche Lagerfugen

Die Steine einer Schicht sollen gleiche Höhe haben. An Wandenden und unter Stürzen ist eine zusätzliche Lagerfuge in jeder zweiten Schicht zum Längen- und Höhenausgleich gemäß Bild 13c zulässig, sofern die Aufstandsfläche der Steine mindestens 115 mm lang ist und Steine und Mörtel mindestens gleiche Festigkeit wie im übrigen Mauerwerk haben. In Schichten mit Längsfugen darf die Steinhöhe nicht größer als die Steinbreite sein. Abweichend davon muß die Aufstandsbreite von Steinen der Höhe 175 und 240 mm mindestens 115 mm betragen. Für das Überbindemaß gilt Absatz 2. Die Absätze 1 und 3 gelten sinngemäß auch für Pfeiler und kurze Wände.

9.4 Mauern bei Frost

Bei Frost darf Mauerwerk nur unter besonderen Schutzmaßnahmen ausgeführt werden. Frostschutzmittel sind nicht zulässig; gefrorene Baustoffe dürfen nicht verwendet werden.

Frisches Mauerwerk ist vor Frost rechtzeitig zu schützen, z. B. durch Abdecken. Auf gefrorenem Mauerwerk darf nicht weitergemauert werden. Der Einsatz von Salzen zum Auftauen ist nicht zulässig. Teile von Mauerwerk, die durch Frost oder andere Einflüsse beschädigt sind, sind vor dem Weiterbau abzutragen.

10 Eignungsprüfungen

Eignungsprüfungen sind nur für Mörtel notwendig, wenn dies nach Anhang A, Abschnitt A.5, gefordert wird.

11 Kontrollen und Güteprüfungen auf der Baustelle

11.1 Rezeptmauerwerk (RM)

11.1.1 Mauersteine

Der bauausführende Unternehmer hat zu kontrollieren, ob die Angaben auf dem Lieferschein oder dem Beipackzettel mit den bautechnischen Unterlagen übereinstimmen. Im übrigen gilt DIN 18 200 in Verbindung mit den entsprechenden Normen für die Steine.

11.1.2 Mauermörtel

Bei Verwendung von Baustellenmörtel ist während der Bauausführung regelmäßig zu überprüfen, daß das Mischungsverhältnis nach Anhang A, Tabelle A.1, oder nach Eignungsprüfung eingehalten ist.

Bei Werkmörteln ist der Lieferschein oder der Verpackungsaufdruck daraufhin zu kontrollieren, ob die Angaben über Mörtelart und Mörtelgruppe mit den bautechnischen Unterlagen sowie die Sortennummer und das Lieferwerk mit der Bestellung übereinstimmen und das Überwachungszeichen ausgewiesen ist.

Bei allen Mörteln der Gruppe IIIa ist an jeweils drei Prismen aus drei verschiedenen Mischungen je Geschoß, aber mindestens je 10 m³ Mörtel, die Mörteldruckfestigkeit nach DIN 18 555-3 nachzuweisen; sie muß dabei die Anforderungen an die Druckfestigkeit nach Anhang A, Tabelle A.2, Spalte 3, erfüllen.

Bei Gebäuden mit mehr als sechs gemauerten Vollgeschossen ist die geschoßweise Prüfung, mindestens aber je 20 m³ Mörtel, auch bei Normalmörteln der Gruppen II, IIa und III sowie bei Leicht- und Dünnbettmörteln durchzuführen, wobei bei den obersten drei Geschossen darauf verzichtet werden darf.

11.2 Mauerwerk nach Eignungsprüfung (EM)

11.2.1 Einstufungsschein, Eignungsnachweis des Mörtels

Vor Beginn jeder Baumaßnahme muß der Baustelle der Einstufungsschein und gegebenenfalls der Eignungsnachweis des Mörtels (siehe DIN 1053-2, 6.4, letzter Absatz) zur Verfügung stehen.

11.2.2 Mauersteine

Jeder Mauersteinlieferung ist ein Beipackzettel beizufügen, aus dem neben der Norm-Bezeichnung des Steines einschließlich der EM-Kennzeichnung die Steindruckfestigkeit nach Einstufungsschein, die Mörtelart und -gruppe, die Mauerwerksfestigkeitsklasse, die Einstufungsschein-Nr. und die ausstellende Prüfstelle ersichtlich sind. Das bauausführende Unternehmen hat zu kontrollieren, ob die Angaben auf dem Lieferschein und dem Beipackzettel mit den bautechnischen Unterlagen übereinstimmen und den Angaben auf dem Einstufungsschein entsprechen.

Im übrigen gilt DIN 18 200 in Verbindung mit den entsprechenden Normen für die Steine.

11.2.3 Mörtel

Bei Verwendung von Baustellenmörtel ist während der Bauausführung regelmäßig zu überprüfen, daß das Mischungsverhältnis nach dem Einstufungsschein eingehalten wird.

Bei Werkmörtel ist der Lieferschein daraufhin zu kontrollieren, ob die Angaben über den Mörtelart und -gruppe, das Herstellwerk und die Sorten-Nr. den Angaben im Einstufungsschein entsprechen.

Bei Verwendung von Austauschmörteln nach DIN 1053-2, 6.4, letzter Absatz, ist entsprechend zu verfahren.

Bei allen Mörteln ist an jeweils 3 Prismen aus 3 verschiedenen Mischungen die Mörteldruckfestigkeit nach DIN 18 555-3 nachzuweisen. Sie muß dabei die Anforderungen an die Druckfestigkeit nach Tabellen A.2, A.3 und A.4 bei Güteprüfung erfüllen. Diese Kontrollen sind für jeweils 10 m³ verarbeiteten Mörtels, mindestens aber je Geschoß, vorzunehmen.

12 Natursteinmauerwerk

12.1 Allgemeines

Natursteine für Mauerwerk dürfen nur aus gesundem Gestein gewonnen werden. Ungeschützt dem Witterungswechsel ausgesetztes Mauerwerk muß ausreichend witterungswiderstandsfähig gegen diese Einflüsse sein.

Geschichtete (lagerhafte) Steine sind im Bauwerk so zu verwenden, wie es ihrer natürlichen Schichtung entspricht. Die Lagerfugen sollen rechtwinklig zum Kraftangriff liegen. Die Steinlängen sollen das Vier- bis Fünffache der Steinhöhen nicht über- und die Steinhöhe nicht unterschreiten.

12.2 Verband

12.2.1 Allgemeines

Der Verband bei reinem Natursteinmauerwerk muß im ganzen Querschnitt handwerksgerecht sein, d. h., daß

a) an der Vorder- und Rückfläche nirgends mehr als drei Fugen zusammenstoßen,

b) keine Stoßfuge durch mehr als zwei Schichten durchgeht,

c) auf zwei Läufer mindestens ein Binder kommt oder Binder- und Läuferschichten miteinander abwechseln,

d) die Dicke (Tiefe) der Binder etwa das $1^1/_2$fache der Schichthöhe, mindestens aber 300 mm, beträgt,

e) die Dicke (Tiefe) der Läufer etwa gleich der Schichthöhe ist,

f) die Überdeckung der Stoßfugen bei Schichtenmauerwerk mindestens 100 mm und bei Quadermauerwerk mindestens 150 mm beträgt und

g) an den Ecken die größten Steine (gegebenenfalls in Höhe von zwei Schichten) nach Bild 17 und Bild 18 eingebaut werden.

Lassen sich Zwischenräume im Innern des Mauerwerks nicht vermeiden, so sind sie mit geeigneten, allseits von Mörtel umhüllten Steinstücken so auszuzwickeln, daß keine unvermörtelten Hohlräume entstehen. In ähnlicher Weise sind auch weite Fugen auf der Vorder- und Rückseite von Zyklopenmauerwerk, Bruchsteinmauerwerk und hammerrechtem Schichtenmauerwerk zu behandeln. Sofern kein Fugenglattstrich ausgeführt wird, sind die Sichtflächen nachträglich zu verfugen. Sind die Flächen der Witterung ausgesetzt, so muß die Verfugung lückenlos sein und eine Tiefe mindestens gleich der Fugendicke haben. Die Art der Bearbeitung der Steine in der Sichtfläche ist nicht maßgebend für die zulässige Druckbeanspruchung und deshalb hier nicht behandelt.

12.2.2 Trockenmauerwerk
(siehe Bild 14)

Bruchsteine sind ohne Verwendung von Mörtel unter geringer Bearbeitung in richtigem Verband so aneinanderzufügen, daß möglichst enge Fugen und kleine Hohlräume verbleiben. Die Hohlräume zwischen den Steinen müssen durch kleinere Steine so ausgefüllt werden, daß durch Einkeilen Spannung zwischen den Mauersteinen entsteht.

Trockenmauerwerk darf nur für Schwergewichtsmauern (Stützmauern) verwendet werden. Als Berechnungsgewicht dieses Mauerwerkes ist die Hälfte der Rohdichte des verwendeten Steines anzunehmen.

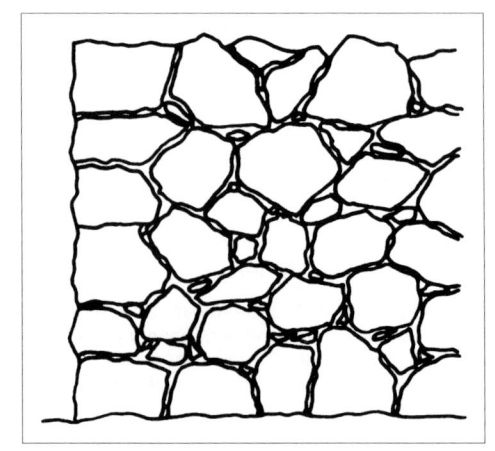

Bild 15. Zyklopenmauerwerk

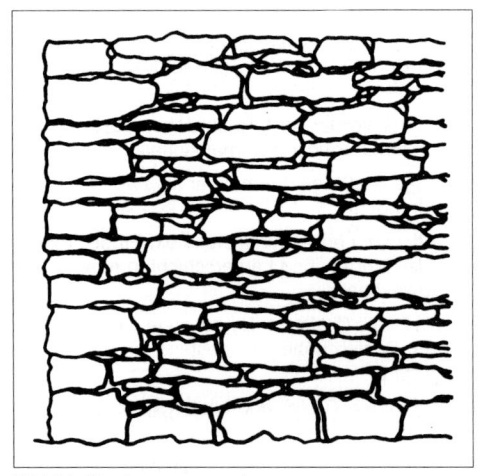

Bild 14. Trockenmauerwerk

Bild 16. Bruchsteinmauerwerk

12.2.3 Zyklopenmauerwerk und Bruchsteinmauerwerk
(siehe Bilder 15 und 16)

Wenig bearbeitete Bruchsteine sind im ganzen Mauerwerk im Verband und in Mörtel zu verlegen.

Das Bruchsteinmauerwerk ist in seiner ganzen Dicke und in Abständen von höchstens 1,50 m rechtwinklig zur Kraftrichtung auszugleichen.

12.2.4 Hammerrechtes Schichtenmauerwerk (siehe Bild 17)

Die Steine der Sichtfläche erhalten auf mindestens 120 mm Tiefe bearbeitete Lager- und Stoßfugen, die ungefähr rechtwinklig zueinander stehen.

Die Schichtdicke darf innerhalb einer Schicht und in den verschiedenen Schichten wechseln, jedoch

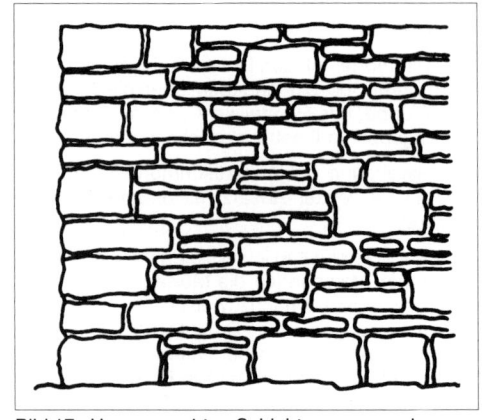

Bild 17. Hammerrechtes Schichtenmauerwerk

ist das Mauerwerk in seiner ganzen Dicke in Abständen von höchstens 1,50 m rechtwinklig zur Kraftrichtung auszugleichen.

12.2.5 Unregelmäßiges Schichtenmauerwerk (siehe Bild 18)

Die Steine der Sichtfläche erhalten auf mindestens 150 mm Tiefe bearbeitete Lager- und Stoßfugen, die zueinander und zur Oberfläche rechtwinklig stehen.

Die Fugen der Sichtfläche dürfen nicht dicker als 30 mm sein. Die Schichthöhe darf innerhalb einer Schicht und in den verschiedenen Schichten in mäßigen Grenzen wechseln, jedoch ist das Mauerwerk in seiner ganzen Dicke in Abständen von höchstens 1,50 m rechtwinklig zur Kraftrichtung auszugleichen.

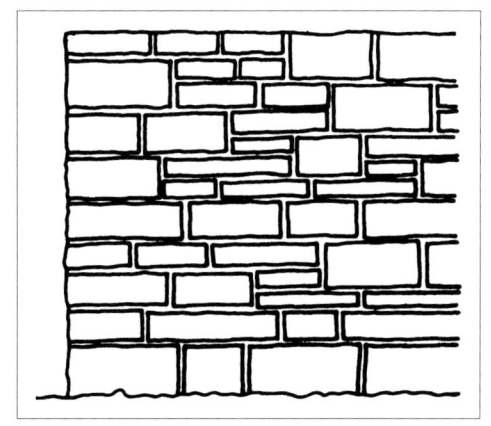

Bild 18. Unregelmäßiges Schichtenmauerwerk

12.2.6 Regelmäßiges Schichtenmauerwerk (siehe Bild 19)

Es gelten die Festlegungen nach Abschnitt 12.2.5. Darüber hinaus darf innerhalb einer Schicht die Höhe der Steine nicht wechseln; jede Schicht ist rechtwinklig zur Kraftrichtung auszugleichen. Bei Gewölben, Kuppeln und dergleichen müssen die Lagerfugen über die ganze Gewölbedicke hindurchgehen. Die Schichtsteine sind daher auf ihrer ganzen Tiefe in den Lagerfugen zu bearbeiten, während bei den Stoßfugen eine Bearbeitung auf 150 mm Tiefe genügt.

12.2.7 Quadermauerwerk (siehe Bild 20)

Die Steine sind nach den angegebenen Maßen zu bearbeiten. Lager- und Stoßfugen müssen in ganzer Tiefe bearbeitet sein.

Bild 19. Regelmäßiges Schichtenmauerwerk

12.2.8 Verblendmauerwerk (Mischmauerwerk)

Verblendmauerwerk darf unter den folgenden Bedingungen zum tragenden Querschnitt gerechnet werden:

a) Das Verblendmauerwerk muß gleichzeitig mit der Hintermauerung im Verband gemauert werden,

b) es muß mit der Hintermauerung durch mindestens 30 % Bindersteine verzahnt werden,

c) die Bindersteine müssen mindestens 240 mm dick (tief) sein und mindestens 100 mm in die Hintermauerung eingreifen,

d) die Dicke von Platten muß gleich oder größer als $1/3$ ihrer Höhe und mindestens 115 mm sein,

e) bei Hintermauerungen aus künstlichen Steinen (Mischmauerwerk) darf außerdem jede dritte Natursteinschicht nur aus Bindern bestehen.

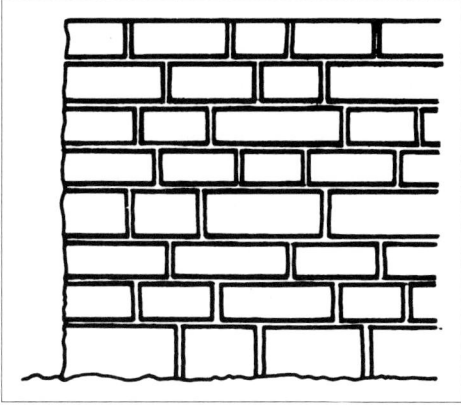

Bild 20. Quadermauerwerk

Besteht der hintere Wandteil aus Beton, so gelten die vorstehenden Bedingungen sinngemäß.

Bei Pfeilern dürfen Plattenverkleidungen nicht zum tragenden Querschnitt gerechnet werden.

Für die Ermittlung der zulässigen Beanspruchung des Bauteils ist das Material (Mauerwerk, Beton) mit der niedrigsten zulässigen Beanspruchung maßgebend.

Verblendmauerwerk, das nicht die Bedingungen der Aufzählungen a bis e erfüllt, darf nicht zum tragenden Querschnitt gerechnet werden. Geschichtete Steine dürfen dann auch gegen ihr Lager vermauert werden, wenn sie parallel zur Schichtung eine Mindestdruckfestigkeit von 20 MN/m^2 besitzen. Nichttragendes Verblendmauerwerk ist nach 8.4.3.1, Aufzählung e, zu verankern und nach Aufzählung d desselben Abschnittes abzufangen.

12.3 Zulässige Beanspruchung

12.3.1 Allgemeines

Die Druckfestigkeit von Gestein, das für tragende Bauteile verwendet wird, muß mindestens 20 N/mm^2 betragen. Abweichend davon ist Mauerwerk der Güteklasse N 4 aus Gestein mit der Mindestdruckfestigkeit von 5 N/mm^2 zulässig, wenn die Grundwerte σ_0 nach Tabelle 14 für die Steinfestigkeit $\beta_{St} = 20$ N/mm^2 nur zu einem Drittel angesetzt werden. Bei einer Steinfestigkeit von 10 N/mm^2 sind die Grundwerte σ_0 zu halbieren.

Erfahrungswerte für die Mindestdruckfestigkeit einiger Gesteinsarten sind in Tabelle 12 angegeben.

Tabelle 12: Mindestdruckfestigkeit der Gesteinsarten

Gesteinsarten	Mindestdruckfestigkeit N/mm^2
Kalkstein, Travertin, vulkanische Tuffsteine	20
Weiche Sandsteine (mit tonigem Bindemittel) und dergleichen	30
Dichte (feste) Kalksteine und Dolomite (einschließlich Marmor), Basaltlava und dergleichen	50
Quarzitische Sandsteine (mit kieseligem Bindemittel), Grauwacke und dergleichen	80
Granit, Syenit, Diorit, Quarzporphyr, Melaphyr, Diabas und dergleichen	120

Als Mörtel darf nur Normalmörtel verwendet werden.

Das Natursteinmauerwerk ist nach seiner Ausführung (insbesondere Steinform, Verband und Fugenausbildung) in die Güteklassen N 1 bis N 4 einzustufen. Tabelle 13 und Bild 21 geben einen Anhalt für die Einstufung. Die darin aufgeführten Anhaltswerte Fugenhöhe/Steinlänge, Neigung der Lagerfuge und Übertragungsfaktor sind als Mittelwerte anzusehen. Der Übertragungsfaktor ist das Verhältnis von Überlappungsflächen der Steine zu Wandquerschnitt im Grundriß. Die Grundeinstufung nach Tabelle 13 beruht auf üblichen Ausführungen.

Tabelle 13: Anhaltswerte zur Güteklasseneinstufung von Natursteinmauerwerk

Güteklasse	Grundeinstufung	Fugenhöhe/Steinlänge h/l	Neigung der Lagerfuge $\tan \alpha$	Übertragungsfaktor η
N 1	Bruchsteinmauerwerk	$\leq 0{,}25$	$\leq 0{,}30$	$\geq 0{,}5$
N 2	Hammerrechtes Schichtenmauerwerk	$\leq 0{,}20$	$\leq 0{,}15$	$\geq 0{,}65$
N 3	Schichtenmauerwerk	$\leq 0{,}13$	$\leq 0{,}10$	$\geq 0{,}75$
N 4	Quadermauerwerk	$\leq 0{,}07$	$\leq 0{,}05$	$\geq 0{,}85$

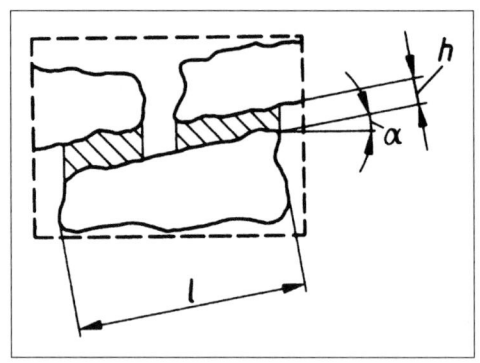

a) Ansicht

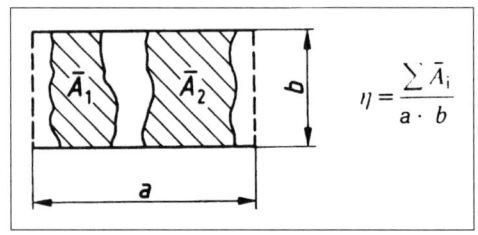

$$\eta = \frac{\sum \bar{A}_i}{a \cdot b}$$

b) Grundriß des Wandquerschnittes

Bild 21. Darstellung der Anhaltswerte nach Tabelle 13

DIN 1053-1

Die Mindestdicke von tragendem Natursteinmauerwerk beträgt 240 mm, der Mindestquerschnitt 0,1 m².

12.3.2 Spannungsnachweis bei zentrischer und exzentrischer Druckbeanspruchung

Die Grundwerte σ_0 der zulässigen Spannungen von Natursteinmauerwerk ergeben sich in Abhängigkeit von der Güteklasse, der Steinfestigkeit und der Mörtelgruppe nach Tabelle 14.

In Tabelle 14 bedeutet β_{st} die charakteristische Druckfestigkeit der Natursteine (5%-Quantil bei 90 % Aussagewahrscheinlichkeit), geprüft nach DIN 52 105.

Wände der Schlankheit $h_K/d > 10$ sind nur in den Güteklassen N 3 und N 4 zulässig. Schlankheiten $h_K/d > 14$ sind nur bei mittiger Belastung zulässig, Schlankheiten $h_K/d > 20$ sind unzulässig.

Bei Schlankheiten $h_K/d \leq 10$ sind als zulässige Spannungen die Grundwerte σ_0 nach Tabelle 14 anzusetzen. Bei Schlankheiten $h_K/d > 10$ sind die Grundwerte σ_0 nach Tabelle 14 mit dem Faktor

$$\frac{25 - h_K/d}{15}$$ abzumindern.

12.3.3 Zug- und Biegezugspannungen

Zugspannungen sind im Regelfall in Natursteinmauerwerk der Güteklassen N 1, N 2 und N 3 unzulässig.

Bei Güteklasse N 4 gilt 6.9.4 sinngemäß mit max $\sigma_Z = 0,20$ MN/m².

12.3.4 Schubspannungen

Für den Nachweis der Schubspannungen gilt 6.9.5 mit dem Höchstwert max $\tau = 0,3$ MN/m².

Anhang A
Mauermörtel

A.1 Mörtelarten

Mauermörtel ist ein Gemisch von Sand, Bindemittel und Wasser, gegebenenfalls auch Zusatzstoff und Zusatzmittel.

Es werden unterschieden:

a) Normalmörtel (NM),

b) Leichtmörtel (LM) und

c) Dünnbettmörtel (DM).

Normalmörtel sind baustellengefertigte Mörtel oder Werkmörtel mit Zuschlagarten nach DIN 4226-1 mit einer Trockenrohdichte von mindestens 1,5 kg/dm³. Diese Eigenschaft ist für Mörtel nach Tabelle A.1 gegeben; für Mörtel nach Eignungsprüfung ist sie nachzuweisen.

Leichtmörtel[1] sind Werk-Trocken- oder Werk-Frischmörtel mit einer Trockenrohdichte < 1,5 kg/dm³ mit Zuschlagarten nach DIN 4226-1 und 4226-2 sowie Leichtzuschlag, dessen Brauchbarkeit nach den bauaufsichtlichen Vorschriften nachgewiesen ist (siehe Abschnitt 1, Anmerkung).

Dünnbettmörtel sind Werk-Trockenmörtel aus Zuschlagarten nach DIN 4226-1 mit einem Größtkorn von 1,0 mm, Zement nach DIN 1164-1 sowie Zusätzen (Zusatzmittel, Zusatzstoffe). Die organischen Bestandteile dürfen einen Massenanteil von 2 % nicht überschreiten.

Normalmörtel werden in die Mörtelgruppen I, II, IIa, III und IIIa eingeteilt; Leichtmörtel in die Gruppen LM 21 und LM 36; Dünnbettmörtel wird der Gruppe III zugeordnet.

Tabelle 14: Grundwerte σ_0 der zulässigen Druckspannungen für Natursteinmauerwerk mit Normalmörtel

Güte-klasse	Steinfestigkeit β_{st} N/mm²	Grundwerte σ_0[1] Mörtelgruppe			
		I MN/m²	II MN/m²	IIa MN/m²	III MN/m²
N 1	≥ 20	0,2	0,5	0,8	1,2
	≥ 50	0,3	0,6	0,9	1,4
N 2	≥ 20	0,4	0,9	1,4	1,8
	≥ 50	0,6	1,1	1,6	2,0
N 3	≥ 20	0,5	1,5	2,0	2,5
	≥ 50	0,7	2,0	2,5	3,5
	≥ 100	1,0	2,5	3,0	4,0
N 4	≥ 20	1,2	2,0	2,5	3,0
	≥ 50	2,0	3,5	4,0	5,0
	≥ 100	3,0	4,5	5,5	7,0

[1] Bei Fugendicken über 40 mm sind die Grundwerte σ_0 um 20 % zu vermindern.

---
[1] DIN 4108-4 ist zu beachten.

A.2 Bestandteile und Anforderungen

A.2.1 Sand

> Sand muß aus Zuschlagarten nach DIN 4226-1, Abschnitt 4, und/oder DIN 4226-2 oder aus Zuschlag, dessen Brauchbarkeit nach den bauaufsichtlichen Vorschriften nachgewiesen ist (siehe Abschnitt 1, Anmerkung), bestehen.

Er soll gemischtkörnig sein und darf keine Bestandteile enthalten, die zu Schäden an Mörtel oder Mauerwerk führen.

Solche Bestandteile können z. B. sein: größere Mengen Abschlämmbares, sofern dieses aus Ton oder Stoffen organischen Ursprungs besteht (z. B. pflanzliche, humusartige oder Kohlen-, insbesondere Braunkohlenanteile).

Als abschlämmbare Bestandteile werden Kornanteile unter 0,063 mm bezeichnet (siehe DIN 4226-1). Die Prüfung erfolgt nach DIN 4226-3. Ist der Masseanteil an abschlämmbaren Bestandteilen größer als 8 %, so muß die Brauchbarkeit des Zuschlages bei der Herstellung von Mörtel durch eine Eignungsprüfung nach A.5 nachgewiesen werden. Eine Eignungsprüfung ist auch erforderlich, wenn bei der Prüfung mit Natronlauge nach DIN 4226-3 eine tiefgelbe, bräunliche oder rötliche Verfärbung festgestellt wird.

Der Leichtzuschlag muß die Anforderungen an den Glühverlust, die Raumbeständigkeit und an die Schüttdichte nach DIN 4226-2 erfüllen, jedoch darf bei Leichtzuschlag mit einer Schüttdichte < 0,3 kg/dm^3 die geprüfte Schüttdichte von dem aufgrund der Eignungsprüfung festgelegten Sollwert um nicht mehr als 20 % abweichen.

A.2.2 Bindemittel

Es dürfen nur Bindemittel nach DIN 1060-1, DIN 1164-1 sowie DIN 4211 verwendet werden.

A.2.3 Zusatzstoffe

Zusatzstoffe sind fein aufgeteilte Zusätze, die die Mörteleigenschaften beeinflussen und im Gegensatz zu den Zusatzmitteln in größerer Menge zugegeben werden. Sie dürfen das Erhärten des Bindemittels, die Festigkeit und die Beständigkeit des Mörtels sowie den Korrosionsschutz der Bewehrung im Mörtel bzw. von stählernen Verankerungskonstruktionen nicht unzulässig beeinträchtigen.

Als Zusatzstoffe dürfen nur Baukalke nach DIN 1060-1, Gesteinsmehle nach DIN 4226-1, Traß nach DIN 51 043 und Betonzusatzstoffe mit Prüfzeichen sowie geeignete Pigmente (z. B. nach DIN 53 237) verwendet werden.

Zusatzstoffe dürfen nicht auf den Bindemittelgehalt angerechnet werden, wenn die Mörtelzusammensetzung nach Tabelle A.1 festgelegt wird; für diese Mörtel darf der Volumenanteil höchstens 15 % vom Sandgehalt betragen. Eine Eignungsprüfung ist in diesem Fall nicht erforderlich.

A.2.4 Zusatzmittel

Zusatzmittel sind Zusätze, die die Mörteleigenschaften durch chemische oder physikalische Wirkung ändern und in geringer Menge zugegeben werden, wie z. B. Luftporenbildner, Verflüssiger, Dichtungsmittel, Erstarrungsbeschleuniger und Verzögerer, sowie solche, die den Haftverbund zwischen Mörtel und Stein günstig beeinflussen. Luftporenbildner dürfen nur in der Menge zugeführt werden, daß bei Normalmörtel und Leichtmörtel die Trockenrohdichte um höchstens 0,3 kg/dm^3 vermindert wird.

Zusatzmittel dürfen nicht zu Schäden am Mörtel oder am Mauerwerk führen. Sie dürfen auch die Korrosion der Bewehrung oder der stählernen Verankerungen nicht fördern. Diese Anforderung gilt für Betonzusatzmittel mit allgemeiner bauaufsichtlicher Zulassung als erfüllt.

Für andere Zusatzmittel ist die Unschädlichkeit nach den Zulassungsrichtlinien[2] für Betonzusatzmittel durch Prüfung des Halogengehaltes und durch die elektrochemische Prüfung nachzuweisen.

Da Zusatzmittel einige Eigenschaften positiv und unter Umständen gleichzeitig andere aber auch negativ beeinflussen können, ist vor Verwendung eines Zusatzmittels stets eine Mörtel-Eignungsprüfung nach A.5 durchzuführen.

---

[2] Richtlinien für die Erteilung von Zulassungen für Betonzusatzmittel (Zulassungsrichtlinien), Fassung Juni 1993, abgedruckt in den Mitteilungen des Deutschen Instituts für Bautechnik, 1993, Heft 5.

A.3 Mörtelzusammensetzung und Anforderungen

A.3.1 Normalmörtel (NM)

Die Zusammensetzung der Mörtelgruppen für Normalmörtel ergibt sich ohne besonderen Nachweis aus Tabelle A.1. Mörtel der Gruppe IIIa soll wie Mörtel der Gruppe III nach Tabelle A.1 zusammengesetzt sein. Die größere Festigkeit soll vorzugsweise durch Auswahl geeigneter Sande erreicht werden.

Für Mörtel der Gruppen II, IIa und III, die in ihrer Zusammensetzung nicht Tabelle A.1 entsprechen, sowie stets für Mörtel der Gruppe IIIa sind Eignungsprüfungen nach A.5.2 durchzuführen; dabei müssen die Anforderungen nach Tabelle A.2 erfüllt werden.

Tabelle A.1: Mörtelzusammensetzung, Mischungsverhältnisse für Normalmörtel in Raumteilen

	1	2	3	4	5	6	7
	Mörtelgruppe MG	Luftkalk		Hydraulischer Kalk (HL 2)	Hydraulischer Kalk (HL 5), Putz- und Mauerbinder (MC 5)	Zement	Sand[1] aus natürlichem Gestein
		Kalkteig	Kalkhydrat				
1	I	1	–	–	–	–	4
2		–	1	–	–	–	3
3		–	–	1	–	–	3
4		–	–	–	1	–	4,5
5	II	1,5	–	–	–	1	8
6		–	2	–	–	1	8
7		–	–	2	–	1	8
8		–	–	–	1	–	3
9	IIa	–	1	–	–	1	6
10		–	–	–	2	1	8
11	III	–	–	–	–	1	4
12	IIIa[2]	–	–	–	–	1	4

[1] Die Werte des Sandanteils beziehen sich auf den lagerfeuchten Zustand.
[2] Siehe auch A.3.1.

Tabelle A.2: Anforderungen an Normalmörtel

1	2		3	4
Mörtelgruppe	Mindestdruckfestigkeit[1] im Alter von 28 Tagen			Mindesthaftscherfestigkeit im Alter von 28 Tagen[4]
	Mittelwert bei Eignungsprüfung[2][3]	Mittelwert bei Güteprüfung		Mittelwert bei Eignungsprüfung
MG	N/mm²	N/mm²		N/mm²
I	–	–		–
II	3,5	2,5		0,10
IIa	7	5		0,20
III	14	10		0,25
IIIa	25	20		0,30

[1] Mittelwert der Druckfestigkeit von sechs Proben (aus drei Prismen). Die Einzelwerte dürfen nicht mehr als 10 % vom arithmetischen Mittel abweichen.
[2] Zusätzlich ist die Druckfestigkeit des Mörtels in der Fuge zu prüfen. Diese Prüfung wird z. Z. nach der „Vorläufigen Richtlinie zur Ergänzung der Eignungsprüfung von Mauermörtel; Druckfestigkeit in der Lagerfuge; Anforderungen, Prüfung" durchgeführt. Die dort festgelegten Anforderungen sind zu erfüllen.
[3] Richtwert bei Werkmörtel.
[4] Als Referenzstein ist Kalksandstein DIN 106 – KS 12 – 2,0 – NF (ohne Lochung bzw. Grifföffnung) mit einer Eigenfeuchte von 3 bis 5 % (Masseanteil) zu verwenden, dessen Eignung für diese Prüfung von der Amtlichen Materialprüfanstalt für das Bauwesen im Institut für Baustoffkunde und Materialprüfung der Universität Hannover, Nienburger Straße 3, 30617 Hannover, bescheinigt worden ist.
Die maßgebende Haftscherfestigkeit ergibt sich aus dem Prüfwert, multipliziert mit dem Prüffaktor 1,2.

A.3.2 Leichtmörtel (LM)

Für Leichtmörtel ist die Zusammensetzung aufgrund einer Eignungsprüfung (siehe A.5.3) festzulegen.

Leichtmörtel müssen die Anforderungen nach Tabelle A.3 erfüllen.

Zusätzlich müssen Zuschlagarten nach DIN 4226-1 und DIN 4226-2 sowie Zuschlag, dessen Brauchbarkeit nach den bauaufsichtlichen Vorschriften nachgewiesen ist (siehe Abschnitt 1, Anmerkung), den Anforderungen nach A.2.1, letzter Absatz, genügen.

Tabelle A.3: Anforderungen an Leichtmörtel

		Anforderungen bei Eignungsprüfung		Anforderungen bei Güteprüfung		Prüfung nach
		LM 21	LM 36	LM 21	LM 36	
1	Druckfestigkeit im Alter von 28 Tagen, in N/mm^2	$\geq 7^{2)1)}$	$\geq 7^{2)1)}$	≥ 5	≥ 5	DIN 18 555-3
2	Querdehnungsmodul E_q im Alter von 28 Tagen, in N/mm^2	$> 7{,}5 \cdot 10^3$	$> 15 \cdot 10^3$	3)	3)	DIN 18 555-4
3	Längsdehnungsmodul E_l im Alter von 28 Tagen, in N/mm^2	$> 2 \cdot 10^3$	$> 3 \cdot 10^3$	–	–	DIN 18 555-4
4	Haftscherfestigkeit[4]) im Alter von 28 Tagen, in N/mm^2	$\geq 0{,}20$	$\geq 0{,}20$	–	–	DIN 18 555-5
5	Trockenrohdichte[6]) im Alter von 28 Tagen, in kg/dm^3	$\leq 0{,}7$	$\leq 1{,}0$	5)	5)	DIN 18 555-3
6	Wärmeleitfähigkeit[6]) λ_{10tr} in W/(m · K)	$\leq 0{,}18$	$\leq 0{,}27$	–	–	DIN 52 612-1

[1]) Siehe Fußnote [2]) in Tabelle A.2.
[2]) Richtwert.
[3]) Trockenrohdichte als Ersatzprüfung, bestimmt nach DIN 18 555-3.
[4]) Siehe Fußnote [4]) in Tabelle A.2.
[5]) Grenzabweichung höchstens ± 10 % von dem bei der Eignungsprüfung ermittelten Wert.
[6]) Bei Einhaltung der Trockenrohdichte nach Zeile 5 gelten die Anforderungen an die Wärmeleitfähigkeit ohne Nachweis als erfüllt. Bei einer Trockenrohdichte größer als 0,7 kg/dm^3 für LM 21 sowie größer als 1,0 kg/dm^3 für LM 36 oder bei Verwendung von Quarzsandzuschlag sind die Anforderungen nachzuweisen.

Tabelle A.4: Anforderungen an Dünnbettmörtel

		Anforderungen bei Eignungsprüfung	Anforderungen bei Güteprüfung	Prüfung nach
1	Druckfestigkeit[1]) im Alter von 28 Tagen, in N/mm^2	$\geq 14^{4)}$	≥ 10	DIN 18 555-3
2	Druckfestigkeit[1]) im Alter von 28 Tagen bei Feuchtlagerung, in N/mm^2	\multicolumn{2}{c}{≥ 70 % vom Istwert der Zeile 1}	DIN 18 555-3, jedoch Feuchtlagerung[2])
3	Haftscherfestigkeit[3]) im Alter von 28 Tagen in N/mm^2	$\geq 0{,}5$	–	DIN 18 555-5
4	Verarbeitbarkeitszeit, in h	≥ 4	–	DIN 18 555-8
5	Korrigierbarkeitszeit, in min	≥ 7	–	DIN 18 555-8

[1]) Siehe Fußnote [1]) in Tabelle A.2.
[2]) Bis zum Alter von 7 Tagen im Klima 20/95 nach DIN 18 555-3, danach 7 Tage im Normalklima DIN 50 014-20/65-2 und 14 Tage unter Wasser bei +20 °C.
[3]) Siehe Fußnote [4]) in Tabelle A.2.
[4]) Richtwert.

Bei der Bestimmung der Längs- und Querdehnungsmodul gilt in Zweifelsfällen der Querdehnungsmodul als Referenzgröße.

A.3.3 Dünnbettmörtel (DM)

Für Dünnbettmörtel ist die Zusammensetzung aufgrund einer Eignungsprüfung (siehe A.5.4) festzulegen. Dünnbettmörtel müssen die Anforderungen nach Tabelle A.4 erfüllen.

A.3.4 Verarbeitbarkeit

Alle Mörtel müssen eine verarbeitungsgerechte Konsistenz aufweisen. Aus diesem Grunde dürfen Zusätze zur Verbesserung der Verarbeitbarkeit und des Wasserrückhaltevermögens zugegeben werden (siehe A.2.4). In diesem Fall sind Eignungsprüfungen erforderlich (siehe aber A.2.3).

A.4 Herstellung des Mörtels

A.4.1 Baustellenmörtel

Bei der Herstellung des Mörtels auf der Baustelle müssen Maßnahmen für die trockene und witterungsgeschützte Lagerung der Bindemittel, Zusatzstoffe und Zusatzmittel und eine saubere Lagerung des Zuschlages getroffen werden.

Für das Abmessen der Bindemittel und des Zuschlages, gegebenenfalls auch der Zusatzstoffe und der Zusatzmittel, sind Waagen oder Zumeßbehälter (z. B. Behälter oder Mischkästen mit volumetrischer Einteilung, jedoch keine Schaufeln) zu verwenden, die eine gleichmäßige Mörtelzusammensetzung erlauben. Die Stoffe müssen im Mischer so lange gemischt werden, bis ein gleichmäßiges Gemisch entstanden ist. Eine Mischanweisung ist deutlich sichtbar am Mischer anzubringen.

A.4.2 Werkmörtel

Werkmörtel sind nach DIN 18 557 herzustellen, zu liefern und zu überwachen. Es werden folgende Lieferformen unterschieden:

a) Werk-Trockenmörtel

b) Werk-Vormörtel und

c) Werk-Frischmörtel (einschließlich Mehrkammer-Silomörtel).

Bei der Weiterbehandlung dürfen dem Werk-Trockenmörtel nur die erforderlichen Wassermengen und dem Werk-Vormörtel außer der erforderlichen Wassermenge die erforderliche Zementmenge zugegeben werden. Werkmörteln dürfen jedoch auf der Baustelle keine Zuschläge und Zusätze (Zusatzstoffe und Zusatzmittel) zugegeben werden. Mehrkammer-Silomörtel dürfen nur mit dem vom Werk fest eingestellten Mischungsverhältnis unter Zugabe der erforderlichen Wassermenge erstellt werden.

Werk-Vormörtel und Werk-Trockenmörtel müssen auf der Baustelle in einem Mischer aufbereitet werden. Werk-Frischmörtel ist gebrauchsfertig in verarbeitbarer Konsistenz zu liefern.

A.5 Eignungsprüfungen

A.5.1 Allgemeines

Eignungsprüfungen sind für Mörtel erforderlich,

a) wenn die Brauchbarkeit des Zuschlages nach A.2.1 nachzuweisen ist,

b) wenn Zusatzstoffe (siehe aber A.2.3) oder Zusatzmittel verwendet werden,

c) bei Baustellenmörtel, wenn dieser nicht nach Tabelle A.1 zusammengesetzt ist oder Mörtel der Gruppe IIIa verwendet wird,

d) bei Werkmörtel einschließlich Leicht- und Dünnbettmörtel,

e) bei Bauwerken mit mehr als sechs gemauerten Vollgeschossen.

Die Eignungsprüfung ist zu wiederholen, wenn sich die Ausgangsstoffe oder die Zusammensetzung des Mörtels wesentlich ändert.

Bei Mörteln, die zur Beeinflussung der Verarbeitungszeit Zusatzmittel enthalten, sind die Probekörper am Beginn und am Ende der vom Hersteller anzugebenden Verarbeitungszeit herzustellen. Die Prüfung erfolgt stets im Alter von 28 Tagen, gerechnet vom Beginn der Verarbeitungszeit. Die Anforderungen sind von Proben beider Entnahmetermine zu erfüllen.

A.5.2 Normalmörtel

Es sind die Konsistenz und die Rohdichte des Frischmörtels nach DIN 18 555-2 zu ermitteln. Außerdem sind die Druckfestigkeit nach DIN 18 555-3 und zusätzlich nach der vorläufigen Richtlinie zur Ergänzung der Eignungsprüfung von Mauermörtel und die Haftscherfestigkeit nach DIN 18 555-5[3)] nachzuweisen. Dabei sind die Anforderungen nach Tabelle A.2 zu erfüllen.

A.5.3 Leichtmörtel

Es sind zu ermitteln:

a) Druckfestigkeit im Alter von 28 Tagen nach DIN 18 555-3 und Druckfestigkeit des Mörtels in der Fuge nach der vorläufigen Richtlinie zur Ergänzung der Eignungsprüfung von Mauermörtel,

Normen

b) Querdehnungs- und Längsdehnungsmodul E_q und E_l im Alter von 28 Tagen nach DIN 18 555-4,

c) Haftscherfestigkeit nach DIN 18 555-5[3)],

d) Trockenrohdichte nach DIN 18 555-3,

e) Schüttdichte des Leichtzuschlags nach DIN 4226-3.

Dabei sind die Anforderungen nach Tabelle A.3 zu erfüllen. Die Werte für die Trockenrohdichte und die Leichtmörtelgruppen LM 21 oder LM 36 sind auf dem Sack oder Lieferschein anzugeben.

A.5.4 Dünnbettmörtel

Es sind zu ermitteln:

a) Druckfestigkeit im Alter von 28 Tagen nach DIN 18 555-3 sowie der Druckfestigkeitsabfall infolge Feuchtlagerung (siehe Tabelle A.4),

b) Haftscherfestigkeit im Alter von 28 Tagen nach DIN 18 555-5[3)],

c) Verarbeitbarkeitszeit und Korrigierbarkeitszeit nach DIN 18 555-8.

Die Anforderungen nach Tabelle A.4 sind zu erfüllen.

[3)] Siehe Fußnote[4)] in Tabelle A.2.

Mauerwerk
Teil 2: Mauerwerksfestigkeitsklassen aufgrund von Eignungsprüfungen
DIN 1053-2 (11.96)

Inhalt

	Seite
Vorwort	I.43
1 Anwendungsbereich	I.43
2 Normative Verweisungen	I.44
3 Begriff	I.44
4 Festlegung von Mauerwerksfestigkeitsklassen	I.44
5 Baustoffe	I.44
5.1 Mauersteine	I.44
5.2 Mauermörtel	I.44
6 Eignungsprüfung	I.44
6.1 Mauersteine	I.44
6.2 Mauermörtel	I.44
6.3 Mauerwerk	I.44
6.4 Einstufung in eine Mauerwerksfestigkeitsklasse	I.45
7 Güteüberwachung	I.45
7.1 Mauersteine	I.45
7.2 Mauermörtel	I.45
Anhang A	I.46

Vorwort

Diese Norm wurde vom Normenausschuß Bauwesen (NABau), Fachbereich 06 „Mauerwerksbau", Arbeitsausschuß 06.30.00 „Rezept- und Ingenieurmauerwerk", erarbeitet.

DIN 1053 „Mauerwerk" besteht aus folgenden Teilen:

Teil 1: Berechnung und Ausführung

Teil 2: Mauerwerksfestigkeitsklassen aufgrund von Eignungsprüfungen

Teil 3: Bewehrtes Mauerwerk – Berechnung und Ausführung

Teil 4: Bauten aus Ziegelfertigbauteilen

Änderungen

Gegenüber der Ausgabe Juli 1984 wurden folgende Änderungen vorgenommen:

a) Untertitel geändert,
b) genaueres Berechnungsverfahren in DIN 1053-1 eingearbeitet,
c) feinere Abstufung der Mauerwerksfestigkeitsklassen,
d) Erweiterung des Anwendungsbereichs auf Leicht- und Dünnbettmörtel.

Frühere Ausgaben

DIN 1053-2 : 1984-07

1 Anwendungsbereich

Diese Norm gilt zur Festlegung von Mauerwerksfestigkeitsklassen durch Eignungsprüfungen an Mauerwerk. Die Mauerwerksfestigkeitsklassen werden verwendet zur Festlegung von Grundwerten der zulässigen Druckspannungen von Mauerwerk gemäß DIN 1053-1, soweit diese aufgrund von Eignungsprüfungen festgelegt werden sollen.

ANMERKUNG: Für die Berechnung und Ausführung von Mauerwerk nach Eignungsprüfung gilt DIN 1053-1.

2 Normative Verweisungen

Diese Norm enthält durch datierte oder undatierte Verweisungen Festlegungen aus anderen Publikationen. Diese normativen Verweisungen sind an den jeweiligen Stellen im Text zitiert, und die Publikationen sind nachstehend aufgeführt. Bei datierten Verweisungen gehören spätere Änderungen oder Überarbeitungen dieser Publikationen nur zu dieser Norm, falls sie durch Änderung oder Überarbeitung eingearbeitet sind. Bei undatierten Verweisungen gilt die letzte Ausgabe der in Bezug genommenen Publikation.

DIN 1053-1
Mauerwerk – Teil 1: Berechnung und Ausführung

DIN 18 554-1
Prüfung von Mauerwerk – Ermittlung der Druckfestigkeit und des Elastizitätsmoduls

3 Begriff

Mauerwerksfestigkeitsklassen aufgrund von Eignungsprüfungen sind klassifizierte Druckfestigkeiten von Mauerwerk, die aufgrund von Eignungsprüfungen festgelegt werden.

4 Festlegung von Mauerwerksfestigkeitsklassen

Maßgebend für die Festlegung von Mauerwerksfestigkeitsklassen ist der Einstufungsschein nach 6.4. Er wird aufgrund der an Prüfkörpern nach DIN 18 554-1 nachgewiesenen Druckfestigkeit des Mauerwerks ausgestellt, wobei die Einstufung nach 6.4 und Tabelle 1 erfolgt.

5 Baustoffe

5.1 Mauersteine

Die Mauersteine müssen den in DIN 1053-1 angegebenen Normen entsprechen und die im Einstufungsschein nach 6.4 angegebene mittlere Steindruckfestigkeit haben. Zusätzlich darf der Variationskoeffizient bei der Steindruckfestigkeitsprüfung nach der jeweiligen Stoffnorm höchstens 15 % betragen. Die Kennzeichnung der Steine nach deren Norm ist um die Buchstaben EM zu erweitern.

5.2 Mauermörtel

Für die Mauermörtel gilt DIN 1053-1. Mauermörtel der Mörtelgruppe I darf nicht verwendet werden.

6 Eignungsprüfung

6.1 Mauersteine

Die Einstufung als Mauersteine EM erfolgt aufgrund von Prüfungen im Auftrage des Herstellers durch eine hierfür anerkannte Stelle, gegebenenfalls durch die fremdüberwachende Stelle.

Beabsichtigt ein Herstellwerk, Steine für Mauerwerk nach Eignungsprüfung zu liefern, so muß vom Herstellwerk zunächst anhand der Aufzeichnungen über vorangegangene Prüfungen im Rahmen der werkseigenen Produktionskontrolle die Gleichmäßigkeit der Produktion überprüft werden. Die zur Eignungsprüfung zu entnehmenden Steine müssen im unteren Druckfestigkeitsbereich der Produktion liegen.

Die Steine sind nach den geltenden Stoffnormen zu prüfen. Die Ergebnisse dieser Prüfungen sind, soweit gefordert, in den Einstufungsschein nach 6.4 aufzunehmen.

6.2 Mauermörtel

Es gilt DIN 1053-1.

6.3 Mauerwerk

Zur Festlegung von Mauerwerksfestigkeitsklassen sind Mauerwerksprüfungen nach DIN 18 554-1 im Auftrage des Steinherstellers durch eine hierfür anerkannte Stelle durchzuführen. Für die Probekörper sind die für die Einstufung vorgesehenen Steine und Mauermörtel nach 6.1 bzw. 6.2 zu verwenden.

Die Eignungsprüfungen sind zu wiederholen, wenn sich das Lochbild der Steine ändert bzw. durch Veränderungen in der Rohstoffzusammensetzung oder im Produktionsverfahren der Steine Einflüsse auf die Mauerwerksfestigkeit zu erwarten sind.

Die Prüfkörper werden in der Regel abweichend von DIN 18 554-1 in Verbandsmauerwerk von 240, 300 oder 365 mm Dicke hergestellt und geprüft, sofern nicht die Steinmaße eine Verarbeitung als Einsteinmauerwerk bedingen.

6.4 Einstufung in eine Mauerwerksfestigkeitsklasse

Aufgrund der Prüfergebnisse ist die Einstufung in eine Mauerwerksfestigkeitsklasse nach Tabelle 1 vorzunehmen und hierüber ein Einstufungsschein (Muster siehe Anhang) auszustellen. Dieser Einstufungsschein hat eine Gültigkeit von 5 Jahren. Danach sind die Eignungsprüfungen nach 6.3 zu wiederholen.

Erfolgt die Einstufung aufgrund der Ergebnisse an Probekörpern als Einsteinmauerwerk und ist Verbandsmauerwerk aber möglich, so ist ein Vorhaltemaß zu berücksichtigen; in diesem Fall sind die in der Tabelle 1 festgelegten kleinsten Einzelwerte und Mittelwerte der Mauerwerksfestigkeit bei der Einstufung um 15 % höher anzusetzen.

> Die Einstufung darf nur um höchstens 50 % höher erfolgen, als sie sich für das entsprechende Rezeptmauerwerk nach DIN 1053-1 ergeben würde.

Der Einstufungsschein ist von einer hierfür anerkannten Stelle aufgrund von Stein-, Mörtel- und Mauerwerksprüfungen auszustellen. Er gibt die maßgebende Mauerwerksfestigkeitsklasse und die Verbandsart (Verbandsmauerwerk, Einsteinmauerwerk (Läufer- oder Binderverband)) an. In den Einstufungsschein sind die im Anhang enthaltenen Angaben aufzunehmen.

Soll für das herzustellende Mauerwerk ein anderer als der im Einstufungsschein beschriebene Mörtel der gleichen Mörtelart und Mörtelgruppe als Austauschmörtel verwendet werden, so ist dessen Eignung durch eine Mörtel-Eignungsprüfung nachzuweisen. Dabei dürfen die im Einstufungsschein angegebenen Kennwerte nicht ungünstiger werden.

Tabelle 1: Anforderungen an die Mauerwerksdruckfestigkeit von Mauerwerk nach Eignungsprüfung (EM)

1	2	3	4
Mauerwerks-festigkeits-klasse M	Nennfestig-keit des Mauerwerks β_M [1]) N/mm²	Mindestdruckfestigkeit kleinster Einzelwert β_{MN} N/mm²	Mittelwert β_{MS} N/mm²
1	1,0	1,0	1,2
1,2	1,2	1,2	1,4
1,4	1,4	1,4	1,6
1,7	1,7	1,7	2,0
2	2,0	2,0	2,4
2,5	2,5	2,5	2,9
3	3,0	3,0	3,5
3,5	3,5	3,5	4,1
4	4,0	4,0	4,7
4,5	4,5	4,5	5,3
5	5,0	5,0	5,9
5,5	5,5	5,5	6,5
6	6,0	6,0	7,0
7	7,0	7,0	8,2
9	9,0	9,0	10,6
11	11,0	11,0	12,9
13	13,0	13,0	15,3
16	16,0	16,0	18,8
20	20,0	20,0	23,5
25	25,0	25,0	29,4

[1]) Der Nennfestigkeit liegt das 5%-Quantil der Grundgesamtheit zugrunde.

7 Güteüberwachung

7.1 Mauersteine

Abweichend von der in den Baustoffnormen vorgeschriebenen Überwachung, ist im Rahmen der werkseigenen Produktionskontrolle je 500 m³ hergestellter Steine, mindestens aber jede Fertigungswoche, an 6 Proben die Druckfestigkeit zu bestimmen und der Mittelwert sowie der Variationskoeffizient zu errechnen. Die einzelnen Proben sind dabei gleichmäßig verteilt über den Überwachungszeitraum zu entnehmen. Der Variationskoeffizient darf nicht mehr als 15 % betragen, die mittlere Druckfestigkeit darf die bei der Eignungsprüfung ermittelte Druckfestigkeit nicht unterschreiten. Die Ergebnisse sind aufzuzeichnen und statistisch auszuwerten und mindestens 5 Jahre aufzubewahren.

Bei der Fremdüberwachung ist die werkseigene Produktionskontrolle zu überprüfen und Druckfestigkeit und Variationskoeffizient an mindestens 6 Proben zu ermitteln.

7.2 Mauermörtel

Es gilt DIN 1053-1.

Normen

Anhang A

Für den Anwender dieser Norm unterliegt der Anhang nicht dem Nachdruckrandvermerk auf der Seite 1.

Muster

Einstufungsschein Nr. _____
für Mauerwerk EM nach DIN 1053-2

Prüfstelle:

Hersteller und Werk:

Mauerwerk:

Einstufung in Mauerwerksfestigkeitsklasse

    bei Verwendung als Einsteinmauerwerk   M _____

    bei Verwendung als Verbandsmauerwerk   M _____

Steine:

Bezeichnung des Steines nach DIN _____

mittlere Steindruckfestigkeit: _____ N/mm^2 gemäß DIN 1053-2, 7.1

Beschreibung des Steinquerschnittes durch Angabe von:

– Lochanteil _____ %

– Dicke der Stege und Wandungen:

– Lochbild (Skizze):

Werkzeichen (Herstellerzeichen):

Mörtel:

Mörtelart:

Maßgebende Mörtelgruppe (nur bei Normal- und Leichtmörtel):

Druckfestigkeit im Alter von 28 Tagen:

Haftscherfestigkeit im Alter von 28 Tagen:

Fugendruckfestigkeit (nur bei Normal- und Leichtmörtel) im Alter von 28 Tagen:

Bei Baustellenmörtel:

Zusammensetzung (Mischungsverhältnis):

Zusätzlich bei Dünnbettmörtel:

Druckfestigkeit im Alter von 28 Tagen bei Feuchtlagerung:

Verarbeitbarkeitszeit:

Korrigierbarkeitszeit:

Zusätzlich bei Leichtmörtel:

Querdehnungsmodul im Alter von 28 Tagen:

Längsdehnungsmodul im Alter von 28 Tagen:

Trockenrohdichte im Alter von 28 Tagen:

Wärmeleitfähigkeit:

Dieser Einstufungsschein ist gültig bis:

Bemerkungen:

_____   _____

Ort, Datum   Unterschrift, Stempel

Verlängert bis	Ort, Datum	Unterschrift, Stempel

Mauerwerk
Bewehrtes Mauerwerk; Berechnung und Ausführung
DIN 1053 Teil 3 (2.90)

1 Anwendungsbereich

Diese Norm gilt für tragende Bauteile aus bewehrtem Mauerwerk, bei dem die Bewehrung statisch in Rechnung gestellt wird.

Anforderungen hinsichtlich des Wärme-, Schall-, Brand- und Feuchteschutzes sind zu beachten.

Anmerkung: Die Richtlinien für die Bemessung und Ausführung von Flachstürzen dürfen innerhalb ihres Anwendungsbereiches weiterhin angewendet werden.

2 Bewehrungsführung

Es werden folgende Arten der Bewehrungsführung im Mauerwerk, die auch kombiniert werden dürfen, unterschieden:

a) horizontale Bewehrung in den Lagerfugen (siehe Bild 1)

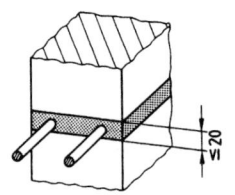

Bild 1. Horizontale Bewehrung in der Lagerfuge (Prinzipskizze)

b) horizontale Bewehrung in Formsteinen (siehe Bilder 2 und 3)

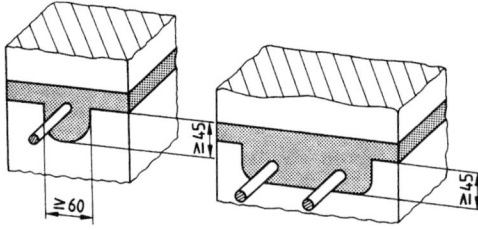

Bild 2. Horizontale Bewehrung in Formsteinen (Prinzipskizze)

Bild 3. Horizontale Bewehrung in trogförmigen Formsteinen (Prinzipskizze)

c) vertikale Bewehrung in Formsteinen mit kleiner Aussparung (siehe Bild 4)

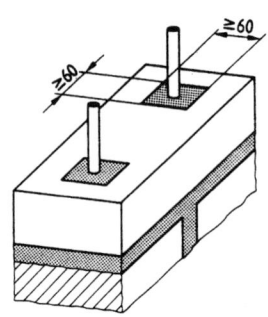

Bild 4. Vertikale Bewehrung in Formsteinen mit kleiner Aussparung (Prinzipskizze)

d) vertikale Bewehrung in Formsteinen mit großer Aussparung (siehe Bild 5)

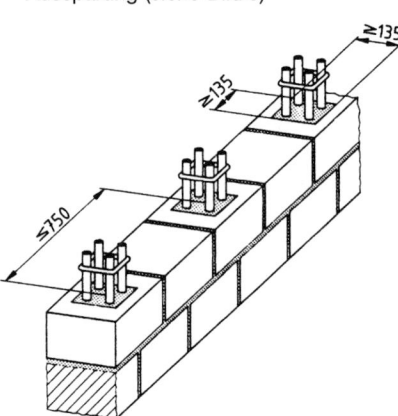

Bild 5. Vertikale Bewehrung in Formsteinen mit großer Aussparung (Prinzipskizze)

e) Bewehrung in ummauerten Aussparungen (siehe Bilder 6 und 7)

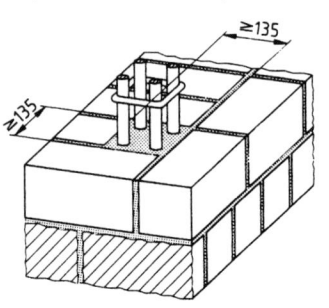

Bild 6. Bewehrung in ummauerten Aussparungen (Prinzipskizze)

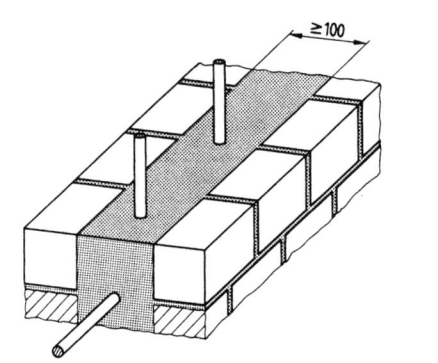

Bild 7. Bewehrung in durchgehenden, ummauerten Aussparungen (Prinzipskizze)

3 Baustoffe

3.1 Mauersteine

Es dürfen Steine nach DIN 105 Teil 1 bis Teil 5, DIN 106 Teil 1 und Teil 2, DIN 398, DIN 4165, DIN 18 151, DIN 18 152, DIN 18 153 und Formsteine verwendet werden. Zusätzlich gelten die Anforderungen nach Anhang A, Abschnitt A.1.

Lochanteil und Druckfestigkeit von Formsteinen sind nach Anhang A, Abschnitt A.2.2, zu ermitteln.

Bei Formsteinen für vertikale Bewehrung wird zwischen „kleinen" und „großen" Aussparungen unterschieden.

Kleine Aussparungen (siehe Bild 4) müssen in jeder Richtung ein Mindestmaß von 60 mm, große Aussparungen (siehe Bild 5) in jeder Richtung ein Mindestmaß von 135 mm aufweisen. Bei Formsteinen für horizontale Bewehrung darf die Höhe der Aussparung wegen des hinzukommenden Lagerfugenmörtels auf 45 mm verringert werden (siehe Bilder 2 und 3).

Bei Ringankern nach DIN 1053 Teil 1 darf auf die Anforderungen an die Mauersteine nach Anhang A, Abschnitt A.1, verzichtet werden.

3.2 Mauermörtel

Es darf nur Mauermörtel nach DIN 1053 Teil 1 mit Ausnahme von Normalmörtel der Mörtelgruppe I verwendet werden.

Die Bewehrung darf nur in Normalmörtel der Mörtelgruppen III und IIIa nach DIN 1053 Teil 1 eingebettet werden.

Der Zuschlag muß dichtes Gefüge aufweisen und DIN 4226 Teil 1 entsprechen.

3.3 Beton zum Verfüllen von Aussparungen mit ungeschützter Bewehrung

Zum Verfüllen ist Beton mindestens der Festigkeitsklasse B 15 nach DIN 1045 zu verwenden, soweit nicht hinsichtlich des Korrosionsschutzes der Bewehrung eine höhere Festigkeitsklasse erforderlich ist. Das Größtkorn darf 8 mm nicht überschreiten.

3.4 Betonstahl

Es ist gerippter Betonstahl nach DIN 488 Teil 1 zu verwenden.

4 Bemessung

4.1 Allgemeines

Unter Beachtung der folgenden Abweichungen ist die Bemessung der bewehrten Querschnitte nach DIN 1045 durchzuführen.

4.2 Lasteinleitung

Die Auflagerkräfte von bewehrtem Mauerwerk sollen in direkter Lagerung auf Druck eingeleitet werden. Falls dies nicht möglich ist, müssen die Auflagerkräfte durch ausreichend verankerte Bewehrung aufgenommen werden.

Bei Balken und wandartigen Trägern, die außer ihrer Eigenlast Lasten abzutragen haben, müssen diese Lasten im Bereich der Biegedruckzone oder oberhalb davon eingetragen werden, wenn keine ausreichende Aufhängebewehrung zur Übertragung dieser Lasten bis in die Höhe der Biegedruckzone vorhanden ist.

4.3 Bemessung für Biegung, Biegung mit Längskraft und Längskraft allein

4.3.1 Begrenzung der Biegeschlankheit

Die Biegeschlankheit l/d von biegebeanspruchten Bauteilen darf nicht größer als 20 sein.

Bei wandartigen Trägern darf die statische Nutzhöhe h nur bis zur Hälfte der Stützweite l angesetzt werden.

4.3.2 Bemessungsquerschnitt

Der Bemessungsquerschnitt ist das tragende Mauerwerk. Aussparungen, die mit Mörtel oder Beton verfüllt sind, zählen zum Bemessungsquerschnitt.

4.3.3 Rechenwerte der Mauerwerksfestigkeit

Als Rechenwert β_R ist für Vollsteine und Lochsteine bei Druck in Lochrichtung β_R nach DIN 1053 Teil 1 bzw. Teil 2 anzusetzen. Bei Druck quer zur Lochrichtung ist β_R bei gelochten Vollsteinen und bei Lochsteinen auf die Hälfte abzumindern.

Liegt bei Querschnitten mit verfüllten Aussparungen der Rechenwert der Festigkeit des Betons oder Mörtels unter dem Rechenwert der Mauerwerksfestigkeit, ist für den Gesamtquerschnitt der Rechenwert der Festigkeit des Verfüllmaterials maßgebend. Wird mit Mörtel verfüllt, ist als Rechenwert für Mörtel der Gruppe III 4,5 MN/m² und für Mörtel der Gruppe IIIa 10,5 MN/m² anzusetzen. Für die Rechenwerte von Beton gilt DIN 1045.

4.3.4 Nachweis der Knicksicherheit

Bei Druckgliedern mit mäßiger Schlankheit ($\bar{\lambda} \leq 20$) darf der Einfluß der ungewollten Ausmitte und der Stabauslenkung nach Theorie II. Ordnung näherungsweise durch Bemessung im mittleren Drittel der Knicklänge unter Berücksichtigung einer zusätzlichen Ausmitte f nach Gleichung (1) erfaßt werden.

$$f = \frac{h_K}{46} - \frac{d}{8} \quad (1)$$

Hierin bedeuten:

h_K Knicklänge
d Querschnittsdicke in Knickrichtung
$\bar{\lambda}$ Schlankheit $= h_K/d$

Bei Druckgliedern mit großer Schlankheit ($\bar{\lambda} > 20$) ist genauerer Nachweis nach DIN 1045 zu führen.

Schlankheiten $\bar{\lambda} > 25$ sind unzulässig.

4.4 Bemessung für Querkraft

4.4.1 Allgemeines

Bei der Bemessung für Querkraft ist zu unterscheiden zwischen einer Schubbeanspruchung des Mauerwerks aus einer Last parallel zur Mauerwerksebene (Scheibenschub) und rechtwinklig zur Mauerwerksebene (Plattenschub).

4.4.2 Scheibenschub

Der Schubnachweis darf im Abstand 0,5 h (h Nutzhöhe des Trägers) von der Auflagerkante geführt werden. Bei überdrückten Rechteckquerschnitten genügt es, die Stelle der maximalen Schubspannung zu untersuchen. Bei gerissenen Querschnitten darf der Nachweis in Höhe der Nullinie im Zustand II geführt werden. Die an dieser Stelle anzusetzende rechnerische Normalspannung σ in der Lagerfugenebene darf vereinfachend aus der Auflagerkraft F_A abgeschätzt werden zu

$$\sigma = \frac{2 F_A}{b \cdot l} \quad (2)$$

Hierin bedeuten:

b Querschnittsbreite des Trägers
l Stützweite des Trägers bzw. doppelte Kraglänge bei Kragträgern

Es ist nachzuweisen, daß die Schubspannungen die aufnehmbaren Werte nach DIN 1053 Teil 2 (07.84), Abschnitt 7.5, einhalten. Ergänzend dazu gilt für die Rechenwerte der Kohäsion β_{Rk}:

Mörtel der Gruppe II: $\beta_{Rk} = 0,08$ MN/m²
Leichtmörtel: $\beta_{Rk} = 0,18$ MN/m²
Dünnbettmörtel: $\beta_{Rk} = 0,22$ MN/m²

4.4.3 Plattenschub

Die Bemessung für Querkraft aus Plattenbiegung ist nach DIN 1045 durchzuführen. Abweichend davon gilt aber für die Grenzen der Grundwerte der Schubspannungen $\tau_{011} = 0,015\, \beta_R$ mit β_R nach DIN 1053 Teil 1 bzw. Teil 2. Dieser Grenzwert gilt auch bei gelochten Vollsteinen und Lochsteinen unabhängig von der Beanspruchungsrichtung.

Die angegebenen Grenzwerte τ_{011} gelten für nicht gestaffelte Biegebewehrung und den Schubbereich 1 ohne Schubbewehrung. Gestaffelte Biegezugbewehrung ist nicht zulässig. Die Wirkung einer Schubbewehrung darf nicht in Ansatz gebracht werden.

4.5 Zusammenwirken von Mauerwerk und Beton

Ein Zusammenwirken von Mauerwerk und Beton darf nur angenommen werden, wenn keine extremen Zwängungen aus unterschiedlichem Verformungsverhalten zu erwarten sind. Es muß gegen das unverputzte Mauerwerk betoniert werden.

Der Gesamtquerschnitt darf dann so bemessen werden, als bestünde er einheitlich aus dem Material mit der geringeren Festigkeit.

Treten in der Verbundfuge aus planmäßigen Beanspruchungen größere Schubspannungen als τ_{011} nach Abschnitt 4.4.3 auf, so sind die Schubkräfte voll durch Bewehrung abzudecken.

Überwiegt der Betonquerschnitt, darf auch er allein als Stahlbetonquerschnitt nach DIN 1045 bemessen werden.

5 Bewehrungsregeln

5.1 Allgemeines

Auf das Bewehren von Bauteilen oder Teilen von Mauerwerk sind sinngemäß die Regeln für Stahlbeton nach DIN 1045 anzuwenden. Die Feldbewehrung ist jedoch ungestaffelt über die volle Stützweite zu führen.

5.2 Mindestbewehrung

Zur Vermeidung breiter Risse müssen Mindestwerte des Bewehrungsgrades eingehalten werden. Die Mindestwerte für reine Lastbeanspruchung sind in Tabelle 1 angegeben. Wenn lastunabhängige Zwängungen sehr breite Risse befürchten lassen, wird ein Bewehrungsgehalt von mindestens 0,2 % des Gesamtquerschnittes in oder annähernd in Richtung des Zwanges empfohlen. Überwiegt der Betonquerschnitt, gilt für die Mindestbewehrung des Betonquerschnittes DIN 1045.

Die Tabellenwerte gelten für BSt 420 S und BSt 500 S.

Tabelle 1. Mindestbewehrung

Lage der Hauptbewehrung	Mindestbewehrung, bezogen auf den Gesamtquerschnitt	
	Hauptbewehrung min μ_H	Querbewehrung min μ_Q
Horizontal in Lagerfugen oder Aussparungen nach den Bildern 1 bis 3	mindestens vier Stäbe mit einem Durchmesser von 6 mm je m	–
Vertikal in Aussparungen oder Sonderverbänden nach den Bildern 4 bis 6	0,1 %	falls $\mu_H < 0,5\%$: $\mu_Q = 0$ Zwischenwerte geradlinig interpolieren falls $\mu_H > 0,6\%$: $\mu_Q = 0,2\ \mu_H$
In durchgehenden, ummauerten Aussparungen nach Bild 7	0,1 %	$0,2\ \mu_H$

5.3 Stababstände in plattenartig beanspruchten Bauteilen

Für den Mindestabstand zwischen Bewehrungsstäben gilt DIN 1045.

Der Höchstwert der Stababstände darf bei der Hauptbewehrung 250 mm, bei der Querbewehrung 375 mm betragen.

Wird die Bewehrung nach Bild 5 angeordnet, so ist sie nach DIN 1045 zu verbügeln. In diesem Fall darf der Mittenabstand der Bewehrungskörbe 750 mm nicht überschreiten.

5.4 Verankerung der Bewehrungsstäbe

Die Verankerung der Bewehrungsstäbe ist nach DIN 1045 nachzuweisen.

Für Bewehrungsstäbe im Mörtel sind aber abweichend davon die zulässigen Grundwerte der Verbundspannung zul τ_1 Tabelle 2 zu entnehmen.

Tabelle 2. Zulässige Grundwerte der Verbundspannung zul τ_1 für gerippten Betonstahl nach DIN 488 Teil 1

Mörtelgruppe	Grundwerte zul τ_1	
	in der Lagerfuge MN/m^2	in Formsteinen[1] und Aussparungen MN/m^2
III	0,35	1,0
IIIa	0,70	1,4

[1] Bezüglich der Überdeckung siehe Abschnitt 7.5.

6 Korrosionsschutz der Bewehrung

6.1 Ungeschützte Bewehrung in Mauermörtel

Eine ungeschützte Bewehrung darf in den Mauermörtel nur bei Bauteilen eingelegt werden, die einem dauernd trockenen Raumklima (Umweltbedingungen nach DIN 1045 [07.88], Tabelle 10, Zeile 1) ausgesetzt sind, z. B. in Innenwänden.

6.2 Ungeschützte Bewehrung in betonverfüllten Aussparungen

Ungeschützte Bewehrung darf nur in betonverfüllten Aussparungen verwendet werden, wenn die

Anforderungen nach den Abschnitten 7.4 und 7.5 eingehalten werden.

6.3 Geschützte Bewehrung

Wenn nicht die Abschnitte 6.1 oder 6.2 zutreffen, ist die Bewehrung durch besondere Maßnahmen gegen Korrosion (z. B. durch Feuerverzinkung oder Kunststoffbeschichtung) zu schützen, deren Brauchbarkeit z. B. durch eine allgemeine bauaufsichtliche Zulassung nachgewiesen ist.

6.4 Einwirkung korrosiver Medien

Bei Verwendung feuerverzinkter Bewehrung ist der Gehalt an zinkaggressiven Bestandteilen, insbesondere Sulfaten und Chloriden, im Mörtel und in den Mauersteinen zu begrenzen. Der Sand muß den Anforderungen nach DIN 4226 Teil 1 genügen. Für Zusatzstoffe und Zusatzmittel im Mörtel gilt DIN 1053 Teil 1 (02.90), Anhang A, Abschnitte A.2.3 bzw. A.2.4. Für Zusatzstoffe und Zusatzmittel im Füllbeton gilt DIN 1045 (07.88), Abschnitt 6.3. Für hydraulisch gebundene Wandbausteine ist der Gehalt an Sulfat und Chlorid nach DIN 4226 Teil 1 und Teil 2 zu begrenzen.

Bei äußerer Einwirkung von aggressiven Medien, wie Sulfaten und Chloriden, ist eine feuerverzinkte Bewehrung nicht zulässig. Die Bewehrung ist durch andere Maßnahmen zu schützen.

7 Ausführung

7.1 Allgemeines

Für die Ausführung gilt DIN 1053 Teil 1, sofern im folgenden nichts anderes festgelegt ist.

Tabelle 3 gibt einen Überblick über Anforderungen und Einschränkungen, die zu beachten sind.

7.2 Mindestdicke

Bewehrtes Mauerwerk muß mindestens 115 mm dick sein.

7.3 Fugen

Lagerfugen sind stets vollfugig zu mauern. Stoßfugen sind bei horizontaler Spannrichtung und Bewehrungsführung ebenfalls vollfugig auszuführen. Bei vertikaler Spannrichtung und Bewehrungsführung sind knirsch gestoßene Steine mit unvermörtelter Stoßfuge zulässig.

Fugen mit Bewehrung nach Bild 1 dürfen bis 20 mm dick werden; als Richtmaß für die Fugendicke gilt der zweifache Stabdurchmesser.

7.4 Bewehrung

Die Bewehrung ist in den Mörtel einzubetten, so daß dieser sie allseitig dicht umschließt. In Aussparungen mit ungeschützter Bewehrung nach den Bildern 2, 3, 5, 6 oder 7 muß durch Abstandhalter oder andere Maßnahmen sichergestellt werden, daß die Bewehrung planmäßig liegt und allseitig von Beton umhüllt wird.

In die Fugen nach Bild 1 dürfen höchstens 8 mm dicke Stab- oder Bewehrungselemente eingelegt werden, in Aussparungen jedoch bis zu einem Stabdurchmesser von 14 mm. Stäbe mit Durchmessern größer als 14 mm sind nur in betonverfüllten Aussparungen zulässig.

Bei Ausführung nach Bild 7 sind die Mauerwerksschalen in jedem Fall durch Anker zu verbinden, z. B. Drahtanker nach DIN 1053 Teil 1.

7.5 Überdeckung

Bei ungeschützter Bewehrung in betonverfüllten Aussparungen nach den Bildern 2, 3, 5, 6 oder 7 sind die Mindestwerte der Überdeckung nach DIN 1045 einzuhalten. Mauersteine dürfen nicht angerechnet werden.

Der Abstand zwischen Stahl- und Wandoberfläche muß mindestens 30 mm betragen.

Die Mörteldeckung in Formsteinen muß allseitig mindestens das Zweifache des Stabdurchmessers betragen.

7.6 Verfüllen der Aussparungen

Formsteine mit kleiner Aussparung nach Bild 4 dürfen nur mit Mörtel der Gruppe III oder IIIa in jeder Steinlage verfüllt werden. Große Aussparungen zur Aufnahme einer vertikalen Bewehrung müssen mindestens nach jedem Meter Wandhöhe verfüllt und verdichtet werden.

8 Kontrollen und Güteprüfungen auf der Baustelle

Jeder Mauersteinlieferung ist ein Lieferschein oder ein Beipackzettel beizufügen, aus dem neben der

Normbezeichnung des Mauersteins und der zusätzlichen Kennzeichnung BM ersichtlich ist, daß die Mauersteine den Anforderungen für bewehrtes Mauerwerk (BM) genügen. Der bauausführende Unternehmer hat zu kontrollieren, ob die Angaben auf dem Lieferschein oder dem Beipackzettel mit den bautechnischen Unterlagen übereinstimmen. Im übrigen gilt DIN 18 200 in Verbindung mit den entsprechenden Normen für die Mauersteine.

Tabelle 3. Anforderungen und Einschränkungen bei der Ausführung

		Horizontale Bewehrung		Vertikale Bewehrung		
		in der Lagerfuge	in Formsteinen		in Formsteinen mit kleiner Aussparung	in Formsteinen mit großer Aussparung oder in ummauerten Aussparungen
		nach Bild 1	nach den Bildern 2 oder 3		nach Bild 4	nach den Bildern 5, 6 oder 7
Füllmaterial		Mörtel der Gruppe III oder IIIa	Mörtel der Gruppe III oder IIIa	Beton $\geq$ B 15	Mörtel der Gruppe III oder IIIa	Mörtel der Gruppe III oder IIIa	Beton $\geq$ B 15
Verfüllen der vertikalen Aussparungen			–		in jeder Steinlage	mindestens nach jedem Meter Wandhöhe
maximaler Stabdurchmesser		8	14		14	nach DIN 488 T1
Überdeckung		zur Wandoberfläche $\geq$ 30	allseitig mindestens das 2fache des Stabdurchmessers; zur Wandoberfläche $\geq$ 30	nach DIN 1045	allseitig mindestens das 2fache des Stabdurchmessers; zur Wandoberfläche $\geq$ 30	nach DIN 1045
Korrosionsschutz	bei dauernd trockenem Raumklima	keine besonderen Anforderungen			keine besonderen Anforderungen	
	in allen anderen Fällen	Feuerverzinken oder andere dauerhafte Maßnahmen[1]		nach DIN 1045	Feuerverzinken oder andere dauerhafte Maßnahmen[1]	nach DIN 1045
Mindestdicke des bewehrten Mauerwerks		115				

[1] Die Brauchbarkeit ist z. B. durch eine allgemeine bauaufsichtliche Zulassung nachzuweisen.

Anhang A
Anforderungen an Steine für bewehrtes Mauerwerk

A.1 Zusätzliche Anforderungen an Steine nach Abschnitt 3.1

Es gelten folgende Einschränkungen:

a) Der Lochanteil darf nicht mehr als 35 % betragen; Aussparungen bei Formsteinen zählen nicht zum Lochanteil.

b) Bei nicht kreisförmigen Lochquerschnitten dürfen die Stege zwischen den Löchern nicht gegeneinander versetzt sein.

A.2 Formsteine
A.2.1 Allgemeines

Formsteine müssen, abgesehen von Form und Maßen in ihren Eigenschaften den Steinen einer der in Abschnitt 3.1 angegebenen Normen entsprechen. Dieses gilt auch für die Überwachung.

A.2.2 Bestimmung des Lochanteils und der Druckfestigkeit

A.2.2.1 Formsteine für horizontale Bewehrung nach Bild 2

Steine mit Lochung rechtwinklig zur Lagerfugenebene werden wie Hochlochsteine behandelt. Der Lochanteil wird in einem Horizontalschnitt unterhalb der Aussparung ermittelt.

Steine mit Lochung parallel zur Lagerfugenebene werden wie Langlochsteine behandelt. Der Lochanteil wird in einem Schnitt rechtwinklig zur Lochrichtung ermittelt. Dabei bleibt die Aussparung unberücksichtigt (sie zählt weder zur Lochquerschnitts- noch zur Bezugsfläche).

Zur Bestimmung der Druckfestigkeit darf die Aussparung beim Abgleich der Druckflächen mit Abgleichmörtel ausgefüllt werden.

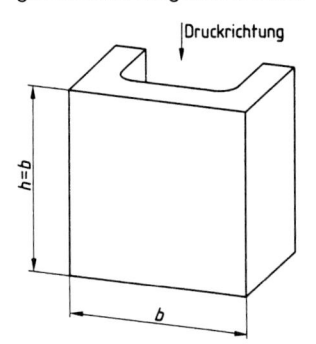

Bild A.1. Druckfestigkeitsprüfung von trogförmigen Formsteinen

Die Druckrichtung verläuft (unabhängig von der Lochrichtung) rechtwinklig zur Lagerfugenebene. Steine, deren Höhe 71 mm unterschreitet, sind paarweise übereinander zu mauern.

A.2.2.2 Formsteine für horizontale Bewehrung nach Bild 3

Trogförmige Formsteine werden mit Druckrichtung nach Bild A.1 auf Druckfestigkeit geprüft. Gegebenenfalls sind Steine so zu kürzen, daß die Höhe h der Probekörper gleich der Breite b des trogförmigen Querschnitts wird. Für die Einordnung in Steinfestigkeitsklassen ist die um 35 % verminderte Bruchlast, bezogen auf den Nettoquerschnitt (= reiner Materialquerschnitt ohne die Querschnittsfläche etwa vorhandener Löcher parallel zur Druckrichtung), maßgebend.

A.2.2.3 Formsteine für vertikale Bewehrung nach Bild 4 und Bild 5

Lochanteil und Festigkeit werden nach den Gleichungen (A.1) und (A.2) bestimmt.

$$L = \frac{A_L}{A} \cdot 100 \qquad (A.1)$$

$$\beta = \frac{F}{A} \qquad (A.2)$$

In den Gleichungen (A.1) und (A.2) bedeuten:

L Lochanteil in %

A_L Summe der Lochquerschnitte ohne die mit Mörtel oder Beton zu verfüllenden Aussparungen zur Aufnahme der Bewehrung (leer bleibende Grifflöcher sind mitzuzählen)

A Bruttoquerschnitt (Produkt aus Länge und Breite des Steines) abzüglich der mit Mörtel oder Beton zu verfüllenden Aussparungen zur Aufnahme der Bewehrung

β Druckfestigkeit

F Bruchlast

Die bei der Ausführung des bewehrten Mauerwerks mit Mörtel oder Beton zu verfüllenden Aussparungen zur Aufnahme der Bewehrung bleiben bei der Druckfestigkeitsprüfung der Formsteine leer.

A.3 Einordnung der Formsteine in Steinfestigkeitsklassen

Formsteine sind aufgrund des Prüfergebnisses in eine Steinfestigkeitsklasse einzuordnen und zu kennzeichnen. Dabei ist in gleicher Weise vorzugehen wie bei genormten Steinen aus dem gleichen Material.

A.4 Kennzeichnung

Die Kennzeichnung muß den Regelungen in den Steinnormen entsprechen und ist um die Buchstaben BM auf dem Lieferschein zu erweitern.

Anhang B

Regelungen zur Berechnung und Ausführung von Mauertafeln nach DIN 1053 Teil 4

Mauertafeln nach DIN 1053 Teil 4 dürfen als vertikal bewehrtes, plattenartig beanspruchtes Mauerwerk nach DIN 1053 Teil 3 berechnet und ausgeführt werden. Die Berechnung dieses Mauerwerks muß vollständig nach DIN 1053 Teil 3 erfolgen. Für die Anforderungen an die Mauerziegel, an den Mauermörtel, an den Beton, an die Bewehrung und an den Korrosionsschutz sowie für die Ausführung solcher Mauertafeln gelten zusätzlich bzw. einschränkend zu DIN 1053 Teil 4 die Regelungen nach DIN 1053 Teil 3 mit den folgenden Abweichungen.

Abweichend von Abschnitt 7.6, dürfen auch kleine Aussparungen nach Bild 4 mit Beton nach Abschnitt 3.3 verfüllt werden. Der Beton muß die Konsistenz KF nach DIN 1045 aufweisen und ist mit geeigneten Maßnahmen zu verdichten.

Abweichend von Abschnitt 7.6, dürfen bei Mauertafeln nach DIN 1053 Teil 4, bei denen das Fluchten der Aussparungen durch technische Maßnahmen (z. B. durch Setzmaschine) gesichert ist, die Aussparungen geschoßhoch mit Beton der Konsistenz KF nach DIN 1045 oder entsprechend fließfähigem Mörtel der Gruppe III oder IIIa verfüllt werden. Bei kleinen Aussparungen darf die Bewehrung nachträglich ungestoßen geschoßhoch in den frischen Beton eingebracht werden, wenn durch geeignete Maßnahmen eine Zentrierung sichergestellt ist.

Stahlbeton- und Spannbetonbau

Schadensfälle im Stahlbeton- und Spannbetonbau

Die Neuerscheinung berichtet über 37 Schadensfälle im Stahlbeton- und Spannbetonbau (17 Brücken, 6 Schalendächer, 5 Kühltürme, 3 Hochbauten, 2 Getreidesilos, 1 Hochkamin, 1 Faulschlammbehälter, 1 Offshore-Plattform und 1 Stützmauer) und weist auf die Versagensursachen hin, wobei auch das Umfeld der Ereignisse die nötige Beachtung findet. Solche Schadensfälle muß sich jede Generation Bauingenieure von neuem in Erinnerung rufen, wenn sie ähnliche Zwischenfälle bei ihrer eigenen Tätigkeit vermeiden will.

Neu

Max Herzog
Schadensfälle im Stahlbeton- und Spannbetonbau
2000. 152 Seiten 17 x 24 cm, kartoniert
DM 72,–/öS 526,–/sFr 72,–
ISBN 3-8041-2086-5

Beispiele für Stabilitätsberechnungen im Stahlbetonbau

Durch Einführung des Eurocode 2 bedingt, ist die 3. Auflage vollständig neu bearbeitet. Die Grundkonzeption des Buches bleibt erhalten.
Die Interpolationstabellen wurden den neuen Vorschriften angepasst.
Einige Beispiele sind neu aufgenommen worden.

Günther Lohse
Beispiele für Stabilitätsberechnungen im Stahlbetonbau
Werner-Ingenieur-Texte
3., neubearbeitete und erweiterte Auflage 1998.
204 Seiten 12 x 19 cm, kartoniert, inkl. Programmdiskette
DM 48,–/öS 350,–/sFr 48,–
ISBN 3-8041-4105-6

Stahlbetonfertigteile unter Berücksichtigung von Eurocode 2

Neben einem allgemeinen Überblick über die Anwendung von Stahlbetonfertigteilen sowie die wesentlichen Grundlagen der Planung erfolgt eine vertiefte Behandlung der für den Fertigteilbau spezifischen statisch-konstruktiven Probleme. Schwerpunktmäßig behandelt das Werk tragende Strukturen. Die ausgeführten Grundlagen stellen das Handwerkszeug für die Planung von Stahlbetonfertigteilen dar.

Aus dem Inhalt: Zweck und Nutzen des Bauens mit Fertigteilen aus Stahlbeton und Spannbeton, Überblick über die Anwendung von Stahlbetonfertigteilen • Grundlagen der Planung, Entwurf, Herstellung, Transport und Montage, Bestimmungen • Konstruktion und Berechnung von Bauwerken aus Stahlbeton-Fertigteilen, Grundlagen • Konstruktion und Berechnung von Tafelbauten, Konstruktion und Berechnung von Skelettbauten

Peter Bindseil
Stahlbetonfertigteile unter Berücksichtigung von Eurocode 2
Konstruktion – Berechnung – Ausführung
WIT. 2. Auflage 1998.
288 Seiten 17 x 24 cm, kartoniert
DM 56,–/öS 409,–/sFr 56,–
ISBN 3-8041-4221-4

Zu beziehen über
Ihre Buchhandlung
oder direkt beim Verlag.

WERNER VERLAG
Werner Verlag · Postfach 10 53 54 · 40044 Düsseldorf
Telefon (02 11) 3 87 98-0 · Telefax (02 11) 3 87 98-11
www.werner-verlag.de

Eurocode 6
Einführung[1]

Der Eurocode 6 befaßt sich mit dem Entwurf, der Berechnung und der Bemessung von Tragwerken aus Mauerwerk. Er wird als ENV 1996, d. h. als Vornorm mit einer bestimmten Erprobungszeit, herausgegeben und besteht aus den nachfolgend aufgeführten verschiedenen Teilen.

- ☐ EC 6 – ENV 1996: Bemessung und Konstruktion von Mauerwerksbauten
- ■ Teil 1-1 : Allgemeine Regeln – Regeln für bewehrtes und unbewehrtes Mauerwerk
- ■ Teil 1-2: Brandschutz
- ☒ Teil 1-3: Ausführliche Regeln bei horizontaler Belastung
- ☐ Teil 1-X: Zusammengesetzte Querschnitte in Mauerwerkstragwerken
- ☒ Teil 2: Entwurf, Auswahl der Baustoffe und Ausführung des Mauerwerks
- ☒ Teil 3: Vereinfachte und einfache Regeln für Mauerwerkstragwerke
- ☐ Teil 4: Konstruktionen mit geringeren Anforderungen an die Sicherheit und Dauerhaftigkeit
- ■ fertiggestellt
- ☒ weitgehend fertiggestellt
- ☐ in Bearbeitung

Der Teil 1-1 der ENV 1996: „Allgemeine Regeln – Regeln für bewehrtes und unbewehrtes Mauerwerk", erschien Mitte 1995 in der amtlichen englischen Fassung. Von da ab gilt die 3jährige Erprobungszeit, die danach Mitte 1998 endet. Die deutsche Fassung erschien im Dezember 1996 [DIN V ENV 96-1-1] (s. dazu auch [Kirtschig-97]). Der Teil 1-1 befaßt sich mit unbewehrtem, bewehrtem, vorgespanntem und eingefaßtem Mauerwerk. Letzteres bezieht sich auf z. B. durch einen Stahlbetonrahmen eingefaßtes Mauerwerk. Die ENV 1996 Teil 1-1 ist aus mehreren Gründen nicht ohne weiteres – d. h. ohne besondere Anpassung – in Deutschland anwendbar:

● Die ENV bezieht sich auf europäische Produktnormen (Mauersteine, Mauermörtel, Ergänzungsbauteile, Putzmörtel), die bislang noch nicht verfügbar sind.

● Teil 1-1 enthält Mauerwerksbauweisen, wie vorgespanntes und eingefaßtes Mauerwerk, die bisher praktisch in Deutschland nicht angewendet werden und für die derzeit weder Bedarf noch Erfahrung besteht, sowie bewehrtes Mauerwerk, das hinsichtlich zahlreicher Regelungen nicht ohne weiteres auf deutsche Verhältnisse übertragbar ist.

● Der Teil 1-1 enthält z. T. in Deutschland noch nicht ausreichend abgeklärte und belegte sicherheitsrelevante Bestimmungen.

Aus den zuvor angeführten Gründen mußte, um die ENV in Deutschland anwenden zu können, ein sog. Nationales Anwendungsdokument (NAD) erarbeitet werden. Auch dieses liegt inzwischen vor (s. dazu [Mann-97]).

Eine Anwendung der ENV 1996 Teil 1-1 ist nur zusammen mit dem NAD und dann wahlweise zur DIN 1053-1 für jeweils komplette Bauwerke (nicht für einzelne Bauteile!) möglich. Die Anwendung von ENV/NAD setzt eine Zustimmung im Einzelfall bzw. die bauaufsichtliche Einführung der ENV 1996 Teil 1-1 mit dem NAD voraus, die für Ende 1997 zu erwarten ist.

Da die Handhabung von ENV und NAD sehr aufwendig ist – es muß praktisch abschnittsweise unter Bezug auf die ENV im NAD geprüft werden, was aus der ENV unverändert oder verändert angewendet werden kann, wobei vielfach naturgemäß Bezug auf deutsche Normen genommen wird –, wurde eine einheitliche Fassung erarbeitet, die nachfolgend abgedruckt ist. Damit die Herkunft der verschiedenen Textteile, Bilder und Tabellen nachvollziehbar ist, wurde wie folgt verfahren:

- Der Originaltext der ENV 1996-1-1 ist in Normalschrift ausgedruckt; Bilder und Tabellen sind mit der Originalnumerierung der ENV wiedergegeben.
- Die Textteile des NAD sind grau unterlegt,
- und die Textteile der DIN 1053-1 sind *kursiv* ausgedruckt und ebenfalls grau unterlegt.

Zu beachten ist, daß nicht für sämtliche Bezüge auf DIN 1053-1 der komplette DIN-Text wiedergegeben wird, sondern nur für die hinsichtlich der Handhabung wesentlichen und häufigen Benutzungsfälle.

Um die deutschen Interessen bei der weiteren Bearbeitung des Eurocode 6 ausreichend fundiert vertreten zu können, ist eine Anwendung der ENV mit dem NAD mit dem Ziel, notwendige Änderungswünsche zu formulieren, dringend erforderlich. Es ist deshalb besonders an die Tragwerksplaner zu appellieren, sich mit ENV und NAD zu befassen und Stellungnahmen dazu an das DIN zu übermitteln. Die nachfolgende Fassung soll dies erleichtern.

---

[1] Diese Einführung wurde von Dr.-Ing. Peter Schubert verfaßt und gehört nicht zum EC 6.

Dezember 1996

Eurocode 6: Bemessung und Konstruktion von Mauerwerksbauten Teil 1-1: Allgemeine Regeln Regeln für bewehrtes und unbewehrtes Mauerwerk Deutsche Fassung ENV 1996-1-1 : 1995	Vornorm DIN V ENV 1996-1-1

ICS 91.080.30

Deskriptoren: Bauwesen, Mauerwerksbau, Bewehrung, Bemessung, Konstruktion

Eurocode 6: Design of masonry structures - Part 1-1: General Rules for buildings, Rules for reinforced and unreinforced masonry
German version ENV 1996-1-1 : 1995

Eurocode 6: Calcul des ouvrages en maçonnerie – Partie 1-1: Règles générales, Règles pour la maçonnerie armée et non armée
Version allemande ENV 1996-1-1 : 1995

Eine Vornorm ist das Ergebnis einer Normungsarbeit, das wegen bestimmter Vorbehalte zum Inhalt oder wegen des gegenüber einer Norm abweichenden Aufstellungsverfahrens vom DIN noch nicht als Norm herausgegeben wird. Zu dieser Vornorm wurde kein Entwurf veröffentlicht.

Nationales Vorwort

Diese Europäische Vornorm ENV 1996-1-1 : 1995 wurde im Auftrag der KEG von CEN im CEN/TC 250 "Eurocodes für den konstruktiven Ingenieurbau" erarbeitet. Im DIN Deutsches Institut für Normung e. V. ist hierfür der Arbeitsausschuß 06.01.00 "Mauerwerksbau" des Normenausschusses Bauwesen (NABau) zuständig.

Auf die Veröffentlichung des Berichts EUR 9888 von 1988 durch die ´KEG wird hingewiesen.

Die Anwendung ist in Deutschland nur in Verbindung mit der "Richtlinie zur Anwendung von DIN V ENV 1996-1-1"[1]) möglich. Diese Richtlinie gilt gemäß dem Vorwort als das Nationale Anwendungsdokument für Deutschland.

Das Vorwort enthält spezielle Hinweise auf Besonderheiten dieser Vornorm.

Der Regelungsgegenstand dieses Eurocodes entspricht weitgehend DIN 1053-1 und DIN 1053-3.

Stellungnahmen zu DIN V ENV 1996-1-1 werden erbeten an den Normenausschuß Bauwesen (NABau) im DIN Deutsches Institut für Normung e. V., Burggrafenstr. 6, 10787 Berlin.

---

[1]) Z. Z. in Vorbereitung – später zu beziehen durch Beuth Verlag GmbH, Burggrafenstr. 6, 10787 Berlin (Herausgeber: DIN Deutsches Institut für Normung e. V.)

Normenausschuß Bauwesen (NABau) im DIN Deutsches Institut für Normung e.V.

© DIN Deutsches Institut für Normung e.V. · Jede Art der Vervielfältigung, auch auszugsweise, nur mit Genehmigung des DIN Deutsches Institut für Normung e.V., Berlin, gestattet.
Alleinverkauf der Normen durch Beuth Verlag GmbH, 10772 Berlin

Ref. Nr. DIN V ENV 1996-1-1 : 1996-12
Preisgr. 26   Vertr.-Nr. 2326

Normen

Die nachstehende Liste ist als Ergänzung und Hilfe für den Benutzer zusätzlich anstelle des in der ENV 1996-1-1 fehlenden Abschnitts "Normative Verweisungen" aufgenommen worden. Siehe hierzu das Nationale Anwendungsdokument.

EN 206 [1])
Beton – Eigenschaften, Herstellung und Konformität

EN 771-1 [1])
Festlegungen für Mauersteine – Teil 1: Mauerziegel

EN 771-2 [1])
Festlegungen für Mauersteine – Teil 2: Kalksandsteine

EN 771-3 [1])
Festlegungen für Mauersteine – Teil 3: Mauersteine aus Beton (dichte und porige Zuschläge)

EN 771-4 [1])
Festlegungen für Mauersteine – Teil 4: Porenbetonsteine

EN 771-5 [1])
Festlegungen für Mauersteine – Teil 5: Betonwerksteine

EN 771-6 [1])
Festlegungen für Mauersteine – Teil 6: Natursteine

EN 772-1 [1])
Prüfverfahren für Mauersteine – Teil 1: Bestimmung der Druckfestigkeit

EN 845-1 [1])
Festlegungen für Ergänzungsbauteile für Mauerwerk – Teil 1: Anker, Bänder, Auflager, Konsolen und Auflagerwinkel

EN 845-2 [1])
Festlegungen für Ergänzungsbauteile für Mauerwerk – Teil 2: Stürze

EN 845-3 [1])
Festlegungen für Ergänzungsbauteile für Mauerwerk – Teil 3: Lagerfugenbewehrung

EN 846-2 [1])
Prüfverfahren für Ergänzungsbauteile für Mauerwerk – Teil 2: Bestimmung der Verbundfestigkeit der Lagerfugenbewehrung in Mörtelfugen

EN 846-5 [1])
Prüfverfahren für Ergänzungsbauteile für Mauerwerk – Teil 5: Bestimmung der Zug- und Drucktragfähigkeit sowie der Steifigkeit von Mauerankern (Steinpaar-Prüfung)

EN 846-6 [1])
Prüfverfahren für Ergänzungsbauteile für Mauerwerk – Teil 6: Bestimmung der Zug- und Drucktragfähigkeit sowie der Steifigkeit von Mauerankern (Einseitige Prüfung)

EN 998-1 [1])
Festlegungen für Mörtel im Mauerwerksbau – Teil 1: Putzmörtel mit mineralischen Bindemitteln

EN 998-2 [1])
Festlegungen für Mörtel im Mauerwerksbau – Teil 2: Mauermörtel

EN 1015-11 [1])
Prüfverfahren für Mörtel für Mauerwerk – Teil 1: Bestimmung der Biegezug- und Druckfestigkeit von Festmörtel

EN 1052-1 [1])
Prüfverfahren für Mauerwerk – Teil 1: Bestimmung der Druckfestigkeit

EN 1052-2 [1])
Prüfverfahren für Mauerwerk – Teil 2: Bestimmung der Biegezugfestigkeit

---

[1]) in Vorbereitung

EN 1052-3 [1])
Prüfverfahren für Mauerwerk – Teil 3: Bestimmung der Anfangs-Scherfestigkeit (Haftscherfestigkeit)

EN 1052-4 [1])
Prüfverfahren für Mauerwerk – Teil 4: Bestimmung der Scherfestigkeit bei einer Feuchtesperrschicht

EN 10088
Nichtrostende Stähle

EN 10138 [1])
Spannstähle

ENV 1991
Eurocode 1 – Grundlagen des Entwurfs, der Berechnung und der Bemessung sowie Einwirkungen auf Tragwerke

ENV 1992-1-1
Eurocode 2 – Planung von Stahlbeton- und Spannbetontragwerken – Teil 1-1: Grundlagen und Anwendungsregeln für den Hochbau

ENV 1996-1-2
Eurocode 6 – Bemessung und Konstruktion von Mauerwerksbauten – Teil 1-2: Allgemeine Regeln – Tragwerksbemessung für den Brandfall

ENV 1996-2 [1])
Eurocode 6 – Bemessung und Konstruktion von Mauerwerksbauten – Teil 2: Entwurf, Auswahl der Baustoffe und Ausführung

ENV 1997-1
Eurocode 7 – Entwurf, Berechnung und Bemessung in der Geotechnik – Teil 1: Allgemeine Regeln

ENV 1998-1-3
Eurocode 8 – Auslegung von Bauwerken gegen Erdbeben – Teil 1-3 Grundlagen – Baustoffspezifische Regeln für Hochbauten

ISO 8930
Allgemeine Grundsätze für die Zuverlässigkeit von Tragwerken – Liste äquivalenter Begriffe

---

[1]) in Vorbereitung

Normen

EUROPÄISCHE VORNORM
EUROPEAN PRESTANDARD
PRENORME EUROPÉENNE

ENV 1996-1-1

Juni 1995

ICS 91.080.30

Deskriptoren: Gebäude, Bauwerk, Mauerarbeit, Baugebot, rechnen, Allgemein

Deutsche Fassung

Eurocode 6: Bemessung und Konstruktion von Mauerwerksbauten
Teil 1-1: Allgemeine Regeln − Regeln für bewehrtes und unbewehrtes Mauerwerk

Eurocode 6: Design of masonry structures − Part 1-1: General rules for buildings − Rules for reinforced and unreinforced masonry

Eurocode 6: Calcul des ouvrages en maçonnerie − Partie 1-1: Règles générales − Règles pour la maçonnerie armée et non armée

Diese Europäische Vornorm (ENV) wurde von CEN am 1994-06-10 als eine zukünftige Norm zur vorläufigen Anwendung angenommen. Die Gültigkeitsdauer dieser ENV ist zunächst auf drei Jahre begrenzt. Nach zwei Jahren werden die Mitglieder des CEN gebeten, ihre Stellungnahmen abzugeben, insbesondere über die Frage, ob die ENV in eine Europäische Norm (EN) umgewandelt werden kann.

Die CEN-Mitglieder sind verpflichtet, das Vorhandensein dieser ENV in der gleichen Weise wie bei einer EN anzukündigen und die ENV auf nationaler Ebene unverzüglich in geeigneter Weise verfügbar zu machen. Es ist zulässig, entgegenstehende nationale Normen bis zur Entscheidung über eine mögliche Umwandlung der ENV in eine EN (parallel zur ENV), beizubehalten.

CEN-Mitglieder sind die nationalen Normungsinstitute von Belgien, Dänemark, Deutschland, Finnland, Frankreich, Griechenland, Irland, Island, Italien, Luxemburg, Niederlande, Norwegen, Österreich, Portugal, Schweden, Schweiz, Spanien und dem Vereinigten Königreich.

CEN

Europäisches Komitee für Normung
European Committee for Standardization
Comité Européen de Normalisation

Zentralsekretariat: rue de Stassart 36, B-1050 Brüssel

© 1995. Das Copyright ist den CEN-Mitgliedern vorbehalten.

Ref.-Nr. ENV 1996-1-1 : 1995 D

Inhalt

Vorwort I.65

1 Allgemeines I.66
1.1 Geltungsbereich I.66
1.1.1 Geltungsbereich des Eurocodes 6 .. I.66
1.1.2 Geltungsbereich das Teiles 1-1 des Eurocodes 6 .... I.66
1.1.3 Weitere Teile des Eurocodes 6 .... I.67
1.2 Unterscheidung zwischen verbindlichen Regeln und Anwendungsregeln I.67
1.3 Annahmen I.67
1.4 Begriffe I.68
1.4.1 Einheitliche Begriffe für alle Eurocodes I.68
1.4.2 Besondere in dieser ENV 1996-1-1 verwendete Begriffe I.69
1.5 SI-Einheiten I.71
1.6 In dieser ENV 1996-1-1 benutzte Formelzeichen I.71

2 Grundlagen für Entwurf, Berechnung und Bemessung I.74
2.1 Grundlegende Anforderungen I.74
2.2 Begriffe und Klasseneinteilungen . I.74
2.2.1 Grenzzustände und Bemessungssituationen I.74
2.2.2 Einwirkungen I.75
2.2.3 Baustoffeigenschaften I.76
2.2.4 Geometrische Größen I.76
2.2.5 Lastanordnungen und Lastfälle ... I.76
2.3 Anforderungen an Entwurf, Berechnung und Bemessung I.76
2.3.1 Allgemeines I.76
2.3.2 Grenzzustände der Tragfähigkeit .. I.77
2.3.3 Teilsicherheitsbeiwerte für Grenzzustände der Tragfähigkeit I.78
2.3.4 Grenzzustände der Gebrauchstauglichkeit I.78
2.4 Dauerhaftigkeit I.79

3 Baustoffe I.79
3.1 Mauersteine I.79
3.1.1 Mauersteinarten I.79
3.1.2 Eigenschaften der Mauersteine ... I.79
3.2 Mörtel I.80
3.3 Füllbeton I.80
3.4 Bewehrungsstahl I.80
3.5 Spannstahl I.80
3.6 Mechanische Eigenschaften von unbewehrtem Mauerwerk I.80
3.6.1 Allgemeines I.80
3.6.2 Charakteristische Druckfestigkeit von unbewehrtem Mauerwerk I.81
3.6.3 Charakteristische Schubfestigkeit von unbewehrtem Mauerwerk I.82
3.6.4 Charakteristische Biegefestigkeit von unbewehrtem Mauerwerk I.83
3.7 Mechanische Eigenschaften von bewehrtem, vorgespanntem und eingefaßtem Mauerwerk I.84
3.8 Verformungseigenschaften von Mauerwerk I.84
3.8.1 Spannungs-Dehnungs-Linie I.84
3.8.2 Elastizitätsmodul I.85
3.8.3 Schubmodul I.85
3.8.4 Kriechen, Schwinden und Temperaturdehnung I.85
3.9 Ergänzungsbauteile I.85
3.9.1 Feuchtigkeitssperrschichten I.85
3.9.2 Wandanker I.85
3.9.3 Bänder, Auflager, Konsolen und Auflagerwinkel I.86
3.9.4 Vorgefertigte Stürze I.86

4 Berechnung und Bemessung von Mauerwerk I.87
4.1 Tragverhalten und Standsicherheit I.87
4.1.1 Bemessungsmodelle für das Tragverhalten I.87
4.1.2 Tragverhalten in außergewöhnlichen Fällen (ausgenommen Erdbeben und Brand) I.87
4.1.3 Bemessung von Bauteilen I.87
4.2 Lasten, Kombinationen und Teilsicherheitsbeiwerte I.87
4.2.1 Charakteristische ständige Last ... I.87
4.2.2 Charakteristische veränderliche Last I.87
4.2.3 Charakteristische Windlast I.88
4.2.4 Charakteristischer waagerechter Erddruck I.88
4.2.5 Lastkombinationen bei der Berechnung und Bemessung I.88
4.3 Bemessungsfestigkeit von Mauerwerk I.88
4.4 Vertikal beanspruchte unbewehrte Mauerwerksverbände I.88
4.4.1 Allgemeines I.88
4.4.2 Nachweis unbewehrter Wände ... I.88
4.4.3 Abminderungsfaktor zur Berücksichtigung der Schlankheit und Ausmitte I.89
4.4.4 Knicklängen I.90
4.4.5 Effektive Wanddicke I.92
4.4.6 Schlankheit von Wänden I.92
4.4.7 Ausmitte I.93
4.4.8 Teilflächenlasten I.93
4.4.9 Spannungen infolge Zwängungen . I.94
4.5 Unbewehrte, auf Schub beanspruchte Mauerwerksscheiben ... I.94

4.5.1	Allgemeines	I.94	
4.5.2	Berechnung von Wandscheiben	I.96	
4.5.3	Nachweis von Wandscheiben	I.96	
4.6	Durch waagerechte Lasten auf Plattenbiegung beanspruchte unbewehrte Wände	I.97	
4.6.1	Allgemeines	I.97	
4.6.2	Durch waagerechte Windlasten beanspruchte Wände	I.97	
4.6.3	Erddruckbeanspruchte Wände	I.98	
4.6.4	Außergewöhnliche Horizontallasten (außer Erdbeben)	I.98	
4.7	Bewehrtes Mauerwerk	I.98	
4.8	Vorgespanntes Mauerwerk	I.98	
4.9	Eingefaßtes Mauerwerk	I.98	
5	**Konstruktionsdetails**	**I.99**	
5.1	Allgemeines	I.99	
5.1.1	Baustoffe für Mauerwerk	I.99	
5.1.2	Wandarten	I.99	
5.1.3	Mindestwanddicken	I.101	
5.1.4	Mauerwerksverbände	I.101	
5.1.5	Mörtelfugen	I.101	
5.1.6	Auflager unter Einzellasten	I.103	
5.2	Bewehrungsdetails	I.103	
5.3	Details bei Vorspannung	I.103	
5.4	Verbindung von Wänden	I.103	
5.4.1	Anschluß von Wänden, Decken und Dächern	I.103	
5.4.2	Verbindung sich kreuzender Wände	I.103	
5.5	Schlitze und Aussparungen	I.104	
5.5.1	Allgemeines	I.104	
5.5.2	Vertikale Schlitze und Aussparungen	I.104	
5.5.3	Horizontale und schräge Schlitze	I.104	
5.6	Feuchtigkeitssperrschichten	I.104	
5.7	Temperatur- und Langzeitverformung	I.104	
5.8	Mauerwerk im Erdreich	I.106	
5.9	Besondere Details bei der Planung in Erdbebengebieten	I.106	
5.10	Besondere Details für den baulichen Brandschutz	I.106	
6	**Ausführung**	**I.106**	
6.1	Mauersteine	I.106	
6.2	Behandlung und Lagerung von Mauersteinen und anderen Baustoffen	I.106	
6.2.1	Allgemeines	I.106	
6.2.2	Lagerung der Mauersteine	I.106	
6.2.3	Lagerung von Baustoffen für Mörtel und Füllbeton	I.106	
6.2.4	Lagerung und Verarbeitung der Bewehrung	I.107	
6.3	Mörtel und Füllbeton	I.107	
6.3.1	Allgemeines	I.107	
6.3.2	Baustellengemischter Mörtel	I.107	
6.3.3	Werkmörtel, werkmäßig hergestellter Mörtel	I.108	
6.3.4	Mörtelfestigkeit	I.108	
6.4	Herstellen des Mauerwerks	I.109	
6.4.1	Allgemeines	I.109	
6.4.2	Mörtelfugen	I.109	
6.5	Verbindung von Wänden	I.109	
6.6	Verlegen der Bewehrung	I.110	
6.7	Schutz von frisch hergestelltem Mauerwerk	I.110	
6.7.1	Allgemeines	I.110	
6.7.2	Nachbehandlung von Mauerwerk	I.110	
6.7.3	Schutz vor Frost	I.110	
6.7.4	Belastung von Mauerwerk	I.110	
6.8	Zulässige Maßabweichungen des Mauerwerks	I.110	
6.9	Kategorie der Ausführung	I.110	
6.10	Weitere Punkte zur Ausführung	I.110	
6.11	Spannstahl und Zubehörteile	I.110	

Anhang A (informativ)
Ableitung der Werte für den Abminderungsfaktor zur Berücksichtigung von Schlankheit und Ausmitte in mittlerer Wandhöhe I.111

Anhang B (informativ)
Darstellung der Werte für ϱ_3 und ϱ_4 nach den Gleichungen (4.13), (4.14), (4.15) und (4.16) I.112

Anhang C (normativ)
Ein vereinfachtes Verfahren zur Berechnung der Lastausmitte bei Wänden I.113

Anhang D (informativ)
Darstellung des Vergrößerungsfaktors nach 4.4.8 (Teilflächenlasten) I.115

Anhang E (normativ)
Ein empirisches Verfahren zur Bemessung von Kellerwänden, die durch Erddruck belastet werden I.116

Anhang F (informativ)
Nachweis von bewehrten Mauerwerkskragarmen auf Biegung I.116

Anhang G (informativ)
Zu berücksichtigende Punkte bei der Festlegung von Ausführungskategorien .. I.116

Vorwort

Zielstellung der Eurocodes

(1) Die Eurocodes für den Konstruktiven Ingenieurbau bilden eine Gruppe von Normen für den Entwurf, die Berechnung und die Bemessung von Tragwerken des Hoch- und Ingenieurbaus und geotechnische Bemessungsregeln für bauliche Anlagen.

(2) Sie behandeln die Bauausführung und Güteüberwachung nur soweit, wie dies zur Festlegung von Qualitätsanforderungen an die Bauprodukte und Bauausführung nötig ist, um die bei der Tragwerksbemessung getroffenen Annahmen zu erfüllen.

(3) Bis zum Vorliegen der erforderlichen Harmonisierten Technischen Spezifikationen für Produkte und Verfahren zur Überprüfung der Produkteigenschaften behandeln einige Eurocodes für den Konstruktiven Ingenieurbau bestimmte Teilaspekte in informativen Anhängen.

Hintergrund das Eurocode-Programms

(4) Die Kommission der Europäischen Gemeinschaften (KEG) hat die Arbeiten an Harmonisierten Technischen Spezifikationen für den Entwurf, die Berechnung und Bemessung von Hoch- und Ingenieurbauwerken eingeleitet, die zunächst als Alternative zu den in den jeweiligen Mitgliedsstaaten existierenden – jedoch voneinander abweichenden – Regeln dienen und sie schließlich ersetzen sollten. Diese technischen Regeln wurden als „Eurocodes für den Konstruktiven Ingenieurbau" bekannt.

(5) Nach Konsultierung ihrer Mitgliedsstaaten übertrug die KEG im Jahre 1990 die Arbeiten zur weiteren Entwicklung, Herausgabe und Fortschreibung der Eurocodes für den Konstruktiven Ingenieurbau an CEN. Das EFTA-Sekretariat stimmte zu, die Arbeit von CEN zu unterstützen.

(6) Das Technische Komitee CEN/TC 250 ist für alle Eurocodes des Konstruktiven Ingenieurbaus zuständig.

Eurocode Programm

(7) Gegenwärtig befinden sich folgende Eurocodes für den Konstruktiven Ingenieurbau in Bearbeitung, wobei jeder in der Regel mehrere Teile umfaßt:

EN 1991 Eurocode 1:
  Grundlagen von Entwurf, Berechnung und Bemessung sowie Einwirkungen auf Tragwerke

EN 1992 Eurocode 2:
  Entwurf, Berechnung und Bemessung von Stahlbeton- und Spannbetontragwerken

EN 1993 Eurocode 3:
  Entwurf, Berechnung und Bemessung von Tragwerken aus Stahl

EN 1994 Eurocode 4:
  Entwurf, Berechnung und Bemessung von Verbundtragwerken aus Stahl und Beton

EN 1995 Eurocode 5:
  Entwurf, Berechnung und Bemessung von Holztragwerken

EN 1996 Eurocode 6:
  Entwurf, Berechnung und Bemessung von Tragwerken aus Mauerwerk

EN 1997 Eurocode 7:
  Geotechnik, Bemessung

EN 1998 Eurocode 8:
  Maßnahmen und Bemessungsregeln zur Ermittlung der Erdbebenbeanspruchbarkeit von Tragwerken

EN 1999 Eurocode 9:
  Entwurf, Berechnung und Bemessung von Tragwerken aus Aluminium

(8) Für die zuvor genannten Eurocodes hat das CEN/TC 250 einzelne Unterkomitees eingesetzt.

(9) Die vorliegende ENV 1996-1-1 wird als Europäische Vornorm (ENV) mit einer Laufzeit von zunächst drei Jahren herausgegeben.

(10) Diese Vornorm ist für die praktische Erprobung und zur Abgabe von Stellungnahmen gedacht.

(11) Nach etwa zwei Jahren werden die CEN-Mitglieder um offizielle Stellungnahmen gebeten, die beim weiteren Vorgehen berücksichtigt werden sollen.

(12) Zwischenzeitlich sollten Hinweise und Stellungnahmen zu dieser Vornorm an das Sekretariat des CEN/TC 250/SC6 unter folgender Anschrift

  DIN
  Burggrafenstraße 6
  10772 Berlin
  Deutschland

oder an ein anderes nationales Normungsinstitut gesandt werden.

Nationale Anwendungsdokumente (NADs)

(13) Wegen der Verantwortlichkeit der zuständigen Behörden in den Mitgliedsländern für Sicherheit, Gesundheit und andere Gesichtspunkte, die durch die wesentlichen Anforderungen der Bauproduktenrichtlinie abgedeckt sind, wurden bestimmte Sicherheitselemente in dieser Vornorm als indikative Werte festgelegt, die durch eckige Klammern [ ] gekennzeichnet sind („eingerahmte Werte") . Es wird erwartet, daß die Behörden jedes Mitgliedslandes die „eingerahmten Werte" überprüfen. Sie **dürfen** für die nationale Anwendung die „eingerahmten Werte" durch andere Werte ersetzen.

(14) Zum Zeitpunkt der Herausgabe dieser Vornorm können einige der heranzuziehenden europäischen und internationalen Normen noch nicht verfügbar sein. Es wird deshalb erwartet, daß jedes Mitgliedsland oder sein Normungsinstitut ein Nationales Anwendungsdokument (NAD) herausgibt, das Werte für die Sicherheitselemente, Querverweise auf Bezugsnormen sowie nationale Hinweise für die Anwendung dieser Vornorm enthält.

(15) Es ist geplant, diese Vornorm zusammen mit dem Nationalen Anwendungsdokument (NAD) anzuwenden, das in dem Land gültig ist, in dem sich das Hoch- oder Ingenieurbauwerk befindet.

Besondere Hinweise zu dieser Vornorm

(16) Der allgemeine Geltungsbereich des Eurocodes 6 ist im Abschnitt 1.1.1 und der Geltungsbereich dieses Teiles von Eurocode 6 im Abschnitt 1.1.2 der ENV 1996-1-1 festgelegt. Weitere geplante Teile des Eurocodes 6 sind im Abschnitt 1.1.3 aufgeführt.

1 Allgemeines

1.1 Geltungsbereich

1.1.1 Geltungsbereich des Eurocodes 6

(1) P

Der Eurocode 6 gilt für den Entwurf, die Berechnung und Bemessung von Hochbau- und Ingenieurbauwerken, die mit unbewehrtem Mauerwerk aus künstlichen Steinen ausgeführt werden.

Alle Abschnitte über bewehrtes, vorgespanntes oder eingefaßtes Mauerwerk und Füllbeton entfallen. Dies betrifft die folgenden Abschnitte: 1.1.2(2); 1.1.2(3); 1.4.2.6; 3.3; 3.4; 3.5; 3.7; 3.9.5; 4.7; 4.8; 4.9; 5.2; 5.3; 6.2.4; 6.6; 6.10.3; 6.10.4; 6.11.

(2) P Der Eurocode 6 behandelt ausschließlich Anforderungen an die Tragsicherheit, die Gebrauchstauglichkeit und die Dauerhaftigkeit von Tragwerken. Andere Anforderungen, z. B. an den Wärme- und Schallschutz, werden nicht behandelt.

(3) P Die Ausführung[1]) wird nur so weit behandelt, wie dies zur Festlegung der Qualitätsanforderungen an die zu verwendenden Baustoffe und Bauteile nötig ist und wie dies der jeweilig erforderliche Standard für die Ausführungsqualität zur Erfüllung der Annahmen bei der Tragwerksplanung notwendig macht. Allgemein gilt, daß die Regeln für die Ausführung und die Ausführungsqualität als Mindestanforderung anzusehen sind, die für spezielle Arten von Hochbauten[1]) oder Ingenieurbauwerken[1]) und Bauverfahren[1]) erweitert werden können.

(4) P Der Eurocode 6 behandelt nicht die besonderen Anforderungen an den Entwurf, die Berechnung und Bemessung für erdbebengefährdete Bauwerke. Festlegungen zu entsprechenden Anforderungen sind im Eurocode 8 „Maßnahmen und Bemessungsregeln zur Ermittlung der Erdbebenbeanspruchbarkeit von Tragwerken"[2]) enthalten; er ergänzt Eurocode 6 und ist in Einklang mit diesem.

(5) P Die für die Bemessung erforderlichen Zahlenwerte für Einwirkungen auf Hochbauten und Ingenieurbauwerke sind im Eurocode 6 nicht angegeben. Sie sind im Eurocode 1 „Grundlagen von Entwurf, Berechnung und Bemessung sowie Einwirkungen auf Tragwerke"[3]) enthalten.

1.1.2 Geltungsbereich des Teiles 1-1 des Eurocodes 6

(1) P Teil 1-1 des Eurocodes 6 behandelt die allgemeinen Grundlagen für den Entwurf, die Berechnung und Bemessung von Hochbauten und Ingenieurbauwerken mit unbewehrtem Mauerwerk. Für das Mauerwerk werden die genannten Mauersteinarten verwendet, die mit Mörtel unter Verwendung von Natursand, gebrochenem Sand oder Leichtzuschlägen verarbeitet werden:

- Mauerziegel einschließlich Leichtziegel;
- Kalksandsteine;
- Betonsteine mit gefügedichten oder porigen Zuschlägen;
- Porenbetonsteine;
- Betonwerkstein-Mauersteine;
- maßgerechte Natursteine.

(2) P entfällt

(3) entfällt

(4) Bei Bauwerken, die durch diese ENV nicht vollständig erfaßt sind, bei der Verwendung von bewährten Baustoffen, bei neuen Bauweisen und bei neuen Baustoffen oder wenn neue Einwirkungen und Einflüsse neuer Art aufgenommen werden müssen, dürfen die gleichen verbindlichen Regeln und Anwendungsregeln angewendet werden. Dabei kann es aber nötig sein, diese zu ergänzen.

(5) Weiterhin sind im Teil 1-1 hauptsächlich für übliche Hochbauten Details angegeben. Die Anwendbarkeit dieser Details kann aus praktischen Gründen oder als Folge von Vereinfachungen beschränkt sein; ihre Anwendung und die Grenzen ihrer Anwendbarkeit sind, soweit nötig, im Text erläutert.

(6) P Die folgenden Gebiete werden im Teil 1-1 behandelt:

- Abschnitt 1: Allgemeines

[1]) Bedeutung dieser Begriffe siehe 1.4.1
[2]) Zur Zeit Entwurf.
[3]) Zur Zeit Entwurf.

- Abschnitt 2: Grundlagen für Entwurf, Berechnung und Bemessung
- Abschnitt 3: Baustoffe
- Abschnitt 4: Berechnung und Bemessung von Mauerwerk
- Abschnitt 5: Konstruktionsdetails
- Abschnitt 6: Ausführung

(7) P Die Abschnitte 1 und 2 sind mit der Ausnahme einiger zusätzlicher, für Mauerwerk notwendiger Absätze in allen Eurocodes enthalten.

Anmerkung: Die baustoffunabhängigen Absätze im Abschnitt 2 werden durch Verweise auf ENV 1991-1 ersetzt werden, wenn diese herausgegeben sein wird.

(8) P Teil 1-1 behandelt nicht:
- den Brandschutz (er wird in ENV 1996-1-2 behandelt);
- besondere Gesichtspunkte bei speziellen Arten des Hochbaus (z. B. Einfluß von Schwingungen bei Hochhäusern);
- besondere Gesichtspunkte bei speziellen Arten von Ingenieurbauwerken (z. B. Brücken in Mauerwerk, Talsperren, Schornsteine oder Wasserbehälter);
- besondere Gesichtspunkte bei speziellen Arten von Tragwerken (wie Bogen oder Gewölbe).

1.1.3 Weitere Teile des Eurocodes 6

(1) P Teil 1-1 des Eurocodes 6 wird ergänzt werden durch weitere Teile, die ihn vervollständigen oder ihn unter besonderen Gesichtspunkten anwendbar machen, wie bei speziellen Arten von Hochbauten oder Ingenieurbauwerken, besonderen Bauverfahren und anderen Gesichtspunkten beim Entwurf, der Berechnung und Bemessung, die von allgemeiner praktischer Bedeutung sind.

(2) P Folgende weitere Teile des Eurocodes 6 werden zur Zeit bearbeitet oder sind vorgesehen:

- Teil 1-2: Brandschutz
- Teil 1-3: Ausführliche Bestimmungen bei horizontaler Belastung
- Teil 1-x: Komplexe Querschnitte bei Mauerwerkstragwerken
- Teil 2: Entwurf, Auswahl der Baustoffe und Ausführung des Mauerwerks
- Teil 3: Vereinfachte und einfache Regeln für Mauerwerkstragwerke
- Teil 4: Konstruktionen mit geringeren Anforderungen an die Sicherheit und Dauerhaftigkeit

1.2 Unterscheidung zwischen verbindlichen Regeln und Anwendungsregeln

(1) P In Abhängigkeit von der Bedeutung der einzelnen Absätze wird in diesem Teil der ENV 1996 zwischen verbindlichen Regeln und Anwendungsregeln unterschieden.

(2) P Die verbindlichen Regeln enthalten:
- allgemeine Angaben und Festlegungen, die unbedingt einzuhalten sind;
- Anforderungen und Rechenmodelle, für die keine Abweichungen erlaubt sind, sofern dies nicht ausdrücklich angegeben ist.

(3) P Die verbindlichen Regeln sind durch den Buchstaben P nach der Nummer des Absatzes gekennzeichnet, z. B. (1) P.

(4) P Die Anwendungsregeln sind allgemein anerkannte Regeln, die den verbindlichen Regeln folgen und deren Anforderungen erfüllen.

(5) P Es ist zulässig, andere Regeln anstelle der in diesem Eurocode angegebenen Anwendungsregeln zu verwenden, sofern gezeigt wird, daß diese in Übereinstimmung mit den entsprechenden verbindlichen Regeln und diesen mindestens gleichwertig sind.

(6) P Anwendungsregeln sind alle Absätze, die nicht als verbindliche Regeln gekennzeichnet sind.

> Von den Anwendungsregeln darf nur abgewichen werden – auch wenn sie durch Verwendung von „sollte" weniger verbindlich formuliert sind –, wenn die Gleichwertigkeit der verwendeten Lösung nachgewiesen wird. Damit erhält „sollte" im EC 6 grundsätzlich die Bedeutung von „soll" (auf Ausnahmen wird jeweils hingewiesen).

1.3 Annahmen

(1) P Es gelten folgende Annahmen:
- Der Entwurf, die Berechnung und die Bemessung von Tragwerken erfolgt durch hinreichend qualifiziertes und erfahrenes Personal.
- Es erfolgt eine angemessene Überwachung und Qualitätskontrolle in den Herstellwerken, Betrieben und auf der Baustelle.
- Das für die Herstellung zuständige Personal verfügt über ausreichende Ausbildung und Erfahrung.
- Die Verwendung von Baustoffen erfolgt entsprechend den Angaben in diesem Eurocode oder anderen maßgebenden Bauvorschriften.
- Die Tragwerke werden angemessen unterhalten.
- Die Tragwerke werden entsprechend der Baubeschreibung genutzt.

(2) P Die Bemessungsverfahren sind nur dann gültig, wenn die technische und handwerkliche Ausführung mit den Anforderungen nach Abschnitt 6 dieser ENV 1996-1-1 übereinstimmt.

(3) P Die in [ ] gesetzten Zahlenwerte sind als Anhaltswerte anzusehen. Von den Mitgliedsländern dürfen andere Werte festgelegt werden.

> Die in [ ] gesetzten Zahlenwerte sind gültig, sofern sie im NAD nicht außer Kraft gesetzt oder durch andere Werte ersetzt werden.

1.4 Begriffe

1.4.1 Einheitliche Begriffe für alle Eurocodes

(1) P Sofern im folgenden nichts anderes gesagt wird, wird die Terminologie nach ISO 8930 angewendet.

(2) P Folgende Begriffe werden einheitlich in allen Eurocodes mit der folgenden Bedeutung verwendet:

Bauwerk: Alles, was baulich erstellt wird oder von Bauarbeiten herrührt[4]). Dieser Begriff beinhaltet Hochbauten und Ingenieurbauwerke. Er bezieht sich auf das vollständige Bauwerk, das sowohl tragende als auch nichttragende Teile enthält.

Ausführung: Die Tätigkeit des Erstellens eines Hochbaus oder Ingenieurbauwerkes. Der Begriff beinhaltet die Arbeiten auf der Baustelle; er kann auch die Fertigung von Bauteilen außerhalb der Baustelle sowie ihre anschließende Montage auf der Baustelle bezeichnen.

Anmerkung: Im Englischen wird auch der Begriff „Construction" in einigen Wortverbindungen verwendet, wenn Mißverständnisse ausgeschlossen sind (z. B. „during construction", d. h. während der Bauausführung).

Tragwerk: Planmäßige Anordnung miteinander verbundener Bauteile, die so verbunden sind, daß sie ein bestimmtes Tragverhalten[5]) aufweisen. Dieser Ausdruck bezieht sich auf tragende Teile.

Art des Bauwerks: Gibt seine beabsichtigte Nutzung an, z. B. Wohnhaus, Industriegebäude, Straßenbrücke.

Anmerkung: „Type of construction works" wird im Englischen nicht verwendet.

Art des Tragwerks: Berücksichtigt die Anordnung tragender Bauteile, z. B. Balken, Fachwerk, Bogen, Hängebrücke.

Baustoff: Der in dem Bauwerk verwendete Baustoff, z. B. Beton, Stahl, Holz, Mauerwerk.

Bauart: Gibt die hauptsächlich verwendeten Baustoffe an, z. B. Stahlbeton, Stahlbau, Holzbau, Mauerwerksbau.

Bauverfahren: Art und Weise, wie das Bauwerk ausgeführt wird, z. B. Ortbeton, Fertigteilbau, Freivorbauweise.

Tabelle 1.1: Liste äquivalenter Begriffe in den Sprachen der Gemeinschaft (zu ergänzen für andere Sprachen der Gemeinschaft)

Englisch	Französisch	Deutsch	Italienisch	Niederländisch	Spanisch	Portugiesisch
Construction works	Construction	Bauwerk	Costruzione	Bouwwerk	Construcción	Obra de construção
Execution	Exécution	(Bau-)Ausführung	Esecuzione	Uitvoering	Ejecución	Execução
Structure	Structure	Tragwerk	Struttura	Draagconstructie	Estructura	Estrutura
Type of building or civil engineering works	Nature de construction	Art des Bauwerks	Tipo di costruzione	Type bouwwerk	Naturaleza de la construcción	Tipo de obras de construção
Form of structure	Type de structure	Art des Tragwerks	Tipo di struttura	Type draagconstructie	Tipo de estructura	Tipo de estrutura
Construction material	Matériaux de construction	Baustoff, Werkstoff	Materiale da costruzione	Constructie materiaal	Material de construcción	Material de construção
Type of construction	Mode de construction	Bauart	Sistema costruttivo	Bouwwijze	Modo de construcción	Tipo de construção
Method of construction	Procédé d'exécution	Bauverfahren	Procedimento esecutivo	Bouwmethode	Procedimiento de ejecución	Processo de construção
Structural system	Système structural	Tragsystem	Sistema strutturale	Constructief systeem	Sistema estructural	Sistema estrutural

---

[4]) Diese Definition stimmt mit ISO 6707 Teil 1 überein.
[5]) ISO 6707 Teil 1 gibt die gleiche Definition, fügt jedoch hinzu „oder ein Bauwerk, das eine entsprechende Anordnung hat". Für die Eurocodes wird dieser Zusatz nicht verwendet, um eine Mehrdeutigkeit des Begriffes Bauwerk zu vermeiden.

Tragsystem: Die tragenden Teile eines Bauwerks und die Art und Weise, in der diese Teile ihre vorgesehene Funktion im Tragwerk erfüllen.

Anmerkung: Die entsprechenden Ausdrücke sind in Tabelle 1.1 in sieben Sprachen angegeben.

1.4.2 Besondere in dieser ENV 1996-1-1 verwendete Begriffe

1.4.2.1 Mauerwerk
(1) P **Mauerwerk:** Mauersteine in bestimmter An-ordnung verlegt und mit Mörtel miteinander verbunden.

(2) P **Bewehrtes Mauerwerk:** Mauerwerk, in das Stäbe oder Matten, üblicherweise aus Stahl, in Mörtel oder Beton verlegt werden, so daß alle Stoffe einwirkende Kräfte gemeinsam aufnehmen.

(3) P **Vorgespanntes Mauerwerk:** Mauerwerk, in das planmäßig innere Druckspannungen durch gespannte Bewehrung eingetragen sind.

(4) P **Eingefaßtes Mauerwerk:** Mauerwerk, das an allen vier Seiten fest zwischen Stützen und Balken aus bewehrtem Beton oder bewehrtem Mauerwerk eingemauert ist (es wird nicht bemessen, um Rahmenmomente aufzunehmen).

(5) P **Mauerwerksverband:** Bestimmte Anordnung von Mauersteinen im Mauerwerk in regelmäßiger Folge, um ein Zusammenwirken zu erreichen.

1.4.2.2 Festigkeit von Mauerwerk
(1) P **Charakteristische Festigkeit von Mauerwerk:** Die 5%-Fraktile aller an Mauerwerk ermittelten Festigkeiten.

Anmerkung: Der Wert darf aus den Ergebnissen gezielter Versuche oder einer Auswertung von Versuchsergebnissen oder anderen Werten abgeleitet werden.

(2) P **Druckfestigkeit von Mauerwerk:** Die Mauerwerksfestigkeit bei Druckbeanspruchung ohne Einfluß der Verformungsbehinderung durch die Druckplatten, ohne Einfluß der Schlankheit und ausmittiger Belastung.

(3) P **Schubfestigkeit von Mauerwerk:** Die Festigkeit des Mauerwerks bei Beanspruchung durch Schubkräfte.

(4) P **Biegefestigkeit von Mauerwerk:** Die Festigkeit von Mauerwerk bei reiner Biegebeanspruchung.

(5) P **Verbundfestigkeit:** Die Haftfestigkeit je Oberflächeneinheit zwischen der Bewehrung und Beton oder Mörtel bei Beanspruchung der Bewehrung durch Zug- oder Druckkräfte.

1.4.2.3 Mauersteine
(1) P **Mauerstein:** Ein vorgefertigtes Bauteil zur Verwendung im Mauerwerksbau.

(2) P entfällt

(3) P **Lagerfläche:** Die Ober- oder Unterseite eines Mauersteins nach dem planmäßigen Verlegen.

(4) P **Frog:** Eine bei der Herstellung geformte Mulde in einer oder in beiden Lagerflächen eines Mauersteins.

(5) P **Loch:** Ein gefertigter Hohlraum in einem Mauerstein, der ganz oder nur teilweise durch den Mauerstein geht.

(6) P **Griffloch:** Ein gefertigter Hohlraum in einem Mauerstein, der es ermöglicht, den Mauerstein einfacher mit einer Hand oder beiden Händen oder einem Gerät zu fassen und anzuheben.

(7) P **Innensteg:** Das Material zwischen den Löchern in einem Mauerstein.

(8) P **Außensteg:** Das Material zwischen einem Loch und der Außenfläche eines Mauersteins.

(9) P **Bruttofläche:** Die Querschnittsfläche eines Mauersteins ohne Abzug der Flächen von Löchern, Hohlräumen und zurückspringenden Teilen.

(10) P **Druckfestigkeit von Mauersteinen:** Die mittlere Druckfestigkeit von Mauersteinen einer festgelegten Anzahl von Mauersteinen.

Anmerkung: entfällt

(11) P **Normierte Druckfestigkeit von Mauersteinen:**

> Die Druckfestigkeit, umgerechnet auf die Druckfestigkeit eines äquivalenten lufttrockenen Mauersteins mit den Maßen eines 2-DF-Steines (d. h. unter Berücksichtigung eines Formfaktors).

(12) P **Charakteristische Druckfestigkeit von Mauersteinen:**

> Die zur 5%-Fraktile gehörende normierte Druckfestigkeit einer festgelegten Anzahl von Mauersteinen; entspricht den Ziffern der Festigkeitsklasse.

Anmerkung: entfällt

1.4.2.4 Mörtel
(1) P **Mörtel:** Eine Mischung von anorganischen Bindemitteln, Zuschlägen und Wasser, gegebenenfalls mit Zusatzstoffen und Zusatzmitteln.

Anmerkung: entfällt

(2) P **Normalmörtel:** Ein Mörtel zur Verwendung in Fugen mit einer Dicke von größer als 3 mm und zu dessen Herstellung nur gefügedichte Zuschläge verwendet werden.

(3) P **Dünnbettmörtel:** Ein Mörtel nach Eignungsprüfung zur Verwendung bei 1 bis 3 mm dicken Fugen.

(4) P **Leichtmörtel:** Ein Mörtel nach Eignungsprüfung mit einer Trockenrohdichte des erhärteten Mörtels von kleiner als 1500 kg/m^3.

(5) P **Mörtel nach Eignungsprüfung:** Ein Mörtel, der mit der Maßgabe, bestimmte Eigenschaften zu erfüllen, entworfen und hergestellt wird und der für den Nachweis seiner Eignung bestimmte Anforderungen erfüllen muß.

(6) P **Rezeptmörtel:** Ein nach vorgegebenen Mischungsverhältnissen hergestellter Mörtel, dessen Eigenschaften aufgrund dieser Mischungsverhältnisse der Bestandteile als erwiesen angesehen werden.

(7) P **Werkmörtel:**

Ein im Werk zusammengesetzter und gemischter und an die Baustelle gelieferter Mörtel.

Bei Werkmörtel handelt es sich um:

- Werk-Trockenmörtel: Gemisch der Ausgangsstoffe, das auf der Baustelle durch ausschließliche Zugabe einer vom Hersteller anzugebenden Menge Wasser und durch Mischen verarbeitbar gemacht wird.
- Werk-Frischmörtel: Gebrauchsfertiger Mörtel, der in verarbeitbarer Konsistenz zur Baustelle geliefert wird.

(8) P **Werkmäßig hergestellter Mörtel:**

Ein Stoff, bestehend aus Bestandteilen, die in einem Werk abgemessen, zur Baustelle geliefert und dort nach werkmäßig festgelegten Mischungsverhältnissen und Bedingungen gemischt werden.
Bei werkmäßig hergestelltem Mörtel handelt es sich um:

- Werk-Vormörtel: Gemisch aus Zuschlägen und Luftkalk als Bindemittel sowie ggf. Zusätzen, das auf der Baustelle nach Zugabe von Wasser und ggf. zusätzlichem Bindemittel seine endgültige Zusammensetzung erhält und durch Mischen verarbeitbar gemacht wird.
- Mehrkammer-Silomörtel: Wird in einem werkmäßig gefüllten Silo, in welchem die Mörtelausgangsstoffe einzeln oder teilweise vorgemischt in getrennten Kammern enthalten sind, auf die Baustelle geliefert; dort werden die Mörtelausgangsstoffe in dem vom Werk fest eingestellten Mischungsverhältnis dosiert und unter ausschließlicher Zugabe einer vom Hersteller anzugebenden Menge Wasser gemischt.

(9) P **Baustellenmörtel:** Ein Mörtel, der auf der Baustelle mit dort abgemessenen und dort gemischten Ausgangsstoffen hergestellt wird.

(10) P **Mörteldruckfestigkeit:** Die mittlere Druckfestigkeit einer festgesetzten Anzahl von Mörtelproben im Alter von 28 Tagen.

Anmerkung: entfällt

1.4.2.5 entfällt

1.4.2.6 entfällt

1.4.2.7 Ergänzungsbauteile
(1) P **Feuchtesperrschichten:**

Eine Schicht aus Bahnen oder anderem geeignetem Material zur Verwendung im Mauerwerk, um das Eindringen von Wasser zu verhindern.

(2) P **Wandanker:**

Ein Bauteil zur Verbindung der beiden Schalen bei zweischaligem Mauerwerk nach Abschn. 1.4.2.9 (3) P oder zur Verbindung einer Schale mit einer Skelettkonstruktion oder einer dahinterliegenden Wand.

(3) P **Anker:** Ein Bauteil zur Verbindung von Mauerwerksbauteilen mit angrenzenden Bauteilen wie Decken oder Dächer.

1.4.2.8 Mörtelfugen
(1) P **Lagerfuge:** Die Mörtelschicht zwischen den Lagerflächen von Mauersteinen.

(2) P **Stoßfuge:** Die Mörtelfuge senkrecht zu der Lagerfuge und zu der Wandoberfäche.

(3) P **Längsfuge:** Die innerhalb einer Wand vertikal und parallel zur Wandoberfläche verlaufende Mörtelfuge.

(4) P **Dünnbettmörtelfuge:** Eine mit Dünnbettmörtel hergestellte Fuge mit einer maximalen Dicke von 3 mm.

(5) P **Bewegungsfuge:** Eine Fuge, die freie Bewegungen in der Wandebene zuläßt.

(6) P **Fugenglattstrich:** Die Verfugung während des Baufortschritts.

(7) P **Nachträgliche Verfugung:** Die Verfugung nach dem Entfernen des Mörtels aus dem Fugenrandbereich.

1.4.2.9 Wandarten

(1) P **Tragende Wand:**

Eine Wand, die überwiegend zur Aufnahme von weiteren Lasten, die zusätzlich zum Eigengewicht aus einem Geschoß wirken, geplant ist und die eine Grundrißfläche von über 0,04 m² hat. Bei Verwendung von Hohlblocksteinen und Hochlochsteinen sowie Steinen mit Grifföffnungen oder Grifflöchern muß die Grundrißfläche des Einzelsteins mehr als 0,04 m² betragen.

(2) P **Einschalige Wand:** Eine Wand ohne Zwischenraum oder eine durchlaufende senkrechte Fuge in ihrer Ebene.

(3) P **Zweischalige Wand mit Luftschicht, mit Luftschicht und Wärmedämmung oder mit Kerndämmung:** Eine Wand, bestehend aus zwei parallel verlaufenden Mauerwerksschalen, die mit Wandankern verbunden sind. Der Raum zwischen den beiden Wandschalen ist entweder ausschließlich eine Luftschicht (zweischalige Wand mit Luftschicht), oder er ist ganz (zweischalige Wand mit Kerndämmung) oder teilweise (zweischalige Wand mit teilweiser Wärmedämmung in der Luftschicht) mit nichttragenden Wärmedämmstoffen ausgefüllt.

Anmerkung: Wenn nicht zur Unterscheidung besonders erforderlich, werden die zweischalige Wand mit Luftschicht, die zweischalige Wand mit Kerndämmung und die zweischalige Wand mit teilweiser Wärmedämmung in der Luftschicht in dieser ENV 1996-1-1 mit „zweischalige Wand mit Luftschicht" bezeichnet.

(4) P **Zweischalige Wand mit Putzschicht:** Eine Wand, bestehend aus zwei parallel verlaufenden Wandschalen, wobei auf der Außenseite der Innenschale eine zusammenhängende Putzschicht aufgebracht ist. Beide Wandschalen werden mit Wandankern verbunden.

(5) P entfällt

(6) P **Einschaliges Verblendmauerwerk:** Eine Wand mit Verblendsteinen als Sichtmauerwerk, die mit der hinteren Wand im Verband gemauert sind, so daß die Wand unter Last als ein Querschnitt wirkt.

(7) P entfällt

(8) P **Vorsatzschale:** Eine Wand in Sichtmauerwerk, die nicht im Verband gemauert ist oder keinen Beitrag zur Festigkeit des Hintermauerwerks leistet.

(9) P **Schubwand:** Eine Wand, die in ihrer Ebene wirkende waagerechte Lasten aufnimmt.

(10) P **Aussteifende Wand:** Eine rechtwinklig zu einer anderen Wand stehende Wand, die dieser als Auflager zur Aufnahme von waagerechten Kräften oder zur Knickaussteifung dient und damit dem Gebäude Stabilität gibt.

(11) P **Nichttragende Wand:** Eine Wand, die nicht zur Aufnahme von Lasten herangezogen wird und deren Entfernen das Tragwerk nicht nachteilig beeinflußt.

1.4.2.10 Verschiedenes

(1) P **Schlitz:** Eine linienartige Querschnittsschwächung im Mauerwerk.

(2) P **Aussparung:** Eine flächige Querschnittsschwächung im Mauerwerk.

(3) P entfällt

1.5 SI-Einheiten

(1) P SI-Einheiten sind in Übereinstimmung mit ISO 1000 anzuwenden.

(2) Für Berechnungen werden die folgenden Einheiten empfohlen:

Kräfte und Lasten: kN, kN/m, kN/m²
Dichte: kg/m³
Wichte: kN/m³
Spannungen und Festigkeiten: N/mm² (= MN/m² oder MPa)
Momente (Biegung usw.): kNm

1.6 In dieser ENV 1996-1-1 benutzte Formelzeichen

(1) P Verwendete baustoffunabhängige Formelzeichen:

A Außergewöhnliche Einwirkung;
A_d Bemessungswert einer außergewöhnlichen Einwirkung;
A_k Charakteristischer Wert einer außergewöhnlichen Einwirkung;
C_d Bemessungsnennwert oder Funktion bestimmter Bemessungseigenschaften von Baustoffen;
E Beanspruchung;
E_d Bemessungswert einer Beanspruchung;
$E_{d,dst}$ Bemessungswert einer ungünstigen Einwirkung;
$E_{d,stb}$ Bemessungswert einer günstigen Einwirkung;
F Einwirkung;
F_d Bemessungswert einer Einwirkung;
F_k Charakteristischer Wert einer Einwirkung;
G Ständige Einwirkung;
G_d Bemessungswert einer ständigen Einwirkung;
$G_{d,inf}$ Unterer Bemessungswert einer ständigen Einwirkung;

Normen

$G_{d,sup}$	Oberer Bemessungswert einer ständigen Einwirkung;
G_k	Charakteristischer Wert einer ständigen Einwirkung;
$G_{k,inf}$	Unterer charakteristischer Wert einer ständigen Einwirkung;
$G_{k,sup}$	Oberer charakteristischer Wert einer ständigen Einwirkung;
P	Vorspannkraft;
Q	Veränderliche Einwirkung;
Q_d	Bemessungswert einer veränderlichen Einwirkung;
Q_k	Charakteristischer Wert einer veränderlichen Einwirkung;
R	Beanspruchbarkeit, Widerstand;
R_d	Bemessungswert eines Widerstandes;
S_d	Bemessungswert von Schnittgrößen (Schnittkräfte und -momente);
W_k	Charakteristischer Wert der Einwirkung infolge von Wind;
X_d	Bemessungswert einer Baustoffeigenschaft;
X_k	Charakteristischer Wert einer Baustoffeigenschaft;
a_d	Bemessungswert einer geometrischen Größe;
a_{nom}	Nennwert einer geometrischen Größe;
Δ_a	Sicherheitszuschlag (Vorhaltemaß), der eine geometrische Größe verändert (vergrößert oder verkleinert);
γ_A	Teilsicherheitsbeiwert für außergewöhnliche Einwirkungen;
γ_F	Teilsicherheitsbeiwert für Einwirkungen;
γ_G	Teilsicherheitsbeiwert für ständige Einwirkungen;
$\gamma_{G,inf}$	zu $G_{k,inf}$ gehöriger Teilsicherheitsbeiwert;
$\gamma_{G,sup}$	zu $G_{k,sup}$ gehöriger Teilsicherheitsbeiwert;
γ_{GA}	wie γ_G für außergewöhnliche Kombinationen;
γ_M	Teilsicherheitsbeiwert für Baustoffeigenschaften;
γ_P	Teilsicherheitsbeiwert für Vorspannkräfte;
γ_Q	Teilsicherheitsbeiwert für veränderliche Einwirkungen;
ψ_0	Kombinationsbeiwerte für veränderliche Einwirkungen;
ψ_1	Kombinationsbeiwerte für häufig veränderliche Einwirkungen;
ψ_2	Kombinationsbeiwerte für quasi-ständige veränderliche Einwirkungen;
ζ	Abminderungsfaktor für γ_G.

(2) P Verwendete baustoffabhängige Formelzeichen für Mauerwerk:

A	Querschnittsfläche einer Wand;
A_l	Zahlenfaktor;
A_b	Auflagerfläche;
A_{ef}	Wirksame Querschnittsfläche einer Wand;
a_l	Abstand vom Wandende zu dem am nächsten gelegenen Rand eines Auflagers;
b_c	Abstand von Querwänden oder aussteifenden Pfeilern;
b_s	Mittenabstand von Mörtelstreifen;
d	Durchbiegung eines Bogens infolge waagerecht wirkender Bemessungslast;
E	Elastizitätsmodul;
E_n	Elastizitätsmodul eines Bauteils (mit n = 1, 2, 3 oder 4);
e	Ausmitte;
e_a	Ungewollte Ausmitte;
e_{hm}	Ausmittte in halber Wandhöhe infolge von Horizontallasten;
e_{hi}	Ausmitte am Wandkopf oder Wandfuß infolge von Horizontallasten;
e_i	Resultierende Ausmitte am Wandkopf oder Wandfuß;
e_k	Ausmitte infolge Kriechens;
e_m	Ausmitte infolge von Lasten;
e_{mk}	Resultierende Ausmitte im mittleren Fünftel der Wandhöhe;
F	Biegefestigkeitsklasse;
F_t	Charakteristische Druck- oder Zugbeanspruchung eines Wandankers;
f	Mauerwerksdruckfestigkeit;
f_b	Normierte Druckfestigkeit eines Mauersteins;
f_d	Bemessungsdruckfestigkeit von Mauerwerk;
f_k	Charakteristische Mauerwerksdruckfestigkeit;
f_m	Mittlere Mörteldruckfestigkeit;
f_v	Schubfestigkeit von Mauerwerk;
f_{vd}	Bemessungsschubfestigkeit von Mauerwerk;
f_{vk}	Charakteristische Schubfestigkeit von Mauerwerk;
f_{vko}	Charakteristische Schubfestigkeit von Mauerwerk ohne Auflast;
f_x	Biegefestigkeit von Mauerwerk;
f_{xd}	Bemessungsbiegefestigkeit von Mauerwerk;
f_{xk}	Charakteristische Biegefestigkeit von Mauerwerk (auch f_{xk1} und f_{xk2});
G	Schubmodul;
g	Gesamtbreite der beiden Mörtelstreifen bei Mauerwerk mit Randstreifenvermörtelung der Lagerfugen;
H	Wandhöhe bis zur Höhe einer Einzellast;
h	Lichte Höhe einer Wand (auch h_1 und h_2);
h_{ef}	Knicklänge einer Wand;
h_e	Höhe der Erdanschüttung;
h_{tot}	Gesamthöhe eines Tragwerks;
I_j	Trägheitsmoment eines Bauteils (mit j = 1, 2, 3 oder 4);
K	Festwert im Zusammenhang mit der charakteristischen Mauerwerksdruckfestigkeit;
k	Verhältnis der Deckensteifigkeit zur Wandsteifigkeit;
L	Länge einer Wand zwischen zwei Auflagern oder zwischen einem Auflager und einem freien Rand;

L_{ef}	Effektive Länge einer Wand;
l	Lichte Spannweite einer Decke (auch l_3 und l_4);
l_c	Länge eines auf Druck beanspruchten Teils einer Wand;
M	Mörteldruckfestigkeitsklasse;
M_d	Bemessungsmoment;
M_j	Biegemoment am Kopf (M_1) oder Fuß (M_2) einer Wand infolge von Lastausmitte;
M_m	Biegemoment im mittleren Fünftel der Wandhöhe;
N	Vertikale Bemessungslast je Längeneinheit;
N_i	Vertikale Bemessungslast am Kopf (N_1) oder Fuß (N_2) einer Wand;
N_m	Vertikale Bemessungslast im mittleren Fünftel der Wandhöhe;
N_{Rd}	Vertikaler Bemessungswiderstand einer Wand;
N_{Sd}	Vertikale Bemessungslast einer Wand;
n	Bauteilsteifigkeitsfaktor;
P_s	Verkehrslast auf dem Gelände je Flächeneinheit;
q_{lat}	Horizontaler Bemessungswiderstand einer Wand je Längeneinheit;
t	Dicke einer Wand oder Schale (auch t_1 und t_2);
t_{ef}	Wirksame Wanddicke;
t_f	Gurtdicke;
u	Zahlenfaktor;
u_m	Höhe eines Mauersteines;
V_{Rd}	Bemessungsschubfestigkeit einer Wand;
V_{Sd}	Bemessungsschublast;
W_{kl}	Charakteristische Windlast je Flächeneinheit;
W_{Sd}	Horizontale Bemessungslast einer Wand je Flächeneinheit;
w	Gleichmäßig verteilte Bemessungslast (auch w_3 und w_4);
x	Zahlenfaktor;
Z	Widerstandsmoment;
α	Biegemomentenkoeffizient;
γ_M	Teilsicherheitsbeiwert für Baustoffeigenschaften;
δ	Faktor zur Berücksichtigung der Höhe und Breite von Mauersteinen;
ε	Dehnung;
$\varepsilon_{c\infty}$	Endkriechdehnung;
ε_{el}	Elastische Dehnung;
λ	Zahlenfaktor;
μ	Orthotropiekoeffizient der Biegefestigkeiten;
ν	Neigungswinkel;
ϱ_e	Rohdichte des Bodens;
ϱ_n	Abminderungsfaktor für ausgesteifte Wände (wobei $n = 2, 3$ oder 4);
σ	Normalspannung;
σ_d	Vertikale Bemessungsdruckspannung;
σ_{dp}	Ständige vertikale Spannung;
Φ	Abminderungsfaktor zur Berücksichtigung der Schlankheit;
Φ_1	Abminderungsfaktor zur Berücksichtigung der Schlankheit am Wandkopf oder Wandfuß;
Φ_m	Abminderungsfaktor zur Berücksichtigung der Schlankheit in der mittleren Wandhöhe;
φ_∞	Endkriechwert;

(3) P Verwendete baustoffabhängige Formelzeichen für bewehrtes Mauerwerk:

A_m	Querschnittsfläche des Mauerwerks;
A_{mr}	Querschnittsfläche des bewehrten Mauerwerks einschließlich der des Füllbetons;
A_s	Querschnittsfläche der Zugbewehrung;
A_{sw}	Querschnittsfläche der Schubbewehrung;
a_v	Abstand vom Auflagerrand zur ersten Last auf einem Balken;
b	Breite eines Querschnittes;
b_c	Breite des Druckgurtes in der Mitte zwischen den Halterungen;
b_{ef}	Wirksame Breite eines Bauteils mit Gurten;
C	Druckfestigkeitsklasse von Beton;
d	Nutzhöhe eines Querschnittes;
E_s	Elastizitätsmodul des Bewehrungsstahls;
F_c	Bemessungsbiegedruckkraft in einem Bauteil;
F_s	Bemessungszugkraft im Stahl;
f_{bo}	Verbundfestigkeit des Bewehrungsstahls;
f_{bok}	Charakteristische Verbundfestigkeit des Bewehrungsstahls;
f_c	Druckfestigkeit des Füllbetons;
f_{ck}	Charakteristische Druckfestigkeit des Füllbetons;
f_{cv}	Scherfestigkeit des Füllbetons;
f_{vk}	Charakteristische Schubfestigkeit des Mauerwerks oder Füllbetons;
f_p	Zugfestigkeit des Spannstahls;
f_{tk}	Charakteristische Zugfestigkeit des Bewehrungsstahls;
f_y	Fließgrenze des Bewehrungsstahls;
f_{yk}	Charakteristische Fließgrenze des Bewehrungsstahls;
h_m	Gesamthöhe eines Querschnittes;
l_b	Verankerungslänge des Bewehrungsstahls;
l_{ef}	Effektive Stützweite eines Bauteils;
M_{Rd}	Aufnehmbares Bemessungsmoment;
S	Setzmaßklasse des Betons;
V_{Rd2}	Aufnehmbarer Schub der Bewehrung;
s	Abstand der Schubbewehrung;
x	Höhe der Druckzone eines Bauteils;
z	Hebelarm in einem bewehrten Mauerwerksbauteil bei Biegebeanspruchung;
α	Winkel der Schubbewehrung;
γ_S	Teilsicherheitsbeiwert für Stahl;
ε_m	Mauerwerksdehnung;
ε_s	Stahldehnung;
ε_{uk}	Charakteristische Gleichmaßdehnung des Bewehrungsstahls bei Höchstlast;
$\varnothing$	Durchmesser der Bewehrung.

2 Grundlagen für Entwurf, Berechnung und Bemessung

2.1 Grundlegende Anforderungen

(1)P Ein Tragwerk muß so bemessen und ausgebildet werden, daß es

- unter Berücksichtigung der vorgesehenen Nutzungsdauer und seiner Erstellungskosten mit annehmbarer Wahrscheinlichkeit die geforderten Gebrauchseigenschaften behält und
- mit angemessener Zuverlässigkeit den Einwirkungen und Einflüssen standhält, die während seiner Ausführung und seiner Nutzung auftreten können, und eine angemessene Dauerhaftigkeit im Verhältnis zu seinen Unterhaltungskosten aufweist.

(2)P Ein Tragwerk muß ferner so ausgebildet sein, daß es durch Ereignisse wie Explosionen, Aufprall oder Folgen menschlichen Versagens nicht so geschädigt wird, daß der Schaden in keinem Verhältnis zur Schadensursache steht.

(3) Eine mögliche Schädigung sollte durch die angemessene Wahl einer oder mehrerer der folgenden Maßnahmen begrenzt oder vermieden werden:

- Verhinderung, Ausschaltung oder Minderung der Gefährdung, denen das Tragwerk ausgesetzt ist;
- Wahl eines Tragsystems, das eine geringe Anfälligkeit gegen die hier betrachteten Gefährdungen aufweist;
- Wahl eines Tragsystems und eines Berechnungsverfahrens derart, daß der zufällige Ausfall eines einzelnen Tragwerkteils nicht zum Versagen des Gesamtbauwerks führt;
- Herstellung tragfähiger Verbindungen der Tragelemente untereinander.

(4)P Die oben genannten Anforderungen müssen durch die Wahl geeigneter Baustoffe, eine zutreffende Bemessung und zweckmäßige bauliche Durchbildung sowie durch die Festlegung von Überwachungsverfahren für die Fertigung, die Ausführung und die Nutzung des jeweiligen Bauwerks erreicht werden.

Ergänzend gilt:
Für die Überwachungsverfahren gelten die Landesbauordnungen.

2.2 Begriffe und Klasseneinteilungen

2.2.1 Grenzzustände und Bemessungssituationen

2.2.1.1 Grenzzustände

(1)P Grenzzustände sind Zustände, bei deren Überschreitung das Tragwerk die Entwurfsanforderungen nicht länger erfüllt.

(2)P Grenzzustände werden wie folgt eingeteilt:
- Grenzzustände der Tragfähigkeit
- Grenzzustände der Gebrauchstauglichkeit.

(3)P Grenzzustände der Tragfähigkeit sind diejenigen Zustände, die im Zusammenhang mit dem Einsturz oder mit anderen Formen des Tragwerkversagens die Sicherheit von Menschen gefährden können.

(4)P Bestimmte Zustände vor Eintreten des Tragfähigkeitsverlustes werden aus Vereinfachungsgründen anstelle des tatsächlichen Tragwerkversagens ebenfalls wie Grenzzustände der Tragfähigkeit behandelt.

(5)P Grenzzustände der Tragfähigkeit, die berücksichtigt werden sollten, umfassen:

- Verlust des Gleichgewichts eines Tragwerks oder eines seiner Teile, welche als steife Körper betrachtet werden;
- Versagen durch übermäßige Verformung, durch Bruch oder Verlust der Stabilität eines Tragwerks oder eines seiner Teile einschließlich von Lagern und Fundamenten.

(6)P Die Grenzzustände der Gebrauchstauglichkeit sind diejenigen Zustände, bei deren Überschreitung die festgelegten Bedingungen für die Gebrauchstauglichkeit nicht mehr erfüllt sind.

(7) Die Grenzzustände der Gebrauchstauglichkeit, die berücksichtigt werden sollten, umfassen:

- Verformungen und Durchbiegungen, welche das Erscheinungsbild oder die planmäßige Nutzung eines Tragwerks (einschließlich Betriebsstörungen an Maschinen und Installationen) beeinträchtigen oder Schäden an Oberflächen oder nichttragenden Bauteilen verursachen;
- Schwingungen, die Unbehagen bei Menschen oder Schäden am Bauwerk oder seiner Einrichtung verursachen oder die die Funktionsfähigkeit des Bauwerks einschränken.

2.2.1.2 Bemessungssituationen

(1)P Bemessungssituationen werden wie folgt eingeteilt:

- ständige Situationen, die den normalen Nutzungsbedingungen des Tragwerks entsprechen;
- vorübergehende Situationen, z. B. im Bauzu-

Eurocode 6

stand oder während einer Instandsetzung;
- außergewöhnliche Situationen.

2.2.2 Einwirkungen

2.2.2.1 Begriffe und grundsätzliche Festlegungen

(1)P Eine Einwirkung (F) ist:

- eine Kraft (Last), die auf das Tragwerk einwirkt (direkte Einwirkung), oder
- ein Zwang (indirekte Einwirkung), z. B. durch Temperatureinwirkungen oder Setzungen.

(2)P Einwirkungen werden eingeteilt:

(i) nach ihrer zeitlichen Veränderlichkeit
- ständige Einwirkungen (G), z. B. Eigenlast von Tragwerken, Ausrüstungen, feste Einbauten und haustechnische Anlagen;
- veränderliche Einwirkungen (Q), z. B. Nutzlasten, Windlasten oder Schneelasten;
- außergewöhnliche Einwirkungen (A), z. B. Explosionen oder Anprall von Fahrzeugen;

(ii) nach ihrer räumlichen Veränderlichkeit
- ortsfeste Einwirkungen, z. B. Eigenlast (Tragwerke mit hoher Empfindlichkeit gegenüber Veränderungen der Eigenlast siehe 2.3.2.3 (2)P);
- ortsveränderliche Einwirkungen, die sich aus unterschiedlichen Anordnungen der Einwirkungen ergeben, z. B. bewegliche Nutzlasten, Windlasten, Schneelasten.

(3)P Vorspannung (P) ist eine ständige Einwirkung; aus praktischen Gründen wird sie aber gesondert behandelt.

2.2.2.2 Charakteristische Werte der Einwirkungen

(1)P Als charakteristische Werte der Einwirkung gelten grundsätzlich die Werte der DIN-Normen, insbesondere die Werte der Normenreihe DIN 1055, und gegebenenfalls der bauaufsichtlichen Ergänzungen und Richtlinien.

Für Einwirkungen, die nicht oder nicht vollständig in Normen und anderen bauaufsichtlichen Bestimmungen angegeben sind, müssen die charakteristischen Werte in Absprache mit der zuständigen Bauaufsichtsbehörde festgelegt werden.

(2)P *entfällt*
(3) *entfällt*
(4)P *entfällt*
(5) *entfällt*

2.2.2.3 Repräsentative Werte der veränderlichen Einwirkungen

(1)P Der wichtigste repräsentative Wert ist der charakteristische Wert Q_k.

(2)P Weitere repräsentative Werte werden durch den charakteristischen Wert Q_k unter Verwendung eines Beiwertes ψ_i ausgedrückt. Diese Werte werden folgendermaßen definiert:

- Kombinationswert: $\psi_0 Q_k$
- häufiger Wert: $\psi_1 Q_k$
- quasi-ständiger Wert: $\psi_2 Q_k$

(3) Für den Ermüdungsnachweis sowie die Berechnung bei dynamischer Beanspruchung werden zusätzliche repräsentative Werte verwendet.

(4)P Für die Kombinationswerte ψ_0, ψ_1 und ψ_2 gelten die Werte nach Tabelle 2.1.D.

Tabelle 2.1.D: Kombinationswerte ψ_0, ψ_1, ψ_2

Einwirkung	Kombinationsbeiwert		
	ψ_0	ψ_1	ψ_2
1	2	3	4
Verkehrslast auf Decken			
- Wohnräume; Büroräume, Verkaufsräume bis 50 m²; Flure; Balkone; Räume in Krankenhäusern	0,7	0,5	0,3
- Versammlungsräume; Garagen u. Parkhäuser; Turnhallen; Tribünen; Flure in Lehrgebäuden; Büchereien; Archive	0,8	0,8	0,5
- Ausstellungs- und Verkaufsräume; Geschäfts- und Warenhäuser	0,8	0,8	0,8
Windlasten	0,6	0,5	0
Schneelasten	0,7	0,2	0
alle anderen Einwirkungen	0,8	0,7	0,5

Erdbeben:
Die Schnittgrößen sind aus der Einwirkung nach DIN 4149 Teil 1 und Teil 1 A1 und gegebenenfalls nach den bauaufsichtlichen Ergänzungen und Richtlinien zu berechnen. Erdbeben ist als außergewöhnlicher Lastfall zu behandeln.

2.2.2.4 Bemessungswerte der Einwirkungen

(1)P Der Bemessungswert F_d einer Einwirkung ergibt sich im allgemeinen aus:

$$F_d = \gamma_F F_k \qquad (2.1)$$

(2) Beispiele sind:

$$G_d = \gamma_G G_k \qquad (2.2)$$

$$Q_d = \gamma_Q Q_k \text{ oder } \gamma_Q \psi_i Q_k \qquad (2.3)$$

$$Q_d = \gamma_A A_k \text{ (sofern } A_d \text{ nicht direkt festgelegt wird)} \qquad (2.4)$$

$$P_d = \gamma_P P_k \qquad (2.5)$$

Dabei sind γ_F, γ_G, γ_Q, γ_A und γ_P die Teilsicherheitsbeiwerte für die betrachtete Einwirkung, wobei die Möglichkeit ungünstiger Abweichungen der Einwirkungen, die Möglichkeit ungenauer Modellierung der Einwirkungen, Unsicherheiten in der Ermittlung ihrer Auswirkungen sowie Unsicherheiten bei der Annahme des betreffenden Grenzzustandes berücksichtigt werden.

(3)P Die oberen und unteren Bemessungswerte der ständigen Einwirkungen werden folgendermaßen definiert (s. 2.2.2.2 (2)):

- in Fällen, in denen nur ein einziger charakteristischer Wert G_k benötigt wird,

$$G_{d,sup} = \gamma_{G,sup} G_k \qquad (2.6)$$

$$G_{d,inf} = \gamma_{G,inf} G_k \qquad (2.7)$$

- in Fällen, in denen nur ein oberer und ein unterer charakteristischer Wert gebraucht werden,

$$G_{d,sup} = \gamma_{G,sup} G_{k,sup} \qquad (2.8)$$

$$G_{d,inf} = \gamma_{G,inf} G_{k,inf} \qquad (2.9)$$

Dabei sind $G_{k,sup}$ und $G_{k,inf}$ die oberen und unteren charakteristischen Werte einer ständigen Einwirkung und $\gamma_{G,sup}$ und $\gamma_{G,inf}$ die oberen und unteren Werte des Teilsicherheitsbeiwertes einer ständigen Einwirkung.

2.2.2.5 Bemessungswerte der Beanspruchung

(1)P Beanspruchungen (E) sind Reaktionen des Tragwerkes auf die Einwirkungen (z. B. innere Kräfte und Momente, Spannungen und Verformungen). Die Bemessungswerte der Beanspruchungen (E_d) lassen sich mit den Bemessungswerten der Einwirkungen, den geometrischen Größen und, sofern erforderlich, den maßgeblichen Werkstoffeigenschaften ermitteln:

$$E_d = E(F_d, a_d \ldots) \qquad (2.10)$$

wobei a_d in 2.2.4 definiert ist.

2.2.3 Baustoffeigenschaften

2.2.3.1 Charakteristische Werte

(1)P Eine Baustoffeigenschaft wird durch einen charakteristischen Wert X_k angegeben, der im allgemeinen einem Fraktilwert in einer angenommen statistischen Verteilung der betrachteten Eigenschaft entspricht. Dieser Fraktilwert wird dabei nach einschlägigen Normen festgelegt und unter festgelegten Bedingungen geprüft.

(2)P In den übrigen Fällen wird ein Wert als charakteristischer Wert festgelegt.

2.2.3.2 Bemessungswerte

(1)P Der Bemessungswert X_d einer Baustoffeigenschaft ergibt sich im allgemeinen aus:

$$X_d = \frac{X_k}{\gamma_M} \qquad (2.11)$$

dabei ist γ_M der Teilsicherheitsbeiwert für die Baustoffeigenschaft, angegeben in Abschnitt 2.3.3.2.

(2)P Der Bemessungswert der Widerstandsseite R_d ergibt sich aus den Bemessungswerten der Baustoffeigenschaften der geometrischen Größen und, wenn zutreffend, den Beanspruchungen zu:

$$R_d = R(X_d; a_d \ldots) \qquad (2.12)$$

(3)P *entfällt*

2.2.4 Geometrische Größen

(1)P Im allgemeinen werden geometrische Größen eines Tragwerks durch ihre Nennwerte beschrieben:

$$a_d = a_{nom} \qquad (2.13)$$

(2)P In einigen Fällen werden die Bemessungswerte geometrischer Größen wie folgt festgelegt:

$$a_d = a_{nom} + \Delta a \qquad (2.14)$$

Die Werte für Δa werden in den entsprechenden Abschnitten angegeben.

2.2.5 Lastanordnungen und Lastfälle

(1)P Eine Laststellung beschreibt Lage, Größe und Richtung einer ortsveränderlichen Einwirkung.

(2)P Ein Lastfall beschreibt zusammenhängende Laststellungen, Verformungen und Imperfektionen für einzelne Nachweise.

2.3 Anforderungen an Entwurf, Berechnung und Bemessung

2.3.1 Allgemeines

(1)P Es ist nachzuweisen, daß die maßgebenden Grenzzustände nicht überschritten werden.

(2)P Alle maßgebenden Bemessungssituationen und Lastfälle sind zu berücksichtigen.

(3)P Mögliche Abweichungen der Einwirkungen von angenommenen Richtungen oder Lagen sind zu berücksichtigen.

(4)P Die Berechnungen sind unter Verwendung geeigneter Bemessungsmodelle (die erforderlichenfalls durch Versuche ergänzt werden) unter Einbeziehung aller maßgebenden Parameter durchzuführen. Die Modelle müssen ausreichend genau sein, um das Tragverhalten in Übereinstimmung mit der erreichbaren Ausführungsgenauigkeit und der Zuverlässigkeit der Eingangsdaten auf die Bemessung vorhersagen zu können.

2.3.2 Grenzzustände der Tragfähigkeit

2.3.2.1 Nachweisbedingungen

(1)P Wird der Grenzzustand des statischen Gleichgewichts oder eine Lageverschiebung oder Tragwerksverformung untersucht, ist nachzuweisen, daß:

$$E_{d,dst} \leq E_{d,stb} \quad (2.15)$$

Dabei sind $E_{d,dst}$ und $E_{d,stb}$ die Auswirkungen der ungünstigen bzw. der günstigen Einwirkungen.

(2)P Tritt der Grenzzustand durch Bruch oder übermäßige Verformung eines Querschnitts, Bauteils oder einer Verbindung ein (ausgenommen Ermüdung), ist nachzuweisen, daß:

$$S_d \leq R_d \quad (2.16)$$

Dabei sind S_d der Bemessungswert einer Schnittgröße (bzw. eines entsprechenden Vektors mehrerer Schnittgrößen) und R_d der zugehörige Bemessungswert des Widerstandes (Beanspruchbarkeit).

(3)P Bei Betrachtung eines Grenzzustandes „Übergang des Tragwerks in eine kinematische Kette" ist nachzuweisen, daß die kinematische Kette nicht auftritt, bevor die Einwirkungen ihre Bemessungswerte überschreiten. Dabei sind alle Tragwerkseigenschaften mit ihren Bemessungswerten einzubeziehen.

(4)P Bei der Betrachtung eines Grenzzustandes „Verlust der Stabilität infolge von Auswirkungen nach Theorie II. Ordnung" ist nachzuweisen, daß der Stabilitätsverlust nicht auftritt, bevor die Einwirkungen ihre Bemessungswerte überschreiten. Dabei sind alle Tragwerkseigenschaften mit ihren Bemessungswerten einzubeziehen. Zusätzlich sind die Querschnitte gemäß Absatz (2), oben, nachzuweisen.

2.3.2.2 Kombinationen von Einwirkungen

(1)P Für jeden Lastfall sind die Bemessungswerte E_d der Beanspruchung anhand von Kombinationsregeln unter Einbeziehung der in Tabelle 2.1 angegebenen Bemessungswerte der Einwirkungen zu bestimmen.

(2)P Die in Tabelle 2.1 angebenen Bemessungswerte sind für die zu führenden Nachweise unter

Tabelle 2.1: Bemessungswerte der Einwirkungen bei der Kombination der Einwirkungen

Bemessungssituationen	Ständige Einwirkungen G_d	Veränderliche Einwirkungen		Außergewöhnliche Einwirkungen A_d
		Eine mit ihrem charakteristischen Wert	Die anderen mit ihrem Kombinationswert	
Ständig und vorübergehend	$\gamma_G G_k$	$\gamma_Q Q_k$	$\psi_0 \gamma_Q Q_k$	–
Außergewöhnlich	$\gamma_{GA} G_k$	$\psi_1 Q_k$	$\psi_2 Q_k$	$\gamma_A A_k$ (wenn A_d nicht direkt festgelegt ist)

Anwendung folgender Regeln (in symbolischer Form angegeben) zu kombinieren:

- ständige und vorübergehende Bemessungssituationen außer bei Vorspannung (Grundkombination);

$$\sum \gamma_{G,j} G_{k,j} + \gamma_{Q,1} Q_{k,1} + \sum_{i>1} \gamma_{Q,i} \psi_{0,i} Q_{k,i} \quad (2.17)$$

ANMERKUNG: Diese Kombinationsregel ist eine Mischung zweier gesonderter Lastkombinationen.

$$\sum \gamma_{G,j} G_{k,j} + \gamma_{Q,1} \psi_{0,1} Q_{k,1} + \sum_{i>1} \gamma_{Q,i} \psi_{0,i} Q_{k,i}$$

$$\sum \zeta_j \gamma_{G,j} G_{k,j} + \gamma_{Q,1} Q_{k,1} + \sum_{i>1} \gamma_{Q,i} \psi_{0,i} Q_{k,i}$$

- außergewöhnliche Bemessungssituationen (sofern nicht anderweitig abweichend angegeben):

$$\sum \gamma_{GA,j} G_{k,j} + A_d + \psi_{1,1} Q_{k,1} + \sum_{i>1} \psi_{2,i} Q_{k,i} \quad (2.18)$$

mit:

$G_{k,j}$ charakteristische Werte der ständigen Einwirkungen;

$Q_{k,1}$ charakteristischer Wert einer der veränderlichen Einwirkungen;

$Q_{k,i}$ charakteristische Werte weiterer veränderlicher Einwirkungen;

A_d Bemessungswert (festgelegter Wert) der außergewöhnlichen Einwirkungen;

$\gamma_{G,j}$ Teilsicherheitsbeiwerte für ständige Einwirkungen;

$\gamma_{GA,j}$ wie $\gamma_{G,j}$, jedoch für außergewöhnliche Bemessungssituationen;

$\gamma_{Q,i}$ Teilsicherheitsbeiwerte für veränderliche Einwirkungen;

ψ_0, ψ_1, ψ_2 sind Beiwerte nach Abschn. 2.2.2.3.

(3) Kombinationen von außergewöhnlichen Bemessungssituationen umfassen entweder eine bestimmte außergewöhnliche Einwirkung A, oder sie beziehen sich auf eine Situation, die nach einem außergewöhnlichen Ereignis ($A = 0$) eintritt. Sofern nichts anderes angegeben ist, sollte $\gamma_{GA} = [1,0]$ verwendet werden.

(4)P *entfällt*

(5) Vereinfachte Kombinationsgleichungen für Tragwerke des Hochbaus sind in 2.3.3.1 angegeben.

2.3.2.3 Bemessungswert für ständige Einwirkungen

(1)P In den verschiedenen oben definierten Kombinationen sind diejenigen ständigen Einwirkungen, welche die Auswirkung der veränderlichen Einwirkungen verstärken (d. h. ungünstige Auswirkungen hervorrufen), mit ihren oberen Bemessungswerten einzuführen. Dagegen sind für diejenigen Einwirkungen, die die Auswirkung der veränderlichen Einwirkung abschwächen (d. h. günstige Auswirkungen hervorrufen), ihre unteren Bemessungswerte maßgebend (siehe 2.2.2.4 (3)).

(2)P Reagieren Berechnungsergebnisse sehr empfindlich auf unterschiedliche Werte einer ständigen Einwirkung innerhalb des gleichen Tragwerks, dann sind die ungünstigen und die günstigen Anteile als eigenständige Einwirkungen zu behandeln. Dies gilt besonders für den Nachweis des statischen Gleichgewichts. In den genannten Fällen sind spezielle Werte für γ_G berücksichtigen (siehe 2.3.3.1 (4) für Hochbautragwerke).

(3)P In anderen Fällen muß entweder der untere oder obere Bemessungswert (je nachdem, welcher die ungünstigste Auswirkung ergibt) für das gesamte Tragwerk verwendet werden.

(4) Bei Durchlaufträgern darf für die Eigenlast des Tragwerks (berechnet nach 2.2.2.2 (3)) ein und derselbe Bemessungswert für alle Felder angenommen werden.

2.3.3 Teilsicherheitsbeiwerte für Grenzzustände der Tragfähigkeit

2.3.3.1 Teilsicherheitsbeiwerte für Einwirkungen in Hochbauten

(1)P Teilsicherheitsbeiwerte für ständige und vorübergehende Bemessungssituationen sind der Tabelle 2.2 zu entnehmen.

(2)P Für außergewöhnliche Bemessungssituationen, für die die Gleichung (2.18) gilt, sind Teilsicherheitsbeiwerte für veränderliche Einwirkungen mit [1,0] anzusetzen.

(3) Bei Verwendung der Werte für γ nach Tabelle 2.2 darf Gleichung (2.17) wie folgt ersetzt werden:

– wenn nur die ungünstigste veränderliche Einwirkung berücksichtigt wird:

$$\sum \gamma_{G,j}\, G_{k,j} + 1{,}5\, Q_{k,1} \qquad (2.19)$$

– wenn sämtliche ungünstigen veränderlichen Einwirkungen berücksichtigt werden:

$$\sum \gamma_{G,j}\, G_{k,j} + 1{,}35 \sum_{i>1} Q_{k,i} \qquad (2.20)$$

Der jeweils größere Wert ist maßgebend.

(4) Sind günstige und ungünstige Anteile einer ständigen Einwirkung nach 2.3.2.3 (2) als eigenständige Einwirkungen zu betrachten, gilt für den günstigen Anteil $\gamma_{G,\inf} = [0,9]$ und für den ungünstigen Anteil $\gamma_{G,\sup} = [1,1]$.

Die Tabelle 2.2 wird ersetzt durch Tabelle 2.2.D.

Tabelle 2.2.D: Teilsicherheitsbeiwerte für Einwirkungen in Tragwerken für ständige und vorübergehende Bemessungssituationen

Auswirkung	Ständige Einwirkungen (γ_G)	Veränderliche Einwirkungen (γ_Q)	
		Eine mit ihrem charakteristischen Wert	Die andere mit ihrem Kombinationswert
günstige	1,0	0	0
ungünstige	1,35	1,5	1,5
ANMERKUNG: siehe auch 2.3.3.1 (3)			

2.3.3.2 Teilsicherheitsbeiwerte für Baustoffe

Dieser Abschnitt sowie Tabelle 2.3 werden ersetzt durch Tabelle 2.3.D.

2.3.4 Grenzzustände der Gebrauchstauglichkeit

Der Abschnitt entfällt.

Tabelle 2.3.D: Teilsicherheitsbeiwerte γ_M für Baustoffeigenschaften

	γ_M	
	Normale Einwirkungen	Außergewöhnliche Einwirkungen
Mauerwerk	1,7	1,2
Verbund-, Zug- und Druckwiderstand von Wandankern und Bändern	2,5	2,5

2.4 Dauerhaftigkeit

(1)P Um ein ausreichend dauerhaftes Tragwerk zu erstellen, sind folgende Gesichtspunkte zu beachten, die sich auch gegenseitig beeinflussen können:

- die Nutzung des Tragwerks;
- die geforderten Tragwerkseigenschaften;
- die voraussichtlichen Umweltbedingungen;
- die Zusammensetzung, die Eigenschaften und das Verhalten der Baustoffe;
- die Form der Bauteile und die bauliche Durchbildung;
- die Qualität der Ausführung und der Überwachungsumfang;
- die besonderen Schutzmaßnahmen;
- die voraussichtliche Instandhaltung während der vorgesehenen Nutzungsdauer.

(2)P Die Umweltbedingungen sind im Entwurfsstadium abzuschätzen, um ihre Bedeutung im Hinblick auf die Dauerhaftigkeit zu beurteilen sowie um ausreichende Vorkehrungen zum Schutz der Baustoffe treffen zu können.

3 Baustoffe

3.1 Mauersteine

3.1.1 Mauersteinarten

(1) P Folgende Mauersteinarten dürfen verwendet werden:

- Mauerziegel nach DIN 105
  Teil 1: 1989-08 Vollziegel und Hochlochziegel
  Teil 2: 1989-08 Leichthochlochziegel
  Teil 3: 1984-05 Hochfeste Ziegel und hochfeste Klinker
  Teil 4: 1984-05 Keramikklinker
  Teil 5: 1984-05 Leichtlanglochziegel und Leichtlanglochziegelplatten
- Kalksandsteine nach DIN 106
  Teil 1: 1980-09 Vollsteine, Lochsteine, Blocksteine, Hohlblocksteine
  Teil 2: 1980-11 Vormauersteine und Verblender
- Hüttensteine nach DIN 398 : 1976-06 Vollsteine, Lochsteine, Hohlblocksteine
- Radialziegel nach DIN 1057-1: 1985-07 Baustoffe für frei stehende Schornsteine – Radialziegel
- Porenbetonsteine nach DIN 4165 : 1996-11 Porenbeton-Blocksteine und Porenbeton-Plansteine,
- Leichtbetonsteine nach DIN 18 151 : 1987-09 Hohlblöcke aus Leichtbeton und DIN 18 152 : 1987-04 Vollsteine und Vollblöcke aus Leichtbeton
- Mauersteine aus Beton nach DIN 18153 : 1989-09.

(2) P bis (7) entfallen

Tabelle 3.1: Anforderungen zur Festlegung der Mauersteingruppen

entfällt

Es gelten die Festlegungen in den DIN-Normen für Mauersteine.

3.1.2 Eigenschaften der Mauersteine

3.1.2.1 Druckfestigkeit der Mauersteine

(1) P bis (4)

einschließlich Tabelle 3.2 entfallen; es gelten die Festlegungen in den DIN-Normen für Mauersteine.

(5) Wenn bei Formsteinen zu erwarten ist, daß sie die Mauerwerksfestigkeit wesentlich beeinflussen, ist die Druckfestigkeit dieser Formsteine an herausgeschnittenen, repräsentativen Proben abzuschätzen.

3.1.2.2 Dauerhaftigkeit der Mauersteine
(1) P

Mauersteine müssen für die vorgesehene Lebensdauer des Bauwerks ausreichend widerstandsfähig gegen örtliche Umweltbedingungen sein.

Insbesondere gilt:
Steine, die unmittelbar der Witterung ausgesetzt bleiben, müssen frostwiderstandsfähig sein. Sieht die Stoffnorm hinsichtlich der Frostwiderstandsfähigkeit unterschiedliche Klassen vor, so sind bei Schornsteinköpfen, Kellereingangs-, Stütz- und Gartenmauern, stark strukturiertem Mauerwerk und ähnlichen Anwendungsbereichen Steine mit der höchsten Frostwiderstandsfähigkeit zu verwenden.

Unmittelbar der Witterung ausgesetzte, horizontale und leicht geneigte Sichtmauerwerksflächen, wie z. B. Mauerkronen, Schornsteinköpfe, Brüstungen, sind durch geeignete Maßnahmen (z. B. Abdeckung) so auszubilden, daß Wasser nicht eindringen kann.

3.2 Mörtel

Es gilt DIN 1053-1, Abschn. 5.2.

5.2 Mauermörtel

5.2.1 Anforderungen

Es dürfen nur Mauermörtel verwendet werden, die den Bedingungen des Anhanges A (DIN 1053-1) entsprechen.

5.2.2 Verarbeitung

Zusammensetzung und Konsistenz des Mörtels müssen vollfugiges Vermauern ermöglichen. Dies gilt besonders für Mörtel der Gruppen III und IIIa. Werkmörteln dürfen auf der Baustelle keine Zuschläge und Zusätze (Zusatzstoffe und Zusatzmittel) zugegeben werden. Bei ungünstigen Witterungsbedingungen (Nässe, niedrige Temperaturen) ist ein Mörtel mindestens der Gruppe II zu verwenden.

Der Mörtel muß vor Beginn des Erstarrens verarbeitet sein.

5.2.3 Anwendung

5.2.3.1 Allgemeines

Mörtel unterschiedlicher Arten und Gruppen dürfen auf einer Baustelle nur dann gemeinsam verwendet werden, wenn sichergestellt ist, daß keine Verwechslung möglich ist.

5.2.3.2 Normalmörtel (NM)

Es gelten folgende Einschränkungen:

a) Mörtelgruppe I:
 - *Nicht zulässig für Gewölbe und Kellermauerwerk, mit Ausnahme bei der Instandsetzung von altem Mauerwerk, das mit Mörtel der Gruppe I gemauert ist.*
 - *Nicht zulässig bei mehr als zwei Vollgeschossen und bei Wanddicken kleiner als 240 mm; dabei ist als Wanddicke bei zweischaligen Außenwänden die Dicke der Innenschale maßgebend.*
 - *Nicht zulässig für Vermauern der Außenschale nach 8.4.3 (s. dazu in DIN 1053-1).*
 - *Nicht zulässig für Mauerwerk EM (s. dazu in DIN 1053-1).*

b) Mörtelgruppen II und IIa:
 - *Keine Einschränkung.*

c) Mörtelgruppen III und IIIa:
 - *Nicht zulässig für Vermauern der Außenschale nach 8.4.3 (s. dazu in DIN 1053-1). Abweichend davon darf MG III zum nachträglichen Verfugen und für diejenigen Bereiche von Außenschalen verwendet werden, die als bewehrtes Mauerwerk nach DIN 1053-3 ausgeführt werden.*

5.2.3.3 Leichtmörtel (LM)

Es gelten folgende Einschränkungen:

 - *Nicht zulässig für Gewölbe und der Witterung ausgesetztes Sichtmauerwerk (siehe auch 8.4.2.2 und 8.4.3; s. dazu in DIN 1053-1).*

5.2.3.4 Dünnbettmörtel (DM)

Es gelten folgende Einschränkungen:

 - *Nicht zulässig für Gewölbe und für Mauersteine mit Maßabweichungen der Höhe von mehr als 1,0 mm (Anforderungen an Plansteine).*

3.3 bis 3.5 (Füllbeton, Bewehrungsstahl, Spannstahl)

entfallen

3.6 Mechanische Eigenschaften von unbewehrtem Mauerwerk

3.6.1 Allgemeines

(1) Es wird unterschieden zwischen:
- dem Mauerwerk selbst als einem Verbundbaustoff, bestehend aus Mauersteinen und Mörtel, mit entsprechenden mechanischen Stoffeigenschaften;
- dem Mauerwerk als Bauteil (z. B. eine Wand), deren mechanische Eigenschaften von den mechanischen Eigenschaften des Mauerwerks, der Geometrie des Bauteils und dem Zusammenwirken mit den angrenzenden Bauwerksteilen abhängig sind.

(2) Die mechanischen Stoffeigenschaften des Mauerwerks, die nach genormten Prüfverfahren bestimmt und bei der Bemessung benötigt werden, sind:
- die Druckfestigkeit f;
- die Schubfestigkeit f_v;
- die Biegefestigkeit f_x:
- die Spannungs-Dehnungs-Linie $(\sigma - \varepsilon)$.

(3) entfällt

3.6.2 Charakteristische Druckfestigkeit von unbewehrtem Mauerwerk

3.6.2.1 Allgemeines
(1) P

Abgeleitet aus den vorliegenden deutschen Versuchsergebnissen, ist die charakteristische Druckfestigkeit von unbewehrtem Mauerwerk f_k mit der Beziehung $f_k = \sigma_0/0{,}35$ mit σ_0 nach DIN 1053-1, Tabellen 4a und 4b zu bestimmen.

Anmerkung:

entfällt

(2) Bei einer versuchsmäßigen Ermittlung der charakteristischen Druckfestigkeit von unbewehrtem Mauerwerk f_k ist nach DIN 1053-2 zu verfahren. Die Versuche sind nach DIN 18 554-1 durchzuführen.

Die charakteristische Druckfestigkeit f_k ist durch Multiplikation der so ermittelten Nennfestigkeit β_M mit folgendem Faktor k_A zu bestimmen:

Für $\beta_M = 1{,}0$ bis $9{,}0$: $k_A = 1{,}0$
     $\beta_M = 11{,}0$ bis $13{,}0$: $k_A = 0{,}32/0{,}35 = 0{,}91$
     $\beta_M = 16{,}0$ bis $25{,}0$: $k_A = 0{,}30/0{,}35 = 0{,}86$

(3) und (4) entfallen

3.6.2.2 Charakteristische Druckfestigkeit von unbewehrtem Mauerwerk bei Verwendung von Normalmörtel

(1) Abgeleitet aus den vorliegenden deutschen Versuchsergebnissen, ist die charakteristische Druckfestigkeit von unbewehrtem Mauerwerk f_k mit der Beziehung $f_k = \sigma_0/0{,}35$ mit σ_0 nach DIN 1053-1, Tabelle 4a zu bestimmen.

(2) entfällt

3.6.2.3 Charakteristische Druckfestigkeit von unbewehrtem Mauerwerk bei Verwendung von Dünnbettmörtel

(1) Abgeleitet aus den vorliegenden deutschen Versuchsergebnissen, ist die charakteristische Druckfestigkeit von unbewehrtem Mauerwerk f_k mit der Beziehung $f_k = \sigma_0/0{,}35$ mit σ_0 nach DIN 1053-1, Tabelle 4b, zu bestimmen.

(2) entfällt

3.6.2.4 Charakteristische Druckfestigkeit von unbewehrtem Mauerwerk bei Verwendung von Leichtmörtel

(1) Abgeleitet aus den vorliegenden deutschen Versuchsergebnissen, ist die charakteristische Druckfestigkeit von unbewehrtem Mauerwerk f_k mit der Beziehung $f_k = \sigma_0/0{,}35$ mit σ_0 nach DIN 1053-1, Tabelle 4b zu bestimmen.

Tabelle 4a: Grundwerte σ_0 der zulässigen Druckspannungen für Mauerwerk mit Normalmörtel (aus: DIN 1053-1)

Steinfestigkeitsklasse	Grundwerte σ_0 für Normalmörtel Mörtelgruppe				
	I MN/m^2	II MN/m^2	IIa MN/m^2	III MN/m^2	IIIa MN/m^2
2	0,3	0,5	0,5[1)]	–	–
4	0,4	0,7	0,8	0,9	–
6	0,5	0,9	1,0	1,2	–
8	0,6	1,0	1,2	1,4	–
12	0,8	1,2	1,6	1,8	1,9
20	1,0	1,6	1,9	2,4	3,0
28	–	1,8	2,3	3,0	3,5
36	–	–	–	3,5	4,0
48	–	–	–	4,0	4,5
60	–	–	–	4,5	5,0

[1)] $\sigma_0 = 0{,}6\ MN/m^2$ bei Außenwänden mit Dicken ≥ 300 mm. Diese Erhöhung gilt jedoch nicht für den Nachweis der Auflagerpressung nach 6.9.3 (s. dazu in DIN 1053-1).

3.6.2.5 Charakteristische Druckfestigkeit von unbewehrtem Mauerwerk mit nicht vermörtelten Stoßfugen

(1) Abgeleitet aus den vorliegenden deutschen Versuchsergebnissen, ist die charakteristische Druckfestigkeit von unbewehrtem Mauerwerk f_k mit der Beziehung $f_k = \sigma_0/0{,}35$ mit σ_0 nach DIN 1053-1, Tabellen 4a und 4b zu bestimmen.

Tabelle 4b: Grundwerte σ_0 der zulässigen Druckspannungen für Mauerwerk mit Dünnbett- und Leichtmörtel (aus: DIN 1053-1)

Steinfestig-keitsklasse	Grundwerte σ_0 für		
	Dünnbett-mörtel[1] MN/m^2	Leichtmörtel LM 21 MN/m^2	LM 36 MN/m^2
2	0,6	0,5[2]	0,5[2],[3]
4	1,1	0,7[4]	0,8[5]
6	1,5	0,7	0,9
8	2,0	0,8	1,0
12	2,2	0,9	1,1
20	3,2	0,9	1,1
28	3,7	0,9	1,1

[1] Anwendung nur bei Porenbeton-Plansteinen nach DIN 4165 und bei Kalksand-Plansteinen. Die Werte gelten für Vollsteine. Für Kalksand-Lochsteine und Kalksand-Hohlblocksteine nach DIN 106-1 gelten die entsprechenden Werte der Tabelle 4a bei Mörtelgruppe III bis Steinfestigkeitsklasse 20.

[2] Für Mauerwerk mit Mauerziegeln nach DIN 105-1 bis DIN 105-4 gilt $\sigma_0 = 0,4$ MN/m^2.

[3] $\sigma_0 = 0,6$ MN/m^2 bei Außenwänden mit Dicken ≥ 300 mm. Diese Erhöhung gilt jedoch nicht für den Fall der Fußnote[2] und nicht für den Nachweis der Auflagerpressung nach 6.9.3 (s. dazu in DIN 1053-1).

[4] Für Kalksandsteine nach DIN 106-1 der Rohdichteklasse $\geq 0,9$ und für Mauerziegel nach DIN 105-1 bis DIN 105-4 gilt $\sigma_0 = 0,5$ MN/m^2.

[5] Für Mauerwerk mit den in Fußnote[4] genannten Mauersteinen gilt $\sigma_0 = 0,7$ MN/m^2.

3.6.2.6 Charakteristische Druckfestigkeit von unbewehrtem Mauerwerk bei Randstreifenvermörtelung der Lagerfugen

entfällt

3.6.3 Charakteristische Schubfestigkeit von unbewehrtem Mauerwerk

Der Abschnitt wird ersetzt durch:
Es gilt DIN 1053-1, Abschnitt 7.9.5.

7.9.5 Schubnachweis

Die Schubspannungen sind nach der technischen Biegelehre bzw. nach der Scheibentheorie für homogenes Material zu ermitteln, wobei Querschnittsbereiche, in denen die Fugen rechnerisch klaffen, nicht in Rechnung gestellt werden dürfen.

Die unter Gebrauchslast vorhandenen Schubspannungen τ und die zugehörige Normalspannung σ in der Lagerfuge müssen folgenden Bedingungen genügen:

Scheibenschub:

$$\gamma \cdot \tau \leq \beta_{RHS} + \bar{\mu} \cdot \sigma \quad (16a)$$
$$\leq 0,45 \cdot \beta_{RHS} \cdot \sqrt{1 + \sigma/\beta_{RZ}} \quad (16b)$$

Plattenschub:

$$\gamma \cdot \tau \leq \beta_{RHS} + \mu \cdot \sigma \quad (16c)$$

Hierin bedeuten:

β_{RHS} Rechenwert der abgeminderten Haftscherfestigkeit. Es gilt $\beta_{RHS} = 2\,\sigma_{0HS}$ mit σ_{0HS} nach Tabelle 5. Auf die erforderliche Vorbehandlung von Steinen und Arbeitsfugen entsprechend 9.1 wird besonders hingewiesen.

9.1 Allgemeines

Bei stark saugfähigen Steinen und/oder ungünstigen Umgebungsbedingungen ist ein vorzeitiger und zu hoher Wasserentzug aus dem Mörtel durch Vornässen der Steine oder andere geeignete Maßnahmen einzuschränken, wie z. B.

a) durch Verwendung von Mörtel mit verbessertem Wasserrückhaltevermögen,

b) durch Nachbehandlung des Mauerwerks.

μ Rechenwert des Reibungsbeiwertes. Für alle Mörtelarten darf $\mu = 0,6$ angenommen werden.

$\bar{\mu}$ Rechenwert des abgeminderten Reibungsbeiwertes. Mit der Abminderung wird die Spannungsverteilung in der Lagerfuge längs eines Steins berücksichtigt. Für alle Mörtelgruppen darf $\bar{\mu} = 0,4$ gesetzt werden.

β_{RZ} Rechenwert der Steinzugfestigkeit. Es gilt:

$\beta_{RZ} = 0,025 \cdot \beta_{Nst}$ für Hohlblocksteine

$= 0,033 \cdot \beta_{Nst}$ für Hochlochsteine und Steine mit Grifföffnungen oder Grifflöchern

$= 0,040 \cdot \beta_{Nst}$ für Vollsteine ohne Grifföffnungen oder Grifflöcher

β_{Nst} Nennwert der Steindruckfestigkeit (Steindruckfestigkeitsklasse)

γ Sicherheitsbeiwert nach 7.9.1

Der Sicherheitsbeiwert ist $\gamma_W = 2{,}0$ für Wände und für „kurze Wände" (Pfeiler) – Querschnittsfläche kleiner als 1000 cm² –, die aus einem oder mehreren ungetrennten Steinen oder aus getrennten Steinen mit einem Lochanteil von weniger als 35 % bestehen und keine Aussparungen oder Schlitze enthalten. Für alle anderen „kurzen Wände" gilt $\gamma_P = 2{,}5$. Gemauerte Querschnitte mit Flächen kleiner als 400 cm² sind als tragende Teile unzulässig.

Bei Rechteckquerschnitten genügt es, den Schubnachweis für die Stelle der maximalen Schubspannung zu führen. Bei zusammengesetzten Querschnitten ist außerdem der Nachweis am Anschnitt der Teilquerschnitte zu führen.

Tabelle 5: Zulässige abgeminderte Haftscherfestigkeit σ_{0HS} in MN/m² (aus: DIN 1053-1)

Mörtelart, Mörtelgruppe	NM I	NM II	NM IIa LM 21 LM 36	NM III DM	NM IIIa
σ_{0HS} 1)	0,01	0,04	0,09	0,11	0,13

1) Für Mauerwerk mit unvermörtelten Stoßfugen sind die Werte σ_{0HS} zu halbieren. Als vermörtelt in diesem Sinn gilt eine Stoßfuge, bei der etwa die halbe Wanddicke oder mehr vermörtelt ist.

3.6.4 Charakteristische Biegefestigkeit von unbewehrtem Mauerwerk

(1) P Diese charakteristische Biegefestigkeit f_{xk} von unbewehrtem Mauerwerk ist aus Ergebnissen von Mauerwerksversuchen zu bestimmen.

Anmerkung: Versuchsergebnisse können auf nationaler Ebene oder aufgrund von Versuchen für das Bauvorhaben vorliegen.

(2) Die charakteristische Biegefestigkeit von unbewehrtem Mauerwerk ist je nach Beanspruchungsrichtung gemäß Bild 3.1 durch Versuche zu bestimmen. Die charakteristische Biegefestigkeit parallel zur Lagerfuge f_{xk2} darf statt dessen nach DIN 1053-1, Abschnitt 7.9.4, mit $f_{xk2} = \gamma \cdot$ zul σ_z ermittelt werden.

7.9.4 Zug- und Biegezugspannungen

Zug- und Biegezugspannungen rechtwinklig zur Lagerfuge dürfen in tragenden Wänden nicht in Rechnung gestellt werden.

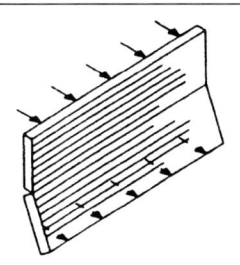

f_{xk1}: Bruchebene parallel zu den Lagerfugen

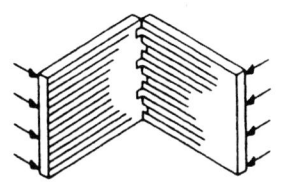

f_{xk2}: Bruchebene senkrecht zu den Lagerfugen

Bild 3.1: Biegefestigkeiten f_{xk1} und f_{xk2}

Zug- und Biegezugspannungen σ_Z parallel zur Lagerfuge in Wandrichtung dürfen bis zu folgenden Höchstwerten im Gebrauchszustand in Rechnung gestellt werden:

$$\text{zul } \sigma_Z \leq \frac{1}{\gamma} (\beta_{RHS} + \mu \cdot \sigma_D) \frac{ü}{h} \quad (14)$$

$$\text{zul } \sigma_Z \leq \frac{\beta_{RZ}}{2\,\gamma} \leq 0{,}3 \text{ MN/m}^2 \quad (15)$$

Der kleinere Wert ist maßgebend.

Hierin bedeuten:

zul σ_Z	zulässige Zug- und Biegezugspannung parallel zur Lagerfuge
σ_D	Druckspannung rechtwinklig zur Lagerfuge
β_{RHS}	Rechenwert der abgeminderten Haftscherfestigkeit nach 7.9.5 (s. Abschnitt 3.6.3)
β_{RZ}	Rechenwert der Steinzugfestigkeit nach 7.9.5 (s. Abschnitt 3.6.3)
μ	Reibungsbeiwert = 0,6
ü	Überbindemaß nach 9.3
h	Steinhöhe
γ	Sicherheitsbeiwert nach 7.9.1

9.3 Verband

Es muß im Verband gemauert werden, d. h., die Stoß- und Längsfugen übereinanderliegender Schichten müssen versetzt sein.

Das Überbindemaß ü (siehe Bild 13) muß ≥ 0,4 h bzw. ≥ 45 mm sein, wobei h die Steinhöhe (Sollmaß) ist. Der größere Wert ist maßgebend.

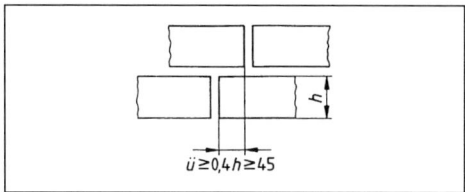

a) Stoßfugen (Wandansicht)

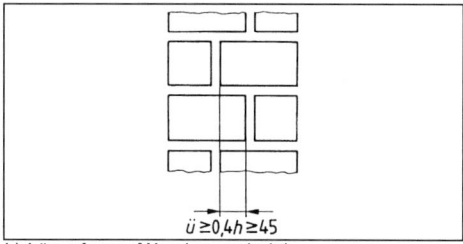

b) Längsfugen (Wandquerschnitt)

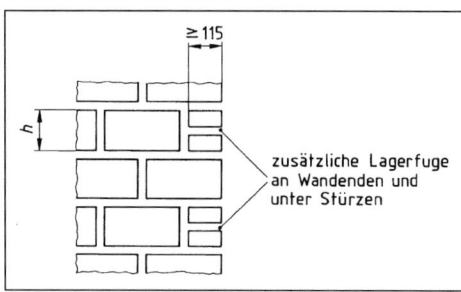

c) Höhenausgleich an Wandenden und Stürzen

Bild 13. Überbindemaß und zusätzliche Lagerfugen

Die Steine einer Schicht sollen gleiche Höhe haben. An Wandenden und unter Stürzen ist eine zusätzliche Lagerfuge in jeder zweiten Schicht zum Längen- und Höhenausgleich gemäß Bild 13c zulässig, sofern die Aufstandsfläche der Steine mindestens 115 mm lang ist und Steine und Mörtel mindestens gleiche Festigkeit wie im übrigen Mauerwerk haben. In Schichten mit Längsfugen darf die Steinhöhe nicht größer als die Steinbreite sein. Abweichend davon muß die Aufstandsbreite von Steinen der Höhe 175 und 240 mm mindestens 115 mm betragen. Für das Überbindemaß gilt Absatz 2. Die Absätze 1 und 3 gelten sinngemäß auch für Pfeiler und kurze Wände.

(3) Für den Ansatz der Biegezugfestigkeit f_{xk1} senkrecht zur Lagerfuge ist die Ergänzung zu Abschnitt 4.4.1 (2) zu beachten.

(4) entfällt

3.7 Mechanische Eigenschaften von bewehrtem, vorgespanntem und eingefaßtem Mauerwerk

entfällt

3.8 Verformungseigenschaften von Mauerwerk

3.8.1 Spannungs-Dehnungs-Linie

(1) Die allgemeine Form der Spannungs-Dehnungs-Linie von Mauerwerk ist in Bild 3.2 dargestellt.

(2) Für die Bemessung darf der Verlauf der Spannungs-Dehnungs-Linie als Parabel, Parabel-Rechteck (siehe Bild 3.3) oder Rechteck angenommen werden.

Anmerkung: Die in Bild 3.3 dargestellte Spannungs-Dehnungs-Linie ist eine Näherung; sie ist nicht für alle Steinarten geeignet. Mauersteine mit zum Beispiel großen Löchern können spröde ohne horizontalen Bereich versagen.

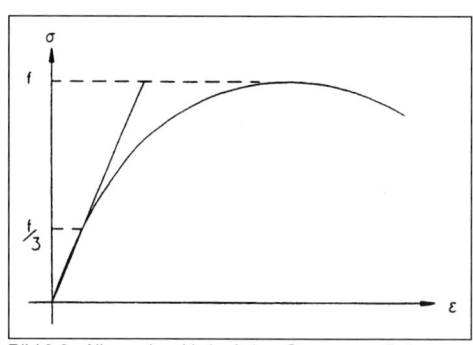

Bild 3.2: Allgemeiner Verlauf einer Spannungs-Dehnungs-Linie von Mauerwerk

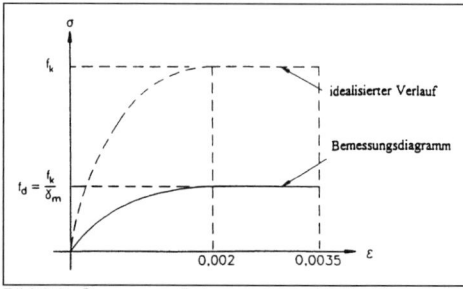

Bild 3.3: Spannungs-Dehnungs-Linie für die Bemessung von Mauerwerk auf Biegung und Druck

3.8.2 Elastizitätsmodul

(1) P

Der Kurzzeitelastizitätsmodul E muß durch Versuche nach DIN 18 554-1 bei Gebrauchslast, d. h. bei einem Drittel der nach DIN 18 554-1 bestimmten Höchstlast, ermittelt werden.

(2) Liegen keine nach DIN 18 554-1 ermittelten Versuchsergebnisse vor, darf der Kurzzeitelastizitätsmodul des Mauerwerks unter Gebrauchslast und bei der Bemessung mit $1000 f_k$ angenommen werden.

(3) und (4) entfallen

3.8.3 Schubmodul

(1) Sofern kein genauerer Wert vorhanden ist, darf der Schubmodul G mit 40 % des Elastizitätsmoduls E angenommen werden.

3.8.4 Kriechen, Schwinden und Temperaturdehnung

(1) In Tabelle 3.8[1]) sind Verformungskennwerte von Mauerwerk aus verschiedenen Mauersteinarten und Normalmörtel angegeben. Vorzugsweise sollten die Verformungseigenschaften durch Versuche ermittelt werden. Liegen keine Versuchsergebnisse vor, dürfen die in Tabelle 3.8[1]) angegebenen Rechenwerte verwendet werden.

Anmerkung: Einige Werte werden die Rechenwerte überschreiten oder unterschreiten; wahrscheinliche Wertebereiche sind in Tabelle 3.8[1]) angegeben.

(2) Bei Verwendung von Dünnbettmörtel und Leichtmörtel dürfen, soweit keine anderen Werte vorliegen, die in der Tabelle 3.8[1]) für die verschiedenen Steinarten angegebenen Werte eingesetzt werden.

Tabelle 3.8: Kennwerte für Kriechen, Schwinden und Temperaturänderung bei Mauerwerk mit Normalmörtel

Es gilt die Tabelle 2 in DIN 1053-1.

3.9 Ergänzungsbauteile

3.9.1 Feuchtigkeitssperrschichten

(1) P Feuchtigkeitssperrschichten müssen den Durchtritt von Wasser verhindern.

(2) Feuchtigkeitssperrschichten sollten der Art des Bauwerks entsprechend dauerhaft sein; sie sollten aus Stoffen hergestellt werden, die im Gebrauchszustand nicht leicht durchstoßen werden und unter der Bemessungsdruckspannung nicht herausquetschen.

3.9.2 Wandanker

(1) P Wandanker und deren Verankerungen müssen die auf sie einwirkenden Kräfte, einschließlich

---

[1]) Es gilt Tabelle 2 DIN 1053-1.

Tabelle 2: Verformungskennwerte für Kriechen, Schwinden, Temperaturänderung sowie Elastizitätsmoduln (aus: DIN 1053-1)

Mauersteinart	Endwert der Feuchtedehnung (Schwinden, chemisches Quellen)[1]) $\varepsilon_{f\infty}$[1])		Endkriechzahl φ_∞[2])		Wärmedehnungskoeffizient α_T		Elastizitätsmodul E[3])	
	Rechenwert	Wertebereich	Rechenwert	Wertebereich	Rechenwert	Wertebereich	Rechenwert	Wertebereich
	mm/m				10^{-6}/K		MN/m²	
1	2	3	4	5	6	7	8	9
Mauerziegel	0	+ 0,3 bis – 0,2	1,0	0,5 bis 1,5	6	5 bis 7	$3500 \cdot \sigma_0$	3000 bis $4000 \cdot \sigma_0$
Kalksandsteine[4])	– 0,2	– 0,1 bis – 0,3	1,5	1,0 bis 2,0	8	7 bis 9	$3000 \cdot \sigma_0$	2500 bis $4000 \cdot \sigma_0$
Leichtbetonsteine	– 0,4	– 0,2 bis – 0,5	2,0	1,5 bis 2,5	10[5])	8 bis 12	$5000 \cdot \sigma_0$	4000 bis $5000 \cdot \sigma_0$
Betonsteine	– 0,2	– 0,1 bis – 0,3	1,0	–	10	8 bis 12	$7500 \cdot \sigma_0$	6500 bis $8500 \cdot \sigma_0$
Porenbetonsteine	– 0,2	+ 0,1 bis – 0,3	1,5	1,0 bis 2,5	8	7 bis 9	$2500 \cdot \sigma_0$	2000 bis $3000 \cdot \sigma_0$

[1]) Verkürzung (Schwinden): Vorzeichen minus; Verlängerung (chemisches Quellen): Vorzeichen plus.
[2]) $\varphi_\infty = \varepsilon_{k\infty}/\varepsilon_{el}$; $\varepsilon_{k\infty}$ Endkriechdehnung; $\varepsilon_{el} = \sigma/E$.
[3]) E Sekantenmodul aus Gesamtdehnung bei etwa $1/3$ der Mauerwerksdruckfestigkeit; σ_0 Grundwert nach Tabellen 4a, 4b und 4c.
[4]) Gilt auch für Hüttensteine.
[5]) Für Leichtbeton mit überwiegend Blähton als Zuschlag.

der aus Umwelteinflüssen und der aus unterschiedlichen Verformungen der Wandschalen, aufnehmen können. Sie müssen in der Umgebung, der sie ausgesetzt sind, korrosionsbeständig sein.

(2) P Wandanker müssen aus einem Material hergestellt sein, das auftretende Biege- und Längsbeanspruchungen ohne unbeabsichtigte Minderung der Festigkeit, der Zähigkeit und des Korrosionsschutzes aufnehmen kann.

(3) Wandanker müssen die Anforderungen nach DIN 1053 Teil 1, Abschn. 8.4.3 erfüllen.

8.4.3 e) Die Mauerwerksschalen sind durch Drahtanker aus nichtrostendem Stahl mit den Werkstoffnummern 1.4401 oder 1.4571 nach DIN 17 440 zu verbinden (siehe Tabelle 11). Die Drahtanker müssen in Form und Maßen Bild 9 entsprechen. Der vertikale Abstand der Drahtanker soll höchstens 500 mm, der horizontale Abstand höchstens 750 mm betragen.

An allen freien Rändern (von Öffnungen, an Gebäudeecken, entlang von Dehnungsfugen und an den oberen Enden der Außenschalen) sind zusätzlich zu Tabelle 11 drei Drahtanker je m Randlänge anzuordnen.

Tabelle 11: Mindestanzahl und Durchmesser von Drahtankern je m² Wandfläche

		Drahtanker Mindestanzahl	Durchmesser mm
1	mindestens, sofern nicht Zeilen 2 und 3 maßgebend	5	3
2	Wandbereich höher als 12 m über Gelände oder Abstand der Mauerwerksschalen über 70 bis 120 mm	5	4
3	Abstand der Mauerwerksschalen über 120 bis 150 mm	7 oder 5	4 5

Werden die Drahtanker nach Bild 9 in Leichtmörtel eingebettet, so ist dafür LM 36 erforderlich. Drahtanker in Leichtmörtel LM 21 bedürfen einer anderen Verankerungsart.

Andere Verankerungsarten der Drahtanker sind zulässig, wenn durch Prüfzeugnis nachgewiesen wird, daß diese Verankerungsart eine Zug- und Druckkraft von mindestens 1 kN bei 1,0 mm Schlupf je Drahtanker aufnehmen kann. Wird einer dieser Werte nicht erreicht, so ist die Anzahl der Drahtanker entsprechend zu erhöhen.

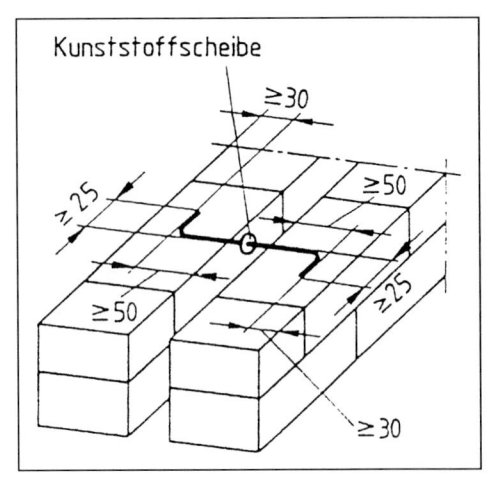

Bild 9: Drahtanker für zweischaliges Mauerwerk für Außenwände (aus: DIN 1053-1)

Die Drahtanker sind unter Beachtung ihrer statischen Wirksamkeit so auszuführen, daß sie keine Feuchte von der Außen- zur Innenschale leiten können (z. B. Aufschieben einer Kunststoffscheibe, siehe Bild 9).
Andere Ankerformen (z. B. Flachstahlanker) und Dübel im Mauerwerk sind zulässig, wenn deren Brauchbarkeit nach den bauaufsichtlichen Vorschriften nachgewiesen ist, z. B. durch eine allgemeine bauaufsichtliche Zulassung.
Bei nichtflächiger Verankerung der Außenschale, z. B. linienförmig oder nur in Höhe der Decken, ist ihre Standsicherheit nachzuweisen.
Bei gekrümmten Mauerwerksschalen sind Art, Anordnung und Anzahl der Anker unter Berücksichtigung der Verformung festzulegen.

3.9.3 Bänder, Auflager, Konsolen und Auflagerwinkel

entfällt

3.9.4 Vorgefertigte Stürze

(1) P Vorgefertigte Stürze müssen die Anforderungen der Richtlinien für die Bemessung und Ausführung von Flachstürzen, Fassung 1977, bzw. der DIN 1053-3 erfüllen. Sie müssen unter Umweltbedingungen, denen sie ausgesetzt werden, korrosionsbeständig sein.

4 Berechnung und Bemessung von Mauerwerk

4.1 Tragverhalten und Standsicherheit

4.1.1 Bemessungsmodelle für das Tragverhalten

(1)P Für den Nachweis eines jeden zu betrachtenden Grenzzustandes muß unter Beachtung folgender Punkte ein Bemessungsmodell festgelegt werden:

- eine entsprechende Beschreibung des Tragwerkes, die wesentlichen Baustoffe zur Errichtung des Tragwerks und die zu beachtenden Umweltbedingungen;
- das Tragverhalten des ganzen Tragwerks oder von Teilen in bezug auf den zu betrachtenden Grenzzustand;
- die Einwirkungen und wie sie angesetzt werden.

(2) Querschnitte oder Tragwerksteile dürfen unabhängig berechnet und bemessen werden, wenn dabei der räumliche Zusammenhang und das Zusammenwirken der Bauteile berücksichtigt werden.

(3)P Der Entwurf des Tragwerks, das Zusammenwirken und die Verbindung der verschiedenen Bauteile müssen so erfolgen, daß die nötige Standsicherheit und Unempfindlichkeit erreicht werden.

(4) Um Standsicherheit und Unempfindlichkeit sicherzustellen, ist es für den Entwurf im Grundriß und im Schnitt erforderlich, daß das Zusammenwirken der Mauerwerksteile untereinander und ihr Zusammenwirken mit anderen Teilen des Tragwerks so erfolgt, daß ein einwandfrei ausgesteiftes System entsteht, wenn dieses entsprechend den Abschnitten 5 und 6 dieser ENV 1996-1-1 konstruiert und ausgeführt wird. Die mögliche Auswirkungen von Imperfektionen sollten dadurch berücksichtigt werden, daß eine Schiefstellung des Tragwerks gegen die Vertikale um den Winkel $v = 1/(100 \sqrt{h_{tot}})$ im Bogenmaß angenommen wird; dabei ist h_{tot} die Gesamthöhe des Tragwerks in Metern.

(5) Bei Tragwerken mit Mauerwerkswänden, die nach diesem Abschnitt der ENV 1996-1-1 entworfen und bemessen sind, sollten die Teile so ausgesteift werden, daß das Tragwerk nicht aufgrund von Auslenkungen versagt.

(6)P Der für die Standsicherheit des Gebäudes verantwortliche Ingenieur muß die Übereinstimmung zwischen der Berechnung und Bemessung mit den Details der Bauteile und seiner Einzelbestandteile sicherstellen.

(7) Die Verantwortlichkeit für die Standsicherheit sollte eindeutig festgelegt sein, wenn Teile oder die Gesamtberechnung und die Behandlung der Konstruktionsdetails von mehr als einem Ingenieur durchgeführt werden.

4.1.2 Tragverhalten in außergewöhnlichen Fällen (ausgenommen Erdbeben und Brand)

Der Abschnitt entfällt.

4.1.3 Bemessung von Bauteilen

(1)P Bauteile sind für den Grenzzustand der Tragfähigkeit zu bemessen.

(2)P, (3) und (4)   entfallen

Es gilt der Abschnitt „6.5 Zwängungen" aus DIN 1053-1.

Aus der starren Verbindung von Baustoffen unterschiedlichen Verformungsverhaltens können erhebliche Zwängungen infolge von Schwinden, Kriechen und Temperaturänderungen entstehen, die Spannungsumlagerungen und Schäden im Mauerwerk bewirken können. Das gleiche gilt bei unterschiedlichen Setzungen. Durch konstruktive Maßnahmen (z. B. ausreichende Wärmedämmung, geeignete Baustoffwahl, zwängungsfreie Anschlüsse, Fugen usw.) ist unter Beachtung von 6.6 (s. DIN 1053-1) sicherzustellen, daß die vorgenannten Einwirkungen die Standsicherheit und Gebrauchsfähigkeit der baulichen Anlage nicht unzulässig beeinträchtigen.

(5) Es sollte angegeben werden, ob besondere Vorsichtsmaßnahmen erforderlich sind, um die Standsicherheit des Tragwerks oder die einzelner Wände im Bauzustand zu gewährleisten.

4.2 Lasten, Kombinationen und Teilsicherheitsbeiwerte

4.2.1 Charakteristische ständige Last

(1)P Die charakteristische ständige Last G_k ist nach 2.2.2.2 zu bestimmen.

4.2.2 Charakteristische veränderliche Last

(1)P Die charakteristische veränderliche Last Q_k ist nach 2.2.2.2, der repräsentative Wert einer veränderlichen Last bei Lastkombinationen nach 2.2.2.3 zu bestimmen.

4.2.3 Charakteristische Windlast

4.2.4 Charakteristischer waagerechter Erddruck

Die Abschnitte 4.2.3 und 4.2.4 werden ersetzt durch:

Als charakteristische Werte der Einwirkungen gelten grundsätzlich die Werte der DIN-Normen, insbesondere die Werte der Normenreihe DIN 1055, und gegebenenfalls der bauaufsichtlichen Ergänzungen und Richtlinien.

4.2.5 Lastkombinationen bei der Berechnung und Bemessung

(1)P Für die Berechnung der Grenzzustände der Tragfähigkeit müssen für die Kombinationen der Bemessungswerte die in 2.3.2.2 angegebenen Werte unter Berücksichtigung der entsprechenden Teilsicherheitsbeiwerte nach 2.3.3.1 zugrunde gelegt werden. Wenn alternative Werte von Teilsicherheitsbeiwerten angegeben sind, müssen die Werte angesetzt werden, welche die ungünstigen Zustände ergeben.

4.3 Bemessungsfestigkeit von Mauerwerk

(1)P Als Bemessungsfestigkeit von Mauerwerk ist die charakteristische Festigkeit geteilt durch den entsprechenden Teilsicherheitsbeiwert γ_M anzunehmen. Sie ist

- bei Druck $\quad f_d = \dfrac{f_k}{\gamma_M}$ (4.1)

- bei Schub $\quad f_{vd} = \dfrac{f_{vk}}{\gamma_M}$ (4.2)

- bei Biegung $\quad f_{xd} = \dfrac{f_{xk}}{\gamma_M}$ (4.3)

Dabei ist γ_M der entsprechende Wert nach 2.3.3.2.

4.4 Vertikal beanspruchte unbewehrte Mauerwerkswände

4.4.1 Allgemeines

(1)P Für die Bemessung von unbewehrten Mauerwerkswänden unter vertikaler Belastung sind die Geometrie der Wand, die Ausmitte der Last und die Baustoffeigenschaften des Mauerwerks zu berücksichtigen.

(2) Folgende Annahmen dürfen getroffen werden:
- Ebenbleiben der Querschnitte;
- die Zugfestigkeit von Mauerwerk senkrecht zu den Lagerfugen ist null;
- die Spannungsdehnungslinie hat den im Bild 3.3 angegebenen Verlauf.

Ergänzend gilt:

Für den Nachweis der Tragfähigkeit ist die Zugfestigkeit von Mauerwerk senkrecht zu den Lagerfugen bei tragenden Wänden grundsätzlich zu null anzunehmen.

(3) Folgende Punkte sollten bei der Berechnung und Bemessung berücksichtigt werden:
- Langzeiteinflüsse infolge Lasten;
- Einflüsse aus Verformungen zweiter Ordnung;
- berechnete Ausmitten infolge Anordnung der Wände, Zusammenwirken der Decken und der aussteifenden Wände;
- Ausmitten infolge Ungenauigkeiten bei der Ausführung und unterschiedlicher Baustoffeigenschaften einzelner Teile.

Ergänzend gilt:

Langzeiteinflüsse auf die Druckfestigkeit sind in den γ_M-Werten, Einflüsse des Kriechens in den folgenden Bemessungsangaben berücksichtigt.

(4)P Im Grenzzustand der Tragfähigkeit muß der Bemessungswert der Festigkeit einer vertikal belasteten Wand N_{Rd} größer als oder gleich dem Bemessungswert der Last N_{Sd} sein, d. h.:

$$N_{Rd} \geq N_{Sd} \quad (4.4)$$

(5) Als Bemessungsverfahren für den Nachweis des Grenzzustandes der Tragfähigkeit darf das in 4.4.2 bis 4.4.8 angegebene Verfahren angewendet werden.

> Anmerkung: In 4.4.2 bis 4.4.8 sind einige vereinfachte Annahmen für die Berechnung der Schlankheit von Wänden und den Abminderungsfaktor Φ getroffen, wobei besonders Einflüssen aus Verformungen II. Ordnung in vereinfachter Form Rechnung getragen ist.

4.4.2 Nachweis unbewehrter Wände

(1) Der Bemessungswert der Festigkeit einer vertikal belasteten einschaligen Wand beträgt je Längeneinheit:

$$N_{Rd} = \frac{\Phi_{i,m} \, t \, f_k}{\gamma_M} \quad (4.5)$$

Dabei ist

$\Phi_{i,m}$ der Abminderungsfaktor – Φ_i oder Φ_m – zur Berücksichtigung der Schlankheit und der Lastausmitte, siehe 4.4.3;
f_k die charakteristische Mauerwerksdruckfestigkeit nach 3.6.2;
γ_M der Teilsicherheitsbeiwert für den Baustoff nach 2.3.3.2;
t die Wanddicke unter Berücksichtigung von Fugenrücksprüngen mit einer Tiefe von mehr als 5 mm.

(2) Die Bemessungsfestigkeit einer Wand kann am geringsten sein

- im mittleren Fünftel der Wandhöhe – dann sollte Φ_m verwendet werden – oder
- am Wandkopf oder Wandfuß – dann sollte Φ_i verwendet werden.

(3) Wenn der Wandquerschnitt kleiner als 0,1 m² ist, sollte die charakteristische Mauerwerksfestigkeit f_k mit nachstehendem Faktor multipliziert werden:

$$(0{,}7 + 3\,A) \tag{4.6}$$

Dabei ist A die belastete Bruttoquerschnittsfläche des Bauteils in m².

(4) Bei zweischaligen Wänden mit Luftschicht sollte die von jeder Wandschale zu übernehmende Last bestimmt und die aufnehmbare vertikale Last N_{Rd} jeder Schale nach Gleichung (4.5) nachgewiesen werden. Wenn nur eine Schale belastet ist, sollte zur Berechnung der Tragfähigkeit der Wand nur der Querschnitt der belasteten Schale zugrunde gelegt werden. Die wirksame Wanddicke zur Ermittlung der Schlankheit (siehe 4.4.5 (3)) darf jedoch nach Gleichung (4.17) angenommen werden.

(5) Einschaliges Verblendmauerwerk, das so im Verband gemauert wird, daß es unter Last wie ein Querschnitt wirkt, sollte wie eine einschalige Wand, bestehend aus den Mauersteinen mit der geringeren Festigkeit, bemessen werden. Dabei ist als K-Wert der für Verbandsmauerwerk geltende Wert anzusetzen (siehe 3.6.2.2). Einschaliges Verblendmauerwerk, das nicht so im Verband gemauert wird, daß es unter Last wie ein Querschnitt wirkt, sollte als zweischaliges Mauerwerk mit Luftschicht bemessen werden, sofern die Wandschalen – wie bei zweischaligem Mauerwerk mit Luftschicht erforderlich – miteinander verbunden sind (siehe 5.4.2.2).

(6) *entfällt*

(7) Schlitze und Aussparungen setzen die Tragfähigkeit einer Wand herab. Die Abminderung darf als unerheblich angenommen werden, wenn die Schlitze und Aussparungen innerhalb der in 5.5 angegebenen Grenzen liegen. Wenn die Größe, Anzahl oder Lage der Schlitze und Aussparungen außerhalb dieser Grenzen liegen, sollte die Tragfähigkeit der Wand wie folgt überprüft werden:

- vertikal verlaufende Schlitze oder Aussparungen sollten entweder als durch die Wand gehende Öffnungen behandelt werden oder – alternativ – sollte die Restwanddicke der Wand beim Schlitz oder der Aussparung für die Berechnung der gesamten Wand zugrunde gelegt werden;
- horizontal oder geneigt verlaufende Schlitze sollten entweder als durch die Wand gehende Öffnungen behandelt werden, oder es sollte die Festigkeit der Wand an der Stelle des Schlitzes unter Berücksichtigung der Lastausmitte relativ zur verbleibenden Wanddicke überprüft werden.

Anmerkung: Allgemein kann davon ausgegangen werden, daß die vertikale Tragfähigkeit proportional zur Verringerung der Querschnittsfläche infolge eines vertikalen Schlitzes oder einer vertikalen Aussparung abnimmt, sofern die Verringerung der Querschnittsfläche nicht mehr als 25 % beträgt.

(8) Für Wände, deren Grenzzustand der Tragfähigkeit gemäß Gleichung (4.5) nachgewiesen ist, darf der Grenzzustand der Gebrauchstauglichkeit als gegeben angesehen werden.

4.4.3 Abminderungsfaktor zur Berücksichtigung der Schlankheit und Ausmitte

(1) Die Größe des Abminderungsfaktors Φ zur Berücksichtigung der Schlankheit und Ausmitte darf wie folgt ermittelt werden:

(i) Am Wandkopf oder Wandfuß

$$\Phi_i = 1 - 2\,\frac{e_i}{t} \tag{4.7}$$

Dabei sind

e_i die Ausmitte am Wandkopf oder Wandfuß; sie kann aus folgender Gleichung berechnet werden:

$$e_i = \frac{M_i}{N_i} + e_{hi} + e_a \geq 0{,}05\,t \tag{4.8}$$

M_i das Bemessungsmoment am Wandkopf oder Wandfuß, berechnet aus der Ausmitte der Deckenlast am Auflager gemäß 4.4.7 (siehe Bild 4.1);

N_i die vertikale Bemessungslast am Wandkopf oder Wandfuß;

e_{hi} die Ausmitte am Wandkopf oder Wandfuß – soweit vorhanden –, berechnet aus Horizontallasten (z. B. Wind);

e_a die ungewollte Ausmitte (siehe 4.4.7.2);

t die Wanddicke unter Berücksichtigung von Fugenversprüngen mit einer Tiefe von mehr als 5 mm.

(ii) im mittleren Fünftel der Wandhöhe.

Durch Vereinfachung der in 4.4.1 gegebenen Grundlagen darf der Abminderungsfaktor im mittleren Fünftel der Wandhöhe Φ_m aus Bild 4.2 entnommen werden.

Anmerkung: Die dem Bild 4.2 zugrunde liegenden Gleichungen sind im Anhang A angegeben. E ist 1000 f_k gesetzt.

Es bedeuten:

e_{mk} die Ausmitte im mittleren Fünftel der Wandhöhe, berechnet mit den Gleichungen (4.9) und (4.10):

$$e_{mk} = e_m + e_k \geq 0{,}05\, t \quad (4.9)$$

$$e_m = \frac{M_m}{N_m} + e_{hm} \pm e_a \quad (4.10)$$

e_m die Ausmitte infolge Lasten;

M_m das größte Moment innerhalb des mittleren Fünftels der Wandhöhe, berechnet aus den Momenten am Wandkopf und Wandfuß (siehe Bild 4.1);

N_m die vertikale Bemessungslast innerhalb des mittleren Fünftels der Wandhöhe;

e_{hm} die Ausmitte in halber Wandhöhe infolge Horizontallasten (z. B. Wind);

h_{ef} die Knicklänge nach 4.4.4 für die entsprechende Halterung oder Aussteifungsart;

t_{ef} die effektive Wanddicke nach 4.4.5;

e_k die Ausmitte infolge Kriechens nach Gleichung (4.11):

$$e_k = 0{,}002\, \varphi_\infty \, \frac{h_{ef}}{t_{ef}} \sqrt{t e_m} \quad (4.11)$$

φ_∞ der Endkriechwert nach Tabelle 3.8.

(2) Die Ausmitte infolge Kriechens e_k darf bei allen Wänden aus Mauerziegeln und Natursteinen stets, bei Wänden aus anderen Mauersteinarten bis zu einer Schlankheit von 15 gleich null gesetzt werden.

(3) Die Werte von e_{hi} und e_{hm} sollten nicht zur Abminderung von e_i und e_m angesetzt werden.

4.4.4 Knicklänge

4.4.4.1 Allgemeines

(1)P Bei der Festlegung der Knicklänge einer Wand müssen die relative Steifigkeit der mit der Wand verbundenen Bauteile und die Wirksamkeit der Verbindungen berücksichtigt werden.

(2) Bei der Festlegung der Knicklänge darf unterschieden werden zwischen zwei-, drei- oder vierseitig gehaltenen sowie frei stehenden Wänden. Eine auf eine Wand aufgelagerte Decke, entsprechend angeordnete Querwände oder andere ähnlich steife Bauteile, mit denen die Wand verbunden ist, dürfen als waagerechte Halterung einer Wand betrachtet werden. Dies gilt unabhängig davon, welchen Beitrag diese Elemente zur Gesamtstabilität des Tragwerks leisten.

4.4.4.2 Ausgesteifte Wände

(1) Wände gelten als an einer Seite ausgesteift, wenn

– zwischen der Wand und der sie aussteifenden Wand keine Risse zu erwarten sind, sie gleichzeitig hergestellt und im Verband gemauert sind und unterschiedliche Bewegung durch z. B. Schwinden, Belastung usw. nicht erwartet werden, oder

– die Verbindung zwischen der Wand und der sie aussteifenden Wand so bemessen ist, daß auftretende Zug- und Druckkräfte durch Wandanker oder ähnliche Hilfsmittel aufgenommen werden.

(2) Aussteifende Wände sollten eine Länge von mindestens 1/5 der Geschoßhöhe und eine Dicke von mindestens 0,3mal der effektiven Dicke der auszusteifenden Wand, aber nicht weniger als 115 mm haben.

(3) *Der Absatz wird ersetzt durch:*

Wenn die aussteifende Wand durch Öffnungen unterbrochen ist, muß die Länge der Wand zwischen den Öffnungen mindestens so groß wie nach Bild 4.3 sein.

(4) Wände dürfen auch durch andere Bauteile als Mauerwerkswände ausgesteift werden, wenn sie eine gleichwertige Steifigkeit wie die hier in (2) behandelte aussteifende Mauerwerkswand besitzen und sie mit der auszusteifenden Wand mit Ankern oder Drahtankern so verbunden sind, daß auftretende Zug- und Druckkräfte aufgenommen werden.

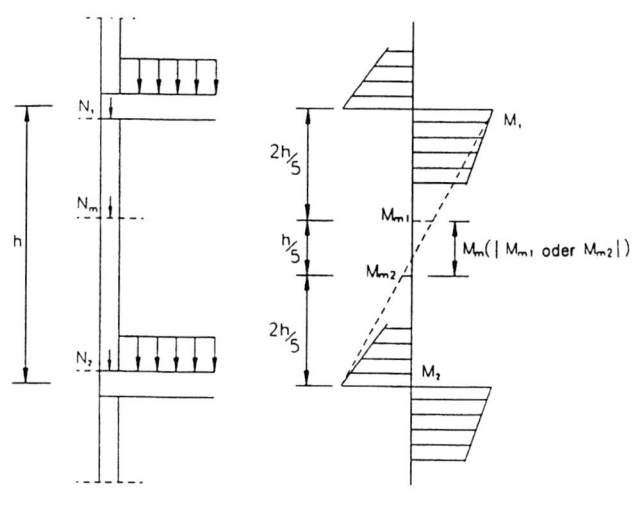

Bild 4.1: Momente infolge Ausmitten

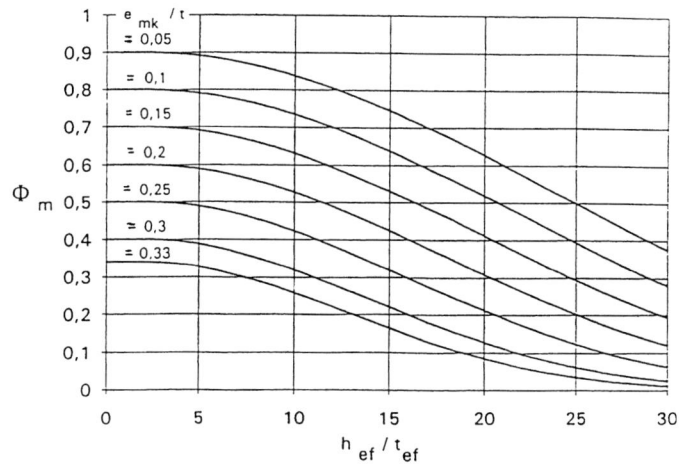

Bild 4.2: Abhängigkeit der Werte Φ_m von der Schlankheit bei verschiedenen Ausmitten

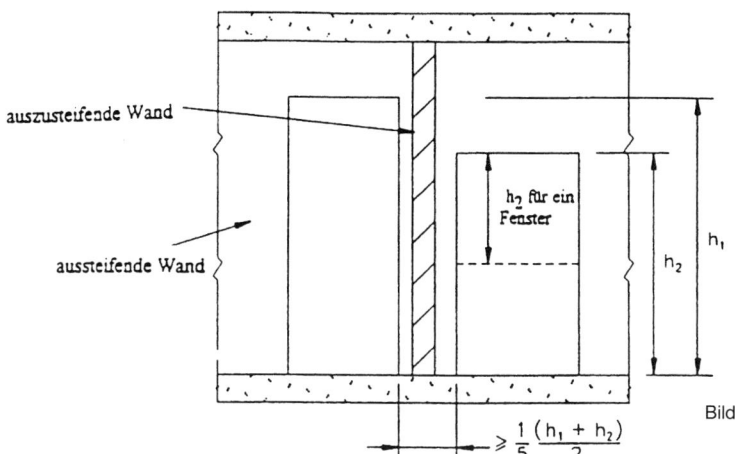

Bild 4.3: Mindestlänge einer aussteifenden Wand mit Öffnungen

4.4.4.3 Ermittlung der Knicklänge
(1) Die Knicklänge kann wie folgt angenommen werden:

$$h_{ef} = \varrho_n h \qquad (4.12)$$

Es bedeuten:
- h_{ef} die Knicklänge;
- h die lichte Geschoßhöhe;
- ϱ_n ein Abminderungsfaktor mit n = 2, 3 oder 4 je nach Halterung der auszusteifenden Wand.

(2) Der Abminderungsfaktor ϱ_n darf wie folgt angenommen werden:

(i) Bei Wänden, die oben und unten durch von beiden Seiten auf gleicher Höhe aufgelagerte Stahlbetondecken oder durch eine einseitig auf eine Auflagertiefe von mindestens 2/3 der Wanddicke – aber mindestens 115 mm – aufgelagerte Stahlbetondecke gehalten sind:

ϱ_2 = [0,75], sofern die Lastausmitte am Wandkopf nicht größer als 1/4 der Wanddicke ist, andernfalls sollte ϱ_2 = 1,0 gesetzt werden.

(ii) Bei Wänden, die oben und unten durch Holzbalkendecken oder Dächer gehalten sind:

$\varrho_2 = 1,0$

(iii) Anmerkung: *entfällt*

(iv) Bei am Wandkopf und Wandfuß und an einem vertikalen Rand (ein Rand nicht gehalten) gehaltenen Wänden:

$$\varrho_3 = \frac{1}{1 + \left[\frac{\varrho_2 h}{3L}\right]^2} \varrho_2 > 0,3 \qquad (4.13)$$

Bei $h \leq 3,5\,L$ wird, je nach Fall, ϱ_2 von (i) oder (ii) genommen.

Bei $h > 3,5\,L$ gilt:

$$\varrho_3 = \frac{1,5L}{h} \qquad (4.14)$$

L ist der Abstand des freien Randes von der Achse der aussteifenden Wand.

Anmerkung: Die Werte von ϱ_3 sind im Anhang B graphisch dargestellt.

(v) Bei am Wandkopf und Wandfuß und an zwei vertikalen Rändern gehaltenen Wänden:

$$\varrho_4 = \frac{1}{1 + \left[\frac{\varrho_2 h}{L}\right]^2} \varrho_2 \qquad (4.15)$$

Bei $h \leq L$ wird, je nach Fall, ϱ_2 von (i) oder (ii) genommen.

Bei $h > L$ gilt:

$$\varrho_4 = \frac{0,5L}{h} \qquad (4.16)$$

L ist der Abstand zwischen den Achsen der aussteifenden Wände.

Anmerkung: Die Werte von ϱ_4 sind im Anhang B graphisch dargestellt.

(3) Ist bei an zwei vertikalen Rändern gehaltenen Wänden $L \geq 30\,t$ oder ist bei nur an einem vertikalen Rand gehaltenen Wänden $L \geq 15\,t$, so sollten diese Wände wie nur am Wandkopf und Wandfuß gehaltene Wände behandelt werden.

4.4.4.4 Einfluß von Öffnungen, Schlitzen und Aussparungen

(1) Wird die ausgesteifte Wand durch vertikale Schlitze oder Aussparungen, die über die nach Tabelle 5.3 zulässigen Schlitze hinausgehen, geschwächt, so sollte entweder die Restwanddicke als t angesehen werden, oder es sollte an der Stelle des Schlitzes oder der Aussparung ein nicht gehaltener Rand angenommen werden. Ein nicht gehaltener Rand sollte immer dann angenommen werden, wenn die noch verbleibende Wanddicke weniger als die Hälfte der ursprünglichen Wanddicke ist.

(2) Haben Wände Öffnungen, deren lichte Höhe größer als 1/4 der Geschoßhöhe oder deren lichte Breite größer als 1/4 der Wandlänge oder deren Gesamtfläche größer als 1/10 der Wandfläche ist, so sollte zur Bestimmung der Knicklänge die Wand als an der Öffnung nicht gehalten angesehen werden.

(3) Wegen der Berücksichtigung des Einflusses von Aussparungen und Schlitzen auf die vertikale Tragfähigkeit von Wänden siehe 4.4.2 (7).

4.4.5 Effektive Wanddicke

Der Abschnitt wird ersetzt durch:

Als effektive Wanddicke t_{ef} ist stets die Dicke der tragenden Wand anzusetzen.

4.4.6 Schlankheit von Wänden

(1)P Die Schlankheit einer Wand h_{ef} / t_{ef} darf nicht größer als 25 sein.

4.4.7 Ausmitte

4.4.7.1 Allgemeines

(1)P Lastausmitten sind zu berücksichtigen.

(2) Die Ausmitte aus Deckenbelastung darf mit den Baustoffkennwerten nach Abschnitt 3 dieser ENV 1996-1-1 aus dem Zusammenwirken der Wand/Decken-Knoten nach den Regeln der Baustatik berechnet werden. Ein vereinfachtes Verfahren ist im Anhang C angegeben.

4.4.7.2 Berücksichtigung von Imperfektionen

(1)P Zur Berücksichtigung von Ungenauigkeiten bei der Bauausführung ist über die gesamte Wandhöhe eine ungewollte Ausmitte e_a anzunehmen.

(2) Die ungewollte Ausmitte zur Berücksichtigung der Ungenauigkeit bei der Bauausführung darf mit $h_{ef}/[450]$ angenommen werden; h_{ef} ist die Knicklänge der Wand, berechnet nach 4.4.4.

Die Anmerkung entfällt.

4.4.8 Teilflächenlasten

(1)P Im Grenzzustand der Tragfähigkeit muß der Bemessungswert der Festigkeit einer unbewehrten, durch Teilflächenlasten beanspruchten Wand größer sein als der Bemessungswert der einwirkenden Teilflächenlasten.

(2) Bei einer mit Mauersteinen der Gruppe 1 nach Abschnitt 5 dieser ENV 1996-1-1 hergestellten und mit Teilflächenlasten beanspruchten Wand sollte nachgewiesen werden, daß direkt unter dem Auflager der Bemessungswert der Druckspannung nicht den aus den Gleichungen (4.18) bis (4.20) berechneten Wert überschreitet.

Der letzte Satz entfällt.

Der Absatz (2) gilt nur mit folgenden Einschränkungen:

Der Absatz gilt nur für Mauerwerk aus Vollsteinen. Weiterhin ist Voraussetzung, daß sich im Mauerwerk eine Lastausbreitung unter 60° einstellen kann. Ist dies durch Tür- oder Fensteröffnungen eingeschränkt, so ist an diesen Stellen ein Wandende anzunehmen.

$$\frac{f_k}{\gamma_M} \left[(1 + 0{,}15x) \left(1{,}5 - 1{,}1 \frac{A_b}{A_{ef}} \right) \right] \quad (4.18)$$

aber nicht weniger als $\dfrac{f_k}{\gamma_M}$ und nicht größer als

$$1{,}25 \frac{f_k}{\gamma_M} \text{ bei } x = 0 \quad (4.19)$$

und

$$1{,}5 \frac{f_k}{\gamma_M} \text{ bei } x = 1{,}0 \quad (4.20)$$

Bei $0 < x < 1$ wird der obere Grenzwert zwischen

$1{,}25 \dfrac{f_k}{\gamma_M}$ und $1{,}5 \dfrac{f_k}{\gamma_M}$ geradlinig interpoliert.

Es bedeuten:

f_k	die charakteristische Druckfestigkeit von Mauerwerk nach 3.6.2;
γ_M	der Teilsicherheitsbeiwert für den Baustoff nach 2.3.3.2;
x	$= \dfrac{2a_1}{H}$, aber nicht größer als 1,0;
a_1	ist der Abstand vom Wandende zu dem am nächsten gelegenen Rand der belasteten Fläche (siehe Bild 4.4);
H	ist die Höhe der Wand bis zur Höhe der Last;
A_b	ist die belastete Fläche, aber nicht größer als 0,45 A_{ef};
A_{ef}	ist die effektive Wandfläche $L_{ef} \cdot t$ (siehe Bild 4.4);
L_{ef}	ist die effektive Länge, ermittelt in halber Wand- oder Pfeilerhöhe (siehe Bild 4.4);
t	ist die Wanddicke unter Berücksichtigung von nicht voll vermörtelten Fugen mit einer Tiefe von mehr als 5 mm.

Anmerkung: Werte des Vergrößerungsfaktors f_k/γ_M sind zeichnerisch im Anhang D dargestellt.

(3) *entfällt*

(4) Die Lastausmitte, gemessen von der Schwerachse der Wand, sollte nicht größer als $t/4$ sein (siehe Bild 4.4).

(5) In allen Fällen sollten unter den Auflagern in halber Wandhöhe die Anforderungen nach Abschnitt 4.4.2 erfüllt werden. Dies gilt einschließlich der Beanspruchungen durch andere überlagerte Vertikallasten und insbesondere für den Fall, daß Teilflächenlasten relativ dicht nebeneinanderliegen, so daß sich ihre effektiven Längen überlappen.

(6) *Die Schicht direkt unter dem Auflager ist so anzulegen, daß in dieser obersten Schicht die Lastausbreitung unter 60° möglich ist und nicht durch Stoßfugen unterbrochen wird.*

Normen

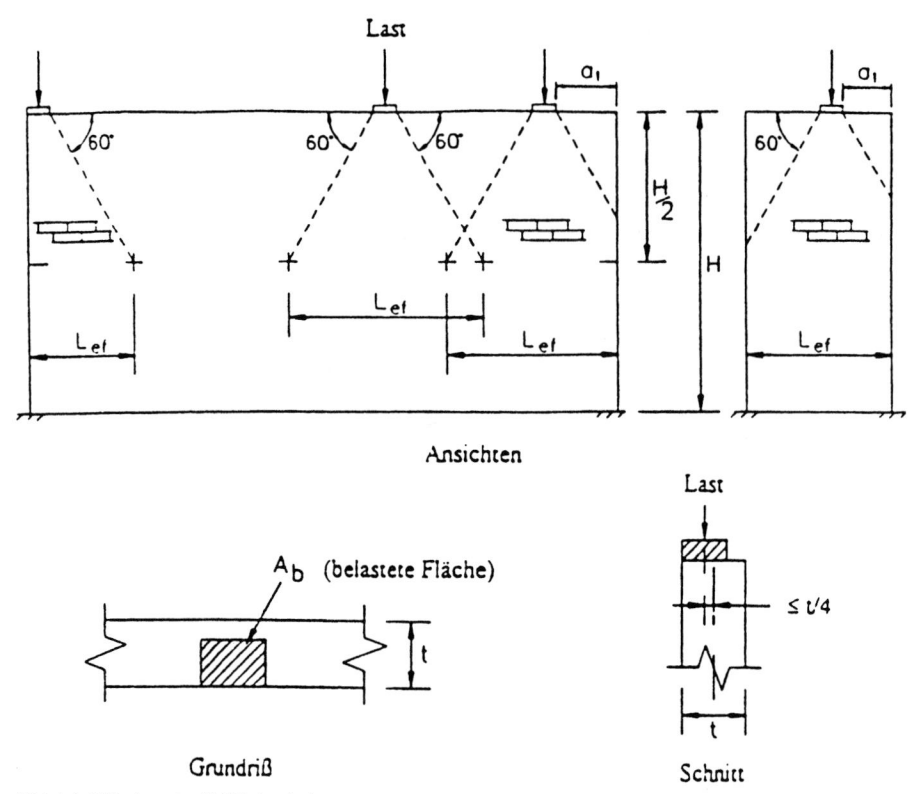

Bild 4.4: Wände unter Teilflächenlasten

(7) Wenn die Teilflächenlast über einen geeigneten Verteilungsbalken mit der Breite t, einer Höhe von mehr als 200 mm und einer Länge größer als dem Dreifachen der Auflagerlänge der Last eingetragen wird, sollte die Bemessungsdruckspannung unter der belasteten Fläche (nicht unter dem Verteilungsbalken) den Wert $1{,}5\, f_k/\gamma_M$ nicht überschreiten.

(8) Bei Auflagern, für die die Grenztragfähigkeit nach den Gleichungen (4.18), (4.19), (4.20) oder (4.21) nachgewiesen ist, darf der Grenzzustand der Gebrauchstauglichkeit als erfüllt betrachtet werden.

4.4.9 Spannungen infolge Zwängungen

(1)P Um Überbeanspruchungen oder Schäden zu vermeiden, sind beim Zusammenwirken von Bauteilen deren unterschiedliche Eigenschaften zu berücksichtigen.

> **Anmerkung:** Die starre Verbindung von Bauteilen unterschiedlichen Verformungsverhaltens kann beträchtliche Spannungen infolge Schwindens, Kriechens und Temperaturänderungen (siehe 3.8.4) verursachen. Dies kann zu Spannungsumlagerungen und Schäden am Mauerwerk führen. Das gleiche gilt für unterschiedliche Setzungen der Fundamente oder Verformungen von unterstützenden Bauteilen.

(2) Durch entsprechende Festlegungen und Detailangaben nach den Konstruktionsregeln des Abschnitts 5 dieser ENV 1996-1-1 sollten Schäden als Folge von Spannungen aus Zwängungen vermieden werden.

4.5 Unbewehrte, auf Schub beanspruchte Mauerwerksscheiben

4.5.1 Allgemeines

(1)P Die Aussteifung gegen horizontale Lasten wird im allgemeinen durch die Anordnung von Decken und Wandscheiben erreicht. Das statische System muß so beschaffen sein, daß die Lasten die aufnehmbaren Schnittkräfte nicht überschreiten.

Eurocode 6

(2) Öffnungen in Schubwänden können deren aussteifende Wirkung erheblich beeinträchtigen. Sie sollten daher berücksichtigt werden. Dabei dürfen im Rahmen des Vertretbaren vereinfachte Betrachtungen herangezogen werden.

(3) Schlitze und Aussparungen setzen die Schubtragfähigkeit einer Wand herab. Die Abminderung darf als unerheblich angesehen werden, wenn die Aussparungen und Schlitze innerhalb der in 5.5 angegebenen Grenzen liegen, andernfalls sollte die Schubtragfähigkeit mit der abgeminderten Wanddicke am Schlitz oder der Aussparung überprüft werden.

(4) Teile einer Querwand können als Gurt mit einer Wandscheibe zusammenwirken und deren Steifigkeit und Festigkeit erhöhen. Der Gesamtquerschnitt kann bei der Bemessung in Rechnung gestellt werden, wenn die Verbindung der Wandscheibe mit dem Gurt in der Lage ist, die entsprechenden Schubkräfte aufzunehmen und wenn der Gurt innerhalb der angenommenen Länge nicht ausknickt (siehe auch 4.4.4.2).

(5) Die mittragende Breite des Gurtes ist gleich der Dicke der Wandscheibe plus beidseits – soweit vorhanden – der kleinste der nachstehenden Werte (siehe auch Bild 4.5):

- $2h_{tot}/10$, wobei h_{tot} die gesamte Höhe der Wandscheibe ist;
- die Hälfte des Abstandes zwischen Schubwänden, wenn diese mit der Querwand verbunden sind;
- der Abstand vom Wandende.

Der letzte Spiegelstrich entfällt.

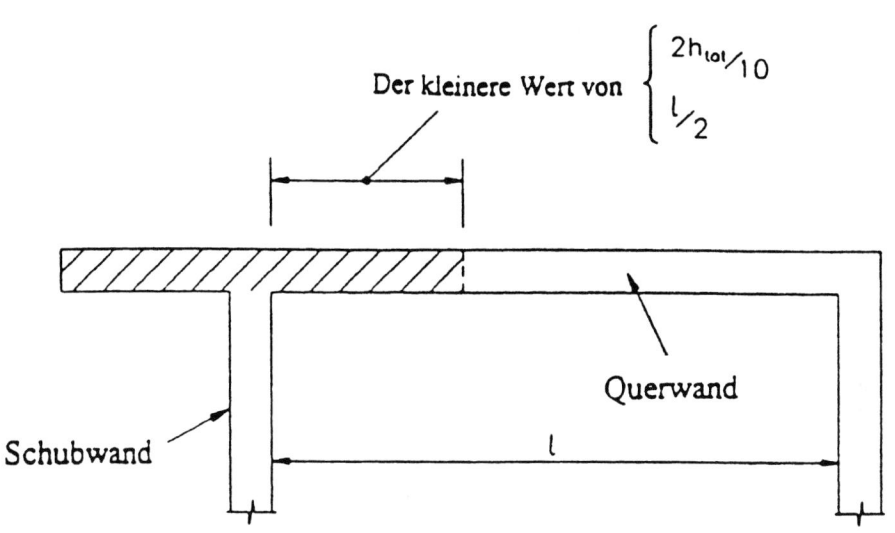

Bild 4.5: Mitwirkende Breite bei auf Schub beanspruchten Wänden

(6) Über das nichtlineare Biegetragverhalten von Mauerwerksscheiben unter Belastung in ihrer Ebene ist noch wenig bekannt. Deshalb sollten waagerechte Stockwerkskräfte auf die Windscheiben und zusammengesetzten Querschnitte nach deren elastischer Steifigkeit verteilt werden. Bei Wänden, die mindestens doppelt so hoch wie lang sind, darf der Einfluß der Schubverformungen auf die Steifigkeit vernachlässigt werden.

(7) Können die Geschoßdecken als steife Scheiben angesehen werden (dies ist z. B. bei Ortbetondecken der Fall)

und greift die Horizontalkraft nicht ausmittig zum Schubmittelpunkt an,

so liegt die Berechnung auf der sicheren Seite, wenn für alle Windscheiben eine gleiche Kopfauslenkung unterstellt wird und die waagerechten Geschoßlasten nach den Steifigkeiten der Wände verteilt werden. Genauere analytische Verfahren dürfen – soweit zweckmäßig – angewendet werden.

(8)P Liegt die resultierende waagerechte Kraft wegen der unsymmetrischen Anordnung der Wandscheiben im Grundriß oder aus anderen Gründen ausmittig zum Steifigkeitsmittelpunkt des Systems, so ist die Wirkung der Torsionsbelastung auf die einzelnen Aussteifungsscheiben zu verfolgen. Wegen der allgemeinen Anforderungen an ein einwandfrei ausgesteiftes Tragwerk siehe 4.1.1 (4).

(9) Bilden die Decken keine ausreichend steife Scheiben (dies gilt z. B. für Decken aus nichtgekoppelten Betonfertigteilen), dann sollten die Windscheiben für die waagerechte Kraft aus denjenigen Deckenteilen bemessen werden, welche direkt aufliegen. Es kann auch genauer mit Berücksichtigung der Verformbarkeit der Decken gerechnet werden.

4.5.2 Berechnung von Wandscheiben

(1)P Bei der Berechnung von Wandscheiben sind die Bemessungswerte der horizontalen und vertikalen Lasten auf das Gesamttragwerk anzusetzen.

(2)P Als Bemessungswert der waagerechten Einwirkungen ist mindestens der Rechenwert der waagerechten Kraft anzusetzen, der sich aus der Schiefstellung nach 4.1.1 (4) ergibt.

> **Anmerkung:** Im allgemeinen ist es ausreichend, die Horizontalkräfte nur in den beiden Hauptachsen zu verfolgen.

(3) Als ungünstigste Kombination der vertikalen und horizontalen Lasten sollten untersucht werden:

Entweder

> – größte Horizontallast mit größerer Normalkraft

oder

> – größte Horizontallast mit kleinster Normalkraft.
>
> Hierbei sind die Ausmitten der Last zu beachten.

(4) Bei der Ermittlung der kleinsten den Schubwiderstand erhöhenden Normalkraft darf bei kreuzweise gespannten Decken die vertikale Last gleichmäßig auf die darunterliegenden Wände verteilt werden. Bei einachsig gespannten Decken oder Dächern darf zur Ermittlung der Normalkraft für die nicht direkt belasteten Wände der unteren Geschosse eine Lastverteilung unter 45° angenommen werden.

(5) Die bei Annahme linearelastischen Verhaltens ermittelte größte horizontale Schubkraft darf wegen möglicher Lastumlagerungen infolge beschränkt auftretender Risse der Wand im Grenzzustand der Tragfähigkeit modifiziert werden. Daher darf die von einer Einzelwand aufzunehmende Schubkraft um 15 % abgemindert werden, wenn die von parallel verlaufenden Wänden aufzunehmenden Schubkräfte entsprechend erhöht werden, so daß Gleichgewicht mit den Bemessungslasten sichergestellt ist.

4.5.3 Nachweis von Wandscheiben

(1)P Die Wandscheibe ist, einschließlich eventuell mitwirkender Gurte, im Grenzzustand der Tragfähigkeit für Normalkraft und Schub nachzuweisen.

(2) Die dem Nachweis zugrunde zu legenden Gurtlängen sollten unter Berücksichtigung von Öffnungen, Schlitzen oder Aussparungen bestimmt werden. Dabei sind auf Zug beanspruchte Wandteile nicht zu berücksichtigen.

(3)P Die Verbindungen zwischen Wandscheiben und rechnerisch berücksichtigten Gurten sind auf vertikalen Schub nachzuweisen.

(4)P Die mit den Werten in 3.6.3 errechnete Bemessungsschubtragfähigkeit V_{Rd} muß größer oder gleich dem Bemessungswert der aufgebrachten Schubkraft V_{Sd} sein:

$$V_{Rd} \geq V_{Sd}$$

(5) Die Bemessungsschubtragfähigkeit wird errechnet aus:

$$V_{Rd} = \frac{f_{vk} \, t \, l_c}{\gamma_M} \cdot k_v \qquad (4.23D)$$

> Hierin bedeuten:
>
> f_{vk} charakteristische Schubfestigkeit von Mauerwerk gemäß 3.6.3 unter Zugrundelegung einer Normalspannung σ_d an der Stelle der größten Schubspannung
>
> γ_M Teilsicherheitsbeiwert des Materials gemäß Abschnitt 2.3.3.2
>
> t Wanddicke
>
> l_c Länge des überdrückten Teiles der Wand in Richtung der Schubkraft
>
> k_v Beiwert $\leq 1{,}0$ zur Berücksichtigung des Schubspannungsmaximums; für hohe Wände mit $H/L \geq 2$ gilt $k_v = 2/3$; für Wände mit $H/L \leq 1{,}0$ gilt $k_v = 1{,}0$; dazwischen darf linear interpoliert werden. H bedeutet die Gesamthöhe, L die Länge der Wand.
> Bei Plattenschub gilt $k_v = 2/3$.

(6) Die Länge des gedrückten Teiles der Wand l_c sollte unter Annahme einer dreieckigen Spannungsverteilung berechnet werden.

(7) Bei zusammengesetzten Querschnitten ist außerdem der Nachweis am Anschnitt der Teilquerschnitts zu führen. Die hier auftretenden Bemessungsschubspannungen müssen ebenfalls $\leq f_{vk}/\gamma_M$ sein. Hierbei gelten für f_{vk} die Grenzwerte nach Abschn. 3.6.3, σ_d ist die Normalspannung am Anschnitt.

(8) Für Wände, deren Grenzzustand der Tragfähigkeit gemäß Gleichung (4.23D) nachgewiesen ist, darf der Grenzzustand der Gebrauchstauglichkeit als gegeben angesehen werden.

4.6 Durch waagerechte Lasten auf Plattenbiegung beanspruchte unbewehrte Wände

4.6.1 Allgemeines

(1)P Bei einer durch waagerechte Lasten senkrecht zu ihrer Fläche auf Plattenbiegung beanspruchten Wand muß für den Grenzzustand der Tragfähigkeit nachgewiesen werden, daß der Bemessungswert der Festigkeit größer oder gleich dem Bemessungswert der Last ist.

Anmerkung: Genaue Verfahren für die Bemessung von Mauerwerkswänden, die vorwiegend durch waagerechte Windlasten beansprucht werden, sind nicht vorhanden. Es gibt jedoch Näherungsverfahren, die angewendet werden dürfen.

(2) entfällt einschließlich Anmerkung

(3) Schlitze und Aussparungen setzen die Biegefestigkeit einer auf waagerechte Querlasten zu bemessenden Wand herab. Die Abminderung darf als unerheblich angesehen werden, wenn die Schlitze und Aussparungen innerhalb der in 5.5 angegebenen Grenzen liegen. Andernfalls sollte die Biegefestigkeit der Wand mit der abgeminderten Wanddicke an dem Schlitz oder der Aussparung überprüft werden.

(4) Bei Verwendung von Feuchtesperrschichten sollte der Einfluß auf die Biegefestigkeit berücksichtigt werden.

4.6.2 Durch waagerechte Windlasten beanspruchte Wände

4.6.2.1 Auflagerbedingungen und Durchlaufwirkung

4.6.2.2 Bemessungsverfahren für eine an den Rändern gehaltene Wand

4.6.2.3 Bemessungsverfahren bei Bogenwirkung

Diese drei Abschnitte entfallen und werden ersetzt durch:

Für die Bemessung von Ausfachungswänden gilt DIN 1053-1, Abschnitt 8.1.3.1 mit Tabelle 9:

Tabelle 9: Größte zulässige Werte der Ausfachungsfläche von nichttragenden Außenwänden ohne rechnerischen Nachweis

1	2	3	4	5	6	7
Wand-dicke d mm	\multicolumn{6}{c}{Größte zulässige Werte[1] der Ausfachungsfläche in m^2 bei einer Höhe über Gelände von}					
	0 bis 8 m		8 bis 20 m		20 bis 100 m	
	$\varepsilon = 1{,}0$	$\varepsilon \geq 2{,}0$	$\varepsilon = 1{,}0$	$\varepsilon \geq 2{,}0$	$\varepsilon = 1{,}0$	$\varepsilon \geq 2{,}0$
115[2]	12	8	8	5	6	4
175	20	14	13	9	9	6
240	36	25	23	16	16	12
≥ 300	50	33	35	23	25	17

[1] Bei Seitenverhältnissen $1{,}0 < \varepsilon < 2{,}0$ dürfen die größten zulässigen Werte der Ausfachungsflächen geradlinig interpoliert werden.
[2] Bei Verwendung von Steinen der Festigkeitsklassen ≥ 12 dürfen die Werte dieser Zeile um $1/3$ vergrößert werden.

4.6.2.4 Wandanker

(1)P Bei durch horizontale Windlasten beanspruchten Wänden, vor allem zweischaligen Wänden mit Luftschicht, müssen die Wandanker in der Lage sein, die Windlasten von der belasteten Wandschale auf die andere Wandschale, das Hintermauerwerk oder eine Auflagerung zu übertragen.

(2) Die Mindestanzahl von Wandankern je Flächeneinheit sollte berechnet werden aus (siehe aber auch 5.4.2.2):

$$\gamma_M \frac{W_{sd}}{F_t} \tag{4.31}$$

Es bedeuten:

W_{sd} die zu übertragende horizontale Bemessungslast aus Wind je Flächeneinheit;

F_t die charakteristische Druck- oder Zugkraft eines Wandankers je nach Bemessungsfall, ermittelt durch Versuche nach EN 846-5 oder 846-6;

γ_M der Teilsicherheitsbeiwert für Wandanker gemäß 2.3.3.2.

Ergänzend gilt:

Die Mindestanzahl der Anker ergibt sich aus DIN 1053-1, Abschnitt 8.4.3.1.

(3) *entfällt*

(4) *entfällt*

4.6.3 Erddruckbeanspruchte Wände

(1) P Durch waagerechten Erddruck beanspruchte Wände müssen nach anerkannten Ingenieurgrundsätzen bemessen werden.

Anmerkung: Die Biegefestigkeit f_{xk1} des Mauerwerks sollte bei der Bemessung von erddruckbeanspruchten Wänden nicht in Rechnung gestellt werden.

(2) Ein empirisches Verfahren zur Bemessung von Kellerwänden bei waagerechtem Erddruck ist im Anhang E angegeben.

4.6.4 Außergewöhnliche Horizontallasten (außer Erdbeben)

entfällt

4.7 Bewehrtes Mauerwerk

entfällt

4.8 Vorgespanntes Mauerwerk

entfällt

4.9 Eingefaßtes Mauerwerk

entfällt

5 Konstruktionsdetails

5.1 Allgemeines

5.1.1 Baustoffe für Mauerwerk

(1) P Mauersteine müssen für die Mauerwerksart, deren örtliche Lage und hinsichtlich der an das Mauerwerk gestellten Anforderungen an die Dauerhaftigkeit geeignet sein. Mörtel müssen auf die Steinart und die Anforderungen an die Dauerhaftigkeit abgestimmt sein.

(2) Die Baustoffe müssen Stoffe nach Abschnitt 3 dieser ENV 1996-1-1 sein.

5.1.2 Wandarten

(1) In diesem Abschnitt werden Konstruktionsdetails für folgende, in 1.4.2.9 definierte und in den Bildern 5.1 bis 5.6 dargestellte Wandarten gegeben:

- einschalige Wände;
- zweischalige Wände mit Luftschicht, mit Luftschicht und Wärmedämmung, zweischalige Wände mit Kerndämmung (siehe Anmerkung in 1.4.2.9 (3) P);
- zweischalige Wände mit Putzschicht;
- einschaliges Verblendmauerwerk;
- Vorsatzschalen.

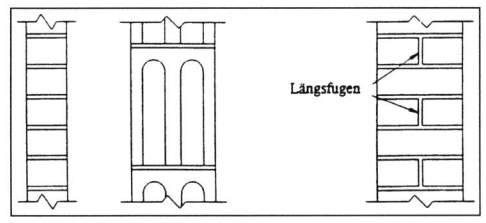

Bild 5.1: Beispiele für Querschnitte von einschaligen Wänden
a) Wände ohne Längsfugen
b) Wand mit Längsfugen

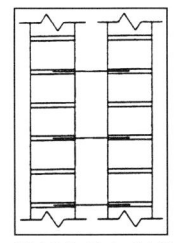

Bild 5.2 rechts: entfällt
Bild 5.2: Beispiel für einen Querschnitt von zweischaligen Wänden mit Luftschicht

Die Drahtanker sind unter Beachtung ihrer statischen Wirksamkeit so auszuführen, daß sie keine Feuchte von der Außen- zur Innenschale leiten können (z. B. Aufschieben einer Kunststoffscheibe, siehe DIN 1053-1, Bild 9, s. S. 22). Die Dicke der Außenschale muß mindestens 90 mm betragen.

Bild 5.3: entfällt
Statt dessen gilt DIN 1053-1 Abschn. 8.4.3.5.

8.4.3.5 Zweischalige Außenwände mit Putzschicht

Auf der Außenseite der Innenschale ist eine zusammenhängende Putzschicht aufzubringen. Davor ist die Außenschale (Verblendschale) so dicht, wie es das Vermauern erlaubt (Fingerspalt), vollfugig zu errichten.

Wird statt der Verblendschale eine geputzte Außenschale angeordnet, darf auf die Putzschicht auf der Außenseite der Innenschale verzichtet werden.

Für die Drahtanker nach 8.4.3.1, Aufzählung e – s. Abschn. 3.9.2 (3) –, genügt eine Dicke von 3 mm.

Bezüglich der Entwässerungsöffnungen gilt 8.4.3.2, Aufzählung b, sinngemäß. Auf obere Entlüftungsöffnungen darf verzichtet werden.

8.4.3.2 b)

Die Außenschalen sollen unten und oben mit Lüftungsöffnungen (z. B. offene Stoßfugen) versehen werden, wobei die unteren Öffnungen auch zur Entwässerung dienen. Das gilt auch für die Brüstungsbereiche der Außenschale. Die Lüftungsöffnungen sollen auf 20 m^2 Wandfläche (Fenster und Türen eingerechnet) eine Fläche von jeweils etwa 7500 mm^2 haben.

h) In der Außenschale sollen vertikale Dehnungsfugen angeordnet werden. Ihre Abstände richten sich nach der klimatischen Beanspruchung (Temperatur, Feuchte usw.), der Art der Baustoffe und der Farbe der äußeren Wandfläche. Darüber hinaus muß die freie Beweglichkeit der Außenschale auch in vertikaler Richtung sichergestellt sein.

Die unterschiedlichen Verformungen der Außen- und Innenschale sind insbesondere bei Gebäuden mit über mehrere Geschosse durchgehender Außenschale auch bei der Ausführung der Türen und Fenster zu beachten. Die Mauerwerksschalen sind an ihren Berührungspunkten (z. B. Fenster- und Türanschlägen) durch eine wasserundurchlässige Sperrschicht zu trennen.

Die Dehnungsfugen sind mit einem geeigneten Material dauerhaft und dicht zu schließen.

Normen

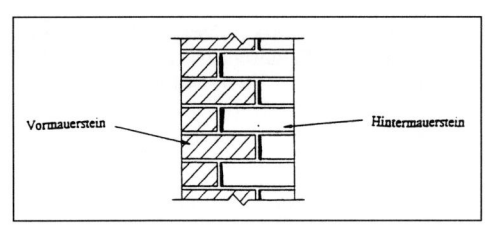

Bild 5.4: Beispiel für einen Querschnitt eines einschaligen Verblendmauerwerks

Die Längsfugen müssen 2 cm dick sein.

Bild 5.5: entfällt

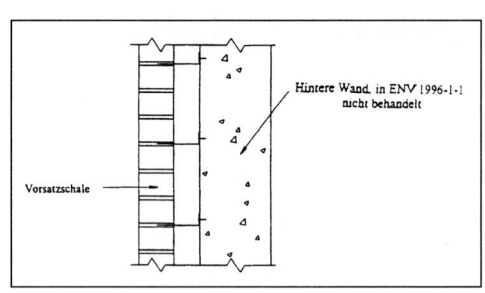

Bild 5.6: Beispiel für einen Querschnitt mit einer Vorsatzschale

5.1.3 Mindestwanddicken

(1) Die Dicke tragender Wände muß mindestens 115 mm sein. Vorsatzschalen müssen mindestens 90 mm dick sein.

5.1.4 Mauerwerksverbände

(1) P Mauersteine müssen im Verband mit Mörtel nach bewährten Regeln vermauert werden.

(2) Die Mauersteine müssen schichtweise überbinden, so daß sich die Wand wie ein einziges Bauelement verhält. Um ausreichenden Verbund zu erreichen, muß das Überbindemaß der Mauersteine mindestens das 0,4fache der Mauersteinhöhe oder mindestens 40 mm betragen. Der größere der beiden Werte ist maßgebend, siehe Bild 5.7. An Ecken oder Wandeinbindungen sollte das Überbindemaß der Mauersteine nicht kleiner als die Steinbreite sein. Um das erforderliche Überbindemaß in der übrigen Wand zu erreichen, sollten gekürzte Mauersteine verwendet werden.

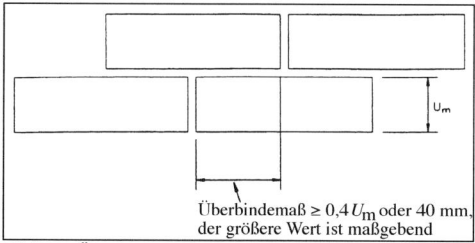

Bild 5.7: Überbindemaß von Mauersteinen

(3) Beispiele für Verbände sind in den Bildern 5.8, 5.9 und 5.10 dargestellt.

Der zweite Satz entfällt.

Die Bilder 5.8 rechts unten und 5.9 links mittig entfallen.

(4) Beim Stoß von nichttragenden und tragenden Wänden sollten unterschiedliche Verformungen infolge Kriechens und Schwindens berücksichtigt werden.

Der zweite Satz entfällt.

Empfehlung: Die Länge von Wänden und Pfeilern sowie die Größe von Öffnungen und Pfeilervorlagen sollten möglichst den Abmessungen der Mauersteine entsprechen, um übermäßiges Kürzen von Mauersteinen zu vermeiden.

5.1.5 Mörtelfugen

(1) entfällt; statt dessen gilt DIN 1053-1, Abschn. 9.2.

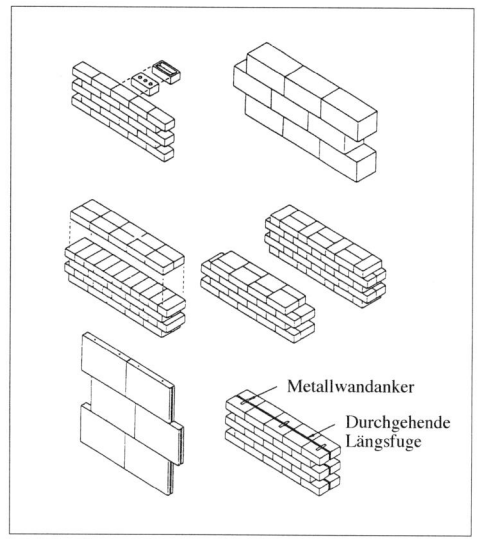

Bild 5.8. Beispiele für Verbände bei Verwendung von Vollsteinen

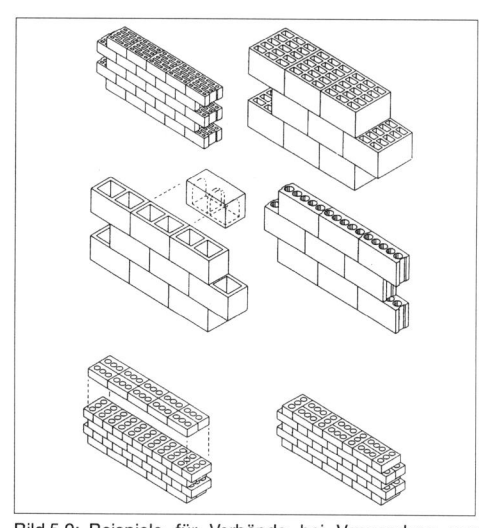

Bild 5.9: Beispiele für Verbände bei Verwendung von Lochsteinen

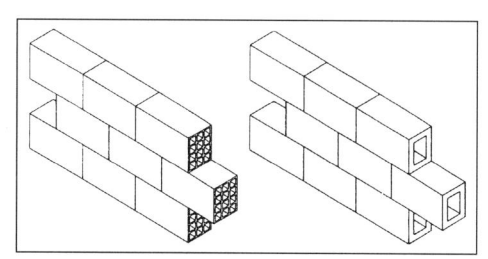

Bild 5.10: Beispiele für Verbände bei Verwendung von horizontal gelochten Mauersteinen

9.2 Lager-, Stoß- und Längsfugen

9.2.1 Vermauerung mit Stoßfugenvermörtelung

Bei der Vermauerung sind die Lagerfugen stets vollflächig zu vermauern und die Längsfugen satt zu verfüllen bzw. bei Dünnbettmörtel der Mörtel vollflächig aufzutragen. Stoßfugen sind in Abhängigkeit von der Steinform und vom Steinformat so zu verfüllen bzw. bei Dünnbettmörtel der Mörtel vollflächig aufzutragen, daß die Anforderungen an die Wand hinsichtlich des Schlagregenschutzes, Wärmeschutzes, Schallschutzes sowie des Brandschutzes erfüllt werden können. Beispiele für Vermauerungsarten und Fugenausbildung sind in den Bildern 12a bis 12c angegeben.

Die Dicke der Fugen soll so gewählt werden, daß das Maß von Stein und Fuge dem Baurichtmaß bzw. dem Koordinierungsmaß entspricht. In der Regel sollen die Stoßfugen 10 mm und die Lagerfugen 12 mm dick sein. Bei Vermauerung der Steine mit Dünnbettmörtel muß die Dicke der Stoß- und Lagerfuge 1 bis 3 mm betragen.

Wenn Steine und Mörteltaschen vermauert werden, sollen die Steine entweder knirsch verlegt und die Mörteltaschen verfüllt werden (siehe Bild 12a) oder durch Auftragen von Mörtel auf die Steinflanken vermauert werden (siehe Bild 12b). Steine gelten dann als knirsch verlegt, wenn sie ohne Mörtel so dicht aneinander verlegt werden, wie dies wegen der herstellungsbedingten Unebenheiten der Stoßfugenflächen möglich ist. Der Abstand der Steine soll im allgemeinen nicht größer als 5 mm sein. Bei Stoßfugenbreiten > 5 mm müssen die Fugen beim Mauern beidseitig an der Wandoberfläche mit Mörtel verschlossen werden.

9.2.2 Vermauerung ohne Stoßfugenvermörtelung

Soll bei Verwendung von Normal-, Leicht- oder Dünnbettmörtel auf die Vermörtelung der Stoßfugen verzichtet werden, müssen hierzu die Steine hinsichtlich ihrer Form und Maße geeignet sein. Die Steine sind stumpf oder mit Verzahnung durch ein Nut- und Federsystem ohne Stoßfugenvermörtelung knirsch zu verlegen bzw. ineinander verzahnt zu versetzen (siehe Bild 12c). Bei Stoßfugenbreiten > 5 mm müssen die Fugen beim Mauern beidseitig an der Wandoberfläche mit Mörtel verschlossen werden. Die erforderlichen Maßnahmen zur Erfüllung der Anforderungen an die Bauteile hinsichtlich des Schlagregenschutzes, Wärmeschutzes, Schallschutzes sowie des Brandschutzes sind bei dieser Vermauerung besonders zu beachten.

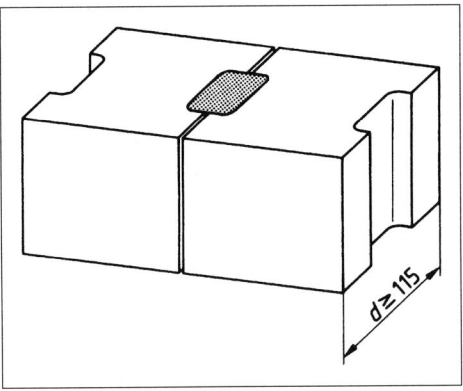

Bild 12a: Vermauerung von Steinen mit Mörteltaschen bei Knirschverlegung (Prinzipskizze)

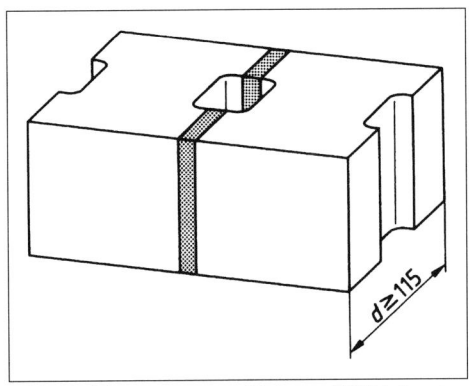

Bild 12b: Vermauerung von Steinen mit Mörteltaschen durch Auftragen von Mörtel auf die Steinflanken (Prinzipskizze)

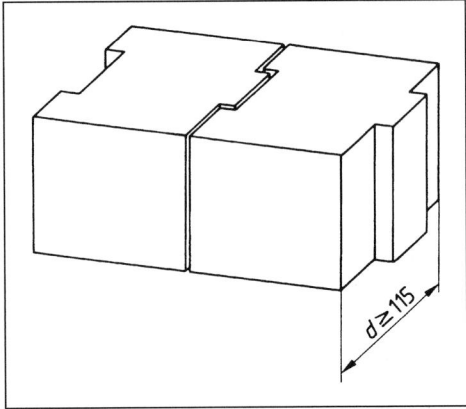

Bild 12c: Vermauerung von Steinen ohne Stoßfugenvermörtelung (Prinzipskizze)

9.2.3 Fugen in Gewölben
Bei Gewölben sind die Fugen so dünn wie möglich zu halten. Am Gewölberücken dürfen sie nicht dicker als 20 mm werden.

(2) Wenn vom Planer nicht anders angegeben, sollten die Lagerfugen waagerecht verlaufen.

(3) Stoßfugen dürfen als vermörtelt betrachtet werden, wenn etwa die halbe Wanddicke oder mehr vermörtelt ist. Andernfalls sollten sie als unvermörtelt angesehen werden (siehe 3.6.2.5). Die Stoßfugen von auf Biegung und Schub beanspruchtem bewehrtem Mauerwerk sollten voll vermörtelt werden.

5.1.6 Auflager unter Einzellasten
(1) Einzellasten sollten auf eine Wand mit einer Mindestlänge von 100 mm oder mit der nach 4.4.8 errechneten Länge aufgelagert werden. Der größere der beiden Werte ist maßgebend.

5.2 Bewehrungsdetails sowie
5.3 Details bei Vorspannung

entfallen

5.4 Verbindung von Wänden

5.4.1 Anschluß von Wänden, Decken und Dächern

5.4.1.1 Allgemeines
(1) P Wände, die von Decken und Dächern gehalten werden sollen, müssen mit den Decken und Dächern so verbunden werden, daß die horizontalen Bemessungslasten in die aussteifenden Bauteile übertragen werden.

(2) Die Übertragung von horizontalen Lasten in die aussteifenden Bauteile kann über die Decken- und Dachkonstruktion wie z. B. Stahlbeton oder vorgefertigte Betondecken oder beplankte Holzbalken erfolgen, soweit die Decken- oder Dachkonstruktion als Scheibe wirkt. Alternativ darf ein Ringbalken angeordnet werden, der in der Lage ist, die Schubkräfte und Biegemomente zu übertragen.

(3) Die horizontalen Bemessungskräfte zwischen den Wänden und den verbindenden Bauteilen sollten entweder durch Anker oder durch den Reibungswiderstand zwischen Wänden und Decken oder Dächern übertragen werden.

(4) P Decken und Dächer müssen auf Wänden mit einer ausreichenden Auflagertiefe aufliegen, um die erforderliche Tragfähigkeit und den erforderlichen Schubwiderstand zu gewährleisten. Dabei sollten Herstell- und Ausführungstoleranzen berücksichtigt werden, die Auflagertiefe sollte aber mindestens 100 mm sein.

5.4.1.2 Anschluß durch Anker
(1) P Anker müssen in der Lage sein, die horizontalen Lasten zwischen der Wand und dem aussteifendem Bauteil zu übertragen.

(2) Bei nur geringen oder keinen Auflasten auf der Wand, wie z. B. bei einer Giebelwand-Dachverbindung, muß besonders darauf geachtet werden, daß die Verbindung zwischen den Ankern und der Wand wirksam ist.

(3) Der Abstand der Zuganker zwischen Wänden und Decke soll im Regelfall nicht größer als 2 m sein, darf jedoch in Ausnahmefällen 4 m nicht überschreiten.

5.4.1.3 Anschluß durch Reibung
(1) P Wenn Betondecken, Dächer oder Ringbalken unmittelbar auf einer Wand aufliegen, muß der Reibungswiderstand in der Lage sein, die Horizontallasten zu übertragen.

(2) Anker sind nicht erforderlich, wenn das Auflager der Betondecke oder des Daches bis über die Wandmitte reicht oder die Auflagertiefe mindestens 100 mm beträgt; der größere der beiden Werte ist maßgebend. Dabei ist vorausgesetzt, daß kein Gleitlager ausgebildet wird.

5.4.2 Verbindung sich kreuzender Wände

5.4.2.1 Allgemeines
(1) P Sich kreuzende, tragende Wände müssen so miteinander verbunden werden, daß die vorhandenen Vertikal- und Horizontallasten untereinander übertragen werden können.

(2) Die Verbindung an der Kreuzungsstelle der Wände sollte entweder durch

– Mauerwerksverband (siehe 5.1.4) oder
– Anker oder durch in jede Wand einbindende Bewehrung, so daß eine gleichwertige Verbindung wie durch Mauerwerksverband entsteht,

erfolgen.

(3) Es wird empfohlen, sich kreuzende Wände gleichzeitig zu mauern.

5.4.2.2 Zweischalige Wände mit Luftschicht, mit Luftschicht und Wärmedämmung oder mit Kerndämmung

(1) P Die beiden Schalen von zweischaligen Wänden mit Luftschicht, mit Luftschicht und Wär-

medämmung oder mit Kerndämmung müssen fest miteinander verbunden werden.

(2) Es gilt DIN 1053-1, Abschn. 8.4.3.1e (s. Abschn. 3.9.2).
Die Anmerkung entfällt.

(3) P entfällt

(4) P An einem freien Rand müssen zur Verbindung der Schalen Wandanker vorgesehen werden.

(5) Bei einer Öffnung durch die Wand, bei der der Rahmen um die Öffnung Horizontalkräfte nicht direkt in das Bauwerk übertragen kann, sollten die sonst in der Öffnungsfläche anzuordnenden Wandanker an den vertikalen Rändern der Öffnung gleichmäßig verteilt werden.

(6) Durch die Wahl der Wandanker sollten ungleichmäßige Setzungen der beiden Schalen oder ungleichmäßige Setzungen zwischen einer Schale und einem Rahmen ermöglicht werden.

(7) In Erdbebengebieten sind besondere Überlegungen erforderlich (siehe ENV 1998).

5.4.2.3 Zweischalige Wände ohne Luftschicht

entfällt

5.4.2.4 Vorsatzschalen

(1) P Die Anker für Vorsatzschalen müssen so ausgewählt und verwendet werden, daß an der Wand keine Schäden eintreten.

5.5 Schlitze und Aussparungen

5.5.1 Allgemeines

(1) P Schlitze und Aussparungen dürfen nicht die Standsicherheit einer Wand herabsetzen.

(2) entfällt

(3) Schlitze und Aussparungen sollten nicht durch Stürze oder andere tragende Bauteile in einer Wand gehen; sie sollten außerdem nicht ohne besondere Zustimmung des Planers bei bewehrtem Mauerwerk zulässig sein.

(4) Bei zweischaligen Wänden mit Luftschicht, mit Luftschicht und Wärmedämmung oder mit Kerndämmung sollte die Anordnung von Schlitzen und Aussparungen für jede Wandschale getrennt betrachtet werden.

5.5.2 Vertikale Schlitze und Aussparungen

(1) Die Tragfähigkeitsminderung für Druck, Schub und Biegung infolge vertikaler Schlitze und Aussparungen darf vernachlässigt werden, wenn die Grenzwerte nach DIN 1053-1, Tabelle 10 eingehalten werden. Dabei gilt als Schlitz- und Aussparungstiefe die Tiefe einschließlich der Löcher, die bei der Herstellung der Schlitze und Aussparungen erreicht wird. Werden die Grenzwerte überschritten, sollte die Tragfähigkeit auf Druck, Schub und Biegung rechnerisch überprüft werden.

5.5.3 Horizontale und schräge Schlitze

(1) Horizontale und schräge Schlitze sollten nach Möglichkeit vermieden werden. Wenn dies nicht möglich ist, sollten die Schlitze in einem Bereich kleiner als ein Achtel der lichten Geschoßhöhe ober- oder unterhalb der Decke angeordnet werden, und die gesamte Schlitztiefe sollte kleiner als die größte Tiefe nach DIN 1053-1, Tabelle 10 sein. Dabei gilt als Schlitztiefe die Tiefe einschließlich der Lochung, die bei der Herstellung der Schlitze erreicht wird. Werden die Grenzwerte überschritten, sollte die Tragfähigkeit auf Druck, Schub und Biegung rechnerisch überprüft werden.

5.6 Feuchtigkeitssperrschichten

(1) P Feuchtesperrschichten müssen in der Lage sein, horizontale und vertikale Bemessungslasten zu übertragen, ohne daß sie selbst beschädigt werden oder andere Schäden verursachen. Sie müssen ausreichenden Reibungswiderstand besitzen, um eine Bewegung des auf ihnen liegenden Mauerwerks zu verhindern.

Tabelle 5.3: Ohne Nachweis zulässige Größe vertikaler Schlitze und Aussparungen im Mauerwerk

Es gilt DIN 1053-1, Tabelle 10.

Tabelle 5.4: Ohne Nachweis zulässige Größe von horizontalen und schrägen Schlitzen im Mauerwerk

Es gilt DIN 1053-1, Tabelle 10.

5.7 Temperatur- und Langzeitverformung

(1) P Temperatur- und Langzeitverformungen müssen berücksichtigt werden, damit das Mauerwerk nicht ungünstig beeinflußt wird.

Eurocode 6

Tabelle 10: Ohne Nachweis zulässige Schlitze und Aussparungen in tragenden Wänden (aus: DIN 1053-1)

1	2	3	4	5	6
Wanddicke	Horizontale und schräge Schlitze,[1] nachträglich hergestellt		Vertikale Schlitze und Aussparungen, nachträglich hergestellt		
	Schlitzlänge		Schlitztiefe[4]	Einzelschlitzbreite[5]	Abstand der Schlitze und Aussparungen von Öffnungen
	unbeschränkt	≤ 1,25 m[2]			
	Schlitztiefe[3]	Schlitztiefe			
≥ 115	–	–	≤ 10	≤ 100	
≥ 175	0	≤ 25	≤ 30	≤ 100	
≥ 240	≤ 15	≤ 25	≤ 30	≤ 150	≥ 115
≥ 300	≤ 20	≤ 30	≤ 30	≤ 200	
≥ 365	≤ 20	≤ 30	≤ 30	≤ 200	

1	7	8	9	10	
Wanddicke	Vertikale Schlitze und Aussparungen in gemauertem Verband				
	Schlitzbreite[5]	Restwanddicke	Mindestabstand der Schlitze und Aussparungen		
			von Öffnungen	untereinander	
≥ 115	–	–			
≥ 175	≤ 260	≥ 115	≥ 2fache Schlitzbreite bzw. ≥ 240	≥ Schlitzbreite	Maße in mm
≥ 240	≤ 385	≥ 115			
≥ 300	≤ 385	≥ 175			
≥ 365	≤ 385	≥ 240			

[1] Horizontale und schräge Schlitze sind nur zulässig in einem Bereich ≤ 0,4 m ober- oder unterhalb der Rohdecke sowie jeweils an einer Wandseite. Sie sind nicht zulässig bei Langlochziegeln.
[2] Mindestabstand in Längsrichtung von Öffnungen ≥ 490 mm, vom nächsten Horizontalschlitz zweifache Schlitzlänge.
[3] Die Tiefe darf um 10 mm erhöht werden, wenn Werkzeuge verwendet werden, mit denen die Tiefe genau eingehalten werden kann. Bei Verwendung solcher Werkzeuge dürfen auch in Wänden ≥ 240 mm gegenüberliegende Schlitze mit jeweils 10 mm Tiefe ausgeführt werden.
[4] Schlitze, die bis maximal 1 m über den Fußboden reichen, dürfen bei Wanddicken ≥ 240 mm bis 80 mm Tiefe und 120 mm Breite ausgeführt werden.
[5] Die Gesamtbreite von Schlitzen nach Spalte 5 und Spalte 7 darf je 2 m Wandlänge die Maße in Spalte 7 nicht überschreiten. Bei geringeren Wandlängen als 2 m sind die Werte in Spalte 7 proportional zur Wandlänge zu verringern.

(2) Um Schäden am Mauerwerk zu vermeiden, sollten – zur Berücksichtigung von Temperatur- und Feuchtedehnungen, Kriechen und Durchbiegungen (siehe Tabelle 2 in Abschn. 3.8.4) und möglichen Auswirkungen innerer Spannungen infolge vertikaler und horizontaler Lasten – vertikale und horizontale Bewegungsfugen vorgesehen werden.

(3) Bei der Festlegung der Größtabstände von senkrechten Bewegungsfugen sollten folgende Punkte berücksichtigt werden:

- das Schwinden bei Kalksandsteinen, Mauersteinen aus Beton, Porenbeton- und Betonwerksteinen;
- die irreversible Feuchteausdehnung von Mauerziegeln;
- Temperatur- und Feuchtigkeitsänderungen;
- die für das Mauerwerk vorgesehene Wärmedämmung;
- die Verwendung vorgefertigter Lagerfugenbewehrung.

(4) Vorsichtsmaßnahmen sollten zur Berücksichtigung vertikaler Verformung von Außenwänden getroffen werden. Der Abstand von horizontalen Bewegungsfugen in der äußeren Schale von Außenwänden sollte begrenzt werden, um ein Lockern der Wandanker zu vermeiden.

(5) Für die Breite der senkrechten und horizontalen Bewegungsfugen sollten die größten zu erwartenden Bewegungen berücksichtigt werden.

DIN 18 540 : 1995-02, Abschnitte 5 und 6 sind zu beachten.

5.8 Mauerwerk im Erdreich

(1) P Mauerwerk im Erdreich muß so beschaffen sein, daß es durch das Erdreich nicht ungünstig beeinflußt wird, gegebenenfalls muß es in geeigneter Weise geschützt werden.

(2) Es sollten Maßnahmen getroffen werden, um Mauerwerk, das durch Feuchteeinflüsse bei Berührung mit dem Erdreich geschädigt werden kann, zu schützen.

(3) Wenn anzunehmen ist, daß der Boden chemische Bestandteile enthält, die das Mauerwerk schädigen könnten, muß das Mauerwerk mit Baustoffen hergestellt werden, die widerstandsfähig gegen diese Bestandteile sind, oder es muß so geschützt werden, daß die aggressiven Stoffe nicht in das Mauerwerk eindringen können.

Die Abschnitte

5.9 Besondere Details bei der Planung in Erdbebengebieten

und

5.10 Besondere Details für den baulichen Brandschutz

entfallen.

6 Ausführung

6.1 Mauersteine

(1) P

Es gilt DIN 1053-1, Abschn. 5.1.

5.1 Mauersteine

Es dürfen nur Steine verwendet werden, die DIN 105 Teil 1 bis Teil 5, DIN 106 Teil 1 und Teil 2, DIN 398, DIN 1057 Teil 1, DIN 4165, DIN 18 151, DIN 18 512 und DIN 18 153 entsprechen.

Für die Verwendung von Natursteinen gilt Abschnitt 12 (s. dazu in DIN 1053-1).

(2) und (3)

entfallen.

6.2 Behandlung und Lagerung von Mauersteinen und anderen Baustoffen

6.2.1 Allgemeines

(1) P Die Behandlung und Lagerung der Baustoffe zur Herstellung von Mauerwerk muß so erfolgen, daß die Baustoffe nicht beschädigt und damit für die vorgesehene Verwendung unbrauchbar würden.

6.2.2 Lagerung der Mauersteine (Empfehlung)

(1) Mauersteine sollten sorgfältig auf einem geeigneten, ebenen Untergrund gestapelt und vor Regen, Schnee und schmutz- und streusalzhaltigem Spritzwasser durch vorbeifahrende Fahrzeuge geschützt werden.

(2) Mauersteine sollten nicht auf Untergrund gestapelt werden, der schädliche Chemikalien, Schlacke oder Asche enthält.

(3) Mauersteine, die nicht frostwiderstandsfähig sind, sollten in geeigneter Weise geschützt werden.

6.2.3 Lagerung von Baustoffen für Mörtel

6.2.3.1 Bindemittel
(1) Bindemittel sollten während des Transports und der Lagerung vor Beeinflussung von Feuchtigkeit und Luft geschützt werden. Um ein Vermischen zu verhindern, sollten unterschiedliche Bindemittelarten getrennt gelagert werden.

6.2.3.2 Sand
(1) Loser Sand sollte auf festem Untergrund, der eine ungehinderte Entwässerung der Vorräte zuläßt sowie eine Verschmutzung des Sandes verhindert, gelagert werden. Unterschiedliche Arten von Sand sollten getrennt gelagert werden.

6.2.3.3 Werkmörtel und werkmäßig hergestellter Mörtel
(1) Werk-Trockenmörtel und werkmäßig hergestellte Mörtel, die hydraulische Bindemittel enthalten, müssen trocken geliefert und gelagert werden.

(2) Werkmäßig hergestellter Mörtel, für den das Material gesondert zur Baustelle geliefert wird, muß trocken und nach den Anweisungen des Herstellers gelagert werden.

(3) Werk-Frischmörtel sollte in abgedeckten Behältern gelagert werden, wenn er nicht verarbeitet wird.

(4) Werk-Vormörtel sollten auf einem festen Untergrund gelagert werden. Sie müssen abgedeckt werden, um sie gegen Regen zu schützen.

6.2.4 Lagerung und Verarbeitung der Bewehrung

entfällt

6.3 Mörtel und Füllbeton

Der Abschnitt gilt nur für Mörtel.

6.3.1 Allgemeines

(1) P Mörtel muß in den vorgeschriebenen Mischungsverhältnissen gemischt werden. Ergänzend gilt DIN 1053-1, Tabelle A.1.

6.3.2 Baustellengemischter Mörtel

(1) P Die Ausgangsstoffe für Mörtel müssen in den vorgeschriebenen Mengenanteilen in sauberen, geeigneten Meßeinrichtungen abgefüllt werden. Ergänzend gilt DIN 1053-1, Anhang A.4.1.

A.4.1 Baustellenmörtel

Bei der Herstellung des Mörtels auf der Baustelle müssen Maßnahmen für die trockene und witterungsgeschützte Lagerung der Bindemittel, Zusatzstoffe und Zusatzmittel und eine saubere Lagerung des Zuschlages getroffen werden.

Für das Abmessen der Bindemittel und des Zuschlages, gegebenenfalls auch der Zusatzstoffe und der Zusatzmittel, sind Waagen oder Zumeßbehälter (z. B. Behälter oder Mischkästen mit volumetrischer Einteilung, jedoch keine Schaufeln) zu verwenden, die eine gleichmäßige Mörtelzusammensetzung erlauben. Die Stoffe müssen im Mischer so lange gemischt werden, bis ein gleichmäßiges Gemisch entstanden ist. Eine Mischanweisung ist deutlich sichtbar am Mischer anzubringen.

(2) Die Ausgangsstoffe dürfen in den vorgeschriebenen Mengenanteilen nach Gewicht oder Volumen bemessen werden. Eine Mischanweisung ist deutlich sichtbar am Mischer anzubringen.

(3) bis (5) entfallen

(6) Sollen Zusatzmittel verwendet werden, so sind sie entsprechend den vorgegebenen Anforderungen zuzugeben.

Ergänzend gilt:

Zusatzmittel dürfen nur bei Eignungsprüfungsmörtel verwendet werden. Abschnitte A.2.3 und A.2.4 von DIN 1053 Teil 1 sind zu beachten.

Tabelle A.1: Mörtelzusammensetzung, Mischungsverhältnisse für Normalmörtel in Raumteilen (aus: DIN 1053-1)

	1	2	3	4	5	6	7
		\multicolumn{2}{c}{Luftkalk}				
	Mörtelgruppe MG	Kalkteig	Kalkhydrat	Hydraulischer Kalk (HL 2)	Hydraulischer Kalk (HL 5), Putz- und Mauerbinder (MC 5)	Zement	Sand[1] aus natürlichem Gestein
1	I	1	–	–	–	–	4
2		–	1	–	–	–	3
3		–	–	1	–	–	3
4		–	–	–	1	–	4,5
5	II	1,5	–	–	–	1	8
6		–	2	–	–	1	8
7		–	–	2	–	1	8
8		–	–	–	1	–	3
9	IIa	–	1	–	–	1	6
10		–	–	–	2	1	8
11	III	–	–	–	–	1	4
12	IIIa[2]	–	–	–	–	1	4

[1] Die Werte des Sandanteils beziehen sich auf den lagerfeuchten Zustand.
[2] Siehe auch A.3.1.

A.2.3 Zusatzstoffe

Zusatzstoffe sind fein aufgeteilte Zusätze, die die Mörteleigenschaften beeinflussen und im Gegensatz zu den Zusatzmitteln in größerer Menge zugegeben werden. Sie dürfen das Erhärten des Bindemittels, die Festigkeit und die Beständigkeit des Mörtels sowie den Korrosionsschutz der Bewehrung im Mörtel bzw. von stählernen Verankerungskonstruktionen nicht unzulässig beeinträchtigen.

Als Zusatzstoffe dürfen nur Baukalke nach DIN 1060-1, Gesteinsmehle nach DIN 4226-1, Traß nach DIN 51 043 und Betonzusatzstoffe mit Prüfzeichen sowie geeignete Pigmente (z. B. nach DIN 53 237) verwendet werden.

Zusatzstoffe dürfen nicht auf den Bindemittelgehalt angerechnet werden, wenn die Mörtelzusammensetzung nach Tabelle A.1 (s. S. I.107) festgelegt wird; für diese Mörtel darf der Volumenanteil höchstens 15 % vom Sandgehalt betragen. Eine Eignungsprüfung ist in diesem Fall nicht erforderlich.

A.2.4 Zusatzmittel

Zusatzmittel sind Zusätze, die die Mörteleigenschaften durch chemische oder physikalische Wirkung ändern und in geringer Menge zugegeben werden, wie z. B. Luftporenbildner, Verflüssiger, Dichtungsmittel, Erstarrungsbeschleuniger und Verzögerer, sowie solche, die den Haftverbund zwischen Mörtel und Stein günstig beeinflussen. Luftporenbildner dürfen nur in der Menge zugeführt werden, daß bei Normalmörtel und Leichtmörtel die Trockenrohdichte um höchstens $0,3 \text{ kg}/\text{dm}^3$ vermindert wird.

Zusatzmittel dürfen nicht zu Schäden am Mörtel oder am Mauerwerk führen. Sie dürfen auch die Korrosion der Bewehrung oder der stählernen Verankerungen nicht fördern. Diese Anforderung gilt für Betonzusatzmittel mit allgemeiner bauaufsichtlicher Zulassung als erfüllt.

Für andere Zusatzmittel ist die Unschädlichkeit nach den Zulassungsrichtlinien[2] für Betonzusatzmittel durch Prüfung des Halogengehaltes und durch die elektrochemische Prüfung nachzuweisen.

Da Zusatzmittel einige Eigenschaften positiv und unter Umständen gleichzeitig andere aber auch negativ beeinflussen können, ist vor Verwendung eines Zusatzmittels stets eine Mörtel-Eignungsprüfung nach A.5 (s. dazu in DIN 1053-1) durchzuführen.

(7) entfällt

6.3.3 Werkmörtel, werkmäßig hergestellter Mörtel

(1) P Werkmörtel und werkmäßig hergestellte Mörtel müssen nach den Angaben des Herstellers verarbeitet werden.

Der zweite Satz entfällt.

(2) Werk-Vormörtel dürfen nur mit der vom Hersteller angegebenen Bindemittelart und -menge gemischt werden.

(3) Werk-Frischmörtel darf hinsichtlich seiner Zusammensetzung auf der Baustelle nicht mehr verändert werden; insbesondere ist eine spätere Wasserzugabe nicht zulässig.

(4) entfällt

6.3.4 Mörtelfestigkeit

6.3.4.1 Mörtelfestigkeit

(1) Es gilt DIN 1053-1, Abschn. 11.2.

11.2 Mauerwerk nach Eignungsprüfung (EM)

11.2.1 Einstufungsschein, Eignungsnachweis des Mörtels

Vor Beginn jeder Baumaßnahme muß der Baustelle der Einstufungsschein und gegebenenfalls der Eignungsnachweis des Mörtels (siehe DIN 1053-2, 6.4, letzter Absatz) zur Verfügung stehen.

11.2.2 Mauersteine

Jeder Mauersteinlieferung ist ein Beipackzettel beizufügen, aus dem neben der Norm-Bezeichnung des Steines einschließlich der EM-Kennzeichnung die Steindruckfestigkeit nach Einstufungsschein, die Mörtelart und -gruppe, die Mauerwerksfestigkeitsklasse, die Einstufungsschein-Nr. und die ausstellende Prüfstelle ersichtlich sind. Das bauausführende Unternehmen hat zu kontrollieren, ob die Angaben auf

---

[2] Richtlinien für die Erteilung von Zulassungen für Betonzusatzmittel (Zulassungsrichtlinien), Fassung Juni 1993, abgedruckt in den Mitteilungen des Deutschen Instituts für Bautechnik, 1993, Heft 5.

dem Lieferschein und dem Beipackzettel mit den bautechnischen Unterlagen übereinstimmen und den Angaben auf dem Einstufungsschein entsprechen.

Im übrigen gilt DIN 18 200 in Verbindung mit den entsprechenden Normen für die Steine.

11.2.3 Mörtel

Bei Verwendung von Baustellenmörtel ist während der Bauausführung regelmäßig zu überprüfen, daß das Mischungsverhältnis nach dem Einstufungsschein eingehalten wird.

Bei Werkmörtel ist der Lieferschein daraufhin zu kontrollieren, ob die Angaben über die Mörtelart und -gruppe, das Herstellwerk und die Sorten-Nr. den Angaben im Einstufungsschein entsprechen.

Bei Verwendung von Austauschmörteln nach DIN 1053-2, 6.4, letzter Absatz, ist entsprechend zu verfahren.

Bei allen Mörteln ist an jeweils 3 Prismen aus 3 verschiedenen Mischungen die Mörteldruckfestigkeit nach DIN 18 555-3 nachzuweisen. Sie muß dabei die Anforderungen an die Druckfestigkeit nach Tabellen A.2, A.3 und A.4 (s. dazu in DIN 1053-1) bei Güteprüfung erfüllen. Diese Kontrollen sind für jeweils 10 m^3 verarbeiteten Mörtels, mindestens aber je Geschoß, vorzunehmen.

6.3.4.2 Füllbetonfestigkeit
entfällt

6.4 Herstellen des Mauerwerks

6.4.1 Allgemeines

(1) P Mauersteine müssen entsprechend den Festlegungen des Planers verarbeitet und im Verband vermauert werden.

(2) Mauersteine sollten sauber behauen oder geschnitten werden, um die Anforderungen an die Maßgenauigkeit zu erfüllen und um ein gleichmäßiges Aussehen zu erreichen. Das Kürzen von Mauersteinen sollte auf ein Minimum beschränkt bleiben.

(3) Um den vorgesehenen Verbund zwischen Mörtel und Mauersteinen zu erreichen, sollten die Mauersteine vor ihrer Verarbeitung einen entsprechenden Feuchtigkeitszustand haben. Um den Feuchtigkeitsgehalt anzugleichen, dürfen die Mauersteine gegebenenfalls in Wasser getaucht werden.

(4) Die Konsistenz des Mörtels sollte auf die Eigenschaften der Mauersteine abgestimmt werden. Gegebenenfalls darf Mörtel mit verbessertem Wasserrückhaltevermögen verwendet werden.

6.4.2 Mörtelfugen

6.4.2.1 Allgemeines

(1) entfällt

(2) Fugen sollten – wenn nicht anders angegeben – gleichmäßig aussehen und gleich dick sein.

Anmerkung entfällt.

(3) P Bei Stoßfugen, die unverfüllt bleiben sollen, müssen die Stirnflächen der Mauersteine knirsch aneinanderstoßen.

Ergänzend gilt:
Bei Stoßfugenbreiten größer als 5 mm müssen Fugen beim Mauern beidseitig an der Wandoberfläche mit Mörtel verschlossen werden.

(4) Die Fugen dürfen z. B. zur Ableitung von Wasser und zur Belüftung unvermörtelt bleiben.

6.4.2.2 Dünnbettmörtelfugen
(1) P Bei Fugen mit Dünnbettmörtel müssen die Mauersteine sorgfältig verlegt werden, um einheitliche Fugen der vorgeschriebenen Dicke zu erreichen.

6.4.2.3 Fugenglattstrich

(1) Soweit vorgeschrieben, sollte die Sichtfläche in Fugenglattstrich ausgeführt werden. Dabei wird die sichtbare Mörtelfläche glattgestrichen, solange der Mörtel noch plastisch ist.

(2) P entfällt

6.4.2.4 Nachträgliche Verfugung
(1) Soweit vorgeschrieben, sollten die Fugen bis zu einer Tiefe von mindestens 15 mm – aber nicht mehr als 15 % der Wanddicke – flankensauber ausgekratzt und später wieder mit Mörtel verfüllt werden. Der zum Verfugen verwendete Mörtel sollte die gleichen Eigenschaften wie der zum Vermauern der Mauersteine verwendete Mörtel haben.

(2) Vor dem Verfugen sollten lose Stoffe entfernt werden und das Mauerwerk erforderlichenfalls angenäßt werden. Beim Auskratzen der Fugen sollte darauf geachtet werden, daß ein ausreichender Abstand von der Lochung der Mauersteine bis zur Mörteloberfläche verbleibt.

6.5 Verbindung von Wänden

(1) P Wände müssen im Verband gemauert und wie vorgeschrieben miteinander verbunden werden.

(2) P Bei zusammenwirkenden Wandteilen, wie z. B. zweischaligen Wänden mit Luftschicht, zweischaligen Wänden mit Putzschicht oder einschaligem Verblendmauerwerk, müssen die einzelnen Wandteile im Verband gemauert und wie vorgeschrieben miteinander verbunden werden.

(3) und (4) P entfallen

6.6 Verlegen der Bewehrung

entfällt

6.7 Schutz von frisch hergestelltem Mauerwerk

6.7.1 Allgemeines (Empfehlung)

(1) Frisch hergestelltes Mauerwerk sollte gegen mechanische Beschädigung (z. B. Erschütterung) und Witterungseinflüsse geschützt werden.

(2) Die Wandoberseiten sollten abgedeckt werden, um das Auswaschen von Mörtel aus den Fugen durch Regen zu verhindern und um Ausblühungen und Kalkschleier sowie die Zersetzung von nicht wasserwiderstandsfähigen Stoffen zu vermeiden.

6.7.2 Nachbehandlung von Mauerwerk (Empfehlung)

(1) Frisch hergestelltes Mauerwerk sollte nicht zu schnell austrocknen können. Es sollten geeignete Vorsichtsmaßnahmen getroffen werden, um das Mauerwerk feucht zu halten, bis es eine ausreichende Festigkeit hat. Dies gilt besonders bei ungünstigen Bedingungen wie z. B. bei niedriger relativer Luftfeuchtigkeit, hoher Temperatur und/oder starker Luftbewegung.

6.7.3 Schutz vor Frost

(1) P Es müssen geeignete Vorsichtsmaßnahmen getroffen werden, um Schäden durch Frost an frisch hergestelltem Mauerwerk zu vermeiden.

6.7.4 Belastung von Mauerwerk

(1) P Mauerwerk darf nicht belastet werden, bevor es ausreichend fest ist.

(2) Stützmauern sollten erst hinterfüllt werden, wenn sie die durch das Verfüllen bedingten Belastungen (aus Verdichtung und Erschütterungen) aufnehmen können.

(3) Zu achten ist auf Wände, die während des Bauzustandes zeitweise nicht abgestützt sind, jedoch Wind- und Baulasten ausgesetzt sind. Sie sollten gegebenenfalls zeitweise abgestützt werden, um ihre Standsicherheit zu gewährleisten.

6.8 Zulässige Maßabweichungen des Mauerwerks

(1) Soweit vom Planer nicht anders verlangt, sollte das Mauerwerk lotrecht und waagerecht mit horizontal verlaufenden Lagerfugen ausgeführt werden.

(2) entfällt

Die Abschnitte

6.9 Kategorie der Ausführung

6.10 Weitere Punkte zur Ausführung

und

6.11 Spannstahl und Zubehörteile

entfallen.

Eurocode 6

Anhang A (informativ)

A.1 Ableitung der Werte für den Abminderungsfaktor zur Berücksichtigung von Schlankheit und Ausmitte in mittlerer Wandhöhe

(1) Der Abminderungsfaktor Φ_m zur Berücksichtigung der Schlankheit einer Wand und der Lastausmitte darf im mittleren Fünftel der Wand in Vereinfachung der in 4.4.1 gebrachten Grundsätze für $E = 1000 f_k$ – wie in 4.4.3 angenommen – wie folgt berechnet werden:

$$\Phi_m = A_1 \, e^{-\frac{u^2}{2}} \tag{A.1}$$

$$\text{mit } A_1 = 1 - 2 \, \frac{e_{mk}}{t} \tag{A.2}$$

$$u = \frac{\frac{h_{ef}}{t_{ef}} - 2}{23 - 37 \, \frac{e_{mk}}{t}} \tag{A.3}$$

und mit e_{mk}, h_{ef}, t und t_{ef} wie in 4.4.3 definiert; e in Gl. (A.1) ist die Basis des natürlichen Logarithmus.

(2) Die Zahlenwerte für Φ_m nach Gleichung (A.1) sind in der Tabelle A.1 für verschiedene Ausmitten und Schlankheiten angegeben und im Bild 4.2 graphisch dargestellt.

(3) Für andere Elastizitätsmoduln E und charakteristische Druckfestigkeiten f_k von unbewehrtem Mauerwerk können die Gleichungen (A.1) und (A.2) ebenfalls angewendet werden. Dann gilt:

$$u = \frac{\lambda - 0{,}063}{0{,}73 - 1{,}17 \, \frac{e_{mk}}{t}} \tag{A.4}$$

$$\text{mit } \lambda = \frac{h_{ef}}{t_{ef}} \sqrt{\frac{f_k}{E}} \tag{A.5}$$

Tabelle A.1: Abminderungsfaktor Φ_m für $E = 1000 \, f_k$

Schlankheit h_{ef}/t_{ef}	Ausmitte e_{mk}						
	0,05 t	0,10 t	0,15 t	0,20 t	0,25 t	0,30 t	0,33 t
0	0,90	0,80	0,70	0,60	0,50	0,40	0,34
1	0,90	0,80	0,70	0,60	0,50	0,40	0,34
2	0,90	0,80	0,70	0,60	0,50	0,40	0,34
3	0,90	0,80	0,70	0,60	0,50	0,40	0,34
4	0,90	0,80	0,70	0,60	0,49	0,39	0,33
5	0,89	0,79	0,69	0,59	0,49	0,39	0,33
6	0,88	0,78	0,68	0,58	0,48	0,38	0,32
7	0,88	0,77	0,67	0,57	0,47	0,37	0,31
8	0,86	0,76	0,66	0,56	0,45	0,35	0,29
9	0,85	0,75	0,65	0,54	0,44	0,34	0,28
10	0,84	0,73	0,63	0,53	0,42	0,32	0,26
11	0,82	0,72	0,61	0,51	0,40	0,30	0,24
12	0,80	0,70	0,59	0,49	0,38	0,28	0,22
13	0,79	0,68	0,57	0,47	0,36	0,26	0,20
14	0,77	0,66	0,55	0,45	0,34	0,24	0,18
15	0,75	0,64	0,53	0,42	0,32	0,22	0,16
16	0,72	0,61	0,51	0,40	0,30	0,20	0,15
17	0,70	0,59	0,48	0,38	0,28	0,18	0,13
18	0,68	0,57	0,46	0,35	0,25	0,16	0,11
19	0,65	0,54	0,44	0,33	0,23	0,14	0,10
20	0,63	0,52	0,41	0,31	0,21	0,13	0,08

Tabelle A.1: (Fortsetzung)

Schlankheit h_{ef}/t_{ef}	Ausmitte e_{mk}						
	0,05 t	0,10 t	0,15 t	0,20 t	0,25 t	0,30 t	0,33 t
21	0,60	0,49	0,39	0,29	0,19	0,11	0,07
22	0,58	0,47	0,36	0,26	0,17	0,10	0,06
23	0,55	0,44	0,34	0,24	0,16	0,08	0,05
24	0,52	0,42	0,32	0,22	0,14	0,07	0,04
25	0,50	0,39	0,29	0,20	0,12	0,06	0,04
26	0,47	0,37	0,27	0,18	0,11	0,05	0,03
27	0,45	0,35	0,25	0,17	0,10	0,04	0,02
28	0,42	0,32	0,23	0,15	0,08	0,04	0,02
29	0,40	0,30	0,21	0,13	0,07	0,03	0,01
30	0,37	0,28	0,19	0,12	0,06	0,03	0,01

Anhang B (informativ)

B.1 Darstellung der Werte für ϱ_3 nach den Gleichungen (4.13) und 4.14)

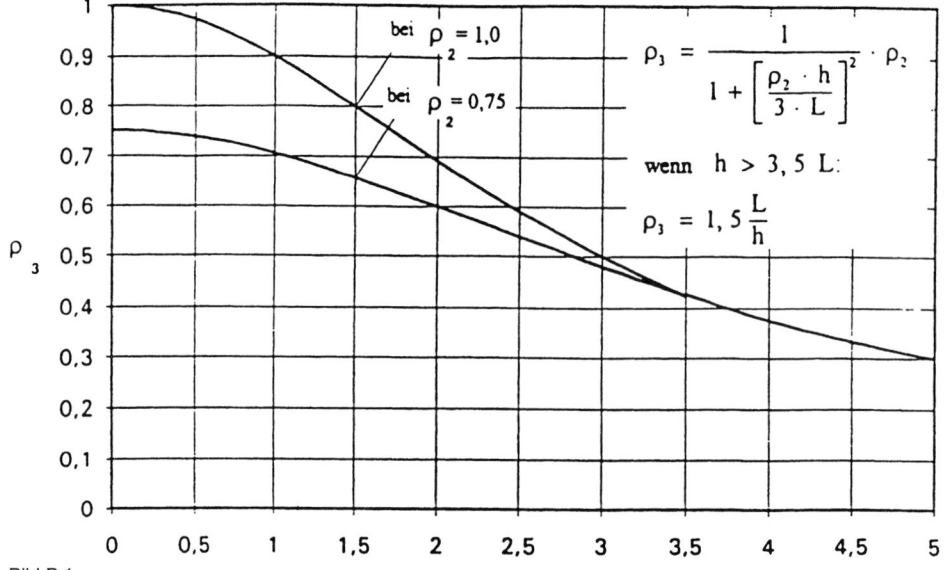

$$\rho_3 = \frac{1}{1 + \left[\dfrac{\rho_2 \cdot h}{3 \cdot L}\right]^2} \cdot \rho_2$$

wenn $h > 3,5\ L$:

$$\rho_3 = 1,5 \frac{L}{h}$$

Bild B.1

B.2 Darstellung der Werte für ϱ_3 nach den Gleichungen (4.15) und (4.16)

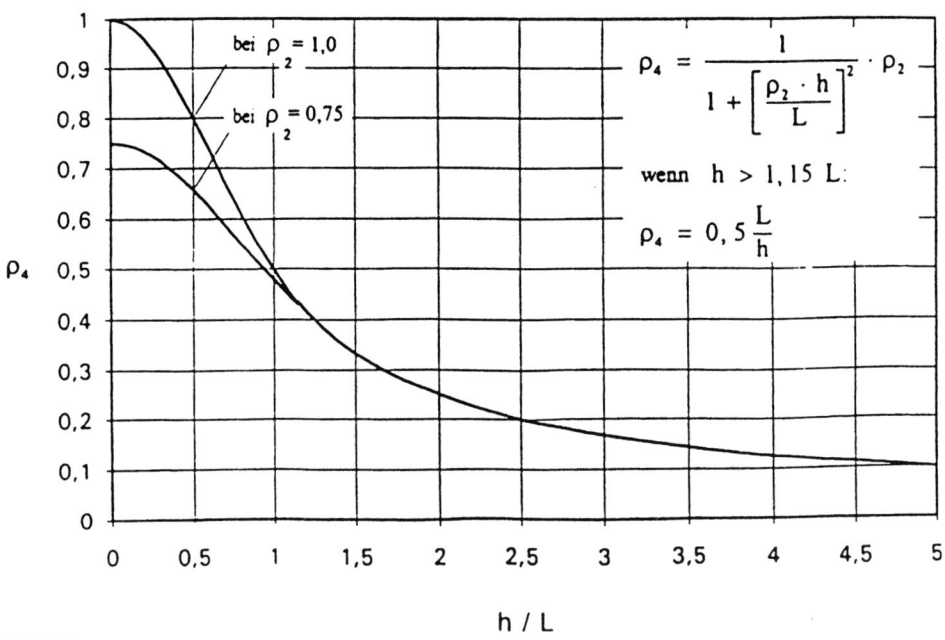

$$\rho_4 = \frac{1}{1 + \left[\dfrac{\rho_2 \cdot h}{L}\right]^2} \cdot \rho_2$$

wenn $h > 1,15\ L$:

$$\rho_4 = 0,5 \frac{L}{h}$$

Bild B.2

Anhang C (informativ)

C.1 Ein vereinfachtes Verfahren zur Berechnung der Lastausmitte bei Wänden

(1) Bei der Berechnung der Lastausmitte bei Wänden darf vereinfachend die Fuge zwischen der Wand und der Decke als nicht gerissen angesehen und elastisches Verhalten der Baustoffe angenommen werden. Es darf eine Rahmenberechnung oder eine Berechnung des einzelnen Knotens vorgenommen werden. Die Berechnung des Knotens kann entsprechend Bild C.1 vereinfacht werden. Bei weniger als vier Stäben werden die nicht vorhandenen Stabenden weggelassen. Die vom Knoten entfernten Stabenden sollten als eingespannt angesehen werden, es sei denn, sie sind nicht in der Lage, Momente aufzunehmen, so daß sie als gelenkig gelagert angenommen werden dürfen. Das Moment M_1 im Stab 1 darf nach Gleichung (C.1) berechnet werden. Das Moment M_1 im Stab 2 wird in gleicher Weise nur mit dem Ausdruck $E_2 I_2/h_2$ im Zähler anstelle von $E_1 I_1/h_1$ berechnet.

$$M_1 = \frac{\dfrac{nE_1 I_1}{h_1}}{\dfrac{n \cdot E_1 I_1}{h_1} + \dfrac{nE_2 I_2}{h_2} + \dfrac{nE_3 I_3}{h_3} + \dfrac{nE_4 I_4}{h_4}} \cdot \left[\frac{w_3 l_3^2}{12} - \frac{w_4 l_4^2}{12}\right] \quad (C.1)$$

Es bedeuten:

n der Steifigkeitsfaktor des Stabes, er ist 4 bei an beiden Enden eingespannten Stäben und 3 in den anderen Fällen;

E_j der Elastizitätsmodul des Stabes j, mit j = 1, 2, 3 oder 4;

Anmerkung: Im allgemeinen kann bei allen Mauersteinarten E mit 1000 f_k angenommen werden.

I_j das Trägheitsmoment des Stabes j, mit j = 1, 2, 3 oder 4; (bei zweischaligem Mauerwerk mit Luftschicht, bei dem nur eine Wandschale belastet ist, sollte als I_j nur das der belasteten Wandschale genommen werden);

h_1 Höhe des Stabes 1;

h_2 Höhe des Stabes 2;

l_3 Spannweite des Stabes 3;
l_4 Spannweite des Stabes 4;
w_3 die gleichmäßig verteilte Bemessungslast des Stabes 3 bei Anwendung des Teilsicherheitsbeiwertes nach Tabelle 2.2 für ungünstige Auswirkung;
w_4 die gleichmäßig verteilte Bemessungslast des Stabes 4 bei Anwendung des Teilsicherheitsbeiwertes nach Tabelle 2.2 für ungünstige Auswirkung.

Anmerkung: Das hier beschriebene vereinfachte Rahmenmodell ist nicht geeignet bei Verwendung von Holzbalkendecken. Für diese siehe Absatz (4).

dabei ist:

$$k = \frac{\dfrac{E_3 I_3}{l_3} + \dfrac{E_4 I_4}{l_4}}{\dfrac{E_1 I_1}{h_1} + \dfrac{E_2 I_2}{h_2}} \quad (C.2)$$

(3) Wenn die nach Absatz (2) errechnete Ausmitte größer als das 0,4fache der Wanddicke ist oder wenn die vertikale Bemessungsspannung $\leq 0{,}25$ N/mm^2 ist, darf die Bemessung nach Absatz (4) vorgenommen werden.

(4) Zur Ermittlung der für die Bemessung zugrunde zu legenden Ausmitte der Last darf von der Bemessungslast, die bei der kleinsten erforderlichen Auflagertiefe aufgenommen werden kann, ausgegangen werden. Die Auflagertiefe darf aber nicht größer sein als das 0,2fache der Wanddicke am Auflagerrand bei der entsprechenden Bemessungsfestigkeit des Baustoffs (siehe Bild C.2). Dies ist besonders sinnvoll bei einem Dach.

ANMERKUNG: Es sollte beachtet werden, daß bei Berechnung der Ausmitte nach vorstehendem Absatz eine genügend große Verdrehung der Decke oder des Balkens entstehen kann, um einen Riß an der der Last gegenüberliegenden Wandseite zu verursachen.

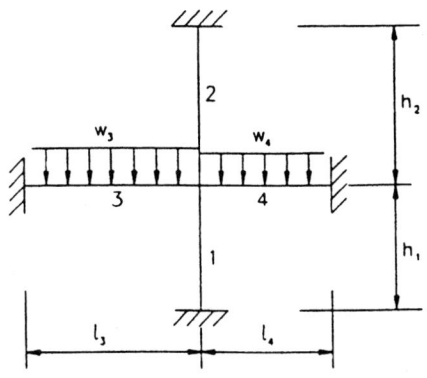

Bild C.1 Vereinfachte Rahmendarstellung

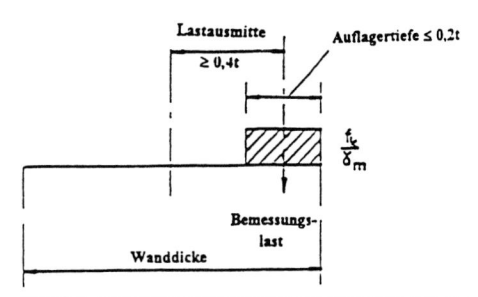

Bild C.2 Ausmittigkeit der Bemessungslast bei Aufnahme durch den Spannungsblock

(2) Die Ergebnisse der Berechnungen liegen im allgemeinen auf der sicheren Seite, da die wirkliche Einspannung des Decken/Wandknotens, d. h. das Verhältnis des tatsächlich durch eine Fuge übertragenen Momentes zu dem, das bei voller Einspannung übertragen würde, nicht erreicht werden kann. Bei der Bemessung ist es zulässig, die nach Absatz (1) errechnete Ausmittigkeit mit dem Faktor $(1-k/4)$ zu reduzieren, wenn die über die Wanddicke durchschnittliche vertikale Bemessungsspannung am betreffenden Knoten größer als 0,25 N/mm^2 ist und k nicht größer als 2 genommen wird;

Eurocode 6

Anhang D (informativ)

D.1 Darstellung des Vergrößerungsfaktors nach 4.4.8 (Teilfächenlasten)

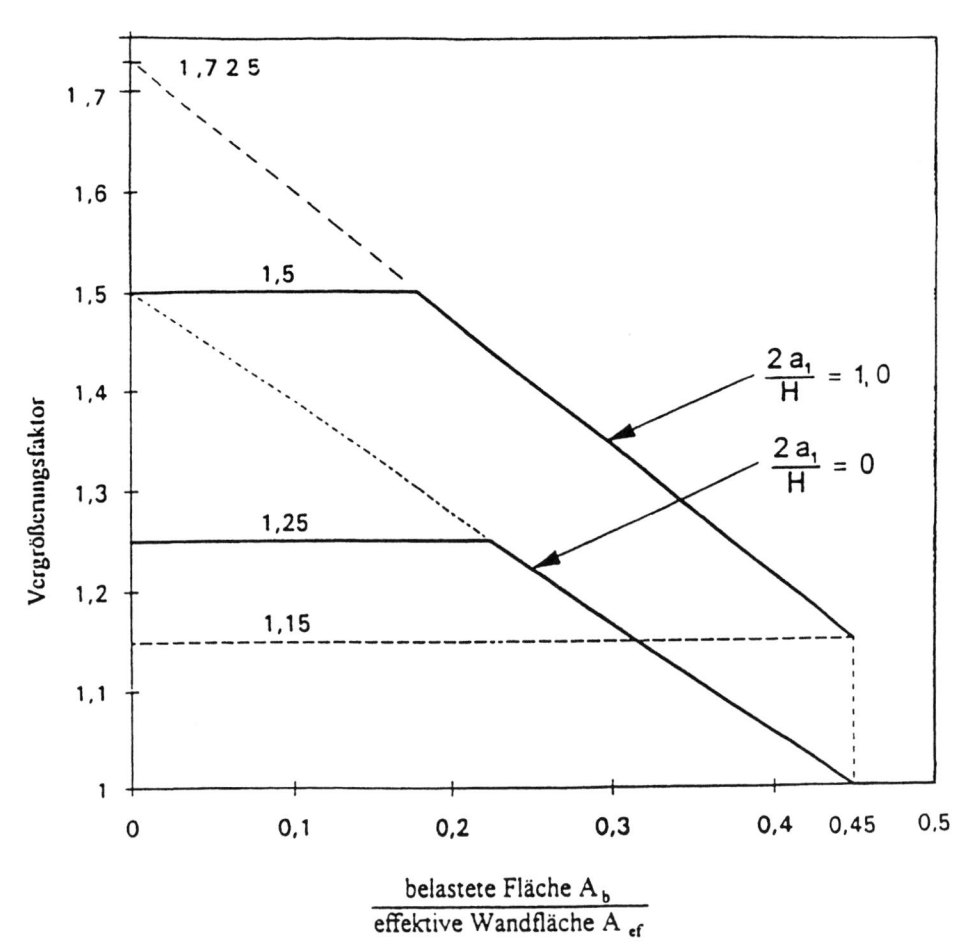

Bild D.1

Vergrößerungsfaktor vs. $\dfrac{\text{belastete Fläche } A_b}{\text{effektive Wandfläche } A_{ef}}$

Kurven für $\dfrac{2 a_1}{H} = 1{,}0$ und $\dfrac{2 a_1}{H} = 0$; Werte: 1,725; 1,5; 1,25; 1,15.

Anhang E (normativ)

E.1 Ein empirisches Verfahren zur Bemessung von Kellerwänden, die durch Erddruck belastet werden

(1) Wenn folgende Bedingungen erfüllt sind, ist ein genauerer Nachweis der Standsicherheit von Kellerwänden bei Beanspruchung durch Erddruck nicht erforderlich:

- lichte Höhe der Kellerwand $h \leq 2600$ mm und Wanddicke $t \geq 200$ mm;
- die Kellerdecke wirkt als Scheibe und kann die Auflagerkraft aus dem Erddruck aufnehmen;
- die Verkehrslast P_s auf der Geländeoberfläche im Einflußbereich des Erddruckes auf die Kellerwand ist ≤ 5 kN/m², und keine Einzellast ist größer als 15 kN innerhalb des Abstandes von 1500 mm von der Wand;
- die Geländeoberfläche steigt nicht an, und die Anschütthöhe ist nicht größer als die Wandhöhe;
- die vertikalen Bemessungslasten der Wand je Längeneinheit N_{max} bzw. N_{min} (infolge ständiger Lasten), jeweils in halber Anschütthöhe, erfüllen folgende Bedingungen (siehe auch Bild E.1):

$$N_{max} \leq \frac{f_k\, t}{3\, \gamma_M}$$

$$N_{min} \geq \frac{\varrho_e\, h\, h_e^2}{20\, t}$$

$$N_{max} \leq \frac{f_k\, t}{3\, \gamma_M}$$

$$N_{min} \geq \frac{\varrho_e\, h\, h_e^2}{40\, t}$$

Bild E.1 Bemessungslasten für Kellerwände

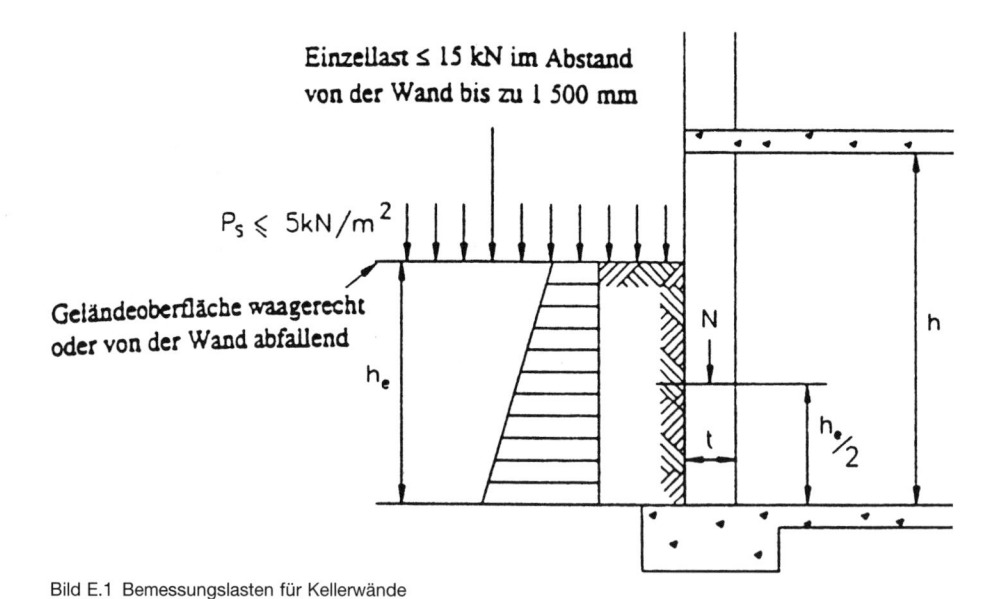

Anhang F

entfällt

Anhang G

entfällt

2. Richtlinien

Richtlinien für die Bemessung und Ausführung von Flachstürzen

Fassung August 1977[1)]

1 Begriff

Flachstürze bestehen aus einem vorgefertigten, bewehrten „Zuggurt" und erlangen im Zusammenwirken mit einer „Druckzone" aus Mauerwerk oder Beton oder beidem ihre Tragfähigkeit. Der Zuggurt kann mit oder ohne Schalen, z. B. aus gebranntem Ton, Leichtbeton, Kalksandstein und dergleichen, vorgefertigt werden. Der Zuggurt kann schlaffbewehrt oder vorgespannt sein.

2 Mitgeltende Normen und Richtlinien

Soweit im folgenden nichts anderes bestimmt ist, sind insbesondere folgende Normen zu beachten:

DIN 1045	– Beton- und Stahlbetonbau, Bemessung und Ausführung – (Ausgabe Januar 1972)
	– Richtlinien für Bemessung und Ausführung von Spannbetonbauteilen – (Fassung Juni 1973) (Spannbetonrichtlinien)
DIN 105	– Mauerziegel, Vollziegel und Lochziegel
DIN 106	– Kalksandsteine, Voll-, Loch- und Hohlblocksteine
DIN 1053 Teil 1	– Mauerwerk; Berechnung und Ausführung
DIN 4108	– Wärmeschutz im Hochbau –
	– Richtlinie für Leichtbeton und Stahlleichtbeton mit geschlossenem Gefüge – (Fassung Juni 1973) (Leichtbetonrichtlinien)
DIN 1084	– Güteüberwachung im Beton- und Stahlbetonbau – Teil 2 Fertigteile –

3 Anwendungsbereich

3.1 Flachstürze dürfen nur als Einfeldträger frei an ihrer Unterseite aufliegend und mit einer größten Stützweite von $l = 3,00$ m verwendet werden. Es dürfen mehrere Zuggurte nebeneinander verlegt werde wenn die Druckzone in ihrer Breite alle Zuggurte erfaßt.

3.2 Die Stürze dürfen nur bei vorwiegend ruhender Last (DIN 1055 T3 – Ausgabe 6.1971 Abschn. 1.4) verwendet werden. Balken-, Rippendecken müssen im Bereich der Stürze zur Lastverteilung einen bewehrten Massivstreifen aus Beton haben. Eine unmittelbare Belastung des Zuggurts durch Einzellasten ist unzulässig.

4 Vorfertigung der Zuggurte

4.1 Für schlaffbewehrte Zuggurte ist mindestens Beton der Festigkeitsklasse B 25 (Bn 250) bzw. LB 25 (Lbn 250), für vorgespannte Zuggurte der Festigkeitsklasse B 35 (Bn 350) bzw. LB 35 (Lbn 350) zu verwenden. Die Verwendung vorgespannter Zuggurte bedarf nach den bauaufsichtlichen Vorschriften im Einzelfall der Zustimmung der zuständigen obersten Bauaufsichtsbehörde oder der von ihr beauftragten Behörde, sofern nicht eine allgemeine bauaufsichtliche Zulassung erteilt ist. Für schlaffbewehrte Zuggurte ist als Bewehrung Betonstahl BSt 420/500 (BSt 42/50) RK oder RU oder allgemein bauaufsichtlich zugelassener Betonstahl BSt 500/550 (BSt 50/55) RK oder RU zu verwenden; wird nur ein Stab je Zuggurt eingelegt, so muß sein Durchmesser mindestens 8 mm und darf höchstens 12 mm betragen. Für vorgespannte Zuggurte ist als Bewehrung Spannstahl mit mindestens 5 mm Durchmesser (30 mm^2 Querschnittsfläche bei nicht runden Querschnitten), höchstens 7 mm Durchmesser (40 mm^2 Querschnittsfläche bei nicht runden Querschnitten) zu verwenden, der für die Verankerung durch Verbund allgemein bauaufsichtlich zugelassen ist.

[1)] Herausgegeben vom Deutschen Ausschuß für Stahlbeton im DIN Deutsches Institut für Normung e. V.

Je 11,5 cm der Zuggurtbreite ist mindestens 1 Spanndraht anzuordnen. Die Spannstahlspannung soll nach dem Lösen der Verankerung $\sigma' = 0{,}55\,\beta z$ betragen. Die Vorspannung darf erst dann in den Beton eingeleitet werden, wenn die Betondruckfestigkeit mindestens 32 N/mm² bei Beton der Güteklasse B 35 (Bn 350) 40 N/mm² bei einem B 45 (Bn 450) und 48 N/mm² bei einem B 55 (Bn 550) entspricht. Die „Ergänzenden Bestimmungen zu den Richtlinien für Bemessung und Ausführung von Stahlbetonbauteilen – Fassung Okt. 1976" bezüglich der Anzahl der Spannglieder in einem Querschnitt sind auf die Flachstürze nicht anzuwenden.

Auf Bügel darf bei schlaffbewehrten und vorgespannten Zuggurten verzichtet werden.

Werden die Schalen bei der für die Schubbemessung maßgebenden Sturzbreite b mit in Rechnung gestellt, so muß die mittlere Druckfestigkeit der Schalen, bezogen auf die Querschnittsflächen, mindestens 15 N/mm² betragen, und zwar bei einer Prüfhöhe der Schalen von mindestens 20 cm.

4.2 Die Zuggurte müssen mindestens 6 cm hoch und mindestens 11,5 cm breit sein. Zuggurte, die nur die Eigenlast des darüberliegenden Mauerwerks aufzunehmen haben, müssen mindestens 5 cm hoch sein. Geschlossene Kanäle zur Aufnahme der Bewehrung sind unzulässig. Die Betondeckung der Bewehrung muß mindestens 2,0 cm betragen, sofern die Bestimmungen von DIN 1045, der Spannbetonrichtlinien und der Leichtbetonrichtlinien nicht höhere Werte fordern. Die Schalen dürfen auf die Betondeckung der Bewehrung nicht angerechnet werden. Die planmäßige Lage der Bewehrung und die Einhaltung der erforderlichen Betondeckung an jeder Stelle ist unter Berücksichtigung der Maßhaltigkeit und Toleranzen der Schalen durch geeignete Maßnahmen zu gewährleisten. Außerdem ist der Zuggurt so herzustellen, daß das Gefüge und die Dichtigkeit des Betons im Bereich der Fugen zwischen den Schalen nicht beeinträchtigt werden.

4.3 Die Oberseite der Zuggurte muß rauh sein. Die Zuggurte sind entsprechend DIN 1045, Abschnitt 19.6 dauerhaft zu kennzeichnen, z. B. durch Einprägen von Herstellerzeichen und Typnummern in die Tonschale.

5 Herstellung der Druckzone

5.1 Die Druckzone ist aus Mauerwerk im Verband mit vollständig gefüllten Stoß- und Lagerfugen oder aus Beton einer Festigkeitsklasse von mindestens B 15 (Bn 150) bzw. LB 15 (Lbn 150) oder aus Mauerwerk und Beton herzustellen.

5.2 Für die Druckzone aus Mauerwerk dürfen Voll- oder Hochlochziegel A nach DIN 105, Kalksand-, Voll- und Lochsteine nach DIN 106 und Vollsteine aus Leichtbeton nach DIN 18 152 mit einer Druckfestigkeit von mindestens 15 N/mm² verwendet werden. Hochlochziegel mit versetzten oder diagonal verlaufenden Stegen dürfen nur verwendet werden, wenn ihre Druckfestigkeit mindestens 25 N/mm² beträgt und der Querschnitt keine Griffschlitze aufweist. Der Mauermörtel muß mindestens eine Druckfestigkeit von 2,5 N/mm² (entspr. Mörtelgruppe II nach DIN 1053 Teil 1) aufweisen.

6 Bemessung der Flachstürze

6.1 Schubtragfähigkeit

6.1.1 Druckzone aus Mauerwerk

Die zulässige Querkraft errechnet sich aus

$$\text{zul } Q = \tau \text{ zul} \cdot b \cdot h \cdot \frac{\lambda + 0{,}4}{\lambda - 0{,}4}$$

Hierin bedeuten:

τ zul = zulässige Schubspannung = 0,1 N/mm²
b = Sturzbreite
h = statische Nutzhöhe
λ = Schubschlankheit

$$\frac{\text{max. Moment}}{\text{max. Querkraft} \cdot \text{Nutzhöhe}}$$

Für Gleichlast gilt $\lambda = \dfrac{\text{Stützweite}}{4 \cdot \text{Nutzhöhe}}$

Wird $\lambda < 0{,}6$, so ist mit $\lambda = 0{,}6$ zu rechnen und die zugehörige Nutzhöhe aus obiger Gleichung zu ermitteln. Die mit obenstehender Gleichung errechnete zulässige Querkraft gilt für die rechnerische Auflagerlinie; eine Abminderung nach DIN 1045 Abschnitt 17.5.2 ist nicht zulässig.

Die für Mauerwerk angegebene Bemessung gilt auch für den Fall, daß die Druckzone aus Mauerwerk und Beton gebildet ist.

6.1.2 Druckzone aus Beton

Die zulässige Querkraft errechnet sich aus

zul $Q = \tau_r \cdot b \cdot h$

mit $\tau_r = \text{zul } \tau \cdot \dfrac{3}{\lambda} \cdot y \leq \max \tau^*)$

Hierin bedeuten:

zul τ = zulässige Schubspannung
  = 0,23 MN/m² [B 15 (Bn 150)]
  = 0,27 MN/m² [B 25 (Bn 250)]

max τ = oberer Grenzwert für τ_r
  = 1,0 MN/m² [B 15 (Bn 150)]
  = 1,2 MN/m² [B 25 (Bn 250)]

y = Faktor zur Berücksichtigung des Einflusses der Querschnittshöhe

  $= \sqrt[3]{\dfrac{30}{h \, [\text{cm}]}}$

sofern der Wert
$\dfrac{3}{\lambda} y < 1$
wird, darf mit
$\tau_R = \text{zul } \tau$ gerechnet werden.

*) Für Gleichlast gilt
$\lambda = \text{Schubschlankheit} = \dfrac{\text{Stützweite}}{4 \cdot \text{Nutzhöhe}}$

Die mit obenstehender Gleichung errechnete Querkraft gilt für die rechnerische Auflagerlinie; eine Abminderung nach DIN 1045 Abschnitt 17.5.2 ist nicht zulässig.

6.2 Biegetragfähigkeit

6.2.1 Grundlagen

Die Biegetragfähigkeit von schlaffbewehrten und vorgespannten Flachstürzen ist unter rechnerischer Bruchlast unter Berücksichtigung des nicht proportionalen Zusammenhangs zwischen Spannung und Dehnung entsprechend DIN 1045 nachzuweisen. Bei vorgespannten Flachstürzen ist außerdem ein Nachweis unter Gebrauchslast zu führen. Nachweise für den Montagezustand sind entbehrlich, wenn die Montagestützweiten nach Abschnitt 7 eingehalten werden.

6.2.2 Nachweis unter rechnerischer Bruchlast

Es darf vorausgesetzt werden, daß sich die Dehnungen der einzelnen Fasern des Querschnitts wie ihre Abstände von der Null-Linie verhalten. Der für die Bemessung maßgebende Zusammenhang zwischen Spannung und Dehnung darf

  für Beton und vereinfachend auch für Mauerwerk nach DIN 1045, Bild 13,
  für Leichtbeton entsprechend Abschnitt 7.3.2 der Leichtbetonrichtlinien,
  für Betonstahl nach DIN 1045, Bild 14 oder der Zulassung und
  für Spannstahl der Zulassung

entnommen werden. Für den Spannstahl ist abweichend von der Spannungsdehnungslinie der Zulassung anzunehmen, daß die Spannung oberhalb der Streck- bzw. der $\beta_{0,2}$-Grenze nicht mehr ansteigt. Die Rechenwerte β_R der Festigkeit von Beton und Mauerwerk sind Tabelle 1 zu entnehmen.

Tabelle 1. Rechenwerte β_R der Festigkeit von Beton und Mauerwerk

	Mauerwerk nach Abschn. 5	Beton der Festigkeitsklasse	
		B 15*) (Bn 150)	B 25 (Bn 250) und höher*)
β_R [N/mm²]	2,5	10,5	17,5

*) Für Leichtbeton siehe Abschn. 7.3.2 der Leichtbetonrichtlinien.

Die Druckzone darf nur bis zu einer Höhe von

maximal $h = \dfrac{1}{2,4} \cdot l$

als statisch mitwirkend angenommen werden. Wenn die Druckzone aus Beton und Mauerwerk gebildet wird, dürfen beide Baustoffe entsprechend ihrer Dehnungen den Spannungsdehnungslinien beansprucht werden, jedoch darf über Decken bzw. Ringankern aufgesetztes Mauerwerk oder Beton nicht in Rechnung gestellt werden.

Die Dehnung des Zuggurtes in Höhe der Bewehrung darf höchstens zu 5‰ angenommen werden. Die durch Vorspannung im Spannstahl erzeugte Vordehnung ergibt sich als Dehnungsunterschied zwischen Spannstahl und umgebendem Beton unter Gebrauchslast nach Kriechen und Schwinden; der Spannungsverlust aus Kriechen und Schwinden ist entsprechend Abschnitt 6.2.3 anzunehmen.

Der erforderliche Sicherheitsbeiwert beträgt $\gamma = 1,75$ bis $\gamma = 2,10$ entsprechend DIN 1045, Bild 15.

Für die Bemessung siehe auch Heft Nr. 220 der Schriftenreihe des Deutschen Ausschusses für Stahlbeton:

Bemessung von Beton- und Stahlbetonbauteilen nach DIN 1045.

Die ausreichende Verankerung des Spannstahls im Zuggurt ist entsprechend den Spannbetonrichtlinien, Abschnitt 14.2, nachzuweisen, die ausreichende Verankerung der schlaffen Bewehrung richtet sich nach DIN 1045, Abschnitt 18.

Das Versatzmaß darf mit $v = 0{,}75\,h$ angesetzt werden. Falls sich mit dieser Annahme aus Gl. (30) in DIN 1045, Abschnitt 18.5.2.2 rechnerisch eine größere Zugkraft Z_N ergeben sollte als die an der Stelle des maximalen Biegemomentes vorhandene, so ist für die Berechnung der Verankerungslänge

$$Z_A = \frac{\max.\,M}{z}$$

zu setzen.

Als zulässige Rechenwerte der Verbundspannung dürfen die Werte für die günstige Verbundlage verwendet werden.

6.2.3 Nachweis unter Gebrauchslast

Bei vorgespannten Flachstürzen sind zusätzlich zu Abschnitt 6.2.2 folgende Nachweise zu führen:

Der Nachweis der nach dem Lösen der Vorspannung im Spannbett auftretenden Betonspannungen ist mit $\sigma_z = 0{,}55\,\beta_z$ zu führen.

Die Schalen dürfen bei der Ermittlung der Querschnittswerte nicht berücksichtigt werden. Spannungsnachweis im Einbauzustand: Für den Einbauzustand ist nachzuweisen, daß unter Vollast nach Kriechen und Schwinden keine Zugspannungen in Höhe des Spanndrahtes auftreten. Die Spannungsverluste im Spannstahl aus Kriechen und Schwinden sind bei Verwendung von Ziegelschalen dabei mit 15 %, in allen anderen Fällen mit 25 % der Spannstahlspannung unmittelbar nach Lösen der Vorspannung im Spannbett anzunehmen. Der Hebelarm der inneren Kräfte z darf dem Bruchsicherheitsnachweis nach Abschnitt 6.2.2 entnommen werden.

7 Einbau der Flachstürze

7.1 Die Zuggurte sind beim Einbau in Abhängigkeit von ihrer Gesamthöhe in folgendem Abstand zu unterstützen:

Bei Zuggurten mit einer Gesamthöhe = 6,0 cm beträgt die Montagestützweite = 1,00 m.

Bei Zuggurten mit einer Gesamthöhe 6,0 cm beträgt die Montagestützweite 1,25 m. Die Montageunterstützung muß bleiben, bis die Druckzone eine ausreichende Festigkeit erreicht hat; im allgemeinen genügen 7 Tage. Alle Lasten aus Fertigteildecken oder Schalungen für Ortbetondecken müssen bis dahin gesondert abgefangen werden.

7.2 Die Zuggurte sind am Auflager in ein Mörtelbett zu verlegen. Die Tiefe des Auflagers muß mindestens 11,5 cm betragen.

7.3 Beschädigte Zuggurte dürfen nicht verwendet werden.

7.4 Die Oberseite des Zuggurtes ist vor dem Aufmauern oder Aufbetonieren sorgfältig von Schmutz zu reinigen und anzunässen.

7.5 Jeder Lieferung ist eine Einbauanweisung beizufügen.

8 Statischer Nachweis

Der statische Nachweis für die Tragfähigkeit des Sturzes ist in jedem Einzelfall zu erbringen. Hierfür dürfen auch Bemessungstafeln verwendet werden, die von einem Prüfamt für Baustatik geprüft sind.

9 Güteüberwachung

Für die Durchführung der Güteüberwachung gelten die Bestimmungen von DIN 1084, Teil 2.
Bei vorgespannten Zuggurten sind zusätzlich die Spannbetonrichtlinien, bei Zuggurten aus Stahlleichtbeton zusätzlich die Leichtbetonrichtlinien zu beachten.
Die Druckfestigkeit der Schalen ist im Rahmen der Eigenüberwachung mindestens vierteljährlich, im Rahmen der Fremdüberwachung mindestens halbjährlich zu prüfen.

Bauteile, die gegen Absturz sichern[*]
Fassung Juni 1985

1 Allgemeines

Nichttragende Bauteile, die nicht zur Gebäudeaussteifung herangezogen werden und außer ihrer Eigenlast nur auf ihre Fläche wirkende Lasten aufnehmen und auf andere Bauteile abtragen, haben neben bauphysikalischen Aufgaben auch die Aufgabe, den von ihnen umschlossenen Raum oder Raumabschnitt so zu sichern, daß Personen und Gegenstände, die auf diese Bauteile einwirken, nicht durch deren vorzeitigen Bruch gefährdet werden.

Solche nichttragenden Bauteile haben eine Sicherungsfunktion gegen Absturz.

Die Richtlinie ist anzuwenden bei Bauteilen, die einen Höhenunterschied zwischen Verkehrsflächen von mehr als 1 m sichern.

Sie gilt nicht für Bauteile, die in DIN 4103 Teil 1 behandelt werden.

Für Bauteile, die aus Erfahrung ausreichend sicher beurteilt werden können, braucht ein Nachweis der Stoßbelastung nach Abschnitt 3.2 dieser Richtlinie nicht geführt zu werden.

2 Einbaubereich

Für die in Abschnitt 3 beschriebenen Beanspruchungen werden zwei Einbaubereiche unterschieden:

Einbaubereich 1:

Raumabschließende Bauteile, Brüstungen, Umwehrungen und dergleichen in Bereichen mit geringer Menschenansammlung, wie sie z. B. in Wohnungen, Hotel-, Büro- und Krankenräumen und ähnlich genutzten Räumen einschließlich der Flure vorausgesetzt werden muß.

Einbaubereich 2:

Raumabschließende Bauteile, Brüstungen, Umwehrungen und dergleichen in Bereichen mit großer Menschenansammlung, wie sie z. B. in größeren Versammlungsräumen, Schulräumen, Hörsälen, Ausstellungs- und Verkaufsräumen und ähnlich genutzten Räumen vorausgesetzt werden muß.

3 Beanspruchungen und Nachweise

3.1 Horizontale, statische Lasten

Als horizontale Lasten (Linienlasten) sind anzusetzen im Einbaubereich 1:

$p_1 = 0{,}5$ kN/m in 0,90 m Höhe vom Fußboden,

im Einbaubereich 2:

$p_2 = 1{,}0$ kN/m in 0,90 m Höhe vom Fußboden.

Bei Geländern ist die jeweilige Last p_1 und p_2 auch dann in Holmhöhe anzusetzen, wenn diese von 0,90 m abweicht. Der rechnerische Nachweis darf durch Versuche ersetzt werden. Im Versuch ist die Bruchlast zu bestimmen. Der maßgebende Wert F_{Versuch} der Bruchlast aus den Versuchen (siehe Abschnitt 4) muß um den Sicherheitsfaktor 1,5 größer als die Gebrauchslast sein.

Mit Bruch wird hier derjenige Zustand bezeichnet, bei dem eine Laststeigerung nicht mehr möglich ist oder bei dem Bereiche des Bauteils so weit zerstört sind, daß dann die Sicherungsfunktion gegen Absturz nicht mehr gegeben ist.

Windlasten sind diesen Lasten zu überlagern.

Der Nachweis ausreichender Biegegrenztragfähigkeit streifenförmig unterstützter Beplankung oder ausgesteifter Deckflächen ist jedoch nur für die horizontalen Streifenlasten zu führen (siehe Abschnitt 3.3).

3.2 Stoßartige Belastung

3.2.1 Anforderungen

Bauteile in den Einbaubereichen 1 und 2 dürfen sowohl bei weichen als auch bei harten Stößen nicht insgesamt zerstört oder örtlich durchstoßen werden.

Es sind folgende Bedingungen einzuhalten:

a) Die Standsicherheit der Bauteile muß erhalten bleiben.

b) Das Bauteil darf nicht aus seiner Halterung herausgerissen werden.

c) Bruchstücke, die Menschen ernsthaft verletzen können, dürfen nicht herabfallen.

---

[*] ETB-Richtlinie herausgegeben vom Ausschuß für Einheitliche Technische Baubestimmungen (ETB)

Richtlinien

d) Das Bauteil darf von den nachfolgend definierten Lasten in seiner gesamten Dicke nicht durchstoßen werden.

3.2.2 Weicher Stoß

3.2.2.1 Allgemeines

Der weiche Stoß ist an der Stelle wirkend zu denken, mit der als Aufprallstelle der Stoß im Bauteil die ungünstigste Biegebeanspruchung erzeugt. Eine Überlagerung mit anderen Lastfällen ist nicht erforderlich.

Der Nachweis einer ausreichenden Widerstandsenergie des gestoßenen Bauteils darf auf folgende Weise geführt werden:

a) rechnerisch, wenn für den Baustoff die Spannungs-Dehnungslinie bekannt ist (vergleiche Abschnitt 3.2.2.2.1),
b) durch Biegeversuche, wenn die Spannungs-Dehnungslinie für den Baustoff unbekannt ist oder ein möglichst wirklichkeitsnahes Verhalten ermittelt werden soll (vergleiche Abschnitt 3.2.2.2.2, 1. Absatz),
c) durch Stoßversuche (vergleiche Abschnitt 3.2.2.2.2, 2. Absatz).

Der weiche Stoß darf vereinfachend als quasistatischer Lastfall zur Beurteilung des Verhaltens des gesamten Bauteils mit einer einwirkenden Energie von

$$E_{Basis} = 100 \text{ Nm} \qquad (1)$$

entsprechend einer wirksamen Stoßkörpermasse von 50 kg und einer Aufprallgeschwindigkeit von 2,0 m/s angesetzt werden.

Dem beim gedachten Stoß in das Bauteil übertragenen Energieanteil $\alpha' \cdot E_{Basis}$ steht die Widerstandsenergie E_R (Arbeitsvermögen) des Bauteils entgegen. Es ist zu fordern:

$$E_R \geq \alpha' \cdot E_{Basis} \qquad (2)$$

Hierin bedeutet:

α' Stoßübertragungsfaktor nach Tabelle 1, abhängig von der mitschwingenden Masse m des gestoßenen Bauteils.

Bei 50 kg wirkender Stoßkörpermasse wurde angesetzt:

$$\alpha' = 200 \cdot m/(50 + m)^2 \text{ für } m > 50 \text{ kg} \qquad (3)$$

Tabelle 1. α'-Werte

m (kg)	≤ 50	75	100	150	200	300	400
α'	1,0	0,96	0,89	0,75	0,64	0,49	0,40

Die mitschwingende Masse m der Bauteilart, ausgedrückt in kg, darf mit Hilfe nachstehender Methoden festgelegt werden:

a) Rechnerische Abschätzung von m

$$m = \lambda \cdot m_t \qquad (4)$$

mit

m_t Gesamtmasse des Bauteils und

λ Massenfaktor, der bei einem Stoß in Platten- oder Balkenmitte bzw. auf das freie Ende eines auskragenden Bauteils die Werte der Tabelle 2 annimmt.

Tabelle 2. λ-Werte

Auflagerbedingungen	λ
Balken auf zwei Stützen	0,50
Kragbalken	0,24
quadratische Platte mit Lagerung an den vier Eckpunkten	0,29
rechteckige Platte mit vierseitiger gelenkiger Lagerung, Seitenverhältnis $1 \leq a/b \leq 3$	$0,2 \cdot \dfrac{6 - a/b}{5}$
quadratische vierseitig eingespannte Platte	0,12
Elementausschnitt, der auf seinen beiden gegenüberliegenden Seiten lagert[1]	0,50
Elementausschnitt, der auskragt[1]	0,24

[1] Wenn die aufgelagerte bzw. die eingespannte Seite länger ist als die senkrecht dazu verlaufende freie Seite, darf als m_t höchstens die Gesamtmasse eines quadratischen Ausschnittes berücksichtigt werden.

b) Ermittlung von m durch Versuche

$$m = c \cdot (T/2\pi)^2 \qquad (5)$$

wobei hier zu verstehen ist unter c = Anfangssteifigkeit des Probekörpers in N/m, wenn dieser einem Biegeversuch mit einer an der gedachten Stoßstelle wirkenden Einzellast unterworfen wird.

T = Eigenschwingungsdauer desselben Probekörpers im ursprünglichen Zustand, ausgedrückt in s.

In den Sonderfällen von Bauteilen mit großer Steifigkeit und nicht großer mitschwingender Masse liegen die Werte für α' in der Tabelle 1 weit auf der sicheren Seite.

Zutreffendere Werte können nach dem in Abschnitt 3.2 angegebenen Verfahren ($\alpha' = E_A/E_a$) ermittelt werden.[1]

3.2.2.2 Ermittlung der Widerstandsenergie

3.2.2.2.1 Rechnerischer Nachweis

Liegt die Annahme einer Linearisierung der Abhängigkeit zwischen Einzellast und Durchbiegung des Bauteils im Hinblick auf die Größe seiner Widerstandsenergie auf der sicheren Seite, genügt jeweils folgender Nachweis:

a) einfach-linearer Zusammenhang (Bild 1)

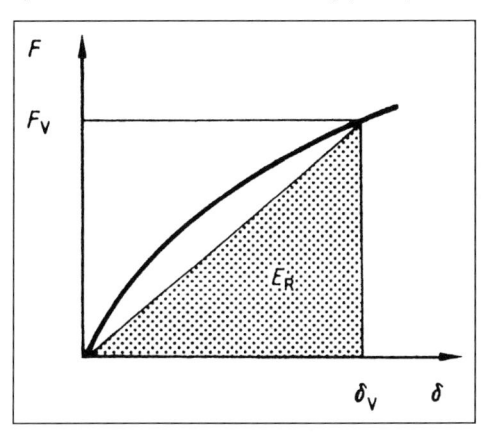

Bild 1

Widerstandsenergie des gestoßenen Bauteils:

$$E_R \geq \frac{1}{2} \cdot F_V \cdot \delta_V \quad (6)$$

b) bilinearer Zusammenhang (Bild 2)

Widerstandsenergie des gestoßenen Bauteils:

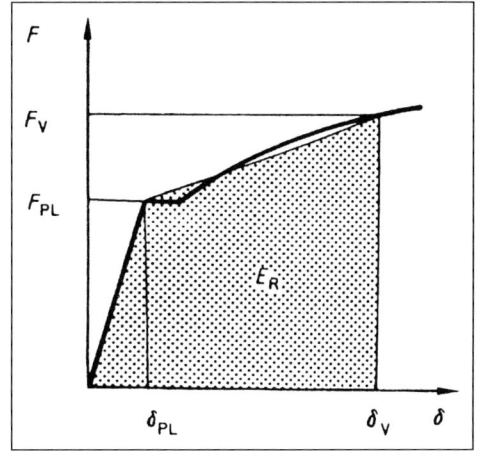

$$E_R = \frac{1}{2} \cdot F_{PL} \cdot (\delta_V + \frac{F_V}{F_{PL}} \cdot (\delta - \delta_{PL})) \quad (7)$$

Bild 2.

c) andere Zusammenhänge (Bild 3.)

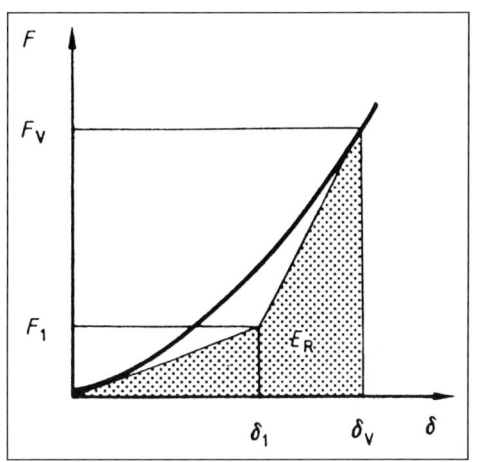

Bild 3.

Widerstandsenergie des gestoßenen Bauteils:

$$E_R \geq \frac{1}{22} \cdot F_V \cdot ((\delta_V - \delta_1) + \frac{F_1}{F_V} \cdot \delta_V \quad (8)$$

Allgemein gilt:

$$E_R = \int_0^{\delta_V} F \cdot d\delta \geq \alpha' \cdot E_{Basis} \quad (8a)$$

Im vorstehenden bedeuten:

F diejenige an der gedachten Stoßstelle wirkende Einzellast, die erforderlich ist, um dort die Durchbiegung δ zu erzeugen

δ_V die bei $F = F_V$ sich ergebende Durchbiegung des Bauteils an der gedachten Stoßstelle

---

[1] Struck, W.: „Die stoßartige Beanspruchung leichter, nichttragender Bauteile durch einen mit der Schulter gegenprallenden Menschen", Vorschlag für ein Prüfverfahren, BAM-Berichte Nr. 37, Bundesanstalt für Materialprüfung, Berlin, Februar 1976.

F_V Zahlenwert von F, bei dem der Versagenszustand erreicht ist

F_{PL} Zahlenwert von F, von dem an sich das Bauteil hauptsächlich nur noch plastisch verformt

δ_{PL} die bei Erreichen von $F = F_{PL}$ sich ergebende Durchbiegung des Bauteils an der Stoßstelle

Die zur Berechnung dieser Kräfte und Durchbiegungen erforderlichen Stoffwerte sind unter Berücksichtigung von Normen oder auch aus allgemeingültigen Untersuchungen mit auf der sicheren Seite liegenden Grenzwerten zu bestimmen.

3.2.2.2.2 Nachweis durch Versuche

Der rechnerische Nachweis darf durch Biegeversuche ersetzt werden. In diesem Falle ist der maßgebende Wert $E_{Versuch}$ für die bis zum Versagen bei den Versuchen aufnehmbare Energie dem Energieanteil $\alpha' \cdot E_{Basis}$ wie folgt gegenüberzustellen:

$$E_{Versuch} \geq v \cdot \alpha' \cdot E_{Basis} \qquad (9)$$

mit

$v = 1{,}25$ Faktor zur Absicherung gegenüber Streuungen, die in den Versuchen nicht erfaßt werden

Soll der Nachweis durch Stoßversuche erbracht werden, so ist zu berücksichtigen, daß unterschiedliche Stoßkörper (menschliche Schulter, Glaskugelsack, Sandsack, Bleischrotsack) bei gleicher Aufprallenergie $E_{Aufprall}$ unterschiedliche Energieanteile in das gestoßene Bauteil übertragen. Anstelle der Gleichung (9) tritt dann:

$$\alpha'' \cdot E_{Aufprall} \geq \delta \cdot \alpha' \cdot E_{Basis} \qquad (10)$$

Dabei steht $\alpha'' \cdot E_{Aufprall}$ für den Energieanteil der Aufprallenergie, den die jeweilige Stoßkörperart in das gestoßene Bauteil überträgt. Wie auch der Faktor α'' von den Eigenschaften der gestoßenen Wand ab. Er ist deshalb in Vorversuchen für die entsprechende Kombination Stoßkörperart/Probekörper zu bestimmen.

Für einen Glaskugelsack als Stoßkörper z. B. kann α'' aus Bild 4 ermittelt werden, sofern die Eigenschaften des zu untersuchenden Probekörpers in dem dort untersuchten Bereich liegen[2]).

3.2.2.2.3 Befestigungselemente

Zur Abschätzung einer ausreichenden Tragsicherheit kann auf die Stoßkraft zurückgegriffen werden,

die sich beim Auftreffen eines menschlichen Körpers auf die Befestigungsstelle ergibt:

$$F_{Stoß} = v_a \cdot \sqrt{v_1 \cdot c_1}/\sqrt{1 + (c_1/c_2)} \quad \text{in N} \qquad (11)$$

Hierin bedeuten:

v_a Aufprallgeschwindigkeit in m/s
m_1 Körpermasse (30 kg)
c_1 Federkonstante des stoßenden Körpers in N/m
c_2 Federkonstante des gestoßenen Bauteils in N/m

Für baupraktische Fälle genügt der Nachweis, daß das Befestigungselement eine größere Widerstandskraft besitzt als 2,8 kN. Als Widerstandskraft darf die Kraft eingesetzt werden, bei der ein Versagen gerade noch nicht eintritt.

Der harte Stoß braucht nicht nachgewiesen zu werden.

3.2.3 Harter Stoß

Der harte Stoß durch den Aufprall einer kleinen kompakten Masse bei großer Geschwindigkeit dient primär zur Beurteilung des Verhaltens einer Bauteilart hinsichtlich örtlich begrenzter Zerstörungen infolge Stoßbeanspruchung. Dazu soll das Bauteil überall einer im Versuch aufzubringenden Stoßenergie von

$$E_{Versuch} = 10 \text{ Nm}$$

entsprechend einer Stoßkörpermasse von 1,0 kg und einer Aufprallgeschwindigkeit von 4,47 m/s widerstehen.

Der Nachweis kann in der Regel nur durch Stoßversuche erbracht werden.

Der Widerstand einer bestimmten Stelle des Bauteils wird als ausreichend angesehen, wenn bei 15 Versuchen mit jeweils einem Stoß je Stelle der betrachteten Art in keinem Falle Versagen entsprechend Abschnitt 3.2.1 eintritt.

---

[2]) Struck, W. und Limberger, E.: Die Energieübertragung auf leichte, nichttragende Bauteile beim Stoß mit einem Glaskugelsack im Vergleich zum Schulterstoß, Mitteilungen Institut für Bautechnik 5 (1978), Seite 129/136.

3.3 Biegegrenztragfähigkeit streifenförmig unterstützter Beplankung oder ausgesteifter Deckflächen gegenüber statischer Belastung

Der Nachweis ausreichender Biegegrenztragfähigkeit ist für die horizontale Linienlast nach Abschnitt

3.1 zu führen; dabei ist die ungünstigste Beanspruchung zu erfassen.

Der Nachweis ist entweder rechnerisch unter Berücksichtigung der in den Normen für die Beplankungs- oder Deckschichtenmaterialien festgelegten Eigenschaften und zulässigen Spannungen oder durch Versuche zu erbringen.

Bei mehrschichtiger Beplankung, bei Beplankung mit Verbundbaustoffen oder bei Beplankungen aus Platten mit orthotropem Tragverhalten sind die Einbaubedingungen der Beplankung im Bauteil zu beachten.

Der maßgebende Wert $F_{Versuch}$ der Bruchlast aus den Versuchen (siehe Abschnitt 4) muß um den Sicherheitsfaktor $\delta = 1{,}5$ größer als die aus der Gebrauchslast abgeleitete Bezugslast sein. Die Biegegrenztragfähigkeit ist bei der Last (Bruchlast) erreicht, über die hinaus eine weitere Laststeigerung nicht mehr möglich ist.

4 Durchführung der Versuche und Auswertung

Wenn der Nachweis, daß die Anforderungen nach Abschnitt 3 erfüllt werden, nicht rechnerisch unter Einbeziehung durch Normen oder Zulassungen festgelegter oder durch Materialuntersuchungen bestätigter Eigenschaften der verwendeten Baustoffe und Befestigungselemente geführt werden kann, darf die Erfüllung der Anforderungen auch durch Versuche nachgewiesen werden.

Die Versuche sind nach DIN 4103 Teil 1 (7.84), Abschnitt 5, durchzuführen und auszuwerten.

3 Gesetze
340. Raumordnungsgesetz (ROG)[1)]

Vom 18. August 1997

(BGBl. I S. 2081), geänd. durch Art. 3 G über die Errichtung eines Bundesamtes für Bauwesen und Raumordnung sowie zur Änd. besoldungsrechtl. Vorschriften v. 15. 12. 1997
(BGBl. I S. 2902)
BGBl. III/FNA 2301-1

Inhaltsübersicht §§

Abschnitt 1. Allgemeine Vorschriften

Aufgabe und Leitvorstellung der Raumordnung	1
Grundsätze der Raumordnung	2
Begriffsbestimmungen	3
Bindungswirkungen der Erfordernisse der Raumordnung	4
Bindungswirkungen bei besonderen Bundesmaßnahmen	5

Abschnitt 2. Raumordnung in den Ländern, Ermächtigung zum Erlaß von Rechtsverordnungen

Rechtsgrundlagen der Länder	6
Allgemeine Vorschriften über Raumordnungspläne	7
Raumordnungsplan für das Landesgebiet	8
Regionalpläne	9
Planerhaltung	10
Zielabweichungsverfahren	11
Untersagung raumordnungswidriger Planungen und Maßnahmen	12
Verwirklichung der Raumordnungspläne	13
Abstimmung raumbedeutsamer Planungen und Maßnahmen	14
Raumordnungsverfahren	15
Grenzüberschreitende Abstimmung von raumbedeutsamen Planungen und Maßnahmen	16
Ermächtigung zum Erlaß von Rechtsverordnungen	17

Abschnitt 3. Raumordnung im Bund

Raumordnung des Bundes	18
Gegenseitige Unterrichtung und gemeinsame Beratung	19
Beirat für Raumordnung	20
Raumordnungsberichte	21

Abschnitt 4. Überleitungs- und Schlußvorschriften

Anpassung des Landesrechts	22
Überleitungsvorschriften	23

Abschnitt 1. Allgemeine Vorschriften

§ 1 Aufgabe und Leitvorstellung der Raumordnung.
(1) [1]Der Gesamtraum der Bundesrepublik Deutschland und seine Teilräume sind durch zusammenfassende, übergeordnete Raumordnungspläne und durch Abstimmung raumbedeutsamer Planungen und Maßnahmen zu entwickeln, zu ordnen und zu sichern. [2]Dabei sind

1. unterschiedliche Anforderungen an den Raum aufeinander abzustimmen und die auf der jeweiligen Planungsebene auftretenden Konflikte auszugleichen,
2. Vorsorge für einzelne Raumfunktionen und Raumnutzungen zu treffen.

(2) [1]Leitvorstellung bei der Erfüllung der Aufgabe nach Absatz 1 ist eine nachhaltige Raumentwicklung, die die sozialen und wirtschaftlichen Ansprüche an den Raum mit seinen ökologischen Funktionen in Einklang bringt und zu einer dauerhaften, großräumig ausgewogenen Ordnung führt. [2]Dabei sind

---
[1)] Verkündet als Art. 2 des Bau- und RaumordnungsG 1998 (BauROG) v. 18. 8. 1997 (BGBl. I S. 2081).

1. die freie Entfaltung der Persönlichkeit in der Gemeinschaft und in der Verantwortung gegenüber künftigen Generationen zu gewährleisten,
2. die natürlichen Lebensgrundlagen zu schützen und zu entwickeln,
3. die Standortvoraussetzungen für wirtschaftliche Entwicklungen zu schaffen,
4. Gestaltungsmöglichkeiten der Raumnutzung langfristig offen zu halten,
5. die prägende Vielfalt der Teilräume zu stärken,
6. gleichwertige Lebensverhältnisse in allen Teilräumen herzustellen,
7. die räumlichen und strukturellen Ungleichgewichte zwischen den bis zur Herstellung der Einheit Deutschlands getrennten Gebieten auszugleichen,
8. die räumlichen Voraussetzungen für den Zusammenhalt in der Europäischen Gemeinschaft und im größeren europäischen Raum zu schaffen.

(3) Die Entwicklung, Ordnung und Sicherung der Teilräume soll sich in die Gegebenheiten und Erfordernisse des Gesamtraums einfügen; die Entwicklung, Ordnung und Sicherung des Gesamtraums soll die Gegebenheiten und Erfordernisse seiner Teilräume berücksichtigen (Gegenstromprinzip).

§ 2 Grundsätze der Raumordnung.

(1) Die Grundsätze der Raumordnung sind im Sinne der Leitvorstellung einer nachhaltigen Raumentwicklung nach § 1 Abs. 2 anzuwenden.

(2) Grundsätze der Raumordnung sind:
1. Im Gesamtraum der Bundesrepublik Deutschland ist eine ausgewogene Siedlungs- und Freiraumstruktur zu entwickeln. Die Funktionsfähigkeit des Naturhaushalts im besiedelten und unbesiedelten Bereich ist zu sichern. In den jeweiligen Teilräumen sind ausgeglichene wirtschaftliche, infrastrukturelle, soziale, ökologische und kulturelle Verhältnisse anzustreben.
2. Die dezentrale Siedlungsstruktur des Gesamtraums mit ihrer Vielzahl leistungsfähiger Zentren und Stadtregionen ist zu erhalten. Die Siedlungstätigkeit ist räumlich zu konzentrieren und auf ein System leistungsfähiger Zentraler Orte auszurichten. Der Wiedernutzung brachgefallener Siedlungsflächen ist der Vorrang vor der Inanspruchnahme von Freiflächen zu geben.
3. Die großräumige und übergreifende Freiraumstruktur ist zu erhalten und zu entwickeln. Die Freiräume sind in ihrer Bedeutung für funktionsfähige Böden, für den Wasserhaushalt, die Tier- und Pflanzenwelt sowie das Klima zu sichern oder in ihrer Funktion wiederherzustellen. Wirtschaftliche und soziale Nutzungen des Freiraums sind unter Beachtung seiner ökologischen Funktionen zu gewährleisten.
4. Die Infrastruktur ist mit der Siedlungs- und Freiraumstruktur in Übereinstimmung zu bringen. Eine Grundversorgung der Bevölkerung mit technischen Infrastrukturleistungen der Ver- und Entsorgung ist flächendeckend sicherzustellen. Die soziale Infrastruktur ist vorrangig in Zentralen Orten zu bündeln.
5. Verdichtete Räume sind als Wohn-, Produktions- und Dienstleistungsschwerpunkte zu sichern. Die Siedlungsentwicklung ist durch Ausrichtung auf ein integriertes Verkehrssystem und die Sicherung von Freiräumen zu steuern. Die Attraktivität des öffentlichen Personennahverkehrs ist durch Ausgestaltung von Verkehrsverbünden und die Schaffung leistungsfähiger Schnittstellen zu erhöhen. Grünbereiche sind als Elemente eines Freiraumverbundes zu sichern und zusammenzuführen. Umweltbelastungen sind abzubauen.
6. Ländliche Räume sind als Lebens- und Wirtschaftsräume mit eigenständiger Bedeutung zu entwickeln. Eine ausgewogene Bevölkerungsstruktur ist zu fördern. Die Zentralen Orte der ländlichen Räume sind als Träger der teilräumlichen Entwicklung zu unterstützen. Die ökologischen Funktionen der ländlichen Räume sind auch in ihrer Bedeutung für den Gesamtraum zu erhalten.
7. In Räumen, in denen die Lebensbedingungen in ihrer Gesamtheit im Verhältnis zum Bundesdurchschnitt wesentlich zurückgeblieben sind oder ein solches Zurückbleiben zu befürchten ist (strukturschwache Räume), sind die Entwicklungsvoraussetzungen bevorzugt zu verbessern. Dazu gehören insbesondere ausreichende und qualifizierte Ausbildungs- und Erwerbsmöglichkeiten sowie eine Verbesserung der Umweltbedingungen und der Infrastrukturausstattung.
8. Natur und Landschaft einschließlich Gewässer und Wald sind zu schützen, zu pflegen und zu entwickeln. Dabei ist den Erfordernissen des Biotopverbundes Rechnung zu tragen. Die Naturgüter, insbesondere Wasser und Boden, sind sparsam und schonend in Anspruch zu nehmen; Grundwasservorkommen sind zu schützen. Beeinträchtigungen des Naturhaushalts sind auszugleichen. Bei dauerhaft nicht mehr genutzten Flächen soll der Boden in seiner Leistungsfähigkeit erhalten oder wiederhergestellt werden. Bei der Sicherung und Entwicklung der ökologischen Funktionen und landschaftsbezogenen Nutzungen sind auch die jeweiligen Wechselwirkungen zu berücksichtigen. Für den vorbeugenden Hochwasserschutz ist an der Küste und im Binnenland zu sorgen, im Binnenland vor allem durch Sicherung oder Rückgewinnung von Auen, Rückhal-

teflächen und überschwemmungsgefährdeten Bereichen. Der Schutz der Allgemeinheit vor Lärm und die Reinhaltung der Luft sind sicherzustellen.

9. Zu einer räumlich ausgewogenen, langfristig wettbewerbsfähigen Wirtschaftsstruktur sowie zu einem ausreichenden und vielfältigen Angebot an Arbeits- und Ausbildungsplätzen ist beizutragen. Zur Verbesserung der Standortbedingungen für die Wirtschaft sind in erforderlichem Umfang Flächen vorzuhalten, die wirtschaftsnahe Infrastruktur auszubauen sowie die Attraktivität der Standorte zu erhöhen. Für die vorsorgende Sicherung sowie die geordnete Aufsuchung und Gewinnung von standortgebundenen Rohstoffen sind die räumlichen Voraussetzungen zu schaffen.

10. Es sind die räumlichen Voraussetzungen dafür zu schaffen oder zu sichern, daß die Landwirtschaft als bäuerlich strukturierter, leistungsfähiger Wirtschaftszweig sich dem Wettbewerb entsprechend entwickeln kann und gemeinsam mit einer leistungsfähigen, nachhaltigen Forstwirtschaft dazu beiträgt, die natürlichen Lebensgrundlagen zu schützen sowie Natur und Landschaft zu pflegen und zu gestalten. Flächengebundene Landwirtschaft ist zu schützen; landwirtschaftlich und als Wald genutzte Flächen sind in ausreichendem Umfang zu erhalten. In den Teilräumen ist ein ausgewogenes Verhältnis landwirtschaftlich und als Wald genutzter Flächen anzustreben.

11. Dem Wohnbedarf der Bevölkerung ist Rechnung zu tragen. Die Eigenentwicklung der Gemeinden bei der Wohnraumversorgung ihrer Bevölkerung ist zu gewährleisten. Bei der Festlegung von Gebieten, in denen Arbeitsplätze geschaffen werden sollen, ist der dadurch voraussichtlich ausgelöste Wohnbedarf zu berücksichtigen; dabei ist auf eine funktional sinnvolle Zuordnung dieser Gebiete zu den Wohngebieten hinzuwirken.

12. Eine gute Erreichbarkeit aller Teilräume untereinander durch Personen- und Güterverkehr ist sicherzustellen. Vor allem in verkehrlich hoch belasteten Räumen und Korridoren sind die Voraussetzungen zur Verlagerung von Verkehr auf umweltverträglichere Verkehrsträger wie Schiene und Wasserstraße zu verbessern. Die Siedlungsentwicklung ist durch Zuordnung und Mischung der unterschiedlichen Raumnutzungen so zu gestalten, daß die Verkehrsbelastung verringert und zusätzlicher Verkehr vermieden wird.

13. Die geschichtlichen und kulturellen Zusammenhänge sowie die regionale Zusammengehörigkeit sind zu wahren. Die gewachsenen Kulturlandschaften sind in ihren prägenden Merkmalen sowie mit ihren Kultur- und Naturdenkmälern zu erhalten.

14. Für Erholung in Natur und Landschaft sowie für Freizeit und Sport sind geeignete Gebiete und Standorte zu sichern.

15. Den räumlichen Erfordernissen der zivilen und militärischen Verteidigung ist Rechnung zu tragen.

(3) Die Länder können weitere Grundsätze der Raumordnung aufstellen, soweit diese dem Absatz 2 und dem § 1 nicht widersprechen; hierzu gehören auch Grundsätze in Raumordnungsplänen.

§ 3 Begriffsbestimmungen.
Im Sinne dieses Gesetzes sind
1. Erfordernisse der Raumordnung:
Ziele der Raumordnung, Grundsätze der Raumordnung und sonstige Erfordernisse der Raumordnung,
2. Ziele der Raumordnung:
verbindliche Vorgaben in Form von räumlich und sachlich bestimmten oder bestimmbaren, vom Träger der Landes- oder Regionalplanung abschließend abgewogenen textlichen oder zeichnerischen Festlegungen in Raumordnungsplänen zur Entwicklung, Ordnung und Sicherung des Raums,
3. Grundsätze der Raumordnung:
allgemeine Aussagen zur Entwicklung, Ordnung und Sicherung des Raums in oder auf Grund von § 2 als Vorgaben für nachfolgende Abwägungs- oder Ermessensentscheidungen,
4. sonstige Erfordernisse der Raumordnung:
in Aufstellung befindliche Ziele der Raumordnung, Ergebnisse förmlicher landesplanerischer Verfahren wie des Raumordnungsverfahrens und landesplanerische Stellungnahmen,
5. öffentliche Stellen:
Behörden des Bundes und der Länder, kommunale Gebietskörperschaften, bundesunmittelbare und die der Aufsicht eines Landes unterstehenden Körperschaften, Anstalten und Stiftungen des öffentlichen Rechts,
6. raumbedeutsame Planungen und Maßnahmen:
Planungen einschließlich der Raumordnungspläne, Vorhaben und sonstige Maßnahmen, durch die Raum in Anspruch genommen oder die räumliche Entwicklung oder Funktion eines Gebietes beeinflußt wird, einschließlich des Einsatzes der hierfür vorgesehenen öffentlichen Finanzmittel,
7. Raumordnungspläne:
der Raumordnungsplan für das Landesgebiet nach § 8 und die Pläne für Teilräume der Länder (Regionalpläne) nach § 9.

§ 4 Bindungswirkungen der Erfordernisse der Raumordnung.

(1) [1]Ziele der Raumordnung sind von öffentlichen Stellen bei ihren raumbedeutsamen Planungen und Maßnahmen zu beachten. [2]Dies gilt auch bei
1. Genehmigungen, Planfeststellungen und sonstigen behördlichen Entscheidungen über die Zulässigkeit raumbedeutsamer Maßnahmen öffentlicher Stellen,
2. Planfeststellungen und Genehmigungen mit der Rechtswirkung der Planfeststellung über die Zulässigkeit raumbedeutsamer Maßnahmen von Personen des Privatrechts.

(2) Die Grundsätze und sonstigen Erfordernisse der Raumordnung sind von öffentlichen Stellen bei raumbedeutsamen Planungen und Maßnahmen nach Absatz 1 in der Abwägung oder bei der Ermessensausübung nach Maßgabe der dafür geltenden Vorschriften zu berücksichtigen.

(3) Bei raumbedeutsamen Planungen und Maßnahmen, die Personen des Privatrechts in Wahrnehmung öffentlicher Aufgaben durchführen, gelten Absatz 1 Satz 1 und 2 Nr. 1 und Absatz 2 entsprechend, wenn
1. öffentliche Stellen an den Personen mehrheitlich beteiligt sind oder
2. die Planungen und Maßnahmen überwiegend mit öffentlichen Mitteln finanziert werden.

(4) [1]Bei Genehmigungen, Planfeststellungen und sonstigen behördlichen Entscheidungen über die Zulässigkeit raumbedeutsamer Maßnahmen von Personen des Privatrechts sind die Erfordernisse der Raumordnung nach Maßgabe der für diese Entscheidungen geltenden Vorschriften zu berücksichtigen. [2]Absatz 1 Satz 2 Nr. 2 bleibt unberührt. [3]Bei Genehmigungen über die Errichtung und den Betrieb von öffentlich zugänglichen Abfallbeseitigungsanlagen von Personen des Privatrechts nach den Vorschriften des Bundes-Immissionsschutzgesetzes sind die Erfordernisse der Raumordnung zu berücksichtigen.

(5) Weitergehende Bindungswirkungen der Erfordernisse der Raumordnung auf Grund von Fachgesetzen bleiben unberührt.

§ 5 Bindungswirkungen bei besonderen Bundesmaßnahmen.

(1) Bei raumbedeutsamen Planungen und Maßnahmen von öffentlichen Stellen des Bundes, von anderen öffentlichen Stellen, die im Auftrag des Bundes tätig sind, sowie von Personen des Privatrechts nach § 4 Abs. 3, die für den Bund öffentliche Aufgaben durchführen,
1. deren besondere öffentliche Zweckbestimmung einen bestimmten Standort oder eine bestimmte Linienführung erfordert oder
2. die auf Grundstücken durchgeführt werden sollen, die nach dem Landbeschaffungsgesetz oder nach dem Schutzbereichsgesetz in Anspruch genommen sind, oder
3. über die in einem Verfahren nach dem Bundesfernstraßengesetz, dem Allgemeinen Eisenbahngesetz, dem Magnetschwebebahnplanungsgesetz, dem Bundeswasserstraßengesetz, dem Luftverkehrsgesetz, dem Atomgesetz oder dem Personenbeförderungsgesetz zu entscheiden ist,

gilt die Bindungswirkung der Ziele der Raumordnung nach § 4 Abs. 1 oder 3 nur, wenn
a) die zuständige Stelle oder Person nach § 7 Abs. 5 beteiligt worden ist,
b) das Verfahren nach Absatz 2 zu keiner Einigung geführt hat und
c) die Stelle oder Person innerhalb einer Frist von zwei Monaten nach Mitteilung des rechtsverbindlichen Ziels nicht widersprochen hat.

(2) Macht eine Stelle oder Person nach Absatz 1 öffentliche Belange gegen ein in Aufstellung befindliches Ziel der Raumordnung geltend, die unter den Voraussetzungen des Absatzes 3 zum Widerspruch berechtigen würden, sollen sich der Träger der Planung und die Stelle oder Person unter Beteiligung der obersten Landesplanungsbehörde, des für Raumordnung zuständigen Bundesministeriums und des zuständigen Fachministeriums des Bundes innerhalb einer Frist von drei Monaten um eine einvernehmliche Lösung bemühen.

(3) Der Widerspruch nach Absatz 1 läßt die Bindungswirkung des Ziels der Raumordnung gegenüber der widersprechenden Stelle oder Person nicht entstehen, wenn dieses
1. auf einer fehlerhaften Abwägung beruht oder
2. mit der Zweckbestimmung des Vorhabens nicht in Einklang steht und das Vorhaben nicht auf einer anderen geeigneten Fläche durchgeführt werden kann.

(4) [1]Macht eine Veränderung der Sachlage ein Abweichen von den Zielen der Raumordnung erforderlich, so kann die zuständige öffentliche Stelle oder Person nach Absatz 1 mit Zustimmung der nächst höheren Behörde innerhalb angemessener Frist, spätestens sechs Monate ab Kenntnis der veränderten Sachlage, unter den Voraussetzungen von Absatz 3 nachträglich widersprechen. [2]Muß infolge des nachträglichen Widerspruchs der Raumordnungsplan geändert, ergänzt oder aufgehoben werden, hat die widersprechende öffentliche Stelle oder Person die dadurch entstehenden Kosten zu ersetzen.

Abschnitt 2.
Raumordnung in den Ländern, Ermächtigung zum Erlaß von Rechtsverordnungen

§ 6 Rechtsgrundlagen der Länder.
¹Die Länder schaffen Rechtsgrundlagen für eine Raumordnung in ihrem Gebiet (Landesplanung) im Rahmen der §§ 7 bis 16. ²Weitergehende und ins einzelne gehende landesrechtliche Vorschriften sind zulässig, soweit diese den §§ 7 bis 16 nicht widersprechen.

§ 7 Allgemeine Vorschriften über Raumordnungspläne.
(1) ¹Die Grundsätze der Raumordnung sind nach Maßgabe der Leitvorstellung und des Gegenstromprinzips des § 1 Abs. 2 und 3 für den jeweiligen Planungsraum und einen regelmäßig mittelfristigen Zeitraum durch Raumordnungspläne zu konkretisieren. ²Die Aufstellung räumlicher und sachlicher Teilpläne ist zulässig. ³In den Raumordnungsplänen sind Ziele der Raumordnung als solche zu kennzeichnen.

(2) ¹Die Raumordnungspläne sollen Festlegungen zur Raumstruktur enthalten, insbesondere zu:
1. der anzustrebenden Siedlungsstruktur; hierzu können gehören
   a) Raumkategorien,
   b) Zentrale Orte,
   c) besondere Gemeindefunktionen, wie Entwicklungsschwerpunkte und Entlastungsorte,
   d) Siedlungsentwicklungen,
   e) Achsen,
2. der anzustrebenden Freiraumstruktur; hierzu können gehören
   a) großräumig übergreifende Freiräume und Freiraumschutz,
   b) Nutzungen im Freiraum, wie Standorte für die vorsorgende Sicherung sowie die geordnete Aufsuchung und Gewinnung von standortgebundenen Rohstoffen,
   c) Sanierung und Entwicklung von Raumfunktionen,
3. den zu sichernden Standorten und Trassen für Infrastruktur; hierzu können gehören
   a) Verkehrsinfrastruktur und Umschlaganlagen von Gütern,
   b) Ver- und Entsorgungsinfrastruktur.

²Bei Festlegungen nach Satz 1 Nr. 2 kann zugleich bestimmt werden, daß in diesem Gebiet unvermeidbare Beeinträchtigungen der Leistungsfähigkeit des Naturhaushalts oder des Landschaftsbildes an anderer Stelle ausgeglichen, ersetzt oder gemindert werden können.

(3) ¹Die Raumordnungspläne sollen auch diejenigen Festlegungen zu raumbedeutsamen Planungen und Maßnahmen von öffentlichen Stellen und Personen des Privatrechts nach § 4 Abs. 3 enthalten, die zur Aufnahme in Raumordnungspläne geeignet und nach Maßgabe von Absatz 7 zur Koordinierung von Raumansprüchen erforderlich sind und die durch Ziele oder Grundsätze der Raumordnung gesichert werden können. ²Neben den Darstellungen in Fachplänen des Verkehrsrechts sowie des Wasser- und Immissionsschutzrechts gehören hierzu insbesondere:
1. die raumbedeutsamen Erfordernisse und Maßnahmen des Naturschutzes und der Landschaftspflege in Landschaftsprogrammen und Landschaftsrahmenplänen auf Grund der Vorschriften des Bundesnaturschutzgesetzes; die Raumordnungspläne können auch die Funktion von Landschaftsprogrammen und Landschaftsrahmenplänen übernehmen,
2. die raumbedeutsamen Erfordernisse und Maßnahmen der forstlichen Rahmenpläne auf Grund der Vorschriften des Bundeswaldgesetzes,
3. die raumbedeutsamen Erfordernisse und Maßnahmen der Abfallwirtschaftsplanung nach den Vorschriften des Kreislaufwirtschafts- und Abfallgesetzes,
4. die raumbedeutsamen Erfordernisse und Maßnahmen der Vorplanung nach den Vorschriften des Gesetzes über die Gemeinschaftsaufgabe „Verbesserung der Agrarstruktur und des Küstenschutzes".

(4) ¹Die Festlegungen nach den Absätzen 2 und 3 können auch Gebiete bezeichnen,
1. die für bestimmte, raumbedeutsame Funktionen oder Nutzungen vorgesehen sind und andere raumbedeutsame Nutzungen in diesem Gebiet ausschließen, soweit diese mit den vorrangigen Funktionen, Nutzungen oder Zielen der Raumordnung nicht vereinbar sind (Vorranggebiete),
2. in denen bestimmte, raumbedeutsame Funktionen oder Nutzungen bei der Abwägung mit konkurrierenden raumbedeutsamen Nutzungen besonderes Gewicht beigemessen werden soll (Vorbehaltsgebiete),
3. die für bestimmte, raumbedeutsame Maßnahmen geeignet sind, die städtebaulich nach § 35 des Baugesetzbuchs zu beurteilen sind und an anderer Stelle im Planungsraum ausgeschlossen werden (Eignungsgebiete).

²Es kann vorgesehen werden, daß Vorranggebiete für raumbedeutsame Nutzungen zugleich die Wirkung von Eignungsgebieten für raumbedeutsame Maßnahmen nach Satz 1 Nr. 3 haben können.

(5) Für die Aufstellung von Zielen der Raumordnung ist die Beteiligung der öffentlichen Stellen und Personen des Privatrechts, für die eine Beach-

tenspflicht nach § 4 Abs. 1 oder 3 begründet werden soll, vorzusehen.

(6) Es kann vorgesehen werden, daß die Öffentlichkeit bei der Aufstellung der Raumordnungspläne einzubeziehen oder zu beteiligen ist.

(7) [1]Für die Aufstellung der Raumordnungspläne ist vorzusehen, daß die Grundsätze der Raumordnung gegeneinander und untereinander abzuwägen sind. [2]Sonstige öffentliche Belange sowie private Belange sind in der Abwägung zu berücksichtigen, soweit sie auf der jeweiligen Planungsebene erkennbar und von Bedeutung sind. [3]In der Abwägung sind auch die Erhaltungsziele oder der Schutzzweck der Gebiete von gemeinschaftlicher Bedeutung und der Europäischen Vogelschutzgebiete im Sinne des Bundesnaturschutzgesetzes zu berücksichtigen; soweit diese erheblich beeinträchtigt werden können, sind die Vorschriften des Bundesnaturschutzgesetzes über die Zulässigkeit oder Durchführung von derartigen Eingriffen sowie die Einholung der Stellungnahme der Kommission anzuwenden (Prüfung nach Fauna-Flora-Habitat-Richtlinie).

(8) Es ist vorzusehen, daß den Raumordnungsplänen eine Begründung beizufügen ist.

§ 8 Raumordnungsplan für das Landesgebiet.
(1) [1]Für das Gebiet eines jeden Landes ist ein zusammenfassender und übergeordneter Plan aufzustellen. [2]In den Ländern Berlin, Bremen und Hamburg kann ein Flächennutzungsplan nach § 5 des Baugesetzbuchs die Funktion eines Plans nach Satz 1 übernehmen; § 7 gilt entsprechend.

(2) Die Raumordnungspläne benachbarter Länder sind aufeinander abzustimmen.

§ 9 Regionalpläne.
(1) [1]In den Ländern, deren Gebiet die Verflechtungsbereiche mehrerer Zentraler Orte oberster Stufe umfaßt, sind Regionalpläne aufzustellen. [2]Ist eine Planung angesichts bestehender Verflechtungen, insbesondere in einem verdichteten Raum, über die Grenzen eines Landes erforderlich, so sind im gegenseitigen Einvernehmen die notwendigen Maßnahmen, wie eine gemeinsame Regionalplanung oder eine gemeinsame informelle Planung, zu treffen.

(2) [1]Die Regionalpläne sind aus dem Raumordnungsplan für das Landesgebiet nach § 8 zu entwickeln; § 4 Abs. 1 bleibt unberührt. [2]Die Flächennutzungspläne und die Ergebnisse der von Gemeinden beschlossenen sonstigen städtebaulichen Planungen sind entsprechend § 1 Abs. 3 in der Abwägung nach § 7 Abs. 7 zu berücksichtigen.

(3) Die Regionalpläne benachbarter Planungsräume sind aufeinander abzustimmen.

(4) Soweit die Regionalplanung nicht durch Zusammenschlüsse von Gemeinden und Gemeindeverbänden zu regionalen Planungsgemeinschaften erfolgt, ist vorzusehen, daß die Gemeinden und Gemeindeverbände oder deren Zusammenschlüsse in einem förmlichen Verfahren beteiligt werden.

(5) Den Trägern der Regionalplanung können weitere Aufgaben übertragen werden.

(6) [1]Erfolgt die Regionalplanung durch Zusammenschlüsse von Gemeinden und Gemeindeverbänden zu regionalen Planungsgemeinschaften, kann in verdichteten Räumen oder bei sonstigen raumstrukturellen Verflechtungen zugelassen werden, daß ein Plan zugleich die Funktion eines Regionalplans und eines gemeinsamen Flächennutzungsplans nach § 204 des Baugesetzbuchs übernimmt, wenn er den auf Grund des Abschnitts 2 dieses Gesetzes erlassenen Vorschriften und den Vorschriften des Baugesetzbuchs entspricht (regionaler Flächennutzungsplan). [2]In den Plänen sind sowohl die Festlegungen im Sinne des § 7 Abs. 1 bis 4 als auch die Darstellungen im Sinne des § 5 des Baugesetzbuchs zu kennzeichnen. [3]§ 7 Abs. 1 Satz 2 ist hinsichtlich räumlicher Teilpläne nicht anzuwenden.

§ 10 Planerhaltung.
(1) Zur Planerhaltung ist vorzusehen, daß die Beachtlichkeit einer Verletzung der für Raumordnungspläne geltenden Verfahrens- und Formvorschriften von der Einhaltung einer Rügefrist von längstens einem Jahr nach Bekanntmachung des Raumordnungsplanes abhängig gemacht wird.

(2) Die Beachtlichkeit einer Verletzung von Verfahrens- und Formvorschriften sowie von Abwägungsmängeln kann insbesondere ausgeschlossen werden bei
1. Unvollständigkeit der Begründung des Raumordnungsplanes,
2. Abwägungsmängeln, die weder offensichtlich noch auf das Abwägungsergebnis von Einfluß gewesen sind.

(3) Bei Abwägungsmängeln, die nicht nach Absatz 2 Nr. 2 unbeachtlich sind und die durch ein ergänzendes Verfahren behoben werden können, kann ausgeschlossen werden, daß sie zur Nichtigkeit des Plans führen, mit der Folge, daß der Plan bis zur Behebung der Mängel keine Bindungswirkungen entfaltet.

§ 11 Zielabweichungsverfahren.
[1]Von einem Ziel der Raumordnung kann in einem besonderen Verfahren abgewichen werden, wenn die Abweichung unter raumordnerischen Gesichtspunkten vertretbar ist und die Grundzüge der Pla-

nung nicht berührt werden. ²Es ist vorzusehen, daß antragsbefugt insbesondere die öffentlichen Stellen und Personen nach § 5 Abs. 1 sowie die kommunalen Gebietskörperschaften sind, die das Ziel der Raumordnung zu beachten haben.

§ 12 Untersagung raumordnungswidriger Planungen und Maßnahmen.
(1) Es ist vorzusehen, daß raumbedeutsame Planungen und Maßnahmen, die von den Bindungswirkungen der Ziele der Raumordnung nach § 4 Abs. 1 und 3 erfaßt werden, untersagt werden können:
1. zeitlich unbefristet, wenn Ziele der Raumordnung entgegenstehen,
2. zeitlich befristet, wenn zu befürchten ist, daß die Verwirklichung in Aufstellung, Änderung, Ergänzung oder Aufhebung befindlicher Ziele der Raumordnung unmöglich gemacht oder wesentlich erschwert werden würde.

(2) Die befristete Untersagung kann in den Fällen des Absatzes 1 Satz 1 Nr. 2 auch bei behördlichen Entscheidungen über die Zulässigkeit raumbedeutsamer Maßnahmen von Personen des Privatrechts erfolgen, wenn die Ziele der Raumordnung bei der Genehmigung der Maßnahme nach § 4 Abs. 4 und 5 rechtserheblich sind.

(3) Widerspruch und Anfechtungsklage gegen eine Untersagung haben keine aufschiebende Wirkung.

(4) Die Höchstdauer der befristeten Untersagung darf zwei Jahre nicht überschreiten.

§ 13 Verwirklichung der Raumordnungspläne.
¹Die Träger der Landes- und Regionalplanung wirken auf Verwirklichung der Raumordnungspläne hin. ²Sie sollen die Zusammenarbeit der für die Verwirklichung maßgeblichen öffentlichen Stellen und Personen des Privatrechts fördern. ³Dies kann insbesondere im Rahmen von Entwicklungskonzepten für Teilräume erfolgen, durch die raumbedeutsame Planungen und Maßnahmen vorgeschlagen und aufeinander abgestimmt werden (regionale Entwicklungskonzepte). ⁴Die Zusammenarbeit von Gemeinden zur Stärkung teilräumlicher Entwicklungen (Städtenetze) ist zu unterstützen. ⁵Vertragliche Vereinbarungen zur Vorbereitung und Verwirklichung der Raumordnungspläne können geschlossen werden.

§ 14 Abstimmung raumbedeutsamer Planungen und Maßnahmen.
¹Es ist vorzusehen, daß die öffentlichen Stellen und Personen des Privatrechts nach § 4 Abs. 3 ihre raumbedeutsamen Planungen und Maßnahmen aufeinander und untereinander abzustimmen haben. ²Inhalt und Umfang der Mitteilungs- und Auskunftspflicht über beabsichtigte raumbedeutsame Planungen und Maßnahmen und die Mitwirkung der für die Raumordnung zuständigen Behörden bei der Abstimmung sind zu regeln.

§ 15 Raumordnungsverfahren.
(1) ¹Raumbedeutsame Planungen und Maßnahmen sind in einem besonderen Verfahren untereinander und mit den Erfordernissen der Raumordnung abzustimmen (Raumordnungsverfahren). ²Durch das Raumordnungsverfahren wird festgestellt,
1. ob raumbedeutsame Planungen oder Maßnahmen mit den Erfordernissen der Raumordnung übereinstimmen und
2. wie raumbedeutsame Planungen und Maßnahmen unter den Gesichtspunkten der Raumordnung aufeinander abgestimmt oder durchgeführt werden können

(Raumverträglichkeitsprüfung). ³Im Raumordnungsverfahren sind die raumbedeutsamen Auswirkungen der Planung oder Maßnahme auf die in den Grundsätzen des § 2 Abs. 2 genannten Belange unter überörtlichen Gesichtspunkten zu prüfen. ⁴Die Feststellung nach Satz 2 schließt die Prüfung vom Träger der Planung oder Maßnahme eingeführter Standort- oder Trassenalternativen ein.

(2) Von einem Raumordnungsverfahren kann abgesehen werden, wenn die Beurteilung der Raumverträglichkeit der Planung oder Maßnahme bereits auf anderer raumordnerischer Grundlage hinreichend gewährleistet ist; dies gilt insbesondere, wenn die Planung oder Maßnahme
1. Zielen der Raumordnung entspricht oder widerspricht oder
2. den Darstellungen oder Festsetzungen eines den Zielen der Raumordnung angepaßten Flächennutzungsplans oder Bebauungsplans nach den Vorschriften des Baugesetzbuchs entspricht oder widerspricht und sich die Zulässigkeit dieser Planung oder Maßnahme nicht nach einem Planfeststellungsverfahren oder einem sonstigen Verfahren mit den Rechtswirkungen der Planfeststellung für raumbedeutsame Vorhaben bestimmt oder
3. in einem anderen gesetzlichen Abstimmungsverfahren unter Beteiligung der Landesplanungsbehörde festgelegt worden ist.

(3) ¹Es sind Regelungen zur Einholung der erforderlichen Angaben für die Planung oder Maßnahme vorzusehen. ²Dabei sollen sich die Verfahrensunterlagen auf die Angaben beschränken, die notwendig sind, um eine Bewertung der raumbedeutsamen Auswirkungen des Vorhabens zu ermöglichen.

(4) ¹Es ist vorzusehen, daß die öffentlichen Stellen zu unterrichten und zu beteiligen sind. ²Bei raumbedeutsamen Planungen und Maßnahmen von öffentlichen Stellen des Bundes, von anderen öffentlichen Stellen, die im Auftrag des Bundes tätig sind, sowie von Personen des Privatrechts nach § 5 Abs. 1 ist vorzusehen, daß im Benehmen mit der zuständigen Stelle oder Person über die Einleitung eines Raumordnungsverfahrens zu entscheiden ist.

(5) Bei raumbedeutsamen Planungen und Maßnahmen der militärischen Verteidigung entscheidet das zuständige Bundesministerium oder die von ihm bestimmte Stelle, bei raumbedeutsamen Planungen und Maßnahmen der zivilen Verteidigung die zuständige Stelle über Art und Umfang der Angaben für die Planung oder Maßnahme.

(6) ¹Es kann vorgesehen werden, daß die Öffentlichkeit in die Durchführung eines Raumordnungsverfahrens einbezogen wird. ²Bei raumbedeutsamen Planungen und Maßnahmen nach Absatz 5 entscheiden darüber, ob und in welchem Umfang die Öffentlichkeit einbezogen wird, die dort genannten Stellen.

(7) ¹Über die Notwendigkeit, ein Raumordnungsverfahren durchzuführen, ist innerhalb einer Frist von höchstens vier Wochen nach Einreichung der hierfür erforderlichen Unterlagen zu entscheiden. ²Das Raumordnungsverfahren ist nach Vorliegen der vollständigen Unterlagen innerhalb einer Frist von höchstens sechs Monaten abzuschließen.

(8) ¹Für die Länder Berlin, Bremen und Hamburg gilt die Verpflichtung, Raumordnungsverfahren durchzuführen, nicht. ²Schaffen diese Länder allein oder gemeinsam mit anderen Ländern Rechtsgrundlagen für Raumordnungsverfahren, finden die Absätze 1 bis 7 Anwendung.

§ 16 Grenzüberschreitende Abstimmung von raumbedeutsamen Planungen und Maßnahmen. Raumbedeutsame Planungen und Maßnahmen, die erhebliche Auswirkungen auf Nachbarstaaten haben können, sind mit den betroffenen Nachbarstaaten nach den Grundsätzen der Gegenseitigkeit und Gleichwertigkeit abzustimmen.

§ 17 Ermächtigung zum Erlaß von Rechtsverordnungen.
(1) Die Länder sehen vor, daß
1. in § 7 Abs. 2 aufgeführte Festlegungen in Raumordnungsplänen,
2. die dazu notwendigen Planzeichen
mit einer von dem für Raumordnung zuständigen Bundesministerium durch Rechtsverordnung mit Zustimmung des Bundesrates bestimmten Bedeutung und Form verwendet werden.

(2) Die Bundesregierung bestimmt durch Rechtsverordnung[1] mit Zustimmung des Bundesrates Planungen und Maßnahmen, für die ein Raumordnungsverfahren durchgeführt werden soll, wenn sie im Einzelfall raumbedeutsam sind und überörtliche Bedeutung haben.

Abschnitt 3.
Raumordnung im Bund
§ 18[2] Raumordnung des Bundes.
(1) ¹Das für Raumordnung zuständige Bundesministerium wirkt unbeschadet der Aufgaben und Zuständigkeiten der Länder auf die Verwirklichung der Grundsätze der Raumordnung des § 2 Abs. 2 nach Maßgabe der Leitvorstellung und des Gegenstromprinzips nach § 1 Abs. 2 und 3 hin. ²Es entwickelt auf der Grundlage der Raumordnungspläne und in Zusammenarbeit mit den für Raumordnung zuständigen obersten Landesbehörden insbesondere Leitbilder der räumlichen Entwicklung des Bundesgebietes oder von über die Länder hinausgreifenden Zusammenhängen als Grundlage für die Abstimmung raumbedeutsamer Planungen und Maßnahmen des Bundes und der Europäischen Gemeinschaft nach Maßgabe der dafür geltenden Vorschriften.

(2) Der Bund beteiligt sich in Zusammenarbeit mit den Ländern an einer Raumordnung in der Europäischen Gemeinschaft und im größeren europäischen Raum.

(3) Bund und Länder wirken bei der grenzüberschreitenden Zusammenarbeit mit den Nachbarstaaten im Bereich der Raumordnung eng zusammen.

(4) Der Bund hat darauf hinzuwirken, daß die Personen des Privatrechts, an denen der Bund beteiligt ist, im Rahmen der ihnen obliegenden Aufgaben bei raumbedeutsamen Planungen und Maßnahmen die Leitvorstellung des § 1 Abs. 2 und die Grundsätze des § 2 Abs. 2 berücksichtigen sowie Ziele der Raumordnung beachten.

(5) ¹Das Bundesamt für Bauwesen und Raumordnung führt ein Informationssystem zur räumlichen Entwicklung im Bundesgebiet. ²Es ermittelt fortlaufend den allgemeinen Stand der räumlichen Entwicklung und seine Veränderungen sowie die Folgen solcher Veränderungen, wertet sie aus und bewertet sie. ³Das für Raumordnung zuständige

---
[1] RaumordnungsVO (ROV) v. 13. 12. 1990 (BGBl. I S. 2766), zuletzt geänd. durch G v. 18. 8. 1997 (BGBl. I S. 2081).
[2] § 18 Abs. 5 Sätze 1 u. 2 geänd. durch G v. 15. 12. 1997 (BGBl. I S. 2902).

Bundesministerium stellt den Ländern die Ergebnisse des Informationssystems zur Verfügung.

§ 19 Gegenseitige Unterrichtung und gemeinsame Beratung.

(1) ¹Die öffentlichen Stellen des Bundes und die Personen des Privatrechts nach § 5 Abs. 1 sind verpflichtet, dem für Raumordnung zuständigen Bundesministerium die erforderlichen Auskünfte über raumbedeutsame Planungen und Maßnahmen zu geben. ²Das für Raumordnung zuständige Bundesministerium unterrichtet die für Raumordnung zuständigen obersten Landesbehörden sowie die Personen des Privatrechts nach § 5 Abs. 1 über raumbedeutsame Planungen und Maßnahmen der öffentlichen Stellen des Bundes von wesentlicher Bedeutung.

(2) Die für Raumordnung zuständigen obersten Landesbehörden informieren das für Raumordnung zuständige Bundesministerium über
1. die in ihren Ländern aufzustellenden und aufgestellten Raumordnungspläne,
2. die beabsichtigten oder getroffenen sonstigen raumordnerischen Maßnahmen und Entscheidungen von wesentlicher Bedeutung.

(3) Bund und Länder sind verpflichtet, sich gegenseitig alle Auskünfte zu erteilen, die zur Durchführung der Aufgaben der Raumordnung notwendig sind.

(4) ¹Grundsätzliche Fragen der Raumordnung und Zweifelsfragen sollen von dem für Raumordnung zuständigen Bundesministerium und den für Raumordnung zuständigen obersten Landesbehörden gemeinsam beraten[1]) werden. ²Hierzu gehören insbesondere:
1. Leitbilder der räumlichen Entwicklung nach § 18 Abs. 1,
2. Fragen einer Raumordnung in der Europäischen Gemeinschaft und im größeren europäischen Raum nach § 18 Abs. 2,
3. Grundsatzfragen der grenzüberschreitenden Zusammenarbeit in Fragen der Raumordnung nach § 18 Abs. 3,
4. Zweifelsfragen bei der Abstimmung von raumbedeutsamen Planungen und Maßnahmen nach § 14,
5. Zweifelsfragen über die Folgen der Verwirklichung von Erfordernissen der Raumordnung in benachbarten Ländern und im Bundesgebiet in seiner Gesamtheit.

§ 20 Beirat[1]) für Raumordnung.

(1) ¹Bei dem für Raumordnung zuständigen Bundesministerium ist ein Beirat zu bilden. ²Er hat die Aufgabe, das Bundesministerium in Grundsatzfragen der Raumordnung zu beraten.

(2) Das Bundesministerium beruft im Benehmen mit den zuständigen Spitzenverbänden in den Beirat neben Vertretern der kommunalen Selbstverwaltung Sachverständige insbesondere aus den Bereichen der Wissenschaft, der Landesplanung, des Städtebaus, der Wirtschaft, der Land- und Forstwirtschaft, des Naturschutzes und der Landschaftspflege, der Arbeitgeber, der Arbeitnehmer und des Sports.

§ 21[2]) Raumordnungsberichte.

Das Bundesamt für Bauwesen und Raumordnung erstattet in regelmäßigen Abständen gegenüber dem für Raumordnung zuständigen Bundesministerium zur Vorlage an den Deutschen Bundestag Berichte über
1. die bei der räumlichen Entwicklung des Bundesgebietes zugrunde zu legenden Tatsachen (Bestandsaufnahme, Entwicklungstendenzen),
2. die im Rahmen der angestrebten räumlichen Entwicklung durchgeführten und beabsichtigten raumbedeutsamen Planungen und Maßnahmen,
3. die räumliche Verteilung der raumbedeutsamen Planungen und Maßnahmen des Bundes und der Europäischen Gemeinschaft im Bundesgebiet,
4. die Auswirkungen der Politik der Europäischen Gemeinschaft auf die räumliche Entwicklung des Bundesgebietes.

Abschnitt 4.
Überleitungs- und Schlußvorschriften

§ 22 Anpassung des Landesrechts.

Die Verpflichtung der Länder gemäß Artikel 75 Abs. 3 des Grundgesetzes ist innerhalb von vier Jahren nach dem Inkrafttreten dieses Gesetzes zu erfüllen.

§ 23 Überleitungsvorschriften.

(1) Ist mit der Einleitung, Aufstellung, Änderung, Ergänzung oder Aufhebung einer raumbedeutsamen Planung oder Maßnahme vor dem 1. Januar

---

[1]) Verwaltungsabkommen zwischen dem Bund und den Ländern über die gemeinsamen Beratungen v. 29. 6. 1967 (BAnz. Nr. 122).

[1]) GO des Beirates für Raumordnung v. 29. 3. 1967 (BAnz. Nr. 68).
[2]) § 21 geänd. durch G v. 15. 12. 1997 (BGBl. I S. 2902).

1998 begonnen worden, sind die Vorschriften des Raumordnungsgesetzes in der bisherigen Fassung weiter anzuwenden.

(2) Bis zur Schaffung von Rechtsgrundlagen kann die für Raumordnung zuständige Landesbehörde im Einvernehmen mit den fachlich berührten Stellen und im Benehmen mit den betroffenen Gemeinden im Einzelfall Abweichungen von Zielen der Raumordnung nach Maßgabe des § 11 zulassen.

DIBt MITTEILUNGEN

DEUTSCHES INSTITUT FÜR BAUTECHNIK

A 7000
ISSN 1438-7778
16. JUNI 2000
31. JAHRGANG
Sonderheft Nr. 22

Bauregelliste A, Bauregelliste B und Liste C

– Ausgabe 2000/1 –

INHALT

Vorbemerkungen	2
Bauregelliste A – Ausgabe 2000/1 –	6
Bauregelliste A Teil 1	7
Bauregelliste A Teil 2	115
Bauregelliste A Teil 3	124
Bezugsquellennachweis	126
Bauregelliste B – Ausgabe 2000/1 –	130
Bauregelliste B Teil 1	130
Bauregelliste B Teil 2	130
Bezugsquellennachweis	137
Liste C – Ausgabe 2000/1 –	138

Auszug aus der Bauregelliste für Bauprodukte des Mauerwerksbaus siehe folgende Seiten.

2 Bauprodukte für den Mauerwerksbau

2.1 Künstliche Steine für Wände, Decken, Schornsteine und Gärfutterbehälter

Lfd. Nr.	Bauprodukt	Technische Regeln	Übereinstimmungsnachweis	Verwendbarkeitsnachweis bei wesentl. Abweichung von den technischen Regeln
1	2	3	4	5
2.1.1	Vollziegel und Hochlochziegel	DIN 105-1 : 1989-08 Zusätzlich gilt: Anlage 2.1, für bewehrtes Mauerwerk DIN 1053-3 : 1990-02, für Ziegelfertigbauteile DIN 1053-4 : 1978-09, in Erdbebenzonen 3 und 4 Anlage 2.9	ÜZ	Z
2.1.2	Leichthochlochziegel	DIN 105-2 : 1989-08 Zusätzlich gilt: Anlagen 2.2 und 2.7, in Erdbebenzonen 3 und 4 Anlage 2.9	ÜZ	Z
2.1.3	Hochfeste Ziegel und hochfeste Klinker	DIN 105-3 : 1984-05 Zusätzlich gilt: für bewehrtes Mauerwerk DIN 1053-3 : 1990-02, für Ziegelfertigbauteile DIN 1053-4 : 1978-09, in Erdbebenzonen 3 und 4 Anlage 2.9	ÜZ	Z
2.1.4	Keramikklinker	DIN 105-4 : 1984-05 Zusätzlich gilt: für bewehrtes Mauerwerk DIN 1053-3 : 1990-02	ÜZ	Z
2.1.5	Leichtlanglochziegel	DIN 105-5 : 1984-05 Zusätzlich gilt: für bewehrtes Mauerwerk DIN 1053-3 : 1990-02	ÜZ	Z
2.1.6	Kalksandsteine; Voll-, Loch-, Block-, Hohlblock- und Plansteine	DIN 106-1 : 1980-09 Zusätzlich gilt : Anlagen 2.3 und 2.7, in Erdbebenzonen 3 und 4 Anlage 2.9	ÜZ	Z
2.1.7	Kalksandsteine; Vormauersteine und Verblender	DIN 106-2 : 1980-11 Zusätzlich gilt: für bewehrtes Mauerwerk DIN 1053-3 : 1990-02	ÜZ	Z
2.1.8	Statisch beanspruchte Tonhohlplatten (Hourdis) und Hohlziegel	DIN 278 : 1978-09	ÜZ	Z
2.1.9	Hüttensteine; Vollsteine, Lochsteine, Hohlblocksteine	DIN 398 : 1976-06 Zusätzlich gilt: für bewehrtes Mauerwerk DIN 1053-3 : 1990-02, in Erdbebenzonen 3 und 4 Anlage 2.9	ÜZ	Z

ÜH – Übereinstimmungserklärung des Herstellers
ÜHP – Übereinstimmungserklärung des Herstellers nach vorheriger Prüfung des Bauprodukts durch eine anerkannte Prüfstelle
ÜZ – Übereinstimmungszertifikat durch eine anerkannte Zertifizierungsstelle
Z – Allgemeine bauaufsichtliche Zulassung
P – Allgemeines bauaufsichtliches Prüfzeugnis

2.1 Künstliche Steine für Wände, Decken, Schornsteine und Gärfutterbehälter

Lfd. Nr.	Bauprodukt	Technische Regeln	Übereinstimmungsnachweis	Verwendbarkeitsnachweis bei wesentl. Abweichung von den technischen Regeln
1	2	3	4	5
2.1.10	Formsteine für bewehrtes Mauerwerk	DIN 1053-3 : 1990-02	ÜZ	Z
2.1.11	Statisch mitwirkende Ziegel für Wandtafeln	DIN 4159 : 1978-04 Zusätzlich gilt: Anlage 2.7 sowie für Ziegelfertigbauteile DIN 1053-4 : 1978-09	ÜZ	Z
2.1.12	Statisch nicht mitwirkende Ziegel für Decken	DIN 4160 : 1978-08 mit Ausnahme der Bestimmungen für die Fremdüberwachung	ÜHP	P
2.1.13	Porenbeton-Blocksteine und Porenbeton-Plansteine	DIN 4165 : 1996-11 Zusätzlich gilt: Anlage 2.7 sowie für bewehrtes Mauerwerk DIN 1053-3 : 1990-02	ÜZ	Z
2.1.14	Hohlblöcke aus Leichtbeton	DIN 18 151 : 1987-09 Zusätzlich gilt: Anlage 2.7 sowie für bewehrtes Mauerwerk DIN 1053-3 : 1990-02, in Erdbebenzonen 3 und 4 Anlage 2.9	ÜZ	Z
2.1.15	Vollsteine und Vollblöcke aus Leichtbeton	DIN 18 152 : 1987-04 Zusätzlich gilt: Anlage 2.7 sowie für bewehrtes Mauerwerk DIN 1053-3 : 1990-02	ÜZ	Z
2.1.16	Mauersteine aus Normalbeton	DIN 18 153 : 1989-09 Zusätzlich gilt: für bewehrtes Mauerwerk DIN 1053-3 : 1990-02	ÜZ	Z
2.1.17	Glasbausteine	DIN 18 175 : 1977-05 mit Ausnahme der Bestimmungen für die Fremdüberwachung	ÜHP	P
2.1.18	Radialziegel für freistehende Schornsteine	DIN 1057-1 : 1985-07	ÜZ	Z
2.1.19	Formsteine für das Futter freistehender Schornsteine	DIN 1057-2 : 1985-07	ÜHP	P
2.1.20	Bauprodukt aus der Liste gestrichen			
2.1.21	Betonformsteine für Gärfuttersilos und Güllebehälter	DIN 11 622-21 : 1994-07	ÜZ	Z
2.1.22	Betonschalungssteine für Gärfuttersilos und Güllebehälter	DIN 11 622-22 : 1994-07	ÜZ	Z

ÜH – Übereinstimmungserklärung des Herstellers
ÜHP – Übereinstimmungserklärung des Herstellers nach vorheriger Prüfung des Bauprodukts durch eine anerkannte Prüfstelle
ÜZ – Übereinstimmungszertifikat durch eine anerkannte Zertifizierungsstelle
Z – Allgemeine bauaufsichtliche Zulassung
P – Allgemeines bauaufsichtliches Prüfzeugnis

2.2 Bindemittel und Zuschlag für Mauermörtel
2.3 Werkmauermörtel und Drahtanker

Lfd. Nr.	Bauprodukt	Technische Regeln	Übereinstimmungsnachweis	Verwendbarkeitsnachweis bei wesentl. Abweichung von den technischen Regeln
1	2	3	4	5
2.2.1	Baukalk	DIN 1060-1 : 1995-03 Zusätzlich gilt: Anlage 2.8	ÜZ	Z
2.2.2	Putz und Mauerbinder	DIN 4211 : 1995-03 Zusätzlich gilt: Anlage 2.10	ÜZ	Z
2.2.3	Zuschlag mit dichtem Gefüge bei direkter Lieferung vom Hersteller zum Verwender	DIN 4226-1 : 1983-04 mit Ausnahme der Bestimmungen für die Fremdüberwachung Zusätzlich gilt: Anlagen 1.4 und 2.6 sowie DIN 1053-1 : 1996-11	ÜH	Z
2.2.4	Zuschlag mit dichtem Gefüge bei Lieferung vom Hersteller über Zwischenlager zum Verwender	DIN 4226-1 : 1983-04 Zusätzlich gilt: Anlagen 1.3 und 2.6 sowie DIN 1053-1 : 1996-11, bei Zuschlag für Mauermörtel für bewehrtes Mauerwerk DIN 1053-3 : 1990-02	ÜH	Z
2.2.5	Zuschlag mit porigem Gefüge (Leichtzuschlag)	DIN 4226-2 : 1983-04 Zusätzlich gilt: Anlage 2.6 und DIN 1053-1 : 1996-11	ÜZ	Z
2.2.6	Zuschlag mit dichtem Gefüge für bewehrtes Mauerwerk bei direkter Lieferung vom Hersteller zum Verwender	DIN 4226-1 : 1983-04 Zusätzlich gilt: Anlage 2.6 sowie DIN 1053-1 : 1996-11 und DIN 1053-3 : 1990-02	ÜZ	Z
2.3.1	Werk-Vormörtel	DIN 1053-1 : 1996-11 Zusätzlich gilt: für Mauermörtel für bewehrtes Mauerwerk DIN 1053-3 : 1990-02	ÜHP	Z
2.3.2	Werk-Trockenmörtel	DIN 1053-1 : 1996-11 Zusätzlich gilt: Anlage 2.5 und für Mauermörtel für bewehrtes Mauerwerk DIN 1053-3 : 1990-02	ÜZ	Z
2.3.3	Werk-Frischmörtel einschl. Mehrkammersilomörtel	DIN 1053-1 : 1996-11 Zusätzlich gilt: Anlage 2.5 und für Mauermörtel für bewehrtes Mauerwerk DIN 1053-3 : 1990-02	ÜZ	Z
2.3.4	Drahtanker für zweischaliges Mauerwerk	DIN 1053-1 : 1996-11	ÜH	P

ÜH – Übereinstimmungserklärung des Herstellers
ÜHP – Übereinstimmungserklärung des Herstellers nach vorheriger Prüfung des Bauprodukts durch eine anerkannte Prüfstelle
ÜZ – Übereinstimmungszertifikat durch eine anerkannte Zertifizierungsstelle
Z – Allgemeine bauaufsichtliche Zulassung
P – Allgemeines bauaufsichtliches Prüfzeugnis

Bauregelliste A, Bauregelliste B und Liste C

2.4 Vorgefertigte Bauteile aus Mauersteinen

Lfd. Nr.	Bauprodukt	Technische Regeln	Übereinstimmungsnachweis	Verwendbarkeitsnachweis bei wesentl. Abweichung von den technischen Regeln
1	2	3	4	5
2.4.1	Ziegelfertigbauteile; Vergußtafeln, Verbundtafeln, Mauertafeln	DIN 1053-4 : 1978-09 Zusätzlich gilt: für Mauertafeln als bewehrtes Mauerwerk DIN 1053-3 : 1990-02 Je nach Verwendungszweck gilt: DIN 4102-4 : 1994-03 in Verbindung mit Anlage 0.1	ÜZ, gilt auch für Nichtserienfertigung	Z

UH – Übereinstimmungserklärung des Herstellers
ÜHP – Übereinstimmungserklärung des Herstellers nach vorheriger Prüfung des Bauprodukts durch eine anerkannte Prüfstelle
ÜZ – Übereinstimmungszertifikat durch eine anerkannte Zertifizierungsstelle
Z – Allgemeine bauaufsichtliche Zulassung
P – Allgemeines bauaufsichtliches Prüfzeugnis

Anlage 2.1

Zu DIN 105-1 : 1989-08

1 Zu Abschnitt 3.1 – Form

Satz 2 erhält folgende Fassung:

„Die Stirnflächen von Ziegeln dürfen mit Nuten und Federn oder bei Steinbreiten ≥ 175 mm mit Mörteltaschen versehen werden."

2 Zu Abschnitt 3.3 – Löcher und Stege

2.1 Abschnitt 3.3.2, Absatz 2, Satz 2, erhält folgende Fassung:

„Die Randzone um das Griffloch muß mindestens 50 mm breit sein, der Bereich zwischen den Grifflöchern bei einem Grifflochquerschnitt ≤ 16 cm^2 (Daumenlöcher) mindestens 50 mm, bei einem Grifflochquerschnitt > 16 cm^2 jedoch mindestens 70 mm."

3 Zu Abschnitt 3.4 – Maße

3.1 Abschnitt 3.4.2, Absatz 2, ist durch folgenden Satz zu ergänzen:

„Mörteltaschen bei Ziegeln mit einer Breite von < 240 mm müssen beidseitig angeordnet sein und mindestens 20 mm tief sein. Ihre Breite darf, gemessen an der Außenkante Stirnfläche, 70 mm nicht unterschreiten."

Abschnitt 3.4.2 ist durch folgenden Absatz zu ergänzen:

„Bei Ziegeln mit Nuten und Federn muß das Nennmaß der Länge um 7 mm größer sein als der Wert nach Tabelle 2. Bei diesen Ziegeln gilt als Länge das Maß von der Außenfläche Feder der einen Stirnfläche bis zur Nutengrundfläche der anderen Stirnfläche."

3.2 In Abschnitt 3.4.3, Absatz 2, sind die Maße für die Breite der Aussparung an den Stoßflächen der Mauertafelziegel in „30 bis 60 mm" zu ändern.

Dementsprechend ist in Bild 2 das an der Stirnseite stehende Maß „50" in „60" zu ändern.

4 Zu Abschnitt 6.1.1 – Durchführung der Messung

Absatz 1 ist durch folgenden Satz zu ergänzen:

„Bei Ziegeln mit Nuten und Federn ist die Länge aus mindestens zwei Messungen in gleicher Richtung von Außenfläche Feder der einen Stoßfläche bis Nutengrundfläche der anderen Stoßfläche zu ermitteln."

Anlage 2.2

Zu DIN 105-2 : 1989-08

1 Zu Abschnitt 3.1 – Form

Satz 2 erhält folgende Fassung:

„Die Stirnflächen von Ziegeln dürfen mit Nuten und Federn oder bei Steinbreiten ≥ 175 mm mit Mörteltaschen versehen werden."

2 Zu Abschnitt 3.3 – Löcher und Stege

Abschnitt 3.3.2, Absatz 2, Satz 2, erhält folgende Fassung:

„Die Randzone um das Griffloch muß mindestens 50 mm breit sein, der Bereich zwischen den Grifflöchern bei einem Grifflochquerschnitt ≤ 16 cm² (Daumenlöcher) mindestens 50 mm, bei einem Grifflochquerschnitt > 16 cm² jedoch mindestens 70 mm."

3 Zu Abschnitt 3.4 – Maße

3.1 Abschnitt 3.4.2, Absatz 3, ist durch folgenden Satz zu ergänzen:

„Mörteltaschen bei Ziegeln mit einer Breite von < 240 mm müssen beidseitig angeordnet und mindestens 20 mm tief sein. Ihre Breite darf, gemessen an der Außenkante Stirnfläche, 70 mm nicht unterschreiten."

Abschnitt 3.4.2 ist durch folgenden Absatz zu ergänzen:

„Bei Ziegeln mit Nuten und Federn muß das Nennmaß der Länge um 7 mm größer sein als der Wert nach Tabelle 3. Bei diesen Ziegeln gilt als Länge das Maß von der Außenfläche Feder der einen Stirnfläche bis zur Nutengrundfläche der anderen Stirnfläche."

3.2 In Abschnitt 3.4.3, Absatz 2, sind die Maße für die Breite der Aussparung an den Stoßflächen der Mauertafelziegel in „30 bis 60 mm" zu ändern.

Dementsprechend ist in Bild 2 das an der Stirnseite stehende Maß „50" in „60" zu ändern.

Tabelle 2.1: Maße (Angaben in mm)

Länge[1]	Breite[2)3)]	Höhe
240	115	52
248	123	71
298	145	113
300	175	155
308	185	175
365	240	238
373	248	249
490	298	
498	300	
623	365	
	373	
	490	
	498	

[1] Bei Steinen mit Nut- und Federsystemen gelten die Maße als Abstand zwischen der Außenfläche der einen Stirnseite und der Nutengrundfläche der anderen Stirnseite.
[2] Steinbreite gleich Wanddicke
[3] Plansteine dürfen auch in den Breiten 150, 200, 225 und 275 mm hergestellt werden.

Anlage 2.3

Zu DIN 106-1 : 1980-09

1 Hinter Abschnitt 4.1.5 wird ein neuer Abschnitt 4.1.6 mit folgendem Wortlaut eingefügt:

„4.1.6 Plansteine sind Voll- und Lochsteine, die in Dünnbettmörtel zu versetzen sind. An sie werden erhöhte Anforderungen an die zulässigen Abweichungen für die Höhe gestellt."

2 Die bisherigen Abschnitte 4.1.6 und 4.1.7 erhalten die Abschnittsnummern 4.1.7 und 4.1.8.

3 Zu Abschnitt 4.2.1 – Maße

Unter Berücksichtigung der Maße für Plansteine erhält die Tabelle 2.1 folgende Fassung:

4 Zu Abschnitt 4.2.2 – Zulässige Abweichungen

Der Abschnitt ist vor Bild 1 wie folgt zu ergänzen:

„Abweichend davon betragen die zulässigen Abweichungen von den Sollmaßen für die Höhe von KS-Plansteinen:

für den Einzel- und Mittelwert ± 1 mm."

5 Zu Abschnitt 7.3 – Druckfestigkeit, Tabelle 8

Entgegen der Einschränkung durch Fußnote 2 dürfen die Formfaktoren auch für Steine der Druckfestigkeitsklasse 4 angewendet werden.

6 Zu Abschnitt 8.2.3

Die Aufzeichnungen über die Ergebnisse der werkseigenen Produktionskontrolle sind mindestens 5 Jahre aufzubewahren und der Überwachungsstelle auf Verlangen vorzulegen.

7 Druckfehlerberichtigung

In Tabelle 1, Spalte 7, muß es im Tabellenkopf statt „mm" heißen „cm".

In Abschnitt 8.3.1.3 letzte Zeile muß es heißen: „... Abschnitt 8.2.2)".

In Abschnitt 9 Aufzählung b) muß es richtig heißen: „... Abschnitt 5".

Anlage 2.4 – entfällt –

Anlage 2.5

Die in der Norm DIN 1053-1 : 1996-11 als Eignungsprüfung bezeichneten Anforderungen sind auch als Erstprüfung durch die dafür anerkannte Prüfstelle für jede Mörtelsorte durchzuführen.

Anlage 2.6

1 Zu DIN 4226-1 : 1983-04

1.1 Abschnitt 4.2

Die technische Regel gilt nur für die im 2. Halbsatz aufgeführten künstlich hergestellten Zuschläge.

2 Zu DIN 4226-2 : 1983-04

2.1 Abschnitt 4

Die technische Regel gilt nur für die im Abschnitt 4.1, 2. Halbsatz und Abschnitt 4.2, 2. Halbsatz aufgeführten Leichtzuschläge. Dabei ist unter gesinterter Steinkohlenflugasche nur pelletierte, auf dem Sinterrost gesinterte Steinkohlenflugasche zu verstehen.

2.2 Druckfehlerberichtigung

Analog zu den Formulierungen in DIN 4226-1 : 1983-04 muß es heißen:

in Abschnitt 6.1.1, 9. Zeile

„– Schädliche Bestandteile (nach Abschnitt 6.4.1 bis 6.4.5 und Abschnitt 6.4.6, 8.–10. Zeile)"

in der Tabelle 1, Seite 3, in der Kopfleiste von Spalte 1: „Korngruppe/Lieferkörnung".

Anlage 2.7

1 Alternativer Rechenwert λ_R der Wärmeleitfähigkeit für Mauerwerk

Ein von DIN 4108-4 : 1991-11 abweichender Rechenwert λ_R der Wärmeleitfähigkeit für Mauerwerk aus Steinen einer bestimmten Rohdichteklasse unter Verwendung eines bestimmten Mauermörtels nach DIN 1053-1 : 1996-11 kann entweder

– durch Messung entsprechender Wandprobekörper nach Abschnitt 2 oder

– durch Messung des Steinmaterials nach Abschnitt 3 mit anschließender Rechnung oder

– durch Rechnung nach Abschnitt 4

ermittelt und festgelegt werden.

2 Bestimmung des Rechenwertes λ_R durch Messung von Wandprobekörpern

2.1 Der Rechenwert λ_R der Wärmeleitfähigkeit ist durch Messung der äquivalenten Wärmeleitfähigkeit λ_u an mindestens 3 Wandprobekörpern und entsprechende Einstufung festzulegen. Diese Festlegung gilt so lange, wie sie durch mindestens jährliche Wiederholung der Messung an einem Wandprobekörper oder alternativ an einem Steinprobekörper überprüft wird (s. „DIBt-Richtlinie zur Messung der Wärmeleitfähigkeit $\lambda_{10,tr}$ von Mauersteinprobekörpern").

Die jährliche Überprüfung darf allerdings nur in solchen Fällen ausschließlich an Steinprobekörpern durchgeführt werden, in denen bereits anläßlich der Festlegung des Rechenwertes neben den Wandprobekörpern mindestens ein Steinprobekörper gemessen wurde.

2.2 Für die Einstufungsmessung der Wärmeleitfähigkeit λ_u sind im Herstellwerk Steine derjenigen Rohdichteklasse zu entnehmen und zu kennzeichnen, für die der Rechenwert λ_R ermittelt und festgelegt werden soll. Die Steine sind so auszuwählen, daß unterschiedliche Steinformate wärmeschutztechnisch erfaßt werden.

2.3 An den im Herstellwerk entnommenen Steinen, aus denen Probekörper hergestellt werden, sind die Druckfestigkeit und die Rohdichte nach der für den Stein geltenden Stoffnorm zu bestimmen und daraus die Mittelwerte für den jeweiligen Probekörper zu bilden. Die jeweiligen Probekörper sind mit der vom Hersteller bestimmten zugehörigen Mörtelart nach DIN 1053-1 : 1996-11 aus Werktrockenmörtel oder entsprechend der „DIBt-Richtlinie zur Messung dei Wärmeleitfähigkeit $\lambda_{10,tr}$ von Mauersteinprobekörpern" herzustellen.

2.4 Die äquivalente Wärmeleitfähigkeit λ_u ist an den jeweiligen Wandprobekörpern nach DIN 52 611-1 : 1991-01 oder an den Steinprobekörpern nach der „DIBt-Richtlinie zur Messung der Wärmeleitfähigkeit $\lambda_{10,tr}$ von Mauersteinprobekörpern" zu messen und die Wärmeleitfähigkeit λ_z nach DIN 52 611-2 : 1990-04, jedoch auf 3 wertanzeigende Ziffern zu bestimmen. Dabei sind die Zuschlagswerte Z nach DIN 52 611-2: 1990-04 anzusetzen.

Ist in DIN 52 611-2 : 1990-04 für den jeweiligen Stein kein Zuschlagswert Z angegeben, so ist die Wärmeleitfähigkeit λ_u entweder für den praktischen Feuchtegehalt nach DIN 4108-4 : 1991-11 oder für den Bezugsfeuchtegehalt nach DIN 52 620 : 1991-04 durch Messung bei mindestens zwei unterschiedlichen Feuchtegehalten sowie durch Messung im trockenen Zustand nach DIN 52 611-2 : 1990-04 zu bestimmen.

Wird die Wärmeleitfähigkeit λ_u für den Bezugsfeuchtegehalt nach DIN 52 620 : 1991-04 ermittelt, so ist der zu Grunde gelegte Bezugsfeuchtegehalt mindestens einmal jährlich zu prüfen.

Der Zuschlag Z darf für Mauerwerk aus Leichthochlochziegeln nach DIN 105-2 : 1989-08 abweichend von DIN 52611-2 : 1990-04 mit dem Wert Z = 0,05 in Ansatz gebracht werden, wenn

- die Sorptionsfeuchte $u_{m,80}$ nach DIN 52 620 : 1991-04 den Wert 0,5 Masseprozent nicht überschreitet und
- dieser maximale Sorptionsfeuchtegehalt an Steinen der betreffenden Rohdichteklasse mindestens einmal jährlich überprüft wird.

2.5 Die an den einzelnen Wandprobekörpern ermittelten Werte der äquivalenten Wärmeleitfähigkeit λ_u sind nach DIN 52 611-2 : 1990-04 aus der ermittelten Abhängigkeit der Wärmeleitfähigkeit von der Rohdichte auf die obere Grenze der betreffenden Rohdichteklasse zu extrapolieren. Mit dem größten so ermittelten Wert aller zugehörigen Wandprobekörper ist nach der Einstufungstabelle (Tabelle 1) der Rechenwert λ_R der Wärmeleitfähigkeit für Mauerwerk der betreffenden Rohdichteklasse mit der zugehörigen Mörtelart nach DIN 1053-1 : 1996-11 festzulegen.

2.6 Der für die jährliche Wiederholungsmessung festzulegende und einzuhaltende $\lambda_{10,tr}$-Wert wird unter Berücksichtigung des Zuschlagswertes Z und des größten Einzelwertes nach Tab. 1 errechnet.

3 Bestimmung des Rechenwertes λ_R durch Messung des Steinmaterials und anschließende Rechnung

3.1 Der Rechenwert λ_R der Wärmeleitfähigkeit des Mauerwerks ist durch

- Messung der äquivalenten Wärmeleitfähigkeit $\lambda_{10,tr}$ des Steinmaterials
- Umrechnung der gemessenen Wärmeleitfähigkeit $\lambda_{10,tr}$ auf die äquivalente Wärmeleitfähigkeit λ_z in feuchtem Zustand
- Bestimmung des Rechenwertes λ_R der Wärmeleitfähigkeit des Steinmaterials durch Einstufung sowie
- Berechnung der äquivalenten Wärmeleitfähigkeit λ von Mauerwerk aus den betreffenden Steinen unter Verwendung einer bestimmten Mörtelart nach DIN 1053-1 : 1996-11

festzulegen. Die Festlegung des Rechenwertes λ_R der Wärmeleitfähigkeit des Steinmaterials gilt so lange, wie sie durch mindestens jährliche Wiederholung der Messung an 1 Probekörper überprüft wird.

3.2 Für die Messung der Wärmeleitfähigkeit $\lambda_{10,tr}$ des Steinmaterials sind im Herstellwerk mindestens 3 repräsentative aus dem Stein herausgeschnittene Probekörper der betreffenden Rohdichteklasse herzustellen und zu kennzeichnen. Je Rohdichteklasse ist die Wärmeleitfähigkeit an 3 Probekörpern zu messen.

Tabelle 1: Einstufungstabelle

größter Einzelwert W/(m · K)	Rechenwert λ_R W/(m · K)
0,021	0,020
0,026	0,025
0,031	0,030
0,036	0,035
0,041	0,040
0,046	0,045
0,051	0,050
0,056	0,055
0,063	0,060
0,073	0,070
0,083	0,080
0,093	0,090
0,103	0,10
0,113	0,11
0,123	0,12
0,133	0,13
0,145	0,14
0,165	0,16
0,188	0,18
0,218	0,21
0,248	0,24
0,278	0,27
0,300	0,30
0,33	0,33
0,36	0,36
0,39	0,39
0,42	0,42
0,45	0,45
0,513	0,50
0,55	0,55
0,60	0,60
0,65	0,65
0,70	0,70
0,825	0,80
0,925	0,90
1,025	1,00
1,10	1,10
1,20	1,20
1,45	1,40
1,65	1,60
1,85	1,80
2,05	2,00

3.3 An den im Herstellwerk gefertigten Probekörpern sind die Druckfestigkeit und die Rohdichte nach der für das Steinmaterial geltenden Stoffnorm für den jeweiligen Probekörper zu bestimmen. An den 3 Probekörpern ist die äquivalente Wärmeleitfähigkeit $\lambda_{10,tr}$ bei Probekörpern mit Dicken von mindestens 15 mm nach DIN 52 612-1 : 1979-09 zu messen. Bei Probekörpern mit einer Dicke von weniger als 15 mm ist das Meßverfahren entweder mit dem Einplattengerät nach der „DIBt-Richtlinie zur Messung der Wärmeleitfähigkeit $\lambda_{10,tr}$ von Ziegelscherben nach der Einplatten-Methode" oder nach dem Heizstreifenverfahren nach der „DIBt-Richtlinie zur Messung der Wärmeleitfähigkeit $\lambda_{10,tr}$ und Temperaturleitfähigkeit von Ziegelscherben nach der Heizstreifen-Methode" durchzuführen. Die Wärmeleitfähigkeit λ_z ist nach DIN 52 612-2 : 1984-06, jedoch auf 3 wertanzeigende Ziffern, zu bestimmen. Dabei sind die Zuschlagswerte Z nach DIN 52 612-2 : 1984-06 anzusetzen.

Ist in DIN 52 612-2 : 1984-06 für das jeweilige Steinmaterial kein Zuschlagswert Z angegeben oder soll ein anderer Zuschlagswert verwendet werden, so ist die Wärmeleitfähigkeit λ_u entweder für den praktischen Feuchtegehalt nach DIN 4108-4 : 1991-11 oder für den Bezugsfeuchtegehalt nach DIN 52 620 : 1991-04 zu bestimmen. Die Messungen erfolgen bei mindestens zwei unterschiedlichen Feuchtegehalten sowie durch Messung im trockenen Zustand nach DIN 52 612-2 : 1984-06. Die Ermittlung der Wärmeleitfähigkeit λ_u für den Bezugsfeuchtegehalt nach DIN 52 620 : 1991-04 ist nur möglich, wenn der zu Grunde gelegte Bezugsfeuchtegehalt mindestens einmal jährlich überprüft wird.

3.4 Die an den einzelnen Probekörpern ermittelten Werte der äquivalenten Wärmeleitfähigkeit λ_z oder λ_u sind in Anlehnung an DIN 52 612-2 : 1984-06 aus der ermittelten Abhängigkeit der Wärmeleitfähigkeit von der Rohdichte auf die obere Grenze der betreffenden Rohdichteklasse zu extrapolieren. Mit dem größten so ermittelten Wert aller zugehörigen Probekörper ist nach der Einstufungstabelle (Tabelle 1) der Rechenwert $\lambda_{R,St}$ der Wärmeleitfähigkeit des Steinmaterials der betreffenden Rohdichteklasse festzulegen.

3.5 Der für die jährliche Wiederholungsmessung festzulegende und einzuhaltende $\lambda_{10,tr}$-Wert wird unter Berücksichtigung des Zuschlagswertes Z und des größten Einzelwertes nach Tab. 1 errechnet.

3.6 Der Rechenwert $\lambda_{R,St}$ der Wärmeleitfähigkeit des Steinmaterials der betreffenden Rohdichteklasse darf einer anschließenden Berechnung nach Abschnitt 4 zur Festlegung eines Rechenwertes λ_R der Wärmeleitfähigkeit von Mauerwerk aus den betreffenden Steinen zugrunde gelegt werden.

4 Bestimmung des Rechenwertes λ_R durch Rechnung

4.1 Der Rechenwert λ_R der Wärmeleitfähigkeit des Mauerwerks ist durch Berechnung der äquivalenten Wärmeleitfähigkeit λ von Mauerwerk aus den betreffenden Steinen unter Verwendung einer bestimmten Mörtelart nach DIN 1053-1 : 1996-11 und entsprechende Einstufung des Mauerwerks festzulegen.

4.2 Die Berechnung ist dreidimensional nach der Methode der finiten Elemente oder Differenzen durchzuführen. Das Rechenmodell ist nach DIN EN ISO 10 211-1 : 1995-11 zu validieren. Die Steine sind so auszuwählen, daß unterschiedliche Steinformate wärmeschutztechnisch erfaßt werden.

4.3 Die Rechenwerte λ_R der Wärmeleitfähigkeit der einzelnen Bestandteile des zu berechnenden Mauerwerks sind DIN 4108-4 : 1991-11 zu entnehmen. Der Rechenwert λ_z der Wärmeleitfähigkeit des zugehörigen Steinmaterials darf dabei durch lineare Interpolation zwischen den in DIN 4108-4 : 1991-11 für einzelne Rohdichteklassen des Steinmaterials angegebenen Werten für die vom Hersteller angestrebte Steinrohdichte ermittelt werden. Für Normalmörtel nach DIN 1053-1 : 1996-11 ist der Rechenwert der Wärmeleitfähigkeit mit $\lambda_R = 1,0$ W/(m · K) anzusetzen.

Abweichend von DIN 4108-4 : 1991-11 ist der Wärmedurchlaßwiderstand von Luftschichten in Hohlkammern des betreffenden Steines nach DIN EN ISO 6946 : 1996-11, Anhang B, zu berechnen.

Abweichend von DIN 4108-4 : 1991-11 darf als Wärmeleitfähigkeit λ_z des zugehörigen Steinmaterials auch ein Rechenwert angesetzt werden, der nach Abschnitt 3 oder in einer allgemeinen bauaufsichtlichen Zulassung festgelegt wurde. Eine lineare Interpolation des Rechenwertes auf die vom Hersteller angestrebte Steinrohdichte ist allerdings nur dann zulässig, wenn die angestrebte Rohdichte des Steinmaterials zwischen zwei Rohdichteklassen mit jeweils nach Abschnitt 3 oder in einer allgemeinen bauaufsichtlichen Zulassung festgesetzten Rechenwerten liegt.

4.4 Mit dem errechneten Wert der äquivalenten Wärmeleitfähigkeit λ ist nach der Einstufungstabelle (Tabelle 1) der Rechenwert λ_R der Wärmeleitfähigkeit für Mauerwerk der betreffenden Rohdichteklasse mit zugehörigen Mörtelarten nach DIN 1053-1 : 1996-11 festzulegen.

5 Wesentliches Merkmal für das Ü-Zeichen

Sofern für Steine bestimmter Rohdichteklassen ein alternativer Rechenwert der Wärmeleitfähigkeit nach Abschnitt 2, 3 oder 4 ermittelt wurde, ist im Ü-Zeichen der alternative Rechenwert „$\lambda_R = \ldots$" als wesentliches Merkmal anzugeben.

Anlage 2.8

Die Fußnote 1) in der Tabelle 2 von DIN 1060-1 : 1995-03 entfällt für DL 80.

Anlage 2.9

Mauersteine, die keine in Wandlängsrichtung durchlaufenden Innenstege haben, müssen für die Verwendung in Erdbebenzonen 3 und 4 und nach DIN 4149-1/A1 : 1992-12 in der in Wandlängsrichtung vorgesehenen Steinrichtung eine Druckfestigkeit von mindestens 2,0 N/mm^2 (ohne Berücksichtigung eines Formfaktors) aufweisen. Diese Anforderung gilt als erfüllt, wenn der Kleinstwert einer Versuchsreihe mindestens 2,0 N/mm^2 und der Mittelwert mindestens 2,5 N/mm^2 beträgt. Die Steine sind in diesem Fall mit EB zusätzlich zu kennzeichnen.

Anlage 2.10

Zu DIN 4211 : 1995-03

Zu Abschnitt 5.3.3 – Erstarrungsende

Wenn der Prüfwert für den Erstarrungsbeginn 6 h nicht überschreitet, kann auf eine Prüfung des Erstarrungsendes verzichtet werden.

THERMOPOR Produktprogramm

Ziegel-Art	Kurz-zeichen	Zulassung	Druck-festigkeits-klasse	Roh-dichte-klasse	Wärmeleitfähigkeit λ_R [W/mK] Mörtelart			Stoß-fugen-aus-bildung
					NM	LM 36	LM 21	
Steinhöhe 238 mm								
THERMOPOR	ISO-B	Z-17.1-697	4, 6, 8	0,60			0,12	N+F
THERMOPOR	Gz	Z-17.1-700	4, 6, 8	0,60 0,65 0,70 0,75		0,14 0,14 0,16 0,18	0,11 0,13 0,13 0,14	N+F
THERMOPOR	T 014	Z-17.1-580	6	0,7			0,14	N+F
THERMOPOR	R N+F	Z-17.1-420	6, 8, 12	0,8 0,9	0,21 0,24	0,18 0,21	0,16 0,21	N+F
THERMOPOR	R	Z-17.1-346	6, 8, 12	0,8	0,24	0,21	0,18	Mt
THERMOPOR	T 90	Z-17.1-282	6, 8, 12	0,8	0,24	0,21	0,18	Mt
THERMOPOR	T N+F	Z-17.1-349	6, 8, 12	0,8 0,9	0,24 0,24	0,18 0,21	0,18 0,21	N+F
Steinhöhe 249 mm					Dünnbettmörtel			
THERMOPOR	ISO-P	Z-17.1-698	4, 6, 8	0,60		0,12		N+F
THERMOPOR	PGz	Z-17.1-701	4, 6, 8, 12	0,60 0,65 0,70 0,75		0,12 0,12 0,13 0,14		N+F
THERMOPOR	P 016	Z-17.1-601	6, 8, 12	0,8		0,16		N+F
THERMOPOR	P	Z-17.1-471	6, 8, 12	0,8 0,9		0,18 0,21		N+F
THERMOPOR	PD	Z-17.1-522	6, 8, 12	0,8 0,9		0,33 0,36		N+F
Steinhöhe 113 mm								
THERMOPOR	R N+F	Z-17.1-420	6, 8, 12	0,8 0,9	0,27 0,30	0,21 0,24	0,18 0,21	N+F
THERMOPOR	R	Z-17.1-346	6, 8, 12	0,8	0,27	0,21	0,18	Mt
THERMOPOR	T N+F	Z-17.1-349	6, 8, 12	0,8 0,9	0,24 0,27	0,21 0,24	0,18 0,21	N+F
Füllziegel					MG II	MG IIa	MG III	
					0,8	0,8	0,9	
					Verfüllung			
THERMOPOR	SFz	Z-17.1-454	8, 12	0,8 – 1,2	schichtweise mit NM der MG II, IIa oder III			Mt/N+F
THERMOPOR	SFz G	Z-17.1-558	8, 12	0,8 0,9	geschoßhoch mit Beton ≥ B15 schichtweise mit NM der MG IIa oder III			Mt
THERMOPOR	PFz	Z-17.1-559	8, 12	0,7 – 0,9	geschoßhoch mit Beton ≥ B15			Mt
THERMOPOR	PSz	Z-17.1-676	8, 12, 20	0,7 – 1,2				Mt

ISO-B / ISO-P   Gz/PGz   T 014   P 016   R N+F / P   T N+F   R

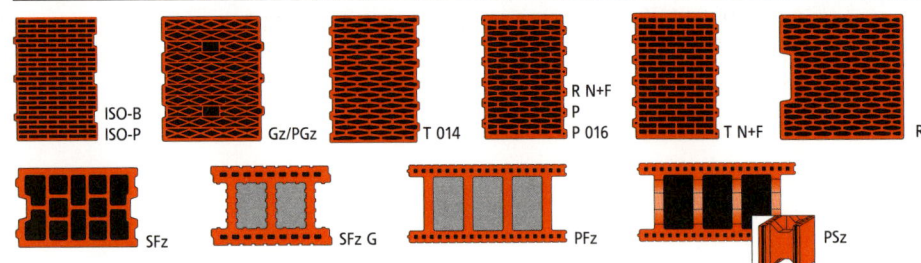

SFz   SFz G   PFz   PSz

Internet-Service

- Planungsempfehlungen zur Energieeinsparverordnung (EnEV)
- EDV-Programme: EnEV nach Verordnungsvorlage, Wärmebrücken, WSVO '95, Feuchteschutz
- ausführliche Informationen über massive Bauweise
- Anschriften der THERMOPOR-Ziegelwerke

THERMOPOR ZIEGEL-KONTOR ULM GMBH
Postfach 4345 · 89033 Ulm · Fax 07 31.6 30 53
www.THERMOPOR.de

THERMOPOR®
Ziegel-Innovationen...

J ZULASSUNGEN IM MAUERWERKSBAU

Dr.-Ing. Roland Hirsch
Dipl.-Ing. Hans-Jörg Irmschler

1 Vorbemerkungen J.3

1.1 Zum Beitrag J.3
1.2 Zu den technischen Regeln des Mauerwerksbaus J.3
1.3 Zur allgemeinen bauaufsichtlichen Zulassung J.4

2 Zusammenstellung der Zulassungen für den Mauerwerksbau[*)] J.6

2.1 Mauersteine J.6
    2.1.1 Steine üblichen Formats für Mauerwerk mit Normal- oder Leichtmörtel ... J.6
        2.1.1.1 Hochlochziegel J.6
        2.1.1.2 Verfüllziegel J.15
        2.1.1.3 Hohlblöcke, Vollsteine und Vollblöcke aus Leichtbeton J.17
        2.1.1.4 Kalksandsteine J.26
        2.1.1.5 Porenbetonsteine J.27
    2.1.2 Steine üblichen Formats für Mauerwerk im Dünnbettverfahren J.28
        2.1.2.1 Planhochlochziegel J.28
        2.1.2.2 Planverfüllziegel J.36
        2.1.2.3 Plansteine aus Leichtbeton oder Beton J.38
        2.1.2.4 Kalksandplansteine J.43
        2.1.2.5 Porenbetonplansteine J.45
    2.1.3 Steine üblichen Formats für Mauerwerk im Mittelbettverfahren J.47
    2.1.4 Mehrschalige Steine J.48
    2.1.5 Großformatige Elemente für Mauerwerk mit Normalmörtel und Leichtmörtel J.49
    2.1.6 Großformatige Elemente für Mauerwerk im Dünnbettverfahren J.56
        2.1.6.1 Ziegel-Planelemente J.56
        2.1.6.2 Planelemente aus Leichtbeton J.56
        2.1.6.3 Kalksand-Planelemente J.58
        2.1.6.4 Porenbeton-Planelemente J.69
2.2 Mauermörtel J.77
    2.2.1 Leichtmörtel J.77
    2.2.2 Dünnbettmörtel J.78
2.3 Mauerwerk J.78
    2.3.1 Mauerwerk im Gießmörtelverfahren J.78
    2.3.2 Schalungsstein-Mauerwerk J.79
    2.3.3 Vorgefertigtes Mauerwerk J.82
    2.3.4 Trockenmauerwerk J.83
    2.3.5 Geschoßhohe Wandtafeln J.84
2.4 Hilfsbauteile J.85

[*)] Eine chronologische numerische Auflistung der Zulassungen sie/he im Anhang K, S. 5

3 Allgemeine bauaufsichtliche Zulassungen J.87

Z-17.1-602	J.87
Z-17.1-621	J.97
Z-17.1-666	J.106
Z-17.1-523	J.113
Z-17.1-603	J.121

J ZULASSUNGEN IM MAUERWERKSBAU

1 Vorbemerkungen

1.1 Zum Beitrag

In diesem Beitrag wird eine Auflistung der derzeit geltenden allgemeinen bauaufsichtlichen Zulassungen von Bauprodukten und Bauarten für den Mauerwerksbau veröffentlicht, die mit jeder neuen Ausgabe aktualisiert werden wird.

In der Auflistung werden in mehreren Abschnitten auch Grundwerte der zulässigen Druckspannungen und Rechenwerte der Wärmeleitfähigkeit und bei Elementen größeren Formats auch deren Abmessungen mit angegeben, da insbesondere diese Angaben schon für die Planung gebraucht werden.

Die Auflistung ist kein „amtliches Verzeichnis"; sollten die Verfasser wider Erwarten z. B. einen geltenden Bescheid vergessen haben, so bitten sie um einen entsprechenden Hinweis.

Im letzten Abschnitt dieses Beitrages wird dann in jedem Jahr ein anderes Thema aus dem Zulassungsbereich „Mauerwerksbau" abgehandelt und werden die zugehörigen, bei Redaktionsschluß geltenden allgemeinen bauaufsichtlichen Zulassungen nach Möglichkeit abgedruckt werden. In diesem Jahr sind dies das Trockenmauerwerk und allgemein bauaufsichtlich zugelassene Mauerfuß-Dämmelemente.

1.2 Zu den technischen Regeln des Mauerwerksbaus

In den Bauordnungen der Bundesländer Deutschlands wird begrifflich zwischen Bauprodukten und Bauarten wie folgt unterschieden (Zitate Musterbauordnung):

§ 2 Begriffe

(9) Bauprodukte sind

1. Baustoffe, Bauteile und Anlagen, die hergestellt werden, um dauerhaft in bauliche Anlagen eingebaut zu werden,
2. aus Baustoffen und Bauteilen vorgefertigte Anlagen, die hergestellt werden, um mit dem Erdboden verbunden zu werden, wie Fertighäuser, Fertiggaragen und Silos.

(10) Bauart ist das Zusammenfügen von Bauprodukten zu baulichen Anlagen oder Teilen von baulichen Anlagen.

Die technischen Regeln der Bauart Mauerwerk sind durch öffentliche Bekanntmachung in der sog. „Liste der Technischen Baubestimmungen" als Technische Baubestimmungen bauaufsichtlich eingeführt und somit nach den Bauordnungen zu beachten. Diese Liste umfaßt für den Mauerwerksbau folgende technische Regeln:

DIN 1053 Teil 1 – Mauerwerk; Teil 1: Berechnung und Ausführung – Ausgabe November 1996

DIN 1053 Teil 3 – Mauerwerk; Bewehrtes Mauerwerk, Berechnung und Ausführung – Ausgabe Februar 1990

DIN 1053 Teil 4 – Mauerwerk; Bauten aus Ziegelfertigbauteilen – Ausgabe September 1978

Richtlinie für die Bemessung und Ausführung von Flachstürzen, Fassung August 1977 (mit redaktionellen Änderungen veröffentlicht in Heft 3 der Mitteilungen des Instituts für Bautechnik 1979)

Die technischen Regeln der Bauprodukte für den Mauerwerksbau sind dagegen in der sog. „Bauregelliste A Teil 1" aufgeführt und gelten ebenso als technische Baubestimmungen. Für die Mauersteine sind das folgende Normen:

DIN 105 Teil 1 – Mauerziegel; Vollziegel und Hochlochziegel – Ausgabe August 1989

DIN 105 Teil 2 – Mauerziegel; Leichthochlochziegel – Ausgabe August 1989

DIN 105 Teil 3 – Mauerziegel; Hochfeste Ziegel und hochfeste Klinker – Ausgabe Mai 1984

DIN 105 Teil 4 – Mauerziegel; Keramikklinker Ausgabe Mai 1984

DIN 105 Teil 5 – Leichtlanglochziegel und Leichtlangloch-Ziegelplatten Ausgabe Mai 1984

DIN 106 Teil 1 – Kalksandsteine; Vollsteine, Lochsteine, Blocksteine, Hohlblocksteine – Ausgabe September 1980

DIN 106 Teil 2 – Kalksandsteine; Vormauersteine und Verblender – Ausgabe November 1980

DIN 398 – Hüttensteine; Vollsteine, Lochsteine, Hohlblocksteine Ausgabe Juni 1976

DIN 4165 – Porenbeton-Blocksteine und Porenbeton-Plansteine Ausgabe November 1996

DIN 18 151 – Hohlblöcke aus Leichtbeton Ausgabe September 1987

DIN 18 152 – Vollsteine und Vollblöcke aus Leichtbeton – Ausgabe April 1987

DIN 18 153 – Mauersteine aus Beton (Normalbeton) – Ausgabe September 1989

Für die Mauermörtel ist in der Bauregelliste A Teil 1 als technische Regel benannt:

DIN 1053 1 Teil 1 –Mauerwerk; Teil 1: Berechnung und Ausführung – Ausgabe November 1996,

denn die Anforderungen an die Mauermörtel stehen im Anhang A zu DIN 1053 Teil 1, und ebenfalls dort ist die Überwachung der Herstellung der Werkmauermörtel nach DIN 18 557 bestimmt.

Für Fertigteile aus Mauersteinen gibt es nur die Norm für Mauertafeln, Vergußtafeln und Verbundtafeln aus Ziegeln, die in die Bauregelliste A Teil 1 aufgenommen worden ist:

DIN 1053 Teil 4 – Mauerwerk; Bauten aus Ziegelfertigbauteilen – Ausgabe September 1978.

Zu einigen dieser Normen von Bauprodukten für den Mauerwerksbau sind in der Bauregelliste A Teil 1 noch zusätzliche Festlegungen getroffen und als Anlage zu dieser Liste veröffentlicht. Diese Festlegungen sind dann ebenso bauaufsichtlich verbindlich beachtlich wie die Normen selbst. Diese Anlagen beinhalten bei den Mauersteinen z. B. Normenergänzungen (bei DIN 105 Teil 1 und Teil 2 sowie bei DIN 106 Teil 1), Bestimmungen zur Ermittlung besonderer Rechenwerte der Wärmeleitfähigkeit für Mauerwerk aus genormten Mauersteinen, zusätzliche Anforderungen an Mauersteine für die Verwendung den Erdbebenzonen 3 und 4 u. a.

1.3 Zur allgemeinen bauaufsichtlichen Zulassung

Bauprodukte, die mit den in der „Bauregelliste A Teil 1" aufgeführten technischen Regeln übereinstimmen, und Bauarten, die den in der Liste der Technischen Baubestimmungen angegebenen technischen Regeln entsprechen, werden demnach als geregelte Bauprodukte bzw. geregelte Bauarten bezeichnet, für die sich die Frage eines besonderen bauaufsichtlichen Verwendbarkeitsnachweises somit nicht stellt. Dahingegen bedürfen nichtgeregelte Bauprodukte (also Bauprodukte, für die technische Regeln in der Bauregelliste A Teil 1 bekanntgemacht worden sind, die aber von diesen wesentlich abweichen oder für die es solche Regeln, Technische Baubestimmungen oder allgemein anerkannte Regeln der Technik nicht gibt – es sei denn, sie sind in der sog. Liste C aufgeführt) und nichtgeregelte Bauarten (Bauarten die von den Technischen Baubestimmungen in der einschlägigen bauaufsichtlichen Liste wesentlich abweichen oder für die es solche Bestimmungen oder allgemein anerkannte Regeln der Technik nicht gibt) eines solchen Verwendbarkeitsnachweises in Form

a) einer allgemeinen bauaufsichtlichen Zulassung,

b) eines allgemeinen bauaufsichtlichen Prüfzeugnisses oder

c) einer Zustimmung im Einzelfall.

Das Verfahren der Zustimmung im Einzelfall ist ein Verfahren, mit dem von der für ein bestimmtes konkretes Bauvorhaben zuständigen obersten Bauaufsichtsbehörde zugestimmt wird, daß ein bestimmtes nichtgeregeltes Bauprodukt oder eine bestimmte nichtgeregelte Bauart bei diesem Bauvorhaben verwendet bzw. angewendet werden darf. Das Verfahren ist also für serienmäßig hergestellte und zur allgemeinen Verwendung vorgesehene Bauprodukte bzw. für zur häufigen Anwendung konzipierte Bauarten auf Dauer nicht sinnvoll, weil eine solche Zustimmung für jedes weitere Bauvorhaben immer wieder erforderlich wäre. Das Verfahren des allgemeinen bauaufsichtlichen Prüfzeugnisses ist nur für solche nichtgeregelte Bauprodukte und nichtgeregelte Bauarten relevant, für die es in der Bauregelliste A ausdrücklich ausgewiesen ist, der Mauerwerksbau ist davon praktisch nicht betroffen. Somit ist der Verwendbarkeitsnachweis für die nichtgeregelten Bauprodukte und Bauarten des Mauerwerksbaus in der Regel durch eine allgemeine bauaufsichtliche Zulassung zu führen.

Die Erteilung solcher in der gesamten Bundesrepublik Deutschland geltenden allgemeinen bauaufsichtlichen Zulassungen erfolgt gem. Landesbauordnungen allein durch das Deutsche Institut für Bautechnik in Berlin.

Rechtsgrundlagen für die Erteilung allgemeiner bauaufsichtlicher (baurechtlicher) Zulassungen (Stand Oktober 1999) sind:

Baden-Württemberg:	§ 18 und § 21 der Landesbauordnung für Baden-Württemberg (LBO) vom 8. August 1995 (GBl. S. 617), geändert durch das Gesetz vom 15. Dezember 1997 (GBl. S. 521)
Bayern:	Art. 20 und Art. 23 der Bayerischen Bauordnung (BayBO) in der Fassung der Bekanntmachung vom 4. August 1997 (GVBl. S. 433)
Berlin:	§ 19 und § 21 der Bauordnung für Berlin – BauOBln – in der Fassung vom 3. September 1997 (GVBl. S. 421), geändert durch Artikel VI des Gesetzes vom 25. Juni 1998 (GVBl. S. 177, 210)
Brandenburg:	§ 21 und § 24 der Brandenburgischen Bauordnung (BbgBO) in der Fassung der Bekanntmachung vom 25. März 1998 (GVBl. I S. 82)
Bremen:	§ 21 und § 24 der Bremischen Landesbauordnung – BremLBO – vom 27. März 1995 (BremGBl. S. 211)
Hamburg:	§ 20 a und § 21 der Hamburgischen Bauordnung – HBauO – vom 1. Juli 1986 (Hamburgisches Gesetz- und Verordnungsblatt S. 183), geändert am 20. Juli 1994 (Hamburgisches Gesetz- und Verordnungsblatt S. 221), zuletzt geändert am 25. Juni 1997 (Hamburgisches Gesetz- und Verordnungsblatt S. 261) in Verbindung mit Art. 4 Ziff. 3 der Verordnung zur Aufhebung und Änderung sowie zum Neuerlaß von Verordnungen auf dem Gebiet des Bauordnungswesens vom 29. November 1994 (Hamburgisches Gesetz- und Verodnungsblatt S. 310)
Hessen:	§ 21 und § 24 Hessische Bauordnung – HBO – vom 20. Dezember 1993 (GVBl. I S. 655), zuletzt geändert durch Gesetz vom 17. Dezember 1998 (GVBl. I S. 562)
Mecklenburg-Vorpommern:	§ 18 und § 21 der Landesbauordnung für Mecklenburg-Vorpommern (LBauO M-V) vom 26. April 1994 (GVOBl. M-V S. 518), geändert am 27. April 1998 (GVOBl. M-V S. 388)
Niedersachsen:	§ 25 und § 27 der Niedersächsischen Bauordnung (NBauO) in der Fassung vom 13. Juli 1995 (Nds. GVBl. S. 199), zuletzt geändert durch Gesetz vom 6. Oktober 1997 (Nds.GVBl. S. 422)
Nordrhein-Westfalen:	§ 21 und § 24 der Bauordnung für das Land Nordrhein-Westfalen – Landesbauordnung (BauO NW) – vom 7. März 1995 (GV.NW. S. 218), geändert am 24. Oktober 1998 (GV.NW. S. 687)
Rheinland-Pfalz:	§ 19 und § 22 der Landesbauordnung Rheinland-Pfalz (LBauO) vom 24. November 1998 (GVBl. S. 365)
Saarland:	§ 26 und § 28 der Bauordnung für das Saarland (LBO) vom 27. März 1996 – Gesetz Nr. 1370 – (Amtsbl. S. 477) in Verbindung mit § 1 Abs. 2 Ziff. 1 der Verordnung zur Übertragung von Befugnissen der obersten Bauaufsichtsbehörde auf das Deutsche Institut für Bautechnik vom 20. Juni 1996 (Amtsbl. S. 750)
Sachsen:	§ 21 und § 23 der Sächsischen Bauordnung (SächBO) vom 18. März 1999 (SächsGVBl. S. 85)
Sachsen-Anhalt:	§ 21 und § 24 des Gesetzes über die Bauordnung des Landes Sachsen-Anhalt (BauOLSA) vom 23. Juni 1994 (GVBl. LSA S. 723)
Schleswig-Holstein:	§ 24 und § 27 der Landesbauordnung für das Land Schleswig-Holstein in der Fassung vom 11. Juli 1994 (GVOBl. Schl.-H. S. 321)
Thüringen:	§ 21 und § 23 der Thüringer Bauordnung (ThürBO) vom 3. Juni 1994 (GVBl. S. 553)

Die allgemeine bauaufsichtliche Zulassung wird nur auf Antrag in der Regel des Herstellers, aber auch jeder anderen natürlichen oder juristischen Person (z. B. von Interessengemeinschaften) erteilt. Der Antrag ist zu richten an das Deutsche Institut für Bautechnik, Kolonnenstraße 30, 10829 Berlin (Tel. 0 30/78 73 0-0, Fax 0 30/78 73 03 20).

Grundlage für die Erteilung von Zulassungen sind in der Regel ausführliche Versuchsberichte über von Prüfanstalten (nur solche, die von den obersten Baubehörden bzw. dem Deutschen Institut für Bautechnik für das jeweilige Fach- bzw. Prüfgebiet bestimmt sind) durchgeführte Versuche, ggf. auch Probeausführungen. Die Zulassungserteilung erfolgt in der Regel auf der Grundlage der Begutachtung durch einen Sachverständigenausschuß des Deutschen Instituts für Bautechnik; für den Mauerwerksbau durch den Sachverständigenausschuß „Wandbauelemente".

2 Zusammenstellung der Zulassungen für den Mauerwerksbau

2.1 Mauersteine
2.1.1 Steine üblichen Formats für Mauerwerk mit Normal- und Leichtmörtel
2.1.1.1 Hochlochziegel

Antragsteller:	Zulassungsgegenstand:
Arbeitsgemeinschaft Mauerziegel im Bundesverband der Deutschen Ziegelindustrie e.V. Schaumburg-Lippe-Straße-4 53113 Bonn **Deutsche Poroton GmbH** Cäsariusstraße 83a 53639 Königswinter **Klimaton-Ziegel Interessengemeinschaft e.V.** Hofoldinger Straße 96 85649 Brunnthal **Thermopor Ziegel-Kontor Ulm GmbH** Olgastraße 94 89073 Ulm **unipor-Ziegel Marketing GmbH** Aidenbachstraße 234 81479 München	**Gitterziegel für Mauerwerk ohne Stoßfugenvermörtelung**
Zulassungsnummer: **Z-17.1-618**	Geltungsdauer vom 19.3.1998 bis 18.3.2003

Roh-dichte-klasse	Ziegel-höhe mm	Rechenwerte der Wärmeleitfähigkeit λ_R W/(m·K)			Festigkeits-klasse	Grundwerte σ_0 der zulässigen Druckspannungen MN/m²				
		Normal-mörtel	Leichtmörtel			Normalmörtel			Leichtmörtel	
			LM 21	LM 36		II	IIa	III	LM 21	LM 36
0,60	238	-	0,12	0,14	6	-	-	-	0,4	0,6
0,65	238	-	0,13	0,14	8	-	-	-	0,5	0,8
0,70	238	-	0,14	0,16	12	-	-	-	0,5	0,9
0,75	238	-	0,16	0,18						

Antragsteller:	Zulassungsgegenstand:
Deutsche Poroton GmbH Holzstraße 136 44869 Bochum	**Poroton-Hochlochziegel mit elliptischer Lochung und kleinen Mörteltaschen**
Zulassungsnummer: **Z-17.1-311**	Geltungsdauer vom 4.6.1992 bis 31.5.1997[1] [1] Verlängerung der Geltungsdauer in Bearbeitung

Roh-dichte-klasse	Ziegel-höhe mm	Rechenwerte der Wärmeleitfähigkeit λ_R W/(m·K)			Festigkeits-klasse	Grundwerte σ_0 der zulässigen Druckspannungen MN/m²				
		Normal-mörtel	Leichtmörtel			Normalmörtel			Leichtmörtel	
			LM 21	LM 36		II	IIa	III	LM 21	LM 36
0,7	238	0,21	0,16	0,18	4	0,7	0,8	0,9	0,5	0,7
0,8	238	0,24	0,16	0,21	6	0,9	1,0	1,2	0,6	0,8
					8	1,0	1,2	1,4	0,7	0,9
					12	1,2	1,6	1,8	0,8	1,0

Antragsteller:	Zulassungsgegenstand:
Deutsche Poroton GmbH Cäsariusstraße 83a 53639 Königswinter	**Poroton-Hochlochziegel mit elliptischer Lochung für Mauerwerk mit Stoßfugenverzahnung**
Zulassungsnummer: **Z-17.1-340**	Geltungsdauer vom 25.9.1996[1] bis 30.9.2001 [1] geändert und ergänzt durch Bescheid vom 7.7.1998

Roh-dichte-klasse	Ziegel-höhe mm	Rechenwerte der Wärmeleitfähigkeit λ_R W/(m·K)			Festigkeits-klasse	Grundwerte σ_0 der zulässigen Druckspannungen MN/m²				
		Normal-mörtel	Leichtmörtel			Normalmörtel			Leichtmörtel	
			LM 21	LM 36		II	IIa	III	LM 21	LM 36
0,8	238	0,21	0,16	0,18	4	0,7	0,8	0,9	0,5	0,7
					6	0,9	1,0	1,2	0,6	0,8
					8	1,0	1,2	1,4	0,7	0,9
					12	1,2	1,6	1,8	0,8	1,0

Antragsteller:	Zulassungsgegenstand:
Deutsche Poroton GmbH Cäsariusstraße 83a 53639 Königswinter	**Poroton-Hochlochziegel mit elliptischer Lochung für Mauerwerk mit Stoßfugenverzahnung**
Zulassungsnummer: **Z-17.1-383**	Geltungsdauer vom 24.9.1997 bis 23.9.2002

Roh-dichte-klasse	Ziegel-höhe Mm	Rechenwerte der Wärmeleitfähigkeit λ_R W/(m·K)			Festigkeits-klasse	Grundwerte σ_0 der zulässigen Druckspannungen MN/m²				
		Normal-mörtel	Leichtmörtel			Normalmörtel			Leichtmörtel	
			LM 21	LM 36		II	IIa	III	LM 21	LM 36
0,8	113	0,27	0,18	0,21	4	0,7	0,8	0,9	0,5	0,7
0,8	238	0,24	0,18	0,21	6	0,9	1,0	1,2	0,7	0,9
0,9	113	0,30	0,24	0,27	8	1,0	1,2	1,4	0,8	1,0
0,9	238	0,24	0,21	0,21	12	1,2	1,6	1,8	0,9	1,1

Antragsteller:	Zulassungsgegenstand:
klimaton Ziegel Interessengemeinschaft e.V. Hofoldinger Straße 9b 85649 Brunnthal	**klimaton ST-Ziegel für Mauerwerk ohne Stoßfugenvermörtelung**
Zulassungsnummer: **Z-17.1-328**	Geltungsdauer vom 10.8.1994 bis 31.7.1999[1] [1] Verlängerung der Geltungsdauer in Bearbeitung

Roh-dichte-klasse	Ziegel-höhe mm	Rechenwerte der Wärmeleitfähigkeit λ_R W/(m·K)			Festigkeits-klasse	Grundwerte σ_0 der zulässigen Druckspannungen MN/m²				
		Normal-mörtel	Leichtmörtel			Normalmörtel			Leichtmörtel	
			LM 21	LM 36		II	IIa	III	LM 21	LM 36
0,8	238	0,21	0,16	0,18	4	0,7	0,8	-	0,5	0,7
0,9	113	0,30	0,21	0,27	6	0,9	1,0	-	0,6	0,8
0,9	238	0,27	0,21	0,24	8	0,9	1,0	-	0,6	0,8
					12	1,2	1,4		0,6	0,8

Zulassungen

Antragsteller:	Zulassungsgegenstand:
klimaton Ziegel Interessengemeinschaft e.V. Hofoldinger Straße 9b 85649 Brunnthal	**klimaton SL-Leichthochlochziegel mit besonderer Lochung und kleinen Mörteltaschen**
Zulassungsnummer: **Z-17.1-336**	Geltungsdauer vom 10.8.1994 bis 31.7.1999[1] [1] Verlängerung der Geltungsdauer in Bearbeitung

Roh-dichte-klasse	Ziegel-höhe mm	Rechenwerte der Wärmeleitfähigkeit λ_R W/(m·K)			Festigkeits-klasse	Grundwerte σ_0 der zulässigen Druckspannungen MN/m²				
		Normal-mörtel	Leichtmörtel			Normalmörtel			Leichtmörtel	
			LM 21	LM 36		II	IIa	III	LM 21	LM 36
0,7	238	0,21	0,16	0,18	6	0,9	1,0	-	0,6	0,8
					8	0,9	1,0	-	0,6	0,8
					12	1,2	1,4		0,6	0,8

Antragsteller:	Zulassungsgegenstand:
Megalith Baustoffwerke Verkauf GmbH Am Weichselgarten 19a 91058 Erlangen	**Megatherm-Poroton-Leichthochlochziegel mit besonderer Lochung für Mauerwerk mit Stoßfugenverzahnung**
Zulassungsnummer: **Z-17.1-510**	Geltungsdauer vom 30.7.1998 bis 31.1.2001

Roh-dichte-klasse	Ziegel-höhe mm	Rechenwerte der Wärmeleitfähigkeit λ_R W/(m·K)			Festigkeits-klasse	Grundwerte σ_0 der zulässigen Druckspannungen MN/m²				
		Normal-mörtel	Leichtmörtel			Normalmörtel			Leichtmörtel	
			LM 21	LM 36		II	IIa	III	LM 21	LM 36
0,6	113	-	0,14	0,14	6	-	-	-	0,7	0,9
0,6	238	-	0,14	0,14	8	-	-	-	0,8	1,0
0,7	113	-	0,16	0,16						
0,7	238	-	0,16	0,16						

Antragsteller:	Zulassungsgegenstand:
Georg Rimmele KG Riedlinger Straße 49 89584 Ehingen	**Mauerwerk aus Hochlochziegeln mit Bienenwabenlochung und Stoßfugenverzahnung**
Zulassungsnummer: **Z-17.1-528**	Geltungsdauer vom 3.12.1997 bis 2.12.2002

Roh-dichte-klasse	Ziegel-höhe mm	Rechenwerte der Wärmeleitfähigkeit λ_R W/(m·K)			Festigkeits-klasse	Grundwerte σ_0 der zulässigen Druckspannungen MN/m²				
		Normal-mörtel	Leichtmörtel			Normalmörtel			Leichtmörtel	
			LM 21	LM 36		II	IIa	III	LM 21	LM 36
0,55	113	-	0,16	-	6	-	-	-	0,5	-
0,55	238	-	0,16	-	8	-	-	-	0,6	-
					12	-	-	-	0,7	-

Zulassungen

Antragsteller:	Zulassungsgegenstand:
Georg Rimmele KG Riedlinger Straße 49 89584 Ehingen	**Mauerwerk aus Hochlochziegeln mit Bienenwabenlochung und Stoßfugenverzahnung**
Zulassungsnummer: **Z-17.1-555**	Geltungsdauer vom 3.12.1997 bis 2.12.2002

Roh-dichte-klasse	Ziegel-höhe mm	Rechenwerte der Wärmeleitfähigkeit λ_R W/(m·K)			Festigkeits-klasse	Grundwerte σ_0 der zulässigen Druckspannungen MN/m²				
		Normal-mörtel	Leichtmörtel			Normalmörtel			Leichtmörtel	
			LM 21	LM 36		II	IIa	III	LM 21	LM 36
0,55	238	-	0,14	-	6 8 12	- - -	- - -	- - -	0,7 0,8 0,9	- - -

Antragsteller:	Zulassungsgegenstand:
Raimund Rimmele Altstreußlinger Straße 24 89584 Ehingen	**Längenveränderliche Verschiebe-Ziegel als Ergänzungsziegel im Hochlochziegelmauerwerk**
Zulassungsnummer: **Z-17.1-422**	Geltungsdauer vom 30.3.1994 bis 31.8.1998[1] [1] Verlängerung der Geltungsdauer in Bearbeitung
Es gelten die Rechenwerte der Wärmeleitfähigkeit λ_R des Mauerwerks, in dem diese Ergänzungsziegel verwendet werden.	Es gelten die Grundwerte σ_0 der zulässigen Druckspannungen des Mauerwerks, in dem diese Ergänzungsziegel verwendet werden.

Antragsteller:	Zulassungsgegenstand:
Schlagmann-Baustoffwerke GmbH & Co. KG Lanhofen 84367 Tann	**Poroton-Hochlochziegel für Mauerwerk mit Stoßfugenverzahnung**
Zulassungsnummer: **Z-17.1-489**	Geltungsdauer vom 18.7.1996[1] bis 31.12.1999 [1] geändert und ergänzt durch Bescheid vom 11.3.1999

Roh-dichte-klasse	Ziegel-höhe mm	Rechenwerte der Wärmeleitfähigkeit λ_R W/(m·K)			Festigkeits-klasse	Grundwerte σ_0 der zulässigen Druckspannungen MN/m²				
		Normal-mörtel	Leichtmörtel			Normalmörtel			Leichtmörtel	
			LM 21	LM 36		II	IIa	III	LM 21	LM 36
0,8 0,8	113 238	0,21 0,21	0,16 0,16	0,18 0,18	6 8 12	0,9 1,0 1,2	1,0 1,2 1,6	1,2 1,4 1,8	0,7 0,8 0,9	0,9 1,0 1,1

Zulassungen

Antragsteller: **Winkler POROTON Ziegel GmbH** Ziegelhöfe 4, 79341 Kenzingen	Zulassungsgegenstand: **Mauerwerk aus Leichthochlochziegeln „Ultraton"**
Zulassungsnummer: **Z-17.1-610**	Geltungsdauer vom 2.7.1997 bis 30.6.2002

Roh-dichte-klasse	Ziegel-höhe mm	Rechenwerte der Wärmeleitfähigkeit λ_R W/(m·K)			Festigkeits-klasse	Grundwerte σ_0 der zulässigen Druckspannungen MN/m²				
		Normal-mörtel	Leichtmörtel			Normalmörtel			Leichtmörtel	
			LM 21	LM 36		II	IIa	III	LM 21	LM 36
0,8	113	0,21	0,14	0,18	4	0,7	0,8	0,9	0,3	0,5
0,8	238	0,21	0,14	0,18	6	0,9	1,0	1,2	0,5	0,7
					8	1,0	1,2	1,4	0,6	0,8

Antragsteller: **unipor-Ziegel Marketing GmbH** Aidenbachstraße 234, 81479 München	Zulassungsgegenstand: **unipor-Superdämm-Ziegel**
Zulassungsnummer: **Z-17.1-309**	Geltungsdauer vom 30.4.1997 bis 31.3.2001

Roh-dichte-klasse	Ziegel-höhe mm	Rechenwerte der Wärmeleitfähigkeit λ_R W/(m·K)			Festigkeits-klasse	Grundwerte σ_0 der zulässigen Druckspannungen MN/m²				
		Normal-mörtel	Leichtmörtel			Normalmörtel			Leichtmörtel	
			LM 21	LM 36		II	IIa	III	LM 21	LM 36
0,6	113	0,24	0,14	0,16	6	0,9	1,0	1,2	0,5	0,6
0,6	238	0,18	0,14	0,16	8	1,0	1,2	1,4	0,8	0,9
0,7	113	0,27	0,16	0,18	12	1,2	1,6	1,8	0,8	1,0
0,7	238	0,21	0,16	0,16						

Antragsteller: **unipor-Ziegel Marketing GmbH** Aidenbachstraße 234, 81479 München	Zulassungsgegenstand: **Unipor Z-Hochlochziegel mit besonderer Lochung für Mauerwerk ohne Stoßfugenvermörtelung (bezeichnet als Zahnziegel Unipor Z und BZ)**
Zulassungsnummer: **Z-17.1-347**	Geltungsdauer vom 24.4.1996 bis 28.2.2001

Roh-dichte-klasse	Ziegel-höhe mm	Rechenwerte der Wärmeleitfähigkeit λ_R W/(m·K)			Festigkeits-klasse	Grundwerte σ_0 der zulässigen Druckspannungen MN/m²				
		Normal-mörtel	Leichtmörtel			Normalmörtel			Leichtmörtel	
			LM 21	LM 36		II	IIa	III	LM 21	LM 36
0,8	238	0,21	0,16	0,18	6	0,8	0,9	1,1	0,6	0,9
0,8	113	0,27	0,21	0,27	8	1,0	1,1	1,3	0,7	1,0
0,9	238	0,24	0,18	0,18	12	1,2	1,4	1,6	0,7	1,1
0,9	113	siehe DIN 4108-4: 1991-11, Abschnitte 4.1.3 und 4.1.4								
1,0	238									
1,0	113									

Zulassungen

Antragsteller:	Zulassungsgegenstand:
unipor-Ziegel Marketing GmbH Aidenbachstraße 234 81479 München	**Unipor SV-Leichthochlochziegel mit besonderer Lochung und kleinen Mörteltaschen**
Zulassungsnummer: **Z-17.1-440**	Geltungsdauer vom 28.3.1991 bis 31.3.1996[1] [1] Verlängerung der Geltungsdauer in Bearbeitung

Roh-dichte-klasse	Ziegel-höhe mm	Rechenwerte der Wärmeleitfähigkeit λ_R W/(m·K)			Festigkeits-klasse	Grundwerte σ_0 der zulässigen Druckspannungen MN/m²				
		Normal-mörtel	Leichtmörtel			Normalmörtel			Leichtmörtel	
			LM 21	LM 36		II	IIa	III	LM 21	LM 36
0,8	113	0,33	0,27	0,27	6	0,9	1,0	1,2	0,7	0,9
0,8	238	0,24	0,18	0,18	8	1,0	1,2	1,4	0,8	1,0
					12	1,2	1,6	1,8	0,9	1,1

Antragsteller:	Zulassungsgegenstand:
Ziegel-Kontor Ulm GmbH Olgastraße 94 89073 Ulm	**Thermopor-Leichthochlochziegel T 90 x, T 90/19 und T 90 v mit besonderer Lochung und kleinen Mörteltaschen**
Zulassungsnummer: **Z-17.1-282**	Geltungsdauer vom 30.3.1994 bis 30.9.1998[1] [1] Verlängerung der Geltungsdauer in Bearbeitung

Roh-dichte-klasse	Ziegel-höhe mm	Rechenwerte der Wärmeleitfähigkeit λ_R W/(m·K)				Festig-keits-klasse	Grundwerte σ_0 der zulässigen Druckspannungen MN/m²			
		Normal-mörtel	Leichtmörtel				Normalmörtel		Leichtmörtel	
			LM 21	LM 36			II	IIa	LM 21	LM 36
0,8	238	0,24	0,18	0,21	T 90 x, T90/19	6	0,6	0,7	0,6	0,7
						8	0,7	0,8	0,6	0,7
						12	0,8	0,9	0,6	0,7
					T 90 v	6	0,7	0,8	0,6	0,7
						8	0,8	0,9	0,7	0,8
						12	0,9	1,0	0,7	0,8

Antragsteller:	Zulassungsgegenstand:
Ziegel-Kontor Ulm GmbH Olgastraße 94 89073 Ulm	**Thermopor-Warmmauerziegel „R" mit Rhombuslochung und kleinen Mörteltaschen**
Zulassungsnummer: **Z-17.1-346**	Geltungsdauer vom 6.7.1999 bis 20.6.2003

Roh-dichte-klasse	Ziegel-höhe mm	Rechenwerte der Wärmeleitfähigkeit λ_R W/(m·K)			Festigkeits-klasse	Grundwerte σ_0 der zulässigen Druckspannungen MN/m²				
		Normal-mörtel	Leichtmörtel			Normalmörtel			Leichtmörtel	
			LM 21	LM 36		II	IIa	III	LM 21	LM 36
0,8	113	0,27	0,18	0,21	6	0,9	1,0	-	0,6	0,8
0,8	238	0,24	0,18	0,21	8	1,0	1,2	-	0,7	0,9
					12	1,2	1,4	-	0,7	1,0

J.11

Zulassungen

Antragsteller:	Zulassungsgegenstand:
Ziegel-Kontor Ulm GmbH Olgastraße 94 89073 Ulm	Thermopor-Ziegel „T N+F" für Mauerwerk ohne Stoßfugenvermörtelung
Zulassungsnummer: **Z-17.1-349**	Geltungsdauer vom 31.8.1995 bis 30.9.2000

Roh-dichte-klasse	Ziegel-höhe mm	Rechenwerte der Wärmeleitfähigkeit λ_R W/(m·K)			Festigkeits-klasse	Grundwerte σ_0 der zulässigen Druckspannungen MN/m²				
		Normal-mörtel	Leichtmörtel			Normalmörtel			Leichtmörtel	
			LM 21	LM 36		II	IIa	III	LM 21	LM 36
0,8	113	0,24	0,18	0,21	6	0,9	1,0	-	0,5	0,8
0,8	238	0,24	0,18	0,18	8	1,0	1,2	-	0,6	0,9
0,9	113	0,27	0,21	0,24	12	1,2	1,4	-	0,7	1,0
0,9	238	0,24	0,21	0,21						

Antragsteller:	Zulassungsgegenstand:
Ziegel-Kontor Ulm GmbH Olgastraße 94 89073 Ulm	Thermopor-Ziegel „R N+F" mit Rhombuslochung für Mauerwerk ohne Stoßfugenvermörtelung
Zulassungsnummer: **Z-17.1-420**	Geltungsdauer vom 31.8.1995 bis 30.9.2000

Roh-dichte-klasse	Ziegel-höhe mm	Rechenwerte der Wärmeleitfähigkeit λ_R W/(m·K)			Festigkeits-klasse	Grundwerte σ_0 der zulässigen Druckspannungen MN/m²				
		Normal-mörtel	Leichtmörtel			Normalmörtel			Leichtmörtel	
			LM 21	LM 36		II	IIa	III	LM 21	LM 36
0,8	113	0,27	0,18	0,21	6	0,9	1,0	-	0,6	0,8
0,8	238	0,21	0,16	0,18	8	1,0	1,2	-	0,7	0,9
0,9	113	0,30	0,21	0,24	12	1,2	1,4	-	0,7	1,0
0,9	238	0,24	0,21	0,21						

Antragsteller:	Zulassungsgegenstand:
Ziegel-Kontor Ulm GmbH Olgastraße 94 89073 Ulm	THERMOPOR-Ziegel 014 mit Rhombuslochung für Mauerwerk ohne Stoßfugenvermörtelung
Zulassungsnummer: **Z-17.1-580**	Geltungsdauer vom 27.10.1998 bis 19.2.2002

Roh-dichte-klasse	Ziegel-höhe mm	Rechenwerte der Wärmeleitfähigkeit λ_R W/(m·K)			Festigkeits-klasse	Grundwerte σ_0 der zulässigen Druckspannungen MN/m²				
		Normal-mörtel	Leichtmörtel			Normalmörtel			Leichtmörtel	
			LM 21	LM 36		II	IIa	III	LM 21	LM 36
0,7	238	-	0,14	-	6	-	-	-	0,5	-

Zulassungen

Antragsteller:	Zulassungsgegenstand:
Ziegelwerk Bellenberg Wiest & Co. Tiefenbacher Straße 1 89287 Bellenberg	**Leichthochlochziegel SX**
Zulassungsnummer: **Z-17.1-627**	Geltungsdauer vom 13.1.1999[1] bis 12.1.2004 [1] geändert durch Bescheid vom 7.6.1999

Roh-dichte-klasse	Ziegel-höhe mm	Rechenwerte der Wärmeleitfähigkeit λ_R W/(m·K)			Festigkeits-klasse	Grundwerte σ_0 der zulässigen Druckspannungen MN/m²				
		Normal-mörtel	Leichtmörtel			Normalmörtel			Leichtmörtel	
			LM 21	LM 36		II	IIa	III	LM 21	LM 36
0,65	238	-	0,12	-	4	-	-	-	0,5	-
0,70	238	-	0,13	-	6	-	-	-	0,7	-

Antragsteller:	Zulassungsgegenstand:
Ziegelwerk Friedland GmbH Heimkehrerstraße 12 37133 Friedland	**unipor-NE-Ziegel**
Zulassungsnummer: **Z-17.1-636**	Geltungsdauer vom 15.7.1998 bis 14.7.2003

Roh-dichte-klasse	Ziegel-höhe mm	Rechenwerte der Wärmeleitfähigkeit λ_R W/(m·K)			Festigkeits-klasse	Grundwerte σ_0 der zulässigen Druckspannungen MN/m²				
		Normal-mörtel	Leichtmörtel			Normalmörtel			Leichtmörtel	
			LM 21	LM 36		II	IIa	III	LM 21	LM 36
0,70	238	0,18	0,14	0,16	4	0,6	0,7	0,8	0,5	0,6
0,75	238	0,21	0,16	0,16	6	0,8	0,9	1,1	0,6	0,8
					8	0,9	1,1	1,2	0,7	0,9
					12	1,0	1,3	1,4	0,8	1,0

Antragsteller:	Zulassungsgegenstand:
Ziegelwerk Grehl Birkenstraße 15 89185 Hüttisheim-Humlangen	**Mauerziegel nach DIN 105-1 und DIN 105-2, hergestellt unter Verwendung bestimmter mineralischer Zusatzstoffe**
Zulassungsnummer: **Z-17.1-649**	Geltungsdauer vom 14.9.1998 bis 13.9.2003

Antragsteller:	Zulassungsgegenstand:
Ziegelwerk Klosterbeuren **Ludwig Leinsing GmbH & Co.** Ziegeleistraße 12 87727 Babenhausen-Klosterbeuren	**Wärmedämmziegel MZ 25**
Zulassungsnummer: **Z-17.1-562**	Geltungsdauer vom 9.3.1999 bis 6.1.2003

Roh-dichte-klasse	Ziegel-höhe mm	Rechenwerte der Wärmeleitfähigkeit λ_R W/(m·K)			Festigkeits-klasse	Grundwerte σ_0 der zulässigen Druckspannungen MN/m²				
		Normal-mörtel	Leichtmörtel			Normalmörtel			Leichtmörtel	
			LM 21	LM 36		II	IIa	III	LM 21	LM 36
0,6	238	-	0,13	0,14	4	-	-	-	0,4	0,4
					6	-	-	-	0,6	0,6
					8	-	-	-	0,7	0,9

Zulassungen

Antragsteller:	Zulassungsgegenstand:
Ziegelwerk Ott Deisendorf GmbH 88662 Überlingen-Deisendorf	**klimaton SL-Leichthochlochziegel mit besonderer Lochung und kleinen Mörteltaschen**
Zulassungsnummer: **Z-17.1-568**	Geltungsdauer vom 19.9.1996 bis 31.8.2001

Roh-dichte-klasse	Ziegel-höhe mm	Rechenwerte der Wärmeleitfähigkeit λ_R W/(m·K)			Festigkeits-klasse	Grundwerte σ_0 der zulässigen Druckspannungen MN/m²				
		Normal-mörtel	Leichtmörtel			Normalmörtel			Leichtmörtel	
			LM 21	LM 36		II	IIa	III	LM 21	LM 36
0,65	238	0,21	0,14	0,18	6	0,9	1,0	-	0,6	0,8
					8	0,9	1,0	-	0,6	0,8
					12	1,2	1,4	-	0,6	0,8

Antragsteller:	Zulassungsgegenstand:
Ziegelwerk Ott Deisendorf GmbH 88662 Überlingen-Deisendorf	**klimaton ST-Ziegel für Mauerwerk ohne Stoßfugenvermörtelung**
Zulassungsnummer: **Z-17.1-577**	Geltungsdauer vom 16.12.1998 bis 13.1.2002

Roh-dichte-klasse	Ziegel-höhe mm	Rechenwerte der Wärmeleitfähigkeit λ_R W/(m·K)			Festigkeits-klasse	Grundwerte σ_0 der zulässigen Druckspannungen MN/m²				
		Normal-mörtel	Leichtmörtel			Normalmörtel			Leichtmörtel	
			LM 21	LM 36		II	IIa	III	LM 21	LM 36
0,70	238	0,21	0,14[1]/ 0,16	0,18	4	0,7	0,8	-	0,5	0,7
					6	0,9	1,0	-	0,6	0,8
					8	0,9	1,0	-	0,6	0,8
					12	1,2	1,4	-	0,6	0,8

[1] nur für eine bestmmte Stirnflächenausbildung und Lochanordnung

Antragsteller:	Zulassungsgegenstand:
Ziegelwerk Ott Deisendorf GmbH 88662 Überlingen-Deisendorf	**Gitter-Ziegel ST 12**
Zulassungsnummer: **Z-17.1-620**	Geltungsdauer vom 17.3.1998[1] bis 16.3.2003 [1] geändert und ergänzt durch Bescheid vom 1.9.1998 und durch Bescheid vom 27.7.1999

Roh-dichte-klasse	Ziegel-höhe mm	Rechenwerte der Wärmeleitfähigkeit λ_R W/(m·K)			Festigkeits-klasse	Grundwerte σ_0 der zulässigen Druckspannungen MN/m²				
		Normal-mörtel	Leichtmörtel			Normalmörtel			Leichtmörtel	
			LM 21	LM 36		II	IIa	III	LM 21	LM 36
0,65	238	0,16	0,12	0,13	6	-	0,8	-	0,5	0,5
					8	-	1,0	-	0,6	0,7
					10	-	1,1	-	0,7	0,8

2.1.1.2 Verfüllziegel

Antragsteller:	Zulassungsgegenstand:
Deutsche Poroton GmbH Cäsariusstraße 83a 53639 Königswinter	**Mauerwerk aus Schallschutz-Blockziegeln mit Stoßfugenverzahnung**
Zulassungsnummer: **Z-17.1-447**	Geltungsdauer vom 26.2.1996 bis 28.2.2001

Rohdichte-klasse	Rechenwerte der Wärmeleitfähigkeit λ_R W/(m·K) Vermauerung und Verfüllung mit Normalmörtel			Festigkeits-klasse	Grundwerte σ_0 der zulässigen Druckspannungen MN/m² Vermauerung und Verfüllung mit Normalmörtel		
	II	IIa	III		II	IIa	III
0,7	0,80	0,80	0,90	6	0,9	1,0	1,2
0,8	0,80	0,80	0,90	8	1,0	1,2	1,4
0,9	0,80	0,80	0,90	12	1,2	1,6	1,8
				20	1,6	1,9	2,4

Antragsteller:	Zulassungsgegenstand:
Josef Schmidt Tonwerk Ichenhausen Wettenhauser Weg 10 89335 Ichenhausen	**Mauerwerk aus Schallschutz-Blockziegeln SZ 4109**
Zulassungsnummer: **Z-17.1-520**	Geltungsdauer vom 15.11.1995 bis 31.12.1999

Maße			Festigkeits-klasse	Grundwerte σ_0 der zulässigen Druckspannungen MN/m² Verfüllung mit Beton B15 Vermauerung mit Normalmörtel		
Länge mm	Breite mm	Höhe mm		II	IIa	III
495	145	238	8	-	1,2	1,4
372	175		12	-	1,6	1,8
	240					

Antragsteller:	Zulassungsgegenstand:
unipor-Ziegel Marketing GmbH Aidenbachstraße 234 81479 München **klimaton Ziegel Interessengemeinschaft e.V.** Hofoldinger Straße 9b 85649 Brunnthal	**Mauerwerk aus Schallschutz-Verfüllziegeln**
Zulassungsnummer: **Z-17.1-462**	Geltungsdauer vom 14.3.1996 bis 31.3.2001

Rohdichte-klasse	Rechenwerte der Wärmeleitfähigkeit λ_R W/(m·K) Vermauerung und Verfüllung mit Normalmörtel			Festigkeits-klasse	Grundwerte σ_0 der zulässigen Druckspannungen MN/m² Vermauerung und Verfüllung mit Normalmörtel		
	II	IIa	III		II	IIa	III
0,8	-	0,80	0,90	8	-	1,2	1,4
0,9	-	0,80	0,90	12	-	1,6	1,8

Zulassungen

Antragsteller:	Zulassungsgegenstand:
unipor-Ziegel Marketing GmbH Aidenbachstraße 234 81479 München **klimaton Ziegel Interessengemeinschaft e.V.** Hofoldinger Straße 9b 85649 Brunnthal	**Mauerwerk aus Schallschutz-Verfüllziegeln V 2**
Zulassungsnummer: **Z-17.1-464**	Geltungsdauer vom 14.3.1996 bis 31.3.2001

Rohdichte-klasse	Rechenwerte der Wärmeleitfähigkeit λ_R W/(m·K) Vermauerung und Verfüllung mit Normalmörtel			Festigkeits-klasse	Grundwerte σ_0 der zulässigen Druckspannungen MN/m² Vermauerung und Verfüllung mit Normalmörtel		
	II	IIa	III		II	IIa	III
1,0	-	0,80	0,90	6 8 12	- -	1,0 1,2 1,6	1,2 1,4 1,8

Antragsteller:	Zulassungsgegenstand:
Ziegel-Kontor Ulm GmbH Olgastraße 94 89073 Ulm	**Mauerwerk aus Schallschutz-Füllziegeln**
Zulassungsnummer: **Z-17.1-454**	Geltungsdauer vom 8.6.1990[1] bis 19.7.1999 [1] geändert und ergänzt durch Bescheid vom 10.12.1992, geändert und Geltungsdauer verlängert durch Bescheid vom 20.7.1998

Rohdichte-klasse	Rechenwerte der Wärmeleitfähigkeit λ_R W/(m·K) Vermauerung und Verfüllung mit Normalmörtel			Festigkeits-klasse	Grundwerte σ_0 der zulässigen Druckspannungen MN/m² Vermauerung und Verfüllung mit Normalmörtel		
	II	IIa	III		II	IIa	III
0,8 0,9	- -	0,80 0,80	0,90 0,90	8 12	- -	1,2 1,6	1,4 1,8

Antragsteller:	Zulassungsgegenstand:
Ziegel-Kontor Ulm GmbH Olgastraße 94 89073 Ulm	**Mauerwerk aus THERMOPOR Schallschutz-Füllziegeln SFz G**
Zulassungsnummer: **Z-17.1-558**	Geltungsdauer vom 2.7.1996 bis 30.6.2001

Maße			Festigkeits-klasse	Grundwerte σ_0 der zulässigen Druckspannungen MN/m² Verfüllung mit Normalmörtel oder mit Beton B15 Vermauerung mit Normalmörtel		
Länge Mm	Breite mm	Höhe mm		II	IIa	III
247 372 497	145 175 240 300	113 238	8 12	- -	1,0 1,3	1,1 1,5

2.1.1.3 Hohlblöcke, Vollsteine und Vollblöcke aus Leichtbeton

Antragsteller:	Zulassungsgegenstand:
Baustoffwerk Egon Behr GmbH & Co. KG Rheinau 12 56218 Mülheim-Kärlich	**Behr-Dämmblock Nr. 1 aus Leichtbeton**
Zulassungsnummer: **Z-17.1-367**	Geltungsdauer vom 26.7.1991 bis 31.07.1996[1] [1] Verlängerung der Geltungsdauer in Bearbeitung

Rohdichte-klasse	Rechenwerte der Wärmeleitfähigkeit λ_R W/(m·K)			Festigkeits-klasse	Grundwerte σ_0 der zulässigen Druckspannungen MN/m²				
	Normal-mörtel	Leichtmörtel			Normalmörtel			Leichtmörtel	
		LM 21	LM 36		II	IIa	III	LM 21	LM 36
0,5	0,14	0,13	0,14	2	0,5	0,5	-	0,4	0,5
0,6	0,16	0,14	0,14	4	0,7	0,8	0,9	0,5	0,7
0,7	0,18	0,16	0,18	6	0,9	1,0	1,2	0,5	0,8
0,8	0,18	0,18	0,18						
0,9	0,21	0,21	0,21						

Antragsteller:	Zulassungsgegenstand:
Baustoffwerke LIMEX-VENUSBERG GmbH Straße am Sportplatz 5 09430 Venusberg **BSR Baustoffe GmbH** Am Gewände 4 07333 Unterwellenborn	**LIPOTHERM 10-Schlitz-Leichtbetonblöcke (LIPOTHERM-Blöcke)**
Zulassungsnummer: **Z-17.1-570**	Geltungsdauer vom 7.1.1998 bis 30.9.2001

Rohdichte-klasse	Rechenwerte der Wärmeleitfähigkeit λ_R W/(m·K)			Festigkeits-klasse	Grundwerte σ_0 der zulässigen Druckspannungen MN/m²				
	Normal-mörtel	Leichtmörtel			Normalmörtel			Leichtmörtel	
		LM 21	LM 36		II	IIa	III	LM 21	LM 36
0,6	0,26	0,16	0,16	2	0,5	0,5	-	0,5	0,5
0,7	0,30	0,18	0,18	4	0,7	0,8	-	0,7	0,8

Antragsteller:	Zulassungsgegenstand:
BBU Rheinische Bimsbaustoff-Union GmbH Lindenstraße 3 56575 Weißenthurm	**Isobims-Hohlblöcke aus Leichtbeton**
Zulassungsnummer: **Z-17.1-262**	Geltungsdauer vom 6.5.1992 bis 30.4.1997[1] [1] Verlängerung der Geltungsdauer in Bearbeitung

Rohdichte-klasse	Rechenwerte der Wärmeleitfähigkeit λ_R W/(m·K)			Festigkeits-klasse	Grundwerte σ_0 der zulässigen Druckspannungen MN/m²				
	Normal-mörtel	Leichtmörtel			Normalmörtel			Leichtmörtel	
		LM 21	LM 36		II	IIa	III	LM 21	LM 36
0,6				2	0,5	0,5	-	0,4	0,5
0,8	siehe DIN 4108-4: 1991-11,			4	0,7	0,8	0,9	0,5	0,8
0,9	Zeile 4.5.1.1 bzw. 4.5.2.1			6	0,9	1,0	1,2	0,7	0,9
1,0									
1,2									
1,4									

Zulassungen

Antragsteller: **BBU Rheinische Bimsbaustoff-Union GmbH** Lindenstraße 3, 56575 Weißenthurm	Zulassungsgegenstand: **Isobims-Hohlblocksteine mit integrierter Wärmedämmung**
Zulassungsnummer: **Z-17.1-397**	Geltungsdauer vom 21.12.1992 bis 31.12.1997[1] [1] Verlängerung der Geltungsdauer in Bearbeitung

Rohdichte-klasse	Rechenwerte der Wärmeleitfähigkeit λ_R W/(m·K)			Festigkeits-klasse	Grundwerte σ_0 der zulässigen Druckspannungen MN/m²				
	Normal-mörtel	Leichtmörtel			Normalmörtel			Leichtmörtel	
		LM 21	LM 36		II	IIa	III	LM 21	LM 36
0,6	0,24	0,18	0,21	2	0,5	0,5	-	0,5	0,5

Antragsteller: **BBU Rheinische Bimsbaustoff-Union GmbH** Sandkauler Weg 1, 56564 Neuwied	Zulassungsgegenstand: **isolith-Blöcke der Rohdichteklassen 1,4; 1,6; 1,8 und 2,0 aus Leichtbeton**
Zulassungsnummer: **Z-17.1-569**	Geltungsdauer vom 4.9.1996 bis 31.8.2001

Rohdichte-klasse	Rechenwerte der Wärmeleitfähigkeit λ_R W/(m·K)			Festigkeits-klasse	Grundwerte σ_0 der zulässigen Druckspannungen MN/m²				
	Normal-mörtel	Leichtmörtel			Normalmörtel			Leichtmörtel	
		LM 21	LM 36		II	IIa	III	LM 21	LM 36
1,4	0,63	-	-	12	-	1,6	1,8	-	-
1,6	0,74	-	-	20	-	1,9	2,4	-	-
1,8	0,87	-	-						
2,0	0,99	-	-						

Antragsteller: **BISOTHERM GmbH** Eisenbahnstraße 12, 56218 Mülheim-Kärlich	Zulassungsgegenstand: **BISOTHERM-Vollblöcke SW-Plus 12**
Zulassungsnummer: **Z-17.1-660**	Geltungsdauer vom 21.1.1999 bis 26.1.2004

Rohdichte-klasse	Rechenwerte der Wärmeleitfähigkeit λ_R W/(m·K)			Festigkeits-klasse	Grundwerte σ_0 der zulässigen Druckspannungen MN/m²				
	Normal-mörtel	Leichtmörtel			Normalmörtel			Leichtmörtel	
		LM 21	LM 36		II	IIa	III	LM 21	LM 36
0,50	-	0,12	0,13	2	-	-	-	0,5	0,5
0,55	-	0,13	0,14	4	-	-	-	0,7	0,8
0,60	-	0,14	0,14	6	-	-	-	0,7	0,9
0,65	-	0,16	0,16						
0,70	-	0,16	0,16						
0,80	-	0,18	0,18						

Zulassungen

Antragsteller:	Zulassungsgegenstand:
BISOTHERM GmbH Eisenbahnstraße 12 56218 Mülheim-Kärlich	**Rika-Blöcke mit elliptischer Lochung** **aus Leichtbeton**
Zulassungsnummer: **Z-17.1-427**	Geltungsdauer vom 6.5.1992[1] bis 30.4.1997[2] [1] geändert durch Bescheid vom 10.12.1992 [2] Verlängerung der Geltungsdauer in Bearbeitung

Rohdichte-klasse	Rechenwerte der Wärmeleitfähigkeit λ_R W/(m·K)			Festigkeits-klasse	Grundwerte σ_0 der zulässigen Druckspannungen MN/m²				
	Normal-mörtel	Leichtmörtel			Normalmörtel			Leichtmörtel	
		LM 21	LM 36		II	IIa	III	LM 21	LM 36
	RiKa-Bl			2	0,5	0,5	–	0,5	0,5
0,5 0,6	0,21 0,24	0,16 0,18	0,18 0,21	4	0,7	0,8	0,9	0,7	0,8
	RiKa-NA								
0,6 0,7	0,27 0,30	0,21 0,24	0,24 0,27						

Antragsteller:	Zulassungsgegenstand:
BISOTHERM GmbH Eisenbahnstraße 12 56218 Mülheim-Kärlich	**Rika-Bl-Blöcke mit elliptischer Lochung** **aus Leichtbeton**
Zulassungsnummer: **Z-17.1-529**	Geltungsdauer vom 15.7.1994[1] bis 30.6.1999[2] [1] geändert durch Bescheid vom 30.12.1994 [2] Verlängerung der Geltungsdauer in Bearbeitung

Rohdichte-klasse	Rechenwerte der Wärmeleitfähigkeit λ_R W/(m·K)			Festigkeits-klasse	Grundwerte σ_0 der zulässigen Druckspannungen MN/m²				
	Normal-mörtel	Leichtmörtel			Normalmörtel			Leichtmörtel	
		LM 21	LM 36		II	IIa	III	LM 21	LM 36
0,5 0,6 0,7	0,21 0,24 0,27	0,16 0,18 0,21	0,18 0,21 0,24	2 4	0,5 0,7	0,5 0,8	– 0,9	0,5 0,7	0,5 0,8

Antragsteller:	Zulassungsgegenstand:
BSR Baustoffe GmbH Am Gewände 4 07333 Unterwellenborn	**LIPOTHERM-Wärmedämmblock** **mit Stoßfugenverzahnung** **(LIPOTHERM-Wärmedämmblock)**
Zulassungsnummer: **Z-17.1-579**	Geltungsdauer vom 29.3.1999 bis 28.3.2004

Rohdichte-klasse	Rechenwerte der Wärmeleitfähigkeit λ_R W/(m·K)			Festigkeits-klasse	Grundwerte σ_0 der zulässigen Druckspannungen MN/m²				
	Normal-mörtel	Leichtmörtel			Normalmörtel			Leichtmörtel	
		LM 21	LM 36		II	IIa	III	LM 21	LM 36
0,6 0,7	0,18 0,21	0,14 0,16	0,16 0,18	2 4	0,4 0,5	0,4 0,6	– –	0,4 0,5	0,4 0,6

Zulassungen

Antragsteller:				Zulassungsgegenstand:					
Fibo ExClay Deutschland GmbH Rahdener Straße 1 21769 Lamstedt				fibo therm Mauerblöcke „fibo supertherm"					
Zulassungsnummer: Z-17.1-597				Geltungsdauer vom 10.4.1997 bis 9.4.2002					
Rohdichte- klasse	Rechenwerte der Wärmeleitfähigkeit λ_R W/(m·K)			Festigkeits- klasse	Grundwerte σ_0 der zulässigen Druckspannungen MN/m²				
	Normal- mörtel	Leichtmörtel			Normalmörtel			Leichtmörtel	
		LM 21	LM 36		II	IIa	III	LM 21	LM 36
0,6	0,24	0,16	0,21	2	0,5	0,5	-	0,5	0,5

Antragsteller:				Zulassungsgegenstand:					
Gisoton Baustoffwerke Gebhart & Söhne KG Hochstraße 2 88317 Aichstetten				GISOTON-Hohlblocksteine mit integrierter Wärmedämmung					
Zulassungsnummer: Z-17.1-567				Geltungsdauer vom 7.8.1996[1] bis 31.8.2001 [1] geändert durch Bescheid vom 16.9.1996					
Rohdichte- klasse	Wanddicke mm	Rechenwerte der Wärmeleitfähigkeit λ_R W/(m·K) Leichtmörtel LM 36		Festigkeits- klasse	Grundwerte σ_0 der zulässigen Druckspannungen MN/m²				
					Normalmörtel			Leichtmörtel	
					II	IIa	III	LM 21	LM 36
0,65	240 300 365	0,14 0,14 0,16		2 4	- -	- -	- -	- -	0,5 0,8
0,8	240 300 365	0,16 0,16 0,18							

Antragsteller:				Zulassungsgegenstand:					
Gisoton Baustoffwerke Gebhart & Söhne KG Hochstraße 2 88317 Aichstetten				GISOTON-Hohlblocksteine mit integrierter Wärmedämmung					
Zulassungsnummer: Z-17.1-1744				Geltungsdauer vom 15.7.1994 bis 31.7.1999					
Rohdichte- klasse	Dämmstoff	Rechenwerte der Wärmeleitfähigkeit λ_R W/(m·K) Normalmörtel		Festigkeits- klasse	Grundwerte σ_0 der zulässigen Druckspannungen MN/m²				
					Normalmörtel			Leichtmörtel	
					II	IIa	III	LM 21	LM 36
0,6 0,8 0,9	EPS EPS EPS	0,16 0,18 0,21		2 4 6	0,5 0,7 0,9	0,5 0,8 1,0	- 0,9 1,2	- - -	- - -
0,6 0,8 0,9	Kork Kork Kork	0,16 0,21 0,21							

Zulassungen

Antragsteller:	Zulassungsgegenstand:
Geschw. Mohr GmbH & Co. KG Baustoffwerke 56637 Plaidt	**Zweikammer-Hohlblocksteine der Rohdichteklasse 0,8 aus Beton (bezeichnet als Mohr-Block)**
Zulassungsnummer: **Z-17.1-398**	Geltungsdauer vom 9.2.1996[1] bis 28.2.2001 [1] geändert durch Bescheid vom 14.6.1996

Rohdichte-klasse	Rechenwerte der Wärmeleitfähigkeit λ_R W/(m·K) Normalmörtel	Festigkeits-klasse	Grundwerte σ_0 der zulässigen Druckspannungen MN/m² Normalmörtel der Gruppe IIa
0,8	siehe DIN 4108-4: 1991-11, Zeile 4.5.3	2	0,5

Antragsteller:	Zulassungsgegenstand:
Kaspar Röckelein KG Baustoffwerke Bahnhofstraße 6 96193 Wachenroth	**RÖWATON-Klimablöcke aus Leichtbeton**
Zulassungsnummer: **Z-17.1-432**	Geltungsdauer vom 7.7.1994 bis 31.10.1999

Rohdichte-klasse	Rechenwerte der Wärmeleitfähigkeit λ_R W/(m·K)			Festigkeits-klasse	Grundwerte σ_0 der zulässigen Druckspannungen MN/m²				
	Normal-mörtel	Leichtmörtel			Normalmörtel			Leichtmörtel	
		LM 21	LM 36		II	IIa	III	LM 21	LM 36
0,5	0,21	0,13	0,18	2	0,5	0,5	-	0,5	0,5

Antragsteller:	Zulassungsgegenstand:
KLB-Klimaleichtblock GmbH Sandkauler Weg 1 56564 Neuwied	**KLB-Kalopor-Steine aus Leichtbeton**
Zulassungsnummer: **Z-17.1-240**	Geltungsdauer vom 16.12.1992[1] bis 15.4.1999 [1] geändert und Geltungsdauer verlängert durch Bescheid vom 16.4.1998

Rohdichte-klasse	Rechenwerte der Wärmeleitfähigkeit λ_R W/(m·K)			Festigkeits-klasse	Grundwerte σ_0 der zulässigen Druckspannungen MN/m²				
	Normal-mörtel	Leichtmörtel			Normalmörtel			Leichtmörtel	
		LM 21	LM 36		II	IIa	III	LM 21	LM 36
KLB-Kalopor-Steine 497/240/238				2	0,5	0,5	-	0,5	0,5
0,6	0,21	0,18	0,18	4	0,7	0,8	-	0,7	0,8
0,8	0,27	0,24	0,24						
KLB-Kalopor-Steine 497/300/238									
0,6	0,24	0,18	0,21						
0,8	0,30	0,24	0,27						
KLB-Kalopor-Steine NB 497/240/238									
0,6	0,27	0,21	0,24						
KLB-Kalopor-Steine NB 497/300/238									
0,6	0,21	0,18	0,18						

Zulassungen

Antragsteller: KLB-Klimaleichtblock GmbH, Sandkauler Weg 1, 56564 Neuwied	Zulassungsgegenstand: KLB-Klimaleichtblöcke aus Leichtbeton
Zulassungsnummer: Z-17.1-184	Geltungsdauer vom 15.12.1992[1] bis 14.4.1999 [1] geändert und Geltungsdauer verlängert durch Bescheid vom 15.4.1998

Rohdichte-klasse	Rechenwerte der Wärmeleitfähigkeit λ_R W/(m·K)			Festigkeits-klasse	Grundwerte σ_0 der zulässigen Druckspannungen MN/m²				
	Normal-mörtel	Leichtmörtel			Normalmörtel			Leichtmörtel	
		LM 21	LM 36		II	IIa	III	LM 21	LM 36
Blöcke W1-BT				Blöcke W1					
0,5	0,27	0,24	0,24	2	0,5	0,5	–	0,5	0,5
0,6	0,30	0,27	0,27	4	0,7	0,8	0,9	0,7	0,8
0,8	0,39	0,36	0,36	6	0,9	1,0	1,2	0,7	0,9
1,0	0,50	0,45	0,45						
Blöcke W1-NB									
0,5	0,27	0,21	0,24						
0,6	0,30	0,24	0,27						
0,8	0,39	0,33	0,36						
1,0	0,50	0,45	0,45						
Blöcke W2-NB				Blöcke W2					
0,5	0,21	0,18	0,18	2	0,5	0,5	–	0,5	0,5
0,6	0,24	0,21	0,21						

Antragsteller: KLB-Klimaleichtblock GmbH, Sandkauler Weg 1, 56564 Neuwied	Zulassungsgegenstand: KLB-Vollblöcke SW1 aus Leichtbeton
Zulassungsnummer: Z-17.1-426	Geltungsdauer vom 31.5.1996 bis 31.5.2001

Rohdichte-klasse	Rechenwerte der Wärmeleitfähigkeit λ_R W/(m·K)			Festigkeits-klasse	Grundwerte σ_0 der zulässigen Druckspannungen MN/m²				
	Normal-mörtel	Leichtmörtel			Normalmörtel			Leichtmörtel	
		LM 21	LM 36		II	IIa	III	LM 21	LM 36
0,5	0,16	0,13	0,14	2	0,5	0,5	–	0,5	0,5
0,6	0,18	0,14	0,16	4	0,7	0,8	–	0,7	0,8
0,7	0,21	0,16	0,18	6	0,9	1,0	–	0,7	0,9
0,8	0,21	0,18	0,18						

Zulassungen

Antragsteller:	Zulassungsgegenstand:
KLB-Klimaleichtblock GmbH Sandkauler Weg 1 56564 Neuwied	**isolith-Blöcke der Rohdichteklassen 1,4; 1,6; 1,8 und 2,0 aus Leichtbeton**
Zulassungsnummer: **Z-17.1-565**	Geltungsdauer vom 13.8.1996 bis 31.8.2001

Rohdichte-klasse	Rechenwerte der Wärmeleitfähigkeit λ_R W/(m·K)			Festigkeits-klasse	Grundwerte σ_0 der zulässigen Druckspannungen MN/m²				
	Normal-mörtel	Leichtmörtel			Normalmörtel			Leichtmörtel	
		LM 21	LM 36		II	IIa	III	LM 21	LM 36
1,4	0,63	-	-	12	-	1,6	1,8	-	-
1,6	0,74	-	-	20	-	1,9	2,4	-	-
1,8	0,87	-	-						
2,0	0,99	-	-						

Antragsteller:	Zulassungsgegenstand:
Lias-Franken Leichtbaustoffe GmbH & Co. KG Pautzfeld 91352 Hallerndorf **Lias Leichtbaustoffe GmbH & Co. KG** 78609 Tuningen	**Liapor-Super-K-Wärmedämmstein aus Leichtbeton**
Zulassungsnummer: **Z-17.1-451**	Geltungsdauer vom 15.3.1993 bis 28.2.1998[1] [1] Verlängerung der Geltungsdauer in Bearbeitung

Rohdichte-klasse	Rechenwerte der Wärmeleitfähigkeit λ_R W/(m·K)			Festigkeits-klasse	Grundwerte σ_0 der zulässigen Druckspannungen MN/m²				
	Normal-mörtel	Leichtmörtel			Normalmörtel			Leichtmörtel	
		LM 21	LM 36		II	IIa	III	LM 21	LM 36
0,6	0,21	0,13	0,21	2	0,5	0,5	-	0,5	0,5
0,7	0,27	0,16	0,24	4	0,7	0,8	-	0,7	0,8

Antragsteller:	Zulassungsgegenstand:
Lias-Franken Leichtbaustoffe GmbH & Co. KG Pautzfeld 91352 Hallerndorf **Lias Leichtbaustoffe GmbH & Co. KG** 78609 Tuningen	**Mauerwerk aus Liapor-Super-K-Wärmedämmsteinen aus Leichtbeton mit Stoßfugenverzahnung**
Zulassungsnummer: **Z-17.1-501**	Geltungsdauer vom 24.8.1994[1] bis 31.7.1999[2] [1] geändert durch Bescheid vom 30.12.1994 [2] Verlängerung der Geltungsdauer in Bearbeitung

Rohdichte-klasse	Rechenwerte der Wärmeleitfähigkeit λ_R W/(m·K)			Festigkeits-klasse	Grundwerte σ_0 der zulässigen Druckspannungen MN/m²				
	Normal-mörtel	Leichtmörtel			Normalmörtel			Leichtmörtel	
		LM 21	LM 36		II	IIa	III	LM 21	LM 36
0,6	0,21	0,13	0,21	2	0,5	0,5	-	0,5	0,5
0,7	0,27	0,16	0,24	4	0,7	0,8	-	0,7	0,8

Zulassungen

Antragsteller: **Traßwerke Meurin** Kölner Straße 17 56626 Andernach	Zulassungsgegenstand: **Pumix-Leichtbausteine aus Leichtbeton**
Zulassungsnummer: **Z-17.1-186**	Geltungsdauer vom 4.11.1997 bis 3.11.2002

Rohdichte- klasse	Rechenwerte der Wärmeleitfähigkeit λ_R W/(m·K)			Festigkeits- klasse	Grundwerte σ_0 der zulässigen Druckspannungen MN/m²				
	Normal- mörtel	Leichtmörtel			Normalmörtel			Leichtmörtel	
		LM 21	LM 36		II	IIa	III	LM 21	LM 36
Pumix-Leichtbausteine Typ 1				2	0,5	0,5	-	0,4	0,5
0,5 0,6 0,7 0,8	siehe DIN 4108-4: 1991-11, Zeile 4.5.2.3.1 bzw. 4.5.2.3.2			4 6	0,7 0,9	0,8 1,0	0,9 1,2	0,5 0,7	0,8 0,9
Pumix-Leichtbausteine Typ 2									
0,5 0,6 0,7 0,8	siehe DIN 4108-4: 1991-11, Zeile 4.5.2.4.1 bzw. 4.5.2.4.2								
Pumix-Leichtbausteine Typ 3									
0,5 0,6 0,7 0,8	0,18 0,21 0,24 0,27	0,16 0,18 0,21 0,24	0,16 0,18 0,21 0,24						

Antragsteller: **Traßwerke Meurin** Kölner Straße 17 56626 Andernach	Zulassungsgegenstand: **Pumix-HW-Leichtbausteine aus Leichtbeton**
Zulassungsnummer: **Z-17.1-507**	Geltungsdauer vom 18.9.1996[1] bis 10.3.2004 [1] geändert und Geltungsdauer verlängert durch Bescheid vom 11.3.1999

Rohdichte- klasse	Rechenwerte der Wärmeleitfähigkeit λ_R W/(m·K)			Festigkeits- klasse	Grundwerte σ_0 der zulässigen Druckspannungen MN/m²				
	Normal- mörtel	Leichtmörtel			Normalmörtel			Leichtmörtel	
		LM 21	LM 36		II	IIa	III	LM 21	LM 36
0,5 0,7 0,8	- - -	0,13 0,18 0,21	0,14 0,18 0,21	2 4	- -	- -	- -	0,5 0,7	0,5 0,8

Zulassungen

Antragsteller: **Veit Dennert KG Baustoffwerke** 96132 Schlüsselfeld	Zulassungsgegenstand: **Calimax-K-Wärmedämmstein**
Zulassungsnummer: **Z-17.1-458**	Geltungsdauer vom 6.3.1997[1] bis 5.3.2002 [1] geändert durch Bescheid vom 25.3.1997

Rohdichte-klasse	Rechenwerte der Wärmeleitfähigkeit λ_R W/(m·K)			Festigkeits-klasse	Grundwerte σ_0 der zulässigen Druckspannungen MN/m²				
	Normal-mörtel	Leichtmörtel			Normalmörtel			Leichtmörtel	
		LM 21	LM 36		II	IIa	III	LM 21	LM 36
0,6	0,24	0,16	0,21	2	0,5	0,5	-	0,5	0,5
0,8	0,30	0,18	0,27	4	0,7	0,8	-	0,7	0,8

Antragsteller: **Veit Dennert KG Baustoffwerke** 96132 Schlüsselfeld	Zulassungsgegenstand: **Calimax-K-Wärmedämmstein KS**
Zulassungsnummer: **Z-17.1-589**	Geltungsdauer vom 3.4.1997 bis 2.4.2002

Rohdichte-klasse	Rechenwerte der Wärmeleitfähigkeit λ_R W/(m·K)			Festigkeits-klasse	Grundwerte σ_0 der zulässigen Druckspannungen MN/m²				
	Normal-mörtel	Leichtmörtel			Normalmörtel			Leichtmörtel	
		LM 21	LM 36		II	IIa	III	LM 21	LM 36
0,6	0,24	0,16	0,21	2	0,5	0,5	-	0,5	0,5
0,8	0,30	0,18	0,27	4	0,7	0,8	-	0,7	0,8

Antragsteller: **Veit Dennert KG Baustoffwerke** 96132 Schlüsselfeld	Zulassungsgegenstand: **Calimax-Wärmedämmstein**
Zulassungsnummer: **Z-17.1-406**	Geltungsdauer vom 3.4.1997 bis 2.4.2002

Rohdichte-klasse	Rechenwerte der Wärmeleitfähigkeit λ_R W/(m·K)			Festigkeits-klasse	Grundwerte σ_0 der zulässigen Druckspannungen MN/m²				
	Normal-mörtel	Leichtmörtel			Normalmörtel			Leichtmörtel	
		LM 21	LM 36		II	IIa	III	LM 21	LM 36
0,6	0,21	0,13	0,21	2	0,5	0,5	-	0,5	0,5
0,7	0,27	0,16	0,24	4	0,7	0,8	-	0,7	0,8

Antragsteller: **Veit Dennert KG Baustoffwerke** 96132 Schlüsselfeld	Zulassungsgegenstand: **Calimax-Wärmedämmstein KS**
Zulassungsnummer: **Z-17.1-599**	Geltungsdauer vom 3.4.1997 bis 2.4.2002

Rohdichte-klasse	Rechenwerte der Wärmeleitfähigkeit λ_R W/(m·K)			Festigkeits-klasse	Grundwerte σ_0 der zulässigen Druckspannungen MN/m²				
	Normal-mörtel	Leichtmörtel			Normalmörtel			Leichtmörtel	
		LM 21	LM 36		II	IIa	III	LM 21	LM 36
0,6	0,21	0,13	0,21	2	0,5	0,5	-	0,5	0,5
0,7	0,27	0,16	0,24	4	0,7	0,8	-	0,7	0,8

Zulassungen

Antragsteller: **Veit Dennert KG Baustoffwerke** 96132 Schlüsselfeld	Zulassungsgegenstand: **Wärmedämmstein „Schumann"**
Zulassungsnummer: **Z-17.1-588**	Geltungsdauer vom 5.8.1997 bis 4.3.2002

Rohdichte-klasse	Rechenwerte der Wärmeleitfähigkeit λ_R W/(m·K)			Festigkeits-klasse	Grundwerte σ_0 der zulässigen Druckspannungen MN/m²				
	Normal-mörtel	Leichtmörtel			Normalmörtel			Leichtmörtel	
		LM 21	LM 36		II	IIa	III	LM 21	LM 36
0,6	0,24	0,16	0,21	2	0,5	0,5	-	0,5	0,5
0,8	0,30	0,18	0,27	4	0,7	0,8	-	0,7	0,8

2.1.1.4 Kalksandsteine

Antragsteller: **Bundesverband Kalksandsteinindustrie e.V.** Entenfangweg 15 30419 Hannover	Zulassungsgegenstand: **KS-Yali-Steine**
Zulassungsnummer: **Z-17.1-433**	Geltungsdauer vom 4.6.1991[1] bis 31.5.1996[2] [1] ergänzt durch Bescheid vom 1.9.1994, geändert durch Bescheid vom 29.11.1994 [2] Verlängerung der Geltungsdauer in Bearbeitung

Rohdichte-klasse	Rechenwerte der Wärmeleitfähigkeit λ_R W/(m·K)			Festigkeits-klasse	Grundwerte σ_0 der zulässigen Druckspannungen MN/m²				
	Normal-mörtel	Leichtmörtel			Normalmörtel			Leichtmörtel	
		LM 21	LM 36		II	IIa	III	LM 21	LM 36
l x b x h 247 mm x 300 mm x 238 mm				4	0,7	0,8	0,9	0,7	0,8
0,7	0,21	0,18	0,18	6	0,9	1,0	1,2	0,7	0,8
0,8	0,27	0,21	0,24						
l x b x h 247 mm x 365 mm x 238 mm									
0,7	0,21	0,18	0,18						
0,8	0,27	0,21	0,24						
l x b x h 373 mm x 300 mm x 238 mm									
0,7	0,24	0,18	0,21						
0,8	0,27	0,21	0,24						
0,9	0,30	0,24	0,27						
l x b x h 248 mm x 365 mm x 238 mm									
0,7	0,21	0,18	0,18						
0,8	0,27	0,21	0,24						
l x b x h 238 mm x 365 mm x 238 mm									
0,7	0,24	0,21	0,21						
0,8	0,27	0,21	0,24						
l x b x h 248 mm x 300 mm x 238 mm									
0,7	0,21	0,18	0,18						
0,8	0,27	0,21	0,24						

2.1.1.5 Porenbetonsteine

Antragsteller:	Zulassungsgegenstand:
Bundesverband Kalksandsteinindustrie e.V. **– Arbeitsgruppe Porenstein -** Entenfangweg 15 30419 Hannover	**Porenbeton-Blocksteine und Porenbeton-Plansteine der Rohdichteklasse 0,50 in der Festigkeitsklasse 4**
Zulassungsnummer: **Z-17.1-629**	Geltungsdauer vom 8.5.1998 bis 7.5.2003

Rohdichte-klasse	Rechenwerte der Wärmeleitfähigkeit λ_R W/(m·K)	Festigkeits-klasse	Grundwerte σ_0 der zulässigen Druckspannungen MN/m²
0,50	siehe DIN 4108-4: 1991-11, Zeile 4.4.1 und Zeile 4.4.2	4	siehe DIN 1053-1: 1996-11, Tabelle 4a und Tabelle 4b

Antragsteller:	Zulassungsgegenstand:
Hebel AG Reginawerk 2-3 82275 Emmering	**Porenbeton-Blocksteine und Porenbeton-Plansteine der Rohdichteklasse 0,50 in der Festigkeitsklasse 4 und der Rohdichteklasse 0,60 in der Festigkeitsklasse 6**
Zulassungsnummer: **Z-17.1-564**	Geltungsdauer vom 30.9.1996 bis 30.9.2001

Rohdichte-klasse	Rechenwerte der Wärmeleitfähigkeit λ_R W/(m·K)	Festigkeits-klasse	Grundwerte σ_0 der zulässigen Druckspannungen MN/m²
0,50 0,60	siehe DIN 4108-4: 1991-11, Zeile 4.4.1 und Zeile 4.4.2	4 6	siehe DIN 1053-1: 1990-02, Tabelle 3 und Tabelle 4

Antragsteller:	Zulassungsgegenstand:
YTONG Aktiengesellschaft Hornstraße 3 80797 München	**YTONG-Blocksteine und YTONG-Plansteine der Rohdichteklasse 0,50 in der Festigkeitsklasse 4**
Zulassungsnummer: **Z-17.1-576**	Geltungsdauer vom 30.9.1996 bis 30.9.2001

Rohdichte-klasse	Rechenwerte der Wärmeleitfähigkeit λ_R W/(m·K)	Festigkeits-klasse	Grundwerte σ_0 der zulässigen Druckspannungen MN/m²
0,50	siehe DIN 4108-4: 1991-11, Zeile 4.4.1 und Zeile 4.4.2	4	siehe DIN 1053-1: 1990-02, Tabelle 3 und Tabelle 4

2.1.2 Steine üblichen Formats für Mauerwerk im Dünnbettverfahren
2.1.2.1 Planhochlochziegel

Antragsteller:	Zulassungsgegenstand:
Arbeitsgemeinschaft Mauerziegel im Bundesverband der Deutschen Ziegelindustrie e.V. Schaumburg-Lippe-Straße-4 53113 Bonn **Deutsche Poroton GmbH** Cäsariusstraße 83a 53639 Königswinter **Klimaton-Ziegel Interessengemeinschaft e.V.** Hofoldinger Straße 96 85649 Brunnthal **Thermopor Ziegel-Kontor Ulm GmbH** Olgastraße 94 89073 Ulm **unipor-Ziegel Marketing GmbH** Aidenbachstraße 234 81479 München	**Plangitterziegel für Mauerwerk ohne Stoßfugenvermörtelung im Dünnbettverfahren**
Zulassungsnummer: **Z-17.1-619**	Geltungsdauer vom 31.3.1998 bis 30.3.2003

Rohdichteklasse	Rechenwerte der Wärmeleitfähigkeit λ_R W/(m·K) Poroton-T-Dünnbettmörtel Typ I Dünnbettmörtel ZP99	Festigkeitsklasse	Grundwerte σ_0 der zulässigen Druckspannungen MN/m² Poroton-T-Dünnbettmörtel Typ I Dünnbettmörtel ZP99
0,60	0,13	4	0,5
0,65	0,13	6	0,6
0,70	0,14	8	0,6
0,75	0,16	12	0,8

Antragsteller:	Zulassungsgegenstand:
August Lücking GmbH & Co. KG **Ziegeleien und Betonwerke** Elsener Straße 20 33102 Paderborn	**Mauerwerk aus unipor-NE-Planziegeln im Dünnbettverfahren**
Zulassungsnummer: **Z-17.1-679**	Geltungsdauer vom 27.10.1999 bis 26.10.2004

Rohdichteklasse	Rechenwerte der Wärmeleitfähigkeit λ_R W/(m·K) Dünnbettmörtel maxitmur 900 D	Festigkeitsklasse	Grundwerte σ_0 der zulässigen Druckspannungen MN/m² Dünnbettmörtel maxitmur 900 D
0,65	0,14	4	0,8
0,70	0,14	6	1,1
0,75	0,16	8	1,2

Zulassungen

Antragsteller:	Zulassungsgegenstand:
Deutsche Poroton GmbH Cäsariusstraße 83a 53639 Königswinter	**Mauerwerk aus Poroton-T-Planhochlochziegeln mit Stoßfugenverzahnung**
Zulassungsnummer: **Z-17.1-261**	Geltungsdauer vom 26.2.1996 bis 28.2.2001

Rohdichte-klasse	Rechenwerte der Wärmeleitfähigkeit λ_R W/(m·K) Poroton-T-Dünnbettmörtel Typ I Poroton-T-Dünnbettmörtel Typ II	Festigkeits-klasse	Grundwerte σ_0 der zulässigen Druckspannungen MN/m² Poroton-T-Dünnbettmörtel Typ I Poroton-T-Dünnbettmörtel Typ II
0,7 0,8	0,16 0,18	4 6 8	0,9 1,2 1,2

Antragsteller:	Zulassungsgegenstand:
Deutsche Poroton GmbH Cäsariusstraße 83a 53639 Königswinter	**Mauerwerk aus Poroton-TE-Planhochlochziegeln mit Stoßfugenverzahnung**
Zulassungsnummer: **Z-17.1-355**	Geltungsdauer vom 5.6.1996[1] bis 31.5.2001 [1] geändert und ergänzt durch Bescheid vom 7.7.1998

Rohdichte-klasse	Rechenwerte der Wärmeleitfähigkeit λ_R W/(m·K) Poroton-T-Dünnbettmörtel Typ I Poroton-T-Dünnbettmörtel Typ II	Festigkeits-klasse	Grundwerte σ_0 der zulässigen Druckspannungen MN/m² Poroton-T-Dünnbettmörtel Typ I Poroton-T-Dünnbettmörtel Typ II
0,8	0,18	4 6 8 12	0,8 1,0 1,0 1,4

Antragsteller:	Zulassungsgegenstand:
Deutsche Poroton GmbH Cäsariusstraße 83a 53639 Königswinter	**Mauerwerk aus Poroton-Planhochlochziegeln mit Stoßfugenverzahnung**
Zulassungsnummer: **Z-17.1-407**	Geltungsdauer vom 29.6.1999 bis 28.2.2001

Rohdichte-klasse	Rechenwerte der Wärmeleitfähigkeit λ_R W/(m·K) Poroton-T-Dünnbettmörtel Typ I Poroton-T-Dünnbettmörtel Typ II	Festigkeits-klasse	Grundwerte σ_0 der zulässigen Druckspannungen MN/m² Poroton-T-Dünnbettmörtel Typ I Poroton-T-Dünnbettmörtel Typ II
0,8 0,9 1,0 1,2	siehe DIN 4108-4: 1991-11, Zeile 4.1.3 und Zeile 4.1.4	4 6 8 12	0,9 1,2 1,3 1,6

Zulassungen

Antragsteller:	Zulassungsgegenstand:
Georg Rimmele KG Riedlinger Straße 49 89584 Ehingen	**Mauerwerk aus Planhochlochziegeln mit Bienenwabenlochung und Stoßfugenverzahnung**
Zulassungsnummer: **Z-17.1-527**	Geltungsdauer vom 3.12.1997 bis 2.12.2002

Rohdichte-klasse	Rechenwerte der Wärmeleitfähigkeit λ_R W/(m·K) Poroton-T-Dünnbettmörtel Typ II	Festigkeits-klasse	Grundwerte σ_0 der zulässigen Druckspannungen MN/m² Poroton-T-Dünnbettmörtel Typ II
0,55	0,16	6 8 12	0,7 0,8 1,0

Antragsteller:	Zulassungsgegenstand:
Georg Rimmele KG Riedlinger Straße 49 89584 Ehingen	**Mauerwerk aus Planhochlochziegeln mit Sechsecklochung und Stoßfugenverzahnung („gedrückte Wabe")**
Zulassungsnummer: **Z-17.1-554**	Geltungsdauer vom 3.12.1997 bis 2.12.2002

Rohdichte-klasse	Rechenwerte der Wärmeleitfähigkeit λ_R W/(m·K) Poroton-T-Dünnbettmörtel Typ II	Festigkeits-klasse	Grundwerte σ_0 der zulässigen Druckspannungen MN/m² Poroton-T-Dünnbettmörtel Typ II
0,55	0,14	6 8 12	0,6 0,7 0,9

Antragsteller:	Zulassungsgegenstand:
Raimund Rimmele Altstreußlinger Straße 24 89584 Ehingen	**Längenveränderliche Verschiebe-Planziegel als Ergänzungsziegel im Mauerwerk aus Planhochlochziegeln mit Stoßfugenverzahnung**
Zulassungsnummer: **Z-17.1-436**	Geltungsdauer vom 30.3.1994 bis 31.3.1999[1] [1] Verlängerung der Geltungsdauer in Bearbeitung
Es gelten die Rechenwerte der Wärmeleitfähigkeit λ_R des Mauerwerks, in dem diese Ergänzungsziegel verwendet werden.	Es gelten die Grundwerte σ_0 der zulässigen Druckspannungen des Mauerwerks, in dem diese Ergänzungsziegel verwendet werden.

Antragsteller:	Zulassungsgegenstand:
Schlagmann-Baustoffwerke GmbH & Co. KG Lanhofen 84367 Tann WIENERBERGER Ziegelindustrie GmbH & Co. Oldenburger Allee 21 30659 Hannover	Mauerwerk aus Poroton Planziegel-T14 im Dünnbettverfahren
Zulassungsnummer: Z-17.1-625	Geltungsdauer vom 2.7.1998[1] bis 30.6.2003 [1] geändert und ergänzt durch Bescheid vom 22.7.1999

Rohdichte-klasse	Rechenwerte der Wärmeleitfähigkeit λ_R W/(m·K) Poroton-T-Dünnbettmörtel Typ I	Festigkeits-klasse	Grundwerte σ_0 der zulässigen Druckspannungen MN/m² Poroton-T-Dünnbettmörtel Typ I
0,7	0,14	4 6 8 12	0,9 1,2 1,4 1,6

Antragsteller:	Zulassungsgegenstand:
Wilhelm Röben Klinkerwerke oHG Werk Reetz 26340 Zetel	Mauerwerk aus Poroton-T-Planhochlochziegeln ohne Stoßfugenvermörtelung
Zulassungsnummer: Z-17.1-497	Geltungsdauer vom 5.8.1999 bis 4.8.2004

Rohdichte-klasse	Rechenwerte der Wärmeleitfähigkeit λ_R W/(m·K) Röben-Dünnbettmörtel	Festigkeits-klasse	Grundwerte σ_0 der zulässigen Druckspannungen MN/m² Röben-Dünnbettmörtel
0,9	0,21	6 8 12	1,0 1,2 1,6

Antragsteller:	Zulassungsgegenstand:
Röben Tonbaustoffe GmbH Klein Schweinebrück 168 26340 Zetel	Mauerwerk aus Poroton-Planhochlochziegeln T16 ohne Stoßfugenvermörtelung
Zulassungsnummer: Z-17.1-553	Geltungsdauer vom 26.9.1996 bis 30.9.2001

Rohdichte-klasse	Rechenwerte der Wärmeleitfähigkeit λ_R W/(m·K) Röben-Dünnbettmörtel	Festigkeits-klasse	Grundwerte σ_0 der zulässigen Druckspannungen MN/m² Röben-Dünnbettmörtel
0,7	0,16	8	1,2

Zulassungen

Antragsteller: **Tuileries Sturm** F-68420 Eguisheim		Zulassungsgegenstand: **Mauerwerk aus klimaton ST-Planhochlochziegeln ohne Stoßfugenvermörtelung**	
Zulassungsnummer: **Z-17.1-548**		Geltungsdauer vom 16.10.1995 bis 31.10.2000	
Rohdichte-klasse	Rechenwerte der Wärmeleitfähigkeit λ_R W/(m·K) klimaton-Dünnbettmörtel	Festigkeits-klasse	Grundwerte σ_0 der zulässigen Druckspannungen MN/m² klimaton-Dünnbettmörtel
0,8	0,18	6	1,2

Antragsteller: **unipor-Ziegel Marketing GmbH** Aidenbachstraße 234 81479 München		Zulassungsgegenstand: **Mauerwerk aus unipor-Hochlochplanziegel ZP im Dünnbettverfahren**	
Zulassungsnummer: **Z-17.1-538**		Geltungsdauer vom 30.6.1995[1] bis 30.6.2000 [1]geändert durch Bescheid vom 15.2.1996	
Rohdichte-klasse	Rechenwerte der Wärmeleitfähigkeit λ_R W/(m·K) unipor-Dünnbettmörtel ZP 99	Festigkeits-klasse	Grundwerte σ_0 der zulässigen Druckspannungen MN/m² unipor-Dünnbettmörtel ZP 99
0,8 0,9	0,18 0,18	6 8 12	0,7 0,9 0,9

Antragsteller: **unipor-Ziegel Marketing GmbH** Aidenbachstraße 234 81479 München		Zulassungsgegenstand: **Mauerwerk aus unipor-PlanZiegel mit Stoßfugenverzahnung im Dünnbettverfahren**	
Zulassungsnummer: **Z-17.1-635**		Geltungsdauer vom 8.2.1999 bis 7.2.2004	
Rohdichte-klasse	Rechenwerte der Wärmeleitfähigkeit λ_R W/(m·K) unipor-Dünnbettmörtel ZP 99 Dünnbettmörtel HP 580	Festigkeits-klasse	Grundwerte σ_0 der zulässigen Druckspannungen MN/m² unipor-Dünnbettmörtel ZP 99 Dünnbettmörtel HP 580
0,8 0,9 1,0 1,2 1,4 1,6 1,8 2,0	siehe DIN 4108-4: 1991-11, Abschnitte 4.1.2 und 4.1.3	6 8 12 20	1,2 1,4 1,8 2,4

Antragsteller:	Zulassungsgegenstand:
WIENERBERGER Ziegelindustrie GmbH & Co. Oldenburger Allee 21 30659 Hannover	**Mauerwerk aus Poroton-Planhochlochziegeln mit Stoßfugenverzahnung im Dünnbettverfahren**
Zulassungsnummer: **Z-17.1-490**	Geltungsdauer vom 18.7.1996[1] bis 31.12.1999 [1] geändert und ergänzt durch Bescheid vom 2.3.1999 und durch Bescheid vom 11.3.1999

Rohdichte-klasse	Rechenwerte der Wärmeleitfähigkeit λ_R W/(m·K) Poroton-T-Dünnbettmörtel Typ I Poroton-T-Dünnbettmörtel Typ III	Festigkeits-klasse	Grundwerte σ_0 der zulässigen Druckspannungen MN/m² Poroton-T-Dünnbettmörtel Typ I Poroton-T-Dünnbettmörtel Typ III
0,8	0,16	6 8 12	1,2 1,4 1,8

Antragsteller:	Zulassungsgegenstand:
WIENERBERGER Ziegelindustrie GmbH & Co. Oldenburger Allee 21 30659 Hannover	**Mauerwerk aus Poroton-Planhochlochziegeln mit Stoßfugenverzahnung im Dünnbettverfahren**
Zulassungsnummer: **Z-17.1-651**	Geltungsdauer vom 29.4.1999 bis 28.4.2004

Rohdichte-klasse	Rechenwerte der Wärmeleitfähigkeit λ_R W/(m·K) Poroton-T-Dünnbettmörtel Typ I Poroton-T-Dünnbettmörtel Typ III	Festigkeits-klasse	Grundwerte σ_0 der zulässigen Druckspannungen MN/m² Poroton-T-Dünnbettmörtel Typ I Poroton-T-Dünnbettmörtel Typ III
0,70 0,75 0,80	0,14 0,16 0,18	4 6 8	0,7 1,0 1,2

Antragsteller:	Zulassungsgegenstand:
Ziegel-Kontor Ulm GmbH Olgastraße 94 89073 Ulm	**Mauerwerk aus THERMOPOR-Planhochlochziegeln mit Rhombuslochung ohne Stoßfugenvermörtelung (bezeichnet als THERMOPOR P)**
Zulassungsnummer: **Z-17.1-471**	Geltungsdauer vom 31.8.1995[1] bis 23.2.2003 [1] Geltungsdauer verlängert durch Bescheid vom 24.2.1998

Rohdichte-klasse	Rechenwerte der Wärmeleitfähigkeit λ_R W/(m·K) THERMY-P-Dünnbettmörtel THERMY-ZP 99-Dünnbettmörtel	Festigkeits-klasse	Grundwerte σ_0 der zulässigen Druckspannungen MN/m² THERMY-P-Dünnbettmörtel THERMY-ZP 99-Dünnbettmörtel
0,8 0,9	0,18 0,21	6 8 12	0,9 1,0 1,2

Zulassungen

Antragsteller:	Zulassungsgegenstand:
Ziegel-Kontor Ulm GmbH Olgastraße 94 89073 Ulm	**Mauerwerk aus THERMOPOR-Planziegeln ohne Stoßfugenvermörtelung (bezeichnet als THERMOPOR PD)**
Zulassungsnummer: **Z-17.1-522**	Geltungsdauer vom 31.8.1995 bis 30.9.2000

Rohdichte- klasse	Rechenwerte der Wärmeleitfähigkeit λ_R W/(m·K) THERMY-P-Dünnbettmörtel	Festigkeits- klasse	Grundwerte σ_0 der zulässigen Druckspannungen MN/m² THERMY-P-Dünnbettmörtel
0,8 0,9	siehe DIN 4108-4: 1991-11, Zeilen 4.1.2 bis 4.1.4	6 8 12	1,2 1,4 1,8

Antragsteller:	Zulassungsgegenstand:
Ziegelwerk Bellenberg Wiest & Co. Tiefenbacher Straße 1 89287 Bellenberg	**Mauerwerk aus Planhochlochziegeln SX im Dünnbettverfahren**
Zulassungsnummer: **Z-17.1-628**	Geltungsdauer vom 7.10.1999 bis 2.4.2003

Rohdichte- klasse	Rechenwerte der Wärmeleitfähigkeit λ_R W/(m·K) Dünnbettmörtel Bellenberg	Festigkeits- klasse	Grundwerte σ_0 der zulässigen Druckspannungen MN/m² Dünnbettmörtel Bellenberg
0,60 0,65 0,70	0,11 0,12 0,13	6	1,0

Antragsteller:	Zulassungsgegenstand:
Ziegelwerk Bellenberg Wiest & Co. Tiefenbacher Straße 1 89287 Bellenberg	**Mauerwerk aus Schlitz-Rauten-Planziegeln im Dünnbettverfahren**
Zulassungsnummer: **Z-17.1-561**	Geltungsdauer vom 15.10.1996 bis 31.10.2001

Rohdichte- klasse	Rechenwerte der Wärmeleitfähigkeit λ_R W/(m·K) Dünnbettmörtel Bellenberg	Festigkeits- klasse	Grundwerte σ_0 der zulässigen Druckspannungen MN/m² Dünnbettmörtel Bellenberg
0,6	0,14	6	0,7

Zulassungen

Antragsteller: **Ziegelwerk Ignaz Schiele** Wittenfelder Straße 15 85111 Adelschlag	Zulassungsgegenstand: **Mauerwerk aus unipor-ZP-Planziegeln im Dünnbettverfahren**
Zulassungsnummer: **Z-17.1-652**	Geltungsdauer vom 29.10.1998 bis 28.10.2003

Rohdichte- klasse	Rechenwerte der Wärmeleitfähigkeit λ_R W/(m·K) unipor-Dünnbettmörtel ZP 99 Dünnbettmörtel HP 580	Festigkeits- klasse	Grundwerte σ_0 der zulässigen Druckspannungen MN/m² unipor-Dünnbettmörtel ZP 99 Dünnbettmörtel HP 580
0,75	0,16	6	0,8
0,80	0,18	8	1,0
0,85	0,18	12	1,2
0,90	0,18		

Antragsteller: **Ziegelwerk Klosterbeuren Ludwig Leinsing GmbH & Co.** Ziegeleistraße 12 87727 Babenhausen-Klosterbeuren	Zulassungsgegenstand: **Mauerwerk aus THERMOPOR-Planhochlochziegeln mit Rhombuslochung ohne Stoßfugenvermörtelung (bezeichnet als THERMOPOR P016)**
Zulassungsnummer: **Z-17.1-601**	Geltungsdauer vom 16.6.1998 bis 15.6.2003

Rohdichte- klasse	Rechenwerte der Wärmeleitfähigkeit λ_R W/(m·K) THERMY-ZP 99-Dünnbettmörtel	Festigkeits- klasse	Grundwerte σ_0 der zulässigen Druckspannungen MN/m² THERMY-ZP 99-Dünnbettmörtel
0,8	0,16	6	0,9
		8	1,0
		12	1,2

Antragsteller: **Ziegelwerk Stengel GmbH & Co. KG** Nördlinger Straße 24 86609 Donauwörth-Berg	Zulassungsgegenstand: **Klimaton ST-Planhochlochziegel für Mauerwerk im Dünnbettverfahren ohne Stoßfugenvermörtelung**
Zulassungsnummer: **Z-17.1-663**	Geltungsdauer vom 6.10.1999 bis 5.10.2004

Rohdichte- klasse	Rechenwerte der Wärmeleitfähigkeit λ_R W/(m·K) klimaton-Dünnbettmörtel	Festigkeits- klasse	Grundwerte σ_0 der zulässigen Druckspannungen MN/m² klimaton-Dünnbettmörtel
0,7	0,16	8	1,2

2.1.2.2 Planverfüllziegel

Antragsteller: **Deutsche Poroton GmbH** Cäsariusstraße 83a 53639 Königswinter	Zulassungsgegenstand: **Mauerwerk aus** **POROTON-SPZ-T Plan-Verfüllziegeln**
Zulassungsnummer: **Z-17.1-583**	Geltungsdauer vom 5.2.1997 bis 4.2.2002

Maße			Festigkeits- klasse	Grundwerte σ_0 der zulässigen Druckspannungen MN/m^2 Vermauerung mit Poroton-T-Dünnbettmörtel Typ I oder Poroton-Dünnbettmörtel ZP 99 Verfüllung mit Beton B15
Länge mm	Breite mm	Höhe mm		
248 308 373 498	115 150 175 200 240 300	124 249	8 12 20	1,7 2,2 3,2

Antragsteller: **Josef Schmidt Tonwerk Ichenhausen** Wttenhauser Weg 10 89335 Ichenhausen	Zulassungsgegenstand: **Mauerwerk aus** **Schallschutz-Planziegeln SZ 4109**
Zulassungsnummer: **Z-17.1-604**	Geltungsdauer vom 17.4.1997 bis 16.4.2002

Maße			Festigkeits- klasse	Grundwerte σ_0 der zulässigen Druckspannungen MN/m^2 Vermauerung mit Dyckerhoff-Plansteinmörtel Verfüllung mit Beton B15
Länge mm	Breite mm	Höhe mm		
495 372	145 175 240	124 249	8 12	1,4 1,8

Antragsteller: **WIENERBERGER Ziegelindustrie** **GmbH & Co.** Oldenburger Allee 21 30659 Hannover	Zulassungsgegenstand: **Mauerwerk aus** **POROTON-SPZ-T Plan-Verfüllziegeln**
Zulassungsnummer: **Z-17.1-537**	Geltungsdauer vom 28.4.1997 bis 30.6.2000

Maße			Festigkeits- klasse	Grundwerte σ_0 der zulässigen Druckspannungen MN/m^2 Vermauerung mit Poroton-T-Dünnbettmörtel Typ I Verfüllung mit Beton B15
Länge mm	Breite mm	Höhe mm		
248 308 373 498	115 150 175 200 240 300	124 249	6 8 12 20	1,2 1,7 2,2 3,2

Antragsteller:	Zulassungsgegenstand:
Ziegel-Kontor Ulm GmbH Olgastraße 94 89073 Ulm	**Mauerwerk aus** **THERMOPOR Plan-Füllziegeln PFz**
Zulassungsnummer: **Z-17.1-559**	Geltungsdauer vom 22.9.1999 bis 31.7.2001

Maße			Festigkeits-klasse	Grundwerte σ_0 der zulässigen Druckspannungen MN/m² Vermauerung mit Dünnbettmörtel „THERMY-ZP99", „THERMY-900 TV" und „THERMY-TH/X" Verfüllung mit Beton B15
Länge mm	Breite mm	Höhe mm		
247 372 497	145 175 200 240 300	124 249	8 12 20	1,4 1,8 2,4

Antragsteller:	Zulassungsgegenstand:
Ziegel-Kontor Ulm GmbH Olgastraße 94 89073 Ulm	**Wandbauart aus THERMOPOR Plan-Schalungsziegeln** **(bezeichnet als „THERMOPOR PSz")**
Zulassungsnummer: **Z-17.1-676**	Geltungsdauer vom 23.9.1999 bis 22.9.2004

Maße			Festigkeits-klasse	Grundwerte σ_0 der zulässigen Druckspannungen MN/m² Vermauerung mit Dünnbettmörtel „THERMY-ZP99", „THERMY-900 TV" und „THERMY-TH/X" Verfüllung mit Beton B15
Länge mm	Breite mm	Höhe mm		
247 372 497	200 240 300	124 249	8 12 20	1,4 1,8 2,4

Antragsteller:	Zulassungsgegenstand:
Ziegelwerk Renz KG Ziegeleistraße 27-29 86551 Aichach **Vereinigte Ziegelwerke** **Altenstadt-Bellenberg Wiest & Co.** Tiefenbacherstraße 1 89287 Bellenberg **A. Hüning GmbH & Co. KG Ziegelwerk** Hauptstraße 1 59339 Olfen-Vinnum	**Mauerwerk aus** **Schallschutz-Plan-Füllziegeln mit** **Stoßfugenverzahnung im Dünnbettverfahren**
Zulassungsnummer: **Z-17.1-530**	Geltungsdauer vom 4.9.1995 bis 30.9.2000

Maße			Festigkeits-klasse	Grundwerte σ_0 der zulässigen Druckspannungen MN/m² Vermauerung mit Dünnbettmörtel-Bellenberg Verfüllung mit Beton B15
Länge mm	Breite mm	Höhe mm		
497	175 240	249	8	1,4

Zulassungen

Antragsteller:	Zulassungsgegenstand:
Ziegelwerk Renz KG Ziegeleistraße 27-29 86551 Aichach **Ziegelwerk Bellenberg Wiest & Co.** Tiefenbacher Straße 1 89287 Bellenberg	**Mauerwerk aus Plan-Füllziegeln „VERATON"** **mit Stoßfugenverzahnung im Dünnbettverfahren**
Zulassungsnummer: **Z-17.1-560**	Geltungsdauer vom 30.7.1996[1] bis 31.7.2001 [1] geändert und ergänzt durch Bescheid vom 15.4.1997 und durch Bescheid vom 6.7.1999

Maße			Festigkeits- klasse	Grundwerte σ_0 der zulässigen Druckspannungen MN/m² Vermauerung mit Dünnbettmörtel Bellenberg Verfüllung mit Beton B15
Länge mm	Breite mm	Höhe mm		
372 497	145 175 200	249	8 12 20	1,4 1,8 2,4
372 497	240	249	8 12 20	1,6 2,1 2,4

2.1.2.3 Plansteine aus Leichtbeton oder Beton

Antragsteller:	Zulassungsgegenstand:
Betonwerk Otto Pallmann u. Sohn Veerenkamp 27 21739 Dollern	**Mauerwerk aus Pallmann-Planvollblöcken** **aus Leichtbeton im Dünnbettverfahren**
Zulassungsnummer: **Z-17.1-616**	Geltungsdauer vom 21.11.1997 bis 20.11.2002

Rohdichte- klasse	Rechenwerte der Wärmeleitfähigkeit λ_R W/(m·K) Pallmann-Dünnbettmörtel	Festigkeits- klasse	Grundwerte σ_0 der zulässigen Druckspannungen MN/m² Pallmann-Dünnbettmörtel
0,6 0,7 0,8	siehe DIN 4108-4: 1991-11, Zeile 4.5.2.4.1 und Zeile 4.5.2.4.2	2 4	0,6 0,9

Antragsteller:	Zulassungsgegenstand:
Betonwerk Otto Pallmann u. Sohn Veerenkamp 27 21739 Dollern	**Mauerwerk aus Pallmann-Planhohlblöcken** **aus Leichtbeton im Dünnbettverfahren**
Zulassungsnummer: **Z-17.1-622**	Geltungsdauer vom 20.11.1997 bis 19.11.2002

Rohdichte- klasse	Rechenwerte der Wärmeleitfähigkeit λ_R W/(m·K) Pallmann-Dünnbettmörtel	Festigkeits- klasse	Grundwerte σ_0 der zulässigen Druckspannungen MN/m² Pallmann-Dünnbettmörtel
0,6 0,7 0,8	siehe DIN 4108-4: 1991-11, Zeile 4.5.1.1	2 4	0,6 0,9

Zulassungen

Antragsteller: **Betonwerk Otto Pallmann u. Sohn** Veerenkamp 27 21739 Dollern	Zulassungsgegenstand: **Mauerwerk aus Pallmann-Planhohlblöcken aus Normalbeton im Dünnbettverfahren**
Zulassungsnummer: **Z-17.1-623**	Geltungsdauer vom 20.11.1997 bis 19.11.2002

Rohdichte-klasse	Rechenwerte der Wärmeleitfähigkeit λ_R W/(m·K) Pallmann-Dünnbettmörtel	Festigkeits-klasse	Grundwerte σ_0 der zulässigen Druckspannungen MN/m² Pallmann-Dünnbettmörtel
1,2	siehe DIN 4108-4: 1991-11, Zeile 4.5.3.1	8 12	1,4 1,8

Antragsteller: **Birkenmeier KG GmbH & Co. Baustoffwerke** Industriegebiet 5-7 79206 Breisach	Zulassungsgegenstand: **Mauerwerk aus Liaplan-Steinen im Dünnbettverfahren**
Zulassungsnummer: **Z-17.1-481**	Geltungsdauer vom 13.9.1999 bis 12.9.2004

Rohdichte-klasse	Rechenwerte der Wärmeleitfähigkeit λ_R W/(m·K) Liaplan-Dünnbettmörtel 1, Liaplan-Dünnbettmörtel 2, Liaplan-Dünnbettmörtel 3	Festigkeits-klasse	Grundwerte σ_0 der zulässigen Druckspannungen MN/m² Liaplan-Dünnbettmörtel 1, Liaplan-Dünnbettmörtel 2, Liaplan-Dünnbettmörtel 3
0,5 0,6 0,8 1,0	0,14 0,16 0,18 0,21	2 4 6	0,6 0,9 1,2

Antragsteller: **BISOTHERM GmbH** Eisenbahnstraße 12 56218 Mülheim-Kärlich	Zulassungsgegenstand: **Mauerwerk aus Biso-Block-Steinen aus Leichtbeton im Dünnbettverfahren**
Zulassungsnummer: **Z-17.1-526**	Geltungsdauer vom 30.6.1995 bis 30.6.2000

Rohdichte-klasse	Rechenwerte der Wärmeleitfähigkeit λ_R W/(m·K) Bisoplan-Dünnbettmörtel	Festigkeits-klasse	Grundwerte σ_0 der zulässigen Druckspannungen MN/m² Bisoplan-Dünnbettmörtel
0,50 0,55 0,60 0,65 0,70	0,14 0,16 0,16 0,18 0,18	2 4	0,5 0,9

Zulassungen

Antragsteller: **BISOTHERM GmbH** Eisenbahnstraße 12 56218 Mülheim-Kärlich		Zulassungsgegenstand: **Mauerwerk aus Bisotherm-Vollblöcken SW-Plus aus Leichtbeton im Dünnbettverfahren**	
Zulassungsnummer: **Z-17.1-524**		Geltungsdauer vom 30.6.1995 bis 30.6.2000	
Rohdichte- klasse	Rechenwerte der Wärmeleitfähigkeit λ_R W/(m·K) Bisoplan-Dünnbettmörtel	Festigkeits- klasse	Grundwerte σ_0 der zulässigen Druckspannungen MN/m² Bisoplan-Dünnbettmörtel
l x b	247 mm x 300 mm, 247 mm x 365 mm, 497 mm x 240 mm, 497 mm x 300 mm	2 4 6	0,5 0,9 1,2
0,50 0,55 0,60 0,65 0,70 0,80	0,13 0,14 0,14 0,16 0,16[1] 0,21[2]		
l x b	372 mm x 300 mm, 372 mm x 365 mm		
0,50 0,55 0,60 0,65 0,70 0,80	0,13 0,14 0,16 0,18 0,18 0,21		

[1] Bei Steinen 497 mm x 300 mm ist hiervon abweichend λ_R = 0,18 W/(m·K).
[2] Bei Steinen 497 mm x 240 mm ist hiervon abweichend λ_R = 0,18 W/(m·K).

Antragsteller: **BISOTHERM GmbH** Eisenbahnstraße 12 56218 Mülheim-Kärlich		Zulassungsgegenstand: **Mauerwerk aus Rika-Dämmblöcken mit elliptischer Lochung aus Leichtbeton im Dünnbettverfahren**	
Zulassungsnummer: **Z-17.1-525**		Geltungsdauer vom 30.6.1995 bis 30.6.2000	
Rohdichte- klasse	Rechenwerte der Wärmeleitfähigkeit λ_R W/(m·K) Bisoplan-Dünnbettmörtel	Festigkeits- klasse	Grundwerte σ_0 der zulässigen Druckspannungen MN/m² Bisoplan-Dünnbettmörtel
	Rika-BI-Dämmblöcke	2 4	0,5 0,9
0,50 0,55 0,60 0,65 0,70	0,16 0,18 0,18 0,21 0,21		
	Rika-NA-Dämmblöcke		
0,50 0,55 0,60 0,65 0,70	0,18 0,21 0,21 0,24 0,24		

Zulassungen

Antragsteller:			Zulassungsgegenstand:
GISOTON-Baustoffwerke Gebhart & Söhne GmbH & Co. Hochstraße 2, 88317 Aichstetten			**GISOPLAN-Therm Wandsystem**

Zulassungsnummer: **Z-17.1-672**	Geltungsdauer vom 28.7.1999[1] bis 27.7.2004 [1] geändert und ergänzt durch Bescheid vom 23.9.1999

	Rechenwerte der Wärmeleitfähigkeit λ_R W/(m·K) Dünnbettmörtel „Extraplan, rot"	Festigkeits-klasse	Grundwerte σ_0 der zulässigen Druckspannungen MN/m² Dünnbettmörtel „Extraplan, rot"
Typ 25/10	0,080	8	1,4
Typ 30/15	0,070		
Typ 30/10	0,090		
Typ 35/15	0,080		

Antragsteller:			Zulassungsgegenstand:
Gisoton Baustoffwerke Gebhart & Söhne KG Hochstraße 2, 88317 Aichstetten			**Mauerwerk aus GISOTON-Plansteinen mit integrierter Wärmedämmung**

Zulassungsnummer: **Z-17.1-566**	Geltungsdauer vom 7.8.1996[1] bis 31.8.2001 [1] geändert durch Bescheid vom 6.9.1996

Rohdichte-klasse	Rechenwerte der Wärmeleitfähigkeit λ_R W/(m·K) GISOTON-Dünnbettmörtel	Festigkeits-klasse	Grundwerte σ_0 der zulässigen Druckspannungen MN/m² GISOTON-Dünnbettmörtel
0,65	0,14	2	0,6
0,80	0,16	4	0,9

Antragsteller:			Zulassungsgegenstand:
KLB-Klimaleichtblock GmbH Sandkauler Weg 1, 56564 Neuwied			**Mauerwerk aus KLB-Plansteinen im Dünnbettverfahren**

Zulassungsnummer: **Z-17.1-459**	Geltungsdauer vom 18.3.1997 bis 18.3.2002

Rohdichte-klasse	Rechenwerte der Wärmeleitfähigkeit λ_R W/(m·K) KLB-Dünnbettmörtel	Festigkeits-klasse	Grundwerte σ_0 der zulässigen Druckspannungen MN/m² KLB-Dünnbettmörtel
KLB-Planhohlblöcke W1		2	0,5
0,6	0,21	4	0,9
0,8	0,27	6	1,2
1,0	0,33[1]		
KLB-Planvollblöcke			
1,4	0,63		
1,8	0,87		
2,0	0,99		

[1] bei Plansteinen mit der Breite 240 mm ist λ_R = 0,36 W/(m·K)

Zulassungen

Antragsteller:	Zulassungsgegenstand:
KLB-Klimaleichtblock GmbH Sandkauler Weg 1 56564 Neuwied	**Mauerwerk aus KLB-Planvollblöcken SW1 und W3 im Dünnbettverfahren**
Zulassungsnummer: **Z-17.1-598**	Geltungsdauer vom 26.3.1997 bis 25.3.2002

Rohdichte-klasse	Rechenwerte der Wärmeleitfähigkeit λ_R W/(m·K) KLB-Dünnbettmörtel	Festigkeits-klasse	Grundwerte σ_0 der zulässigen Druckspannungen MN/m² KLB-Dünnbettmörtel
KLB-Planvollblöcke SW1		2	0,5
0,5	0,13	4	0,8
0,6	0,14	6	1,0
0,7	0,16		
0,8	0,18		
KLB-Planvollblöcke W3			
0,5	0,16		
0,6	0,16		
0,7	0,18		
0,8	0,21		

Antragsteller:	Zulassungsgegenstand:
Lias Leichtbaustoffe GmbH & Co. KG 78609 Tuningen **Lias-Franken Leichtbaustoffe GmbH & Co. KG** 91352 Hallerndorf	**Mauerwerk aus Liapor-System-Planblöcken im Dünnbettverfahren**
Zulassungsnummer: **Z-17.1-485**	Geltungsdauer vom 25.8.1992 bis 31.7.1997[1] [1] Verlängerung der Geltungsdauer in Bearbeitung

Rohdichte-klasse	Rechenwerte der Wärmeleitfähigkeit λ_R W/(m·K) Liapor-Dünnbettmörtel	Festigkeits-klasse	Grundwerte σ_0 der zulässigen Druckspannungen MN/m² Liapor-Dünnbettmörtel
l x b x h	246 mm x 300 mm x 248 mm 246 mm x 365 mm x 248 mm	2	0,6
0,6	0,21		
0,7	0,24		
l x b x h	372 mm x 300 mm x 248 mm 372 mm x 365 mm x 248 mm		
0,6	0,16		
0,7	0,18		

Antragsteller: **Veit Dennert KG Baustoffbetriebe** 96132 Schlüsselfeld			Zulassungsgegenstand: **Mauerwerk aus Calimax-P-Plansteinen im Dünnbettverfahren**
Zulassungsnummer: **Z-17.1-457**			Geltungsdauer vom 11.3.1997[1] bis 10.3.2002 [1] geändert durch Bescheid vom 3.4.1997
Rohdichte- klasse	Rechenwerte der Wärmeleitfähigkeit λ_R W/(m·K) Calimax-Dünnbettmörtel	Festigkeits- klasse	Grundwerte σ_0 der zulässigen Druckspannungen MN/m² Calimax-Dünnbettmörtel
0,7 0,8	0,18 0,21	2 4	0,6 0,9

Antragsteller: **Veit Dennert KG Baustoffbetriebe** 96132 Schlüsselfeld			Zulassungsgegenstand: **Mauerwerk aus Calimax-P-Plansteinen KS im Dünnbettverfahren**
Zulassungsnummer: **Z-17.1-590**			Geltungsdauer vom 3.4.1997 bis 2.4.2002
Rohdichte- klasse	Rechenwerte der Wärmeleitfähigkeit λ_R W/(m·K) Calimax-Dünnbettmörtel	Festigkeits- klasse	Grundwerte σ_0 der zulässigen Druckspannungen MN/m² Calimax-Dünnbettmörtel
0,7 0,8	0,18 0,21	2 4	0,6 0,9

2.1.2.4 Kalksandplansteine

Antragsteller: **Bundesverband Kalksandsteinindustrie e.V.** Entenfangweg 15 30419 Hannover			Zulassungsgegenstand: **Mauerwerk aus KS-Yali-Plansteinen im Dünnbettverfahren**
Zulassungsnummer: **Z-17.1-446**			Geltungsdauer vom 4.6.1991[1] bis 31.5.1996[2] [1] ergänzt durch Bescheid vom 30.9.1994 [2] Verlängerung der Geltungsdauer in Bearbeitung
Rohdichte- klasse	Rechenwerte der Wärmeleitfähigkeit λ_R W/(m·K) Dünnbettmörtel nach DIN 1053-1	Festigkeits- klasse	Grundwerte σ_0 der zulässigen Druckspannungen MN/m² Dünnbettmörtel nach DIN 1053-1
0,7 0,8 0,9	0,21 0,24 0,24	4 6	0,9 1,2

Zulassungen

Antragsteller:	Zulassungsgegenstand:
Haniel Baustoff-Industrie Kalksandstein GmbH Sophienwerderweg 51-60 13597 Berlin	**Mauerwerk aus Kalksand-Plansteinen ohne Stoßfugenvermörtelung (bezeichnet als KS-SYSTEM-BERLIN)**
Zulassungsnummer: **Z-17.1-408**	Geltungsdauer vom 14.8.1997[1] bis 8.9.2003 [1] Geltungsdauer verlängert durch Bescheid vom 9.9.1998

Rohdichte-klasse	Rechenwerte der Wärmeleitfähigkeit λ_R W/(m·K) Dünnbettmörtel nach DIN 1053-1	Festigkeits-klasse	Grundwerte σ_0 der zulässigen Druckspannungen MN/m² Dünnbettmörtel nach DIN 1053-1
2,0	1,1	20 28	2,9 3,4

Antragsteller:	Zulassungsgegenstand:
Parc Land Haus Ringstraße 36 32584 Löhne	**Mauerwerk aus KS-Formsteinen und Dünnbettmörtel PLH**
Zulassungsnummer: **Z-17.1-615**	Geltungsdauer vom 25.9.1998 bis 23.9.2003

Rohdichte-klasse	Rechenwerte der Wärmeleitfähigkeit λ_R W/(m·K) Dünnbettmörtel nach DIN 1053-1	Festigkeits-klasse	Grundwerte σ_0 der zulässigen Druckspannungen MN/m² Dünnbettmörtel PLH
1,2	Siehe DIN 4108-4, Zeile 4.2	12	1,8

Antragsteller:	Zulassungsgegenstand:
SICOWA Verfahrenstechnik für Baustofffe GmbH & Co. KG Hander Weg 17 52072 Aachen	**Mauerwerk aus Sicowa-Plansteinen**
Zulassungsnummer: **Z-17.1-315**	Geltungsdauer vom 30.6.1995 bis 30.6.2000

Rohdichte-klasse	Rechenwerte der Wärmeleitfähigkeit λ_R W/(m·K) Sicowa-Dünnbettmörtel	Festigkeits-klasse	Grundwerte σ_0 der zulässigen Druckspannungen MN/m² Sicowa-Dünnbettmörtel
0,5 0,6 0,8	0,16 0,21 0,30	2 4 6 8	0,6 1,0 1,4 1,8

Antragsteller:	Zulassungsgegenstand:
SICOWA Verfahrenstechnik für Baustofffe GmbH & Co. KG Hander Weg 17 52072 Aachen	**Mauerwerk aus Sicabrick-Plansteinen**
Zulassungsnummer: **Z-17.1-384**	Geltungsdauer vom 30.6.1995 bis 30.6.2000

Rohdichte-klasse	Rechenwerte der Wärmeleitfähigkeit λ_R W/(m·K) Sicabrick-Dünnbettmörtel	Festigkeits-klasse	Grundwerte σ_0 der zulässigen Druckspannungen MN/m² Sicabrick-Dünnbettmörtel
0,5	0,16	2	0,6
0,6	0,21	4	1,0
0,8	0,30	6	1,4
		8	1,8

2.1.2.5 Porenbetonplansteine

Antragsteller:	Zulassungsgegenstand:
Bundesverband Kalksandsteinindustrie e.V. – Arbeitsgruppe Porenstein - Entenfangweg 15 30419 Hannover	**Porenbeton-Blocksteine und Porenbeton-Plansteine der Rohdichteklasse 0,50 in der Festigkeitsklasse 4**
Zulassungsnummer: **Z-17.1-629**	Geltungsdauer vom 8.5.1998 bis 7.5.2003

Rohdichte-klasse	Rechenwerte der Wärmeleitfähigkeit λ_R W/(m·K)	Festigkeits-klasse	Grundwerte σ_0 der zulässigen Druckspannungen MN/m²
0,50	Siehe DIN 4108-4: 1991-11, Zeile 4.4.1 und Zeile 4.4.2	4	siehe DIN 1053-1: 1996-11, Tabelle 4a und Tabelle 4b

Antragsteller:	Zulassungsgegenstand:
Bundesverband Kalksandsteinindustrie e.V. - Arbeitsgruppe Porenstein - Entenfangweg 15 30419 Hannover	**Porenbeton-Plansteine W (bezeichnet als „Porensteine W") der Rohdichteklasse 0,50 in der Festigkeitsklasse 4**
Zulassungsnummer: **Z-17.1-630**	Geltungsdauer vom 8.5.1998 bis 7.5.2003

Rohdichte-klasse	Rechenwerte der Wärmeleitfähigkeit λ_R W/(m·K) Dünnbettmörtel nach DIN 1053-1	Festigkeits-klasse	Grundwerte σ_0 der zulässigen Druckspannungen MN/m² Dünnbettmörtel nach DIN 1053-1
0,50	0,14	4	siehe DIN 1053-1: 1996-11, Tabelle 4b

Zulassungen

Antragsteller: **Hebel AG** Reginawerk 2-3 82275 Emmering	Zulassungsgegenstand: **Porenbeton-Blocksteine und Porenbeton-Plansteine der Rohdichteklasse 0,50 in der Festigkeitsklasse 4 und der Rohdichteklasse 0,60 in der Festigkeitsklasse 6**
Zulassungsnummer: **Z-17.1-564**	Geltungsdauer vom 30.9.1996 bis 30.9.2001

Rohdichte- klasse	Rechenwerte der Wärmeleitfähigkeit λ_R W/(m·K)	Festigkeits- klasse	Grundwerte σ_0 der zulässigen Druckspannungen MN/m²
0,50 0,60	siehe DIN 4108-4: 1991-11, Zeile 4.4.1 und Zeile 4.4.2	4 6	siehe DIN 1053-1: 1990-02, Tabelle 3 und Tabelle 4

Antragsteller: **Hebel AG** Reginawerk 2-3 82275 Emmering	Zulassungsgegenstand: **Porenbeton-Plansteine W der Rohdichteklasse 0,50 in der Festigkeitsklasse 4 und der Rohdichteklasse 0,60 in der Festigkeitsklasse 6**
Zulassungsnummer: **Z-17.1-540**	Geltungsdauer vom 30.9.1996 bis 31.5.2000

Rohdichte- klasse	Rechenwerte der Wärmeleitfähigkeit λ_R W/(m·K) Dünnbettmörtel nach DIN 1053-1	Festigkeits- klasse	Grundwerte σ_0 der zulässigen Druckspannungen MN/m² Dünnbettmörtel nach DIN 1053-1
0,50 0,60	0,14 0,16	4 6	siehe DIN 1053-1: 1990-02, Tabelle 4

Antragsteller: **YTONG Aktiengesellschaft** Hornstraße 3 80797 München	Zulassungsgegenstand: **YTONG-Blocksteine und YTONG-Plansteine der Rohdichteklasse 0,50 in der Festigkeitsklasse 4**
Zulassungsnummer: **Z-17.1-576**	Geltungsdauer vom 30.9.1996 bis 30.9.2001

Rohdichte- klasse	Rechenwerte der Wärmeleitfähigkeit λ_R W/(m·K)	Festigkeits- klasse	Grundwerte σ_0 der zulässigen Druckspannungen MN/m²
0,50	siehe DIN 4108-4: 1991-11, Zeile 4.4.1 und Zeile 4.4.2	4	siehe DIN 1053-1: 1990-02, Tabelle 3 und Tabelle 4

Antragsteller: **YTONG Aktiengesellschaft** Hornstraße 3 80797 München	Zulassungsgegenstand: **YTONG-Plansteine W der Rohdichteklasse 0,50 in der Festigkeitsklasse 4**
Zulassungsnummer: **Z-17.1-543**	Geltungsdauer vom 30.9.1996 bis 31.10.2000

Rohdichte- klasse	Rechenwerte der Wärmeleitfähigkeit λ_R W/(m·K) Dünnbettmörtel nach DIN 1053-1	Festigkeits- klasse	Grundwerte σ_0 der zulässigen Druckspannungen MN/m² Dünnbettmörtel nach DIN 1053-1
0,50	0,14	4	siehe DIN 1053-1: 1990-02, Tabelle 4

2.1.3 Steine üblichen Formats für Mauerwerk im Mittelbettverfahren

Antragsteller: **maxit Holding GmbH** Kettengasse 7a 79206 Breisach			Zulassungsgegenstand: **Mauerwerk im Mittelbettverfahren aus klimaton ST-Ziegeln und maxittherm 800**
Zulassungsnummer: **Z-17.1-662**			Geltungsdauer vom 8.2.1999 bis 7.2.2004
Rohdichte- klasse	Rechenwerte der Wärmeleitfähigkeit λ_R W/(m·K) Mittelbettmörtel maxittherm 800	Festigkeits- klasse	Grundwerte σ_0 der zulässigen Druckspannungen MN/m² Mittelbettmörtel maxittherm 800
0,70	0,14	8 10 12	0,6 0,7 0,7

Antragsteller: **Megalith Baustoffwerke Verkauf GmbH** Mödlitzer Straße 56 96279 Weidhausen			Zulassungsgegenstand: **Mauerwerk aus Megatherm-Leichthochlochziegeln im Mittelbettverfahren**
Zulassungsnummer: **Z-17.1-614**			Geltungsdauer vom 13.2.1998 bis 12.2.2003
Rohdichte- klasse	Rechenwerte der Wärmeleitfähigkeit λ_R W/(m·K) Megalith-Mittelbettmörtel	Festigkeits- klasse	Grundwerte σ_0 der zulässigen Druckspannungen MN/m² Megalith-Mittelbettmörtel
0,6 0,7	0,14 0,16	6 8 12	0,7 0,9 1,0

Antragsteller: **Megalith Baustoffwerke Verkauf GmbH** Mödlitzer Straße 56 96279 Weidhausen			Zulassungsgegenstand: **Mauerwerk aus Megalith-Hochlochziegeln im Mittelbettverfahren**
Zulassungsnummer: **Z-17.1-648**			Geltungsdauer vom 30.7.1998 bis 29.7.2003
Rohdichte- klasse	Rechenwerte der Wärmeleitfähigkeit λ_R W/(m·K) Megalith-Mittelbettmörtel	Festigkeits- klasse	Grundwerte σ_0 der zulässigen Druckspannungen MN/m² Megalith-Mittelbettmörtel
0,8 0,9 1,0 1,2 1,4	Siehe DIN 4108-4: 1991-11, Zeile 4.1.3 und Zeile 4.1.2, Werte für Leichtmörtel	8 12 20	1,0 1,2 1,4

Zulassungen

Antragsteller:	Zulassungsgegenstand:
unipor-Ziegel Marketing GmbH Aidenbachstraße 234 81479 München	**Mauerwerk aus unipor Z-Hochlochziegeln im Mittelbettverfahren**
Zulassungsnummer: **Z-17.1-645**	Geltungsdauer vom 30.7.1998 bis 27.7.2003

Rohdichte-klasse	Rechenwerte der Wärmeleitfähigkeit λ_R W/(m·K) unipor-Mittelbettmörtel L	Festigkeits-klasse	Grundwerte σ_0 der zulässigen Druckspannungen MN/m² unipor-Mittelbettmörtel L
	Ziegelhöhe 244 mm	6	0,9
0,8 0,9 1,0	0,18 0,18 0,33	8 12	1,0 1,1
	Ziegelhöhe 119 mm		
0,8 0,9 1,0	0,27 0,30 0,33		

2.1.4 Mehrschalige Steine

Antragsteller:	Zulassungsgegenstand:
KLB-Klimaleichtblock GmbH Sandkauler Weg 1 56564 Neuwied	**Zweischaliges Mauerwerk mit Kerndämmung für Außenwände aus dreischaligen Steinen (bezeichnet als KLB-Isoblock)**
Zulassungsnummer: **Z-17.1-468**	Geltungsdauer vom 27.1.1992[1] bis 15.4.1999[2] [1] geändert durch Bescheid vom 16.4.1998 [2] Verlängerung der Geltungsdauer in Bearbeitung

Rohdichte-klasse	Rechenwerte der Wärmeleitfähigkeit λ_R W/(m·K)			Festigkeits-klasse	Grundwerte σ_0 der zulässigen Druckspannungen MN/m²				
	Normal-mörtel	Leichtmörtel			Normalmörtel			Leichtmörtel	
		LM 21	LM 36		II	IIa	III	LM 21	LM 36
KLB-Isoblock				2	-	-	-	0,5	0,5
0,6	-	0,13	0,14	4	-	-	-	0,7	0,8
0,8	-	0,14	0,16	6	-	-	-	0,7	0,9
1,0	-	0,16	0,18	8	-	-	-	0,8	1,0
1,2	-	0,18	0,18						
KLB-Isoblock NB									
0,6	-	0,12	0,13						
0,8	-	0,14	0,16						

2.1.5 Großformatige Elemente für Mauerwerk mit Normalmörtel und Leichtmörtel

Antragsteller: **Aktiengesellschaft für Steinindustrie** Sohler Weg 34 56564 Neuwied	Zulassungsgegenstand: **Großformatige thermolith-Vollblocksteine aus Leichtbeton**
Zulassungsnummer: **Z-17.1-187**	Geltungsdauer vom 26.11.1997 bis 25.11.2002

Maße			Festigkeits-klasse	Grundwerte σ_0 der zulässigen Druckspannungen MN/m²				
Länge	Breite	Höhe		Normalmörtel			Leichtmörtel	
mm	mm	mm		II	IIa	III	LM 21	LM 36
995	240 300 365	490 615	2 4 6	- - -	0,5 0,8 1,0	0,5 0,9 1,2	0,5 0,7 0,7	0,5 0,8 0,9
			Rohdichte-klasse	Rechenwerte der Wärmeleitfähigkeit λ_R W/(m·K)				
				Normalmörtel			Leichtmörtel	
							LM 21	LM 36
			0,5 0,6 0,7 0,8	0,16 0,18 0,21 0,24			0,14 0,16 0,18 0,21	0,14 0,18 0,21 0,24

Antragsteller: **Aktiengesellschaft für Steinindustrie** Sohler Weg 34 56564 Neuwied	Zulassungsgegenstand: **Großformatige thermolith-Vollblocksteine aus Leichtbeton**
Zulassungsnummer: **Z-17.1-421**	Geltungsdauer vom 26.11.1997 bis 25.11.2002

Maße			Festigkeits-klasse	Grundwerte σ_0 der zulässigen Druckspannungen MN/m²				
Länge	Breite	Höhe		Normalmörtel			Leichtmörtel	
mm	mm	mm		II	IIa	III	LM 21	LM 36
995	115 150 200 240 300 365	490 615	2 4 6 8 12	- - - - -	0,5 0,8 1,0 1,2 1,6	0,5 0,9 1,2 1,4 1,8	- - - - -	- - - - -
			Rohdichte-klasse	Rechenwerte der Wärmeleitfähigkeit λ_R W/(m·K)				
				Normalmörtel			Leichtmörtel	
							LM 21	LM 36
			0,8 0,9 1,0 1,2 1,4 1,6 1,8 2,0	0,39 0,43 0,46 0,54 0,63 0,74 0,87 0,99			- - - - - - - -	- - - - - - - -

Zulassungen

Antragsteller: **Bisotherm GmbH** Eisenbahnstraße 12 56218 Mülheim-Kärlich	Zulassungsgegenstand: **BISOTHERM-Großblöcke „BISO-Megablock"**
Zulassungsnummer: **Z-17.1-571**	Geltungsdauer vom 11.3.1997 bis 10.3.2002

Maße			Festigkeitsklasse	Grundwerte σ_0 der zulässigen Druckspannungen MN/m²				
Länge	Breite	Höhe		Normalmörtel			Leichtmörtel	
mm	mm	mm		II	IIa	III	LM 21	LM 36
997	240 300 365	490 615	2 4 6	- - -	0,5 0,8 1,0	0,5 0,9 1,2	0,5 0,7 0,7	0,5 0,8 0,9

Rohdichteklasse	Rechenwerte der Wärmeleitfähigkeit λ_R W/(m·K)			
	Normalmörtel		Leichtmörtel	
			LM 21	LM 36
0,50 0,55 0,60 0,65 0,70 0,80	0,14 0,16 0,16 0,18 0,18 0,21	0,13 0,14 0,16 0,16 0,18 0,21	0,14[1] 0,14 0,16 0,16 0,18 0,21	

[1] Für die Wanddicke 240 mm („BISO-Megablock 24") ist $\lambda_R = 0{,}13$ W/(m·K)

Antragsteller: **Bisotherm GmbH** Eisenbahnstraße 12 56218 Mülheim-Kärlich	Zulassungsgegenstand: **BISOTHERM-Großblöcke „BISO-Megaphon"**
Zulassungsnummer: **Z-17.1-572**	Geltungsdauer vom 18.3.1997 bis 17.3.2002

Maße			Festigkeitsklasse	Grundwerte σ_0 der zulässigen Druckspannungen MN/m²				
Länge	Breite	Höhe		Normalmörtel			Leichtmörtel	
mm	mm	mm		II	IIa	III	LM 21	LM 36
997	115 150 175 200 240 300 365	490 615	4 6 8 12	- - - -	0,8 1,0 1,2 1,6	0,9 1,2 1,4 1,8	- - - -	- - - -

Rohdichteklasse	Rechenwerte der Wärmeleitfähigkeit λ_R W/(m·K)			
	Normalmörtel		Leichtmörtel	
			LM 21	LM 36
0,8 0,9 1,0 1,2 1,4 1,6 1,8 2,0	0,39 0,43 0,46 0,54 0,63 0,74 0,87 0,99		- - - - - - - -	- - - - - - - -

Zulassungen

Antragsteller: **Dennert Poraver GmbH** 92353 Postbauer-Heng	Zulassungsgegenstand: **Wandbauart aus PORAVER-Wandelementen „L"**
Zulassungsnummer: **Z-17.1-475**	Geltungsdauer vom 3.8.1992[1] bis 20.4.1999[2] [1] geändert durch Bescheid vom 21.4.1998 [2] Verlängerung der Geltungsdauer in Bearbeitung

Maße			Festigkeits-klasse	Grundwerte σ_0 der zulässigen Druckspannungen MN/m²				
Länge	Breite	Höhe		Normalmörtel			Leichtmörtel	
mm	mm	mm		II	IIa	III	LM 21	LM 36
1499 (1490)	115	738 bis 863	2	-	-	-	0,5	-
1999 (1990)	175		4	-	-	-	0,7	-
2249 (2240)	240							
(Regelelemente)	300		Rohdichte-klasse	Rechenwerte der Wärmeleitfähigkeit λ_R W/(m·K)				
379 bis 2249	365			Normalmörtel			Leichtmörtel	
(370 bis 2240)							LM 21	LM 36
(Paßelemente)								
Die angegebenen Längen gelten bei knirsch gestoßener Vermauerung der Elmente, die in Klammern angegebenen Werte bei Vermauerung mit Stoßfugenvermörtelung.			0,5	-			0,14	-
			0,6	-			0,16	-
			0,7	-			0,18	-

Antragsteller: **Dennert Poraver GmbH** 92353 Postbauer-Heng	Zulassungsgegenstand: **Wandbauart aus PORAVER-Wandelementen „S"**
Zulassungsnummer: **Z-17.1-476**	Geltungsdauer vom 3.8.1992[1] bis 20.4.1999[2] [1] geändert durch Bescheid vom 21.4.1998 [2] Verlängerung der Geltungsdauer in Bearbeitung

Maße			Festigkeits-klasse	Grundwerte σ_0 der zulässigen Druckspannungen MN/m²				
Länge	Breite	Höhe		Normalmörtel			Leichtmörtel	
mm	mm	mm		II	IIa	III	LM 21	LM 36
1499 (1490)	115	738 bis 863	6	-	1,0	1,2	-	-
1999 (1990)	175		8	-	1,2	1,4	-	-
2249 (2240)	240		12	-	1,6	1,8	-	-
(Regelelemente)	300		Rohdichte-klasse	Rechenwerte der Wärmeleitfähigkeit λ_R W/(m·K)				
379 bis 2249	365			Normalmörtel			Leichtmörtel	
(370 bis 2240)							LM 21	LM 36
(Paßelemente)								
Die angegebenen Längen gelten bei knirsch gestoßener Vermauerung der Elmente, die in Klammern angegebenen Werte bei Vermauerung mit Stoßfugenvermörtelung.			1,6	0,74			-	-
			1,8	0,87			-	-
			2,0	0,99			-	-

J

Zulassungen

Antragsteller: **KLB-Klimaleichtblock GmbH** Sandkauler Weg 1 56564 Neuwied	Zulassungsgegenstand: **Mauerwerk aus Leichtbeton-Elementen (bezeichnet als „KLB-Wandelemente")**
Zulassungsnummer: **Z-17.1-467**	Geltungsdauer vom 31.1.1992[1] bis 14.4.1999[2] [1] geändert durch Bescheid vom 15.4.1998 [2] Verlängerung der Geltungsdauer in Bearbeitung

Maße			Festigkeits-klasse	Grundwerte σ_0 der zulässigen Druckspannungen MN/m^2				
Länge	Breite	Höhe		Normalmörtel			Leichtmörtel	
mm	mm	mm		II	IIa	III	LM 21	LM 36
747 997	115 150 175 200 240 300 365	488 503 515 613	2 4 6 8 12	0,5 0,7 0,9 1,0 1,2	0,5 0,8 1,0 1,2 1,6	- 0,9 1,2 1,4 1,8	0,5 0,7 0,7 0,8 0,9	0,5 0,8 0,9 1,0 1,1
			Rohdichte-klasse	Rechenwerte der Wärmeleitfähigkeit λ_R $W/(m \cdot K)$				
				Normalmörtel			Leichtmörtel	
							LM 21	LM 36
			0,6 0,8 1,0 1,4 1,8	0,32 0,39 0,46 0,63 0,87			0,26 0,33 0,40 0,57 0,81	0,26 0,33 0,40 0,57 0,81

Antragsteller: **Steinwerke Ludwig Weber GmbH** Königsheide 44359 Dortmund	Zulassungsgegenstand: **Großformatige Mauersteine aus Leichtbeton (bezeichnet als GroMa)**
Zulassungsnummer: **Z-17.1-479**	Geltungsdauer vom 15.3.1993 bis 28.2.1998[1] [1] Verlängerung der Geltungsdauer in Bearbeitung

Maße			Festigkeits-klasse	Grundwerte σ_0 der zulässigen Druckspannungen MN/m^2				
Länge	Breite	Höhe		Normalmörtel			Leichtmörtel	
mm	mm	mm		II	IIa	III	LM 21	LM 36
1000	175 240 300 365	488	8 12	1,0 1,2	1,2 1,6	1,4 1,8	- -	- -
			Rohdichte-klasse	Rechenwerte der Wärmeleitfähigkeit λ_R $W/(m \cdot K)$				
				Normalmörtel			Leichtmörtel	
							LM 21	LM 36
			1,4 1,6 1,8 2,0	0,63 0,74 0,87 0,99			- - - -	- - - -

Zulassungen

Antragsteller:	Zulassungsgegenstand:
Traßwerke Meurin Kölner Straße 17 56626 Andernach	**Meurin-Großblöcke** **„Pumix-Megablock"**
Zulassungsnummer: **Z-17.1-573**	Geltungsdauer vom 18.3.1997 bis 17.3.2002

Maße			Festigkeits-klasse	Grundwerte σ_0 der zulässigen Druckspannungen MN/m²				
Länge	Breite	Höhe		Normalmörtel			Leichtmörtel	
mm	mm	mm		II	IIa	III	LM 21	LM 36
997	240 300 365	490 615	2 4 6	- - -	0,5 0,8 1,0	0,5 0,9 1,2	0,5 0,7 0,7	0,5 0,8 0,9

Rohdichte-klasse	Rechenwerte der Wärmeleitfähigkeit λ_R W/(m·K)		
	Normalmörtel	Leichtmörtel	
		LM 21	LM 36
0,50	0,14	0,13	0,14[1]
0,55	0,16	0,14	0,14
0,60	0,16	0,16	0,16
0,65	0,18	0,16	0,16
0,70	0,18	0,18	0,18
0,80	0,21	0,21	0,21

[1] Für die Wanddicke 240 mm ist λ_R = 0,13 W/(m·K)

Antragsteller:	Zulassungsgegenstand:
Traßwerke Meurin Kölner Straße 17 56626 Andernach	**Meurin-Großblöcke** **„Pumix-Megaphon"**
Zulassungsnummer: **Z-17.1-574**	Geltungsdauer vom 18.3.1997 bis 17.3.2002

Maße			Festigkeits-klasse	Grundwerte σ_0 der zulässigen Druckspannungen MN/m²				
Länge	Breite	Höhe		Normalmörtel			Leichtmörtel	
mm	mm	mm		II	IIa	III	LM 21	LM 36
997	115 150 175 200 240 300 365	490 615	4 6 8 12	- - - -	0,8 1,0 1,2 1,6	0,9 1,2 1,4 1,8	- - - -	- - - -

Rohdichte-klasse	Rechenwerte der Wärmeleitfähigkeit λ_R W/(m·K)		
	Normalmörtel	Leichtmörtel	
		LM 21	LM 36
0,8	0,39	-	-
0,9	0,43	-	-
1,0	0,46	-	-
1,2	0,54	-	-
1,4	0,63	-	-
1,6	0,74	-	-
1,8	0,87	-	-
2,0	0,99	-	-

Zulassungen

Antragsteller: **Veit Dennert KG Baustoffwerke** 96132 Schlüsselfeld			Zulassungsgegenstand: **Wandbauart aus Dennert-Wandelementen „S"**					
Zulassungsnummer: **Z-17.1-305**			Geltungsdauer vom 22.10.1996 bis 31.8.2001					
	Maße		Festigkeits-klasse	Grundwerte σ_0 der zulässigen Druckspannungen MN/m²				
Länge mm	Breite mm	Höhe mm		Normalmörtel			Leichtmörtel	
				II	IIa	III	LM 21	LM 36
1495 (Regelelemente)	115 175 240	738 bis 863	8 12	- -	1,2 1,6	1,4 1,8	- -	- -
370 bis 1495 (Paßelemente)	300 365		Rohdichte-klasse	Rechenwerte der Wärmeleitfähigkeit λ_R W/(m·K)				
				Normalmörtel			Leichtmörtel LM 21	LM 36
			1,6 1,8 2,0	0,79 0,99 1,1			- - -	- - -

Antragsteller: **Veit Dennert KG Baustoffwerke** 96132 Schlüsselfeld			Zulassungsgegenstand: **Wandbauart aus Dennert-Wandelementen „L"**					
Zulassungsnummer: **Z-17.1-370**			Geltungsdauer vom 22.10.1996[1] bis 31.8.2001 [1] geändert durch Bescheid vom 22.4.1998					
	Maße		Festigkeits-klasse	Grundwerte σ_0 der zulässigen Druckspannungen MN/m²				
Länge mm	Breite mm	Höhe mm		Normalmörtel			Leichtmörtel	
				II	IIa	III	LM 21	LM 36
1495 (Regelelemente)	115 175 240	738 bis 863	2 4 6	- - -	- - -	- - -	0,5 0,7 0,7	- - -
370 bis 1495 (Paßelemente)	300 365		Rohdichte-klasse	Rechenwerte der Wärmeleitfähigkeit λ_R W/(m·K)				
				Normalmörtel			Leichtmörtel LM 21	LM 36
			0,6 0,7 0,8	- - -			0,16 0,18 0,21	- - -

Zulassungen

Antragsteller:	Zulassungsgegenstand:
Veit Dennert KG Baustoffwerke 96132 Schlüsselfeld	**Wandbauart aus drittelgeschoßhohen Dennert-Wandelementen „C"**
Zulassungsnummer: **Z-17.1-493**	Geltungsdauer vom 30.12.1994[1] bis 31.12.1999 [1] geändert durch Bescheid vom 3.4.1996

Maße			Festigkeits-klasse	Grundwerte σ_0 der zulässigen Druckspannungen MN/m²				
Länge	Breite	Höhe		Normalmörtel			Leichtmörtel	
mm	mm	mm		II	IIa	III	LM 21	LM 36
1500 bis 3000[1] (Regelelemente)	115 175 240	738 bis 863 drittel- geschoßhoch	2 4	- -	- -	- -	0,5 0,7	- -
375 bis 1500 (Paßelemente)	300 365		Rohdichte-klasse	Rechenwerte der Wärmeleitfähigkeit λ_R W/(m·K)				
				Normalmörtel		Leichtmörtel		
						LM 21		LM 36
			0,6 0,7 0,8	- - -		0,16 0,18 0,21		- - -

[1] in Rastersprüngen von 125 mm

Antragsteller:	Zulassungsgegenstand:
Veit Dennert KG Baustoffwerke 96132 Schlüsselfeld	**Wandbauart aus halbgeschoßhohen Dennert-Wandelementen „C"**
Zulassungsnummer: **Z-17.1-517**	Geltungsdauer vom 30.12.1994 bis 31.12.1999

Maße			Festigkeits-klasse	Grundwerte σ_0 der zulässigen Druckspannungen MN/m²				
Länge	Breite	Höhe		Normalmörtel			Leichtmörtel	
mm	mm	mm		II	IIa	III	LM 21	LM 36
1500 bis 3000[1] (Regelelemente)	115 175 240	Bis 1310 halbe Geschoßhöhe	2 4	- -	- -	- -	0,5 0,7	- -
375 bis 1500 (Paßelemente)	300 365		Rohdichte-klasse	Rechenwerte der Wärmeleitfähigkeit λ_R W/(m·K)				
				Normalmörtel		Leichtmörtel		
						LM 21		LM 36
			0,6 0,7 0,8	- - -		0,16 0,18 0,21		- - -

[1] in Rastersprüngen von 125 mm

J

Zulassungen

2.1.6 Großformatige Elemente für Mauerwerk im Dünnbettverfahren
2.1.6.1 Ziegel-Planelemente

Antragsteller: **unipor-Ziegel Marketing GmbH** Aidenbachstraße 234 81479 München	Zulassungsgegenstand: **Mauerwerk aus unipor-Planelementen** **„unipor-PE"**
Zulassungsnummer: **Z-17.1-600**	Geltungsdauer vom 27.1.1998 bis 26.1.2003

Länge mm	Maße Breite mm	Höhe mm	Druckfestigkeitsklasse der Planelemente	Grundwerte σ_0 der zulässigen Druckspannungen MN/m² unipor-Dünnbettmörtel ZP 101
497 (Regelelement)	115 175 240 300	499	12	1,8
≥ 247 ≤ 497 (Paßelemente)			Rohdichteklasse	Rechenwerte der Wärmeleitfähigkeit λ_R W/(m·K)
			1,0	0,45

2.1.6.2 Planelemente aus Leichtbeton

Antragsteller: **Dennert Poraver GmbH** 92353 Postbauer-Heng	Zulassungsgegenstand: **Wandbauart aus** **PORAVER-Planelementen „L"**
Zulassungsnummer: **Z-17.1-473**	Geltungsdauer vom 3.8.1992[1] bis 20.4.1999[2] [1] geändert durch Bescheid vom 21.4.1998 [2] Verlängerung der Geltungsdauer in Bearbeitung

Länge mm	Maße Breite mm	Höhe mm	Druckfestigkeitsklasse der Planelemente	Grundwerte σ_0 der zulässigen Druckspannungen MN/m² Dünnbettmörtel nach Z-17.1-473
1499 1999 2249 (Regelelemente)	115 175 240 300 365	749 bis 874	2 4	0,6 0,9
≥ 370 ≤ 2249 (Paßelemente)			Rohdichteklasse 0,5 0,6 0,7	Rechenwerte der Wärmeleitfähigkeit λ_R W/(m·K) 0,14 0,16 0,18

Zulassungen

Antragsteller: **Dennert Poraver GmbH** 92353 Postbauer-Heng	Zulassungsgegenstand: **Wandbauart aus PORAVER-Planelementen „S"**
Zulassungsnummer: **Z-17.1-474**	Geltungsdauer vom 3.8.1992[1] bis 20.4.1999[2] [1] geändert durch Bescheid vom 21.4.1998 [2] Verlängerung der Geltungsdauer in Bearbeitung

Länge mm	Maße Breite mm	Höhe mm	Druckfestigkeitsklasse der Planelemente	Grundwerte σ_0 der zulässigen Druckspannungen MN/m² Dünnbettmörtel nach Z-17.1-474
1499 1999 2249 (Regelelemente)	115 175 240 300 365	749 bis 874	6 8 12	1,2 1,4 1,8
≥ 370 ≤ 2249 (Paßelemente)			Rohdichteklasse	Rechenwerte der Wärmeleitfähigkeit λ_R W/(m·K)
			1,6 1,8 2,0	0,74 0,87 0,99

Antragsteller: **Veit Dennert KG Baustoffwerke** 96132 Schlüsselfeld	Zulassungsgegenstand: **Wandbauart aus drittelgeschoßhohen Dennert-Planelementen „C"**
Zulassungsnummer: **Z-17.1-488**	Geltungsdauer vom 30.12.1994[1] bis 31.12.1999 [1] geändert durch Bescheid vom 3.4.1996

Länge mm	Maße Breite mm	Höhe mm	Druckfestigkeitsklasse der Planelemente	Grundwerte σ_0 der zulässigen Druckspannungen MN/m² Dünnbettmörtel nach Z-17.1-488
1500 bis 3000[2] (Regelelemente)	115 175 240	749 bis 874 drittel- geschoßhoch	2 4	0,6 0,9
375 bis 1500 (Paßelemente)	300 365		Rohdichteklasse	Rechenwerte der Wärmeleitfähigkeit λ_R W/(m·K)
			0,6 0,7 0,8	0,16 0,18 0,21

[2] in Rastersprüngen von 125 mm

Antragsteller: **Veit Dennert KG Baustoffwerke** 96132 Schlüsselfeld	Zulassungsgegenstand: **Wandbauart aus drittelgeschoßhohen Dennert-Planelementen „C"**
Zulassungsnummer: **Z-17.1-518**	Geltungsdauer vom 30.12.1994 bis 31.12.1999

Länge mm	Maße Breite mm	Höhe mm	Druckfestigkeitsklasse der Planelemente	Grundwerte σ_0 der zulässigen Druckspannungen MN/m² Dünnbettmörtel nach Z-17.1-488
1500 bis 3000[1] (Regelelemente)	115 175 240	bis 1310 halbe Geschoßhöhe	2 4	0,6 0,9
375 bis 1500 (Paßelemente)	300 365		Rohdichteklasse	Rechenwerte der Wärmeleitfähigkeit λ_R W/(m·K)
			0,6 0,7 0,8	0,16 0,18 0,21

[1] in Rastersprüngen von 125 mm

2.1.6.3 Kalksand-Planelemente

Antragsteller:	Zulassungsgegenstand:
Baustoffwerke Havelland GmbH & Co. KG Veltener Straße 16767 Germendorf	**„KS 4 x 4 / 4 x 5, white star / KS-PlanQuader"** **Planelemente im Dünnbettverfahren**
Zulassungsnummer: **Z-17.1-644**	Geltungsdauer vom 15.7.1998[1] bis 14.7.2003 [1] geändert und ergänzt durch Bescheid vom 22.9.1998

Länge mm	Maße Breite mm	Höhe mm	Druckfestigkeitsklasse der Planelemente	Grundwerte σ_0 der zulässigen Druckspannungen MN/m²
498 (Regelelement)	115 150 175 200	498 623	12 20 28	3,0 4,0 4,0
≥ 248 ≤ 498 (Paßelemente)	214 240 265 300 365		Rohdichteklasse	Rechenwerte der Wärmeleitfähigkeit λ_R W/(m·K)
			1,8 2,0	0,99 1,1

Antragsteller:	Zulassungsgegenstand:
Bundesverband Kalksandsteinindustrie e.V. Entenfangweg 15 30419 Hannover	**Mauerwerk aus Kalksand-Planelementen**
Zulassungsnummer: **Z-17.1-332**	Geltungsdauer vom 3.3.1997 bis 30.6.2001

Länge mm	Maße Breite mm	Höhe mm	Druckfestigkeitsklasse der Planelemente	Grundwerte σ_0 der zulässigen Druckspannungen MN/m²
998 898	115 120 150 175 200	498 598 623	12 20 28	3,0 4,0 4,0
498	214 230 240 265 300 365	498	Rohdichteklasse	Rechenwerte der Wärmeleitfähigkeit λ_R W/(m·K)
			1,8 2,0 2,2	0,99 1,1 1,3

Zulassungen

Antragsteller: **Bundesverband Kalksandsteinindustrie e.V.** Entenfangweg 15 30419 Hannover	Zulassungsgegenstand: **Mauerwerk aus Kalksand-Planelementen mit Zentrierhilfe**
Zulassungsnummer: **Z-17.1-575**	Geltungsdauer vom 29.1.1997 bis 28.1.2001

Länge mm	Maße Breite mm	Höhe mm	Druckfestigkeitsklasse der Planelemente	Grundwerte σ_0 der zulässigen Druckspannungen MN/m²
998 898	115 120 150 175 200	498 598 623	12 20 28	2,2 3,4 3,4
498	214 230 240	498	Rohdichteklasse	Rechenwerte der Wärmeleitfähigkeit λ_R W/(m·K)
	265 300 365		1,8 2,0 2,2	0,99 1,1 1,3

Antragsteller: **Bundesverband Kalksandsteinindustrie e.V.** Entenfangweg 15 30419 Hannover	Zulassungsgegenstand: **Mauerwerk aus Kalksand-Planelementen (bezeichnet als „KS-PE-Raster")**
Zulassungsnummer: **Z-17.1-650**	Geltungsdauer vom 24.8.1998 bis 23.8.2003

Länge mm	Maße Breite mm	Höhe mm	Druckfestigkeitsklasse der Planelemente	Grundwerte σ_0 der zulässigen Druckspannungen MN/m²
498 (Regelelement)	115 150 175 200	623	12 20 28	3,0 4,0 4,0
≥ 248 ≤ 498 (Paßelemente)	214 240 265 300 365		Rohdichteklasse	Rechenwerte der Wärmeleitfähigkeit λ_R W/(m·K)
			1,8 2,0	0,99 1,1

Zulassungen

Antragsteller: **CVK Kalkzandsteen** Utrechtseweg 38 1213 TV Hilversum Niederlande	Zulassungsgegenstand: **Mauerwerk aus Kalksand-Planelementen**
Zulassungsnummer: **Z-17.1-409**	Geltungsdauer vom 7.7.1998 bis 6.7.2003

	Maße		Druckfestigkeitsklasse der Planelemente	Grundwerte σ_0 der zulässigen Druckspannungen MN/m^2
Länge mm	Breite mm	Höhe mm		
997 897 (Regelelemente)	115 120 150 175 200	598 623	12 20 28	2,2 3,4 3,4
≥ 247 ≤ 997 (Paßelemente)	214 230 240 265 300 365		Rohdichteklasse 1,8 2,0 2,2	Rechenwerte der Wärmeleitfähigkeit λ_R $W/(m \cdot K)$ 0,99 1,1 1,3

Antragsteller: **Forschungsvereinigung „Kalk-Sand" e.V.** Entenfangweg 15 30419 Hannover	Zulassungsgegenstand: **Mauerwerk aus Kalksand-Planelementen**
Zulassungsnummer: **Z-17.1-487**	Geltungsdauer vom 26.2.1997 bis 31.12.1997[1] [1] Verlängerung der Geltungsdauer in Bearbeitung

	Maße		Druckfestigkeitsklasse der Planelemente	Grundwerte σ_0 der zulässigen Druckspannungen MN/m^2
Länge mm	Breite mm	Höhe mm		
998 898	115 120 150 175 200	498 598 623	12 20 28	3,0 4,0 4,0
498	214 230 240 265 300 365	498	Rohdichteklasse 1,8 2,0 2,2	Rechenwerte der Wärmeleitfähigkeit λ_R $W/(m \cdot K)$ 0,99 1,1 1,3

Zulassungen

Antragsteller: Forschungsvereinigung „Kalk-Sand" e.V. Entenfangweg 15 30419 Hannover			Zulassungsgegenstand: Mauerwerk aus Kalksand-Planelementen mit Zentrierhilfe	
Zulassungsnummer: **Z-17.1-587**				Geltungsdauer vom 3.3.1997 bis 28.2.2002
Länge mm	Maße Breite mm	Höhe mm	Druckfestigkeitsklasse der Planelemente	Grundwerte σ_0 der zulässigen Druckspannungen MN/m²
998 898	115 120 150 175 200	498 598 623	12 20 28	2,2 3,4 3,4
498	214 230 240	498	Rohdichteklasse	Rechenwerte der Wärmeleitfähigkeit λ_R W/(m·K)
	265 300 365		1,8 2,0 2,2	0,99 1,1 1,3

Antragsteller: Haniel Baustoff-Industrie Kalksandstein GmbH Sophienwerderweg 51-60 13597 Berlin			Zulassungsgegenstand: Mauerwerk aus Kalksand-Planelementen (bezeichnet als KS-SYSTEM-BERLIN)	
Zulassungsnummer: **Z-17.1-611**				Geltungsdauer vom 14.8.1997 bis 13.8.2002
Länge mm	Maße Breite mm	Höhe mm	Druckfestigkeitsklasse der Planelemente	Grundwert σ_0 der zulässigen Druckspannungen MN/m²
498 (Regelelement)	115 150	623	20	3,4
373 248 (Ergänzungs- elemente)	175 200 240 300		Rohdichteklasse	Rechenwerte der Wärmeleitfähigkeit λ_R W/(m·K)
			2,0	1,1

Zulassungen

Antragsteller: **Kalksandsteinwerk** **Birkenmeier GmbH** Industriegebiet 5-7 79206 Breisach-Niederimsingen			Zulassungsgegenstand: **Mauerwerk aus Kalksand-Planelementen** **„KS-Quadro"**	
Zulassungsnummer: **Z-17.1-508**			Geltungsdauer vom 6.6.1994 bis 30.6.1999[1] [1] Verlängerung der Geltungsdauer in Bearbeitung	
Länge mm	Maße Breite mm	Höhe mm	Druckfestigkeitsklasse der Planelemente	Grundwert σ_0 der zulässigen Druckspannungen MN/m²
498	115 175 240 300 365	498	12 20 28	2,0 2,9 3,4
			Rohdichteklasse	Rechenwerte der Wärmeleitfähigkeit λ_R W/(m·K)
			1,8 2,0	0,99 1,1

Antragsteller: **Kalksandsteinwerk Holdorf** **Theodor Schnepper GmbH & Co. KG** 49449 Holdorf			Zulassungsgegenstand: **KS-Komplett-Planelemente**	
Zulassungsnummer: **Z-17.1-563**			Geltungsdauer vom 10.6.1996 bis 30.6.2001	
Länge mm	Maße Breite mm	Höhe mm	Druckfestigkeitsklasse der Planelemente	Grundwerte σ_0 der zulässigen Druckspannungen MN/m²
998 898	115 120 150 175 200 214 230 240 265 300 365	498 598 623	12 20 28	2,2 3,4 3,4
			Rohdichteklasse	Rechenwerte der Wärmeleitfähigkeit λ_R W/(m·K)
			1,8 2,0 2,2	0,99 1,1 1,3

Zulassungen

Antragsteller: **Kalksandsteinwerk Krefeld-Rheinhafen GmbH & Co. KG** Bataverstraße 35 47809 Krefeld				Zulassungsgegenstand: „KS 4 x 4 / 4 x 5, white star / KS-PlanQuader" Planelemente im Dünnbettverfahren	
Zulassungsnummer: **Z-17.1-640**				Geltungsdauer vom 15.6.1998 bis 14.6.2003	
Länge mm	Maße Breite mm		Höhe mm	Druckfestigkeitsklasse der Planelemente	Grundwerte σ_0 der zulässigen Druckspannungen MN/m²
498 (Regelelement)	115 150 175 200		498 623	12 20 28	3,0 4,0 4,0
≥ 248 ≤ 498 (Paßelemente)	214 240 265 300 365			Rohdichteklasse	Rechenwerte der Wärmeleitfähigkeit λ_R W/(m·K)
				1,8 2,0	0,99 1,1

Antragsteller: **Kalksandsteinwerk Krefeld-Rheinhafen GmbH & Co. KG** Bataverstraße 35 47809 Krefeld				Zulassungsgegenstand: „PlanQuader-E-Stein" Kalksand-Planelemente für Mauerwerk im Dünnbettverfahren	
Zulassungsnummer: **Z-17.1-658**				Geltungsdauer vom 9.3.1999 bis 8.3.2004	
Länge mm	Maße Breite mm		Höhe mm	Druckfestigkeitsklasse der Planelemente	Grundwerte σ_0 der zulässigen Druckspannungen MN/m²
498 (Regelelement)	115 150 175 200		498 623	12 20 28	2,2 3,2 3,7
≥ 248 ≤ 498 (Paßelemente)	214 240 265 300 365			Rohdichteklasse	Rechenwerte der Wärmeleitfähigkeit λ_R W/(m·K)
				1,8 2,0	0,99 1,1

J

Zulassungen

Antragsteller: **Kalksandsteinwerke Oberbayern GmbH & Co. KG** Steinstraße 14 85084 Langenbruck				Zulassungsgegenstand: **„KS-PlanQuader"** **Planelemente im Dünnbettverfahren**	
Zulassungsnummer: **Z-17.1-642**				Geltungsdauer vom 15.7.1998[1] bis 14.7.2003 [1] geändert und ergänzt durch Bescheid vom 22.9.1998
	Maße			Druckfestigkeitsklasse der Planelemente	Grundwerte σ_0 der zulässigen Druckspannungen MN/m²
Länge mm	Breite mm	Höhe mm			
498 (Regelelement)	115 150 175 200	498 623		12 20 28	3,0 4,0 4,0
≥ 248 ≤ 498 (Paßelemente)	214 240 265 300 365			Rohdichteklasse	Rechenwerte der Wärmeleitfähigkeit λ_R W/(m·K)
				1,8 2,0	0,99 1,1

Antragsteller: **Kalksandsteinwerk Seelenfeld** Stadtheider Straße 16 32609 Bielefeld				Zulassungsgegenstand: **Kalksand-Planelemente „KS-Quadrat"**	
Zulassungsnummer: **Z-17.1-552**				Geltungsdauer vom 4.6.1996 bis 31.5.2001
	Maße			Druckfestigkeitsklasse der Planelemente	Grundwerte σ_0 der zulässigen Druckspannungen MN/m²
Länge mm	Breite mm	Höhe mm			
498 (Regelelement)	115 150 175 200	498		12 20 28	2,0 2,9 3,4
373 248 (Ergänzungs- Elemente)	214 240 265 300 365			Rohdichteklasse	Rechenwerte der Wärmeleitfähigkeit λ_R W/(m·K)
				1,8 2,0	0,99 1,1

Zulassungen

Antragsteller: **Kommanditgesellschaft Kalksandsteinwerk Wiesbaden GmbH & Co.** Unterer Zwerchweg 120, 65205 Wiesbaden-Amöneburg			Zulassungsgegenstand: **„KS-PlanQuader"** **Planelemente im Dünnbettverfahren**	
Zulassungsnummer: **Z-17.1-641**			Geltungsdauer vom 15.7.1998 bis 14.7.2003	
Länge mm	Maße Breite mm	Höhe mm	Druckfestigkeitsklasse der Planelemente	Grundwerte σ_0 der zulässigen Druckspannungen MN/m²
498 (Regelelement)	115 150 175 200	498 623	12 20 28	3,0 4,0 4,0
≥ 248 ≤ 498 (Paßelemente)	214 240 265 300 365		Rohdichteklasse	Rechenwerte der Wärmeleitfähigkeit λ_R W/(m·K)
			1,8 2,0	0,99 1,1

Antragsteller: **KS Quadro Verwaltungsgesellschaft mbH** Industriegebiet 5-7, 79206 Breisach-Niederimsingen			Zulassungsgegenstand: **„KS-Quadro"** **Planelemente im Dünnbettverfahren**	
Zulassungsnummer: **Z-17.1-551**			Geltungsdauer vom 18.7.1996 bis 31.7.2001	
Länge mm	Maße Breite mm	Höhe mm	Druckfestigkeitsklasse der Planelemente	Grundwerte σ_0 der zulässigen Druckspannungen MN/m²
498 (Regelelement)	115 150 175 200	498	12 20 28	2,0 2,9 3,4
373 248 (Ergänzungs-Elemente)	214 240 265 300 365		Rohdichteklasse	Rechenwerte der Wärmeleitfähigkeit λ_R W/(m·K)
			1,8 2,0	0,99 1,1

Zulassungen

Antragsteller: **KS Quadro Verwaltungsgesellschaft mbH** Industriegebiet 5-7 79206 Breisach-Niederimsingen	Zulassungsgegenstand: **„KS-Quadro"** **Planelemente im Dünnbettverfahren**
Zulassungsnummer: **Z-17.1-584**	Geltungsdauer vom 28.1.1997 bis 28.1.2002

Länge mm	Maße Breite mm	Höhe mm	Druckfestigkeitsklasse der Planelemente	Grundwerte σ_0 der zulässigen Druckspannungen MN/m²
498 (Regelelement)	115 150 175 200	498	12 20 28	3,0 4,0 4,0
373 248 (Ergänzungs- Elemente)	214 240 265 300 365		Rohdichteklasse	Rechenwerte der Wärmeleitfähigkeit λ_R W/(m·K)
			1,8 2,0	0,99 1,1

Antragsteller: **KS Quadro Verwaltungsgesellschaft mbH** Industriegebiet 5-7 79206 Breisach-Niederimsingen	Zulassungsgegenstand: **„KS-Quadro"** **Planelemente im Dünnbettverfahren** **mit Zentrierhilfe**
Zulassungsnummer: **Z-17.1-605**	Geltungsdauer vom 28.4.1997 bis 27.4.2002

Länge mm	Maße Breite mm	Höhe mm	Druckfestigkeitsklasse der Planelemente	Grundwerte σ_0 der zulässigen Druckspannungen MN/m²
498 (Regelelement)	115 150 175 200	498	12 20 28	2,2 3,4 3,4
373 248 (Ergänzungs- Elemente)	214 240 265 300 365		Rohdichteklasse	Rechenwerte der Wärmeleitfähigkeit λ_R W/(m·K)
			1,8 2,0	0,99 1,1

Zulassungen

Antragsteller: **LAEIS BUCHER GmbH** Ostallee 3 54290 Trier			Zulassungsgegenstand: **Mauerwerk aus Kalksand-Planelementen „KS-Vario"**	
Zulassungsnummer: **Z-17.1-585**			Geltungsdauer vom 26.2.1997 bis 25.2.2002	
Länge mm	Maße Breite mm	Höhe mm	Druckfestigkeitsklasse der Planelemente	Grundwerte σ_0 der zulässigen Druckspannungen MN/m²
498 623 748	115 120 150 175 200 214 230 240 265 300 365	498	12 20 28	2,2 3,4 3,4
			Rohdichteklasse	Rechenwerte der Wärmeleitfähigkeit λ_R W/(m·K)
			1,8 2,0 2,2	0,99 1,1 1,3

Antragsteller: **LAEIS BUCHER GmbH** Ostallee 3 54290 Trier			Zulassungsgegenstand: **Mauerwerk aus Kalksand-Planelementen „KS-Vario"**	
Zulassungsnummer: **Z-17.1-586**			Geltungsdauer vom 28.2.1997 bis 27.2.2002	
Länge mm	Maße Breite mm	Höhe mm	Druckfestigkeitsklasse der Planelemente	Grundwerte σ_0 der zulässigen Druckspannungen MN/m²
498 623 748	115 120 150 175 200 214 230 240 265 300 365	498	12 20 28	2,2 3,4 3,4
			Rohdichteklasse	Rechenwerte der Wärmeleitfähigkeit λ_R W/(m·K)
			1,8 2,0 2,2	0,99 1,1 1,3

J

Zulassungen

Antragsteller: **Nordhessische Kalksandsteinwerke GmbH & Co.** Bahnhofstraße 21 34593 Knüllwald-Remsfeld	Zulassungsgegenstand: **Mauerwerk aus Kalksand-Planelementen „KS-2000"**
Zulassungsnummer: **Z-17.1-581**	Geltungsdauer vom 5.12.1996 bis 4.12.2001

	Maße		Druckfestigkeitsklasse der Planelemente	Grundwerte σ_0 der zulässigen Druckspannungen MN/m²
Länge mm	Breite mm	Höhe mm		
498 (Regelelement)	115 150 175 200	498	12 20 28	2,0 2,9 3,4
373 248 (Ergänzungselemente)	214 240 265 300 365		Rohdichteklasse	Rechenwerte der Wärmeleitfähigkeit λ_R W/(m·K)
			1,8 2,0 2,2	0,99 1,1 1,3

Antragsteller: **Rodgauer Baustoffwerke GmbH & Co. KG** Am Opel-Prüffeld 3 63110 Rodgau-Dudenhofen	Zulassungsgegenstand: **„KS-PlanQuader" Planelemente im Dünnbettverfahren**
Zulassungsnummer: **Z-17.1-643**	Geltungsdauer vom 15.7.1998[1] bis 14.7.2003 [1] geändert und ergänzt durch Bescheid vom 22.9.1998

	Maße		Druckfestigkeitsklasse der Planelemente	Grundwerte σ_0 der zulässigen Druckspannungen MN/m²
Länge mm	Breite mm	Höhe mm		
498 (Regelelement)	115 150 175 200	498 623	12 20 28	3,0 4,0 4,0
≥ 248 ≤ 498 (Paßelemente)	214 240 265 300 365		Rohdichteklasse	Rechenwerte der Wärmeleitfähigkeit λ_R W/(m·K)
			1,8 2,0	0,99 1,1

2.1.6.4 Porenbeton-Planelemente

Antragsteller:	Zulassungsgegenstand:
Bundesverband Kalksandsteinindustrie e.V. Entenfangweg 15 30419 Hannover	**Mauerwerk aus Porenbeton-Planelementen**
Zulassungsnummer: **Z-17.1-465**	Geltungsdauer vom 14.10.1996 bis 31.10.2001

Länge mm	Maße Breite mm	Höhe mm	Druckfestigkeitsklasse der Planelemente	Grundwerte σ_0 der zulässigen Druckspannungen MN/m²
499	115	498	2	0,6
623	125	623	4	1,0
749	175		6	1,4
998	200		Rohdichteklasse	Rechenwerte der Wärmeleitfähigkeit λ_R W/(m·K)
	240			
	250			
	300		0,40	0,12
	365		0,45	0,13
	375		0,50	0,14
			0,55	0,16
			0,60	0,18
			0,65	0,24
			0,70	0,24
			0,80	0,27

Antragsteller:	Zulassungsgegenstand:
EUROPOR Massivhaus GmbH Gewerbegebiet 02943 Kringelsdorf	**Mauerwerk aus Porenbeton-Planelementen** (bezeichnet als Modul-Steine „Gigant")
Zulassungsnummer: **Z-17.1-657**	Geltungsdauer vom 17.5.1999 bis 16.5.2004

Länge mm	Maße Breite mm	Höhe mm	Druckfestigkeitsklasse der Planelemente	Grundwerte σ_0 der zulässigen Druckspannungen MN/m²
999	175	624	2	0,6
	240		4	1,0
	300		Rohdichteklasse	Rechenwerte der Wärmeleitfähigkeit λ_R W/(m·K)
	365			
			0,50	0,14
			0,60	0,20

Zulassungen

Antragsteller: **F.X. Greisel GmbH** Deichmannstraße 2 91555 Feuchtwangen-Dorfgütingen			Zulassungsgegenstand: **Mauerwerk aus Porenbeton-Planelementen** **(bezeichnet als Greisel-Planelemente)**	
Zulassungsnummer: **Z-17.1-460**			Geltungsdauer vom 28.5.1996[1] bis 31.5.2001 [1] geändert durch Bescheid vom 3.2.1997	
Maße			Druckfestigkeitsklasse der Planelemente	Grundwerte σ_0 der zulässigen Druckspannungen MN/m²
Länge mm	Breite mm	Höhe mm		
624 749 999	115 125 150 175 200	499 599 624	2 4	0,6 1,0
			Rohdichteklasse	Rechenwerte der Wärmeleitfähigkeit λ_R W/(m·K)
	240 250 300 365		0,4 0,5 0,6 0,7	0,12 0,17 0,20 0,23

Antragsteller: **Hebel AG** Reginawerk 2-3 82275 Emmering			Zulassungsgegenstand: **Mauerwerk aus Porenbeton-Planelementen** **(bezeichnet als Hebel Jumbo)**	
Zulassungsnummer: **Z-17.1-400**			Geltungsdauer vom 14.10.1996[1] bis 27.4.2002 [1] geändert und Geltungsdauer verlängert durch Bescheid vom 28.4.1997	
Maße			Druckfestigkeitsklasse der Planelemente	Grundwerte σ_0 der zulässigen Druckspannungen MN/m²
Länge mm	Breite mm	Höhe mm		
499 624 749 999	115 125 150 175 200 240 250 300 375	498 623	2 4 6	0,6 1,0 1,4
			Rohdichteklasse	Rechenwerte der Wärmeleitfähigkeit λ_R W/(m·K)
			0,40 0,45 0,50 0,55 0,60 0,65 0,70 0,80	siehe DIN 4108: 1991-11, Zeile 4.4.2

Zulassungen

Antragsteller: Hebel AG, Reginawerk 2-3, 82275 Emmering	Zulassungsgegenstand: **Mauerwerk aus Porenbeton-Planelementen W (bezeichnet als Hebel Jumbo W)**
Zulassungsnummer: **Z-17.1-419**	Geltungsdauer vom 14.10.1996[1] bis 27.4.2002 [1] geändert und Geltungsdauer verlängert durch Bescheid vom 28.4.1997

Länge mm	Maße Breite mm	Höhe mm	Druckfestigkeitsklasse der Planelemente	Grundwerte σ_0 der zulässigen Druckspannungen MN/m²
499	115	498	2	0,6
624	125	623	4	1,0
749	150		6	1,4
999	175		Rohdichteklasse	Rechenwerte der Wärmeleitfähigkeit λ_R W/(m·K)
	200			
	240			
	250		0,40	0,11
	300		0,45	0,13
	375		0,50	0,14
			0,55	0,16
			0,60	0,16
			0,65	0,18
			0,70	0,18
			0,80	0,24

Antragsteller: Hebel AG, Reginawerk 2-3, 82275 Emmering	Zulassungsgegenstand: **Mauerwerk aus Porenbeton-Planelementen Hebel Mammut**
Zulassungsnummer: **Z-17.1-534**	Geltungsdauer vom 14.10.1996 bis 30.11.2000

Länge mm	Maße Breite mm	Höhe mm	Druckfestigkeitsklasse der Planelemente	Grundwerte σ_0 der zulässigen Druckspannungen MN/m²
999	175	499	2	0,6
1124	200	599	4	1,0
1249	240	624	6	1,4
1374	250	749	Rohdichteklasse	Rechenwerte der Wärmeleitfähigkeit λ_R W/(m·K)
1499	300	866		
	365		0,40	
			0,45	
			0,50	
			0,55	siehe DIN 4108: 1991-11, Zeile 4.4.2
			0,60	
			0,65	
			0,70	
			0,80	

Zulassungen

Antragsteller:	Zulassungsgegenstand:
Hebel AG Reginawerk 2-3 82275 Emmering	**Mauerwerk aus Porenbeton-Planelementen** **Hebel Mammut-W**
Zulassungsnummer: **Z-17.1-545**	Geltungsdauer vom 14.10.1996[1] bis 31.12.2000 [1] geändert durch Bescheid vom 17.2.1997

Länge mm	Maße Breite mm	Höhe mm	Druckfestigkeitsklasse der Planelemente	Grundwerte σ_0 der zulässigen Druckspannungen MN/m²
999	175	499	2	0,6
1124	200	599	4	1,0
1249	240	624	6	1,4
1374	250	749	Rohdichteklasse	Rechenwerte der Wärmeleitfähigkeit λ_R W/(m·K)
1499	300	866		
	365		0,40	0,11
			0,45	0,13
			0,50	0,14
			0,55	0,16
			0,60	0,16
			0,65	0,18
			0,70	0,18
			0,80	0,24

Antragsteller:	Zulassungsgegenstand:
Hebel AG Reginawerk 2-3 82275 Emmering	**Mauerwerk aus Porenbeton-Planelementen** **Hebel HK**
Zulassungsnummer: **Z-17.1-536**	Geltungsdauer vom 14.10.1996 bis 30.11.2000

Länge mm	Maße Breite mm	Höhe mm	Druckfestigkeitsklasse der Planelemente	Grundwerte σ_0 der zulässigen Druckspannungen MN/m²
499	175	749	2	0,6
599	200	999	4	1,0
624	240	1249	6	1,4
(Regelelemente)	250	1499[1]	Rohdichteklasse	Rechenwerte der Wärmeleitfähigkeit λ_R W/(m·K)
	300			
	365			
≥ 249			0,40	
≤ 624			0,45	
(Paßelemente)			0,50	siehe
			0,55	DIN 4108: 1991-11,
			0,60	Zeile 4.4.2
			0,65	
			0,70	
			0,80	

[1] Regelelemente mit einer Höhe von 1499 mm müssen mindestens 599 mm lang sein.
Paßelemente mit einer Höhe von 1499 mm müssen mindestens 299 mm lang sein.

Antragsteller: **Hebel AG** Reginawerk 2-3 82275 Emmering	Zulassungsgegenstand: **Mauerwerk aus Porenbeton-Planelementen** **Hebel HK-W**
Zulassungsnummer: **Z-17.1-547**	Geltungsdauer vom 14.10.1996 bis 30.11.2000

Länge mm	Maße Breite mm	Höhe mm	Druckfestigkeitsklasse der Planelemente	Grundwerte σ_0 der zulässigen Druckspannungen MN/m²
499 599 624 (Regelelemente)	175 200 240 250 300 365	749 999 1249 1499[1]	2 4 6	0,6 1,0 1,4
			Rohdichteklasse	Rechenwerte der Wärmeleitfähigkeit λ_R W/(m·K)
≥ 249 ≤ 624 (Paßelemente)			0,40 0,45 0,50 0,55 0,60 0,65 0,70 0,80	0,11 0,13 0,14 0,16 0,16 0,18 0,18 0,24

[1] Regelelemente mit einer Höhe von 1499 mm müssen mindestens 599 mm lang sein.
Paßelemente mit einer Höhe von 1499 mm müssen mindestens 299 mm lang sein.

Antragsteller: **SCANPOR AS** Norway 3300 Hokksund	Zulassungsgegenstand: **Mauerwerk aus großformatigen Porenbeton-** **Planelementen und Dünnbettmörtel**
Zulassungsnummer: **Z-17.1-515**	Geltungsdauer vom 30.12.1994 bis 31.12.1999

Länge mm	Maße Breite mm	Höhe mm	Druckfestigkeitsklasse der Planelemente	Grundwerte σ_0 der zulässigen Druckspannungen MN/m²
499 599 624 749 999	115 125 150 175 200 240 250 300 365	499 599 624	2 4	0,6 1,0
			Rohdichteklasse	Rechenwerte der Wärmeleitfähigkeit λ_R W/(m·K)
			0,4 0,5 0,6 0,7 0,8	siehe DIN 4108: 1991-11, Zeile 4.4.2

Zulassungen

Antragsteller: **YTONG Aktiengesellschaft** Hornstraße 3 80797 München			Zulassungsgegenstand: **Mauerwerk aus Porenbeton-Planelementen** **(bezeichnet als YTONG-Großblock)**	
Zulassungsnummer: **Z-17.1-416**			Geltungsdauer vom 14.10.1996[1] bis 27.4.2002 [1]geändert und Geltungsdauer verlängert durch Bescheid vom 28.4.1997	
	Maße		Druckfestigkeitsklasse der Planelemente	Grundwerte σ_0 der zulässigen Druckspannungen MN/m²
Länge mm	Breite mm	Höhe mm		
499 599 624 749 999	115 125 150 175 200 240 250 300 365	499 599 624	2 4 6	0,6 1,0 1,4
			Rohdichteklasse	Rechenwerte der Wärmeleitfähigkeit λ_R W/(m·K)
			0,40 0,45 0,50 0,55 0,60 0,65 0,70 0,80	siehe DIN 4108: 1991-11, Zeile 4.4.2

Antragsteller: **YTONG Aktiengesellschaft** Hornstraße 3 80797 München			Zulassungsgegenstand: **Mauerwerk aus Porenbeton-Planelementen W** **(bezeichnet als YTONG-Großblock W)**	
Zulassungsnummer: **Z-17.1-484**			Geltungsdauer vom 14.10.1996[1] bis 27.4.2002 [1]geändert durch Bescheid vom 18.2.1997, geändert und Geltungsdauer verlängert durch Bescheid vom 28.4.1997	
	Maße		Druckfestigkeitsklasse der Planelemente	Grundwerte σ_0 der zulässigen Druckspannungen MN/m²
Länge mm	Breite mm	Höhe mm		
499 599 624 749 999	115 125 150 175 200 240 250 300 365	499 599 624	2 4 6	0,6 1,0 1,4
			Rohdichteklasse	Rechenwerte der Wärmeleitfähigkeit λ_R W/(m·K)
			0,40 0,45 0,50 0,55 0,60 0,65 0,70	0,11 0,13 0,14 0,16 0,16 0,18 0,21

Zulassungen

Antragsteller: **YTONG Aktiengesellschaft** Hornstraße 3 80797 München	Zulassungsgegenstand: **Mauerwerk aus YTONG-Planelementen Großblock GF**
Zulassungsnummer: **Z-17.1-533**	Geltungsdauer vom 14.10.1996 bis 30.11.2000

Maße Länge mm	Maße Breite mm	Maße Höhe mm	Druckfestigkeitsklasse der Planelemente	Grundwerte σ_0 der zulässigen Druckspannungen MN/m^2
999	175	499	2	0,6
1124	200	599	4	1,0
1249	240	624	6	1,4
1374	250	749	Rohdichteklasse	Rechenwerte der Wärmeleitfähigkeit λ_R W/(m·K)
1499	300	866		
	365		0,40 0,45 0,50 0,55 0,60 0,65 0,70 0,80	siehe DIN 4108: 1991-11, Zeile 4.4.2

Antragsteller: **YTONG Aktiengesellschaft** Hornstraße 3 80797 München	Zulassungsgegenstand: **Mauerwerk aus YTONG Planelementen Großblock GF-W**
Zulassungsnummer: **Z-17.1-544**	Geltungsdauer vom 14.10.1996[1] bis 31.12.2000 geändert durch Bescheid vom 19.2.1997

Länge Mm	Maße Breite mm	Höhe Mm	Druckfestigkeitsklasse der Planelemente	Grundwerte σ_0 der zulässigen Druckspannungen MN/m^2
999	175	499	2	0,6
1124	200	599	4	1,0
1249	240	624	6	1,4
1374	250	749	Rohdichteklasse	Rechenwerte der Wärmeleitfähigkeit λ_R W/(m·K)
1499	300	866		
	365		0,40	0,11
			0,45	0,13
			0,50	0,14
			0,55	0,16
			0,60	0,16
			0,65	0,18
			0,70	0,21

J

Zulassungen

Antragsteller:	Zulassungsgegenstand:
YTONG Aktiengesellschaft Hornstraße 3 80797 München	**Mauerwerk aus YTONG Planelementen** **Großblock HK**
Zulassungsnummer: **Z-17.1-535**	Geltungsdauer vom 14.10.1996 bis 30.11.2000

Maße			Druckfestigkeitsklasse der Planelemente	Grundwerte σ_0 der zulässigen Druckspannungen MN/m²
Länge mm	Breite mm	Höhe mm		
499 599 624 (Regelelemente)	175 200 240 250 300 365	749 999 1249 1499[1]	2 4 6	0,6 1,0 1,4
			Rohdichteklasse	Rechenwerte der Wärmeleitfähigkeit λ_R W/(m·K)
≥ 249 ≤ 624 (Paßelemente)			0,40 0,45 0,50 0,55 0,60 0,65 0,70 0,80	siehe DIN 4108: 1991-11, Zeile 4.4.2

[1] Regelelemente mit einer Höhe von 1499 mm müssen mindestens 599 mm lang sein.
Paßelemente mit einer Höhe von 1499 mm müssen mindestens 299 mm lang sein.

Antragsteller:	Zulassungsgegenstand:
YTONG Aktiengesellschaft Hornstraße 3 80797 München	**Mauerwerk aus YTONG Planelementen** **Großblock HK-W**
Zulassungsnummer: **Z-17.1-546**	Geltungsdauer vom 14.10.1996[1] bis 31.12.2000 geändert durch Bescheid vom 19.2.1997

Maße			Druckfestigkeitsklasse der Planelemente	Grundwerte σ_0 der zulässigen Druckspannungen MN/m²
Länge mm	Breite mm	Höhe mm		
499 599 624 (Regelelemente)	175 200 240 250 300 365	749 999 1249 1499[1]	2 4 6	0,6 1,0 1,4
			Rohdichteklasse	Rechenwerte der Wärmeleitfähigkeit λ_R W/(m·K)
≥ 249 ≤ 624 (Paßelemente)			0,40 0,45 0,50 0,55 0,60 0,65 0,70	0,11 0,13 0,14 0,16 0,16 0,18 0,21

[1] Regelelemente mit einer Höhe von 1499 mm müssen mindestens 599 mm lang sein.
Paßelemente mit einer Höhe von 1499 mm müssen mindestens 299 mm lang sein.

2.2 Mauermörtel
2.2.1 Leichtmörtel

Antragsteller:	Zulassungsgegenstand:
Aktiengesellschaft für Steinindustrie Sohler Weg 34 56564 Neuwied	**„thermolith Perlite-Leichtzuschlag"** **zur Herstellung von Leichtmörtel nach DIN 1053-1**
Zulassungsnummer: **Z-17.1-624**	Geltungsdauer vom 17.7.1998 bis 16.7.2003

Antragsteller:	Zulassungsgegenstand:
Dennert Poraver GmbH Veit-Dennert-Straße 96130 Schlüsselfeld	**„Poraver"-Leichtzuschlag zur Herstellung von** **Leichtmörtel der Gruppe LM 21 nach DIN 1053-1**
Zulassungsnummer: **Z-17.1-626**	Geltungsdauer vom 29.7.1998 bis 28.7.2003

Antragsteller:	Zulassungsgegenstand:
Lias-Franken Leichtbaustoffe **GmbH & Co. KG** 91352 Hallerndorf-Pautzfeld	**Liaver-Leichtzuschlag** **zur Herstellung von Leichtmörtel nach DIN 1053-1**
Zulassungsnummer: **Z-17.1-513**	Geltungsdauer vom 21.10.1999 bis 31.10.2001

Antragsteller:	Zulassungsgegenstand:
maxit Holding GmbH Kettengasse 7a 79206 Breisach	**maxit-perlit Leichtzuschlag** **zur Herstellung von Leichtmörtel nach DIN 1053-1**
Zulassungsnummer: **Z-17.1-578**	Geltungsdauer vom 3.7.1997 bis 30.6.2002

Antragsteller:	Zulassungsgegenstand:
Otavi Minen AG Mergenthaler Allee 19-21 65760 Eschborn	**OTAPERL-Leichtzuschlag** **zur Herstellung von Leichtmörtel nach DIN 1053-1**
Zulassungsnummer: **Z-17.1-456**	Geltungsdauer vom 23.3.1999 bis 30.6.2002

Antragsteller:	Zulassungsgegenstand:
Perlite-Dämmstoff GmbH & Co. Kipperstraße 19 44147 Dortmund	**Superlite-Leichtzuschlag** **zur Herstellung von Leichtmörtel nach DIN 1053-1**
Zulassungsnummer: **Z-17.1-455**	Geltungsdauer vom 30.6.1995 bis 30.6.2000

Antragsteller:	Zulassungsgegenstand:
Perlite Handels- und Produktions- **GmbH & Co.** Am Schwimmbad 9 63322 Rödermark-Urberach	**Creteperl-Leichtzuschlag** **zur Herstellung von Leichtmörtel nach DIN 1053-1**
Zulassungsnummer: **Z-17.1-108**	Geltungsdauer vom 8.10.1996 bis 31.10.2002

Zulassungen

Antragsteller:	Zulassungsgegenstand:
Readymix Beton GmbH **Niederlassung Saarwellingen** Lucie-Bolte-Straße 4 66793 Saarwellingen	**Fix- und Fertig-Wärmedämm-Mauermörtel**
Zulassungsnummer: **Z-17.1-335**	Geltungsdauer vom 14.6.1996 bis 30.6.2001

2.2.2 Dünnbettmörtel

Antragsteller:	Zulassungsgegenstand:
Dyckerhoff Sopro GmbH Biebricher Straße 72 65203 Wiesbaden	**Sicowa-Dünnbettmörtel zum Herstellen von Mauerwerk aus Sicowa-Plansteinen**
Zulassungsnummer: **Z-17.1-375**	Geltungsdauer vom 30.6.1995 bis 30.6.2000

Antragsteller:	Zulassungsgegenstand:
Dyckerhoff Sopro GmbH Biebricher Straße 72 65203 Wiesbaden	**Sicabrick-Dünnbettmörtel zum Herstellen von Mauerwerk aus Sicabrick-Plansteinen**
Zulassungsnummer: **Z-17.1-385**	Geltungsdauer vom 30.6.1995 bis 30.6.2000

Antragsteller:	Zulassungsgegenstand:
Perlite-Dämmstoff GmbH & Co. Kipperstraße 19 44147 Dortmund	**Superlite-Dünnbettmörtel**
Zulassungsnummer: **Z-17.1-539**	Geltungsdauer vom 30.12.1994 bis 31.12.1999

2.3 Mauerwerk
2.3.1 Mauerwerk im Gießmörtelverfahren

Antragsteller:	Zulassungsgegenstand:
Hinse KS-Montageblock GmbH Stadtheider Straße 16 33609 Bielefeld	**Wandbauart Hinse mit Montageblöcken aus Kalksandstein**
Zulassungsnummer: **Z-17.1-425**	Geltungsdauer vom 7.7.1994 bis 30.6.1999[1] [1]Verlängerung der Geltungsdauer in Bearbeitung

Antragsteller:	Zulassungsgegenstand:
MH-Mein Haus Zentral GmbH & Co. KG Neckarstraße 12 64283 Darmstadt	**Wandbauart „MH-Dämmsteine"** **aus Leichtbeton**
Zulassungsnummer: **Z-17.1-143**	Geltungsdauer vom 28.4.1997 bis 27.4.2002

Antragsteller: **MH-Mein Haus Zentral GmbH & Co. KG** Neckarstraße 12 64283 Darmstadt	Zulassungsgegenstand: **Wandbauart „MH-Dämmsteine" aus Leichtbeton**
Zulassungsnummer: **Z-17.1-509**	Geltungsdauer vom 21.8.1997 bis 20.8.2002

2.3.2 Schalungsstein-Mauerwerk

Antragsteller: **Baustoffwerk Topp GmbH & Co. KG** Bürgerseeweg 31 17235 Neustrelitz	Zulassungsgegenstand: **BAUHORST Schalungssteine aus Beton**
Zulassungsnummer: **Z-17.1-675**	Geltungsdauer vom 21.9.1999 bis 20.9.2004

Antragsteller: **Betonwerke Adolf Blatt GmbH & Co. KG** Am Neckar 1 74366 Kirchheim	Zulassungsgegenstand: **Schalungssteine „Bütow" aus Beton**
Zulassungsnummer: **Z-17.1-11**	Geltungsdauer vom 30.11.1998 bis 31.12.2003

Antragsteller: **Betonwerk Kleine & Schäfer GmbH & Co. KG** Detmolder Straße 65 32825 Blomberg	Zulassungsgegenstand: **Schalungssteine „Kleine und Schaefer" aus Beton**
Zulassungsnummer: **Z-17.1-155**	Geltungsdauer vom 31.3.1999 bis 31.3.2004

Antragsteller: **Betonwerk Lieme GmbH & Co. KG** Trifte 96 32657 Lemgo	Zulassungsgegenstand: **Schalungssteine „Lieme" aus Beton**
Zulassungsnummer: **Z-17.1-1973**	Geltungsdauer vom 1.11.1996 bis 31.10.2001

Antragsteller: **Betonwerk Neustadt-Glewe GmbH** Brauereistraße 26 19306 Neustadt Glewe	Zulassungsgegenstand: **„Husumer" Schalungssteine aus Beton**
Zulassungsnummer: **Z-17.1-449**	Geltungsdauer vom 15.3.1999 bis 30.6.2004

Antragsteller: **Birkenmeier KG GmbH & Co. Baustoffwerke** Industriegebiet 5-7 79206 Breisach	Zulassungsgegenstand: **Liaplan-Schalungssteine aus Beton**
Zulassungsnummer: **Z-17.1-482**	Geltungsdauer vom 23.7.1993[1] bis 30.6.1998[2] [1] geändert durch Bescheid vom 30.12.1994 [2] Verlängerung der Geltungsdauer in Bearbeitung

Zulassungen

Antragsteller: **Carsten Borg Betonvarefabrikker A/S** Mögeltönder DK-6270 Tönder	Zulassungsgegenstand: **Schalungssteine „C. Borg"** **aus Beton**
Zulassungsnummer: **Z-17.1-215**	Geltungsdauer vom 1.11.1996 bis 31.10.2001

Antragsteller: **DAHMIT Betonwerke GmbH** Brunecker Straße 78 90461 Nürnberg	Zulassungsgegenstand: **Schalungssteine „DAHMIT"** **aus Beton**
Zulassungsnummer: **Z-17.1-495**	Geltungsdauer vom 1.11.1996 bis 31.10.2001

Antragsteller: **EBN Betonwerk Neumünster GmbH** Hüttenkamp 3-13 24536 Neumünster	Zulassungsgegenstand: **Schalungssteine „EBN"** **aus Beton**
Zulassungsnummer: **Z-17.1-404**	Geltungsdauer vom 15.3.1999 bis 21.6.2003

Antragsteller: **Gisoton – Stein und Betonwerk** **Gebhart & Söhne KG** Hochstraße 2 88317 Aichstetten	Zulassungsgegenstand: **Wandbauart „Gisoton" mit 125 mm breiten** **Schalungssteinen aus Leichtbeton**
Zulassungsnummer: **Z-17.1-448**	Geltungsdauer vom 29.3.1996 bis 31.3.2001

Antragsteller: **Karl Ebert GmbH** Industriegebiet 71681 Remseck 5	Zulassungsgegenstand: **Wandbauart „Hinse I"** **mit Schalenbausteinen aus Leichtbeton**
Zulassungsnummer: **Z-17.1-154**	Geltungsdauer vom 10.3.1999 bis 9.3.2004

Antragsteller: **Ingenieurbüro Franz Hinse,** **Karl Ebert GmbH Betonsteinwerke** 71681 Remseck	Zulassungsgegenstand: **Wandbauart „Hinse Sw"** **mit Schalungswandsteinen aus Leichtbeton**
Zulassungsnummer: **Z-17.1-1345**	Geltungsdauer vom 9.5.1989[1] bis 31.12.1999 [1] geändert und Geltungsdauer verlängert durch Bescheid vom 30.12.1994

Antragsteller: **Karl Ebert GmbH** Industriegebiet 71681 Remseck 5	Zulassungsgegenstand: **Wandbauart „Hinse si"** **mit Schalungs-Isoliersteinen aus Leichtbeton**
Zulassungsnummer: **Z-17.1-345**	Geltungsdauer vom 15.3.1999 bis 14.3.2004

Zulassungen

Antragsteller:	Zulassungsgegenstand:
Ingenieurbüro Franz Hinse, **Karl Ebert GmbH Betonsteinwerke** 71681 Remseck	**Wandbauart „Hinse Sw 12,5"** **mit Schalungssteinen aus Leichtbeton**
Zulassungsnummer: **Z-17.1-453**	Geltungsdauer vom 3.12.1990 bis 30.11.1995[1] [1] Verlängerung der Geltungsdauer in Bearbeitung

Antragsteller:	Zulassungsgegenstand:
Mallbeton GmbH Hüfinger Straße 39-45 78166 Donaueschingen-Pfohren	**Mall-Schalungssteine** **aus Beton**
Zulassungsnummer: **Z-17.1-1921**	Geltungsdauer vom 4.10.1999 bis 3.10.2004

Antragsteller:	Zulassungsgegenstand:
Miesner GmbH & Co. KG **Betonwerk Weertzen** Hesslinger Straße 16 27404 Heeslingen	**Schalungssteine „Miesner"** **aus Beton**
Zulassungsnummer: **Z-17.1-322**	Geltungsdauer vom 30.3.1994 bis 30.4.1999

Antragsteller:	Zulassungsgegenstand:
MH-Mein Haus Zentral GmbH & Co. KG Neckarstraße 12 64283 Darmstadt	**Wandbauart „MH raster 25"** **mit Schalungssteinen aus Leichtbeton**
Zulassungsnummer: **Z-17.1-1865**	Geltungsdauer vom 21.7.1997 bis 20.7.2002

Antragsteller:	Zulassungsgegenstand:
Montagebausätze Hehn GmbH Meerpfad 12 56566 Neuwied	**Wandbauart „Hehn"** **mit Schalungssteinen aus Leichtbeton**
Zulassungsnummer: **Z-17.1-1439**	Geltungsdauer vom 7.4.1999 bis 27.4.2003

Antragsteller:	Zulassungsgegenstand:
Neißekies Baustoffwerke GmbH Betonwerk Hirschfelde Straße zum Kraftwerk 1 02788 Hirschfelde	**„Hirschfelder" Schalungssteine** **aus Beton**
Zulassungsnummer: **Z-17.1-665**	Geltungsdauer vom 29.3.1999 bis 28.3.2004

Antragsteller:	Zulassungsgegenstand:
Otto Woidt KG Betonwerk Tannengrund 12 24811 Owschlag	**Schalungssteine „BWO" aus Beton**
Zulassungsnummer: **Z-17.1-444**	Geltungsdauer vom 15.3.1999 bis 21.4.2003 [1] geändert und Geltungsdauer verlängert durch Bescheid vom 22.4.1998

Zulassungen

Antragsteller: **Sebastian Wochner GmbH & Co. Kommanditgesellschaft** Birkenstraße 22 72358 Dormettingen	Zulassungsgegenstand: **Schalungssteine „Wochner" aus Beton**
Zulassungsnummer: **Z-17.1-638**	Geltungsdauer vom 7.7.1998 bis 6.7.2003

2.3.3 Vorgefertigtes Mauerwerk

Antragsteller: **Bundesverband Kalksandsteinindustrie e.V.** Entenfangweg 15 30419 Hannover	Zulassungsgegenstand: **Vorgefertigte Mauertafeln aus Kalksandsteinen**
Zulassungsnummer: **Z-17.1-338**	Geltungsdauer vom 30.6.1999 bis 29.6.2004

Antragsteller: **Bundesverband Kalksandsteinindustrie e.V.** Entenfangweg 15 30419 Hannover	Zulassungsgegenstand: **Vorgefertigte Mauertafeln aus Kalksand-Plansteinen**
Zulassungsnummer: **Z-17.1-608**	Geltungsdauer vom 18.2.1998 bis 17.2.2003

Antragsteller: **Kalksandstein-Vertriebsgesellschaft Münster-Osnabrück GmbH & Co. KG** Großhandelsring 16 49084 Osnabrück	Zulassungsgegenstand: **Wandbauart aus vorgefertigten Kalksandstein-Elementen (bezeichnet als Casamente)**
Zulassungsnummer: **Z-17.1-477**	Geltungsdauer vom 7.7.1993[1] bis 30.6.1998[2] [1] geändert durch Bescheid vom 28.3.1994 [2] Verlängerung der Geltungsdauer in Bearbeitung

Antragsteller: **KLB-Klimaleichtblock GmbH** Sandkauler Weg 1 56564 Neuwied	Zulassungsgegenstand: **Vorgefertigte Mauertafeln**
Zulassungsnummer: **Z-17.1-263**	Geltungsdauer vom 3.6.1992[1] bis 15.4.1999[2] [1] geändert durch Bescheid vom 16.4.1998 [2] Verlängerung der Geltungsdauer in Bearbeitung

Antragsteller: **Josef Schmidt Tonwerk Ichenhausen** Wettenhauser Weg 10 89335 Ichenhausen	Zulassungsgegenstand: **Wandbauart aus vorgefertigten Ziegel-Planelementen in nicht geschoßhoher Ausführung**
Zulassungsnummer: **Z-17.1-519**	Geltungsdauer vom 7.8.1996 bis 15.8.1998[1] [1] Verlängerung der Geltungsdauer in Bearbeitung

Antragsteller: **Josef Schmidt Tonwerk Ichenhausen** Wettenhauser Weg 10 89335 Ichenhausen	Zulassungsgegenstand: **Mauertafeln aus Mauertafelziegeln „R N+F" und Leichtmörtel LM 36**
Zulassungsnummer: **Z-17.1-632**	Geltungsdauer vom 31.3.1998 bis 30.3.2003

Antragsteller: **Ziegel-Kontor Ulm GmbH** Olgastraße 94 89073 Ulm	Zulassungsgegenstand: **Mauertafeln aus THERMOPOR-Ziegeln „R N+F" und THERMY-Sockel**
Zulassungsnummer: **Z-17.1-631**	Geltungsdauer vom 5.3.1998 bis 4.3.2003

Antragsteller: **Güteschutz Ziegelmontagebau e.V.** Am Zehnthof 197-203 45307 Essen	Zulassungsgegenstand: **Mauerwerk aus Mauertafeln mit Ziegeln nach DIN 105-2**
Zulassungsnummer: **Z-17.1-550**	Geltungsdauer vom 13.5.1997 bis 25.2.2002

Antragsteller: **Ziegel-Montagebau Helm GmbH & Co. KG** Neuer Weg 35576 Wetzlar	Zulassungsgegenstand: **Geschoßhohe tragende Helm-Wandtafeln aus Hohlblöcken und Vollblöcken aus Leichtbeton**
Zulassungsnummer: **Z-17.1-343**	Geltungsdauer vom 23.5.1990[1] bis 31.12.1999 [1] Geltungsdauer verlängert durch beschied vom 12.5.1999

Antragsteller: **Ziegelmontagebau Winklmann GmbH & Co. KG** Ziegeleistraße 1-10 92444 Rötz	Zulassungsgegenstand: **Mauerwerk aus Verguߟtafeln unter Verwendung von speziellen Ziegeln**
Zulassungsnummer: **Z-17.1-549**	Geltungsdauer vom 6.7.1998[1] bis 6.7.2003 [1] geändert und ergänzt durch bEscheid vom 6.1.1999

2.3.4 Trockenmauerwerk

Antragsteller: **Hebel AG** Reginawerk 2-3 82275 Emmering	Zulassungsgegenstand: **Hebel Trockenmauerwerk**
Zulassungsnummer: **Z-17.1-438**	Geltungsdauer vom 29.7.1999 bis 30.4.2004

Zulassungen

Antragsteller: **Hebel AG** Reginawerk 2-3 82275 Emmering	Zulassungsgegenstand: **Hebel Tasta Trockenbausystem**
Zulassungsnummer: **Z-17.1-403**	Geltungsdauer vom 29.7.1999 bis 30.4.2004

Antragsteller: **Hebel AG** Reginawerk 2-3 82275 Emmering	Zulassungsgegenstand: **Hebel Trockenmauerwerk mit bewehrtem Putz**
Zulassungsnummer: **Z-17.1-667**	Geltungsdauer vom 29.7.1999 bis 28.7.2004

Antragsteller: **KLB-Klimaleichtblock GmbH** Sandkauler Weg 1 56564 Neuwied	Zulassungsgegenstand: **KLB-Trockenmauerwerk aus KLB-Klimaleichtblöcken W1 und massiven KLB-Vollblöcken**
Zulassungsnummer: **Z-17.1-373**	Geltungsdauer vom 29.4.1998 bis 28.4.2003

Antragsteller: **Rüskamp GmbH & Co. KG Kalksandsteinwerke** Stevede 48 58653 Coesfeld	Zulassungsgegenstand: **Trockenmauerwerk aus Kalksandstein**
Zulassungsnummer: **Z-17.1-639**	Geltungsdauer vom 12.11.1998[1] bis 11.11.2003 [1] geändert und ergänzt durch Bescheid vom 1.4.1999

2.3.5 Geschoßhohe Wandtafeln

Antragsteller: **Deutsche Siporex GmbH** Reginawerk 2-3 82275 Emmering	Zulassungsgegenstand: **Geschoßhohe tragende SIPOREX-Wandtafeln aus unbewehrtem, dampfgehärtetem Porenbeton**
Zulassungsnummer: **Z-17.1-670**	Geltungsdauer vom 14.12.1994 bis 31.12.1999

Antragsteller: **Hebel AG** Reginawerk 2-3 82275 Emmering	Zulassungsgegenstand: **Geschoßhohe tragende Hebel-Wandtafeln aus unbewehrtem und bewehrtem, dampfgehärtetem Porenbeton**
Zulassungsnummer: **Z-17.1-43**	Geltungsdauer vom 2.12.1994[1] bis 31.12.1999 [1] geändert und ergänzt durch Bescheid vom 24.11.1998

Antragsteller: **H+H Gasbeton A/S** 7321 Gadbjerg	Zulassungsgegenstand: **Geschoßhohe tragende H+H-Wandtafeln aus unbewehrtem, dampfgehärtetem Porenbeton**
Zulassungsnummer: **Z-17.1-111**	Geltungsdauer vom 30.12.1994 bis 31.12.1999

Zulassungen

Antragsteller:	Zulassungsgegenstand:
YTONG Aktiengesellschaft Hornstraße 3 80797 München	**Geschoßhohe tragende YTONG-Wandtafeln aus unbewehrtem und bewehrtem, dampfgehärtetem Porenbeton**
Zulassungsnummer: **Z-17.1-28**	Geltungsdauer vom 2.12.1994[1] bis 31.12.1999 [1] geändert und ergänzt durch Bescheid vom 30.11.1998

2.4 Hilfsbauteile

Antragsteller:	Zulassungsgegenstand:
N.V. Bekaert S.A. L. Bekaertstraat 2 B-8550 Zwevegem	**MURFOR-Bewehrungselemente mit Duplex-Beschichtungen für bewehrtes Mauerwerk**
Zulassungsnummer: **Z-17.1-469**	Geltungsdauer vom 4.10.1999 bis 3.10.2001

Antragsteller:	Zulassungsgegenstand:
Bekaert Deutschland GmbH Dietrich-Bonhoeffer-Straße 4 61350 Bad Homburg	**MURFOR-Bewehrungselemente aus nichtrostendem Stahl für bewehrtes Mauerwerk**
Zulassungsnummer: **Z-17.1-541**	Geltungsdauer vom 8.9.1995[1] bis 30.9.2000 [1] geändert durch Bescheid vom 14.6.1996 und durch Bescheid vom 12.6.1997

Antragsteller:	Zulassungsgegenstand:
Bever GmbH Wiesenweg 7 57399 Kirchhundem	**Flachstahlanker zur Verbindung von Mauerwerksschalen von zweischaligen Außenwänden (bezeichnet als „ISO-Kombi"-Luftschichtanker)**
Zulassungsnummer: **Z-17.1-514**	Geltungsdauer vom 8.9.1995 bis 30.9.2000

Antragsteller:	Zulassungsgegenstand:
Bundesverband Kalksandsteinindustrie e.V. Entenfangweg 15 30419 Hannover	**Flachstahlanker zur Verbindung der Mauerwerksschalen von zweischaligen Außenwänden (bezeichnet als ISO- Luftschichtanker)**
Zulassungsnummer: **Z-17.1-368**	Geltungsdauer vom 1.4.1993 bis 31.3.1998

Antragsteller:	Zulassungsgegenstand:
Elmenhorst & Co. GmbH Osterbrooksweg 85 22869 Schenefeld/Hamburg	**ELMCO-Ripp-Bewehrungssystem für Stürze aus bewehrtem Mauerwerk**
Zulassungsnummer: **Z-17.1-602**	Geltungsdauer vom 25.7.1997 bis 24.7.2002

Antragsteller:	Zulassungsgegenstand:
Erzinger Ziegelwerke GmbH 79771 Klettgau-Erzingen	**Keller-Gelenkanker zur Verbindung von zweischaligem Mauerwerk**
Zulassungsnummer: **Z-17.1-466**	Geltungsdauer vom 6.5.1995 bis 30.6.2000

Zulassungen

Antragsteller:	Zulassungsgegenstand:
Gebr. Bodegraven B.V. Metallwarenfabrik 2420 AA Nieuwkoop	Flachstahlanker zur Verbindung der Mauerwerksschalen von zweischaligen Außenwänden (bezeichnet als PRIK-Luftschichtanker)
Zulassungsnummer: Z-17.1-463	Geltungsdauer vom 22.7.1993[1] bis 30.6.1998[2] [1] ergänzt durch Bescheid vom 20.5.1994 [2] Verlängerung der Geltungsdauer in Bearbeitung

Antragsteller:	Zulassungsgegenstand:
Hebel AG Reginawerk 2-3 82275 Emmering	Porenbeton-Flachsturz
Zulassungsnummer: Z-17.1-523	Geltungsdauer vom 9.4.1998 bis 31.10.1999

Antragsteller:	Zulassungsgegenstand:
Wilhelm Modersohn Verankerungstechnik GmbH & Co. KG Eggeweg 2a 32139 Spenge	MOSO-Lochband als Bewehrung für Stürze aus Mauerwerk
Zulassungsnummer: Z-17.1-603	Geltungsdauer vom 22.8.1997 bis 21.8.2002

Antragsteller:	Zulassungsgegenstand:
StahlTon AG Riesbachstraße 57 CH-8034 Zürich	Bauelement aus Glasfaserbeton und Polystyrol-Hartschaum für Mauerwerk (ISOMUR-Element)
Zulassungsnummer: Z-17.1-483	Geltungsdauer vom 13.11.1992[1] bis 30.11.1997[2] [1] geändert durch Bescheid vom 28.3.1994 [2] Verlängerung der Geltungsdauer in Bearbeitung

Antragsteller:	Zulassungsgegenstand:
WANIT-UNIVERSAL GmbH & Co. KG Philipp-Reis-Straße 22 63128 Dietzenbach	FIXOFER-Systemschienen als Wandanschlußprofile für Ausfachungsmauerwerk
Zulassungsnummer: Z-17.1-542	Geltungsdauer vom 8.9.1995 bis 30.9.2000

Antragsteller:	Zulassungsgegenstand:
YTONG Aktiengesellschaft Hornstraße 3 80797 München	YTONG-Flachstürze aus dampfgehärtetem Porenbeton
Zulassungsnummer: Z-17.1-634	Geltungsdauer vom 29.7.1998 bis 31.7.2003

3 Allgemeine bauaufsichtliche Zulassungen

DEUTSCHES INSTITUT FÜR BAUTECHNIK

Anstalt des öffentlichen Rechts

10829 Berlin, 25. Juli 1997
Kolonnenstraße 30 L
Telefon: (0 30) 7 87 30 - 237
Telefax: (0 30) 7 87 30 - 320
GeschZ.: II 24-1.17.1-39/97

Allgemeine bauaufsichtliche Zulassung

Zulassungs-nummer:	Z-17.1-602	Geltungsdauer bis:	24. Juli 2002
Antragsteller:	Elmenhorst Co. GmbH Osterbrooksweg 85 22869 Schenefeld/Hamburg		
Zulassungs-gegenstand:	ELMCO-Ripp-Bewehrungs-system für Stürze aus bewehrtem Mauerwerk		

Der obengenannte Zulassungsgegenstand wird hiermit allgemein bauaufsichtlich zugelassen. Diese allgemeine bauaufsichtliche Zulassung umfaßt zwölf Seiten und drei Anlagen.

I. ALLGEMEINE BESTIMMUNGEN

1 Mit der allgemeinen bauaufsichtlichen Zulassung ist die Verwendbarkeit des Zulassungsgegenstandes im Sinne der Landesbauordnungen nachgewiesen.

2 Die allgemeine bauaufsichtliche Zulassung ersetzt nicht die für die Durchführung von Bauvorhaben gesetzlich vorgeschriebenen Genehmigungen, Zustimmungen und Bescheinigungen.

3 Die allgemeine bauaufsichtliche Zulassung wird unbeschadet der Rechte Dritter, insbesondere privater Schutzrechte, erteilt.

4 Hersteller und Vertreiber des Zulassungsgegenstands haben, unbeschadet weitergehender Regelungen in den „Besonderen Bestimmungen", dem Verwender des Zulassungsgegenstands Kopien der allgemeinen bauaufsichtlichen Zulassung zur Verfügung zu stellen und darauf hinzuweisen, daß die allgemeine bauaufsichtliche Zulassung an der Verwendungsstelle vorliegen muß. Auf Anforderung sind den beteiligten Behörden Kopien der allgemeinen bauaufsichtlichen Zulassung zur Verfügung zu stellen.

5 Die allgemeine bauaufsichtliche Zulassung darf nur vollständig vervielfältigt werden. Eine auszugsweise Veröffentlichung bedarf der Zustimmung des Deutschen Instituts für Bautechnik. Texte und Zeichnungen von Werbeschriften dürfen der allgemeinen bauaufsichtlichen Zulassung nicht widersprechen. Übersetzungen der allgemeinen bauaufsichtlichen Zulassung müssen den Hinweis „Vom Deutschen Institut für Bautechnik nicht geprüfte Übersetzung der deutschen Originalfassung" enthalten.

6 Die allgemeine bauaufsichtliche Zulassung wird widerruflich erteilt. Die Bestimmungen der allgemeinen bauaufsichtlichen Zulassung können nachträglich ergänzt und geändert werden, insbesondere, wenn neue technische Erkenntnisse dies erfordern.

7 Die in der allgemeinen bauaufsichtlichen Zulassung genannten Bauprodukte bedürfen des Nachweises der Übereinstimmung (Übereinstimmungsnachweis) und der Kennzeichnung mit dem Übereinstimmungszeichen (Ü-Zeichen) nach den Übereinstimmungszeichen-Verordnungen der Länder.

II. BESONDERE BESTIMMUNGEN

1 Zulassungsgegenstand und Anwendungsbereich

Die allgemeine bauaufsichtliche Zulassung erstreckt sich auf die Herstellung des ELMCO-Ripp-Bewehrungssystems aus austenitischem nichtrostenden Stahl der Werkstoff-Nr. 1.4571 nach EN 10088-1: 1995-08 und dessen Verwendung als horizontale Bewehrung nach DIN 1053-3: 1990-02 – Mauerwerk; bewehrtes Mauerwerk – in der untersten Lagerfuge von nichttragenden Stürzen aus Ziegelmauerwerk (Vormauerschalen) mit einer Dicke von 115 mm.

Die lichte Weite der Stürze beträgt höchstens 3010 mm; ihre Höhe beträgt mindestens 250 mm zuzüglich einer unter der Bewehrung liegenden Grenadierschicht mit einer Höhe von 240 mm.

Das ELMCO-Ripp-Bewehrungssystem besteht aus dem ELMCO-Ripp-Bewehrungselement, den dazugehörigen Klemmbügeln (Unter- und Oberbügel) und Drahtankern zur Vernadelung der Grenadierschicht zwischen den abgehängten Unterbügeln (siehe Anlage 1).

Das ELMCO-Ripp-Bewehrungselement ist leiterförmig ausgebildet mit Längsstäben und rechtwinklig dazu angeordneten Querstäben Ø 4 mm nach dieser allgemeinen bauaufsichtlichen Zulassung. Die Stäbe sind miteinander durch Punktschweißung nach DIN 488-1 verbunden.

Die systemzugehörigen Klemmbügel werden aus 2 mm dickem und 3,5 mm breitem Flachdraht hergestellt und sind an ihren offenen Enden mit Haken zur Fixierung am ELMCO-Ripp-Bewehrungselement ausgestattet.

Die Mauerwerksstürze bestehen aus Vormauerziegeln mindestens der Druckfestigkeitsklasse 12 nach DIN 105-1 oder DIN 105-2, die mit Normalmörtel nach DIN 1053-1 der Mörtelgruppe IIa vermauert werden. Die statisch erforderliche Sturzhöhe muß mindestens 3 Schichten NF über der Bewehrungsfuge umfassen. Dabei ist die Sturzbreite immer 11,5 cm. Unter der Bewehrungsfuge ist eine Grenadierschicht angeordnet. Die Grenadierschicht unter dem Bewehrungselement wird durch Unter- und Oberbügel und durch eine zusätzliche Vernadelung der untergehängten Verblendsteine mit 250 mm langen Edelstahldrahtankern gesichert. Die Oberbügel (Klemmbügel) werden in der über der Bewehrung liegenden Läuferschicht in jede Stoßfuge eingesetzt. Die Unterbügel werden in jede dritte senkrechte Fuge, der unter der Bewehrung angeordneten Grenadierschicht, d. h. im Abstand von maximal 25 cm, eingesetzt.

Die ELMCO-Ripp-Bewehrungselemente werden nach DIN 1053-3: 1990-02 – Mauerwerk; bewehrtes Mauerwerk – für Stürze nur im Bereich der Vormauerschale mit einer Dicke von 11,5 cm eingesetzt. Die Stürze dürfen nicht durch weitere Lasten außer Eigenlasten beansprucht werden. Sie dürfen nur bei Umweltbedingungen gemäß DIN 1045: 1988-07, Tabelle 10, Zeilen 1 bis 3, verwendet werden.

2 Bestimmungen für die Bauprodukte

2.1 Bestimmungen für den Bewehrungsstahl BSt 500 NR (IV NR)

2.1.1 Allgemeines

Das ELMCO-Ripp-Bewehrungselement ist aus nichtrostendem, kaltverformtem, gerippten Bewehrungsstahl in Ringen BSt 500 NR (IV NR) der Werkstoff-Nr. 1.4571 nach DIN EN 10 088-03:1995-08 – Nichtrostende Stähle –, Nenndurchmesser 4,0 mm, herzustellen.

Der im Herstellwerk in Ringen gefertigte BSt 500 NR ist im Werk oder beim Weiterverarbeiter zu richten und zu Fixlängen (für die Bauteile benötigte Längen) abzulängen.

Er ist für die in Abschnitt 2.1.2.2 angegebenen Schweißverfahren nach DIN 4099: 1985-11 unter Beachtung der Hinweise für Zulassungsprüfungen von Betonstahl in Ringen aus nichtrostendem Stahl BSt 500 Nr. (IV NR) – Fassung Mai 1989 – geeignet.

Die Lieferung muß unmittelbar vom Herstellwerk des Ringmaterials zum Weiterverarbeiter erfolgen.

Die Verarbeitung von kaltgerippten Ringmaterial muß auf Fertigungsautomaten erfolgen, deren Eignung nachgewiesen ist.

Das Weiterverarbeiten zur Bewehrung darf außerhalb des Herstellwerkes nur in Betrieben erfolgen, die hierfür ihre Eignung nachgewiesen und ein Übereinstimmungszertifikat erhalten haben.

Die Lieferung von Stabmaterial vom Weiterverarbeiter zur Herstellung von Bewehrungen (Ablängen, Biegen) an anderer Stelle ist nicht zulässig.

Das Herstellwerk des Ringmaterials bzw. der Weiterverarbeiter ist jeweils für den ihn betreffenden Teil der Herstellung bzw. Weiterverarbeitung verantwortlich.

2.1.2 Eigenschaften und Zusammensetzung

2.1.2.1 Oberflächengestalt und Abmessungen

Die Oberflächengestaltung muß den Festlegungen für die Stäbe von geschweißten Betonstahlmatten BSt 500 M nach DIN 488-4: 1986-06 entsprechen unter Einhaltung der ergänzenden Bestimmungen in Abschnitt 2.1.2.3.

2.1.2.2 Festigkeits- und Verformungseigenschaften

Es gelten die Festlegungen von DIN 488-1: 1984-09 für BSt 500 S, die nachfolgend zusammengestellt sind. Zusätzlich gilt Abschnitt 2.1.2.3.

Kurzname Kurzzeichen	BSt 500 NR IV NR	Quantile der Grundgesamtheit %[1]
Nenndurchmesser d_S mm	4	–
Streckgrenze R_e N/mm^2 0,2 % Dehngrenze $R_{p\,0,2}$	500	5,0
Zugfestigkeit R_m N/mm^2	550[2]	5,0
Bruchdehnung A_{10} %	15	5,0
Rückbiegeversuch mit Biegerollendurchmesser für Nenndurchmesser d_S = 4 mm	5 d_S	1,0
Unterschreitung des Nennquerschnittes A_S mm^2 %	4 0 (Mittelwert)	5,0 –
geeignet für Schweißverfahren	MAG, RA, RP[3]	

[1] Quantile für eine statistische Wahrscheinlichkeit W = 1 – α = 0,90 (einseitig)
[2] Für die Istwerte des Zugversuches gilt, daß R_m mindestens 1,05 · R_e (bzw. $R_{p\,0,2}$) betragen muß.
[3] Die Kennbuchstaben bedeuten:
    MAG = Metallaktivgasschweißen
    RA = Abbrennstumpfschweißen
    RP = Widerstands-Punktschweißen

2.1.2.3 Vorhaltewerte

Abweichend von DIN 488-6: 1986-06, Abschnitt 4.2.4.1, gelten für die Prüfung nach den Abschnitten 4.2.1 bis 4.2.3 der Norm folgende Anforderungen:

Qualitätsmerkmal	Anforderungen
(1) Querschnitt A_S	$x_i \geq 0{,}96 \cdot A_{S,N}$ $\overline{x} \geq A_{S,N}$
(2) Bezogene Rippenfläche f_R	$x_i \geq 1{,}15\, f_{R,N}$
(3) Streckgrenze R_e	$x_i \geq 1{,}05\, R_{e,N}$ $\overline{x} \geq R_{e,N} + 45$ N/mm^2
(4) Bruchdehnung A_{10}	$x_i \geq 1{,}00\, A_{10,N}$ $\overline{x} \geq A_{10,N} + 1{,}0\,\%$

2.1.2.4 Chemische Zusammensetzung und Schweißeignung

Für die chemische Zusammensetzung und die Schweißeignung gelten die Festlegungen für den nichtrostenden Stahl, Werkstoff-Nr. 1.4571 in DIN EN 10 088-3: 1995-08 und im Zulassungsbescheid für „Nichtrostende Stähle" Z-30.3-3 vom 3. April 1996.

2.1.3 Herstellung, Lieferung und Kennzeichnung

2.1.3.1 Herstellung

Bewehrungsstahl in Ringen BSt 500 NR wird durch Kaltverformung, d. h. durch Ziehen und/oder Kaltwalzen des warmgewalzten glatten Ausgangserzeugnisses hergestellt. Auf die Oberfläche werden 3 Reihen schräg zur Stabachse verlaufender Rippen kalt aufgewalzt.

Die Oberflächengestalt richtet sich nach DIN 488-4: 1986-06. Der Hersteller des Ringmaterials muß die Rippenhöhen so herstellen, daß vom Weiterverarbeiter die nachfolgend festgelegten Höhen der Schrägrippen (Mindestwerte) eingehalten werden können.

Maße und Gewichte nach dem Richten:

– Nenndurchmesser d_s = 4 mm
– Nennquerschnitt A_s = 0,126 cm^2
– Nenngewicht G = 0,100 kg/m (berechnet mit einer Dichte von 7,98 kg/dm^3)
– Schrägrippenhöhe in der Mitte mindestens 0,30 mm
– Schrägrippenhöhe in den Viertelspunkten mindestens 0,24 mm

- Kopfbreite der Schrägrippen b ≈ 0,1 d_S (Kopfbreiten in der Mitte der Rippen bis 0,2 · d_S sind nicht zu beanstanden)
- Mittenabstand der Schrägrippen c = 4,0 mm (zulässige Abweichung ± 15 %)
- Bezogene Rippenfläche (Verhältnisgröße) f_R = 0,036

2.1.3.2 Lieferung

Der Bewehrungsstahl BSt 500 NR (IV NR) nach dieser Zulassung wird in Ringen geliefert oder in Bunden, sofern das Material bereits vom Herstellwerk als Weiterverarbeiter gerichtet und abgelängt wurde. Jeder Ring muß auf einem witterungsbeständigen Anhängeschild Schmelzennummer, Durchmesser und die Sortenangabe BSt 500 NR (IV NR) aufweisen.

Die Lieferung muß unmittelbar vom Herstellwerk des Ringmaterials zum Weiterverarbeiter erfolgen.

Jeder Lieferung ist ein Lieferschein nach DIN 488-1:1984-09, Abschnitt 7, beizugeben.

Außerdem ist jeder Lieferung von Ringmaterial ein Werksprüfzeugnis 2.3 nach DIN EN 10 204: 1995-08 beizugeben, das folgende Angaben enthalten muß:

Zulassungsnummer Z-17.1-602

Nenndurchmesser des Bewehrungsstahls

Schmelzen-Nr.

zugehörige Prüfwerte für

Bezogene Rippenfläche (f_R)
Zugfestigkeit (R_m)
Streckgrenze (R_e)
Bruchdehnung (A_{10})

Der Hersteller hat die Werksprüfzeugnisse seiner fremdüberwachenden Stelle zur Kenntnis zu geben.

2.1.3.3 Kennzeichnung

Der Lieferschein des Bauproduktes muß vom Hersteller mit dem Übereinstimmungszeichen (Ü-Zeichen) nach den Übereinstimmungszeichen-Verordnungen der Länder gekennzeichnet werden. Die Kennzeichnung darf nur erfolgen, wenn die Voraussetzungen nach Abschnitt 2.1.4 erfüllt sind.

Das Ringmaterial BSt 500 NR (IV NR) muß auf einer Rippenreihe in Abständen von etwa 1 m mit dem Werkkennzeichen (der Werknummer) des Herstellwerkes versehen sein, in dem es hergestellt wird. Der Anfang des Werkkennzeichens ist durch sich kreuzende Schrägrippen darzustellen; die nachfolgende Kennzeichnung der Werknummer erfolgt ebenfalls durch sich kreuzende Schrägrippen. Durch diese Art der Markierung des Werkkennzeichens unterscheidet sich der kaltgerippte Bewehrungsstahl in Ringen BSt 500 NR (IV NR) von den Stäben der Betonstahlmatten BSt 500 M und vom Betonstahl in Ringen BSt 500 KR und WR.

Das Werkkennzeichen wird mit dem Übereinstimmungszertifikat, siehe Abschnitt 2.1.4, dem Herstellwerk zugeteilt. Ein Verzeichnis der Werkkennzeichen wird vom Deutschen Institut für Bautechnik geführt und veröffentlicht.

2.1.4 Übereinstimmungsnachweis

2.1.4.1 Allgemeines

Die Bestätigung der Übereinstimmung des Bewehrungsstahls BSt 500 NR (IV NR) mit den Bestimmungen dieser allgemeinen bauaufsichtlichen Zulassung muß für jedes Herstellwerk mit einem Übereinstimmungszertifikat auf der Grundlage einer werkseigenen Produktionskontrolle und einer regelmäßigen Fremdüberwachung einschließlich einer Erstprüfung des BSt 500 NR (IV NR) nach Maßgabe der folgenden Bestimmungen erfolgen.

Mit dem Übereinstimmungszertifikat wird dem Herstellwerk zugleich das Werkkennzeichen zugeteilt. Die Geltungsdauer des Übereinstimmungszertifikats ist auf die Geltungsdauer dieser allgemeinen bauaufsichtlichen Zulassung zu befristen.

Für die Erteilung des Übereinstimmungszertifikats und die Fremdüberwachung einschließlich der dabei durchzuführenden Produktprüfungen hat der Hersteller des Betonstahls in Ringen BSt 500 NR eine hierfür anerkannte Zertifizierungsstelle sowie eine hierfür anerkannte Überwachungsstelle einzuschalten.

Dem Deutschen Institut für Bautechnik ist von der Zertifizierungsstelle eine Kopie des von ihr erteilten Übereinstimmungszertifikats und eine Kopie des Erstprüfberichts zur Kenntnis zu geben.

2.1.4.2 Werkseigene Produktionskontrolle

In jedem Herstellwerk ist eine werkseigene Produktionskontrolle einzurichten und durchzuführen. Unter werkseigener Produktionskontrolle wird die vom Hersteller vorzunehmende kontinuierliche Überwachung der Produktion verstanden, mit der dieser sicherstellt, daß die von ihm hergestellten Bauprodukte den Bestimmungen dieser allgemeinen bauaufsichtlichen Zulassung entsprechen.

Die werkseigene Produktionskontrolle soll mindestens die in den Zulassungsgrundsätzen des Deutschen Instituts für Bautechnik für Betonstahl in Ringen, Fassung November 1993, aufgeführten Maßnahmen einschließen.

Die Ergebnisse der werkseigenen Produktionskontrolle sind aufzuzeichnen und auszuwerten. Die Aufzeichnungen müssen mindestens folgende Angaben enthalten:

- Bezeichnung des Bauprodukts bzw. des Ausgangsmaterials und der Bestandteile
- Art der Kontrolle oder Prüfung
- Datum der Herstellung und der Prüfung des Bauprodukts bzw. des Ausgangsmaterials oder der Bestandteile
- Ergebnis der Kontrollen und Prüfungen und, soweit zutreffend, Vergleich mit den Anforderungen
- Unterschrift des für die werkseigene Produktionskontrolle Verantwortlichen

Die Aufzeichnungen sind mindestens fünf Jahre aufzubewahren und der für die Fremd-überwachung eingeschalteten Überwachungsstelle vorzulegen. Sie sind dem Deutschen Institut für Bautechnik auf Verlangen vorzulegen.

Bei ungenügendem Prüfergebnis sind vom Hersteller unverzüglich die erforderlichen Maßnahmen zur Abstellung des Mangels zu treffen. Bauprodukte, die den Anforderungen nicht entsprechen, sind so zu handhaben, daß Verwechslungen mit übereinstimmenden ausgeschlossen werden. Nach Abstellung des Mangels ist – soweit technisch möglich und zum Nachweis der Mängelbeseitigung erforderlich – die betreffende Prüfung unverzüglich zu wiederholen.

2.1.4.3 Fremdüberwachung

Im Rahmen der Fremdüberwachung ist bei Beginn der Herstellung eine Erstprüfung des BSt 500 NR (IV NR) durchzuführen. Hierfür gelten die Bestimmungen für Stäbe nach DIN 488-6:1986-06, Abschnitt 3.

In jedem Herstellwerk ist die werkseigene Produktionskontrolle durch eine Fremdüberwachung regelmäßig zu überprüfen, mindestens jedoch 6 x jährlich. Die Überwachungsprüfungen sind von einer hierfür anerkannten Stelle schmelzenweise durchzuführen. Ferner können auch Proben für Stichprobenprüfungen entnommen werden; es gelten hierfür DIN 488-6: 1986-06, Abschnitt 5 (Stäbe) sowie die in den Zulassungsgrundsätzen für Betonstahl in Ringen, Fassung November 1993, festgelegten Prüfungen.

Die Probennahme und Prüfungen obliegen jeweils der anerkannten Stelle.

Die Ergebnisse der Zertifizierung und Fremdüberwachung sind mindestens fünf Jahre aufzubewahren. Sie sind von der Zertifizierungsstelle bzw. der Überwachungsstelle dem Deutschen Institut für Bautechnik auf Verlangen vorzulegen.

2.1.5 Bestimmungen für die Weiterverarbeitung von BSt 500 NR (IV NR)

2.1.5.1 Anforderungen an den Betrieb

Betriebe, die Bewehrungsstahl vom Ring weiterverarbeiten, müssen durch eine Erstprüfung nachweisen, daß sie über fachkundiges Personal verfügen, daß ihre Fertigungsanlagen für die Weiterverarbeitung geeignet sind und daß das gerichtete Material die gestellten Anforderungen erfüllt. Darüber hinaus müssen sie sich einer Überwachung unterziehen. Hierfür gelten die in Abschnitt 2.1.4.2 genannten Zulassungsgrundsätze.

2.1.5.2 Eigenschaften und Anforderungen an den Bewehrungsstahl nach dem Richten

Bezogene Rippenfläche

Die bezogene Rippenfläche muß den Festlegungen von DIN 488-4:1986-06 für die Stäbe der Betonstahlmatten BSt 500 M, bzw. den Festlegungen in Abschnitt 2.1.2.1 entsprechen. Eine Überprüfung durch Vergleich der Rippenhöhen vor und nach dem Richten ist zulässig. Die Mindestwerte der Rippenhöhen sind in Abschnitt 2.1.2.1 dieser Zulassung angegeben.

Festigkeits- und Verformungseigenschaften

Es gelten die Festlegungen in DIN 488-1: 1984-09 für BSt 500 S, die in Abschnitt 2.1.2.2 zusammengestellt sind.

Kennzeichnung

Der Weiterverarbeiter muß auf die gerichteten, abgelängten und ggf. gebogenen Stäbe die für ihn festgelegte Markierung (Verarbeiterkennzeichen) anbringen.

Die Markierung wird im Übereinstimmungszertifikat des Verarbeiters festgelegt. Ein Verzeichnis der Verarbeiterkennzeichen wird vom Deutschen Institut für Bautechnik geführt und veröffentlicht.

2.1.5.3 Übereinstimmungsnachweis

Für die werkseigene Produktionskontrolle sind die Zulassungsgrundsätze für Betonstahl in Ringen, Fassung November 1993, maßgebend.

Für die Fremdüberwachung sind die Zulassungsgrundsätze für Betonstahl in Ringen, Fassung November 1993, maßgebend. Die Ergebnisse der Fremdüberwachung und Zertifizierung sind mindestens fünf Jahre aufzubewahren. Sie sind von der Zertifizierungsstelle bzw. der Überwachungsstelle dem Deutschen Institut für Bautechnik auf Verlangen vorzulegen.

2.1.5.4 Lieferung nach der Weiterverarbeitung

Jeder Lieferung von Bewehrung aus gerichtetem, abgelängtem und gebogenem Bewehrungsstahl ist ein Lieferschein beizugeben, der folgende Angaben enthalten muß:

a) Name und Verarbeiterkennzeichen des weiterverarbeitenden Betriebes, der das Richten und Ablängen vorgenommen hat

b) Übereinstimmungszeichen mit Angabe der zertifizierenden Stelle des Weiterverarbeiters

c) Vollständige Bezeichnung des Bewehrungsstahls

d) Umfang der Lieferung

e) Tag der Lieferung

f) Empfänger

2.2 Bestimmungen für das ELMCO-Ripp-Bewehrungssystem

2.2.1 Eigenschaften und Zusammensetzung

Das ELMCO-Ripp-Bewehrungssystem muß in seiner Ausführung und in den Abmessungen den Anlagen 1 bis 3 dieser allgemeinen bauaufsichtlichen Zulassung entsprechen.

Das ELMCO-Ripp-Bewehrungselement muß aus nichtrostendem Stahl nach Abschnitt 2.1 dieser allgemeinen bauaufsichtliche Zulassung bestehen.

Die Längs- und Querstäbe sind gemäß Anlage 2 dieser allgemeinen bauaufsichtlichen Zulassung durch Punktschweißung zu verbinden. Es gelten die Bestimmungen der allgemeinen bauaufsichtlichen Zulassung Z-30.3-3 vom 3. April 1996 in Verbindung mit DIN 4099: 1985-11. Die Knotenscherkraft eines Schweißpunktes N nach DIN 488-1, Tabelle 1, Zeile 13, muß mindestens 2 kN betragen.

Die Nadeln sowie die Klemmbügel müssen ebenfalls aus nichtrostendem Stahl der Werkstoff-Nr. 1.4571 nach EN 10 088-1: 1995-08, Tabelle 3, bestehen. Die Klemmbügel sind aus 2 mm dickem und 3,5 mm breitem Flachdraht herzustellen und an ihren offenen Enden mit Haken zur Fixierung am ELMCO-Ripp-Bewehrungselement auszustatten. Die Nadeln sind Drahtanker mit einem Durchmesser von mindestens 3 mm und 250 mm Länge.

2.2.2 Verpackung, Lagerung, Kennzeichnung

2.2.2.1 Verpackung und Lagerung

Die ELMCO-Ripp-Bewehrungselemente sind mit geeigneten Materialien zu Bunden zusammenzubinden. Die dem Bewehrungssystem zugehörigen Klemmbügel (Unter- und Oberbügel) und Drahtanker sind ebenfalls mit geeigneten Materialien zu Bunden zusammenzubinden oder in Gebinden zu verpacken.

Für die einzelnen Bewehrungsteile gelten die Forderungen der DIN 488-1 und DIN 488-4.

2.2.2.2 Kennzeichnung

Jedes Bund ELMCO-Ripp-Bewehrungselemente ist mit einem oder mehreren wetterfesten, unverlierbaren Anhängern zu versehen und zu kennzeichnen.

Jede Liefereinheit (z.B. Bund oder Paket) muß auf der Verpackung oder den o.g. Anhängern oder einem mindestens A5 großen Beipackzettel und auf dem Lieferschein vom Hersteller mit dem Übereinstimmungszeichen (Ü-Zeichen) nach den Übereinstimmungszeichen-Verordnungen der Länder gekennzeichnet werden. Die Kennzeichnung darf nur erfolgen, wenn die Voraussetzungen nach Abschnitt 2.2.3 erfüllt sind.

Außerdem ist jede Liefereinheit auf dem Lieferschein und auf der Verpackung oder dem Beipackzettel mit folgenden Angaben zu versehen:

Zulassungsgegenstand

Zulassungsnummer Z-17.1-602

Elementetyp

Hersteller und Herstellwerk

Das ELMCO-Ripp-Bewehrungssystem ist mit Verarbeitungsrichtlinien auszuliefern

2.2.3 Übereinstimmungsnachweis

2.3.1 Allgemeines

Die Bestätigung der Übereinstimmung des ELMCO-Ripp-Bewehrungssystems oder einzelner Bestandteile des Bewehrungssystems mit den Bestimmungen dieser allgemeinen bauaufsichtlichen Zulassung muß für jedes Herstellwerk mit einem Übereinstimmungszertifikat auf der Grundlage einer werkseigenen Produktionskontrolle und einer regelmäßigen Fremdüberwachung einschließlich einer Erstprüfung der einzelnen ELMCO-Ripp-Bewehrungselemente nach Maßgabe der folgenden Bestimmungen erfolgen.

Für die Erteilung des Übereinstimmungszertifikats und die Fremdüberwachung einschließlich der dabei durchzuführenden Produktprüfungen hat der Hersteller des ELMCO-Ripp-Bewehrungssystems eine hierfür anerkannte Zertifizierungsstelle sowie eine hierfür anerkannte Überwachungsstelle einzuschalten.

Dem Deutschen Institut für Bautechnik und der obersten Bauaufsichtsbehörde des Landes, in dem das Herstellwerk liegt, ist von der Zertifizierungsstelle eine Kopie des von ihr erteilten Übereinstimmungszertifikats zur Kenntnis zu geben.

2.3.2 Werkseigene Produktionskontrolle

In jedem Herstellwerk ist eine werkseigene Produktionskontrolle einzurichten und durchzuführen. Unter werkseigener Produktionskontrolle wird die vom Hersteller vorzunehmende kontinuierliche Überwachung der Produktion verstanden, mit der dieser sicherstellt, daß die von ihm hergestellten Bauprodukte den Bestimmungen dieser allgemeinen bauaufsichtlichen Zulassung entsprechen.

Die werkseigene Produktionskontrolle soll mindestens die im folgenden aufgeführten Maßnahmen einschließen:

Im Rahmen der werkseigenen Produktionskontrolle sind mindestens an jeweils drei Proben je 1.000 ELMCO-Ripp-Bewehrungssysteme bzw. einmal je Fertigungswoche die Abmessungen und Formtreue der Einzelteile und der gesamten Bewehrungselemente zu überprüfen.

Die Materialeigenschaften des Ausgangsmaterials sind anhand des Lieferscheines (Abschnitt 2.1.5.4) und der Werksprüfzeugnisse zu überprüfen.

Die Knotenscherkraft ist nach DIN 488-5 monatlich zu überprüfen.

Die Ergebnisse der werkseigenen Produktionskontrolle sind aufzuzeichnen und auszuwerten. Die Aufzeichnungen müssen mindestens folgende Angaben enthalten:

- Bezeichnung des Bauproduktes und des Ausgangsmaterials
- Art der Kontrolle oder Prüfung
- Datum der Herstellung und der Prüfung des Bauproduktes und des Ausgangsmaterials
- Ergebnis der Kontrollen und Prüfungen und Vergleich mit den Anforderungen
- Unterschrift des für die werkseigene Produktionskontrolle Verantwortlichen

Die Aufzeichnungen sind mindestens fünf Jahre aufzubewahren und der für die Fremdüberwachung eingeschalteten Überwachungsstelle vorzulegen.

Sie sind dem Deutschen Institut für Bautechnik und der zuständigen obersten Bauaufsichtsbehörde auf Verlangen vorzulegen.

Bei ungenügendem Prüfergebnis sind vom Hersteller unverzüglich die erforderlichen Maßnahmen zur Abstellung des Mangels zu treffen.

Bauprodukte, die den Anforderungen nicht entsprechen, sind so zu handhaben, daß Verwechslungen mit übereinstimmenden ausgeschlossen werden. Nach Abstellung des Mangels ist – soweit technisch möglich und zum Nachweis der Mängelbeseitigung erforderlich – die betreffende Prüfung unverzüglich zu wiederholen.

2.3.3 Fremdüberwachung

In jedem Herstellwerk ist die werkseigene Produktionskontrolle durch eine Fremdüberwachung regelmäßig zu überprüfen, mindestens jedoch zweimal jährlich.

Im Rahmen der Fremdüberwachung ist eine Erstprüfung des ELMCO-Ripp-Bewehrungssystems durchzuführen, und es können auch Proben für Stichprobenprüfungen entnommen werden. Die Probenahme und Prüfungen obliegen jeweils der anerkannten Stelle.

Die Ergebnisse der Zertifizierung und Fremdüberwachung sind mindestens fünf Jahre aufzubewahren. Sie sind von der Zertifizierungsstelle bzw. der Überwachungsstelle dem Deutschen Institut für Bautechnik auf Verlangen vorzulegen.

3 Bestimmungen für Bemessung und Ausführung

3.1 Allgemeines

Für die Bemessung und Ausführung des mit dem ELMCO-Ripp-Bewehrungssystem im Anwendungsbereich nach Abschnitt 1 bewehrten Mauerwerks gilt DIN 1053-3: 1990-02 soweit in dieser allgemeinen bauaufsichtlichen Zulassung nichts anderes bestimmt ist.

3.2 Lichte Sturzweite

Die lichte Weite des bewehrten Sturzes ist auf

max l_w = 3,01 m

begrenzt.

3.3 Übermauerungshöhe

Die Übermauerungshöhe h_0 des Sturzes (Abstand zwischen Oberkante Sturz und Schwerpunkt der Bewehrung) muß mindestens 250 mm betragen.

3.4 Bemessung

3.4.1 Grundlagen

Für die Rechenwerte der Spannungsdehnungslinie des nichtrostenden Bewehrungsstahls gilt Bild 1. Der Elastizitätsmodul ist mit 160.000 MN/m² und die Temperaturdehnzahl mit $16 \cdot 10^{-6} \, K^{-1}$ festgelegt.

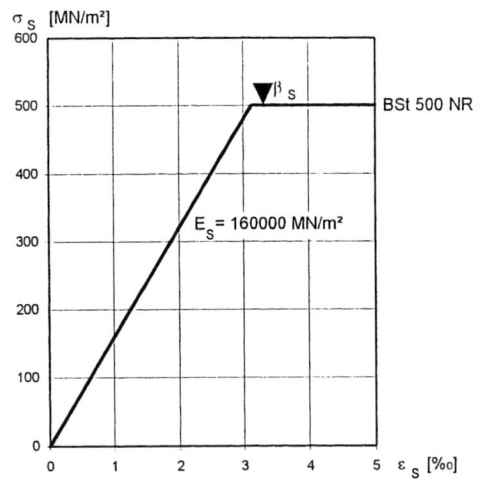

Bild 1: Rechenwerte für die Spannungs-Dehnungs-Linie

3.4.2 Verwendung vorhandener Bemessungshilfen

Das allgemeine Bemessungsdiagramm kann in Verbindung mit Bild 1 unmittelbar angewandt werden. Andere vorhandene Bemessungshilfen für BSt 500 S dürfen verwendet werden, wenn die mit ihrer Hilfe ermittelte erforderliche Bewehrung mit dem Faktor k = 1,25 erhöht wird.

3.4 Verankerung der Bewehrungsstäbe

Die Verankerung der Bewehrungsstäbe (Verankerungslänge) ist nach DIN 1045: 1988-07 nachzuweisen. Ergänzend zu DIN 1053-3: 1990-02 gilt für den zulässigen Grundwert der Verbundspannung zul τ_1 in Normalmörtel MG IIa

zul $\tau_1 = 0{,}35 \, N/mm^2$

Als Verankerungsbeiwert darf

$\alpha_1 = 0{,}7$

angesetzt werden, wenn innerhalb der Verankerungslänge mindestens ein angeschweißter Querstab vorhanden ist.

3.5 Stöße

Die Bewehrungselemente dürfen nicht gestoßen werden.

3.6 Biegen

Das Biegen der Bewehrungselemente ist nicht zulässig.

3.7 Ausführung

Für die Ausführung der bewehrten Mauerwerksstürze gilt DIN 1053-3: 1990-02.

Das ELMCO-Ripp-Bewehrungssystem darf nur als Gesamtsystem angewendet werden.

Die Mauerwerksstürze sind aus Vormauerziegeln mindestens der Druckfestigkeitsklasse 12 nach DIN 105-1 oder DIN 105-2 herzustellen, die mit Normalmörtel nach DIN 1053-1 der Mörtelgruppe IIa vermauert werden.

Unter der Bewehrungsfuge ist eine Grenadierschicht angeordnet. Die Grenadierschicht unter dem Bewehrungselement wird durch Unter- und Oberbügel und durch eine zusätzliche Vernadelung der untergehängten Verblendsteine mit 250 mm langen Edelstahldrahtankern gesichert (siehe Anlagen 1 und 3). Bei Vollziegeln ohne Lochung ist die Vernadelung mit den Edelstahl-Drahtankern durch Bohrungen in den Ziegeln (siehe hierzu auch Anlage 3) zu realisieren. Die Oberbügel (Klemmbügel) werden in der über der Bewehrung liegenden Läuferschicht in jede Stoßfuge eingesetzt. Die Unterbügel werden in jede dritte senkrechte Fuge der unter der Bewehrung angeordneten Grenadierschicht, d. h. im Abstand von maximal 25 cm, eingesetzt.

Bei Verwendung von 2 Stück Bewehrungselementen werden diese in den übereinander liegenden Lagerfugen angeordnet.

Die Ziegel sind vollfugig zu vermauern. Offene Stoßfugen oder z.B. Öffnungen für Gerüstanker sind nicht zulässig.

Zulassungen

Folieneinlagerungen sind nur zulässig, wenn diese oberhalb des Sturzes eingelegt werden und nicht mehr als 25 mm in das Mauerwerk einbinden.

Die Verarbeitungsrichtlinien des Herstellers sind zu beachten.

Der Antragsteller ist verpflichtet, alle mit der Ausführung seiner Bauart betrauten Personen über die Besonderen Bestimmungen dieser allgemeinen bauaufsichtlichen Zulassung und alle für eine einwandfreie Ausführung der Bauart erforderlichen Einzelheiten zu unterrichten.

Im Auftrag　　　　　　　　　　　　　Irmschler

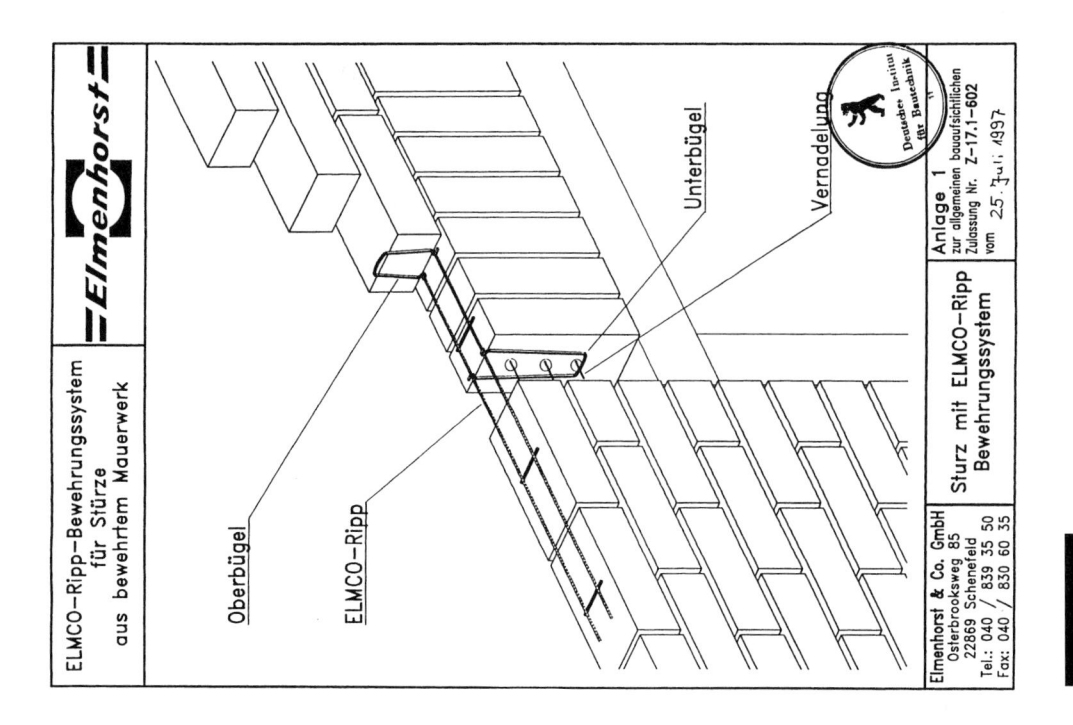

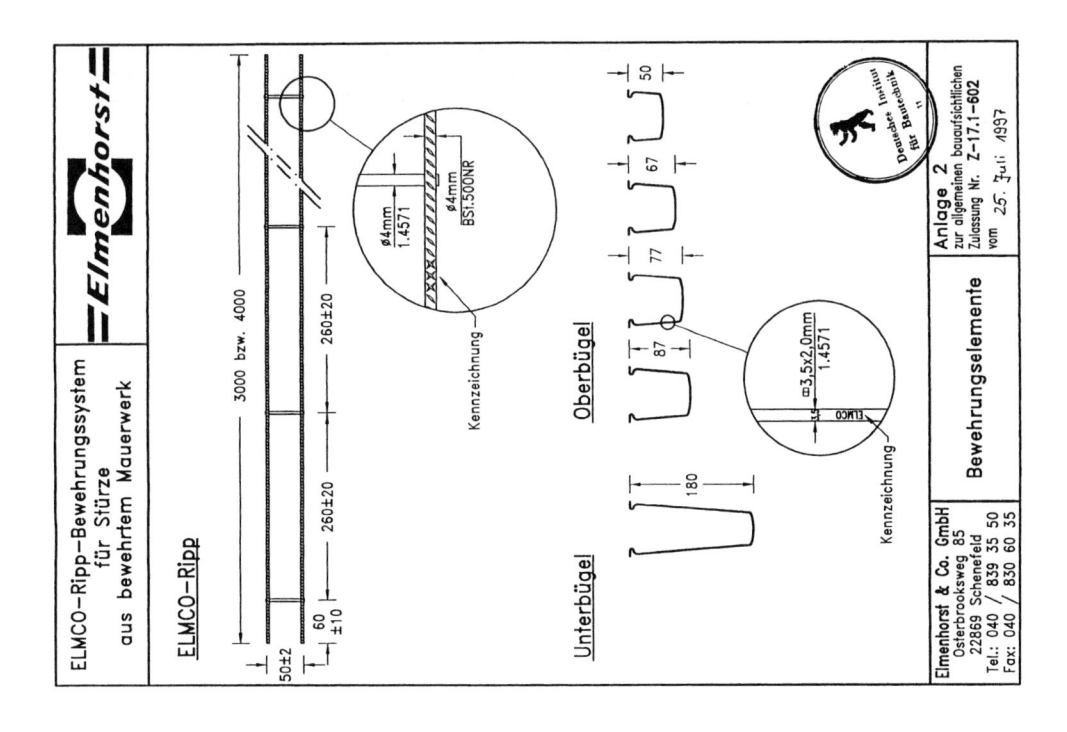

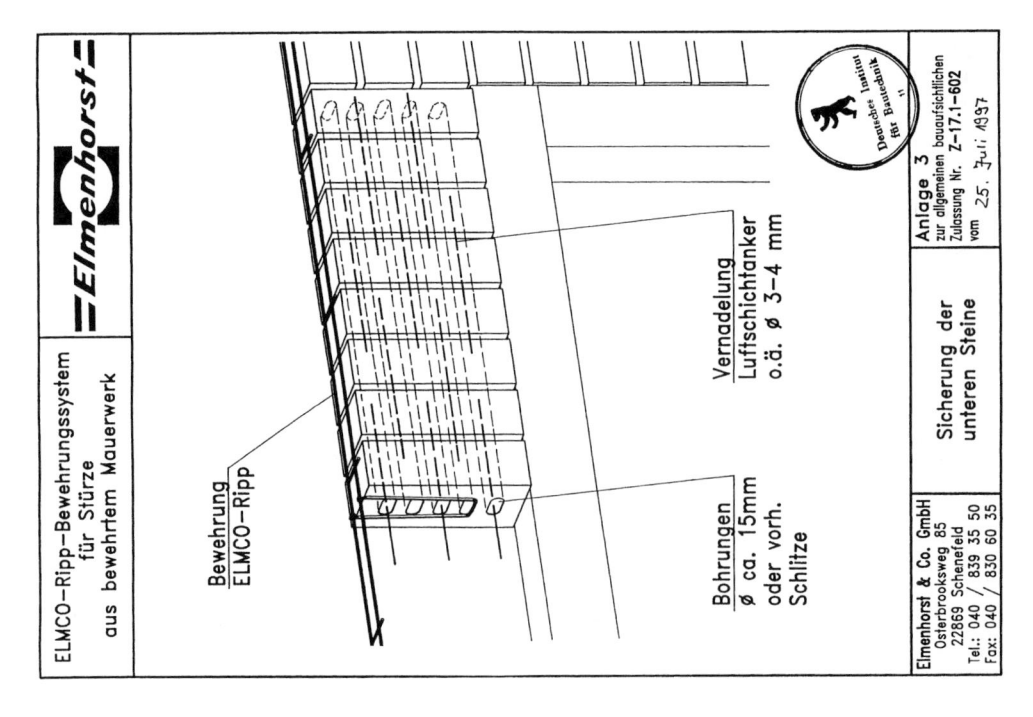

Zulassungen

J.96

DEUTSCHES INSTITUT FÜR BAUTECHNIK

Anstalt des öffentlichen Rechts

10829 Berlin, 4. Mai 2000
Kolonnenstraße 30 L
Telefon: (0 30) 7 87 30 - 322
Telefax: (0 30) 7 87 30 - 320
GeschZ.: II 27-1.17.1-79/97

Allgemeine bauaufsichtliche Zulassung

Zulassungs-nummer:	Z-17.1-621	Geltungsdauer bis:	3. Mai 2005
Antragsteller:	Ostfriesisches Baustoffwerk GmbH & Co. KG Dornumer Straße 92–94 26607 Aurich		
Zulassungs-gegenstand:	Fertigteilstürze aus Kalksandelementen		

Der obengenannte Zulassungsgegenstand wird hiermit allgemein bauaufsichtlich zugelassen. Diese allgemeine bauaufsichtliche Zulassung umfaßt zehn Seiten und vier Anlagen.

I. ALLGEMEINE BESTIMMUNGEN

(s. Seite J.87)

II. BESONDERE BESTIMMUNGEN

1 Zulassungsgegenstand und Anwendungsbereich

Die allgemeine bauaufsichtliche Zulassung erstreckt sich auf die Herstellung von Kalksandelementen der Druckfestigkeitsklasse 20 in den Rohdichteklassen 1,8, 2,0 oder 2,2 als Vollelemente und die Herstellung und Verwendung von bewehrten, tragenden Fertigteilstürzen aus diesen Kalksandelementen und einem speziellen Dünnbettmörtel, bezeichnet als FTS-Sturzmörtel.

Die aus den Kalksandelementen mit vermörtelter Stoßfuge zusammengesetzten Stürze und mit an der Unterseite eingelassenen Stahlbetonzuggurten (siehe Anlage 1) haben eine Breite von 100 mm bis 365 mm (Sturzbreite gleich Wanddicke), wobei Stürze mit einer Breite von 100 mm jedoch nur in nichttragenden Wänden verwendet werden dürfen. Die Fertigteilstürze werden mit Längen einschließlich Auflagerlänge von bis zu 2000 mm und Höhen von 248 mm, 373 mm, 480 mm und 498 mm hergestellt. Die Herstellung von Sonderhöhen zwischen 248 mm und 498 mm ist zulässig.

Die Fertigteilstürze werden im Werk gefertigt und auf der Baustelle mit einer Versetzhilfe eingebaut.

Die Fertigteilstürze dürfen nur als Einfeldträger mit direkter Lagerung an ihrer Unterseite verwendet werden. Sie dürfen nur durch Gleichstreckenlasten belastet werden. Die Mindestauflagerlänge beträgt 115 mm.

Die Fertigteilstürze dürfen nur in Gebäuden mit vorwiegend ruhenden Verkehrslasten gemäß DIN 1055-3: 1971-06 – Lastannahmen für Bauten, Verkehrslasten – Abschnitt 1.4, verwendet werden.

2 Bestimmungen für die Bauprodukte

2.1 Eigenschaften und Zusammensetzung

2.1.1 Fertigteilstürze

Die Fertigteilstürze müssen der Anlage 1 entsprechen und sind aus den Komponenten nach den Abschnitten 2.1.2 bis 2.1.5 dieser allgemeinen bauaufsichtlichen Zulassung herzustellen.

2.1.2 Kalksandelemente

2.1.2.1 Soweit in dieser allgemeinen bauaufsichtlichen Zulassung nichts anderes bestimmt ist, gelten für die Kalksandelemente die Bestimmungen der Norm DIN 106-1: 1980-09 – Kalksandsteine; Vollsteine, Lochsteine, Blocksteine, Hohlblocksteine –.

2.1.2.2 Für die Maße und zulässigen Maßabweichungen der Kalksandelemente gilt Tabelle 1.

Tabelle 1: Maße und zulässige Maßabweichungen

Länge mm Einzelwert ± 3 mm Mittelwert ± 2 mm	Breite[1] mm ± 3 mm ± 2 mm	Höhe[2] mm ± 1,0 mm ± 1,0 mm
248[3]	100[4]	248,0
373[3]	115	373,0
498	150	480,0
748	175	498,0
998	200	
	214	
	240	
	265	
	300	
	365	

[1] Elementbreite gleich Sturzbreite
[2] Sonderhöhen zwischen 248 mm und 498 mm sind zulässig
[3] Passelemente
[4] Nur für nichttragende Wände

2.1.2.3 Die Stirnflächen der Kalksandelemente sind glatt auszubilden. Die Elemente sind als Vollelemente herzustellen. Zur mechanischen Hantierung ist es zulässig, die Elemente mit auf der Oberseite angeordneten Hantierungslöchern nach Anlage 2 zu versehen. Zur Aufnahme der Bewehrung sind an der Unterseite der Elemente Aussparungen nach Anlage 2 vorzusehen, die mit einem Beton nach Abschnitt 2.1.5 verfüllt werden müssen. Die Aussparungen müssen eine beidseitig durchlaufende Nut mit einer Tiefe von mindestens 10 mm haben.

In den 115 mm, 150 mm und 175 mm breiten Elementen bzw. Stürzen sind zusätzlich vertikale Ausnehmungen gemäß Anlage 3 anzuordnen.

2.1.2.4 Die Kalksandelemente sind in der Druckfestigkeitsklasse 20 mit der Rohdichteklasse 1,8, 2,0 oder 2,2 herzustellen.

Die Druckfestigkeit und die Rohdichte der Kalksandelemente sind an ganzen Elementen (vor dem Ausfräsen der Aussparungen nach Anlage 2) oder abweichend von DIN 106-1: 1980-09 an aus dem oberen und unteren Bereich der Elemente entnommenen Probekörpern von 115 mm x Elementbreite x 113 mm (Probekörperhöhe), die dann wie die entsprechenden Steinformate zu prüfen sind, zu ermitteln. Bei der Einstufung in Druckfestigkeitsklassen aus den Druckfestigkeitsprüfungen bei Probekörpern von 115 mm x Elementbreite x 113 mm (Probekörperhöhe) darf ein Formfaktor nicht berücksichtigt werden. Für die Anzahl der so zu prüfenden Elemente gilt das für die Steine in DIN 106-1: 1980-09 Bestimmte. Die Anforderungen nach DIN 106-1: 1980-09 sind zu erfüllen.

2.1.3 Mörtel

2.1.3.1 Für die Herstellung der Fertigteilstürze aus den Kalksandelementen nach Abschnitt 2.1.2 ist ein spezieller Dünnbettmörtel, bezeichnet als FTS-Sturzmörtel, zu verwenden.

Für den FTS-Sturzmörtel gelten die Bestimmungen von DIN 1053-1: 1996-11 – Mauerwerk; Teil 1: Berechnung und Ausführung – für Dünnbettmörtel, soweit in dieser allgemeinen bauaufsichtlichen Zulassung nichts anderes bestimmt ist.

Der Dünnbettmörtel muss die Anforderungen an nichtbrennbare Baustoffe (Baustoffklasse DIN 4102-A1) nach der Norm DIN 4102-1, Abschnitt 5.1, erfüllen.

2.1.3.2 Die beim Deutschen Institut für Bautechnik in Berlin hinterlegte Zusammensetzung des FTS-Sturzmörtels muss eingehalten werden.

2.1.3.3 Die Druckfestigkeit des Mörtels nach trockener Lagerung muss abweichend von DIN 1053-1: 1996-11 mindestens 17,0 N/mm^2 und höchstens 25,0 N/mm^2 und nach Feuchtlagerung mindestens 70 % des Istwertes nach Trockenlagerung betragen.

2.1.3.4 Haftscherfestigkeit

Bei der Prüfung der Haftscherfestigkeit des FTS-Sturzmörtels nach DIN 18 555-5: 1986-03 – Prüfung von Mörteln mit mineralischen Bindemitteln,

Festmörtel, Bestimmung der Haftscherfestigkeit von Mauermörteln – darf kein auswertbarer Einzelwert eine Haftscherfestigkeit von 1,20 N/mm2 unterschreiten.

Abweichend von DIN 18 555-5: 1986-03 ist die Prüfung mit einer Fugendicke von 1 mm durchzuführen.

2.1.3.5 Die Einhaltung der Anforderungen nach Abschnitt 2.1.3.1 bis 2.1.3.4 ist bei jeder Lieferung wie folgt zu belegen:

– Einhaltung der Anforderungen hinsichtlich Zusammensetzung und Druckfestigkeit (bei beiden Lagerungsarten) durch Werkszeugnis 2.2 nach DIN EN 10 204: 1995-08 – Metallische Erzeugnisse; Arten von Prüfbescheinigungen -

– Einhaltung der Anforderungen hinsichtlich der Haftscherfestigkeit durch Abnahmeprüfzeugnis 3.1 B nach DIN EN 10 204: 1995-08

2.1.4 Bewehrung

2.1.4.1 Die horizontale Bewehrung (Biegezugbewehrung) in den Aussparungen ist aus Betonstabstahl BSt 500 S nach DIN 488-1: 1984-09 – Betonstahl; Sorten, Eigenschaften, Kennzeichen – auszuführen. Wird nur ein Bewehrungsstab eingelegt, so muss der Durchmesser mindestens 8 mm und darf höchstens 12 mm betragen. Bei Elementen mit einer Breite von 100 mm ist auch ein Durchmesser des Bewehrungsstabes von 6 mm zulässig. Die Länge der Bewehrungsstäbe muss der Sturzlänge abzüglich der seitlichen Betondeckung nach Abschnitt 2.1.4.2 entsprechen.

Bei den 115 mm, 150 mm und 175 mm breiten Stürzen sind an einem Durchmesser der Biegezugbewehrung mindestens alle 300 mm senkrechte Verankerungsstäbe 8 mm $\leq \emptyset \leq$ 10 mm aus Betonstabstahl BSt 500 S nach DIN 488-1 oder Betonstahl BSt 500 WR nach allgemeiner bauaufsichtlicher Zulassung anzuordnen (siehe Anlage 3). Für die Verbindung der Stäbe gilt DIN 4099: 1985-11 – Schweißen von Betonstahl; Ausführung und Prüfung -. Die Länge der Verankerungsstäbe ist so zu wählen, dass diese in die vertikalen Ausnehmungen nach Anlage 3 ca. 45 mm einbinden.

Für die Anforderungen an die Bewehrung, Lieferung, Überwachung und Kennzeichnung gilt DIN 488-1: 1984-09 bzw. die betreffende allgemeine bauaufsichtliche Zulassung.

2.1.4.2 Die Betondeckung der Bewehrung in den Aussparungen muss nach allen Seiten den Anforderungen von DIN 1045: 1988-07 – Beton und Stahlbeton; Bemessung und Ausführung –, Tabelle 10, entsprechen. Hinsichtlich zusätzlicher Anforderungen an die Betondeckung aus Brandschutzgründen siehe Abschnitt 3.5 dieser allgemeinen bauaufsichtlichen Zulassung.

2.1.5 Beton

Zur Verfüllung der bewehrten Aussparungen in den Kalksandelementen ist ein Beton mindestens der Festigkeitsklasse B 25 nach DIN 1045: 1988-07 zu verwenden.

Für die Herstellung des Betons ist Zuschlag nach DIN 4226-1: 1983-04 mit einem Größtkorn von 4 mm zu verwenden.

Der Füllbeton ist als Fließbeton nach der „DAfStb-Richtlinie für Fließbeton; Herstellung, Verarbeitung und Prüfung" (Ausgabe August 1995) so auszuführen, dass eine vollständige Ausfüllung der Ausparungen erreicht wird. Für das Bereiten, Verarbeiten und Nachbehandeln des Füllbetons gilt DIN 1045: 1988-07 und die o.g. Richtlinie.

Für die Anforderungen an den Beton, die Herstellung und Überwachung gilt DIN 1045: 1988-07.

2.2 Herstellung, Lagerung, Transport und Kennzeichnung

2.2.1 Herstellung

Die Fertigteilstürze sind werkmäßig mit einer Länge von höchstens 2 m aus den Bauelementen bzw. -stoffen nach Abschnitt 2.1 herzustellen.

Die Anordnung von Passelementen (siehe Tabelle 1) ist nur innerhalb eines Sturzes zwischen Normalelementen (Elemente mit einer Länge (498 mm) entsprechend Anlage 4 zulässig. Abweichend hiervon dürfen für 1125 mm und 1250 mm lange Stürze im Auflagerbereich auch 373 mm lange Kalksandelemente angeordnet werden, wenn die vorgesehene Auflagertiefe der Mindestauflagertiefe von 115 mm entspricht.

Zur Herstellung der Stürze sind die Kalksandelemente zur Sicherstellung einer ebenen Sturzoberseite so auf eine ebene Fläche, z.B. geschliffene Stahlplatte, zu setzen, dass die Aussparungen für den Betonzuggurt oben sind (Sturzoberseite unten).

Die Stoßfugen sind mit dem FTS-Sturzmörtel nach Abschnitt 2.1.3 vollfugig zu vermörteln. Die Dicke der Mörtelfuge muss mindestens 1 mm betragen und darf 3 mm nicht überschreiten.

Die Bewehrung nach Abschnitt 2.1.4 ist durchlaufend, ohne Stoß, in den Aussparungen der Kalksandelemente anzuordnen. Die Lage der Bewehrung ist durch geeignete Abstandhalter sicherzustellen.

Die bewehrten Aussparungen sind mit Beton nach Abschnitt 2.1.5 zu verfüllen.

2.2.2 Lagerung und Transport

Die Fertigteilstürze sind so zu lagern und zu transportieren, dass Beschädigungen, insbesondere der Kanten und Auflageflächen vermieden werden.

Als Transportsicherung ist im oberen Bereich eine Klammerverbindung anzubringen. Die Fertigteilstürze dürfen grundsätzlich erst nach Erreichen einer ausreichenden Festigkeit und nur mit untenliegendem Betonkern transportiert werden.

Beim Transport der Fertigteilstürze sind die Unfallverhütungsvorschriften der Berufsgenossenschaften einzuhalten, insbesondere die Unfallverhütungsvorschriften „Bauarbeiten" und „Lastaufnahmeeinrichtungen im Hebezeugbetrieb".

Die allgemeine bauaufsichtliche Zulassung erstreckt sich nicht auf die danach erforderlichen Nachweise.

2.2.3 Kennzeichnung

Die Fertigteilstürze und der zugehörige Lieferschein müssen vom Hersteller mit dem Übereinstimmungszeichen (Ü-Zeichen) nach den Übereinstimmungszeichen-Verordnungen der Länder gekennzeichnet werden. Die Kennzeichnung darf nur erfolgen, wenn die Voraussetzungen nach Abschnitt 2.3 erfüllt sind.

Die Kennzeichnung der Fertigteilstürze muss darüberhinaus folgende Angaben enthalten:

– Zulassungsnummer: Z-17.1-621

– Maße

– Produktionsnummer

– Herstellerzeichen

Außerdem ist der Lieferschein mit folgenden Angaben zu versehen:

– Bezeichnung des Zulassungsgegenstandes

– Hersteller und Herstellwerk

– Herstellungstag

– Baustoffklasse nichtbrennbar (DIN 4102-A1)

Die Produktionsnummer muss die eindeutige Identifizierung der Stürze hinsichtlich Anzahl und Durchmesser der Biegezugbewehrung sowie Herstelltag ermöglichen.

2.3 Übereinstimmungsnachweis

2.3.1 Allgemeines

Die Bestätigung der Übereinstimmung der Fertigteilstürze mit den Bestimmungen diese allgemeinen bauaufsichtlichen Zulassung muss für jedes Herstellwerk mit einem Übereinstimmungszertifikat auf der Grundlage einer werkseigenen Produktionskontrolle und einer regelmäßigen Fremdüberwachung einschließlich einer Erstprüfung des Bauprodukts nach Maßgabe der folgenden Bestimmungen erfolgen.

Für die Erteilung des Übereinstimmungszertifikats und die Fremdüberwachung einschließlich der dabei durchzuführenden Produktprüfungen hat der Hersteller der Fertigteilstürze eine hierfür anerkannte Zertifizierungsstelle sowie eine hierfür anerkannte Überwachungsstelle einzuschalten.

Dem Deutschen Institut für Bautechnik ist von der Zertifizierungsstelle eine Kopie des von ihr erteilten Übereinstimmungszertifikats zur Kenntnis zu geben.

2.3.2 Werkseigene Produktionskontrolle

In jedem Herstellwerk ist eine werkseigene Produktionskontrolle einzurichten und durchzuführen. Unter werkseigener Produktionskontrolle wird die vom Hersteller vorzunehmende kontinuierliche Überwachung der Produktion verstanden, mit der dieser sicherstellt, dass die von ihm hergestellten Bauprodukte den Bestimmungen dieser allgemeinen bauaufsichtlichen Zulassung entsprechen.

Die werkseigene Produktionskontrolle soll mindestens die folgenden Maßnahmen einschließen.

a) Kalksandelemente nach Abschnitt 2.1.2
   Prüfungen nach DIN 106-1: 1980-09, Abschnitt 8.2; zusätzlich Lage und Abmessungen der Aussparungen für die Bewehrung an allen Proben

b) FTS-Sturzmörtel nach Abschnitt 2.1.3
   Überprüfung von Kennzeichnung, Werkszeugnis und Abnahmeprüfzeugnis 3.1 B nach Abschnitt 2.1.3.5 sowie Lieferschein bei jeder Lieferung,
   zusätzlich ist vierteljährlich, jedoch mindestens einmal zwischen zwei Lieferungen, die Haftscherfestigkeit nach Abschnitt 2.1.3.4 zu prüfen

c) Bewehrung nach Abschnitt 2.1.4
   Überprüfung von Kennzeichnung und Lieferschein bei jeder Lieferung

d) Füllbeton
   Die werkseigenene Produktionskontrolle des Betons ist sinngemäß nach DIN 1084-2: 1978-

12 – Überwachung (Güteüberwachung) im Beton- und Stahlbetonbau; Fertigteile – durchzuführen.

e) Fertigteilstürze
laufend Maße, Lage von Passelementen und Betondeckung der Bewehrung sowie Kennzeichnung der Stürze nach Abschnitt 2.2.3

f) Für die Durchführung der werkseigenen Produktionskontrolle hinsichtlich des Brand-verhaltens des FTS-Sturzmörtels sind die „Richtlinien zum Übereinstimmungsnachweis nichtbrennbarer Baustoffe (Baustoffklasse DIN 4102-A) nach allgemeiner bauauf-sichtlicher Zulassung", veröffentlicht in den „Mitteilungen" des Deutschen Instituts für Bautechnik vom 1.4.1997, maßgebend.

Die Ergebnisse der werkseigenen Produktionskontrolle sind aufzuzeichnen und auszuwerten. Die Aufzeichnungen müssen mindestens folgende Angaben enthalten:

– Bezeichnung des Bauprodukts bzw. des Ausgangsmaterials und der Bestandteile

– Art der Kontrolle oder Prüfung

– Datum der Herstellung und der Prüfung des Bauprodukts bzw. des Ausgangsmaterials oder der Bestandteile

– Ergebnis der Kontrollen und Prüfungen und, soweit zutreffend, Vergleich mit den Anforderungen

– Unterschrift des für die werkseigene Produktionskontrolle Verantwortlichen

Die Aufzeichnungen sind mindestens fünf Jahre aufzubewahren und der für die Fremdüberwachung eingeschalteten Überwachungsstelle vorzulegen. Sie sind dem Deutschen Institut für Bautechnik und der zuständigen obersten Bauaufsichtsbehörde auf Verlangen vorzulegen.

Bei ungenügendem Prüfergebnis sind vom Hersteller unverzüglich die erforderlichen Maßnahmen zur Abstellung des Mangels zu treffen. Bauprodukte, die den Anforderungen nicht entsprechen, sind so zu handhaben, dass Verwechslungen mit übereinstimmenden ausgeschlossen werden. Nach Abstellung des Mangels ist – soweit technisch möglich und zum Nachweis der Mängelbeseitigung erforderlich – die betreffende Prüfung unverzüglich zu wiederholen.

2.3.3 Fremdüberwachung

In jedem Herstellwerk der Fertigteilstürze ist die werkseigene Produktionskontrolle durch eine Fremdüberwachung regelmäßig zu überprüfen, mindestens jedoch zweimal jährlich.

Im Rahmen der Fremdüberwachung sind eine Erstprüfung der Bauprodukte und Regelüberwachungsprüfungen der in den Abschnitten 2.1 und 2.2 dieser allgemeinen bauaufsichtlichen Zulassung gestellten Anforderungen nach Maßgabe der folgenden Bestimmungen durchzuführen. Dem Deutschen Institut für Bautechnik ist von der Zertifizierungsstelle eine Kopie des Erstprüfberichtes zur Kenntnis zu geben.

a) Erstprüfung
Im Rahmen der Erstprüfung sind alle in den Abschnitten 2.1.1 bis 2.1.5 sowie 2.2.1 und 2.2.2 dieser allgemeinen bauaufsichtlichen Zulassung gestellten Anforderungen zu überprüfen.

b) Regelüberwachungsprüfungen
Die Regelüberwachungsprüfungen müssen neben der Überprüfung der werkseigenen Produktionskontrolle mindestens folgende Maßnahmen einschließen:

– Prüfungen der Kalksandelemente nach DIN 106-1: 1980-09, Abschnitt 8.3; zusätzlich Lage und Abmessungen der Aussparungen für die Bewehrung an allen Proben

– Prüfungen des FTS-Sturzmörtels, der Bewehrung und der Fertigteilstürze wie in der werkseigenen Produktionskontrolle

– Prüfung des Füllbetons sinngemäß nach DIN 1084-2: 1978-12

– Überprüfung von Herstellung, Lagerung und Transport im Werk sowie Kennzeichnung der Fertigteilstürze nach Abschnitt 2.2

– Hinsichtlich des Brandverhaltens des FTS-Sturzmörtels sind die „Richtlinien zum Übereinstimmungsnachweis nichtbrennbarer Baustoffe (Baustoffklasse DIN 4102-A) nach allgemeiner bauaufsichtlicher Zulassung" maßgebend.

Die Probenahme und Prüfungen obliegen jeweils der anerkannten Stelle.

Die Ergebnisse der Zertifizierung und Fremdüberwachung sind mindestens fünf Jahre aufzubewahren. Sie sind von der Zertifizierungsstelle bzw. der Überwachungsstelle dem Deutschen Institut für Bautechnik und der zuständigen obersten Bauaufsichtsbehörde auf Verlangen vorzulegen.

3 Bestimmungen für Entwurf und Bemessung

3.1 Berechnung

3.1.1 Allgemeines

Der statische Nachweis der Tragfähigkeit der Fertigteilstürze (siehe Abschnitte 3.1.2 bis 3.1.5) und der Auflagerpressung ist in jedem Einzelfall zu erbringen.

Eine Belastung der Stürze durch Einzellasten ist unzulässig.

Die Berücksichtigung einer Übermauerung der Fertigteilstürze oder der Dicke der Decke bei der Ermittlung der statischen Nutzhöhe h ist unzulässig, es gilt

mit $h = d - c - d_S/2$
d = Sturzhöhe
c = Betondeckung der Bewehrung
d_S = Durchmesser der Bewehrung

Die Auflagertiefe muss jeweils mit mindestens 115 mm in Rechnung gestellt werden.

3.1.2 Eigenlasten

Die Rechenwerte der Eigenlast der Fertigteilstürze dürfen in Abhängigkeit von der jeweiligen Rohdichteklasse der Kalksandelemente DIN 1055-1:1978-07 – Lastannahmen für Bauten, Lagerstoffe, Baustoffe und Bauteile; Eigenlasten und Reibungswinkel – (für Mauerwerk aus künstlichen Steinen) entnommen werden.

3.1.3 Schubtragfähigkeit

Die zulässige Querkraft zul Q in der rechnerischen Auflagerlinie darf näherungsweise wie folgt ermittelt werden:

zul Q [MN] = $0,25 \cdot b \cdot h$ für $\lambda_S \geq 1,60$

zul Q [MN] = $0,15 \cdot b \cdot h$ für $\lambda_S > 1,60$

mit b = Sturzbreite in m, wobei bei Stürzen mit b > 240 mm nur 240 mm in Rechnung gestellt werden dürfen

h = statische Nutzhöhe nach Abschnitt 3.1.1 in m

$\lambda_S = l/(3,4 \cdot h)$ = Schubschlankheit

l = rechnerische Stützweite in m

3.1.4 Biegetragfähigkeit

Für den erforderlichen Bewehrungsquerschnitt erf. A_S der Biegezugbewehrung gilt:

erf. A_S (cm²) = $Q \cdot \lambda_S/20$

mit Q = vorhandene Querkraft in der rechnerischen Auflagerlinie in kN

3.1.5 Verankerung der Biegezugbewehrung

Der Nachweis der Verankerung der Biegezugbewehrung am Endauflager l_2 (siehe DIN 1045: 1988-07, Abschnitt 18.7.4) darf näherungsweise wie folgt geführt werden:

l_2 (cm) = $x_2 \cdot Q$

mit $x_2 = 0,0175 \cdot l_0$/vorh. A_S

l_0 = Grundmaß der Verankerungslänge nach DIN 1045: 1988-07 in cm

vorh. A_S = vorhandener Bewehrungsquerschnitt in cm² und Q nach Abschnitt 3.1.4

3.1.6 Durchbiegungsnachweis

Auf einen Nachweis der Durchbiegung (siehe DIN 1045: 1988-07, Abschnitt 17.7) darf wegen der Biegeschlankheit der Fertigteilstürze $l_i/h \leq 9$ verzichtet werden.

3.2 Wärmeschutz

Für den rechnerischen Nachweis des Wärmeschutzes dürfen für die Fertigteilstürze im Mauerwerk die Rechenwerte der Wärmeleitfähigkeit λ_R nach DIN V 4108-4: 1998-10 – Wärmeschutz und Energie-Einsparung in Gebäuden; Teil 4: Wärme- und feuchteschutztechnische Kennwerte –, Tabelle 1, Zeile 4.2, entsprechend der Rohdichteklasse der Kalksandelemente zugrunde gelegt werden.

3.3 Schallschutz

Sofern Anforderungen an den Schallschutz gestellt werden, ist DIN 4109:1989-11 – Schallschutz im Hochbau; Anforderungen und Nachweise – maßgebend.

3.4 Witterungsschutz

Fertigteilstürze in Außenwänden sind stets mit einem Witterungsschutz zu versehen. Die Schutzmaßnahmen gegen Feuchtebeanspruchung (z. B. Witterungsschutz bei Außenwänden mit Putz gemäß DIN 18 550-2:1985-01 – Putz; Putze aus Mörteln mit mineralischen Bindemitteln; Ausführung –) sind so zu wählen, dass eine dauerhafte Wirksamkeit gegeben ist.

3.5 Brandschutz

3.5.1 Grundlagen zur brandschutztechnischen Bemessung der Fertigteilstürze

Soweit in dieser allgemeinen bauaufsichtlichen Zulassung nichts anderes bestimmt ist, gelten für die brandschutztechnische Bemessung die Bestimmungen der Norm DIN 4102-4: 1994-03 – Brandverhalten von Baustoffen und Bauteilen; Zusammenstellung und Anwendung klassifizierter Baustoffe, Bauteile und Sonderbauteile –, Abschnitte 4.1 und 4.5.

Der FTS-Sturzmörtel ist ein nichtbrennbarer Baustoff (Baustoffklasse A1) nach DIN 4102-1: 1998-05 – Brandverhalten von Baustoffen und Bauteilen; Teil 1: Baustoffe; Begriffe, Anforderungen und Prüfungen -.

3.5.2 Einstufung der Fertigteilstürze in Feuerwiderstandsklassen nach DIN 4102-2

Mindestens 115 mm breite Fertigteilstürze nach dieser allgemeinen bauaufsichtlichen Zulassung erfüllen die Anforderungen an die Feuerwiderstandsklasse F 90 – Benennung F 90-A – nach DIN 4102-2: 1977-09 – Brandverhalten von Baustoffen und Bauteilen; Bauteile, Begriffe, Anforderungen und Prüfungen – , wenn der vertikale Mindestachsabstand der Biegezugbewehrung von der Sturzunterseite 40 mm und der horizontale Mindestachsabstand der Biegezugbewehrung von der Sturzaußenseite 55 mm beträgt.

4 Bestimmungen für die Ausführung

4.1 Die Fertigteilstürze dürfen nur als Einfeldträger mit direkter Lagerung an ihrer Unterseite verwendet werden.

Die Mindestauflagerlänge beträgt 115 mm (siehe Anlage 1), soweit nicht nach Abschnitt 3 eine größere Auflagerlänge erforderlich ist.

4.2 Die Fertigteilstürze sind maschinell mit einer geeigneten Versetzhilfe am Auflager in ein Mörtelbett zu verlegen.

Eine Montageunterstützung der Fertigteilstürze ist nicht erforderlich.

4.3 Beim Transport und Einbau der Fertigteilstürze sind die Unfallverhütungsvorschriften der Berufsgenossenschaften einzuhalten, insbesondere die Unfallverhütungsvorschriften „Bauarbeiten" und „Lastaufnahmeeinrichtungen im Hebezeugbetrieb".

Im Auftrag　　　　　　　　　　　　　　Irmschler

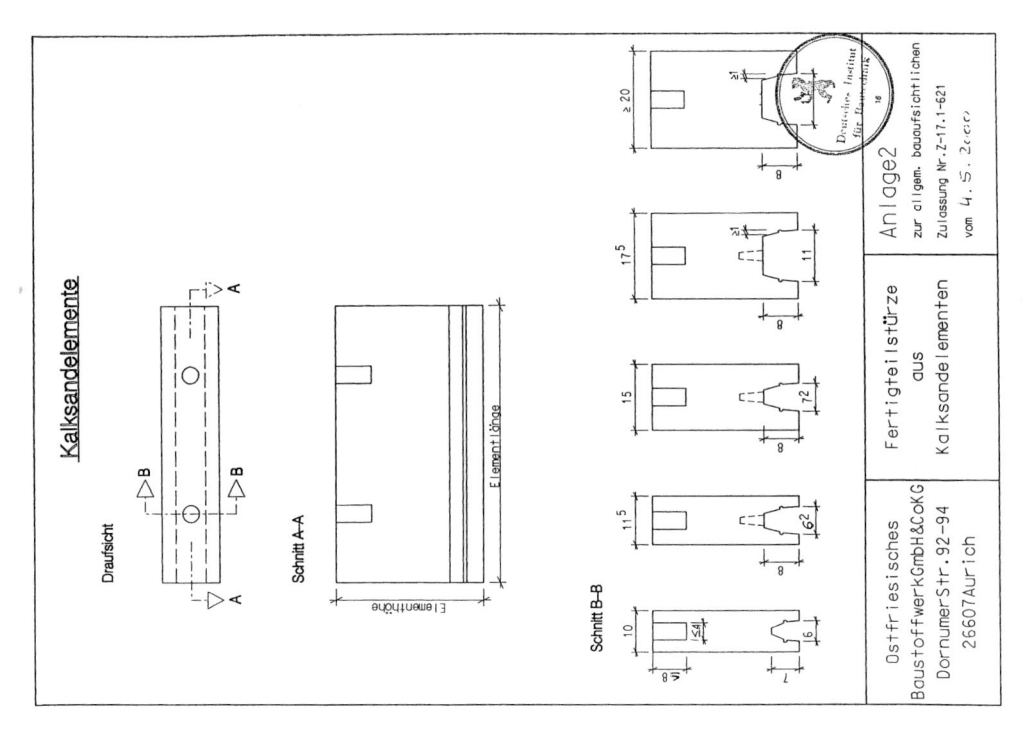

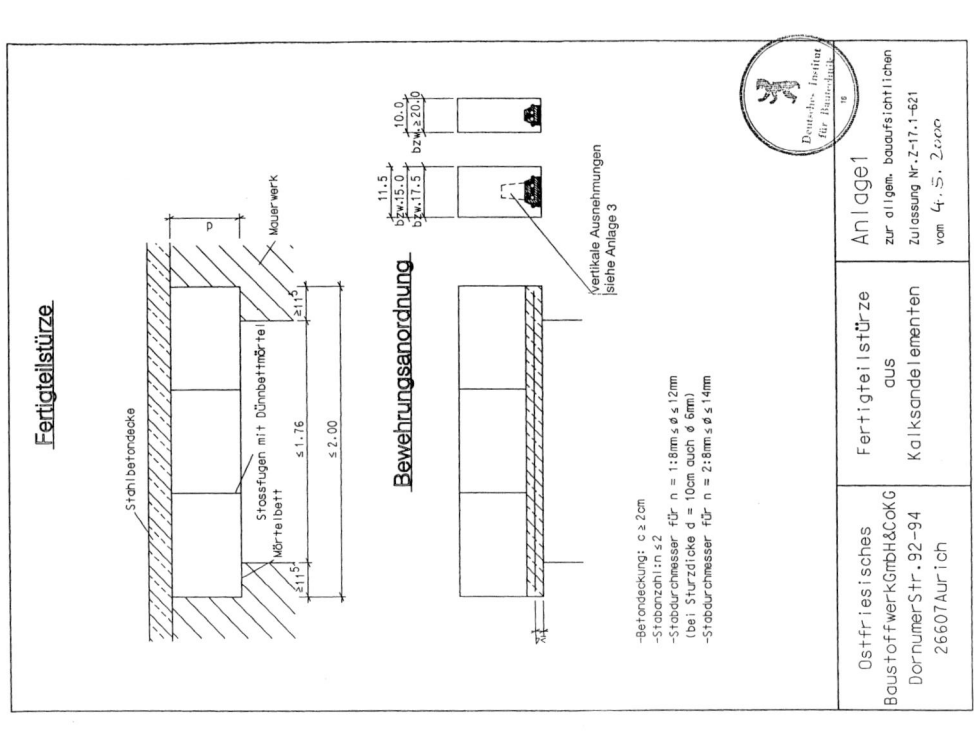

Zulassungen

J.104

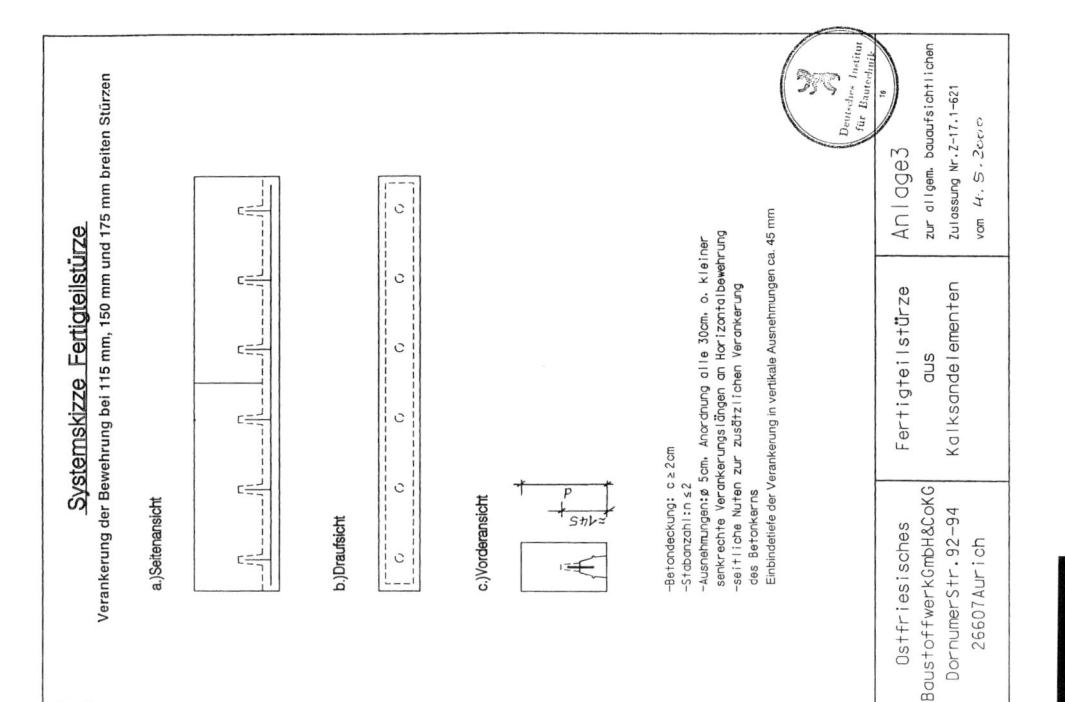

Zulassungen

Mögliche Elementanordnungen im Sturz

1. l = 1,25 m
2. l = 1,50 m
3. l = 2,00 m

Fertigteilstürze aus bewehrten Kalksandelementen	Anlage 4 zur allgemeinen bauaufsichtlichen Zulassung Nr. Z-17.1-621 vom 4.5.2000

Ostfriesisches Baustoffwerk GmbH & Co. KG
Dornumer Straße 92-94
26607 Aurich

Systemskizze Fertigteilstürze

Verankerung der Bewehrung bei 115 mm, 150 mm und 175 mm breiten Stürzen

a.) Seitenansicht

b.) Draufsicht

c.) Vorderansicht

- Betondeckung: c ≥ 2cm
- Stabanzahl: n ≤ 2
- Ausnehmungen: ⌀ 5cm, Anordnung alle 30cm, o. kleiner senkrechte Verankerungslängen an Horizontalbewehrung
- seitliche Nuten zur zusätzlichen Verankerung des Betonkerns

Einbindetiefe der Verankerung in vertikale Ausnehmungen ca. 45 mm

Fertigteilstürze aus Kalksandelementen	Anlage 3 zur allgem. bauaufsichtlichen Zulassung Nr. Z-17.1-621 vom 4.5.2000

Ostfriesisches Baustoffwerk GmbH & Co KG
Dornumer Str. 92-94
26607 Aurich

J

DEUTSCHES INSTITUT FÜR BAUTECHNIK

Anstalt des öffentlichen Rechts

10829 Berlin, 6. März 2000
Kolonnenstraße 30 L
Telefon: (0 30) 7 87 30 - 322
Telefax: (0 30) 7 87 30 - 320
GeschZ.: II 27-1.17.1-28/99

Allgemeine bauaufsichtliche Zulassung

Zulassungsnummer:	Z-17.1-666	Geltungsdauer bis:	3. Mai 2005
Antragsteller:	Megalith Baustoffwerke Verkauf GmbH Am Weichselgarten 19a 91058 Erlangen		
Zulassungsgegenstand:	Megalith-Planziegel-Stürze		

Der obengenannte Zulassungsgegenstand wird hiermit allgemein bauaufsichtlich zugelassen. Diese allgemeine bauaufsichtliche Zulassung umfaßt neun Seiten und drei Anlagen.

I. ALLGEMEINE BESTIMMUNGEN

(s. Seite J.87)

II. BESONDERE BESTIMMUNGEN

1 Zulassungsgegenstand und Anwendungsbereich

Die allgemeine bauaufsichtliche Zulassung erstreckt sich auf die Herstellung und Verwendung von bewehrten, tragenden Fertigteilstürzen (siehe Anlage 1), bezeichnet als Megalith-Planziegel-Stürze, aus Megatherm-Planhochlochziegeln und Dünnbettmörtel nach der allgemeinen bauaufsichtlichen Zulassung Z-17.1-678.

Die aus den Megatherm-Planhochlochziegeln mit vermörtelter Stoßfuge zusammengesetzten Stürze und mit an der Unterseite eingelassenen Stahlbetonzuggurten sowie an der Oberseite angeordneter Montagebewehrung haben eine Breite von 240 mm bis 490 mm (Sturzbreite gleich Wanddicke). Die Megalith-Planziegel-Stürze werden mit Längen einschließlich Auflagerlänge von bis zu 1750 mm und einer Höhe von 249 mm hergestellt.

Die Megalith-Planziegel-Stürze werden im Werk gefertigt und auf der Baustelle mit einer Versetzhilfe eingebaut.

Die Stürze dürfen nur als Einfeldträger mit direkter Lagerung an ihrer Unterseite verwendet werden. Sie dürfen nur durch Gleichstreckenlasten belastet werden. Die Mindestauflagerlänge beträgt 125 mm.

Die Megalith-Planziegel-Stürze dürfen nur in Gebäuden mit vorwiegend ruhenden Verkehrslasten gemäß DIN 1055-3: 1971-06 – Lastannahmen für Bauten, Verkehrslasten – Abschnitt 1.4, verwendet werden.

2 Bestimmungen für die Megalith-Planziegel-Stürze

2.1 Eigenschaften und Zusammensetzung

2.1.1 Megalith-Planziegel-Stürze

2.1.1.1 Die Megalith-Planziegel-Stürze müssen der Anlage 1 entsprechen und sind aus den Komponenten nach den Abschnitten 2.1.2 bis 2.1.5

dieser allgemeinen bauaufsichtlichen Zulassung herzustellen.

2.1.1.2 Die Megalith-Planziegel-Stürze sind aus jeweils ganzen Megatherm-Planhochlochziegeln herzustellen, wobei die Lochkanäle der Ziegel im Auflagerbereich (Auflagerziegel) senkrecht zur Auflagerfläche und die Lochkanäle der dazwischen liegenden Ziegel (Feldziegel) parallel zur Auflagerfläche (gekippte Planziegel) anzuordnen sind (siehe Anlage 1).

2.1.2 Megatherm-Planhochlochziegel

2.1.2.1 Für die Herstellung der Megalith-Planziegel-Stürze dürfen nur Megatherm-Planhochlochziegel der Festigkeitsklasse 12 mit der Rohdichteklasse 0,8 nach der allgemeinen bauaufsichtlichen Zulassung Nr. Z-17.1-678 vom 6. März 2000 verwendet werden.

Für die Megatherm-Planhochlochziegel gelten die Bestimmungen der allgemeinen bauaufsichtlichen Zulassung Nr. Z-17.1-678 vom 6. März 2000, soweit nachfolgend nichts anderes bestimmt ist

2.1.2.2 Die Megatherm-Planhochlochziegel müssen in Form, Stirnflächenausbildung, Lochanordnung und Abmessungen der Anlage 1 der allgemeinen bauaufsichtlichen Zulassung Nr. Z-17.1-678 vom 6. März 2000 entsprechen. Die Nennmaße müssen der Tabelle 1 entsprechen.

Tabelle 1: Maße der Megatherm-Planhochlochziegel

Länge mm	Breite[1] mm	Höhe[2] mm
248	240	249
	300	
	365	
	425	
	490	

[1] Ziegelbreite gleich Sturzbreite b
[2] Ziegelhöhe gleich Sturzhöhe im Auflagerbereich

2.1.2.3 Zur Aufnahme der Bewehrung sind an der Unterseite und Oberseite der Megatherm- Planhochlochziegel, die als Feldziegel verwendet werden sollen, über die gesamte Ziegelhöhe durchlaufende Aussparungen nach Anlage 2 vorzusehen.

Entsprechende, über die gesamte Ziegellänge durchlaufende Aussparungen sind bei den Auflagerziegeln vorzusehen. Zusätzlich sind bei den Auflagerziegeln an der Stoßfläche mit den Feldziegeln die für die Stoßfugenverzahnung vorgesehenen Federn abzutrennen.

2.1.2.4 Für die Lieferung, Überwachung und Kennzeichnung der Megatherm-Planhochlochziegel gelten die Bestimmungen der allgemeinen bauaufsichtlichen Zulassung Nr. Z-17.1-678.

2.1.3 Dünnbettmörtel

Die Stoßfugen zwischen den Auflager- und Feldziegeln der Megalith-Planziegel-Stürze sind vollfugig mit Poroton-T-Dünnbettmörtel Typ I oder Poroton-T-Dünnbettmörtel Typ II gemäß der allgemeinen bauaufsichtlichen Zulassung Nr. Z-17.1-678 auszuführen.

Für die Lieferung, Überwachung und Kennzeichnung des Poroton-T-Dünnbettmörtels gelten die Bestimmungen der allgemeinen bauaufsichtlichen Zulassung Nr. Z-17.1-678.

2.1.4 Bewehrung

2.1.4.1 Als Bewehrung in den Aussparungen ist jeweils ein Durchmesser 10 mm Betonstabstahl BSt 500 S nach DIN 488-1: 1984-09 – Betonstahl; Sorten, Eigenschaften, Kennzeichen – einzulegen. Die Länge der Bewehrungsstäbe muss der Sturzlänge abzüglich einer seitlichen Betondeckung von jeweils 25 mm entsprechen.

Für die Anforderungen, Lieferung, Überwachung und die Kennzeichnung der Bewehrung gilt DIN 488-1: 1984-09.

2.1.4.2 Die seitliche Betondeckung der Bewehrungsstäbe in den Aussparungen muss mindestens 20 mm und die Betondeckung der Stäbe bezogen auf die Außenseite der Betonquerschnitte muss mindestens 25 mm betragen.

2.1.5 Beton

Zur Verfüllung der bewehrten Aussparungen in den Megalith-Planhochlochziegeln ist ein Beton mindestens der Festigkeitsklasse B 35 nach DIN 1045: 1988-07 – Beton und Stahlbeton; Bemessung und Ausführung – zu verwenden.

Für die Herstellung des Betons ist Zuschlag nach DIN 4226-1: 1983-04 – Zuschlag für Beton; Zuschlag mit dichtem Gefüge; Begriffe, Bezeichnung und Anforderungen – mit einem Größtkorn von 8 mm zu verwenden.

Der Füllbeton ist als Fließbeton nach der „DAfStb-Richtlinie für Fließbeton; Herstellung, Verarbeitung und Prüfung" (Ausgabe August 1995) so auszuführen, dass eine vollständige Ausfüllung der Aussparungen erreicht wird. Für das Bereiten, Verarbeiten und Nachbehandeln des Füllbetons gilt DIN 1045: 1988-07 und die o.g. Richtlinie.

Für die Lieferung, Überwachung und Kennzeichnung des Betons gilt DIN 1045: 1988-07 in Verbindung mit Bauregelliste A Teil 1, Ziffer 1.5.2 bzw. 1.5.3.

2.2 Herstellung, Lagerung, Transport und Kennzeichnung

2.2.1 Herstellung

Die Megalith-Planziegel-Stürze sind werkmäßig mit einer Länge von höchstens 1,75 m aus jeweils ganzen Megatherm-Planziegeln und den weiteren Komponenten nach Abschnitt 2.1 herzustellen.

Zur Herstellung der Stürze sind die Megatherm-Planziegel zur Sicherstellung einer ebenen Sturzoberseite zuerst so auf eine ebene Fläche, z.B. geschliffene Stahlplatte, zu setzen, dass die zwei Aussparungen für die Betonzuggurte oben sind (Sturzoberseite unten).

Die Stoßfugen sind mit dem Poroton-T-Dünnbettmörtel nach Abschnitt 2.1.3 vollfugig zu vermörteln. Die Dicke der Mörtelfuge muss mindestens 1 mm betragen und darf 3 mm nicht überschreiten.

In die Aussparungen der Auflagersteine ist vor dem Einbringen der Bewehrung ein Trogsieb gemäß Anlage 2 einzulegen.

Die Bewehrung, bestehend aus je einem Stab Betonstahl nach Abschnitt 2.1.4, ist durchlaufend, ohne Stoß, in den Aussparungen der Megalith-Planziegel anzuordnen. Die Lage der Bewehrung ist durch geeignete Abstandhalter sicherzustellen.

Nach dem Verfüllen der bewehrten Aussparungen mit Beton nach Abschnitt 2.1.5 und ausreichendem Erhärten des Betons sind die Stürze auf die Unterseite zu stellen und ist die obere Aussparung zu bewehren und mit Beton zu verfüllen. Die Oberseite der Feldziegel ist mit Dünnbettmörtel abzugleichen.

2.2.2 Lagerung und Transport

Die Megalith-Planziegel-Stürze sind so zu lagern und zu transportieren, dass Beschädigungen, insbesondere der Kanten und Auflagerflächen vermieden werden. Sie dürfen grundsätzlich erst nach Erreichen einer ausreichenden Festigkeit und nur mit untenliegenden Betonzuggurten transportiert werden.

Beim Transport der Fertigteilstürze sind die Unfallverhütungsvorschriften der Berufsgenossenschaften einzuhalten, insbesondere die Unfallverhütungsvorschriften „Bauarbeiten" und „Lastaufnahmeeinrichtungen im Hebezeugbetrieb".

Die allgemeine bauaufsichtliche Zulassung erstreckt sich nicht auf die danach erforderlichen Nachweise.

2.2.3 Kennzeichnung

Die Megalith-Planziegel-Stürze und der zugehörige Lieferschein müssen vom Hersteller mit dem Übereinstimmungszeichen (Ü-Zeichen) nach den Übereinstimmungszeichen-Verordnungen der Länder gekennzeichnet werden. Die Kennzeichnung darf nur erfolgen, wenn die Voraussetzungen nach Abschnitt 2.3 erfüllt sind.

Die Kennzeichnung der Fertigteilstürze muss darüber hinaus folgende Angaben enthalten:

– Zulassungsnummer: Z-17.1-666
– Rohdichteklasse der Megatherm-Planhochlochziegel
– Rechenwert der Wärmeleitfähigkeit
– zulässige Gleichstreckenlast q in kN/m
– Herstellerzeichen

Zusätzlich ist die richtige Einbaulage der Fertigteilstürze eindeutig zu kennzeichnen.

Außerdem ist der Lieferschein mit folgenden Angaben zu versehen:

– Bezeichnung des Zulassungsgegenstandes
– Hersteller und Herstellwerk
– Herstellungstag

2.3 Übereinstimmungsnachweis

2.3.1 Allgemeines

Die Bestätigung der Übereinstimmung der Megalith-Planziegel-Stürze mit den Bestimmungen dieser allgemeinen bauaufsichtlichen Zulassung muss für jedes Herstellwerk mit einem Übereinstimmungszertifikat auf der Grundlage einer werkseigenen Produktionskontrolle und einer regelmäßigen Fremdüberwachung einschließlich einer Erstprüfung des Bauprodukts nach Maßgabe der folgenden Bestimmungen erfolgen.

Für die Erteilung des Übereinstimmungszertifikats und die Fremdüberwachung einschließlich der dabei durchzuführenden Produktprüfungen hat der Hersteller der Megalith-Planziegel-Stürze eine hierfür anerkannte Zertifizierungsstelle sowie eine hierfür anerkannte Überwachungsstelle einzuschalten.

Dem Deutschen Institut für Bautechnik ist von der Zertifizierungsstelle eine Kopie des von ihr erteilten Übereinstimmungszertifikats zur Kenntnis zu geben.

2.3.2 Werkseigene Produktionskontrolle

In jedem Herstellwerk ist eine werkseigene Produktionskontrolle einzurichten und durchzuführen. Unter werkseigener Produktionskontrolle wird die vom Hersteller vorzunehmende kontinuierliche Überwachung der Produktion verstanden, mit der dieser sicherstellt, dass die von ihm hergestellten Bauprodukte den Bestimmungen dieser allgemeinen bauaufsichtlichen Zulassung entsprechen.

Die werkseigene Produktionskontrolle soll mindestens die folgenden Maßnahmen einschließen.

a) Megatherm-Planhochlochziegel nach Abschnitt 2.1.2, Poroton-T-Dünnbettmörtel nach Abschnitt 2.1.3, Bewehrung nach Abschnitt 2.1.4
   Bei Eigenherstellung sind die in Abschnitt 2.1.2 bis Abschnitt 2.1.4 angegebenen technischen Regeln maßgebend. Bei Fremdbezug sind die Eigenschaften der Baustoffe bzw. Bauprodukte anhand der Lieferscheine und der Kennzeichnung bei jeder Lieferung zu überprüfen.

b) Füllbeton nach Abschnitt 2.1.5
   Die werkseigene Produktionskontrolle des Betons ist sinngemäß nach DIN 1084-2: 1978-12 – Überwachung (Güteüberwachung) im Beton- und Stahlbetonbau; Fertigteile – durchzuführen.

c) Megalith-Planziegel-Stürze
   laufend Maße, Lage und Größe der Aussparungen in den Ziegeln, Lage von Auflager- und Feldziegeln sowie Betondeckung der Bewehrung, Ausführung der Sturzoberseite nach Abschnitt 2.2.1 und Kennzeichnung nach Abschnitt 2.2.3

Die Ergebnisse der werkseigenen Produktionskontrolle sind aufzuzeichnen und auszuwerten. Die Aufzeichnungen müssen mindestens folgende Angaben enthalten:

– Bezeichnung des Bauprodukts bzw. des Ausgangsmaterials und der Bestandteile

– Art der Kontrolle oder Prüfung

– Datum der Herstellung und der Prüfung des Bauprodukts bzw. des Ausgangsmaterials oder der Bestandteile

– Ergebnis der Kontrollen und Prüfungen und, soweit zutreffend, Vergleich mit den Anforderungen

– Unterschrift des für die werkseigene Produktionskontrolle Verantwortlichen

Die Aufzeichnungen sind mindestens fünf Jahre aufzubewahren und der für die Fremdüberwachung eingeschalteten Überwachungsstelle vorzulegen. Sie sind dem Deutschen Institut für Bautechnik und der zuständigen obersten Bauaufsichtsbehörde auf Verlangen vorzulegen.

Bei ungenügendem Prüfergebnis sind vom Hersteller unverzüglich die erforderlichen Maßnahmen zur Abstellung des Mangels zu treffen. Bauprodukte, die den Anforderungen nicht entsprechen, sind so zu handhaben, dass Verwechslungen mit übereinstimmenden ausgeschlossen werden. Nach Abstellung des Mangels ist – soweit technisch möglich und zum Nachweis der Mängelbeseitigung erforderlich – die betreffende Prüfung unverzüglich zu wiederholen.

2.3.3 Fremdüberwachung

In jedem Herstellwerk der Megalith-Planziegelstürze ist die werkseigene Produktionskontrolle durch eine Fremdüberwachung regelmäßig zu überprüfen, mindestens jedoch zweimal jährlich.

Im Rahmen der Fremdüberwachung sind eine Erstprüfung der Bauprodukte und Regelüberwachungsprüfungen der in den Abschnitten 2.1 und 2.2 dieser allgemeinen bauaufsichtlichen Zulassung gestellten Anforderungen nach Maßgabe der folgenden Bestimmungen durchzuführen.

a) Erstprüfung
   Im Rahmen der Erstprüfung sind alle in den Abschnitten 2.1.1 bis 2.1.5 sowie 2.2.1 und 2.2.2 dieser allgemeinen bauaufsichtlichen Zulassung gestellten Anforderungen zu überprüfen.

b) Regelüberwachungsprüfungen
   Die Regelüberwachungsprüfungen müssen mindestens folgende Maßnahmen einschließen:
   – Prüfungen der Megatherm-Planhochlochziegel, des Poroton-T-Dünnbettmörtels, der Bewehrung, des Füllbetons und der Fertigteilstürze wie in der werkseigenen Produktionskontrolle.
   Bei Fremdbezug der Bauprodukte sind neben der Überprüfung der Lieferscheine und der Kennzeichnung und der für den Füllbeton in DIN 1084-2: 1978-12 festgelegten Maßnahmen zusätzlich die Druckfestigkeit und Steinrohdichte der Megatherm-Planhochlochziegel sowie die Druckfestigkeit und die

Haftscherfestigkeit des Poroton-T-Dünnbettmörtels zu prüfen.

- Überprüfung von Herstellung, Lagerung und Transport im Werk sowie Kennzeichnung der Megalith-Planziegel-Stürze nach Abschnitt 2.2

Die Probenahme und Prüfungen obliegen jeweils der anerkannten Stelle.

Die Ergebnisse der Zertifizierung und Fremdüberwachung sind mindestens fünf Jahre aufzubewahren. Sie sind von der Zertifizierungsstelle bzw. der Überwachungsstelle dem Deutschen Institut für Bautechnik und der zuständigen obersten Bauaufsichtsbehörde auf Verlangen vorzulegen.

3 Bestimmungen für Entwurf und Bemessung

3.1 Berechnung

3.1.1 Die Megalith-Planziegel-Stürze dürfen nur zur Aufnahme von Gleichstreckenlasten und nur bis zu der in Abschnitt 3.1.2 dieser allgemeinen bauaufsichtlichen Zulassung bestimmten Größenordnung dieser Gleichstreckenlasten verwendet werden.

Der Nachweis der Auflagerpressung ist in jedem Einzelfall zu führen.

Die Auflagertiefe muss jeweils mindestens 125 mm betragen.

3.1.2 Für die zulässigen Gleichstreckenkasten zul q der Megalith-Planziegel-Stürze gelten in Abhängigkeit von der jeweiligen Breite b und lichten Stützweite der Stürze die Werte der Tabelle 2.

Tabelle 2: zulässige Gleichstreckenlasten zul q der Megalith-Planziegel-Stürze

Sturz-länge m	lichte Stütz-weite m	zul q in kN/m bei Sturzbreite b in mm				
		240	300	365	425	490
1,00	0,75	20	25	30	35	40
1,25	1,00	12	15	18	21	24
1,50	1,25	8	10	12	14	16
1,75	≤ 1,50	6	7	8	9	10

Für Zwischenwerte der lichten Stützweite gilt als zulässige Belastung der der größeren lichten Stützweite zugeordnete Wert.

3.2 Wärmeschutz

Für den rechnerischen Nachweis des Wärmeschutzes darf für die Megalith-Planziegel-Stürze der Rechenwert der Wärmeleitfähigkeit $\lambda_R = 0{,}18$ W/(m · K) zugrunde gelegt werden.

3.3 Schallschutz

Für den Schallschutz gilt, sofern ein Nachweis zu erbringen ist, DIN 4109: 1989-11 – Schallschutz im Hochbau; Anforderungen und Nachweise –.

Für den Nachweis des Schallschutzes ist der Rechenwert des bewerteten Schalldämm-Maßes $R'_{w,R}$ entweder

a) nach Beiblatt 1 zu DIN 4109 (siehe jedoch Beiblatt 1 zu DIN 4109, Abschnitt 3.1, letzter Absatz) oder

b) durch bauakustische Messung (Eignungsprüfung)

zu ermitteln.

3.4 Witterungsschutz

Megalith-Planziegel-Stürze in Außenwänden sind stets mit einem Witterungsschutz zu versehen. Die Schutzmaßnahmen gegen Feuchtebeanspruchung (z.B. Witterungsschutz bei Außenwänden mit Putz gemäß DIN 18 550-2:1985-01 – Putz; Putze aus Mörteln mit mineralischen Bindemitteln; Ausführung –) sind so zu wählen, dass eine dauerhafte Wirksamkeit gegeben ist.

3.5 Brandschutz

3.5.1 Grundlagen zur brandschutztechnischen Bemessung der Fertigteilstürze

Soweit in dieser allgemeinen bauaufsichtlichen Zulassung nichts anderes bestimmt ist, gelten für die brandschutztechnische Bemessung die Bestimmungen der Norm DIN 4102-4: 1994-03 – Brandverhalten von Baustoffen und Bauteilen; Zusammenstellung und Anwendung klassifizierter Baustoffe, Bauteile und Sonderbauteile –, Abschnitte 4.1 und 4.5.

3.5.2 Einstufung der Megalith-Planziegel-Stürze in Feuerwiderstandsklassen nach DIN 4102-2

Die Megalith-Planziegel-Stürze nach dieser allgemeinen bauaufsichtlichen Zulassung erfüllen die Anforderungen an die Feuerwiderstandsklasse F 30 – Benennung F 30-A nach der Norm DIN 4102-2: 1977-09 – Brandverhalten von Baustoffen und Bauteilen; Bauteile, Begriffe, Anforderungen und Prüfungen -.

4 Bestimmungen für die Ausführung

4.1 Die Megalith-Planziegel-Stürze dürfen nur als Einfeldträger mit direkter Lagerung an ihrer Unterseite ausgeführt werden.

Die Mindestauflagerlänge beträgt 125 mm (siehe Anlage 1). Die größte lichte Stützweite (Sturzlänge abzüglich Auflagerlänge) darf 1,50 m nicht überschreiten.

4.2 Die Megalith-Planziegel-Stürze sind maschinell mit einer geeigneten Versetzhilfe am Auflager in ein Mörtelbett zu verlegen. Eine Montageunterstützung der Megalith-Planziegel-Stürze ist nicht erforderlich.

4.3 Beim Transport und Einbau der Megalith-Planziegel-Stürze sind die Unfallverhütungsvorschriften der Berufsgenossenschaften einzuhalten, insbesondere die Unfallverhütungsvorschriften „Bauarbeiten" und „Lastaufnahmeeinrichtungen im Hebezeugbetrieb". Die allgemeine bauaufsichtliche Zulassung erstreckt sich nicht auf die danach erforderlichen Nachweise.

Im Auftrag   Irmschler

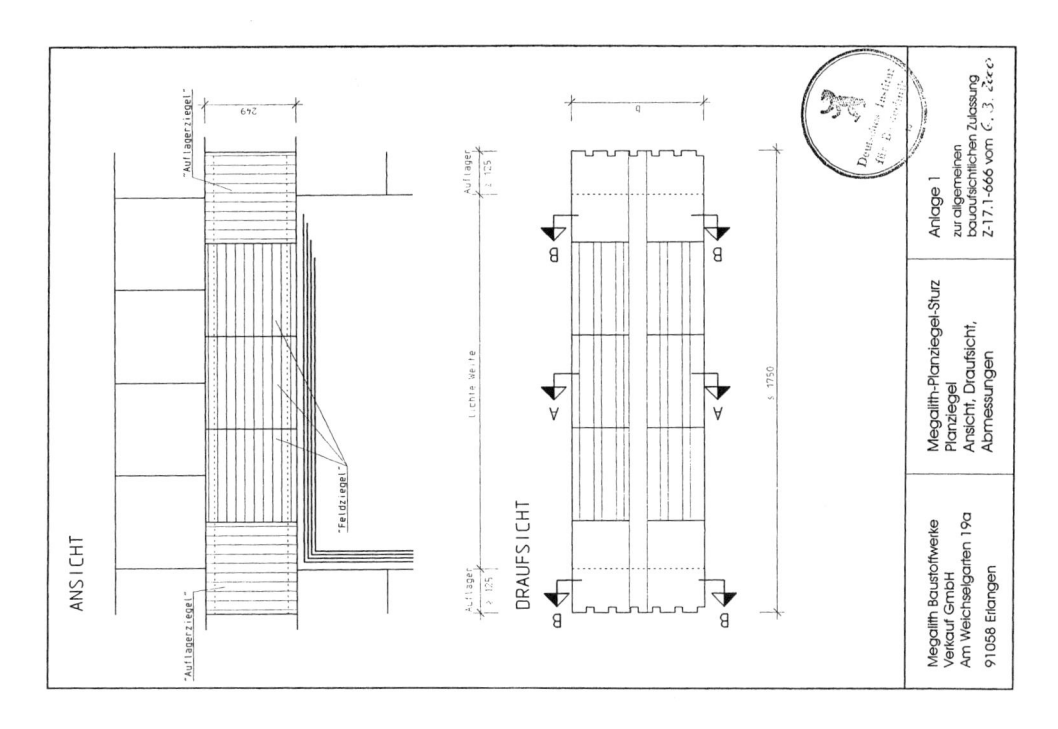

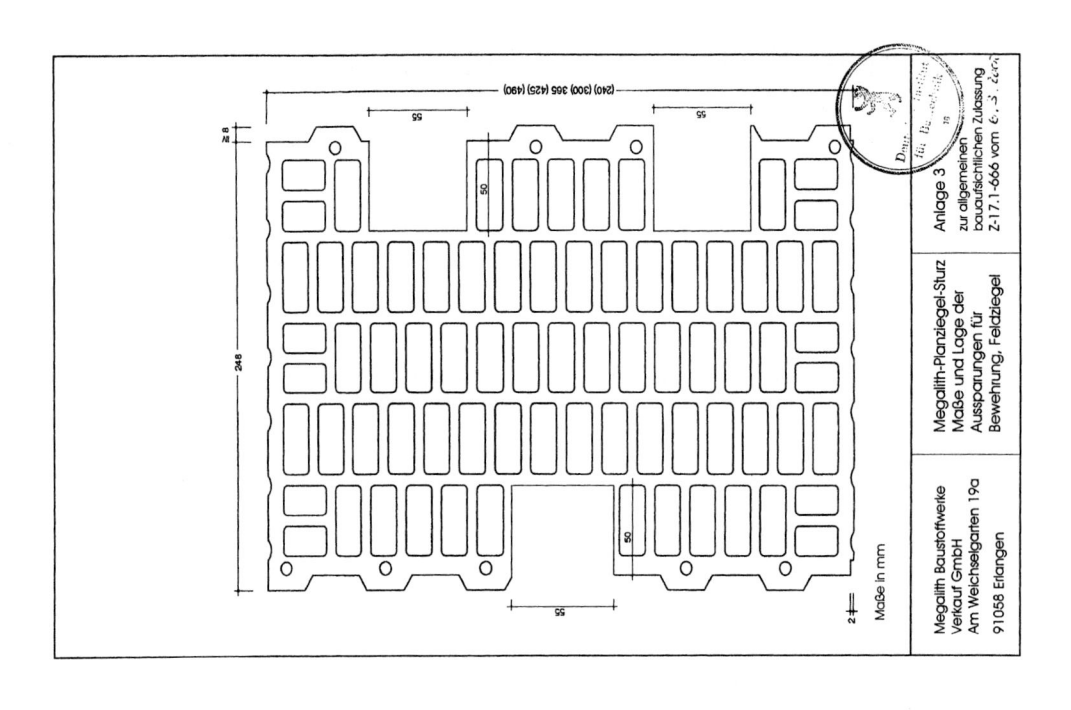

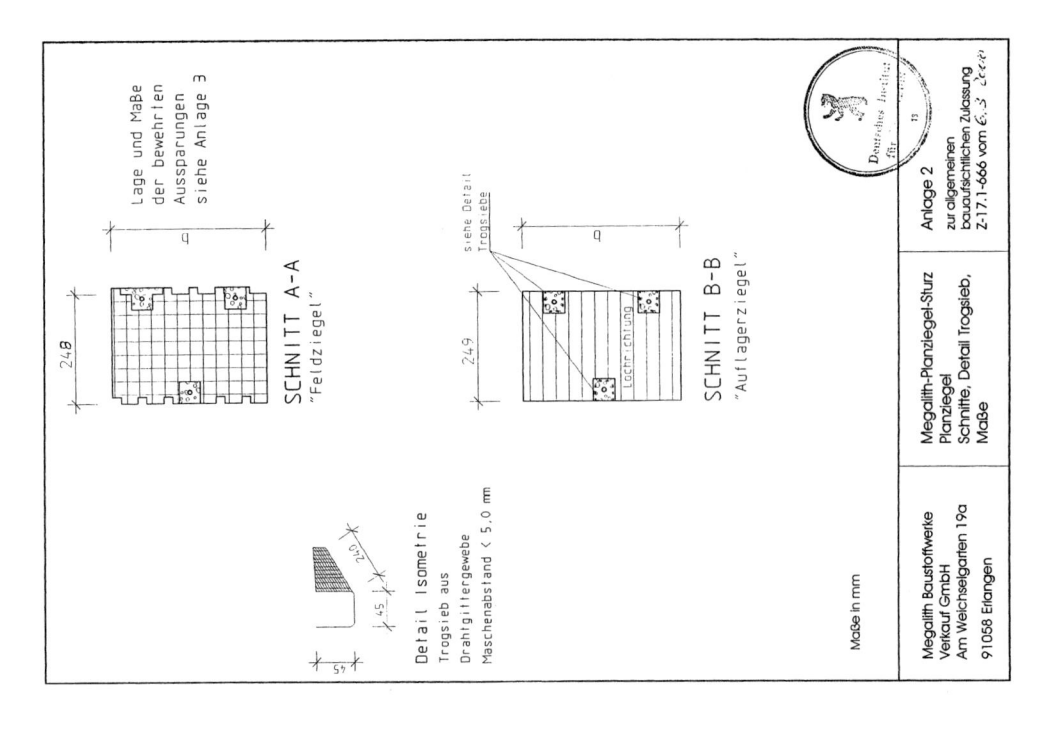

Zulassungen

J.112

DEUTSCHES INSTITUT FÜR BAUTECHNIK

Anstalt des öffentlichen Rechts

10829 Berlin, 20. Oktober 1999
Kolonnenstraße 30 L
Telefon: (0 30) 7 87 30 - 299
Telefax: (0 30) 7 87 30 - 320
GeschZ.: II 2-1.17.1-77/99

Allgemeine bauaufsichtliche Zulassung

Zulassungsnummer:	Z-17.1-523	Geltungsdauer bis:	31. Oktober 2004
Antragsteller:	Hebel AG Reginawerk 2–3 82275 Emmering		
Zulassungsgegenstand:	Hebel-Flachstürze W		

Der obengenannte Zulassungsgegenstand wird hiermit allgemein bauaufsichtlich zugelassen. Diese allgemeine bauaufsichtliche Zulassung umfaßt elf Seiten und zwei Anlagen.

I. ALLGEMEINE BESTIMMUNGEN

(s. Seite J.87)

II. BESONDERE BESTIMMUNGEN

1 Zulassungsgegenstand und Anwendungsbereich

1.1 Die allgemeine bauaufsichtliche Zulassung erstreckt sich auf Hebel-Flachstürze W aus einem Zuggurt oder zwei nebeneinanderliegenden Zuggurten aus bewehrtem, dampfgehärtetem Porenbeton der Festigkeitsklasse 4,4 in den Rohdichteklassen 0,60 und 0,70 sowie deren ein- oder mehrlagige Übermauerung aus Porenbeton-Plansteinen der Festigkeitsklasse ≥ 2; anstelle einer reinen Planstein-Übermauerung darf die Druckzone aus Plansteinen und Beton oder allein Beton mindestens der Festigkeitsklasse B 15 bestehen (s. Anlage 1).

Die aus Zuggurten und Porenbeton-Plansteinen mit vermörtelter Stoßfuge bzw. aus einer Betondruckzone zusammengesetzten Flachstürze haben eine Breite von 115 mm bis 365 mm (Sturzbreite gleich Wanddicke), eine Gesamthöhe von 250 mm bis 875 mm bzw. von mindestens 265 mm (bei einer Betondruckzone) sowie eine Länge von höchstens 3,0 m (lichte Weite der Öffnung unterhalb des Sturzes ≤ 2,50 m).

1.2 Die Flachstürze dürfen nur als Einfeldträger mit direkter Lagerung an ihrer Unterseite ausgeführt werden (s. Anlage 1).

1.3 Die Flachstürze nach dieser Zulassung dürfen nur bei Gebäuden mit vorwiegend ruhenden Verkehrslasten gemäß DIN 1055-3:1971-06 – Lastannahmen für Bauten, Verkehrslasten –, Abschnitt 1.4, verwendet werden.

1.4 Bei Umweltbedingungen nach DIN 1045:1988-07 – Beton und Stahlbeton; Bemessung und Ausführung –, Tabelle 10, Zeilen 3 und 4, dürfen Flachstürze nach dieser Zulassung nur dann verwendet werden, wenn sie durch geeignete Maßnahmen zusätzlich geschützt werden. Die Schutzmaßnahmen sind auf die Art der Einwirkung abzustimmen (z.B. Beschichtung bei erhöhter CO_2-Konzentration); sie müssen auf Dauer eine Beeinträchtigung der den Standsicherheitsnachweisen zugrundeliegenden Sturzeigenschaften (für Porenbeton und Bewehrung) verhindern.

2 Bestimmungen für die Bauprodukte

2.1 Anforderungen an die Eigenschaften der Hebel-Flachstürze W

2.1.1 Flachstürze

2.1.1.1 Flachstürze, bestehend aus Zuggurten und Planstein-Übermauerung, sind aus den Komponenten nach den Abschnitten 2.1.2 bis 2.1.5 herzustellen; hierbei dürfen die Flachstürze sowohl im Werk vorgefertigt als auch auf der Baustelle zusammengesetzt werden.

2.1.1.2 Flachstürze, bestehend aus Zuggurten und alleiniger Betondruckzone, sind aus den Komponenten nach den Abschnitten 2.1.2, 2.1.3 und 2.1.6 auf der Baustelle herzustellen.

2.1.1.3 Flachstürze, bestehend aus Zuggurten und Übermauerung sowie zusätzlicher Betondruckzone, sind aus Flachstürzen nach Abschnitt 2.1.1.1 und Beton nach Abschnitt 2.1.6 auf der Baustelle herzustellen.

2.1.2 Zuggurte

2.1.2.1 Die Zuggurte müssen aus bewehrtem, dampfgehärtetem Porenbeton der Festigkeitsklasse 4,4 und der Rohdichteklasse 0,60 oder 0,70 bestehen; ihre Breite muss 115 mm oder 175 mm betragen, ihre Höhe 124 mm (s. Anlage 2); für die Maßabweichungen gilt DIN 4165:1996-11 – Porenbeton-Blocksteine und Porenbeton-Plansteine –.

2.1.2.2 Bei dampfgehärtetem Porenbeton als feinporigem Beton, der aus Zement und/oder Kalk und feingemahlenen oder feinkörnigen, kieselsäurehaltigen Stoffen unter Verwendung von porenbildenden Zusätzen, Wasser und ggf. Zusatzmitteln hergestellt und in gespanntem Dampf gehärtet wird, dürfen die Ausgangsstoffe keine korrosionsfördernden Bestandteile enthalten. Betonschädliche Beimengungen dürfen nicht vorhanden sein; Zement und Kalk dürfen höchstens 0,10 % Chlorid (Cl⁻) enthalten.

Die Materialkennwerte sind Tabelle 1 zu entnehmen.

Tabelle 1: Materialkennwerte

Festigkeitsklasse			4,4
Nennfestigkeit	β_{WN}	[N/mm²]	4,4
Serienfestigkeit	β_{WS}	[N/mm²]	5,0
Schwindmaß	$\varepsilon_{S,\infty}$	[mm/m]	0,2
Rohdichteklasse			0,60; 0,70

Hierbei liegt der Nennfestigkeit β_{WN} die 5 %-Fraktile der Grundgesamtheit zugrunde. Die Serienfestigkeit β_{WS} ist der Mindestwert für die mittlere Druckfestigkeit der Grundgesamtheit.

Für die beiden Rohdichteklassen gelten die für 0,60 und 0,70 kg/dm³ in DIN 4165:1996-11, Tabelle 3, festgelegten Grenzen.

Jede Änderung der Porenbetonzusammensetzung ist der fremdüberwachenden Stelle (s. Abschnitt 2.3.3) vom Hersteller mitzuteilen. Die Eignung ist von dieser Stelle zu beurteilen.

2.1.2.3 Bei der Prüfung der Wärmeleitfähigkeit $\lambda_{10,tr}$ nach Abschnitt 2.3.2 dürfen die Messwerte der Wärmeleitfähigkeit, die bei der Erstprüfung auf die obere Grenze der Rohdichteklasse zu beziehen sind, die in Tabelle 2 angegebenen Werte nicht überschreiten. Die Sorptionsfeuchte darf 4,5 Masse-% nicht übersteigen.

Tabelle 2: Anforderungen an die Wärmeleitfähigkeit

Rohdichteklasse	Wärmeleitfähigkeit $\lambda_{10,tr}$ [W/mK]
0,60	0,144
0,70	0,166

2.1.2.4 Die Zuggurte sind mit Bewehrungsleitern nach Abschnitt 2.1.3 zu bewehren.

Hierbei ist zur Sicherstellung einer ausreichenden Verankerungswirkung eine Mindestüberdeckung der Bewehrung von 25 mm einzuhalten; eine entsprechende Lagesicherung der Bewehrungsleitern ist vorzusehen (s. Anlage 2).

2.1.3 Bewehrung der Zuggurte

2.1.3.1 Als Bewehrung der Zuggurte nach Abschnitt 2.1.2 sind zwei geschweißte Leitern aus Bewehrungsdraht der Stahlsorte BSt 500 G nach DIN 488-4:1986-06 zu verwenden.

Die vier durchgehenden Längsstäbe der Bewehrungsleitern müssen jeweils folgende Durchmesser haben:

4,5 mm ≤ d_s ≤ 6,0 mm, jedoch
d_s = 6,0 mm bei Zuggurtlängen L > 2,0 m und einer Porenbeton-Planstein-Übermauerung von ≤ 250 mm

Die vertikal anzuordnenden Querstäbe müssen einen Durchmesser d_s = 5 mm haben (s. Anlage 2).

Die Längs- und Querstäbe der Bewehrungsleitern sind an allen Kreuzungsstellen gemäß DIN 488-4:1986-06 durch maschinelles Widerstandspunktschweißen miteinander zu verbinden. Jede Schweißstelle muss abweichend von DIN 488-1:1984-09 mindestens folgende Scherkraft S erreichen:

$S \geq 0{,}35 \cdot A_{s1} \cdot R_e$

A_{s1} Querschnittsfläche eines Längsstabes der Bewehrung

R_e Mindeststreckgrenze des Bewehrungsdrahtes gemäß DIN 488-1:1984-09

2.1.3.2 Die Bewehrungsleitern sind durch ein geprüftes Korrosionsschutzmittel dauerhaft gegen Korrosion zu schützen. Seine Eignung ist durch Versuche nach DIN EN 990:1995-09 nachzuweisen. Es müssen die Kurzzeitprüfungen nach Verfahren 1 (s. Abschnitt 6.1 der Norm) und nach Verfahren 2 (s. Abschnitt 6.2 der Norm) bestanden werden.

Es dürfen nur Korrosionsschutzmittel verwendet werden, deren Eignung durch die genannten Kurzzeitprüfungen dem Deutschen Institut für Bautechnik nachgewiesen wurde und deren Kennwerte einschließlich der zugehörigen „Verarbeitungs- und Prüfvorschrift" beim Deutschen Institut für Bautechnik, der Zertifizierungsstelle und der Überwachungsstelle hinterlegt sind.

Die Stäbe der Bewehrungsleitern dürfen vor dem Aufbringen des Korrosionsschutzmittels auf ihrer gesamten Oberfläche allenfalls leichten Flugrost aufweisen.

2.1.4 Übermauerung der Zuggurte

Für die Übermauerung der Zuggurte sind Porenbeton-Plansteine der Festigkeitsklasse ≥ 2 nach DIN 4165:1996-11 zu verwenden. Die Steinlänge muss 332 mm betragen; bei mehrlagiger Übermauerungslage darf der Randstein einer geradzahligen Lage oberhalb des Zuggurtes halbiert werden. Verschiedene Steinhöhen innerhalb einer Übermauerungslage sind nicht zulässig.

2.1.5 Mörtel

Als Mörtel für Lager- und Stoßfugen der Übermauerung nach Abschnitt 2.1.4 ist Hebel-Dünnbettmörtel* zu verwenden, der die Anforderungen nach DIN 1053-1:1996-11 – Mauerwerk; Teil 1: Berechnung und Ausführung – Anhang A, Abschnitt A 3.3, erfüllt.

2.1.6 Beton oberhalb der Zuggurte

Bei Ausbildung einer Betondruckzone anstelle oder zusammen mit einer Übermauerung aus Porenbeton-Plansteinen nach Abschnitt 2.1.4 ist Beton mindestens der Festigkeitsklasse B 15 nach DIN 1045:1988-07 zu verwenden. Die Betondruckzone muss eine Höhe von mindestens 140 mm aufweisen.

2.2 Herstellung, Transport, Lagerung und Kennzeichnung

2.2.1 Herstellung der Hebel-Flachstürze

Bei werksseitig vorgefertigten Flachstürzen nach Abschnitt 2.1.1.1 sind Lager- und Stoßfugen vollfugig in Dünnbettmörtel nach Abschnitt 2.1.5 auszuführen; die Dicke des Dünnbettmörtels darf 3 mm nicht überschreiten.

2.2.2 Transport und Lagerung

Die Zuggurte nach Abschnitt 2.1.2 sowie bereits im Werk vorgefertigte Flachstürze nach Abschnitt 2.1.1.1 sind so zu lagern und zu transportieren, dass Beschädigungen, insbesondere der Kanten und Auflagerflächen, vermieden werden.

Beim Transport vor allem der Flachstürze sind die Unfallverhütungsvorschriften der Berufsgenossenschaft einzuhalten, insbesondere die Unfallverhütungsvorschriften „Bauarbeiten" und „Lastaufnahmeeinrichtungen im Hebezeugbetrieb".

2.2.3 Kennzeichnung

Die Zuggurte nach Abschnitt 2.1.2 sowie bereits im Werk vorgefertigte Flachstürze nach Abschnitt 2.1.1.1 und ihr Lieferschein müssen vom Hersteller mit dem Übereinstimmungszeichen (Ü-Zeichen) nach den Übereinstimmungszeichen-Verordnungen der Länder gekennzeichnet werden. Die Kennzeichnung darf nur erfolgen, wenn die Voraussetzungen nach Abschnitt 2.3 erfüllt sind.

Die Kennzeichnung muss darüber hinaus folgende Angaben enthalten:

– Festigkeit- und Rohdichteklasse des Porenbetons des Zuggurtes

Zulassungen

- Angabe des Durchmessers der Längsstäbe der Bewehrungsleitern
- Festigkeits- und Rohdichteklasse der Porenbeton-Plansteine bei bereits im Werk vorgefertigten Flachstürzen

Die Lieferscheine für Zuggurte sowie bereits im Werk vorgefertigte Flachstürze müssen zusätzlich die folgenden Angaben enthalten:

- Bezeichnung des Bauprodukts („Zuggurt" bzw. „Hebel-Flachsturz W")
- Hersteller und Herstellwerk bzw. Zeichen des Herstellwerks
- Herstellungstag des Zuggurtes bzw. des Flachsturzes

2.3 Übereinstimmungsnachweis

2.3.1 Allgemeines

Die Bestätigung der Übereinstimmung der Zuggurte bzw. der Flachstürze mit den Bestimmungen dieser allgemeinen bauaufsichtlichen Zulassung muss für jedes Herstellwerk mit einem Übereinstimmungszertifikat auf der Grundlage einer werkseigenen Produktionskontrolle und einer regelmäßigen Fremdüberwachung einschließlich einer Erstprüfung des Bauprodukts nach Maßgabe der folgenden Bestimmungen erfolgen.

Für die Erteilung des Übereinstimmungszertifikats und die Fremdüberwachung einschließlich der dabei durchzuführenden Produktprüfungen hat der Hersteller der Zuggurte und der Porenbeton Flachstürze eine hierfür anerkannte Zertifizierungsstelle sowie eine hierfür anerkannte Überwachungsstelle einzuschalten.

Dem Deutschen Institut für Bautechnik ist von der Zertifizierungsstelle eine Kopie des von ihr erteilten Übereinstimmungszertifikats zur Kenntnis zu geben.

2.3.2 Werkseigene Produktionskontrolle

In jedem Herstellwerk der Bauprodukte nach Abschnitt 2.1.1.1, 2.1.2 und 2.1.3 ist eine werkseigene Produktionskontrolle einzurichten und durchzuführen. Unter werkseigener Produktionskontrolle wird die vom Hersteller vorzunehmende kontinuierliche Überwachung der Produktion verstanden, mit der dieser sicherstelle, dass die von ihm hergestellten Bauprodukte den Bestimmungen dieser allgemeinen bauaufsichtlichen Zulassung entsprechen.

Die werkseigene Produktionskontrolle für die Zuggurte nach Abschnitt 2.1.2 und der Bewehrung nach Abschnitt 2.1.3 muss folgende Prüfungen umfassen:

a) Die Abmessungen des Zuggurtes sind mindestens einmal wöchentlich an mindestens drei Proben nach DIN EN 991:1995-09 zu prüfen.

b) Die Trockenrohdichte ist mindestens einmal wöchentlich, jedoch auch mindestens einmal je 1000 m^3 gehärteten Porenbetons, nach DIN EN 678:1994-02 zu prüfen.

c) Die Druckfestigkeit ist mindestens einmal wöchentlich, jedoch auch mindestens einmal je 1000 m^3 gehärteten Porenbetons, nach DIN EN 679:1994-02 zu prüfen.

d) Das Schwinden ist mindestens einmal halbjährlich nach DIN EN 680:1994-02 zu prüfen.

e) Für die Wärmeleitfähigkeit $\lambda_{10,tr}$ und Sorptionsfeuchte gilt folgendes:

  - Die Anforderungen des Abschnitts 2.1.2.3 sind einzuhalten.
  - Die Wärmeleitfähigkeit ist mindestens einmal in zwei Monaten an mindestens einer der gefertigten Rohdichteklassen nach DIN 52 612-1:1979-09 zu prüfen, wobei jedoch jede gefertigte Rohdichteklasse innerhalb eines Jahres mindestens einmal geprüft sein muss. Die Wärmeleitfähigkeit darf in Absprache mit der Überwachungsstelle auch nach DIN 52 616:1977-11 ermittelt werden.
  - Die Sorptionsfeuchte ist mindestens einmal vierteljährlich bei jeder gefertigten Rohdichteklasse nach DIN 52 620:1991-04 zu prüfen. Die Häufigkeit darf auf einmal jährlich reduziert werden, wenn die ständige Einhaltung der Anforderung über mindestens zwei Jahre nachgewiesen wurde.
  - Für die Prüfung der Wärmeleitfähigkeit und der Sorptionsfeuchte dürfen die Probekörper als unbewehrte Blindstücke in der gleichen Gießform mit den Zuggurten hergestellt werden.

f) Für die Bewehrung des Zuggurtes gilt folgendes:

  - Das Ausgangsmaterial für die Bewehrungsleitern ist mit Lieferschein entsprechend DIN 488-1:1984-09 zu beziehen.
  - Für die Prüfungen der Bewehrung des Zuggurtes gilt DIN 488-6:1986-06. Hierbei ist bei der Prüfung des Bewehrungsdrahtes die Bruchdehnung A_{10} auf einer Strecke zu messen, die keine Schweißstellen enthält. Für die Anforderungen an die Scherfestigkeit gilt Abschnitt 2.1.3.1.
  - Die vorstehend getroffenen Festlegungen gelten auch dann, wenn die als Zuggurtbewehrung verwendeten geschweißten Bewehrungsleitern nicht im Herstellwerk der

Flachstürze gefertigt werden. Die Anlieferung solcher Bewehrungsleitern muss mit Lieferschein erfolgen, der alle nach DIN 488-1:1984-09, Abschnitt 6, erforderliche Angaben enthält.

- Das Korrosionsschutzmittel ist vom Hersteller mit Abnahmeprüfzeugnis „3.1.B" nach DIN EN 10 204:1995-08 zu liefern.
Die Verarbeitungskennwerte sind nach Vorgabe der „Verarbeitungs- und Prüfvorschrift" zu überwachen (s. Abschnitt 2.1.3.2).

Der Korrosionsschutz ist mit dem Kurzzeitverfahren (Verfahren 1 oder 2) mindestens zweimal jährlich nach DIN EN 990:1995-09 zu prüfen. Das zu verwendende Verfahren ist von der fremdüberwachenden Stelle festzulegen.

Die Ergebnisse der werkseigenen Produktionskontrolle sind aufzuzeichnen und auszuwerten. Die Aufzeichnungen müssen mindestens folgende Angaben enthalten:

- Bezeichnung des Bauprodukts bzw. des Ausgangsmaterials und der Bestandteile
- Art der Kontrolle oder Prüfung
- Datum der Herstellung und der Prüfung des Bauprodukts bzw. des Ausgangsmaterials oder der Bestandteile
- Ergebnis der Kontrollen und Prüfungen und, soweit zutreffend, Vergleich mit den Anforderungen
- Unterschrift des für die werkseigene Produktionskontrolle Verantwortlichen

Die Aufzeichnungen sind mindestens fünf Jahre aufzubewahren und der für die Fremdüberwachung eingeschalteten Überwachungsstelle vorzulegen. Sie sind dem Deutschen Institut für Bautechnik und der zuständigen obersten Bauaufsichtsbehörde auf Verlangen vorzulegen.

Bei ungenügendem Prüfergebnis sind vom Hersteller unverzüglich die erforderlichen Maßnahmen zur Abstellung des Mangels zu treffen. Bauprodukte, die den Anforderungen nicht entsprechen, sind so zu handhaben, dass Verwechslungen mit übereinstimmenden ausgeschlossen werden. Nach Abstellung des Mangels ist – soweit technisch möglich und zum Nachweis der Mängelbeseitigung erforderlich – die betreffende Prüfung unverzüglich zu wiederholen.

2.3.3 Fremdüberwachung

In jedem Herstellwerk der Zuggurte nach Abschnitt 2.1.2 einschließlich der Bewehrung nach Abschnitt 2.1.3 und der vorgefertigten Flachstürze nach Abschnitt 2.1.1.1 ist die werkseigene Produktionskontrolle durch eine Fremdüberwachung regelmäßig zu überprüfen, mindestens jedoch zweimal jährlich.

Im Rahmen der Fremdüberwachung sind die Erstprüfung der Bauprodukte und Regelüberwachungsprüfungen durchzuführen. Dabei ist die Einhaltung der in den Abschnitten 2.1.2, 2.1.3 und 2.2.3 (für Zuggurte und Bewehrung) sowie 2.1.1.1 und ggf. 2.2.3 (für vorgefertigte Flachstürze) gestellten Anforderungen zu prüfen.

Die Probenahme und Prüfungen obliegen jeweils der anerkannten Stelle.

Die Ergebnisse der Zertifizierung und Fremdüberwachung sind mindestens fünf Jahre aufzubewahren. Sie sind von der Zertifizierungsstelle bzw. der Überwachungsstelle dem Deutschen Institut für Bautechnik und der zuständigen obersten Bauaufsichtsbehörde auf Verlangen vorzulegen.

3 Bestimmungen für Entwurf und Bemessung

3.1 Berechnung

3.1.1 Allgemeines

Der statische Nachweis für die Tragfähigkeit des Hebel-Flachsturzes ist in jedem Einzelfall zu erbringen. Für die Bemessung der Flachstürze gelten die Richtlinien für die Bemessung und Ausführung von Flachstürzen, Fassung August 1977, soweit nachfolgend nichts anderes bestimmt. ist.

Bei Zuggurten mit einer Länge > 2,0 m und einer vorgesehenen Übermauerung aus Porenbeton-Plansteinen von ≤ 250 mm müssen die Längsstäbe der Bewehrungsleitern unabhängig vom statischen Nachweis einen Durchmesser von 6 mm aufweisen (s. Anlage 2).

Die Auflagertiefe bei Trägern mit einer Länge L ≤ 1,5 m muss jeweils mit mindestens 200 mm in Rechnung gestellt werden, bei Trägern mit einer Länge 1,5 < L ≤ 3,0 m jeweils mit mindestens 250 mm (s. Anlage 1).

3.1.2 Schubtragfähigkeit

3.1.2.1 Übermauerung aus Porenbeton-Plansteinen

Die zulässige Querkraft darf wie folgt berechnet werden:

$$\text{zul } Q = \tau_{zul} \cdot b \cdot h \cdot \frac{\lambda + 0{,}4}{\lambda - 0{,}4} \quad [N]$$

mit $\tau_{zul} = 0{,}091 - \dfrac{0{,}008}{125}\left(h - \dfrac{h_G}{2}\right)$ [MN/m²]

$\leq 0{,}075$ MN/m²

mit τ_{zul} Grundwert der zulässigen Schubspannung
  b   Sturzbreite in mm
  h   statische Nutzhöhe in mm (= Übermauerungs- bzw. Druckzonenhöhe Ü plus halbe Zuggurthöhe h_G) ≤ Stützweite/2,4

λ Schubschlankheit $\left(\dfrac{\max M}{\max Q \cdot h}\right)$

3.1.2.2 Beton oberhalb des Zuggurtes

Für eine Betondruckzone gelten die Festlegungen des Abschnitts 6.1.2 der Richtlinien für die Bemessung und Ausführung von Flachstürzen, Fassung August 1977.

3.1.3 Biegetragfähigkeit

3.1.3.1 Rechenwerte

Für die Bemessung ist als Sicherheitsbeiwert $\gamma = 2{,}1$ zugrunde zu legen.

Für die Druckzone bzw. Übermauerung aus Porenbeton-Plansteinen ist der für die Bemessung maßgebende Zusammenhang zwischen Spannung (b und Dehnung (b des Porenbetons DIN 1045:1988-07, Bild 11, zu entnehmen, wobei die Stauchung des Porenbetons in der Druckzone mit bis zu $\varepsilon_b = -2\,‰$ in Rechnung gestellt werden darf.

Der Rechenwert β_R der Druckfestigkeit der Biegedruckzone ist, unabhängig von der Festigkeitsklasse der Porenbeton-Plansteine, mit

$\beta_R = 1{,}4$ N/mm²

anzunehmen; für eine Betondruckzone gelten die Werte der Tabelle 1 der „Flachsturz-Richtlinien".

Die Streckgrenze des Bewehrungsdrahtes der Stahlsorte BSt 500 G darf nur mit

$\beta_S = 420$ N/mm²

in Rechnung gestellt werden. Die Dehnung des Zuggurtes in Höhe der Bewehrung darf höchstens zu $\varepsilon_S = 2\,‰$ angenommen werden.

3.1.3.2 Verankerung der Längsstäbe

Die Mindestanzahl n der erforderlichen Querstäbe zur Verankerung der Längsstäbe der Bewehrungsleitern darf mit

$n = 3\,\dfrac{\text{erf }A_S}{\text{vorh }A_S}$

ermittelt werden; dabei ist die Anzahl n immer auf ganze Zahlen aufzurunden.

Auch für erf A_S/vorh $A_S \leq 0{,}33$ ist mindestens ein Querstab anzuordnen; dieser Querstab muss mindestens 50 mm hinter der Auflagervorderkante liegen (s. Anlage 2 und Abschnitt 3.1.1). Der Abstand der Querstäbe darf 50 mm nicht unter-, 125 mm nicht überschreiten (s. Anlage 2).

3.1.3.3 Durchbiegungsnachweis

Ein Durchbiegungsnachweis ist nicht erforderlich; hierbei sind die bei zul Q (s. Abschnitt 3.1.2) auftretenden Durchbiegungen in Feldmitte auf 1/500 der Stützweite begrenzt.

3.2 Witterungsschutz

Die Flachstürze in Außenwänden sind stets mit einem Witterungsschutz zu versehen. Die Schutzmaßnahmen gegen Feuchtebeanspruchung (z. B. Witterungsschutz bei Außenwänden mit Putz gemäß DIN 18 550-2:1985-01 – Putz; Putze aus Mörteln mit mineralischen Bindemitteln; Ausführung –) sind so zu wählen, dass eine dauerhafte Überbrückung der Stoßfugenbereiche gegeben ist.

3.3 Wärmeschutz

Für den rechnerischen Nachweis des Wärmeschutzes dürfen für die Porenbeton-Flachstürze im Mauerwerk die Rechenwerte der Wärmeleitfähigkeit λ_R nach Tabelle 3 zugrunde gelegt werden.

Tabelle 3: Rechenwerte der Wärmeleitfähigkeit λ_R

Rohdichteklasse	Rechenwerte der Wärmeleitfähigkeit $\dfrac{W}{m \cdot K}$
0,60	0,16
0,70	0,18

3.4 Schallschutz

Für die Anforderungen an den Schallschutz ist DIN 4109:1989-11 – Schallschutz im Hochbau; Anforderungen und Nachweise – maßgebend.

3.5 Brandschutz

3.5.1 Grundlagen zur brandschutztechnischen Bemessung der Flachstürze

Soweit in dieser allgemeinen bauaufsichtlichen Zulassung nichts anderes bestimmt ist, gelten für die brandschutztechnische Bemessung die Bestimmungen der Norm DIN 4102-4:1994-03 – Brandverhalten von Baustoffen und Bauteilen; Zusammenstellung und Anwendung klassifizierter Baustoffe, Bauteile und Sonderbauteile-, Abschnitte 4.1 und 4.5.

3.5.2 Einstufung der Flachstürze in Feuerwiderstandsklassen F 30 bis F 90 nach DIN 4102-2

Für die Einstufung von Flachstürzen nach dieser allgemeinen bauaufsichtlichen Zulassung in Feuerwiderstandsklassen F 30 bis F 90 nach der Norm DIN 4102-2:1977-09 – Brandverhalten von Baustoffen und Bauteilen; Bauteile, Begriffe, Anforderungen und Prüfungen – gilt Tabelle 4. Dabei gelten die in Klammern gesetzten Werte jeweils für Stürze mit dreiseitigem Putz nach DIN 4102-4:1994-03, Abschnitt 4.5.2.10.

Tabelle 4:

Konstruktionsmerkmale der Flachstürze	Mindestbreite b in mm für die Feuerwiderstandsklasse-Benennung				
	F 30-A	F 60-A	F 90-A	F 120-A	F 180-A
Ausführung nach Anlage 1 und 2	175 (115)	175 (175)	240*) (175)	–	–

*) auch 2 x 115 mm

4 Bestimmungen für die Ausführung

4.1 Einbau und Auflagerung

Die Hebel-Flachstürze dürfen nur als Einfeldträger mit direkter Lagerung an ihrer Unterseite ausgeführt werden.

Die Auflagertiefe bei Trägern mit einer Länge L ≤ 1,50 m muss jeweils mindestens 200 mm betragen, bei Trägern mit einer Länge L > 1,50 m jeweils mindestens 250 mm (s. dazu Anlage 1).

4.2 Übermauerung aus Porenbeton-Plansteinen

Bei einer Übermauerung aus Porenbeton-Plansteinen sind die Lager- und Stoßfugen vollfugig in Dünnbettmörtel nach Abschnitt 2.1.5 auszuführen; die Dicke des Dünnbettmörtels darf 3 mm nicht überschreiten.

Zur Gewährleistung des vollen Verbundes (Haftscherfestigkeit) zwischen Druckzone und Zuggurt muss die Fuge zwischen Zuggurt und Druckzone, z.B. durch Abbürsten, ausreichend staubfrei gemacht sein.

4.3 Zuggurt

Wenn zwei Zuggurte nebeneinander angeordnet werden,

– muss die Breite der Übermauerung der Gesamtbreite des Zuggurtes entsprechen,

– sind die Maßunterschiede der beiden Zuggurthöhen auf ein Minimum zu begrenzen, um einen gleichmäßigen Verbund mit der Druckzone sicherzustellen.

Zuggurte mit einer Länge > 2,0 m und einer Planstein-Übermauerung von ≤ 250 mm müssen Längsstäbe von 6 mm Durchmesser aufweisen (gemäß Kennzeichnung nach Abschnitt 2.2.3).

4.4 Transport und Einbau

Beim Transport und Einbau von vorgefertigten Flachstürzen sind die Unfallverhütungsvorschriften der Berufsgenossenschaften einzuhalten, insbesondere die Unfallverhütungsvorschriften „Bauarbeiten" und „Lastaufnahmeeinrichtungen im Hebezeugbetrieb".

Im Auftrag   Balmer

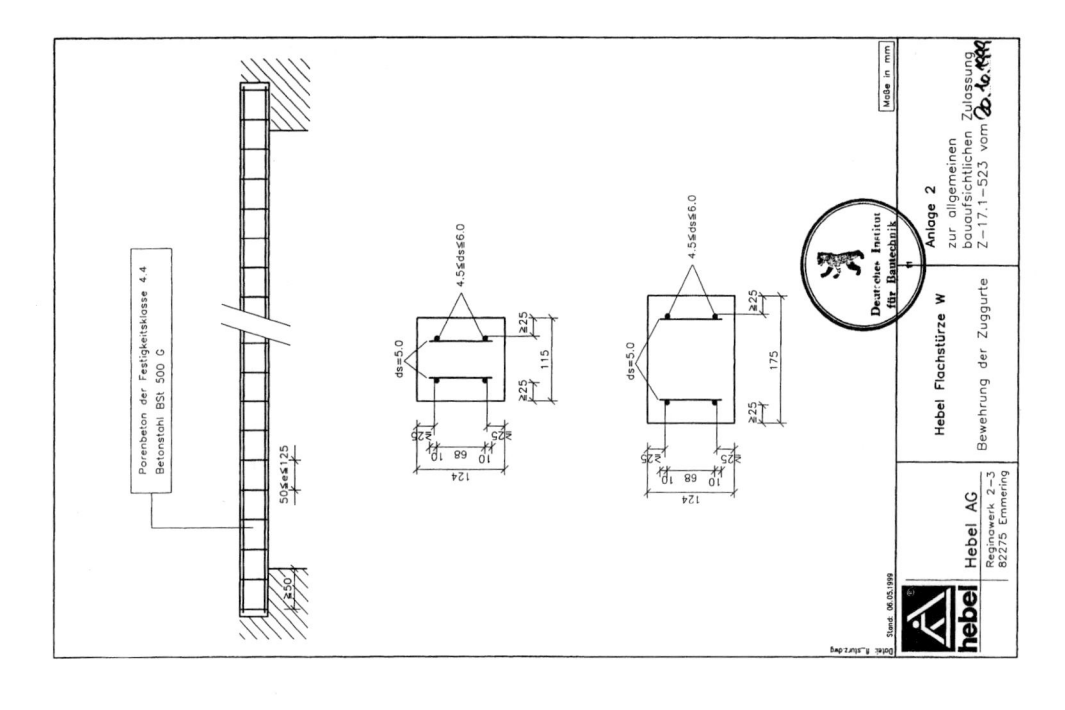

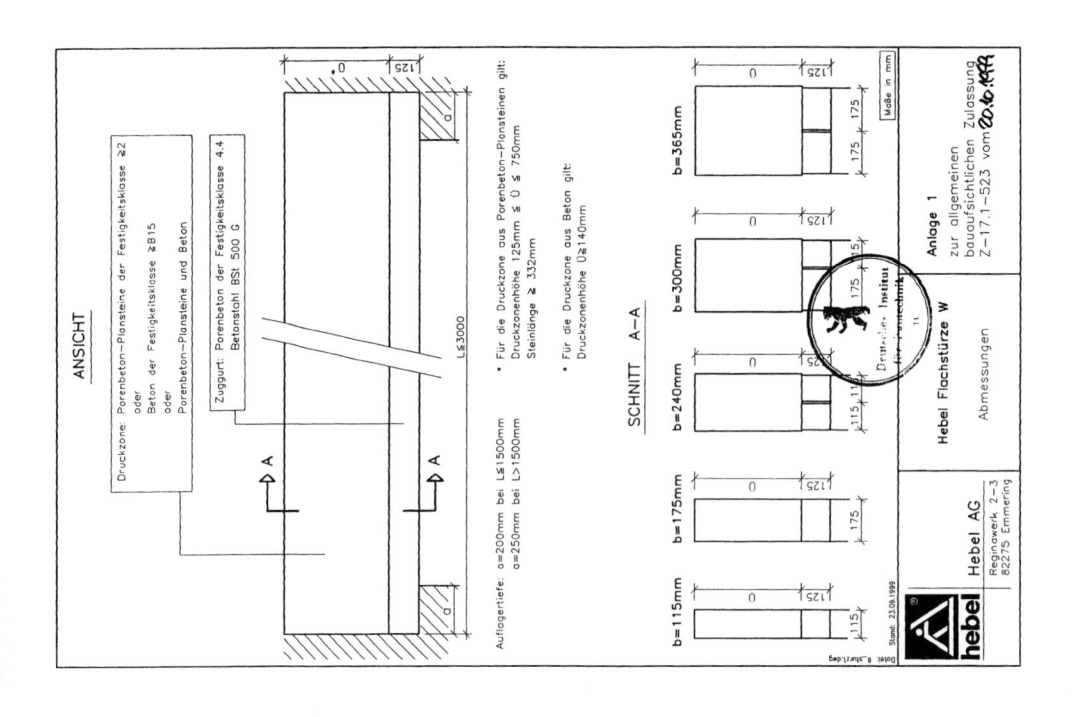

Zulassungen

J.120

DEUTSCHES INSTITUT FÜR BAUTECHNIK

Anstalt des öffentlichen Rechts

10829 Berlin, 14. Juli 2000
Kolonnenstraße 30 L
Telefon: (0 30) 7 87 30 - 322
Telefax: (0 30) 7 87 30 - 320
GeschZ.: II 27-1.17.1-83/99

Allgemeine bauaufsichtliche Zulassung

Zulassungs-nummer:	Z-17.1-603	Geltungsdauer bis:	21. August 2002
Antragsteller:	Wilhelm Modersohn GmbH & Co. KG Eggeweg 2a 32139 Spenge		
Zulassungs-gegenstand:	MOSO-Lochband als Bewehrung für Stürze aus Mauerwerk		

Der obengenannte Zulassungsgegenstand wird hiermit allgemein bauaufsichtlich zugelassen. Diese allgemeine bauaufsichtliche Zulassung umfaßt sieben Seiten und sechs Anlagen.

I. ALLGEMEINE BESTIMMUNGEN

(s. Seite J.87)

II. BESONDERE BESTIMMUNGEN

1 Zulassungsgegenstand und Anwendungsbereich

Die allgemeine bauaufsichtliche Zulassung erstreckt sich auf die Herstellung des MOSO-Lochbandes aus austenitischem nichtrostenden Stahl der Werkstoff-Nr. 1.4401 oder 1.4571 nach DIN EN 10 088-1: 1995-08 und dessen Verwendung als horizontale Bewehrung nach DIN 1053-3: 1990-02 – Mauerwerk; Bewehrtes Mauerwerk, Berechnung und Ausführung – in der untersten Lagerfuge von nichttragenden Stürzen aus Ziegelmauerwerk (Vormauerschalen) mit einer Dicke von 90 mm bis 115 mm.

Die lichte Weite der Stürze beträgt höchstens 2510 mm; ihre Höhe beträgt mindestens 5 Schichten NF zuzüglich einer unter der Bewehrung liegenden Grenadierschicht mit einer Höhe von 240 mm (siehe z.B. Anlage 1) oder Rollschicht mit einer Höhe von 115 mm.

Das Bewehrungssystem besteht aus dem MOSO-Lochband und dazugehörigen MOSO-Lochbandbügeln oder aus dem MOSO-Lochband und dazugehörigen MOSO-Wellbügeln, Drahtankern zur Vernadelung der Grenadierschicht zwischen den abgehängten MOSO-Lochbandbügeln bzw. MOSO-Wellbügeln und zusätzlichen Bügeln aus Rundstahl zur Rückverankerung des MOSO-Lochbandes im darüberliegenden Mauerwerk.

Das MOSO-Lochband besteht aus Blech nach der allgemeinen bauaufsichtlichen Zulassung Z-30.3-6, jedoch abweichend von der Zulassung mit einer Dicke von 0,5 mm. Das Blech ist 50 mm breit. Es hat zwei parallel angeordnete Lochreihen mit einem Lochdurchmesser 13 mm. Die Lochprägung ist einseitig ausgewölbt.

Die Mauerwerksstürze bestehen aus Vormauerziegeln nach DIN 105-1 oder DIN 105-2 mindestens der Druckfestigkeitsklasse 12, die mit Normalmörtel nach DIN 1053-1 der Mörtelgruppe IIa vermauert werden. Die statisch erforderliche Sturzhöhe muss mindestens 5 Schichten NF über der Bewehrungsfuge umfassen. Unter der Bewehrungsfuge ist eine Grenadier- oder Rollschicht angeordnet. Die Grenadier- oder Rollschicht unter dem MOSO-Lochband wird durch abgehängte MOSO-Lochbandbügel oder MOSO-Wellbügel und durch eine zusätzliche Vernadelung der untergehängten Verblendsteine mit 250 mm langen Edelstahldrahtankern gesichert.

Bei Stürzen mit lichten Weiten ≥ 1,51 m werden in der über dem MOSO-Lochband liegenden Läuferschicht in den Stoßfugen Bügel aus Rundstahl mit einem Durchmesser 3 mm zur Rückverankerung des MOSO-Lochbandes im darüberliegenden Mauerwerk eingesetzt.

Die MOSO-Lochbandbügel bzw. die MOSO-Wellbügel werden in jede dritte senkrechte Fuge, der unter dem MOSO-Lochband angeordneten Grenadier- oder Rollschicht, d. h. im Abstand von maximal 250 mm, eingesetzt.

Das MOSO-Lochband darf nach DIN 1053-3: 1990-02 für Stürze nur im Bereich der Vormauerschale mit einer Dicke von 90 mm oder 115 mm eingesetzt werden. Die Stürze dürfen nicht durch weitere Lasten außer Eigenlasten beansprucht werden. Sie dürfen nur bei Umweltbedingungen gemäß DIN 1045: 1988-07 – Beton und Stahlbeton; Bemessung und Ausführung –, Tabelle 10, Zeilen 1 bis 3, verwendet werden.

2 Bestimmungen für die Bauprodukte

2.1 Bestimmungen für das Ausgangsmaterial

Für das Ausgangsmaterial (Band) einschließlich Kennzeichnung und Übereinstimmungsnachweis gelten die Bestimmungen der allgemeinen bauaufsichtlichen Zulassung Z-30.3-6 vom 3. August 1999 für Kaltband der Festigkeitsklasse S 355, Werkstoff Nr. 1.4401 oder 1.4571. Abweichend beträgt die Materialdicke 0,5 mm.

Bei der Kennzeichnung mit dem Übereinstimmungszeichen (Ü-Zeichen) nach den Übereinstimmungszeichen-Verordnungen der Länder (u.a. Prüfbescheinigung nach DIN EN 10204: 1995-08 und Lieferschein) ist die Zulassungsnummer Z-17.1-603 anzugeben.

2.2 Bestimmungen für das Bewehrungssystem

2.2.1 Eigenschaften und Zusammensetzung

(1) Das Bewehrungssystem muss in seiner Ausführung und in den Abmessungen den Anlagen 1 und 2 oder den Anlagen 3 und 4 dieser allgemeinen bauaufsichtlichen Zulassung entsprechen.

Bei lichten Weiten der Stürze ≥ 1,51 m sind zusätzlich Bügel aus Rundstahl mit einem Durchmesser 3 mm zur Rückverankerung des MOSO-Lochbandes im darüberliegenden Mauerwerk gemäß Anlage 5 oder Anlage 6 vorzusehen.

(2) Das MOSO-Lochband und die MOSO-Lochbandbügel müssen aus nichtrostendem Stahl nach Abschnitt 2.1 dieser allgemeinen bauaufsichtliche Zulassung bestehen. Es gelten die Bestimmungen der allgemeinen bauaufsichtlichen Zulassung Z-30.3-6 vom 3. August 1999.

(3) Die MOSO-Wellbügel, die Nadeln, die Federklammern sowie die Bügel zur Rückverankerung des MOSO-Lochbandes im darüberliegenden Mauerwerk müssen ebenfalls aus nichtrostendem Stahl der Werkstoff-Nr. 1.4401 oder 1.4571 nach DIN EN 10 088-1: 1995-08, Tabelle 3, bestehen. Es gelten die technischen Lieferbedingungen DIN EN 10 088-2: 1995-08 für Band bzw. DIN 17 440: 1996-09 für gezogenen Draht.

Die MOSO-Wellbügel und die Bügel zur Rückverankerung haben einen Durchmesser von 3 mm. Die Nadeln sind Drahtanker mit einem Durchmesser von 4 mm und 250 mm Länge.

(4) Das MOSO-Lochband muss mindestens 50 mm breit und mindestens 0,5 mm dick sein. Der Lochdurchmesser darf höchstens 13 mm betragen. Die Querschnittsfläche des MOSO-Lochbandes im Lochbereich muss mindestens 12 mm^2 betragen. Die einseitige Auswölbung der Lochprägung muss mindestens 1 mm betragen (siehe auch Anlagen 2 und 4).

Die Zugfestigkeit des MOSO-Lochbandes muss mindestens 600 N/mm^2 betragen.

2.2.2 Kennzeichnung

Jede Liefereinheit (z.B. Rolle oder Bund) ist mit einem oder mehreren wetterfesten, unverlierbaren Anhängern zu versehen und zu kennzeichnen.

Jede Liefereinheit muss auf der Verpackung oder den o.g. Anhängern oder einem mindestens A4 großen Beipackzettel und auf dem Lieferschein vom Hersteller mit dem Übereinstimmungszeichen (Ü-Zeichen) nach den Übereinstimmungszeichen-Verordnungen der Länder gekennzeichnet werden. Die Kennzeichnung darf nur erfolgen, wenn die Voraussetzungen nach Abschnitt 2.2.3 erfüllt sind.

Außerdem ist jede Liefereinheit auf dem Lieferschein und auf der Verpackung oder dem Beipackzettel mit folgenden Angaben zu versehen:

Zulassungsgegenstand
Zulassungsnummer Z-17.1-603

Elementetyp
Hersteller und Herstellwerk
Herstellerzeichen

Das Bewehrungssystem ist mit Verarbeitungsrichtlinien auszuliefern.

2.2.3 Übereinstimmungsnachweis

2.3.1 Allgemeines

Die Bestätigung der Übereinstimmung des Bewehrungssystems oder einzelner Bestandteile des Bewehrungssystems mit den Bestimmungen dieser allgemeinen bauaufsichtlichen Zulassung muss für jedes Herstellwerk mit einem Übereinstimmungszertifikat auf der Grundlage einer werkseigenen Produktionskontrolle und einer regelmäßigen Fremdüberwachung einschließlich einer Erstprüfung nach Maßgabe der folgenden Bestimmungen erfolgen.

Für die Erteilung des Übereinstimmungszertifikats und die Fremdüberwachung einschließlich der dabei durchzuführenden Produktprüfungen hat der Hersteller des Bewehrungssystems eine hierfür anerkannte Zertifizierungsstelle sowie eine hierfür anerkannte Überwachungsstelle einzuschalten.

Dem Deutschen Institut für Bautechnik und der obersten Bauaufsichtsbehörde des Landes, in dem das Herstellwerk liegt, ist von der Zertifizierungsstelle eine Kopie des von ihr erteilten Übereinstimmungszertifikats zur Kenntnis zu geben.

2.3.2 Werkseigene Produktionskontrolle

In jedem Herstellwerk ist eine werkseigene Produktionskontrolle einzurichten und durchzuführen. Unter werkseigener Produktionskontrolle wird die vom Hersteller vorzunehmende kontinuierliche Überwachung der Produktion verstanden, mit der dieser sicherstellt, dass die von ihm hergestellten Bauprodukte den Bestimmungen dieser allgemeinen bauaufsichtlichen Zulassung entsprechen.

Die werkseigene Produktionskontrolle soll mindestens die im folgenden aufgeführten Maßnahmen einschließen:

Im Rahmen der werkseigenen Produktionskontrolle sind an mindestens drei Proben je 5.000 m MOSO-Lochband und an mindestens 3 Proben je 5.000 Stück MOSO-Lochbandbügel sowie MOSO-Wellbügel und mindestens einmal je Fertigungswoche die Abmessungen und Formtreue der Einzelteile und der gesamten Bewehrungselemente zu überprüfen. Die Zugfestigkeit des Lochbandes nach Abschnitt 2.2.1(4) ist an mindestens drei Proben je 25.000 m MOSO-Lochband zu überprüfen. Die Häufigkeit darf auf drei Proben je 50.000 m reduziert werden, wenn die ständige Einhaltung der Anforderung über mindestens 2 Jahre nachgewiesen wurde.

Die Materialeigenschaften des Ausgangsmaterials sind anhand des Lieferscheines und der Werksprüfzeugnisse zu überprüfen.

Die Ergebnisse der werkseigenen Produktionskontrolle sind aufzuzeichnen und auszuwerten. Die Aufzeichnungen müssen mindestens folgende Angaben enthalten:

– Bezeichnung des Bauproduktes und des Ausgangsmaterials

– Art der Kontrolle oder Prüfung

– Datum der Herstellung und der Prüfung des Bauproduktes und des Ausgangsmaterials

– Ergebnis der Kontrollen und Prüfungen und Vergleich mit den Anforderungen

– Unterschrift des für die werkseigene Produktionskontrolle Verantwortlichen

Die Aufzeichnungen sind mindestens fünf Jahre aufzubewahren und der für die Fremdüberwachung eingeschalteten Überwachungsstelle vorzulegen. Sie sind dem Deutschen Institut für Bautechnik und der zuständigen obersten Bauaufsichtsbehörde auf Verlangen vorzulegen.

Bei ungenügendem Prüfergebnis sind vom Hersteller unverzüglich die erforderlichen Maßnahmen zur Abstellung des Mangels zu treffen. Bauprodukte, die den Anforderungen nicht entsprechen, sind so zu handhaben, dass Verwechslungen mit übereinstimmenden ausgeschlossen werden. Nach Abstellung des Mangels ist – soweit technisch möglich und zum Nachweis der Mängelbeseitigung erforderlich – die betreffende Prüfung unverzüglich zu wiederholen.

2.3.3 Fremdüberwachung

In jedem Herstellwerk ist die werkseigene Produktionskontrolle durch eine Fremdüberwachung regelmäßig zu überprüfen, mindestens jedoch zweimal jährlich.

Im Rahmen der Fremdüberwachung ist eine Erstprüfung des Bewehrungssystems durchzuführen. Bei der Regelüberwachungsprüfung sind jeweils Proben zur Prüfung der Anforderungen nach Abschnitt 2.2.1 zu entnehmen.

Die Probenahme und Prüfungen obliegen jeweils der anerkannten Stelle.

Die Ergebnisse der Zertifizierung und Fremdüberwachung sind mindestens fünf Jahre aufzubewahren. Sie sind von der Zertifizierungsstelle bzw. der Überwachungsstelle dem Deutschen Institut für Bautechnik auf Verlangen vorzulegen.

3 Bestimmungen für Bemessung und Ausführung

3.1 Allgemeines

Für die Bemessung und Ausführung des mit dem MOSO-Lochband im Anwendungsbereich nach Abschnitt 1 bewehrten Mauerwerks gilt DIN 1053-3: 1990-02, soweit in dieser allgemeinen bauaufsichtlichen Zulassung nichts anderes bestimmt ist.

3.2 Lichte Sturzweite

Die lichte Weite des bewehrten Sturzes ist auf max $l_w = 2{,}51$ m begrenzt.

3.3 Übermauerungshöhe

Die Übermauerungshöhe h_0 des Sturzes (Abstand zwischen Oberkante Sturz und Schwerpunkt der Bewehrung) muss mindestens 5 Schichten NF betragen.

3.4 Bemessung

Die zulässige Stahlspannung beträgt 200 N/mm². Der Nettoquerschnitt darf mit 12 mm² in Rechnung gestellt werden.

3.5 Verankerung der Bewehrung

Die Verankerung der Bewehrung (Verankerungslänge) ist nach DIN 1045: 1988-07 nachzuweisen. Ergänzend zu DIN 1053-3: 1990-02 gilt für den zulässigen Grundwert der Verbundspannung zul τ_1 in Normalmörtel MG IIa zul $\tau_1 = 0{,}08$ N/mm², bezogen auf den Bruttoumfang von 101 mm.

Die Mindestverankerungslänge beträgt 360 mm.

3.6 Stöße

Das MOSO-Lochband darf nicht gestoßen werden.

3.7 Ausführung

3.7.1 Für die Ausführung der bewehrten Mauerwerksstürze gilt DIN 1053-3: 1990-02.

Das MOSO-Bewehrungssystem darf nur als Gesamtsystem angewendet werden.

Die Mauerwerksstürze sind aus Vormauerziegeln nach DIN 105-1 oder DIN 105-2 mindestens der Druckfestigkeitsklasse 12 herzustellen, die mit Normalmörtel nach DIN 1053-1 der Mörtelgruppe IIa vermauert werden.

3.7.2 Unter der Bewehrungsfuge ist eine Grenadier- oder Rollschicht anzuordnen. Die Grenadier- oder Rollschicht unter dem MOSO-Lochband ist durch MOSO-Lochbandbügel (siehe Anlagen 1 und 2) oder MOSO-Wellbügel (siehe Anlagen 3 und 4) und durch eine zusätzliche Vernadelung der untergehängten Verblendsteine mit 250 mm langen Edelstahldrahtankern zu sichern. Ist die Vernadelung mit den Edelstahl-Drahtankern nicht durch die vorhandene Lochung der Ziegel möglich, so ist die Vernadelung durch Bohrungen in den Ziegeln zu realisieren. Die MOSO-Lochbandbügel bzw. MOSO-Wellbügel sind in jeder dritten senkrechten Fuge der unter der Bewehrung angeordneten Grenadier- oder Rollschicht, d. h. im Abstand von maximal 250 mm, vorzusehen. Die MOSO-Wellbügel sind zusätzlich durch Federklammern gemäß Anlage 3 in ihrer Lage zu sichern.

Bei Verwendung von 2 Stück MOSO-Lochbändern werden diese in den übereinander liegenden Lagerfugen angeordnet.

3.7.3 Bei lichten Weiten der Stürze ≥ 1,51 m sind im Abstand von maximal 750 mm in der über dem MOSO-Lochband liegenden Läuferschicht in der jeweiligen Stoßfuge beidseitig Bügel aus Rundstahl mit einem Durchmesser 3 mm zur Rückverankerung des MOSO-Lochbandes im darüberliegenden Mauerwerk einzusetzen (siehe Anlage 5). Alternativ darf die Rückverankerung durch einseitig angeordnete Bügel in jeder Stoßfuge der Läuferschicht, also alle 250 mm, gemäß Anlage 6 erfolgen.

3.7.4 Die Ziegel sind vollfugig zu vermauern. Bei einer Dicke der Vormauerschale < 115 mm muss immer mit Fugenglattstrich gearbeitet werden (kein nachträgliches Verfugen). Offene Stoßfugen oder z.B. Öffnungen für Gerüstanker sind nicht zulässig.

Folieneinlagen sind nur zulässig, wenn diese oberhalb des Sturzes eingelegt werden und bei einer Dicke der Vormauerschale von 115 mm nicht mehr als 25 mm und bei einer Dicke der Vormauerschale < 115 mm nicht mehr als 20 mm in das Mauerwerk einbinden.

Die Verarbeitungsrichtlinien des Herstellers sind zu beachten.

3.7.5 Der Antragsteller ist verpflichtet, alle mit der Ausführung seiner Bauart betrauten Personen über die Besonderen Bestimmungen dieser allgemeinen bauaufsichtlichen Zulassung und alle für eine einwandfreie Ausführung der Bauart erforderlichen Einzelheiten zu unterrichten.

Im Auftrag   Irmschler

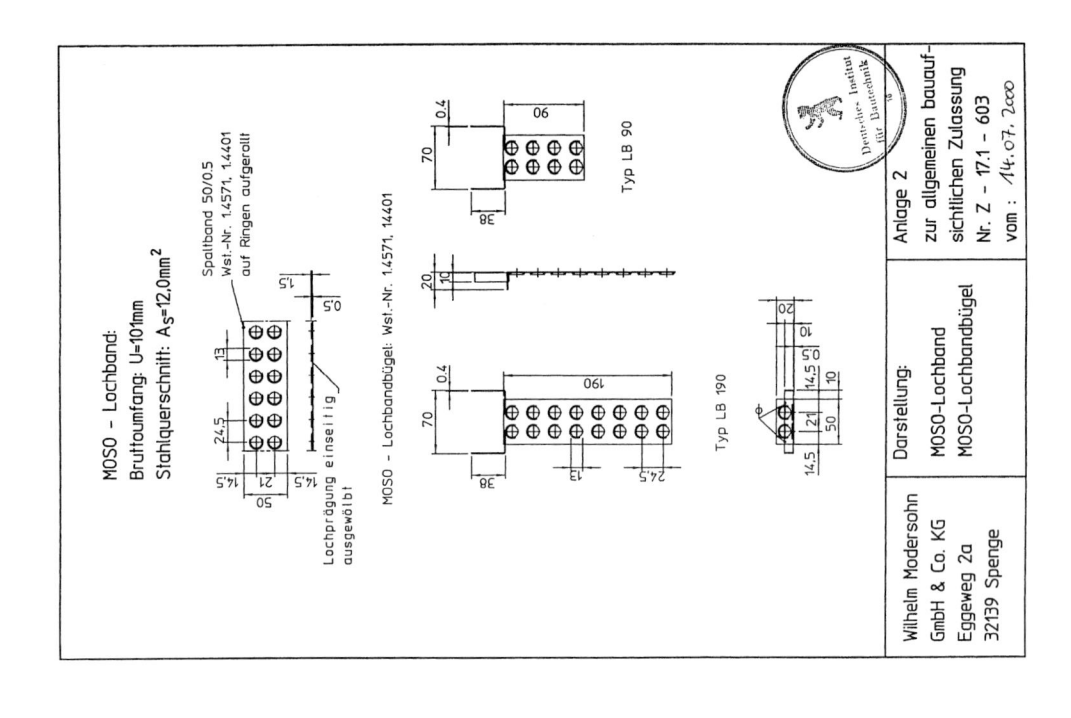

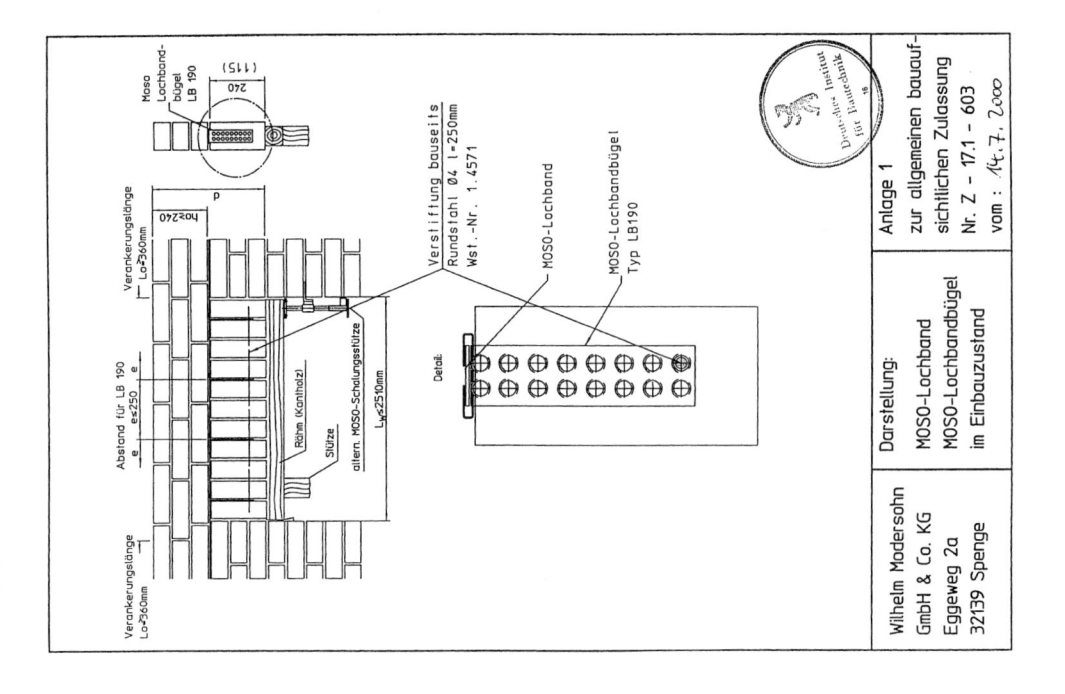

Zulassungen

J.126

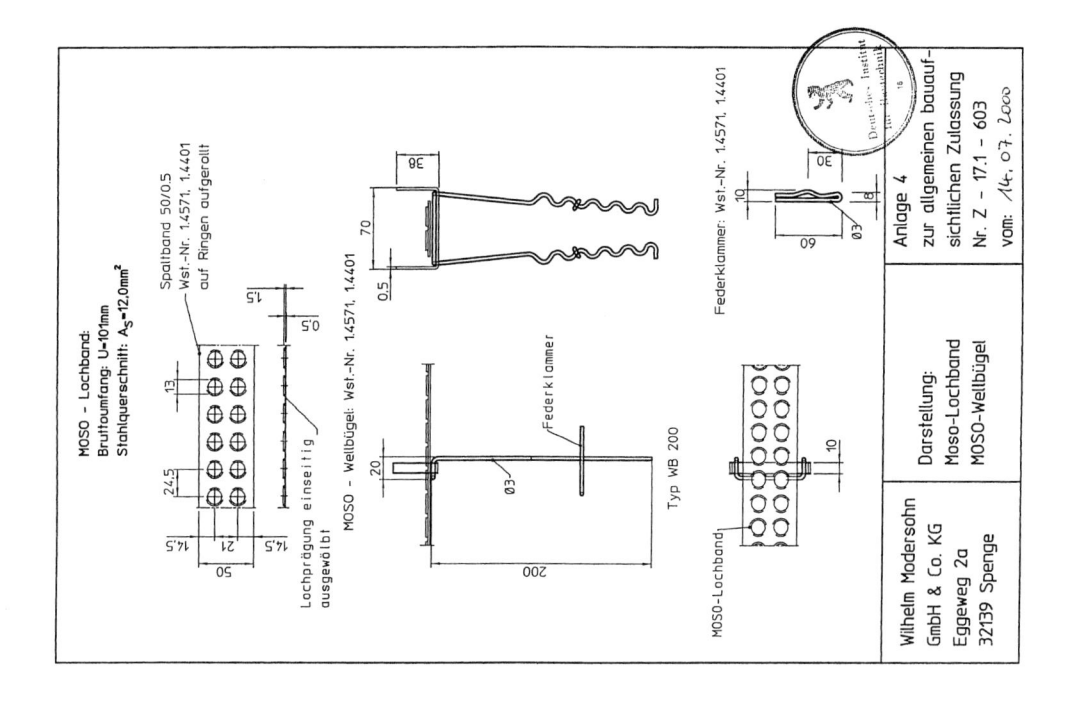

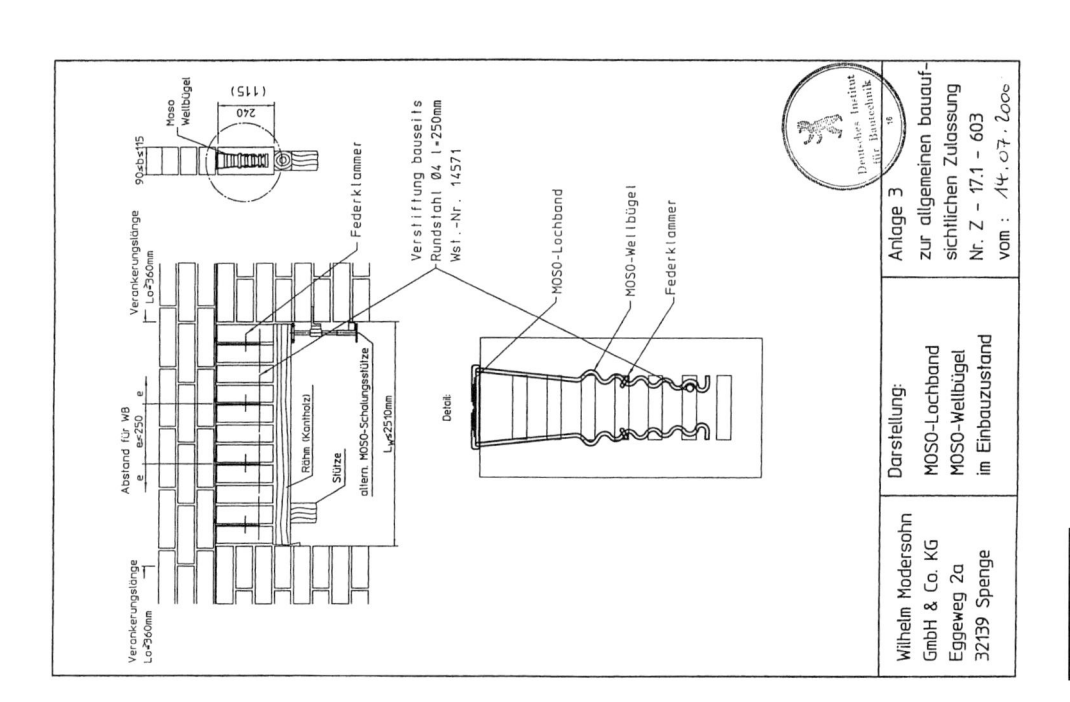

Zulassungen

J.127

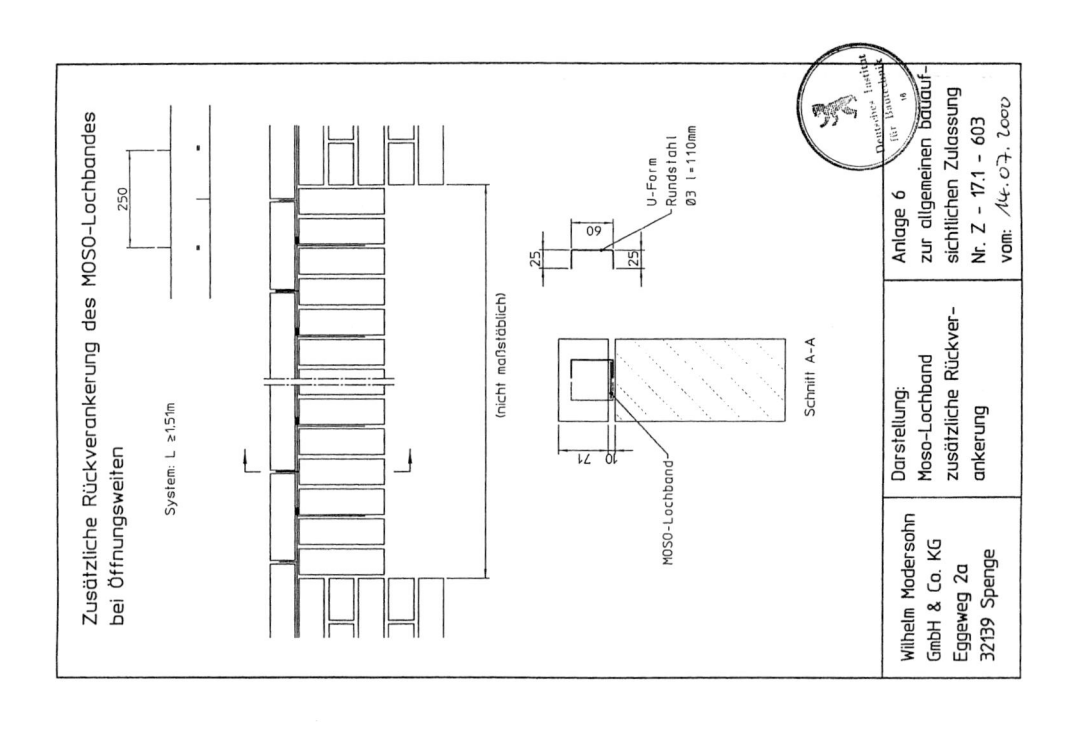

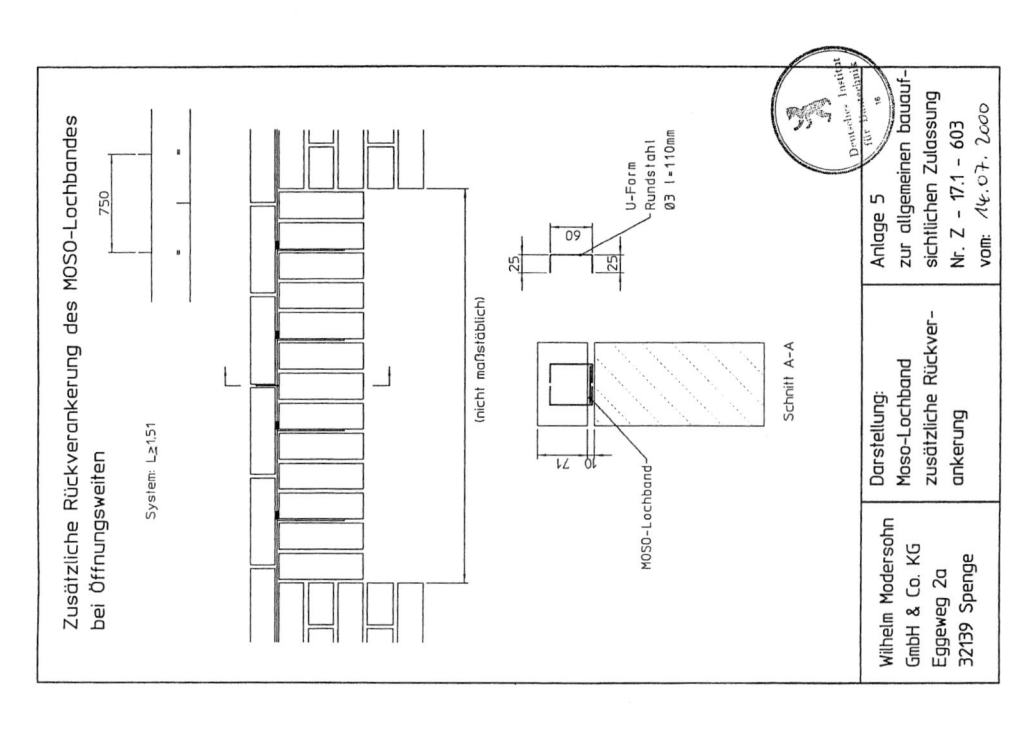

Zulassungen

J.128

K VERZEICHNISSE

1 Wichtige Adressen für den Mauerwerksbau K.3

2 DIN-Verzeichnis K.4

3 Verzeichnis der Richtlinien, Verordnungen und Gesetze K.5

4 Verzeichnis der Zulassungen K.5

5 Literaturhinweise K.13

6 Autorenverzeichnis K.18

7 Inserentenverzeichnis K.20

8 Stichwortverzeichnis K.21

1 Wichtige Adressen für den Mauerwerksbau

Bundesarchitektenkammer,
   Königswinterer Str. 709, 53227 Bonn;
   Tel.: 02 28/9 70 82–0; Fax: 44 27 60

Bundesingenieurkammer,
   Habsburgerstr. 2, 53173 Bonn;
   Tel.: 02 28/95 74 60; Fax: 02 28/9 57 46 16

Bundesverband Deutsche Beton- und Fertigteil-
   industrie e. V. einschl. Verband der Bims- und
   Leichtbetonindustrie Rheinland-Pfalz e. V.,
   Schloßallee 10, 53179 Bonn;
   Tel.: 02 28/95 45 60; Fax: 02 28/9 54 56 90

Bundesverband der Deutschen Kalkindustrie e. V.
einschl. Hauptgemeinschaft der Deutschen
Werkmörtelindustrie
   Annastr. 67–71, 50968 Köln;
   Tel.: 02 21/9 34 67 40; Fax: 02 21/93 46 74-14

Bundesverband der Deutschen Mörtelindustrie e. V.,
   Düsseldorfer Straße 50, 47051 Duisburg;
   Tel: 02 03/99 23 90; Fax: 02 02/9 92 39 98

Bundesverband der Deutschen Ziegelindustrie e. V.,
   Schaumburg-Lippe-Str. 4, 53113 Bonn;
   Tel.: 02 28/91 49 30; Fax: 02 28/9 14 93 27

Bundesverband Kalksandsteinindustrie e. V.,
   Entenfangweg 15, 30419 Hannover;
   Tel.: 05 11/27 95 40; Fax: 05 11/2 79 54 54

Bundesverband Leichtbetonzuschlag-Industrie
   (BLZ) e. V.;
   Robert-Bosch-Str. 30, 73760 Ostfildern;
   Tel.: 07 11/34 83 70; Fax: 07 11/3 48 37 27

Bundesverband Porenbetonindustrie e. V.,
   Dostojewskistr. 10, 65187 Wiesbaden;
   Tel.: 06 11/8 50 86–7; Fax: 06 11/80 97 07

Deutsche Gesellschaft für Mauerwerksbau e. V.,
   Schloßallee 10, 53179 Bonn;
   Tel.: 02 28/85 77 36;
   Fax: 02 28/85 74 37+38

Deutsches Institut für Bautechnik,
   Kolonnenstr. 30, 10829 Berlin;
   Tel.: 0 30/78 73 00; Fax: 0 30/78 73 03 20

DIN Deutsches Institut für Normung,
   Burggrafenstr. 6, 10787 Berlin;
   Tel.: 0 30/26 01-0; Fax: 0 30/26 01 12 31

Hauptverband der Deutschen Bauindustrie e. V.,
   Abraham-Lincoln-Str. 30, 65189 Wiesbaden;
   Tel.: 06 11/7 72-0; Fax: 06 11/7 72 40

Informationszentrum Raum und Bau der
   Fraunhofer-Gesellschaft,
   Nobelstr. 12, 70569 Stuttgart;
   Tel.: 07 11/9 70 25 00; Fax: 07 11/9 70 25 08

Normenausschuß Bauwesen im DIN.
   Burggrafenstr. 6, 10787 Berlin;
   Tel.: 0 30/26 01-0; Fax: 0 30/26 01 12 60

Zentralverband des Deutschen Baugewerbes,
   Godesberger Allee 99, 53175 Bonn;
   Tel.: 02 28/81 02-0; Fax: 02 28/8 10 21 21

2 DIN-Verzeichnis

DIN	Titel	abgedruckt im Jahrbuch
105-1 (8.89)	Mauerziegel; Vollziegel und Hochlochziegel	1997/1999/2000
105-2 (8.89)	Mauerziegel; Leichthochlochziegel	1997/1999/2000
105-3 (5.84)	Mauerziegel; Hochfeste Ziegel und hochfeste Klinker	1997/1999/2000
105-4 (5.84)	Mauerziegel; Keramikklinker	1997/1999/2000
105-5 (5.84)	Mauerziegel; Leichtlanglochziegel und Leichtlangloch-Ziegelplatten	1997/1999/2000
106-1 (9.80) E 106-1-A1 (9.89)	Kalksandsteine; Vollsteine, Lochsteine, Blocksteine, Hohlblocksteine	1997/1999/2000
106-2 (11.80)	Kalksandsteine; Vormauersteine und Verblender	1997/1999/2000
398 (6.76)	Hüttensteine; Vollsteine, Lochsteine, Hohlblocksteine	1997/1999/2000
1053-1 (11.96)	Mauerwerk; Berechnung und Ausführung	1998/1999/2000/2001
1053-1 (2.90)*	Mauerwerk; Rezeptmauerwerk; Berechnung und Ausführung	1997
1053-2 (11.96)	Mauerwerksfestigkeitsklassen aufgrund von Eignungsprüfungen	1998/1999/2000/2001
1053-2 (7.84)*	Mauerwerk; Mauerwerk nach Eignungsprüfung; Berechnung und Ausführung	1997
1053-3 (2.90)	Mauerwerk; Bewehrtes Mauerwerk; Berechnung und Ausführung	1997/1998/1999/2000/2001
1053-4 (9.78)	Mauerwerk; Bauten aus Ziegelfertigbauteilen	1997
1057-1 (7.85)	Baustoffe für freistehende Schornsteine; Radialziegel; Anforderungen, Prüfung, Überwachung	1997/1999/2000
4103-1 (7.84)	Nichttragende innere Trennwände; Anforderungen, Nachweise	1997
4165 (11.96)	Porenbeton-Blocksteine und Porenbeton-Plansteine	1997/1999/2000
4166 (10.97)	Porenbeton-Bauplatten und Porenbeton-Planbauplatten	1999/2000
4242 (1.79)	Glasbaustein-Wände; Ausführung und Bemessung	1997
18 151 (9.87)	Hohlblöcke aus Leichtbeton	1997/1999/2000
18 152 (4.87)	Vollsteine und Vollblöcke aus Leichtbeton	1997/1999/2000
18 153 (9.89)	Mauersteine aus Beton (Normalbeton)	1997/1999/2000

DIN V ENV	Titel	abgedruckt im Jahrbuch
1996-1-1 (EC 6)	Bemessung und Konstruktion von Mauerwerksbauten: Allgemeine Regeln (mit vollständiger Einarbeitung des Nationalen Anwendungsdokuments [NAD])	1998/1999/2001

3 Verzeichnis der Richtlinien, Verordnungen und Gesetze

	abgedruckt im Jahrbuch
Richtlinie für die Bemessung und Ausführung von Flachstürzen	1999/2000/2001
Richtlinie für Bauteile, die gegen Absturz sichern (1985)	1999/2000/2001
Richtlinie zur Anwendung von DIN V ENV 1996-1-1 (Nationales Anwendungsdokument zu Eurocode 6)	1999
Verordnung über einen energiesparenden Wärmeschutz bei Gebäuden (Wärmeschutzverordnung – WärmeschutzV) (1994)	1998
Auslegungsfragen zur Wärmeschutzverordnung Teil 1, Teil 2 und Teil 3	1998
Gesetz zur Vermeidung, Verwertung und Beseitigung von Abfällen (1994)	1998
340. Raumordnungsgesetz (ROG)	1999/2000/2001

4 Verzeichnis der Zulassungen

Im folgenden sind die in Kap. J (S. J.6 ff.) aufgeführten Zulassungen fortlaufend numeriert aufgelistet.

Zulassungsnummer	Titel
Z-17.1-11	Schalungssteine „Bütow" aus Beton
Z-17.1-28	Geschoßhohe tragende YTONG-Wandtafeln aus unbewehrtem und bewehrtem, dampfgehärtetem Porenbeton
Z-17.1-43	Geschoßhohe tragende Hebel-Wandtafeln aus unbewehrtem und bewehrtem, dampfgehärtetem Porenbeton
Z-17.1-108	Creteperl-Leichtzuschlag zur Herstellung von Leichtmörtel nach DIN 1053-1
Z-17.1-111	Geschoßhohe tragende H+H-Wandtafeln aus unbewehrtem, dampfgehärtetem Porenbeton
Z-17.1-143	Wandbauart „MH-Dämmsteine" aus Leichtbeton
Z-17.1-154	Wandbauart „Hinse I" mit Schalenbausteinen aus Leichtbeton
Z-17.1-155	Schalungssteine „Kleine und Schaefer" aus Beton
Z-17.1-184	KLB-Klimaleichtblöcke aus Leichtbeton
Z-17.1-186	Pumix-Leichtbausteine aus Leichtbeton
Z-17.1-187	Großformatige thermolith-Vollblocksteine aus Leichtbeton
Z-17.1-215	Schalungssteine „C. Borg" aus Beton
Z-17.1-240	KLB-Kalopor-Steine aus Leichtbeton
Z-17.1-261	Mauerwerk aus Poroton-T-Planhochlochziegeln mit Stoßfugenverzahnung
Z-17.1-262	Isobims-Hohlblöcke aus Leichtbeton
Z-17.1-263	Vorgefertigte Mauertafeln
Z-17.1-282	Thermopor-Leichthochlochziegel T 90x, T 90/19 und T 90v mit besonderer Lochung und kleinen Mörteltaschen
Z-17.1-305	Wandbauart aus Dennert-Wandelementen „S"

Verzeichnis der Zulassungen

Zulassungs-nummer	Titel
Z-17.1-309	unipor-Superdämm-Ziegel
Z-17.1-311	Poroton-Hochlochziegel mit elliptischer Lochung und kleinen Mörteltaschen
Z-17.1-315	Mauerwerk aus Sicowa-Plansteinen
Z-17.1-322	Schalungssteine „Miesner" aus Beton
Z-17.1-328	klimaton ST-Ziegel für Mauerwerk ohne Stoßfugenvermörtelung
Z-17.1-332	Mauerwerk aus Kalksand-Planelemente
Z-17.1-335	Fix- und Fertig-Wärmedämm-Mauermörtel
Z-17.1-336	klimaton SL-Leichthochlochziegel mit besonderer Lochung und kleinen Mörteltaschen
Z-17.1-338	Mauerwerk aus Kalksandstein-Mauertafeln
Z-17.1-340	Poroton-Hochlochziegel mit elliptischer Lochung für Mauerwerk mit Stoßfugenverzahnung
Z-17.1-343	Geschoßhohe tragende Helm-Wandtafeln aus Hohlblöcken und Vollblöcken aus Leichtbeton
Z-17.1-345	Wandbauart „Hinse si" mit Schalungs-Isoliersteinen aus Leichtbeton
Z-17.1-346	Thermopor-Warmmauerziegel „R" mit Rhombuslochung und kleinen Mörteltaschen
Z-17.1-347	Unipor Z-Hochlochziegel mit besonderer Lochung für Mauerwerk ohne Stoßfugenvermörtelung (bezeichnet als Zahnziegel Unipor Z und BZ)
Z-17.1-349	Thermopor-Ziegel „T N+F" für Mauerwerk ohne Stoßfugenvermörtelung
Z-17.1-355	Mauerwerk aus Poroton-TE-Planhochlochziegeln mit Stoßfugenverzahnung
Z-17.1-367	Behr-Dämmblock Nr. 1 aus Leichtbeton
Z-17.1-368	Flachstahlanker zur Verbindung der Mauerwerksschalen von zweischaligen Außenwänden (bezeichnet als ISO-Luftschichtanker)
Z-17.1-370	Wandbauart aus Dennert-Wandelementen „L"
Z-17.1-373	KLB-Trockenmauerwerk
Z-17.1-375	Sicowa-Dünnbettmörtel zum Herstellen von Mauerwerk aus Sicowa-Plansteinen
Z-17.1-383	Poroton-Hochlochziegel mit elliptischer Lochung für Mauerwerk mit Stoßfugenverzahnung
Z-17.1-384	Mauerwerk aus Sicabrick-Plansteinen
Z-17.1-385	Sicabrick-Dünnbettmörtel zum Herstellen von Mauerwerk aus Sicabrick-Plansteinen
Z-17.1-397	Isobims-Hohlblocksteine mit integrierter Wärmedämmung
Z-17.1-398	Zweikammer-Hohlblocksteine der Rohdichteklasse 0,8 aus Beton (bezeichnet als Mohr-Block)
Z-17.1-400	Mauerwerk aus Porenbeton-Planelementen (bezeichnet als Hebel Jumbo)
Z-17.1-403	Hebel Tasta Trockenbausystem
Z-17.1-404	Schalungssteine „EBN" aus Beton
Z-17.1-406	Calimax-Wärmedämmstein
Z-17.1-407	Mauerwerk aus Poroton-Planhochlochziegeln mit Stoßfugenverzahnung
Z-17.1-408	Mauerwerk aus Kalksand-Plansteinen ohne Stoßfugenvermörtelung (bezeichnet als KS-SYSTEM-BERLIN)
Z-17.1-409	Mauerwerk aus Kalksand-Planelementen
Z-17.1-416	Mauerwerk aus Porenbeton-Planelementen (bezeichnet als YTONG-Großblock)
Z-17.1-419	Mauerwerk aus Porenbeton-Planelementen W (bezeichnet als Hebel Jumbo W)
Z-17.1-420	Thermopor-Ziegel „R N+F" mit Rhombuslochung für Mauerwerk ohne Stoßfugenvermörtelung

Verzeichnis der Zulassungen

Zulassungs-nummer	Titel
Z-17.1-421	Großformatige thermolith-Vollblocksteine aus Leichtbeton
Z-17.1-422	Längenveränderliche Verschiebe-Ziegel als Ergänzungsziegel im Hochlochziegelmauerwerk
Z-17.1-425	Wandbauart Hinse mit Montageblöcken aus Kalksandstein
Z-17.1-426	KLB-Vollblöcke SW1 aus Leichtbeton
Z-17.1-427	Rika-Blöcke mit elliptischer Lochung aus Leichtbeton
Z-17.1-432	RÖWATON-Klimablöcke aus Leichtbeton
Z-17.1-433	KS-Yali-Steine
Z-17.1-436	Längenveränderliche Verschiebe-Planziegel als Ergänzungsziegel im Mauerwerk aus Planhoch-lochziegeln mit Stoßfugenverzahnung
Z-17.1-438	Hebel Tasta Trockenbausystem
Z-17.1-440	Unipor-SV-Leichthochlochziegel mit besonderer Lochung und kleinen Mörteltaschen
Z-17.1-444	Schalungssteine „BWO" aus Beton
Z-17.1-446	Mauerwerk aus KS-Yali-Plansteinen im Dünnbettverfahren
Z-17.1-447	Mauerwerk aus Schallschutz-Blockziegeln mit Stoßfugenverzahnung
Z-17.1-448	Wandbauart „GISOTON" mit 125 mm breiten Schalungssteinen aus Leichtbeton
Z-17.1-449	„Husumer" Schalungssteine aus Beton
Z-17.1-451	Liapor-Super-K-Wärmedämmstein aus Leichtbeton
Z-17.1-453	Wandbauart „Hinse Sw 12,5" mit Schalungssteinen aus Leichtbeton
Z-17.1-454	Mauerwerk aus Schallschutz-Füllziegeln
Z-17.1-455	Superlite-Leichtzuschlag zur Herstellung von Leichtmörtel nach DIN 1053-1
Z-17.1-456	OTAPER-Leichtzuschlag zur Herstellung von Leichtmörtel nach DIN 1053-1
Z-17.1-457	Mauerwerk aus Calimax-P-Plansteinen im Dünnbettverfahren
Z-17.1-458	Calimax-K-Wärmedämmstein
Z-17.1-459	Mauerwerk aus KLB-Plansteinen im Dünnbettverfahren
Z-17.1-460	Mauerwerk aus Porenbeton-Planelementen (bezeichnet als Greisel-Planelemente)
Z-17.1-462	Mauerwerk aus Schallschutz-Verfüllziegeln
Z-17.1-463	Flachstahlanker zur Verbindung der Mauerwerksschalen von zweischaligen Außenwänden (bezeich-net als PRIK-Luftschichtanker)
Z-17.1-464	Mauerwerk aus Schallschutz-Verfüllziegeln V 2
Z-17.1-465	Mauerwerk aus Porenbeton-Planelementen
Z-17.1-466	Keller-Gelenkanker zur Verbindung von zweischaligem Mauerwerk
Z-17.1-467	Mauerwerk aus Leichtbeton-Elementen (bezeichnet als „KLB-Wandelemente")
Z-17.1-468	Zweischaliges Mauerwerk mit Kerndämmung für Außenwände aus dreischaligen Steinen (bezeichnet als KLB-Isoblock)
Z-17.1-469	MURFOR-Bewehrungselemente mit Duplex-Beschichtungen für bewehrtes Mauerwerk
Z-17.1-471	Mauerwerk aus THERMOPOR-Planhochlochziegeln mit Rhombuslochung ohne Stoßfugenvermörte-lung (bezeichnet als THERMOPOR P)
Z-17.1-473	Wandbauart aus PORAVER-Planelementen „L"
Z-17.1-474	Wandbauart aus PORAVER-Planelementen „S"

Verzeichnis der Zulassungen

Zulassungs-nummer	Titel
Z-17.1-475	Wandbauart aus PORAVER-Wandelementen „L"
Z-17.1-476	Wandbauart aus PORAVER-Wandelementen „S"
Z-17.1-477	Wandbauart aus vorgefertigten Kalksandstein-Elementen (bezeichnet als Casamente)
Z-17.1-479	Großformatige Mauersteine aus Leichtbeton (bezeichnet als GroMa)
Z-17.1-481	Mauerwerk aus Liaplan-Steinen im Dünnbettverfahren
Z-17.1-482	Liaplan-Schalungssteine aus Beton
Z-17.1-483	Bauelemente aus Glasfaserbeton und Polystyrol-Hartschaum für Mauerwerk (ISOMUR-Element)
Z-17.1-484	Mauerwerk aus Porenbeton-Planelementen W (bezeichnet als YTONG-Großblock W)
Z-17.1-485	Mauerwerk aus Liapor-System-Planblöcken im Dünnbettverfahren
Z-17.1-487	Mauerwerk aus Kalksand-Planelementen
Z-17.1-488	Wandbauart aus drittelgeschoßhohen Dennert-Planelementen „C"
Z-17.1-489	Poroton-Hochlochziegel für Mauerwerk mit Stoßfugenverzahnung
Z-17.1-490	Mauerwerk aus Poroton-Planhochlochziegeln mit Stoßfugenverzahnung im Dünnbettverfahren
Z-17.1-493	Wandbauart aus drittelgeschoßhohen Dennert-Wandelementen „C"
Z-17.1-495	Schalungssteine „DAHMIT" aus Beton
Z-17.1-497	Mauerwerk aus Poroton-T-Planhochlochziegeln ohne Stoßfugenvermörtelung
Z-17.1-501	Mauerwerk aus Liapor-Super-K-Wärmedämmsteinen aus Leichtbeton mit Stoßfugenverzahnung
Z-17.1-507	Pumix-HW-Leichtbausteine aus Leichtbeton
Z-17.1-508	Mauerwerk aus Kalksand-Planelementen „KS-Quadro"
Z-17.1-509	Wandbauart „MH-Dämmsteine" aus Leichtbeton
Z-17.1-510	Megatherm-Poroton-Leichthochlochziegel mit besonderer Lochung für Mauerwerk mit Stoßfugenverzahnung
Z-17.1-513	Liaver-Leichtzuschlag zur Herstellung von Leichtmörtel nach DIN 1053-1
Z-17.1-514	Flachstahlanker zur Verbindung der Mauerwerksschalen von zweischaligen Außenwänden (bezeichnet als „ISO-Kombi"-Luftschichtanker)
Z-17.1-515	Mauerwerk aus großformatigen Porenbeton-Planelementen und Dünnbettmörtel
Z-17.1-517	Wandbauart aus halbgeschoßhohen Dennert-Wandelementen „C"
Z-17.1-518	Wandbauart aus drittelgeschoßhohen Dennert-Planelementen „C"
Z-17.1-519	Wandbauart aus vorgefertigten Ziegel-Planelementen in nicht geschoßhoher Ausführung
Z-17.1-520	Mauerwerk aus Schallschutz-Blockziegeln SZ 4109
Z-17.1-522	Mauerwerk aus THERMOPOR-Planziegel ohne Stoßfugenvermörtelung (bezeichnet als THERMOPOR PD)
Z-17.1-523	Porenbeton-Flachsturz
Z-17.1-524	Mauerwerk aus Bisotherm-Vollblöcken SW-Plus aus Leichtbeton im Dünnbettverfahren
Z-17.1-525	Mauerwerk aus Rika-Dämmblöcken mit elliptischer Lochung aus Leichtbeton im Dünnbettverfahren
Z-17.1-526	Mauerwerk aus Biso-Block-Steinen aus Leichtbeton im Dünnbettverfahren
Z-17.1-527	Mauerwerk aus Planhochlochziegeln mit Bienenwabenlochung und Stoßfugenverzahnung
Z-17.1-528	Mauerwerk aus Hochlochziegeln mit Bienenwabenlochung und Stoßfugenverzahnung
Z-17.1-529	Rika-Bl-Blöcke mit elliptischer Lochung aus Leichtbeton

Verzeichnis der Zulassungen

Zulassungs-nummer	Titel
Z-17.1-533	Mauerwerk aus YTONG-Planelementen Großblock GF
Z-17.1-534	Mauerwerk aus Porenbeton-Planelementen Hebel Mammut
Z-17.1-535	Mauerwerk aus YTONG-Planelementen Großblock HK
Z-17.1-536	Mauerwerk aus Porenbeton-Planelementen Hebel HK
Z-17.1-537	Mauerwerk aus POROTON-SPZ-T Plan-Verfüllziegeln
Z-17.1-538	Mauerwerk aus unipor-Hochlochplanziegel ZP im Dünnbettverfahren
Z-17.1-539	Superlite-Dünnbettmörtel
Z-17.1-540	Porenbeton-Plansteine W der Rohdichteklasse 0,50 in der Ferstigkeitsklasse 4 und der Rohdichteklasse 0,60 in der Festigkeitsklasse 6
Z-17.1-541	MURFOR-Bewehrungselemente aus nichtrostendem Stahl für bewehrtes Mauerwerk
Z-17.1-542	FIXOFER-Systemschinen als Wandanschlußprofile für Ausfachungsmauerwerk
Z-17.1-543	YTONG-Plansteine W der Rohdichteklasse 0,50 in der Festigkeitsklasse 4
Z-17.1-544	Mauerwerk aus YTONG-Planelementen Großblock GF-W
Z-17.1-545	Mauerwerk aus Porenbeton-Planelementen Hebel Mammut-W
Z-17.1-546	Mauerwerk aus YTONG-Planelementen Großblock HK
Z-17.1-547	Mauerwerk aus Porenbeton-Planelementen Hebel HK-W
Z-17.1-548	Mauerwerk aus klimaton ST-Planhochlochziegeln ohne Stoßfugenvermörtelung
Z-17.1-549	Mauerwerk aus Vergußtafeln unter Verwendung von speziellen Ziegeln
Z-17.1-550	Mauerwerk aus Mauertafeln mit Ziegeln nach DIN 105-2
Z-17.1-551	„KS-Quadro" Planelemente im Dünnbettverfahren
Z-17.1-552	Kalksand-Planelemente „KS-Quadrat"
Z-17.1-553	Mauerwerk aus Poroton Planhochlochziegeln ohne Stoßfugenvermörtelung
Z-17.1-554	Mauerwerk aus Planhochlochziegeln mit Sechsecklochung und Stoßfugenverzahnung („gedrückte Wabe")
Z-17.1-555	Mauerwerk aus Hochlochziegeln mit Bienenwabenlochung und Stoßfugenverzahnung
Z-17.1-558	Mauerwerk aus THERMOPOR-Schallschutz-Füllziegeln Sfz G
Z-17.1-560	Mauerwerk aus Plan-Füllziegeln „VERATON" mit Stoßfugenverzahnung im Dünnbettverfahren
Z-17.1-561	Mauerwerk aus Schlitz-Rauten-Planziegeln im Dünnbettverfahren
Z-17.1-562	Wärmedämmziegel MZ 25
Z-17.1-563	KS-Komplett-Planelemente
Z-17.1-564	Porenbeton-Blocksteine und Porenbeton-Plansteine der Rohdichteklasse 0,50 in der Festigkeitsklasse 4 und der Rohdichteklasse 0,60 in der Festigkeitsklasse 6
Z-17.1-565	isolith-Blöcke der Rohdichteklassen 1,4; 1,6; 1,8 und 2,0 aus Leichtbeton
Z-17.1-566	Mauerwerk aus GISOTON-Plansteinen mit integrierter Wärmedämmung
Z-17.1-567	GISOTON-Hohlblocksteine mit integrierter Wärmedämmung
Z-17.1-568	klimaton SL-Leichthochlochziegel mit besonderer Lochung und kleinen Mörteltaschen
Z-17.1-569	isolith-Blöcke der Rohdichteklassen 1,4; 1,6; 1,8 und 2,0 aus Leichtbeton
Z-17.1-570	LIPOTHERM 10-Schlitz-Leichtbetonblöcke (LIPOTHERM-Blöcke)
Z-17.1-571	BISOTHERM-Großblöcke „BISO-Megablock"

Verzeichnis der Zulassungen

Zulassungsnummer	Titel
Z-17.1-572	BISOTHERM-Großblöcke „BISO-Megaphon"
Z-17.1-573	Meurin-Großblöcke „Pumix-Megablock"
Z-17.1-574	Meurin-Großblöcke „Pumix-Megaphon"
Z-17.1-575	Mauerwerk aus Kalksand-Planelementen mit Zentrierhilfe
Z-17.1-576	YTONG-Blocksteine und YTONG-Plansteine der Rohdichteklasse 0,50 in der Festigkeitsklasse 4
Z-17.1-577	klimaton ST-Ziegel für Mauerwerk ohne Stoßfugenvermörtelung
Z-17.1-578	Maxit-perlit Leichtzuschlag zur Herstellung von Leichtmörtel nach DIN 1053-1
Z-17.1-579	LIPOTHERM-Wärmedämmblock mit Stoßfugenverzahnung (LIPOTHERM-Wärmedämmblock)
Z-17.1-580	THERMOPOR-Ziegel 014 mit Rhombuslochung für Mauerwerk ohne Stoßfugenvermörtelung
Z-17.1-581	Mauerwerk aus Kalksand-Planelementen „KS-2000"
Z-17.1-583	Mauerwerk aus POROTON-SPZ-T Plan-Verfüllziegeln
Z-17.1-584	„KS-Quadro" Planelemente im Dünnbettverfahren
Z-17.1-585	Mauerwerk aus Kalksand-Planelementen „KS-Vario"
Z-17.1-586	Mauerwerk aus Kalksand-Planelementen „KS-Vario"
Z-17.1-587	Mauerwerk aus Kalksand-Planelementen mit Zentrierhilfe
Z-17.1-588	Wärmedämmstein „Schumann"
Z-17.1-589	Calimax-K-Wärmedämmstein KS
Z-17.1-590	Mauerwerk aus Calimax-P-Plansteinen KS im Dünnbettverfahren
Z-17.1-597	fibo therm Mauerblöcke „fibo supertherm"
Z-17.1-598	Mauerwerk aus KLB-Planvollblöcken SW1 und W3 im Dünnbettverfahren
Z-17.1-599	Calimax-Wärmedämmstein KS
Z-17.1-600	Mauerwerk aus unipor-Planelementen „unipor-PE"
Z-17.1-601	Mauerwerk aus THERMOPOR-Planhochlochziegeln mit Rhombuslochung ohne Stoßfugenvermörtelung (bezeichnet als THERMOPOR P016)
Z-17.1-602	ELMCO-Ripp-Bewehrungssystem für Stürze aus bewehrtem Mauerwerk
Z-17.1-603	MOSO-Lochband als Bewehrung für Stürze aus Mauerwerk
Z-17.1-604	Mauerwerk aus Schallschutz-Planziegeln SZ 4109
Z-17.1-605	„KS-Quadro" Planelemente im Dünbettverfahren mit Zentrierhilfe
Z-17.1-608	Vorgefertigte Mauertafeln aus Kalksand-Plansteinen
Z-17.1-610	Mauerwerk aus Leichthochlochziegeln „Ultraton"
Z-17.1-611	Mauerwerk aus Kalksand-Planelementen mit Zentrierhilfe (bezeichnet als KS-SYSTEM-BERLIN)
Z-17.1-614	Mauerwerk aus Megatherm-Leichthochlochziegeln im Mittelbettverfahren
Z-17.1-615	Mauerwerk aus KS-Formsteinen und Dünnbettmörtel PLH
Z-17.1-616	Mauerwerk aus Pallmann-Planvollblöcken aus Leichtbeton im Dünnbettverfahren
Z-17.1-618	Gitterziegel für Mauerwerk ohne Stoßfugenvermörtelung
Z-17.1-619	Gitterziegel für Mauerwerk ohne Stoßfugenvermörtelung
Z-17.1-620	Gitter-Ziegel ST 12
Z-17.1-622	Mauerwerk aus Pallmann-Planhohlblöcken aus Leichtbeton im Dünnbettverfahren

Zulassungs-nummer	Titel
Z-17.1-623	Mauerwerk aus Pallmann-Planhohlblöcken aus Normalbeton im Dünnbettverfahren
Z-17.1-624	„thermolith Perlite-Leichtzuschlag" zur Herstellung von Leichtmörtel nach DIN 1053-1
Z-17.1-625	Mauerwerk aus Poroton-Planziegel-T14 im Dünnbettverfahren
Z-17.1-626	„PORAVER"-Leichtzuschlag zur Herstellung von Leichtmörtel der Gruppe LM 21 nach DIN 1053-1
Z-17.1-628	Mauerwerk aus Planhochlochziegeln SX im Dünnbettverfahren
Z-17.1-629	Porenbeton-Blocksteine und Porenbeton-Plansteine der Rohdichteklasse 0,50 in der Festigkeitsklasse 4
Z-17.1-630	Porenbeton-Blocksteine W (bezeichnet als „Porensteine W") der Rohdichteklasse 0,50 in der Festigkeitsklasse 4
Z-17.1-631	Mauertafeln aus THERMOPOR-Ziegeln „R N+F" und THERMY-Sockel
Z-17.1-632	Mauertafeln aus Mauertafelziegeln „R N+F" und Leichtmörtel LM 36
Z-17.1-634	YTONG-Flachstürze aus dampfgehärtetem Porenbeton
Z-17.1-636	unipor-NE-Ziegel
Z-17.1-638	Schalungssteine „Wochner" aus Beton
Z-17.1-639	Trockenmauerwerk aus Kalksandsteinen
Z-17.1-640	„KS 4 x 4 / 4 x 5, white star / KS-Plan-Quader" Planelemente im Dünnbettverfahren
Z-17.1-641	„KS-PlanQuader" Planelemente im Dünnbettverfahren
Z-17.1-642	„KS-PlanQuader" Planelemente im Dünnbettverfahren
Z-17.1-643	„KS-PlanQuader" Planelemente im Dünnbettverfahren
Z-17.1-644	„KS 4 x 4 / 4 x 5, white star / KS-PlanQuader" Planelemente im Dünnbettverfahren
Z-17.1-645	Mauerwerk aus unipor Z-Hochlochziegeln im Mittelbettverfahren
Z-17.1-648	Mauerwerk aus Megalith-Hochlochziegeln im Mittelbettverfahren
Z-17.1-649	Mauerziegel nach DIN 105-1 und DIN 105-2, hergestellt unter Verwendung bestimmter mineralischer Zusatzstoffe
Z-17.1-650	Mauerwerk aus Kalksand-Planelementen (bezeichnet als „KS-PE-Raster")
Z-17.1-651	Mauerwerk aus Poroton-Planhochlochziegeln mit Stoßfugenverzahnung im Dünnbettverfahren
Z-17.1-652	Mauerwerk aus unipor-ZP-Planziegeln im Dünnbettverfahren
Z-17.1-657	Mauerwerk aus Porenbeton-Planelementen (bezeichnet als Modul-Steine „Gigant")
Z-17.1-658	„PlanQuader-E-Stein" Kalksand-Planelemente für Mauerwerk im Dünnbettverfahren
Z-17.1-660	Bisotherm-Vollblöcke SW-Plus 12
Z-17.1-662	Mauerwerk im Mittelbettverfahren aus klimaton ST-Ziegeln und maxittherm 800
Z-17.1-663	Klimaton ST-Planhochlochziegel für Mauerwerk im Dünnbettverfahren ohne Stoßfugenvermörtelung
Z-17.1-665	„Hirschfelder" Schalungssteine aus Beton
Z-17.1-667	Hebel Trockenmauerwerk mit bewehrtem Putz
Z-17.1-670	Geschoßhohe tragende SIPOREX-Wandtafeln aus unbewehrtem, dampfgehärtetem Porenbeton
Z-17.1-672	GISOPLAN-Therm Wandsystem
Z-17.1-675	BAUHORST Schalungssteine aus Beton
Z-17.1-676	Wandbauart aus THERMOPOR Plan-Schalungsziegeln (bezeichnet als „THERMOPOR PSz")
Z-17.1-679	Mauerwerk aus unipor-NE-Planziegeln im Dünnbettverfahren

Verzeichnis der Zulassungen

Zulassungs-nummer	Titel
Z-17.1-1345	Wandbauart „Hinse Sw" mit Schalungssteinen aus Leichtbeton
Z-17.1-1439	Wandbauart „Hehn" mit Schalungssteinen aus Leichtbeton
Z-17.1-1744	GISOTON-Hohlblocksteine mit integrierter Wärmedämmung
Z-17.1-1865	Wandbauart „MH raster 25" mit Schalungssteinen aus Leichtbeton
Z-17.1-1921	Mall-Schalungssteine aus Beton
Z-17.1-1973	Schalungssteine „Lieme" aus Beton

5 Literaturhinweise

Literatur zu Kapitel A

Abschnitt A.2

[Belz-93]	Belz, W.: Zusammenhänge. Bemerkungen zur Baukonstruktion und dergleichen. München, Köln 1993
[Elsässer-50]	Elsässer, M.: Einführung in das architektonische Entwerfen, Frankfurt 1950

Abschnitt A.5

[Bruck-94]	Bruck, M.: Ökobilanz im Ziegelwerk – mehr als nur ein Trend. In: unipor-Fachtagung 1994
[Hahn-96]	Hahn, T., Schweinberg, F.: Krank durch „Wohngifte"? Noxen in Innenräumen aus Sicht der Umwelthygiene. In: DAB 2/96
[Marne-96]	Marne, W., Seeberger, J.: Energiehaushalt von Baustoffen. In: Gesundes Wohnen, ein Kompendium. Düsseldorf 1996
[Menkhoff-94]	Menkhoff, H.: Wärmeschutzverordnung und Wirtschaftlichkeit. In: Handbuch zur unipor-Fachtagung 1994
[Rahlwes-91]	Rahlwes, K.: Recycling von Stahlbeton- und Stahlverbundkonstruktionen. In: Deutscher Beton-Verein e. V., Betontag 1991, S. 215–247
[Schmidt-95]	Schmidt, R., Künneth, R.:EG- Umwelt-Audit Wegweiser, 2. Auflage; IHK Nürnberg 1995 SA: 51
[Weiz-94]	Weizsäcker, E. v:: Klima in unserer Hand. In: WWF, Klima, die Kraft, in der wir leben. München 1994

Literatur zu Kapitel B

Abschnitte B.1 – B.5

[Meyer-96]	Meyer, U.: Zur Rißbreitenbeschränkung durch Lagerfugenbewehrung in Mauerwerksbauteilen. Aachen 1996 (Aachener Beiträge zur Bauforschung des ibac, Band 6)
[Meyer/Schießl-96]	Meyer, U.; Schießl, P.; Schubert, P.: Bewhrtes Mauerwerk – Verbund zwischen Bewehrung und Mörtel, zulässige Grundwerte τ_0 der Verbundspannung, Beschränkung der Rißbreiten. Mauerwerkskalender 19 (1994), S. 685–714
[Schneider/Schubert-96]	Schneider, K.-J.; Schubert, P.; Wormuth, R.: Mauerwerksbau: Gestaltung, Baustoffe, Konstruktion, Berechnung, Ausführung. 5. Aufl. Düsseldorf 1996
[Schubert-93]	Schubert, P.: Putz aus Leichtmauerwerk, Eigenschaften von Putzmörteln. Mauerwerkskalender 18 (1993), S. 657–666
[Schubert-95]	Schubert, P.: Beurteilung der Druckfestigkeit von ausgeführtem Mauerwerk aus künstlichen Steinen und Natursteinen. Mauerwerkskalender 20 (1995), S. 687–701
[Schubert-99]	Schubert, P.: Beurteilung der Druckfestigkeit von ausgeführtem Mauerwerk aus künstlichen Steinen und Natursteinen. Mauerwerkskalender (1999)

Abschnitt B.6

[Bredenbals/Willkomm– 96]	Neue Konstruktionsalternativen für recyclingfähige Wohngebäude, Bredenbals, Willkomm, Fraunhofer IRB Verlag, Stuttgart 1996
[Buh]	Firmeninformationen der Firma BUHL
Grehl	Grehl: Der ökologische Ziegel, ein Ergebnis von Forschung und Entwicklung. Firmenprospekt von 1996

Literaturhinweise

[Haefele/Oed-96] Haefele, G.; Oed, W.; Sambeth, B. M. (Hrsg.): Baustoffe und Ökologie, Berwertungskriterien für Architekten und Bauherren. Tübingen/Berlin 1996
[Heb] Die 1. Ökobilanz für ein Haus, Hebel-Firmenmitteilung 1998
[Jahrbuch-98] siehe [Schneider/Weickenmeier-98]
[KrWG] Gesetz zur Vermeidung, Verwertung und Beseitigung von Abfällen vom 27. 9. 1994, letzte Änderung vom 12. 9. 1996
[Lahmeyer-96] Lahmeyer International, Amt für Umweltschutz Hamburg: Machbarkeitsstudien über die Verwertung von belasteten Sedimenten, Frankfurt a. M./Hamburg 1996
[op] Lamprecht, H. O. (Hrsg.): Opus caementitium, Bautechnik der Römer. 4. Aufl. Düsseldorf 1993
[Schneider/Weickenmeier-98] Schneider, K.-J.; Weickenmeier, N.: Mauerwerksbau aktuell 1998. Werner Verlag, Düsseldorf, 1998
[Willkomm] Willkomm, W.: Institut für Industrialisierung des Bauens: Abfallverminderung und Wiederverwendung baubezogener Wertstoffe. Hannover
[Wöhnl] Wöhnl, U.: Recyclingbeton für Bauteile im Hochbau, in: beton 44/1994, S. 499–503

Abschnitt B.7

[Meyer-07] A. G. Meyer, Eisenbauten; Esslingen 1907.
[Strassner-27] Strassner; Neuere Methoden . . . 2 Bde. Ernst & Sohn, Berlin, 1925–27, Band 1; Vorwort.

Literatur zu Kapitel C

Abschnitt C.1

[Schneider/Weickenmeier-97] Schneider, K.-J.; Weickenmeier, N.: Mauerwerksbau aktuell 1997. Werner Verlag, Düsseldorf, 1997

Abschnitt C.3

[DIN 4172-55] DIN 4172: Maßordnung im Hochbau, Juni 1955
[DIN 18 201-84] DIN 18 201: Toleranzen im Bauwesen – Begriffe, Grundsätze, Anwendung, Prüfung, Dezember 1984
[DIN 18 202-86] DIN 18 202: Toleranzen im Hochbau, Mai 1986
[DIN 18 330-97] DIN 18 330/VOB Teil C: Maurerarbeiten, 1997
[Le Corbusier-82] Le Corbusier: Ausblick auf eine Architektur, Bauwelt Fundamente 2, FA. Vieweg Verlag. Braunschweig 1982
[Maßtoleranzen-97] Maßtoleranzen im Hochbau – Kontrolle der Bauausführung, Weka-Baufachverlag. Augsburg 1997

Abschnitt C.4

[DIN 1053-1] DIN 1053-1: 1996-11. Mauerwerk; Teil 1: Berechnung und Ausführung
[DIN 4103-1-84] DIN 4103-1: 1984-07. Nichttragende innere Trennwände. Teil 1: Anforderungen, Nachweise
[DIN 18 540-95] DIN 18 540: 1995-02. Abdichten von Außenwandfugen im Hochbau mit Fugendichtstoffen
[Mauerwerkskalender-94] Merkblatt – Toleranzen im Hochbau nach DIN 18 201 und 18 202 Hrsg. Zentralverband des Deutschen Baugewerbes, Bonn. 1988
[Schneider/Schubert-96] Schneider K.-J.; Schubert, P.; Wormuth, R.: Mauerwerksbau, Gestaltung, Baustoffe, Konstruktion, Berechnung, Ausführung. 5. Neubearb. u. erw. Aufl. Werner Verlag, Düsseldorf

Literatur zu Kapitel D

Abschnitt D.2

[DIN 4109 Bbl. 2-89]	DIN 4109 Beiblatt 2 – Hinweise für Planung und Ausführung; Vorschläge für einen erhöhten Schallschutz: Empfehlungen für den Schallschutz im eigenen Wohn- oder Arbeitsbereich – (11.89)
[Fasold/Sonntag-78]	Fasold/Sonntag: Bauphysikalische Entwurfslehre 4. Köln 1978
[Gösele-68]	Gösele: Der derzeitige Schallschutz in Wohnbauten; FBW-Blätter 1968, Folge 1
[Gösele-92]	Gösele: Doppelschalige Haustrennwände; Mauerwerkskalender 1992, S. 180
[Gösele/Pfefferkorn-85]	Gösele; Pfefferkorn; Weber; Haußermann: Verbesserung des Schallschutzes von Haustrennwänden; FBW-Blätter 3/1985; Deutsches Architektenblatt, 5/1985
[Gösele/Schüle-89]	Gösele; Schüle: Schall, Wärme, Feuchte. 9. Aufl. Wiesbaden 1989
[Kandel-87]	Kandel et al.: Schallschutzkosten im Wohnungsbau; Forschungsbericht BMBau 1987
[Kötz-92]	Kötz: Die VDI-Richtlinie 4100 – Instrument für privatrechtliche Vereinbarungen zum Schallschutz im Wohnungsbau; in: Zum Stand des Schallschutzes im Wohnungsbau, FGU Seminar. Berlin 1992
[LG München-83]	LG München v. 09. 12. 1983 – 8 O 21718/82
[LG Traunstein-80]	LG Traunstein v. 28. 08. 1980 – 1 O 216/79
[LG Tübingen-78]	LG Tübingen v. 24. 08. 1978 – 5 O 30/78
[Lott/Lutz-91]	Lott; Lutz: Einfluß der Dickenresonanz leichter Außenwände auf die Schalllängsleitung; FHT Stuttgart, Band 12 (1991)
[Lutz-91]	Lutz: Schalldämmung und Schalllängsleitung bei ausgebauten Steildächern; FHT Stuttgart, Band 12 (1991)
[OLG Düsseldorf-93]	OLG Düsseldorf v. 05. 02. 1993 – 22 U 249/92; BauR, 622 ff., und DAB 1/94, S. 67
[OLG Frankfurt-80]	OLG Frankfurt; BauR 1980, 361
[OLG Köln-80]	OLG Köln v. 23.09. 1980 – 15 U 262/79; BauR 1981, 475, und DAB 1/82
[OLG München-84]	OLG München v. 31. 07. 1984 – 9 U 1681/84
[OLG Stuttgart-76]	OLG Stuttgart v. 24. 11. 1976 – 6 U 27/76; BauR 1977, 279
[Palazy-89]	Palazy: Schalldämmung von massiven Haustrennwänden; Bauphysik 4/1989
[Paulmann-94]	Paulmann: Neue Untersuchungen zur Luftschalldämmung von Wänden; Bauphysik 4/1994
[Pohlenz-95]	Pohlenz: Der schadenfreie Hochbau, Band 3., 2. Aufl. Köln 1995
[RdErl.-90]	RdErl. des Ministeriums für Bauen und Wohnen, NW, DIN 4109 Schallschutz im Hochbau; 24. 09. 1990 - II B 4 – 870.302
[RdErl.-94]	RdErl. des Ministeriums für Bauen und Wohnen, NW, DIN 4109 Schallschutz im Hochbau; 15. 12. 1994 - II B 4 – 870.302
[Rückward-2/82]	Rückward: Einfluß von Wärmedämmsystemen auf die Luftschalldämmung; Bauphysik 2/1982
[Rückward-5/82]	Rückward: Luftschalldämmung von WDVS – leichte und schwere Putzschichten im Vergleich; Bauphysik 5/1982
[Schneider/Lutz-92]	Schneider; Lutz: Konstruktive Maßnahmen zur Verringerung der Schalllängsleitung bei leichten wärmedämmenden Außenwänden; FHT Stuttgart, Band 16 (1992)
[Schumacher-91]	Schumacher: Zur Transmissions- und Längsschalldämmung leichter Außenwände u. Fassaden; FHT Stuttgart, Band 12 1991
[VDI 4100-94]	VDI 4100 Schallschutz von Wohnungen – Kriterien für Planung und Beurteilung – (9.94)
[Wienerberger]	Wienerberger Ziegelindustrie, Hannover: Produktinformation

Literaturhinweise

Literatur zu Kapitel E

Abschnitt E.2

[DIN 1045-88]	DIN 1045: Beton und Stahlbeton, Bemessung und Ausführung (7.88)
[DIN 1053-96]	DIN 1053-1 Mauerwerk, Berechnung und Ausführung (11.96)
[Funk]	Funk, P.(Hrsg.): Mauerwerkskalender. Berlin (versch. Jahrgänge)
[Schneider/Schubert-96]	Schneider; Schubert; Wormuth (Hrsg.): Mauerwerksbau, 5. Auflage Düsseldorf 1996
[Schneider-98]	Schneider, K.-J.(Hrsg.): Bautabellen für Ingenieure, 13. Aufl. Düsseldorf 1998

Literatur zu Kapitel F

Abschnitt F.1

[Fleischmann-99]	Fleischmann: Angebotskalkulation mit Richtwerten, 3. Auflage, Düsseldorf 1999
[Frommhold-00]	Frommhold/Hasenjäger: Wohnungsbau-Normen, 22. Auflage, Düsseldorf 2000

Literatur zu Kapitel G

Abschnitte G.1–G.3

[DIN 105]	DIN 105, Teil 1 bis Teil 5: Mauerziegel
[DIN 106-2]	DIN 106-2: Kalksandsteine; Vormauersteine und Verblender
[DIN 1053–1]	DIN 1053–1, 11/96: Mauerwerk; Berechnung und Ausführung
[DIN 18 152]	DIN 18 152, 4.87: Vollsteine und Vollblöcke aus Leichtbeton
[Kilian/Kirtschig-97]	Kilian, A.; Kirtschig, K.: Ausblühungen bei Ziegelsicht- und -verblendmauerwerk, in: Das Mauerwerk 1 (1997), Nr. 3
[Klaas-84]	Überdeckung von Öffnungen in zweischaligem Verblendmauerwerk. Ziegelindustrie, 1984, H. 11, S. 564–569; Deutsches Architektenblatt, Jg. 1985, H. 2, S. 183 bis 189
[König/Fischer-91]	König, G.; Fischer, A.: Vermeiden von Schäden im Mauerwerk- und Stahlbetonbau. Darmstadt 1991
[Künzel-94]	Schäden an Fassadenputzen. Stuttgart 1994
[Mann/Zahn-90]	Mann, W.; Zahn, J.; Look van de, G. (Hrsg.): Murfor: Bewehrtes Mauerwerk zur Lastabtragung und zur konstruktiven Rissesicherung: ein Leitfaden für die Praxis. Zwevegem (Belgien) 1990
[Merkblatt „Verblendmauerwerk"-94]	Verblendmauerwerk mit Werkmörtel. Bundesverband der Deutschen Mörtelindustrie e. V. Duisburg 1994
[Pfefferkorn-94]	Pfefferkorn, W.: Rißschäden an Mauerwerk; Ursachen erkennen, Rißschäden vermeiden, in: Schadenfreies Bauen 7/1994
[PKA-KS-94]	Kalksandstein: Planung, Konstruktion, Ausführung/Hrsg. Kalksandstein-Information GmbH + Co. KG/Cordes, R. . . . unter Mitarbeit von Hahn, C. . . . – 3., überarb. Aufl. – Düsseldorf: Beton-Verlag, 1994
[Schneider/Schubert-96]	Schneider, K.-J.; Schubert, P.; Wormuth, R.: Mauerwerksbau: Gestaltung, Baustoffe, Konstruktion, Berechnung, Ausführung. 5. Aufl. Düsseldorf 1996

[Schubert-96]	Schubert, P.: Vermeiden von schädlichen Rissen in Mauerwerkbauteilen, in: Mauerwerkskalender 21 (1996), S. 621–651
[Schubert-94]	Schubert, P.: Verformung und Rißsicherheit, in: Kalksandstein: Planung, Konstruktion, Ausführung. 3. Aufl. Düsseldorf 1994, S. 126–136
[Schubert-88]	Zur rißfreien Wandlänge von nichttragenden Mauerwerkwänden, in: Mauerwerkskalender 13 (1988), S. 473–488
[Schubert-93]	Putz auf Leichtmauerwerk, Eigenschaften von Putzmörteln, in: Mauerwerkskalender 18 (1993), S. 657–666
[Wesche/Schubert-76]	Wesche, K.; Schubert, P.: Verformung und Rißsicherheit von Mauerwerk, in: Mauerwerkskalender 2 (1976), S. 223–272
[WTA-Merkblatt]	Wissenschaftlich-Technische Arbeitsgemeinschaft für Bauwerkserhaltung und Denkmalpflege e. V. (WTA): Merkblatt Beurteilung und Instandsetzung gerissener Putze an Fassaden. 1996
[Ziegel-Bauberatung]	Planung und Ausführung von Ziegelsicht- und Verblendmauerwerk, in: Ziegel-Bauberatung; Bundesverband der Deutschen Ziegelindustrie, Bonn

Abschnitt G.4 (zweiter Beitrag)

[Coban-Hensel-95]	Coban-Hensel, Margitta: Die Fasanerieanlage zu Moritzburg, Untersuchungen zur Baugeschichte des Fasanenschlößchens und der Nebengebäude, Diplomarbeit an der M-Luther-Universität Halle, 1995.
[Graupner/Lobers-99]	Graupner, Klaus; Lobers, Falk: Das Fasanenschlößchen in Moritzburg bei Dresden, Bauklimatische Untersuchungen, in: Tagungsband zum 10. Bauklimatischen Symposium der TU Dresden, Dresden, 1999
[Hartmann-90]	Hartmann, Hans-Günther: Moritzburg, Schloß und Umgebung in Geschichte und Gegenwart, Weimar, (2. Aufl. 1990)
[Koch-10]	Koch, H., Sächsische Gartenkunst, Berlin, 1910

Abschnitt G.4 (dritter Beitrag) Vgl. Fußnoten im Text

Abschnitt G.4 (vierter Beitrag) Vgl. Fußnoten im Text

Literatur zu Kapitel H

Abschnitt H.1

Vgl. Fußnoten im Text

6 Autorenverzeichnis

Dr.-Ing. Dieter Bertram, Ministerialrat im Ministerium für Bauen und Wohnen NRW, Düsseldorf. Arbeitsschwerpunkte: Beton, Glas, Mauerwerk, nationale und europäische Normung.

Dipl.-Ing. Helmuth Caesar, Architekt und Büroleiter bei Feddersen, von Herder Architekten in Berlin, Veröffentlichungen zu Fachthemen.

Prof. Dipl.-Ing. Hans Dieter Fleischmann. Fachlicher Schwerpunkt: Baubetriebslehre. Autor zahlreicher Veröffentlichungen, u. a. zu den Themen Baubetrieb und Bauphysik.

Dr. jur. Erich Gassner, Rechtsanwalt, Sozietät Nörr, Stiferhofer & Lutz, München, Ministerialrat a. D. Fachlicher Schwerpunkt: Öffentliches Recht, insbesondere öffentliche Bau- und Planungsrecht, Umwelt- und Naturschutzrecht. Autor zahlreicher Fachveröffentlichungen.

Dr.-Ing. Roland Hirsch, Technischer Referent im Deutschen Institut für Bautechnik Berlin.

Dipl.-Ing. Hans-Jörg Irmschler, Leitender Baudirektor im Deutschen Institut für Bautechnik Berlin.

Prof. Dr.-Ing. Wolfram Jäger, Inhaber des Lehrstuhls für Tragwerksplanung an der Fakultät der TU Dresden. Deutscher Vertreter im europäischen Normungsgremium Mauerwerksbau, Mitglied des Ausschusses zur DIN 1053. Zahlreiche Veröffentlichungen zur Sanierung bedeutender Baudenkmäler, zum Mauerwerksbau und zur Statik.

Prof. Dr.-Ing. Kurt Kießl, Bauhaus Universität Weimar; zuvor Fraunhofer-Institut für Bauphysik; Mitarbeiter zahlreicher nationaler und internationaler Gremien. Fachlicher Schwerpunkt: Wärme- und Feuchteschutz von Bauteilen, mit Lehraufträgen an den Universitäten München und Stuttgart.

Dipl.-Ing. Ernst W. Klauke, Ministerialrat im Ministerium für Bauen und Wohnen NRW, Düsseldorf. Arbeitsschwerpunkte: Anerkennung von Prüf-, Überwachungs- und Zertifizierungsstellen für Bauprodukte, Metallbau, Erd- und Grundbau, Energietechnischer Ingenieurbau.

Dipl.-Ing. Kurt Klingsohr, Leitender Baudirektor a. D., vormals Leiter der Abteilung Vorbeugender Brandschutz der Branddirektion München. Autor zahlreicher Publikationen zum vorbeugenden baulichen Brandschutz.

Prof. Dr.-Ing. Erwin Knublauch, Professor an der Fachhochschule Bochum und öffentlich bestellter und vereidigter Sachverständiger für baulichen Brand-, Wärme- und Feuchtigkeitsschutz. Autor zahlreicher Veröffentlichungen, u. a. zur Bauphysik.

Dipl.-Ing. Irene Meissner, Bürotätigkeit bei Kammerer + Belz, Kucher und Partner, zur Zeit wissenschaftliche Aussistentin an der TU München, am Lehrstuhl für Baukonstruktion und Baustoffkunde, Prof. Dr.-Ing. Th. Hugues, selbständig tätig, Veröffentlichungen zu Fachthemen.

Prof. Dr. sc. techn. Dr. h. c. Kurt Milde. Freier Architekt, Architekt und Bauhistoriker (19. Jahrhundert und Architekturtheorie), Mitwirkung an der Sanierung wichtiger sächsischer Baudenkmäler. Publikationen zu Fragen von Theorie und Praxis der Denkmalpflege sowie zu verschiedenen Themenkreisen der Baugeschichte.

Prof. Dipl.-Ing. Rainer Pohlenz, Professor an der Fachhochschule Bochum. Arbeitsschwerpunkt: Bauphysik und Baukonstruktion. Öffentlich bestellter und vereidigter Sachverständiger für Schallschutz im Hochbau. Autor zahlreicher Veröffentlichungen und Autor von Fachbüchern im Bereich Bauphysik.

Dipl.-Ing. Alexander Reichel, nach Tätigkeit in Österreich heute selbständig und als freier Mitarbeiter tätig im Büro Illig · Weickenmeier + Partner.

Dipl.-Ing. Werner Schmidt, Architekt in Berlin. Schwerpunkt: Bauerhaltung und denkmalfachliche Sanierung.

Prof. Dipl.-Ing. Klaus-Jürgen Schneider, Institut für Integrale Baukonstruktion, Fachhochschule Minden/Bielefeld. Autor zahlreicher Fachveröffentlichungen aus den Bereichen Mauerwerksbau und Baustatik.

Dipl.-Ing. Torsten Schoch, Leiter der zentralen Bautechnik der YTONG Holding, München.

Dr.-Ing. Peter Schubert, Institut für Bauforschung der Rheinisch-Westfälischen Technischen Hochschule Aachen. Autor zahlreicher Fachveröffentlichungen im Bereich Mauerwerksbau.

Dipl.-Ing. Claus Schuh, Bürotätigkeit bei o.Prof. Franz Riepl, Lehrtätigkeit an der TU München, am Lehrstuhl für Entwerfen, Baukonstruktion und Baustoffkunde, Prof. Dr.-Ing. Th. Hugues, selbständige Tätigkeit, Veröffentlichungen zu Fachthemen.

Dipl.-Ing. Dieter Selk, Geschäftsführer der Arbeitsgemeinschaft für zeitgemäßes Bauen e. V., Kiel.

Raimund Volpert, Rechtsanwalt, Partner der Sozietät Nörr, Stiefenhofer & Lutz, München. Fachliche Schwerpunkte: Öffentliches Recht, insbesondere öffentliches Baurecht und Umweltrecht.

Dr.-Ing. Norbert Weickenmeier, Partnerschaft in Weickenmeier Kunz + Partner, München. Arbeitsschwerpunkt: Architekturtheorie und Baukonstruktion. Autor zahlreicher Publikationen zu seinen Arbeitsgebieten.

Dr. jur. Stefan Weise, Rechtsanwalt, Partner der Sozietät Nörr, Stiefenhofer & Lutz, München. Fachliche Schwerpunkte: Privates Baurecht, Architektenrecht, Immobilienrecht. Autor zahlreicher Fachveröffentlichungen.

7 Inserentenverzeichnis

Hebel AG	2. Umschlagseite, A.112
YTONG	Vorsatz Seite 4
Unipor	Nachsatz Seite 2, 3. Umschlagseite
Wienerberger Ziegelindustrie	D.59
Bisotherm	B.82
Liapor-Baustoffe	C.60
Thermopor Ziegel	I.146
Werner Verlag	D.60 F.36 G.32, G.78 H.48 I.56 Nachsatz Seite 1

8 Stichwortverzeichnis

5 %-Regel E.33

Abdichtungsmaßnahmen G.74
Abfall A.79
Abfallgesetz B.34
Abfallstoffe B.34
Abfangungen, vom Mauerwerk G.76
Abkürzungen H.37
Ablauforganisation F.36
Abstandsflächen, nach LBO G.77
Agglomeratmarmor B.35
Anwendungsgrenzen E.3
Arbeitsplatzgestaltung F.35
Arbeitszeit bei Wänden F.34
Archaik der Fügung A.4
Architekten, überwachende H.9
Architektenhaftung H.3, H.17, H.19
– Schadensersatzpflicht H.15
– bei Fehlkalkulation H.19
Architektenverträge, Auslegung nach HOAI H.15
Architektur der Wahrhaftigkeit A.11
Attika A.44
Aufgaben
– unterschiedliche B.52
– an unterschiedlichen Objekten B.52
Auflast
– erforderliche bei Kellerwänden E.28
– erforderliche in Pfeilern E.57
Ausblühungen G.19
Auslaugungen G.19
Außenhaut A.24
Außenwand C.3, C.20, F.33, E.52
– dünne E.52, E.59
– einschalige C.9
– in obersten Geschossen E.53
– mehrschalige C.9
– zweischalige C.10
Ausfachungswände C.35
Aussparungen F.30

Bahnhof C.39
Bauabfallverordnung B.35
Bauaufsichtliche Einführung H.45
Baubestimmungen, Liste der Technischen H.45, H.47
Baubetrieb F.3, F.21
Bauen
– energiebewußtes A.58
– kreislaufgerechtes A.83
– umweltgerechtes A.71
Baukonstruktion C.39
Baukosten F.3
Baunutzungskosten F.29
Bauordnungsrecht H.25

Bauphysik D.3, D.11, D.22, D.50
Bauphysikalisches Geschehen D.51
Bauplanungsrecht H.22
Bauprodukte H.38
– Verfahren für die Verwendung nach MBO H.40
– Kennzeichnung H.44
Bauproduktengesetz H.38
Bauproduktenrichtlinie H.39
Baurecht H.3, H.22, H.38, H.45
– öffentliches H.22
Bauregelliste A, B und Liste C I.171, H.41
Bauschäden G.3, G.5, G.6, G.33
Bauschutt B.35
Baustatik E.3, E.33, E.41, E.44, E.47, E.52, E.6
Bausteine, hohle aus Beton
Baustoffe A.85, B.3, B.46
– historische B.46
– klassifizierte D.30
– mineralische A.87
Baustoffkennwerte A.86
Bausummenüberschreitung H.11
Bausubstanz G.55, G.63
Bauteilbereiche A.34
Bauten, moderne A.100
Bemessung E.5, E.39, E.62
Berechnungsverfahren
– genaueres E.33
– vereinfachtes E.3
Berlin-Hohenschönhausen A.95
Beton A.91
Betonstein B.36, B.46, C.49
– Entwicklung B.57
Betonsteinmauerwerk A.7
Betontechnologie B.49
– im 18. und 19. Jahrhundert B.49
– am Anfang des 20. Jahrhunderts B.55
Bewegungsfugen im Verbandmauerwerk A.73
– Ausführung G.73
Bewehrung B.28
– konstruktive B.32
Bewehrungsführung B.29
Biegebemessung E.41
Biegefestigkeit B.25
Biegezug E.6
Bims-Leichtbetonsteine A.90
Binderverband A.54
Blockverband A.55
Bodenaushub B.35
Brandschutz
– baulicher D.22
– baulicher Anlagen D.27
Brandschutzbemessung D.33
Brandverhütung D.27
Brandwände D.46

K.21

K

Stichwortverzeichnis

Breite, mitwirkende E.7
Brennprozeß B.39
Bruchsteinmauerwerk A.6
Bundesabfallgesetz B.35

Dachau C.49
Dampfhärtung B.53
Dehnfugenabstände C.11
Dehnungsfugen C.30
Dehnungsfugenabstände C.38
Deponiekosten B.43
Deutsches Institut für Bautechnik I.171
DIN 1053 E.47
DIN 1053-100, Entwurf E.47
DIN 18 151 B.77
Downrecycling B.45
Drehtischpresse B.53
Dresden, Schloß Moritzburg G.48
Dresden-Blesewitz G.33
Druckfestigkeit B.21
Druckfestigkeitsklasse B.6, I.176
Druckspannungen
– zulässige B.23
Durchdringungen A.37
Dünnbettmörtel I.176

Eckverbände A.57
Eignungsprüfungen F.33
Elastizitätsmoduln C.33
Eluatwerte B.40
Emissionsschutz A.78
Energieeinsparverordnung D.50
Entwerfen A.14
Entwicklungstendenzen
– im öffentlichen Baurecht H.22
Entwurf A.3
Erdbebennachweis E.63
Eurocode 6 E.47

Fasanenschlößchen G.61
Fehlkalkulation, Architektenhaftung H.19
Fehler
– grobe H.12
– im Kostenbereich H.12
– in der Vertragsgestaltung H.11
– wirtschaftliche H.10
Feinschluff B.40
Feldsteinbau G.60
Fenstergewände A.8
Fertigbauteile E.59
Festigkeitsklassen B.7
Feuchte, aufsteigende G.67
Feuchteschutz F.32, G.67
Feuerwiderstandsklassen D.32
Flachstürze E.42
Formate B.7
Frost F.32
Fugen, Stoß- und Lagerfugen F.23
Fügung C.46

Funktionen C.50

Gebäude
– historische A.95, B.47 ff., D.50
– nicht unterkellerte G.76
Genehmigungsfähigkeit, fehlende H.4
Gestaltung A.14, C.51
Gewährleistungsfristen H.16
Gießereisandaufbereitung B.40
Grundflächen F.20
Grundwerte B.23
Güteprüfungen F.33

Hafenschlick B.35
Haftscherfestigkeit B.26
Haftung H.3
Handformziegel A.6
Hangwasser, Wasseraufnahme G.68
Haustrennwände C.20, D.18
Heizwärmebedarf D.5
Hinweispflichten H.19
HOAI, Bedeutung H.15
Hochbaukosten F.17
Hochlochziegel A.7, F.34
Hochofenschlacke B.36
Hüttensteine B.36

Immissionsschutz A.78
Ingenieurhaftung H.3
Ingenieurverträge, Auslegung nach HOAI H.15
Injektage G.70
Innenwände C.15, C.19
– nichttragende C.20

Jugendgästehaus C.49

k-Tafel E.43
k_h-Tafel E.41
k-Wert D.7, E.56
Kalksandsteine A.87, B.40, B.46
Kalksandsteinmauerwerk A.7
Kapillarkondensation G.69
Kellerwände C.12, E.26
Knicklängen E.3
Knicksicherheit E.42
Kondensation G.69
Kondensationserscheinungen G.59, G.64
Konstruieren A.14
Konstruktion C.52
Konzeption C.49
Koordinierungsfehler H.7
Korrosionsschutz B.29
Kostenermittlung F.17
Kostengarantien H.13
Kostengliederung nach DIN 276 F.19
Kragkuppel-Konstruktionen A.5
Kreislaufprozeß B.34
Kreislaufwirtschaft A.79
Kreislaufwirtschaftsgesetz (KrWG) B.34

Kreuzverband A.55
Kriechen C.33
Kulturlandschaft Moritzburg G.48

Läuferverband A.54
Landgestüt, sächsisches G.48
LBO, Abstandsflächen G.77
Leistungen, fehlerfreie H.5
Leitungswasserschäden G.69
Linz C.54
Loch- und Stockzahnung F.29
Löscharbeiten D.28
Lösungen
– bessere G.72
– neue A.102
LV-Texte F.4

Maßabweichungen C.24
Maßhaltigkeit C.27
Maßordnung A.50, C.23
Maßtoleranzen C.23
Material C.52
Materialbedarf F.34
Materialgerechtigkeit A.3
Materialrecycling B.45
Mauermörtel B.12, F.21
Mauersteine B.3
Mauertafeln E.60, E.62
Mauerwerk B.21, E.52, E.60, F.25
– Ausführung von F.21, G.73
– bewehrtes B.27, B.41
– zweischaliges G.27
Mauerwerksabbruch B.42
Mauerwerksabfangungen G.76
Mauerwerksfertigteilbau F.37, E.60
Mauerwerksfeuchte G.68
Mauerwerkskonstruktion, archaische A.4
Mauerwerkstrennung, mechanische G.69
Mauerwerksschäden G.19
Mauerwerkswände, tragende C.35
Mies van der Rohe A.95
Mindestbewehrung B.30
Mineralfaserlamellen G.38
Modulordnung A.52
Montage E.63
Mörtel A.91, B.47
Mörtelarten B.12
Mörteltasche I.175
Modernisierung mit Verblendmauerwerk G.72
Moritzburg
– Fasanenschlößchen G.48, G.61
– Kulturlandschaft G.48
– Landgestüt G.52
– Schloß G.48
Muster-Leistungsverzeichnisse F.5 ff.

Nachbesserungsrecht H.14
– des Architekten H.12

Nachweis
– allgemeiner E.52
– statischer E.52
Naturstein B.25, A.100
Nutengrundfläche I.175
Nutzungskosten F.20

Oberflächen C.52
Objektüberwachung H.7
Öffnung A.40
Öko-Audit A.81
Ökobilanz A.81, B.34
Ökologie A.80
Ortgang A.44

Papierschlamm B.35
Pflichtverletzung, Folgen für den Architekten H.14
Plansteine I.176
Planungsprobleme G.49
Planungsfehler H.3, H.6, H.11
Plattenschub E.7
Pöppelmann, Architekt G.48
Porenbeton A.89
Porenbeton-Systemwand A.7
Primärenergie A.82
Primärenergieeinsatz B.34
Primärenergieinhalt B.44
Produktrecycling B.45
Prüfen
– der Beanspruchung D.50
Putz B.16
Putzarten B.17
Putzmörtel B.20
Putzrisse G.21
Putzsysteme B.19

Querschnittsabdichtung, chemische G.70

Rahmenformeln E.34
Rauchgasentschwefelungsanlagen B.26
Rauminhalte F.20
Raumstrukturen A.29
Rechenwert λ_R der Wärmeleitfähigkeit I.142
Rechtsprechungsbeispiele H.27 ff.
Recyclingbeton B.37
Recyclingfähigkeit B.34
Recycling-Kies-Beton B.37
Recyclingmaterial B.34
Recyclingproduktentwicklung B.34
Regeln der Technik, allgemein anerkannte H.3, H.40, H.45
Regenwasser, Wasseraufnahme G.68
Reibungsbeiwerte B.26
Reinigung
– von Sichtmauerwerk F.32
Ressourcenschonung B.43
Reststoff B.34
Rezeptmörtel B.13

Stichwortverzeichnis

Ringanker   E.23
Ringbalken   E.23
Rißbreitenbeschränkung   B.32
Rißformen   G.5
Rohdichteklassen   B.6
Rohstoffe, sekundäre   B.36

Sachrisse im Putz   G.22
Sanierung   G.48
Sanierungsverfahren   G.69
Satzungsinstrumentarium, Erweiterung   H.23
Schadensersatzpflicht des Architekten   H.15
Schadenshöhe   H.13
Schallschutz   D.11
– erhöhter   D.12
Scheiben   A.26
Scheibenbeanspruchung   E.6
Scheibenschub   E.7
Schlitze   F.30
Schloßlandschaft   G.50
Schotten   A.26
Schubfestigkeit   B.26
Schutzmaßnahmen, bauphysikalische   D.50
Schwermetalle   B.36, B.39, B.41
Schwingen   C.33
Sekundärrohstoff   B.35
Selbstverständlichkeiten, handwerkliche   H.8
Sicherheitskonzeption   B.26
Sichtmauerwerk   C.11, C.49, C.54, F.32
Sickerwasser, Wasseraufnahme   G.68
Siedlungsabfall, Anleitung   B.35
Sintertemperatur   B.38
Sockel   A.34
Sonderfachleute   H.9
Sorptionsfeuchte u_m I.187
Sorptionsfeuchtegehalt   I.178
Statischer Nachweis   E.52
Steinarten   B.7
Steinformate   A.48
Steinzugfestigkeit   B.26
Steuerungsinstrumente   H.23
Stoffkreislaufwirtschaft   B.43
Studienhaus Brücke-Villa   G.33
Stumpfstoß   F.30
Studentenwohnheim   C.54
Stürze   E.63
Substitution   B.35

Teilflächenpressung   E.6
Teilsicherheitsfaktoren   E.47
Temperaturänderung   C.33
Toleranzarten   C.24
Toleranzen   A.48
Toleranzgrenze   H.12
Tragfähigkeitstafeln
– für Mauerwerkswände   E.8
– für Ringbalken   E.24
Tragsystem   A.24, A.27
Transport   E.63

Traufe   A.44
Trennwände
– innere nichttragende   C.35
– nichttragende   E.44
Trockenmauerwerk   A.25

U-Bahnhof Mendelssohn-Bartholdy-Park   C.39
Ü-Zeichen   H.42
Überbindemaße   A.54, F.27
Übereinstimmungsnachweis   E.63, H.43
Übereinstimmungszeichen (Ü-Zeichen)   H.42
Übereinstimmungszertifikat   H.44
Überprüfungspflicht, Verplanung durch andere   H.20
Überwachung, stichprobenweise   H.9
Überwachungspflicht
– bei Mängel   H.10
– ständige   H.7
– weitere   H.9
Umnutzung historischer Gebäude   D.50

Verankerungslänge   B.31
Verarbeitungszeiten
– bei Porenbetonsteinen   F.35
Verband   A.53, F.26
– Flämischer   A.56
– fugenloser   A.25
– Märkisch   A.56
– Schlesischer   A.56
– Wilder   A.56
Verblendmauerwerk   G.72
– einschlägige   C.9
Verblendung, Möglichkeiten der Modernisierung   G.75
Verbundspannung   B.31
Verbundtafeln   E.61, E.63
Verdingungsunterlagen   F.3
Verformungskennwerte   C.33, G.4
Vergabe   F.3
Vergleichsrechnungen   E.53
Vergußtafeln   E.61 f.
Versalzungsschäden   G.57
Verstoß gegen Regeln   H.3
Verträge
– städtebauliche   H.24
Vertragsbedingungen   F.4
Verzahnung
– liegende   F.29
– stehende   F.29
Vitruv   B.47
Vorhangfassade   A.101
Vorhangschale   C.46
Vorsatzschalen
– hinterlüftete   G.72

Wände
– feuchtbelastet   D.50
– salzbelastet   D.50
Wärmebilanz   A.61

Wärmedämmung, transparente C.8
Wärmeschutz A.78, D.3
Wärmeschutzverordnung D.3
Wandhöhen, zulässige F.30
Wandpfeiler, Windeinfluss E.58
Wasseraufnahme
– durch Kapillarkondensation G.69
– durch Regen-, Sicker- und Hangwasser G.68
– hygroskopische G.68
– Kapillare G.68

Werkgerechtigkeit A.3

Wertschöpfung B.34
Windeinfluss bei Wandpfeilern E.58
Windnachweis E.54, E.58
Wirtschaftsgut B.34

Zahlenbeispiele E.47, E.55
Ziegelpoesie A.95
Ziegelschutt B.35
Ziele, architektonische G.56
Zierverbände A.55
Zugfestigkeit B.9, B.25
Zwischendecken A.37